SCHÄFFER
POESCHEL

Thomas M. Fischer/Klaus Möller/Wolfgang Schultze

Controlling

Grundlagen, Instrumente und Entwicklungsperspektiven

2., überarbeitete Auflage

2015
Schäffer-Poeschel Verlag Stuttgart

Autoren:
Prof. Dr. Thomas M. Fischer, Lehrstuhl für Rechnungswesen und Controlling, Friedrich-Alexander-Universität Erlangen-Nürnberg;
Prof. Dr. Klaus Möller, Lehrstuhl für Controlling/Performance Management, Universität St. Gallen;
Prof. Dr. Wolfgang Schultze, Lehrstuhl für Wirtschaftsprüfung und Controlling, Universität Augsburg.

2. Auflage unter Mitarbeit von:
Maria Assel, Alexander Baumgartner, Dr. Iris Bergmann, Ann-Kathrin Fritze, Kenan Gülgel, Stefan Hirsch, Benedikt Müller-Stewens, Cornelia Niebler, Jan-Christoph Steinmann, Marcus Timke, Inna Vasylchuk, Dr. Andreas Weiler und Philipp Zinsmayer.

1. Auflage unter Mitarbeit von:
Stefan Batzlen, Iris Bergmann, Nadine Losch, Martin Haas, Robert Huber, Christian Müller, Dr. Angelika Sawczyn, Kevin Tappe, Dr. Andreas Weiler

Dozenten finden Abbildungen und Tabellen
dieses Lehrbuchs unter:
www.sp-dozenten.de/3390 (Registrierung erforderlich)

MIX
Papier aus verantwortungsvollen Quellen
FSC® C019821
FSC www.fsc.org

Gedruckt auf chlorfrei gebleichtem, säurefreiem und alterungsbeständigem Papier

Bibliografische Information der Deutschen Nationalbibliothek
Die Deutsche Nationalbibliothek verzeichnet diese Publikation in der Deutschen Nationalbibliografie; detaillierte bibliografische Daten sind im Internet über http://dnb.d-nb.de abrufbar.

ISBN 978-3-7910-3390-7

www.schaeffer-poeschel.de
info@schaeffer-poeschel.de

Einbandgestaltung: Melanie Frasch/Jessica Joos (Foto: Shutterstock)
Layout: Ingrid Gnoth | GD 90
Satz: Claudia Wild, Konstanz
Druck und Bindung: C.H. Beck, Nördlingen

Printed in Germany
Februar 2015

Schäffer-Poeschel Verlag Stuttgart
Ein Tochterunternehmen der Haufe Gruppe

Vorwort

Konzeption des Buches

Controlling hat sich zu einer Schlüsselfunktion für die Unternehmensführung entwickelt. Entsprechend stellt das Fach Controlling einen zentralen Bestandteil in der betriebswirtschaftlichen Ausbildung an Hochschulen und bei der Fortbildung in Unternehmen dar. Mit diesem Lehrbuch liegt eine kompakte, gleichzeitig aber inhaltlich umfassende Einführung in die Grundlagen, Instrumente und Entwicklungsperspektiven des Controllings vor. Das Buch richtet sich an Studierende sowohl in Bachelorstudiengängen als auch in Masterstudiengängen, die eine fundierte Einführung in das anwendungsorientierte Controlling suchen. Darüber hinaus sind in dem Lehrbuch die spezifischen Anforderungen des Wirtschaftsprüferexamens im Prüfungsgebiet „ABWL" berücksichtigt. Schließlich stellt das Lehrbuch eine fundierte Grundlage für die betriebswirtschaftliche Aus- und Weiterbildung von Führungskräften in der Unternehmenspraxis dar.

Controlling wird verstanden als zielorientierte Steuerung von Unternehmen und Geschäftsbereichen durch Information, Planung, Kontrolle und Koordination. Controlling hat die Aufgabe, die Erfolgswirkungen von individuellen Entscheidungen und Handlungen im Unternehmen zielorientiert zu analysieren und durch Koordination aufeinander abzustimmen. Über die Funktionen der Entscheidungsunterstützung sowie der Verhaltenssteuerung trägt das Controlling zur Realisation der Unternehmensziele bei.

An diesem Verständnis von Controlling orientiert sich die Gliederung des Buches:

- In **Teil I** (Grundlagen) werden Gegenstand, Verständnis und Aufgaben des Controllings sowie die zugrundeliegenden Systeme prägnant behandelt. Ein solides Wissen in der Kostenrechnung wird dabei vorausgesetzt.
- **Teil II** beinhaltet die Instrumente zur Entscheidungsunterstützung, insbesondere für strategische und kostenorientierte Entscheidungen sowie zum Kostenmanagement.
- Danach werden in **Teil III** die Instrumente zur Verhaltenssteuerung dargestellt, d.h. Anreizsysteme, Kennzahlensysteme, Budgetierung, Verrechnungspreise sowie Corporate Governance, Compliance und Risikocontrolling.
- Abschließend gibt **Teil IV** einen Ausblick auf neuere Entwicklungen im Controlling, z. B. Nachhaltigkeitsorientiertes Controlling, Immaterielle Werte, Steuerung von E-Businesses und Innovations-Controlling.

Der Schwerpunkt des Buches liegt, neben den Grundlagen und Entwicklungsperspektiven des Controllings, insbesondere auf den Instrumenten des Controllings. Alle Inhalte werden anhand einer durchgehenden Fallstudie erläutert. Dies trägt den Anforderungen einer zeitgemäßen Ausbildung Rechnung, die mittels praktischer Beispiele und Fallstudien ein möglichst realitätsnahes Bild des Controllings aufzeigt. Dabei stehen die didaktisch leicht fassbare Aufnahme der Inhalte sowie das Aufzeigen der praktischen Anwendbarkeit im Vordergrund.

Grundsätzlich ist der Umfang der Buchkapitel so bemessen, dass die Inhalte jeweils in einer 90-minütigen Lehreinheit vermittelt werden können. Ja nach Akzentuierung lassen sich die einzelnen Kapitel ausführlicher behandeln oder komprimiert zusammenfassen. Sämtliche Abbildungen und ein Vorschlag für die Präsentation der Lehrinhalte in Folienform finden sich auf der Internet-Plattform des Schäffer-Poeschel Verlages unter www.sp-dozenten.de.

Die Konzeption des Buches ist das Resultat unserer langjährigen Erfahrung mit unterschiedlichen Facetten des Controllings in Forschung und Lehre an unseren Universitäten in Augsburg (Wolfgang Schultze), Erlangen-Nürnberg (Thomas Fischer) und St. Gallen (Klaus Möller) sowie unseren vorherigen Standorten (Handelshochschule Leipzig, Kath. Universität Eichstätt-Ingolstadt, Universität Göttingen und Universität Jena). Die Inhalte des Buches sind durch intensive Zusammenarbeit mit fruchtbaren fachlichen Diskussionen in den vergangenen Jahren sukzessive entwickelt und ausgearbeitet worden.

Anmerkungen zur 2. Auflage

Das Lehrbuch wurde in allen Kapiteln umfassend überarbeitet und an Entwicklungen in der Controlling-Forschung und -Praxis angepasst. Wir danken allen Leserinnen und Lesern, die uns Anregungen für Verbesserungen und Korrekturen gegeben haben. Neben zahlreichen neuen Fällen aus der Unternehmenspraxis und Beispielrechnungen sowie Aktualisierungen der Literatur im gesamten Manuskript haben wir folgende inhaltlichen Neuerungen in die Kapitel aufgenommen:

- Big Data und Business Analytics (Kapitel 2)
- Aktuelle Performance Management Ansätze (St. Galler Performance Management Modell und Multilayer Performance Management Framework) (Kapitel 7)
- Erstellungsprozess von Wissensbilanzen (Kapitel 12)
- Social-Media-Controlling (Kapitel 13)
- Innovationscontrolling (Kapitel 14)

Bei der Erstellung des vorliegenden Lehrbuches haben verschiedene Personen mitgearbeitet. Wir danken unseren früheren und derzeitigen wissenschaftlichen Mitarbeitern, die bei der Erstellung der Texte, der Recherche der Praxisbeispiele, der Ausarbeitung der Modellrechnungen und der Durchsicht der Manuskripte mitgewirkt haben. Hierbei gilt Alexander Baumgartner, Dr. Iris Bergmann, Ann-Kathrin Fritze, Kenan Gülgel, Stefan Hirsch, Benedikt Müller-Stewens, Cornelia Niebler, Jan-Christoph Steinmann, Marcus Timke, Inna Vasylchuk, Dr. Andreas Weiler und Philipp Zinsmayer unser besonderer Dank. Wir danken auch den studentischen Hilfskräften in Augsburg, Nürnberg und St. Gallen für ihre Unterstützung: Maria Assel, Christopher Bolsinger, Sandra Gerhard, Carolin Esterl und Rebecca Keßler. Für ihre umsichtige Koordination bei der Überarbeitung des Manuskripts sind wir Frau Elfriede Wagner sehr dankbar. Ein herzlicher Dank geht schließlich an Frau Claudia Knapp-Domonkos und Frau Marita Mollenhauer vom Verlag Schäffer-Poeschel, die das Projekt erneut engagiert begleitet haben.

Das rasche Erscheinen der 2. Auflage bestärkt uns, in Forschung und Lehre den Weg eines praxisorientierten Controllings weiter zu verfolgen. Wir wünschen unseren Leserinnen und Lesern eine nachhaltig ertragreiche Lektüre und freuen uns auf Rückmeldungen und Anregungen für eine stetige Verbesserung der Inhalte.

Nürnberg, St. Gallen und Augsburg, November 2014

Thomas Fischer, Klaus Möller und Wolfgang Schultze

Inhaltsverzeichnis

1 Einführung

Lernziele

In diesem Kapitel erfahren Sie,

- wie die Zieldimensionen der einzelnen Anspruchsgruppen eines Unternehmens miteinander verbunden sind,
- worin der Unterschied zwischen operativem und strategischem Controlling besteht,
- welche Aufgaben der Jahresabschluss hat und welche Informationen er beinhaltet,
- wie die Kosten- und Leistungsrechnung definiert wird und welche Zwecke sie erfüllt,
- wie Kostenarten-, Kostenstellen- und Kostenträgerrechnung voneinander abzugrenzen sind,
- wofür die Investitionsrechnung eingesetzt wird,
- welche Controlling-Konzeptionen sich unterscheiden lassen und welches Begriffsverständnis diesen zugrunde liegt,
- welche zentralen Aufgaben das Controlling hat,
- welche Aufgaben dem Controller in deutschen und internationalen Unternehmen zukommen.

Die Grape SE ist ein Großserienproduzent in der Elektronik- und Unterhaltungsindustrie. Ihre Aktivitäten sind untergliedert in die Unternehmensbereiche Radio, Mobiles, UHD TV, MP3-Player und Tablets. Die Grape SE ging aus dem Familienunternehmen Müller hervor, das in den 1960er Jahren durch bahnbrechende Erfindungen stark gewachsen und schließlich durch einen Börsengang in den 1990er Jahren zur Publikumsgesellschaft geworden war. Inzwischen wird das Unternehmen durch einen dreiköpfigen Vorstand geleitet: Herr Dr. Lodìn ist Vorsitzender des Vorstandes und zuständig für das operative Geschäft, Herr Ludwig ist zuständig für Marketing und Vertrieb, Herr Dr. März ist CFO und u.a. verantwortlich für das Controlling, das von Herrn Dr. Müller-Christ geleitet wird.

Aufgrund seiner überragenden Studienleistungen wurde Rasmus Braun ausgewählt, einen Tag lang den Chefcontroller Dr. Müller-Christ bei seiner Arbeit zu begleiten. Beim morgendlichen Kennenlernen fragt Rasmus ihn nach seinen Aufgaben als Controller. Dr. Müller-Christ hebt nur vielsagend die Augenbrauen: »Meine Tätigkeit ist wirklich vielfältig – heute Abend wissen Sie mehr!« und nimmt Rasmus gleich mit in die erste Besprechung, ein Jour fixe mit den Werksleitern zur Durchsprache der Herstellkosten für die Produktlinie UHD TV. Anschließend werden in einer Controlling internen Runde die Planungsprämissen für das nächste Jahr diskutiert, der Chefökonom der Grape SE hat dazu eine

Prognose der Währungskurse vorbereitet. Vor dem Mittagessen findet noch eine Videokonferenz mit den Controllern in Thailand und Vietnam zur neuen Investitionsrichtlinie statt. Dr. Müller-Christ plädiert für einen landes- und bereichsspezifischen Kapitalkostensatz wegen der unterschiedlichen Risiko- und Finanzierungssituationen. Eine Entscheidung wird aber noch nicht getroffen. Der Nachmittag ist vollständig mit einer Strategiesitzung zur neuen Produktlinie der Mobiles ausgefüllt. Nach der bunten und enthusiastischen Präsentation des Marketingleiters mahnt Dr. Müller-Christ mehr Realismus bei der technischen Ausstattung an, »... sonst rechnet sich der Business Case nicht!« Beim abendlichen Feedbackgespräch ist Rasmus noch ganz benommen von den vielen Eindrücken. Dr. Müller-Christ erklärt ihm die Entwicklung des Controllings vom »Kostenrechner« und »Registrator« hin zum »Navigator« und »Innovator« im Konzern. Damit wird klarer, dass Controller zunehmend Aufgaben wie Zieldefinition, Planung, Kontrolle und Koordination übernehmen sowie zukunfts- und aktionsorientiert handeln. Plötzlich springt Dr. Müller-Christ auf: »Das ist genau das, was wir brauchen! Wir müssen unser Controllingverständnis einmal klar fassen, dann können wir das auch im Konzern besser kommunizieren. Wollen Sie dazu nicht ein Praktikum bei uns machen?«

Um ein Verständnis für die Funktion und den Begriff des Controllings aufzubauen, beschreibt dieses einführende Kapitel den Gegenstand, das Verständnis und das Aufgabenspektrum des Controllings. Auf Basis von bestehenden Controlling-Konzeptionen soll eine erweiterte Konzeption zur Entscheidungsunterstützung und Verhaltenssteuerung entwickelt werden. Damit ein Controllingverständnis auch im Sinne der Gesamtunternehmenszielsetzung umgesetzt wird, muss dieses an der Unternehmenspraxis ausgerichtet werden. Daher werden aktuelle Entwicklungen des Controllings sowie der Aufgaben des Controllings in Wissenschaft und Praxis aufgezeigt.

1.1 Gegenstand des Controllings

Controlling unterstützt das Management bei der Erreichung betrieblicher Ziele. Daher müssen zuerst die Unternehmensziele geklärt werden, die aus den Interessen der Stakeholder abgeleitet werden können (vgl. Abschnitt 1.1.1). Darüber hinaus beeinflusst der Zeit- und Zielhorizont wesentlich die Ausgestaltung des Controllings. Entsprechend lassen sich ein operatives und strategisches Controlling unterscheiden (vgl. Abschnitt 1.1.2). In beiden Bereichen nutzt das Controlling zur Zielerreichung die Systeme des Rechnungswesens (vgl. Abschnitt 1.1.3).

1.1.1 Ziele des Unternehmens

Unternehmensziel

Unternehmensziele beschreiben einen Zustand, den ein Unternehmen zu einem bestimmten, zukünftigen Zeitpunkt erreicht haben soll. Sie prägen Entscheidungen, sind Voraussetzung für eine Leistungsbeurteilung und stellen damit den Ausgangspunkt für das Controlling dar. Unternehmensziele müssen an den Interessen der einzelnen Anspruchsgruppen (Stakeholder) eines Unternehmens ausgerichtet werden. Nach Art der Anreize und Beiträge lassen sich unterschiedliche Anspruchsgruppen unterscheiden: Als wesentliche Stakeholder gelten Eigenkapitalgeber, Fremdkapitalgeber, Kunden, Lieferanten, Mitarbeiter und der Staat. Nach dem Stakeholder-Ansatz wird eine Befriedigung aller Stakeholder angestrebt, während der Shareholder-Ansatz die Ansprüche der Eigenkapitalgeber als dominant gegenüber den übrigen Anspruchsgruppen ansieht. Während sich aus dem Shareholder-Ansatz ein klares monetäres Optimierungsziel ergibt (vgl. Abschnitt 7.3.1), stellt die Operationalisierung der Interessen der verschiedenen Anspruchsgruppen im Stakeholder-Ansatz eine noch ungelöste Herausforderung dar. Im ersten Fall steht ein Wertziel im Mittelpunkt, im zweiten Fall eine Mischung aus Wertzielen, Sachzielen, Sozialzielen und ökologischen Zielen.

Nachhaltigkeit und Triple Bottom Line

Soziale Herausforderungen, wie die Ausbildung und Motivation von Mitarbeitern sowie die Problematik der Verteilungsgerechtigkeit und umweltbezogene Herausforderungen, wie die Ressourcenknappheit und die Reduktion der Emissionen, haben in den letzten Jahren sowohl in der Öffentlichkeit als auch in den Unternehmen zu einem stärkeren Bewusstsein für Probleme im Sozial- als auch im Umweltbereich geführt. Entsprechend findet das Konzept der Nachhaltigkeit zunehmend Eingang in das Management. Nachhaltigkeit wird als dreidimensionales Konzept verstanden, das auf den Säulen Ökonomie, Ökologie und Soziales aufbaut (sog. **»Triple Bottom Line«** in Abgrenzung zur rein finanziellen »bottom line« der Gewinn- und Verlustrechnung; vgl. auch Kapitel 11). Damit wird deutlich, dass eine reine Fokussierung auf Wertziele in der heutigen Zeit für Unternehmen häufig als nicht sachgerecht anzusehen ist und stattdessen eine mehrzielorientierte Ausrichtung verfolgt wird. Die Gewichtung der Ziele ist dabei unternehmensindividuell. Verbreitet ist die Setzung eines Wertziels (z. B. Maximierung der Rendite der Eigenkapitalgeber) als Oberziel und die Beachtung von Sozialzielen (z. B. Attraktivität als Arbeitgeber, hohe Standards im Arbeitsschutz) und ökologischen Zielen (z. B. Minimierung des Wasserverbrauchs, Einhaltung anspruchsvoller Umweltstandards) als Nebenbedingung.

Vision und Leitbild

Die unterschiedlichen Unternehmensziele werden in einer Unternehmensvision und einem Unternehmensleitbild verdichtet und kommuniziert. Vision und Leitbild legen fest, welche grundlegende Rolle das Unternehmen in der Gesellschaft und auf dem Markt einnehmen möchte. Die **Vision** gibt Aufschluss über die Frage »Was wollen wir sein?«. Dabei werden Potenziale und Maßnahmen aufgezeigt, die dem Unternehmen Wettbewerbsfähigkeit verleihen und ihm die Möglichkeit eröffnen, nachhaltig Gewinne zu erwirtschaften. Eine Vision beschreibt einen zukünftigen Zustand, den das Unternehmen anstrebt. Das **Leitbild** beinhaltet eine grundlegende Darstellung des Selbstverständnisses und der handlungsleitenden Maximen einer Organisation.

Praxisbeispiel

Unternehmensziele und -leitbild

(Bildquelle: Daimler AG)

Das Daimler-Zielsystem vereint Unternehmenswerte und -ziele

Wir haben das Automobil erfunden – jetzt gestalten wir mit Leidenschaft seine Zukunft. Als Pioniere des Automobilbaus betrachten wir es als Ansporn und Verpflichtung, unsere Tradition mit wegweisenden Technologien und hochwertigen Produkten fortzusetzen.
Unser oberstes Unternehmensziel ist es, nachhaltig profitabel zu wachsen und damit den Wert des Unternehmens kontinuierlich zu steigern. In all unseren Geschäften streben wir die Spitzenposition an. Mit unseren Marken, Produkten und Dienstleistungen begeistern wir unsere Kunden. Unsere Kernmarke Mercedes-Benz nimmt dabei eine zentrale Rolle ein. Mit wegweisenden Technologien unterstreichen wir unsere Vorreiterposition bei umweltverträglichen Antriebstechnologien und in der Sicherheit. Unsere globale Präsenz stärken wir, indem wir unsere Position in den traditionellen Märkten sichern und gleichzeitig in neuen Märkten wachsen. Herausragende Umsetzung und Effizienz sowie motivierte und leistungsstarke Mitarbeiter sind die Grundlage für den künftigen Unternehmenserfolg. Dabei bestimmt der Grundsatz der Nachhaltigkeit unser unternehmerisches Handeln: in den Bereichen Ökonomie, Corporate Governance, Umweltschutz und Sicherheit sowie in unseren Beziehungen zu Mitarbeitern, Kunden und der Gesellschaft insgesamt. Die vier Unternehmenswerte Begeisterung, Wertschätzung, Integrität und Disziplin bilden das Fundament unseres Handelns und tragen dazu bei, dass wir unsere Ziele erreichen. Ein zentraler Grundsatz gilt dabei für alles, was wir tun: Kein Geschäft dieser Welt ist es wert, dass wir gegen Gesetze, Regelungen oder ethische Standards verstoßen. Für uns gehören Integrität und Geschäftserfolg zusammen. Deshalb wollen wir auch bei der Integrität an der Spitze im Wettbewerb stehen.

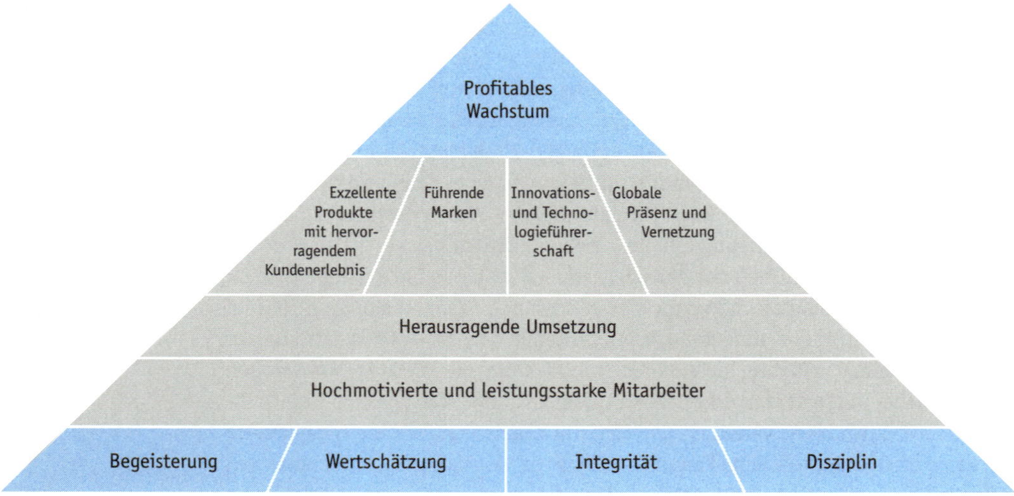

(Quelle: Daimler AG, Geschäftsbericht 2013, S. 25)

Die Vision und das Leitbild dienen der Öffentlichkeit zur Orientierung und den Mitarbeitern zur Identifikation mit dem Unternehmen (vgl. Abschnitt 3.1.2).

1.1.2 Strategisches und operatives Controlling

Bis Anfang der 1960er Jahre richteten Unternehmen angesichts des Vorherrschens eines **Verkäufermarktes** ihre Aufmerksamkeit auf Produktionsprobleme und **operative Planungssysteme**. Die Unternehmen mussten das Problem bewältigen, geeignete Güter und Dienstleistungen in ausreichender Zahl auf den Markt zu bringen. Mittelfristige Planungssysteme wurden lediglich für Investitionen und Kreditfinanzierungen eingesetzt, um deren Wirtschaftlichkeit zu beurteilen. Erst Ende der 1960er Jahre ergänzte man kurzfristige um langfristige Planungsansätze mit Mehrjahresbudgets und Langfristprognosen (vgl. Baum et al., 2013, S. 13). Durch zunehmende Strukturbrüche auf den Märkten und eine steigende Internationalisierung haben Umfeldanalysen und damit die **strategische Planung** an Bedeutung gewonnen. Die Ölkrise von 1973 und die verbundenen Strukturbrüche bedingten eine Zunahme der Prognose von Diskontinuitäten, wodurch sich Ansätze zur **strategischen Frühaufklärung** herausgebildet haben. Durch stärkere Veränderungen im Unternehmensumfeld gegen Ende der 1970er Jahre stiegen die Anforderungen an die Anpassungs- und Innovationsfähigkeit der Unternehmen, wobei weiche Faktoren, wie z. B. Personal und Unternehmenskultur, als **strategische Erfolgsfaktoren** an Bedeutung gewannen. In diesem Zusammenhang wurden Konzepte des **strategischen Managements** entwickelt, welche an Einfluss zunahmen (vgl. Baum et al., 2013, S. 14 ff.). Entsprechend dem Zeithorizont, den Freiheitsgraden und insbesondere auch der Bedeutung für die Erfolgsposition des Unternehmens lassen sich das operative und das strategische Controlling differenzieren.

Operatives Controlling

Das **operative Controlling** zielt auf die Wahrnehmung von Controllingaufgaben zur Unterstützung der operativen Führung des Unternehmens ab. Es ist auf interne Aspekte des Unternehmens ausgerichtet und befasst sich mit den Dimensionen Aufwand/Ertrag, Kosten/Leistungen, Einnahmen/Ausgaben und Einzahlungen/Auszahlungen. Der Betrachtungszeitraum ist gegenwartsorientiert. Das operative Controlling baut dabei vor allem auf gegenwärtigen oder vergangenheitsorientierten quantitativen, monetären Informationen aus den internen Informationsquellen des Rechnungswesens und insbesondere der Kosten- und Leistungsrechnung auf (vgl. Abschnitt 1.1.3). Im Gegensatz zum strategischen Controlling, bei dem die Schaffung und langfristige Steuerung von profitablen Unternehmensstrukturen im Vordergrund steht, befasst sich das operative Controlling mit der Steuerung der Wirtschaftlichkeit innerhalb gegebener Strukturen bzw. eines **gegebenen Unternehmensumfelds**. Primäres Ziel ist die **Erfolgssicherung** unter Aufrechterhaltung der Liquidität. Als Zielgrößen stehen daher Erfolg, Rentabilität und Wirtschaftlichkeit im Mittelpunkt einer **kurzfristigen Betrachtung**. Hierbei gilt es jedoch, das dominierende, langfristig orientierte Erfolgsziel nicht zu vernachlässigen. Die wesentlichen Instrumente des operativen Controllings werden in Kapitel 4 und 5 ausführlich betrachtet.

Strategisches Controlling

Die zunehmende Komplexität und Dynamik im Umfeld des Unternehmens führte zur Entwicklung des strategischen Controllings und somit zur Verschiebung vom operativen Erfolgsdenken zum strategischen Denken. Das **strategische Controlling** dient der Informationsversorgung der Unternehmensführung zur Entscheidungsunterstützung bei Fragestellungen, die die langfristige, strategische Ausrichtung des Unternehmens betreffen. Die Aufgabe des strategischen Controllings liegt hierbei zum einen in der Untersuchung der **Umfeldsituation** des Unternehmens und möglichen Entwicklungspfaden von **externen Einflussfaktoren.** Zum anderen befasst sich das strategische Controlling mit der Analyse von kosten- und erlöswirksamen Auswirkungen alternativer Wettbewerbsstrategien, die auf eine bestmögliche Positionierung des Unternehmens im Hinblick auf die Umfeldanforderungen abzielen. Aus den Umwelt- und Marktgeschehnissen werden systematisch Chancen und Risiken abgeleitet sowie Stärken und Schwächen des Unternehmens identifiziert, um **Erfolgspotenziale** aufzubauen und zu erhalten. Hierdurch wird die **nachhaltige Existenzsicherung** als Ziel der strategischen Planung bzw. des strategischen Managements unterstützt. Das strategische Controlling unterstützt die Unternehmensführung während des gesamten Ablaufs des strategischen Managementprozesses durch die Bereitstellung interner wie externer Informationen, das Erfassen und Aufzeigen von Veränderungen im Unternehmensumfeld sowie die Koordination im Rahmen der Strategieimplementierung. Die Aufgabengebiete des strategischen Controllings umfassen die strategische Analyse, die Strategieformulierung und -auswahl sowie die Strategieimplementierung (vgl. Abschnitt 3.1.4). Im Unterschied zum eher intern orientierten, operativen Controlling ist das strategische Controlling durch den Einbezug von externen Entwicklungs- und Einflussfaktoren stark umwelt- und marktori-

Abb. 1-1

Abgrenzung strategisches und operatives Controlling

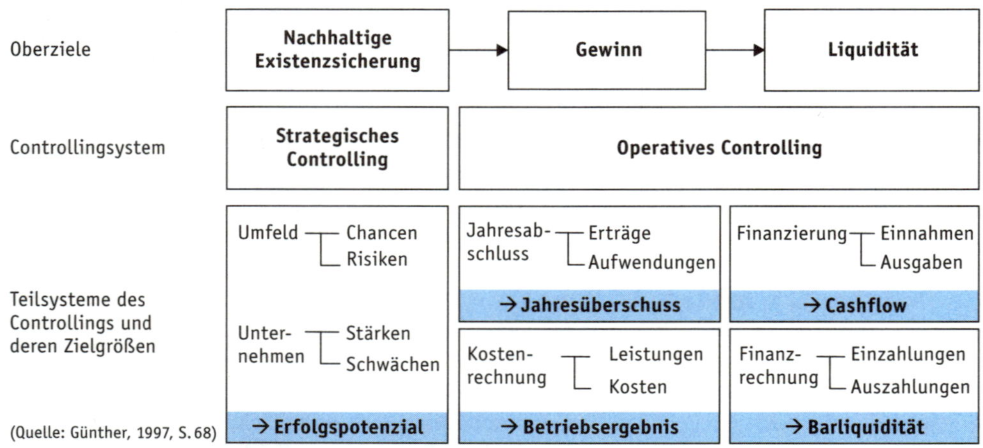

(Quelle: Günther, 1997, S. 68)

Praxisbeispiel

Strategisches Controlling im Volkswagen Konzern

Das strategische Controlling bezieht sich im Volkswagen Konzern auf den gesamten Prozess der strategischen Führung, d. h. sowohl auf die strategische Willensbildung als auch auf deren Durchsetzung. (...) Eine organisatorische Trennung zwischen strategischem und operativem Controlling existiert aufgrund der vielfältigen Überschneidungsproblematiken im Volkswagen Konzern nicht. Das Konzerncontrolling ist primär strategisch ausgerichtet, nimmt jedoch bei Make-or-Buy-Entscheidungen und innerhalb des Investitionsausschusses auch operative Aufgaben wahr. Wesentliche strategische Themenbereiche, die vom Konzerncontrolling abgedeckt werden, sind Portfolio- und Marktbetrachtungen (Wie kann das Produktportfolio und die Präsenz auf den Märkten erweitert werden?), die Dienstleistungs- und Fertigungstiefe (Wie wird das Kerngeschäft definiert oder inwiefern sollte dieses erweitert oder eingeschränkt werden?) und Standortentscheidungen, insbesondere im Prozess der Internationalisierung.
(Quelle: Adelt, 2003, S. 455 ff.)

entiert. Als Zielgrößen steuert das strategische Controlling das langfristige Erfolgspotenzial und die nachhaltige Existenzsicherung des Unternehmens in einem **mittel-** bis **langfristigen Zeithorizont**. Da sich das strategische Controlling häufig mit »unscharfen« Phänomenen beschäftigt, die nur schwer in monetären Kategorien auszudrücken sind, verarbeitet es neben quantitativen, monetären, insbesondere auch qualitative, nicht monetäre Informationen. Im Vergleich zum operativen Controlling ist das strategische Controlling daher durch eine schwierigere Quantifizierbarkeit, aufwändigere Informationsbeschaffung und höhere Reichweite gekennzeichnet (vgl. Abb. 1-1). Instrumente des strategischen Controllings werden in Kapitel 3 ausführlich thematisiert.

Integration strategisches und operatives Controlling

Trotz der aufgezeigten Unterschiede ist die strikte (organisatorische) Trennung von operativem und strategischem Controlling nicht sinnvoll, da strategisches und operatives Denken eine Einheit bilden müssen (vgl. Horváth, 2011, S. 222). Die beiden Fragen »Tun wir die richtigen Dinge?« (**Effektivität** innerhalb des strategischen Denkens) und »Tun wir die Dinge richtig?« (**Effizienz** innerhalb des operativen Denkens) sind in der Realität untrennbar miteinander verbunden. Die notwendige **Verzahnung von operativem und strategischem Controlling** ergibt sich durch die Prüfung der operativen Machbarkeit von Strategien und Strategiekonformität von operativen Entscheidungen. Die betrachteten Erfolgspotenziale im Rahmen des strategischen Controllings stellen eine Vorsteuerungsgröße für den Erfolg im Rahmen des operativen Controllings dar.

1.1.3 Systeme des Rechnungswesens

Zur betriebswirtschaftlichen Unternehmenssteuerung benötigt das Management laufende Informationen über den wirtschaftlichen Erfolg sowie zu Vermögen und Kapital. Auch Kapitalgeber haben in der Regel ein Interesse bzw. ein Recht, über den wirtschaftlichen Erfolg des Unternehmens und das ihm anvertraute Vermögen und Kapital informiert zu werden. Das Rechnungswesen stellt diese Informationen bereit und ist daher ein zentraler Bestandteil des Managementsystems. Es benutzt dazu zwei Subsysteme: das externe Rechnungswesen (Buchführung und Jahresabschluss) und das interne Rechnungswesen (Kosten- und Leistungsrechnung sowie Investitions- und Finanzierungsrechnung; vgl. hierzu und zum Folgenden ausführlich Coenenberg et al., 2014a, S. 8 ff.).

Begriff des Rechnungswesens

Der Begriff **Rechnungswesen** entspricht dem angelsächsischen Begriff des »Accounting« und umfasst sämtliche Rechenwerke innerhalb einer Unternehmung, welche die betrieblichen Prozesse erfassen, auswerten, steuern und überwachen sowie der quantitativen Aufbereitung und Darstellung von wirtschaftlichen Zuständen in einem bestimmten Zeitpunkt bzw. während eines bestimmten Zeitraums dienen. Das betriebswirtschaftliche Rechnungswesen ist folglich als ein spezielles Informationssystem innerhalb des Unternehmens anzusehen, dessen Funktion in der vorwiegend mengen- und wertmäßigen Erfassung von ökonomisch relevanten Daten über vergangene, gegenwärtige und zukünftige wirtschaftliche Tatbestände und Vorgänge im Betrieb, der nachfolgenden Transformation der Daten entsprechend den zugrundeliegenden Zwecken und der Weitergabe an interne und externe Informationsnutzer liegt.

Adressaten des Rechnungswesens

Die Informationen, die vom Rechnungswesen gesammelt und aufbereitet werden, dienen verschiedenen **unternehmensinternen** und **-externen Personengruppen** (Stakeholder) mit unterschiedlicher Interessenlage als Entscheidungsgrundlage. Neben den Eigentümern bzw. der Geschäftsleitung als primäre (interne) Adressaten haben weitere (externe) Stakeholder ein Interesse an Informationen über das Unternehmen z. B. Gläubiger, Kunden, Konkurrenzunternehmen, Arbeitnehmer und der Fiskus. Das Rechnungswesen gewährt dabei nicht allen Interessenten die gleiche Art von Informationen.

Internes und externes Rechnungswesen

Durch die Vielzahl der Adressaten und der damit verbundenen unterschiedlichen Rechnungszwecke entwickelte sich insbesondere im deutschen Sprachraum eine Einteilung des betrieblichen Rechnungswesens in internes und externes Rechnungswesen. Das **interne Rechnungswesen** dient in erster Linie der Unternehmenssteuerung durch Planung und Kontrolle im Kontext der Funktionen Entscheidungsunterstützung und Verhaltenssteuerung. Im **externen Rechnungswesen** dominiert dagegen die Dokumentationsfunktion und somit eine möglichst genaue Abbildung der Vermögens-, Finanz- und Ertragslage. Während das interne Rechnungswesen maßgeblich an die Geschäftsleitung gerichtet ist, wendet sich das externe Rechnungswesen primär an externe Adressaten des Unternehmens, von denen die Kapitalgeber die zentralen Adressaten der veröffentlichten Informationen darstellen. In der Praxis haben sich dadurch zwei verschiedene Rechenwerke (sog. Rechenkreise) für die unterschiedlichen Rechenzwecke etabliert. Im deutschsprachigen Raum spricht man daher häufig von einem »Zweikreissystem«. Im angelsächsischen Raum ist ein »Einkreissystem« üblich, bei dem die beiden Rechenwerke vereinheitlicht sind – meist mit einer deutlichen Dominanz des externen Rechnungswesens.

Aus der Einteilung des Rechnungswesens, den unterschiedlichen Zielsetzungen und der Ausrichtung auf verschiedene Adressaten lassen sich einzelne **Teilgebiete des Rechnungswesens** ableiten. Während der **Jahresabschluss** den Kern des externen Rechnungswesens bildet, umfasst das interne Rechnungswesen die **Kosten- und Leistungsrechnung** sowie die **Investitions- und Finanzierungsrechnung** (vgl. Abb. 1-2). Der Aufbau und die Gestaltung des externen Rechnungswesens sind dabei an rechtliche Normen zur Rechnungslegung gebunden. Auf diese Weise soll externen Adressaten, wie z. B. Eigenkapitalgebern, eine nachvollziehbare und vergleichbare Darstellung der wirtschaftlichen Situation ermöglicht werden. Hierdurch soll eine asymmetrische Information der externen Adressaten verringert werden, die durch den Informationsvorsprung der Geschäftsführung in Form von interner Kenntnis über z. B. Produktionsengpässe, neue technologische Entwicklungen oder Marktentwicklungen entsteht. Der Aufbau und die Organisation des internen Rechnungswesens liegen dagegen im Ermessen des Unternehmens.

Rechengrößen des Rechnungswesens

Die Teilgebiete des Rechnungswesens sind unmittelbar mit den Zielgrößen Liquidität und Erfolg verknüpft. Der **Liquiditätssteuerung** dient die Finanzierungsrechnung über die Rechengrößen Einzahlungen/Auszahlungen bzw. unter Einbezug von

Abb. 1-2

Teilgebiete und Rechengrößen des Rechnungswesens

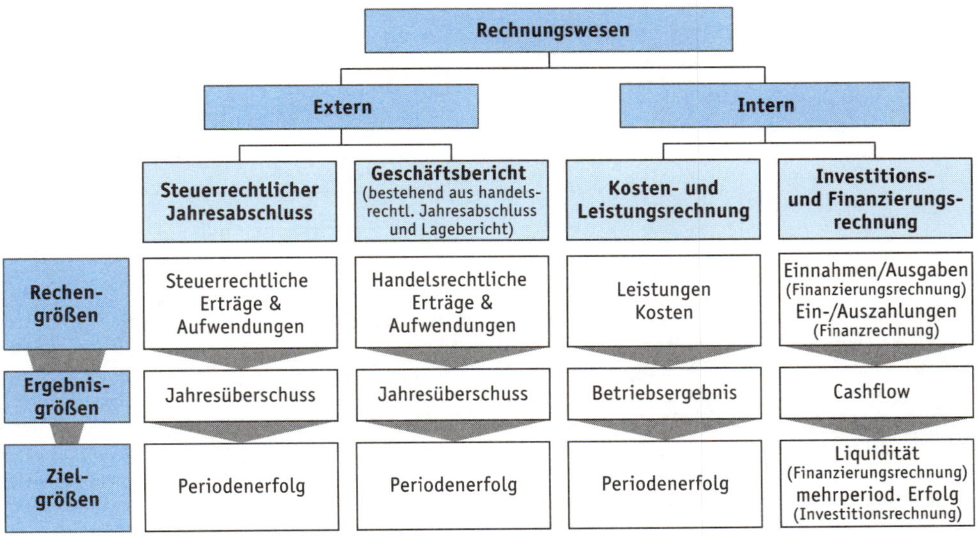

(Quelle: in Anlehnung an Coenenberg et al. 2014a, S. 8)

Praxisbeispiel

Der Aufbau des Rechnungswesens im Volkswagen Konzern

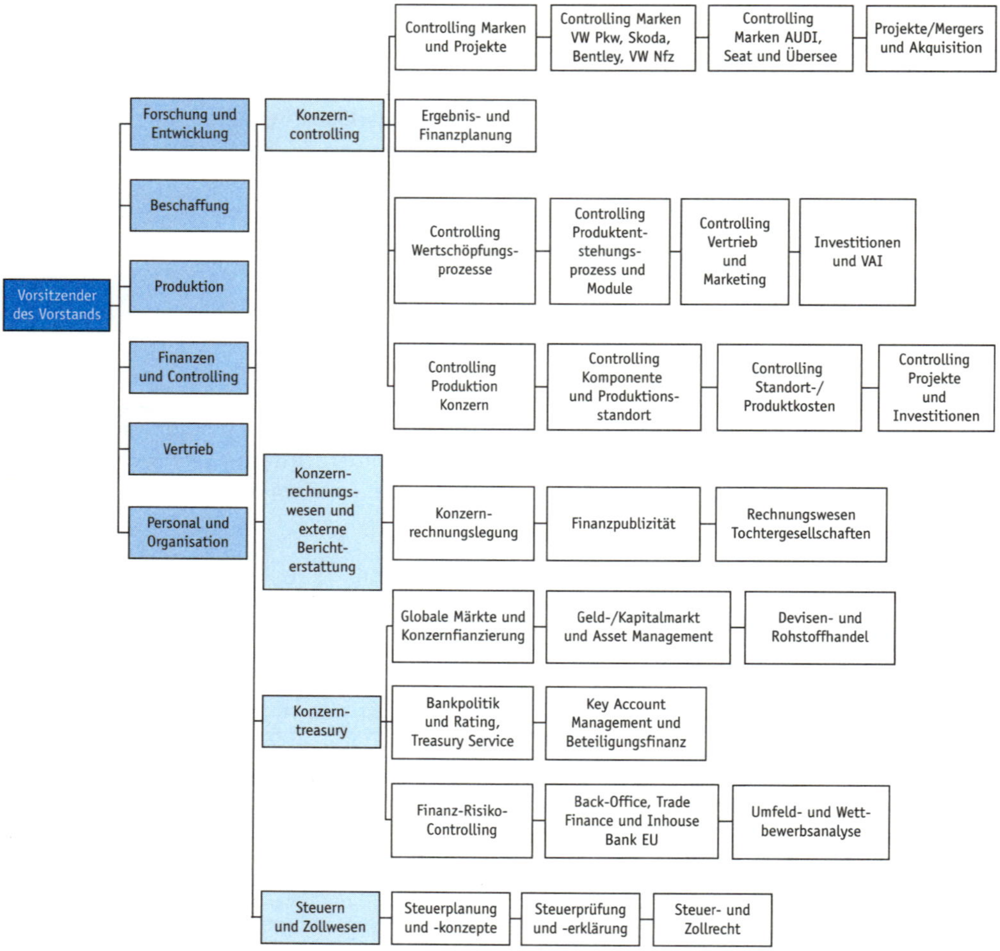

Organisation von Finanzen und Controlling im Volkswagen Konzern

Das Profil des Controllings im Volkswagen Konzern hat sich in den vergangenen Jahrzehnten stark verändert – weg von reinen Kostenrechnungsfunktionen und hin zu einem betriebswirtschaftlichen »Service« für das Management. In seiner ursprünglichen Rolle war das Controlling des Volkswagen Konzerns ebenso wie das Controlling anderer Unternehmen mit reinen Kostenrechnungsaufgaben betraut und diente ausschließlich der reinen Informationsversorgung des Managements. Es fungierte als »Registrator«, als der »oberste Kostenrechner« des Unternehmens und hatte eine Dokumentationsfunktion. Dabei bediente es sich primär der klassischen Instrumente des internen und externen Rechnungswesens. Entsprechend war die Ausrichtung vergangenheitsorientiert und eher kontrollierend als aktiv steuernd. Dadurch übte das Controlling eine passive Rolle aus. Der Beitrag zur Entscheidungsfindung des Managements lag insbesondere auf der Informationsübermittlung im Rahmen des Standard-Reportings.

Fortsetzung auf Folgeseite

Fortsetzung von Vorseite

Im Laufe der Zeit verlagerten sich die Anforderungen an das Controlling in Richtung einer Koordination der unternehmerischen Planungs- und Kontrollsysteme. Das Controlling entwickelte sich zum »Navigator« des Unternehmens, führte u. a. Soll-Ist-Abweichungen durch und initiierte aktiv entsprechende Korrekturmaßnahmen. Folglich verantwortete es den methodischen »Werkzeugkasten« der Planungs- und Kontrollhilfsmittel. Dadurch trat es aus seiner eher passiven Rolle heraus und war aktiv an der Entscheidungsfindung des Managements beteiligt. Heute beinhaltet das Controlling alle die Entscheidungsunterstützung des Managements umfassenden Funktionen und tritt im Volkswagen Konzern in der Rolle eines »Innovators« auf. Es ist zukunfts- und aktionsorientiert ausgerichtet und tritt als Opponent oder »Sparringspartner des Managements« in Erscheinung. Das ganzheitlich ansetzende Monitoring des Unternehmens und seines Umfelds gehören ebenso zum Aufgabenspektrum des Controllings wie die Erstellung von Sonderanalysen, -auswertungen und Ad-hoc-Berichten. Damit bereitet es die im Unternehmen verfügbaren Informationen in Form von Zahlen auf, führt diese zusammen, kommentiert und berichtet diese, mit Handlungsempfehlungen versehen, an seine Adressaten – primär also an das Management des Unternehmens.
Organisatorisch ist das Controlling im Volkswagen Konzern dem Vorstand für Finanzen und Controlling (CFO) zugeordnet, an den die weltweite Finanzorganisation berichtet. Als Teil der weltweiten Controllingorganisation gliedert sich das Konzerncontrolling in die Abteilungen »Ergebnis- und Finanzplanung«, den divisionalen Bereich »Controlling Marken und Projekte« sowie in die wertschöpfungsorientierten Funktionen »Controlling Wertschöpfungsprozesse«, »Controlling Produktion Konzern«, »Konzern Vertriebscontrolling« sowie »Konzerncontrolling Originalteile«. Daneben existieren in den verschiedenen Unternehmenseinheiten – strukturiert nach Marken/Gesellschaften und Regionen – eigenständige Finanz- und Controllingstrukturen. Diese sind den jeweiligen Finanzvorständen zugeordnet und unterstreichen damit die Eigenständigkeit der jeweiligen Konzerneinheit. In den Marken/Gesellschaften und Regionen erfolgt die Bearbeitung der eher operativ ausgerichteten Controllingthemen. Zwischen dem Konzerncontrolling und dem Controlling der verschiedenen Unternehmenseinheiten findet eine enge Zusammenarbeit und Abstimmung statt. Dadurch ergibt sich in der Aufbauorganisation des Konzerns ein »Dotted-Line-Prinzip«: Zwischen den Bereichen im Konzerncontrolling und den entsprechenden Bereichen in den Marken/Gesellschaften und Regionen ergibt sich eine komplementäre Arbeitsteilung, die somit in einer quasi Matrixstruktur bzgl. einzelner Teilaufgaben im Controlling resultiert.
(Quelle: Pötsch, H.-D., 2012, S. 149 ff.)

Kreditgeschäften über Einnahmen/Ausgaben. Der **Erfolgssteuerung** (operativen Steuerung) dienen der Jahresabschluss (Bilanz/Gewinn- und Verlustrechnung) und die Kosten- und Leistungsrechnung.

Während **Auszahlungen** und **Einzahlungen** dabei tatsächliche Zahlungen in Form von Geld (Bargeld, Buchgeld) sind, die den Bestand an flüssigen Mitteln des Unternehmens verändern, führen **Ausgaben** und **Einnahmen** rechtlichen Anspruch auf Finanzmittel herbei. Eine Ausgabe kann, muss aber nicht gleichzeitig Auszahlung sein. Wird Ware eingekauft und bar bezahlt, dann handelt es sich gleichzeitig um eine Auszahlung und um eine Ausgabe. **Aufwendungen** und **Erträge** sind Begriffe für den Wertverzehr bzw. Wertzuwachs im Unternehmen und werden in der Gewinn- und Verlustrechnung gegenübergestellt. Erst wenn Güter tatsächlich im Betriebsprozess verbraucht worden sind, spricht man von Aufwand. Die Kosten- und Leistungsrechnung erfasst **Kosten** und **Leistungen**, die denjenigen Teil des Wertverbrauchs und -zuwachses darstellen, der durch die Erfüllung der spezifischen Aufgaben des Betriebes (Erzeugung und Absatz von Gütern und Leistungen) verursacht wird. In der Kostenrechnung werden alle nicht die Leistungserstellung und -verwertung betreffenden sog. **neutralen Aufwendungen** und **Erträge** ausgeschlossen. Im Folgenden werden die Begriffe Kosten- und Leistungsrechnung sowie Kostenrechnung synonym verwendet. Hierzu gehören alle betriebsfremden, periodenfremden und außerordentlichen Aufwendungen und Erträge, die aber in der Finanzbuchhaltung aufgezeichnet werden (z. B. Spekulationsgewinne, Steuernachzahlungen, Verkauf von Produktionsanlagen). Zusätzlich können in der Kostenrechnung **kalkulatorische Kosten** verrechnet werden, die entweder in der Finanzbuchhaltung gar nicht (z. B. kalkulatorische Zinsen, Mieten, Unternehmerlohn) oder in anderer Höhe anfallen (kalkulatorische Abschreibungen) und deshalb auch als sog. Zusatzkosten bzw. Anderskosten bezeichnet werden.

Die unterschiedlichen Rechengrößen werden innerhalb der jeweiligen Rechnungen zu unterschiedlichen Ergebnisgrößen komprimiert (vgl. Abb. 1-2). In der Finanzierungsrechnung werden Einzahlungen und Auszahlungen zu **Cashflows** zusammengefasst, die Auskunft über die Finanzierungskraft bzw. Liquidität des Unternehmens geben. Der Saldo von Erträgen und Aufwendungen in der Gewinn- und Verlustrechnung (GuV) ergibt den **Jahresüberschuss**, der eine zentrale Maßgröße des externen Rechnungswesens für den Periodenerfolg liefert. Leistungen und Kosten werden im **Betriebsergebnis** zusammengefasst, das eine zentrale Maßgröße für den betrieblichen Erfolg im internen Rechnungswesen darstellt.

1.1.3.1 Buchführung und Jahresabschluss

Buchführung

Die **Buchführung** übernimmt innerhalb des Rechnungswesens die Aufgabe der Erfassung und Aufbereitung der Zahlenwerte aller festgestellten wirtschaftlich bedeutsamen Geschäftsvorgänge, die zu Veränderungen des Vermögens oder Kapitals eines Unternehmens führen. Die Erfassung erfolgt dabei nach einer systematischen, sachlichen und chronologischen Ordnung, um eine lückenlose Aufzeichnung aller wesentlichen Sachverhalte zu gewährleisten und eine betriebswirtschaftlich sinnvolle Auswertung zu ermöglichen. Zentrales Element der Buchführung sind Konten, die eine zweiseitige Rechnung von Mehrungen und Minderungen darstellen und diese einzeln und aufsummiert in T-Form mit den Spalten »Soll« und »Haben« gegenüberstellen. Die Konten sind in einer Struktur zusammengefasst (Kontenrahmen und Kontenplan), die eine aussagefähige inhaltliche Auswertung der Geschäftsvorfälle sowie eine Zusammenführung im Rahmen der Bilanz unterstützt. Im Rahmen von Buchungen werden sämtliche betrieblich relevanten Sachverhalte auf den Konten erfasst. Die erfassten Zahlenwerte werden den unterschiedlichen Teilgebieten des Rechnungswesens für eine weitere Auswertung zur Verfügung gestellt.

Jahresabschluss

Aus der Buchführung werden die Bilanz und die Gewinn- und Verlustrechnung (GuV) abgeleitet, welche den **Jahresabschluss** von Kaufleuten (§ 242 Abs. 3 HGB) bilden, der für Kapitalgesellschaften zusätzlich um den Anhang ergänzt wird (§ 264 Abs. 1 HGB). Darüber hinaus ist der Abschluss kapitalmarktorientierter Unternehmen i. S. d. § 264d HGB i. V. m. § 2 Abs. 5 WpHG um eine Kapitalflussrechnung, einen Eigenkapitalspiegel sowie optional um einen Segmentbericht zu erweitern (§§ 264 Abs. 1, 297 Abs. 1 HGB). Der Jahresabschluss, bestehend aus Bilanz, GuV sowie ergänzend der Kapitalflussrechnung, dem Eigenkapitalspiegel und dem Anhang, bildet somit das Ergebnis der Aufzeichnung der Buchführung.

Aufgaben des Jahresabschlusses

Neben der **Dokumentation** der Geschäftsvorfälle bilden die **Rechenschaftslegung** der Unternehmensleitung gegenüber den am Unternehmen beteiligten Gruppen und die Ermittlung des ausschüttungsfähigen **Periodengewinns** die Hauptaufgaben des Jahresabschlusses. Der Jahresabschluss ermöglicht dem Management, Rechenschaft über die Verwendung des eingesetzten Kapitals und über die Qualität der Geschäftsführung, die sich insbesondere in dem während der Periode erwirtschafteten Erfolg ausdrückt, abzulegen. Infolge der Dynamisierung der Umwelt gewinnt die **Informationsfunktion** des Jahresabschlusses mit Informationen zur Lage und Entwicklung des Unternehmens an Bedeutung. Gemäß den Objektivierungsanforderungen des HGB und der Grundsätze ordnungsmäßiger Buchführung und Bilanzierung (GoB) soll der Jahresabschluss dabei allen Interessenten ein den tatsächlichen Verhältnissen entsprechendes Bild der Vermögens-, Finanz- und Ertragslage des Unternehmens vermitteln (§§ 264 Abs. 2 Satz 1, 297 Abs. 2 Satz 2 HGB).

Instrumente des Jahresabschlusses

Die zeitraumbezogene **GuV** bzw. Erfolgsrechnung ermittelt den Erfolg auf Basis der Darstellung und Saldierung der Erträge und Aufwendungen einer Abrechnungsperiode. Folglich weist die GuV den anhand gesetzlicher Normierungen ermittelten Jahresüberschuss oder Jahresfehlbetrag aus. Die Zusammenstellung aller Einzahlungen und Auszahlungen des Unternehmens erfolgt in der **Kapitalflussrechnung (KFR)** bzw. Cashflow-Rechnung, die über die Entwicklung der Liquidität sowie die Ursachen ihrer Veränderung innerhalb der betrachteten Periode informiert. In der zeitpunktbezogenen **Bilanz** erfolgt die Aufzeichnung sämtlicher Kapitalbestände und der Vermögensbestände, die erst in nachgelagerten Perioden zu Aufwand und Ertrag führen. Die Bilanz bildet das Bindeglied zwischen der GuV und der KFR, da sie sowohl den Liquiditäts- als auch den Erfolgssaldo jeweils als globale Größe enthält (vgl. Abb. 1-3). In einem weiteren Sinne wird unter Bilanz oft der gesamte Jahresabschluss, also Bilanz und GuV, ggf. inklusive einer KFR verstanden (Bilanz i. w. S.).

Abb. 1-3

Zusammenhang zwischen Bilanz, Gewinn- und Verlustrechnung und Kapitalflussrechnung

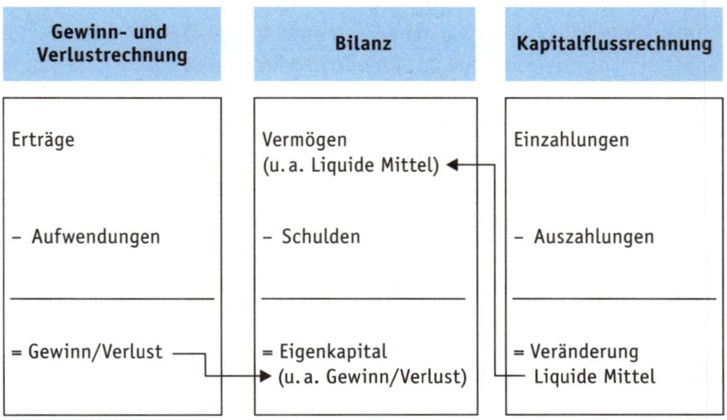

(Quelle: Coenenberg et al., 2014a, S. 21)

Bilanzarten

Die **Handelsbilanz**, die entweder nach nationalem Recht (Bilanz nach Handelsrecht) oder nach internationalen Standards (IFRS oder US-GAAP) erstellt wird, ist die wichtigste Bilanzart. Hierbei handelt es sich um die Gegenüberstellung von Vermögen (Aktiva) und Schulden (Passiva). Parallel hierzu wird die laufende **Steuerbilanz** erstellt, mit der das steuerpflichtige Einkommen von Unternehmen auf Basis des Ertrags ermittelt wird. Bezieht sich der auf die periodenbezogene Erfolgsermittlung abzielende Jahresabschluss auf ein einzelnes rechtlich abgegrenztes Unternehmen, spricht man von **Einzelbilanz**, die neben der Informationsfunktion insbesondere der Feststellung und Dokumentation rechtlicher Zahlungsansprüche dient. Bezieht sich der Abschluss auf eine gesamte wirtschaftliche Einheit mehrerer rechtlich selbstständiger Unternehmen (Konzern), handelt es sich um eine **Konzernbilanz**, die auf die Vermittlung von Informationen über die Vermögens-, Finanz- und Ertragslage ausgerichtet ist. Bei dem Einzel- und Konzernabschluss handelt es sich um laufende Abschlüsse, die mindestens einmal im Jahr, ggf. aber auch wie bei börsennotierten Unternehmen quartalsweise, zu erstellen und zu veröffentlichen sind. Von den laufenden Bilanzen sind **Sonderbilanzen** zu unterscheiden, die für spezielle Zwecke zu erstellen sind wie z. B. Liquiditäts- oder Vermögensbilanz. Nach dem Adressatenkreis lassen sich ferner **interne Bilanzen** zur Steuerung des Geschäfts durch die Unternehmensleitung und **externe Bilanzen** zur Information außenstehender Stakeholder unterscheiden.

1.1.3.2 Kosten- und Leistungsrechnung

Begriff der Kosten- und Leistungsrechnung

Die **betriebliche Kosten- und Leistungsrechnung** unterstützt die Unternehmensführung bei der zieladäquaten Steuerung der innerbetrieblichen Leistungserstellungsprozesse durch gezielte Informationsbereitstellung. Die Kosten- und Leistungsrechnung wird dem **internen Rechnungswesen** zugeordnet, da sie sich an interne Informationsadressaten, in erster Linie betriebliche Entscheidungsträger, richtet. Sie stellt ein System dar, das die quantitative, vorwiegend mengen- und wertmäßige Ermittlung, Aufbereitung und Darstellung von wirtschaftlichen Zuständen zu einem Zeitpunkt und von wirtschaftlichen Abläufen während eines Zeitraums übernimmt (vgl. zum Folgenden Coenenberg et al., 2014a, S. 23 ff.). Hierbei bezieht sie sich auf die Rechnungsgrößen Kosten und Leistungen, die jeweils die bewertete, sachzielbezogene Güterentstehung bzw. den Güterverbrauch einer Abrechnungsperiode wiedergeben (vgl. Schweitzer/Küpper, 2011, S. 12 ff.).

Aufgaben der Kosten- und Leistungsrechnung

Die Kosten- und Leistungsrechnung hat zum einen die informatorische Entscheidungsunterstützung und Verhaltenssteuerung durch Plan- und Ist-Informationen als **interne Aufgabe** und die Ermittlung und Dokumentation kostenbezogener Werte als **externe Aufgabe**. Die Aufgaben der Kostenrechnung können so in Planungs-, Kontroll- und Dokumentationsaufgaben unterschieden werden (vgl. Abb. 1-4).

Struktur der Kosten- und Leistungsrechnung

Die Kostenrechnung ist eine **Zweckrechnung**, d. h. es gibt grundsätzlich keine rechtlich vorgeschriebene Ausgestaltung der Kostenrechnung, sodass es nicht die einzig richtige Kostenrechnung gibt, sondern diese unternehmensspezifisch nach den Planungs-, Kontroll- und Dokumentationsaufgaben auszurichten ist. Die Kostenrechnung gliedert sich nach dem **Informationsziel** üblicherweise in folgende drei

Abb. 1-4

Aufgaben der Kostenrechnung

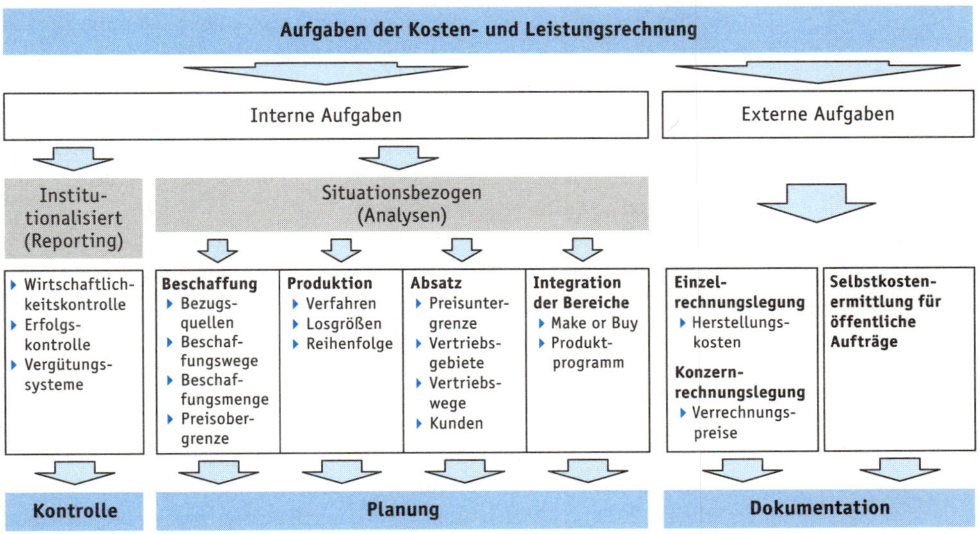

(Quelle: Coenenberg et al., 2012, S. 23)

Bereiche, wobei mit jeder dieser drei Teilrechnungen eine spezifische Fragestellung verbunden ist:

- Kostenartenrechnung (**Welche** Kosten sind angefallen bzw. werden anfallen?)
- Kostenstellenrechnung (**Wo** sind die Kosten angefallen bzw. werden sie anfallen?)
- Kostenträgerrechnung (**Wofür** sind die Kosten angefallen bzw. werden sie anfallen?)

Kostenartenrechnung

In der **Kostenartenrechnung** wird zunächst eine möglichst vollständige, exakte und strukturgleiche Erfassung und Gliederung der während der Abrechnungsperiode im Betrieb angefallenen bzw. erwarteten Kosten angestrebt. Gemäß den Rechnungszwecken erfolgt dabei eine Klassifikation in unterschiedliche Kostenarten. Die Kosten können dazu nach verschiedenen Kriterien differenziert werden (vgl. Eisele et al., 2011, S. 799 ff.):

- Zurechenbarkeit (Einzelkosten als direkte Kosten und Gemeinkosten als indirekte Kosten);
- Beschäftigungsabhängigkeit (variable und fixe Kosten);
- Betrieblichen Funktionen (Kosten der Beschaffung, der Produktion, des Absatzes etc.);
- Art der Kostenerfassung (aufwandsgleiche und kalkulatorische Kosten);

- Art der Herkunft der Kostengüter (primäre und sekundäre Kosten);
- Liquiditätswirkung der Kosten (ausgabewirksame und nicht ausgabewirksame Kosten).

In der Kostenartenrechnung wird üblicherweise eine Untergliederung nach der Art der verbrauchten oder eingesetzten Produktionsfaktoren (Material-, Personal-, Kapitalkosten, Abschreibungen etc.) vorgenommen. Die wesentliche Aufgabe der Kostenartenrechnung ist die Bereitstellung von Informationen für die Kostenstellen- und Kostenträgerrechnung. Es besteht jedoch die Möglichkeit, bereits in der Kostenartenrechnung eigenständige Analysen durchzuführen wie bspw. Analysen zur zeitlichen Entwicklung bestimmter Kostenarten.

Kostenstellenrechnung

Die **Kostenstellenrechnung** identifiziert die Bereiche der Kostenentstehung und ordnet diesen Kosten zu. Hierzu werden Kostenstellen gebildet und diesen die in der Kostenartenrechnung erfassten Gemeinkosten, die nicht direkt einem einzelnen Produkt zuordenbar sind, zugewiesen. Dabei können die Kostenstellen als funktional, organisatorisch oder nach anderen Kriterien voneinander abgegrenzte Teilbereiche eines Unternehmens verstanden werden. Die Kostenstellenbildung erfolgt dabei häufig nach produktionstechnischen (Haupt-, Neben- und Hilfskostenstellen), rechnungstechnischen (Vor- und Endkostenstellen) sowie funktionsbezogenen (Material-, Fertigungs-, Vertriebs- und Verwaltungsstellen) Gesichtspunkten (vgl. Schweitzer/Küpper, 2011, S. 123 ff.). Zum Ausweis aller Kosten werden teilweise auch die Einzelkosten den Kostenstellen zugewiesen und anschließend weiter auf Produkte und Aufträge verteilt. Die Kostenstellenrechnung ist als das notwendige Bindeglied zwischen der Kostenarten- und Kostenträgerrechnung einzuordnen und ermöglicht neben der Überwachung der Kostenstellen zugleich eine indirekte Verrechnung der Gemeinkosten auf die betrieblichen Leistungen. Die Gemeinkosten werden dabei auf die einzelnen Kostenstellen verteilt (Primärkostenverrechnung), wobei Kostenstellen, die nicht direkt an der Leistungserstellung beteiligt sind, ihre Gemeinkosten über innerbetriebliche Leistungsverrechnung an die wertschöpfenden Kostenstellen weitergeben (Sekundärkostenverrechnung). Die Verbindung zwischen Kostenarten- und Kostenstellenrechnung erfolgt durch die innerbetriebliche Leistungsverrechnung mithilfe des **Betriebsabrechnungsbogens (BAB)**.

Kostenträgerrechnung

In der **Kostenträgerrechnung** soll schließlich die Frage beantwortet werden, wofür Kosten angefallen sind bzw. anfallen werden. Die Kostenträger stellen innerbetriebliche Leistungen oder für den Absatzmarkt bestimmte Leistungen (Produkte oder Dienstleistungen) dar. Die Kostenträgerrechnung gliedert sich dabei in zwei Teilbereiche (vgl. Schweitzer/Küpper, 2011, S. 158):

- In der **Kostenträgerstückrechnung** bzw. **Kalkulation** werden die Stück-Herstellkosten bzw. -Selbstkosten je Kostenträger ermittelt. Hierzu werden die Gemeinkostendaten aus der Kostenstellenrechnung zusammen mit Einzelkosten der einzelnen Produkte bzw. einzelner Aufträge aus der Kostenartenrechnung den einzelnen Produkten zugerechnet.
- In der **Kostenträgerzeitrechnung** werden die gesamten Kosten eines Abrechnungszeitraumes (z. B. Monat, Quartal oder Jahr) und ihre Verteilung auf die Kostenträger bestimmt. Im Rahmen der kurzfristigen Erfolgsrechnung dient dies

der Analyse der Erfolgsursachen sowie der Wirtschaftlichkeit des gesamten Unternehmens.

Zusammenhang der Kostenrechnungsteilsysteme

Abbildung 1-5 verdeutlicht das Zusammenwirken der drei Teilsysteme. Zunächst werden in der Kostenartenrechnung die Kosten auf Basis der Buchführung erfasst und in Einzelkosten, die den Produkten unmittelbar zuordenbar sind, sowie Gemeinkosten, die sich nicht unmittelbar den Produkten zuordnen lassen, unterteilt. Die Einzelkosten werden dann direkt in die Kostenträgerrechnung übernommen, während die Gemeinkosten den Kostenstellen zugeordnet werden, in denen sie entstanden sind. In der Kostenstellenrechnung erfolgt dann eine sukzessive Verrechnung der Kosten von den Vorkostenstellen (Hilfskostenstellen) auf die Endkostenstellen (Hauptkostenstellen). Die erfassten Kosten, sowohl die Gemein- als auch die Einzelkosten, werden anschließend in der Kostenträgerrechnung auf die hergestellten Kostenträger weiterverrechnet.

Systeme der Kostenrechnung

Die dargestellte Grundstruktur der Kostenrechnung kann mit unterschiedlichen Arten von Kostenwerten angereichert werden, woraus sich verschiedene **Systeme der Kostenrechnung** ergeben (vgl. Coenenberg et al., 2012, S. 67). Eine Differenzierung der Kostenrechnungssysteme kann hinsichtlich des **Zeitbezugs** (Ist-, Normal- und Plankostenrechnungen) und des **Umfangs der Kostenverrechnung**

Abb. 1-5

Struktur der Kostenrechnung

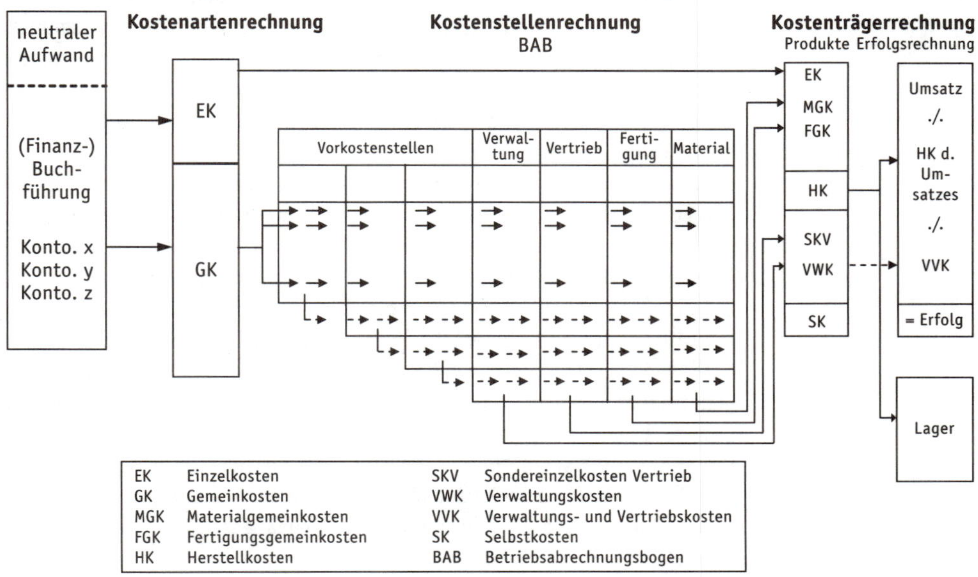

(Quelle: Coenenberg, et al. 2012, S. 116)

(Voll- und Teilkostenrechnungen) erfolgen. Daraus resultieren verschiedene Detaillierungsgrade der bereitgestellten Informationen.

1.1.3.3 Investitions- und Finanzierungsrechnung

Investitionsrechnung

Die **Investitionsrechnung** dient zur Beurteilung der Wirtschaftlichkeit einer Investition und soll beispielsweise die Frage beantworten, ob die Anschaffung einer neuen Produktionsmaschine wirtschaftlich sinnvoll ist (vgl. Coenenberg et al., 2014a, S. 18 ff.). Grundlage der Investitionsrechnung ist dabei die Planung der Einzahlungen und Auszahlungen eines Investitionsprojekts über seine gesamte Nutzungsdauer. Ziel der Investitionsrechnung ist neben der Ermittlung der Wirtschaftlichkeit eines einzelnen Investitionsprojekts die Beurteilung der Vorteilhaftigkeit des Investitionsprojekts gegenüber anderen Alternativen sowie die Bildung einer Rangfolge bei mehreren Investitionsalternativen (vgl. Becker, 2013, S. 37). Hierbei wird zwischen absoluter und relativer Vorteilhaftigkeit eines Investitionsprojekts unterschieden. Ein Investitionsprojekt ist absolut vorteilhaft, wenn es der Unterlassungsalternative vorzuziehen ist und relativ vorteilhaft, wenn es von mehreren einander ausschließenden Investitionsalternativen das Vorziehungswürdigste ist (vgl. Götze, 2008, S. 49). Für die Investitionsbeurteilung existieren verschiedene Ansätze, wobei sich hinsichtlich der Berücksichtigung des Zeithorizonts statische und dynamische Modelle der Investitionsrechnung unterscheiden lassen (vgl. Becker, 2013, S. 38).

Statische Investitionsrechnung

Die **statischen Modelle** der Investitionsrechnung berücksichtigen nicht den gesamten Planungs- oder Nutzungszeitraum einer Investition, sondern nur **einen bestimmten Zeitabschnitt** wie z. B. eine bestimmte Periode der Nutzungsdauer bzw. Laufzeit oder eine Durchschnittsperiode. Statische Modelle vernachlässigen somit den Zeitablauf, da alle Zahlungen in einer repräsentativen oder durchschnittlichen Periode der Investition betrachtet werden. Die statischen Investitionsrechenverfahren lassen sich hinsichtlich der berücksichtigten Zielgröße in Kosten-, Gewinn-, Rentabilitätsvergleichsrechnung sowie statische Amortisationsrechnung unterscheiden (vgl. zum Folgenden Götze, 2008, S. 50 ff.):

- Im Rahmen der **Kostenvergleichsrechnung** werden die Gesamtkosten mehrerer Investitionsalternativen gegenübergestellt. Eine Beurteilung der absoluten Vorteilhaftigkeit anhand der Kosten ist nicht sinnvoll, falls bei einer Investition entstehende Erlöse von denen der Unterlassungsalternative abweichen.
- Bei der **Gewinnvergleichsrechnung** werden neben den Kosten auch Erlöse der Investitionsalternativen berücksichtigt. Eine Investition ist dabei absolut vorteilhaft, wenn sie einen positiven Gewinn erwirtschaftet. Zudem gibt die Gewinnvergleichsrechnung eine Rangfolge bei mehreren Investitionsalternativen an und ermöglicht die Beurteilung der Vorteilhaftigkeit.
- Die **Rentabilitätsvergleichsrechnung** berücksichtigt im Gegensatz zur Gewinn- und Kostenvergleichsrechnung die unterschiedliche Kapitalbindung der Investitionen, indem sie die durchschnittlichen Gewinne zu ihrem durchschnittlichen Kapitaleinsatz ins Verhältnis setzt. Zur Beurteilung der absoluten Wirtschaftlichkeit einer Investition kann zum einen die Rentabilität als Entscheidungskriterium eingesetzt werden (Nettorendite). Zum anderen kann das Management durch den Kalkulationszinssatz einen Grenzwert festlegen, sodass die Rentabilität größer

als der kalkulatorische Zinssatz sein muss. Die relative Vorteilhaftigkeit ergibt sich durch den Vergleich der Rentabilität verschiedener Investitionsalternativen, wobei sich die wirtschaftlichste Investition durch deren relativ höhere Rentabilität im Vergleich zu anderen Investitionsalternativen auszeichnet.

- Im Rahmen der **statischen Amortisationsrechnung** wird die Vorteilhaftigkeit einer Investitionsalternative anhand der Amortisations- bzw. Wiedergewinnungsdauer beurteilt, d. h. nach dem Zeitraum, in dem das eingesetzte Kapital aus den durchschnittlichen Rückflüssen der Investition wiedergewonnen wird. Auch hier kann eine maximale Dauer als Grenzwert vorgegeben werden. Da nach Ende der Amortisationszeit auftretende Wirkungen vernachlässigt werden, werden kurzfristige gegenüber langfristigen Investitionen tendenziell bevorzugt.

Dynamische Investitionsrechnung

Die **dynamischen Modelle** der Investitionsrechnung berücksichtigen die gesamte Laufzeit oder Nutzungsdauer einer Investition und somit meist **mehrere Perioden.** Sie berücksichtigen die zeitliche Struktur der durch eine Investition verursachten Ein- und Auszahlungen, d. h. zukünftige Zahlungen werden anders bewertet als gegenwärtige Zahlungen. Die dynamischen Investitionsrechenverfahren lassen sich in Modelle mit der Annahme eines vollkommenen Marktes sowie einheitlichen Kalkulationszinssatzes und Modelle mit der Annahme unterschiedlicher Zinssätze für Anlage und Aufnahme von Finanzmitteln einteilen (vgl. im Folgenden Götze, 2008, S. 71 ff.). Eine Beurteilung der Investitionsalternativen unter Einbezug eines **einheitlichen Kalkulationszinssatzes** erfolgt z. B. durch die Kapitalwert-, Annuitäten- und interne Zinssatzmethode sowie die dynamische Amortisationsrechnung. **Unterschiedliche Zinssätze** unterstellen hingegen beispielsweise die Vermögensendwert- und Sollzinssatzmethode sowie die Methode der vollständigen Finanzpläne.

Beispielhaft wird hier die weit verbreitete **Kapitalwertmethode** dargestellt. Sie stellt der Anfangsinvestition den Wert der daraus resultierenden Rückflüsse gegenüber. Nur wenn der Wert der Rückflüsse die Investitionsausgaben übersteigt, d. h. wenn der Kapitalwert größer als Null ist, lohnt sich das Projekt. Um nicht nur die absoluten Beträge, sondern auch deren Verzinsung zu berücksichtigen, werden alle Rückflüsse mit dem Kalkulationszinssatz auf den Investitionsbeginn diskontiert. Durch Abzinsen (=Diskontieren) wird der Wert im Anfangszustand ermittelt, der benötigt wird, um bei einer Verzinsung mit dem Zinssatz i eine Rückzahlung in Höhe der Rückflüsse zu erhalten. Den Wert einer zukünftigen Zahlung zum heutigen Zeitpunkt bezeichnet man als Barwert. Die Differenz von Barwert und Anfangsinvestition bildet den Kapitalwert (KW):

$$KW_0 = -I_0 + \sum_{t=1}^{T} \frac{(e_t - a_t)}{(1+i)^t}$$

mit:

I_0 = Anfangsinvestition	e_t = Einzahlungen im Zeitpunkt t
t = Zeitindex	a_t = Auszahlungen im Zeitpunkt t
T = letzter Zeitpunkt, in dem Zahlungen anfallen	i = Kalkulationszinssatz

Ist der Kapitalwert positiv, so ist der Barwert der diskontierten zukünftigen Ein- und Auszahlungen größer als die Anschaffungskosten der Investition. Dies ist als vorteilhaft zu werten. Bei mehreren Investitionsalternativen ist diejenige Alternative mit dem höchsten Kapitalwert am vorteilhaftesten. Bei einem negativen Kapitalwert kann eine Verzinsung des eingesetzten Kapitals zum Kalkulationszinssatz nicht erfolgen. Die **interne Zinssatzmethode** berechnet den internen Zinssatz, der sich bei einem Kapitalwert von Null ergibt (vgl. Götze, 2008, S. 96 ff.). Eine Investition ist dann absolut vorteilhaft, wenn ihr interner Zinssatz größer als der Kalkulationszinssatz ist. Die Beurteilung der relativen Vorteilhaftigkeit durch die interne Zinssatzmethode ist jedoch fraglich, falls die Investitionsprojekte eine unterschiedliche Kapitalbindung und/oder Nutzungsdauer aufweisen.

Finanz- und Finanzierungsrechnung

Im Rahmen der Liquiditätssicherung kommt dem Controlling die Aufgabe zu, die Zahlungsfähigkeit des Unternehmens sicherzustellen. Zum Einsatz kommt dabei eine **Finanzierungsrechnung,** die das finanzwirtschaftliche oder liquiditätsorientierte Teilgebiet des Rechnungswesens bezeichnet und ein zentrales Informationsinstrument für jedes Unternehmen ist.

Die Finanzierungsrechnung umfasst monetäre Periodenrechnungen (z. B. Jahres- oder Monatsrechnung, mehrperiodische Planungsrechnung) zur Erfassung und Steuerung von Zahlungsströmen und Finanzmittelbeständen. Die Finanzierungsrechnung ist ein Informationsinstrument, das Ein- und Auszahlungen oder adäquate Näherungsgrößen in Form von Einnahmen und Ausgaben für diese während eines Zeitraums zeigt. Dementsprechend kann man unter dem Begriff der Finanzierungsrechnung die Ausprägungsformen der Finanzrechnung und der Finanzierungsrechnung i. e. S. unterscheiden. Eine **Finanzrechnung** dient der Liquiditätssteuerung unmittelbar durch Gegenüberstellung der Ein- und Auszahlungen bzw. Zu- und Abflüsse von Geldmitteln. Die **Finanzierungsrechnung** i. e. S. basiert hingegen auf der Gegenüberstellung von Einnahmen und Ausgaben. Dies schließt das Entstehen von Ansprüchen auf Geldmittelzufluss (Forderungen) und Geldmittelabfluss (Verbindlichkeiten) ein. Daher kann eine Finanzierungsrechnung i. e. S. immer als eine Näherung für eine Finanzrechnung betrachtet werden. In der Unternehmenspraxis ist deshalb die Finanzierungsrechnung i. e. S. in den letzten Jahren immer stärker in den Vordergrund gerückt. Die Kapitalflussrechnung bildet eine beispielhafte retrospektive Finanzierungsrechnung, die externen Adressaten einen Einblick in die Finanzlage des Unternehmens ermöglicht, indem Investitions- und Finanzierungsvorgänge in Form von Ein- und Auszahlungen und deren Auswirkungen auf die Liquidität abgebildet werden.

1.1.3.4 Harmonisierung des Rechnungswesens

Im angelsächsisch geprägten Rechnungswesen (Accounting) findet sich eine adressatenbezogene Differenzierung in internes und externes Rechnungswesen in der Regel nicht. Üblicherweise liegt dort ein »**Einkreissystem**« vor, das durch die Orientierung an externen Vorgaben eher dokumentierenden Charakter aufweist. Die im deutschsprachigen Raum unterschiedlichen Zwecke von primär extern orientiertem (dokumentierendem) Jahresabschluss und primär intern orientierter (entscheidungsorientierter) Kostenrechnung führten zu einer zunehmenden Auseinanderentwicklung des internen und externen Rechnungswesens (»**Zweikreissystem**«). So unterscheiden sich Aufwendungen und Erträge als Rechengrößen der Buchführung von den Kosten und Leistungen als Rechengrößen der Kostenrechnung. Folglich divergieren der Jahresüberschuss und das Betriebsergebnis, obwohl beide Maße für den Unternehmenserfolg darstellen. Die zum Teil gravierenden Unterschiede führten zu Glaubwürdigkeitsverlusten des Rechnungswesens.

Konvergenz von internem und externem Rechnungswesen

Daher findet zunehmend eine **Annäherung des internen (kalkulatorischen) an das externe (bilanzielle) Rechnungswesen** statt, die unter dem Schlagwort Harmonisierung bzw. Konvergenz diskutiert wird (vgl. Coenenberg et al., 2014a, S. 27 ff.). Positiv sind dabei die Vermeidung von Doppelarbeiten, die Standardisierung und die Schaffung einer einheitlichen Datenbasis (»one single source of truth«) hervorzuheben. Negativ stehen einer solchen Effizienzsteigerung und Kommunikationsverbesserung die Gefahren der Informationsverzerrung und des Komplexitätsanstiegs durch ständige Anpassung bei Standardänderungen gegenüber. Als Lösung bietet sich eine partielle Integration an, um die Informationsversorgungs- und Entscheidungsunterstützungsfunktion des Controllings für Führungsentscheidungen nicht zu beschränken, sondern soweit als möglich Effizienzverbesserungen durch Harmonisierung zu erzielen (vgl. Abb. 1-6).

Eine solche partielle Integration liegt wesentlich darin begründet, dass Informationen für Entscheidungsrechnungen häufig nicht durch ein laufendes Rechnungswesen mit einheitlichen, gesetzlich normierten Messkonzepten bereitgestellt werden

Abb. 1-6

Konvergenzbereiche zwischen internem und externem Rechnungswesen

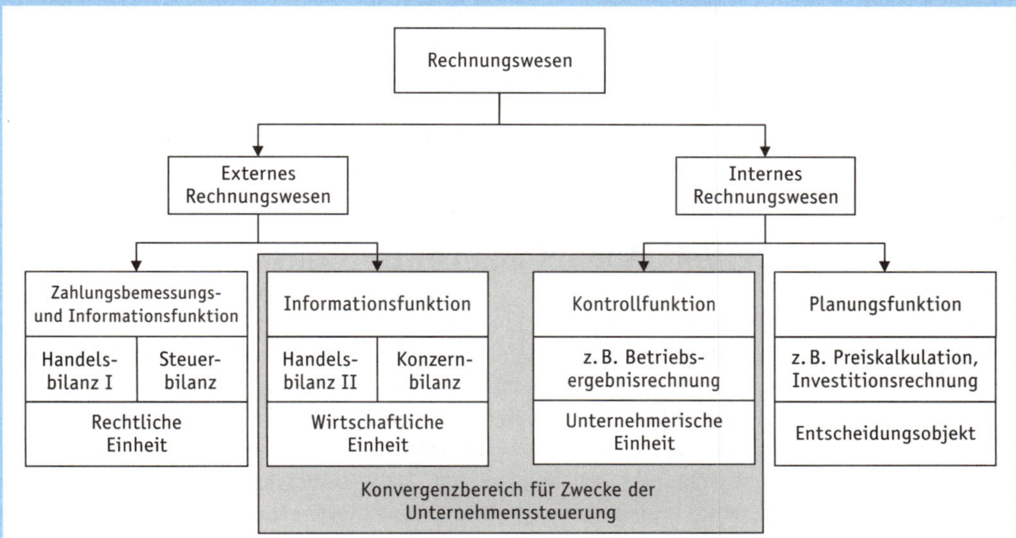

(vgl. Coenenberg et al., 2014a, S. 29)

(können). Sowohl die zu entscheidenden Sachverhalte als auch deren Konsequenzen verlangen meist nach individuellen Analysen. Nicht zuletzt haben die Entscheider individuelle Informationsanforderungen (vgl. zum subjektiven Informationsbedarf auch Abschnitt 2.3.1). Die Entscheidungsunterstützung stellt damit eine originäre Aufgabe des internen Rechnungswesens – zusätzlich zum externen Rechnungswesen – dar, die wesentlich vom Controlling wahrgenommen wird. Die auf die Verhaltenssteuerung gerichtete Kontrollfunktion der Kosten- und Leistungsrechnung bietet Anknüpfungspunkte für Konvergenz mit dem externen Rechnungswesen.

Konvergenzbereiche und -richtungen

Die **Konvergenz** kann grundsätzlich aus zwei **Richtungen** erfolgen: Eine Annäherung des internen an das externe Rechnungswesen und umgekehrt (vgl. Simons/Weißenberger, 2008, S. 138; Weißenberger, 2007). Durch die gesetzlichen Vorgaben im externen Rechnungswesen und die damit einhergehende Verbindlichkeit dominiert die erste Variante. Das Controlling nutzt dann (aus den oben dargestellten Gründen von Wirtschaftlichkeit und Datenintegrität) die in der externen Rechnungslegung generierten Daten, um seinen Aufgaben im Rahmen der Unternehmenssteuerung, der internen Berichterstattung, der Budgetplanung bzw. der zukunftsgerichteten Unternehmensplanung zu erfüllen. Angesichts neuer Entwicklungen bei den Bilanzierungsstandards scheint zunehmend aber auch die Umkehrrichtung denkbar. Den externen Adressaten werden bei diesem intern dominierten Konvergenzmodell insbesondere solche (stark aggregierten) Informationen zur Verfügung gestellt, die hinsichtlich Ansatz und Bewertung auch Bestandteil der betriebsinternen Berichterstattung an das Management sind (sog. management approach). Der **Management Approach** als eines der IFRS-Prinzipien fordert, interne Strukturen und Informationen auch nach außen zu publizieren. Dies umfasst nicht nur Daten und Methoden, die für die unmittelbare Erstellung von Jahres- und Quartalsabschlüssen notwendig sind, sondern auch z. T. qualitative Informationen für die Erstellung des Lageberichts und die zukunftsgerichtete Erstellung von Planbilanzen. Auch die stärkere Orientierung der Unternehmenssteuerung an den Anforderungen der externen Kapitalmärkte spricht für eine Berücksichtigung von Daten des externen Rechnungswesens im Controlling (vgl. dazu auch das Zusammenspiel von Controlling und CFO in Abschnitt 1.4.3).

1.2 Verständnis des Controllings

Dem Controlling kommt nach seiner eher langsamen Einführung in die Unternehmenspraxis (vgl. Abschnitt 1.4) inzwischen eine Schlüsselfunktion zu und es nimmt sowohl in großen als auch in kleinen Unternehmen eine zentrale Stellung ein. Trotz der Verbreitung und Akzeptanz des Controllings wurde jedoch weder in der Praxis noch in der inzwischen umfangreichen Literatur ein einheitliches Controllingverständnis geschaffen (vgl. Wall, 2008, S. 462). In der betriebswirtschaftlichen Literatur – insbesondere der deutschsprachigen – finden sich vielmehr eine Reihe unterschiedlicher Controlling-Konzeptionen (vgl. Scherm/Pietsch, 2004). Die Unterschiede der Konzeptionen beziehen sich sowohl auf die primäre Zielsetzung des Controllings, dessen Aufgabenbereiche als auch auf den Grad der Führungsunterstützung. Sie lassen sich grundsätzlich in entscheidungsorientierte, institutionentheoretische und verhaltensorientierte Ansätze einteilen. Während Erstere vielfach ausdifferenziert wurden und umfangreichen Eingang in die Unternehmenspraxis genommen haben, finden verhaltensorientierte Ansätze in jüngerer Zeit verstärkt ergänzend Anwendung. Im Folgenden sollen einige Konzeptionen beispielhaft dargestellt werden. Der Schwerpunkt liegt dabei auf praxisrelevanten Ansätzen, daher werden die ergebniszielorientierte, die informationsorientierte und die systemorientierte Konzeption sowie der Ansatz der Rationalitätssicherung vorgestellt.

Ergebniszielorientierte Controlling-Konzeption

Die **ergebniszielorientierte Controlling-Konzeption** stellt das Controlling als Subsystem der Unternehmensführung heraus, das für die **ergebniszielbezogene Steuerung** und somit eine konsequente Zielausrichtung des Unternehmens verantwortlich ist (vgl. Hahn/Hungenberg, 2001, S. 265). Im Mittelpunkt steht das **Unternehmensergebnis** als zentrale Zielgröße der Planung und Kontrolle, wobei das Ergebnis als rein quantitative Größe verstanden wird. Daher kann der Gegenstand des Controllings auf den **operativen Bereich** begrenzt werden und die strategische Ebene vom Aufgabenbereich des Controllings abgegrenzt werden.

Controlling wird dabei als Unterstützungsfunktion der Führung bei der ergebnisorientierten Steuerung des Unternehmens bezeichnet (vgl. Hahn/Hungenberg, 2001, S. 265; Franz, 2004, S. 287). Die wesentlichen **Aufgaben des Controllings** werden in der »Gestaltung und Weiterentwicklung von Planungs- und Kontrollsystemen, materielle(n) Tätigkeiten bei der Planaufstellung (Information, Beratung, Koordination) und bei der Plankontrolle (Abweichungsermittlungen und -auswertungen) sowie formale(n) Arbeiten beim Einsatz eines Planungs- und Kontrollsystems« gesehen (Franz, 2004, S. 284).

Die Problematik dieses Ansatzes liegt in der einseitigen Fokussierung des Controllings auf die Gewinnorientierung. Sie stellt, unabhängig vom Controlling, eine treibende Kraft für das Managementhandeln und die Gestaltung der Führungs- und Führungsunterstützungssysteme dar. Insofern erscheint fraglich, ob die Ergebnisorientierung allein die Etablierung einer eigenen Führungsunterstützungsfunktion erfordert (vgl. Küpper et al., 2013, S. 19).

Informationsorientierte Controlling-Konzeption

Die **informationsorientierte Controlling-Konzeption** stellt die Koordination von Informationsbedarf, Informationserzeugung und Informationsweitergabe als wesentliche Aufgaben des Controllings in den Mittelpunkt (vgl. Müller, 1974, S. 683). Hintergrund dieser Controlling-Konzeption ist die Erkenntnis, dass die Qualität der Führungsentscheidungen maßgeblich von der **Informationsversorgung der Unternehmensführung** abhängt.

So sieht Reichmann **Controlling** als »zielbezogene Unterstützung von Führungsaufgaben, die der systemgestützten Informationsbeschaffung und Informationsverarbeitung zur Planerstellung, Koordination und Kontrolle dient« (Reichmann, 2011, S. 12). Einen wesentlichen Bezugspunkt bildet das **betriebliche Rechnungswesen**, das durch die verstärkte Entscheidungsorientierung und informationstechnische Unterstützung die informatorische Basis für die problemadäquate und empfängerorientierte Bereitstellung relevanter Informationen darstellt.

Eine zentrale **Aufgabe des Controllings** besteht folglich in der Ermittlung des Informationsbedarfs der einzelnen Informationsempfänger und der bedarfsgerechten Aufbereitung und Übermittlung der angebotenen Informationen. In diesem Zusammenhang ist einerseits die von subjektiven Einschätzungen und Bedürfnissen der Entscheidungsträger geprägte **Informationsnachfrage** vom **Informationsbedarf** (der die für eine bestimmte Entscheidung objektiv erforderliche Art, Menge und Qualität an Informationen ausdrückt) zu unterscheiden. Zum anderen ist die adäquate **Festlegung des Detaillierungsgrades** der zur Verfügung gestellten Informationen von entscheidender Bedeutung, wobei der Detaillierungsgrad in der Regel mit abnehmender Hierarchieebene ansteigt (entscheidungsebenenbezogene Informationsverdichtung). Insofern ist ein systematisches Controlling zur individuellen Anpassung vorhandener bzw. zur Entwicklung neuer, entscheidungsadäquater Systeme erforderlich. Mit der Schaffung von **Informationssystemen** und der kontinuierlichen Analyse und Deckung des Bedarfs an problemspezifischen Informationen werden dem Controlling somit sowohl systemgestaltende als auch prozessunterstützende Aufgaben zugeordnet.

Die **Informationsprozesse** werden nach Reichmann (2011) in drei Dimensionen untergliedert, und zwar entsprechend

- der **Funktionsteilung** des Unternehmens in Beschaffung, Logistik, Produktion, Marketing sowie Forschung und Entwicklung;
- der **Informationskategorie** in Kosten- und Leistungsgrößen, Erträge und Aufwendungen, Zahlungsgrößen sowie Zeit- und Mengengrößen;
- dem **zeitlichen Bezug** in eine operative und strategische Ebene.

Damit ist es möglich, ein auf Kennzahlen und Berichten basierendes umfassendes **Führungsinformationssystem** (FIS) zu entwickeln, das möglichst alle entscheidungsrelevanten Sachverhalte einbezieht (vgl. Abb. 1-7).

Eine bedarfsgerechte Aufbereitung und Übermittlung insbesondere aus dem Rechnungswesen abgeleiteter Informationen zur Fundierung von Führungsentscheidungen begründet noch keine eigenständige Controlling-Konzeption. Sie kann lediglich als eine **notwendige Weiterentwicklung des traditionellen Rechnungswesens** angesehen werden.

Systemorientierte Controlling-Konzeption

Die **koordinationsorientierte Controlling-Konzeption** reicht über die informationsorientierte Konzeption hinaus und wurde maßgeblich von **Horváth** geprägt. Horváth wählt einen systemorientierten Ansatz, bei dem er das Führungssystem in ein **Planungs- und Kontrollsystem** sowie **Informationsversorgungssystem** differenziert (vgl. Abb. 1-8).

Das **Controlling** deckt den entstehenden Koordinationsbedarf und wird definiert als »Subsystem der Führung, das Planung und Kontrolle sowie Informationsversorgung systembildend und systemkoppelnd ergebniszielorientiert koordiniert und so die Adaption und Koordination des Gesamtsystems unterstützt« (Horváth, 2011, S. 129).

Koordination wird hierbei verstanden als »das Abstimmen einzelner Entscheidungen auf ein gemeinsames Ziel hin« (Horváth, 2011, S. 100). Die **systembildende** (oder systemgestaltende) **Koordination** bezieht sich auf die Entwicklung und Implementierung eines aufeinander abgestimmten Planungs-, Kontroll- und Informationssystems sowie die Überwachung des laufenden Einsatzes dieser Systeme und

Abb. 1-7

Controlling- und Informationskonzeption nach Reichmann

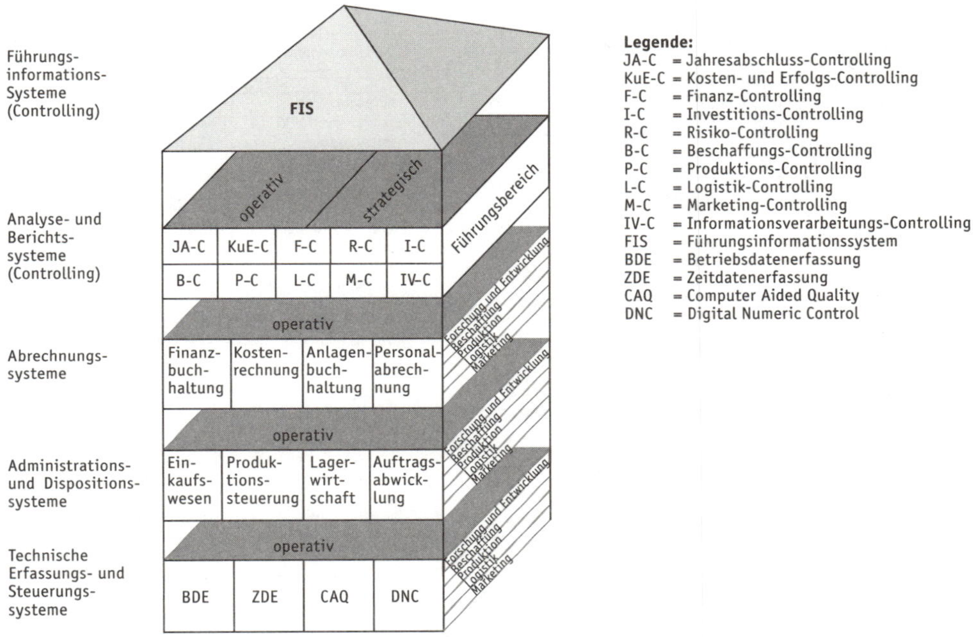

(Quelle: Reichmann, 2011, S. 7)

deren Anpassung. Die **systemkoppelnde** (oder prozessunterstützende) **Koordination** umfasst die Unterstützung der Führungskräfte bei der Durchführung von Planungs- und Kontrollprozessen durch Bereitstellung der dazu notwendigen Informationen und Hilfestellung beim Einsatz der Planungs- und Kontrollmethoden. Die systembildenden und -koppelnden Koordinationsaktivitäten sind hierbei überwiegend auf das Ergebnisziel der Unternehmung ausgerichtet. Durch die Einbeziehung der strategischen Planung und Kontrolle bleibt das Controlling nicht auf die operativen Aufgaben beschränkt, sondern wird um ein strategisches Controlling erweitert.

Eine Erweiterung des koordinationsorientierten Controllingansatzes erfolgte durch **Küpper**, der zusätzlich auch die Koordination innerhalb sowie zwischen den Führungsteilsystemen **Organisation** und **Personalführung** in den Gestaltungsbereich des Controllings aufnimmt. Damit umfasst das Controlling fünf Teilbereiche: Planungs-, Kontroll-, Informationssystem, Organisation, Personalführungssystem. Das **Personalführungssystem** ist dabei »jenes Teilsystem der Führung, das unmittelbar auf die Mitarbeitersteuerung gerichtet ist. Es umfasst als Elemente neben den beeinflussten Mitarbeitern, die sie steuernden Führungskräfte sowie die Instrumente und Prozesse, mit denen die Verhaltensbeeinflussung erreicht wird bzw.

Abb. 1-8

Systemorientierte Controlling-Konzeption nach Horváth

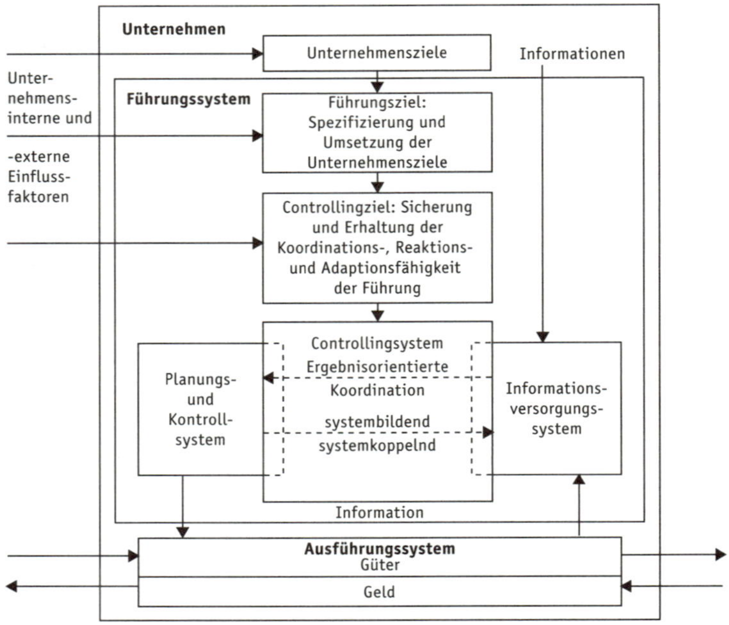

(Quelle: Horváth, 2011, S. 128)

erreicht werden soll« (Küpper et al., 2013, S. 283). Eine wichtige **Aufgabe des Controllings** ist somit die Mitwirkung bei der Gestaltung adäquater Anreizsysteme. Zudem unterstützt das Controlling den Auf- und Ausbau von **Ablauf- und Aufbauorganisation**, welche die Abstimmung von Planungs-, Kontroll- und Informationssystemen ermöglichen (vgl. Küpper et al., 2013, S. 366 f.). Küpper unterscheidet zusätzlich das **Führungssystem** und das **Leistungssystem**, wobei das Führungssystem dem Leistungssystem übergeordnet ist und die Koordination des Leistungssystems nicht Aufgabe des Controllings, sondern der Entscheidungsträger in der Funktion ist. Es findet jedoch eine gegenseitige Beeinflussung der Systeme durch bereichsübergreifende Führungsinstrumente statt, sodass die Controlling-Funktion in die Leistungsbereiche hinein erweitert wird (z. B. Marketing-Controlling). Nach Küpper besteht die **Controlling-Funktion** somit »in der **Koordination des Führungsgesamtsystems** zur Sicherstellung einer zielgerichteten Lenkung« (Küpper et al., 2013, S. 32).

In dieser ausgedehnten Auffassung der Koordinationsaufgabe liegt allerdings einer der zentralen Kritikpunkte, denn eine **alle Führungsteilsysteme umfassende Koordinationsfunktion** des Controllings lässt sich nicht mehr von der allgemeinen Managementfunktion unterscheiden. Koordination ist kein spezieller Handlungstyp des Controllings, sondern muss bei allen Managementhandlungen berücksichtigt werden. Der Bereich der Koordinationsaufgabe ist viel zu heterogen, um ihn mit einem einheitlichen und trennscharfen Ansatz abzudecken. Zudem ist die abstrakte Untergliederung des Führungssystems in eigenständige Teilsysteme in der Praxis oft schwer realisierbar.

Rationalitätssicherung der Führung

Weber und **Schäffer** entwickelten Ende der 1990er Jahre einen Controllingansatz als Rationalitätssicherung der Führung, wobei **Rationalitätssicherung** ein Zusammenspiel von Intuition und Reflexion in einem idealtypischen Führungsprozess ist (vgl. Weber/Schäffer, 1999, S. 731 ff.; Weber/Schäffer, 2014, S. 26). Rationalität wird hierbei als Zweckrationalität interpretiert und an der effizienten Mittelverwendung im Hinblick auf gegebene Zwecke gemessen.

Der Führungsprozess unterteilt sich in die Phasen der Willensbildung, Willensdurchsetzung, Ausführung und Kontrolle (vgl. Abb. 1-9). Die **Willensbildung** wird bei ausreichendem expliziten Wissen und hohem Bewusstseinsgrad als Reflexion und bei begrenztem impliziten Wissen und niedrigem Bewusstseinsgrad als Intuition verstanden. In der **Willensdurchsetzung** soll der als Zweck-Mittel-Relation definierte Wille mithilfe von ergebnis-, prozess- oder faktorbezogenen Anordnungen den ausführenden Stellen übermittelt werden. Durch sie sollte das Handeln so festgelegt sein, dass in der **Ausführungsphase** keine Freiheiten mehr bestehen. Das in der **Kontrolle** – durch den Vergleich zwischen dem Gewollten und dem tatsächlich Erreichten – gewonnene Wissen fließt dann in die Willensbildung zurück.

Im Rahmen der Führung können **Rationalitätsdefizite** durch Wollens- und Könnensbeschränkungen der Manager entstehen. Ausgehend von diesen Defiziten der Akteure konstituiert sich Rationalitätssicherung aus Handlungen zur Erhöhung der Wahrscheinlichkeit für eine Übereinstimmung von realisierten Führungshandlungen mit den antizipierten Zweck-Mittel-Beziehungen. Rationalitätsengpässe in Bezug auf das **Führungskönnen** sind zum einen aufgrund des Informationsmangels für kon-

Abb. 1-9

Controlling als Rationalitätssicherung der Führung

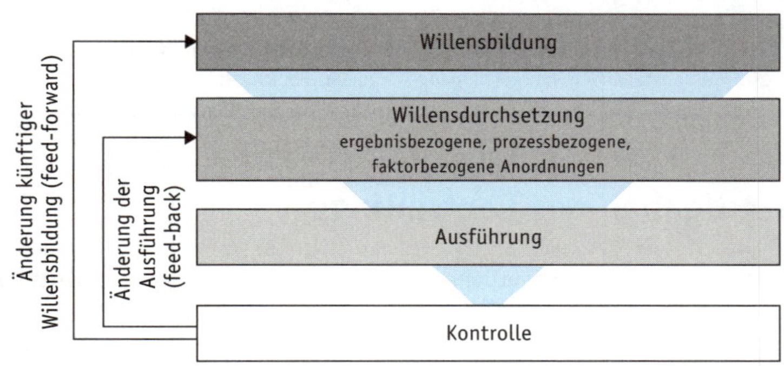

(Quelle: Weber, 1998, S. 30)

krete Führungsentscheidungen denkbar, wodurch das Controlling die **Informationsversorgungsfunktion** erfüllt und im engen Zusammenhang zum Rechnungswesen steht. Zum anderen kann durch die adäquate Verwendung der gelieferten Informationen ein Engpass entstehen, wobei die **Verbindung von Informationsversorgung, Planung und Kontrolle** den Aufgabenschwerpunkt des Controllers bildet. **Wollensdefizite** in Form einer unzureichenden Motivation von Führungskräften zur Erreichung vorgegebener Ziele können etwa aufgrund **fehlender oder falscher Anreize** entstehen.

Die wesentliche Kritik am Rationalitätsansatz setzt an seinem offenen Handlungsfeld an. **Rationalität** sei **kein Spezifikum des Controllings**, da sie eine Grundvoraussetzung für wirtschaftliches Handeln ist und daher das Ziel für alle Bereiche, Funktionen und Entscheidungen sein sollte (vgl. Küpper et al., 2013, S. 23). Weber/Schäffer halten dem die Notwendigkeit bzw. Vorteilhaftigkeit einer Institutionalisierung der Rationalitätssicherung (etwa durch den Controller) in Form einer Entlastung und Ergänzung sowie als Counterpart des Managements entgegen (vgl. Weber/Schäffer, 2014, S. 43).

Praxisbeispiel

Controlling als begleitender betriebswirtschaftlicher Service im Volkswagen Konzern

Controlling wird im Volkswagen Konzern als ein »begleitender betriebswirtschaftlicher Service für das Management« verstanden, welcher eine zielorientierte Planung und Steuerung des gesamten Unternehmens sicherstellen soll, dabei aktiv zur Entscheidungsfindung des Managements beiträgt und dadurch die Führung bei der Wahrnehmung von Führungshandlungen unterstützt. Aufgrund dieser Ausrichtung fungiert das Controlling im Volkswagen Konzern als aktiver Berater des Managements sowie als »Change Agent«, unter anderem bei im Rahmen der Planungsrunden anstehenden Veränderungen. Dementsprechend versteht sich das Controlling des Volkswagen Konzerns als Initiator, Analytiker und Koordinator bei Veränderungsprozessen. Der heutige Controller kennt nicht nur »sein« Unternehmen und dessen Produkte; er bewertet ebenso Kundenanforderungen und gestaltet Produktionsprozesse im Unternehmen aktiv mit. Auch wird er – aufgrund seiner Unabhängigkeit von anderen, zumeist wertschöpfend tätigen Unternehmenseinheiten – als Moderator bzw. »Schiedsrichter«, oder schlichtweg als »unabhängiger Berater« wahrgenommen. (Quelle: Pötsch, H.-D., 2012, S. 164)

1.3 Aufgaben des Controllings

Die Ausführungen machen deutlich, dass die verschiedenen Controllingdefinitionen in zwei zentralen Aspekten übereinstimmen: Zum einen werden stets Bezüge zwischen Controlling und den jeweiligen **Unternehmenszielen** hergestellt, zum anderen wird die **Koordination** als eine der zentralen Controlling-Aufgaben gesehen. Controlling ist damit wesentlich »zielorientierte Steuerung durch Information, Planung und Kontrolle« (Coenenberg et al., 2014a, S. 9), kombiniert mit dem Gedanken der Koordination. Uneinigkeit besteht im Verständnis sowohl hinsichtlich der primären Zielsetzung des Controllings und dessen Aufgabenbereichen als auch dem Grad der Unterstützung der Führungsfunktionen, also dem Ausmaß an Koordination (vgl. Horváth, 2011, S. 132). Die Funktion des Controllings wird inzwischen weitgehend übereinstimmend in der Entscheidungsunterstützung und Verhaltenssteuerung gesehen (vgl. Wall, 2008, S. 466; Ewert/Wagenhofer, 2014, S. 7 ff.)

Controlling wird im Folgenden verstanden als **zielorientierte Steuerung durch Information, Planung, Kontrolle und Koordination.** Dazu greift es auf ein Informationsversorgungs- und Informationsverarbeitungssystem zurück. Es hat die Aufgabe, das gesamte unternehmerische **Entscheiden und Handeln zielorientiert zu analysieren und auszurichten.** Mit anderen Worten: Controlling soll die Realisation der Unternehmensziele sicherstellen (Führungsunterstützung) durch Entscheidungsunterstützung und Verhaltenssteuerung. Demnach übernimmt das Controlling eine »Hilfsfunktion des Managements« (vgl. Abb. 1-10).

Um die Controllingaufgaben sicherzustellen, muss ein Unternehmen zunächst über ein leistungsfähiges Informationssystem verfügen und die Voraussetzungen für die Qualität der zu verarbeitenden Daten schaffen. Hierdurch werden den jeweiligen Entscheidungsträgern alle führungsrelevanten Informationen für aussagekräftige Auswertungen, Analysen und Interpretationen zur Verfügung gestellt, um auf Basis dieser Daten die Planung zielorientiert anzupassen und strategisch auszurichten. In Planungsrechnungen können dann verschiedene Handlungsalternativen gegeneinander abgewogen werden, um schließlich diejenige zu wählen, mit der das Unternehmensziel am besten erreicht werden kann. Das Controlling soll somit Unternehmensführung (zentrale Manager) und beteiligte Entscheidungsträger (dezentrale

Abb. 1-10

Informations-, planungs-, kontroll- und koordinationsorientierte Controlling-Konzeption

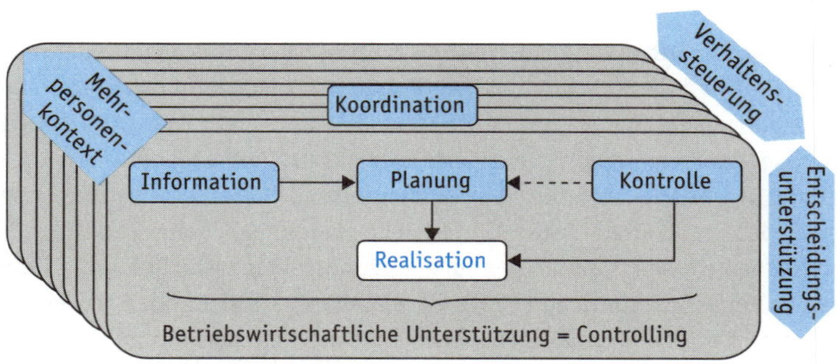

(Quelle: eigene Darstellung)

Manager) auf Basis verlässlicher Daten bei der Entscheidungsfindung unterstützen (**Entscheidungsunterstützungsfunktion**). Die Planungsrechnung ist um die Kontrollrechnung zu ergänzen, mit der im Rahmen von Soll-Ist-Vergleichen sichergestellt werden soll, inwieweit die mit den getroffenen Entscheidungen bezweckten Ziele auch tatsächlich erreicht werden konnten. Nur wenn die Kontrolle – im Sinne einer verhaltenssteuernden Leistungsbeurteilung – an den Werten ansetzt, die die Entscheidungsträger im Rahmen der Planung beeinflussen können, wird eine zielorientierte Verhaltensbeeinflussung ermöglicht und suboptimalen Entscheidungen vorgebeugt (**Verhaltenssteuerungsfunktion**). Die Umsetzung dieser beiden Aufgaben erfolgt mithilfe geeigneter Instrumente, die wesentlicher Inhalt des vorliegenden Buches sind. Die **Koordinationsfunktion** wird deutlich bei einer personenbezogenen Betrachtung: Sobald in dem Zyklus von Information, Planung, Kontrolle und Realisation mehrere Personen beteiligt sind, muss deren Verhalten zielorientiert aufeinander abgestimmt werden. In komplexen Organisationen existieren zahlreiche derartige Zyklen in den verschiedenen Funktionsbereichen und auf den verschiedenen Hierarchiestufen in Mehrpersonenkontexten (vgl. die gestaffelten Kästen in Abb. 1-10).

Entscheidungsunterstützungsfunktion

Im Rahmen der Entscheidungsunterstützungsfunktion kommt dem Controlling die Aufgabe zu, Informationen bereitzustellen, welche die Grundlage für »eigene« Entscheidungen eines Entscheidungsträgers darstellen. So soll bspw. die Ermittlung optimaler Produktionsmengen oder die Bestimmung von Preisobergrenzen für die Einsatzfaktoren durch die Bereitstellung relevanter Informationen fundiert werden. Die Entscheidungsunterstützung erfordert daher die **Ermittlung und das Abwägen von Alternativen und deren Auswirkungen** (Planung). Im Rahmen von Abweichungsanalysen ist dann zu prüfen, ob das ursprünglich Geplante auch eingetreten ist (Kontrolle). Abweichungen führen einerseits zu erneutem Entscheidungsbedarf bezüglich der Einleitung weiterer Maßnahmen, andererseits haben sie auch einen **Lerneffekt** für zukünftige Planungsprozesse. Insofern dienen sowohl Planung als auch Kontrolle der Entscheidungsunterstützung einzelner Entscheidungsträger.

Verhaltenssteuerungsfunktion

Werden Entscheidungen an dezentrale Entscheidungsträger delegiert, so wird zusätzlich die Verhaltenssteuerungsfunktion relevant. Das Controlling soll dabei die Entscheidungen der Entscheidungsträger auf das Gesamtunternehmensziel hin ausrichten. Die Notwendigkeit einer Verhaltenssteuerung ergibt sich einerseits aus einer **asymmetrischen Informationsverteilung** zwischen der Unternehmensleitung bzw. den Unternehmenseignern und den (dezentralen) Entscheidungsträgern, andererseits aus potenziellen **Interessenkonflikten**. Eine asymmetrische Informationsverteilung liegt dann vor, wenn ein einzelner Bereichsmanager über seinen Bereich besser informiert ist als die zentrale Unternehmensleitung. Dieser Informationsvorsprung ist gerade der Grund für die Delegation von Entscheidungen, daher kann er als Regelfall angesehen werden. Richtet der Entscheidungsträger zusätzlich seine Entscheidungen an seinen **persönlichen Präferenzen** aus, so ist nicht ohne weiteres davon auszugehen, dass er zwangsläufig im Sinne der Unternehmensleitung handelt. Daher besteht eine weitere Aufgabe des Controllings darin, über entsprechende **Anreizsysteme** die Entscheidungsträger zu Entscheidungen im Sinne der Unternehmensleitung zu veranlassen.

1.4 Aufgabenspektrum des Controllings

Die Entwicklung des Controllings bestimmt dessen Ausgestaltung als heutige Managementunterstützungsfunktion. Ausgehend von der historischen Entwicklung des Controllings werden daher zunächst das Controlling und dessen Aufgabenspektrum im deutschsprachigen Raum aufgezeigt (vgl. Abschnitt 1.4.1). Anschließend wird das Controlling im internationalen Vergleich dargestellt (vgl. Abschnitt 1.4.2) und abschließend im Kontext der Chief Financial Officer (CFO)-Aufgaben verortet (vgl. Abschnitt 1.4.3).

1.4.1 Controlling in deutschsprachigen Unternehmen

Ursprünge im staatlichen Bereich

Die Ursprünge des heutigen Controllings finden sich im **staatlichen Bereich**. Dort waren Controlling-Stellen für die Aufzeichnungsprüfung von ein- und ausgehenden Geldern und Gütern sowie den Vergleich von rechnerischen und tatsächlichen Beständen verantwortlich. Bereits beim Pyramidenbau (im 3. Jahrtausend v. Chr.) soll eine Art »Controller« als Prüfer von Soll- und Istbeständen mitgewirkt haben (vgl. Batzner, 1963, S. 175; Horváth, 2002, S. 327). Im Römischen Reich waren vom Volk gewählte Quästoren für die Verwaltung von Staatskasse und Staatsarchiv zuständig. Sie übernahmen gleichzeitig eine wichtige Kontrollfunktion in Bezug auf die Kassenverwaltung sowie die Aufgabe der Beschaffung von Informationen zur Unterstützung der Regierungsgeschäfte.

»Contrarotulus« als erste Bezeichnung für »Controller«

Die heutige Bezeichnung »Controller« ist später entstanden. Sie findet sich erstmals in einer englischen Quelle von 1242 mit dem Wort **»contrarotulus«** (Gegenrechnung), womit eine zweite – für Kontrollzwecke vorgenommene – Aufzeichnung über eingehende bzw. ausgehende Güter und Gelder bezeichnet wurde (vgl. Crow, 1927, S. 1). Derjenige, der die Gegenrechnung führt, wurde als »countre-roullour« (frz.) bzw. »counterroller« (engl.) bezeichnet. Die heute teilweise noch verwendete Bezeichnung »comptroller« ist entstanden, als man das französische Wort »compter« (rechnen) als Kern der Bezeichnung verwendete.

Die Aufgabe verbreitete sich ab dem 14. Jahrhundert schnell an nahezu allen europäischen Höfen. Unter der Bezeichnung »Controllour« entstand am englischen Königshof eine Position, deren Aufgaben in der Überprüfung von Aufzeichnungen über zu- und abfließende Geld- und Güterströme bestand (vgl. Jackson, 1950, S. 17 f.). Auch in Frankreich war die Führung der »contre-rôle« (Gegenrolle) bereits im 15. Jahrhundert ein offizielles Hofamt. In den USA wurden seit 1778 »Comptroller«-Stellen eingerichtet, deren Aufgabenbereich in der Überwachung des Gleichgewichts zwischen dem Staatsbudget und der Verwendung der Staatsausgaben lag.

Controller 1880 erstmals im privatwirtschaftlichen Bereich

Das erste **privatwirtschaftliche Unternehmen**, das Controller-Stellen errichtete, war das Transportunternehmen »Atchison, Topeka & Santa Fe Railway System« im Jahr 1880. Dem Comptroller waren hierbei überwiegend finanzwirtschaftliche Aufgaben zugewiesen (vgl. Jackson, 1949, S. 7). Als erste Industrieunternehmung, die das Controlling organisatorisch verankerte, wird die General Electric Company genannt, die im Jahr 1892 eine Controllerstelle eingerichtet haben soll. Bis in die 1920er Jahre blieb das Controlling in der Privatwirtschaft weitgehend unbekannt. Erst nach der Weltwirtschaftskrise 1929 erfuhr das Controlling einen deutlichen Aufschwung. Die Depressionsjahre der Weltwirtschaftskrise führten zu der Erkenntnis, dass eine verstärkte Beachtung der Rechnungswesen- und Planungsaspekte für eine erfolgreiche Unternehmensführung notwendig sind. Infolgedessen fand eine Umorientierung von der historisch-buchhaltungsorientierten Sichtweise hin zu einer **zukunftsgerichteten Sichtweise** statt, bei der dem Controller zunehmend die ergebnisorientierten Planungs- und Kontrollaufgaben zugewiesen wurden. Die steigende Bedeutung des Controllers wurde auch in der institutionellen Aufwertung vollzogen. Der Controller wurde dem Treasurer, dem er früher unterstellt war, hierarchisch gleichgestellt.

Controller im deutschsprachigen Bereich

Auch in Deutschland wurde bereits im frühen 16. Jahrhundert bspw. im Haus der Fugger ein Controlling-Instrumentarium geschaffen (vgl. Coenenberg et al., 2014b, S. 10). Erste Ansätze einzelne Controllingaufgaben zu institutionalisieren, finden sich gegen **Ende des 19. Jahrhunderts**. So richtete das Unternehmen Krupp bereits 1876 ein »Rechnungs-Revisionsbüro« mit Aufgaben der laufenden Wirtschaftlichkeitskontrollen, der Unterstützung bei der Budgetaufstellung und der Berichterstattung an die Unternehmensführung ein (vgl. Vahs, 1990, S. 20 f.). Ähnliche Stellen gab es auch in anderen Industrieunternehmen wie z. B. bei Bosch, IG Farben und Continental.

USA als Treiber der Controllingentwicklung

In den Aufbaujahren nach dem zweiten Weltkrieg haben sich deutsche Unternehmen stark an den US-amerikanischen Vorbildern orientiert. Das Controllingkonzept und den Begriff des Controllers haben deutsche Manager und Wissenschaftler erst durch **Reisen in die USA** in den 1950er Jahren kennengelernt (vgl. Auffermann, 1952; Ahearn, 1954). Es wurde festgestellt, dass »der Controller eine unentbehrliche Persönlichkeit in der amerikanischen Unternehmensleitung« ist (Zastrow, 1955, S. 89). In der Wissenschaft und Praxis war jedoch vorwiegend Ablehnung und Unverständnis gegenüber dem Controllingkonzept – wohl auch wegen dessen Bezeichnung – vorzufinden (vgl. Goossens, 1959). Denn noch Ende der 1960er Jahre fand man Controller oftmals nur bei deutschen Tochterunternehmen amerikanischer Konzernmutterunternehmen.

Steigende Akzeptanz ab den 1970er Jahren

Dies änderte sich erst in den **1970er Jahren**, die durch eine starke Verbreitung des Controllings in der Praxis geprägt waren. Nach einer McKinsey-Umfrage bei 30 deutschen Großunternehmen verfügten bereits 1974 90 % der Unternehmen über Controller-Stellen, auch wenn diese nicht immer so bezeichnet wurden (vgl. Henzler, 1974, S. 63). Horváth, Gaydoul und Hagen (1978) bestätigten das Ergebnis dieser Umfrage, indem sie bei 90 % der deutschen Großunternehmen und 30 % der gesamten deutschen Unternehmen (d. h. einschließlich mittelständischer Firmen) ein **institutionalisiertes Controlling** vorfanden. Eine Studie von Küpper, Winckler und Zhang (1990) weist ferner auf eine zunehmende Verbreitung des Controllings auch in mittleren und kleinen Unternehmen hin. Weiterhin zeigt eine Analyse von Stellenanzeigen der Frankfurter Allgemeinen Zeitung einen stark progressiven Zuwachs an reinen Controller-Stellen sowie Controller-ähnlichen Stellen seit Anfang der 1970er Jahre (vgl. Weber/Kosmider, 1991, S. 17 ff.; Weber/Schäffer, 1998, 227 ff.).

Institutionalisierung des Controllings in Wissenschaft und Praxis

Die institutionelle Entwicklung des deutschsprachigen Controllings an **Universitäten und wissenschaftlichen Hochschulen** begann 1973 mit der Berufung von Péter Horváth auf den neu eingerichteten Controlling-Lehrstuhl der Technischen

Hochschule Darmstadt. Die weitere Entwicklung verlief bis Ende der 1980er Jahre eher verhalten. 1988 existierten in Deutschland, Österreich und der Schweiz erst 14 Lehrstühle mit der Bezeichnung »Controlling« in ihrem Namen. Danach erfolgte eine Beschleunigung, sodass im Jahr 2004 insgesamt 72 Lehrstühle existierten, die explizit die Bezeichnung »Controlling« im Lehrstuhlnamen führten (vgl. Binder/ Schäffer, 2005, S. 101). Die Entwicklung des Controllings als wissenschaftliche Disziplin wurde wesentlich durch die Unternehmenspraxis getrieben, die Aufgaben und Inhalte zu Stellenbildern mit der Bezeichnung »Controller« verdichtete. Eine besondere Stellung bei der praktischen Verbreitung kommt Albrecht Deyhle zu, der 1971 damit begann, Controller auszubilden und im deutschsprachigen Raum mit dem **»Internationalen Controller Vereins« (ICV)** die Entwicklung im wesentlichen Maße prägte.

Das Controllerleitbild der »International Group of Controlling « (IGC)

Eine wichtige Stellung in diesem Prozess nahmen bzw. nehmen noch immer **Leitbilder** ein, die das zugrunde liegende Aufgabenverständnis konkretisieren. Stellvertretend sei hier das Leitbild der »International Group of Controlling« (IGC) aus dem Jahr 2013 aufgezeigt (Quelle: IGC – International Group of Controlling, in: http://www.igc-controlling.org/DE/_leitbild/leitbild.php, Abruf 24.05.2014):

»Controller leisten als Partner des Managements einen wesentlichen Beitrag zum nachhaltigen Erfolg der Organisation. Controller ...

1. gestalten und begleiten den Management-Prozess der Zielfindung, Planung und Steuerung, sodass jeder Entscheidungsträger zielorientiert handelt.
2. sorgen für die bewusste Beschäftigung mit der Zukunft und ermöglichen dadurch, Chancen wahrzunehmen und mit Risiken umzugehen.
3. integrieren die Ziele und Pläne aller Beteiligten zu einem abgestimmten Ganzen.
4. entwickeln und pflegen die Controlling-Systeme. Sie sichern die Datenqualität und sorgen für entscheidungsrelevante Informationen.
5. sind als betriebswirtschaftliches Gewissen dem Wohl der Organisation als Ganzes verpflichtet.«

Bedeutung des Controllings

Damit sind die Aufgaben von Controllern umfassend charakterisiert, nicht jedoch, was Controlling ist (Bedeutung). Hierzu äußert sich der ICV: »Controller ist ein funktions- bzw. personenbezogener Begriff. Controller sind Dienstleister für andere Führungskräfte und betreiben verantwortlichen betriebswirtschaftlichen Service. Service bedeutet Betreuung und Beratung, manchmal Bedienung. Controller sind Service-Partner in unterschiedlichen Funktionsbereichen. Controlling ist hingegen ein prozessorientierter Begriff. Ein Prozess bezeichnet einen Verlauf, Ablauf, Hergang oder eine Entwicklung. Insoweit ist Controlling der Prozess der zielorientierten Planung und Steuerung. Dieser Prozess ist die Aufgabe der Manager, die hierzu vom Controller unterstützenden betriebswirtschaftlichen Service erfahren. Das Setzen und Verfolgen von Zielen ist hingegen ureigenste Manageraufgabe.« (ICV, 2007, S. 14 bzw. Abb. 1-11).

Abgrenzung Manager, Controller und Controlling

Zusammenfassend lassen sich die wesentlichen Ideen wie folgt festhalten:

- **Controlling** entsteht, wenn Manager und Controller **zusammenarbeiten**.
- **Controlling** ist der gesamte **Prozess** der Zielfestlegung, der Planung und der Steuerung im finanz- und im leistungswirtschaftlichen Bereich.

Abb. 1-11

Abgrenzung Manager, Controller und Controlling

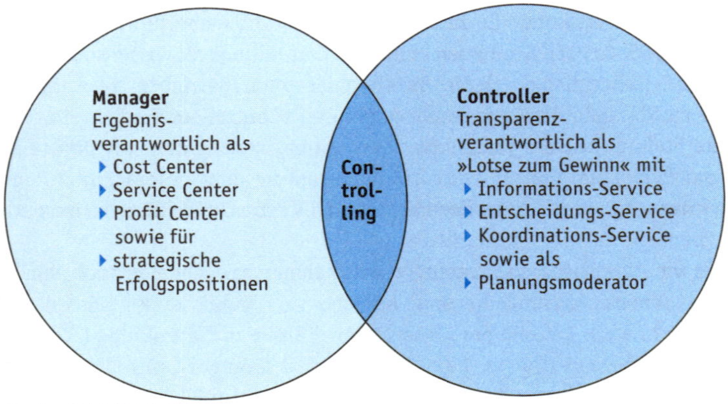

(Quelle: ICV, 2007, S. 14)

- **Führungskräfte** betreiben Controlling, da sie über die zu erreichenden Ziele sowie die Zielhöhe entscheiden und den Plan im Inhalt festlegen.
- **Manager** sind für das Ergebnis verantwortlich, während **Controller** verantwortlich für die Ergebnistransparenz sind.

Aufgaben von Controllern in der Praxis

Controlling und Controller hängen somit unmittelbar zusammen. Deshalb soll im Folgenden das **Aufgabenspektrum** dargestellt werden, das **Controller in der Praxis** übernehmen.

Studien zum Aufgabengebiet von Controllern in der Praxis dokumentieren die Verbreitung des Controllings und die Entwicklung des Aufgabenspektrums. In einer Studie von Horváth, Gaydoul und Hagen (1978) wiesen 463 Befragte den Controllern am häufigsten die Verdichtung der Zahlen des Rechnungswesens, die Koordination der Planung, die Durchführung von Wirtschaftlichkeitsrechnungen, die Überwachung der Berichtsverteilung, die Untersuchung der Kostenentwicklung der Informationsverarbeitung und die Durchführung der Zielplanung als Aufgabengebiete zu.

Eine weitere Studie von Landsberg und Mayer (1988) zeigt, dass Controller untrennbar mit der laufenden **operativen Planung** des Unternehmens verbunden sind (Budgetierung, Investitionsplanung), wobei sie die Gestaltung und das Management der operativen Planung übernehmen. Aus den 260 Antworten geht hervor, dass Controller Ziele formulieren, über die Zielerreichung informieren, laufende Kontrollen der geplanten Zielwerte übernehmen und deren Ergebnisse an das Management berichten. Die Aufgabe des Informationsdienstleisters kommt den Controllern ebenso zu wie die Verantwortlichkeit für den Aufbau und die Pflege der erforderlichen Informations-, Entscheidungs-, Planungs- und Berichtssysteme. Das breite Aufgabenspektrum umfasst ebenfalls die Rolle als Berater der Unternehmensleitung bei betriebswirtschaftlichen Fragen. Die Bereiche Finanzen, Bilanzierung, Steuern und Versicherungen werden hingegen nicht der Controller-Tätigkeit zugeordnet.

In einer Studie von Weber et al. (2006) wurde der Status quo der Arbeit von Controllern erhoben, wobei ebenfalls die klassischen Controlleraufgaben dominieren (vgl. Abb. 1-12). Aus den 618 Antworten lassen sich die folgenden zentralen Erkenntnisse festhalten:

- Planungs- und Kontrollaufgaben stellen die wichtigsten Aufgaben dar. Sie unterteilen sich in »Soll-Ist-Vergleich«, »Planaufstellung«, »Kritische Kontrolle« und »Zielerreichung«.
- Als zweitwichtigster Aufgabenbereich wird die Informationsversorgungsfunktion genannt, die sich in die Unterkategorien »Informationspräsentation«, »Bedarfsgerechte Informationsaufbereitung« und »Angepasste Informationsübermittlung« teilt.

Abb. 1-12

Controlleraufgaben in der Unternehmenspraxis

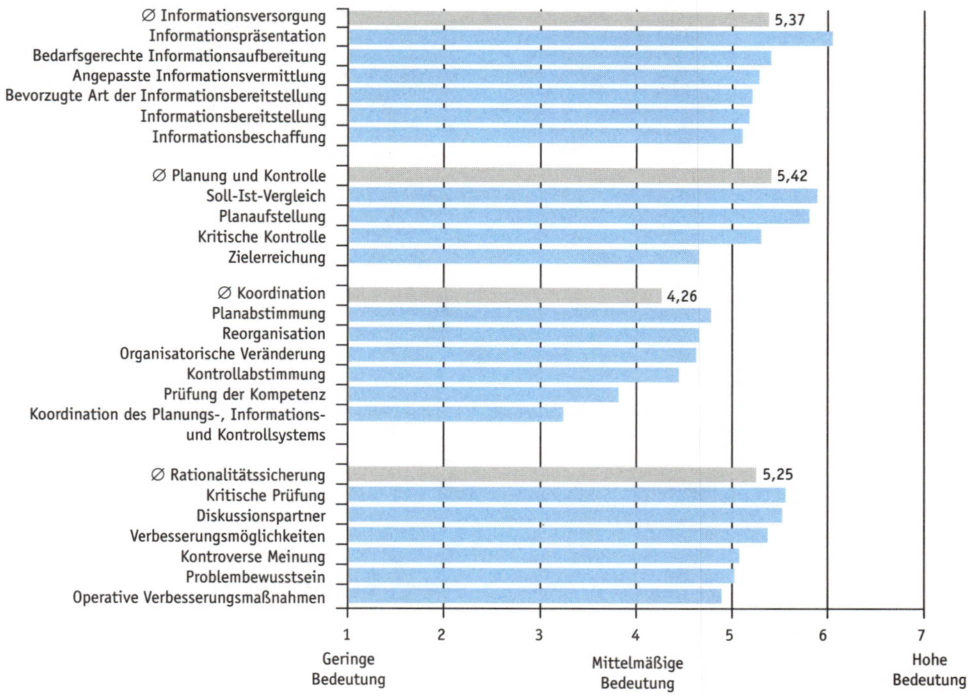

(Quelle: Weber et al., 2006, S. 31 ff.)

Praxisbeispiel

Controlleraufgaben bei MAN und BMW

top 2010 ARBEITGEBER DEUTSCHLAND

Die MAN Nutzfahrzeuge AG mit Sitz in München ist das größte Unternehmen der MAN Gruppe und einer der führenden internationalen Anbieter ganzheitlicher Transportlösungen. Eine Marke von Weltruf, die Maßstäbe setzt in Zuverlässigkeit und Innovation. Unsere Lkw, Busse, Motoren und Dienstleistungen bewegen den Fortschritt. Als global agierendes Unternehmen bieten wir unseren Mitarbeiterinnen und Mitarbeitern eine Kultur der Dynamik und Offenheit, die Perspektiven aufzeigt, Chancen eröffnet.

Die **MAN Truck & Bus Deutschland GmbH** sucht am Standort **München** für den Bereich **Controlling** zum frühestmöglichen Eintrittstermin eine/n

Spezialist (m/w) für Auftrags- und Aktionscontrolling

Ihre Aufgaben

- Erstellung von Reportings zur Verfolgung und Verwendung sowie zum Ergebnis von Verkaufsaktionen für die Produkte Lkw und Bus der Marken MAN, NEOPLAN und VW in qualitativer und quantitativer Hinsicht
- Systembetreuung für die Auftragskalkulation in SAP-SD und SAP-CRM für Neu- und Gebrauchtfahrzeuge
- Pflege und Kontrolle von aktionsbezogenen Daten in den SAP-Kundenaufträgen für Retail- und National Key Account Kunden jeweils zum Zeitpunkt vor Auftragsbestätigung und vor Faktura
- Abstimmung neuer Verkaufsaktionen und Aktionsregeln mit der Verkaufssteuerung und definieren der kfm. und system. Aktionsabwicklung
- Regelmäßige Plausibilitätsprüfungen von Vorlauf- und Auftragsbestand
- Stetiger Austausch und Abstimmung mit den Schnittstellenbereichen Kostenträger- und Ergebnisrechnung, Verkaufssteuerung und Vertriebscontrolling

Ihre Qualifikationen

Abgeschlossenes Studium der Fachrichtung Betriebswirtschaft oder einer vergleichbaren Studienrichtung bzw.weiterführender kfm. Abschluss zum Betriebs-, Verwaltungs- oder Finanzwirt
- Vertriebliches und kaufmännisches Verständnis für MAN Produkte und Prozesse
- Kenntnisse in Bilanzstruktur, Kostenträger- und Betriebsergebnisrechnung
- Grundkenntnisse zu umsatzsteuerlichen und vertragsrechtlichen Belangen
- Sehr gute Kommunikationsfähigkeit und Durchsetzungsvermögen
- Fundierte DV-Kenntnisse und Erfahrungen in SAP R3 (Schwerpunkt SD, FICO und CRM) sowie geübter Umgang in den Tools von MS-Office
- Eigenverantwortliche, flexible, verantwortungsbewusste und teamorientierte Arbeitsweise

MAN Truck & Bus Deutschland GmbH
Abteilung MTBD VHM
Dachauer Straße 667
80995 München
Deutschland

www.man.eu

Anja Vogele, Telefon 089 24202-7348, steht Ihnen zur ersten Kontaktaufnahme gerne zur Verfügung

Wir freuen uns auf Ihre Bewerbung. Bitte lassen Sie uns Ihre Unterlagen unter Angabe der Kennziffer **258280** über unsere Jobbörse im Internet zukommen.

Ein Unternehmen der MAN Gruppe

Engineering the Future - since 1758.

(Quelle: MAN Nutzfahrzeuge AG, in: www.jobs.man.eu, Abruf: 10.06.2014)

Fortsetzung auf Folgeseite

Fortsetzung von Vorseite

BMW
GROUP

Stellenmarkt.
Jobs.

Unternehmensbereich Finanzen (Controlling)
am Standort München, Heidemannstraße 164,

Zum Geschäftsbereich
Zum Unternehmensbereich
Zum Standort
Rechtliche Hinweise

Spezialist Controlling (m/w)

Aufgaben

In Ihrer Position als Spezialist Controlling (m/w) sind Sie Ansprechpartner (m/w) zu allen Finanz- und Controllingthemen der jeweiligen Business Line . Im Rahmen der Planungsprozesse (Forecast, Budget, LUP) nehmen Sie die relevanten Planungsparameter der Fachbereiche und des Financial Services-Headquarters auf, vergeben Ziele und tracken im Rahmen des Ist-Reporting die Zielerreichung. Sie arbeiten intensiv mit den relevanten Abteilungs- und Gruppenleitern der BMW Bank zusammen und beraten auch die Geschäftsführung in allen finanzcontrollingrelevanten Themen aus der Business Line.

Qualifikation

Sie verfügen über betriebswirtschaftliche Kenntnisse, die Sie im Rahmen eines wirtschaftswissenschaftlichen Hochschulstudiums mit den Schwerpunkten Finanzwirtschaft und/oder Controlling erworben haben. Eine Ausbildung zum/zur Bankkaufmann/-frau ist wünschenswert. Sie haben bereits erste Kenntnisse im Bereich Finanzcontrolling sammeln können und verfügen über einschlägige Berufserfahrung. Für Ihre Tätigkeit als Spezialist Controlling (m/w) sind gute Englischkenntnisse erforderlich. Darüber hinaus sind Sie sicher im Umgang mit den MS Office-Produkten und Datenbanken. Ihre Stärken liegen im analytischen Denken und Sie verfügen über ein selbstbewusstes Auftreten. Sie haben einen hohen Qualitätsanspruch an sich selbst und fordern diesen auch von anderen ein. Ein hohes Maß an Einsatzbereitschaft, Eigeninitiative, Zahlenverständnis und Teamfähigkeit rundet Ihr persönliches Profil ab.

Arbeitszeit: Vollzeit

(Quelle: BMW Group, in: www.recruiting.bmwgroup.de, Abruf: 10.06.2014)

- An dritter Stelle werden »Kritische Prüfung von Ergebniswirkungen«, »Einnahme der Rolle als Diskussionspartner« sowie die »Aktive Generierung von Hinweisen auf Verbesserungsmöglichkeiten« unter dem Begriff der Rationalitätssicherung zusammengefasst.
- An vierter Stelle steht die Koordinationsaufgabe des Controllers, die sich in die »Planabstimmung«, »Reorganisation«, »Organisatorische Veränderung« sowie »Kontrollabstimmung« untergliedert.

Weitere empirische Ergebnisse zeigen, dass das Berichtswesen eine zentrale Aufgabe des Controllings ist (vgl. Weber, 2007, S. 16; Weber, 2008, S. 14). Weiterhin bilden die operative Planung, die Kostenrechnung und die Beratung des Managements ein zentrales Aufgabengebiet der Controller in der Unternehmenspraxis (vgl. Weber, 2007, S. 16).

Rolle von Controllern in der Praxis

Die Rolle der Controller ist inzwischen durch ein breites und vielfältiges Aufgabenspektrum geprägt und als Querschnittsfunktion dadurch gekennzeichnet, dass stets eine rege Interaktion mit dem Management sowie anderen Unternehmensbereichen stattfindet. Im Zuge der Zusammenarbeit des Controllings mit den anderen Unternehmensbereichen bildet sich die Rolle des Controllers als eine Art »Übereinkunft« aus den entsprechenden **Erwartungen** an die Controller während der Zusammenarbeit heraus (vgl. Goretzki et al., 2010, S. 62). Die Rollen der Controller unterliegen trotz ihrer stabilisierenden Wirkung aufgrund unternehmensexterner Einflussfaktoren und Erwartungsänderungen einem steten **Wandel**. Die Evolution des Controllings spiegelt sich auch in dessen Rollen hin vom »Erbsenzähler«, Lotsen oder Navigator zum Business Partner wider (vgl. Goretzki/Weber, 2010, S. 163 f.). Aktuelle Studien zeigen, dass die positiv besetzten Rollenbilder des internen Beraters und ökonomischen Gewissens die Selbst- und Fremdwahrnehmung der Controller dominieren (vgl. Weber et al., 2010). In der **Selbstwahrnehmung** wollen die Controller zukünftig noch stärker als interne Berater, Change Agents und Steuermänner agieren und weniger als Kontrolleur angesehen werden (vgl. Abb. 1-13). Die **Fremdwahrnehmung** der Controller variiert systematisch mit dem Standing der Controller. Bei einer hohen Wertschätzung werden die Controller häufiger als interne Berater, ökonomisches Gewissen oder als Steuermann gesehen, während bei niedriger Wertschätzung die Rollenwahrnehmung des Kontrolleurs und Spürhundes überwiegen (vgl. Weber et al., 2010).

Abb. 1-13

Controllerrollen im Wandel

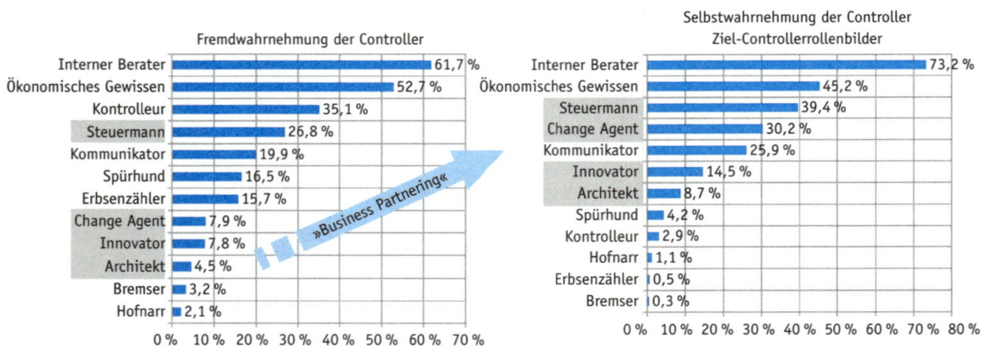

(Quelle: Weber et al., 2006, S. 44 ff.)

1.4.2 Controlling im internationalen Vergleich

»Financial Executives Institute (FEI)«

In der US-amerikanischen Privatwirtschaft hat sich das Controlling insbesondere durch die Weltwirtschaftskrise in den 1920er Jahren verbreitet (vgl. Abschnitt 1.4.1). Die zunehmende Verbreitung und Bedeutung der Position des Controllers fand ihre institutionelle Verankerung durch die Gründung des »Controller's Institute of America« im Jahr 1931, welches 1962 in **»Financial Executives Institute (FEI)«** umbenannt wurde. Dieses Institut trug insbesondere durch die Systematisierung der Controllingaufgaben wesentlich zur Weiterentwicklung des Controllings bei. Nach der Aufgabenbeschreibung des FEI von 1962 wird **»Controllership«** eindeutig vom **»Treasurership«** abgegrenzt und dem **»Financial Management«** untergeordnet (vgl. Abb. 1-14).

Controlling versus Management Accounting

Im angloamerikanischen Sprachraum findet der Begriff **»Controlling«** somit als Abgrenzung bestimmter Aufgabengebiete und Funktionen keine Verwendung, vielmehr wird hier der Begriff **»Controllership«** verwendet (vgl. Küpper et al., 2013, S. 10). Der (vermeintlich) englische Begriff »Controlling« ist also nicht vom Englischen ins Deutsche übernommen worden, »sondern hat seinen Eingang in das deutsche Vokabular aufgrund der Erfindung eines Deutschen – vermutlich Dehyle – gefunden« (Hoffjan, 2009, S. 25). Die im deutschsprachigen Raum behandelten Controlling-Fragestellungen werden am häufigsten im Bereich des **Managerial Accounting** oder des **Management Accounting** sowie des **Management Control** diskutiert. Das Management Accounting ist dabei gegenüber dem **Financial Accounting** abzugrenzen, welches analog der deutschen Bilanzierung für externe Adressaten Finanzströme des Unternehmens erfasst und kontrolliert (vgl. Horngren et al., 2010, S. 3).

Begriff des Management Accounting

Der Begriff des **Management Accounting** wurde insbesondere durch das **»Institute of Management Accountants« (IMA)** geprägt, welches 1919 gegründet wurde und eine der größten Organisationen für Controller und Finance-Manager darstellt. Die bis vor kurzem vertretene Definition des IMA bezeichnet **Management Accounting** als »the process of identification, measurement, accumulation, analysis, preparation, interpretation, and communication of financial information used by management to plan, evaluate, and control an organization and to assure appropriate use of and accountability for its resources. Management accounting also compromises the preparation of financial reports for non-management groups as shareholders, creditors, regulatory agencies, and tax authorities.« (National Association of Accountants, 1981, S. 4). Entsprechend diesem Verständnis liegt der Fokus des Management Accountings auf finanziellen Informationen und der Informationsversorgung entsprechend den Informationsbedürfnissen der Entscheidungsträger des Unternehmens.

US-amerikanisches Verständnis des Management Accounting

Auch Atkinson et al. als Autoren eines im US-amerikanischen Raum weit verbreiteten Lehrbuchs knüpfen an die Definition des IMA an. Kern des Management Accounting bildet die Versorgung der Führungskräfte mit zuverlässigen, bedarfsgerechten Informationen hinsichtlich Aktivitäten, Prozesse, Produkte, Dienstleistungen und Kunden (vgl. Atkinson et al., 2011, S. 3; Kaplan/Atkinson, 1989, S. 1 ff.). Sie ergänzen die Definition, indem sie die Führungsfunktion – mit Ausnahme der Or-

Abb. 1-14

Abgrenzung von Controllership und Treasurership

Financial Management

Controllership	Treasurership
Planung Aufstellung, Koordinierung und Durchführung von Unternehmensplänen als integrierter Teil des Managements zur Kontrolle des Geschäftsablaufes. Die Planung umfasst Gewinnpläne, Programme für die Kapitalinvestition und Finanzierungen, Absatzpläne, Gemeinkostenbudgets und Kostenstandards.	**Kapitalbeschaffung** Aufstellung und Ausführung von Programmen für die Kapitalbeschaffung einschließlich der Verhandlungen zur Kapitalbeschaffung und der Erhaltung der notwendigen finanziellen Verbindungen.
Berichterstattung und Interpretation Vergleich der Ausführung mit den Plänen und Standards und Berichterstattung sowie Interpretation der Resultate des Geschäftsablaufes an alle Bereiche des Managements und die Kapitaleigner. Diese Funktion schließt die Formulierung von Buchhaltungs- und Bilanzrichtlinien ein, die Koordinierung der Systeme und Vorgänge sowie die Vorbereitung von zu bearbeitenden Daten und Sonderberichten.	**Verbindung zu Investoren** Schaffung und Pflege eines Marktes für die Wertpapiere des Unternehmens und in Verbindung damit Unterhaltung von entsprechenden Kontakten zu den Investitionsbanken, Finanzexperten und Aktionären.
Bewertung und Beratung Beratung mit allen Teilen des Managements, die für die Richtlinien und Ausführungen in den verschiedenen Unternehmensbereichen verantwortlich sind, wenn es sich um die Erreichung der gesetzten Ziele und die Wirksamkeit der Richtlinien sowie der Organisationsstruktur und -abläufe handelt.	**Kurzfristige Finanzierung** Beschaffung und Erhaltung von Quellen für den laufenden kurzfristigen Kreditbedarf des Unternehmens wie Wirtschaftsbanken und andere Kreditinstitute.
Steuerangelegenheiten Aufstellung und Anwendung von Richtlinien und Verfahren für die Bearbeitung von Steuerangelegenheiten.	**Bankverbindungen und Aufsicht** Aufrechterhaltung der Bankverbindungen, Ausübung der Aufsicht über die Wertpapiere und günstige Anlage dieser Wertpapiere sowie Übernahme der Verantwortung für die finanziellen Aspekte im Immobiliengeschäft.
Berichterstattung an staatliche Stellen Kontrolle und Koordinierung der Abfassung von Berichten an staatliche Stellen.	**Kredite und Forderungen** Überwachung der Gewährung von Kundenkrediten und des Einzugs der fälligen Forderungen einschließlich der Kontrolle von Sondervereinbarungen für Verkaufsfinanzierungen wie Ratenzahlungen und Mietpläne.
Sicherung des Vermögens Durch innerbetriebliche Kontrollen und Revision sowie durch Überwachung des Versicherungsschutzes ist die Sicherheit des Vermögens zu gewährleisten.	**Kapitalanlage** Zweckmäßige Anlage von Kapitalfonds des Unternehmens sowie Ausarbeitung und Koordinierung von Richtlinien für die Anlage von Kapital in Pensionsrückstellungen oder ähnlichen Verwendungsarten.
Volkswirtschaftliche Untersuchungen Ständige Untersuchungen der wirtschaftlichen Einflüsse von staatlichen Stellen sowie Beurteilung möglicher Auswirkungen auf das Unternehmen.	**Versicherungen** Sorge für einen notwendigen und ausreichenden Versicherungsschutz.

(Quelle: FEI, 1962, S. 289)

ganisation – explizit erwähnen. Nach ihrer Auffassung umfasst das Management Accounting demnach den Planungsprozess, wie z. B. Produktplanung und Produktionsplanung, den Evaluations- und Kontrollprozess im Sinne der Überprüfung des Zielerreichungsgrades sowie organisatorische Aktivitäten, wie z. B. Aufbau eines Zielsystems und Infrastruktur des Produktionssystems (vgl. Atkinson et al., 2011, S. 3 f.). Demnach ist Management Accounting ein integraler Teil des Managementprozesses und stellt einen Oberbegriff für den Prozess der Planung, Evaluation und des Berichtswesens dar.

Management Accountant, Controllership

Management Accounting stellt somit den funktionalen Begriff des Controllings dar, wobei die Funktionsträger als **Management Accountants** bezeichnet werden. Die Aktivitäten und Aufgaben eines Controllers bzw. Management Accountants werden im Deutschen als Controlling bezeichnet, wohingegen im englischsprachigen Raum der Begriff **Controllership** Verwendung findet.

Divergenz in internationalen Controlleraufgaben

Betrachtet man die Aufgaben von Controllern und Management Accountants im internationalen Vergleich, so ergibt sich eine **Divergenz** in den **Aufgabenbereichen**. Eine vergleichende empirische Untersuchung von Stoffel (1995) zeigt wesentliche Unterschiede der deutschen und amerikanischen Controllingpraxis in Bezug auf die Aufgaben als auch die Organisation (vgl. Abb. 1-15).

Die wesentlichen Aufgabenschwerpunkte in den USA stimmen zwar mit denen in Deutschland überein, denn die Kostenrechnung, die Budgetierung und das interne Berichtswesen bilden eine der Hauptaufgaben des Controllers bzw. Management Accountants (vgl. Stoffel, 1995, S. 156; Zirkler, 2002, S. 17). Die Management Accountants in den USA sind jedoch im Gegensatz zu ihren deutschen Kollegen vermehrt an der externen Rechnungslegung, der externen Berichterstattung sowie der

Abb. 1-15

Controlleraufgaben im internationalen Vergleich

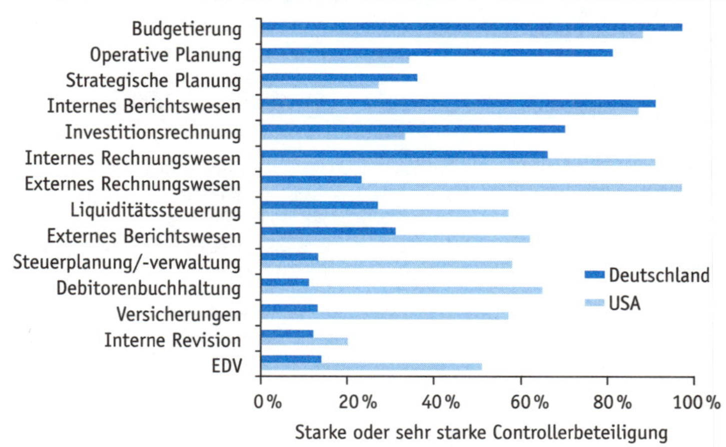

(Quelle: Stoffel, 1995, S. 157)

Steuerverwaltung beteiligt. Das Controlling in Deutschland ist deutlich losgelöster von der Buchhaltung als im amerikanischen Raum, was u. a. bei der Übernahme der Debitorenbuchhaltung durch die Management Accountants deutlich wird. Insgesamt ist das Aufgabenspektrum der US-amerikanischen Management Accountants ten-

Praxisbeispiel

Controlleraufgaben bei Walt Disney und Virgin

Stellenanzeigen der Walt Disney Company (USA) und der Virgin Management Ltd. (UK)

Manager Accounting – WW Home Entertainment

City	Glendale
State	CA
Position	Type Full-time
Requisition ID	273272

Financial Accountant – Enterprise Controllership – Walt Disney Studios Home Entertainment (WDSHE) – Studio Controllership

Job Description
A diversified, international family entertainment and media company whose operations include theme parks and resorts, filmed entertainment, including motion pictures and television shows, home video and DVD products, records, broadcast and cable networks, internet and direct marketing, consumer products, radio and television stations, theatrical productions and publishing activities. DECASe is an expanding team of process experts and accounting professionals who provide shared accounting services to the Walt Disney Company (including all business segments). Under the leadership of the Senior Financial Accountant (Accounting), this position is responsible for conducting discreet business transformation and activity migration activities from multiple locations to a central service environment and conducting the day-to-day accounting and reporting activities performed by the team. This role has high interaction with a broad array of corporate and segment management personnel. This position represents a unique opportunity to help an expanding team in the provision of accounting expertise, often within a team of other functional experts, on key business initiatives and special projects within the Company.

This position will be responsible for the following:

- Business Transformation: Help identify, analyze, streamline/re-engineer and migrate non-segment unique business processes to a central shared services environment. In addition, help re-engineer existing central shared services processes to do more with less. The key objective of such is to optimize efficiency and cost effective service delivery while maintaining adequate internal control and output accuracy.
- Segment/Business Process General and Administrative Accounting: Execute day-to-day general and administrative accounting activities for assigned processes and segment activities. Continuously improve the processes and infrastructure needed to successfully report financial results to Senior Management and to taxing/government agencies. Execute quarterly balance sheet review process, monitor and recommend balance sheet reserves as needed and support segment related period end reconciliation and close activities.
- Systems Integrations: Help drive system initiatives and ensure the successful implementation of systems projects in partnership with key stakeholders, 3rd party vendors and internal IT teams to achieve greater efficiency and transparency for financial reporting.
- SOX Compliance: Help establish and maintain Sarbanes-Oxley requirements including documentation of key controls and walkthroughs. Ensure compliance with SOX, internal control policies and minimum control standards.

(Quelle: Walt Disney Company, in: www.disney.careers.com; Abruf: 17.06.2014)

Fortsetzung auf Folgeseite

Fortsetzung von Vorseite

Group Assistant Accounting

Location: London, Brook Green
Business: Virgin Management Ltd
Contract type: Full Time

Role Summary
This position is part of the Group Finance Team and is responsible for all aspects of accounting for a number of head office companies.

Key Responsibilities and stakeholders

Key Responsibilities
- General maintaining and running of the accounting records of several HO companies (about 10–20 investment holding companies and small trading companies), including accruals / prepayments etc.
- Preparing statutory accounts including full audit files and dealing with auditors' queries on these
- Preparation of management accounts, budgets and forecasts for HO companies
- Monthly reconciliations e.g. bank, intercompany, VAT and reconciliation of intercompany loans and interface between Treasury Management System and Accounting System
- Preparing analyses for Virgin Group consolidation (e.g. equity accounting for associates / JVs, group intercompany reconciliation)
- Ad hoc tasks depending on current projects in Finance (e.g. transaction accounting, or research for procurement matters)

Key Stakeholders
- Group Finance Manager
- Group Financial Controller (Finance department head)
- Virgin Group senior management
- Statutory Auditors (KPMG)

Experience
This role is financial accounting oriented. The role holder must be able to demonstrate the following knowledge and experience:
- Journal preparation and posting
- Accruals and prepayments
- Intercompany loan reconciliations
- Bank reconciliations
- Understanding of foreign currency transactions
- VAT returns
- Statutory Accounts preparation
- Preparation of audit files and liaising with auditors
- Experience using Microsoft Excel, Word and Outlook

Other preferred (but not essential) experience includes:
- Management Accounts preparation
- Experience in a complex group environment
- Experience using Agresso (accounting system), Caseware (accounts preparation software) and Hyperion (consolidation system)

Key Skills
- Ability to multitask
- Quick learner, Proactive
- Ability to meet deadlines and take responsibility for own work
- Attention to detail even when working to tight deadlines
- Sound technical knowledge
- Good communicator
- Team player, Personable
- Calm under pressure

(Quelle: Virgin management Ltd., in: http://www.virgin.com/careers, Abruf: 17.06.2014)

denziell breiter angelegt als das der deutschen Controller (vgl. Hoffjan, 2009, S. 30). Die Aufgabenbereiche von Controllern können somit von Land zu Land unterschiedlich sein, sodass das Controlling zu einem **kontext- und kulturspezifischen Phänomen** wird. Infolge der genannten Aufgabenschwerpunkte im Bereich der Bilanzierung ist der amerikanische Controller in zwei Drittel der Fälle auch organisatorisch dem Finanzbereich unterstellt (vgl. Stoffel, 1995, S. 144). In der **hierarchischen Einordnung** in die Unternehmensstruktur nehmen Controller und Management Accountants länderübergreifend einen hohen hierarchischen Rang ein (vgl. Hoffjan, 2009, S. 32 f.). Unterschiede sind jedoch in den Managemententscheidungen ersichtlich, da Management Accountants im angloamerikanischen Raum eher **kurzfristig orientiert** agieren und in Deutschland eher eine **Langfristorientierung** vorliegt.

Veränderungen der Aufgabenschwerpunkte

In den USA und auch in Deutschland ist jedoch eine **Aufgabenverschiebung** hin zu **steuernden** und **strategischen Aufgaben** festzustellen: Während der Controller anfangs noch stark am Rechnungswesen ausgerichtet war und dieses zu einem Informationsinstrumentarium ausbaute, deuten Untersuchungen des IMA von 1995 und 1999 sowie aktuelle Veröffentlichungen auf eine Ausweitung der Aufgaben hin (vgl. IMA 1999; Schäffer/Schürmann, 2010, S. 189 f.). Eher operative Aufgaben wie Budgetierung oder Rechnungswesen verlieren an Bedeutung, während steuernde Aufgaben wie strategische Planung oder Prozessverbesserung an Relevanz gewinnen.

Management Accountant als strategischer Business Partner

Dies wird besonders deutlich, wenn man die überarbeitete Definition des IMA betrachtet, die **Management Accounting** als »a profession that involves partnering in management decision making, devising planning and performance management systems, and providing expertise in financial reporting and control to assist management in the formulation and implementation of an organization's strategy.« (IMA, 2008, S. 1). Der Management Accountant entwickelt sich somit weg vom traditionellen Rechnungswesen und Hüter der Finanzberichte hin zu einem **»strategischen Business Partner«** des Managements (vgl. den folgenden Abschnitt 1.4.3). Dieser Partner ist verantwortlich für das betriebliche Performance Management und entwickelt ausgereifte Planungs-, Steuerungs- und Kontrollinstrumente zur Unterstützung der Unternehmensleitung bei der Formulierung und Implementierung der Unternehmensstrategie. Empirische Untersuchungen belegen die Entwicklung der Rolle des Controllers vom »Erbsenzähler« zum »internen Berater« im internationalen Bereich (vgl. Schäffer/Schürmann, 2010, S. 189).

1.4.3 Controlling und CFO

Controller als strategischer Business Partner

In der Praxis ist ein deutlicher Aufgabenwandel der Controller weg vom »Hüter der Zahlen« hin zum strategischen Impulsgeber festzustellen. Das Controlling wirkt zunehmend stärker bei der **Entscheidungsunterstützung** des Managements sowie bei der **Strategieentwicklung** und **-implementierung** mit. Bisher verwenden Controller im Durchschnitt zwei Drittel ihres Zeitbudgets für die Datenaufbereitung (vgl. Weißenberger, 2007, S. 44). Durch eine Integration von interner und externer Rechnungslegung, einen höheren Automatisierungsgrad und einer Standardisierung von Prozessabläufen können Ressourcen in der Controllingabteilung freigesetzt und für andere Aufgaben verwendet werden. Controller erhalten dadurch Freiräume für eine effektivere Umsetzung der Controllerarbeit als Dienstleister und Berater des Managements. Zudem ist die Zukunft der Controller durch **Effizienzsteigerungen** (»Cost reduction«) gekennzeichnet. Unternehmensvergleiche zeigen eine erhebliche Spannweite in den Kosten für den Finanz- und Controllingbereich zwischen 0,6 % und 3 % des Umsatzes, die sich zum Teil auf Branchen- und Größenspezifika sowie die jeweilige Controllingphilosophie, in vielen Fällen aber auf Effizienzen zurückführen lassen (vgl. Gaiser, 2006, S. 48). Der Controller entwickelt sich somit weg von traditionellen operativen Tätigkeiten hin zum »**strategischen Business Partner**« des Managements (vgl. Abb. 1-16).

Wandel im Aufgabenprofil des CFO

Diese Änderung ist einerseits auf ein verändertes Selbstverständnis der Controller zurückzuführen, andererseits aber auch auf eine geänderte Nachfrage seitens der Unternehmensleitung. Traditionell existiert eine enge Zusammenarbeit zwischen dem Controller und dem CFO, an den Ersterer in der Regel berichtet. In der Vergangenheit war der CFO »nur« für die finanzielle Sphäre des Unternehmens verantwortlich und präsentierte, analysierte und optimierte die vergangenheitsorientierten Zahlen des Unternehmens (Bilanz, Gewinn- und Verlustrechnnung). Seit den 1970er Jahren hat sich sein Aufgabenbereich erheblich erweitert und dadurch deutlich an Komplexität zugenommen (vgl. Abb. 1-17). Durch die gestiegene Bedeutung der Finanzmärkte hat sich die Perspektive des CFO deutlich von einer vergangenheitsorientierten Berichterstattung zu einer zukunftsorientierten Gestaltung und einer

Abb. 1-16

Zukunftsvision des Controllings

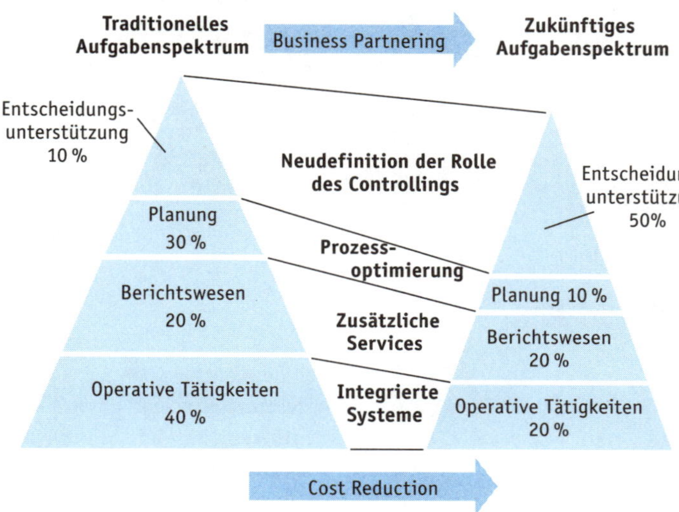

(Quelle: PricewaterhouseCoopers Financial & Cost Management Team, 1997, S. 5)

Sicherstellung einer guten Unternehmensführung hin entwickelt. Zu der traditionell schon immer wichtigen Zusammenarbeit mit der externen Rechnungslegung (Accounting) ist zunehmend die zukunftsorientierte Abstimmung mit dem Controlling hinzugekommen. Gleichzeitig haben sich die Aufgabenbereiche des CEO immer weiter differenziert, was zu einer verstärkten Konsolidierung des internen und externen Rechnungswesens führen wird. Als neue Aufgabenfelder sind insbesondere der zukunftsorientierte Einbezug von nicht finanziellen Steuerungsinformationen im Rahmen der Leistungsmessung und -steuerung zu nennen (Performance Management) sowie die Strukturierung und Durchsetzung von Corporate Governance (vgl. den rechten Teil von Abb. 1-17). Damit hat sich auch das Rollenverständnis geändert und der CFO muss inzwischen eine Vielzahl von Rollen ausfüllen: Der CFO wird als Freiheitskämpfer, Analyst und Berater, Architekt, Kämpfer gegen Verschwendung, Meister der Leistungsmessung, Regulator des Risikos und Champion des Wandels gesehen (vgl. Hope, 2006).

Abb. 1-17

Wandel im Aufgabenprofil des CFO

(Quelle: eigene Darstellung)

Praxisbeispiel

Controlling bei der Hansgrohe AG

Controlling als interner Dienstleister und Prozess- und Strategieberater

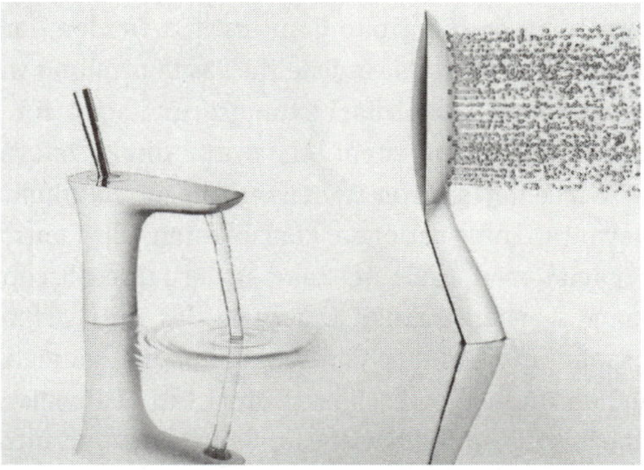

Zu Beginn der 1990er Jahre spielte das Controlling bei der Hansgrohe AG eine noch eher untergeordnete Rolle im Unternehmen und war in erster Linie als »Zahlenlieferant« tätig, welcher für das Reporting und die Pflege der Systeme zuständig war. Jedoch haben die Controller es über die Zeit hinweg geschafft, sich stärker in die innovative und dynamische Unternehmenskultur zu integrieren und konnten so immer mehr an Akzeptanz und Einfluss gewinnen und sich so nicht nur zu »Navigatoren«, sondern sogar zu »Business Partnern« und »Innovatoren« entwickeln.

Als »Business Partner« ist das Controlling der Hansgrohe AG heute beispielweise für die Koordination der Business Planung, Strategieentwicklung und -review, den Budgetprozess und das rollierende Forecasting zuständig. Obendrein moderieren Controller Ergebnisbesprechungen, agieren als betriebswirtschaftliche Berater des Managements und betreuen wichtige Projekte. Das Controlling ist bei der Hansgrohe AG fest in die Unternehmensphilosophie integriert und dazu angehalten, nicht einfach nur Trends nachzulaufen, sondern vielmehr Trends zu setzen und »Best Practices« zu entwickeln. Ferner sollte das Controlling schnell entscheiden, Durchsetzungsstärke, Gelassenheit, Fairness und Objektivität aufweisen und auch für seine Meinung einstehen. Aus Sicht der Hansgrohe AG ist das Controlling Prozessführer im Rahmen der Strategieumsetzung und Wachstumstreiber. Dafür muss das Controlling die Kunden und den Markt sehr genau kennen und Kosten intelligent managen. Auch bestimmt das Controlling im Rahmen der Umsetzung von Renditezielen sowie der globalen Unternehmenssteuerung mit. Eine weitere Anforderung stellt das Managen von Risiken, aber auch das »Controlling der Controller« im Sinne ständiger Verbesserungen dar.
(Quelle: Gänßler, 2010)

1.5 Gestaltungsfaktoren und -bereiche des Controllings

Inzwischen hat sich das Controlling zu einem facettenreichen Aufgabenfeld entwickelt, das in Abhängigkeit der Interessen der relevanten Akteure und der Kontextfaktoren unterschiedlich ausgestaltet wird. Im Folgenden sollen die zentralen Gestaltungsfaktoren und die sich daraus ergebenden Gestaltungsbereiche aufgezeigt werden, die im weiteren Verlauf des Werkes weiter ausdifferenziert werden. Dabei werden als Gestaltungsfaktoren die Anspruchsgruppen und Kontextfaktoren und als Gestaltungsbereiche Zeithorizont, Aufgaben, Funktionen, Institution (bzw. Aufbauorganisation), Prozess (bzw. Ablauforganisation) und Instrumente unterschieden. Bewusst wird im Folgenden auf Organisationen Bezug genommen, da Controlling inzwischen sowohl in privatwirtschaftlichen Unternehmen als auch öffentlichen und gemeinnützigen Organisationen eine hohe Verbreitung gefunden hat.

Anspruchsgruppen

Es lassen sich jeweils drei direkt und indirekt relevante **Anspruchsgruppen für das Controlling** unterscheiden. Durch die Führungsunterstützungsfunktion des Controllings unterstützt das Controlling in erster Linie die Organisations- bzw. **Unternehmensführung** (das »Management«) bei der Erreichung der Unternehmensziele (vgl. Abschnitt 1.1.1). Bei der Erreichung der Organisationsziele sind intensiv **dezentrale Manager** involviert, die einerseits durch das Controlling unterstützt werden, um im Sinne des Managements zu handeln. Andererseits sind sie für das Controlling wichtige Ansprechpartner, um Informationen und Entscheidungsgrundlagen für das Management zusammenzutragen und aufzubereiten. Als dritte direkt relevante Gruppe sind die **Abschluss- bzw. Wirtschaftsprüfer** zu nennen, die die wahrheitsgemäße Offenlegung prüfungsrelevanter Informationen kontrollieren. Da Controller viele dieser Informationen gesammelt haben, findet im Rahmen der Jahresabschlusserstellung und -prüfung eine enge Zusammenarbeit innerhalb des Unternehmens zwischen der Rechnungslegungsabteilung und dem Controlling bzw. im Rahmen der Prüfung zwischen beiden Bereichen und dem Abschlussprüfer statt. Daher ist die umfassende Kenntnis der Systeme des Rechnungswesens für Controller von zentraler Bedeutung (vgl. Abschnitt 1.1.3). Darüber hinaus werden von Controllern zusammengetragene Informationen auch noch von weiteren (unternehmensexternen und damit indirekt relevanten) Anspruchsgruppen genutzt: Aktionäre und sonstige Stakeholder. Ähnlich wie im Kontext des Abschlussprüfers liefern Controller in der Regel den **Aufsichtsratsorganen** überwachungsrelevante Informationen. Da diese weniger als die Informationen des Jahresabschlusses reglementiert sind, sind Controller in den Prozess der Datensammlung, -aufbereitung und -weitergabe meist stärker als das Rechnungswesen involviert. Der Jahresabschluss dagegen richtet sich primär an die **Aktionäre**, dort liegt der Schwerpunkt der Aufgaben beim Rechnungswesen, Controller sind aber gleichfalls intensiv involviert. Im Zuge der gestiegenen Anforderungen von verschiedenen öffentlichen Interessengruppen (Staat, Arbeitnehmervertretungen, Nichtregierungsorganisationen, Umweltorganisationen etc.) im Kontext einer verantwortungsvollen Unternehmensführung (vgl. Abschnitt 1.1.1 und Kapitel 10) sind insbesondere kapitalmarktorientierte Unternehmen zunehmend mit der Aufbereitung von »weichen« Daten konfrontiert. Zu nennen sind hier u. a. die Bereiche Corporate Social Responsibility, immaterielle Werte und Reputation (vgl. die Kapitel 11 und 12).

Kontextfaktoren

Die Ausgestaltung des organisationsindividuellen Controllingkonzeptes ist abhängig von zahlreichen Einflussfaktoren, die sich in organisationsinterne und -externe Faktoren unterscheiden lassen (vgl. Abb. 1-18). Sie bestimmen die im weiteren Verlauf dieses Kapitels und des gesamten Buches aufgezeigten Strukturen, Prozesse und Instrumente.

Eine Balanced Scorecard oder ein Target Costing findet sowohl bei einem **Großkonzern** als auch einem **Kleinunternehmen** Anwendung. Die konkrete Ausgestaltung (Detaillierungstiefe, Beteiligung verschiedener Personen/Abteilungen, Formalisierung der Abläufe etc.) ist zwar sehr unterschiedlich – das Grundkonzept bleibt aber gleich. Im Verlauf des Buches werden daher Grundkonzepte, insbesondere in instrumenteller Hinsicht, vorgestellt, die durch Auslassen oder weitere Detaillierungen individuell angepasst werden können.

Abb. 1-18

Kontextfaktoren des Controllings

Interne Kontextfaktoren	Externe Kontextfaktoren
▸ Organisationsform ▸ Organisationsstruktur ▸ Organisationsgröße ▸ Leistungsprogramm ▸ Internationalisierungsgrad ▸ IT-Systeme ▸ Organisationskultur ▸ Strategie- und Steuerungsmodell ▸ Anzahl und Struktur der Anspruchsgruppen (Eigentümer, Investoren etc.) ▸ Einstellung/Werte/Verhalten der Anspruchsgruppen	▸ Branche/Absatzmärkte ▸ Beschaffungsmarkt ▸ Arbeitsmarkt ▸ Geld- und Kapitalmarkt ▸ Verfügbare Technologie ▸ Politisches und soziales Umfeld

(Quelle: eigene Darstellung)

Organisationen müssen sich zumindest teilweise an die Gegebenheiten der Umwelt anpassen. **Branchenbezogen** sind bspw. die Entwicklungen im Bereich der Halbleitertechnologie durch eine hohe Dynamik und kurze Lebenszyklen gekennzeichnet, während im Automobilbau allein aufgrund der Produktkomplexität längere Lebenszyklen vorherrschen. Eine Chipgeneration hat entsprechend einen Lebenszyklus von einem Jahr, während ein Fahrzeugmodell einen Lebenszyklus von sechs Jahren hat. In beiden Branchen werden strategische Planungen durchgeführt. Diese haben einen sehr unterschiedlichen Zeithorizont und berücksichtigen die Dynamik in unterschiedlichem Maße, was sich in der Ausgestaltung der jeweiligen Controllingansätze zeigt (vgl. Abschnitt 2.1.1.1 und Kapitel 3).

Zeithorizont und Aufgaben

Im Rahmen der Zielfestlegung einer Organisation werden auch Zeitziele und Aufgabenverständnis festgelegt (vgl. Abschnitt 1.1.1). Dies wirkt sich auf das Controlling aus, sodass in der Folge zwischen einem **strategischen und operativen Controlling** unterschieden werden kann. Im strategischen Controlling steht stärker die Identifikation und Sicherung der Erfolgspotenziale im Mittelpunkt (vgl. Kapitel 3), während das operative Controlling stärker auf Erfolg und Liquidität fokussiert (vgl. Kapitel 4, 5). Entsprechend haben sich die Unterstützungsinstrumente differenziert.

Die Führungsunterstützungsfunktion des Controllings bestimmt seine beiden zentralen Aufgaben bzw. Funktionen: **Entscheidungsunterstützung** und **Verhaltenssteuerung** mit der daraus ableitbaren Koordinationsfunktion (vgl. Abschnitt 1.3).

Institution/Aufbauorganisation

Die Aufbauorganisation umfasst formale Regelungen zum Führungssystem einer Organisation und legt den Grad der Arbeitsteilung und die organisatorische Gliederung fest. Die Ausgestaltung des Controllings als Linienfunktion, Stabsstelle oder Querschnittsbereich legt die der Abteilung zukommenden Kompetenzen und Verantwortlichkeiten fest, was mit spezifischen Vor- und Nachteilen verbunden ist (vgl. dazu Abschnitt 6.3). Der Grad der Arbeitsteilung und die organisatorische Gliederung sind weitere Bestandteile der Controlling-Aufbauorganisation. Im Controlling wird der **Grad der Arbeitsteilung** insbesondere über die Ausgestaltung der Aufgabenwahrnehmung, d.h. den Grad des **Selbst- und Fremdcontrollings** sowie über den Aufgabenumfang und das Spezialisierungsausmaß ausgestaltet. Beim Selbstcontrolling übernehmen einzelne Manager teilweise oder vollständig Controllingaufgaben. Auch die Ausübung der Aufgaben in interdisziplinären Teams, Ausschüssen oder Kollegien – das duale Controlling – ist eine mögliche Ausprägung. Eine **aufgabenorientierte Gliederung** umfasst neben der funktionalen Controlling-Gliederung (z.B. Kostenanalyse, Rechnungswesen etc.) eine mögliche Unterteilung in ein strategisches, taktisches und operatives Controlling. Das Controlling eignet sich dabei keine bereichsspezifischen Kenntnisse an, sondern stellt seine Leistung verschiedenen Verantwortungsbereichen im Unternehmen zur Verfügung. Die **organisationsorientierte Gliederung** folgt häufig der Unternehmensorganisation, wobei ein Bereichscontrolling gebildet wird, welches als Funktions-, Divisions- oder Projektcontrolling auftreten kann. Der (De-)Zentralisationsgrad ist eine weitere Gestaltungsdimension zur hierarchischen Feingliederung. Dabei wird der Grad der Aufgabenverteilung zwischen Zentral- und Bereichscontrolling festgelegt. Die Positionierung des Zentralcontrollings, d.h. die Verankerung des Controllings auf einer festgelegten Hierarchieebene und die Entscheidung über die Ressortzuordnung, sind weitere Stellhebel zur Gestaltung der Controlling-Aufbauorganisation.

Prozess-/Ablauforganisation

Mit der Ablauf- bzw. Prozessorganisation des Controllings können wesentlich die Prozessformalisierung und Prozessbündelung gestaltet werden. Der Grad der **Prozessformalisierung** wird über das Ausmaß unternehmensweit einheitlicher Prozessbeschreibungen, Verantwortlichkeiten, Vorgehensweisen, IT-Standards und Prozesstemplates festgelegt, um so zur Vereinfachung und Effizienzsteigerung im Controlling beizutragen. Dazu werden intensiv (Referenz-)Prozessmodelle genutzt (vgl. dazu auch Abschnitt 5.2.3) und diese dem Finanzbereich angepasst. Damit entsteht eine prozessorientierte Aufgabenbeschreibung der Controlling- und Rechnungswesenstätigkeiten. In der Folge einer solchen Formalisierung kann dann eine **Prozessbündelung** der Controllertätigkeiten in Controlling Shared Service Centern oder »Controllingfabriken« umgesetzt und Effizienz- und Know-how-Vorteile realisiert werden. Insbesondere transaktionale, d.h. standardisierbare, operativ/repetitive Controllingprozesse mit hohem Mengenvolumen, beinhalten Bündelungspotenziale (**Center of Scale**). Daneben eignen sich zunehmend wissensintensive Controllingprozesse, die in gleicher Form von mehreren Leistungsempfängern benötigt werden und spezielles Know-how erfordern, zur Bündelung in einem **Center of Expertise**. Insbesondere im Datenmanagement, ausgewählten Planungsaufgaben, der Kosten- und Leistungsrechnung und dem transaktionalen (Standard-) Reporting existieren Bündelungspotenziale in einem Center of Scale. Das Investitionscontrolling, F&E-Controlling sowie Projektkalkulationen und Planungssimulationsrechnungen beinhalten Potenziale zur Bündelung in einem Center of Expertise. Die Outsourcing- und Offshoringmöglichkeiten sind im Controlling begrenzt, da die externe Weitergabe unternehmenssensibler Informationen als zu risikoreich bewertet wird. Dennoch finden sich gerade bei internationalen Unternehmen Verlagerungen von einzelnen Centern in lohnkostengünstige Länder. Auf der anderen Seite existiert, bedingt durch die zunehmende Tendenz zum Business Partnering, der gegenläufige Trend und eine Aufwertung der Controllingaufgaben in der Organisation.

Instrumente

Zur Realisierung seiner Aufgaben bedient sich das Controlling einer Vielzahl von Instrumenten, die Gegenstand der folgenden Ausführungen sind. Abbildung 1-19 gibt einen Überblick. Die Zuteilung zu den grundlegenden Aufgaben dient lediglich als

Abb. 1-19

Überblick zu Controllinginstrumenten

Instrumente zur Entscheidungsunterstützung	Kapitel/Abschnitt
SWOT-Analyse	3.2.1
Erfahrungskurve	3.2.4.2
Produktlebenszyklus	3.2.4.3
Industriekostenkurve	3.2.4.4
Half-Life-Konzept	3.2.5.4
Technologie-Portfolio	3.3.2.2
Marktwachstums-/Marktanteils-Portfolio	3.3.3.2
Marktattraktivitäts-/Wettbewerbsstärken-Portfolio	3.3.3.3
Strategische Kontrolle	3.4
Break-Even-Analyse	4.3
Total Cost of Ownership	4.5
Prozesskostenmanagement	5.2
Target Cost Management	5.3
Lebenszyklusrechnung	5.4
Benchmarking	5.5.1
Working Capital Management	5.5.2
Qualitäts- und Zeitmanagement	5.5.3
E-Businesses	13
Instrumente zur Verhaltenssteuerung	**Kapitel/Abschnitt**
Anreizsysteme	6.4
Traditionelle Kennzahlensysteme	7.2
Wertorientierte Kennzahlensysteme	7.3
Balanced Scorecard	7.5.2
Performance Pyramid, Performance Prism, EFQM-Modell, St. Galler Performance Management Modell	7.5.3
Budgetierung	8
Verrechnungspreise	9
Corporate Governance, Compliance, Risikocontrolling	10
Nachhaltigkeitsorientiertes Controlling	11
Immaterielle Werte und Reputation	12
Innovationscontrolling	14

Anhaltspunkt, vielfach werden die Instrumente für verschiedene Aufgaben und Zwecke genutzt.

Kontrollfragen

1. *Wie hängen die Unternehmensziele mit den Stakeholdern zusammen? Nennen Sie jeweils ein Beispiel für Wert-, Sach- und Sozialziele.*
2. *Wie können »operatives Controlling« und »strategisches Controlling« definiert werden? Durch welche wesentlichen Merkmale unterscheiden sie sich?*
3. *Welche Aufgaben und Instrumente hat ein Jahresabschluss?*
4. *Wie lassen sich die Begriffe »Kosten- und Leistungsrechnung«, »Leistungen« und »Kosten« voneinander abgrenzen und erläutern?*
5. *Welche internen und externen Aufgaben erfüllt die Kostenrechnung?*
6. *Welche Aufgaben erfüllen Kostenarten, -stellen und -trägerrechnung? Wie hängen diese drei Begriffe zusammen?*
7. *Welche Formen der Kostenträgerrechnung können unterschieden werden?*
8. *Welches sind die unterschiedlichen Systeme der Kostenrechnung und wie lassen sich diese erläutern?*
9. *Wie können statische und dynamische Investitionsrechnung voneinander abgegrenzt werden und welche Investitionsrechenverfahren lassen sich jeweils zuordnen?*
10. *Was sind die grundlegenden Aussagen der ergebniszielorientierten Controlling-Konzeption?*
11. *Welcher grundlegende Controllingbegriff und welche Controllingaufgaben werden durch die informationsorientierte Controlling-Konzeption aufgezeigt?*
12. *Was besagt die koordinationsorientierte Controlling-Konzeption?*
13. *Wie sind die koordinationsorientierten Controlling-Konzeptionen nach Horváth und Küpper voneinander abzugrenzen?*
14. *Was wird unter der Rationalitätssicherung der Führung verstanden?*
15. *Welche kritischen Aspekte sehen Sie bei den jeweiligen Controlling-Konzeptionen?*
16. *Was besagt das Controller-Leitbild des Internationalen Controller Vereins?*
17. *Wie lassen sich Manager, Controller und Controlling voneinander abgrenzen?*
18. *Welche wesentlichen Aufgaben übernehmen die Controller heutzutage in der deutschen Unternehmenspraxis?*
19. *Wie lassen sich die Begriffe »Controllership« und »Treasurership« voneinander abgrenzen und erläutern?*
20. *Was beinhaltet der Begriff »Management Accounting«?*
21. *Wie unterscheiden sich die wesentlichen Aufgaben von Controllern im internationalen Vergleich?*
22. *Was ist unter der Entwicklung des Controllers hin zum »strategischen Business Partner« zu verstehen?*

Abkürzungsverzeichnis

BAB	Betriebsabrechnungsbogen
CFO	Chief Financial Officer
FEI	Financial Executives Institute
FIS	Führungsinformationssystem
GoB	Grundsätze ordnungsmäßiger Buchführung
GuV	Gewinn- und Verlustrechnung
HGB	Handelsgesetzbuch
ICV	Internationaler Controller Verein
IFRS	International Financial Reporting Standards
IGC	International Group of Controlling
IMA	Institute of Management Accountants
KFR	Kapitalflussrechnung
KW	Kapitalwert
NK	Normalkosten
US-GAAP	United States Generally Accepted Accounting Principles
VAI	Vorstandsausschuss Investitionen
WpHG	Wertpapierhandelsgesetz

Literaturhinweise

Adelt, B. (2003): Überlegungen zur Weiterentwicklung der Unternehmensplanung bei Volkswagen, in: Horváth, P./Gleich, R. (Hrsg.): Neugestaltung der Unternehmensplanung, Stuttgart 2003, S. 451–468.

Ahearn, C. M. (1954): Die Controller-Tätigkeit in amerikanischen Aktiengesellschaften, in: Die Wirtschaftsprüfung, 7. Jg., 1954, S. 8–11.

Atkinson, A. A./Kaplan, R. S./Matsumura, E. M./Young, S. M. (2011): Management Accounting, 6. Aufl., New York 2011.

Auffermann, J. D. (1952): Vorwort, in: Rationalisierungs-Kuratorium der Deutschen Wirtschaft (RKW) (Hrsg.): Rechnungswesen im Dienst der Werkleitung, RKW-Auslandsdienst, München 1952, Heft 9, S. 6.

Batzner, L. (1963): Über den Controller in den USA, in: Fettel, J./Linhardt, H. (Hrsg.): Der Betrieb in der Unternehmung, Stuttgart 1963, S. 175–186.

Baum, H.-G./Coenenberg, A. G./Günther, T. (2013): Strategisches Controlling, 5. Aufl., Stuttgart 2013.

Becker, H. P. (2013): Investition und Finanzierung. Grundlagen der betrieblichen Finanzwirtschaft, 6. Aufl., Wiesbaden 2013.

Bundesverband Deutscher Unternehmensberater (BDU) (2009): Grundsätze ordnungsgemäßer Planung (GoP), Version 2.1, Bonn 2009.

Binder, C./Schäffer, U. (2005): Die Entwicklung des Controllings von 1970 bis 2003 im Spiegel von Publikationen in deutschsprachigen Zeitschriften, in: Die Betriebswirtschaft, 65. Jg., 2005, Heft 6, S. 603–626.

Coenenberg, A. G./Fischer, T. M./Günther, T. (2012): Kostenrechnung und Kostenanalyse, 8. Aufl., Stuttgart 2012.
Coenenberg, A. G./Haller, A./Mattner, G./Schultze, W. (2014a): Einführung in das Rechnungswesen. Grundzüge der Buchführung und Bilanzierung, 5. Aufl., Stuttgart 2014.
Coenenberg, A. G./Haller, A./Schultze, W. (2014b): Jahresabschluss und Jahresabschlussanalyse, 23. Aufl., Stuttgart 2014.
Crow, W. H. (1927): Corporation Treasurer's and Controller's Guide, New York 1927.
Eisele, W./Knobloch, A. P./Disselkamp, A. K./Becker, M./Sossong, P. (2011): Technik des betrieblichen Rechnungswesens. Buchführung und Bilanzierung, Kosten- und Leistungsrechnung, Sonderbilanzen, 8. Aufl., München 2011.
Ewert, R./Wagenhofer, A. (2014): Interne Unternehmensrechnung, 8. Aufl., Berlin/Heidelberg 2014.
Financial Executives Institute (FEI) (1962): Controllership and Treasurership Functions Defined by FEI, in: The Controller, 30. Jg., 1962, Heft 6, S. 289.
Franz, K.-P. (2004): Die Ergebniszielorientierung des Controlling als Unterstützungsfunktion, in: Scherm, E./Pietsch, G. (Hrsg.): Controlling, Theorien und Konzeptionen, München 2004, S. 271–288.
Gaiser, B. (2006): Die CFO Agenda. Leistungssteigerung von Controlling- und Finanzprozessen, in: Horváth, P. (Hrsg.): Controlling und Finance Excellence, Stuttgart 2006, S. 47–60.
Gänßler, S. (2010): Controlling @ Hansgrohe – vom Financial Controller zum Business Partner, 4. Campus for Controlling an der WHU Otto Beisheim School of Management, Vallendar 2010.
Götze, U. (2008): Investitionsrechnung, 6. Aufl., Berlin 2008.
Goossens, F. (1959): Der »Controller« – Chef des Unternehmens ohne Gesamtverantwortung, in: Mensch und Arbeit, 11. Jg., 1959, Heft 2, S. 74–77.
Goretzki, L./Weber, J. (2010): Der Wandel der Controller – Eine rollentheoretische Betrachtung am Beispiel der Hansgrohe AG, in: Zeitschrift für Controlling & Management, 54. Jg., 2010, Heft 3, S. 163–169.
Goretzki, L./Weber, J./Zubler, S. (2010): Die Rollen der Controller, in: Controller Magazin, 35 Jg., 2010, Heft 2, S. 56–62.
Günther, T. (1997): Unternehmenswertorientiertes Controlling, München 1997.
Hahn, D. (1994): Unternehmensziele im Wandel, in: Gomez, P./Hahn, D./Müller-Stewens, G./Wunderer, R. (Hrsg.): Unternehmerischer Wandel – Konzepte zur organisatorischen Erneuerung, Wiesbaden 1994, S. 59–83.
Henzler, H. (1974): Der Januskopf muss weg!, in: Wirtschaftswoche, 28. Jg., 1974, Heft 38, S. 60–63.
Hoffjan, A. (2009): Internationales Controlling, Stuttgart 2009.
Hope, J. (2006): Reinventing the CFO. How Financial Managers Can Transform Their Roles and Add Greater Value, Boston 2006.
Horngren, C. T./Datar, S. M./Foster, G./Rajan, M. V./Ittner, C. (2010): Cost Accounting. A Managerial Emphasis, 14. Aufl., Upper Sadle River 2010.

Horváth, P. (2002): Controlling – Von der Kostenkontrolle zur strategischen Steuerung, in: Gaugler, E., Köhler, R. (Hrsg.): Entwicklungen der Betriebswirtschaftslehre, Stuttgart 2002, S. 325–354.
Horváth, P. (2011): Controlling, 12. Aufl., München 2011.
Horváth, P./Gaydoul, P./Hagen, W. J. (1978): Planung, Kontrolle und Rechnungswesen. Auswertung einer empirischen Untersuchung, Frankfurt a. M. 1978.
Internationaler Controller Verein (ICV) e. V. (Hrsg.) (2007): Controller Leitbild, 2. Aufl., Gauting 2007.
Institute of Management Accountants (IMA) (1999): Counting More, Counting Less. Transformations in the Management Accounting Profession – The 1999 Practice Analysis of Management Accounting, Montvale 1999.
Institute of Management Accountants (IMA) (2008): Definition of Management Accounting, Montvale 2008.
Jackson, J. H. (1949): The Controller. His Functions and Organization, 2. Aufl., Cambridge 1949.
Jackson, J. H. (1950): The Growth of the Controllership Function, in: Bradshaw, T. F./Hall, C. C. (Hrsg.): Controllership in Modern Management, Chicago 1950, S. 17 ff.
Kaplan, R. S./Atkinson, A. A. (1989): Advanced Management Accounting, 2. Aufl., Englewood Cliffs 1989.
Küpper, H.-U./Friedl, G./Hofmann, C./Hofmann, Y./Pedell, B. (2013): Controlling: Konzeption, Aufgaben, Instrumente, 6. Aufl., Stuttgart 2013.
Küpper, H.-U./Winckler, B./Zhang, S. (1990): Planungsverfahren und Planungsinformationen als Instrumente des Controlling, in: Die Betriebswirtschaft, 50. Jg., 1990, Heft 4, S. 435–458.
Landsberg, G. v./Mayer, E. (1988): Berufsbild des Controllers, Stuttgart 1988.
Müller, W. (1974): Die Koordination von Informationsbedarf und Informationsbeschaffung als zentrale Aufgabe des Controlling, in: Zeitschrift für betriebswirtschaftliche Forschung, 26. Jg., 1974, Heft 10, S. 683–693.
National Association of Accountants (1981): Definitions of Management Accounting, Statement on Objectives of Management Accounting, New York 1981.
Pötsch, H.-D. (2012): Controlling bei Volkswagen – gestern, heute, morgen, in: Gleich, R./Möller, K./Seiter, M. (Hrsg.): Controlling-Relevance lost? München 2012, S. 149–161.
Pricewaterhouse Coopers Financial & Cost Management Team (PwC) (1997): CFO – Architect of the Corporation's Future, New York 1997.
Reichmann, T. (2011): Controlling mit Kennzahlen und Management-Tools. Die systemgestützte Controlling-Konzeption, 8. Aufl., München 2011.
Schäffer, U./Schürmann, C. (2010): Die Rolle des Controllers: Erbsenzähler oder interner Berater?, in: Zeitschrift für Controlling & Management, 54. Jg., 2010, Heft 3, S. 189–190.
Scherm, E./Pietsch, G. (Hrsg.) (2004): Controlling. Theorien und Konzeptionen, München 2004.
Schweitzer, M./Küpper, H.-U. (2011): Systeme der Kosten- und Erlösrechnung, 10. Aufl., München 2011.

Simons, D./Weißenberger, B. (2008): Die Konvergenz von externem und internem Rechnungswesen – Kritische Faktoren für die Entwicklung einer partiell integrierten Rechnungslegung aus theoretischer Sicht, in: Betriebswirtschaftliche Forschung und Praxis, 60. Jg., 2008, Heft 2, S. 137–160.

Stoffel, K. (1995): Controllership im internationalen Vergleich, Wiesbaden 1995.

Vahs, D. (1990): Controlling-Konzeptionen in deutschen Industrieunternehmungen: eine betriebswirtschaftlich-historische Untersuchung, Frankfurt a. M. 1990.

Wall, F. (2008): Controlling zwischen Entscheidungs- und Verhaltenssteuerungsfunktion, in: Die Betriebswirtschaft, 68. Jg, 2008, Heft 4, S. 463–482.

Weber, J. (1998): Einführung in das Controlling, 7. Aufl., Stuttgart 1998.

Weber, J. (2007): Aktuelle Controllingpraxis in Deutschland. Ergebnisse des WHU-Controllerpanles 2007, Vallendar 2007.

Weber, J. (2008): Aktuelle Controllingpraxis in Deutschland. Advanced Controlling, Band 59, Weinheim 2008.

Weber, J./Hirsch, B./Rambusch, R./Schlüter, H./Sill, F./Spatz, A. C. (2006): Controlling 2006. Stand und Perspektiven, Vallendar 2006.

Weber, J./Kosmider, A. (1991): Controlling-Entwicklung in der Bundesrepublik Deutschland im Spiegel von Stellenanzeigen, in: Zeitschrift für Betriebswirtschaft, 61. Jg., 1991, Ergänzungsheft 3, S. 17–35.

Weber, J./Schäffer, U. (1998): Controlling-Entwicklung im Spiegel von Stellenanzeigen 1990–1994, in: Kostenrechnungspraxis, 42. Jg., 1998, Heft 4, S. 227–233.

Weber, J./Schäffer, U. (1999): Sicherstellung der Rationalität von Führung als Aufgabe des Controllings?, in: Die Betriebswirtschaft, 59. Jg., 1999, Heft 6, S. 731–747.

Weber, J./Schäffer, U. (2014): Einführung in das Controlling, 14. Aufl., Stuttgart 2014.

Weber, J./Voußem, L./Rehring, J. (2010): Die Rolle(n) der Controller, Vallendar 2010.

Weißenberger, B. (2007): IFRS für Controller. Alles, was Controller über IFRS wissen müssen, Planegg/München 2007.

Zastrow, H. v. (1955): Der Controller, eine unentbehrliche Persönlichkeit in der amerikanischen Unternehmensleitung, in: Zeitschrift Führung + Organisation, 24. Jg., 1955, S. 89–94.

Zirkler, B. (2002): Führungsorientiertes US-amerikanisches Management Accounting, Wiesbaden 2002.

2 Integriertes Planungs-, Kontroll- und Informationssystem

Lernziele

In diesem Kapitel erfahren Sie,

- welche Funktionen durch »Planung«, »Kontrolle« und »Informationen« sowie »Planungs-, Kontroll- und Informationssystem« in einem Unternehmen erfüllt werden,
- welche Planungsinstrumente und Planungsverfahren sich unterscheiden lassen,
- wie der Planungsprozess verläuft,
- welche Formen der Kontrolle unterschieden werden können,
- wie der Informationsverarbeitungs- und Informationsbereitstellungsprozess verläuft,
- welche Zwecke das Berichtswesen eines Unternehmens erfüllt und welche Arten von Berichten unterschieden werden können,
- welche Anforderungen an ein modernes Reporting-System zu stellen sind,
- was XBRL bedeutet und wie hierdurch die Finanzberichterstattung beeinflusst wird,
- wie sich Big Data und Business Analytics auf die Planung und das Informationssystem auswirken.

Bei einer längeren Autofahrt gerät der Vorstandsvorsitzende Dr. Lodìn in Streit mit seinen Kindern über die Musikrichtung im Auto. Da kommt ihm die Idee, neben den existierenden Geschäftsbereichen der Grape SE noch einen weiteren für hochwertige Kopfhörer zu etablieren. Er überschlägt schnell die Anzahl der Jugendlichen in den Kernmärkten der Grape SE sowie deren Zahlungsbereitschaft und kommt zu einem enormen Potenzial. Gleich am nächsten Tag bringt er die Idee in die Vorstandssitzung ein. Die Vorstandskollegen finden den Vorschlag interessant, meinen aber, dass eine solche Entscheidung besser durchdacht werden sollte. Daher wird ein Projektteam unter Leitung des Chefcontrollers Dr. Müller-Christ gebildet, das sich mit einer fundierten Planung der neuen Geschäftseinheit auseinandersetzen soll. Neben der Marktplanung soll sich das Team auch mit der Einbindung der neuen Geschäftseinheit in die bestehenden Systeme beschäftigen. Es stellt sich die Frage, ob das Geschäft eigentlich mit der langfristigen Konzernplanung, den operativen Teilplänen und dem bereits existierenden Informations- und Kontrollsystem kompatibel ist?

Dieses Kapitel beschäftigt sich mit dem Planungs-, Kontroll- und Informationssystem eines Unternehmens. Als Basis für eine erfolgreiche Unternehmensführung und -steuerung müssen diese Teilsysteme ergebniszielorientiert aufeinander abgestimmt werden. Dabei gilt es, die Prozesse, Träger, Methoden, Hilfsmittel und Regelungen so zu gestalten, dass die einzelnen Teilsysteme des Unternehmens ihre Funktionen erfüllen und der zentralen Führungsaufgabe gerecht werden.

2.1 Planungssystem

Um die Struktur und die Aufgaben des Planungssystems zu verdeutlichen, wird zunächst auf die grundlegenden Begriffe, Funktionen und Differenzierungsmerkmale des Planungssystems eingegangen (vgl. Abschnitt 2.1.1). Anschließend werden die Planungselemente (vgl. Abschnitt 2.1.2), die Grundsätze ordnungsgemäßer Planung (vgl. Abschnitt 2.1.3) und Merkmale von Planungssystemen (vgl. Abschnitt 2.1.4) dargestellt.

2.1.1 Grundlagen

Begriff der Planung

Planung bedeutet **»Zukunftsgestaltung«** und bildet insbesondere in größeren Unternehmen die Grundlage der Führung (vgl. Horváth, 2011, S. 146). Dies beinhaltet eine aktive, systematische Auseinandersetzung mit der Zukunft.

Planung kann daher als »ein systematisches, zukunftsbezogenes Durchdenken und Festlegen von Zielen, Maßnahmen, Mitteln und Wegen zur zukünftigen Zielerreichung« (Wild, 1974, S. 13) definiert werden.

Dieses Verständnis ist um **entscheidungsorientierte** und **subjektive** Komponenten zu erweitern, sodass sich Planung durch einige wesentliche Merkmale kennzeichnen lässt (vgl. Klein/Scholl, 2011, S. 3):

- Planung ist **zielorientiert**: Sie dient der Festlegung zukünftiger Zielzustände, um damit eine Kontrolle und so insgesamt eine Steuerung zu ermöglichen.
- Planung ist **gestaltungsorientiert**: Sie dient der Gestaltung zukünftiger Zielzustände und somit der Entscheidungsvorbereitung.
- Planung ist **zukunftsorientiert**: Sie prognostiziert zukünftige Entwicklungen und basiert dabei auf (zumeist) unvollkommenen Informationen, wobei die Unsicherheit der Zukunft mit steigender Planreichweite steigt.
- Planung ist zumeist ein **rationaler Prozess**: Sie wird in systematischer Weise durchgeführt. Jedoch folgt sie dabei keinen schematischen Prozess, da Planungen situationsabhängig differenziert betrachtet werden.
- Planung ist ein **informationsverarbeitender Prozess**: Sie beinhaltet die Sammlung, Speicherung, Auswahl, Verarbeitung und Übertragung vielfältiger Informationen.
- Planung ist ein **subjektiver Prozess**: Die Subjektivität des Planers beeinflusst sowohl die Auswahl des Planungsgegenstandes, die Zielsetzung, die Planungsmethode als auch die Beurteilung der Ergebnisse.

Planungssystem

Die geordnete und integrierte Gesamtheit verschiedener Teilplanungen (Pläne) und anderer Elemente sowie ihrer Beziehungen, die nach einheitlichen Prinzipien aufgebaut und miteinander verknüpft sind, bilden das **Planungssystem** (vgl. Wild, 1974, S. 153). Elemente des Planungssystems bilden dabei Inputvariablen (Planungsträger, Planungsziele, organisatorische Regelungen, Planungsinformationen), Prozessvariablen (Planungshandlungen) und Outputvariablen (Pläne) (vgl. Küpper et al., 2013, S. 134).

Analyse und Zielbildung als Grundlage der Planung

Als Grundlage einer ordnungsgemäßen Unternehmensplanung sollte eine **Analyse** des internen und externen Unternehmensfeldes erfolgen, um die Komplexität und Dynamik des Umfeldes anhand von strategischen Einflussfaktoren zu erfassen. Aufbauend auf der Analyse wird eine strategische Planung erst ermöglicht. Die Entwicklung **strategischer Ziele** bildet den Ausgangspunkt für alle weiteren Planungsaktivitäten (vgl. Welge/Al-Laham, 2008, S. 199). Das Zielsystem ist damit die Ausgangsposition für die Planung, in der Maßnahmen und Ressourcen zur Zielerreichung festgelegt werden. Welches strategische Ziel gewählt wird, hängt davon ab, durch welches **Unternehmensleitbild** und durch welche Vision ein Unternehmen sein Selbstverständnis festlegt (vgl. Abschnitt 3.1.2). Aus dem Leitbild sind die strategi-

Abb. 2-1

Planungsebenen und Planungsinstrumente

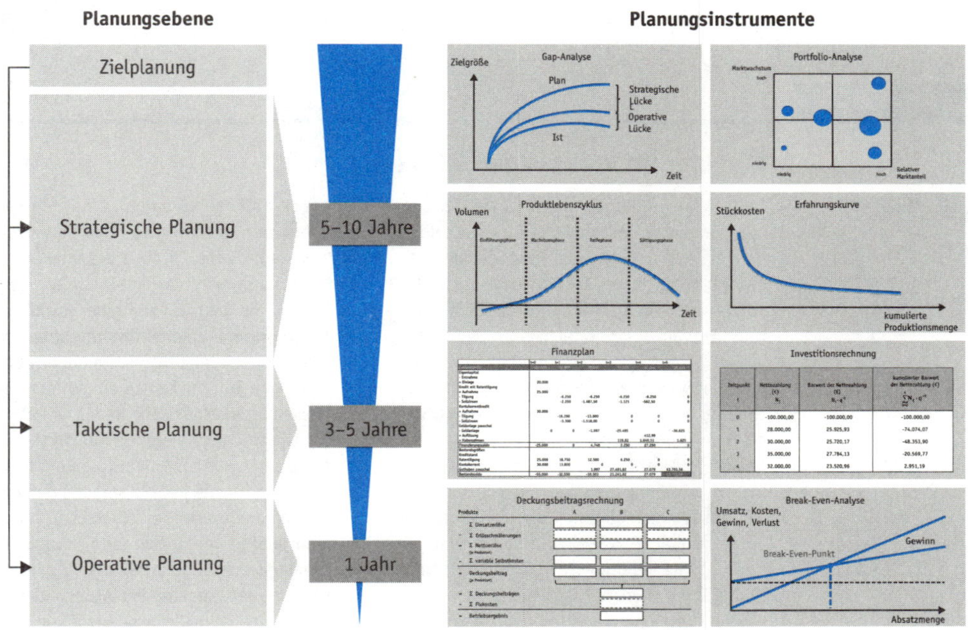

(Quelle: eigene Darstellung)

schen Ziele abzuleiten. Diese müssen zukunftsorientiert, konsistent, transparent, beeinflussbar, messbar, interaktionsorientiert sowie realisierbar sein (vgl. BDU, 2009, S. 12). Für die Realisierung der strategischen Ziele sind geeignete **Strategien** zu entwickeln, wobei Unternehmens-, Geschäftsfeld- und Funktionsbereichsstrategien zu unterscheiden sind (vgl. Abschnitt 3.1.2). Nach der Ziel- und Strategiedefinition erfolgt die strategische Planung, die bestimmte Maßnahmen zur Sicherung des langfristigen Unternehmenserfolges ableitet. Entsprechend dem Zeithorizont kann auf Basis der generellen Unternehmenszielplanung neben der **strategischen Planung** eine **taktische Planung** mit mittelfristigem und eine **operative Planung** mit kurzfristigem Planungshorizont abgeleitet bzw. unterschieden werden (vgl. Abschnitt 2.1.2.1). Hierbei finden unterschiedliche Planungsinstrumente Einsatz (vgl. Abschnitt 2.1.2.3). Eine beispielhafte Übersicht zu Planungsebenen und möglichen Planungsinstrumenten ist in Abbildung 2-1 dargestellt.

2.1.1.1 Planungsebenen

Zur Differenzierung und Abstimmung des unternehmerischen Planungssystems findet nach dem Zeithorizont eine Unterscheidung in operative, taktische sowie strategische Planung statt. Diese drei Planungsebenen stehen in einer hierarchischen Beziehung zueinander, wobei die Pläne der tieferen Ebene aus den Plänen der übergeordneten Ebene abgeleitet werden, d. h. ein taktischer Plan wird aus einem strategischen Plan und ein operativer Plan aus einem taktischen Plan abgeleitet.

Strategische Planung

Die **strategische Planung** ist in prozessualer Hinsicht gekennzeichnet als ein »informationsverarbeitender Prozess zur Abstimmung von Anforderungen der Um-

Praxisbeispiel

Planung im Volkswagen Konzern

Im Volkswagen Konzern werden vier Ebenen der Planung unterschieden: Zunächst erfolgt eine zeitlich unbefristete **strategische Rahmenplanung**, in der fallweise auf Basis von Sonderanalysen und -prognosen die langfristigen Entwicklungsmöglichkeiten des Volkswagen Konzerns abgeschätzt und so die globale Unternehmensstrategie angepasst wird. In einer auf zehn Jahre terminierten **strategischen Programmplanung** findet eine spezifische Auswahl und detaillierte Planung der langfristig herzustellenden Produkte, d. h. der Fahrzeugmodellreihen und des Produktprogramms als Ganzes inklusive der langfristigen Absatzplanung, statt. Diese Planungen finden ihren Niederschlag im sogenannten »Cycle-Plan« und »langfristigem Absatzplan«. Auf die strategische Planung setzt die **taktische Planung** auf, die für einen Zeitraum von fünf Jahren aufgestellt wird und den Kern der operativen Planung im Volkswagen Konzern bildet. In einer anschließenden Budgetplanung wird das erste Planjahr der taktischen Planung in Form einer **kurzfristigen Programm- und Maßnahmenplanung** mit detaillierten qualitativen, mengen- und wertmäßigen Informationen abgebildet. Für das laufende Geschäftsjahr findet monatlich zusätzlich eine revolvierende **Kurzfristplanung** statt, die eine Detailplanung bzw. Planrevision für die jeweils kommenden drei Monate darstellt sowie eine Vorschau für das Restjahr beinhaltet. Dieser unterjährige Planungskomplex ermöglicht eine sehr zeitnahe und präzise Abstimmung der Absatz-, Lager-, Auslieferungs-, Produktions- sowie Beschaffungsplanung.
(Quelle: Adelt, 2003, S. 455 ff.)

welt mit den Potenzialen des Unternehmens in der Absicht, mithilfe von Strategien den langfristigen Erfolg eines Unternehmens zu sichern« (Bea/Haas, 2012, S. 54). Sie hat einen Planungshorizont in der Regel von mindestens fünf Jahren und ist in den **obersten Führungsebenen** verankert. Als Planungsgegenstand werden die Kernkompetenzen des Unternehmens, die grundsätzliche Gestaltung der Wertschöpfungskette, Lebenszyklusphasen, Wachstumsraten, Geschäfts- und Funktionsbereiche, Anteile und Volumen des relevanten Marktes sowie Renditen betrachtet. Die strategische Planung hat somit die Entwicklung einer globalen Konzeption für die **zukünftige langfristige Entwicklung** des Unternehmens und den Aufbau von **Erfolgspotenzialen** zum Ziel. Hierbei gilt es, eine möglichst erfolgversprechende Abstimmung (»Fit«) des Unternehmens auf sein Umfeld herzustellen. Inhaltlich umfassen strategische Pläne generell Angaben zu Zielen (z. B. Umsatzwachstum, Kostenreduktion, Gesamtkapitalrentabilität, Marktanteile), qualitative Einschätzungen bzw. Annahmen (z. B. Entwicklungen im Wettbewerbsumfeld), finanzielle Prognosen (insbesondere des Investitionsbudgets und der operativen Budgets) sowie einzuleitende Maßnahmenpakete, die zur Zielerreichung beitragen sollen. Strategische Pläne sind aufgrund des großen Planumfangs wenig detailliert und basieren oftmals auf einem kreativen und **wenig formalisierten Vorgehen**, wobei der Ablauf zur Erstellung eines strategischen Plans sich typischerweise aus der strategischen Analyse bzw. Diagnose, der Strategieformulierung und schließlich der Strategiebewertung bzw. -auswahl zusammensetzt (vgl. Abschnitt 3.1.4). Durch die zunehmende Komplexität und Dynamik kommt einer (szenarioorientierten) Analyse und Planung dabei eine wachsende Bedeutung zu.

Taktische Planung

Die im Rahmen der strategischen Planung entwickelten Handlungsalternativen sind in der **taktischen Planung** bzw. Mittelfristplanung in operationale Programm-, Kapazitäts- und Finanzplanungen umzusetzen. Ihr Planungshorizont kann bis zu fünf Jahre betragen. Zu den taktischen Planungsbereichen gehören: die Kapitalausstattung, die Investitionsobjekte, die Personalausstattung, das spezifizierte Produktionsprogramm und die Informationssysteme. Die taktische Planung ist Bindeglied zwischen der strategischen und der operativen Planung, sodass ihr eine Detaillierungsfunktion im Sinne einer Übersetzung und Konkretisierung der Strategie in mittelfristige Ziele und Maßnahmen zukommt. Aus Vereinfachungsgründen kann auf eine taktische Planung verzichtet und lediglich eine operative und strategische Planung durchgeführt werden.

Operative Planung

Die **operative Planung** baut auf der strategischen und mittelfristigen Planung auf. Sie erfolgt somit auf Grundlage der Vorgaben aus den vorgelagerten Planungsebenen und ist institutionalisiert in der **unteren Managementebene**. Im Rahmen der operativen Planung wird eine konkrete, **kurzfristig orientierte Detailplanung** mit einem in der Regel einjährigen Zeithorizont vorgenommen. Ausgehend von den lang- und mittelfristigen Plänen werden in der operativen Planung kurzfristige **Jahrespläne** abgeleitet und in Form von **Budgets** quantifiziert. Die erstellten Budgets bilden die Vorgaben für quartals-, monats-, wochen- oder tagesgenaue Detailpläne, die an Terminen, Kapazitäten und Finanzmitteln orientiert sind. Bei der Budgeterstellung findet eine Verdichtung der Teilbudgets in die budgetierte Erfolgsrechnung, das Budget der Finanzmittel und die budgetierte Bilanz statt (vgl. auch Abschnitt 8.2).

Praxisbeispiel

Planung im Knorr-Bremse Konzern

Lang-, mittel- und kurzfristige Planung im Knorr-Bremse Konzern

Der Planungsprozess im Knorr-Bremse Konzern ist unterteilt in »Group Targets«, »Strategische Planung (STRAP)«, »Mittelfristplanung« und »Outlook/Forecast«. Auf der Konzern- und Divisionsebene werden von Januar bis März die Unternehmensziele (Group Targets) mit einem Planungshorizont von fünf Jahren festgelegt. Im Rahmen von Finanzzielen wird so z. B. eine Zielvorgabe je Division für wesentliche Key Performance Indicators (KPIs) für einen Zeitraum von 5 Jahren festgelegt. Von Februar bis Juni wird auf der Divisions- und Regionenebene ebenfalls für einen langfristigen Planungshorizont von fünf Jahren die Unternehmensstrategie festgelegt. Die strategische Planung (STRAP) zielt damit auf die Entwicklung und anschließende Festlegung einer Unternehmensstrategie je Geschäftsfeld ab. Im Zentrum der Mittelfristplanung steht die Konkretisierung der im Rahmen der Unternehmensziele (Group Targets) und der strategischen Planung (STRAP) definierten Ziele und Strategien in unmittelbar realisierbare Vorgaben auf operativer Ebene. Die Erstellung der Mittelfristplanung erfolgt von März bis November auf divisionaler Ebene mit einem mittelfristigen Planungshorizont von drei Jahren. Als Ergebnis resultiert eine detaillierte Dreijahresplanung auf den Ebenen Konzern, Divisionen, Regionen und Legal Entities. Der Planungsprozess umfasst zudem Forecasts sowie Outlooks für den Konzern, die Divisionen, Regionen und Legal Entities. Hierbei werden nach Bedarf kurzfristige Aktualisierungen des im Rahmen der Mittelfristplanung erstellten Jahresbudgets (Forecast) bzw. saisonalisierten Monatsbudgets (Outlook) für alle wesentlichen KPIs vorgenommen.
(Quelle: Knorr-Bremse Konzern, in: www.knorr-bremse.de, Abruf: 24.05.2014)

Die Detailpläne sind somit Grundlage für die Ergebnis-, Bilanz- und Liquiditätsplanung (integrierte Planung). Da zwischen diesen eine Verzahnung vorliegt, ist in der operativen Planung entweder eine Mittelverwendungs- und Mittelherkunftsrechnung oder Kapitalflussrechnung vorzunehmen. Da es bei der operativen Planung um die konkrete Umsetzung geht, findet in der Regel eine starke Aufgliederung mit einem hohen Detaillierungsgrad in isolierten Planungsmodellen statt. Beispiele für die operative Planung sind die Maschinenbelegungsplanung und die Festlegung konkreter Produktionsprogramme. Aufgrund der Kurzfristigkeit der Planung lassen sich die benötigten Informationen für derartige operative Planungsprobleme oft mit ausreichender Zuverlässigkeit und Genauigkeit bereitstellen.

Beispiel 2.1 Grape SE

▸▸▸ Um eine fundierte Entscheidung zur Einführung der hochwertigen Kopfhörer zu treffen, wird unter Leitung von Dr. Müller-Christ eine Planung über alle Teilkomplexe des Planungssystems durchgeführt. Zunächst erteilt Dr. Müller-Christ seinen Mitarbeitern in der **strategischen Planung** den Auftrag, das Produktprogramm der Kopfhörer inklusive der langfristigen Absatzerwartungen für die verschiedenen regionalen Absatzmärkte zu planen. Als Produktvarianten planen sie »gConcert« und

»gJazzy«, wobei sie von einem jährlichen Absatzvolumen von ca. 500.000 Stück pro Varinte ausgehen. Für den Planungshorizont veranschlagen sie 10 Jahre, was etwa einem Produktlebenszyklus inklusive Entwicklungsphase entspricht. Weiterhin legen seine Mitarbeiter Beschaffungsstrategien mit Informationen zum Lieferantensystem, Produktionsstrategien mit Angaben zu Produktionstechnologien, Vermarktungsstrategien mit Ausführungen zum Marketing-Mix und zum Vertriebssystem der Kopfhörer fest. In der anschließenden **taktischen Planung** leitet Dr. Müller-Christ die erstellten Strategiepläne den Verantwortlichen der Bereiche Beschaffung, Produktion, Logistik und Marketing weiter. Diese erstellen jeweils fünfjährige Programm- und Maßnahmenpläne inklusive Maßnahmenumfang und Mitteleinsatz für die Kopfhörer »gConcert« und »gJazzy«. Im Zusammenspiel zwischen den Bereichsverantwortlichen und dem Konzern-Controlling findet eine Fixierung der Kapazitäts- und Finanzplanung für den Geschäftsbereich »Kopfhörer« statt. Nach einer Präsentation der Teilplanungen im Vorstand findet eine Verabschiedung der 5-Jahresplanung durch den Vorstand Dr. Lodìn statt. In der **operativen Planung** werden schließlich den einzelnen Varianten des Kopfhörers Budgets mit Kapazitäts- und Kostengrößen zugeteilt. In der kurzfristigen Planung können Abweichungen in den Absatzmengen der Kopfhörer berücksichtigt und eine monatliche Vorausschätzung der Geschäftsentwicklung vorgenommen werden, wobei Maßnahmen zur Planerreichung eingeleitet werden sollten (vgl. Beispiel 2.3). ◂◂◂

2.1.1.2 Zielbezug der Planung

Eine für das Controlling wesentliche Differenzierung der Planung ist deren Zielbezug. Damit lassen sich sachziel- und formalzielorientierte Planung unterscheiden.

Sachzielorientierte Planung

Die **sachzielorientierte Planung** bezieht sich auf reale Objekte und Aktivitäten des Unternehmensprozesses, wie z. B. die Herstellung einer bestimmten Menge eines neuen Produktes oder die Einführung einer Fertigungstechnologie (vgl. Kosiol, 1966, S. 212). Sie dient der Bestimmung von Programmen und Aktionen und kann auch als **Aktionsplanung** (»action planning«) bezeichnet werden. Sachzielorientierte Planungsinhalte orientieren sich somit an Mengen und umfassen bspw. Marktvolumen, Produktions- und Beschaffungsmengen, Kapazität, Kapazitätsauslastung, Mitarbeiter, Produktivität, Neuprodukteinführungen, Qualität, Bestände, Fertigungstiefe sowie Werbung und Verkaufsförderung. In der Unternehmenspraxis können Aktionspläne dabei auf allen Planungsebenen existieren.

Formalzielorientierte Planung

Die **formalzielorientierte Planung** (»financial planning«) bezieht sich hingegen auf Erfolgs- und Liquiditätsaspekte von Handlungsalternativen, wie z. B. das Erreichen eines bestimmten Umsatzes und/oder Cashflows (vgl. Simons, 2000, S. 4 f.; Kosiol, 1966, S. 212). Sie betrifft also nominale Aspekte des Unternehmensprozesses und dient der Bestimmung von wertmäßigen Ergebnissen. Die formalzielorientierte Planung kann auch als **Budgetierung** bezeichnet werden und ist auf die ergebniszielorientierte Planung ausgerichtet (vgl. Abschnitt 8.1). Formalzielorientierte Planungsinhalte orientieren sich daher an Kosten und Erlösen und beinhalten u. a. Umsatz, Umsatzentwicklung, Investitionen, Ergebnisse, Ergebnisentwicklung, Kosten sowie Kostenentwicklung. Das Kontrollobjekt der Budgetierung bilden somit wertmäßige Größen, wohingegen die Aktionsplanung durch den Prozess als Kontrollobjekt bestimmt wird. Folglich liegt bei der Budgetierung eine institutionelle und bei der Aktionsplanung eine funktionale Orientierung vor.

Ein Beispiel für ein Budget im Unternehmen ist der **Finanzplan**. Der Finanzplan wird quartalsweise berichtet und gliedert sich in die Bestandteile Kapitalbedarf/-überschuss sowie Deckung des Kapitalbedarfs. Beim Kapitalbedarf finden Einzahlungen aus Umsatz sowie Auszahlungen z. B. für Anlagegüter, Finanzanlagen, Materialeinsatz, Personal, Sachkosten und Versicherungen statt. Bei der Deckung des Kapitalbedarfs werden Einzahlungen durch den Gesellschafter oder die Bank über Kredite geleistet. Auszahlungen werden ebenfalls an Gesellschafter und Bank getätigt. Am

Abb. 2-2

Mögliche Beziehungen zwischen Aktionsplanung und Budgetierung

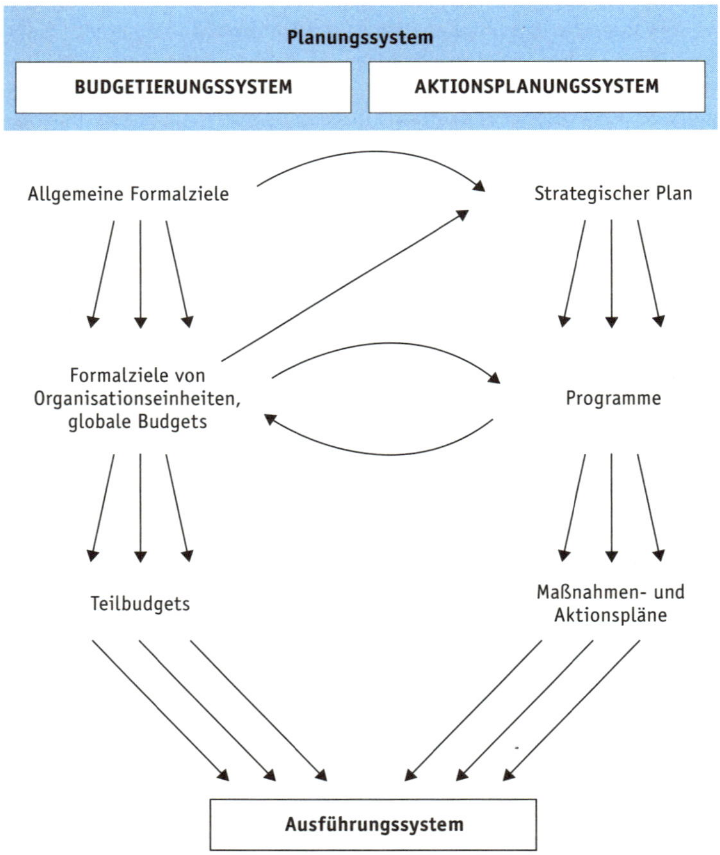

(Quelle: in Anlehnung an Mintzberg, 1979, S. 155)

Ende des Finanzplans steht schließlich die quartalsweise Gegenüberstellung von Anfangs- und Endbestand der Zahlungsmittel.

Kopplung von sachziel- und formalzielorientierter Planung

Entscheidend für die Unternehmensplanung ist, dass beide Zielkategorien berücksichtigt und aufeinander abgestimmt werden. Nach dem Zielbezug besteht das Planungssystem somit aus einem Aktionsplanungs- und Budgetierungssystem, zwischen denen verschiedene **Beziehungen** vorliegen können (vgl. Abb. 2-2). Die allgemeinen Formalziele bzw. Budgets bestimmen den Rahmen der strategischen Pläne. Ebenso beeinflussen die Formalziele der Organisationseinheiten, d.h. die globalen Budgets, die Formulierung von strategischen Plänen als Prämissen der Programmplanung. Zudem werden die Programme durch die Formalzielplanung der Organisationseinheiten bestimmt. Die durch die Formalziele bestimmten Teilbudgets und die anhand der Programme festgelegten Maßnahmen- und Aktionspläne fließen dann direkt in das Ausführungssystem ein.

Erfolgt im Unternehmen ein Zusammenspiel von Aktionsplanung und Budgetierung, gibt es zwei grundsätzliche Alternativen (vgl. Jung, 1985, S. 69). Zum einen können **Aktionspläne auf Budgets** basieren, sodass diese stets auf die Realisation eines angestrebten wirtschaftlichen Unternehmensergebnisses ausgerichtet sind. Problematisch hierbei ist jedoch, dass nicht immer Maßnahmenprogramme existieren, die geeignet sind, vorgegebene Budgets zu verwirklichen. Zum anderen können **Budgets auf Aktionsplänen** basieren, sodass sich Sachziel- und Maßnahmenplanung ausschließlich an der Marktsituation und den vorhandenen Marktchancen orientieren. Die sich aus den Aktionsplänen ableitenden Budgets entsprechen häufig jedoch nicht dem verfügbaren Ressourcenpotenzial sowie dem erforderlichen Liquiditätsbedarf und dem Rentabilitätsziel der Unternehmen. Als Lösung wird daher der Einsatz von Gegenstromverfahren empfohlen, um Markt- und Ressourcensicht miteinander zu verbinden (vgl. Abschnitt 2.1.2.2 und Abschnitt 8.3.2).

2.1.1.3 Funktionen der Planung

Die Planung spielt eine zentrale Rolle, um die Zielorientierung zu steigern und Risiken zu reduzieren.

Im Unternehmen dienen Planungen »der Gestaltung und Sicherung der Unternehmenszukunft, dem Erreichen von Unternehmenszielen, der Förderung von Innovationen sowie der Erhöhung der Wirtschaftlichkeit von Unternehmen« (vgl. BDU, 2009, S. 6). Die Zukunftssicherung geschieht dabei durch Vorwegdenken der möglichen Situationen, sodass Alternativen vorliegen und eine schnelle Reaktion ermöglicht wird.

Als grundlegende Funktionen der Planung können unterschieden werden (vgl. Pfohl/Stölzle, 1997, S. 66–68):

- **Koordinationsfunktion:** Die Planung soll zur Reduzierung der Komplexität und Erhöhung der Transparenz bei den Untersuchungsobjekten beitragen. Folglich soll über die Planung eine horizontale und vertikale Abstimmung aller Entscheidungen und Aktivitäten entsprechend der Zielsetzung der Organisation vorgenommen werden. Im Rahmen der Koordinationsfunktion erfolgt letztlich eine Abstimmung von Unternehmenszielen, gesamtwirtschaftlichen Entwicklungstrends und verfügbaren Mitteln sowie Tätigkeiten der einzelnen Unternehmensbereiche. Durch die Ressourcenabstimmung und Zielplanung wird eine (planungsinduzierte) Effizienzsteigerung angestrebt.

- **Leistungsmotivationsfunktion:** Die Planung soll Anreize für die Adressaten schaffen, um die angestrebten Vorgaben zu erreichen und so das individuelle Leistungsverhalten positiv beeinflussen. Sie soll daher beeinflussbare, herausfordernde, aber erreichbare Ziele als Leistungsmaßstab vorgeben. Zudem können durch die Möglichkeit der Mitwirkung am Planungsprozess die persönlichen Beziehungen im Vorgesetzten-Mitarbeiter-Verhältnis aktiv gestaltet werden.
- **Flexibilitätsfunktion:** Die Planung soll Veränderungen vorhersagen, das Spektrum der Veränderungsmöglichkeiten und alternativer Handlungsoptionen aufzeigen und somit eine schnelle Reaktion auf Veränderungen ermöglichen. Mit zunehmender Umweltdynamik gewinnt die Flexibilitätsfunktion an Bedeutung.
- **Sicherungsfunktion:** Die Planung soll Risiken frühzeitig erkennen, ihre Wirkungen antizipieren und entsprechende Gegenmaßnahmen einleiten. Folglich erfasst die Sicherungsfunktion den Zukunftsbezug der Planung und die damit verbundenen Unsicherheiten. Insofern trägt die Planung wesentlich zur Risikoreduzierung bei.
- **Optimierungsfunktion:** Durch die Planung soll eine optimale Auswahlentscheidung zwischen verschiedenen Handlungsoptionen erreicht werden, wodurch die Planung einen Beitrag zur Erhöhung der Entscheidungsqualität leistet. Als Grundlage für entsprechende Auswahlentscheidung müssen operationalisierte Ziele vorliegen, was auch Kriterien zur Beurteilung des Zielerreichungsgrades beinhaltet. Durch die Festlegung künftiger Handlungsalternativen kommt es somit zur Komplexitätsreduktion.
- **Innovationsfunktion:** Durch die Planung sollen in unsicheren und schwer vorhersehbaren Problemsituationen neue Lösungsansätze bzw. Strategien gefunden werden. Die Planung soll so bisher unbekannte und unbeachtete Alternativen systematisch generieren. Durch diese Schaffung und Sicherung zukünftiger Handlungsspielräume kommt es zu einer Flexibilitätserhöhung.

In der Unternehmenspraxis wird mit der Planung am häufigsten die Koordinationsfunktion verfolgt (vgl. Nevries et al., 2009, S. 238).

Beispiel 2.2 Grape SE

▸▸▸ Martin Schaaf und Alexandra Kluge sind seit einigen Jahren Mitarbeiter im Konzerncontrolling der Grape SE. Martin hinterfragt den Sinn seiner täglichen Arbeit und ist frustriert über den ständig rollierenden Planungsprozess. Alexandra kann das ständige Lamentieren ihres Kollegen nicht mehr ertragen und möchte ihren Kollegen bei einem Kaffee gerne über die Relevanz und Funktion der Planung informieren und für die Wichtigkeit seiner Tätigkeit sensibilisieren. Alexandra fängt das Gespräch an: »Was wäre, wenn keine Abstimmung der Nachfrageprognose in der Planung erfolgt? Dies könnte zu einem Produktionsstopp der Grape führen. Denn es kann passieren, dass zwar genug Kopfhörer für ein Endprodukt vorliegen, jedoch aufgrund der nicht weitergeleiteten Nachfrageprognose ein Mangel an Platinen entsteht.« (**Koordinationsfunktion**) Martin ist sich noch unsicher und findet das Beispiel unrealistisch. Alexandra führt weitere Situationen an: »Was wäre, wenn wir keine Zielvereinbarung hätten? Dann würden die Mitarbeiter nach einer Verkaufszahl von 100 Stück die Arbeit einstellen oder viel langsamer arbeiten. (**Leistungsmotivationsfunktion**) Eine Bonusfunktion für jährliche Ziel-Verkaufszahlen erhöht die Motivation der Mitarbeiter, auch diese Ziele zu erreichen. Diese muss natürlich kontinuierlich an die internen und externen Gegebenheiten, wie z. B. die Wirtschaftskrise, angepasst werden. Und weißt du noch, als damals der Vulkan in Island ausgebrochen ist? Unsere Kunden saßen auf den Flughäfen fest und unsere Nachfrage stieg enorm an. Was wäre gewesen, wenn wir keine Best-Case Szenarios geplant hätten?« (**Flexibilitätsfunktion**). Alexandra bringt noch zwei weitere entscheidende Punkte an: »Wenn wir keine Planung hätten, wie würden wir zwischen zwei Produkten wählen und unsere Produktion zukünftig optimal auslasten? (**Optimierungsfunktion**) Und was passiert, wenn wir Kasachstan als neuen Markt erschließen wollen? (**Innovationsfunktion**) Wie sollen Vertrieb, Distribution und Produktion ohne eine entsprechende Planung geregelt werden?« Der Vielzahl an Argumenten kann auch Martin sich nicht mehr entziehen. ◂◂◂

2.1.2 Planungselemente

Um die Funktionen der Planung auszuführen, gilt es, alle Subsysteme der Planung zu integrieren. Dies beinhaltet zunächst die Frage, welche Planungsaufgaben arbeitsteilig durchzuführen sind und wie sie miteinander verknüpft werden sollen (**funktionaler Aspekt**). Daneben ist festzulegen, wer welche Planungsaufgaben und an welcher Stelle in der Organisation wahrzunehmen hat (**institutionaler Aspekt**) (vgl. Abschnitt 2.1.2.1). Schließlich ist der **zeitliche Aspekt**, d. h. die Ablauforganisation der Planung (vgl. Abschnitt 2.1.2.2), zu regeln sowie die zur Planung genutzten Instrumente festzulegen (vgl. Abschnitt 2.1.2.3) (vgl. Horváth, 2011, S. 171).

2.1.2.1 Planungsorganisation

Die Organisation der Planung bestimmt Richtlinien, nach denen die Verteilung und der Vollzug arbeitsteilig auszuführender Planungsaufgaben zielorientiert festgelegt werden (vgl. Friedl, 2013, S. 155).

Analyse der Planungsaufgaben als Grundlage der Planungsorganisation

Den Ausgangspunkt für die organisatorische Gestaltung des Planungssystems bilden die Analyse und Festlegung der **Planungsaufgaben** und deren Beziehungen. Nach der Differenzierung der Planungsaufgaben sind diese institutional zu verankern, d. h. den Stellen und Abteilungen zuzuordnen. Die Organisationsbereiche, die die Planung übernehmen, werden **Planungsorgane** genannt.

Um eine Abgrenzung der Controllingaufgaben im Rahmen der Planung zu erreichen, werden die Planungsaufgaben in materielle, formale und Service-Aufgaben unterteilt. Die nachfolgende Abbildung 2-3 verdeutlicht die Differenzierung der Planungsaufgaben.

Abb. 2-3

Differenzierung von Planungsaufgaben

Planungsaufgaben

Aufgaben des Managements

Materielle Aufgaben (Planerfunktion)

- Planungsproblem identifizieren
- Planungsinformationen beschaffen und generieren
- Planungsinformationen auswerten
- Sollwerte aufstellen
- Planprämissen erarbeiten
- Planentwürfe erstellen
- Wirkungsprognosen erstellen
- Planalternativen testen
- Planbewertung vorschlagen
- Plankorrekturen vornehmen
- Plan genehmigen

Aufgaben des Controllings

Service-Aufgaben (Planungstechnikerfunktion)

- Sammlung und Kommentierung von Planentwürfen
- Überprüfen von Planentwürfen
- Aufbereitung der Planentwürfe für die Entscheidungsträger
- Erarbeitung von Planungstechniken (Modelle, Methode etc.)
- Koordination der Planungstechniken (verwendete Begriffe etc.)
- Erarbeitung und Wartung von Datenbanksystemen
- Aus- und Weiterbildung der Planungsträger
- Pläne koordinieren
- Planung terminieren und steuern
- Analyse und Interpretation von Abweichungen
- Erstellung von Berichten

Formale Aufgaben (Planungsmoderatorfunktion)

- Abgrenzung des Planinhaltes
- Erarbeitung von Vorgehensweisen und Richtlinien der Planung
- Genehmigung dieser Richtlinien
- Terminierung von Planungsarbeiten
- Kontrolle der Planerstellung
- Aufbau des Planungs- und Kontrollsystems
- Weiterentwicklung des Planungs- und Kontrollsystems
- Erstellung von Richtlinien zum Puk-System
- Festlegung von Verfahren zur Planung und Kontrolle

(Quelle: eigene Darstellung in Anlehnung an Szyperski/Müller-Böling, 1980, S. 365 f.)

Die **materiellen Aufgaben** (Planerfunktion) umfassen dabei inhaltliche Aspekte, wie z. B. die Erstellung von Planprämissen, Planentwürfen und Wirkungsprognosen. Dieser Aufgabenbereich untersteht daher oftmals dem Management. Die **Service-Aufgaben** (Planungstechnikerfunktion) beinhalten hingegen die Erarbeitung und Bereitstellung von Planungstechniken, Sammlung und Kommentierung von Planentwürfen, Erarbeitung und Wartung von Informationssystemen. Die Planungsmoderatorfunktion umfasst **formale Aufgaben** der Planung, Organisation und Steuerung des Planungsprozesses, wie z. B. die Kontrolle der Planerstellung und den Aufbau des Planungs- und Kontrollsystems.

Controller als Planungsmoderator und -techniker

Die Planungsmoderator- und Planungstechnikeraufgaben können organisatorisch dem Controlling zugeordnet werden. Folglich plant der Controller nicht, sondern unterstützt vielmehr das Management bei der Wahrnehmung der (inhaltlichen) Planungsaufgaben und übernimmt planungsgestalterische Aufgaben (vgl. Horváth,

2011, S. 188). Durch ihre Erfahrungen in Planungsprozessen können Controller das Management effektiv entlasten. Sie unterstützen den Planer nicht nur methodisch und instrumentell, sondern ebenfalls durch die Ausarbeitung von Vorgaben für den Planungsablauf und die Planungsrichtlinien. Zu den Aufgaben der Controller gehören somit u. a. die Erstellung der erforderlichen Planungsentwürfe, -richtlinien und -methoden sowie die zeitliche Koordination der Teilpläne. Zudem übernimmt der Controller die Aggregation der Teilpläne aus den einzelnen Bereichen, wobei er diese auf Zielkonformität überprüft und zu einem abgestimmten Gesamtplan zusammenfasst.

2.1.2.2 Planungsprozess

Der **Planungsprozess** umfasst den zeitlichen Ablauf der Planung. Das Planungshandeln besteht dabei aus einer Abfolge von verschiedenen Planungsphasen, die sich nicht strikt voneinander trennen lassen. Die Planungsphasen werden regelmäßig bzw. unregelmäßig in einer zeitlich-logischen Abfolge durchlaufen und bilden einen Teil des Führungsprozesses (vgl. Abb. 2-4). Empirische Untersuchungen zeigen jedoch, dass verschiedene Reihenfolgen und Rückkopplungen zwischen den Phasen üblich und zweckmäßig sind (vgl. Witte, 1993, S. 184 f.).

Ausgehend von der Zielvorgabe dient die **Problemstellungsphase** der Festlegung und Definition eines Entscheidungsproblems auf der Grundlage von Anregungsinformationen, die auf die Existenz von Problemen hinweisen. Diese Informationen können unternehmensintern (z. B. Qualitätsmängel in der Produktion) oder unternehmensextern (z. B. effizientere Produktionsverfahren der Konkurrenz) entstehen. Nach der Ursache der Entstehung können unterschiedliche Arten von Anregungsinformationen vorliegen, so z. B. Soll-Ist-Abweichungen, Änderungen von Handlungsalternativen, Zielvorstellungen und Präferenzen. Die Problemstellungsphase kann in drei idealtypische Teilphasen unterschieden werden (vgl. Pfohl/Stölzle, 1997, S. 57):

- Problemerkenntnis
- Problemanalyse
- Problemformulierung

In der **Suchphase** gilt es, auf Basis der gewonnenen Anregungsinformationen alternative Möglichkeiten zur Problembeseitigung zu suchen, zu analysieren und zu formulieren. Daher kann die Suchphase untergliedert werden in:

- Alternativensuche
- Alternativenanalyse
- Alternativenformulierung

Die **Beurteilungsphase (Bewertungsphase)** dient dem Vergleich der Zielwirksamkeit der verschiedenen Alternativen, wobei das Sachziel von allen zulässigen Alternativen in gleicher Weise erfüllt werden muss und das Formalziel die Zielwirksamkeit definiert. Hierzu werden den potenziellen Alternativen Wertgrößen zugeordnet, die deren Zielwirksamkeit ausdrücken. Die Problematik des Alternativenvergleichs besteht dabei in der unterschiedlichen Nutzenbewertung der Zielwirkungen. Mehrwertige Nutzengrößen (ein Wert für jedes Ziel) sind daher mithilfe von Entschei-

Abb. 2-4

Der Planungsprozess als Teil der Führungstätigkeiten im Unternehmen

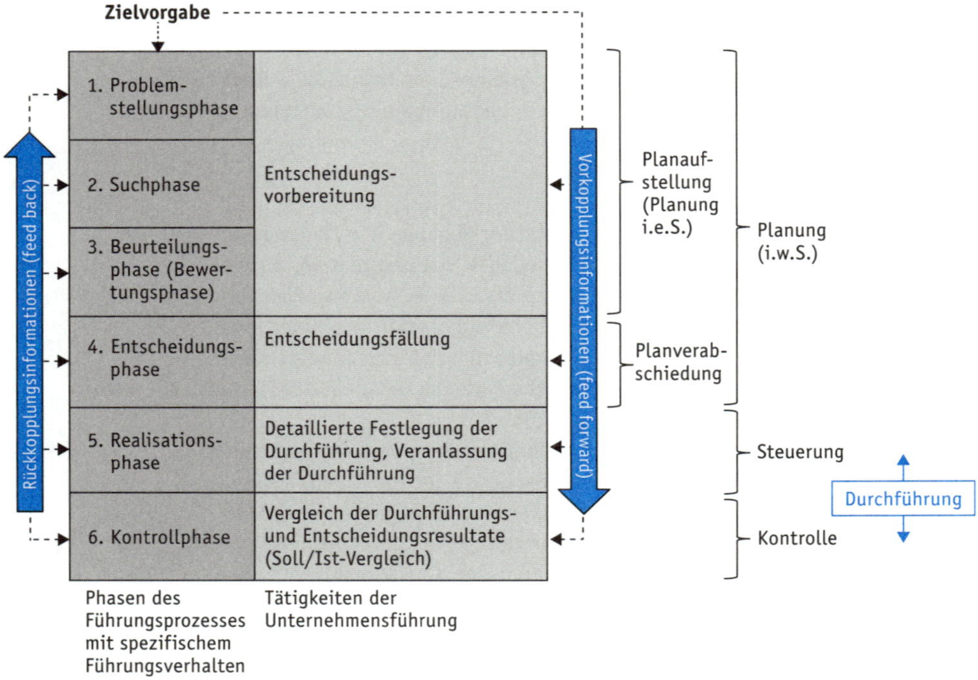

(Quelle: in Anlehnung an Hahn/Hungenberg, 2001, S. 46)

dungsregeln zu einer Nutzengröße zu aggregieren, um eine Rangordnung der zu vergleichenden Alternativen zu erreichen.

Die **Entscheidungsphase** dient der Auswahl der zu realisierenden optimalen Alternative. Bei einer großen Anzahl von Alternativen, die implizit durch Restriktionen, wie z. B. Budget oder Zeit, differenzierbar sind, ist zur Ermittlung der besten Alternative ein Optimierungsmodell zu verwenden. Ein Optimierungsmodell besteht dabei aus einer Menge an zulässigen Alternativen und mindestens einer zu maximierenden oder zu minimierenden Zielfunktion, mit deren Hilfe eine oder mehrere optimale Alternativen ausgewählt werden können.

Nach der Planung schließen sich als weitere Führungstätigkeiten die **Steuerung** und die **Kontrolle** mit der Abweichungsanalyse an. Die Steuerung sowie die Durchführung dienen hierbei der Realisation der Planung, wohingegen die Kontrollphase durch den Vergleich von Ist- und Soll-Größen zur Sicherung der Planerfüllung und generell zur Verbesserung des Führungsprozesses beiträgt (vgl. Abschnitt 2.2).

Praxisbeispiel

Planungskalender und Zuständigkeiten bei der Henkel AG & Co. KGaA

Henkel ist ein weltweit agierendes Unternehmen mit den drei Geschäftsfeldern Wasch-/Reinigungsmittel, Kosmetik/Körperpflege und Adhesive Technologies (Klebstoff-Technologien). Das 1876 gegründete Unternehmen hält mit bekannten Marken wie Persil, Schwarzkopf oder Loctite global führende Marktpositionen im Konsumenten- und Industriegeschäft. Von rund 48.000 Mitarbeitern sind 80 Prozent außerhalb Deutschlands tätig. Damit ist Henkel eines der am stärksten international ausgerichteten Unternehmen in Deutschland. Um den Planungsprozess und die daran beteiligten Abteilungen übersichtlich darzustellen, wird ein Planungskalender gepflegt, den das Controlling fortführt und seine Einhaltung koordiniert. Der Planungskalender bildet den Gesamtablauf des Planungsprozesses ab, indem er die einzelnen Termine und Planungsschritte explizit aufführt. So findet Mitte Mai innerhalb der Führungsteams der Unternehmensbereiche eine Abstimmung der Erwartungen statt. Diese wird vom Controlling konsolidiert und mit der Geschäftsleitung abgestimmt, sodass Ende Juni ein langfristiger Zielplan vorgestellt werden kann, der als Orientierung für die dezentralen detaillierten Planungen der Unternehmensbereiche ab September dient. Nach der Analyse der Plandaten durch das Controlling und ggf. Plananpassungen durch die Unternehmensbereiche findet eine Konsolidierung der Plandaten statt, sodass im Dezember eine Gesamtplanung durch die Geschäftsführung verabschiedet werden kann.

Planungsträger / Zeitablauf im Jahr	Geschäftsführung/ Gesellschafterausschuss (GF/GA)	Finanzen/ Controlling (U-F)	Unternehmensbereiche (UB)	Verbundene Unternehmen (VU)
Bis April			Erarbeitung der Erwartungswerte (E1) für das laufende Geschäftsjahr	
Mai	Festlg. **Investitionsrahmen** auf 3 Jahre und Bestimmung **Invest.budget** Folgejahr	Überarbeitung der **langfristigen Zielpläne** aus Basis der Erwartungswerte		
Juni				
Juli	Vorstellung langfristiger Zielpläne		**Investitionsplanung** der Henkel KGaA und VU auf Standortebene und Abstimmung der Gesamtplanung pro UB	
August	Verabschiedung **langfristiger Zielpläne**			
September			Detaillierte Planungen (**operative Planung**) ▸ Personalplan ▸ Ergebnis- und Finanzplan ▸ Planungskommentare (jeweils Erwartung laufendes Jahr (E1) und Plan Folgejahr (E2))	
Oktober	Verabschiedung Investitionsplanung			
November	Vorstellung **operative Planung** und **Finanzplanung**	Überarbeitung der detaillierten Planungen, Vorbereitung Abschluss laufendes Jahr und Plan Folgejahr auf Basis der Plandaten (E1 und E2)		Herunterbrechen der Plandaten auf Monate
Dezember	Verabschiedung **Gesamtplanung**			

(Quelle: Lehner/Schmidt, 2003, S. 482)

Rückkopplungen im Planungsprozess

Die aufgezeigten Phasen müssen nicht immer in dieser Reihenfolge durchlaufen werden. Durch zahlreiche **Rückkopplungen** kann in beliebige Phasen gesprungen werden, wobei die laufende Steuerung die wichtigste Rückkopplung darstellt. Rückkopplungen liegen vor, wenn das Ergebnis einer Phase zum Inputfaktor dieser oder einer anderen Phase wird (vgl. Kirsch, 1971, S. 85 f.). Wird bspw. das Umsatzziel nicht erreicht, so muss dies nicht zur Revidierung des Ziels an sich führen. Durch Rückkopplungen könnte es zu einer anderen Beurteilung der zur Verfügung stehenden Handlungsalternativen kommen oder auch nur zur Intensivierung bereits gewählter Maßnahmen im Rahmen der Realisationsphase.

Planungsverfahren

Innerhalb des Planungsprozesses wirken auf den unterschiedlichen Unternehmensebenen eine Vielzahl von Verantwortlichen. Durch die Interdependenz aller Unternehmensbereiche im Rahmen einer dezentralen Unternehmensplanung ist eine **Abstimmung und Integration** der einzelnen Verantwortlichen und deren Teilpläne zwingend erforderlich. Es gilt festzulegen, wie die einzelnen Planungsstellen im Unternehmen sachlich und zeitlich zusammenwirken. Hierbei kann das retrograde und progressive Planungsverfahren sowie das Gegenstromverfahren unterschieden werden.

- Beim **retrograden Planungsverfahren** erfolgt die Planung hierarchisch von oben nach unten (Top-down-Ansatz). Die Unternehmensleitung legt zunächst die obersten Unternehmensziele fest und stellt die generelle Unternehmenspolitik sowie übergeordnete Rahmenpläne vor. Anschließend werden diese globalen Vorgaben stufenweise in den Verantwortungsbereichen der nachgeordneten Führungsebenen konkretisiert und detaillierte Teilpläne ausgearbeitet.
- Im Rahmen des **progressiven Planungsverfahrens** werden die Teilpläne von unten nach oben (Bottom-up-Ansatz) zu einem Gesamtplan bzw. Gesamtziel aggregiert. Zuerst stellen die untersten Hierarchieebenen Detailpläne auf, woraufhin die

Abb. 2-5

Kombinierte retrograd-progressive Planung

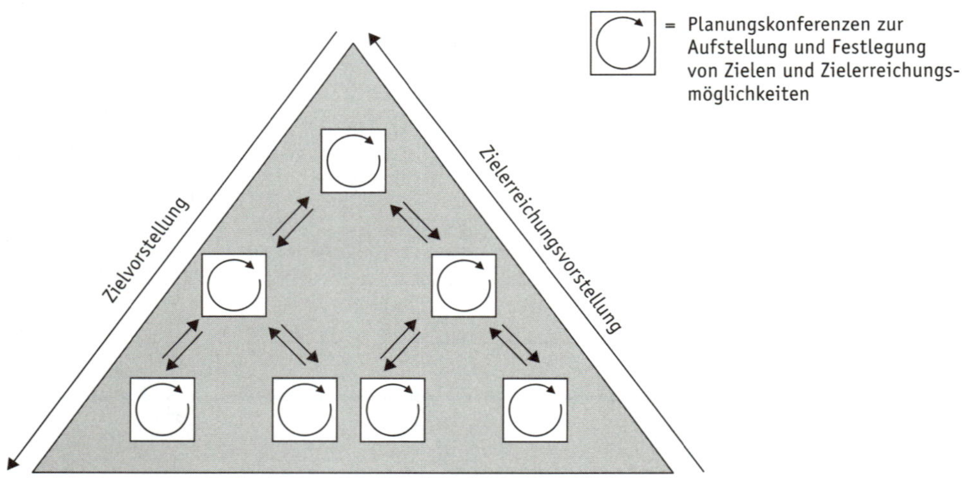

(Quelle: eigene Darstellung in Anlehnung an Hahn/Hungenberg, 2001, S. 83)

übergeordneten Führungsebenen die Ergebnisse dieser Teilpläne verdichten, bis in der Unternehmensführung schließlich ein Gesamtplan entsteht.

- Das **Gegenstromverfahren** kombiniert das retrograde mit dem progressiven Planungsverfahren. Bei diesem Verfahren stimmen Mitglieder von mindestens zwei Führungsebenen in mehreren sogenannten Planungskonferenzen ihre Ziel- und Zielerreichungsvorstellungen ab, was die Grundlage für die Planfeststellung (-verabschiedung) bildet. Hierzu werden – in der Regel von oben nach unten – zuerst vorläufige Oberziele im Sinne des Top-down-Ansatzes konkretisiert und detailliert. Danach setzt ein progressiver Rücklauf von der untersten zur obersten Führungsebene ein, wobei die unteren Hierarchieebenen die Realisationsmöglichkeit der konkretisierten Pläne kommentieren und gegebenenfalls Anpassungsvorschläge erstellen. Nach dem Rücklauf trifft die Unternehmensleitung eine Entscheidung über das Gesamtsystem aller Teilpläne und nimmt Anpassungen der ursprünglichen Ziele und Pläne vor. Der Anstoß des Gegenstromprinzips kann auch von unten erfolgen (vgl. Abb. 2-5).

Beispiel 2.3 Grape SE

▸▸▸ Die Grape SE hat für ihren Planungsprozess ein **Gegenstromverfahren** eingerichtet, bei dem das retrograde mit dem progressiven Verfahren kombiniert wird. An dem Planungsprozess zur Einführung des hochwertigen Kopfhörers sind der Gesamtvorstand, das Zentralcontrolling, die einzelnen Geschäftsbereiche und die Werke als Planungsstellen beteiligt.

Zunächst beginnt der Planungsprozess zur Einführung der Kopfhörer mit der **Top-down-Planung** ausgehend vom Gesamtvorstand der Grape SE. Der Gesamtvorstand legt fest, dass die hochwertigen Kopfhörer bei exklusiven Vertragshändlern abgesetzt werden und ein Absatzvolumen von ca. 600.000 Stück erreichen sollen. Er schafft somit die Rahmenvorgaben für die weitere Planung. Das Zentralcontrolling unter der Leitung von Dr. Müller-Christ konkretisiert die Pläne und erstellt Ergebnis- und Planungsvorgaben für die Produktion der hochwertigen Kopfhörer. Weiterhin werden Termine der Markteinführung und des Produktionsstarts sowie Vordrucke für die Kostenrechnung durch das Zentralcontrolling geplant und weitergegeben. Die Termine, Vordrucke und Zielvorgaben werden auf Bereichsebene des neuen Geschäftsbereichs der »hochwertigen Kopfhörer« konkretisiert. Auf Bereichsebene findet somit die konkrete Maßnahmen- und Mengenplanung für die hochwertigen Kopfhörer statt. Diese konkretisierten Pläne werden an das Werk zur Fertigung der Kopfhörer weitergegeben. Das Werk berechnet auf Basis der technischen Beschaffenheit der Kopfhörer die voraussichtlichen Entwicklungskosten und Umrüstungskosten der Maschinen, Durchlaufzeiten sowie Kapazitätsplanungen. Ausgehend vom Werk werden dem Geschäftsbereich dann Anpassungen der Absatz- sowie Maßnahmenpläne vorgeschlagen, sodass eine **Bottom-up-Planung** an die Top-down-Planung angeschlossen wird. Der Geschäftsbereich nimmt die Änderungsvorschläge der Werke in ihre Geschäftsbereichspläne auf und stimmt sich mit dem zuständigen Geschäftsführer ab. Anschließend wird im Zentralcontrolling der Geschäftsbereichsplan der Kopfhörer zu einem Wirtschaftsplan konsolidiert, welcher um Kommentare über aktuelle Marktentwicklungen im Bereich der hochwertigen Kopfhörer erweitert wird. Hierbei weist Dr. Müller-Christ darauf hin, dass ein hoher Anstieg der Nachfrage im Bereich der Kopfhörer zu erwarten ist. Der Gesamtvorstand der Grape SE ist aufgrund der aussichtsreichen Ertragslage der hochwertigen Kopfhörer von einer Einführung überzeugt und erhöht aufgrund der gestiegenen Marktnachfrage das Absatzvolumen auf 900.000 Stück. Die geänderte Planung wird an das Zentralcontrolling weitergegeben, damit eine detaillierte Kosten- und Absatzplanung folgen kann. Es schließt sich wieder eine Top-down-Planung an die Bottom-up-Planung an. Der Planungsprozess der Grape SE ist in Abbildung 2-6 veranschaulicht.

Abb. 2-6

Gegenstrombasierter Planungsprozess der Grape SE

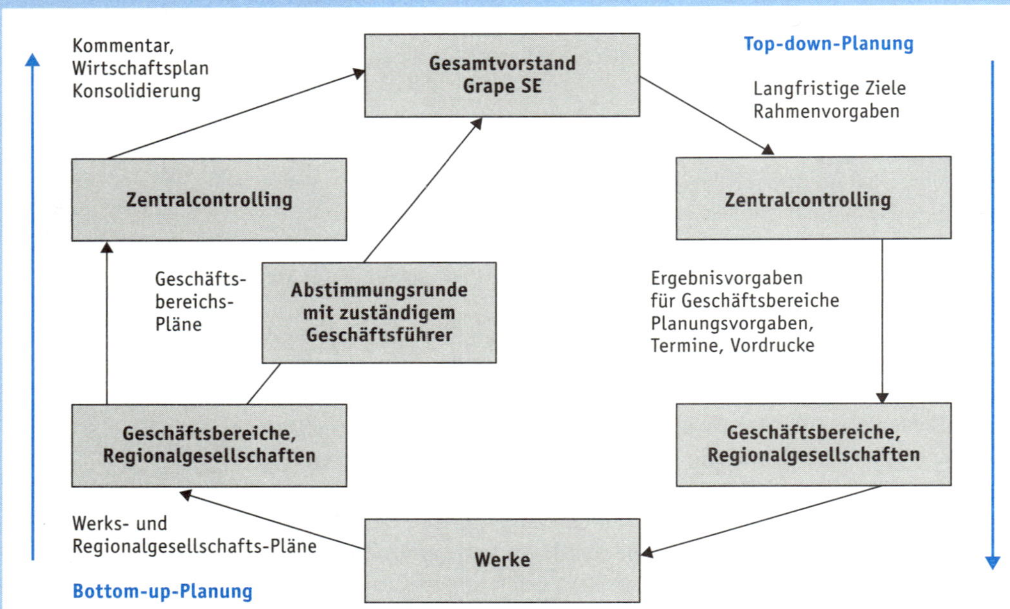

(Quelle: eigene Darstellung in Anlehnung an Dillerup/Stoi, 2013, S. 365)

Gegenstromverfahren als überlegenes Verfahren

Das **Gegenstromverfahren** ist den beiden anderen Planungsansätzen überlegen. Die retrograde Planung ist stark zentralistisch und vernachlässigt die Betrachtung der Realisierung der festgelegten Oberziele. Der retrograde Planungsansatz ist insbesondere für die Anwendung in kleinen Unternehmen und in Situationen mit Zeitmangel geeignet. Bei der progressiven Planung kann es zur Vernachlässigung des Gesamtziels kommen, wenn die einzelnen Ziele und Pläne nicht integrativ betrachtet und zusammengeführt werden. Der progressive Planungsansatz findet vor allem bei Unternehmen auf neuen, stark wachsenden Märkten Anwendung. Mit dem Einsatz des Gegenstromverfahrens wird das Koordinationsproblem der anderen Planungsansätze vermieden. Danach können Ziele, Pläne oder Aktivitäten der untergeordneten Hierarchieebene nicht ohne Kenntnis der Ziele, Pläne oder Aktivitäten der übergeordneten Hierarchieebene (und umgekehrt) festgelegt werden. Es wird in der Unternehmenspraxis ebenfalls am häufigsten eingesetzt, indem von der Unternehmensleitung Renditeziele und Planungsprämissen vorgegeben werden (vgl. Nevries et al., 2009, S. 239 f.).

2.1.2.3 Planungsinstrumente

Definition

Zur Durchführung der Planung und Erfüllung der Planungsaufgaben werden verschiedene Methoden und Modelle als Planungsinstrumente angewandt. Die **Planungsinstrumente** sind dabei als systematische Verfahren der Informationsgewinnung und -verarbeitung zu verstehen, die der Aufstellung, Umformung und Prüfung informativer Aussagen dienen (vgl. Kosiol, 1966, S. 92).

Instrumente der strategischen Planung

Das Instrumentarium zur Unterstützung der **strategischen Planung** kann in **klassische Methoden** (zur Unterstützung einzelner Teilphasen) sowie in integrierte Methoden (als Verknüpfung einzelner Methoden und Funktionen) unterteilt werden. Klassische Methoden sind Analysemethoden (wie z. B. Systemanalyse, Benchmarking, Netzplantechniken oder Szenarioanalyse), Planungsmethoden (wie z. B. Delphi-Methode, Regressionsanalyse oder Trendexploration), Kreativitätsmethoden (wie z. B. Brainstorming, Morpohologischer Kasten oder Kognitives Mapping) und Bewertungs- sowie Entscheidungsmethoden (wie z. B. Kosten-Nutzen-Analyse, Scoring-Methoden oder Sensitivitätsanalyse). Als Beispiele für Planungsinstrumente der **integrierten Methoden** können das Konzept der Erfahrungskurve, Portfoliotechniken, Profit Impact of Market Strategies (PIMS)-Konzept, Stärken-Schwächen-Analyse (Strength Weaknesses Opportunities Threads – SWOT-Analyse), Balanced Scorecard (BSC) sowie die Stakeholder-Analyse angeführt werden (vgl. zu den einzelnen Instrumenten Abschnitt 3.2.4, 3.2.5, 3.3, 7.5.2, 7.5.3).

Instrumente der taktischen Planung

Eine mehrjährige **taktische Planung** umfasst in der Regel die wesentlichen Teilpläne (z. B. Absatzplan, Personalplan, Investitionsplan) sowie einen Maßnahmenkatalog für die unterschiedlichen organisatorischen Ebenen. So finden bspw. mehrperiodische Programmplanungsmodelle, Investitionsrechnungsverfahren sowie Kennzahlensysteme (vgl. Abschnitt 7.2) praktische Anwendung. Weiterhin können im Rahmen einer mehrjährigen Ergebnis- und Finanzplanung eine mehrperiodische Bilanzplanung und eine mehrjährige Cashflow-, Finanzierungs- und Liquiditätsreserveplanung zur Finanzplanung eingesetzt werden. Zudem werden in der taktischen Planung integrierte Modelle zur Abstimmung einzelner Unternehmensbereiche, z. B. zwischen Investition und Finanzierung, verwendet. Die taktische Planung quantifiziert somit die finanziellen Aspekte der Strategie und dient somit der Konkretisierung und Ausgestaltung der durch die strategische Planung vorgegebenen Rahmenpläne auf mittlerem Aggregationsniveau.

Instrumente der operativen Planung

Zur konkreten Umsetzung können in der **operativen Planung** (integrierte) Optimierungs- und Simulationsmodelle sowie Produktionsmodelle, wie z. B. einjährige Losgrößen- und Reihenfolgenplanungen oder Programmplanungen eingesetzt werden. Die Programm- und Maßnahmenplanungen werden für einen einjährigen Zeitraum um qualitative und mengenmäßige Größen detailliert. Zudem dienen Kostenvergleichsrechnungen, einfache und differenzierte Deckungsbeitragsrechnungen (vgl. Abschnitt 4.2) oder Break-Even-Analysen (vgl. Abschnitt 4.3) als operative

Planungsinstrumente für sichere Erwartungen. Weiterhin finden einjährige Bilanzplanungen, Cashflow- sowie Gewinn- und Verlustrechnungen Einsatz. Die operative Planung dient somit der Strategieumsetzung in der operativen, kurzfristigen Geschäftstätigkeit.

2.1.3 Grundsätze ordnungsgemäßer Planung

Gesetzliche Vorgaben zur Unternehmensplanung

Für Aktiengesellschaften ist in **§ 90 AktG** die **Berichtspflicht des Vorstandes** gegenüber dem Aufsichtsrat geregelt. Diese umfasst auch die Pflicht des Vorstandes, den Aufsichtsrat über »die beabsichtigte Geschäftspolitik und andere grundsätzliche Fragen der Unternehmensplanung (insbesondere die Finanz-, Investitions- und Personalplanung) zu informieren, wobei auf Abweichungen der tatsächlichen Entwicklung von früher berichteten Zielen unter Angabe von Gründen einzugehen ist« (§ 90 Abs. 1 Nr. 1 AktG). Für andere Rechtsformen als die Aktiengesellschaft existiert keine vergleichbare Rechtsvorschrift. Mindestens dann, wenn ein dem Aufsichtsrat ähnliches Gremium existiert, kann eine Rechtspflicht zur Unternehmensplanung aus § 90 Abs. 1 Nr. 1 AktG abgeleitet werden (vgl. BDU, 2009, S. 9). Zudem kann aus der Vorschrift des **§ 91 Abs. 2 AktG**, ein **Risikofrüherkennungssystem** einzurichten, die Notwendigkeit der Planung abgeleitet werden, denn die Klassifizierung und Bewertung der unternehmensspezifischen Risiken ist ohne Planung nicht möglich. Generell gilt somit für Unternehmen, insbesondere diejenigen Unternehmen, die einen **Lagebericht** zu erstellen haben, dass die Unternehmensplanung in ihrer Ausprägung so auszugestalten ist, dass sie als Grundlage für den Prognose- und Risikobericht dienen kann. Neben der formalen Verpflichtung ist es grundsätzlich im Interesse des Unternehmens, der Eigentümer, Banken, Investoren und anderer Stakeholder einen Ausblick auf den zukünftigen Geschäftsverlauf und die Ertragssituation zu geben, um z. B. Kredite zu erhalten.

Planungsgrundsätze und -prinzipien

Aus den Gesetzen lassen sich jedoch keine Orientierungsregeln oder Grundsätze dafür ableiten, was als ordnungsgemäße Unternehmensplanung gilt und wie eine solche Unternehmensplanung zu erstellen ist. Maßgeblich sind hierfür gesicherte und bewährte betriebswirtschaftliche Erkenntnisse und Grundsätze, die unter den **»Grundsätzen ordnungsgemäßer Planung« (»GoP«)** zusammengefasst werden können. Die Unternehmensplanung ist unter Beachtung dieser Grundsätze durchzuführen, wobei die Grundsätze der Vollständigkeit, Wesentlichkeit und Folgerichtigkeit als Mindestanforderungen erfüllt sein müssen (vgl. BDU, 2009, S. 9 f.):

Mindestanforderungen an die Unternehmensplanung

- Der **Grundsatz der Vollständigkeit** umfasst die Gewährleistung, dass in der Unternehmensplanung alle für das Mindestziel »Going Concern« (Ausschluss von eingetretener und drohender Zahlungsunfähigkeit sowie Überschuldung) relevanten Sachverhalte berücksichtigt werden.
- Mit dem **Grundsatz der Wesentlichkeit und Angemessenheit** wird die Vollständigkeit der Informationsbeschaffung eingeschränkt. Demnach sollen nur die Informationen und Sachverhalte in die Unternehmensplanung einbezogen werden, die zur Darstellung der voraussichtlichen Unternehmensentwicklung aufgrund ihrer Tragweite oder ihres Betrags bedeutsam sind.

- Der **Grundsatz der Folgerichtigkeit** gewährleistet, dass der Unternehmensplan eine sachlich korrekte Darstellung der Ausgangssituation mit Angabe aller Prämissen der Fortentwicklung und deren sachlich und rechnerisch richtiger Berücksichtigung beinhaltet.
- Mit dem **Grundsatz der Dokumentation** soll eine angemessene Dokumentation der Unternehmensplanung inklusive Planungsgrundlagen, Planungsherleitung und -revision sichergestellt werden. Die Dokumentation soll so ausgerichtet sein, dass die Erstellung und Kontrolle der Planung für einen sachverständigen Dritten innerhalb einer angemessenen Zeit nachvollziehbar sind. So können für eine verständliche und übersichtliche Dokumentation Planungsanweisungen, Planungshandbücher und Planungskalender genutzt werden.
- Mit dem **Grundsatz der Transparenz** soll eine Nachvollziehbarkeit der Planung erreicht werden, indem insbesondere alle verwendeten wichtigen Begriffe klar definiert und einheitlich verwendet werden.
- Die **sonstigen Planungsgrundsätze** beschäftigen sich mit dem Problem unsicherer Zukunftsinformationen und mit Verfahrensfragen (Planungsprinzipien). Der Ungewissheit zukünftiger Datenentwicklungen sollen Unternehmen durch die rollierende Planung (Überarbeitung und Konkretisierung der bereits erfolgten Planung nach bestimmten Zeitintervallen), die Alternativplanung oder die flexible Planung mit den Ausprägungen »worst case«, »normal case«, »best case« und den jeweiligen Eintrittswahrscheinlichkeiten begegnen (vgl. Küpper et. al., 2013, S. 405 f.). So erfolgt durch die rollierende Planung eine Änderung und zunehmende Detaillierung der aufgestellten Pläne unter Berücksichtigung eines besseren Informationsstandes. Weiterhin können geeignete Prognosemethoden und Simulationsverfahren eingesetzt werden, um die Unsicherheit durch unvollkommene Informationen zu begrenzen. In den **Planungsprinzipien** werden u. a. die Zuordnung der Planungsprozesse zu den hierarchischen Ebenen sowie mögliche Abläufe des Planungsprozesses aufgeführt (vgl. Abschnitt 2.1.2.2).

2.1.4 Merkmale von Planungssystemen

Eigenschaften des Planungssystems

Durch die Festlegung der **Eigenschaften des Planungssystems** kann die Unternehmensführung ein für die Zwecke und Bedingungen des Unternehmens geeignetes Planungssystem schaffen. Aus der Vielzahl an Ausprägungen formaler, inhaltlicher, organisatorischer und methodischer Eigenschaften entstehen vielfältige Gestaltungsmöglichkeiten von Planungssystemen (vgl. zum Folgenden Küpper et al., 2013, S. 136 und Abb. 2-7).

Die **formalen Eigenschaften** betreffen die Vereinheitlichung der Pläne, Prozesse, Instrumente und Bewertungskriterien (Standardisierung) sowie die Protokollierung von Planungsbestandteilen, wie z. B. Pläne, Planprämissen, Ziele, Ressourcen (Dokumentation). Die Dokumentation ist dabei unerlässlich, um die Planungskontinuität trotz Personalfluktuation abzusichern. Die **inhaltlichen Eigenschaften** beziehen sich auf die Planungsgegenstände (z. B. Group Targets) und deren Ausgestaltung. Die Planungsgegenstände können sich in ihrem Planungsumfang, der Zielorientierung,

Abb. 2-7

Eigenschaften von Planungssystemen

Formale Eigenschaften	Inhaltliche Eigenschaften	Organisatorische Eigenschaften	Methodische Eigenschaften
▸ Standardisierung ▸ Dokumentation	▸ Planungsumfang ▸ Zielorientierung ▸ Differenzierung – Grad der Differenzierung – Art der Differenzierung – sachlich – zeitlich ▸ Koordination ▸ Detaillierung	▸ Organisationsgrad ▸ Aufbauorganisatorischer Aspekt – Verteilung der Planungsaufgaben – Verteilung der Planungskompetenzen ▸ Ablauforganisatorischer Aspekt – Reihenfolge der Teilplanungen – Grad an Simultanität bzw. Sukzessivität – zeitliche Entwicklungsfolge – sachliche Ableitungsrichtung – Plananpassung	▸ Einfachheit ▸ Vorgehensweise ▸ Art der Modelle – Präzisionsgrad – Berücksichtigung von Zeitbeziehungen – Berücksichtigung der Unsicherheit ▸ Art und Umfang der EDV-Unterstützung

(Quelle: Küpper et al., 2013, S. 136)

Differenzierung, Koordination und Detailliertheit unterscheiden. So kann man bei der Differenzierung bspw. sachliche Teilpläne (z. B. Beschaffungs-, Produktions-, Absatz- und Finanzplan) und zeitliche Teilplanung (z. B. strategische, taktische, operative Planung) unterscheiden. Dabei gilt, je differenzierter ein Planungssystem angelegt ist, umso höher ist im Allgemeinen der erforderliche Koordinationsaufwand. Die **organisatorischen Eigenschaften** geben den Organisationsgrad des Planungssystems an, wobei die aufbau- und ablauforganisatorische Gestaltung zu unterscheiden ist. Die aufbauorganisatorischen Aspekte der Planung sind typischerweise die Verteilung der Planungsaufgaben und Planungskompetenzen, wohingegen die ablauforganisatorischen Eigenschaften die Reihenfolge der Teilplanungen umfasst. Die eingesetzten Planungsverfahren werden über die **methodischen Eigenschaften** erfasst. Die Verfahren können sich hinsichtlich ihrer Einfachheit, Vorgehensweise, der Art der verwendeten Modelle sowie den Umfang und die Art der EDV-Unterstützung unterscheiden (vgl. Küpper et al., 2013, S. 135).

Anforderungsmerkmale an ein Planungssystem

Bei der Ausgestaltung des Planungssystems sollten bestimmte Anforderungsmerkmale erfüllt werden. So müssen sich die einzelnen Teilplanungen aus den oberen Unternehmenszielen ableiten und auch in diesen münden (**Zielbezogenheit**). Zudem muss das Planungssystem vollständig sein, d. h. alle Teilplanungen müssen erfasst werden, um alle wechselseitigen verflochtenen Auswirkungen der Teilpläne abzubilden (**Gesamtheit/Vollständigkeit**). Die Teilplanungen müssen ferner nach deren **Inhalt**, **Ausmaß** und **zeitlichen Bezug** spezifiziert werden. Dabei ist von den spezifizierten Plänen bzw. dem Output auszugehen, auf dessen Basis die Prozesse und der erforderliche Input erfasst werden. Weiterhin müssen die Pläne und die ihnen zugrundeliegenden Planungsprozesse zielorientiert integriert werden, sodass sie in einem sinnvollen Zusammenhang miteinander verbunden sind (**zielorientierte Integration**). Hierbei geht es um die horizontale und vertikale aufgabenorientierte inhaltliche und zeitliche Strukturierung. Um dem Zweck als Führungsinstrument nachzukommen, muss das Planungssystem zusätzlich den Anforderungen eines flexiblen Systems mit Planinformationen hoher Aktualität und der kontinuierlichen Verbesserung der Ergebnis- und Liquiditätssituation gerecht werden (**Flexibilität, Aktualität, Wirtschaftlichkeit**) (vgl. Hahn/Hungenberg, 2001, S. 84.).

Praxisbeispiel

IT-gestütztes Planungssystem

Integrierte Finanzplanung mit Corporate Planner

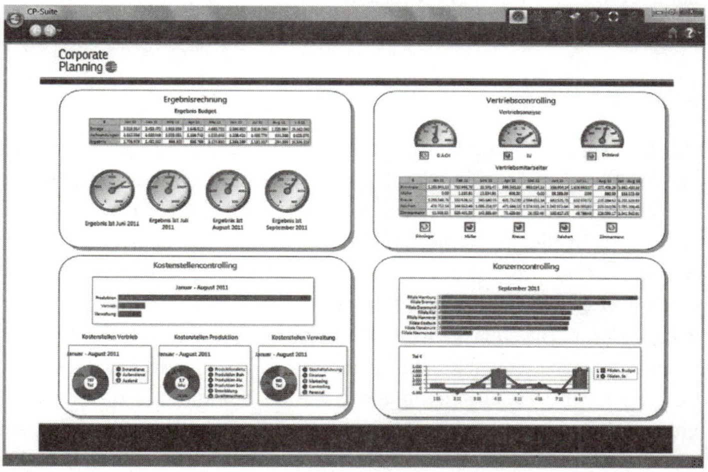

Die CP Corporate Planning AG mit Sitz in Hamburg ist ein Anbieter von Software für verschiedene Planungsanwendungen. Mit integrierten Systemen aus Planungs-, Analyse- und Reportinglösungen orientiert sich Corporate Planning an den Anforderungen insbesondere mittelständischer Unternehmen. Die seit 1989 angebotenen Lösungen haben inzwischen eine hohe Verbreitung im deutschsprachigen Raum gefunden. Das Unternehmen verfolgt dabei einen ganzheitlichen Controllingansatz. Dieser umfasst operative Aufgaben, wie Planung und Budgetierung sowie Analyse und Reporting. Ebenso enthalten sind Softwarelösungen für das strategische Controlling, das Risikomanagement sowie weitere Anwendungen zur Management- und Legalkonsolidierung für konzernartig organisierte Unternehmen. Ein Schwerpunkt ist die integrierte Finanzplanung. Alle Planungsrechnungen sind dynamisch miteinander verknüpft, sodass ein in sich geschlossenes und konsistentes System entsteht.
(Quelle: Corporate Planning AG, in: www.corporate-planning.com, Abruf: 10.06.2014)

2.2 Kontrollsystem

»Planung ohne Kontrolle ist sinnlos, Kontrolle ohne Planung unmöglich« (Wild, 1974, S. 44). Jede aufgestellte Planung bedarf einer Überprüfung bzw. Kontrolle anhand einer Vergleichsgröße. Damit konstituiert die Kontrolle neben der Planung eine der wesentlichen Führungsaufgaben im Unternehmen. Die enge, komplementäre Beziehung zwischen Planung und Kontrolle bedingt eine hohe Abstimmung der beiden Führungssysteme, die jedoch jeweils als eigenständige Instrumente der Führung aufzufassen sind.

Zur Verdeutlichung der Struktur des Kontrollsystems werden zunächst die Aufgaben und Ziele des Kontrollsystems aufgezeigt (vgl. Abschnitt 2.2.1). Anschließend werden verschiedene Kontrollformen (vgl. Abschnitt 2.2.2) und Merkmale von Kontrollsystemen (vgl. Abschnitt 2.2.3) vorgestellt.

2.2.1 Kontrollaufgaben und Kontrollziele

Begriff der Kontrolle

Kontrolle wird im Kern als **Vergleichen** definiert (vgl. Schäffer, 2001, S. 11). Hierzu müssen mehrere (mindestens zwei) Vergleichsgegenstände vorliegen, die verschieden sind und einen Vergleichsgrund haben müssen. Der Vergleichsgrund kann in den Objekten gegeben sein oder aus subjektiver Sicht entstehen. Im Folgenden soll Kontrolle als **systematischer Prozess** zur Ermittlung von **Abweichungen** zwischen **Plan-** und **Vergleichsgrößen** verstanden werden (vgl. Bea/Haas, 2012, S. 238).

Kontrollsystem

Analog zum Planungssystem kann ein **Kontrollsystem** als eine geordnete und zweckorientierte Gesamtheit von Kontrollprozessen, Trägern dieser Prozesse, Instrumenten zur Analyse von Zielabweichungen sowie Regelungen zur Gestaltung dieser Elemente definiert werden. Die **Elemente des Kontrollsystems** bilden somit Inputvariablen (Kontrollträger, Kontrollziele, organisatorische Regelungen, Kontrollobjekte, Kontrollinformationen), Prozessvariablen (Kontrollhandlungen) und Outputvariablen (Informationen über Abweichungen und Abweichungsursachen, Anpassungsmaßnahmen) (vgl. Küpper et al., 2013, S. 261).

Funktionen der Kontrolle

Die Funktionen der Kontrolle können aus den sechs spezifizierten Planungsfunktionen (vgl. Abschnitt 2.1) abgeleitet werden, da diese auch Kontrollaspekte beinhalten (vgl. Pfohl/Stölzle, 1997, S. 68 f.):

- **Koordinationsfunktion:** Die Kontrolle kann als ex post Koordination (also im Nachhinein) im Gegensatz zur Planung als ex ante Koordination (also im Voraus) aufgefasst werden. Die Kontrolle umfasst sowohl die vertikale als auch die horizontale Koordination. Auch die Integration von Planung und Kontrolle kann als Bestandteil der Koordinationsfunktion aufgefasst werden.
- **Leistungsmotivationsfunktion:** Die Kontrolle dient zur Sicherstellung der Motivationsfunktion der Planung, indem spezielle Kontrollmechanismen den Leistungsstand der Aufgabenträger ermitteln und diesen für die Aufgabenträger sichtbar machen.

- **Flexibilitätsfunktion:** Unsicherheiten in Umweltzuständen können im Rahmen der Kontrolle durch Nutzung spezieller Instrumente (etwa in Form von Prämissenkontrollen) abgebildet werden.
- **Innovationsfunktion:** Durch die Kontrolle können in nicht eindeutig abgegrenzten Problemsituationen neue Lösungsansätze gefunden werden.
- **Sicherungsfunktion:** Die Kontrolle muss frühzeitig Risiken erkennen, die Wirkungen antizipieren und entsprechende Gegenmaßnahmen einleiten. Zudem dient die Kontrolle zur Abschätzung der Sensibilität einer optimalen Lösung bei sich ändernden Rahmenbedingungen und sichert damit die Erreichung der Unternehmensziele.
- **Optimierungsfunktion:** Die Kontrolle dient der Ermittlung und Darstellung des optimalen Zielerreichungsgrades. Durch die Überprüfung von Zwischenzielen und Entwicklungen können frühzeitig Maßnahmen und ggf. Änderungen der Vorgehensweise eingeleitet werden, um die Unternehmensziele optimal zu erreichen.

Bei der verrichtungsbezogenen Betrachtung der Kontrollaufgaben können ferner die Vorgabe von Kontrollstandards, die Fixierung der Vergleichsgrößen, die Erklärung und Begutachtung von Abweichungen, die Mitteilung von Kontrollergebnissen, die Sanktionierung von Abweichungen sowie die Entwicklung von Anpassungsmaßnahmen als Aufgabenbereiche identifiziert werden.

Beispiel 2.4 Grape SE

▸▸▸ Bei einem gemeinsamen Mittagessen diskutiert Alexandra Kluge, inzwischen stellvertretende Leiterin des Controllings der Grape SE, und der externe Unternehmensberater Stefan Schaaf über die Bedeutung und Funktion der Kontrolle innerhalb des Unternehmens. Frau Kluge führt als Beispiel an, dass der kontinuierliche Abgleich von Ist- und Soll-Produktionszahlen innerhalb des Unternehmens vornehmlich dazu beiträgt, dass Lagerbestände von Produktkomponenten zwischen den einzelnen Produktionslinien gering bleiben (**Koordinationsfunktion**). Gleichzeitig sei die Veröffentlichung der Abweichungen innerhalb des Unternehmens leistungsfördernd für die jeweiligen Mitarbeiter, da diese einen Anreiz haben, die Zielvorgaben einer geringen Abweichung möglichst gut einzuhalten (**Leistungsmotivationsfunktion**). Frau Kluge gibt jedoch zu, dass in letzter Zeit durchaus öfter höhere Soll-Ist-Abweichungen vorgekommen sind, was sie sich anhand der zwei genannten Funktionen nicht direkt erklären kann.

Hierauf erklärt Herr Schaaf wohlwollend, dass man mithilfe von Kontrollen noch wesentlich mehr erreichen kann. So habe er auch bei anderen Unternehmen bereits häufig erlebt, dass veraltete Prämissen der Bestimmung von Soll-Produktionsmengen zugrunde gelegen haben. Gerade bei konjunkturellen Schwankungen sei jedoch die Kontrolle der Voraussetzungen wichtig (**Flexibilitätsfunktion**). Sofern derartige Abweichungen bei der Kontrolle erkannt werden, können diese allerdings auch die Entwicklung neuer Lösungen, wie zum Beispiel schnelle Fertigungsmethoden, bei kreativen Mitarbeitern anregen (**Innovationsfunktion**). Im Vergleich antizipiert die Kontrolle sogar, ob die gefundene technische Lösung genügt, um die Produktion auf die geänderte Marktentwicklung ausreichend einzustellen (**Sicherungsfunktion**).

Frau Kluge ist von Herrn Schaafs Erläuterungen begeistert und fügt noch an, dass auf diese Weise die Kontrolle ja sogar dazu beitragen kann, die Optimierung in der Produktion anhand des Zielerreichungsgrades schlussendlich zu überprüfen (**Optimierungsfunktion**). ◂◂◂

Kontrollziele

Durch die Erfüllung der Kontrollaufgaben sollen bestimmte Ziele erreicht werden. Als Kontrollziele können im Allgemeinen die **Sicherung der Planerfüllung** und die **Verbesserung des Führungsprozesses** hervorgehoben werden. Die Kontrolle soll die wirtschaftlichen, technologischen, sozialen und ökologischen Ziele der kontrollierenden Pläne sichern. Zudem können als spezifische Kontrollzwecke die Dokumentation, die Erkenntnis- und Informationsgewinnung sowie die Beeinflussung menschlichen Verhaltens und maschineller Prozesse aufgeführt werden (vgl. Küpper et al., 2013, S. 254 f.). Die **Dokumentation** dient der Ermittlung der Vergleichswerte und ihrer Abweichungen sowie der schriftlichen Erfassung und Speicherung dieser Ergebnisse. Durch die Kontrolle soll ferner ein **Erkenntniszuwachs** in Form einer Bestätigung von Annahmen und Hypothesen stattfinden. Letztlich soll die Kontrolle auch **Informationen** zur Realisierbarkeit von Plänen liefern und bei großen Differenzen zwischen den Vergleichswerten die Notwendigkeit der Durchführung von neuen Entscheidungsprozessen aufzeigen. Der häufigste mit der Kontrolle verbundene Zweck ist die **Verhaltensbeeinflussung**, da durch die Ankündigung und Durchführung von Kontrollen Personen einen Vergleich ihrer Tätigkeitsergebnisse und den Vorgabewerten erwarten und sich folglich eher nach den Vorgabewerten richten. Zudem können vorzeitig Prämien für bestimmte Abweichungen festgelegt werden, wodurch die Personen ihr Verhalten verstärkt entsprechend den Prämien ausrichten. Bei der Kontrolle von maschinellen Prozessen geht es insbesondere um die zielorientierte Steuerung des Prozessablaufs anhand entsprechender Vorgabewerte.

2.2.2 Kontrollformen

Die Art der Kontrolle ist abhängig von der Definition der jeweiligen Vergleichsgröße. Demnach können die nachfolgenden sechs Kontrollformen definiert werden (vgl. Abb. 2-8):

Kontrollformen

- **Ex post Kontrolle:** Vergleich von realisierten Ist-Größen ex post, also im Nachhinein. So gibt die ex post Kontrolle Informationen darüber, inwiefern Planziele, wie z. B. Produktionszahlen, in der abgelaufenen Periode erreicht wurden.
- **Prämissenkontrolle:** Vergleich der Prämissen über Entwicklungen (Wird-Größen) mit den tatsächlichen Ist-Größen. So kann festgestellt werden, ob die Planannahmen noch gegeben oder zu korrigieren sind.
- **Ex post Ergebniskontrolle:** Vergleich einer geplanten Größe (Soll) mit dem Ergebnis (Ist). Damit kann der tatsächliche Zielerreichungsgrad von Ausführungshandlungen bestimmt werden.
- **Prognosekontrolle:** Vergleich der Vereinbarkeit zweier prognostizierter Größen. Ein Vergleich ist insbesondere dann sinnvoll, wenn dieselbe Größe mit unter-

Abb. 2-8

Kontrollformen

	Vergleichsgröße		
Kontrollgröße	**Ist-Größe**	**Wird-Größe**	**Soll-Größe**
Ist-Größe	**Ex post Kontrolle:** Kontrolle von realisierten Ist-Größen	**Prämissenkontrolle:** Kontrolle der Antizipation von zugrunde liegenden Ausgangsannahmen	**Ex post Ergebniskontrolle:** Vergleich von Soll-Größen mit realisierten Ist-Größen derselben Periode zur Ermittlung der Zielerreichung
Wird-Größe		**Prognosekontrolle:** Verträglichkeitsprüfung von prognostizierten Größen	**Planfortschrittskontrolle:** Gegenüberstellung der vorgegebenen Soll-Größen mit prognostizierten Wird-Größen
Soll-Größe			**Zielkontrolle:** Überprüfung der im Rahmen der Antizipation gesetzten Soll-Größen auf ihre Verträglichkeit

(Quelle: in Anlehnung an Amshoff, 1993, S. 265)

schiedlichen Verfahren prognostiziert wird oder eine Prognose aufgrund neueren Informationsstandes wiederholt werden kann. Sie kann sowohl bei Entwicklungsprognosen (Prognose von Daten) als auch bei Wirkungsprognosen (Prognose von Wirkungen verschiedener Alternativen) eingesetzt werden.

- **Planfortschrittskontrolle:** Vergleich der angestrebten Soll-Größe mit der für sie prognostizierten Wird-Größe. Während der Planrealisation wird überprüft, ob der Plan erwartungsgemäß verwirklicht wird. Hierzu werden Zwischenziele formuliert, die Anhaltspunkte dafür liefern, ob die realisierten Größen mit den prognostizierten Wird-Größen übereinstimmen. Durch das frühzeitige Erkennen von Abweichungen können dann rechtzeitig Korrekturmaßnahmen ergriffen werden.
- **Zielkontrolle:** Vergleich der Soll- bzw. Zielgrößen untereinander. Dieser Vergleich liefert Informationen zur Verträglichkeit der Zielgrößen untereinander bzw. deren Zielkonkurrenz, -komplementarität oder -indifferenz. Bei der Aufdeckung von Zielkonkurrenz oder Widersprüchen in den Zielvorgaben kann die Notwendigkeit des erneuten Durchlaufs der Zielbildungsphase entstehen.

Beispiel 2.5 Grape SE

▸▸▸ Die Grape SE hat sich für die Produktion der Kopfhörer entschieden und richtet für den Absatz ihres Geschäftsbereichs »Kopfhörer« ein Kontrollsystem ein. Hierbei werden die entwickelten Produktvarianten »gJazzy« und »gConcert« gegenübergestellt. Für beide Produkte werden zu Beginn der Planungsperiode zunächst Soll-Größen festgelegt, die Absatzmengen für ein Geschäftsjahr umfassen. Die Soll-Absatzmengen werden aus Erfahrungswerten der Vergangenheit und Prognosegrößen entsprechend der Wirtschaftsentwicklung gebildet.

Die **Soll-Absatzmengen** für das **gesamte Geschäftsjahr** umfassen folgende Größen:

- »gJazzy« 400.000 Stück
- »gConcert« 600.000 Stück.

Es wird angenommen, dass sich die Soll-Absatzmengen gleichmäßig über alle vier Quartale verteilen und somit jedes Quartal ein konstanter Absatz von Kopfhörern erfolgt. Für das Geschäftsjahr wurden die in Abbildung 2-9 dargestellten Entwicklungen der Absatzmengen in der Planung prognostiziert und fortlaufend ermittelt.

Abb. 2-9

Entwicklung der Absatzmengen

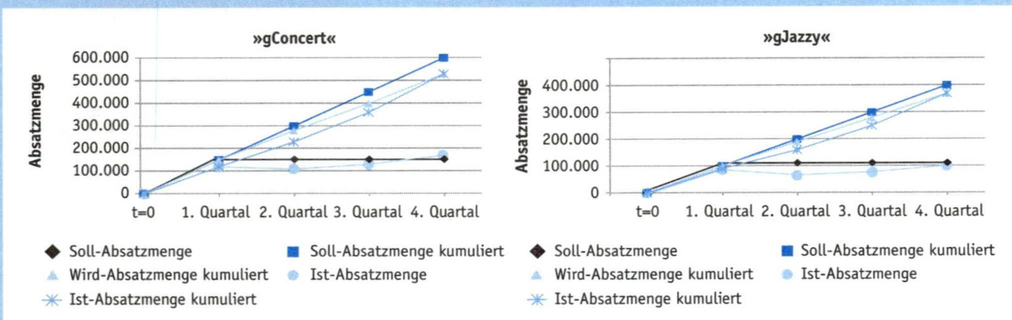

Über den Zeitverlauf des Geschäftsjahres sind mehrere Kontrollen für die Produktvarianten »gConcert« und »gJazzy« notwendig. Diese sind in der nachfolgenden Abbildung 2-10 festgehalten.

Zunächst wird zu **Beginn der Planungsperiode** eine Zielkontrolle durchgeführt, bei der die festgelegten Absatzmengen auf Verträglichkeit überprüft werden. Hierbei wird überprüft, ob sich die Absatzmengen gemeinsam erreichen lassen oder die Produkte bspw. auf die gleiche Zielgruppe ausgerichtet sind und sich somit »kannibalisieren«.

Nach jedem Quartal findet dann eine Zwischenkontrolle statt, um gegebenenfalls eine Anpassung der Planung vorzunehmen. Hierzu werden auf Basis der bisher realisierten Absatzmengen Wird-Absatzmengen für das Ende des Geschäftsjahres prognostiziert. Zunächst wird eine Planfortschrittskontrolle für die Absatzmenge durchgeführt, bei der die Soll-Absatzmenge der prognostizierten Wird-Absatzmenge gegenübergestellt wird. Hierbei ist auffällig, dass bisher weniger Kopfhörer verkauft wurden als erwartet. Neben der Planfortschrittskontrolle erfolgt ebenfalls eine Prognosekontrolle, bei der die prognostizierten Wird-Absatzmengen des »gJazzy« und »gConcert« auf Verträglichkeit geprüft werden.

Am **Ende des Geschäftsjahres** werden die realisierten Ist-Absatzmengen ermittelt. In der Ergebniskontrolle werden zunächst die Ist-Absatzmengen den Soll-Absatzmengen gegenübergestellt und somit die Zielerreichung für den Absatz von »gJazzy«

Abb. 2-10

Kontrollen während des Geschäftsjahres

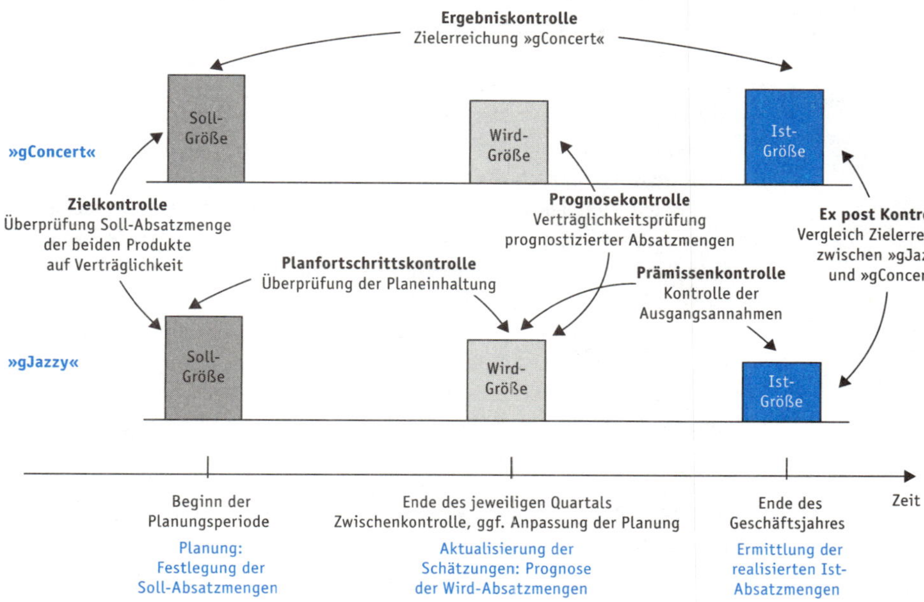

(Quelle: eigene Darstellung)

und »gConcert« überprüft. Aufgrund der Einführung eines neuen Konkurrenzproduktes wurde sowohl beim »gJazzy« als auch beim »gConcert« das Ziel nicht erreicht und eine geringere Absatzmenge erzielt als bei der ursprünglichen Planung vorgesehen. Ebenfalls am Ende des Geschäftsjahres wird in der Prämissenkontrolle eine Überprüfung der angenommenen Wird-Absatzmengen mit den tatsächlichen Ist-Absatzmengen vorgenommen. Hierbei wird deutlich, dass die im 3. Quartal ermittelten Wird-Absatzmengen von den tatsächlichen Ist-Absatzmengen überstiegen werden, da im letzten Quartal eine vergleichsweise hohe Anzahl an Kopfhörern abgesetzt wurde. Trotz ebenfalls steigender Verkaufszahlen des »gJazzy« im letzten Quartal konnten die prognostizierten Wird-Absatzmengen bei diesem Modell nicht mehr erreicht werden. Dennoch stellt die Wird-Absatzmenge eine bessere – weil laufend aktualisierte – Prognose des Jahresendstandes dar als die ursprüngliche Soll-Absatzmenge. Als Planfortschrittskontrolle werden abschließend die zu Beginn angestrebten Soll-Größen mit den innerhalb des Planungszeitraumes laufend aktualisierten Wird-Absatzmengen verglichen. ◀◀◀

2.2.3 Merkmale von Kontrollsystemen

Eigenschaften des Kontrollsystems

Analog zum Planungssystem kann die Unternehmensführung über die Festlegung der **Eigenschaften des Kontrollsystems** ein für die Unternehmensanforderungen geeignetes System schaffen. Die variantenreiche Gestaltung von Kontrollsystemen kann anhand formaler, inhaltlicher, organisatorischer und methodischer Eigenschaften beschrieben werden (vgl. Abb. 2-11). Einige dieser Eigenschaften stimmen mit denen des Planungssystems überein, andere Eigenschaften sind jedoch für das Kontrollsystem spezifisch (vgl. zum Folgenden Küpper et al., 2013, S. 260).

Die **formalen Eigenschaften** beziehen sich auf den Grad der Standardisierung und die Dokumentation des Kontrollprozesses. Bei den **inhaltlichen Eigenschaften** leitet man die auszuwählenden Kontrollobjekte, den Kontrollumfang, die Form der Kontrolle und die Art der Abweichungsanalyse von den Normwerten der Planung her. Wenn bei der Kontrollform Soll-Größen vorausgesetzt sind, dann müssen sich diese aus der Planung herleiten lassen. Die Kontrollform und der Kontrollumfang sind dabei abhängig von der Art der Kontrollobjekte und ihrer Messbarkeit. Hinsichtlich des Umfangs können Voll- und Teilkontrolle unterschieden werden. Während sich die Vollkontrolle auf alle Pläne bezieht und die Kontrolle einzelner Planbestandteile vernachlässigt, erstreckt sich die Teilkontrolle in Abhängigkeit der Gewichtungen nach Kontrollbedürftigkeit auf einzelne Pläne, Planbestandteile und Planziele (vgl. Friedl, 2013, S. 183). Bei den **organisatorischen Eigenschaften** ist häufig ein hoher Organisationsgrad vorzufinden, da Durchführung und Verantwortung der Kontrollträger häufig in Hinblick auf den Widerstand der Betroffenen geregelt werden. In Bezug auf die ablauforganisatorischen Eigenschaften kann man bspw. entsprechend der Häufigkeit einmalige, sporadische, periodische und permanente Kontrollen unterscheiden. Die **methodischen Eigenschaften** können durch die Einfachheit der Kontrolle, die Art der Kontrollinstrumente sowie die Art und den Umfang der EDV-Unterstüt-

Abb. 2-11

Eigenschaften von Kontrollsystemen

Formale Eigenschaften	**Inhaltliche Eigenschaften**	**Organisatorische Eigenschaften**	**Methodische Eigenschaften**
▸ Standardisierung ▸ Dokumentation	▸ Art der Kontrollobjekte ▸ Kontrollumfang ▸ Form der Kontrolle ▸ Art der Abweichungsanalyse	▸ Organisationsgrad ▸ Aufbauorganisatorischer Aspekt – Verteilung der Kontrollaufgaben – Verteilung der Kontrollkompetenzen ▸ Ablauforganisatorischer Aspekt – Regelmäßigkeit der Kontrolle – Häufigkeit der Kontrolle	▸ Einfachheit ▸ Art der Kontrollinstrumente ▸ Art und Umfang der EDV-Unterstützung

(Quelle: Küpper et al., 2013, S. 264)

zung variiert werden. Dabei gilt generell, je einfacher, klarer und verständlicher ein Kontrollsystem ist, desto eher wird es im Unternehmen verinnerlicht und akzeptiert.

2.3 Informationssystem

Informationssystem

Das **Informationssystem** ist als Input des Planungs- und Kontrollsystems zu verstehen und dient zur Verbesserung des Informationsstandes des Entscheidungsträgers. Den Führungsfunktionen Planung und Kontrolle sollen durch das Informationssystem relevante Informationen zur richtigen Zeit und am richtigen Ort mit dem notwendigen Genauigkeits- und Verdichtungsgrad bereitgestellt werden.

Informationssysteme können als geordnete Beziehungsgefüge aufgefasst werden, die aus den Informationen selbst, den Informationsprozessen, den Aktionsträgern der Prozesse und den Aufgaben als Zwecke der Existenz des Informationssystems bestehen sowie die Relationen dieser Elemente zueinander beinhalten (vgl. Berthel, 1975, S. 17).

Informationen

Information wird mittlerweile häufig als vierter Produktionsfaktor, neben den klassischen Produktionsfaktoren – Arbeit, Kapital und Boden – angeführt (vgl. Krcmar, 2010, S. 17). **Informationen** werden in der Betriebswirtschaft als **zweckorientiertes Wissen** verstanden, das zur Lösung von Planungs- und Kontrollproblemen dient. Sie tragen nur dann optimal zur Entscheidungsfindung bei, wenn sie präzise, strukturiert, konsistent, aussagefähig, verlässlich, umfassend und aktuell sind und für das gegebene Entscheidungsproblem hohe Relevanz aufweisen (vgl. Wall, 2006, S. 49). Diejenigen Informationen, die zur Erfüllung von Führungsaufgaben benötigt werden, können als ergebniszielorientierte Führungsinformationen bezeichnet werden. Sie sind verdichtete, verknüpfte Informationen, die von den Führungskräften als relevant erkannt und akzeptiert werden.

Informationsprozess

Damit ein Entscheidungsträger spezifische Informationen für seine Entscheidung im Unternehmen nutzen kann, sind mehrere Teilschritte erforderlich. Hierbei kann der Informationsprozess in die Phasen der Informationsbedarfsermittlung, -beschaffung, -bereitstellung und -verwendung unterteilt werden (vgl. Berthel, 1975, S. 57 f.; Wall, 2006, S. 53 ff.). Zunächst werden die als bedarfsgerecht identifizierten Informationen beschafft, um anschließend an die entsprechenden Stellen im Unternehmen weitergeleitet bzw. bei diesen gespeichert zu werden. Mit der abschließenden Informationsverwendung werden die beschafften Informationen schließlich für die zu treffende Entscheidung eingesetzt.

Zur Verdeutlichung der einzelnen Phasen des Informationsprozesses, werden zunächst die Begriffe Informationsbedarf, -angebot und -nachfrage erläutert (vgl. Abschnitt 2.3.1). Anschließend werden Formen der Informationsbeschaffung (vgl. Abschnitt 2.3.2), das Berichtswesen als Form der Informationsbereitstellung (vgl. Abschnitt 2.3.3) und die Arten der Informationsnutzung (vgl. Abschnitt 2.3.4) aufgezeigt. Die Informationstechnik wird ferner als unterstützendes Instrument des

Informationssystems vorgestellt (vgl. Abschnitt 2.3.5). Abschließend werden statistische Methoden und Prozesse für die Auswertung von großen Datenvolumina (Business Analytics und Big Data) beschrieben (vgl. Abschnitt 3.6).

2.3.1 Informationsbedarf, -angebot und -nachfrage

Informationsbedarf

Die Gestaltung der Informationsversorgung beginnt mit der Ermittlung des **Informationsbedarfs**, der als »die Summe derjenigen Informationen, die zur Erfüllung eines informationellen Interesses (z. B. aus betrieblicher Sicht zur Bewältigung einer bestimmten Aufgabe) erforderlich sind« (Berthel, 1992, Sp. 873), definiert wird. Dabei ist zwischen dem subjektiven, objektiven und geäußerten Informationsbedarf zu unterscheiden (vgl. Küpper et al., 2013, S. 218; Koch, 1994, S. 57):

Subjektiver, objektiver und geäußerter Informationsbedarf

- Der **subjektive Informationsbedarf** leitet sich aus der Auffassung und dem Empfinden des Informationsempfängers über die benötigten Informationen für seine Entscheidungen und sein Handeln ab.
- Der **objektive Informationsbedarf** ist hingegen durch einen sachlichen Zusammenhang zum jeweiligen Problem gekennzeichnet.
- Der **geäußerte Informationsbedarf** besteht in der konkreten Informationsnachfrage des Verwenders. Er wird maßgeblich durch den subjektiven Bedarf bestimmt, wobei er diesen jedoch nur unvollständig wiedergibt. Mit dem objektiven Bedarf kann er mehr oder weniger übereinstimmen.

Da alle drei Formen für eine umfassende Koordination bedeutsam sind, versucht man in der Informationsbedarfsanalyse alle Formen zu erfassen. Es können induktive, deduktive und kombinierte Methoden der Informationsbedarfsermittlung unterschieden werden (vgl. Berthel, 1992, Sp. 881 f.; Küpper et al., 2013, S. 223).

Induktive Methoden der Informationsbedarfsanalyse

Bei den **induktiven Methoden** werden betriebliche Dokumente, Ergebnisse betrieblicher Datenerfassungen sowie die Informationsverwender selbst zur Erfassung des Informationsbedarfs herangezogen. Die **Dokumentenanalyse** versucht aus Berichten, Statistiken und Listen das aktuelle Informationsangebot abzuleiten und daraus auf den Informationsbedarf zu schließen. Problematisch ist, dass sich auf diese Weise weder der objektive noch der subjektive Informationsbedarf genau ermitteln lässt, da nicht erkennbar ist, welche Informationen von den Anwendern tatsächlich genutzt bzw. benötigt werden. Bei modernen webbasierten Informationssystemen lässt sich dies häufig zuverlässiger und einfacher ermitteln, indem über einen »Klickzähler« analysiert wird, wie häufig einzelne Seiten bzw. Berichte im Intranet aufgerufen werden. Bei der **Analyse der betrieblichen Datenerfassung** werden durch datentechnische Analysen und Betrachtungen der einzelnen Datenelemente und deren Beziehungen untereinander Informationsflüsse genauer betrachtet. Eine Zuordnung der Daten zu Funktionsbereichen des Unternehmens ermöglicht zudem, den Zusammenhang zwischen Informationsangebot und -verwendung zu verdeutlichen. Methoden wie Interviews oder Fragebögen werden angewendet, um den subjektiven Informationsbedarf in **Zusammenarbeit mit den Informationsverwendern** zu ermitteln. Die induktiven Methoden ermöglichen somit eine umfassende Abbildung des Ist-Zustandes des Informationsangebots und eine Ermittlung von Informationswünschen der Berichtsempfänger. Jedoch gestatten sie nur unzureichende Rückschlüsse auf den objektiven Informationsbedarf und ermitteln kaum Informationen für zukünftige, noch unbekannte Zwecke (vgl. Horváth, 2011, S. 312).

Deduktive Methoden der Informationsbedarfsanalyse

Bei den **deduktiven Methoden** wird der sachlich notwendige Informationsbedarf direkt aus den Entscheidungs- und Handlungsproblemen und den Unternehmenszielen abgeleitet (vgl. Küpper et al., 2013, S. 224). Die **deduktiv-logische Analyse** ist hierbei am wenigsten strukturiert und ermittelt den Informationsbedarf aus den Aufgaben, Teilaufgaben und Zielen des Unternehmens. Zudem kann weiterer Informationsbedarf aus **Referenzmodellen**, **theoretischen Modellen** oder **unternehmensspezifischen Planungsmodellen** abgeleitet werden. Dabei haben unternehmensspezifische Modelle den Vorteil, dass sie sich direkt an den zu erfüllenden Aufgaben orientieren und somit den zwingend notwendigen Informationsbedarf erfassen. Bisher nicht betrachtete Aspekte können hingegen durch theoretische Modelle erfasst werden. Durch deduktive Methoden kann eine klare Strukturierung des betrachteten Problems erlangt und Informationslücken im bestehenden Informationsangebot aufgedeckt werden (vgl. Küpper et al., 2013, S. 225).

Anwendung der Informationsbedarfsanalyse in der Praxis

In der Unternehmenspraxis wird angesichts der unterschiedlichen Vorteile **eine Kombination aus induktiven und deduktiven Methoden** angewandt. Folglich kann das Unternehmen das Wissen der Entscheidungs- und Handlungsträger nutzen und ihren subjektiv empfundenen Bedarf erfassen. Gleichzeitig erfolgt eine Absicherung gegen eine zu starke subjektive Orientierung durch den Einsatz von deduktiven Methoden. Zudem wird dadurch der oben beschriebene sachlich notwendige Informationsbedarf integriert (vgl. Küpper et al., 2013, S. 226).

Informationsangebot und -nachfrage

Neben dem Begriff des Informationsbedarfs werden in der Literatur allgemein die Begriffe Informationsnachfrage und **Informationsangebot** unterschieden. Das Informationsangebot kommt im Zuge der Informationsbereitstellung durch alle diejenigen systeminternen und -externen Informationsquellen, die das betreffende System versorgen, zustande. Die **Informationsnachfrage** wird hingegen durch alle in einem System tätigen **Informationsverwender** (Empfänger, Aufgabenträger) ausgeübt (vgl. Berthel, 1975, S. 27). In der Regel stellt die Informationsnachfrage bzw. der artikulierte subjektive Informationsbedarf lediglich einen bestimmten Ausschnitt des subjektiv empfundenen Mangels an Informationen dar (vgl. Rüttler, 1991, S. 42). Insbesondere die Fähigkeit, den subjektiven Informationsbedarf überhaupt zu artikulieren, ist ein nicht zu unterschätzendes Problem in der Unternehmenspraxis. Das in großem Maße vorhandene Informationsangebot kann allerdings nur verarbeitet werden, wenn es auf eine artikulierte Informationsnachfrage trifft.

Unterschiede zwischen Informationsbedarf, -angebot und -nachfrage

Die große **Divergenz** zwischen nachgefragten und angebotenen Informationen bzw. zwischen **Informationsnachfrage** und erreichtem **Informationsstand** kann auf Systemschwächen, lange Zugriffszeiten, mangelnde Problemadäquanz der Informationsversorgungssysteme und zu hohe Kosten der Informationsbeschaffung zurückgeführt werden (vgl. Rüttel, 1991, S. 42 f.). Mit der Einführung von technischen Systemen könnte eine Verbesserung in der bedarfsgerechten Informationsversorgung erreicht werden, womit letztendlich eine Annäherung des subjektiven an den objektiven Informationsbedarf sowie die Abstimmung von Informationsnachfrage und -angebot geschaffen werden soll. Denn eine Übereinstimmung des **objektiven** und **subjektiven Informationsbedarfs** ist zwar theoretisch möglich, jedoch wird in der Realität oftmals **nur eine partielle Übereinstimmung** aufgrund mangelhafter Problemstrukturen, unterschiedlich empfundener Aufgabenkomplexität sowie individueller Präferenzen, kognitiver Fähigkeiten und Wertehaltungen erreicht (vgl. Berthel, 1992, Sp. 882 f.). Den Zusammenhang zwischen Informationsbedarf, -nachfrage und -angebot veranschaulicht Abbildung 2-12.

Praxisbeispiel

Informationsbedarfsanalyse zur Entscheidungsfindung

Informationsbedarfsanalyse zur Entscheidungsfindung bei neuen Technologien – das Beispiel OLED

Ein großer Elektronikkonzern plant den Einstieg in das Solargeschäft der organisch lichtemittierenden Dioden (OLED). Diese Technologie bietet in dem Geschäftsbereich Beleuchtung vielfältige Verwendungsmöglichkeiten und gänzlich neue Anwendungen, wie großflächige und flexible Anzeigen und Leuchten, aufrollbare Displays oder leuchtfähige Tapeten. Der Entscheidung im OLED-Markt eine aktive Rolle einzunehmen, ging eine Informationsbedarfsanalyse voraus. Es war die Frage zu klären, inwieweit ein Einstieg in den OLED-Markt lohnenswert und zukunftsträchtig für das Unternehmen ist. Durch individuelle Gespräche mit den Verantwortlichen der technologischen Entwicklung und des Vorstands wurde der Bedarf an Informationen ermittelt, der für die Entscheidungsfindung des OLED-Markteinstiegs benötigt wird (**subjektiver Informationsbedarf**). Anschließend wurden notwendige Informationen identifiziert, die die wirtschaftlichen und technologischen Eckdaten des OLED-Geschäfts aufzeigen (**objektiver Informationsbedarf**). Durch die Analyse von externen Wirtschafts- und Technologiedaten wurde der Marktanteil der Wettbewerber, sowie die bisherigen technologischen OLED-Entwicklungen und die Marktentwicklung ermittelt (Informationsangebot). Die Controlling-Abteilung informierte den Vorstand darüber, dass mittlerweile bereits mehr als 60 Industrieunternehmen und Arbeitsgruppen an Universitäten und Forschungsinstituten OLEDs erforschen, weiterentwickeln und kommerzialisieren. Die Analyse hatte des Weiteren ergeben, dass innerhalb weniger Jahre bereits sämtliche Farben von Rot über Grün bis Blau realisiert wurden. Die Entwicklung war zu diesem Zeitpunkt bereits so weit fortgeschritten, dass erste vollfarbige Bildschirmprototypen hergestellt werden konnten. Allerdings müssten insbesondere noch effizientere und thermisch stabilere Bauelemente, neuartige Verfahren zur Strukturierung großflächiger, vollfarbiger Bildschirme sowie geeignete Treiberschaltkreise entwickelt werden. Die Verantwortlichen des Elektronikunternehmens sehen gerade in der Erstellung von thermisch stabilen Bauelementen einen Wettbewerbsvorsprung ihres Unternehmens und entschließen in die Entwicklung der OLED-Technologien verstärkt zu investieren.

Abb. 2-12

Informationsbedarf, -angebot und -nachfrage

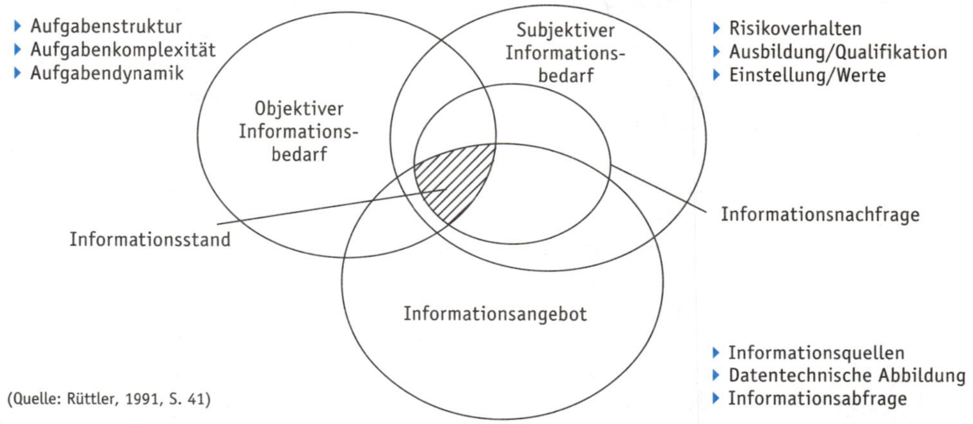

(Quelle: Rüttler, 1991, S. 41)

2.3.2 Informationsbeschaffung

Nach der Festlegung des Informationsbedarfs folgt die Phase der Beschaffung und Aufbereitung der benötigten Informationen, wobei Informationsbedarfsermittlung, -beschaffung und -aufbereitung auch simultan stattfinden können.

Informationsbeschaffung

Die **Informationsbeschaffung** umfasst sämtliche Aktivitäten der **Erkennung und Sammlung von Informationen**, die sowohl Informationen über Umwelt und Unternehmen als auch Informationen aus dem Rechnungswesen und steuerliche Informationen umfassen (vgl. Bea/Haas, 2012, S. 280). Einerseits soll hierbei eine adäquate Schließung der Informationslücke zwischen dem aktuellen Informationsstand und dem ermittelten Informationsbedarf erfolgen, indem eine problemadäquate Auswahl der Informationen stattfindet. Andererseits gilt es die Gefahr des »information overload« zu vermeiden und eine selektive Auswahl an Informationen zu beschaffen.

Formen der Informationsbeschaffung

Die Formen der Informationsbeschaffung können nach der Beschaffungsinitiative und dem Ort der Informationsentstehung differenziert werden. So können zum einen **aktive** und **passive Informationsbeschaffung** unterschieden werden. Während bei der aktiven Informationsnachfrage der Informationsverwender selbst die Informationsgewinnung durchführt, erfolgt bei der passiven Form die Informationsversorgung durch Informationsangebot und -anlieferung (vgl. Berthel, 1975, S. 15).

Zum anderen können unternehmensinterne und unternehmensexterne Informationsbeschaffung voneinander abgegrenzt werden (vgl. Bea/Haas, 2012, S. 280). Die **unternehmensinterne Informationsbeschaffung** kann regelmäßig, systematisch und institutionalisiert erfolgen, indem die Datenerhebung aus bestimmten, fixierten Beobachtungsfeldern resultiert. Insbesondere das Berichtswesen und die innerbetriebliche Marktforschung ermöglichen die regelmäßige und routinemäßige Informationsbeschaffung, wobei Dokumentenanalysen, Befragungen, Fallstudien und teilnehmende sowie nicht teilnehmende Beobachtungen als Techniken der regelmäßigen Erhebung genutzt werden. Diejenigen Informationslücken, die nicht durch die regelmäßige und gerichtete Informationsaufnahme geschlossen werden, versucht die ungerichtete Informationsbeschaffung zu schließen. Im Rahmen dieser Beschaffungsform sind Früherkennungssysteme, Szenarioanalyse und interne Workshops als unterstützende Techniken heranzuziehen. Die Informationen werden durch zunehmenden Einsatz von Informationstechniken, wie z. B. Data Warehouse und Business Intelligence, besser zugänglich gemacht. Bei der **unternehmensexternen Informationsbeschaffung** werden Informationen, die in externen Institutionen entstanden sind, übernommen. Institutionen, die relevante Informationen bereitstellen, sind z. B. das statistische Bundesamt, die Deutsche Bundesbank bzw. die entsprechenden internationalen Organisationen, Industrie- und Handelskammern, Wirtschaftsforschungsinstitute, private Marktforschungsinstitute oder Online-Datenbanken. Informationen können Mitgliedern und potenziellen Interessierten frei und kostenlos zugänglich sein oder über individuell angefertigte Studien bedarfsspezifisch angefordert werden.

Zusammenfassend ist festzuhalten, dass sich als Ergebnis aller Vorgänge der internen und externen Informationsbeschaffung die Informationen im Verfügungsbereich des potenziellen Informationsnutzers befinden.

2.3.3 Informationsbereitstellung

Die Informationsentstehung und Informationsverwendung werden je nach Grad der Zentralisation und Dezentralisation an unterschiedlichen organisatorischen Stellen ausgeführt, sodass zwischen diesen Stellen **Informationsübermittlungsvorgänge** stattfinden.

Informations-
bereitstellung

Die **Informationsbereitstellung** umfasst daher den **Prozess der Übertragung von Informationen** von einem Sender an einen (mehrere) Empfänger und findet bei jedem Informationsabgabevorgang statt, der nicht in einer Informationsvernichtung mündet. Der Informationsübermittlungsprozess besteht aus mehreren Tätigkeiten, bei denen der Sender die Formulierung, Adressierung sowie Veranlassung der Übermittlung und der Empfänger die Annahme und Aufnahme der Informationen übernimmt (vgl. Berthel, 1975, S. 15). Der Informationsübermittlung kommt das Berichtswesen nach, das je nach Begriffsdefinition weiter oder enger gefasst wird.

2.3.3.1 Begriff und Zwecke des Berichtswesens

Berichtswesen

Das **betriebliche Berichtswesen** umfasst alle Einrichtungen, Vorschriften und Maßnahmen eines Unternehmens zur Erarbeitung, Verarbeitung, Weiterleitung und Speicherung von Informationen über den Betrieb und seine Umwelt (vgl. Blohm, 1974, S. 15). Somit wird das Berichtswesen **allen Phasen des Informationsversorgungssystems** zugeordnet, was einer Gleichsetzung mit dem Informationsversorgungssystem gleichkommt. Das Berichtswesen subsumiert dabei die **Phasen der Informationsbereitstellung und -übermittlung** sowie die **Informationsnutzung** und wird als Schnittstelle zwischen diesen beiden Phasen aufgefasst (vgl. Koch, 1994, S. 53 ff.; Horváth, 2011, S. 547).

Der **Schwerpunkt** des Berichtwesens liegt in der **innerbetrieblichen Weitergabe von Informationen**, aber auch eine Ausrichtung der Berichte auf externe Empfänger ist möglich (z. B. Geschäftsbericht). Das Berichtswesen zählt zu einer der wichtigsten Aufgaben der Controller, da die Managemententscheidungen wesentlich von der Güte der bereitgestellten Informationen abhängen. Das Management sollte schnell und zuverlässig mit den benötigten Informationen versorgt werden.

Zur **Berichtskennzeichnung und -gestaltung** kann auf die folgenden grundlegenden Fragestellungen zurückgegriffen werden (vgl. Blohm, 1974, S. 13 f.):

- **Wozu** soll berichtet werden? (Berichtszweck)
- **Was** soll berichtet werden? (Inhalt, Genauigkeitsgrad und Verdichtungsgrad des Berichts)
- **Wie** soll berichtet werden? (Darstellungsform und Übermittlungsmedium)
- **Wer** soll berichten und wer soll unterrichtet werden? (Berichtsersteller, Berichtsempfänger)
- **Wann** soll berichtet werden? (Berichtszeitpunkt)

Berichtszwecke

Bei der Analyse des konkreten Berichtszwecks sind so die vom Ersteller angestrebten Zwecke von den vom Empfänger tatsächlich verfolgten Zwecken zu unterscheiden (vgl. Koch, 1994, S. 60). Prinzipiell sind vier Berichtszwecke zu differenzieren:

- **Dokumentation:** Die Dokumentation leitet sich einerseits aus den Forderungen des externen Rechnungswesens ab, für das (z. B. für Bilanzen und bestimmte Finanzdaten) Aufbewahrungspflicht besteht. Andererseits werden die Daten auch zusätzlich unternehmensintern benötigt. Planungstätigkeiten basieren oftmals auf historischen Daten, die für diesen Zweck verbindlich und unverfälscht bereitgestellt werden müssen.
- **Unternehmenssteuerung:** Auf der Basis des Berichts können Manager steuernde Entscheidungen treffen bzw. diese veranlassen. Mit den Berichtsinformationen können Arbeitsvorgänge ausgelöst werden, wie z. B. erhöhte Aktivitäten im Vertriebsbereich nach der Information über Umsatzrückgang an einem Markt.
- **Kontrolle:** Berichte liefern Informationen über Leistungen und den Zielerreichungsgrad jeweiliger Verantwortungsträger und deren Verantwortungsbereiche, Geschäftsfelder und über das Gesamtunternehmen. Diese Informationen dienen der Kontrolle des jeweiligen Zielerreichungsgrades. Als Beispiel kann der monatliche Kostenstellenbericht genannt werden, bei dem überprüft wird, ob die Kostenstellen ihr Budget einhalten.
- **Entscheidungsvorbereitung:** Berichte bieten dem Management eines Unternehmens eine wichtige Basis für die Entscheidungsfindung. Es werden Prognosen erstellt und mögliche Alternativen aufgezeigt. Als Beispiele können Absatzprognosen, Finanzpläne oder Berichte über die Liquidität genannt werden.

2.3.3.2 Arten und Gestaltungsmerkmale von Berichten

Die **Berichtsarten** ergeben sich aus der **Kombination der verschiedenen Berichtsmerkmale.** Dabei hat sich die Literatur und Praxis eine Unterscheidung nach den Merkmalen **»Erscheinungsweise«** und **»auslösendes Ereignis«** als Hauptkategorisierung durchgesetzt (vgl. hierzu und im Folgenden Koch, 1994, S. 62; Göpfert, 2006, S. 695; Küpper et al., 2013, S. 231). Als besonders relevant haben sich drei Berichtstypen herausgebildet (vgl. Abb. 2-13).

Standardbericht

- **Standardberichte:** Standardberichte werden regelmäßig zu vorab festgelegten Terminen erstellt und dienen zur Abdeckung eines früher ermittelten Informationsbedarfs. Ihr Inhalt, ihre Form und ihr Erscheinungstermin sind normiert. Es ist ein entsprechend hoher Vorbereitungsaufwand notwendig, um die Berichte in der am besten geeigneten Weise zu vereinheitlichen. Da die durch den Standardbericht bereitgestellte Informationsmenge zumeist den Informationsbedarf mehrerer Berichtsempfänger widerspiegelt, muss der Empfänger i. d. R. die für ihn relevanten Informationen selbst erkennen und auswählen. Standardberichte zeichnen sich durch eine hohe Wirtschaftlichkeit aus, indem die Berichtserstellung standardisiert ist und die Berichtsempfänger durch den standardisierten Aufbau die Informationen schnell erfassen können. Jedoch können Standardberichte lediglich allgemeine Sachverhalte darstellen und nicht auf spezielle oder kürzlich aufgetretene Informationsbedürfnisse eingehen.

Abweichungsbericht

- **Abweichungsberichte:** Abweichungsberichte werden nur erstellt, wenn bestimmte Toleranzwerte überschritten sind, und stehen somit im Einklang mit der Konzeption eines »management by exception«. Der Berichtsempfänger erhält in Ausnahmefällen Informationen, die auf eine nicht planmäßige Realisation hinweisen, wie z. B. Abweichungen der Sollvorgaben bei den Absatzmengen. Abweichungsberichte sollen dabei die Aufmerksamkeit auf solche Sachverhalte lenken, welche individuelle und meist komplexere Entscheidungen nach sich ziehen. Eine wesentliche Herausforderung besteht in der Festlegung der Höhe von Toleranzwerten, da zu geringe Schwellenwerte eine Informationsüberflutung auslösen können oder zu hohe Werte rechtzeitige Korrekturmaßnahmen ausschließen können.

Bedarfsbericht

- **Bedarfsberichte:** Ausschlaggebend für die Berichtserstellung von Bedarfsberichten sind allein die individuellen Informationsbedürfnisse des Empfängers. Bedarfsberichte werden fallweise angefordert und dienen als Ergänzungsberichte zu bereits erstellten Standard- oder Abweichungsberichten. Aufgrund spezifischer Anforderungen kann die Erstellung von Bedarfsberichten nur recht unpräzise geplant werden und ist aufgrund der jeweils individuellen Berichtserstellung sehr aufwendig. Die Effizienz der Bedarfsberichte kann durch das selbstständige Abrufen der benötigten Informationen durch den Empfänger erhöht werden. Moderne Informationssysteme ermöglichen es, durch erweiterte Funktionalitäten und Anwendungsmöglichkeiten weitgehend automatisiert individuelle Berichtsabfragen zu generieren. Dadurch kann der Empfänger in zunehmendem Maße über direkten Zugriff auf eine Datenbank selbst Abfragen nach den individuellen Anforderungen erstellen.

Abb. 2-13

Informationsbereitstellung: Berichtstypen

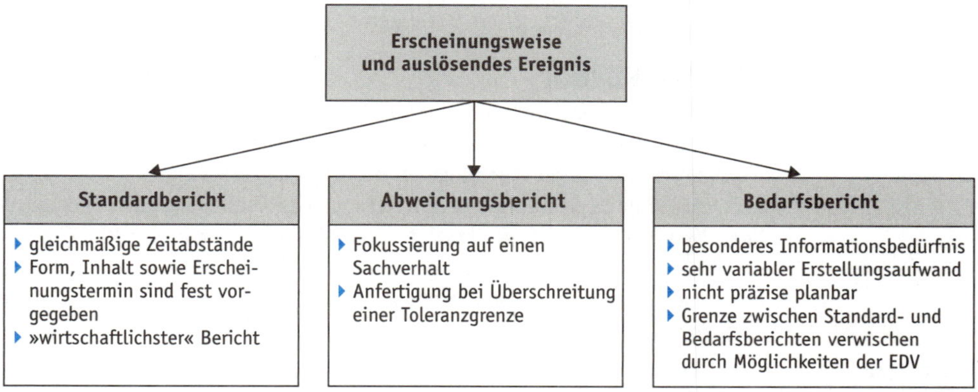

(Quelle: in Anlehnung an Küpper et al., 2013, S. 231f.)

Die Ausgestaltung von Berichten richtet sich nach der bestmöglichen **Erfüllung der Berichtszwecke** und der **Informationsbedarfe** der Empfänger.

Berichtsinhalt

In Bezug auf den **Berichtsinhalt**, d. h. den im Bericht enthaltenen Informationen, sind der Informationsgegenstand, der Genauigkeitsgrad und der Verdichtungsgrad des Berichts festzulegen (vgl. Küpper et al., 2013, S. 236). Der **Informationsgegenstand** zeigt die im Bericht erfassten Tatbestände, wie z. B. Unternehmensbereiche, Märkte oder Vergangenheits- und Zukunftswerte. Der **Genauigkeitsgrad** muss kontextabhängig gewählt werden. So kann aus Dringlichkeitsgründen konkreter Entscheidungssituationen ein hoher Genauigkeitsgrad von Informationen zugunsten deren Datenaktualität preisgegeben werden. Bei der **Verdichtung** von Informationen wird die Datenmenge entsprechend dem Informationsempfänger und dem Informationsziel begrenzt bzw. klassifiziert.

Formale Berichtsmerkmale

Weiterhin gilt es **formale Berichtsmerkmale** zu bestimmen. Zum einen ist in der **Anordnung der Daten** im Bericht auf die Übersichtlichkeit zu achten und ein geeigneter Aufbau mit übereinstimmenden Gliederungsprinzipien zu finden. Weiterhin ist eine geeignete **Darstellungsform** zu wählen, wobei verbale, tabellarische und graphische Berichte unterschieden werden können. Quantitative Informationen können insbesondere durch graphische oder tabellarische Darstellung eine höhere Aussagekraft und Verständlichkeit erlangen. Darüber hinaus gilt es, geeignete **Übermittlungsmedien** (Papier, Datei, Online etc.) festzulegen.

Berichtsersteller und Berichtsempfänger

In Bezug auf den **Berichtsersteller** und den **Berichtsempfänger** ist zudem der genaue Adressaten- und Empfängerkreis zu definieren.

Berichtszeitraum

Schließlich gilt es, den **Berichtszeitraum** festzulegen, d. h. für welchen Zeitraum gelten die im Bericht enthaltenen Daten (Wochen-, Monats-, Quartals- bzw. Jahresbericht) und die Häufigkeit der Erscheinung (regelmäßig oder unregelmäßig) (vgl. Küpper et al., 2013, S. 238 f.).

Abschließend bleibt festzuhalten, dass zwischen den angeführten Berichtsmerkmalen eine Vielzahl von Zusammenhängen und Koordinationserfordernissen vorliegen, die bei der Gestaltung von Berichten zu beachten sind.

Beispiel 2.6 Grape SE

▸▸▸ Im Markt für Unterhaltungselektronik herrscht ein starker Wettbewerb. Für Dr. Lodìn ist es daher wichtig, über die Kostensituation im Unternehmen laufend informiert zu sein, um bei Abweichungen frühzeitig reagieren zu können. Das Controlling der Grape SE nutzt zu diesem Zweck ein standardisiertes, monatliches Kostenstellen-Reporting (vgl. das Beispiel der Kostenstelle »IT-Services« in Abbildung 2-14). Mithilfe dieses Berichtes können die Abteilungsleiter oder andere Adressaten innerhalb der Grape SE einen schnellen Überblick über die Kostenentwicklung und Budgeteinhaltung auf Ebene der einzelnen Kostenstellen erlangen.

Abb. 2-14

Standardisierter Monatsbericht einer Kostenstelle

Monatsbericht, Dezember 2014
Grape SE Kostenstelle: IT Services

		Aktueller Monat			Year-to-date				Year total		
Kosten-nummer	Kostenart	letztes Jahr	Budget	Aktuell	letztes Jahr	Budget	Aktuell	%-Budget	letztes Jahr	Budget	Forecast
22010	Lohnkosten	42.639	42.718	43.225	614.052	612.047	622.106	1,6 %	614.052	612.047	619.504
22020	Sozialkosten	8.557	8.805	8.740	104.266	108.020	106.778	–1,1 %	104.266	108.020	106.800
22030	Weiterbildung	595	550	477	6.170	7.150	6.977	–2,4 %	6.170	7.150	6.970
22040	Reisekosten	2.026	2.120	2.354	24.228	25.030	27.445	9,6 %	24.228	25.030	26.120
22050	Versicherung	2.550	2.214	2.506	13.849	14.115	12.058	–14,6 %	13.849	14.115	14.850
	Personalkosten	**56.367**	**56.407**	**57.302**	**762.565**	**766.362**	**775.364**	**1,2 %**	**762.565**	**766.362**	**774.244**
22110	Büromaterial	114	108	104	1.150	1.220	955	–21,7 %	1.150	1.220	1.090
22120	Softwarelizenzen	852	792	812	10.450	9.995	9.875	–1,2 %	10.450	9.995	10.430
22130	IT Ausstattung	474	480	492	6.411	6.250	6.844	9,5 %	6.411	6.250	6.540
22140	Telefongebühren	868	905	1.072	9.428	10.030	10.941	9,1 %	9.428	10.030	10.840
22150	Sonstiges	122	104	94	1.150	1.180	1.245	5,5 %	1.150	1.180	1.180
	Sachkosten	**2.430**	**2.389**	**2.574**	**28.589**	**28.675**	**29.860**	**4,1 %**	**28.589**	**28.675**	**16.100**
	Primärkosten	**58.797**	**58.796**	**59.876**	**791.154**	**795.037**	**805.224**	**1,3 %**	**791.154**	**795.037**	**790.344**
22210	Umlage Gebäude	22.012	22.750	21.878	258.010	262.300	254.845	–2,8 %	258.010	262.300	260.400
22220	Umlage Verwaltung	7.540	8.100	8.056	110.640	112.050	109.500	–2,3 %	110.640	112.050	110.900
22230	Umlage IT	2.774	2.850	2.977	36.554	32.010	34.100	6,5 %	36.554	32.010	35.120
	Sekundärkosten	**32.326**	**33.700**	**32.911**	**405.204**	**406.360**	**398.445**	**–1,9 %**	**405.204**	**406.360**	**406.420**
	Total	**91.123**	**92.496**	**92.787**	**1.196.358**	**1.201.397**	**1.203.669**	**0,2 %**	**1.196.358**	**1.201.397**	**1.196.764**

Die Standardisierung erfolgt durch die Vorgabe der Darstellungsform und der Inhalte des Berichts, die jeden Monat für den Bericht verwendet werden. Der Bericht bildet die Grundlage für eine weitere Aggregation zusammen mit den anderen Kostenstellen, bis hin zu Auswertungen auf Bereichs- und Unternehmensebene. ◂◂◂

2.3.3.3 Visualisierung betriebswirtschaftlicher Daten

Eine kompakte und weit verbreitete Form der Darstellung von Führungsinformationen sind Grafiken, Dashboards, Tachos oder Ampelsignale. Bei dieser Art der Darstellung soll der Berichtsempfänger – bspw. in Analogie zur Drehzahlmesser- oder Ölanzeige eines Autos – auf einen Blick überprüfen können, ob sich das Unternehmen im »grünen Bereich« befindet oder ob Maßnahmen zur Gegensteuerung ergriffen werden müssen. Wesentlicher Vorteil hierbei ist die Verdichtung von komplexen, oftmals unstrukturierten Informationen auf wenige grafische, gut strukturierte Elemente. Nachteilig ist, dass der Informationsgehalt aufgrund der stark vereinfachenden Darstellung oftmals zu niedrig ist. Die Maxime der Vereinfachung führt i. d. R. dazu, dass dem Berichtsempfänger weiterführende Informationen vorenthalten werden. Aber erst auf deren Basis wäre eine umfassende Einordnung und Bewertung der Sachlage möglich. Hierzu benötigt der Empfänger Vergleichsmaßstäbe (vgl. dazu und im Folgenden Bissantz et al., 2010, S. 450 ff.): Ist die Information positiv oder negativ? Ist der Wert besser als im Vorjahr? Wurde der Planwert eingehalten, übertroffen oder verfehlt?

Für die kompakte Darstellung von Vergleichswerten eignen sich in besonderem Maße Tabellen. Diese bieten den Vorteil, viele Informationen »auf einen Blick« darstellen zu können. Tabellen besitzen somit eine hohe Informationsdichte. Nachteilig bei einer Darstellung von Informationen in Tabellenform ist jedoch, dass die Informationen durch den Empfänger selbst zu einem Gesamtbild verdichtet werden müssen. Dies erschwert i. d. R. die Orientierung und die Aufnahme der Informationen.

Grafische Tabellen

Eine Möglichkeit, mit der die Vorteile von grafischen Darstellungen und Tabellen kombiniert und die Nachteile vermieden werden können, sind sog. **grafische Tabellen**. Hierbei werden grafische Elemente in ihrer Größe reduziert und in eine Tabelle eingebettet (vgl. Abb. 2-15). Die grafischen Elemente erleichtern die Orientierung und das Erkennen von Verhältnissen und Entwicklungen. Die Darstellung wird kompakter, die Informationsdichte steigt. Die Erstellung grafischer Tabellen lässt sich mit geeigneter Software, wie z. B. DeltaMaster® von Bissantz & Company, standardisieren. Auf diesem Wege können grafische Tabellen effizient in das Management Reporting integriert werden (vgl. Bissantz et al., 2010, S. 450 f.).

Sparklines (Wortgrafiken)

Weiterhin lässt sich der Informationsgehalt von Berichten durch sog. **Sparklines** erhöhen. Bei Sparklines handelt es sich um einfache Grafiken in Wortgröße. Dabei macht man sich die Eigenschaften des menschlichen Gehirns zu Nutze, dem nicht zwingend alle Informationen exakt bekannt sein müssen, um Entwicklungen beurteilen zu können. Sparklines bestehen aus einer Grafik und einem oder mehreren Referenzwerten, durch die die grafisch dargestellten Werte in Beziehung zueinander gesetzt und untereinander vergleichbar gemacht werden. Durch Sparklines lässt sich neben der eigentlichen Kennzahl auch deren Entwicklung auf kompakte Weise in

Abb. 2-15

Visualisierung von betriebswirtschaftlichen Daten in »herkömmlichen« und grafischen Tabellen im Rahmen des Management Reporting

»Herkömmliche« Tabelle im Management Reporting

	Ist	Plan	Abw.	Abw. %
Umsatzerlöse	10.000	12.000	−2.000	−16,7%
Rabatte	2.000	1.500	500	+33,3%
Erlösschmälerungen	500	510	−10	2,0%
Nettoumsatz	7.500	9.990	−2.490	−25,0%
Lohnkosten	5.000	5.650	−650	−11,5%
Materialkosten	300	250	50	20,0%
Deckungsbeitrag	2.200	4.090	−1.890	−46,2%

Grafische Tabelle im Management Reporting

	Ist	Plan	Abw.	Abw. %
Umsatzerlöse	10.000	12.000	−2.000	−16,7%
Rabatte	2.000	1.500	500	33,3%
Erlösschmälerungen	500	510	−10	−2,0%
Nettoumsatz	7.500	9.990	−2.490	−25,0%
Lohnkosten	5.000	5.650	−650	−11,5%
Materialkosten	300	250	50	20,0%
Deckungsbeitrag	2.200	4.090	−1.890	−46,2%

(Quelle: in Anlehnung an Bissantz et al., 2010, S. 450 f.)

einen Bericht integrieren (vgl. Abb. 2-16). Sie können damit Antworten auf Fragen geben, wie z. B. ist das derzeitige Ergebnis ein vorläufiger Höhepunkt, ein neuer Tiefstand, ein Ausreißer, die Fortsetzung einer Stagnation, Bestandteil eines andauernden Trends etc.?

Abb. 2-16

Visualisierung von betriebswirtschaftlichen Daten mit Sparklines

Die Entwicklung des DAX (hier vom 08.11.2007 bis zum 08.11.2010) ließe sich mithilfe von Sparklines z. B. folgendermaßen in einen Bericht integrieren:

6.750,50  7.812,40

(Quelle: Bissantz et al., 2010, S. 451)

Notation

Das Management Reporting in Unternehmen ist oftmals durch fehlende Vereinheitlichung gekennzeichnet. So ist bspw. zu beobachten, dass Abkürzungen unterschiedliche Bedeutungen haben, Namensgebungen von Abteilung zu Abteilung differieren oder unterschiedliche Zahlenformate und grafische Elemente zur Darstellung gleichartiger Sachverhalte in Berichten verwendet werden. Berichte dieser Art erschweren die schnelle Verständlichkeit und Nachvollziehbarkeit der dargestellten Informationen. Für ein wirksames Management Reporting ist es daher erforderlich, Standards für die Darstellung von Berichtselementen festzulegen (vgl. Bissantz et al., 2010, S. 453 f.). In anderen Lebensbereichen existieren derartige Konventionen seit mehreren hundert Jahren. Bspw. werden Flüsse auf Landkarten immer blau und Wälder immer grün dargestellt. Nicht zuletzt durch die einheitliche Farbgebung kann sich der Kartenleser schnell und intuitiv auf der Landkarte zurechtfinden. Um eine ähnlich schnelle Orientierung beim Empfänger von Berichten zu gewährleisten, gilt es, Konventionen für Darstellungen im Rahmen des Management Reporting festzulegen. Beim Management Reporting besteht die Notwendigkeit zur Vereinheitlichung in Bezug auf eine Vielzahl von Berichtselementen. Zu denken ist hierbei bspw. an Zahlenformate, verwendete Farben und Linienformate in Grafiken, Formen von grafischen Elementen oder auch Abkürzungen. Dabei ist zu beachten, dass Gleichartiges gleich und Verschiedenartiges verschieden dargestellt wird. Daneben sind grafische Elemente so einzusetzen, dass ihnen selbst eine Bedeutung zukommt. Es können gefüllte grafische Elemente für Ist-Werte, hohle Elemente für noch nicht realisierte Plan-Werte und schraffierte Elemente für Prognose-Werte verwendet werden (»Je näher an der Realität desto voller die Darstellung«). Insgesamt soll durch eine einheitliche Notation erreicht werden, dass Berichte effizient und intuitiv gelesen und verstanden werden können. In Abbildung 2-17 sind mögliche Elemente einer einheitlichen Notation dargestellt.

2.3.3.4 Integriertes netzbasiertes Berichtswesen

Die quantitative und qualitative Zunahme von Daten sowie die gestiegenen Anforderungen an die Geschwindigkeit der Bereitstellung bis zur Echtzeit zeichnen moderne Informationssysteme aus. Die Notwendigkeit für globale Zugriffsmöglichkeiten auf die Daten und deren einfache Anpassung an geänderte Situationen sowie die zunehmende Verbreitung von mobilen Endgeräten (Smartphones etc.) zur Datennutzung führen dazu, dass das Berichtswesen inzwischen intensiv durch IT unterstützt wird

Abb. 2-17

Beispiele für Elemente einer einheitlichen Notation

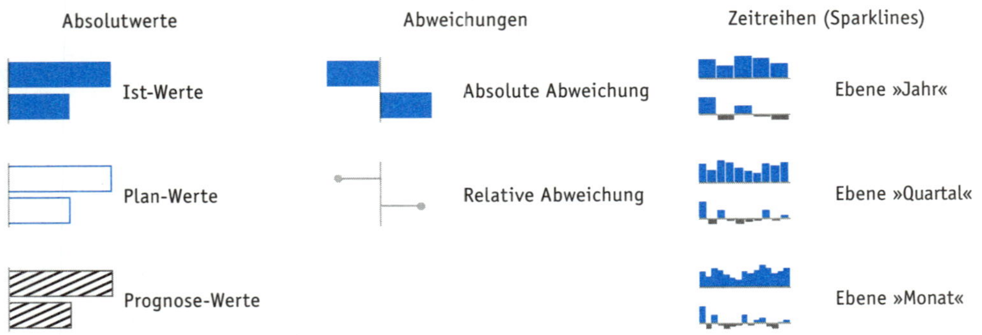

(Quelle: Bissantz et al., 2010, S. 454)

und zunehmend inter- und intranetbasiert erfolgt. Mittlerweile bieten zahlreiche Softwarehersteller eigene Lösungen zur Realisierung eines integrierten netzbasierten Reporting an.

Inter- und intranetbasierte Reportinglösungen

Ein internetbasiertes Reporting ermöglicht weltweit einen schnellen Zugriff auf standardisierte Inhalte. Um individuelle Auswertungen zu ermöglichen, ermöglichen die meisten Softwareprodukte darüber hinaus einen Export in Tabellenkalkulation (Microsoft Excel oder Open Office) bzw. haben deren Funktionalitäten in die Programmoberfläche integriert. Häufig finden sich entsprechend integrierte Reportinglösungen, die durch Zugriff auf eine im Hintergrund arbeitende Datenbank und flexible Abfragen neben einer standardisierten Darstellung auch tiefergehende Analysen erlauben (sog. OLAP-Technologie – Online Analytical Processing). Beispielhaft ist in Abbildung 2-18 die Umsetzung einer excelbasierten Reportinglösung dargestellt. Je nach Auswahl können die Daten verschiedener Jahre, Regionen, Produkte, Unternehmensbereiche u. Ä. flexibel angezeigt werden. Durch Bestimmung von Schwellenwerten und darauf aufbauende Visualisierungen kann unmittelbar eine Dashboard-Anzeige optisch erzeugt werden. Ebenfalls ist vielfach eine vollständige webbasierte Auswertung der Unternehmensdaten möglich (vgl. Abbildung 2-19), sodass eine Installation auf einzelnen Rechnern nicht notwendig ist und somit der Zugriff für den Nutzerkreis vereinfacht wird.

2.3.3.5 XBRL zur Unterstützung des Finanzreporting

Für die technische Umsetzung des internen und externen Reporting ist die Entwicklung von Standards hilfreich, um die zu ver- und übermittelnden Informationen strukturell in einem einheitlichen Format darzustellen. Im Folgenden wird auf den Standard XBRL® (eXtensible Business Reporting Language) zur Erstellung, Verar-

Abb. 2-18

Beispiel einer Excel-basierten Reportinglösung

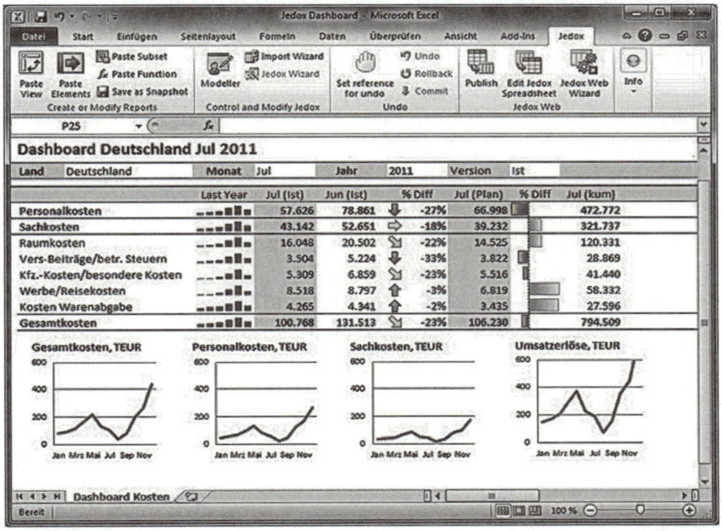

(Quelle: Firma Jedox)

Abb. 2-19

Beispiel einer Webbasierten Reportinglösung

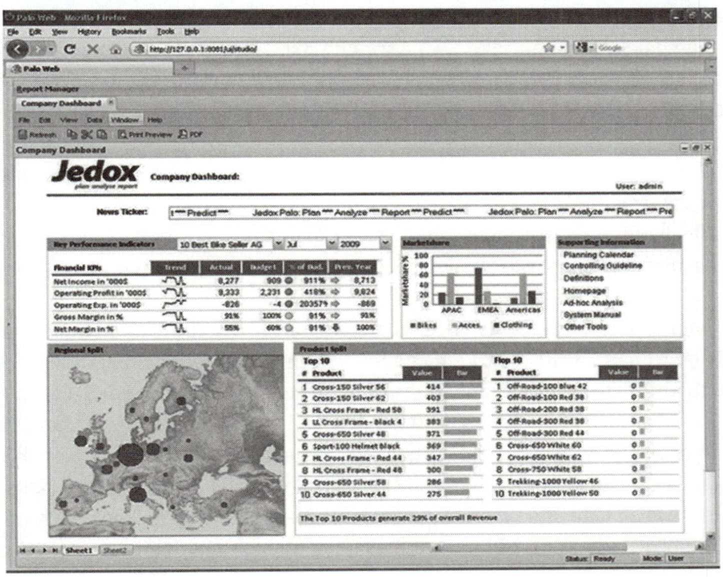

(Quelle: Firma Jedox)

beitung, Veröffentlichungen, Auswertung und Vergleich von Informationen der betriebswirtschaftlichen Funktionen Rechnungs- und Finanzwesen eingegangen.

XBRL und XML

XBRL® ist ein von XBRL International spezifizierter, frei verfügbarer Standard (vgl. XBRL International, 2011), der technisch auf XML (Extensible Markup Language) des World Wide Web Consortium (W3C) basiert. XML ist eine sog. Auszeichnungssprache, die nicht nur einen syntaktischen Standard zur Strukturierung der Informationen vorgibt, sondern auch semantische, d. h. inhaltliche, Festlegungen trifft. Diese zwei Eigenschaften weist auch XBRL® auf. Durch den Einsatz von XBRL® kann im Internet jede Informationseinheit mit einer sog. Taxonomie, d. h. einer präzisen Kontextbeschreibung (z. B. Bilanzposition, Geschäftsjahr) versehen werden. Diese Kennzeichnungen sind zum einen an den etablierten Rechnungslegungsnormen (z. B. HGB, IFRS, US-GAAP) ausgerichtet, können jedoch durch Taxonomie-Erweiterungen sowohl unternehmens- als auch branchen- oder länderspezifisch (z. B. für zusätzliche Angaben in der Lageberichterstattung eines deutschen IFRS-Bilanzierers) ergänzt werden.

Anwendungsmöglichkeiten von XBRL

Anwendungsmöglichkeiten von XBRL® ergeben sich für das interne Reporting und die unternehmensexterne Kommunikation. Der Datenaustausch wird aufgrund standardisierter Formate ermöglicht und kann mit einem höheren Automatisierungsgrad erfolgen. Unternehmen können Daten in XBRL®-Notation sowohl zur automatisierten Erstellung von papiergebundenen Geschäftsberichten mit Bilanz, Gewinn- und Verlustrechnung und Anhang nutzen, als auch Online-Versionen der Geschäftsberichte erstellen. Finanzanalysten wird es dadurch erleichtert, Jahresabschlussanalysen, Szenarioanalysen und eigene Trendberechnungen durchzuführen (vgl. Grüning, 2004, S. 511).

Nutzenpotenziale von XBRL

Durch den Einsatz von XBRL® bestehen Nutzenpotenziale in mehreren Bereichen (vgl. Frank/Kesselmeyer, 2008, S. 46):

- Höhere Qualität der Informationen (weniger Übertragungsfehler, genauere Quellenangaben),
- Schnelligkeit und Häufigkeit der Anwendbarkeit (z. B. bei Konsolidierungen),
- Größere Nützlichkeit (spezifische Auswertbarkeit, selektierte Berichtsroutinen, standardisierte Aufbereitung, Möglichkeit zur automatisierten Weiterverarbeitung),
- Vollständigkeit und Verfügbarkeit (einfacher Zugang, Verknüpfung von internen und externen Informationen),
- Individuelle Erweiterungen der XBRL®-Taxonomie für spezifische unternehmensinterne Reporting-Zwecke möglich.

Der Umfang der weiterzugebenden Daten kann durch die Unternehmen jeweils bestimmt werden. XBRL® legt keine neuen Berichtspflichten fest und nimmt keinen Einfluss auf Bilanzierungsstandards, die ein Unternehmen anwendet. Durch XBRL® wird es jedoch möglich, die zu erstellenden und weiterzugebenden Informationen sachgerecht und strukturiert darzustellen. Für den Informationsempfänger liegen die Vorteile darin, dass er sich nur auf ein Format für alle ankommenden Daten einstellen muss. Er kann die Daten, da sie im logischen Aufbau stets identisch sind, effizient weiterverarbeiten, d. h. ohne aufwändige und fehleranfällige manuelle Aufbereitung in seine Datenbestände und Auswertungssysteme übernehmen. Für das Controlling als Ersteller von Informationen können durch XBRL® folgende Ziele erreicht werden (vgl. Di Piazza/Eccles, 2002, S. 148 f.):

- Kostenreduktion für das Verteilen der Information
- Schnelligkeit der Verfügbarkeit bei verschiedenen Stakeholder-Gruppen
- Automatisation des Datentransfers zwischen den Rechnungslegungs- und Analysesystemen

Verbreitung

Mittlerweile hat XBRL® eine weite Verbreitung erfahren (vgl. Arbeitskreis Externe Unternehmensrechnung der Schmalenbach-Gesellschaft für Betriebswirtschaftslehre e. V., 2010, S. 1476): Unternehmen, die nach US-GAAP berichten und deren Börsenwert größer als 5 Mrd. US-$ ist, müssen ihre Publizitätsinformationen für Berichtsperioden seit 2009 bei der SEC in XBRL® einreichen. Auch der deutsche elektronische Bundesanzeiger nutzt XBRL als Standardverfahren (andere Formate sind weiter zulässig). XBRL® gilt als Pflichtformat i. S. d. EStG für die Einreichung von (Steuer-)Bilanzen und Gewinn- und Verlustrechnungen als Anlage zur elektronischen Steuererklärung. Die Deutsche Bundesbank nimmt Jahresabschlüsse für ihren statistischen Jahresabschlussdatenpool im XBRL®-Format entgegen und die DATEV stellt Abschlüsse von über 450.000 kleinen und mittelgroßen Unternehmen im XBRL®-Format bereit.

2.3.4 Informationsverwendung

Die Informationsverwendung ist die zentrale Phase des Informationsprozesses, für deren Zustandekommen und Erfolg alle anderen Phasen ablaufen (vgl. Berthel, 1975, S. 72). Informationen werden beschafft und den handelnden Akteuren bereitgestellt, damit sie zweckorientiert verwendet werden können.

Informationsverarbeitung

Die Verfügbarkeit von Informationen nach deren Bereitstellung ist jedoch nicht notwendigerweise mit ihrer Verwendung gleichzusetzen, denn zur Nutzung der bereitgestellten Informationen muss oftmals noch eine Verarbeitung in Form einer **inhaltlichen Transformation** stattfinden (vgl. Berthel, 1975, S. 73 f.). Dabei werden vorliegende Informationen sachlich und inhaltlich umgewandelt, sodass eine neue Information abhängig von der sachlichen Aufgabenstellung und in benutzeradäquater Form zur Verfügung gestellt wird. Dies geschieht sowohl durch das Zusammenfügen, Verknüpfen und Verdichten mehrerer Informationen als auch durch das Aufspalten und Verzweigen komplexer Informationen in eine Mehrzahl von Informationen (vgl. Berthel, 1975, S. 15). Die Art der Informationsverarbeitung ist dabei abhängig von der sachlichen Aufgabenstellung. Probleme bei der Informationsverarbeitung können entstehen, wenn die verfügbaren Informationen nicht hinreichend verwendbar sind (z. B. mangelnde Genauigkeit), Methoden zur Informationsverknüpfung nicht zur Verfügung stehen oder keine Bereitschaft zur Informationsverwendung bei den Beteiligten besteht.

Integrierte Informationsverarbeitung

Fallen die Informationsverwendung und -verfügbarkeit zeitlich auseinander, so entsteht die Notwendigkeit der **Informationsspeicherung** (vgl. Berthel, 1975, S. 64).

Um den manuellen Aufwand der Informationsspeicherung auf ein Minimum zu reduzieren und Redundanzen zu vermindern, sollte eine **integrierte Informationsverarbeitung** stattfinden (vgl. Mertens, 2009, S. 7). Gegenstand einer Integration der Informationsverarbeitung können Daten, Funktionen und Prozesse sein. So werden durch eine Integration die Daten aus mehreren betrieblichen Funktionsbereichen in eine **gemeinsame Datenbank** zusammengeführt. In einer Datenbank werden so alle Daten über Artikel, Lieferanten, Kunden und Fertigungsaufträge gespeichert und den einzelnen Anwendungssystemen (z. B. Kosten- und Leistungsrechnung, Lieferantenrechnungskontrolle oder Produktionsplanung) zur Verfügung gestellt. Weiterhin wird entsprechend der Integrationsrichtung eine horizontale und vertikale Integration unterschieden (vgl. Abb. 2-20). Die **horizontale Integration** bezieht sich insbesondere auf die Verbindung der betrieblichen Teilsysteme entlang der Wertschöpfungskette. Unter **vertikaler Integration** wird die Datenversorgung der übergeordneten Planungs- und Kontrollsysteme aus den (operativen) Administrations- und Dispositionssystemen heraus verstanden (vgl. Mertens, 2013, S. 18).

Abb. 2-20

Konzeption der integrierten Informationsverarbeitung

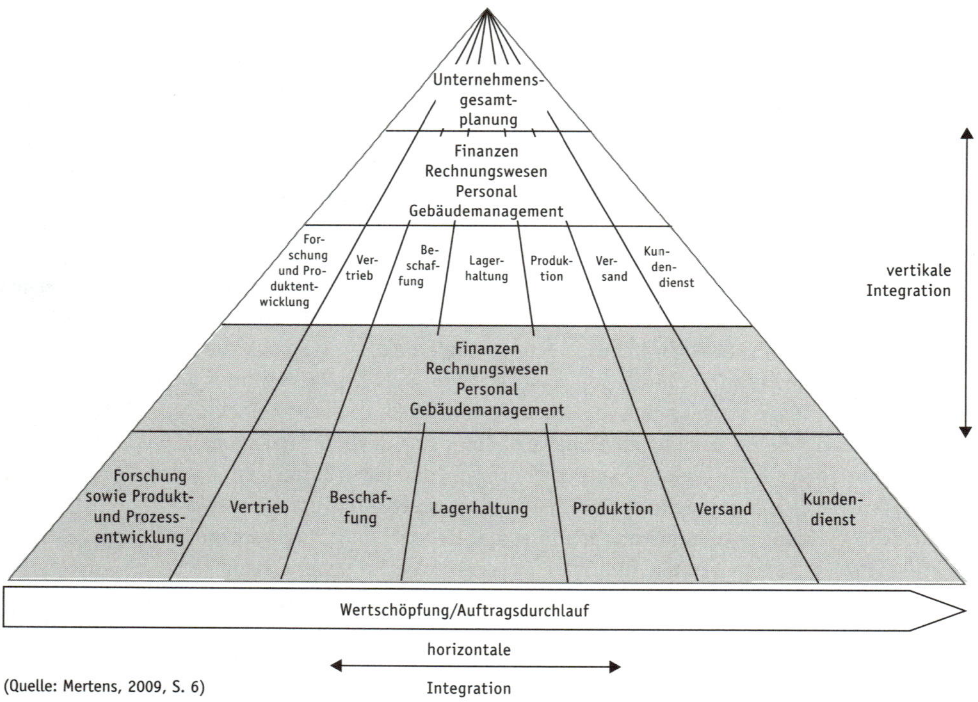

(Quelle: Mertens, 2009, S. 6)

Die Datenversorgung kann dabei in Echtzeit (»real time«) oder durch Zwischenschaltung eines Datenlagers (Data Warehouse, Business Information Warehouse) erfolgen, in dem die Daten aus den operativen Systemen systematisch und strukturiert gespeichert werden. Wesentliches Merkmal der vertikalen Integration ist die zunehmende Verdichtung der Daten aus den operativen Systemen. Dadurch wird sichergestellt, dass die Fach- und Führungskräfte der verschiedenen (Hierarchie-) Ebenen eines Unternehmens mit aussagekräftigen und auf sie zugeschnittenen Informationen versorgt werden. In der Unternehmenspraxis ist oftmals zu beobachten, dass der Prozess der vertikalen Integration auf Ebene der Unternehmensleitung, d.h. bei Aktiengesellschaften auf Ebene des Vorstands, bei GmbHs auf Ebene der Geschäftsleitung, endet. In der Regel erfolgt keine weitere Verdichtung der Informationen für die Zwecke übergeordneter Aufsichtsorgane bzw. Kontrollgremien, wie z.B. den Aufsichtsrat von Aktiengesellschaften. Die Versorgung von Aufsichtsratsmitgliedern mit ausreichenden und zweckgerichteten Informationen stellt jedoch einen kritischen Faktor für eine effektive und effiziente Beratung und Überwachung der Unternehmensleitung dar. Insofern ist die Aufsichtsratstätigkeit durch eine fortschreitende Divergenz zwischen der wachsenden Komplexität und der Kapazität (verfügbare Zeit, Kompetenz) gekennzeichnet. Diese Lücke gilt es durch eine zweckgerichtete Informationsversorgung von Aufsichtsratsmitgliedern zu schließen (vgl. dazu auch Abschnitt 7.3).

Arten der Informationsnutzung

Findet schließlich eine Informationsverwendung statt, können verschiedene **Arten der Nutzung** von Informationen unterschieden werden (vgl. Vandenbosch, 1999, S.79):

- **»Score-Keeping«** beschreibt die Nutzung von Informationen zur Wahrnehmung und Beobachtung von Veränderungen inner- und/oder außerhalb des Unternehmens sowie zur Beurteilung der beobachteten Veränderungen. So werden die Informationen genutzt, um Fragen zu beantworten, wie z.B. »Wie erfolgreich ist meine Vertriebsabteilung?«.
- Unter **»Problem-Solving«** wird die Bewertung von Handlungsalternativen hinsichtlich der Zielerreichung zusammengefasst. Dabei werden die bereitgestellten Informationen genutzt, um mögliche Ergebnisse der Handlungsalternativen zu quantifizieren und eine Handlungsempfehlung abzugeben. Folglich werden die Informationen zur Beantwortung von Fragen genutzt, wie z.B. »Welche Alternative ist aus einer Vielzahl an Handlungsalternativen die Beste, um das Absatzvolumen zu erhöhen?«
- **»Focusing-Attention and -Learning«** umfasst die Nutzung von Informationen zur Beeinflussung anderer Akteure, indem Chancen und Risiken der laufenden Aktivitäten dargestellt werden und eine Fokussierung auf zielkonforme Tätigkeiten gelenkt wird. Führungskräfte nutzen Informationen somit, um die Aufmerksamkeit der Akteure proaktiv auf kritische Ereignisse zu lenken und hierdurch neue Strategien voranzubringen. In diesen Zusammenhang fallen auch die Informationsverwendung zur Machtausübung und die Nutzung von Information als »Munition« zur Durchsetzung eines bestimmten Standpunktes (vgl. Burchell et al., 1980, S.15).

- **»Legitimizing-Decisions«** beschreibt die Informationsverwendung zur Legitimation von Entscheidungen. Hierbei werden weniger zukünftige Entscheidungen, sondern vielmehr bereits getroffene Entscheidungen legitimiert und gerechtfertigt.

2.3.5 Informationstechnik

Die Informationsversorgung des Managements wird durch geeignete Informationstechniken (IT) unterstützt, um einen aktuellen und rationellen Zugriff auf die benötigten Informationen zu unterstützen. Mit zunehmender Unternehmensgröße ist eine Bewältigung der Datenmengen und des steigenden Informationsbedarfs ohne Computerunterstützung kaum möglich.

Aufgaben der IT-Systeme

Die **Aufgabe** der IT-Systeme liegt in der Integration operativer Daten entlang der Wertschöpfungskette hin zu dispositiven Daten, die das Management bei der Unternehmenssteuerung oder strategischen Ausrichtung des Unternehmens unterstützen. Aus den entstehenden dispositiven Daten werden mittels der IT-Systeme anschließend Informationen generiert. Entsprechend ihrem Verwendungszweck können die IT-Systeme in operative Systeme, Führungssysteme, elektronischen Informationsaustausch sowie Querschnittssysteme unterteilt werden (vgl. hierzu und im Folgenden Stahlknecht/Hasenkamp, 2005, S. 326 f.):

Arten von IT-Systemen

- Die **operativen Systeme** lassen sich in Administrations- und Dispositionssysteme gliedern, wobei Administrationssysteme zur laufenden Verwaltung der Datenbestände und Dispositionssysteme zur Vorbereitung kurzfristiger, dispositiver Entscheidungen verwendet werden.
- Die **Führungssysteme** dienen der Entscheidungsvorbereitung und -unterstützung im oberen Management und werden in Planungs- und Führungsinformationssysteme unterteilt. Führungsinformationssysteme sollen das Management durch Analyse-, Prognose-, Simulations- und mathematische Methoden mit den für die Entscheidungsfindung relevanten Informationen versorgen. Besondere Bedeutung haben hier **Enterprise Resource Planning-Systeme (ERP-Systeme)** und **Business Intelligence (BI)** erlangt.
- Der **elektronische Informationsaustausch** (Electronic Data Interchange – EDI) findet nicht nur unternehmensintern, sondern vermehrt auch unternehmensübergreifend Anwendung, um Effizienzpotenziale durch Strukturierung und Automatisierung zu nutzen. Dabei bilden sich zunehmend Standards zur Übertragung heraus (z. B. Electronic Data Interchange for Administration, Commerce and Transport – EDIFACT), die häufig branchen- und funktionsbezogen weiter ausdifferenziert werden (z. B. BMEcat als Katalogstandard im Bereich der Beschaffung).
- Als **Querschnittssysteme** werden IT-Systeme bezeichnet, die an allen betrieblichen Arbeitsplätzen einsetzbar sind und über Schnittstellen von den operativen Systemen sowie dem Führungssystem genutzt werden können. Hierzu zählen Büro-, Multimedia- und wissensbasierte Systeme. Bürosysteme, wie z. B. E-Mail-Dienste, Tabellenkalkulations-, Textverarbeitungs-, Datenbankverwaltungs- und

Workflowmanagementsysteme, unterstützen die routinemäßige Büroarbeit und werden standardisiert bspw. in Form von MS Office eingesetzt. Präsentationstools, Kiosksysteme, Intranet sowie Business TV bilden multimediale Systeme. Wissensmanagementsysteme bietet eine geeignete IT-Unterstützung zur Nutzung des inner- und außerhalb des Unternehmens vorhandenen Wissens, wobei die technologische Unterstützung beispielswiese durch Intranet, Internet, Suchmaschinen, Dokumenten-Management-Systeme und Datenbanken erfolgt. Oftmals existieren im Unternehmen eigene Wissensmanagement-Portale.

Enterprise Resource Planning-System

Ein **ERP-System** liegt vor, wenn ein integriertes Gesamtsystem unternehmensintern alle Funktionen der Administration, Disposition und Führung unterstützt (vgl. Stahlknecht/Hasenkamp, 2005, S. 327). Neben unternehmensinternen Prozessen werden zunehmend auch unternehmensübergreifende Geschäftsprozesse in ERP-Systeme integriert, um langfristig eine Unterstützung der gesamten Wertschöpfungskette zu erreichen. Die in einem ERP-System anfallenden Daten sollten einheitlich und nach einer allgemeingültigen Struktur abgelegt werden.

Business Intelligence

Im Rahmen von **Business Intelligence** werden die in den ERP-Systemen anfallenden Daten genutzt und unter verschiedenen Aspekten analysiert und bewertet. Die Daten aus den operativen Informations- und Kommunikationssystemen, wie dem ERP oder E-Procurement, werden durch ein **Data Warehouse** bereitgestellt und erhalten. Dieses ermöglicht einen einheitlichen Zugriff auf alle Daten. Im Rahmen der Informationsgenerierung wird dann über Analysesysteme, wie z. B. dem **Online Analytical Processing-Tool (OLAP-Tool)**, auf die Daten im Data Warehouse zugegriffen. Mit OLAP können mehrdimensionale Strukturen schnell und einfach bearbeitet werden. Neben OLAP können auch Data Mining-Systeme eingesetzt werden. **Data-Mining Systeme** dienen der Entdeckung von versteckten Mustern bzw. relevanter Zusammenhänge in großen Datenbeständen. Beim Data Mining werden mittels bestimmter statistischer Methoden große Datenbestände automatisiert, d. h. hypothesenfrei, nach bedeutsamen Informationen durchsucht. Damit extrahiert Data Mining nutzbares Wissen aus vorhandenen betrieblichen Datenbeständen zur Fundierung betrieblicher Entscheidungen in den einzelnen Unternehmensbereichen. Abbildung 2-21 veranschaulicht Business Intelligence als Gesamtsystem und den Prozess von der Datenbereitstellung über die Informationsgenerierung, -speicherung, -distribution bis hin zum Informationszugriff.

Wesentliche Informationssysteme des Controllings

Es steht ein breites Spektrum heterogener Typen von Informationssystemen zur Verfügung. Zum einen dienen datenorientiere Informationssysteme, wie Abfrage-, Berichts- und OLAP-Systeme der Überwachung, Beschaffung, Aufbereitung und Verdichtung von Daten und somit der Ermittlung betriebswirtschaftlicher Kennzahlen. Die Abfragen werden dabei an das Data Warehouse gerichtet, das auf Standard Datenbankservern, wie bspw. Microsoft SQL-Servern oder ORACLE-Datenbanken, basiert. Zum anderen ermöglichen modell- bzw. methodenorientierte Systeme, wie Simulations-, Optimierungs-, Prognose-, Früherkennungs- und Data Mining-Systeme die Nutzung von komplexen Analyseverfahren zur Unterstützung des Führungsprozesses. Das in der Unternehmenspraxis am häufigsten verwendete integrierte ERP-System ist SAP R/3, das die Anwendungsbereiche Rechnungswesen (Buchhaltung, Kosten-

Abb. 2-21

Business Intelligence als Gesamtsystem

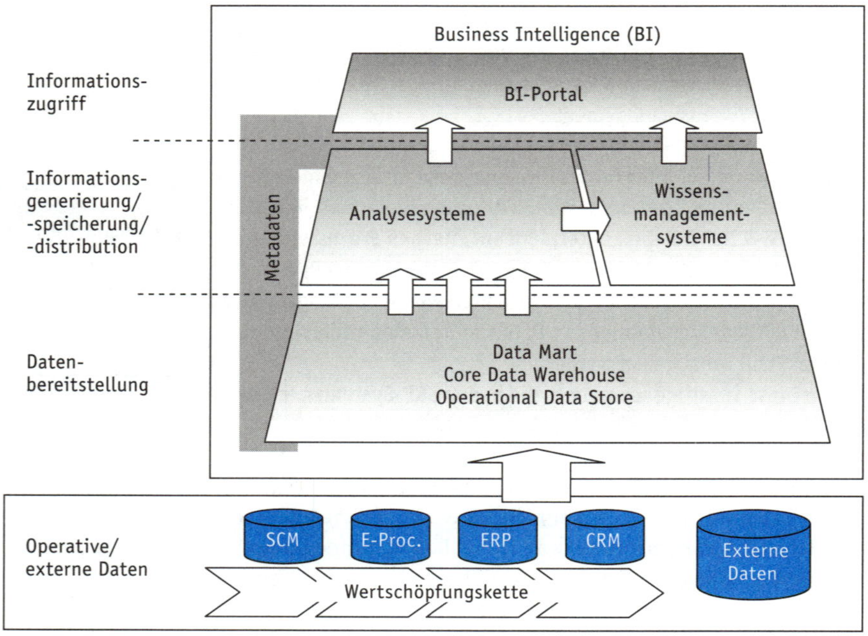

(Quelle: Kemper et al., 2010, S. 11)

stellenrechnung, Kalkulation, Ergebnis- und Profit-Center Rechnung sowie Controlling), Logistik (Materialwirtschaft, Produktionsplanung und -steuerung, Instandhaltung und Vertrieb) sowie Personalwirtschaft (Personalverwaltung, Lohn- und Gehaltsabrechnung, Personalplanung und -entwicklung) abdeckt. Im SAP Controlling-Modul wird die Koordination, Überwachung und Optimierung aller ablaufenden Prozesse durch Gemeinkostencontrolling, Prozesskostenrechnung, Produktkostencontrolling sowie Ergebnis- und Marktsegmentrechnung ermöglicht (vgl. hierzu ausführlich Friedl et al., 2012). Die operative interne Erfolgsrechnung kann durch das Strategic Enterprise Management (SAP SEM) erweitert werden. Hierdurch werden strategische Entscheidungen durch Planungen, Simulationen und Szenarioanalysen sowie die Bereitstellung von wertorientierten Kennzahlen unterstützt. Neben SAP sind insbesondere Oracle und Microsoft als weitere Anbieter von ERP-Systemen zu nennen.

2.3.6 Business Analytics und Big Data

Business Analytics

Mit dem Begriff **Business Analytics** werden Verfahren und Prozesse der Datenauswertung umschrieben, mit denen der Datenbestand in Unternehmen systematisch ausgewertet und für eine **fundierte Entscheidungsfindung** aufbereitet wird (vgl. Davenport/Harris, 2007, S. 7). Damit wird das Geschäftsverständnis verbessert und Maßnahmen zur Leistungssteigerung können systematisch abgeleitet werden. Methodische Unterstützung bei der Analyse liefern vor allem **statistische Analyseverfahren,** mit denen datengestützt (und weniger hypothesengetrieben) **Muster und Abhängigkeiten erkannt** werden. So können aus unspezifischen Daten entscheidungsrelevante Informationen generiert werden.

Big Data

Der Einsatz von Business Analytics wird begünstigt und getrieben durch die deutlich gestiegenen Datenmengen, die in Unternehmen und auf Märkten vorhanden sind: Im Rahmen der zunehmend detaillierteren und schnelleren ERP-Systeme wird eine Vielzahl von Daten generiert. Vielfach können diese mit Produktdaten in Echtzeit verknüpft werden, die im Rahmen von RFID (Radio Frequenz Identifikation) und sonstigen Technologien generiert werden und per Internet überall verfügbar sind. Im Zuge des »Internet der Dinge«, d. h. der Verknüpfung der realen Welt mit IT-Daten, steigt dieses Datenvolumen deutlich an.

Gleichzeitig jedoch stellt das stetig wachsende Datenvolumen Organisationen auch vor die Herausforderung der Nutzung derselben zur besseren Entscheidungsunterstützung. Vor diesem Hintergrund hat die Thematik **Big Data** in den vergangenen Jahren zunehmend an Bedeutung gewonnen. Der Begriff »Big Data« ist in den 1990er Jahren geprägt worden und meint die große Masse an vorhandenen Daten, die zur Analyse bereit stehen (vgl. Brands, 2014, S. 64). Big Data ist hierbei als Sammelbegriff zu verstehen, da Daten aus einer Vielzahl von Quellen wie Transaktionen verschiedener Art, Internet-Klicks oder Social Media entstehen. Die unterschiedlichen Datenursprünge lassen sich hierbei in folgende **fünf Quellen** von **großvolumigen Datensätzen** kategorisieren (vgl. George/Haas/Pentland, 2014, S. 321ff):

Datenquellen

- **»Public Data«**: Daten, die von Regierungen, Regierungsorganisationen, öffentlichen Verwaltungen, Behörden oder Gemeinden erhoben werden, wie bspw. Erhebungen zum Energieverbrauch oder Gesundheitswesen. Bei diesen Daten können Restriktionen vorliegen, die sich aufgrund des Schutzes der Privatsphäre ergeben.
- **»Private Data«**: Daten, die im Besitz von privaten Unternehmen, Non-Profit Organisationen oder Einzelpersonen sind, wie z. B. das Nutzerverhalten von Mobilfunkkunden.
- **»Data Exhaust«**: Dieser Begriff meint Daten, die passiv als Nebenprodukt anderer Aktivitäten erfasst werden und für den Erheber von geringem oder keinem Nutzen sind. Der Nutzen dieser Daten ergibt sich, sobald sie mit anderen Daten oder Datenquellen kombiniert werden. Beispielsweise können durch das Informationssuchverhalten von Personen im Internet Rückschlüsse auf ihre Bedürfnisse gezogen werden.
- **»Community Data«**: Hierunter werden unstrukturierte Daten innerhalb von dynamischen Netzwerken verstanden. Diese Daten spiegeln soziale Trends wider

und liegen häufig in Textform vor, wie z. B. Twittermeldungen (»Tweets«) oder Produktrezensionen von Nutzern.

- **»Self-quantification Data«**: Dies sind Daten, die von Einzelpersonen durch Quantifizierung und Aufzeichnung persönlicher Handlungen und Verhaltensweisen erfasst und offengelegt werden. Ein Beispiel stellen Daten zu Bewegung und Training dar, die mittels elektronischer Armbänder erfasst und anschließend auf Smartphone-Applikationen übertragen werden.

Damit die Nutzung von Big Data Nutzen (»**Value**«) generiert, z. B. in Form von **Wettbewerbsvorteilen**, sind die folgenden vier **Dimensionen** von hoher Bedeutung (vgl. bspw. IBM Institute for Business Value, 2012, S. 4 f.):

Dimensionen von Big Data

- **»Volume«**: Menge der Daten. Diese ist nicht konstant, sondern nimmt in der Regel mit einer hohen Geschwindigkeit zu. Eine einheitliche und genaue Definition, ab welcher Datenmasse von einer großen Menge gesprochen wird, existiert jedoch nicht.
- **»Variety«**: Die Dimension »Vielfalt« stellt auf das Vorliegen von unterschiedlichen Datenformaten und -quellen und die sich daraus ergebende Komplexität ab. Die Herausforderung besteht darin, die unstrukturierten Daten u. a. in Form von Text-, Audio- oder Bilddokumenten unter Berücksichtigung ihres organisationsinternen oder -externen Ursprungs zu integrieren und zu analysieren.
- **»Velocity«**: Die Dimension »Geschwindigkeit« erfasst den Zeitraum, der zwischen dem Erstellen bzw. Erfassen der Daten sowie deren Analyse liegt. Moderne Analysetechnologien ermöglichen die Analyse von Daten in Echtzeit. Dies bedeutet, dass die Daten schon im Zeitpunkt ihres Entstehens ausgewertet werden, ohne dass sie zuvor in Datenbanken abgelegt werden müssen.
- **»Veracity«**: Die Dimension »Richtigkeit« behandelt die Zuverlässigkeit von Daten und Informationen. Um folgerichtige Erkenntnisse zu gewinnen, ist eine hohe Datenqualität unabdingbar. Dementsprechend stellt die Datenqualität im Kontext von Big Data eine große Herausforderung dar, weil nicht alle Datenquellen gleich verlässlich sind.

Anwendungsbeispiele

Unter Nutzung leistungsfähiger Rechenprogramme und -geräte ist es dann möglich, Prognosen bspw. in Bezug auf individuelles Verhalten, Konsumentenentscheidungen, Verkehrsmuster oder Krankheitsausbrüche zu erstellen. Technisch stehen hier In-Memory-Technologien wie bspw. SAP HANA im Mittelpunkt. Sie nutzen statt der bisherigen Festplattenspeicher den Arbeitsspeicher und erzielen damit erhebliche Geschwindigkeitsvorteile, insbesondere bei der Verarbeitung von Massendaten. Somit sind Big Data und entsprechende analytische Werkzeuge von hohem Nutzen für Organisationen, Unternehmen und Regierungen, um ihr Umfeld besser zu verstehen und aufgrund der neuen Erkenntnisse bspw. Ressourcen besser zu allokieren oder Prognosen zu verfeinern oder zu beschleunigen. So können beispielsweise Kundensegmentierungen vorgenommen, das Kundenverhalten analysiert oder die Preisstrategie entsprechend den identifizierten Zahlungsbereitschaften optimiert werden. Auch in den Finanzfunktionen von Unternehmen etabliert sich zunehmend die Nutzung von Analysemethoden zur Entscheidungsfindung und -unterstützung (vgl.

Davenport/Harris/Morison, 2010, S. 9 ff.). So kann für die Befüllung von Scorecards durch statistische Analysen auf relevante Treiber zurückgegriffen werden oder aber die finanzielle Unternehmensplanung durch die Berechnung von Erwartungswerten unterstützt werden. Einen bedeutenden Stellenwert in diesem Zusammenhang nimmt das Methodenfeld der analytischen Prognosen oder Predictive Analytics ein.

Predictive Analytics

Der Begriff **Predictive Analytics** ist ein Sammelbegriff für verschiedene qualitative und quantitative Verfahren, mit denen aus Vergangenheits- und Gegenwartsdaten Prognosen abgeleitet werden. Qualitative Prognoseverfahren sind wissens- und urteilsorientiert. Sie können zwar separat eingesetzt werden, werden allerdings häufig mit quantitativen Verfahren kombiniert. Demgegenüber bedingen die quantitativen Methoden Daten in numerischer Form und basieren daher vornehmlich auf mathematischen und statistischen Gesetzmäßigkeiten. Zugrunde liegt diesen Verfahren die Annahme, dass sich die Muster der Vergangenheit auch auf die Zukunft übertragen lassen können. Predictive Analytics lässt sich in fünf Ansätze zur Dekodierung der Strukturen der Vergangenheit unterscheiden (vgl. Stichter, 2013, S. 573):

- **»Dekompositionsmodelle«** brechen die Strukturen von Zeitreihen in ihre einzelnen Elemente auf, etwa in Trend, Zyklus und Saisonalität. Ziel dabei ist es nicht nur, die Vergangenheitsdatensätze hinreichend zu erklären, sondern auch präzise Prognosewerte zu berechnen.
- **»Kausalmodelle«** stellen die Güte des Zusammenhangs zwischen Zielvariablen und einer oder mehreren erklärenden Variablen her. Zu beachten bei Kausalmodellen ist, dass hohe Korrelationen allein noch keinen Ursache-/Wirkungszusammenhang zwischen Variablen begründen.
- **»Clustermodelle«** ordnen Datenobjekte mit ähnlichen Ausprägungen in Cluster zusammen. Weiterhin werden die Charakteristika der einzelnen Cluster analysiert, so dass nach Zuordnung einer neuen Dateneinheit zu einem Cluster entsprechende Prognosen abgeleitet werden können.
- **»Logikmodelle«** verknüpfen Teilaussagen mit logischen Operatoren miteinander, z. B. »wenn A, dann B«. In der klassischen Logik liegen binäre Konstrukte mit den beiden Aussagen »wahr« oder »falsch« vor. Eine Aussage muss sich hierbei also durch einen der zwei Wahrheitswerte als wahr oder falsch identifizieren lassen.
- **»Wahrscheinlichkeitsmodelle«** errechnen die Wahrscheinlichkeitsverteilungen von Zielgrößen. Dazu werden die Verteilungen von Wahrscheinlichkeiten in der Vergangenheit ermittelt, so dass dadurch erwartete Wahrscheinlichkeitsverteilungen von Variablen für die Zukunft angenommen werden können.

Kontrollfragen

1. *Wie lässt sich der Begriff »Planung« erläutern und welche wesentlichen Planungsmerkmale gibt es?*
2. *Wodurch unterscheiden sich operative, taktische und strategische Planung?*
3. *Welche Formen der Planung sind entsprechend dem Zielbezug zu unterscheiden und was kennzeichnet diese?*
4. *Welche sechs verschiedenen Funktionen der Planung gibt es und wie lassen sich diese voneinander abgrenzen?*
5. *Welche Planungsaufgaben werden dem Controlling und welche dem Management zugeordnet?*
6. *Welche einzelnen Phasen beinhaltet der Planungsprozess? Welche entscheidende Rolle haben in diesem Zusammenhang Rückkopplungen?*
7. *Welche drei Planungsverfahren werden unterschieden? Welche Beispiele können hierfür genannt werden?*
8. *Wie lassen sich »Planungsinstrumente« definieren? Welche Planungsinstrumente lassen sich beispielhaft für die jeweiligen Planungsebenen nennen?*
9. *Welche gesetzliche Vorgabe zur Unternehmensplanung gibt es und wie lässt sich diese erläutern?*
10. *Welche Grundsätze zählen zu den Mindestanforderungen ordnungsgemäßer Planung? Wie lassen sich diese erläutern?*
11. *Welche Anforderungsmerkmale müssen bei der Ausgestaltung eines Planungssystems beachtet werden und wie lassen sich diese erläutern?*
12. *Was versteht man unter den Begriffen »Kontrolle« und »Kontrollsystem«?*
13. *Welche sechs Funktionen der Kontrolle gibt es und wie lassen sich diese erläutern?*
14. *Was sind die Ziele von Kontrollen?*
15. *Welche Formen der Kontrolle können unterschieden werden? Wie lassen sich diese anhand von Beispielen erklären?*
16. *Welche Eigenschaften können bei einem Kontrollsystem ausgestaltet werden?*
17. *Was verbirgt sich hinter den Begriffen »Information« und »Informationssystem«?*
18. *Wie können subjektiver, objektiver und geäußerter Informationsbedarf voneinander abgegrenzt werden?*
19. *Welche induktive und deduktive Methoden der Informationsbedarfsanalyse gibt es und wie lassen sich diese jeweils erläutern?*
20. *Wodurch unterscheiden sich Informationsbedarf, -angebot und -nachfrage?*
21. *Welche Formen der Informationsbeschaffung gibt es und wie lassen sich diese erklären?*
22. *Welche Zwecke sollen durch Berichte erfüllt werden?*
23. *Welche drei Berichtsarten gibt es und wie lassen sich diese anhand von Beispielen unterscheiden?*
24. *Wie können Sparklines im Rahmen des Management Reporting eingesetzt werden?*
25. *Warum ist beim Management Reporting auf eine einheitliche Notation zu achten?*
26. *Wie kann eine einheitliche Notation durch die Nutzung grafischer Elemente gewährleistet werden?*

27. *Welche Ziele können aus Perspektive eines Controllers aufgrund der Anwendung von XBRL erreicht werden?*
28. *Welche vier Nutzungsarten von Informationen gibt es und worin unterscheiden sich diese?*
29. *Welche Aufgaben erfüllen Informationstechniken?*
30. *Was versteht man unter dem Begriff »Business Intelligence« und wie lässt sich der Prozess von der Datenbereitstellung bis hin zum Informationszugriff beschreiben?*
31. *Welche Anwendungsmöglichkeiten ergeben sich aus den Möglichkeiten von Business Analytics?*
32. *Welche Ansätze zur Dekodierung von Strukturen in Daten existieren im Rahmen von Predictive Analytics?*
33. *Welche vier Dimensionen sind entscheidend, um mittels Big Data Nutzen zu generieren und wie tragen die jeweiligen Dimensionen zur Wertgenerierung bei?*

Abkürzungsverzeichnis

AktG	Aktiengesetz
BDU	Bundesverband Deutscher Unternehmensberater
BI	Business Intelligence
BMEcat	Bundesverband Materialwirtschaft, Einkauf und Logistik e. V. (BME) Catalogue
CRM	Customer Relationship Management
EDI	Elektronischer Datenaustausch
EDIFACT	Electronic Data Interchange for Administration, Commerce, and Transport
EDV	Elektronische Datenverarbeitung
ERP	Enterprise Resource Planning
EStG	Einkommensteuergesetz
GoP	Grundsätze ordnungsgemäßer Planung
HGB	Handelsgesetzbuch
i. d. R.	in der Regel
IFRS	International Financial Reporting Standards
IT	Informationstechnik
KPI	Key Performance Indicator
MIS	Management Information System
OLAP	Online Analytical Processing Tool
OLED	organisch lichtemittierende Dioden
SCM	Supply Chain Management
SEM	Strategic Enterprise Management
SEC	United States Securities and Exchange Commission
STRAP	Strategische Planung
Tab.	Tabelle
TV	Television
XBRL	eXtensible Business Reporting Language
XML	eXtensible Markup Language

Literaturhinweise

Arbeitskreis für externe Unternehmensrechnung der Schmalenbach-Gesellschaft für Betriebswirtschaftslehre e. V. (2010): Finanzkommunikation mit XBRL, in: Der Betrieb, 63. Jg., 2010, Heft 27/28, S. 1472–1479.

Adelt, B. (2003): Überlegungen zur Weiterentwicklung der Unternehmensplanung bei Volkswagen, in: Horváth, P./Gleich, R. (Hrsg.): Neugestaltung der Unternehmensplanung, Stuttgart 2003, S. 451–468.

Amshoff, B. (1993): Controlling in deutschen Unternehmungen. Realtypen, Kontext und Effizienz, 2. Aufl., Frankfurt a. M. 1993.

Bea, F. X./Haas, J. (2012): Strategisches Management, 6. Aufl., Stuttgart 2012.

Berthel, J.(1975): Betriebliche Informationssysteme, Stuttgart 1975.

Berthel, J. (1992): Informationsbedarf, in: Frese, E. (Hrsg.): Handwörterbuch der Organisation, 3. Aufl., Stuttgart 1992, Sp. 872–886.

Bissantz, N./Mertens, P./Butterwegge, G./Christ, V. (2010): Visualisierung betriebswirtschaftlicher Daten, in: Chamoni, P./Gluchowski, P. (Hrsg.): Analytische Informationssysteme, 4. Aufl., Heidelberg u. a. 2010, S. 439–462.

Blohm, H. (1974): Die Gestaltung des betrieblichen Berichtswesens als Problem der Leitungsorganisation, 2. Aufl., Berlin 1974.

Brands, K. (2014): Big Data and Business Intelligence for Management Accountants, in: Strategic Finance, 96. Jg., 2014, Heft 6, S. 64–65.

Bundesverband Deutscher Unternehmensberater (BDU) (2009): Grundsätze ordnungsgemäßer Planung (GoP), Version 2.1, Bonn 2009.

Burchell, S. C./Clubb, C./Hopwood, A. G./Hughes, J./Nahapiet, J. (1980): The role of accounting in organizations and society, in: Accounting, Organizations and Society, 5. Jg., 1980, Heft 1, S. 5–27.

Davenport, T. H./Harris, J. G. (2007): Competing on Analytics. The New Science of Winning, Boston 2007.

Davenport, T. H.,/Harris, J. G./Morison, R. (2010): Analytics at Work. Smarter Decisions, Better Results, Boston 2010.

Dillerup, R./Stoi, R. (2013): Unternehmensführung, 4. Aufl., München 2013.

Di Piazza, S. A./Eccles, R. G. (2002): Building Public Trust, New York 2002.

Frank, R./Kesselmeyer, B. (2008): XBRL – Ein kleiner Schritt für Regulatoren … ein großer für die Kapitalmärkte?, in: GoingPublic, 12. Jg., 2008, Heft 7, S. 46–47.

Friedl, B. (2013): Controlling, Stuttgart 2013.

Friedl, G./Hilz, C./Pedell, B. (2012): Controlling mit SAP®, 6. Aufl., Wiesbaden 2012.

George, G./Haas, M. R./Pentland, A. (2014): Big Data and Management, in: Academy of Management Journal, 57. Jg., 2014, Heft 2, S. 321–326.

Göpfert, I. (2006): Berichtswesen, in: Handelsblatt (Hrsg.): Wirtschaftslexikon, Bd. 2, Stuttgart 2006, S. 692–702.

Grüning, M. (2004): Extensible Business Reporting Language (XBRL), in: Die Betriebswirtschaft, 64. Jg., 2004, Heft 4, S. 509–512.

Hahn, D., Hungenberg, H. (2001): PuK. Wertorientierte Controllingkonzepte. Planung und Kontrolle, Planungs- und Kontrollsysteme, Planungs- und Kontrollrechnung, 6. Aufl., Wiesbaden 2001.

Horváth, P. (2011): Controlling, 12. Aufl., München 2011.
IBM Institute for Business Value (2012): Analytics. Big Data in der Praxis: in http://www-935.ibm.com/services/de/gbs/thoughtleadership/GBE03519-DEDE-00.pdf, Abruf: 16.06.2014.
Jung, H. (1985): Die Integration der Budgetierung in das System unternehmerischer Planung und Kontrolle, Darmstadt 1985.
Kemper, H.-G./Mehanna, W./Unger, C. (2010): Business Intelligence – Grundlagen und praktische Anwendungen. Eine Einführung in die IT-basierte Managementunterstützung, 3. Aufl., Wiesbaden 2010.
Kirsch, W. (1971): Entscheidungsprozesse, Bd. 2: Informationsverarbeitungstheorie des Entscheidungsverhaltens, Wiesbaden 1971.
Klein, R./Scholl, A. (2011): Planung und Entscheidung: Konzepte, Modelle und Methoden einer modernen betriebswirtschaftlichen Entscheidungsanalyse, 2. Aufl., München 2011.
Koch, R. (1994): Betriebliches Berichtswesen als Informations- und Steuerungsinstrument, Frankfurt a. M. 1994.
Kosiol, E. (1966): Die Unternehmung als wirtschaftliches Aktionszentrum, Reinbek bei Hamburg 1966.
Krcmar, H. (2010): Informationsmanagement, 5. Aufl., Berlin 2010.
Küpper, H.-U./Friedl, G./Hofmann, C./Hofmann, Y./Pedell, B. (2013): Controlling. Konzeption, Aufgaben, Instrumente, 6. Aufl., Stuttgart 2013.
Lehner, U./Schmidt, M. (2003): Überlegungen zur Neugestaltung der Planung bei Henkel, in: Horváth, P./Gleich, R. (Hrsg.): Neugestaltung der Unternehmensplanung, Stuttgart 2003, S. 469–495.
Mertens, P. (2013): Integrierte Informationsverarbeitung 1 – Operative Systeme in der Industrie, 18. Aufl., Wiesbaden 2013.
Mintzberg, H. (1979): The Structuring of Organizations: A Synthesis of the Research, Englewood Cliffs 1979.
Nevries, P./Strauß, E./Goretzki, L. (2009): Zentrale Gestaltungsgrößen der operativen Planung, in: Zeitschrift für Controlling & Management, 53. Jg., 2009, Heft 4, S. 237–241.
Pfohl, H.-C./Stölzle, W. (1997): Planung und Kontrolle. Konzeption, Gestaltung, Implementierung, 2. Aufl., München 1997.
Rüttler, M. (1991): Information als strategischer Erfolgsfaktor. Konzepte und Leitlinien für eine informationsorientierte Unternehmensführung, Berlin 1991.
Schäffer, U. (2001): Kontrolle als Lernprozess, Wiesbaden 2001.
Simons, R. (2000): Performance measurement & control systems for implementing strategy, Upper Saddle River 2000.
Stahlknecht, P./Hasenkamp, U. (2005): Einführung in die Wirtschaftsinformatik, 11. Aufl., Berlin 2005.
Stichter, M. (2013): Predictive Analytics, in: Zeitschrift für Controlling, 25. Jg., 2013, Heft 10, S. 573–574.
Szyperski, N./Müller-Böling, D. (1980): Gestaltungsparameter der Planungsorganisation, in: Die Betriebswirtschaft, 40. Jg., 1980, Heft 3, S. 357–373.

Vandenbosch, B. (1999): An Empirical Analysis of the Association between the Use of Executive Support Systems and Perceived Organizational Competitiveness, in: Accounting, Organizations and Society, 24. Jg., 1999, Heft 1, S. 77–92.

Wall, F. (2006): Informationsmanagement, München 2006.

Welge, M. K./Al-Laham, A. (2012): Strategisches Management. Grundlagen, Prozess, Implementierung, 6. Aufl., Wiesbaden 2012.

Wild, J. (1974): Grundlagen der Unternehmensplanung, Hamburg 1974.

Witte, E. (1993): Entscheidungsprozesse, in: Wittmann, W. (Hrsg.): Handwörterbuch der Betriebswirtschaftslehre, Bd. 1, 5. Aufl., Stuttgart 1993, Sp. 910–920.

XBRL International (2011): An Introduction to XBRL, in: http://www.xbrl.org/WhatIsXBRL/, Abruf: 15.02.2011.

3 Controlling von strategischen Entscheidungen

Lernziele

In diesem Kapitel erfahren Sie,

- wie sich die grundlegenden Begriffe »Strategie«, »Strategisches Management« und »Strategisches Controlling« definieren lassen,
- welcher Zusammenhang zwischen Werten, Vision, Leitlinien und strategischen Zielen besteht,
- worin das Ziel der Stakeholderanalyse besteht,
- welche Inhalte die Phasen des Strategieprozesses kennzeichnen,
- welche Erkenntnisse aus der SWOT-Analyse gewonnen werden können,
- wie »Strategische Geschäftsfelder« abzugrenzen sind,
- welche Ansatzpunkte sich zur Identifikation strategischer Wettbewerbsvorteile unterscheiden lassen,
- welche generischen Wettbewerbsstrategien einem Unternehmen zur Verfügung stehen,
- mit welchen Instrumenten Kostenführerschafts- und Differenzierungsstrategien gesteuert werden können,
- wodurch hybride Wettbewerbsstrategien charakterisiert sind,
- wie sich die Portfolio-Technik als Instrument zur Formulierung von Unternehmensstrategien eignet,
- wodurch sich Ressourcenstrategien und Produkt-/Marktstrategien bei der Strategieformulierung im Rahmen der strategischen Planung unterscheiden,
- welche Bedeutung »Kernkompetenzen« im Rahmen der strategischen Unternehmensführung haben,
- welche Anwendungsmöglichkeiten das Technologie-Portfolio kennzeichnen,
- wie sich Produkt-/Marktstrategien systematisieren lassen,
- welche Portfolios sich für die Analyse von Produkt-/Marktstrategien eignen und wie diese aufzustellen sind,
- worin die Notwendigkeit der strategischen Kontrolle besteht und wie der strategische Kontrollprozess aufgebaut ist.

Als die Grape SE vor mehreren Jahrzehnten ihre Geschäftstätigkeit mit der Produktion von Radiogeräten aufnahm, war sie noch sehr weit von einem diversifizierten Großunternehmen entfernt. In den letzten Jahren wurde das Portfolio des Unternehmens um die Geschäftsfelder Mobiles, UHD TV und Tablets erweitert. Hierdurch sollten die großen Wachstumschancen dieser Geschäftsfelder genutzt werden.

Der Vorstandsvorsitzende der Grape SE, Dr. Lodìn, und sein Chefcontroller Dr. Müller-Christ möchten daher neben den Chancen auch die speziellen Risiken

eines jeden neuen Geschäftsfeldes kennen. Dr. Müller-Christ erhält daher den Auftrag, ein Expertenteam zusammenzustellen, das die Stärken und Schwächen der Geschäftsfelder identifiziert, Wettbewerbsvorteile gegenüber Konkurrenten durch interne und externe Analysen ausmacht und darauf aufbauend jeweils eine Wettbewerbsstrategie vorschlägt. Anschließend soll das Team um Dr. Müller-Christ – nach Rücksprache mit dem Vorstandsvorsitzenden – für jedes Geschäftsfeld eine adäquate Geschäftsstrategie festlegen. In Vorgesprächen mit dem externen Berater, Herrn Schaaf, wird auch deutlich, dass durch den eingeleiteten Wandel zu einem diversifizierten Großunternehmen und die organisatorische Einbindung der neuen Geschäftsfelder als unabhängige Divisionen neue Aufgaben auf das strategische Management der Grape SE zukommen. Herr Schaaf regt an, regelmäßig Potenziale zur Reduktion der Stückkosten sowie Ansatzpunkte für Qualitätsverbesserungen in den betrieblichen Prozessen zu identifizieren. Darüber hinaus müsse das Produktportfolio unter den sich schnell ändernden Bedingungen des High-Tech-Markts mit geeigneten Instrumenten stetig überwacht und ggf. angepasst werden.

Die optimale strategische Positionierung des Gesamtunternehmens unter zunehmend schärferen Wettbewerbsbedingungen in der globalen Elektronikindustrie wird eine große Herausforderung sein. Dr. Lodin und sein Führungsteam sind überzeugt, dass die Grape SE mit den passenden Strategien und Instrumenten nachhaltig erfolgreich am Markt agieren wird.

Im Rahmen dieses Kapitels werden wesentliche Instrumente zur Steuerung von Prozessen im strategischen Management vorgestellt. Dabei beschäftigt sich das Kapitel zum einen mit der strategischen Ausrichtung der verschiedenen wirtschaftlichen Betätigungsfelder (Geschäftsfelder) eines Unternehmens. Um den Erfolg des Gesamtunternehmens langfristig zu sichern, sind für die Geschäftsfelder zum Aufbauen und Verteidigen ihrer jeweiligen Wettbewerbsvorteile eigenständige Geschäftsstrategien zu entwickeln. Zum anderen widmet sich das Kapitel der strategischen Ausrichtung eines gesamten Unternehmens. Bezüglich einer Unternehmensstrategie gilt es, auf Ebene des Gesamtunternehmens das Portfolio an Geschäftsfeldern sowie die Verteilung der verfügbaren Ressourcen so zu gestalten, dass die Unternehmensexistenz durch nachhaltige Erfolge langfristig sichergestellt werden kann.

3.1 Grundlagen

Für ein umfassendes Verständnis der Entwicklung und Umsetzung von Geschäfts- und Unternehmensstrategien wird zunächst auf den Strategiebegriff (vgl. Abschnitt 3.1.1), die Ableitung strategischer Ziele (vgl. Abschnitt 3.1.2), die Analyse relevanter Stakeholderbeziehungen (vgl. Abschnitt 3.1.3) sowie den Strategieprozess (vgl. Abschnitt 3.1.4) eingegangen.

3.1.1 Strategiebegriff

Ursprung des Strategiebegriffs

Der Strategiebegriff hat seinen Ursprung in der **strategischen Kriegslehre**. Er geht etymologisch auf die altgriechischen Wörter »stratos« (das Heer) und »agein« (führen) zurück. Ziel einer Strategie war in diesem Zusammenhang das Aufstellen von allgemeingültigen Grundregeln, die auf die verschiedenen militärischen Situationen übertragen werden konnten (vgl. Baum et al., 2013, S. 1). Einzug in die Wirtschaftswissenschaften fand der Strategiebegriff über die ökonomische Spieltheorie. Darin wird eine Strategie als die Planung einer bestimmten Folge von Handlungen bezeichnet, wobei jede Handlung in Abhängigkeit von den möglichen eigenen und fremden Handlungen durchdacht wird (vgl. Hungenberg, 2012, S. 5).

Definition

Im Folgenden wird unter einer Strategie die **grundsätzliche, langfristige Verhaltensweise** eines Unternehmens und seiner relevanten Teilbereiche gegenüber dem Umfeld zur Verwirklichung der langfristigen Unternehmensziele verstanden. Im Mittelpunkt steht somit eine vernunftgesteuerte Zielerreichung, welche die Formulierung einer **Vielzahl abgestimmter Einzelmaßnahmen** erfordert. Eine Strategie ist demzufolge ein Bündel aus miteinander verbundenen Einzelentscheidungen, die sich gegenseitig ergänzen und in ihrer Wirkung verstärken (vgl. Macharzina/Wolf, 2012, S. 259). Strategien umfassen aus betriebswirtschaftlicher Sicht sowohl Aussagen zur Position des Unternehmens im Markt (externe Perspektive), als auch Aussagen über die Ressourcenverteilung (interne Perspektive). Daneben existiert eine Vielzahl weiterer Definitionen des Strategiebegriffs. Mintzberg nennt fünf verschiedene Interpretationsmöglichkeiten, die auch als **»5 Ps for Strategy«** bezeichnet werden. Strategie kann demnach als »**P**lan« (bewusster Plan für die Zukunft), »**P**loy« (Verhalten zur Überlistung eines Konkurrenten), »**P**attern« (Muster realisierter Einzelentscheidungen), »**P**osition« (Positionierung des Unternehmens zur Umwelt) und »**P**erspective« (übergeordnete Denkhaltung) aufgefasst werden (vgl. Mintzberg, 1987, S. 11 ff.).

Strategisches Management

Alle Prozesse, in deren Mittelpunkt die **Entwicklung und Umsetzung von Strategien** im Unternehmen stehen, werden unter dem Begriff »strategisches Management« zusammengefasst. Diese Prozesse umfassen neben der zentralen Aufgabe der Strategieformulierung auch Entscheidungen bezüglich der Strukturen (Aufbau- und Ablauforganisation) und der Systeme (Planungs- und Kontrollsystem, Personalführungssystem), die zur Umsetzung der Strategien notwendig sind (vgl. Hutzschenreuter, 2013, S. 373 ff.). Aufgabe des strategischen Managements ist die Konkretisierung der internen (Ressourcenbasis) und externen Ausrichtung (Marktposition) des Unternehmens mit dem Ziel der langfristigen Erfolgssicherung. Dazu ist eine enge Abstimmung beider Perspektiven unabdingbar. Als Resultat entsteht ein **langfristiger Handlungsrahmen**, der die Grenzen für durchzuführende Maßnahmen vorgibt (vgl. Hungenberg, 2012, S. 24). So können beispielsweise größere Investitionen bzw. Desinvestitionen, d. h. Veränderungen der Ressourcenbasis, mit entsprechenden langfristigen Auswirkungen notwendig sein, um die Voraussetzungen für einen nachhaltigen Unternehmenserfolg in der Zukunft zu schaffen.

Strategisches Controlling

Im Unterschied hierzu beinhaltet »strategisches Controlling« zum einen die Versorgung der Unternehmensleitung mit entscheidungsrelevanten Informationen, zum anderen aber auch die Koordination verschiedener strategischer sowie operativer Subsysteme des Unternehmens zur Gewährleistung einer nachhaltigen Existenzsicherung (vgl. Baum et al., 2013, S. 14). Hierzu umfasst das strategische Controlling zur Unterstützung der Unternehmensleitung den aus strategischer Planung, Realisation und strategischer Kontrolle bestehenden kybernetischen Controlling-Prozess (vgl. Langguth, 1994, S. 23). Demzufolge ist das strategische Controlling als ein **Teilsystem des Controllings** zu verstehen, das primär die Sicherung der Existenz des Unternehmens und folglich den Aufbau und den Erhalt von dessen Erfolgspotenzialen zum Ziel hat.

3.1.2 Werte, Vision, Leitlinien und strategische Ziele des Unternehmens

Ausgangspunkt für die Fundierung der strategischen Ziele sind die zentralen Werte bzw. die Vision eines Unternehmens (vgl. im Folgenden Abb. 3-1 und Baum et al., 2007, S. 10 f.).

Unternehmenswerte sind von fundamentaler Bedeutung für die strategische Ausrichtung eines Unternehmens. Auf der obersten Führungsebene werden Entscheidungen darüber getroffen, welche Werte zentral für das Unternehmen sind, bzw. von diesem vertreten werden. Aufbauend auf diesen in der Regel zeitstabilen Werten wird eine **Vision**, d. h. ein Zukunftsbild des Unternehmens entworfen, das dem Unternehmen einerseits eine klare Identität gibt und andererseits sowohl die Motivation der Mitarbeiter als auch deren Identifikation mit dem Unternehmen stärkt

Abb. 3-1

Zusammenhang zwischen Werten, Leitlinien und strategischen Zielen

Werte/Vision	Leitlinien/Mission	Strategische Ziele
Vorstellung über die Zukunft des Unternehmens *Ziele:* ▸ Identitätsfunktion ▸ Identifikationsfunktion ▸ Mobilisierungsfunktion	Aus der Vision abgeleitete Grundsätze für die unternehmerische Tätigkeit in Form von ▸ Sachzielen (z. B. Beschränkung auf Herstellung bestimmter Produkte) ▸ Formalzielen (z. B. Gewährleistung einer Rendite für Investoren) ▸ Sozialzielen (z. B. Umweltschutz)	Von den Leitlinien ausgehende Konkretisierung der Sach-, Formal- und Sozialziele Strategische Ziele sollten für die Bewertung der Zielerreichung messbar sein, z. B. Steigerung ▸ des Marktanteils ▸ der Gesamtkapitalrendite ▸ der Mitarbeiterzufriedenheit

(Quelle: eigene Darstellung in Anlehnung an Baum et al., 2013, S. 15 f.; Hungenberg, 2012, S. 26 f.)

(vgl. Bleicher, 1994, S. 102 f.). Dies wird erreicht, indem klare Aussagen darüber getroffen werden, wofür das Unternehmen steht und wohin es sich entwickeln wird.

Exemplarisch wird an dieser Stelle die Vision des Konsumgüterherstellers **Henkel** angeführt (Quelle: Henkel, Unternehmenskultur/Vision & Werte, in: http://www.henkel.de/ueber-henkel/vision-und-werte-10015.htm, Abruf: 25.04.2014):

»Global führend mit Marken und Technologien.«

Eine Vision gibt dem Unternehmen somit eine klare Richtung vor, ohne aber konkrete Aussagen zur Umsetzung zu machen. Demzufolge sind Grundsätze der unternehmerischen Tätigkeit notwendig, die häufig auch als **Leitlinien** bezeichnet werden. Hierbei werden in Form von Sach-, Formal- und Sozialzielen die Grundpositionen bezüglich der Tätigkeitsgebiete, Zielerreichung und Umweltbeziehungen formuliert. Die aus der Vision abgeleiteten Leitlinien des Unternehmens Henkel umfassen neben einem Verhaltenskodex (Code of Conduct), eine Leitlinie für die Zusammenarbeit und Führung (Code of Teamwork & Leadership) sowie eine Leitlinie zur Nachhaltigkeit (Code of Corporate Sustainability). Zur weiteren Konkretisierung dieser Leitlinien sind **strategische Ziele** zu definieren. Diese sollen messbar sein, um den Grad der Zielerreichung zu bestimmen. Für die Realisierung der abgeleiteten strategischen Ziele sind geeignete Strategien, d. h. eine Vielzahl von abgestimmten Einzelmaßnahmen, erforderlich.

Unternehmens- und Geschäftsstrategien

Generell sind bei den zu treffenden strategischen Entscheidungen die Ebenen der **Unternehmensstrategie** und **Geschäftsstrategien** voneinander zu unterscheiden.

Durch die Unternehmensstrategie wird festgelegt, auf welchen Märkten die Sach- und Dienstleistungen des Unternehmens angeboten werden. Die daraus resultierenden **Produkt-Markt-Kombinationen** werden zu einzelnen **strategischen Geschäftsfeldern** zusammengefasst, die das Unternehmensportfolio bzw. das Handlungsspektrum des Unternehmens bilden (vgl. Abschnitt 3.3 zu den Unternehmensstrategien und deren Analyse- und Entscheidungsinstrumenten). Geschäftsstrategien umfassen die Aktivitäten zum Aufbau und Verteidigen strategischer Wettbewerbsvorteile bei den strategischen Geschäftsfeldern eines Unternehmens (vgl. Abschnitt 3.2).

Für die Formulierung geeigneter Strategiealternativen ist neben der internen Analyse des Unternehmens bzw. seiner Geschäftsfelder auch die externe Analyse der Stakeholder (vgl. Abschnitt 3.1.3) und des Unternehmensumfeldes bedeutsam (vgl. Abschnitt 3.2.1).

3.1.3 Stakeholderanalyse

Die Erfolgssicherung eines Unternehmens gelingt nur dann nachhaltig, wenn die Bedürfnisse möglichst aller Anspruchsgruppen (engl. »stakeholder«) in ausreichender Weise erfüllt werden. Als Anspruchsgruppen werden alle internen und externen Personengruppen bezeichnet, die direkt oder indirekt vom Unternehmenshandeln betroffen sein können. Hierzu zählen im Einzelnen Banken, Eigentümer, Gewerkschaften, Investoren, Kunden, Management, Medien, Mitarbeiter, Nachbarn, Special Interest Groups, Staat, Versicherungen, Wettbewerber, Wissenschaft (vgl. Freeman, 2010, S. 25). Zentrale Aufgabe der Unternehmensleitung ist es somit, die Beziehungen zu den unterschiedlichen Stakeholdern und deren Erwartungen detailliert zu analysieren. Dies erfordert im Allgemeinen zwei Schritte, das sog. »Stakeholder Scanning« und das sog. »Stakeholder Mapping«.

Stakeholder Scanning

Unter Stakeholder Scanning versteht man die systematische Analyse des Unternehmens und seines Umfelds zur Identifikation aller relevanten Anspruchsgruppen. Neben der Identifikation werden die Stakeholder bezüglich ihrer Ziel- und Machtstruktur, der Legitimität und Dringlichkeit ihrer Ansprüche sowie den damit verbundenen Risiken beurteilt. Da sich die Relevanz einzelner Stakeholder im Zeitablauf erheblich verändern kann, ist eine regelmäßige Durchführung des Stakeholder Scannings erforderlich. In letzter Zeit erlangten sog. »Non Governmental Organizations« (NGO), z. B. Amnesty International, Greenpeace, Fairtrade, dabei stärkere Bedeutung für das Handeln von Unternehmen (vgl. Hungenberg, 2012, S. 426).

Stakeholder Mapping

Anschließend werden durch das Stakeholder Mapping die Interaktionen zwischen den Anspruchsgruppen und dem Unternehmen sowie die Beziehungen zwischen den einzelnen Anspruchsgruppen transparent gemacht. Von besonderer Bedeutung sind komplementäre Zielsetzungen unterschiedlicher Stakeholder, da sich hierdurch eine stärkere Machtposition ergibt.

Im Einzelnen umfasst das Stakeholder Mapping folgende Schritte (vgl. Scholz, 1987, S. 30 f.):

- Individuelle Visualisierung des Interaktionsgeflechts der beteiligten Stakeholder;
- Stufenweise Vervollständigung und Analyse des Interaktionsgeflechts;
- Spezifizierung der Machtposition der jeweiligen Anspruchsgruppe.

Als Ergebnis kann das Risiko eingeschätzt werden, welches von einer Anspruchsgruppe für das Unternehmen ausgeht. Somit muss unter Umständen das Resultat der zuvor durchgeführten Relevanzbewertung nochmals korrigiert werden (vgl. Scholz, 1987, S. 31).

3.1.4 Strategieprozess

Der Strategieprozess besteht idealtypisch aus den drei Phasen strategische Planung, Strategieimplementierung und strategische Kontrolle (vgl. Abb. 3-2). Im Rahmen der strategischen Planung werden Strategiealternativen auf Basis einer systematischen Analyse von Umfeld und Unternehmen generiert, bewertet und ausgewählt. In der Phase der Strategieimplementierung werden anschließend die ausgewählten Alternativen mithilfe von Maßnahmenplänen, Budgets und Zeitplänen umgesetzt. Begleitend erfolgt die strategische Kontrolle, die Fortschritte und Ergebnisse überwacht (vgl. Müller-Stewens/Lechner, 2011, S. 89). In der Praxis sind Überschneidungen oder Rückkoppelungen zwischen den einzelnen Phasen erforderlich, wenn z. B. während der Implementierung Erkenntnisse gewonnen werden, die eine Anpassung der gewählten Strategiealternative erfordern (vgl. Hungenberg, 2012, S. 11 f.).

Abb. 3-2

Phasen des Strategieprozesses

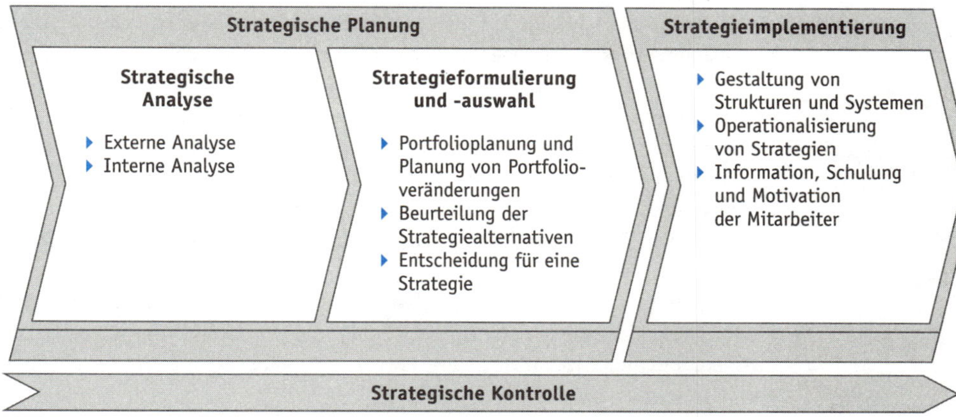

(Quelle: in Anlehnung an Hungenberg, 2012, S. 413)

Die **strategische Planung** umfasst im Einzelnen die strategische Analyse sowie die Strategieformulierung und -auswahl.

Strategische Analyse

Zunächst ist eine **strategische Analyse** auf Ebene des Gesamtunternehmens durchzuführen, um die für die Strategieformulierung erforderlichen Informationen zu generieren. Einerseits sollen dabei im Rahmen einer externen Analyse die wesentlichen Chancen und Risiken des Unternehmensumfeldes aufgedeckt werden, während andererseits im Rahmen der internen Analyse die Stärken und Schwächen des eigenen Unternehmens identifiziert werden (zur sogenannten SWOT-Analyse siehe Abschnitt 3.2.1).

Strategieformulierung und -auswahl

Anhand der in der strategischen Analyse gewonnenen Erkenntnisse sind anschließend **Strategiealternativen zu formulieren**, die

1. sowohl die Stärken des Unternehmens und die Chancen aus dem Unternehmensumfeld maximieren als auch
2. die Schwächen des Unternehmens und die Risiken aus dem Unternehmensumfeld minimieren (vgl. Müller-Stewens/Lechner, 2011, S. 211).

Generell unterscheiden sich die verschiedenen Strategiealternativen im Hinblick auf die Entscheidung, in welchen Geschäftsfeldern ein Unternehmen tätig sein soll und wie die vorhandenen Ressourcen auf diese Geschäftsfelder aufzuteilen sind. Zudem ist im Rahmen der Strategiealternativen festzulegen, wie erforderliche Veränderungen des Geschäftsfeldportfolios realisiert werden können.

Zur Realisierung von **Portfolioveränderungen** existieren prinzipiell drei Möglichkeiten (siehe ausführlich Hungenberg, 2012, S. 512 ff. und Hutzschenreuter, 2013, S. 391 ff.):

- **Interne Entwicklung:** Ein neues Geschäftsfeld wird aus dem bestehenden Unternehmen heraus mit eigener Kraft geschaffen. Wird im umgekehrten Fall ein Geschäftsfeld stillgelegt, spricht man von einer Portfoliobereinigung (Liquidation).
- **Externe Entwicklung:** Ein neues Geschäftsfeld wird käuflich erworben, bestand also bereits vorher entweder als eigenständiges Unternehmen oder als Teil eines anderen Unternehmens. Im umgekehrten Fall wird ein im Unternehmen bestehendes Geschäftsfeld an ein externes Unternehmen verkauft.
- **Kooperation:** Kooperationen sind Mischformen aus interner und externer Entwicklung, da zwei oder mehr rechtlich unabhängige Unternehmen in einem bestimmten Geschäftsfeld zusammenarbeiten. Beispiele für Kooperationsformen sind Joint Ventures, strategische Allianzen und Unternehmensnetzwerke.

Im Anschluss sind geeignete **Strategiealternativen auszuwählen**. Hierzu wird beurteilt, wie sich die einzelnen Alternativen auf die gesetzten Unternehmensziele auswirken, und diejenige Strategiealternative ausgewählt, mit der die Ziele bestmöglich erreicht werden können.

Strategieimplementierung

Die Phase der **Strategieimplementierung** zielt darauf ab, die ausgewählte Strategie umzusetzen. Dazu müssen die Strukturen (z. B. die Einflussnahme der Unternehmenszentrale auf die strategischen Geschäftsfelder) und Systeme (z. B. Management-Informationssysteme und Anreizsysteme) derart ausgestaltet sein, dass die Unternehmensaktivitäten mit der Unternehmensstrategie abgestimmt werden können (vgl. ausführlich Kapitel 6). Ferner gilt es, die strategischen Ziele und Maßnahmen mithilfe von Maßnahmenplänen, Budgets und Zeitplänen auch in die operative Planung des Unternehmens umzusetzen (vgl. ausführlich Kapitel 8). Darüber hinaus ist insbesondere die Information, Schulung und Motivation der Mitarbeiter von entscheidender Bedeutung, um die Strategie wirksam im Unternehmen zu verankern.

Wichtige Instrumente für die Strategieimplementierung sind unter anderem Kennzahlensysteme und sogenannte Performance Measurement-Systeme, zu denen beispielsweise Balanced Scorecards zählen (vgl. ausführlich Kapitel 7).

Strategische Kontrolle

Sowohl während der strategischen Planung als auch bei der Strategieimplementierung spielt die **strategische Kontrolle** eine bedeutsame Rolle. Deren Ziel ist es, frühzeitig Risiken aufzudecken, die die Realisierung der geplanten Strategie beeinträchtigen. Somit können geeignete Gegenmaßnahmen rechtzeitig ergriffen werden (vgl. ausführlich Abschnitt 3.4).

3.2 Steuerung von Geschäftsstrategien

Entscheidend bei der Formulierung erfolgreicher Geschäftsstrategien sind insbesondere interne und externe Analysen (vgl. Abschnitt 3.2.1), die zweckmäßige Abgrenzung der strategischen Geschäftsfelder (vgl. Abschnitt 3.2.2) sowie die Identifikation strategischer Wettbewerbsvorteile (vgl. Abschnitt 3.2.3). Im Folgenden werden Kostenführerschafts-, Differenzierungs- und hybride Wettbewerbsstrategien analysiert (vgl. Abschnitt 3.2.4–3.2.6) sowie auf die Umsetzung von Geschäftsstrategien mit dem Delta-Modell eingegangen (vgl. Abschnitt 3.2.7).

3.2.1 SWOT-Analyse

Die **SWOT-Analyse** stellt einen Kernbestandteil der strategischen Planung dar, da hierdurch entscheidende Informationen für die Strategieformulierung zu gewinnen sind. Inhalt ist eine Unternehmens- und Umfeldanalyse, durch die die unternehmerischen Stärken (**S**trengths) und Schwächen (**W**eaknesses) sowie die durch das Umfeld bedingten Chancen (**O**pportunities) und Risiken (**T**hreats) aufgedeckt werden. Bei der Formulierung der Strategie ist darauf zu achten, dass eine bestmögliche Übereinstimmung der unternehmerischen Stärken mit den sich aus dem Umfeld ergebenden Chancen erreicht wird. Zudem sind die Einflüsse von Umfeldrisiken über eine bestmögliche Verringerung oder Vermeidung der unternehmerischen Schwächen zu neutralisieren.

Wird beispielsweise ein stark wachsender Markt als Chance identifiziert, sind bereits bestehende Vertriebsstrukturen eine zu nutzende unternehmerische Stärke. Werden dagegen wechselnde Kundenbedürfnisse als Risiko erkannt, während ein Unternehmen über ein starres Produktionsprogramm verfügt, ist diese unternehmerische Schwäche durch entsprechende Flexibilisierungsmaßnahmen bestmöglich zu verringern.

Umfeldanalyse/ externe Analyse

Im Rahmen der **Umfeldanalyse** (externe Analyse) werden gewöhnlich die **relevanten Indikatoren** für die Makroumwelt bzw. Branchenumwelt getrennt identifiziert und analysiert. Darauf aufbauend lassen sich aus den möglichen Umfeldentwicklungen Kenntnisse über potenzielle Chancen und Risiken für das Unternehmen ableiten, die im Prozess der strategischen Planung zu berücksichtigen sind.

Analyse der Makroumwelt

Zur Analyse der **Makroumwelt** eignet sich die sogenannte **PESTEL-Analyse** (**P**olitical, **E**conomic, **S**ocial, **T**echnological, **E**nvironmental and **L**egal) (vgl. dazu ausführlich Johnson et al., 2011, S. 50 ff.). Dabei werden die politischen, ökonomischen, gesellschaftlichen, technologischen, ökologischen und rechtlichen Faktoren erfasst, die für das Unternehmen von Relevanz sind. Durch das strukturierte Vorgehen wird eine möglichst systematische Erfassung des komplexen globalen Umfeldes angestrebt.

Analyse der Branchenstruktur

Ein verbreitetes Instrument zur Analyse des Branchenumfelds ist das **Branchenstrukturmodell** (vgl. im Folgenden Porter, 2013, S. 37 ff.). Dieses geht davon aus, dass die Wettbewerbsintensität innerhalb einer Branche von fünf Wettbewerbskräften, den sogenannten »five forces«, bestimmt wird (vgl. Abb. 3-3).

Das Ausmaß der Bedrohung durch **neue Konkurrenten** hängt von den spezifischen Markteintrittsbarrieren einer Branche und den zu erwartenden Gegenmaßnahmen der etablierten Wettbewerber ab. Der **Grad der Rivalität** unter den aktuellen Wettbewerbern ist ein weiterer wichtiger Aspekt der Branchenbeurteilung. Je intensiver der Wettbewerb zwischen den Unternehmen einer Branche ist, z. B. durch Reduktion der Angebotspreise, desto stärker wird der negative Einfluss auf die Branchenrendite. **Ersatzprodukte** wirken als Preisobergrenze, da bei steigendem Preis des Branchenpro-

Abb. 3-3

Einflussfaktoren des Branchenwettbewerbs

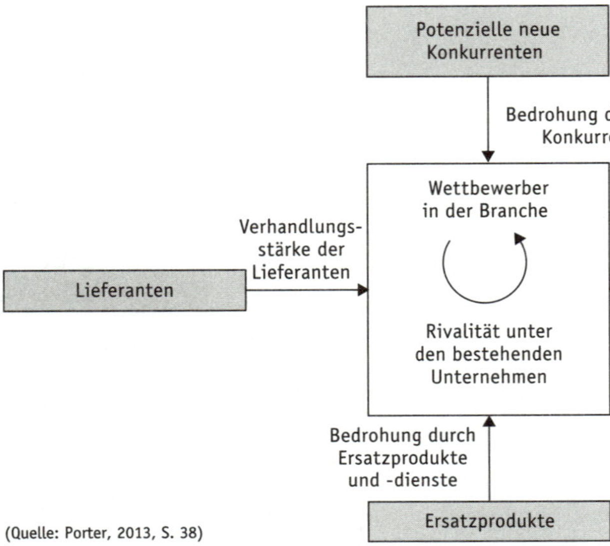

(Quelle: Porter, 2013, S. 38)

dukts schließlich auf das Substitut zurückgegriffen wird, wodurch das Gewinnpotenzial der Branche begrenzt wird. Die weiteren Wettbewerbskräfte bestehen in der Verhandlungsstärke auf der Kunden- bzw. Lieferantenseite. Je nach **Verhandlungsmacht der Abnehmer** kann bei den Anbietern erheblicher Einfluss auf Preise, Qualität, etc. ausgeübt werden, wodurch deren Rendite verringert wird. Schließlich beeinflussen die Lieferanten der Branche den Wettbewerb u. a. dadurch, dass sie über Preisänderungen die Kostenposition der Branchenunternehmen verändern können. Die **Verhandlungsmacht der Lieferanten** hängt vor allem von ihrer Anzahl und den damit einhergehenden Wahlmöglichkeiten der Branchenunternehmen ab.

Unternehmensanalyse/ interne Analyse

Die **Unternehmensanalyse** (interne Analyse) fokussiert sich auf die Identifikation der Stärken und Schwächen des Unternehmens. Diese Form der Analyse dient der Bestimmung der **aktuellen Unternehmenssituation** und fördert Erkenntnisse über die vorhandenen Ressourcen und Fähigkeiten. Gegenstand der Analyse sind dabei insbesondere die allgemeine Unternehmensentwicklung und die Vor- und Nachteile in den verschiedenen Funktionsbereichen (Einkauf, Produktion, Marketing, etc.). Unternehmenskultur und -organisation sind weitere wichtige Untersuchungsschwerpunkte. Bei der Datengewinnung werden häufig **Checklisten** eingesetzt, um eine umfassende und strukturierte Erfassung zu erleichtern (vgl. dazu beispielshaft Macharzina/Wolf, 2012, S. 305 f.). Die Ergebnisse lassen sich schließlich mithilfe eines **Stärken-Schwächen-Profils** darstellen. Dabei ist auf die Wahl einer geeigneten Vergleichsbasis zu achten, d. h. hierfür sind Informationen von

Unternehmen zu verwenden, die sich in einer ähnlichen Situation befinden (vgl. Horváth, 2011, S. 329). Zusätzlich werden im Rahmen der internen Analyse Funktionsbereiche identifiziert, bei denen Prozessverbesserungen notwendig sind.

Gap-Analyse

Ausgehend von der Analyse der Unternehmenssituation werden Instrumente, wie beispielsweise die Potenzialanalyse, die strategische Bilanz oder die **Gap-Analyse** eingesetzt, die die Anforderungen an eine Strategiekonzeption analysieren (vgl. Horváth, 2011, S. 329). So eignet sich die Gap-Analyse, als klassisches Instrument der strategischen Planung, um strategische Probleme rechtzeitig zu erkennen bzw. die Aufmerksamkeit auf zukünftige Probleme zu lenken (vgl. Welge/Al-Laham, 2011, S. 416).

Die Gap-Analyse untersucht, ob zwischen der geplanten Zielerreichung und der Prognose der Zielerreichung unter Beibehaltung der bisherigen Aktivitäten eine immer größer werdende Lücke entstehen wird (vgl. Abb. 3-4 und Horváth, 2011, S. 348). Die **operative Lücke** bezeichnet das kurzfristige Optimierungspotenzial, das bei gegebenen Strukturen und Kapazitäten besteht. Dieses kann durch Verbesserungen der operativen Abläufe realisiert werden (z. B. Verbesserung der Prozessabstimmung, Mitarbeitermotivation, etc.). Falls eine weitere Verbesserung der Zielgröße bzw. die Erreichung der geplanten Zielgröße auf Basis der aktuellen Unternehmensstruktur nicht möglich ist (z. B. aufgrund unflexibler Fertigung, veralteter Produk-

Abb. 3-4

Gap-Analyse – Analyse von operativen und strategischen Lücken

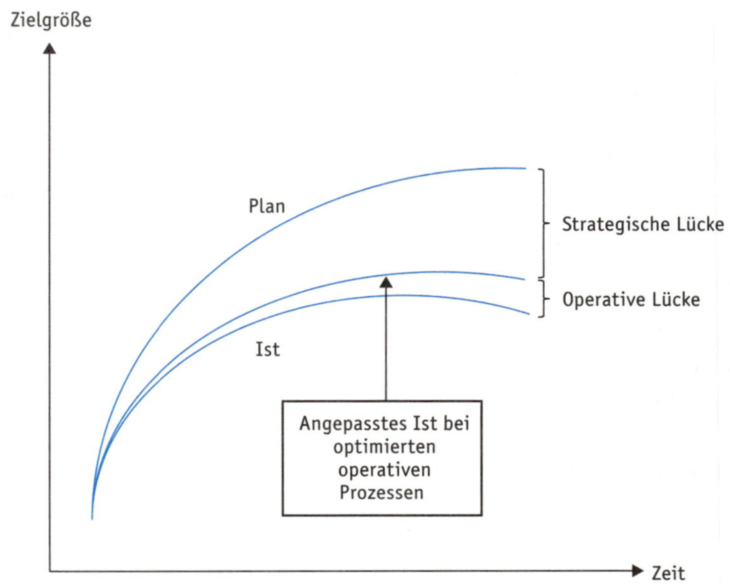

(Quelle: in Anlehnung an Kreikebaum, 2011, S. 203)

Praxisbeispiel

Schließung der strategischen Lücke

Kontinuierliches Wachstum bei Audi
Der Automobilhersteller Audi setzt bei der Schließung der strategischen Lücke auf die gezielte Erweiterung seiner Produktpalette. So wurde mit dem A1 die Kompaktklasse neu aufgebaut. Ferner wurden mit dem A5 und A7 neue Typen von Limousinen entwickelt. Schließlich wurde mit den Modellen Q1 (geplant), Q3, Q5 und Q7 ein SUV-Segment (Sport Utility Vehicles) aufgebaut. Ferner wurden Modelle der Kompaktklasse mit einem neu zu entwickelnden Elektroantrieb (e-tron) angekündigt.

(Quelle: Wirtschaftswoche, Unternehmen, vom 10.05.2014, in: http://www.wiwo.de/unternehmen/auto/palette-waechst-auf-60-modelle-audi-kuendigt-mehrere-neue-suv-an/9868684.html)

tionsanlagen, etc.) gilt es, mit entsprechenden Strategien (z. B. Identifikation von neuen Wachstumsmärkten und Erweiterungsinvestitionen), die **strategische Lücke** langfristig zu schließen.

3.2.2 Abgrenzung strategischer Geschäftsfelder

Ein Unternehmen hat in der Regel mehrere wirtschaftliche Betätigungsfelder, dessen Produkte bzw. Dienstleistungen und Marktbedingungen sich üblicherweise erheblich voneinander unterscheiden (im Beispiel der Grape SE: Radio, Mobiles, etc.). Um den unterschiedlichen **spezifischen Rahmenbedingungen** und Wettbewerbssituationen gerecht zu werden, ist eine separate strategische Behandlung notwendig. Dazu werden die Unternehmensaktivitäten in verschiedenen **strategischen Geschäftsfeldern**

Praxisbeispiel

Abgrenzung strategischer Geschäftsfelder

Daimler im Überblick
Die Daimler AG ist eines der erfolgreichsten Automobilunternehmen der Welt. Mit den Geschäftsfeldern »Mercedes-Benz Cars«, »Daimler Trucks«, »Mercedes-Benz Vans«, »Daimler Buses« und »Daimler Financial Services« gehört der Fahrzeughersteller zu den größten Anbietern von Premium-Pkws und ist der größte weltweit aufgestellte Nutzfahrzeug-Hersteller. Daimler Financial Services bietet ein umfassendes Finanzdienstleistungsangebot mit Finanzierung, Leasing, Versicherungen und Flottenmanagement. (Quelle: Daimler, Unternehmen/Geschäftsfelder, in: http://www.daimler.com/unternehmen/geschaeftsfelder, Abruf: 25.04.2014)

DAIMLER

(SGF) gebündelt, für die jeweils eigenständige unternehmerische Entscheidungen getroffen werden. Der Abgrenzung der SGF kommt dabei eine zentrale Bedeutung zu.

Kriterien zur Bildung von SGF

Entscheidende **Kriterien** bei der Bildung strategischer Geschäftsfelder sind (vgl. ähnlich Hinterhuber, 2004, S. 149 ff.):

1. **Marktpotenzial** (z. B. Absatzvolumen),
2. **Eigenständigkeit** (Profilierungsmöglichkeiten im Wettbewerb),
3. **Unabhängigkeit** (keine Interdependenz der Maßnahmen zwischen den einzelnen strategischen Geschäftsfeldern), d. h. externe Heterogenität,
4. **Interne Homogenität**, d. h. gleiche Nachfrager oder Konkurrenten.

Voraussetzung ist somit ein hinreichend großer Markt, auf dem sich ein SGF eigenständig profilieren kann. Jedes SGF ist in sich homogen, während es sich bezüglich der zu treffenden Entscheidungen von anderen SGF weitestgehend unterscheidet.

Merkmale zur Charakterisierung eines SGF

Zur Charakterisierung eines strategischen Geschäftsfelds (synonym: strategischer Geschäftsbereich) werden folgende **Merkmale** herangezogen (vgl. Hungenberg, 2012, S. 453):

- das SGF bedient eine oder mehrere **Kundengruppen** mit genau definierten Bedürfnissen,
- das SGF bietet eine bestimmte **Leistung**, mit deren Hilfe die Bedürfnisse der bedienten Kundengruppe befriedigt werden können,
- das SGF steht in **Konkurrenz** zu einer bestimmten Anzahl von Wettbewerbern, die vergleichbare Leistungen anbieten.

Wie aus dem Praxisbeispiel hervorgeht, konzentriert sich die **Deutsche Bank** im Geschäftsbereich »Deutsche Asset & Wealth Management« auf vermögende Privatpersonen und institutionelle Kunden. Diesen wird eine auf ihre individuellen Bedürfnisse abgestimmte Vermögensverwaltung angeboten. Mit der angebotenen Leistung steht die Deutsche Bank in Konkurrenz zu einer Vielzahl weiterer Bankinstitute, die vergleichbare Leistungen anbieten.

Ein SGF entspricht somit einer **eigenständigen Marktaufgabe** des Unternehmens (vgl. Hungenberg, 2012, S. 454). Dies erfordert die Formulierung separater Geschäftsstrategien, um die Spezifika bezüglich Produkt, Markt, Wettbewerbsposition und

Praxisbeispiel

Charakterisierung strategischer Geschäftsfelder

Geschäftsbereich Deutsche Asset & Wealth Management der Deutschen Bank

Der Geschäftsbereich Deutsche Asset & Wealth Management (DeAWM) gehört zu den global führenden Anbietern von hochwertigen Dienstleistungen für das Anlagemanagement vermögender Kunden. Für diese anspruchsvolle Klientel sind annähernd 7.000 Mitarbeiter in 30 Ländern, einschließlich Schwellenländern, tätig. DeAWM betreute 2013 insgesamt ein Vermögen von 923 Mrd EUR.
(Quelle: Pressemitteilungen von Deutsche Bank, Stand: 31.12.2013)

Konkurrenz zu berücksichtigen (vgl. Macharzina/Wolf, 2012, S. 282). Die zu entwickelnden Geschäftsstrategien sollen durch den Aufbau und die Sicherung von Wettbewerbsvorteilen die angestrebte Marktpositionierung der SGF sichern. Folglich sind für die Wahl der optimalen Geschäftsstrategie zunächst die Wettbewerbsvorteile der einzelnen SGF zu identifizieren.

3.2.3 Ansatzpunkte zur Identifikation strategischer Wettbewerbsvorteile

Oberstes Unternehmensziel ist die Schaffung und Sicherung von **langfristigen Erfolgen**. Voraussetzung hierfür ist die Bereitstellung eines aus Kundensicht überlegenen **Preis-Nutzen-Verhältnisses** in den jeweiligen strategischen Geschäftsfeldern. Das Unternehmen konkurriert mit seinem spezifischen Preis-Nutzen-Verhältnis gegen die Preis-Nutzen-Verhältnisse der Wettbewerber um die Gunst der Kunden (vgl. Abb. 3-5). Das Preis-Nutzen-Verhältnis des Unternehmens ist nur dann überlegen, wenn das Unternehmen über einen oder mehrere **Wettbewerbsvorteile** verfügt, wodurch sich das eigene Angebot nachhaltig von dem der Wettbewerber unterscheidet.

Ein strategischer Wettbewerbsvorteil ist eine im Vergleich zur Konkurrenz **überlegene Leistung**, die ein für den Kunden **wichtiges Leistungsmerkmal** betrifft, vom Kunden **wahrgenommen** wird und durch die Wettbewerber **nicht oder nur schwierig imitiert** werden kann. Somit stellt jede nachhaltig bessere Lösung eines Kundenproblems einen Wettbewerbsvorteil dar (vgl. Simon, 1988, S. 4).

Abb. 3-5

Strategisches Dreieck

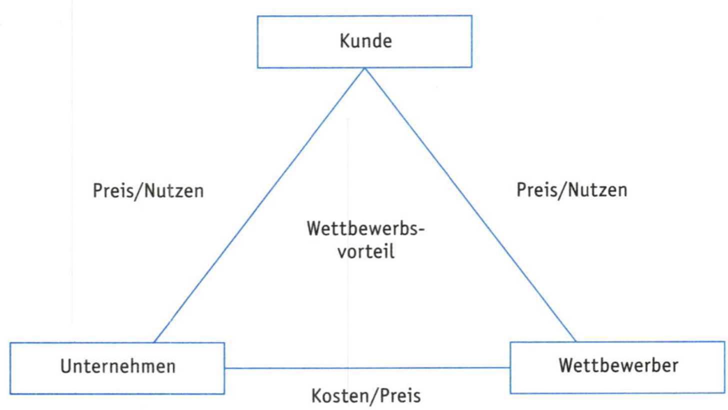

(Quelle: in Anlehnung an Ohmae, 1982, S. 72)

Abb. 3-6

Magisches Dreieck

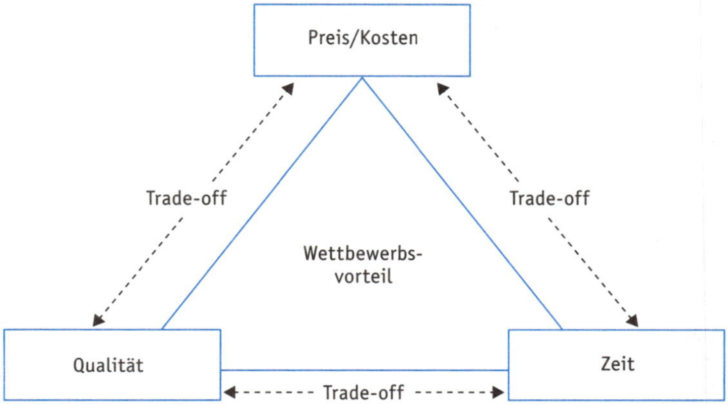

(Quelle: in Anlehnung an Berger/Hirschbach, 1993, S. 138)

Für das Käuferverhalten sind insbesondere die Faktoren **Preis**, **Qualität** und **Zeit** relevant. Zur nachhaltigen Sicherung der aus den Wettbewerbsvorteilen resultierenden Wettbewerbsfähigkeit muss das Unternehmen deshalb die Parameter Kosten, Qualität und Zeit bestmöglich aufeinander abstimmen (vgl. Abb. 3-6).

Für ein Unternehmen besteht die Herausforderung, einen bestimmten Nutzen bzw. die zugehörige Leistung in kürzester Zeit zu niedrigsten Kosten anzubieten. Umgekehrt ist bei gegebenen Kosten in kürzester Zeit der größtmögliche Nutzen durch die angebotene Leistung zu erbringen.

Generische Wettbewerbsstrategien

Abhängig von der individuellen Ausgangssituation ist diejenige Geschäftsstrategie zu verfolgen, mit der sich das Unternehmen bestmöglich im Wettbewerb positioniert. Es gibt drei verschiedene Typen von Wettbewerbsstrategien, die auch als **generische Wettbewerbsstrategien** bezeichnet werden (vgl. im Folgenden Porter, 2013, S. 73 ff.).

Je nach Art des strategischen Vorteils und des strategischen Zielobjekts kann ein Unternehmen zwischen den Strategietypen der Kostenführerschaft, der Differenzierung und der Spezialisierung wählen (vgl. Abb. 3-7). Bei der Strategie der **Kostenführerschaft** strebt ein Unternehmen durch eine Reihe von Maßnahmen einen Kostenvorsprung gegenüber den Wettbewerbern in der Branche an (vgl. dazu ausführlich Abschnitt 3.2.4). Beispiele für Unternehmen, die ihre Geschäfte an diesem Strategietyp orientieren, sind der Lebensmitteleinzelhändler **Aldi** und der Textil-Discounter **Primark**. Verfolgt ein Unternehmen eine **Differenzierungsstrategie**, gilt es die Produkte bzw. Dienstleistungen derart zu gestalten, dass diese von den Kunden als einzigartig angesehen werden und sich hieraus ein Leistungsvorsprung im Vergleich zum Wettbewerb ergibt (vgl. dazu ausführlich Abschnitt 3.2.5). Unternehmen, die

Abb. 3-7

Generische Wettbewerbsstrategien

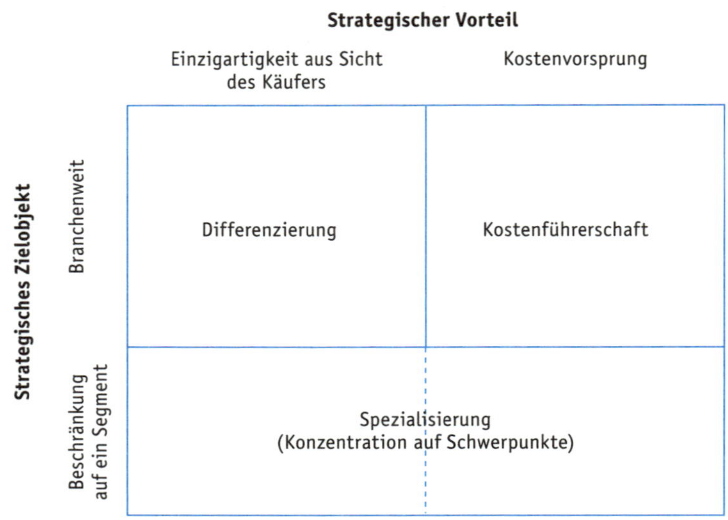

(Quelle: in Anlehnung an Porter, 2013, S. 79)

eine Differenzierungsstrategie einsetzen, sind beispielsweise der Computer- und Softwarehersteller **Apple** und der Automobilhersteller **BMW mit der Marke Rolls-Royce**. Während diese beiden Geschäftsstrategien branchenweit ausgerichtet sind, konzentriert sich die **Spezialisierungs- oder Nischenstrategie** auf die Bearbeitung von Teilmärkten bzw. Marktsegmenten. Ein Teilmarkt ist dabei eine bestimmte Abnehmergruppe, ein bestimmter Teil des Produktprogramms oder ein geographisch abgegrenzter Markt. Ein strategischer Vorteil besteht dann, wenn durch die Konzentration auf Schwerpunkte die Bedürfnisse der Zielgruppe wirkungsvoller und effizienter befriedigt werden können. Nischenstrategien werden beispielsweise von den Limonadenherstellern **fritz-kola** und **Wostok** verfolgt. Nachdem Spezialisierungsstrategien entweder auf einem Kosten- oder Leistungsvorteil beruhen, können sie auch als eine Modifikation der Kernstrategien betrachtet werden (vgl. Macharzina/Wolf, 2012, S. 294). Die folgenden Ausführungen beschränken sich daher auf die beiden zentralen Strategietypen der Kostenführerschaft und der Differenzierung, sowie auf hybride Wettbewerbsstrategien, die Elemente beider Strategietypen kombinieren.

Praxisbeispiele

Generische Wettbewerbsstrategien

Primark: Preiskampf auf dem Modemarkt (Kostenführerschaftsstrategie)

Das Geschäft mit Bekleidung zu Niedrigstpreisen floriert – Primark ist mit seinem Geschäftsmodell, modische Kleidung zu extrem niedrigen Preisen anzubieten, in den vergangenen Jahren in Europa sehr erfolgreich gewesen. Damenhosen für 10 Euro, Jeans für 21 Euro und Stiefel für 17 Euro – mit solchen Angeboten lockt Primark die Kunden in seine Geschäfte und macht Konkurrenten wie C&A und Esprit das Leben schwer. Insgesamt betreibt die Modekette rund 250 Filialen in neun europäischen Ländern und hat im zurückliegenden Jahr ihren Umsatz um 22 % gesteigert. (Quelle: Frankfurter Allgemeine Zeitung, Unternehmen, vom 06.11.2013, S. 13)

Rolls-Royce stellt Luxusautomobil vor (Differenzierungsstrategie)

Mit überarbeitetem Frontdesign und neuen elektronischen Extras rollt der überarbeitete Rolls-Royce Ghost auf die Teppiche der Schauräume. Das Einstiegsmodell der BMW-Tochtermarke erhält einen sanft umgestalteten Vorderwagen mit neuen Scheinwerfern, geänderter Motorhaube und modifizierten Lufteinlässen. Aufgerüstet wurde bei Vernetzung und Infotainment. Die Preise starten bei 272.837 Euro für die 5,40 Meter lange Kurzversion. (Quelle: Focus, Auto/News, vom 15.05.2014, in: http://www.focus.de/auto/news/rolls-royce-ghost-series-ii-das-zweite-gesicht_id_3847803.html)

Hippe Brause (Nischenstrategie)

Aufbruchstimmung in der Zuckerwasser-Branche: Überall im Land entstehen neue Limonaden. Mehr als hundert neue Sorten kommen jedes Jahr auf den Markt. In Hamburg entstanden neben fritz-kola noch Lemonaid und Premium-Cola, in Berlin Wostok und Skull. Alle sind hip und cool und irgendwie nachhaltig – anders eben. (Quelle: Der Spiegel, Wirtschaft, vom 30.12.2013, in: http://www.spiegel.de/spiegel/print/d-124188088.html)

3.2.4 Analyse von Kostenführerschaftsstrategien

3.2.4.1 Inhaltliche Abgrenzung

Falls vom Unternehmen eine **Kostenführerschaftsstrategie** verfolgt wird, basieren die Wettbewerbsvorteile aus den im Vergleich zur Konkurrenz niedrigeren Produktionskosten. Der daraus resultierende Preisvorteil ist, unter der Voraussetzung weitgehend homogener Produkte, das für den Kunden kaufentscheidende Argument. Die niedrigeren Verkaufspreise lassen zumeist nur geringe Margen zu, wodurch ein Anbieter große Stückzahlen absetzen muss, um ein angestrebtes Renditeziel zu erreichen. Die Kostenführerschaftsstrategie wird daher auch als **Volumenstrategie** bezeichnet.

Beispiele

Beispiele für die Strategie der Kostenführerschaft sind bestimmte **Eigenmarken** im Lebensmittelhandel (»ja!« oder »Gut und Günstig«), die z. B. Zusatzaufwendungen für eine hochwertig gestaltete Verpackung vermeiden. Wichtig für die Kunden ist die Erfüllung des Grundnutzens durch die zum Discountpreis angebotenen Produkte.

Dagegen sind das Markenimage und die damit geweckten Assoziationen für den Kunden kaum von Bedeutung.

Weitere Beispiele für Kostenführer sind die Fluggesellschaften **Ryanair** und **easyJet** (bestimmte Flugverbindungen zu niedrigsten Preisen), **Direktbanken** (kostenlose Kontoführung) oder die Automobilhersteller **Dacia** und **Tata Motors** (Bereitstellung der Leistung Mobilität zu niedrigsten Preisen).

Im Wesentlichen sind die Unterschiede in den Kostenpositionen der Marktteilnehmer auf strukturelle Kostenunterschiede und Effizienzunterschiede des Kostenmanagements zurückzuführen (vgl. Hungenberg, 2012, S. 210 ff.). **Strukturelle Kostenunterschiede** können auf folgenden Ursachen basieren:

Strukturelle Kostenunterschiede

- **Skaleneffekte** (Economies of scale). Durch Erhöhung der Produktionsmenge verteilen sich die Fixkosten auf eine größere Anzahl von Produktionseinheiten (Fixkostendegression) und die Durchschnittskosten sinken. Beispielsweise sinken bei einer Ausweitung der Produktionsmenge die anteiligen Fixkosten pro Stück, die durch monatliche Mietzahlungen für eine Produktionshalle anfallen. Zudem verringern sich die Stückkosten durch Betriebsgrößeneffekte, da bei steigender Betriebsgröße Effizienzsteigerungen durch größere und leistungsfähigere Maschinen erreicht werden können. Ebenso besteht die Möglichkeit Beschaffungsaktivitäten in einem Zentraleinkauf zu bündeln, um günstigere Lieferkonditionen bei den Zulieferern zu erreichen.
- **Verbundeffekte** (Economies of scope). Werden mehrere verschiedene Produkte durch ein Unternehmen angeboten, resultieren positive Effekte aufgrund der gemeinsamen Nutzung von Ressourcen. Oftmals können Ergebnisse aus Forschung und Entwicklung für die Herstellung von verschiedenen Produkten verwendet

Praxisbeispiele

Kostenführerschaftsstrategie

Ryanair's strategy

Ryanair's objective is to firmly establish itself as Europe's leading scheduled passenger airline, through continued improvements and expanded offerings of its low-fares service. In the highly challenging current operating environment, Ryanair seeks to offer low fares that generate increased passenger traffic while maintaining a continuous focus on cost-containment and operating efficiencies. (Quelle: Annual Report 2013, in: http://www.ryanair.com/doc/investor/2013/final_annual_report_2013_130731.pdf, S. 59).

Wie Dacia ein Auto für 6.790 Euro baut

Die rumänische Renault-Tochter Dacia wird mit den neuen Modellen Lodgy, Dokker und Sandero wahrscheinlich noch beliebter werden. Die Zahl der produzierten Fahrzeuge steigt gegenüber 2011 bis 2015 um jährlich fast zehn Prozent, prognostizieren Experten. Von einem solchen Wert können andere Autohersteller nur träumen. Auslöser des kräftigen Wachstums ist der günstige Preis. Dacia setzt auf etablierte Zulieferertechnik und eine hohe Standardisierung. In den Basisversionen sind die Stoßfänger unlackiert – was viele Käufer nicht abschreckt, sondern vielmehr zum Zugreifen motiviert. (Quelle: Die Zeit, Auto, vom 18.10.2012, in: http://www.zeit.de/auto/2012-10/dacia-billigstrategie)

werden, sodass die entstandenen Aufwendungen auf mehrere Produktgruppen verteilt werden können. Die Grape SE könnte z. B. Verbundeffekte realisieren, wenn eine neu entwickelte Speichertechnologie in den Geschäftsbereichen Mobiles, Handhelds und Digitalkameras eingesetzt werden kann. Ebenso besteht die Möglichkeit, vorhandene Vertriebskanäle für verschiedene Produkte zu nutzen.

- **Erfahrungseffekte** (variable Stückkosten). Je mehr Einheiten eines Produktes im Zeitablauf produziert werden, desto mehr Erfahrung und Wissen wird im Unternehmen bei den Mitarbeitern aggregiert. Dieses Lernen über die Zeit führt im Allgemeinen zu Kostenreduzierungen, aufgrund der effizienteren Leistungserstellung (vgl. unten Abschnitt 3.2.4.2).

Effizientes Kostenmanagement

Ein **aktives Kostenmanagement** (vgl. ausführlich Kapitel 5), das die frühzeitige Beeinflussung der Kosten zum Ziel hat, ist für den Erfolg des Kostenführers von großer Bedeutung. Zur gezielten Beeinflussung der Kostenstrukturen steht den Entscheidungsträgern eine Vielzahl verschiedener Techniken zur Verfügung. Unter anderem werden beim sog. **Target Costing** schon in der Produktentwicklung die zu erreichenden Zielkosten für Produktion und Vermarktung bestimmt, während durch das sog. **Life Cycle Costing** alle Erlöse und Kosten erfasst werden, die ein Produkt über seinen Lebenszyklus verursacht (vgl. dazu ausführlich Coenenberg et al., 2012, S. 527 ff., S. 555 ff., S. 597 ff.).

Risiken der Kostenführerschaft

Unternehmen, die eine Kostenführerschaftsstrategie verfolgen, sind mit unterschiedlichen Risiken konfrontiert (vgl. Porter, 2013, S. 84 ff.). Bei einer zu starken Spezialisierung auf eine kosteneffiziente Produktion besteht die Gefahr, dass andere wichtige **Faktoren der Leistung** vernachlässigt werden. Neben dem Preis stellen die Kunden Mindestanforderungen an Qualität, Design, etc. Desweiteren können Maßnahmen zur Kostenbegrenzung, wie beispielsweise eine Begrenzung der Modell- und Ausstattungsvielfalt dazu führen, dass notwendige **Anpassungen an Marktveränderungen** zu spät oder gar nicht erkannt werden. Die Herausforderung für ein Unternehmen besteht darin, neben der Kostenperspektive auch die Aspekte der Flexibilität und Innovationsfähigkeit zu beachten. Zudem besteht das Risiko, dass die Wettbewerber den **Kostenvorsprung** aufgrund technologischer Veränderungen und Investitionen **verringern** bzw. **aufholen**, wodurch der Wettbewerbsvorteil, als Nutzenvorteil aus dem Preisunterschied, kleiner wird.

Für die Umsetzung von Kostenführerschaftsstrategien stehen mehrere **Controlling-Instrumente** zur Verfügung. Diese verwenden unterschiedliche Ansatzpunkte, um Erkenntnisse bezüglich des Branchenumfelds bzw. der Branchendynamik und der Unternehmenssituation zu erfassen, wodurch sich jeweils Implikationen auf die eigene Kostenposition ergeben. Im Einzelnen sind dies die Erfahrungskurve (vgl. Abschnitt 3.2.4.2), das Produktlebenszykluskonzept (vgl. Abschnitt 3.2.4.3) sowie die Industriekostenkurve (vgl. Abschnitt 3.2.4.4).

3.2.4.2 Erfahrungskurve

Die grundlegende Aussage der Erfahrungskurve lautet (vgl. Henderson, 1984, S. 19):

Darstellung

> Mit jeder Verdoppelung der kumulierten Produktionsmenge sinken die auf die Wertschöpfung bezogenen, inflationsbereinigten (realen) Stückkosten potenziell um einen konstanten Prozentsatz, z. B. 20–30 %.

Das Konzept der Erfahrungskurve geht auf die Erkenntnis zurück, dass sich durch Wiederholung bestimmter Tätigkeiten zum Teil erhebliche **Effizienzgewinne** erzielen lassen. Infolge der fortlaufenden Produktion bestimmter Erzeugnisse erwerben Unternehmen zunehmend **»Erfahrung«** in Bezug auf mögliche Kostensenkungspotenziale (vgl. Coenenberg et al., 2012, S. 423). Abbildung 3-8 verdeutlicht den Zusammenhang zwischen der kumulierten Produktionsmenge und der potenziellen Entwicklung der wertschöpfungsbezogenen, inflationsbereinigten Stückkosten.

Die Kostensenkungspotenziale gehen dabei auf statische und dynamische Effekte zurück. **Statische Effekte** resultieren aus Skaleneffekten und Verbundeffekten. Ursachen für **dynamische Effekte** sind Erfahrungs- und Lerneffekte durch wiederholte Arbeitsverrichtung, technische Fortschritte und Rationalisierungsmaßnahmen (vgl. Coenenberg et al., 2012, S. 423 ff.). Die analytische Bestimmung von Erfahrungskurveneffekten wird im Folgenden anhand eines Beispiels erläutert.

Abb. 3-8

Verlauf der Erfahrungskurve

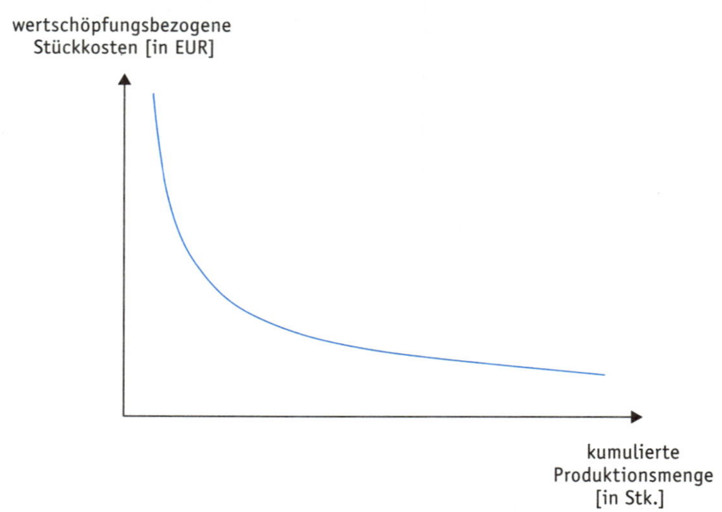

Beispiel 3.1 Grape SE **Analytische Bestimmung von Erfahrungskurveneffekten**

▸▸▸ Die Grape SE produzierte ihre erste Notebook-Serie im Jahr 2004 in einer Auflage von 100 Stück (X_{2004}) zu wertschöpfungsbezogenen Stückkosten von 5.000 EUR (K_{2004}). Mittlerweile werden die Notebooks in großen Stückzahlen serienmäßig gefertigt und bis zum Jahr 2014 wurde ein kumulierter Output (X_{2014}) von 102.400 Stück erreicht. Die wertschöpfungsbezogenen Stückkosten der letzten produzierten Einheit belaufen sich auf 400 EUR (K_{2014}). Die Unternehmensleitung möchte die Entwicklung der wertschöpfungsbezogenen Stückkosten im Zeitablauf analysieren und stellt sich dabei folgende Fragen:

a) Wie viele Verdopplungen (i) der kumulierten Produktionsmenge wurden bisher erzielt?
b) Welche Lernrate (L) konnte die Grape SE realisieren?
c) Welche wertschöpfungsbezogenen Stückkosten können für das Jahr 2016 bei einem anvisierten kumulierten Output von 409.600 Stück (X_{2016}) erwartet werden?

Ad a): Der kumulierte Output bis zum Jahr 2014 ergibt sich wie folgt:

$$X_{2014} = 2^i \cdot X_{2004}$$

Durch Umformung ergibt sich die Anzahl der Verdopplungen (i) der kumulierten Produktionsmenge, die bis zum Jahr 2014 erreicht wurden:

$$i = \frac{\ln X_{2014} - \ln X_{2004}}{\ln 2}$$

$$i = \frac{\ln 102.400 - \ln 100}{\ln 2} = 10{,}00$$

Die kumulierte Produktionsmenge konnte bisher zehn Mal verdoppelt werden.

Ad b): Zwischen der Lernrate (L) und den wertschöpfungsbezogenen Stückkosten der letzten produzierten Einheit (K_{2014}) besteht folgender Zusammenhang:

$$K_{2014} = L^i \cdot K_{2004}$$

Durch entsprechende Umformung errechnet sich die realisierte Lernrate (L) wie folgt:

$$L = \sqrt[i]{\frac{K_{2014}}{K_{2004}}} = \sqrt[10]{\frac{400}{5.000}} = 0{,}777$$

Die realisierte Lernrate der Grape SE beträgt L = 77,7 %, d. h., die wertschöpfungsbezogenen Stückkosten haben sich bei jeder Verdoppelung der Produktionsmenge durchschnittlich um 22,3 % reduziert.

Ad c): Die wertschöpfungsbezogenen Stückkosten im Jahre 2016 (K_{2016}) ergeben sich bei gleichbleibender Lernrate (L) wie folgt:

$$K_{2016} = L^i \cdot K_{2004}$$

$$\text{mit } i = \frac{\ln X_{2016} - \ln X_{2004}}{\ln 2} = \frac{\ln 409.600 - \ln 100}{\ln 2} = 12{,}00$$

$$K_{2016} = 0{,}777^{12} \cdot 5.000 = 242{,}16$$

Bei Aufrechterhaltung der bisherigen Lernnrate können die wertschöpfungsbezogenen Stückkosten im Jahre 2016 auf 242,16 EUR gesenkt werden (vgl. Abb. 3-9). ◂◂◂

Anwendbarkeit

Durch das Erfahrungskurvenkonzept wird ein Zusammenhang zwischen der Entwicklung der wertschöpfungsbezogenen, inflationsbereinigten Stückkosten und der kumulierten Produktionsmenge im Zeitablauf hergestellt. Daraus lässt sich ableiten, dass ein Unternehmen Kostenvorteile im Vergleich zum Wettbewerb erzielen kann, wenn es ihm gelingt, die relativ gesehen höchste kumulierte Ausbringungsmenge zu realisieren. Ziel muss es zudem sein, die Produktionsmenge schnellstmöglich auszudehnen, um von Erfahrungseffekten zu profitieren. Somit sind der **relative Marktanteil** und dessen Entwicklung die kritischen Faktoren für die relative Kostenposition des Unternehmens. Folglich ergibt sich als wesentliche Implikation der Erfahrungskurve das Ziel, den Marktanteil zu erhöhen (vgl. Coenenberg et al., 2012, S. 434 f.). Das Konzept der Erfahrungskurve leistet zudem Hilfestellung bei der **Preispolitik**,

Abb. 3-9

Erfahrungskurve der Grape SE

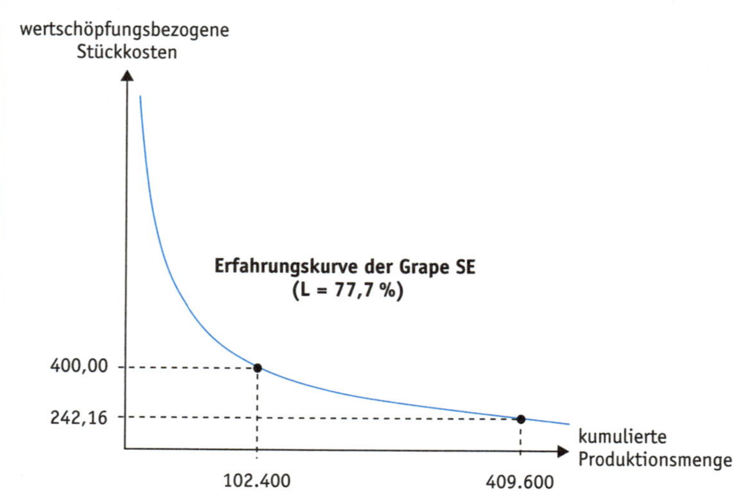

was insbesondere bei Produkteinführungen von besonderer Bedeutung ist. Die Erkenntnisse der Erfahrungskurve liefern dem Unternehmen wichtige Hinweise über die künftige Kostensituation, aus welcher die machbaren Preisverläufe abgeleitet werden können (vgl. Homburg, 2012, S. 441).

Kritische Beurteilung

Bezüglich der Anwendbarkeit sind dem Konzept der Erfahrungskurve allerdings einige Grenzen gesetzt (vgl. dazu Kreikebaum, 2011, S. 229 ff.). Es wird von einem **statischen Produktkonzept** ausgegangen. In der Praxis treten bei den Produkten z. B. technologische Veränderungen auf, wodurch unter Umständen eine »neue« Erfahrungskurve begründet wird. Desweiteren wird unterstellt, dass nicht Differenzierungsmerkmale für die Kaufentscheidung entscheidend sind, sondern allein der Preis des Produktes, wodurch eine hohe **Preiselastizität der Nachfrage** bedeutsam ist. Auch mögliche Erfahrungseffekte bei Vor- und Fremdleistungen werden nicht berücksichtigt, da von identischen **Wertschöpfungstiefen** der Wettbewerber ausgegangen wird. Die Übertragbarkeit von Erfahrungseffekten zwischen verschiedenen Produkten des Unternehmens wird ebenfalls nicht erfasst. Tatsächlich aber können **Synergiepotenziale** bzw. Kostensenkungspotenziale innerhalb des Produktprogramms bestehen und transferiert werden.

3.2.4.3 Produktlebenszyklus

Darstellung

Ein weiteres Controlling-Instrument für Kostenführerschaftsstrategien ist das **Produktlebenszykluskonzept**. Dieses geht davon aus, dass Produkte bestimmte Lebenszyklusphasen durchlaufen, die jeweils durch unterschiedliche Absatz- und Ergebnispotenziale gekennzeichnet sind (vgl. dazu Abb. 3-10). Das Produktlebenszykluskonzept bezieht sich in seiner klassischen Form auf ein Produkt bzw. eine Produktkategorie. Bisweilen wird die Gesetzmäßigkeit aber auch für ganze Märkte bzw. Branchen unterstellt (vgl. Homburg, 2012, S. 443 f.). Die erste Phase (Einführungsphase) ist durch ein langsam ansteigendes Absatzvolumen gekennzeichnet. Zumeist sind in dieser Phase beträchtliche Anfangs- bzw. Erweiterungsinvestitionen zu tätigen, wodurch negative Deckungsbeiträge erzielt werden. In der Wachstumsphase steigen sowohl Absatzvolumen, Kapitalbedarf und Deckungsbeiträge an. In der Reifephase nimmt das Absatzwachstum bzw. Marktwachstum immer weiter ab, bis es schließlich stagniert. Somit ist ein Zugewinn an Marktanteilen nur zu Lasten anderer Wettbewerber möglich. Dies führt zu einer sich verschärfenden Wettbewerbssituation, die schließlich zu sinkenden Marktpreisen führt. Die letzte Phase (Sättigungsphase) wird durch rückläufige Absatzvolumina, Kapitalbedarfe sowie Deckungsbeiträge charakterisiert.

Anwendbarkeit

Das Produktlebenszykluskonzept liefert wichtige Implikationen für eine Reihe strategischer Entscheidungen. Aus den Erkenntnissen über das künftige Markt- bzw. Absatzvolumen lassen sich zu erwartende **Produktionsmengen** und die damit einhergehende **Ressourcenplanung** ableiten. Die prognostizierten Produktionsmengen helfen in Verbindung mit der Erfahrungskurve (vgl. dazu die Ausführungen in Abschnitt 3.2.4.2), die künftigen **Selbstkosten** abzuschätzen. Somit lässt sich mithilfe des Instruments eine Aussage darüber treffen, ob bestehende Kostennachteile noch aufzuholen sind oder ein Ausscheiden aus dem Markt droht. Eine Veränderung der relativen Kostenposition ist am einfachsten in der Entstehungsphase realisierbar,

Abb. 3-10

Entwicklung des Absatzvolumens im Produktlebenszyklus

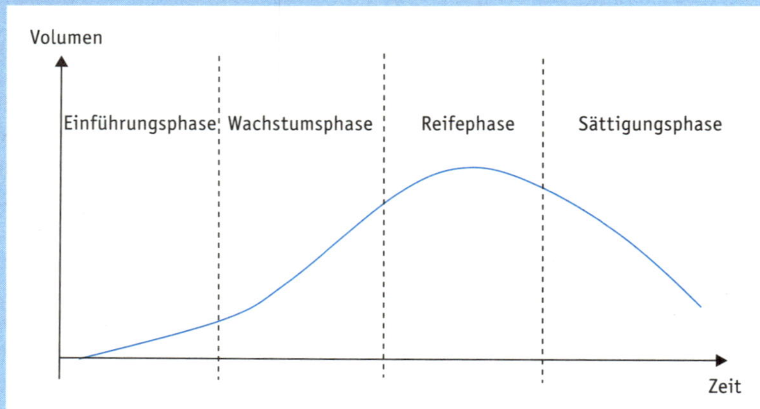

die noch durch veränderbare Marktstrukturen gekennzeichnet ist. Daraus ergeben sich Wachstumschancen, die durch geeignete Maßnahmen zu realisieren sind (vgl. Hungenberg, 2012, S. 122). Das Konzept betont zudem die Notwendigkeit einer laufenden Überprüfung des **Produktprogramms**, um eine Ausgewogenheit der Produkte über den Lebenszyklus zu gewährleisten. Je nach Ergebnis der Analyse des Produktprogramms ist dieses gegebenenfalls durch neue Produkte bzw. Produktdifferenzierung zu verändern (vgl. Homburg, 2012, S. 447 ff.).

Kritische Beurteilung

Kritisch anzumerken ist, dass das Produktlebenszykluskonzept nur als **simplifizierendes Denkmodell** betrachtet werden kann und keine Allgemeingültigkeit besitzt. Es nimmt eine extreme Vereinfachung der Realität vor, in dem die Absatzentwicklung lediglich durch die Zeit bestimmt wird. Tatsächlich ist die Absatzentwicklung von einer Reihe anderer Einflussgrößen (Marketingaktivitäten der Wettbewerber, Konjunkturschwankungen, etc.) abhängig (vgl. Homburg, 2012, S. 446). Folglich beschreibt das Produktlebenszykluskonzept lediglich einen **idealtypischen Absatzverlauf**, der sich bei Konstanz aller Einflussgrößen ergeben würde.

3.2.4.4 Industriekostenkurve

Darstellung

Das Industriekostenkurvenkonzept ist ein weiteres Controlling-Instrument für die kostenbezogene Analyse der Wettbewerbssituation eines Unternehmens (vgl. Dycke/Schulte, 1991, S. 380 ff.). Die sog. **Industriekostenkurve bzw. Marktangebotskurve** stellt die Angebotskapazitäten aller Hersteller des betrachteten Marktes nach der Höhe ihrer Selbstkosten dar (vgl. Abb. 3-11).

In der dargestellten Situation gibt es vier Anbieter A bis D, aus deren Produktionskapazitäten sich die Gesamtkapazität im Markt ergibt. Die nachgefragte Menge ist dabei geringer als das Angebot, sodass die Nachfrage komplett bedient werden kann. Der letzte Anbieter, der zur Bedienung der Nachfrage notwendig ist (im Beispiel

Abb. 3-11

Industriekostenkurve

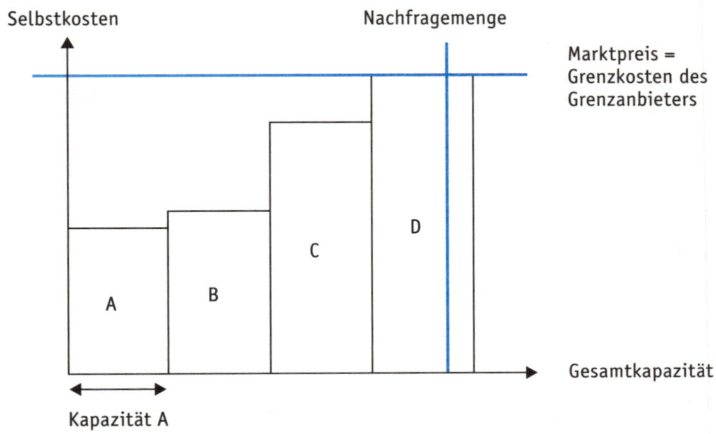

(Quelle: in Anlehnung an Hungenberg, 2012, S. 125)

Anbieter D), wird als Grenzanbieter bezeichnet. Der Marktpreis orientiert sich typischerweise an dessen Selbstkosten.

Beispiel 3.2 Grape SE **Analytische Bestimmung der Industriekostenkurve**

▸▸▸ Die Kupferindustrie nimmt eine bedeutsame Rolle für die Belieferung der Elektronikbranche ein. Anfang des Jahres 2015 agieren auf dem Markt vier verschiedene Anbieter A bis D. Die jeweiligen Selbstkosten (bezogen auf die Wertschöpfung), Jahreskapazitäten und die bis Anfang 2015 kumulierten Ausbringungsmengen werden in Tabelle 3-1 dargestellt.

Tab. 3-1

Ausgangssituation

Anbieter	Selbstkosten je Tonne	Kapazität in Tonnen	Kumulierter Output Anfang 2015 in Tonnen
A	3.300 EUR	30.000	70.000
B	3.500 EUR	30.000	80.000
C	3.000 EUR	40.000	110.000
D	4.000 EUR	30.000	50.000

Abb. 3-12

Industriekostenkurve der Ausgangssituation

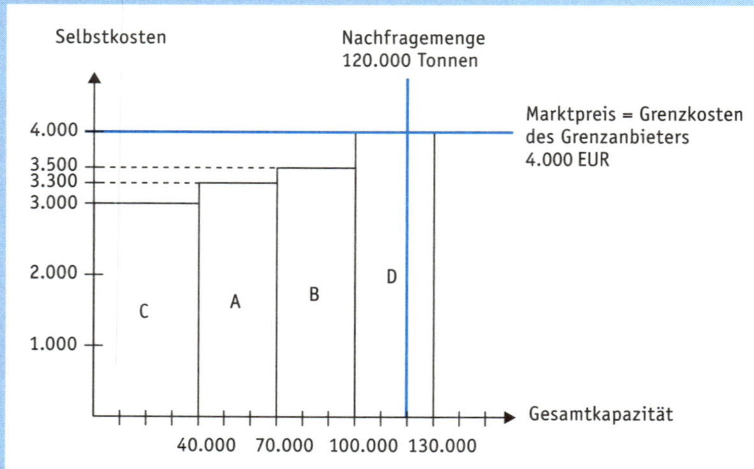

Bei einer Nachfrage von 120.000 Tonnen ergibt sich für die Ausgangssituation die in Abbildung 3-12 dargestellte Industriekostenkurve.

Die Anbieter A, B und C setzen ihre Kapazitäten vollständig am Markt ab. Anbieter D dagegen setzt nur 20.000 Tonnen von möglichen 30.000 Tonnen ab. D fungiert als Grenzanbieter, d.h. dessen Selbstkosten determinieren den Marktpreis für eine Tonne Kupfer in Höhe von 4.000 EUR.

Anbieter B weitet zu Beginn des Jahres 2015 seine Kapazität um 20.000 Tonnen auf nun 50.000 Tonnen aus. Wie sieht die Wettbewerbssituation zu Beginn des nächsten Jahres unter Berücksichtigung der Kapazitätsausweitung und den erzielten Lerneffekten aus? Die für die Berechnung benötigten Informationen sind in Tabelle 3-2 dargestellt.

Tab. 3-2

Selbstkosten der ersten Tonne, kumulierte Ausbringungsmengen und Lernraten der Anbieter A bis D

Anbieter	Selbstkosten der ersten Tonne (K_0)	Kumulierter Output Anfang 2016 (X_{2016}) in Tonnen	Lernrate
A	45.000 EUR	100.000	85 %
B	35.000 EUR	130.000	87 %
C	55.000 EUR	150.000	84 %
D	30.000 EUR	80.000	88 %

Unter Berücksichtigung der Lerneffekte ergeben sich für Anfang 2016 die Selbstkosten durch folgende Formel:

$K_{2016} = L^i \cdot K_0$

Die Anzahl der Verdoppelungen errechnet sich bei einer Nullserie von $X_0 = 1$ wie folgt:

$$X_{2016} = X_0 \cdot 2^i \leftrightarrow i = \frac{\ln X_{2016}}{\ln 2}$$

Berechnung der Selbstkosten Anfang 2016 für die Anbieter A bis D:

$$i_A = \frac{\ln 100.000}{\ln 2} = 16{,}61; K_A = 0{,}85^{16{,}61} \cdot 45.000 = 3.026 \text{ EUR}$$

$$i_B = \frac{\ln 130.000}{\ln 2} = 16{,}99; K_B = 0{,}87^{16{,}99} \cdot 35.000 = 3.285 \text{ EUR}$$

$$i_C = \frac{\ln 150.000}{\ln 2} = 17{,}19; K_C = 0{,}84^{17{,}19} \cdot 55.000 = 2.746 \text{ EUR}$$

$$i_D = \frac{\ln 80.000}{\ln 2} = 16{,}29; K_D = 0{,}88^{16{,}29} \cdot 30.000 = 3.739 \text{ EUR}$$

Die sich Anfang des Jahres 2016 ergebenden Selbstkosten bzw. Kapazitäten der Anbieter sind in Tabelle 3-3 dargestellt.

Tab. 3-3

Situation nach Kapazitätsausweitung und Berücksichtigung von Lerneffekten

Anbieter	Selbstkosten (K_{2016}) je Tonne	Kapazität in Tonnen
A	3.026 EUR	30.000
B	3.285 EUR	50.000
C	2.746 EUR	40.000
D	3.739 EUR	30.000

Die Industriekostenkurve für die geänderte Wettbewerbssituation zeigt Abbildung 3-13.

Abb. 3-13

Industriekostenkurve nach Kapazitätsausweitung von Anbieter B

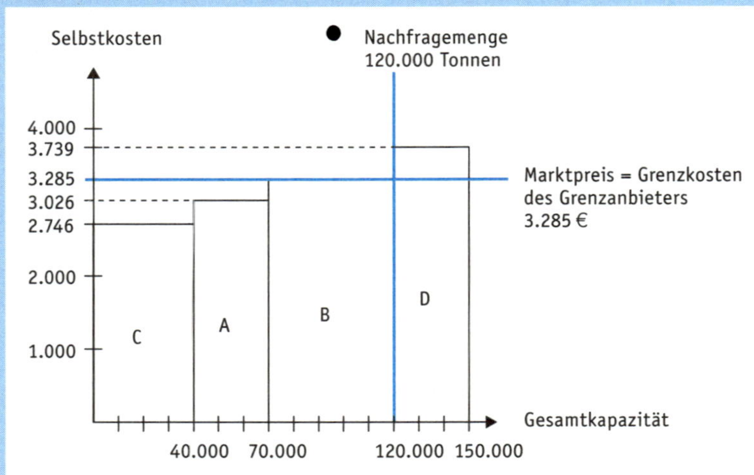

Die Ausweitung der Kapazität durch den Anbieter B bei gleichbleibender Nachfrage führt dazu, dass Anbieter D aus dem Markt gedrängt wird. B wird dadurch zum Grenzanbieter und der Marktpreis sinkt von 4.000 EUR auf 3.285 EUR. In dieser Situation können lediglich die Anbieter A und C Gewinne erwirtschaften. ◂◂◂

Anwendbarkeit

Die Industriekostenkurve erlaubt eine systematische Erfassung und Analyse der **relativen Kostenposition** eines Unternehmens im Vergleich zu den konkurrierenden Anbietern im Markt. Durch Subtraktion der Selbstkosten vom Marktpreis lässt sich der Erfolg des Unternehmens ermitteln und mit den Erfolgen der Konkurrenten vergleichen. Des Weiteren lassen sich durch Vergleich mit Wettbewerbern **Kostensenkungspotenziale** identifizieren, die durch Prozessverbesserungen oder den Einsatz von neuen Technologien erreicht werden müssen (vgl. Hungenberg, 2012, S. 124 f.). Zudem ermöglicht das Konzept, die Auswirkungen von Veränderungen des Preises, der Nachfrage oder des Angebots auf die Wettbewerbssituation im Markt zu simulieren. Somit können verschiedene **Szenarien** (beispielsweise die Ausweitung der Kapazitäten im Markt durch Markteintritt eines neuen Anbieters oder Kapazitätsausweitung eines bereits etablierten Anbieters) und die daraus unmittelbar resultierenden Folgen für ein Unternehmen und dessen Wettbewerber abgeschätzt werden. Die Industriekostenkurve kann u. a. bei der Analyse der Märkte für Industriemetalle, wie beispielsweise Aluminium oder Kupfer, angewendet werden.

Kritische Beurteilung

Das grundsätzliche Problem beim Konzept der Industriekostenkurve liegt darin begründet, dass die Anwendbarkeit auf Märkte mit **homogenen Gütern** beschränkt ist. Dies gilt z. B. für Rohstoffmärkte, in denen der Preiswettbewerb nicht durch Differenzierungsaspekte beeinflusst wird (vgl. Hungenberg, 2012, S. 124 f.). Ein weiteres Problem ergibt sich bei der Ermittlung der Marktangebotskurve, für die die Selbstkosten aller Anbieter im Markt bekannt sein müssten. Tatsächlich lassen sich für Wettbewerber die Selbstkosten oftmals nicht exakt ermitteln, sondern müssen aus den Verkaufspreisen nach Abzug einer geschätzten Marge näherungsweise bestimmt werden (vgl. Baum et al., 2013, S. 141). Dies schränkt die Einsatzmöglichkeiten des Konzeptes erheblich ein.

3.2.5 Analyse von Differenzierungsstrategien

3.2.5.1 Inhaltliche Abgrenzung

Differenzierungsstrategien unterscheiden sich grundlegend von denen der Kostenführerschaft, da sich der Wettbewerbsvorteil nicht aus Kostenvorteilen, sondern aus Nutzenvorteilen infolge der Einzigartigkeit von **Leistungsmerkmalen** ergibt. Dabei bieten die Unternehmen eine oder mehrere differenzierende Eigenschaften des Produktes oder der Dienstleistung an, die aus Kundensicht die Leistung von der Konkurrenz differenziert und schließlich für die Kaufentscheidung ausschlaggebend ist. Diese Strategie ist dann erfolgreich, wenn der Kunde bereit ist, für den wahrgenommenen Zusatznutzen einen angemessenen **Preisaufschlag** zu entrichten.

Ansatzpunkte der Differenzierung

Grundsätzlich bestehen mehrere **Ansatzpunkte** zur Differenzierung von angebotenen Leistungen (Qualität, Zeit, Markenimage, Service, etc.). Es muss jedoch eine für den Kunden wichtige Eigenschaft der Leistung betroffen sein. Zu beachten ist, dass die Differenzierung nicht nur auf **objektiven Faktoren** (Produkteigenschaften, Serviceleistungen, etc.), sondern auch auf **subjektiven Faktoren** (psychologische Einstellungen, z. B. Markenimage) beruhen kann (vgl. Welge/Al-Laham, 2011, S. 524). So umfasst die Gesamtleistung beim Kauf eines Bugatti Veyron sowohl einen objektiv PS-starken Sportwagen als auch das Markenimage, das subjektiv unterschiedlich wahrgenommen und bewertet wird.

Beispiele

Ein Unternehmen, das eine Differenzierungsstrategie verfolgt, ist z. B. die Nokia-Tochter **Vertu**. Sie bietet ihren Kunden exklusive, von Hand zusammengesetzte Handys, die ausschließlich aus Komponenten höchster Qualität (z. B. Keramik, Titan, Leder, etc.) bestehen und hochpreisig in Schmuckgeschäften verkauft werden.

Praxisbeispiel

Ansatzpunkte der Differenzierung

Etihad Airways: Fliegende Luxus-Suiten

Erst ein Praliné und einen Kaffee in der Lobby, dann betritt der Passagier sein Drei-Zimmer-Apartment. Die arabische Fluggesellschaft Etihad Airways lässt ganze Hotelsuiten in seine neuen Airbus-A380-Maschinen bauen. Über den Ticketpreis schweigt sich die Fluggesellschaft vorerst noch aus. Derart luxuriös einchecken sollen Passagiere ab Dezember 2014 auf der Flugstrecke Abu Dhabi-London, ab 2015 auch auf dem Weg nach Sydney.

(Quelle: Der Spiegel, Reise/Aktuell, vom 05.05.2014, in: http://www.spiegel.de/reise/aktuell/etihad-airways-a-967613.html)

Daneben bietet das Unternehmen **Adidas** mit dem Konzept »mi adidas®« seinen Kunden die Möglichkeit, Produkte individuell zu designen und zu gestalten. Beispielsweise besteht die Möglichkeit, Schuhe mithilfe einer computergesteuerten Fußanalyse nach Maß anzufertigen und durch Wahl der gewünschten Farbgebung und Personalisierung mit den eigenen Initialen einzigartig zu machen.

Risiken der Differenzierung

Das Risiko einer Differenzierungsstrategie besteht u. a. darin, dass die eigene **Kostenposition** im Zeitablauf vernachlässigt wird und der Preisaufschlag im Vergleich zu den Konkurrenzprodukten steigt. Bei einem zu großen Preisaufschlag wird der Kunde u. U. nicht mehr bereit sein, diesen für den zusätzlichen Nutzen zu bezahlen und schließlich zu einem Konkurrenzprodukt mit einem besseren Preis-Nutzen-Verhältnis wechseln (vgl. Hutzschenreuter, 2013, S. 401). Beispielsweise gelang es japanischen Motorradherstellern (u. a. Kawasaki) auf dem US-amerikanischen Markt, die differenzierten Anbieter großer Maschinen (u. a. Harley-Davidson) mit deutlich günstigeren Preisen erfolgreich zu attackieren (vgl. Porter, 2013, S. 86). **Imitation** ist zudem eine weitere inhärente Gefahr für Differenzierungsstrategien. Verfügt das Unternehmen über einzigartige Leistungseigenschaften, so kann es vorkommen, dass Konkurrenzunternehmen eben diese übernehmen, wodurch schließlich der Differenzierungsvorteil verschwindet (vgl. Hutzschenreuter, 2013, S. 401).

In den folgenden Ausführungen werden Differenzierungsstrategien, die auf den strategischen Erfolgsfaktoren Qualität und Zeit basieren, näher erläutert.

Praxisbeispiel

Produktimitation

Mattel baut mit Lego-Kopien

Wie der Konzern mitteilte, steht Mattel vor der Übernahme des kanadischen Herstellers Mega Brands für 460 Millionen Dollar (335 Millionen Euro). Dessen erfolgreichstes Produkt sind die »Mega Bloks«. Und die sehen den Legosteinen zum Verwechseln ähnlich, lassen sich durcheinandergewürfelt mit Legosteinen zusammenbauen und sind streng genommen eine gute Nachahmung des Originals.

(Quelle: Frankfurter Allgemeine Zeitung, Unternehmen, vom 03.03.2014, S. 19)

3.2.5.2 Qualitätsbasierte Differenzierungsstrategien

Qualität als Alleinstellungsmerkmal

Der angestrebte Wettbewerbsvorteil eines Unternehmens bei qualitätsbasierten Differenzierungsstrategien geht auf das Vorhandensein bestimmter **Leistungsmerkmale** zurück. Diese stellen für den Kunden einen erstrebenswerten zusätzlichen Nutzen dar, für den er einen **Preisaufschlag** zu zahlen bereit ist. Qualität kann sowohl aus einer **internen** technischen als auch einer **externen** kundenorientierten Sicht betrachtet werden (vgl. hierzu Baum et al., 2013, S. 147 ff.). Die interne Sicht bezieht sich auf das Erreichen bestimmter technischer Qualitätsstandards. Die externe Sicht umfasst die Qualitätswahrnehmung des Kunden. Dies impliziert eine subjektive Einschätzung des Kunden inwieweit die Produkteigenschaften zur Lösung des Kundenproblems beitragen.

Dimensionen der Qualität

In Bezug auf die **Qualität** lassen sich verschiedene **Dimensionen** unterscheiden, aus denen qualitätsbasierte Leistungsvorteile entstehen können (vgl. im Folgenden Hungenberg, 2012, S. 235 f.):

- Funktion
- Haltbarkeit
- Zuverlässigkeit
- Ästhetik

Unter **Funktion** versteht man den Gebrauchsnutzen der Produkte (z. B. eines Notebooks), der sich aus den grundlegenden Funktionsmerkmalen (z. B. Prozessorleistung, Speicherkapazität, etc.) ergibt und gegebenenfalls durch Zusatzfunktionen (z. B. externe Festplatte) ergänzt wird. Anhand der objektiv leicht messbaren Funktionsmerkmale können die Angebote der Wettbewerber vom Nachfrager in eine Rangfolge gebracht werden.

Die **Haltbarkeit** betrifft die technische (Funktionstüchtigkeit) bzw. die ökonomisch sinnvolle Lebensdauer eines Produktes. Ein Unternehmen kann die Haltbarkeit durch spezielle Kundenangebote (z. B. durch kostenlose Updates/Software-Upgrades) verlängern.

Unter **Zuverlässigkeit** wird die Wahrscheinlichkeit der Einschränkung oder des Ausfalls eines Produktes verstanden. Durch Verwendung entsprechend hochwertiger Materialien und interner Kontrollmaßnahmen kann das Unternehmen diese gezielt beeinflussen (z. B. Mobilitätsgarantien von Automobilherstellern).

Die **Ästhetik** bezieht sich auf die sichtbaren Qualitätsaspekte. In dieser Dimension kann ein Unternehmen u. a. durch individuelles Design (z. B. Apple) den subjektiven Nutzen der Konsumenten erhöhen.

Wirkungen der Qualität

Die Wirkung des Erfolgsfaktors Qualität wurde durch die Profit Impact of Market Strategy **(PIMS)-Studien** untersucht (vgl. dazu Buzzel/Gale, 1989). Dabei konnte ein positiver Zusammenhang zwischen Produktqualität und Rendite bestätigt werden. Durch den Qualitätsvorsprung können **Preisprämien** am Markt durchgesetzt werden, die in der Regel die dafür aufgewendeten Kosten übersteigen. Des Weiteren führen hochwertige Produkte und Dienstleistungen zu einer stärkeren **Kundenbindung** und folglich zu Wiederholungskäufen. Qualitätsführer sind durch brancheninterne Preiskämpfe zudem deutlich weniger gefährdet. Bei entsprechend überlegener Leistung lassen sich sogar höhere Preise ohne Marktanteilsverlust durchsetzen.

Für eine qualitätsbasierte Differenzierungsstrategie ist die ständige Verbesserung der Qualität der Produkte (bzw. Dienstleistungen) von höchster Bedeutung. Zur Messung von Qualitätsverbesserungen kann auf das Half-Life-Konzept zurückgegriffen werden, das in Abschnitt 3.2.5.4 erläutert wird.

3.2.5.3 Zeitbasierte Differenzierungsstrategien

Zeit als Alleinstellungsmerkmal

Auch der **Faktor Zeit** ist ein wichtiger Ansatzpunkt für die Begründung von Wettbewerbsvorteilen. Dieser wurde in den letzten Jahren durch eine **Verkürzung der Produktlebenszyklen** und gleichzeitiger Prolongation der Produktentwicklungszeiten zunehmend bedeutsam. Bei verkürzter Marktausschöpfungsdauer wird es für Unternehmen damit schwieriger, die getätigten Investitionen in Forschung und Entwicklung zu erwirtschaften (vgl. Bitzer, 1991, S. 41 f.).

Dimensionen der Zeit

Im Zeitwettbewerb geht es für Unternehmen um die Steuerung der sog. betrieblichen **Response-Zeiten** (vgl. Coenenberg et al., 2012, S. 664). Darunter werden die Reaktionszeiten des Unternehmens auf interne bzw. externe Impulse verstanden. Die Maßnahmen des Zeitmanagements müssen somit auf die Beschleunigung aller betrieblichen Leistungsprozesse gerichtet sein (vgl. Abb. 3-14).

Unterschieden werden extern relevante Response-Zeiten und systeminterne Durchlaufzeiten. Erstere untergliedern sich in Liefer- bzw. Servicezeiten sowie Einführungszeiten und betreffen die direkte Interaktion mit dem Kunden, während sich letztere nur indirekt auf die Kundenwahrnehmung auswirken (vgl. Coenenberg et al., 2012, S. 664). Systeminterne Durchlaufzeiten sind insbesondere direkte und indirekte Bearbeitungszeiten, zu denen u. a. auch Koordinations- und Transportzeiten gehören. Die externe und interne Sichtweise sind eng miteinander verbunden. Dies zeigt sich mitunter dadurch, dass Verbesserungen der extern relevanten Response-Zeiten oftmals nur durch Steigerung der systeminternen Durchlaufzeiten (interne Response-Zeiten) verwirklicht werden können. So wird die Ausprägung der für den Kunden relevanten Liefer- bzw. Servicezeit maßgeblich von der intern vom Unternehmen für die Auftragsabwicklung benötigten Zeit determiniert.

Abb. 3-14

Systematik betrieblicher Response-Zeiten

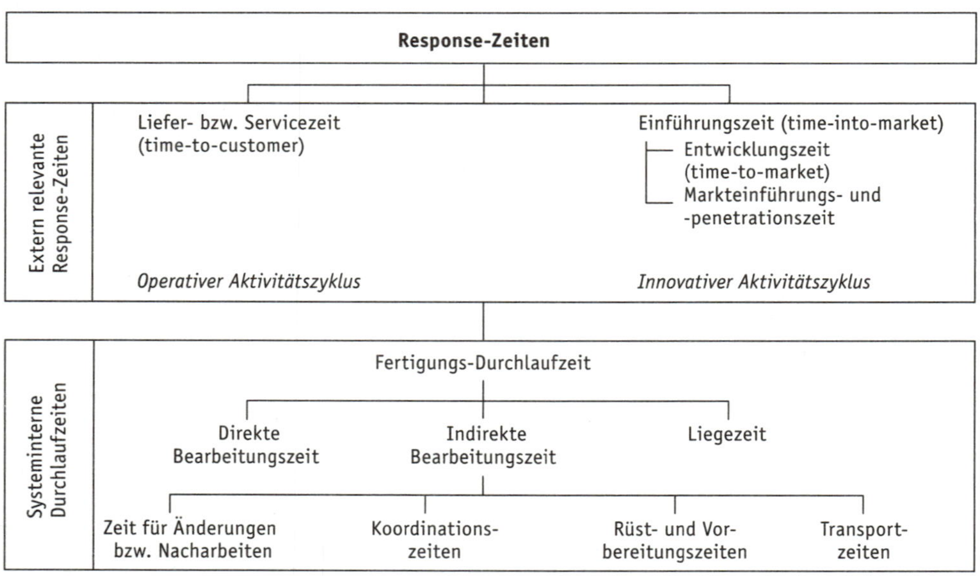

(Quelle: in Anlehnung an Bitzer, 1991, S. 77)

Praxisbeispiele

Zeitbasierte Differenzierungsstrategien

Mobile Bordkarte

Auch die Lufthansa setzt auf die stetige Optimierung der Servicezeiten. Das Unternehmen bietet seinen Kunden die Option, sich eine mobile Bordkarte per E-Mail oder SMS-Link auf ein internetfähiges Mobiltelefon senden zu lassen. Der Kunde muss am Abflug-Gate lediglich den QR-Code einscannen, wodurch Wartezeiten an den Check-in Schaltern der Flughäfen entfallen. (Quelle: Lufthansa, in: http://www.lufthansa.com/de/de/Die-Mobile-Bordkarte-auf-vielen-Strecken-weltweit-verfuegbar, Abruf: 20.05.2014)

Lufthansa

Autoschlüssel per Automat

Ein Beispiel zur Verbesserung der Servicezeiten gibt das Unternehmen Sixt mit dem Sixt Express Service. Dabei kann der Kunde jederzeit sein Wunschauto am Automaten, am Counter, im Internet oder per Handy reservieren. An der Mietstation wird der Wagenschlüssel aus einem Safe entnommen, sodass sich der Zeitbedarf für die Anmietung des Fahrzeugs auf ein Minimum reduziert. Alles, was zur Nutzung des Sixt Express Services benötigt wird, ist eine sogenannte Sixt Card oder eine Kreditkarte. (Quelle: Sixt, in: http://www.sixt.de/mietservice/sixt-express, Abruf: 20.05.2014)

Wirkung von Zeitverbesserungen

Verfügt ein Unternehmen über die kürzeste **externe Response-Zeit** (z. B. Lieferzeit), so wird es in aller Regel eine **Preisprämie** erwirtschaften können. Diese ist abhängig von der sog. **Zeitelastizität des Preises** (vgl. Bitzer, 1991, S. 71 f.). Verkürzungen der **systeminternen Durchlaufzeiten** führen zu Kosteneinsparungen aus der gestiegenen Prozesseffizienz, sofern die dafür notwendigen Investitionen die Kosteneinsparungen nicht übersteigen. Etwaige Kostenvorteile können über Preissenkungen an die Kunden weitergegeben werden und führen genauso wie die Verbesserung der externen Response-Zeiten bezüglich Distribution (Lieferzeit) und Service (Servicezeit) zu einer steigenden Kundenzufriedenheit. Durch den gestiegenen Kundennutzen erhöht sich die Wahrscheinlichkeit von **Wiederholungskäufen**, wodurch der Unternehmenserfolg positiv beeinflusst wird.

Zur Überwachung von Zeit- und Qualitätsverbesserungen kann das Half-Life-Konzept verwendet werden, das im folgenden Abschnitt erläutert wird.

3.2.5.4 Half-Life-Konzept als Controlling-Instrument für Differenzierungsstrategien

Darstellung

Für die Sicherung von Wettbewerbsvorteilen im Rahmen von Differenzierungsstrategien sind laufende Verbesserungen der betrieblichen Prozesse erforderlich, die durch geeignete Messinstrumente kontrolliert werden müssen. Hierzu kann das **Half-Life-Konzept** eingesetzt werden. Der Ursprung des Konzepts geht auf das **physikalische Zerfallsgesetz** zurück, das besagt, dass innerhalb einer konstanten Zeitspanne (die Halbwertszeit oder Half-Life oder Half-Life Time) die Radioaktivität chemischer Elemente um die Hälfte abnimmt. Beispielsweise beträgt die Halbwertszeit des Elements »Uranium 238« 4,468 Mrd. Jahre, d. h. alle 4,468 Mrd. Jahre halbiert sich die Anzahl der aktiven Uranium-Atomkerne und die damit verbundene emittierte Radioaktivität (vgl. Coenenberg et al., 2012, S. 676). Die Übertragung auf betriebswirtschaftliche Fragestellungen gelingt unter der Annahme, dass sich bestimmte Maßgrößen eines Prozesses innerhalb einer bestimmten Zeitspanne halbieren. So kann der Halbwertszeit-Gedanke auf Qualitätsmerkmale (Anzahl an Reklamationen, Defekten, etc.) und Response-Zeiten (Durchlaufzeiten, Lieferzeiten, etc.) übertragen werden (vgl. Schneiderman, 1988, S. 53).

Basismodell

Für die Ermittlung der Half-Life-Funktion eines Prozesses sind folgende Schritte durchzuführen (vgl. Fischer/Schmitz, 1997, S. 386 ff.):

1. Festlegung des zu untersuchenden Prozesses,
2. Bestimmung der Maßgröße für den Prozess (z. B. Fehllieferungen, Lieferzeit in Tagen),
3. Ermittlung des Wertes der Maßgröße zum Ausgangszeitpunkt (Y_{t_0}),
4. Bestimmung eines weiteren Messwertes (Y_t) zu einem späteren Zeitpunkt,
5. Bestimmung der Half-Life-Funktion,
6. Ermittlung der Halbwertszeit (t_H).

Der Zusammenhang zwischen der Ausprägung der Maßgröße (Y_{t_0}) zum Ausgangszeitpunkt t_0 und der erneuten Messung der Maßgröße (Y_t) zu einem späteren Zeitpunkt t, lässt sich wie folgt darstellen:

$$(1)\ Y_t = \left(\frac{1}{2}\right)^i \cdot Y_{t_0} \text{ mit } i = \frac{t - t_0}{t_H}$$

Dabei bezeichnet i die Anzahl bereits durchlaufener Halbwertszyklen und t_H die für eine Niveau-Halbierung benötigte Zeit (Halbwertszeit).

Durch Einsetzen ergibt sich die **allgemeine Half-Life-Funktion**:

$$(2)\ Y_t = \left(\frac{1}{2}\right)^{\frac{t-t_0}{t_H}} \cdot Y_{t_0}$$

Für die **Berechnung der Halbwertszeit** ist Gleichung (2) nach t_H aufzulösen:

$$(3)\ t_H = \frac{(t - t_0) \cdot \ln \frac{1}{2}}{\ln Y_t - \ln Y_{t_0}}$$

Die konkrete Anwendung des Half-Life-Konzepts wird im Folgenden anhand von Beispielen erläutert.

Beispiel 3.3 Grape SE **Half-Life-Konzept zur Überwachung von Qualitätsverbesserungen**

▸▸▸ Die Grape SE setzt im SGF »UHD TVs« auf überdurchschnittliche Qualität und möchte die Rolle des Qualitätsführers im Markt unbedingt verteidigen. Hierfür wurde die interne Qualitätssicherung zu Jahresbeginn deutlich verstärkt. Zu Beginn der Erhebung im Monat Januar ($t_0 = 1$) mussten 800 UHD TVs (Y_{t_0}) mit Produktionsschäden aussortiert werden. Bei einer erneuten Erhebung im Oktober (t = 10) konnte ein deutlicher Rückgang der defekten UHD TVs auf insgesamt 100 Stück (Y_t) registriert werden.

Für die Verbesserung der Servicequalität hat Ihr Vorgesetzter Sie beauftragt, folgende Fragen zu beantworten:

a) Wie hoch ist die Halbwertszeit?
b) Wie viele Halbwertszyklen konnten realisiert werden?
c) Mit welcher Anzahl defekter UHD TVs kann ein Jahr nach Start (t = 13) der Qualitätsmaßnahme gerechnet werden?

Der zu untersuchende Leistungsparameter ist die Fehlerquote in der Produktion, die in der Maßgröße »Anzahl Produktionsschäden je Monat« gemessen wird.

Ad a): Berechnung der Halbwertszeit t_H:

$$t_H = \frac{(t - t_0) \cdot \ln\frac{1}{2}}{\ln Y_t - \ln Y_{t_0}} = \frac{(10 - 1) \cdot \ln\frac{1}{2}}{\ln 100 - \ln 800} = 3 \text{ Monate}$$

Daraus folgt, dass für jede Halbierung der Produktionsschäden 3 Monate benötigt wurden.

Ad b): In einem nächsten Schritt wird die Anzahl der Halbwertszyklen bestimmt, die zwischen Januar und Oktober realisiert werden konnten:

$$i = \frac{t - t_0}{t_H} = \frac{10 - 1}{3} = 3 \text{ Halbwertszyklen}$$

Es wurden 3 Halbwertszyklen realisiert, d. h. die Anzahl defekter UHD TVs konnte bereits dreimal halbiert werden.

Ad c) Die Produktionsschäden (unter Annahme einer gleichbleibenden Halbwertszeit) können wie folgt prognostiziert werden:

$$Y_{13} = \left(\frac{1}{2}\right)^{\frac{13-1}{3}} \cdot 800 = 50 \text{ Produktionsschäden}$$

Ein Jahr nach Start der zusätzlichen Qualitätsmaßnahmen sind, ausgehend von 800 defekten UHD TVs in $t_0 = 1$, noch ca. 50 fehlerhafte Geräte in $t = 13$ zu erwarten. ◂◂◂

Beispiel 3.4 Grape SE **Half Life-Konzept zur Überwachung von Zeitverbesserungen**

▸▸▸ Die Grape SE setzt im SGF »Tablets« auf eine zeitbasierte Differenzierungsstrategie. Ziel der Geschäftsleitung ist es dabei, kundenindividuelle Bestellungen (Farbwahl, Speicherkapazität, Zubehör, etc.) schneller als die Konkurrenz zu bearbeiten und an die Kunden zu liefern. Die angestrebte Minimierung der Lieferzeiten setzt die Optimierung der internen Durchlaufzeiten voraus (Steigerung der Prozesseffizienz). Bezüglich der internen Durchlaufzeiten liegen folgende Daten vor:

Die Durchlaufzeit des Herstellungsprozesses betrug im Januar ($t_0 = 1$) insgesamt 88 Minuten (Y_{t_0}). Durch die schrittweise Verbesserung verschiedener Teilprozesse

konnte die Durchlaufzeit des Herstellungsprozesses bis August ($t = 8$) auf 22 Minuten (Y_t) gesenkt werden.
Für die Überwachung der internen Durchlaufzeiten, sind folgende Fragen relevant:

a) Wie hoch ist die Halbwertszeit?
b) Wie viele Halbwertszyklen konnten realisiert werden?
c) Welche Durchlaufzeit des Herstellungsprozesses kann im März des folgenden Jahres ($t = 15$) unter der Annahme der weiteren Verbesserung der Teilprozesse erwartet werden?

Ad a): Berechnung der Halbwertszeit t_H:

$$t_H = \frac{(t - t_0) \cdot \ln\frac{1}{2}}{\ln Y_t - \ln Y_{t_0}} = \frac{(8-1) \cdot \ln\frac{1}{2}}{\ln 22 - \ln 88} = 3{,}5 \text{ Monate}$$

Daraus folgt, dass 3,5 Monate benötigt wurden, um die Durchlaufzeit des Herstellungsprozesses zu halbieren.

Ad b): Berechnung der bereits realisierten Halbwertszyklen:

$$i = \frac{t - t_0}{t_H} = \frac{8 - 1}{3{,}5} = 2{,}0 \text{ Halbwertszyklen}$$

Es konnten bereits zwei Halbwertszyklen realisiert werden.

Ad c) Prognose der Durchlaufzeit des Herstellungsprozesses (unter Annahme einer gleichbleibenden Halbwertszeit):

$$Y_{15} = \left(\frac{1}{2}\right)^{\frac{15-1}{3{,}5}} \cdot 88 = 5{,}5 \text{ Minuten}$$

Für die Durchlaufzeit des Herstellungsprozesses im März des folgenden Jahres sind voraussichtlich 5,5 Minuten zu erwarten. ◂◂◂

Anwendbarkeit

Das Half-Life-Konzept dient der laufenden Planung und Kontrolle des Verbesserungsbedarfs und kann in Bezug auf Qualitäts- und Zeitgrößen eingesetzt werden. Es kam bereits in verschiedenen Branchen zur Planung und Steuerung von kontinuierlichen Prozessverbesserungen zur Anwendung, beispielsweise bei den Unternehmen Analog Devices, Rank Xerox oder IBM (vgl. Coenenberg et al., 2012, S. 680). Zudem konnte die positive Erfolgswirkung kürzerer Halbwertszeiten **mehrmals empirisch** bestätigt werden (vgl. Schneiderman, 1988, S. 52 ff.; Stata, 1989, S. 63 ff.; Fischer/Schmitz, 1997, S. 393 ff.).

Wie das Erfahrungskurvenkonzept bietet auch das Half-Life-Konzept Ansatzpunkte, um das **Lernen in Organisationen** zu beschreiben. Die Lernfortschritte ergeben sich bei der Erfahrungskurve in Abhängigkeit von der kumulierten Ausbringungsmenge und sind dabei unabhängig von der dazu benötigten Zeit. Beim Half-Life-Konzept dagegen sind die Lerneffekte abhängig von der Zeit und unabhängig von der bisherigen Produktionsmenge (vgl. Fischer/Schmitz, 1994a, S. 201 f.).

Gemeinsam ist beiden Konzepten, dass Prozessverbesserungen durch konkrete Maßnahmen und laufende Analysen begleitet werden müssen. Zudem ist die Möglichkeit zur Generierung von **Benchmarks** gegeben, die für interne und externe Vergleiche herangezogen werden können.

Kritische Beurteilung

Ein Nachteil des Half-Life-Konzeptes ist, dass seine Aussagefähigkeit an im Zeitablauf weitgehend **stabile organisatorische Strukturen** gebunden ist. Verändern sich die betrieblichen Prozessabläufe nachhaltig, so werden die untersuchten Steuerungsgrößen beeinflusst und die Halbwertszeiten müssen neu festgelegt werden. Der Einsatz ist somit auf Prozesse beschränkt, deren grundsätzliche Struktur bestimmt ist und die Potenzial für kontinuierliche Verbesserungen aufweisen (vgl. Fischer/Schmitz, 1994a, S. 203). Einschränkend ist ferner die **Orientierung an jeweils nur einem Leistungsparameter**. Dadurch ist die Ausrichtung möglicherweise zu einseitig, da Interdependenzen zwischen verschiedenen Maßgrößen nicht ausreichend berücksichtigt werden (vgl. Fischer/Schmitz, 1994b, S. 844 f.).

3.2.6 Analyse von hybriden Wettbewerbsstrategien

Unter hybriden Wettbewerbsstrategien werden Geschäftsstrategien verstanden, die Elemente der grundlegenden generischen Geschäftsstrategien miteinander verbinden. Je nach vorherrschender Wettbewerbssituation **kombiniert** ein Unternehmen dabei Elemente der beiden Strategiealternativen Kostenführerschaft und Differenzierung. Dabei wurde zunächst von einer gänzlichen **Unvereinbarkeit** der klassischen Geschäftsstrategien ausgegangen (vgl. Porter, 2013, S. 81 ff.).

Stuck in the middle

Falls ein Unternehmen nicht in der Lage ist, eindeutig die Strategie eines Kostenführers bzw. Differenzierers zu realisieren, kann dies zu einer **»Stuck in the middle«**-Position führen, wodurch keine hohen Renditen erreichbar sind (vgl. Abb. 3-15).

Dies wird zum einen dadurch begründet, dass ein Kostenführer im Hinblick auf die eigene Kostenposition den Kunden keine überdurchschnittlichen Produkteigenschaften bieten kann, ohne gleichzeitig seinen Wettbewerbsvorteil zu gefährden. Zum anderen kann ein Unternehmen, das eine mit zusätzlichen Kosten verbundene

Praxisbeispiel

»Stuck in the middle«-Positionierung

Probleme beim frisch geformten Fiat Chrysler-Konzern

Fiat Chrysler Automobiles – kurz FCA – heißt die neue Holding, unter der die Marken Chrysler, Jeep, Fiat, Ferrari, Maserati und Alfa Romeo künftig zusammengefasst sind. Einzig Chrysler und der Geländespezialist Jeep tragen derzeit nennenswert zum Ergebnis bei. Doch das Ende des Erfolgs ist beinahe absehbar. Denn die Autos, die Chrysler und Jeep derzeit verkaufen, sind nahezu ausnahmslos Konzepte von gestern. Auch die Möglichkeiten für Einsparungen bei der Produktion dürften weitgehend ausgereizt sein.
(Quelle: Der Spiegel, Wirtschaft, vom 06.05.2014, in: http://www.spiegel.de/wirtschaft/unternehmen/fiat-sergio-marchionne-baut-auf-alfa-romeo-a-967909.html)

Abb. 3-15

Erfolgswirkungen von Wettbewerbsstrategien

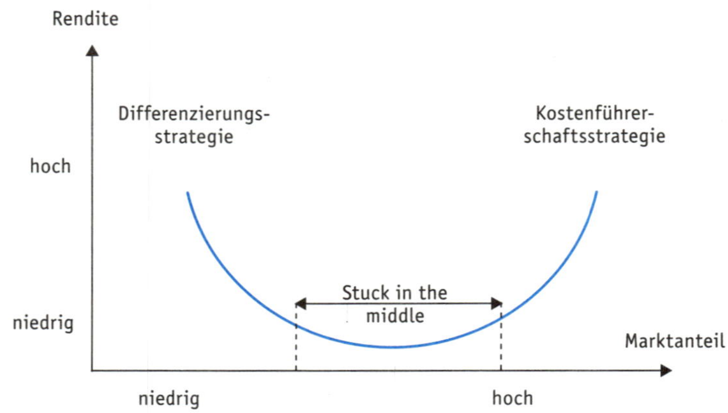

(Quelle: in Anlehnung an Hutzschenreuter, 2013, S. 404)

Differenzierungsstrategie verfolgt, aufgrund der nachteiligen relativen Kostenposition nicht über den Preis konkurrieren.

Das Praxisbeispiel verdeutlicht die derzeitige »Stuck in the middle«-Positionierung des Fiat Chrysler-Konzerns. Zum einen sind die Marktanteile im Vergleich mit den globalen Branchenführern (Toyota, General Motors, Volkswagen u. a.) niedriger. Daraus resultierende Kostennachteile erschweren es, das Geschäft profitabel zu führen. Zum anderen fehlt es an innovativen Antriebskonzepten, die eine Differenzierung ermöglichen könnten.

Hyperwettbewerb

Die Unvereinbarkeit der klassischen Geschäftsstrategien ist mittlerweile stark umstritten, da empirische Forschungsergebnisse zeigen, dass Unternehmen durchaus die beiden generischen Strategietypen erfolgreich kombinieren (vgl. Hutzschenreuter, 2013, S. 404 f.). Unternehmen agieren im sog. **Hyperwettbewerb**, der durch eine sich laufend verschärfende Wettbewerbsintensität gekennzeichnet ist, wodurch Unternehmen zu deutlich flexibleren Reaktionen gezwungen werden. In diesem höchst kompetitiven Wettbewerbsumfeld sind Alleinstellungsmerkmale schwer und nur für kurze Zeit zu verteidigen. Falls ein Wettbewerbsvorteil imitiert werden kann, so wird er zu einem Schlüsselfaktor, den alle Anbieter im Markt erfüllen müssen, um konkurrenzfähig zu bleiben.

Outpacing-Strategien

Eine mögliche Antwort auf die Herausforderungen des Hyperwettbewerbs liegt in den hybriden Wettbewerbsstrategien, die auch als **Outpacing-Strategien** bezeichnet werden (vgl. im Folgenden grundlegend Gilbert/Strebel, 1987, S. 31 ff.). Dabei kombiniert ein Unternehmen die Vorteile aus den beiden grundlegenden generischen Strategien (vgl. Abb. 3-16).

Abb. 3-16

Strategietypen unter Berücksichtigung von Outpacing-Strategien

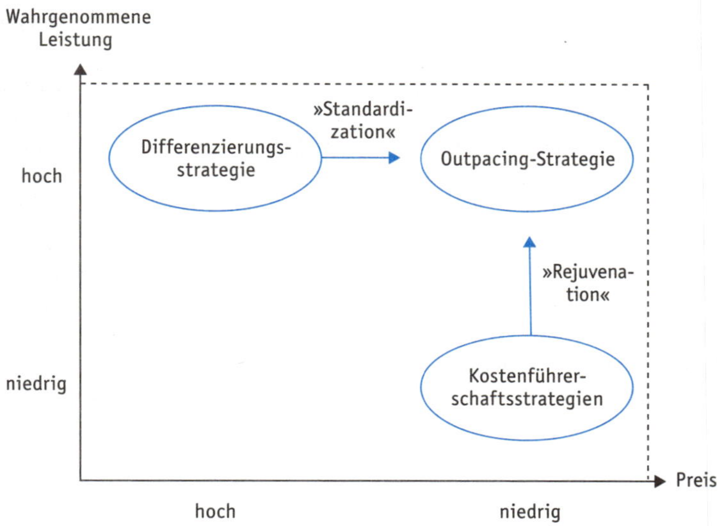

(Quelle: in Anlehnung an Hungenberg, 2012, S. 206)

Die Outpacing-Position ist für ein Unternehmen mit zwei verschiedenen Vorgehensweisen zu erreichen. Bei der sog. **Standardization** verfolgt das Unternehmen zunächst mit seiner Leistung eine Differenzierungsstrategie und setzt auf einen hohen wahrgenommenen Kundennutzen. Sobald sich die Leistung am Markt etabliert hat und weitgehend standardisiert ist, werden mehrere Anbieter in der Lage sein, die Kundenanforderungen zu erfüllen. Um weiterhin über einen Wettbewerbsvorteil zu verfügen, geht es für das Unternehmen darum, die weiteren Wettbewerber frühzeitig durch sukzessive Kostensenkungen abzuhängen. Die standardisierte Leistung muss also zunehmend von effizienteren Prozessstrukturen erbracht werden, um sich einen Wettbewerbsvorteil zu erhalten. Das Unternehmen **Intel** als Anbieter von Mikroprozessoren ist ein Beispiel für diesen Weg zur Outpacing-Position (vgl. Hungenberg, 2012, S. 207).

Bei der sog. **Rejuvenation** konzentriert sich das Unternehmen zunächst auf die Kostenposition und gestaltet die Prozesse der Leistungserstellung möglichst effizient. Nachdem sich das Unternehmen als Kostenführer etabliert hat, wird der Fokus von den Prozessen stärker auf den Produktnutzen verschoben. Die Leistungseigenschaften müssen demnach sukzessive verbessert werden und sich in der Wahrnehmung der Kunden verankern. Ein Beispiel für diesen Weg zur Outpacing-Position ist das Unternehmen **Wal-Mart**, dem es gelang, Differenzierungsmöglichkeiten zu erkennen, die nicht gleichzeitig zu Kostensteigerungen führten (vgl. Hungenberg, 2012, S. 206).

Das Ziel der Unternehmen ist nun, der erste Anbieter zu sein, der in einer Branche die Outpacing-Position auf einem der beschriebenen Wege erreicht. Dadurch wird es dem Unternehmen möglich, einen nachhaltigen Vorteil gegenüber den Wettbewerbern zu sichern, indem alle drei strategischen Erfolgsfaktoren des Magischen Dreiecks (vgl. oben Abschnitt 3.2.3) gleichzeitig einbezogen werden (vgl. Baum et al., 2013, S. 200).

Zeitbasierte Outpacing-Strategie

Bei einer zeitbasierten Outpacing-Strategie fokussiert ein Unternehmen auf zeitbasierte Wettbewerbsvorteile, die sich in interne und externe Vorteile differenzieren lassen. Diese Strategiealternative impliziert folglich ein **simultanes Erlös- und Kostendenken** (vgl. dazu Abb. 3-17). In der internen Sicht können durch kontinuierliche Prozessverbesserungen (verkürzte Durchlaufzeiten) die Response-Zeiten reduziert werden. Dies ermöglicht es dem Unternehmen sukzessive, seine Kostenposition zu verbessern und schließlich mit niedrigeren Preisen am Markt zu agieren.

In der externen Sicht führen Verbesserungen der Response-Zeiten insbesondere bei zeitsensiblen Kunden zu höheren Nutzenniveaus, wodurch sich die Preisbereitschaft erhöht. Es folgt schließlich eine Leistung, die zu niedrigeren Preisen angeboten werden kann und gleichzeitig mit einem höheren Nutzen wahrgenommen wird. Durch sukzessive Verbesserung in beiden Dimensionen erreicht das Unternehmen

Abb. 3-17

Zeitbasierte Outpacing-Strategie

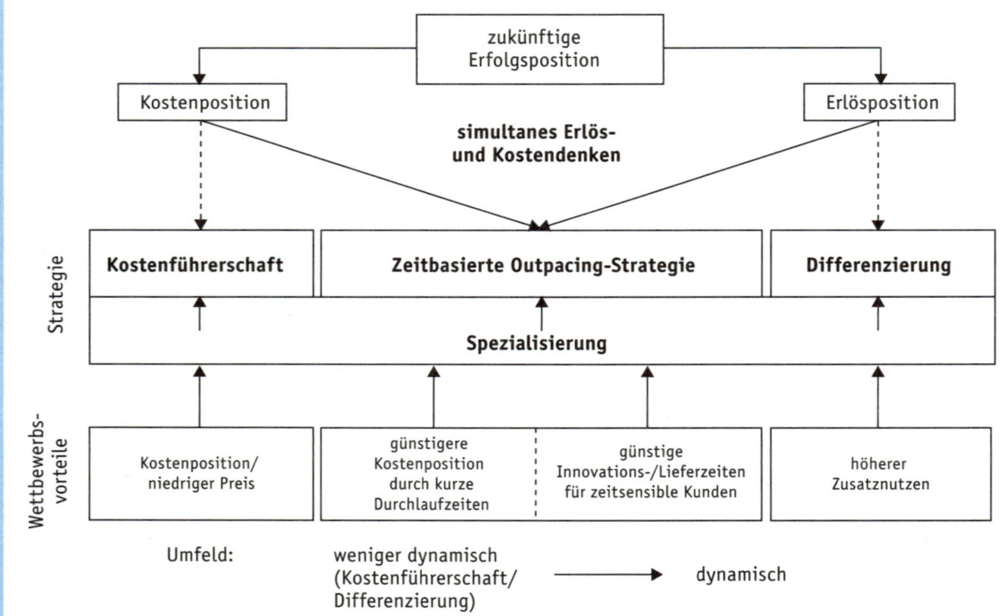

(Quelle: in enger Anlehnung an Specht, 2007, S. 149)

schließlich die Outpacing-Position. Auf Basis dieser überlegenen Position lassen sich weiter Marktanteile hinzugewinnen und damit verbundene **Lernfortschritte** realisieren. Um den Wettbewerbsvorteil zu erhalten, sind jedoch ständige Verbesserungen in beiden Dimensionen erforderlich. Damit kann langfristig das beste **Preis-Nutzen-Verhältnis** aus Kundensicht angeboten werden.

Beispiele

Beispiele für Unternehmen, die eine Outpacing-Strategie verfolgen, sind Amazon und IKEA. **Amazon** gelingt es, eine überlegene Leistung, d. h. Produkte aus den verschiedensten Kategorien, wie Bücher, Musik, Spielwaren etc., zu jeder Zeit von beliebigen Orten zu wettbewerbsfähigen Preisen (bei Büchern ohne Buchpreisbindung teilweise günstiger als klassische Buchhändler) anzubieten (vgl. Hutzschenreuter, 2013, S. 405).

IKEA hat großen Erfolg, indem sich das Unternehmen einerseits auf Elemente der Kostenführerschaft konzentriert (z. B. wird laufend nach den effizientesten Lieferanten gesucht bzw. es werden Teile der Wertschöpfung auf den Kunden übertragen (Montage)) und andererseits einen hohen wahrgenommenen Kundennutzen durch die breite Produktpalette bei ansprechendem Design und hoher Funktionalität erreicht (vgl. Johnson et al., 2011, S. 209).

3.2.7 Umsetzung von Geschäftsstrategien mit dem Delta-Modell

Delta-Modell

Mit den beschriebenen generischen Wettbewerbsstrategien und deren Kombination zur hybriden Wettbewerbsstrategie lassen sich grundlegende strategische Optionen für Geschäftsstrategien entwickeln (vgl. im Folgenden Hax/Wilde, 2001, S. 7 ff.).

Im Zentrum der strategischen Überlegungen steht der Kunde. Die **zunehmende Bedeutung der Informationstechnologien** führt durch höhere Markttransparenz und sinkende Trankaktionskosten zur **Stärkung der Kunden**. Der Kunde nutzt die Informationstechnologien (beispielsweise Preisvergleiche über Suchmaschinen im Internet) zu seinem Vorteil und wird dabei immer mächtiger, da ein Anbieterwechsel häufig in kürzester Zeit möglich ist. Die Orientierung am Kunden sollte im Strategiebildungsprozess somit explizit berücksichtigt werden. Insgesamt sind drei strategische Optionen für erfolgreiche Geschäftsstrategien zu unterscheiden (vgl. Abb. 3-18).

Die Strategie-Option **»Bestes Produkt«** umfasst die generischen Wettbewerbsstrategien nach Porter (vgl. oben Abschnitt 3.2.3). Das Unternehmen verfügt über ein überlegenes Produkt im Vergleich zu den Wettbewerbern in Bezug auf den Kundennutzen oder den Preis. Die Intensität der Kundenbindung ist in diesem Fall eher gering.

Die Strategie-Option **»Umfassende Kundenlösung«** zielt auf die umfassende Befriedigung der Kundenbedürfnisse. Das Unternehmen ist **vollständiger Problemlöser** und liefert dem Kunden spezifisch konfigurierte Produkte. Durch eine enge Beziehung zu den Kunden können individuelle Lösungspakete (Kombination aus Sach- und Dienstleistung) mit entsprechend hohem Nutzen erbracht werden. Die enge Kundenbindung ist für diese Option die entscheidende Voraussetzung.

Die Strategie-Option **»System Lock-in«** nimmt eine Netzwerkperspektive ein und ist am weitesten gefasst. Zentral ist die **Systemeinbindung**, in der die Kunden in ein

Abb. 3-18

Strategische Optionen für Geschäftsstrategien

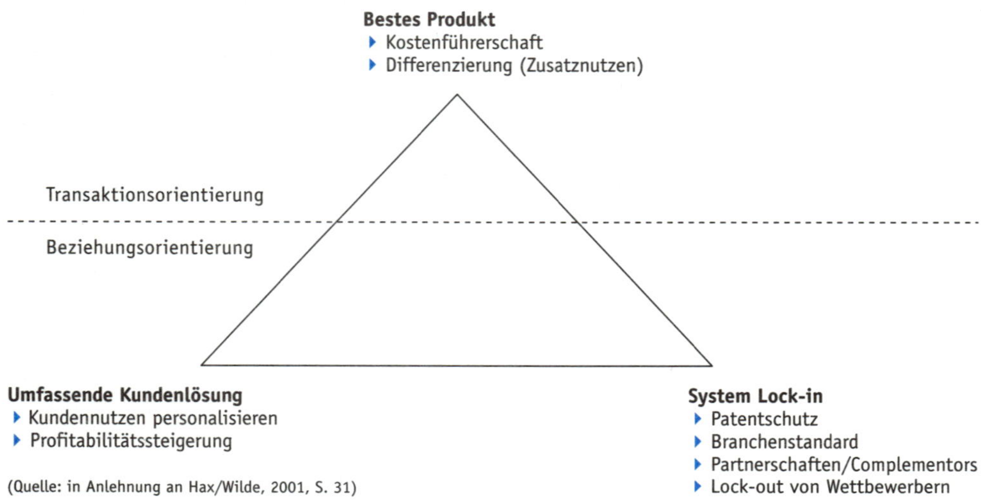

(Quelle: in Anlehnung an Hax/Wilde, 2001, S. 31)

umfassendes Dienstleistungs- und Produktsystem eingebunden werden. Daneben können weitere Partner entlang der gesamten Wertschöpfungskette in das System integriert werden, um die Systemleistung ständig zu erhöhen. Durch die Systemeinbindung entstehen zum einen hohe **Wechselbarrieren** für Kunden und zum anderen hohe **Markteintrittsbarrieren** für potenzielle Wettbewerber. Kunden sollen gebunden werden (lock-in), während Konkurrenten ausgeschlossen werden sollen (lock-out).

Beispiele

Bei einer erfolgreichen Geschäftsstrategie steht entweder ein überlegenes Produkt, eine ganzheitliche kundenorientierte Problemlösung oder aber die Systemeinbindung des Kunden im Mittelpunkt. Beispiele hierfür werden in Abbildung 3-19 dargestellt.

Der Kostenführer **Ryanair** bietet seinen Kunden Flüge zu im Vergleich mit Konkurrenten besonders niedrigen Preisen an. Beim Unternehmen Dallmayr basiert die Überlegenheit der Produkte auf der besonders hohen Qualität der angebotenen Lebensmittel. Umfassende Kundenlösungen bietet **Apple, Inc.** mit dem App Store zum Download zahlreicher Applikationen (»Apps«) für seine Mobiltelefone und Tablets an. Ein häufiger Fall für die Systemeinbindung der Kunden (System Lock-in) ist das Angebot eines Produktes, welches Folgekäufe praktisch unumgänglich macht. So werden **Spielkonsolen** typischerweise mit erheblichen Verlusten in den Markt gebracht, um dann mit den darauf folgenden Verkäufen von Spielen die angestrebten Renditen zu erreichen. Ein weiteres Beispiel ist das Kaffeesystem **Nespresso**, mit dem der Lebensmittelkonzern Nestlé auf dem Markt für portionierten Kaffee agiert. Die

Abb. 3-19

Beispiele für umfassende Geschäftsstrategien

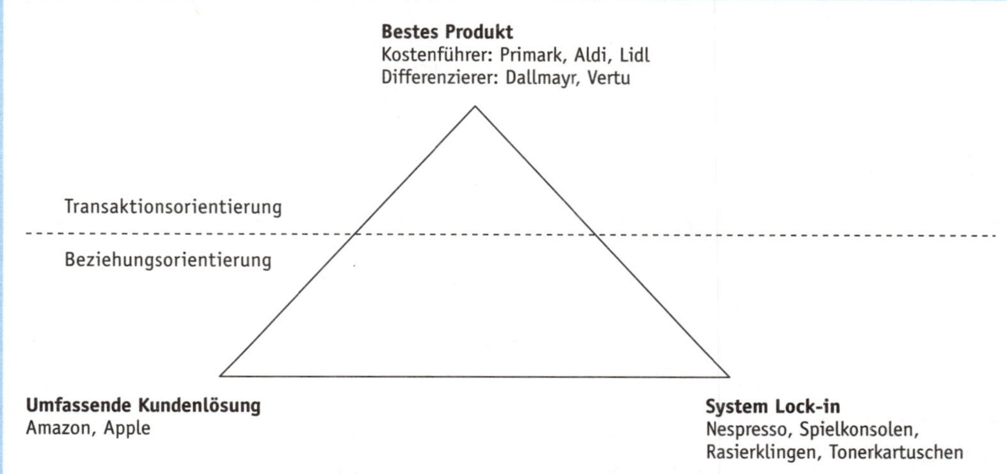

Kunden können dabei spezielle Kaffeemaschinen zu niedrigen Einstiegspreisen erwerben. Für die Zubereitung sind sie dann allerdings an spezielle, hochpreisige Kaffee-Kapseln gebunden, die nur über das Internet oder eigene Nespresso-Shops erhältlich sind. Dies führt dazu, dass die Kunden kontinuierlichen Bedarf nach neuen Kaffee-Kapseln haben (Customer Lock-in), die aber nicht von anderen billigeren Anbietern bezogen werden können (Competitor Lock-out). Ähnliches Wettbewerbsverhalten liegt bei den Anbietern von Rasierklingen sowie Tonerkartuschen für Drucker und Kopiergeräte vor.

Würdigung

Das Delta-Modell kann als eine Erweiterung der Strategietypen von Porter betrachtet werden. Es liefert wichtige Hinweise bezüglich der Kundenperspektive und der Systemperspektive (Netzwerke). Diese Aspekte geraten zunehmend in den Fokus, wie das wachsende Angebot kundenspezifischer Leistungen und die zunehmende Bedeutung strategischer Netzwerke bzw. strategischer Allianzen (z. B. Star Alliance) verdeutlichen.

3.3 Steuerung von Unternehmensstrategien

Um das Entstehen einer Unternehmensstrategie zu verdeutlichen, wird zunächst eine kurze Einführung in die Portfolio-Theorie gegeben (vgl. Abschnitt 3.3.1), bevor anschließend Ressourcenstrategien (vgl. Abschnitt 3.3.2) und Produkt-/Marktstrategien (vgl. Abschnitt 3.3.3) analysiert werden.

3.3.1 Portfolio-Konzepte

Ein wichtiges Element bei der Entwicklung und Umsetzung einer Unternehmensstrategie ist die Darstellung des Tätigkeitsfeldes eines diversifizierten Unternehmens als Portfolio von Geschäftsfeldern. Demzufolge besteht ein Unternehmen aus unterschiedlichen Geschäftsfeldern, die prinzipiell auch unabhängig vom Gesamtunternehmen bestehen könnten (vgl. Hungenberg, 2012, S. 402). Aus diesem Grund gehören die Portfolio-Konzepte zu den zentralen Instrumenten bzw. Hilfsmitteln der strategischen Planung auf Unternehmensebene (vgl. Hahn, 2006, S. 215 ff.).

Ursprung: Finanzwirtschaft

Den Ursprung des Portfolio-Gedankens bildet die aus der Finanzwirtschaft stammende **Portfolio Selection-Theorie** (siehe hierzu Markowitz, 1952, S. 77 ff.). Danach versteht man unter einem Portfolio die Zusammenstellung unterschiedlicher Wertpapiere eines Anlegers, die jeweils im Hinblick auf die zu erwartende Rendite und das zugrundeliegende Risiko beurteilt werden. Ziel ist es, ein **optimales Wertpapier-Portfolio** zusammenzustellen, das bei gegebener Höhe des Risikos die zu erwartende Rendite maximiert bzw. bei einer vorgegebenen Rendite das Risiko aus dem Portfolio minimiert.

Übertragung auf die strategische Unternehmensplanung

Diese Überlegungen lassen sich auch auf die strategische Unternehmensplanung übertragen: Anstelle von Wertpapieren werden dabei die strategischen Geschäftsfelder als Anlageobjekte betrachtet. Diese gilt es hinsichtlich bestimmter Kriterien zu beurteilen und hieraus ein optimales Geschäftsfeldportfolio zusammenzustellen. Zur Steuerung des Rendite-Risiko-Profils werden in den Portfolio-Konzepten bestimmte Handlungsempfehlungen – sogenannte **Normstrategien** – bezüglich der einzelnen Geschäftsfelder vorgegeben.

Grundaufbau

In den Portfolio-Konzepten erfolgt die Positionierung anhand von zwei separaten Dimensionen. Einerseits werden in der **externen Dimension** umfeldbezogene Variablen berücksichtigt, die Aufschluss über die Attraktivität eines Geschäftsfeldes geben. Andererseits werden in der **internen Dimension** unternehmensbezogene Variablen betrachtet, die eine Beurteilung der Stärke des Geschäftsfeldes im Wettbewerb ermöglichen.

Üblicherweise werden die beschriebenen Dimensionen innerhalb einer Matrix zusammengefasst, in der die umfeldbezogenen Variablen auf der vertikalen und die unternehmensbezogenen Variablen auf der horizontalen Achse abgebildet sind. In diese Matrix werden die einzelnen Geschäftsfelder entsprechend den Ausprägungen der Variablen eingetragen. Über die Größe der Kreisfläche kann darüber hinaus die Bedeutung eines Geschäftsfeldes für das Unternehmen, beispielsweise gemessen am Umsatz, ausgedrückt werden (vgl. Hungenberg, 2012, S. 460 f.). Der Grundaufbau von Portfolio-Konzepten ist in Abbildung 3-20 dargestellt. Darin wird jeweils zwischen monofaktoriellen Variablen (die aus einem einzigen Kriterium gebildet werden) und multifaktoriellen Variablen (bei denen mehrere Kriterien zu einer Variablen zusammengefasst werden) unterschieden.

Die in der Praxis verwendeten Portfolio-Konzepte unterscheiden sich in der Analyseperspektive. Diese kann entweder auf Ressourcenstrategien (vgl. Abschnitt 3.3.2) oder Produkt-/Marktstrategien (vgl. Abschnitt 3.3.3) gerichtet sein. Nachfolgend wird die strategische Analyse mit Portfolio-Konzepten erläutert, die sich jeweils

Abb. 3-20

Grundaufbau von Portfolio-Konzepten

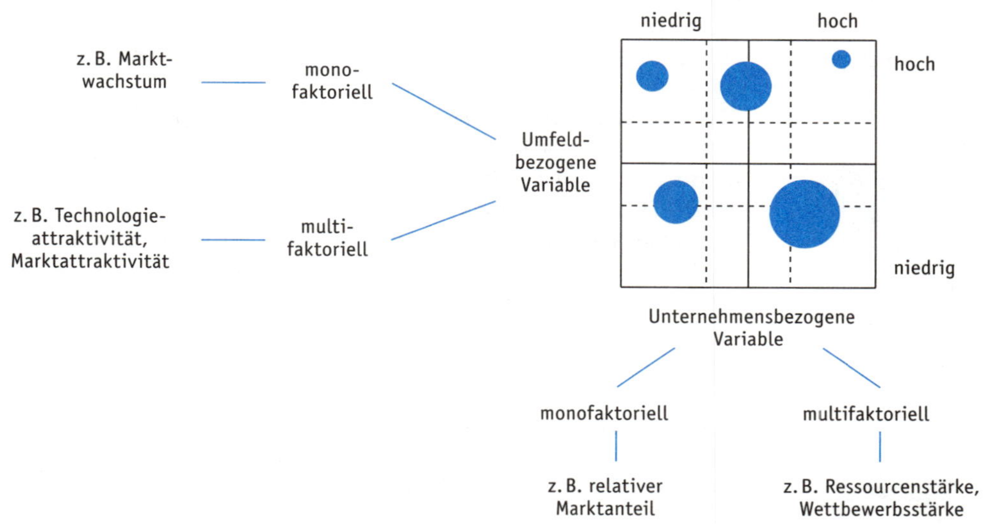

durch die Ausgestaltung der umfeld- und unternehmensbezogenen Variablen unterscheiden.

3.3.2 Ressourcenstrategien

Definition von Ressourcen

Dem ressourcenorientierten Ansatz der Unternehmensführung (resource-based view) zufolge liegen die Ursachen für den Erfolg von Unternehmen in den spezifischen und einzigartigen Potenzialen eines Unternehmens, die allgemein als Ressourcen oder häufig auch als Kernkompetenzen bezeichnet werden (vgl. Macharzina/Wolf, 2012, S. 65). Ressourcen können dabei wie folgt interpretiert werden (vgl. Barney, 1991, S. 101):

Ressourcen sind die von einem Unternehmen kontrollierten Vermögensgegenstände, Fähigkeiten, Organisationsabläufe, Unternehmensmerkmale, Informationen und Wissensinhalte, die das Konzipieren und Umsetzen von Strategien zur Verbesserung von Effizienz und Effektivität ermöglichen.

Folglich zielen Ressourcenstrategien darauf ab, die im Unternehmen bereits vorhandenen und die eventuell neu zu beschaffenden bzw. zu entwickelnden Ressourcen bestmöglich einzusetzen und weiterzuentwickeln.

Physische, finanzielle und intangible Ressourcen

Vereinfachend können die zu gestaltenden Ressourcen in die drei Kategorien physische (materielle, tangible), finanzielle und intangible (immaterielle) Ressourcen unterteilt werden (vgl. Bamberger/Wrona, 1996, S. 132 ff.):

- **Physische Ressourcen** sind alle im Unternehmen vorhandenen Produktionsmittel, wie beispielsweise Anlagen oder Ausstattungen, der Zugang zu Rohmaterialien oder der geographische Standort. Physische Ressourcen unterliegen zum Teil einer hohen Abnutzung.
- Die **finanziellen Ressourcen** eines Unternehmens werden hinsichtlich der Mittelherkunft unterschieden in interne (freie Liquidität wie Kasse, Bankguthaben oder Wertpapiere und nicht ausgenutzte Fremdkapitalkapazität) und externe Finanzmittel (Einlagenfinanzierung und Risikokapital).
- **Intangible Ressourcen** bezeichnen jene Ressourcen, die weder materiell noch finanziell sind. Zu den immateriellen Ressourcen zählen Verfügungsrechte (z. B. Patente, Copyrights und Handelsmarken) sowie Fähigkeiten und Kompetenzen (z. B. Know-how der Mitarbeiter, Innovationsfähigkeit und Erfahrung).

Die Implementierung von Ressourcenstrategien erfordert zunächst eine Analyse der Kernkompetenzen eines Unternehmens (vgl. Abschnitt 3.3.2.1). Mit Technologie-Portfolios werden die strategischen Potenziale von technologischen Ressourcen eines Unternehmens bewertet (vgl. Abschnitt 3.3.2.2).

3.3.2.1 Konzept der Kernkompetenzen

Das Konzept der Kernkompetenzen (»core competencies«) geht auf Prahalad und Hamel zurück (vgl. Prahalad/Hamel, 1990, S. 79 ff.). Als Kernkompetenzen werden die Ressourcen und Fähigkeiten bezeichnet, die unter den speziellen Wettbewerbsbedingungen eines Unternehmens besonders erfolgskritisch sind, da sie die Grundlage für Wettbewerbsvorteile des Unternehmens (und seiner strategischen Geschäftsfelder) bilden (vgl. Hungenberg, 2012, S. 148).

Strategisches Potenzial von Kernkompetenzen

Das strategische Potenzial einer Kernkompetenz hängt davon ab, inwieweit hierdurch für den Kunden relevante Wettbewerbsvorteile geschaffen und verteidigt werden können und wie schwierig es für Wettbewerber ist, diese zu imitieren bzw. zu substituieren. Ferner ist erforderlich, dass die in Kernkompetenzen gebündelten Ressourcen und Fähigkeiten möglichst breit nutzbar sind, d. h. auf möglichst viele Geschäftsfelder und Märkte übertragen werden können. Diese drei Merkmale von Kernkompetenzen werden im Folgenden detaillierter betrachtet (vgl. Hungenberg, 2012, S. 148 ff. und Prahalad/Hamel, 2006, S. 281):

Kundenrelevanz. Eine Kernkompetenz ist nur dann für den Kunden relevant, wenn sie einen wesentlichen und wahrnehmbaren Beitrag zum Kundennutzen des Endproduktes leistet. Folglich sind Kunden nur dann bereit einen entsprechenden Preis für den Zusatznutzen aus einer Kernkompetenz zu bezahlen, wenn ein Produkt den Angeboten der Wettbewerber in einer bestimmten Hinsicht überlegen ist. Aus einer Kernkompetenz entsteht somit ein entscheidender Wettbewerbsvorteil. Das einzigartige Produktdesign von Apple trägt beispielsweise dazu bei, dass Kunden bereit sind einen höheren Preis für Apple-Produkte als für in der Leistung vergleichbare Produkte von Wettbewerbern (Notebooks, Tablets, Smartphones) zu bezahlen.

Dauerhaftigkeit. Kernkompetenzen eines Unternehmens sind von Dauer, wenn sie schwierig zu imitieren und zu substituieren sind, denn nur dann kann der mit der Kernkompetenz verbundene Wettbewerbsvorteil nachhaltig verteidigt werden. Je komplexer die unternehmensinterne Abstimmung zwischen individuellen Technologien und technischen Fähigkeiten ist, desto schwieriger wird es für die Konkurrenz, ein erfolgreiches Imitat oder Substitut zu entwickeln. Als Beispiel kann das Unternehmen Coca-Cola Inc. genannt werden, das auf der Grundlage einer bis heute geheim gehaltenen Rezeptur in Verbindung mit einer intensiv verfolgten Marketingstrategie ein weltweit erfolgreiches Erfrischungsgetränk anbietet. Die Marke »Coca-Cola«, die von der Coca-Cola Inc. über Jahrzehnte aufgebaut wurde, gehört heute mit über 79 Mrd. US-Dollar zu den wertvollsten Produktmarken der Welt (vgl. Interbrand (Hrsg.), 2013).

Transferierbarkeit. Kernkompetenzen ermöglichen einem Unternehmen den Zugang zu einem weiten Spektrum von Märkten, falls der mit der Kernkompetenz entstandene Wettbewerbsvorteil auf andere Anwendungsgebiete übertragen werden kann. So haben die Kernkompetenzen von Canon betreffend Feinmechanik, Feinoptik und Mikroelektronik dazu geführt, dass das Unternehmen in den Geschäftsfeldern Kameras, Drucker und Kopierer erfolgreich ist (vgl. Hungenberg, 2012, S. 150 f.).

Kernkompetenzenbaum

Zur Verdeutlichung der Zusammenhänge zwischen den Kernkompetenzen eines Unternehmens und den daraus entstandenen Endprodukten bietet sich die Darstellung in Form eines Baums an (vgl. Abb. 3-21). Aus den Kernkompetenzen werden

Praxisbeispiele

Kernkompetenzen

Herrenausstatter nach Maß: Die Savile Row

Seit 200 Jahren wird in der Savile Row den Herren aus der Londoner Upper Class die Kleidung auf den Körper geschneidert. Die Läden auf der »Meile des guten Geschmacks« machen einen durchschnittlichen Jahresumsatz von 21 Millionen Pfund und fertigen insgesamt 7000 Anzüge im Jahr. Das sind zwar aus industrieller Sicht recht kleine Zahlen, allerdings mit steigender Tendenz. Die Savile Row zeigte sich in den vergangenen Jahren krisenresistent und hatte einen enormen Zuwachs zu verzeichnen. Die exklusive Arbeit auf der Savile Row hat allerdings seinen Preis: Mindestens 3000 Pfund kostet ein handgefertigter Maßanzug. Sonderwünsche

sind selbstverständlich nicht im Preis mit inbegriffen.
(Quelle: World's Luxury Guide, Fashion/Klassiker, vom 13.05.2014, in: http://luxus.welt.de/fashion/klassiker/der-englische-anzug)

Abb. 3-21

Kernkompetenzen am Beispiel von Canon

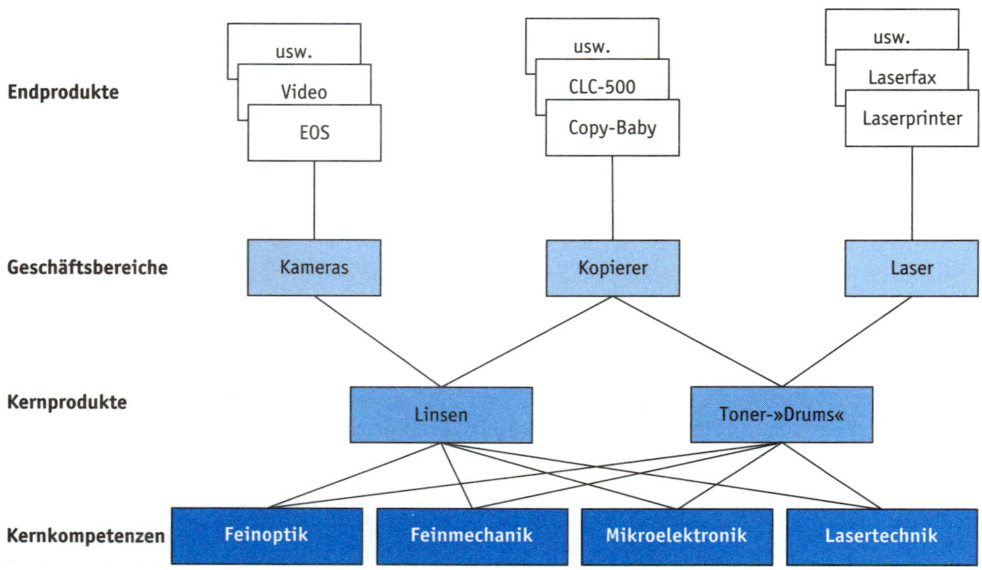

(Quelle: Thommen/Achleitner, 2012, S. 1015)

Kernprodukte entwickelt, deren Einsatz in verschiedenen Geschäftsbereichen zu unterschiedlichen Endprodukten führt (vgl. Prahalad/Hamel, 2006, S. 278 und Thommen/Achleitner, 2012, S. 1015 f.).

Aufgaben des Managements

Dem Management eines Unternehmens kommen die Aufgaben zu, die vorhandenen Kernkompetenzen zu erkennen, in den strategischen Geschäftsfeldern zu verwerten, diese gezielt weiterzuentwickeln und neue Kernkompetenzen aufzubauen, damit der Erfolg des Gesamtunternehmens langfristig gesichert werden kann. Weitere Beispiele für Kernkompetenzen von Unternehmen zeigt Abbildung 3-22.

Kritische Würdigung

Die Umsetzung von Kernkompetenzen stellt eine besondere Herausforderung dar. So wird für ein erfolgreiches Management der Kernkompetenzen zunächst vorausgesetzt, dass ein Unternehmen über besondere Ressourcen oder Fähigkeiten verfügt. Diese müssen identifiziert werden, um sie gezielt verwerten und weiterentwickeln zu können. Weiterhin ist zu berücksichtigen, dass die Erfolgswirksamkeit von besonderen Ressourcen oder Fähigkeiten sich im Laufe der Zeit ändern kann (z. B. durch veränderte gesellschaftliche Rahmenbedingungen oder technologischen Fortschritt). Dies erfordert konkrete Maßnahmen zum Erhalt von bestehenden Kernkompetenzen und zum Aufbau von neuen Kernkompetenzen (vgl. Macharzina/Wolf, 2012, S. 278).

Abb. 3-22

Kernkompetenzen von Unternehmen

Unternehmen	Kernkompetenzen
3M	Trägerwerkstoffe, Beschichtungen, Klebstoffe
ABUS	Sicherheit (Vorhang- und Fahrradschlösser, Fahrradhelme und -taschen)
Apple	Produktdesign
Black & Decker	Herstellung kleiner Elektromotoren
Canon	Feinmechanik, Feinoptik und Mikroelektronik
Dyson	Luftbewegung (Staubsauger, Händetrockner, Ventilatoren)
IKEA	Integration der Kunden bei der Leistungserstellung
Wal-Mart	Logistik im Handel

3.3.2.2 Technologie-Portfolio

Das Technologie-Portfolio eignet sich dazu, die technologischen Ressourcen eines Unternehmens einzuschätzen und deren Entwicklungspotenziale zu beurteilen.

Ziel der Technologie-Portfolio-Analyse

Das grundsätzliche Ziel der Technologie-Portfolio-Analyse ist es, sowohl die Produkt- als auch die Prozesstechnologien eines Unternehmens in einer zweidimensionalen Matrix abzubilden und daraus verschiedene Strategien für zukünftige Entwicklungsaktivitäten abzuleiten. Um dieses Ziel zu erreichen, basiert die Technologie-Portfolio-Analyse nicht auf strategischen Geschäftsfeldern, Produktgruppen oder Produkten, sondern auf den jeweils verwendeten Technologien. Diese gilt es zu identifizieren und somit die Breite ihrer Anwendung und ihre Relevanz für das Unternehmen sichtbar zu machen (vgl. hierzu und im Folgenden Pfeiffer et al., 1991, S. 79 ff. und Pfeiffer et al., 1989, S. 485 ff.).

Grundaufbau der Technologie-Portfolio-Matrix

Für die zwei voneinander unabhängigen Dimensionen des Technologie-Portfolios werden die zentralen Bewertungsvariablen **Technologieattraktivität** und **Ressourcenstärke** herangezogen. Beide werden, wie in Abbildung 3-23 dargestellt, aus verschiedenen Einzelindikatoren gebildet.

Indikatoren zur Bewertung der Technologieattraktivität

Die **Technologieattraktivität** bildet – als umfeldbezogene, multifaktorielle Variable – die vom Unternehmen weitgehend nicht beeinflussbare Umfeldsituation im Technologiebereich ab. Sie kann als die Gesamtheit aller technisch-wirtschaftlichen Vorteile interpretiert werden, die durch die Realisierung der in einem Technologiegebiet steckenden strategischen Weiterentwicklungsmöglichkeiten noch erzielt werden können. Die Technologieattraktivität setzt sich aus den Einzelindikatoren Weiterentwicklungspotenzial, Anwendungsbreite und Kompatibilität zusammen.

Von wesentlicher Bedeutung ist das **Weiterentwicklungspotenzial** einer Technologie. Dieses gibt an, in welchem Umfang technische Weiterentwicklungen und damit verbundene Kostensenkungen oder Leistungssteigerungen möglich sind.

Bei der Bestimmung der **Anwendungsbreite** wird analysiert, wie eine Technologie bzw. deren mögliche Weiterentwicklung hinsichtlich der Anzahl unterschiedlicher Einsatzbereiche und der potenziellen Stückzahlen je Einsatzbereich zu beurteilen ist.

Mit dem Indikator **Kompatibilität** wird bewertet, ob sich die Anwendung einer Technologie positiv und/oder negativ auf andere im Unternehmen eingesetzte Technologien auswirkt.

Indikatoren zur Bewertung der Ressourcenstärke

Die horizontale Achse im Technologie-Portfolio umfasst die unternehmensbezogene, multifaktorielle Variable **Ressourcenstärke**. Diese gibt die technische und wirtschaftliche Stärke oder Schwäche eines Unternehmens bezüglich einer Technologie im Vergleich zum Wettbewerb an und wird aus den Einzelindikatoren Beherrschungsgrad, Potenziale sowie (Re-)Aktionsgeschwindigkeit gebildet.

Mit dem **Beherrschungsgrad** wird die unternehmenseigene technologische Lösung in technisch-wirtschaftlicher und qualitativer Hinsicht im Vergleich zum wichtigsten Konkurrenten beurteilt.

Die **Potenziale** geben Auskunft darüber, in welchem Umfang die zur technologischen Weiterentwicklung notwendigen Ressourcen wie Personal, Sach- und Finanzmittel im Unternehmen vorhanden sind oder beschafft werden können.

Über die **(Re-)Aktionsgeschwindigkeit** wird analysiert, wie schnell das Unternehmen, verglichen mit der Konkurrenz, die notwendigen Potenziale einsetzen bzw. beschaffen kann, um damit, je nach Ausgangssituation, entweder einen bestehenden Rückstand aufzuholen, bei Gleichstand schneller zu sein oder einen vorhandenen Vorsprung zu halten oder zu vergrößern.

Abb. 3-23

Technologie-Portfolio

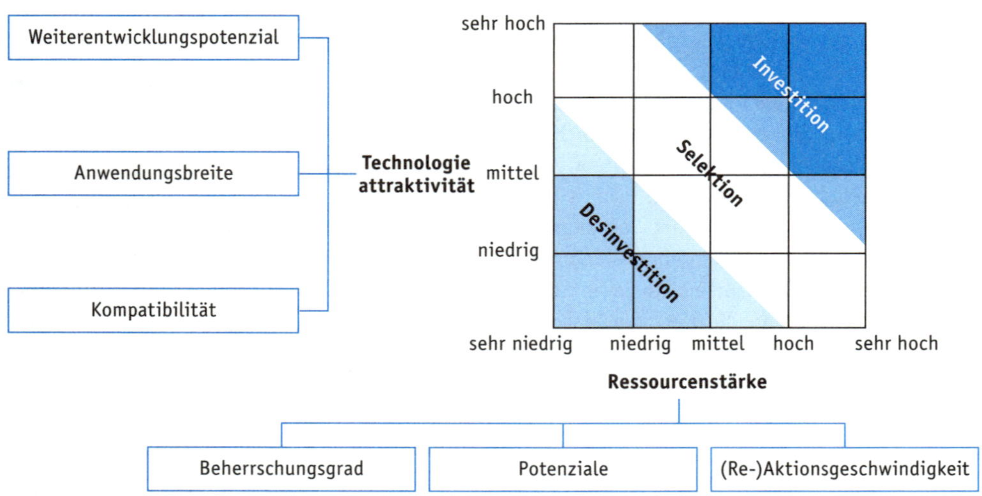

(Quelle: in Anlehnung an Pfeiffer et al., 1989, S. 486 und S. 490)

Normstrategien

Abbildung 3-23 zeigt die drei Zonen von **Normstrategien** im Technologie-Portfolio. Diese Empfehlungen sind als Präferenzregeln ohne bindenden Charakter zu verstehen (vgl. Pfeiffer et al., 1989, S. 490 f.):

Investitionsempfehlung. Technologien mit mittlerer bis sehr hoher Technologieattraktivität und Ressourcenstärke sind in der Regel relevante, neue Technologien mit hohem Bedarf an Ressourcen, die häufig auch das zukünftige technologische Know-how bestimmen. Für derartige Technologien sollten die Vorteile des Unternehmens durch Investitionen gehalten oder ausgebaut werden.

Desinvestitionsempfehlung. Für Technologien mit mittlerer bis sehr niedriger Attraktivität und Ressourcenstärke wird eine Desinvestition empfohlen, da keine prinzipielle Verbesserung der Leistungsfähigkeit zu erwarten ist. Vielmehr sollten die F&E-Aktivitäten in diesen Bereichen abgebaut und die freiwerdenden Ressourcen in attraktivere Technologien investiert werden.

Selektionsempfehlung. Für die Diagonalfelder der Technologie-Portfolio-Matrix sind keine einheitlichen Handlungsempfehlungen möglich, da sowohl Investitionen als auch Desinvestitionen sinnvoll sein können. Hier ist deshalb eine weitergehende Betrachtung erforderlich:

1. mittlere bis sehr hohe Technologieattraktivität, sehr niedrige bis mittlere Ressourcenstärke:
   - Entweder Durchführung überproportional hoher Investitionen, um eine hohe Ressourcenstärke zu erreichen und so die technologische Lücke zu schließen bzw. einen Vorsprung aufzubauen oder
   - Rückzug aus dieser Technologie, weil der Rückstand zu groß ist; Zukauf, falls diese Technologie unverzichtbar ist.
2. sehr niedrige bis mittlere Technologieattraktivität, mittlere bis sehr hohe Ressourcenstärke:
   - Entweder geringe Investitionen, um den technologischen Vorsprung zu halten oder
   - langsame Desinvestition und einen geringeren Entwicklungsstand bei dieser Technologie bewusst in Kauf nehmen.

Die Erstellung und Auswertung eines Technologie-Portfolios wird nachfolgend mit Beispiel 3.5 verdeutlicht.

Beispiel 3.5 Grape SE

▸▸▸ Für die strategischen Geschäftsfelder der Grape SE (Radiogeräte, Mobiles, UHD TVs, MP3-Player und Tablets) wurden die in Tabelle 3-4 aufgeführten, wesentlichen Produkt- und Prozesstechnologien identifiziert. Diese Technologien wurden durch Interviews mit internen und externen Experten hinsichtlich Technologieattraktivität und Ressourcenstärke bewertet. Die Beurteilung der Ressourcenstärke erfolgte im Vergleich zum wichtigsten Konkurrenten der Grape SE.

Tab. 3-4

Bewertung der Produkt- und Prozesstechnologien der Grape SE

	Bestückungsverfahren	Display	Speichermodul	Stromversorgung	Systemmontage
Technologieattraktivität					
Weiterentwicklungspotenzial	sehr niedrig	mittel	hoch	niedrig	mittel
Anwendungsbreite	hoch	hoch	sehr hoch	sehr hoch	niedrig
Kompatibilität	mittel	mittel	hoch	mittel	hoch
Ressourcenstärke					
Beherrschungsgrad	schlechter	besser	besser	gleich	schlechter
Potenziale	schlechter	gleich	besser	gleich	viel schlechter
(Re-)Aktionsgeschwindigkeit	viel schlechter	viel besser	gleich	gleich	schlechter

Die qualitativen Ausprägungen werden anschließend in eine quantitative Skala von »0 (sehr niedrig bzw. viel schlechter)« bis »4 (sehr hoch bzw. viel besser)« transferiert. Zusätzlich werden die Einzelindikatoren von Technologieattraktivität und Ressourcenstärke entsprechend ihrer Bedeutung zueinander gewichtet. Die Werte für Technologieattraktivität und Ressourcenstärke einer Technologie ergeben sich schließlich durch Addition der mit der Gewichtung multiplizierten Skalenwerte. Als strategische Relevanz der jeweiligen Technologie wird bei der Grape SE deren funktionale Bedeutung für das Gesamtprodukt abgeschätzt (vgl. Tab. 3-5).

Tab. 3-5

Technologieattraktivität und Ressourcenstärke der Grape SE

	Gewichtung	Bestückungsverfahren (B)	Display (D)	Speichermodul (Sp)	Stromversorgung (St)	Systemmontage (Sy)
Technologieattraktivität	**100 %**	**1,3**	**2,3**	**3,3**	**2,1**	**1,9**
Weiterentwicklungspotenzial	50 %	0	2	3	1	2
Anwendungsbreite	30 %	3	3	4	4	1
Kompatibilität	20 %	2	2	3	2	3
Ressourcenstärke	**100 %**	**0,8**	**3,0**	**2,8**	**2**	**0,8**
Beherrschungsgrad	60 %	1	3	3	2	1
Potenziale	20 %	1	2	3	2	0
(Re-)Aktionsgeschwindigkeit	20 %	0	4	2	2	1
Strategische Relevanz		**1**	**3**	**4**	**3**	**2**

Anhand der Ausgangsdaten ergibt sich das Technologie-Portfolio der Grape SE (vgl. Abb. 3-24). Durch Variation der Flächengröße der einzelnen Technologien wird zusätzlich deren strategische Relevanz erfasst.

Abb. 3-24

Technologie-Portfolio der Grape SE

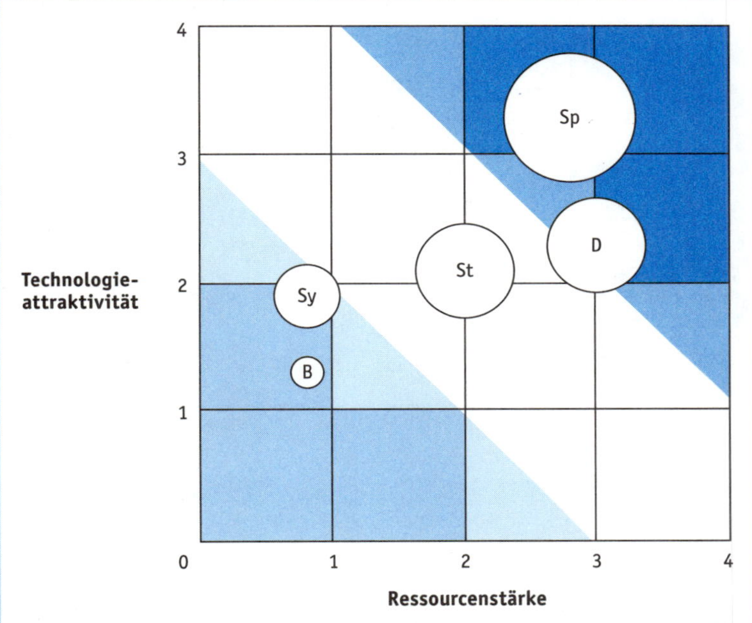

Gemäß den Normstrategien des Technologie-Portfolios sollte die Grape SE ihre Aktivitäten bezüglich der Technologien Bestückungsverfahren (B) und Systemmontage (Sy) reduzieren und die frei werdenden Ressourcen in Displays (D) und Speichermodule (Sp) investieren. Bei der Stromversorgung (St) ist zu entscheiden, ob ein Vorsprung gegenüber der Konkurrenz aufgebaut werden kann, falls die dafür notwendigen Finanzmittel beschafft werden können. ◂◂◂

Kritische Beurteilung

Die Kritik am Technologie-Portfolio richtet sich einerseits auf eine fehlende empirische Absicherung der gewählten Einzelindikatoren, die bei der Bestimmung von Technologieattraktivität und Ressourcenstärke zugrunde gelegt werden. Andererseits sind die empfohlenen Normstrategien nur unzulänglich spezifiziert und wenig präzisiert (vgl. Macharzina/Wolf, 2012, S. 379). Insgesamt liefert das Technologie-Portfolio wichtige Anhaltspunkte für eine nachfolgend notwendige, detaillierte operative F&E-Projekt- und Programmplanung (vgl. Welge/Al-Laham, 2011, S. 582).

S-Kurven-Konzept nach Arthur D. Little

Ähnlich wie Produkte und Branchen durchlaufen auch Technologien vielfach einen idealtypischen Lebenszyklus (vgl. Abb. 3-25). Die einzelnen Phasen des Tech-

Abb. 3-25

Lebenszyklusphasen von Technologien

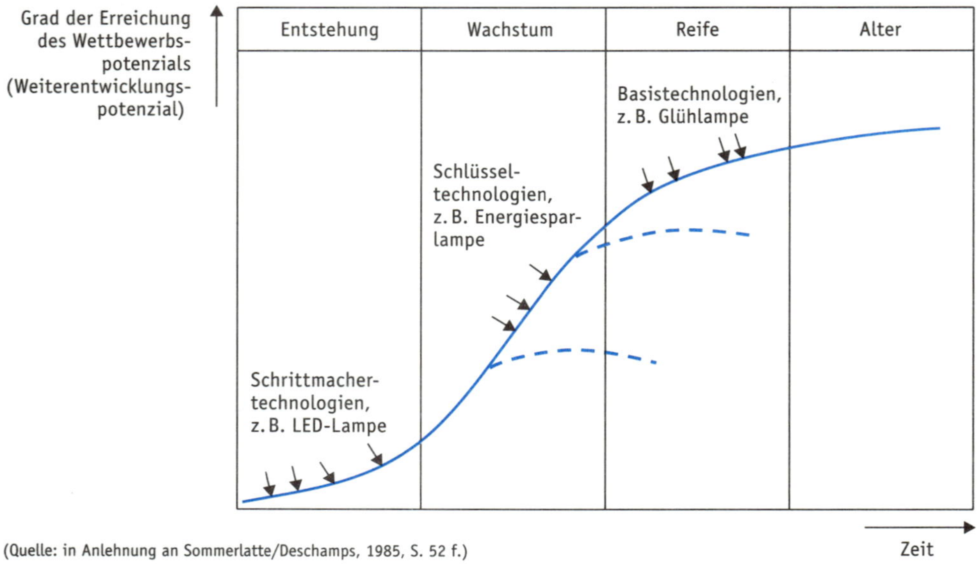

(Quelle: in Anlehnung an Sommerlatte/Deschamps, 1985, S. 52 f.)

nologielebenszyklus sind charakterisiert durch das Volumen der Einsatzgebiete und Anwendungen, das die Technologie bei entsprechender Weiterentwicklung noch erreichen kann (Weiterentwicklungspotenzial). Allerdings durchlaufen nicht alle Technologien den vollständigen Lebenszyklus, weil manche von ihnen bereits verdrängt oder aufgegeben werden bevor sie zum Einsatz kommen, z. B. bei Änderungen im wirtschaftlichen Umfeld oder größerer Leistungsfähigkeit von anderen Technologien.

Entsprechend ihrem Weiterentwicklungspotenzial können Technologien in Schrittmacher-, Schlüssel- und Basistechnologien eingeteilt werden. Während sich **Schrittmachertechnologien** noch in einem frühen Entwicklungsstadium befinden und deshalb ein hohes Weiterentwicklungspotenzial aufweisen, stehen **Schlüsseltechnologien** bereits mitten in der Wachstumsphase und haben folglich ein entsprechend geringes Weiterentwicklungspotenzial. Da **Basistechnologien** inzwischen für die meisten Produkte einer Industrie elementar geworden sind und von allen Wettbewerbern beherrscht werden, ist ihr Weiterentwicklungspotenzial am geringsten (vgl. hierzu ausführlich Sommerlatte/Deschamps, 1985, S. 49 ff.).

Strategische Implikationen

Die Einordnung der Technologien entsprechend ihrer strategischen Rolle in Schrittmacher-, Schlüssel- und Basistechnologien sowie die Kenntnis der Lebenszyklusphase der relevanten Technologien einer Branche ist von hoher Bedeutung für die Technologiestrategie eines Unternehmens. Hierdurch können die Entwicklungstendenzen einer Branche besser eingeschätzt und folglich Veränderungen der Wettbewerbsbedingungen frühzeitig antizipiert werden (vgl. Sommerlatte/Deschamps, 1985, S. 56).

3.3.3 Produkt-/Marktstrategien

Ziel der Entwicklung einer Unternehmensstrategie ist es, das Portfolio an Geschäftsfeldern sowie die Verteilung der zur Verfügung stehenden Ressourcen auf die einzelnen Geschäftsfelder so zu gestalten, dass die Unternehmensexistenz durch nachhaltige Erfolge langfristig sichergestellt werden kann.

Inhalt von Produkt-/ Marktstrategien

In der strategischen Planung ist die Frage zu beantworten, in welche Produkt- bzw. Dienstleistungsbereiche investiert werden soll und welche Bereiche eher restriktiv oder abschöpfend zu behandeln sind. Ferner ist festzulegen, auf welchen Märkten die Produkte oder Dienstleistungen angeboten werden. Da diese beiden Entscheidungsprobleme eng miteinander verbunden sind und deshalb nur gemeinsam gelöst werden können, stehen Produkt-/Marktstrategien im Zentrum der Gestaltung des Geschäftsfeldportfolios (vgl. Macharzina/Wolf, 2012, S. 269 f.).

3.3.3.1 Produkt-/Markt-Matrix nach Ansoff

Eine Möglichkeit zur Systematisierung von Produkt-/Marktstrategien stellt die in Abbildung 3-26 dargestellte **Produkt-/Markt-Matrix nach Ansoff** dar.

Produkt-/Marktstrategien nach Ansoff

Vier Möglichkeiten für Produkt-/Marktstrategien sind zu unterscheiden (vgl. z. B. Thommen/Achleitner, 2012, S. 1010):

1. Bei der **Marktdurchdringung** werden mit bereits vorhandenen Produkten die bestehenden Märkte intensiv bearbeitet, um die Absatzmenge pro Abnehmer und/ oder die Anzahl der Abnehmer beispielsweise durch Marketingmaßnahmen zu steigern (so versucht z. B. Coca-Cola durch intensive Werbemaßnahmen zusätzliche Marktanteile zu gewinnen).

Abb. 3-26

Produkt-/Markt-Matrix nach Ansoff

Markt / Produkt	gegenwärtig	neu
gegenwärtig	**Marktdurchdringung** Konzentration auf den bestehenden Markt	**Marktentwicklung** Erschließung neuer Märkte
neu	**Produktentwicklung** Erstellen neuer Produkte für den vorhandenen Markt	**Diversifikation** Horizontale, vertikale oder laterale Ergänzung des Stammgeschäfts

(Quelle: Erweiterte Darstellung in Anlehnung an Ansoff, 1965, S. 109)

Praxisbeispiele

Produkt-/Markt-Matrix nach Ansoff

Coca-Cola: Expanding presence (Marktdurchdringung)

We make our branded beverage products available to consumers in more than 200 countries through our network of Company-owned or -controlled bottling and distribution operations as well as independent bottling partners, distributors, wholesalers and retailers — the world's largest beverage distribution system. Consumers enjoy finished beverage products bearing our trademarks at a rate of 1.9 billion servings each day. We continue to expand our marketing presence in an effort to increase our unit case volume in developed, developing and emerging markets. Our strong and stable system helps us to capture growth by manufacturing, distributing, and marketing of existing, enhanced and new innovative products to our consumers throughout the world.
(Quelle: Annual Report 2013, in: http://assets.coca-colacompany.com/d0/c1/7afc6e6949c8adf1168a3328b2ad/2013-annual-report-on-form-10-k.pdf, S. 5)

Nestlé
Good Food,Good Life

Nestlé tauscht Schönheit gegen Gesundheit (Marktentwicklung)

Der Lebensmittelkonzern ist auf der Suche nach neuen Geschäften – Deutlich wird die Strategie an der Gründung der Nestlé Skin Health S. A. mit Sitz in Lausanne. Nestlé erläutert hierzu, man werde die Aktivitäten in das Feld der »spezialisierten medizinischen Hautpflegeprodukte ausweiten.«
(Quelle: Frankfurter Allgemeine Zeitung, Unternehmen, vom 12.02.2014, S. 15)

Erneut zweistelliges Wachstum für die Porsche Design Group (Produktentwicklung)

Unter der Luxusmarke Porsche Design werden hochwertige Produkte, u. a. Bekleidung, Accessoires und Uhren, gestaltet und weltweit vertrieben. Mit Porsche Design sowie der Marke Porsche Driver's Selection steigerte die Tochter des Sportwagenbauers im abgelaufenen Geschäftsjahr seinen Umsatz um mehr als zehn Prozent auf 128 Millionen Euro.
(Quelle: Pressemitteilung der Porsche Design Group, vom 19.03.2014, in: http://presse.porsche-design.com/index.php?id=150&tx_ttnews[tt_news]=617&cHash=78ad11a56c661338a0be45b950f6bfc5)

Google und der Fernseh-Stick (Diversifikation)

In den USA ist Chromecast seit einiger Zeit erhältlich. Nun bringt der Internet-Konzern Google den Fernseh-Stick auch in Deutschland auf den Markt. Mit ihm lassen sich Videos oder Inhalte aus Googles Browser Chrome vom Laptop oder Tablet per WLAN auf einen Fernseh-Bildschirm bringen.
(Quelle: Handelsblatt, IT + Medien, vom 19.03.2014, in: http://www.handelsblatt.com/unternehmen/it-medien/fernseh-stick-google-fuehrt-chromecast-in-deutschland-ein/9635838.html)

2. **Marktentwicklung** bedeutet die Erschließung neuer Märkte für die bestehenden Produkte. So hat sich beispielsweise Dell durch den Vertrieb der Produkte über den Einzelhandel einen neuen Markt zusätzlich zum Direktvertrieb erschlossen. Als Beispiel für eine geografische Markterweiterung kann das von Apple entwickelte iPhone betrachtet werden, das bei der Markteinführung zunächst nur auf dem US-amerikanischen Markt und später in Europa verkauft wurde.

3. Die **Produktentwicklung** beschreibt eine Strategie, bei der auf den bestehenden Märkten neue Produkte angeboten werden, die entweder die vorhandene Produktpalette erweitern oder einzelne Produkte ersetzen. Mit der Entwicklung des Panamera hat Porsche beispielsweise seine Produktpalette um ein viertüriges Sport-Coupé erweitert.
4. Bei der **Diversifikation** werden neue Produkte auf neuen Märkten abgesetzt. Dabei können folgende Formen unterschieden werden:
   a) Horizontale Diversifikation: Zwischen den neuen und den bisherigen Produkten bestehen Gemeinsamkeiten z. B. bei der Produktionstechnologie, den eingesetzten Rohstoffen oder den Distributionskanälen. Beispielsweise ist Starbucks nicht mehr nur im Kaffeegeschäft tätig, sondern gewinnt zunehmend Marktanteile im Teesegment. Auch der Einstieg des Modeunternehmens Esprit in den Verkauf von Heimtextilien wie Bettwäsche zählt, durch die Gemeinsamkeiten bei den eingesetzten Rohstoffen, zu dieser Form der Diversifikation.
   b) Vertikale Diversifikation: Die neuen Produkte entstammen einer vor- (Rückwärtsintegration) oder nachgelagerten (Vorwärtsintegration) Produktionsstufe. Als Beispiel einer Vorwärtsintegration kann der Einstieg eines Grafikkarten- und Chipherstellers in das Geschäft mit Videospielkonsolen gesehen werden (Beispiel: Nvidia). Sichert sich ein Lebensmittelhersteller durch den Zukauf von Landwirtschaftsbetrieben die Rohstoffversorgung, spricht man von Rückwärtsintegration.
   c) Laterale Diversifikation: Zwischen den bisherigen und den neuen Produkten besteht kein sachlicher Zusammenhang (z. B. der Einstieg des schwedischen Möbelhändlers IKEA in die Hotelbranche).

Für die Entwicklung von Produkt-/Marktstrategien werden in der Unternehmenspraxis vor allem Portfolio-Matrizen eingesetzt. Nachfolgend werden das Marktwachstums-/Marktanteils-Portfolio (vgl. Abschnitt 3.3.3.2) und das Marktattraktivitäts-/Wettbewerbsstärken-Portfolio (vgl. Abschnitt 3.3.3.3) näher betrachtet.

3.3.3.2 Marktwachstums-/Marktanteils-Portfolio (BCG-Matrix)

Als wohl bekanntestes Portfolio-Konzept gilt das von der Boston Consulting Group (BCG) entwickelte Marktwachstums-/Marktanteils-Portfolio (siehe hierzu Hedley, 1977, S. 9 ff.). Bei diesem Konzept wird die Attraktivität einer Branche als externe, umfeldbezogene Dimension über das **Marktwachstum** abgebildet. Die interne, unternehmensbezogene Dimension, die die Stärke des Geschäftsfeldes im Vergleich zur Konkurrenz ausdrückt, wird über den **relativen Marktanteil** bestimmt.

Für beide Dimensionen wird jeweils eine Trennlinie festgelegt, sodass, wie in Abbildung 3-27 dargestellt, eine Portfolio-Matrix mit vier Feldern entsteht.

Relativer Marktanteil

Der **relative Marktanteil** steht im Zusammenhang mit dem Konzept der Erfahrungskurve (siehe hierzu Abschnitt 3.2.4.2). Das Unternehmen mit dem größten relativen Marktanteil hat aufgrund der im Vergleich mit dem Wettbewerber größeren kumulierten Produktionsmenge die meiste Erfahrung aufgebaut und dadurch die

Abb. 3-27

Marktwachstums-/Marktanteils-Portfolio (BCG-Portfolio)

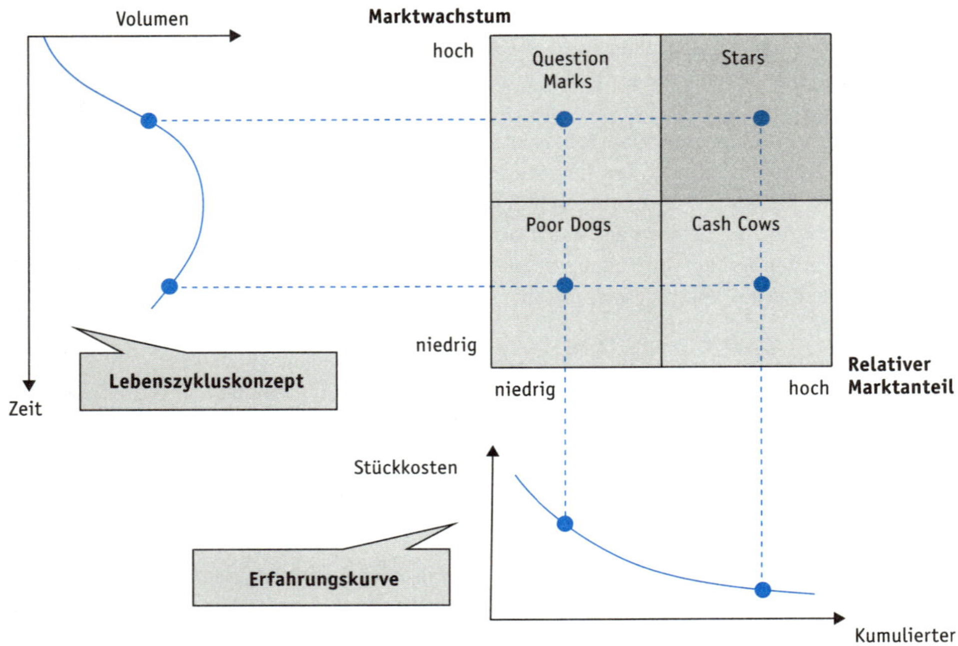

(Quelle: in Anlehnung an Müller-Stewens/Lechner, 2011, S. 290)

niedrigste Kostenposition erreicht. Folglich kann dieses Unternehmen die größten Gewinne erzielen.

Zur Berechnung des relativen Marktanteils (RMA) eines strategischen Geschäftsfelds dient folgender formaler Zusammenhang:

$$\text{relativer Marktanteil} = \frac{\text{Marktanteil des eigenen Unternehmens}}{\text{Marktanteil des größten Konkurrenten}}$$

Demzufolge ist bei dem Unternehmen mit dem höchsten absoluten Marktanteil der relative Marktanteil größer als eins. Entsprechend wird der Wert RMA = 1 sehr häufig als vertikale Trennlinie für die Felder der Matrix festgesetzt (so z. B. Hutzschenreuter, 2013, S. 380). Eine weitere Möglichkeit ist, die Trennlinie bei einem Wert von 1,5 festzusetzen. Dies kann damit begründet werden, dass erst ab diesem Wert die in Märkten mit hohem Wachstum erforderliche dominante Wettbewerbsposition gewährleistet ist (vgl. hierzu Hedley, 1977, S. 12 f.).

Marktwachstum

Die Zukunftschancen der einzelnen Geschäftsfelder werden dem Konzept des Produkt- bzw. Marktlebenszyklus entsprechend (siehe Abschnitt 3.2.4.3) über das **Marktwachstum** abgebildet. Geschäftsfelder in einer frühen Phase des Lebenszyklus haben demzufolge höhere Wachstumsaussichten und bessere Zukunftschancen als Geschäftsfelder, die sich bereits in einer späteren Phase des Lebenszyklus befinden.

Für das Marktwachstum kann die Trennlinie der Matrix bei unterschiedlichen Werten festgelegt werden. Als Trennwert kann z. B. die Wachstumsrate des Bruttoinlandsprodukts oder die (gewichtete) durchschnittliche Wachstumsrate der Branche(n), in denen das betrachtete Unternehmen tätig ist, verwendet werden (so z. B. Hax/Majluf, 1996, S. 304).

Normstrategien

Gemäß der Segmentierung in vier Felder sind im BCG-Portfolio vier Normstrategien für die Geschäftsfelder zu unterscheiden:

Stars: Geschäftsfelder mit einer hohen Wachstumsrate und hohem relativen Marktanteil werden als »Stars« bezeichnet. Bei diesen Geschäftsfeldern ist es in einer frühen Wachstumsphase gelungen, eine führende Marktposition aufzubauen. Da diese Geschäftsfelder ein hohes Zukunftspotenzial aufweisen, sind hohe Investitionen erforderlich, um den relativen Marktanteil zu erhalten bzw. auszubauen.
Cash Cows: In diesem Matrixfeld befinden sich Geschäftsfelder mit einem hohen relativen Marktanteil und geringen Wachstumsraten. Investitionen in diese Geschäftsfelder sind aufgrund des geringen Wachstums kaum nötig, sodass die erwirtschafteten positiven Cashflows für andere Zwecke abgeschöpft werden können.
Question Marks: Hier positionierte Geschäftsfelder besitzen einen verhältnismäßig geringen relativen Marktanteil auf Märkten mit hohen Wachstumsraten. Weil andere Wettbewerber in diesen Geschäftsfeldern bereits Kostenvorteile aufgebaut haben, ist von Fall zu Fall zu entscheiden, ob die sehr hohen Investitionen aufgebracht werden sollen, um den Vorsprung der Konkurrenz einzuholen, oder ob es sinnvoller ist, sich aus diesen Bereichen zurückzuziehen.
Poor Dogs: Auf Märkten mit unterdurchschnittlichem Wachstum agierende Geschäftsfelder mit geringem relativem Marktanteil haben in der Regel keine positiven Zukunftsaussichten. Hier sollte deshalb eine Desinvestition in Betracht gezogen werden.

Abschließend ist anzumerken, dass diese Handlungsempfehlungen auf einer idealtypischen Betrachtungsweise basieren und nicht ohne weitergehende Prüfung, insbesondere hinsichtlich Interdependenzen zwischen SGF, umgesetzt werden sollten. Vielmehr zielt dieses Portfolio-Konzept darauf ab, auf einfache Art und Weise erste strategische Orientierungspunkte zu liefern.

Beispiel 3.6 veranschaulicht die Erstellung eines Marktwachstums-/Marktanteils-Portfolios.

Beispiel 3.6 Grape SE

▸▸▸ Für die Geschäftsfelder der Grape SE wurden folgende Werte ermittelt (vgl. Tab. 3-6):

Tab. 3-6

Ausgangsdaten

Geschäftsfeld	Umsatz der Grape SE	Umsatz des größten Konkurrenten	Nominales Marktwachstum	Durchschnittliche Preissteigerung im Markt
Radiogeräte (R)	150 Mio. EUR	90 Mio. EUR	−2 %	0 %
Mobiles (M)	80 Mio. EUR	100 Mio. EUR	6 %	2 %
UHD TVs (U)	120 Mio. EUR	80 Mio. EUR	14 %	4 %
MP3-Player (MP3)	15 Mio. EUR	150 Mio. EUR	5 %	3 %
Tablets (T)	30 Mio. EUR	150 Mio. EUR	9 %	3 %

Berechnung des relativen Marktanteils:

$$\text{relativer Marktanteil} = \frac{\text{Marktanteil Grape SE}}{\text{Marktanteil Konkurrent}} = \frac{\frac{\text{Umsatz Grape SE}}{\text{gesamtes Marktvolumen}}}{\frac{\text{Umsatz Konkurrent}}{\text{gesamtes Marktvolumen}}} = \frac{\text{Umsatz Grape SE}}{\text{Umsatz Konkurrent}}$$

Das reale Marktwachstum berechnet sich aus dem nominalen Marktwachstum, korrigiert um die durchschnittliche Preissteigerung im Markt.
Für die Erstellung des Marktwachstums-/Marktanteils-Portfolios ergeben sich folgende Werte (vgl. Tab. 3-7):

Tab. 3-7

Umsatz, relativer Marktanteil und reales Marktwachstum der Grape SE

Geschäftsfeld	Umsatz	Relativer Marktanteil	Reales Marktwachstum
Radiogeräte (R)	150 Mio. EUR	1,67	−2 %
Mobiles (M)	80 Mio. EUR	0,8	4 %
UHD TVs (U)	120 Mio. EUR	1,5	10 %
MP3-Player (MP3)	15 Mio. EUR	0,1	2 %
Tablets (T)	30 Mio. EUR	0,2	6 %

Die vertikale Trennlinie wird im Beispiel bei einem relativen Marktanteil von RMA = 1,0 gesetzt. Die horizontale Segmentierung erfolgt bei der durchschnittlichen realen Wachstumsrate aller Märkte, in denen die Grape SE tätig ist (4 %). Darüber hinaus wird die Bedeutung der Geschäftsfelder, gemessen am Umsatz, über die Größe der Kreisfläche dargestellt, sodass sich das in Abbildung 3-28 dargestellte Portfolio ergibt.

Abb. 3-28

Marktwachstums-/Marktanteils-Portfolio der Grape SE

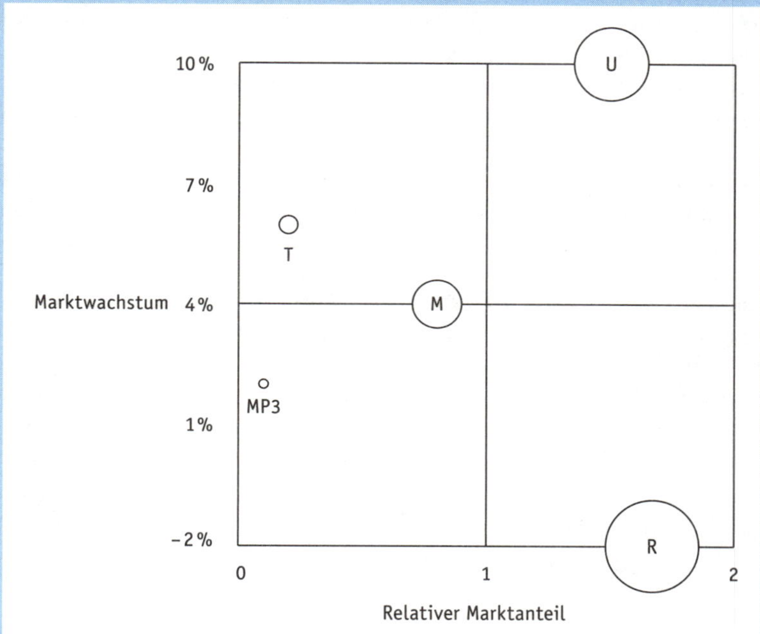

Das Portfolio der Grape SE ist als verhältnismäßig ausgeglichen zu beurteilen, da sich in jedem Feld der Matrix mindestens ein Geschäftsfeld befindet. Mit den UHD TVs (U) hat das Unternehmen ein bedeutendes Geschäftsfeld mit hohem Zukunftspotenzial (»Star«), in das mit den finanziellen Überschüssen aus dem Radiogeschäft (R) (»Cash Cow«) weiter investiert werden sollte. Aufgrund der strategisch geringen Bedeutung von MP3-Player (MP3) sollte sich die Grape SE, entsprechend der Normstrategie für »Poor Dogs«, aus diesem Markt zurückziehen. Bezüglich der strategischen Geschäftsfelder Tablets (T) und Mobiles (M) im Matrixfeld »Question Marks« sind weitere Analysen notwendig, um eindeutige strategische Handlungsempfehlungen abgeben zu können. ◂◂◂

Kritische Beurteilung

Der Hauptkritikpunkt am BCG-Portfolio ist, dass sowohl die unternehmensbezogene als auch die umfeldbezogene Dimension nur durch jeweils ein Kriterium – Marktwachstum und Marktanteil – abgebildet werden. Ferner setzt die Ermittlung von relativem Marktanteil und Marktwachstum die Definition und Abgrenzung eines Marktes voraus. Da diese Festlegungen einem subjektiven Einfluss unterliegen, bleibt die Vergleichbarkeit eingeschränkt und es entstehen Manipulationsmöglichkeiten (vgl. Hungenberg, 2012, S. 464 ff. und Welge/Al-Laham, 2011, S. 480 f.).

3.3.3.3 Marktattraktivitäts-/Wettbewerbsstärken-Portfolio (McKinsey-Matrix)

Ein anderes, in der Praxis weit verbreitetes Portfolio-Konzept ist das von der Beratungsgesellschaft McKinsey & Company in Zusammenarbeit mit dem US-amerikanischen Konzern General Electric entwickelte Marktattraktivitäts-/Wettbewerbsstärken-Portfolio (siehe hierzu grundlegend Clifford et al., 1975, S. 2 ff.). Als externe, umfeldbezogene Dimension wird hier die **Marktattraktivität** verwendet. Die interne, unternehmensbezogene Dimension wird über die **Wettbewerbsstärke** abgebildet.

Beide Dimensionen werden in die Ausprägungen niedrig, mittel und hoch unterteilt. Hierdurch entsteht eine Neun-Felder-Matrix, deren Trennlinien sich auf einer 100er-Skala horizontal und vertikal jeweils bei 33 und 67 Punkten befinden (vgl. Abb. 3-29).

Marktattraktivität und Wettbewerbsstärke

Die Dimensionen **Marktattraktivität** und **Wettbewerbsstärke** bestehen jeweils aus mehreren Subfaktoren, die entweder nominal, ordinal oder kardinal skaliert sein können. Die Subfaktoren müssen für beide Matrixdimensionen unternehmensindividuell ausgewählt werden. Zur Beurteilung der Marktattraktivität können beispielsweise die Subfaktoren Marktwachstum, Marktgröße, Markteintrittskosten, Konkurrenzsituation und Umweltschutzauflagen verwendet werden. Die Wettbewerbsstärke

Abb. 3-29

Marktattraktivitäts-/Wettbewerbsstärken-Portfolio (McKinsey-Portfolio)

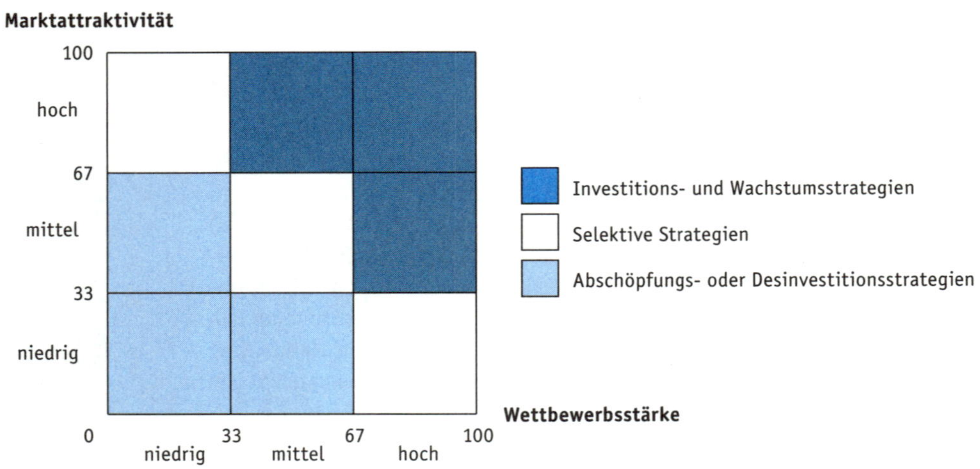

(Quelle: in Anlehnung an Hinterhuber, 2004, S. 148)

kann beispielsweise mit den Subfaktoren relativer Marktanteil, Produktqualität, Distributionspolitik, Preisvorteile und Forschungs- und Entwicklungsstärke bestimmt werden.

Die einzelnen Subfaktoren werden durch die Transformation in Punktwerte vergleichbar gemacht und anschließend mit Gewichtungsfaktoren zu den Werten für Marktattraktivität und Wettbewerbsstärke zusammengefasst (siehe hierzu Beispiel 3.7).

Normstrategien

Auch im Marktattraktivitäts-/Wettbewerbsstärken-Portfolio werden Normstrategien für die einzelnen Felder empfohlen (ausführlich hierzu beispielsweise Welge/Al-Laham, 2011, S. 483 f.):

Investitions- und Wachstumsstrategien betreffen jene Geschäftsfelder, die sich in den drei Feldern rechts oben in der Matrix befinden. Diesen Geschäftsfeldern wird ein hohes Erfolgspotenzial zugesprochen. Um die Wettbewerbsstärke zu sichern und gegebenenfalls auszubauen sind hier (erhebliche) Investitionen erforderlich.

Abschöpfungs- und Desinvestitionsstrategien beziehen sich auf die Geschäftsfelder, die in den Matrixfeldern links unten positioniert sind. Investitionen sind hier wenig sinnvoll, weshalb die Empfehlung »abschöpfen und langfristig desinvestieren« lautet.

Selektive Strategien sind im Diagonalbereich von links oben nach rechts unten erforderlich, da hier keine eindeutige Handlungsempfehlung gegeben werden kann. Für Geschäftsfelder im linken oberen Matrixfeld wird häufig eine Investitionsstrategie vorgeschlagen, um die eigene Wettbewerbsstärke in diesem Bereich zu steigern. Dagegen wird für Geschäftsfelder im rechten unteren Matrixfeld meist eine Abschöpfungs- und Desinvestitionsstrategie empfohlen.

Die Erstellung eines Marktattraktivitäts-/Wettbewerbsstärken-Portfolios wird nachfolgend mit Beispiel 3.7 veranschaulicht.

Beispiel 3.7 Grape SE

▸▸▸ Zur Beurteilung der Dimension Marktattraktivität werden bei der Grape SE die in Tabelle 3-8 aufgelisteten Faktoren herangezogen. Sämtliche Faktoren werden mit Punkten von 0 (sehr negativ) bis 100 (sehr positiv) bewertet und anschließend entsprechend ihrer Gewichtung zum Wert für Marktattraktivität zusammengefasst (der maximal erreichbare Wert beträgt folglich 100). Die Gewichtungsfaktoren addieren sich zu 100 % und basieren auf der Einschätzung von Experten.

Tab. 3-8

Berechnung der Marktattraktivität für die strategischen Geschäftsfelder der Grape SE

Subfaktoren der Marktattraktivität	Gewichte	Radiogeräte (R)	Mobiles (M)	UHD-TVs (U)	MP3-Player (MP3)	Tablets (T)
Wettbewerbsverhalten der im Markt etablierten Unternehmen ▸ Anzahl und Struktur der Wettbewerber ▸ Kapazitätsauslastung ▸ Rentabilität des Sektors ▸ Differenzierbarkeit ▸ ...	25 %	10	40	70	60	10
Bedrohung durch neue Konkurrenten ▸ Höhe der Eintrittsbarrieren ▸ Technologie ▸ Rechtliche Rahmenbedingungen ▸ ...	10 %	10	50	60	70	30
Verhandlungsstärke der Abnehmer ▸ Struktur und Anzahl der Kunden ▸ ...	15 %	30	70	90	70	90
Verhandlungsstärke der Lieferanten ▸ Anzahl der Lieferanten ▸ Integrationsmöglichkeiten ▸ ...	5 %	10	70	80	50	60
Bedrohung durch Substitutionsprodukte ▸ Verfügbarkeit ▸ ...	10 %	10	90	80	70	60
Marktfaktoren ▸ Wachstum der Nachfrage ▸ Bedürfnisse der Gesellschaft ▸ ...	15 %	10	80	100	60	80
Rechtliche Rahmenbedingungen ▸ Umweltschutzauflagen ▸ Steuergesetzgebung ▸ ...	10 %	70	60	50	60	70
Technologische Faktoren ▸ Komplexität ▸ ...	10 %	90	50	40	50	60
Marktattraktivität	**100 %**	**27**	**61**	**73**	**62**	**53**

(Quelle: in Anlehnung an Hinterhuber, 2004, S. 162)

Zur Beurteilung der Wettbewerbsstärke dienen folgende Faktoren, die in Bezug auf die stärksten Konkurrenten bewertet werden (vgl. Tab. 3-9). Die Berechnung erfolgt analog zur Marktattraktivität.

Tab. 3-9

Berechnung der Wettbewerbsstärke für die strategischen Geschäftsfelder der Grape SE

Subfaktoren der Wettbewerbsstärke	Gewichte	Radiogeräte (R)	Mobiles (M)	UHD-TVs (U)	MP3-Player (MP3)	Tablets (T)
Marktpräsenz ▸ Marktanteil ▸ Vertriebssystem ▸ Firmenimage ▸ …	25 %	100	60	90	10	20
Produkt/Dienstleistung ▸ Sortiment ▸ Preis/Leistung ▸ Service ▸ Kundenentwicklung ▸ Lieferzeiten ▸ …	25 %	80	60	70	50	60
Produktion ▸ Kostenstruktur ▸ Logistik ▸ Versorgungssituation ▸ …	30 %	90	50	80	10	30
F&E-Potenzial (mit Bezug auf die Marktposition) ▸ Innovationsrate ▸ …	10 %	80	60	70	20	30
Organisation ▸ Prozesse ▸ Mitarbeiterqualifikation ▸ Kernkompetenzen ▸ …	10 %	90	40	60	30	20
Wettbewerbsstärke	**100 %**	**89**	**55**	**77**	**23**	**34**

(Quelle: in Anlehnung an Hinterhuber, 2004, S. 163)

Übernimmt man die Werte für die Ausprägungen der beiden Dimensionen in die Matrixdarstellung, ergibt sich das folgende Marktattraktivitäts-/Wettbewerbsstärken-Portfolio für die Grape SE. Die Bedeutung der Geschäftsfelder orientiert sich am Umsatz und wird durch die Größe der Kreisfläche dargestellt (vgl. Abb. 3-30).

Abb. 3-30

Marktattraktivitäts-/Wettbewerbsstärken-Portfolio der Grape SE

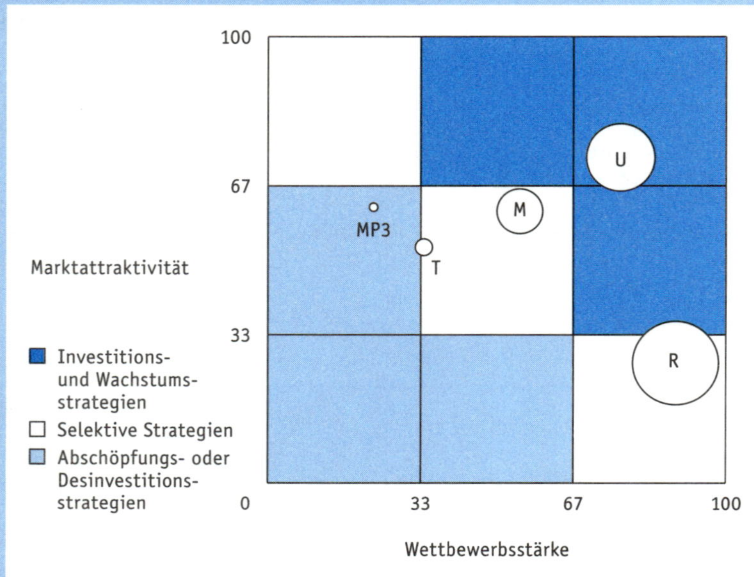

Die Handlungsempfehlungen lauten bei UHD TVs (U) »investieren«, bei MP3-Player (MP3) »desinvestieren« und bezüglich Tablets (T) und Mobiles (M) »selektieren«. Unterschiede zum BCG-Portfolio ergeben sich bei Radiogeräten (R), die dort als »Cash Cow« identifiziert wurden. Im McKinsey-Portfolio befindet sich dieses Geschäftsfeld im Bereich der selektiven Strategien, sodass eine weitere Analyse empfohlen wird. ◂◂◂

Kritische Beurteilung

Grundsätzlich sind sich die Portfolio-Konzepte von BCG und McKinsey sehr ähnlich. Zur Abbildung der komplexen Realität ist die Einbeziehung von mehreren Faktoren bei der Berechnung von Marktattraktivität und Wettbewerbsstärke eine deutliche Verbesserung gegenüber dem BCG-Portfolio. Andererseits entstehen dadurch neue Herausforderungen. So unterliegt sowohl die Auswahl der jeweiligen Subfaktoren als auch deren Bewertung einer subjektiven Einschätzung. Die Vergleichbarkeit wird dadurch erschwert. Ferner entstehen Manipulationsmöglichkeiten (vgl. hierzu z. B. Hungenberg, 2012, S. 468 f. und Welge/Al-Laham, 2011, S. 484).

3.4 Strategische Kontrolle

Zum Abschluss des Strategieprozesses ist eine strategische Kontrolle erforderlich, deren Funktionen und Konzeption nachfolgend näher betrachtet werden.

3.4.1 Funktionen der strategischen Kontrolle im Strategieprozess

Notwendigkeit strategischer Kontrolle

In der strategischen Planung wird die tatsächliche Situation des Unternehmens unvollständig dargestellt. Zum einen erzwingt die komplexe Realität eine Beschränkung auf die als relevant erachteten Faktoren im Umfeld und Unternehmen (z. B. bei der Bestimmung von Marktattraktivität und Wettbewerbsstärke im McKinsey-Portfolio). Zum anderen werden bei der Prognose wahrscheinlicher zukünftiger Entwicklungen zahlreiche Annahmen gemacht (z. B. bei der Auswahl einer Strategiealternative). Dieses selektive Vorgehen ist einerseits unabdingbar, um die Komplexität soweit zu reduzieren, dass strategisches Handeln überhaupt erst möglich wird. Andererseits bringen diese Vereinfachungen die Gefahr mit sich, durch die Ausblendung eventuell kritischer Aspekte zu Fehleinschätzungen zu gelangen.

Aus diesem Grund muss die strategische Planung von einer strategischen Kontrolle als prinzipiell gleichrangiger Steuerungsfunktion begleitet werden. Dadurch kann das mit der strategischen Planung verbundene Selektionsrisiko kompensiert werden, indem die einzelnen Schritte parallel zum Planungsprozess identifiziert und kritisch überwacht werden (vgl. Hasselberg, 1991, S. 20).

Definition der strategischen Kontrolle

Strategische Kontrolle wird als ein systematischer Prozess verstanden, der »parallel zur strategischen Planung verläuft und durch Ermittlung von Abweichungen zwischen Plangrößen und Vergleichsgrößen den Vollzug und die Richtigkeit der strategischen Planung überprüft« (Bea/Haas, 2013, S. 241).

Vergleich von traditioneller und strategischer Kontrolle

Im Vergleich zur traditionellen Auffassung von Kontrolle kommt der strategischen Kontrolle im Rahmen des strategischen Managements eine veränderte Rolle zu. Die Änderungen werden anhand einer Gegenüberstellung der Vergleichskriterien Kontrollinhalte, Kontrollgrößen, Kontrollausrichtung und Kontrollzeitpunkt in Abbildung 3-31 verdeutlicht.

Abb. 3-31

Vergleich von traditioneller und strategischer Kontrolle

Vergleichskriterium	Traditionelle Kontrolle	Strategische Kontrolle
Kontrollinhalte	▸ Reiner Soll-Ist-Vergleich im Sinne einer Zielerreichungskontrolle ▸ Ergänzt um Analyse der Abweichungsursachen	▸ Zielerreichungskontrolle ▸ Prämissenkontrolle ▸ Durchführungskontrolle ▸ Strategische Überwachung
Kontrollgrößen	▸ Nur quantifizierbare Größen (sog. hard facts; z. B. Einhaltung von Budgetvorgaben)	▸ Quantifizierbare und qualitative Größen (sog. soft facts; z. B. Ausbildungsstand des Personals)
Kontrollausrichtung	▸ Unternehmensintern ▸ Punktuell fixierte Kontrolle (sog. gerichtete Kontrolle)	▸ Interne und externe Erfolgsfaktoren der Unternehmung ▸ Rundumkontrollen (sog. ungerichtete Kontrolle, »strategisches Radar«)
Kontrollzeitpunkt	▸ Einmalig nach der Planrealisation (ex post)	▸ Kontinuierlich ▸ Die Planung und Realisation begleitend (ex ante und ex post)

(Quelle: in Anlehnung an Bea/Haas, 2013, S. 242)

3.4.2 Konzeption der strategischen Kontrolle

Strategische Kontrolle umfasst zur effektiven Identifizierung von Bedrohungen für die Unternehmensstrategie die folgenden drei Kontrollaktivitäten (vgl. Schreyögg/Steinmann, 1985, S. 401 ff.):

- Prämissenkontrolle;
- Durchführungskontrolle;
- Strategische Überwachung.

Diese begleiten die einzelnen Phasen des Strategieprozesses (vgl. Abb. 3-32).

3.4.2.1 Prämissenkontrolle

Prämissenkontrolle

Im Rahmen der strategischen Planung werden in der Regel aufgrund der ungewissen Zukunft und der Komplexität des Entscheidungsfeldes zahlreiche Annahmen (Prämissen) getroffen. Diese erstrecken sich sowohl auf die Entwicklung im Umfeld (z. B. Wechselkurse, Ölpreise) als auch auf die Einschätzung des Ressourcenpotenzials des Unternehmens (z. B. bezüglich technischer Entwicklungen). So werden beispielsweise innerhalb der externen Umweltanalyse Annahmen in Szenarien festgeschrieben. Prämissen bezüglich der internen Unternehmensanalyse betreffen die Stärken und Schwächen des Unternehmens.

Abb. 3-32

Konzeption der strategischen Kontrolle

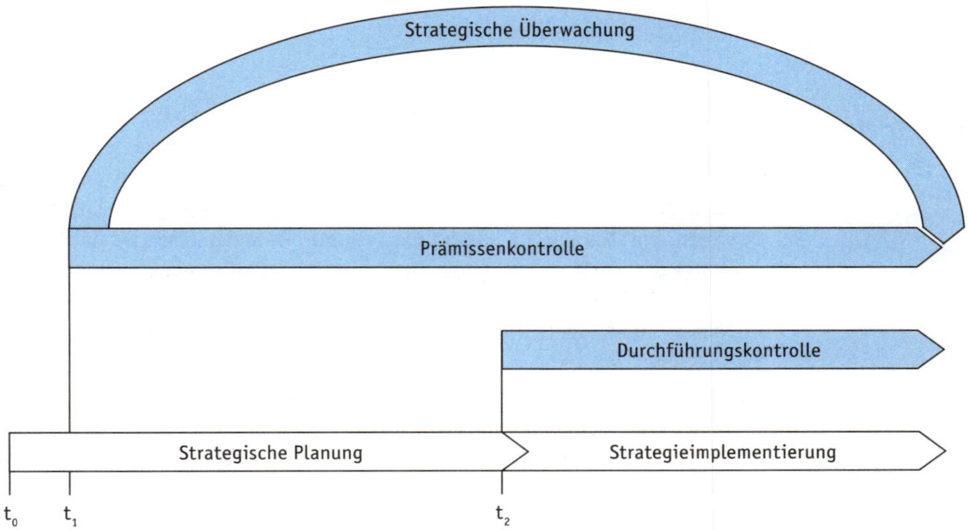

(Quelle: in Anlehnung an Schreyögg/Steinmann, 1987, S. 96)

Für die strategische Kontrolle erwächst daraus die Aufgabe, fortlaufend zu überwachen, ob diese explizit gesetzten Prämissen mit der tatsächlichen Entwicklung übereinstimmen. Bei Abweichungen ist von Fall zu Fall zu entscheiden, ob eine Revision der Planung erforderlich ist oder nicht (vgl. Schreyögg/Steinmann, 1986, S. 44).

3.4.2.2 Durchführungskontrolle

Durchführungskontrolle

Da sich der Planungshorizont strategischer Entscheidungen sehr weit in die Zukunft erstreckt, erfordert die Dynamik und Komplexität des internen und externen Entscheidungsumfeldes die Formulierung von kurzfristigeren Zwischenzielen in Form von sogenannten Meilensteinen. Diese ermöglichen es, eine Strategie schrittweise zu realisieren.

Die strategische Durchführungskontrolle setzt mit der Strategieimplementierung ein und beurteilt die Handlungsergebnisse dahingehend, ob Abweichungen von den formulierten Meilensteinen von strategischer Bedeutung sind. Sie gibt folglich Hinweise darauf, ob die eingeschlagene Richtung und die Geschwindigkeit der Strategieimplementierung mit Blick auf das langfristige strategische Ziel angemessen sind. Aufgabe der Durchführungskontrolle ist somit einzuschätzen, ob eine Änderung der Strategie notwendig geworden ist. Dahingehend unterscheidet sie sich von der operativen Kontrolle. Im Rahmen der operativen Kontrolle wird überprüft, ob die Strategieimplementierung wie geplant voranschreitet, um gegebenenfalls Korrekturmaßnahmen zu ergreifen. Hierdurch soll erreicht werden, dass die Planvorgaben dennoch eingehalten werden können. Der strategischen Durchführungskontrolle kommt demzufolge der Charakter einer Ergebniskontrolle (feedback) zu, die zu strategischen Steuerungszwecken (feedforward) eingesetzt wird (vgl. Schreyögg/Steinmann, 1985, S. 402 f.).

3.4.2.3 Strategische Überwachung

Strategische Überwachung

Sowohl die Prämissenkontrolle als auch die Durchführungskontrolle sind sogenannte »gerichtete Kontrollen«, d. h. es wird bei beiden Kontrollarten selektiv vorgegangen. Bei der Prämissenkontrolle muss einerseits selektiv vorgegangen werden, weil es nicht möglich ist, sämtliche explizite und implizite Prämissen in die Kontrolle einzubeziehen. Die strategische Durchführungskontrolle andererseits ist auf Meilensteine gerichtet und damit selektiv. Aus diesem Grund bedarf es einer begleitenden ungerichteten Kontrolle in Form der »strategischen Überwachung« (surveillance), die keinen ex ante identifizierbaren Kontrollgegenstand hat (vgl. Schreyögg/Steinmann, 1985, S. 401 ff.).

Damit liegt die Aufgabe der strategischen Überwachung darin, das externe und interne Umfeld eines Unternehmens kontinuierlich zu beobachten. Hierdurch sollen bisher vernachlässigte oder unvorhergesehene Ereignisse aufgedeckt werden, die eine Bedrohung für die bisherige strategische Orientierung darstellen könnten. Die strategische Kontrolle fungiert somit als ein »strategisches Radar«, das die Umwelt, über die selektiven Kontrollaktivitäten von Prämissen- und Durchführungskontrolle hinaus, auf strategiegefährdende Informationen überwacht (vgl. Hasselberg, 1991, S. 21).

Kontrollfragen

1. *Welche Schritte sind im Rahmen der Stakeholderanalyse durchzuführen?*
2. *Welche drei Möglichkeiten bestehen zur Realisierung von Veränderungen des Unternehmensportfolios?*
3. *Welche Aufgaben kennzeichnen die Phase der Strategieimplementierung?*
4. *Welche Triebkräfte bestimmen die Wettbewerbsintensität einer Branche gemäß dem Branchenstrukturmodell?*
5. *Was sind entscheidende Kriterien bei der Bildung strategischer Geschäftsfelder?*
6. *Auf welchen strategischen Vorteilen beruhen die verschiedenen generischen Wettbewerbsstrategien?*
7. *Wodurch können Unterschiede in den Kostenpositionen der Marktteilnehmer erklärt werden?*
8. *Was besagt die Erfahrungskurve und welche strategischen Implikationen gehen von ihr aus?*
9. *Was besagt das Produktlebenszykluskonzept? Wie ist dessen Relevanz und Aussagekraft einzuschätzen?*
10. *Was besagt die Industriekostenkurve? Wie ist diese hinsichtlich ihres Aussagehalts zu beurteilen?*

11. *Welche Ansatzpunkte gibt es zur Gestaltung von Differenzierungsstrategien?*
12. *Welche Dimensionen der Qualität können unterschieden werden?*
13. *Was sind die grundlegenden Aussagen des Half-Life-Konzepts?*
14. *Welche Schritte sind bei der Ermittlung der Half-Life-Funktion eines Prozesses erforderlich?*
15. *Wie kann ein Unternehmen eine Outpacing-Position erreichen?*
16. *Welche grundlegenden strategischen Optionen werden durch das Delta-Modell aufgezeigt?*
17. *Welche beiden Dimensionen werden in Portfolio-Konzepten berücksichtigt?*
18. *Welche drei Kategorien von Ressourcen werden nach dem ressourcenorientierten Ansatz der Unternehmensführung unterschieden?*
19. *Was sind die drei Merkmale von Kernkompetenzen?*
20. *Was sind die Ziele der Technologie-Portfolio-Analyse?*
21. *Wie ist das Technologie-Portfolio aufgebaut?*
22. *Was besagt das S-Kurven-Konzept von Arthur D. Little? In welchem Zusammenhang steht es mit dem Technologie-Portfolio-Konzept?*
23. *Welche Produkt-/Marktstrategien ergeben sich aus der Systematisierung nach Ansoff?*
24. *Welche Kritikpunkte bestehen am Marktwachstums-/Marktanteils-Portfolio der BCG?*
25. *Wodurch unterscheiden sich Marktwachstums-/Marktanteils-Portfolio und Marktattraktivitäts-/Wettbewerbsstärken-Portfolio?*
26. *Wie ist strategische Kontrolle definiert?*
27. *Wie unterscheiden sich traditionelle und strategische Kontrolle?*
28. *Aus welchen Kontrollaktivitäten besteht die strategische Kontrolle?*

Abkürzungsverzeichnis

BCG	Boston Consulting Group
NGO	Non-Governmental-Organization
RMA	Relativer Marktanteil
SGF	Strategisches Geschäftsfeld
SUV	Sport Utility Vehicle
SWOT	Strengths, Weaknesses, Opportunities, and Threats

Literaturhinweise

Ansoff, H. I. (1965): Corporate Strategy – An Analytic Approach to Business Policy for Growth and Expansion, New York u. a. 1965.

Bamberger, I./Wrona, T. (1996): Der Ressourcenansatz und seine Bedeutung für die Strategische Unternehmensführung, in: Schmalenbachs Zeitschrift für betriebswirtschaftliche Forschung, 48. Jg., 1996, Heft 2, S. 130–153.

Barney, J. B. (1991): Firm Resources and Sustained Competitive Advantage, in: Journal of Management, 17. Jg., 1991, Heft 1, S. 99–120.

Baum, H.-G./Coenenberg, A. G./Günther, T. (2013): Strategisches Controlling, 5. Aufl., Stuttgart 2013.

Bea, F. X./Haas, J. (2013): Strategisches Management, 6. Aufl., Stuttgart 2013.

Berger, R./Hirschbach, O. (1993): Time-Cost-Quality-Leadership, in: Seghezzi, H. D./Hansen, J. R. (Hrsg.): Qualitätsstrategien. Anforderungen an das Management der Zukunft, München 1993, S. 129–147.

Bitzer, M. R. (1991): Zeitbasierte Wettbewerbsstrategien. Die Beschleunigung von Wertschöpfungsprozessen in der Unternehmung, Diss., Gießen 1991.

Bleicher, K. (1994): Normatives Management, Frankfurt/New York 1994.

Buzzel, R. D./Gale, B. T. (1989): Das PIMS-Programm. Strategien und Unternehmenserfolg, Wiesbaden 1989.

Clifford, D. K., Jr./Bridgewater, B. A., Jr./Hardy, T. (1975): The game has changed, in: The McKinsey Quarterly, 12. Jg., 1975, Heft 4, S. 2–21.

Coenenberg, A. G./Fischer, T. M./Günther, T. (2012): Kostenrechnung und Kostenanalyse, 8. Aufl., Stuttgart 2012.

Dycke, A./Schulte, C. (1991): Industriekostenkurve, in: Die Betriebswirtschaft, 51. Jg., 1991, Heft 3, S. 380–382.

Edvinsson, L./Malone, M. S. (1997): Intellectual Capital. Realizing your company's true value by finding its hidden brainpower, New York 1997.

Fischer, T. M./Schmitz, J. (1994a): Ansätze zur Messung von kontinuierlichen Prozessverbesserungen, Aufbau und Anwendung des Half-Life-Konzeptes im Unternehmen, in: Controlling, 6. Jg., 1994, Heft 4, S. 196–203.

Fischer, T. M./Schmitz, J. (1994b): Das Half-Life Konzept, in: Die Betriebswirtschaft, 54. Jg., 1994, Heft 6, S. 842–845.

Fischer, T. M./Schmitz, J. (1997): Messung von Prozeßverbesserungen mit dem Half-Life-Konzept. Empirische Ergebnisse aus der Elektronikindustrie, in: Zeitschrift für betriebswirtschaftliche Forschung, 49. Jg., 1997, Heft 4, S. 384–406.

Freeman, R. E. (2010): Strategic Management. A Stakeholder Approach, Marsfield 2010.

Gilbert, X./Strebel, P. J. (1987): Strategies to Outpace the Competition, in: Journal of Business Strategy, 8. Jg., 1987, Heft 1, S. 28–36.

Hahn, D. (2006): Zweck und Entwicklung der Portfolio-Konzepte in der strategischen Unternehmensplanung, in: Hahn, D./Taylor, B. (Hrsg.): Strategische Unternehmensplanung – Strategische Unternehmensführung. Stand und Entwicklungstendenzen, 9. Aufl., Berlin u. a. 2006, S. 215–248.

Hasselberg, F. (1991): Strategische Kontrolle von Gesamtunternehmensstrategien, in: Die Unternehmung, 45. Jg., 1991, Heft 1, S. 16–31.

Hax, A. C./Majluf, N. S. (1996): The Strategy Concept and Process. A Pragmatic Approach, 2. Aufl., New Jersey 1996.

Hax, A. C./Wilde, D. L. (2001): The Delta Project – Discovering New Sources of Profitability in a Networked Economy, New York 2001.

Hedley, B. (1977): Strategy and the »Business Portfolio«, in: Long Range Planning, 10. Jg., 1977, Heft 1, S. 9–15.
Henderson, B. D. (1984): Die Erfahrungskurve in der Unternehmensstrategie, 2. Aufl., Frankfurt a. M./New York 1984.
Hinterhuber, H. H. (2004): Strategische Unternehmensführung II. Strategisches Handeln, 7. Aufl., Berlin/New York 2004.
Homburg, C. (2012): Marketingmanagement. Strategie – Instrumente – Umsetzung – Unternehmensführung, 4. Aufl., Wiesbaden 2012.
Horváth, P. (2011): Controlling, 12. Aufl., München 2011.
Hungenberg, H. (2012): Strategisches Management in Unternehmen. Ziele – Prozesse – Verfahren, 7. Aufl., Wiesbaden 2012.
Hutzschenreuter, T. (2013): Allgemeine Betriebswirtschaftslehre. Grundlagen mit zahlreichen Praxisbeispielen, 5. Aufl., Wiesbaden 2013.
Interbrand (Hrsg.) (2013): Best Global Brands – 2013 rankings, in: http://www.interbrand.com/de/best-global-brands/2013/Best-Global-Brands-2013.aspx, Abruf: 06.05.2014.
Johnson, G./Scholes, K./Whittington, R. (2011): Exploring Corporate Strategy. Text and Cases, 9. Aufl., Harlow u. a. 2011.
Kreikebaum, H. (2011): Strategisches Management, 7. Aufl., Stuttgart u. a. 2011.
Langguth, H. (1994): Strategisches Controlling, Diss., Ludwigsburg/Berlin 1994.
Macharzina, K./Wolf, J. (2012): Unternehmensführung – Das internationale Managementwissen. Konzepte – Methoden – Praxis, 8. Aufl., Wiesbaden 2012.
Markowitz, H. (1952): Portfolio Selection, in: Journal of Finance, 7. Jg., 1952, Heft 1, S. 77–91.
Mintzberg, H. (1987): The Strategy Concept I: Five Ps For Strategy, in: California Management Review, 30. Jg., 1987, Heft 1, S. 11–24.
Müller-Stewens, G./Lechner, C. (2011): Strategisches Management. Wie strategische Initiativen zum Wandel führen, 4. Aufl., Stuttgart 2011.
Ohmae, K. (1982): The mind of the strategist, New York 1982.
Pfeiffer, W./Dögl, R./Schneider, W. (1989): Das Technologie-Portfolio-Konzept als Tool zur strategischen Vorsteuerung von Innovationsaktivitäten, in: Das Wirtschaftsstudium, 18. Jg., 1989, Heft 8–9, S. 485–491.
Pfeiffer, W./Metze, G./Schneider, W./Amler, R. (1991): Technologie-Portfolio zum Management strategischer Zukunftsgeschäftsfelder, 6. Aufl., Göttingen 1991.
Porter, M. E. (2013): Wettbewerbsstrategie. Methoden zur Analyse von Branchen und Konkurrenten, 12. Aufl., Frankfurt a. M. 2013.
Prahalad, C. K./Hamel, G. (1990): The Core Competence of the Corporation, in: Harvard Business Review, 68. Jg., 1990, Heft 3, S. 79–91.
Prahalad, C. K./Hamel, G. (2006): The Core Competence of the Corporation, in: Hahn, D./Taylor, B. (Hrsg.): Strategische Unternehmensplanung – Strategische Unternehmensführung. Stand und Entwicklungstendenzen, 9. Aufl., Berlin u. a. 2006, S. 275–292.
Schneiderman, A. M. (1988): Setting quality goals, in: Quality Progress, 21. Jg., 1988, Heft 4, S. 51–57.

Scholz, C. (1987): Strategisches Management. Ein integrativer Ansatz, Berlin/New York 1987.

Schreyögg, G./Steinmann, H. (1985): Strategische Kontrolle, in: Schmalenbachs Zeitschrift für betriebswirtschaftliche Forschung, 37. Jg., 1985, Heft 5, S. 391–410.

Schreyögg, G./Steinmann, H. (1986): Zur Praxis strategischer Kontrolle, in: Zeitschrift für Betriebswirtschaft, 56. Jg., 1986, Heft 1, S. 40–50.

Schreyögg, G./Steinmann, H. (1987): Strategic Control: A New Perspective, in: Academy of Management Review, 12. Jg., 1987, Heft 1, S. 91–103.

Simon, H. (1988): Management strategischer Wettbewerbsvorteile, in: Simon, H. (Hrsg.) (1988): Wettbewerbsvorteile und Wettbewerbsfähigkeit, Stuttgart 1988, S. 1–17.

Sommerlatte, T./Deschamps, J.-P. (1985): Der strategische Einsatz von Technologien. Konzepte und Methoden zur Einbeziehung von Technologien in die Strategieentwicklung des Unternehmens, in: Arthur D. Little International (Hrsg.) (1985): Management im Zeitalter der Strategischen Führung, Wiesbaden 1985, S. 37–76.

Specht, U. (2007): Zeit als strategischer Erfolgsfaktor und Grundlage der Unternehmensstrategie, Hamburg 2007.

Stata, R. (1989): Organizational learning – The key to management innovation, in: Sloan Management Review, 30. Jg., Spring 1989, S. 63–74.

Thommen, J.-P./Achleitner, A.-K. (2012): Allgemeine Betriebswirtschaftslehre. Umfassende Einführung aus managementorientierter Sicht, 7. Aufl., Wiesbaden 2012.

Welge, M. K./Al-Laham, A. (2011): Strategisches Management. Grundlagen – Prozess – Implementierung, 6. Aufl., Wiesbaden 2011.

4 Kostenorientierte Entscheidungen

Lernziele

In diesem Kapitel erfahren Sie,

- wie Gesamtkosten- und Umsatzkostenverfahren voneinander abzugrenzen sind und welche Vor- und Nachteile sie aufweisen,
- wie Deckungsbeiträge berechnet werden können,
- wie sich einfache und mehrstufige Deckungsbeitragsrechnungen unterscheiden,
- wie sich die Break-Even-Menge im Ein- und Mehrproduktunternehmen berechnen lässt,
- welche Formen der Break-Even-Analyse unterschieden werden können,
- wie Auswirkungen von Mengen-, Kosten- und Preisänderungen mit der Break-Even-Analyse erklärt werden können,
- wie Preisuntergrenze und Preisobergrenze definiert werden,
- wie Preisgrenzen unter der Berücksichtigung von Kapazitätsengpässen berechnet werden,
- wie die Total Cost Analysis Entscheidungen unterstützen kann.

Die Grape SE steht vor einer großen Bewährungsprobe: Ein asiatisches Konkurrenzunternehmen greift die Grape SE in deren Kernbereichen Mobiles und Radio mit Niedrigpreisprodukten an. Dr. Lodìn schätzt die Situation als sehr bedrohlich ein, da das asiatische Unternehmen im letzten Quartal seinen Marktanteil in den genannten Geschäftsbereichen von 2 % auf 10 % steigern konnte. Im Vorstand wird daher eine grundlegende Analyse des derzeitigen Produktprogramms, der derzeitigen Kostenstruktur und der aktuellen Absatzpreise als Ausgangspunkt für weitere Überlegungen beschlossen. Die Controllingabteilung soll auf Basis der Vergangenheitsdaten ermitteln, welche Produkte den höchsten Deckungsbeitrag erwirtschaften, ab welcher Absatzmenge ein Gewinn erzielt wird und bis zu welchem Betrag der aktuelle Verkaufspreis gesenkt werden kann. Basierend auf der Kostenstruktur der Grape SE soll mittels einer Deckungsbeitragsrechnung der Erfolgsbeitrag der Produkte bestimmt werden. Anschließend kann die Preisuntergrenze bestimmt und mittels der Break-Even-Analyse die Absatzmenge ermittelt werden, ab der ein Gewinn erzielt wird. Zur Durchführung der umfangreichen Analysen wird ein Projektteam unter der Leitung des Chefcontrollers Dr. Müller-Christ gebildet, das ein optimales Produktprogramm inklusive Absatzmengen- und Preisplanung ermitteln soll.

Dieses Kapitel beschäftigt sich mit Controllinginstrumenten zur Unterstützung von kostenorientierten Entscheidungen. In unterschiedlichen Entscheidungssituationen mit Schwankungen in den Absatzmengen, Verkaufs- und Einkaufspreisen sowie Unternehmens- und Produktkosten gilt es, durch geeignete Analyseinstrumente eine hohe Unternehmensprofitabilität zu sichern. Ziel des Unternehmens ist hierbei die langfristige Gewinnmaximierung, wobei kurzfristig auch lediglich eine Kostendeckung verfolgt werden kann, um die Liquidität zu verbessern bzw. zu sichern. Dazu wird in der Regel intensiv auf Informationen aus der Kosten- und Leistungsrechnung als wesentliches Vorsystem zurückgegriffen (vgl. zu einem Überblick Abschnitt 1.1.3.2 sowie zu einer umfassenden Darstellung Coenenberg et al., 2012, S. 67 ff.). In diesem Kapitel soll ein komprimierter Überblick über die wichtigsten Nutzungsmöglichkeiten von Kostenrechnungsinformationen zur betrieblichen Entscheidungsunterstützung im Rahmen von Instrumenten des (operativen) Controllings gegeben werden. Betrachtet werden dabei die kurzfristige Erfolgsrechnung (mit besonderem Fokus auf der Deckungsbeitragsrechnung), die Break-Even-Analyse, die Ermittlung von Preisgrenzen bei Absatz- und Einkaufentscheidungen sowie die Total Cost of Ownership-Analyse.

4.1 Kurzfristige Erfolgsrechnung

Neben der Totalerfolgsrechnung, d. h. der Erfolgsermittlung für die gesamte Lebensdauer des Unternehmens, und der periodischen Ermittlung des Jahreserfolgs ist insbesondere die **kurzfristige**, auf die Leistungserstellung konzentrierte **Erfolgsermittlung** entscheidend für die Unternehmenspraxis (vgl. Horváth, 2011, S. 427). So wird die kurzfristige Erfolgsrechnung als zentrales Element der unterjährigen Ergebnisplanung, -steuerung und -kontrolle eingesetzt.

> Die kurzfristige Erfolgsrechnung hat die Aufgabe, den von neutralen Einflüssen bereinigten Erfolg für unterjährige Zeiträume zu ermitteln und die Erfolgsursachen zu analysieren (vgl. Kilger et al., 2012, S. 552).

Arten der Betriebsergebnisrechnung

Die kurzfristige Erfolgsrechnung oder auch **Betriebsergebnisrechnung** basiert auf der Kosten- und Leistungsrechnung und kann für beliebige Perioden (z. B. Quartale, Monate oder Wochen) als unterjährige Zeiträume erstellt werden. Die kurzfristige Erfolgsrechnung kann grundsätzlich auf zwei Arten aufgebaut werden: Während das Gesamtkostenverfahren nach Kostenarten gegliedert ist, orientiert sich das Umsatzkostenverfahren nach Kostenträgern (vgl. Abb. 4-1). Beide Verfahren sind konzeptionell gleich aufgebaut wie die gleichnamigen Verfahren des Jahresabschlusses und dienen der Berücksichtigung von aktivierten Eigenleistungen und/oder Bestandsveränderungen fertiger und unfertiger Produkte (vgl. Coenenberg et al., 2014, S. 516 ff.). Im Rahmen des Jahresabschlusses sind allerdings die Struktur (vgl. § 275 HGB; IAS 1.82) und der Zeitbezug (ein Jahr) fest vorgegeben. Beides kann in der Betriebsergebnisrechnung auf die speziellen Bedürfnisse des Unternehmens ange-

Abb. 4-1

Arten der kurzfristigen Erfolgsrechnung

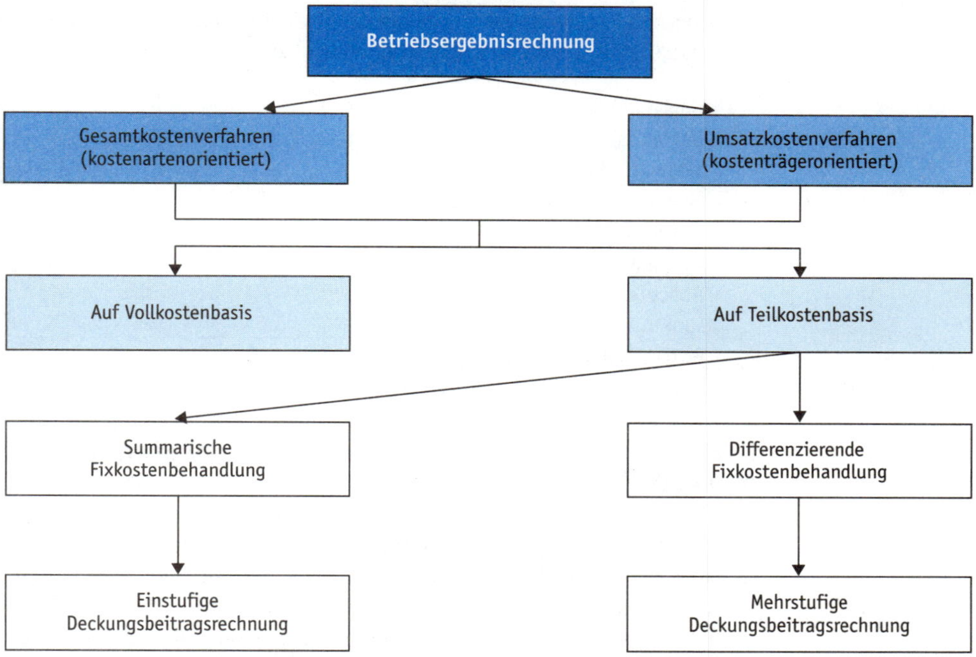

(Quelle: in Anlehnung an Coenenberg et al., 2012, S. 217)

passt werden. Eine spezielle und weit verbreitete Anpassung bzw. Weiterentwicklung des Umsatzkostenverfahrens stellt die Deckungsbeitragsrechnung dar, die in Abschnitt 4.2 behandelt wird.

4.1.1 Kostenartenorientierte kurzfristige Erfolgsrechnung nach dem Gesamtkostenverfahren

Bei der **kostenartenorientierten kurzfristigen Erfolgsrechnung** wird den gesamten in der Periode entstandenen Kosten die Gesamtleistung der Periode gegenübergestellt. Wenn in der Periode mehr produziert als abgesetzt wurde, werden die auf Lager produzierten, nicht abgesetzten Erzeugnisse als Leistung betrachtet und als **Bestandserhöhung** ebenfalls berücksichtigt. Umgekehrt sind die zu Herstellkosten bewerteten **Bestandsminderungen** in Abzug zu bringen, wenn mehr Mengeneinheiten abgesetzt, als in der Periode produziert wurden. Somit werden sämtliche Kosten, d. h. auch Kosten für noch nicht abgesetzte Produkte, den gesamten Erlösen gegenübergestellt.

Dieses Vorgehen wird als produktionsorientiertes **»Gesamtkostenverfahren« (GKV)** bezeichnet. Das GKV basiert auf der **Primärkostengliederung** der Kostenarten (Materialkosten, Personalkosten, Abschreibungen, sonstige betriebliche Kosten) und ermöglicht so eine unkomplizierte Analyse der Kosten sowie der relativen Entwicklung einzelner Kostenarten bezogen auf das Gesamtergebnis. Das Gesamtkostenverfahren folgt folgender Grundstruktur (vgl. Coenenberg et al., 2012, S. 188):

	Umsatzerlöse der Periode
±	Bestandserhöhungen/-minderungen
+	aktivierte Eigenleistungen
=	Gesamtleistung der Periode
–	Materialkosten
–	Personalkosten
–	Abschreibungen
–	sonstige betriebliche Kosten
=	**Betriebsergebnis der Periode**

4.1.2 Kostenträgerorientierte kurzfristige Erfolgsrechnung nach dem Umsatzkostenverfahren

In der **kostenträgerorientierten Erfolgsrechnung** werden den Leistungen nicht die gesamten Kosten gegenübergestellt, sondern von den Periodenerlösen nur diejenigen Kosten abgezogen, die für die verkauften Produkte angefallen sind. Den Umsatzerlösen werden somit die **Herstellkosten** der abgesetzten Produkte und Leistungen zuzüglich jener Gemeinkosten, die nicht bereits in den Herstellkosten enthalten sind, gegenübergestellt (vgl. Schildbach/Homburg, 2008, S. 186 ff.).

Dieses Verfahren wird als absatzorientiertes **»Umsatzkostenverfahren« (UKV)** bezeichnet. Dabei werden die Herstellkosten des Umsatzes für alle abgesetzten Produkte und Leistungen durch die Kostenträgerstückrechnung ermittelt. Die kurzfristige Ergebnisrechnung nach dem UKV hat folgende Grundform (vgl. Coenenberg et al., 2012, S. 186):

	Umsatzerlöse der Periode
–	Herstellkosten des Umsatzes (nach Kostenträgern)
=	Bruttoergebnis
–	Forschungs- und Entwicklungskosten
–	Verwaltungskosten
–	Vertriebskosten
=	**Betriebsergebnis der Periode**

Das UKV und das GKV führen zum gleichen Betriebsergebnis. Die ausgewiesenen Bestandsveränderungen im GKV finden sich im UKV in einer entsprechenden Anpassung der Herstellkosten des Umsatzes wieder. Während im GKV der Umsatz um Bestandsveränderungen innerhalb der Periode erweitert wird, werden beim UKV die

Herstellkosten um jene Kosten, die für die Erzeugung der Bestandsveränderung erforderlich waren, verringert.

Sowohl das UKV als auch das GKV können entweder auf Vollkostenbasis oder auf Teilkostenbasis angewendet werden (vgl. Abb. 4-1). Dabei werden auf Vollkostenbasis den Kostenträgern variable und fixe Kosten zugerechnet, indem die Gemeinkosten den Einzelkosten proportional (z. B. durch anteilige Aufschlüsselung) zugeordnet werden. Auf Teilkostenbasis werden die Gesamtkosten in variable und fixe Kosten aufgeteilt, wobei in der Regel nur variable Kosten betrachtet werden.

Beispiel 4.1 Grape SE

▸▸▸ Die Grape SE fertigt für den Geschäftsbereich Radio zwei verschiedene Premium-Modelle. Das Standardmodell »gStandard« der vierten Radiogeneration wird für den Massenmarkt gebaut und verfügt über alle Grundfunktionen eines modernen Premium-Radios. Das Luxusmodell »gLuxus« der fünften Radiogeneration wird als High-End-Produkt angeboten, wobei die Grundfunktionen um ein aufwendiges Design und einen integrierten Anschluss für mobile Endgeräte erweitert werden. Für die vergangene Abrechnungsperiode wurde die in der Tabelle 4-1 dargestellte Be-

Tab. 4-1

Betriebsabrechnungsbogen für den Geschäftsbereich Radio

Kostenstellen / Kostenarten	Summe Kosten-arten	Vorkostenstellen		Endkostenstellen				
		Lackie-rerei	Vor-montage	Material	Montage A	Montage B	Vertrieb	Ver-waltung
A) Einzelkosten								
1. Fertigungsmaterial	26.800.000							
2. Fertigungslohn	39.500.000							
B) Gemeinkosten								
4. Hilfslöhne	20.925.000	500.000	2.000.000	550.000	9.000.000	8.500.000	125.000	250.000
5. Gehälter	49.300.000	1.500.000	1.500.000	500.000	12.500.000	15.800.000	5.500.000	12.000.000
6. Betriebssteuern	7.840.000	375.000	1.015.000	400.000	2.500.000	2.050.000	500.000	1.000.000
7. Abschreibungen	22.625.000	1.000.000	3.000.000	1.000.000	8.000.000	7.500.000	625.000	1.500.000
8. Andere Gemeinkosten	5.830.000	250.000	325.000	500.000	1.775.000	980.000	1.500.000	500.000
9. $\sum$ Primäre Gemeinkosten	**95.055.000**			**2.950.000**	**33.775.000**	**34.830.000**	**8.250.000**	**15.250.000**
10. $\sum$ Sekundäre Gemeinkosten	**11.465.000**	**3.625.000**	**7.840.000**					
11. Lackiererei	3.625.000		500.000	1.070.000	1.055.000	1.000.000		
12. Montage	8.340.000				4.170.000	4.170.000		
13. $\sum$ Primäre und sekundäre Gemeinkosten nach Verrechnung	**106.520.000**	**0**	**0**	**4.020.000**	**39.000.000**	**40.000.000**	**8.250.000**	**15.250.000**

triebsabrechnung (nach innerbetrieblicher Leistungsverrechnung) erstellt, wobei auf die Werte der Zuschlagskalkulation zurückgegriffen wurde.

In der betrachteten Periode wurden von dem Standardmodell 1.000.000 Stück produziert und 800.000 Stück abgesetzt. Das Luxusmodell wurde mit einer Stückzahl von 700.000 Stück produziert, wovon 600.000 Stück abgesetzt wurden. Der Verkaufspreis je Stück des Standardmodells betrug 80 EUR, der Verkaufspreis je Stück des Luxusmodells betrug 150 EUR. Während das Fertigungsmaterial pro Stück für das Standardmodell 10 EUR und für das Luxusmodell 24 EUR beträgt, belaufen sich die Fertigungslöhne pro Stück für das Standardmodell auf 15 EUR und für das Luxusmodel auf 35 EUR. Die angegebenen Gemeinkosten des Betriebsabrechnungsbogens sollen in diesem Fall proportional den Einzelkosten mittels Zuschlagskalkulation zugerechnet werden. Hierzu werden in einem ersten Schritt Zuschlagssätze gebildet, bei dem die Gemeinkosten, z. B. der Materialstelle in Höhe von 4.020.000 EUR, durch die Einzelkosten des Standard- und Luxusmodells (10.000.000 bzw. 16.800.000 EUR) geteilt werden. Im zweiten Schritt werden dann die Materialgemeinkosten produktbezogen zugerechnet, so dass sich z. B. für das Standardmodell 1,40 EUR als zugerechnete Gemeinkosten ergeben.
Dr. Müller-Christ erteilt folgende Aufträge an die Mitarbeiter:

a) Ermitteln Sie die Herstellkosten pro Radio.
b) Führen Sie eine kurzfristige Erfolgsrechnung für einen Arbeitstag (ein Geschäftsjahr hat 250 Arbeitstage) nach dem Gesamtkostenverfahren durch.
c) Führen Sie eine kurzfristige Erfolgsrechnung für einen Arbeitstag (ein Geschäftsjahr hat 250 Arbeitstage) nach dem Umsatzkostenverfahren auf Vollkostenbasis durch.

Ad a)

$$\text{Zuschlagssatz Materialgemeinkosten} = \frac{\text{Materialgemeinkosten}}{\text{Materialeinzelkosten}} \cdot 100\%$$

$$\text{Zuschlagssatz Fertigungsgemeinkosten} = \frac{\text{Fertigungsgemeinkosten}}{\text{Fertigungseinzelkosten}} \cdot 100\%$$

$$\text{Zuschlagssatz Materialgemeinkosten} = \frac{4.020.000}{(10 \cdot 1.000.000) + (24 \cdot 700.000)} \cdot 100\% = 15{,}00\%$$

$$\text{Zuschlagssatz Fertigungsgemeinkosten} = \frac{39.000.000 + 40.000.000}{(15 \cdot 1.000.000) + (35 \cdot 700.000)} \cdot 100\% = 200{,}00\%$$

Tab. 4-2

Herstellkosten pro Radio

		Radio »gStandard« [in EUR/Stück]	Radio »gLuxus« [in EUR/Stück]	Gesamt
	Fertigungsmaterial	10,00	24,00	26.800.000
+	Materialgemeinkosten	1,50	3,60	4.020.000
+	Fertigungslohn	15,00	35,00	39.500.000
+	Fertigungsgemeinkosten	30,00	70,00	79.000.000
=	**Herstellkosten**	**56,50**	**132,60**	**149.320.000**

Ad b)
Ermittlung des Wertes der Bestandsveränderungen:

Radio vierte Generation »gStandard«: ((1.000.000 – 800.000) / 250) · 56,50
= 45.200 EUR
Radio fünfte Generation »gLuxus«: ((700.000 – 600.000) / 250) · 132,60
= 53.040 EUR

Tab. 4-3

Kurzfristige Erfolgsrechnung nach dem Gesamtkostenverfahren

	Geschäftsbereich Radio	Ermittlung entsprechend der Betriebsabrechnung	[in EUR]
	Umsatzerlöse [in EUR]	(800.000 / 250) · 80,00 + (600.000 / 250) · 150,00	616.000
±	Bestandsveränderungen [in EUR]	45.200 + 53.040	98.240
=	Gesamtleistung [in EUR]		714.240
–	Materialkosten [in EUR]	(1.000.000 / 250) · 10,00 + (700.000 / 250) · 24,00	107.200
–	Personalkosten [in EUR]	(39.500.000 + 20.925.000 + 49.300.000) / 250	438.900
–	Abschreibungen [in EUR]	22.625.000 / 250	90.500
–	sonstige Kosten [in EUR]	(7.840.000 + 5.830.000) / 250	54.680
=	**Betriebsergebnis [in EUR]**		**22.960**

Ad c)
Ermittlung der Herstellkosten des Umsatzes:

Gesamte Herstellkosten »gStandard«: (1.000.000 / 250) · 56,40 = 226.000 EUR
Gesamte Herstellkosten »gLuxus«: (700.000 / 250) · 132,60 = 371.280 EUR
Herstellkosten des Umsatzes: (226.000 + 371.250) – (45.200 + 53.040)
= 499.040 EUR

Tab. 4-4

Kurzfristige Erfolgsrechnung nach dem Umsatzkostenverfahren auf Vollkostenbasis

	Geschäftsbereich Radio	Ermittlung entsprechend der Betriebsabrechnung	[in EUR]
	Umsatzerlöse [in EUR]	(800.000 / 250) · 80,00 + (600.000 / 250) · 150,00	616.000
–	Herstellkosten des Umsatzes [in EUR]	(226.000 + 371.280) – (45.200 + 53.040)	499.040
=	Bruttoergebnis [in EUR]		116.960
–	Verwaltungskosten [in EUR]	15.250.000 / 250	61.000
–	Vertriebskosten [in EUR]	8.250.000 / 250	33.000
=	**Betriebsergebnis [in EUR]**		**22.960**

Der Betriebsgewinn der Grape SE beträgt sowohl beim GKV als auch beim UKV 22.960 EUR. Das Betriebsergebnis hat die gleiche Höhe, weil die Bestandsveränderungen bei beiden Verfahren zu vollen Herstellkosten (Vollkostenverfahren) bewertet werden. Während beim UKV nur die Leistungen und Kosten der Absatzmenge betrachtet werden, erfolgt beim GKV die Verrechnung sämtlicher Kosten und Leistungen, d.h. zu den Umsatzerlösen werden die Bestandsmehrungen durch die Überproduktion addiert und von dieser Summe die Kosten der produzierten Menge abgezogen. ◂◂◂

4.1.3 Einsatzzwecke der kurzfristigen Erfolgsrechnung

Gesamtkosten- vs. Umsatzkostenverfahren

Sowohl das UKV als auch das GKV gelangen zum gleichen Betriebsergebnis, lediglich die **Kostendarstellung** ist unterschiedlich. Während das GKV die Kosten nach primären Kostenarten gliedert, erscheinen die Kosten nach dem UKV in sekundärer Gliederung, d.h. nach Kostenstellen bzw. Funktionsbereichen.

Das GKV hat durch seine Gliederung nach Kostenarten den Vorteil, dass die **Primärkostengliederung** den Einfluss externer Datenänderungen, wie z.B. Rohstoffpreisänderungen, und den Anteil einzelner Produktionsfaktoren an der Gesamtleistung direkt sichtbar macht (vgl. Coenenberg et al., 2012, S. 188). Das GKV lässt sich somit leicht in das System der doppelten Buchführung eingliedern und Daten der Finanzbuchhaltung können direkt übernommen werden. Durch die Gliederung nach Kostenarten wird ferner eine transparente Kostenstruktur ermöglicht und Bestandsveränderungen können leicht erkannt werden. Jedoch erfordert das GKV eine Stichtagsinventur der Bestände, um Bestandsminderungen bzw. -mehrungen zu ermitteln. Zudem ist eine Bewertung der Bestandsveränderungen ohne vorherige Kostenstellen- und Kostenträgerrechnung nicht möglich. Für die Herstellkosten der Bestände ist ferner eine zusätzliche Stückkostenkalkulation erforderlich. Weiterhin erschwert das GKV das Aufteilen des Gesamterfolgs in die Teilerfolge der Produkte und Produktgruppen, da sich nur Erlöse und Bestandsveränderungen zu Produkten und Produktgruppen zuordnen lassen, nicht aber die Kosten.

Das UKV ermöglicht hingegen durch die **Sekundärkostengliederung** den Ausweis der Kostenintensität einzelner betrieblicher Funktionsbereiche (z.B. Fertigung, Verwaltung, Vertrieb) (vgl. Coenenberg et al., 2012, S. 190). Damit wird die Kostenverantwortung transparenter und eine detaillierte Erfolgsanalyse ohne Inventur möglich. Die Erlöse und Kosten der abgesetzten Produkte lassen sich nach Produkten und Produktgruppen untergliedern; die einzelnen Erfolgsbeiträge werden somit sichtbar. Weiterhin wird der Ausweis des Brutto-Gewinns, der als Indikator der operativen Rentabilität gilt, als Vorteil des UKV gesehen (vgl. Coenenberg et al., 2012, S. 190). Allerdings kann es bei langfristigen Fertigungsaufträgen vorkommen, dass Verzerrungen in der Gewinn- und Verlustrechnung auftreten, da sich das UKV an den abgesetzten Produkten orientiert.

Das GKV ist in deutschen Unternehmen weit verbreitet, international wird hingegen das UKV präferiert. Ein Grund dafür ist, dass die Gewinn- und Verlustrechnung nach US-GAAP nur mit dem UKV zulässig ist (Regulation S-X, Rule 5-03). Deutsche Unternehmen, die eine internationale Vergleichbarkeit anstreben oder ausländischen Konzernen angehören, verwenden zunehmend das UKV. Nach IFRS und HGB besteht ein Wahlrecht zwischen GKV und UKV (IAS 1.99; § 275 Abs. 1 Satz 1 HGB).

4.2 Deckungsbeitragsrechnung

Teilkostenrechnung

Die kostenträgerorientierte Erfolgsrechnung auf Vollkostenbasis ist für eine Erfolgsanalyse nur beschränkt aussagekräftig, da eine verursachungsgerechte Schlüsselung der Fixkosten nur begrenzt möglich ist und sie kaum Aussagen über Kostenentwicklungen bei Änderung der Beschäftigung macht. Zudem bezieht sich die Höhe der Selbstkosten auf den Ist-Beschäftigungsgrad, sodass der Preis eventuell zu hoch kalkuliert wird. Die Mängel der Vollkostenrechnung werden durch die **Teilkostenrechnung** vermieden, die eine Trennung von variablen, beschäftigungsabhängigen Kosten und Fixkosten vornimmt. Eine (fast willkürliche) Schlüsselung von fixen Gemeinkosten auf die Kostenträger wird somit vollständig vermieden. Grundidee der auf diesem Ansatz basierenden **Deckungsbeitragsrechnung** ist, analog zum Umsatzkostenverfahren, die Gegenüberstellung der Periodenerlöse mit den in der Periode angefallenen Kosten.

Deckungsbeitrag

Die Differenz aus Erlösen und variablen Kosten wird als **Deckungsbeitrag** bezeichnet, den ein Kosten- und Erlösträger zur Deckung des Fixkostenblocks beisteuert (vgl. Schweitzer/Küpper, 2011, S. 467). Voraussetzung für die Deckungsbeitragsrechnung ist eine Teilkostenrechnung, die es ermöglicht, variable und fixe Kostenbestandteile aufzuspalten und den jeweiligen Kostenträgern zuzurechnen. Deckungsbeitragsrechnungen können unterschiedlich ausgestaltet werden.

4.2.1 Einfache Deckungsbeitragsrechnung

In der **einfachen Deckungsbeitragsrechnung** werden von den Erlösen je Produktart die jeweiligen Erlösschmälerungen (Rabatte und Skonti) und die direkt zurechenbaren variablen Selbstkosten abgezogen. Das Ergebnis sind die Periodendeckungsbeiträge je Produktart. Diese werden zum Gesamtdeckungsbeitrag aufsummiert, von dem in einem weiteren Schritt die gesamten Fixkosten der Periode abgezogen werden. Damit ergibt sich das Betriebsergebnis (vgl. Abb. 4-2). Die einstufige Deckungsbeitragsrechnung ist aufgrund des Abzugs des Fixkostenblocks jedoch nur begrenzt aussagefähig, da keine Aufspaltung der gesamten Fixkosten erfolgt.

Die einfache Deckungsbeitragsrechnung nimmt keine Aufschlüsselung der Fixkosten nach Bezugsgrößen (Produkten oder Produktgruppen) vor. Daher gibt sie keine Informationen über die Struktur und damit auch nicht über mögliche Veränderungen des Fixkostenblocks aufgrund von Schwankungen des Absatzmarktes. Eine Lösung bietet die mehrstufige Deckungsbeitragsrechnung.

Abb. 4-2

Einfache Deckungsbeitragsrechnung

	Produkte	A	B	C
	Σ Umsatzerlöse			
–	Σ Erlösschmälerungen			
=	Σ Nettoerlöse (je Produktart)			
–	Σ variable Selbstkosten			
=	Deckungsbeitrag (je Produkt)			
=	Σ Deckungsbeiträge			
–	Σ Fixkosten			
=	Betriebsergebnis			

mit ∑ variablen Selbstkosten
- variable Herstellkosten
- variable F&E-Kosten
- variable Verwaltungskosten
- variable Vertriebskosten

und ∑ Fixkosten
- Fixkosten der Fertigung
- Fixkosten des Materialbereichs
- Fixkosten des F&E-Bereichs
- Fixkosten der Verwaltung
- Fixkosten des Vertriebs

Quelle: in Anlehnung an Schweitzer/Küpper, 2011, S. 467

Praxisbeispiel

Deckungsbeitragsrechnung in der Luftfahrtindustrie

Streckenergebnisrechnung am Beispiel einer Airline

Streckenerlöse

- **Beförderungsabhängige Kosten** (Bordverpflegung, Fluggastgebühren, Gepäckschäden ...)
- **Charterkosten**
- **Flugereignisabhängige Kosten** (Landegebühren, Bordservicekosten, Treibstoff ...)

= Deckungsbeitrag I

- **Kapazitätsvorhaltungskosten** (Direkte fixe Technikkosten, Stationswartung, Kapitalkosten Fluggerät, Personalkosten Cockpit/Kabine ...)

= Deckungsbeitrag II

- **Stationsfixkosten** (Personalkosten Inland/Ausland, Sachkosten Inland/Ausland, Stationstechnikkosten Inland/Ausland ...)

= Deckungsbeitrag III

- **Verkaufskosten** (Personalkosten Inland/Ausland, Sachkosten Inland/Ausland ...)

= Deckungsbeitrag IV

- **Verwaltungskosten** (Indirekte Technikkosten, Verwaltung Cockpit/Kabine/Flugbetrieb/Bodendienst (Station)/Verkauf, Kosten Konzern ...)

= Streckenergebnis

(Quelle: Sterzenbach/Conrady, 2009, S. 374 ff.)

Praxisbeispiel

Deckungsbeitragsrechnung in der Landwirschaft

Berechnung des Deckungsbeitrags in der Landwirtschaft am Beispiel der Milchkuhhaltung

⊞ Kennwerte des Produktionsverfahrens					
Rasse:	Fleckvieh		Gesamt-AKh/Kuh u. Jahr:	50.0	
Abgangsquote:	31.2	%	Kälberverlustquote:	5.9	%
Zwischenkalbezeit:	394.0	Tage	Kälber je Kuh und Jahr:	0.87	

Milchmenge und Preisansätze		
⊞ verkaufte Milch	kg/Kuh u. Jahr	6964
⊞ Milchpreis (inkl. 10.7 % MwSt.)	ct/kg	39.05
⊞ Milcherlös (inkl. 10.7 % MwSt.)	€/Kuh u. Jahr	2719.4
⊞ Kälbererlös (inkl. 10.7 % MwSt.)	€/Kuh u. Jahr	328.7
⊞ Altkuherlös (inkl. 10.7 % MwSt.)	€/Kuh u. Jahr	303.1

Deckungsbeitragsberechnung je Kuh und Jahr		
Leistungen		
⊞ Marktleistung (brutto)	€/Kuh u. Jahr	3351.2
⊞ Wirtschaftsdünger (brutto)	€/Kuh u. Jahr	98.63
⊞ **Summe Leistungen (brutto)**	€/Kuh u. Jahr	3449.83
Variable Kosten		
⊞ Bestandsergänzung (inkl. 10.7 % MwSt.)	€/Kuh u. Jahr	521.6
⊞ Kälberaufzucht (inkl. 7.0 % MwSt.)	€/Kuh u. Jahr	68
⊞ Kraft- und Saftfutter, Mineralfutter (brutto)	€/Kuh u. Jahr	581
⊞ Tierarzt, Medikamente, Hygiene (inkl. 19.0 % MwSt.)	€/Kuh u. Jahr	65.0
⊞ Besamung (inkl. 19.0 % MwSt.)	€/Kuh u. Jahr	35.0
⊞ Einstreu (inkl. 10.7 % MwSt.)	€/Kuh u. Jahr	0.0
⊞ Wasser, Energie (brutto)	€/Kuh u. Jahr	70.0
⊞ Variable Maschinenkosten Stall (inkl. 19.0 % MwSt.)	€/Kuh u. Jahr	70.0
⊞ Lohnkosten für Aushilfs-Arbeitskräfte	€/Kuh u. Jahr	0.0
⊞ Lohnarbeit und Dienstleistungen (inkl. 19.0 % MwSt.)	€/Kuh u. Jahr	0.0
⊞ Gebühren, Beiträge (Tierseuchenkasse, Spezialberatung usw.) (inkl. 19.0 % MwSt.)	€/Kuh u. Jahr	43.0
⊞ Sonstige variable Kosten (brutto)	€/Kuh u. Jahr	0.0
⊞ **Summe variable Kosten (brutto)**	€/Kuh u. Jahr	1454.0
⊞ **Deckungsbeitrag I (brutto)**	€/Kuh u. Jahr	1995.8
⊞ Variable Grobfutterkosten (inkl. 10.7 % MwSt.)	€/Kuh u. Jahr	444
⊞ **Deckungsbeitrag II (brutto)**	€/Kuh u. Jahr	1551.9

(Quelle: Bayerische Landesanstalt für Landwirtschaft, 2014, in: https://www.stmelf.bayern.de/idb/milchkuhhaltung.html, Abruf: 24.05.2014)

4.2.2 Mehrstufige Deckungsbeitragsrechnung

Im Rahmen der **mehrstufigen Deckungsbeitragsrechnung**, auch stufenweise Fixkostendeckungsrechnung genannt, wird der Fixkostenblock in mehrere Bestandteile (Stufen) unterteilt. In Abhängigkeit vom Grad der Kostenzuordnungsmöglichkeit wird der jeweilige Kostenblock hierarchisch auf unterschiedlichen Stufen dem Restdeckungsbeitrag gegenübergestellt. Dies bietet sich insbesondere für Vertriebs-

Abb. 4-3

Mehrstufige Deckungsbeitragsrechnung

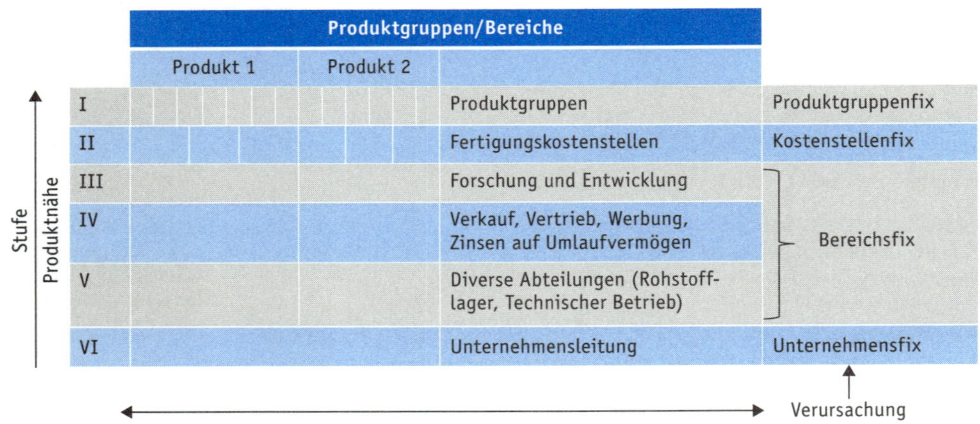

(Quelle: in Anlehnung an Wahle, 1989, S. 210)

ergebnisrechnungen an, um die Deckungsbeiträge einzelner Produkte systematisch auszuwerten und monatlich an das Vertriebscontrolling zu berichten (vgl. Kilger et al., 2012, S. 639 ff.). Die Fixkosten lassen sich nach der »Entfernung« zum hergestellten Produkt differenzieren. In der Regel lassen sich Produkt-, Produktgruppen-, Kostenstellen-, Bereichs- und Unternehmensfixkosten als Fixkostenblöcke identifizieren (vgl. Coenenberg et al., 202, S. 219). Diese Fixkostenblöcke können zur Erhöhung des Informationswertes nach Bedarf noch in die jeweiligen Einzelkomponenten, wie z. B. Fixkosten des Vertriebs oder der Forschung und Entwicklung, zerlegt werden. Durch die **stufenweise Verrechnung der Fixkosten** wird eine fundierte Entscheidungshilfe generiert, da den jeweiligen Produktgruppen die für deren Produktion erforderlichen Fixkosten direkt gegenübergestellt werden. Profit-Center oder Dienstleistungen mit Umsätzen, die produktübergreifend erbracht werden und daher keinem speziellen Bereich zuordenbar sind, können neben den produktbezogenen Sparten berücksichtigt werden. Die jeweiligen Deckungsbeiträge werden dann erst auf der Stufe der Unternehmensgesamtkosten zusammengefasst. Abbildung 4-3 zeigt schematisch eine mehrstufige Deckungsbeitragsrechnung.

Die mehrstufige Deckungsbeitragsrechnung ermöglicht eine systematische Analyse der fixen Kosten, um die kurz- bis mittelfristigen Programm- und Investitionsentscheidungen zu verbessern. Allerdings trifft sie keine Aussagen über die Reduzierbarkeit der Fixkosten und die Aktivitäten, die fixe Gemeinkosten verursachen. Zudem liegen bestimmte Annahmen über Produktions- und Absatzmengenkonstellationen zugrunde, sodass diese Methode zur Bestimmung des optimalen Produktions- und Absatzprogramms sowie zur Preisermittlung nur bedingt geeignet ist.

Beispiel 4.2 Grape SE

▸▸▸ Durch den zunehmenden Ausbau des Produktprogramms in allen Geschäftsbereichen hat Dr. Lodìn angeregt eine Ergebnisanalyse einzuführen, die für die Produktgruppen mehr Transparenz herbeiführt als die bisherige Betriebsergebnisrechnung. Dr. Müller-Christ denkt daran, eine mehrstufige Deckungsbeitragsrechnung einzurichten, die durch die stufenweise Fixkostendeckungsrechnung eine höhere Transparenz ermöglicht. Um Dr. Lodìn das Verfahren zu erläutern, ermittelt er mithilfe der mehrstufigen Deckungsbeitragsrechnung den Periodenerfolg und zugleich die Deckungsbeiträge pro Geschäftsbereich. Seine Mitarbeiter stellen ihm die folgenden Werte für die Abrechnungsperiode zur Verfügung:

Tab. 4-5

Ausgangsdaten der mehrstufigen Deckungsbeitragsrechnung

Produktgruppe	Radio		Mobiles	UHD TV		MP3-Player	Tablets	
Produkt	**gStandard**	**gLuxus**	**gMobile**	**gBasic**	**gDeluxe**	**gPod**	**gMini**	**gMidi**
Absatzmenge [in Stück]	800.000	600.000	800.000	400.000	100.000	200.000	600.000	400.000
Verkaufspreis [in EUR]	80,00	150,00	100,00	168,00	528,00	75,00	21,00	43,50
Variable Herstellkosten [in EUR/Stück]	25,00	59,00	48,00	84,00	290,40	36,00	9,50	24,00
Variable Vertriebskosten [in EUR/Stück]	15,00	46,00	12,00	16,80	52,80	8,25	1,50	4,50
Produktfixkosten [in EUR]	4.460.400	11.310.000	10.856.000	4.838.400	6.864.000	2.212.500	792.000	2.280.000

Für die Produktgruppen Radio, UHD TV und Tablets ergeben sich weiterhin 16.849.440 EUR Produktgruppenfixkosten. Hiervon entfallen 9.462.240 EUR auf die Produktgruppe Radio, 5.851.200 EUR auf UHD TV und 1.536.000 EUR auf Tablets. Unternehmensfixe Kosten, die sich nicht weiter aufgliedern lassen, entstanden in Höhe von 17.950.764 EUR.

Ermitteln Sie mithilfe der mehrstufigen Deckungsbeitragsrechnung den Periodenerfolg.

Tab. 4-6

Mehrstufige Deckungsbeitragsrechnung für die Grape SE

Produktgruppe	Radio		Mobiles	UHD TV		MP3-Player	Tablets	
Produkt	**gStandard**	**gLuxus**	**gMobile**	**gBasic**	**gDeluxe**	**gPod**	**gMini**	**gMidi**
Umsatz [in EUR]	64.000.000	90.000.000	80.000.000	67.200.000	52.800.000	15.000.000	12.600.000	17.400.000
Variable Kosten [in EUR]	32.000.000	63.000.000	48.000.000	40.320.000	34.320.000	8.850.000	6.600.000	11.400.000
Deckungsbeitrag I [in EUR]	32.000.000	27.000.000	32.000.000	26.880.000	18.480.000	6.150.000	6.000.000	6.000.000
Produktfixkosten [in EUR]	4.460.400	11.310.000	10.856.000	4.838.400	6.864.000	2.212.500	792.000	2.280.000
Deckungsbeitrag II [in EUR]	27.539.600	15.690.000	21.144.000	22.041.600	11.616.000	3.937.500	5.208.000	3.720.000
Produktgruppen-fixkosten [in EUR]	9.462.240		–	5.851.200		–	1.536.000	
Deckungsbeitrag III [in EUR]	33.767.360		21.144.000	27.806.400		3.937.500	7.392.000	
Unternehmens-fixkosten [in EUR]	17.950.764							
Periodenerfolg [in EUR]	**76.096.496**							

4.2.3 Mehrdimensionale Deckungsbeitragsrechnung

Die mehrdimensionale Deckungsbeitragsrechnung verfeinert die »starre« Einteilung der mehrstufigen Deckungsbeitragsrechnung um weitere Hierarchievarianten und ermöglicht eine tiefergehende Analyse des Fixkostenblocks. Durch die pauschale Betrachtung innerhalb der mehrstufigen Deckungsbeitragsrechnung könnten negative Deckungsbeiträge per »Quersubventionierung« durch andere Bereiche unsichtbar bleiben. Potenziale für Ergebnisverbesserungen blieben unentdeckt. In der mehrdimensionalen Deckungsbeitragsrechnung werden die Hierarchievarianten durch die sequentielle Kombination mehrerer »Auswertungsdimensionen« bestimmt. Beispielhaft hierfür seien Produktgruppen, Kundengruppen oder Absatzgebiete genannt. Damit kann in einer Auswertung bspw. zuerst nach Kundengruppen und dann nach Produktgruppen klassifiziert werden. Voraussetzung ist, dass Fixkosten nicht nur einer Auswertungsdimension, sondern mehreren parallel zugeordnet werden können. Auch die Reihenfolge der geschalteten Auswertungsdimensionen beeinflusst die Höhe der Deckungsbeiträge (vgl. Schweitzer/Küpper, 2011, S. 472). Der in Abbildung 4-4 dargestellte Würfel zeigt eine mögliche Auswertung.

Durch die Berücksichtigung mehrerer Dimensionen und die Variation ihrer Reihenfolge in verschiedenen Deckungsbeitragsrechnungen können Einsichten ge-

Abb. 4-4

Struktur und Auswertungsmöglichkeiten einer mehrdimensionalen Deckungsbeitragsrechnung

Produktgruppen
Radio, UHD TV, Tablets
MP3-Player
Produkte
gStandard, gLuxus, gMobile, gBasic, gDeluxe,
gPod, gMini, gMidi
Komponenten
Display, Gehäuse, Akku, Elektronik, Software …
Regionen
DACH, Osteuropa, Südeuropa …

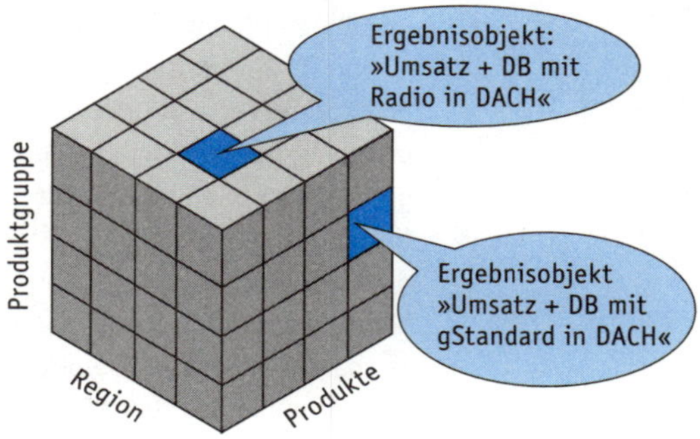

(Quelle: eigene Darstellung)

wonnen werden, die wie Scheinwerfer den Fixkostenblock »durchleuchten« (vgl. Schweitzer/Küpper, 2011, S. 474). Hierdurch werden die Bereiche erkennbar, in denen besonders oder weniger erfolgreich gearbeitet wird. Verluste können hier als Indikatoren gedeutet werden, die auf Probleme in den einzelnen Segmenten hinweisen, bspw. für eine bestimmte Kundengruppe in einer bestimmten Region. Die Spalten der mehrdimensionalen Deckungsbeitragsrechnung enthalten die einzelnen Ausprägungen der Auswertungsdimension (z. B. Regionen; DACH = Deutschland, Österreich, Schweiz). In den Zeilen nach dem Deckungsbeitrag I (DB I) werden die Fixkostenanteile stufenweise verrechnet. Nach jedem Abzug eines Fixkostenanteils (z. B. Fixkosten der Regionen, Produktgruppenfixkosten etc.) ergibt sich ein Deckungsbeitrag höherer Ordnung (DB II bis DB n). Bis auf den Deckungsbeitrag I unterscheiden sich die Deckungsbeiträge, da sich die Gliederung nach der Zurechenbarkeit zu den Dimensionsausprägungen richtet. Entsprechend ergeben sich unterschiedliche Deckungsbeiträge II bis n. Zur leichteren Unterscheidung können diese im Namen um ein auswertungsspezifisches Kürzel ergänzt werden (z. B. DB II DACH).

4.2.4 Einsatzgebiete der Deckungsbeitragsrechnung

Die Deckungsbeitragsrechnung ist ein zentrales Instrument zur Unterstützung von Profitabilitätsanalysen und Produktprogrammentscheidungen (vgl. Kilger et al., 2012, S. 615 ff.).

Profitabilitätsanalysen

Bei negativen Deckungsbeiträgen I sind die variablen Kosten für die Herstellung des Produktes nicht gedeckt, die Herstellung der Produkte verringert dabei den Gewinn des Unternehmens. Im Fall von negativen Deckungsbeiträgen I sollte die Produktion des betreffenden Produktes daher sofort eingestellt werden, falls Preiserhöhungen oder Kostensenkungen nicht durchsetzbar sind und die strategische Bedeutung des Produktes gering ist. Sobald auf späteren Stufen der Deckungsbeitragsrechnung ein negativer Deckungsbeitrag auftritt, sollte geprüft werden, ob der betroffene Bereich mittelfristig wieder wirtschaftlich gestaltet werden kann. Die unterschiedlichen Auswertungsdimensionen einer mehrdimensionalen Deckungsbeitragsrechnung erlauben hier eine sehr feine Unterscheidung der Profitabilität der jeweiligen Dimensionsausprägungen.

Produktprogrammentscheidungen

Durch die produkt(gruppen)bezogene Deckungsbeitragsrechnung kann festgestellt werden, inwieweit einzelne Produkte bzw. Produktgruppen insgesamt einen positiven Deckungsbeitrag haben. Bei negativen Produkt(gruppen)deckungsbeiträgen vermag das betreffende Produkt bzw. die betreffende Produktgruppe nicht die für die Herstellung erforderlichen Fixkosten zu decken und muss durch andere Produkte bzw. Produktgruppen »quersubventioniert« werden. Hier sollte über eine Einstellung des Produktes bzw. der Produktgruppe entschieden werden, wobei die Reduzierbarkeit des betroffenen Fixkostenblocks in die Entscheidung mit einbezogen werden muss. Darüber hinaus sind auch strategische Überlegungen hinsichtlich der Sortimentsbreite miteinzubeziehen.

4.3 Break-Even-Analyse

Besonders in Zeiten von Schwankungen des Beschäftigungsgrades sind eindeutige und schnelle Informationen über die **Ergebniszusammenhänge** für Führungskräfte entscheidend. Aber auch kontinuierlich muss der Erfolg des Unternehmens in Abhängigkeit von Mengenentwicklungen (und deren Unsicherheiten) beurteilt werden. Ein geeignetes Instrument hierzu stellt die Break-Even-Analyse dar, die einen Überblick über Umsätze, Kosten und Gewinne bzw. Verluste für alternative Beschäftigungsgrade gibt.

Konzept der Break-Even-Analyse

Break-Even-Analysen werden auch als **Gewinnschwellenanalysen** bezeichnet. Sie dienen als Mittel zur Steuerung und Überwachung des Unternehmens und seiner Produkte. Die Break-Even-Analyse baut auf dem Konzept der Deckungsbeitragsrechnung auf und macht die **Auswirkungen** von **Preis-, Kosten-** und **Mengenänderungen** auf das Ergebnis deutlich. Im Englischen wird sie daher regelmäßig als Cost-Volume-Profit Analysis bezeichnet (vgl. Coenenberg et al., 2012, S. 315). Die damit gewonnenen Informationen dienen der Planung und Kontrolle des mit den Produkten verbundenen Erfolgs unter Betrachtung bestimmter Variationen (z. B. Mengenänderung). Sie können bspw. bei den Entscheidungen über die Einführung von Produkt (-arten) oder deren Eliminierung aus dem Produktions- und Absatzprogramm verwendet werden. **Ziel** der Break-Even-Analyse ist somit, **Beziehungen** zwischen **Produktion**, **Umsatz** und **Ergebnis** sowie Auswirkungen von Kosten- und Erlösänderungen auf die Gewinnstruktur des Unternehmens aufzuzeigen.

Der **Break-Even-Punkt (BEP)** bezeichnet die kritische Ausbringungsmenge x_{BE}, bei welcher der Gesamterlös gerade so groß ist wie die Gesamtkosten. Der BEP wird auch als Gewinnschwelle, Deckungspunkt oder kritische Menge bezeichnet (vgl. in Anlehnung an Coenenberg et al., 2012, S. 315).

Praxisbeispiel

»Break-Even-Rule« für Fußballvereine

Fairplay: ManCity und PSG müssen je 60 Millionen Euro zahlen

Hamburg – Die Uefa greift wegen Verstößen gegen das Financial Fairplay hart durch. Wie der europäische Fußballverband am Freitag bekanntgab, müssen der englische Meister Manchester City und der französische Titelträger Paris St. Germain jeweils eine Strafe in Höhe von 60 Millionen Euro zahlen. Es sind die höchsten jemals verhängten Bußgelder in der Geschichte der Uefa. Zudem dürfen beide Mannschaften in der kommenden Champions-League-Saison nur einen Kader von maximal 21 statt 25 Spielern melden. ManCity ist zudem dazu verurteilt worden, die Transferausgaben »deutlich zu reduzieren«. Demnach ist es City verboten, in der nächsten Saison mehr als 60 Millionen Euro für Neueinkäufe auszugeben – es sei denn, der Klub nimmt durch Verkäufe zusätzliches Geld ein. Zudem dürfen die Ausgaben für Gehälter nicht höher als in dieser Spielzeit sein.

Das Ziel des Financial Fairplay ist, dass die europäischen Vereine nicht mehr über ihre Verhältnisse leben und sich so Wettbewerbsvorteile verschaffen. Die Klubs sollen nur noch so viel ausgeben dürfen, wie sie einnehmen. Die beiden von arabischen Investoren alimentierten Vereine sollen sich mit überbordenden Investitionen unerlaubte Vorteile verschafft haben.

(Quelle: Der Spiegel (Hrsg.), in: www.spiegel.de, Abruf: 10.06.2014)

Auszug aus dem UEFA-Reglement zur Klublizenzierung und zum finanziellen Fairplay:

Artikel 60 – *Break-Even-Ergebnis*

1. Die Differenz zwischen den relevanten Einnahmen und den relevanten Ausgaben ist das Break-Even-Ergebnis, das in Übereinstimmung mit Anhang X für jede Berichtsperiode zu berechnen ist.
2. Wenn die relevanten Ausgaben eines Lizenznehmers während einer Berichtsperiode kleiner sind als die relevanten Einnahmen, dann weist der Klub einen Break-Even-Überschuss auf. Wenn die relevanten Ausgaben eines Lizenznehmers während einer Berichtsperiode grösser sind als die relevanten Einnahmen, dann weist der Klub ein Break-Even-Defizit auf.
3. Lautet der Jahresabschluss eines Lizenznehmers auf eine andere Währung als auf Euro, muss das Break-Even-Ergebnis anhand des von der europäischen Zentralbank veröffentlichten durchschnittlichen Wechselkurses für die Berichtsperiode in Euro umgerechnet werden.
4. Das aggregierte Break-Even-Ergebnis ist die Summe der Break-Even-Ergebnisse der drei von der Monitoring-Periode abgedeckten Berichtsperioden (d. h. der Berichtsperioden T, T-1 und T-2).
5. Ist das aggregierte Break-Even-Ergebnis positiv (gleich Null oder darüber), weist der Lizenznehmer für die Monitoring-Periode einen aggregierten Break-even Überschuss auf. Falls das aggregierte Break-Even-Ergebnis negativ (unter Null) ist, weist der Lizenznehmer für die Monitoring-Periode ein aggregiertes Break-Even-Defizit auf.
6. Im Fall eines aggregierten Break-Even-Defizits für die Monitoring-Periode darf der Lizenznehmer nachweisen, dass das aggregierte Defizit durch einen Überschuss (falls vorhanden) reduziert wird, der aus der Summe der Break-Even-Ergebnisse der beiden Berichtsperioden vor T-2 (d. h. Berichtsperioden T-3 und T-4) resultiert.

(Quelle: UEFA, 2010, in: www.uefa.com, Abruf: 24.05.2014)

4.3.1 Break-Even-Analyse im Einproduktfall

Ermittlung der Break-Even-Menge

Bei einer Produktart lässt sich eine gewinnbezogene Break-Even-Menge (x_{BE}) bestimmen, indem der Gewinn (G) gleich Null gesetzt und die Gewinnfunktion nach der Absatzmenge (x) aufgelöst wird. Die so berechnete kritische Ausbringungsmenge gibt die Gewinnschwelle an. Geht man von einem **linearen Umsatz- und Kostenverlauf** aus, so ergibt sich eine **Gewinnfunktion** von (vgl. Coenenberg et al., 2012, S. 317 f.):

$G = (p \cdot x) - (k_v \cdot x) - K_f$, mit
p = Preis pro verkaufter Einheit
k_v = variable Kosten pro produzierter Einheit
K_f = fixe Kosten pro Periode
x = Menge der verkauften Einheiten pro Periode

Da bei der **Gewinnschwelle** definitionsgemäß **Gewinn = 0** gilt, ergibt sich so die Beziehung:

Gewinn	=	Umsatz	– Kosten		
	=	$(p \cdot x_{BE})$	$- (k_v \cdot x_{BE} + K_f)$	= 0	
oder					
Gewinn	=	Deckungsbeitrag (*DB*)	– Fixkosten		
	=	$(p - k_v) \cdot x_{BE}$	$- K_f$	= 0	

Somit ergibt sich die folgende Formel für die **Break-Even-Menge (x_{BE}):**

$$x_{BE} = \frac{K_f}{p - k_v} \quad \text{bzw.} \quad x_{BE} = \frac{K_f}{DB}, \text{ mit } DB = p - k_v$$

Entsprechend lassen sich das Umsatz-Gesamtkosten-Modell und das Deckungsbeitrags-Modell der Break-Even-Analyse unterscheiden.

Umsatz-Gesamtkosten-Modell

Im **Umsatz-Gesamtkosten-Modell** wird der Break-Even-Punkt als der Punkt erfasst, bei dem die **Umsätze** die gesamten **Fixkosten** und die den abgesetzten Mengen **zurechenbaren variablen Kosten** decken, also weder ein Gewinn erzielt wird, noch ein Verlust entsteht (vgl. Coenenberg et al., 2012, S. 315). In der graphischen Darstellung lässt sich die Break-Even-Menge x_{BE} aus dem Schnittpunkt von Umsatz- und Kostenfunktion ableiten. Ist die Absatzmenge geringer als die Break-Even-Menge x_{BE}, sind die Gesamtkosten höher als der Umsatz, sodass ein **Verlust** entsteht. Ist die Absatzmenge höher als die Break-Even-Menge x_{BE}, ist der Umsatz höher als die Gesamtkosten, d. h. ein **Gewinn** wird erwirtschaftet.

Beispiel 4.3 Grape SE

▸▸▸ Im Anschluss an die Deckungsbeitragsrechnung möchte Dr. Müller-Christ die Rentabilität des Produktes »gMobile« bei unterschiedlichen Beschäftigungsschwankungen analysieren. Wie bereits von seinen Mitarbeitern ermittelt, entfallen jährliche Fixkosten in Höhe von 14 Mio. EUR auf »gMobile«. Die Fixkosten enthalten Produktfixkosten und einen Anteil der Unternehmensfixkosten. Der Verkaufspreis für »gMobile« liegt bei 100 EUR pro Stück. Die variablen Stückkosten liegen derzeit bei 60 EUR.

a) Ermitteln Sie das jährliche Betriebsergebnis bei einer Absatzmenge von 800.000, 600.000, 400.000, 200.000 und 100.000 Stück nach dem Umsatz-Gesamtkosten-Modell.
b) Ermitteln Sie die Break-Even-Menge.
c) Veranschaulichen Sie Ihre Ergebnisse in einer Grafik.

Ad a)

Tab. 4-7

Umsatz-Gesamtkosten-Modell für »gMobile«

Absatzmenge (x) [in Stück]	Umsatz (p · x) [in EUR]	Variable Kosten (k_v · x) [in EUR]	Fixkosten (K_f) [in EUR]	Gesamtkosten ((k_v · x) + K_f) [in EUR]	Betriebsergebnis [in EUR]
800.000	80.000.000	48.000.000	14.000.000	62.000.000	18.000.000
600.000	60.000.000	36.000.000	14.000.000	50.000.000	10.000.000
400.000	40.000.000	24.000.000	14.000.000	38.000.000	2.000.000
200.000	20.000.000	12.000.000	14.000.000	26.000.000	-6.000.000
100.000	10.000.000	6.000.000	14.000.000	20.000.000	-10.000.000

Ad b)
Die Break-Even-Menge ermittelt sich wie folgt:

$$x_{BE} = \frac{K_f}{p - k_v} = \frac{14.000.000}{100 - 60} = 350.000 \text{ Stück}$$

Ad c)

Abb. 4-5

Break-Even-Analyse im Einproduktfall »gMobile« (Umsatz-Gesamtkosten-Modell)

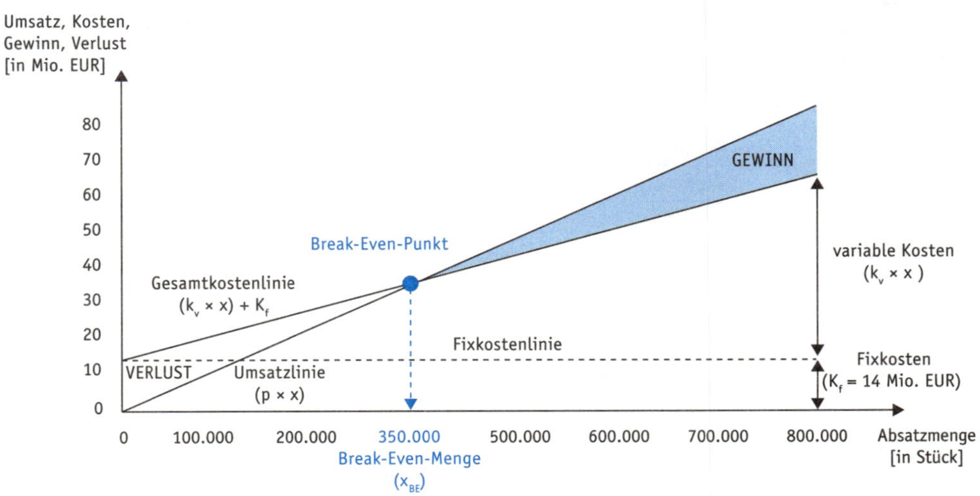

(Quelle: in Anlehnung an Coenenberg et al., 2012, S. 317)

Deckungsbeitrags-Modell

Im **Deckungsbeitrags-Modell** findet eine Berechnung auf Basis von Deckungsbeiträgen anstelle von Umsätzen statt, wodurch die Gewinn- bzw. Verlustkalkulation bei unterschiedlichen Beschäftigungsgraden vereinfacht wird (vgl. Coenenberg et al., 2012, S. 317). Nach dem Deckungsbeitrags-Modell wird der Break-Even-Punkt erreicht, wenn die Deckungsbeitragslinie die Fixkostenlinie schneidet. Dabei liegt die Fixkostenlinie bei allen Absatzmengen auf der gleichen Höhe und die Deckungsbeitragslinie beginnt im Nullpunkt. Durch diese Darstellung wird das Break-Even-Diagramm noch verständlicher und ist in seiner Struktur einprägsamer als im Umsatz-Gesamtkosten-Modell (vgl. Coenenberg et al., 2012, S. 319).

Beispiel 4.4 Grape SE

▸▸▸ Nach der Fertigstellung der Break-Even-Analyse mit dem Umsatz-Gesamtkosten-Modell, hat Dr. Müller-Christ seinem Vorgesetzten Dr. Lodìn die Ergebnisse präsentiert. Dieser fand insbesondere das Break-Even-Diagramm nicht besonders anschaulich und fordert nun eine erneute Gewinn- und Verlustkalkulation für unterschiedliche Beschäftigungsgrade von »gMobile« nach dem Deckungsbeitrags-Modell.

Die Ausgangsdaten bleiben unverändert. So betragen die jährlichen Fixkosten 14 Mio. EUR. Der Verkaufspreis für »gMobile« liegt bei 100 EUR pro Stück. Die variablen Stückkosten betragen 60 EUR.

a) Ermitteln Sie das jährliche Betriebsergebnis bei einer Absatzmenge von 800.000, 600.000, 400.000, 200.000 und 100.000 Stück nach dem Deckungsbeitrags-Modell!
b) Ermitteln Sie die Break-Even-Menge!
c) Veranschaulichen Sie Ihre Ergebnisse in einer Grafik!

Ad a)

Tab. 4-8

Deckungsbeitrags-Modell für »gMobile«

Absatzmenge (x) [in Stück]	Deckungsbeitrag $((p - k_v) \cdot x)$ [in EUR]	Fixkosten (K_f) [in EUR]	Gesamtkosten $((k_v \cdot x) + K_f)$ [in EUR]	Betriebsergebnis [in EUR]
800.000	32.000.000	14.000.000	62.000.000	18.000.000
600.000	24.000.000	14.000.000	50.000.000	10.000.000
400.000	16.000.000	14.000.000	38.000.000	2.000.000
200.000	8.000.000	14.000.000	26.000.000	-6.000.000
100.000	4.000.000	14.000.000	20.000.000	-10.000.000

Ad b)

Die Break-Even-Menge ermittelt sich wie folgt:

$$x_{BE} = \frac{K_f}{DB} \text{ bzw. } x_{BE} = \frac{14.000.000}{40} = 350.000 \text{ Stück}$$

Ad c)

Abb. 4-6

Break-Even-Analyse im Einproduktfall »gMobile« (Deckungsbeitrags-Modell)

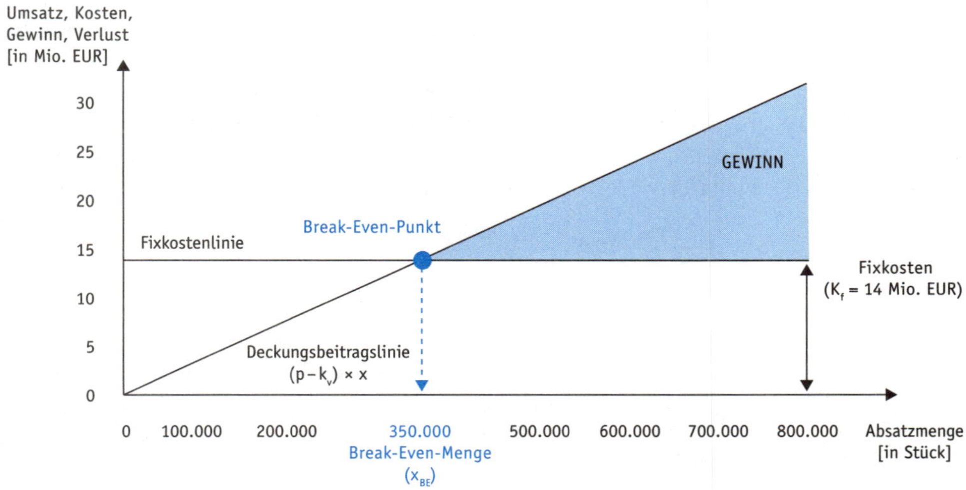

(Quelle: in Anlehnung an Coenenberg et al., 2012, S. 318)

Das Break-Even-Diagramm und die erläuterten Formeln haben eine Vielzahl von Anwendungsmöglichkeiten. Im Nachfolgenden werden die Analysen von Mengen-, Kosten- und Preisänderungen als Ansatzpunkte für rentabilitätssteigernde Maßnahmen dargestellt.

Analyse von Mengenänderungen

Bei der Analyse von **Mengenänderungen** kann zum einen die Menge ermittelt werden, die mindestens verkauft werden muss, um alle **Kosten** zu decken (vgl. Coenenberg et al., 2012, S. 319). Diese Menge wird genau durch die Break-Even-Menge (x_{BE}) abgebildet. Zum anderen kann die Menge bestimmt werden, die mindestens verkauft werden muss, um alle **Ausgaben** zu decken **(Cash-Punkt)**. Hierzu wird vereinfachend angenommen, dass lediglich Abschreibungen als nicht zahlungswirksame Aufwendungen den Unterschied zwischen Gewinn und Cashflow ausmachen. Die Abschreibungen stellen für das Unternehmen kalkulatorische Kosten und keine Ausgaben dar, sodass der Deckungsbeitrag nur noch die Fixkosten abzüglich der darin enthaltenen Abschreibungen (A) decken muss. Der Cash-Punkt wird bei einer geringeren Absatzmenge als der BEP erreicht. Die Absatzmenge am Cash-Punkt ergibt sich dann wie folgt (vgl. Coenenberg et al., 2012, S. 320):

$$x \cdot (p - k_v) = K_f - A$$

$$x = \frac{K_f - A}{(p - k_v)}$$

Zudem können Mengen ermittelt werden, ab denen spezifische **Zielvorgaben** für Gewinne (G) erreicht werden. Hierzu wird die Absatzmenge wie folgt berechnet (vgl. Coenenberg et al., 2012, S. 320):

$$x = \frac{K_f + G}{(p - k_v)}$$

Sicherheitskoeffizient

Eine weitere Kennzahl, die im Rahmen der Break-Even-Analyse berechnet werden kann, ist der **Sicherheitskoeffizient (S)**. Dieser gibt an, wie weit die Kapazitätsauslastung (x_{Ist}) höchstens sinken darf, ohne einen Verlust zu erwirtschaften. Dabei gilt grundsätzlich, je größer der Sicherheitskoeffizient ist, desto besser ist das Unternehmen gegen einen möglichen Verlust abgesichert. Der Sicherheitskoeffizient ergibt sich wie folgt (vgl. Coenenberg et al., 2012, S. 321):

$$S = \frac{x_{Ist} - x_{BE}}{x_{Ist}} \cdot 100\%$$

Beispiel 4.5 Grape SE

▸▸▸ Durch die Expansion der Grape SE in neue Märkte möchte Dr. Lodìn eine Steigerung des Periodengewinns im Produktbereich »gMobile« auf 20 Mio. EUR erreichen. Er beauftragt Dr. Müller-Christ, herauszufinden, wie viele Produkte von »gMobile« mindestens abgesetzt werden müssen, um den gewünschten Periodengewinn zu erreichen. Um seinem Vorgesetzten einen besseren Überblick über mögliche Änderungen zu geben, berechnet Dr. Müller-Christ auf Basis der nachfolgenden Daten sowohl die Mindestverkaufsmenge als auch den Sicherheitskoeffizienten und den Cash-Punkt, an dem alle Ausgaben gedeckt werden.

Tab. 4-9

Ausgangsdaten

Gesamte Fixkosten [in EUR]	14.000.000
Produktfixkosten (inkl. Abschreibungen) [in EUR]	10.856.000
Verkaufspreis [in EUR]	100
Variable Stückkosten [in EUR]	60
Abschreibungen [in EUR]	3.256.800
Ist-Kapazitätsauslastung [in Stück]	1.000.000

a) Ermitteln Sie die Mindestverkaufsmenge für einen Gewinn von 20 Mio. EUR.
b) Ermitteln Sie den Sicherheitskoeffizienten.
c) Ermitteln Sie den Cash-Punkt.

Ad a) Mindestverkaufsmenge:

$$x = \frac{14.000.000 + 20.000.000}{100 - 60} = 850.000 \text{ Stück}$$

Ad b) Sicherheitskoeffizient:

$$S = \frac{1.000.000 - 350.000}{1.000.000} \cdot 100\% = 65\%$$

Ad c) Cash-Punkt:

$$x = \frac{14.000.000 - 3.256.800}{100 - 60} = 268.580 \text{ Stück}$$ ◂◂◂

Analyse von Kostenänderungen

Durch die Analyse von **Kostenänderungen** ergeben sich ebenfalls Ansatzpunkte für ergebnisverbessernde Maßnahmen. Bei der Analyse des **Fixkostenblocks** soll insbesondere ermittelt werden, welche Absatzmenge vorhanden sein muss, um die zahlungswirksamen Produktfixkosten, die anteiligen Fixkosten und die Abschreibungen zu decken (vgl. Coenenberg et al., 2012, S. 322 ff.). Die Abtragung der Planzahlen in einem Diagramm ermöglicht die Teilung des Fixkostenblocks. In Abbildung 4-7 werden die Planzahlen der Grape SE abgetragen. Alle durch das Produkt »gMobile« direkt verursachten Ausgaben werden durch den Absatz von 189.980 Stück gedeckt. Die Stückzahl von 189.980 ergibt sich durch die Division von den Produktfixkosten exkl. Abschreibungen (7.599.200 EUR) durch den Stückdeckungsbeitrag von 40 EUR. Die Deckung aller laufenden Ausgaben (inklusive der nicht produktbezogenen Fixkosten) wird durch den Absatz von insgesamt 268.580 Stück erreicht (Cash-Punkt). Alle Kosten werden bei einem Absatz von 350.000 Stück gedeckt (Break-Even-Punkt).

Analyse von Preisänderungen

Weiterhin kann die Analyse von **Preisänderungen** und deren Auswirkungen durchgeführt werden. Hierbei soll ermittelt werden, inwieweit die Absatzmenge min-

Abb. 4-7

Analyse der Fixkosten

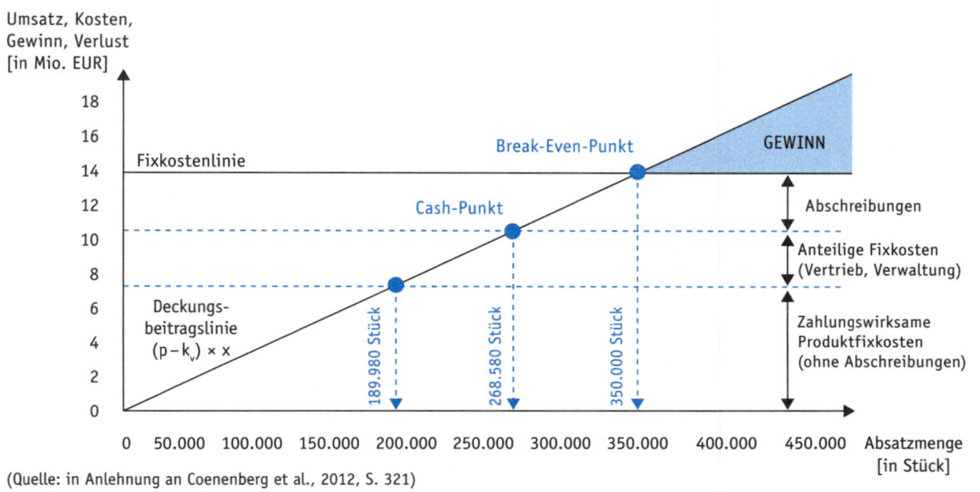

(Quelle: in Anlehnung an Coenenberg et al., 2012, S. 321)

destens gesteigert werden muss bzw. zurückgehen kann, um nach einer Verkaufspreissenkung bzw. -erhöhung weiterhin einen konstanten Gewinn zu erzielen (vgl. Coenenberg et al., 2012, S. 326 f.). Um den Gewinn in beiden Fällen konstant zu halten, müsste der Deckungsbeitrag nach der Senkung bzw. Erhöhung des Verkaufspreises mindestens so hoch bzw. niedrig sein wie vorher. Die neue Break-Even-Menge ergibt sich dann wie folgt:

$$x_{neu} = \frac{x_{alt} \cdot (p_{alt} - k_v)}{(p_{neu} - k_v)}$$

4.3.2 Break-Even-Analyse im Mehrproduktfall

Führt man die Break-Even-Analyse nicht nur für ein Produkt, sondern für **mehrere Produktarten** durch, so steigt deren Komplexität aufgrund der höheren Anzahl an einzubeziehenden Größen und Kombinationsmöglichkeiten der Produktions- und Absatzmengen verschiedener Produktarten.

Break-Even-Analyse auf Basis von vorgegebenen Produktmengen

Zunächst wird die Break-Even-Analyse auf Basis von **vorgegebenen Produktmengen** erläutert. Da es bei mehreren Produktarten nicht mehr möglich ist, eine eindeutige Break-Even-Menge zu bestimmen, wird stattdessen ein Break-Even-Umsatz ermittelt. Dieser lässt sich mittels des durchschnittlichen Break-Even-Umsatzes, der Behandlung der Fixkosten als Block und der differenzierten Fixkostenbehandlung auf drei unterschiedlichen Wegen berechnen.

Durchschnittlicher Break-Even-Umsatz

Die Formel für den **Break-Even-Umsatz** lässt sich wie folgt herleiten. Für den **Einproduktfall** entspricht der Break-Even-Umsatz (U_{BE}) (vgl. Coenenberg et al., 2012, S. 340):

$$U_{BE} = p \cdot x_{BE}, \quad \text{mit} \quad x_{BE} = \frac{K_f}{p - k_v}$$

daraus folgt:

$$U_{BE} = \frac{K_f}{1 - \frac{k_v}{p}} \quad \text{oder} \quad U_{BE} = \frac{K_f}{\frac{DB}{p}}, \quad \text{mit } DB = p - k_v$$

Bei mehreren Produkten müssen anstelle der stückbezogenen Größen (p, DB und k_v) Gesamtwerte erfasst werden, die sich aus der Multiplikation der stückbezogenen Größen mit den Absatzmengen x_i ($i = 1,\dots, n$) ergeben. So gilt für den Break-Even-Umsatz im **Mehrproduktfall** (vgl. Coenenberg et al., 2012, S. 340):

$$U_{BE} = \frac{K_f}{\frac{\sum_{i=1}^{n} DB_i \cdot x_i}{\sum_{i=1}^{n} p_i \cdot x_i}} = \frac{K_f}{\frac{DB'}{U}}, \text{mit}$$

DB' = Deckungsbeitrag über alle Produkte

$\frac{DB'}{U}$ = durchschnittliche Deckungsbeitragsintensität

U = Umsatz

Dieser Ermittlung des Break-Even-Umsatzes liegt die Annahme zugrunde, dass alle Produkte mengenproportional von möglichen Absatzeinbußen betroffen sind.

Unterstellt man hingegen, dass die Produkte **nicht mengenproportional von Absatzeinbußen** tangiert werden, so ist eine Reihenfolge der einzelnen Produkte zu bilden, in der diese von den Einbußen betroffen werden. Zur Bestimmung eines differenzierten Break-Even-Umsatzes unterscheidet man hierbei die summarische und die differenzierte Fixkostenbehandlung.

Summarische Fixkostenbehandlung

Bei der **summarischen Fixkostenbehandlung** werden die **Fixkosten als Block** einbezogen und nicht in produkt- und unternehmensspezifische Komponenten unterteilt. Der Break-Even-Umsatz wird dabei ermittelt, indem in einer bestimmten **festzulegenden Reihenfolge** die Deckungsbeiträge der Produkte solange von den gesamten Fixkosten subtrahiert werden, bis diese gedeckt sind (vgl. Coenenberg et al., 2012, S. 341 f.). Durch die Verrechnung der Deckungsbeiträge entsteht eine **Nettogewinn- (bzw. Nettoverlust-)kurve**, die entsprechend zu den unterschiedlich erwarteten Umsätzen der einzelnen Produkte einen gebrochenen Verlauf aufweist (vgl. Abb. 4-8). Als Kriterium zur Reihenfolgebildung für die Verrechnung der Fixkosten kann die Deckungsbeitragsintensität, d. h. das Verhältnis von Deckungsbeitrag zu Umsatz, festgelegt werden. Hierbei unterscheidet man eine pessimistische und eine optimistische Variante. Bei der **pessimistischen Variante** werden die Produkte nach den individuellen Deckungsbeitragsintensitäten in aufsteigender Reihenfolge geordnet, sodass das Produkt mit dem niedrigsten Deckungsbeitrag je Umsatz den Beginn der Reihenfolge bildet. Die ersten Umsätze werden demnach durch das Produkt mit der geringsten Deckungsbeitragsintensität erzielt, bis dessen Absatzobergrenze erreicht ist. Bei dem letzten einbezogenen Produkt ist der Umsatz zu bestimmen, der noch zur Fixkostendeckung notwendig ist. Bei der pessimistischen Variante wird somit unterstellt, dass jeweils die Produkte mit der geringsten Deckungsbeitragsintensität zuerst abgesetzt werden können. In der **optimistischen Variante** werden die Produkte hingegen nach den Deckungsbeitragsintensitäten in absteigender Reihenfolge geordnet, beginnend bei dem Produkt mit dem höchsten individuellen Deckungsbeitrag je Umsatz. Hierbei wird unterstellt, dass die Produkte mit der höchsten Deckungsbeitragsintensität zuerst abgesetzt werden können.

Bei der **differenzierten Fixkostenbehandlung** wird zwischen **produkt- und unternehmensspezifischen Fixkosten** unterschieden. Bei der Ermittlung des Break-Even-Umsatzes müssen je Produkt somit zwei Fixkostenkomponenten aufgenommen werden. Zum einen werden die produktspezifischen Fixkosten aufgenommen, die (unabhängig von der Menge) bei Aufnahme des Produktes in das Produktionsprogramm anfallen. Zum anderen werden die Deckungsbeiträge der Produkte, d. h. Umsatz minus variable Kosten, in die Berechnung aufgenommen. Bei der Verrechnung kann die Reihenfolge der Produkte, wie bei der summarischen Fixkostenbehandlung, auf Basis der Deckungsbeitragsintensität oder alternativ auf Grundlage der Differenz zwischen Deckungsbeitrag und produktspezifischen Fixkosten gebildet werden.

Beispiel 4.6 Grape SE

▸▸▸ Die Absatzmengen in den Produktgruppen Mobiles und Radio unterlagen in den letzten Jahren extremen Schwankungen. Um eine Übersicht über die erwarteten Umsätze der einzelnen Produkte zu bekommen, fordert Dr. Lodìn eine Break-Even-Analyse für beide Produktgruppen an. Neben der Berechnung der summarischen Fixkostendeckung durch die Produkte »gStandard« und »gLuxus« der Produktgruppe Radio sowie »gMobile« der Produktgruppe Mobiles, führt Dr. Müller-Christ ebenfalls eine Berechnung entsprechend der differenzierten Fixkostenbehandlung durch. Er erhofft sich dadurch eine detaillierte Analyse der produktspezifischen Kosten und der einzelnen Produktergebnisse, um das Produktprogramm gewinnoptimal abzustimmen. Die Controllingabteilung liefert Dr. Müller-Christ hierfür folgende Ausgangsdaten:

Tab. 4-10

Ausgangsdaten der Break-Even-Analyse

Produktgruppe	**Radio**		**Mobiles**
Produkt	**gStandard**	**gLuxus**	**gMobile**
Absatzmenge [in Stück]	800.000	600.000	800.000
Verkaufspreis [in EUR]	80,00	150,00	100,00
Variable Stückkosten [in EUR]	40,00	105,00	60,00
Produktfixkosten (inkl. 50 % der Produktgruppenfixkosten) [in EUR]	9.191.520	16.041.120	10.856.000
Unternehmensfixkosten [in EUR]	6.911.360		
Gesamte Fixkosten	43.000.000		

a) Stellen Sie die Ergebniskurve entsprechend der optimistischen und pessimistischen summarischen Fixkostenbehandlung grafisch dar und erläutern Sie diese!
b) Stellen Sie die Ergebniskurve entsprechend der differenzierten Fixkostenbehandlung nach der optimistischen Variante grafisch dar und erläutern Sie diese!

Ad a)
Zur Erstellung der Ergebniskurve erfolgt zunächst die Berechnung der Deckungsbeitragsintensität. Auf Basis der Deckungsbeitragsintensität wird anschließend eine Reihenfolge der Produkte ermittelt, um die Fixkostenverrechnung vorzunehmen (vgl. Tab. 4-11). Das Produkt »gStandard« weist die höchste Deckungsbeitragsintensität auf, sodass dieses Produkt bei der optimistischen Variante zuerst und bei der pessimistischen Variante zuletzt in das Produktprogramm aufgenommen wird. Das Produkt »gLuxus« weist die niedrigste Deckungsbeitragsintensität auf, wodurch dieses Produkt bei der optimistischen Variante als letztes und bei der pessimistischen Variante als erstes in die Verrechnung aufgenommen wird.

Tab. 4-11

Berechnung der Deckungsbeitragsintensität

Produktgruppe	**Radio**		**Mobiles**
Produkt	**gStandard**	**gLuxus**	**gMobile**
Umsatz [in EUR]	64.000.000	90.000.000	80.000.000
Deckungsbeitrag [in EUR]	32.000.000	27.000.000	32.000.000
Deckungsbeitragsintensität [in EUR]	50,00 %	30,00 %	40,00 %
Reihenfolge	I	III	II

Break-Even-Umsatz bei der optimistischen Variante ($U_{BE,\,I}$):

$$U_{BE,I} = Umsatz_{gStandard} + \frac{\text{Gesamte Fixkosten} - Deckungsbeitrag_{gStandard}}{Deckungsbeitrag_{gMobile}} \cdot Umsatz_{gMobile}$$

$$U_{BE,I} = 64 \text{ Mio. EUR} + \frac{43 \text{ Mio. EUR} - 32 \text{ Mio. EUR}}{32 \text{ Mio. EUR}} \cdot 80 \text{ Mio. EUR} = 91{,}5 \text{ Mio. EUR}$$

Break-Even-Umsatz bei der pessimistischen Variante ($U_{BE,\,II}$):

$$U_{BE,II} = Umsatz_{gLuxus} + \frac{\text{Gesamte Fixkosten} - Deckungsbeitrag_{gLuxus}}{Deckungsbeitrag_{gMobile}} \cdot Umsatz_{gMobile}$$

$$U_{BE,II} = 90 \text{ Mio. EUR} + \frac{43 \text{ Mio. EUR} - 27 \text{ Mio. EUR}}{32 \text{ Mio. EUR}} \cdot 80 \text{ Mio. EUR} = 130 \text{ Mio. EUR}$$

Break-Even-Umsatz bei proportionalen Absatzeinbußen ($U_{BE,\,III}$):

$$U_{BE,III} = \frac{\text{Gesamte Fixkosten}}{\text{Deckungsbeitrag (gesamt)}} \cdot \text{Umsatz (gesamt)}$$

$$U_{BE,III} = \frac{43 \text{ Mio. EUR}}{91 \text{ Mio. EUR}} \cdot 234 \text{ Mio. EUR} = 110{,}57 \text{ Mio. EUR}$$

Aus Abbildung 4-8 wird ersichtlich, dass bei der optimistischen Variante durch die Produkte »gStandard« und »gMobile« ein Break-Even-Umsatz ($U_{BE,I}$) von 91,5 Mio. EUR erreicht wird. Dieser Break-Even-Umsatz beruht auf der Annahme, dass Absatzeinbußen nur bei »gLuxus« vorkommen. Das Produkt mit der geringsten Deckungsbeitragsintensität wird somit bei Produktionsengpässen als erstes vernachlässigt. Bei der pessimistischen Variante wird durch die Produkte »gLuxus« und »gMobile« ein Break-Even-Umsatz ($U_{BE,II}$) von 130 Mio. EUR erreicht. Hierbei wird das Produkt mit der höchsten Deckungsbeitragsintensität (»gStandard«) von Absatzeinbußen betroffen. Der durchschnittliche Break-Even-Umsatz ($U_{BE,III}$) beträgt 110,57 Mio. EUR. Bei diesem Umsatz liegt die Annahme zugrunde, dass alle Produkte mengenproportional von Absatzeinbußen betroffen sind.

Abb. 4-8

Ergebniskurve entsprechend der summarischen Fixkostenbehandlung

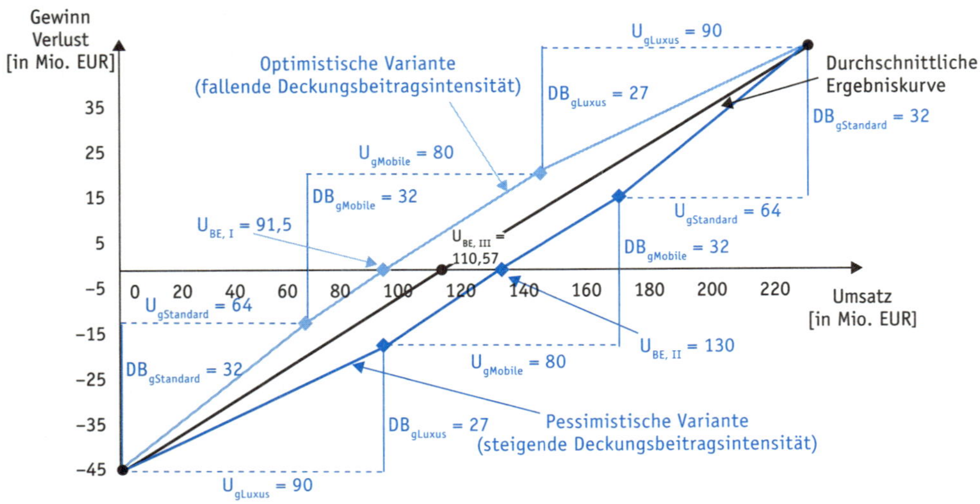

(Quelle: in Anlehnung an Coenenberg et al., 2012, S. 342)

Ad b)

Zur Erstellung der Ergebniskurve entsprechend der differenzierten Fixkostenbehandlung werden die Fixkosten in produkt- und unternehmensspezifische Kosten aufgeteilt. Eine Verrechnung der Fixkosten erfolgt entsprechend der Deckungsbeitragsintensität in absteigender Reihenfolge.

Ermittlung des Break-Even-Umsatzes (U_{BE}):

$$U_{BE} = \frac{\text{Produktfixkosten}_{gStandard} + \text{Unternehmensfixkosten}}{DB_{gStandard}} \cdot \text{Umsatz}_{gStandard}$$

$$U_{BE} = \frac{9.191.520 \text{ EUR} + 6.911.360 \text{ EUR}}{32.000.000 \text{ EUR}} \cdot 64.000.000 \text{ EUR} = 32{,}21 \text{ Mio. EUR}$$

Das Verfahren der differenzierten Fixkostenbehandlung verdeutlicht, dass der Break-Even-Umsatz (32,21 Mio. EUR) bereits mithilfe des Produkts »gStandard« erreicht wird (vgl. Abb. 4-9). In diesem Punkt werden die Unternehmensfixkosten und Produktfixkosten von »gStandard« schon durch einen Teil seines Deckungsbeitrags gedeckt. Das Ergebnis wird allerdings durch alle nachfolgenden Produkte gesteigert, sodass alle Produkte weiterhin im Produktprogramm verbleiben sollten. Dies ist an dem weiteren Anstieg der Ergebniskurve zu erkennen, wobei die Sprungstellen jeweils den Fixkostensprung durch die Aufnahme der Produkte »gMobile« bzw. »gLuxus« markieren. ◀◀◀

Abb. 4-9

Ergebniskurve entsprechend der differenzierten Fixkostenbehandlung

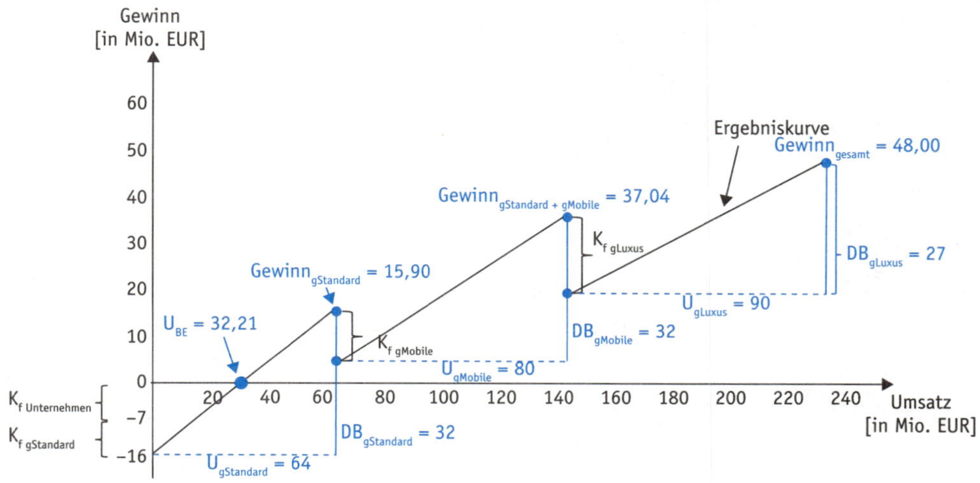

(Quelle: in Anlehnung an Coenenberg et al., 2012, S. 344)

Break-Even-Analyse auf Basis von variablen Produktmengen

Nachdem bisher die Break-Even-Analyse auf Basis von vorgegebenen Produktmengen betrachtet wurde, soll nun die Break-Even-Analyse bei **variablen Produktmengen** näher erläutert werden. Sind Produktmischungen zugelassen, führt jede Änderung der Zusammensetzung des Produktprogramms auch zu einer Änderung des Break-Even-Umsatzes. Dabei können die Fixkosten durch verschiedene Kombinationsmöglichkeiten von Produktions- und Absatzmengen gedeckt werden, sodass sich anstelle des Break-Even-Punktes dann eine **Break-Even-Linie** ergibt (vgl. Coenenberg et al., 2012, S. 345). Die Endpunkte der Break-Even-Linie ergeben sich, wenn jeweils nur eines der beiden Produkte (Produkt A oder Produkt B) produziert bzw. abgesetzt wird:

$$x_{BE\_A} = \frac{K_f}{DB_A},\ x_B = 0 \quad \text{oder} \quad x_{BE\_B} = \frac{K_f}{DB_B},\ x_A = 0$$

Als Break-Even-Linie kann dann die Menge aller Punkte auf der Verbindungsstrecke zwischen x_{BE_A} und x_{BE_B} bezeichnet werden (vgl. Coenenberg et al., 2012, S. 345). So werden beispielsweise bei allen Produktmengenkombinationen von »gMidi« und »gMini« gerade die angefallenen Fixkosten gedeckt, sodass die Break-Even-Linie als eine ökonomische Nebenbedingung aufgefasst werden kann, wobei oberhalb dieser Linie die gewinnbringenden Kombinationen liegen (vgl. Abb. 4-10). Alle Punkte auf der Break-Even-Linie können durch die nachfolgende Linearkombination abgebildet werden, wobei α nur Werte zwischen 0 und 1 annimmt:

$$L = \alpha \cdot x_{BE\_A} + (1-\alpha) \cdot x_{BE\_B},\ \text{mit}\ \alpha \in [0,1]$$

Beispiel 4.7 Grape SE

▸▸▸ Auf Anforderung von Dr. Lodìn analysiert Dr. Müller-Christ für die Produktgruppe der Tablets die Kombinationsmöglichkeiten der Absatz- und Produktionsmengen zur Deckung der gesamten Fixkosten. Die Controllingabteilung liefert Dr. Müller-Christ hierfür folgende Ausgangsdaten:

Tab. 4-12

Ausgangsdaten

Produktgruppe	**Tablets**	
Produkt	**gMini**	**gMidi**
Absatzmenge [in Stück]	600.000	400.000
Verkaufspreis [EUR/Stück]	21,00	43,50
Variable Stückkosten [EUR/Stück]	11,00	28,50
Produktfixkosten [EUR]	792.000	2.280.000
Produktgruppen- und Unternehmensfixkosten [EUR]	5.328.000	

Dr. Müller-Christ berechnet die Absatzmenge von »gMini« und »gMidi«, wenn jeweils nur eines der beiden Produkte produziert wird.

$$x_{BE\_gMini} = \frac{792.000 + 2.280.000 + 5.328.000}{10} = 840.000 \text{ Stück}$$

$$x_{BE\_gMidi} = \frac{8.400.000}{15} = 560.000 \text{ Stück}$$

Für bspw. $\alpha = 0{,}3$ ergibt sich die Produktmengenkombination $x_{BE\_gMini} = 252.000$ und $x_{BE\_gMidi} = 392.000$. Für $\alpha = 0{,}7$ ergibt sich eine Produktionsmenge von 588.000 von »gMini« und 168.000 von »gMidi« (vgl. Abb. 4-10). Für alle Werte des Parameters ergibt sich eine Produktkombination der Produkte »gMini« und »gMidi«, die gerade die anfallenden Fixkosten in Höhe von 8,4 Mio. EUR deckt. Oberhalb der Break-Even-Linie liegen somit die gewinnbringenden Produktmengenkombinationen.

Abb. 4-10

Break-Even-Analyse bei variabler Produktmischung im Zweiproduktfall

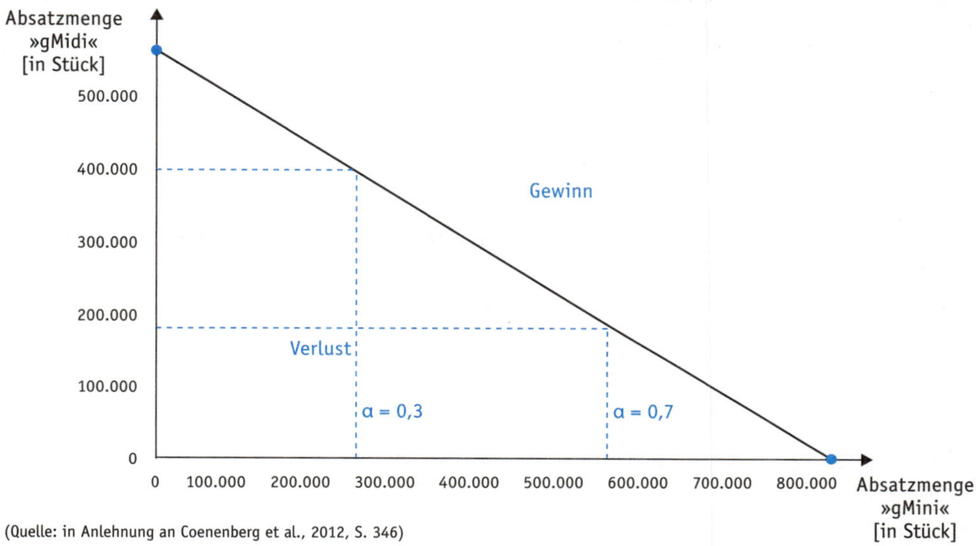

(Quelle: in Anlehnung an Coenenberg et al., 2012, S. 346)

4.3.3 Beurteilung der Break-Even-Analyse

Mengenbezogene Umsatz-, Kosten- und Rentabilitätsinformationen

Die Break-Even-Analyse stellt ein geeignetes und weit verbreitetes Instrument zur Ermittlung des Einflusses von Produktions- und Absatzmengenänderungen sowie Variationen anderer Einflussgrößen auf Umsatz, Kosten und Gewinn dar. Sie liefert Analyseinformationen, indem sie auf die Notwendigkeit und den Umfang rentabilitätssteigernder Maßnahmen hinweist. In der Folge einer Break-Even-Analyse können bzw. sollten rentabilitätssteigernde bzw. -erhaltende Maßnahmen umgesetzt werden, die z. B. in der Absatzsteigerung, der Verbesserung der Stückdeckungsbeiträge, der Fixkostensenkung oder ggf. einer Desinvestition bzw. Produktportfoliobereinigung liegen können. Die Break-Even-Analyse stellt damit einen ersten Ausgangspunkt für die weitere Maßnahmenplanung und -umsetzung dar und dient der mittel- und langfristigen Unternehmenssteuerung. Allerdings wird bei der Break-Even-Analyse unterstellt, dass mit der Ausbringungsmenge lediglich eine Einflussgröße variiert wird, während alle anderen möglichen Einflussfaktoren, wie z. B. Beschaffungs- und Verkaufspreise sowie Lagerbestände, konstant gehalten werden. Durch die Einperiodenbetrachtung hat sie einen statischen Charakter, sodass Veränderungen innerhalb einer Periode oder mehrperiodische Entwicklungen nicht berücksichtigt werden. Zudem gilt es, die bei der Mehrproduktbetrachtung getroffenen Annahmen zur Reihenfolgebildung bei einer Änderung der Absatzmengen zu spezifizieren, da bei einer

Absatzmengenänderung auch eine Veränderung des Stückdeckungsbeitrags stattfindet und so eine Verschiebung des Break-Even-Umsatzes erfolgt. Eine Erweiterung des Grundmodells bildet die stochastische Break-Even-Analyse. Durch die stochastische Break-Even-Analyse können Erfolgsrisiken berücksichtigt werden, indem die Gewinnprognose aus den Wahrscheinlichkeitsverteilungen der einzelnen Bestimmungsfaktoren (Absatzmengen, Preise, Kosten) abgeleitet wird. Um die Break-Even-Wahrscheinlichkeiten zu bestimmen, müssen daher die Verteilungen der einzelnen Bestimmungsfaktoren (Absatzmengen, Preise, Kosten) bekannt sein.

4.4 Ermittlung von Preis- und Kostengrenzen

Die Kalkulation von Preisspielräumen und sich daraus ergebenden Gewinnspannen stellt eine Standardaufgabe des Controllings dar. Dabei sind neben Kosteninformationen auch die unternehmerische Zielvorstellung sowie die Absatz- und Produktionsmöglichkeiten bestimmend. Entsprechend der **Zielvorstellung** können in Anlehnung an die drei unternehmerische Ziel- und Steuerungsgrößen strategische, erfolgswirtschaftliche und liquiditätsorientierte Preisgrenzen abgegrenzt werden (vgl. Coenenberg et al., 2012, S. 389):

- **Strategische Preisgrenzen** berücksichtigen die Wettbewerbsposition und die wettbewerblichen Ziele eines Unternehmens: Soll aus strategischen Gründen ein Markt erschlossen werden? Gilt es, einen Wettbewerber vom Markt zu verdrängen? Eine Preisgestaltung, die auf derartigen Fragen basiert, ist insbesondere im Kontext der langfristigen Ausrichtung eines Unternehmens wichtig und orientiert sich weniger an internen Kalkulationen sondern eher an externen, marktorientierten Gegebenheiten.
- **Erfolgswirtschaftliche Preisgrenzen** geben die gewinnzielrelevanten Grenzwerte der Verkaufspreise wieder: Welcher Preis ist zu wählen, um den Gewinn zu maximieren? Die Bearbeitung derartiger Fragestellungen ist eine Standardaufgabe von Kostenrechnung und Controlling. Dazu müssen Einflussgrößen bekannt sein (u. a. mengenmäßige Kundennachfrage, Zahlungsbereitschaft, eigene Kostensituation) bzw. als bekannt angenommen werden.
- **Liquiditätsorientierte Preisgrenzen** zeigen den kritischen Preis zur Absicherung der Zahlungsfähigkeit an: Welcher Preis muss mindestens erzielt werden, um die Liquidität für das Unternehmen zu sichern? Diese Frage stellt sich insbesondere in Krisensituationen, die den Unternehmensfortbestand bedrohen.

Funktional findet eine Ermittlung von Preisgrenzen wesentlich für zwei Bereiche statt: Einerseits werden Preisuntergrenzen bei Absatzentscheidungen in Vertrieb und Marketing bestimmt. Andererseits werden Preisobergrenzen bei Beschaffungsentscheidungen für den Einkauf ermittelt (vgl. Schweitzer/Küpper, 2011, S. 497).

4.4.1 Preisuntergrenzen bei Absatzentscheidungen

Bei Absatzentscheidungen informiert die festgelegte **Preisuntergrenze (PUG)** darüber, welche Absatzpreise aus Kostengründen nicht unterschritten werden sollten. Dabei hängt die Höhe der Preisuntergrenze davon ab, welche Alternativen zur Produktion und zum Absatz des Produktes bestehen, für welches die Preisgrenze ermittelt wird (vgl. Schweitzer/Küpper, 2011, S. 497).

> Preisuntergrenzen geben den Wert an, bei dessen Unterschreiten eine Produktion oder die Annahme eines Zusatzauftrages nicht rentabel ist.

Bei der Ermittlung von Preisgrenzen bei Absatzentscheidungen im Falle von unveränderlichen Kapazitäten sind vier Fälle zu betrachten: kurzfristige Preisuntergrenzen bei Unterbeschäftigung (kein Engpass), bei einem Engpass und bei mehreren Engpässen sowie langfristige Preisuntergrenzen.

Preisuntergrenze bei Unterbeschäftigung

Die kurzfristige **Preisuntergrenze bei Unterbeschäftigung** entspricht den **Grenzkosten** bzw. den **variablen Kosten** bei linearem Kostenverlauf. Unterbeschäftigung bedeutet, dass die vorhandenen Kapazitäten, wie z. B. Fertigungs- oder Distributionskapazitäten, nicht vollständig genutzt werden. Somit können sämtliche auf dem Markt nachgefragten Leistungen (Produkte oder Dienstleistungen) mit der verfügbaren Kapazität bereitgestellt werden. Es werden die Produkte selbst produziert und abgesetzt, deren Absatzpreis über der Preisuntergrenze liegt und dementsprechend mindestens den variablen Kosten entspricht, sofern kein Engpass vorliegt. Für diese Produkte sind die Stückdeckungsbeiträge größer oder gleich null.

$PUG = k_v$

Praxisbeispiel

Preissenkung bei Lebensmitteldiscountern

Penny-Chef: Preise sinken weiter

Armin Rehberg, Chef des Discounters Penny, der zum Kölner Handelskonzern Rewe gehört, erwartet weitere Preissenkungen im Lebensmittelhandel.

»Bei den Preisen ist sicher noch nicht das Ende der Fahnenstange erreicht. Wir achten ja nicht nur darauf, Einkaufsvorteile schnell und dauerhaft an unsere Kunden weiterzugeben. Es geht auch um Marktanteilssicherung und Preisprofilierung«, sagte Rehberg der Wirtschaftswoche.

Seit Jahresbeginn gab es bereits mehrere Preissenkungswellen. Laut Rehberg kann das Unternehmen aufgrund der gesunkenen Rohstoffpreise selbst aktuell preiswerter einkaufen und seine Kunden davon profitieren lassen. Rehberg: »Unsere erfolgreiche Entwicklung beweist, dass wir damit die richtige Strategie verfolgen.«

Im Gegensatz zum Wettbewerb habe sich Penny von Januar bis März positiv entwickelt. Als Gründe für die Umsatzsteigerung führt Rehberg »Investitionen in Werbung, Expansion und Sortiment sowie die erfolgreiche Integration der 328 Plus-Filialen« an.

(Quelle: Wirtschaftswoche, in: http://www.wiwo.de/unternehmen/discounter-penny-chef-preise-sinken-weiter/5538356.html, Abruf: 16.07.2014)

Preisuntergrenze bei einem Engpass

Liegt im Unternehmen jedoch ein Engpass vor, muss entschieden werden, ob ein neues Produkt zusätzlich in das Produktprogramm aufgenommen oder ein im Programm befindliches Produkt eliminiert oder verstärkt werden soll. Ein Engpass kann vorliegen, wenn z. B. begrenzte Kapazitäten in der Fertigung, Distribution oder Beschaffung bestehen oder Finanzmittel begrenzt sind. So können bspw. vollausgelastete Produktionsmaschinen einen Engpass für die Produktherstellung darstellen.

Bei der **Preisuntergrenze bei einem Engpass** müssen daher zusätzlich **Opportunitätskosten** berücksichtigt werden. Opportunitätskosten stellen den entgangenen Gewinn durch Produktverdrängung dar. Weiterhin ist die Engpassbelastung zu berücksichtigen, die sich auf die Beanspruchung der Engpassfaktoren (z. B. Maschinen) durch die einzelnen Produkte bezieht. Die Preisuntergrenze des Produkts *i* ist daher in Abhängigkeit vom verdrängten Produkt *k* zu bestimmen (vgl. Coenenberg et al., 2012, S. 393):

$$PUG_i = k_{vi} + b_{ji} \cdot w_{jk}$$

mit:

i = zusätzliches Produkt
k = verdrängtes Produkt
j = Engpasskapazität
$w_{jk} = \frac{DB_k}{b_{jk}}$ = Opportunitätskostensatz (bezogen auf eine Einheit der Engpassbelastung des verdrängten Produkts k)
b_{ij} = Engpassbelastung des Zusatzauftrags i in Bezug auf Kapazität j

Bei der Bestimmung der Preisuntergrenze für einen Zusatzauftrag wird so das Produkt mit dem niedrigsten Deckungsbeitrag je Engpasseinheit als zu verdrängendes Produkt gewählt. Gilt es hingegen, ein derzeitiges Produkt einzugrenzen, so wird das Produkt mit dem höchsten Deckungsbeitrag je Engpasseinheit als neu herzustellendes Produkt gewählt.

Preisuntergrenze bei mehreren Engpässen

Liegen mehrere Engpässe vor, können die **Opportunitätskosten** nur simultan mithilfe der **linearen Planungsrechnung** bestimmt werden (vgl. Schweitzer/Küpper, 2011, S. 499). Neben der Zielfunktion zur Gewinnoptimierung werden dabei für die Engpässe Nebenbedingungen (Kapazitätsrestriktionen) hinzugefügt. Im Zuge der linearen Optimierung wird dann das optimale Produktionsprogramm unter Berücksichtigung der Restriktionen ermittelt, um anschließend die jeweiligen Preisuntergrenzen der Produkte zu bestimmen.

Preisuntergrenze bei langfristigem Zielbezug

Betrachtet man statt eines kurzfristigen einen langfristigen Zielbezug, so muss ein Unternehmen langfristig sämtliche Kosten decken. Dabei bilden im Fall eines Einproduktunternehmens die **Vollkosten** die **langfristige Preisuntergrenze**. Bei gegebener Ausbringungsmenge x, Fixkosten K_f und variablen Kosten k_v ergibt sich somit die langfristige Preisuntergrenze für das **Einproduktunternehmen** wie folgt (vgl. Coenenberg et al., 2012, S. 411):

$$PUG = k_v + \frac{K_f}{x}$$

Beispiel 4.8 Grape SE

▸▸▸ Die Grape SE erhält von einem Elektroeinzelhändler eine Anfrage über einen Zusatzauftrag von 200.000 Stück »gMobile«. Für die Produktion von mobilen Endgeräten setzt die Grape SE eine Maschine 1 mit einer Gesamtkapazität von 180.000 Zeiteinheiten (ZE) pro Monat in der Endmontage ein. Die Endmontage stellt daher den einzigen potenziellen Engpass dar. Dr. Lodìn möchte erfahren, welche Preisuntergrenze für das Produkt »gMobile« besteht. Für die nächste Periode sind Dr. Müller-Christ folgende Werte aus der Controllingabteilung bekannt:

Tab. 4-13

Ausgangsdaten

Produktgruppe	**Mobiles**
Produkt	**gMobile**
Produktionsmenge [in Stück]	800.000
Nettoverkaufspreis [in EUR/Stück]	100,00
Variable Stückkosten [in EUR/Stück]	60,00
Fixkosten [in EUR]	14.000.000
Engpassbelastung insgesamt ($b_{jk} \cdot x_k$) [in ZE]	160.000
Engpassbelastung des verdrängten Produkts (b_{jk}) [in ZE/Stück]	0,2
Engpassbelastung des verdrängten Produkts (b_{ji}) [in ZE/Stück]	0,3

a) Ermitteln Sie die Preisuntergrenze für einen einmaligen Zusatzauftrag von 200.000 Stück »gMobile« ohne Berücksichtigung der Engpasssituation!

b) Ermitteln Sie die Preisuntergrenze für einen einmaligen Zusatzauftrag von 200.000 Stück »gMobile« unter der Annahme der Engpasssituation von 180.000 ZE pro Monat! Die Engpassbelastung des Zusatzauftrags (b_{ji}) beträgt dabei 0,3 ZE pro Stück.

c) Der Kunde sendet eine erneute Anfrage über einen unbefristeten Zusatzauftrag mit einer Abnahmemenge von 100.000 Stück je Monat. Ermitteln Sie die langfristige Preisuntergrenze ohne Berücksichtigung der Engpasssituation!

Ad a)
Preisuntergrenze (PUG) = geplante variable Stückkosten
PUG = 60,00 EUR

Ad b)
Preisuntergrenze (PUG) = geplante variable Stückkosten + Opportunitätskosten
PUG = 60,00 EUR + 0,3 · 200,00 EUR = 120,00 EUR

Tab. 4-14

Bestimmung der Preisuntergrenze bei einer Engpasssituation

Produkt	**gMobile**
Nettoverkaufspreis [in EUR/Stück]	100,00
Variable Stückkosten [in EUR/Stück]	60,00
Engpassbelastung des verdrängten Produkts (b_{jk}) [in ZE]	0,2
Stückdeckungsbeitrag (DB_k) [in EUR/Stück]	40,00
engpassbezogener Deckungsbeitrag (DB_k/ b_{jk}) [in EUR/ZE]	200,00
Engpassbelastung des Zusatzauftrags (b_{ji}) [in ZE]	0,3

Somit wird der Zusatzauftrag mit 200.000 Stück bei einem Preis in Höhe von 120,00 EUR pro Stück angenommen. Die verbleibende Kapazität von 120.000 ZE wird für die Fertigung von 600.000 Stück »gMobile« zu einem Preis von je 100,00 EUR genutzt.

Ad c)
Preisuntergrenze (PUG) = geplante variable Stückkosten + geplante fixe Stückkosten

$$PUG = 60{,}00 \text{ EUR} + \frac{14.000.000}{800.000 + 100.000} \text{ EUR} = 75{,}56 \text{ EUR}$$ ◂◂◂

4.4.2 Preisobergrenzen bei Einkaufsentscheidungen

Im Gegensatz zur Bestimmung von Preisuntergrenzen zielt die Ermittlung der **Preisobergrenzen (POG)** im Beschaffungsbereich des Unternehmens darauf ab, einen kritischen Wert für Vorprodukte, wie z. B. Roh-, Hilfs- und Betriebsstoffe, zu ermitteln, bis zu dem ein externer Bezug der Vorprodukte lohnenswert ist (vgl. Schweitzer/Küpper, 2011, S. 497).

Die Preisobergrenze legt für zu beschaffende Vorprodukte fest, bis zu welchem Beschaffungspreis ein bestimmtes Einsatzmaterial höchstens von einem externen Zulieferer bezogen werden darf.

Neben der externen Beschaffung des Einsatzmaterials besteht eine weitere Anwendungsmöglichkeit für die Preisobergrenze, wenn ein Vorprodukt durch einen anderen Inputfaktor substituiert werden kann. Dabei repräsentiert die Preisobergrenze denjenigen Nettoeinkaufspreis, bis zu dem der Preis des Vorprodukts steigen kann, ohne dass eine Substitution erfolgen muss. Alternativ kann die Preisobergrenze zur Ent-

Praxisbeispiel

Preiserhöhung bei Süßwarenhersteller

»Der Kakaomarkt ist im Umbruch

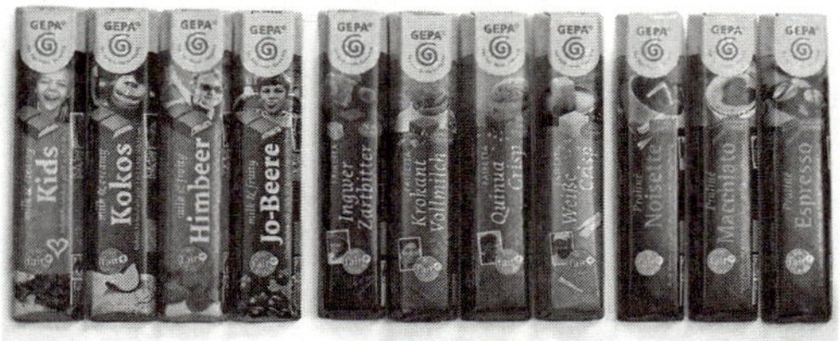

Weil die Spekulation mit Agrar-Rohstoffen nicht nur unter Entwicklungsexperten umstritten ist, setzt die Schoko-Branche auf fairen Handel und Öko-Labels. Imagepflege oder echter Neubeginn?

Von der frisch geernteten Kakaobohne an der Elfenbeinküste bis zum fertig gebackenen Keks in Deutschland ist es ein weiter Weg – geografisch wie wirtschaftlich. Dass sich oft nur ein Bruchteil der Verkaufserlöse in den Einnahmen der Kakaobauern am Anfang der Lieferkette niederschlägt, weiß auch der Süßwarenspezialist Bahlsen. Umso mehr komme es darauf an, die Lage der Erzeuger durch fairen Handel zu verbessern: »Das Unternehmen trägt eine große Verantwortung gegenüber Gesellschaft und Umwelt.«

Was etwas feierlich klingt, hat bei den Hannoveranern einen ernsten Hintergrund. Der Kakaoweltmarkt ist – ähnlich wie bei Kaffee, Tee und anderen Südfrüchten – von launischen Preisen, wechselhaften Qualitäten und einer enormen Einkaufsmacht des Nordens geprägt. (…)

An der Preisfront herrsche derzeit wieder Ruhe. »Das Niveau hat sich gegenüber 2011 zurückgebildet«, sagt der Kakao-Fachmann Rodger Wegner. Der Preis für die Tonne Rohkakao liege an den großen Agrarbörsen in New York und London bei 1.500 britischen Pfund. Künftige Kapriolen seien nicht auszuschließen – zumal die Schuldenkrise den Konsum drücken und die politische Krise an der Elfenbeinküste den Preis treiben könnte.

Für die Süßwarenbranche ist die Berg- und Talfahrt zum Problem geworden. Früher konnte sie anhand der Witterung, Erntemenge und politischen Lage in den Anbaugebieten abschätzen, wie sich der Preis entwickelt. Doch seitdem Spekulanten auf den Geschmack gekommen sind und große Mengen Kakao einkaufen, einlagern und bei Knappheit zu hohen Preisen verkaufen, gelten die alten Regeln nicht mehr.

»Man bräuchte im Prinzip eine Glaskugel«, beschreibt Ritter Sport-Geschäftsführer Alfred Ritter gern das Dilemma. Für ihn kommt es nicht infrage, auf dem Rohstoffmarkt mitzumischen: »Mit Essen spielt man nicht.« Die Landesbank Baden-Württemberg (LBBW) nimmt sich das zu Herzen: Nach öffentlicher Kritik an Spekulation mit Agrar-Rohstoffen kündigte sie vor kurzem an, sich aus diesem Geschäft zurückzuziehen. (…)«

(Quelle: Deutsche Welle, in: http://www.dw.de/der-kakaomarkt-ist-im-umbruch/a-16114682, Abruf: 24.05.2014; Bildquelle: GEPA – The Fair Trade Company)

scheidung zwischen Eigenfertigung und Fremdbezug herangezogen werden, wobei die Preisobergrenze den Nettoeinkaufspreis angibt, bis zu welchem ein Fremdbezug des Vorprodukts der Eigenfertigung vorzuziehen ist. Die Ermittlung von Preisobergrenzen ist identisch mit der Ermittlung von Preisuntergrenzen.

Preisobergrenze bei Unterbeschäftigung

Unter der Prämisse eines konstanten Bestandes an Vorprodukten sowie feststehender Absatzmengen und -preise ergibt sich die planmäßige **Preisobergrenze bei Unterbeschäftigung** für ein Vorprodukt, welches in ein absatzreifes Endprodukt eingeht, wie folgt (vgl. Coenenberg et al., 2012, S. 420):

$$POG = \frac{p - (k_v - a)}{b}$$

mit:

p = Absatzpreis des Endprodukts, das aus dem Vorprodukt gefertigt wird
k_v = Grenzkosten einschließlich Vorproduktkosten des Endprodukts
a = Vorproduktkosten des Endprodukts
b = Vorproduktverbrauch je Einheit des Absatzprodukts

Preisobergrenze bei einem Engpass

Im Falle von knappen Kapazitäten bedarf es der Ermittlung **engpassbezogener Preisobergrenzen**, die angeben, ab welchem kritischen Beschaffungspreis die Substitution eines Vorproduktes im zu realisierenden Produktionsprogramm durch ein nicht gefertigtes Produkt vorteilhafter ist als die Beibehaltung des ursprünglichen Produktionsprogramms. Liegt ein Engpass vor, so verringert sich die Preisobergrenze um den Deckungsbeitrag, den die Belegung der frei gewordenen Engpasskapazität durch ein anderes Produkt erbringen könnte (vgl. Coenenberg et al., 2012, S. 421). Die Preisobergrenze für das Vorprodukt i ermittelt sich wie folgt:

$$POG_i = \frac{p_k - (k_{vk} - a_k) - w_{jr} \cdot b_{jk}}{e_{ki}}$$

mit:

i	=	Vorprodukt
k	=	Endprodukt auf der Basis des Vorprodukts i
r	=	konkurrierendes Endprodukt in Bezug auf das Vorprodukt i
j	=	Engpasskapazität
a_k	=	Vorproduktkosten des Endprodukts k
b_{jk}	=	Engpassbelastung des Endprodukts k in Bezug auf Kapazität j
e_{ki}	=	Benötigte Einheit des Vorprodukts i zur Fertigung des Endprodukts k
w_{jr}	=	$\frac{(p_r - k_{vr})}{b_{jr}}$

Preisobergrenze bei mehreren Engpässen

Analog zur Preisuntergrenze lassen sich die Grenzdeckungsbeiträge bei mehreren Engpässen nur simultan aus der optimalen Lösung des Planungsproblems mithilfe der linearen Programmierung ermitteln. Die Preisobergrenze repräsentiert dabei den kritischen Wert, bis zu dem der Nettoeinkaufspreis eines bestimmten Vorprodukts steigen kann, ohne dass ein bereits fixiertes, optimales Produktionsprogramm geändert werden muss.

Beispiel 4.9 Grape SE

▸▸▸ Die Grape SE produziert im Bereich der Radiogeräte zwei Produktarten »gStandard« und »gLuxus«, in die jeweils die Rohstoffart I eingeht. Beide Produkte unterscheiden sich bezüglich der Nettoverkaufspreise, der Stückkosten sowie der Einsatzmengen der Rohstoffart I. Am Beschaffungsmarkt muss für die Rohstoffart I gegenwärtig ein Nettoeinkaufspreis in Höhe von 6,50 EUR pro Mengeneinheit (ME) gezahlt werden, wobei jedoch mit einer Preissteigerung zu rechnen ist. Die Einkaufsabteilung fragt bei Dr. Müller-Christ an, welche Preisobergrenze sie für die Rohstoffart I ansetzen soll. Aus der Controllingabteilung liegen folgende Daten vor:

Tab. 4-15

Ausgangsdaten

Produktgruppe	**Radio**	
Produkt	**gStandard**	**gLuxus**
Nettoverkaufspreis [in EUR/Stück]	80,00	150,00
Variable Stückkosten [in EUR/Stück]	40,00	105,00
Rohstoffeinheiten Rohstoff I [in ME/Stück]	6	4
Nettoeinkaufspreis Rohstoff I [in EUR/ME]	6,50	6,50

Ermitteln Sie die Preisobergrenze für die Rohstoffart I unter der Prämisse freier Kapazitäten!

$$POG_{I,gStandard} = \frac{80{,}00\ \text{EUR} - (40{,}00\ \text{EUR} - 6 \cdot 6{,}50\ \text{EUR})}{6} = 13{,}17\ \text{EUR}$$

$$POG_{I,gLuxus} = \frac{150{,}00\ \text{EUR} - (105{,}00\ \text{EUR} - 4 \cdot 6{,}50\ \text{EUR})}{4} = 17{,}75\ \text{EUR}$$

Die Preisobergrenze für eine Einheit des Rohstoffes I ist für die beiden Produkte unterschiedlich. Während die Rohstoffart I bei »gStandard« ab einem Preis höher als 13,17 EUR anderweitig bezogen werden sollte, sollte die Rohstoffart I bei dem Produkt »gLuxus« ab einem Preis von mehr als 17,75 EUR anderweitig bezogen werden. ◂◂◂

4.5 Total Cost of Ownership

Total Cost of Ownership (TCO)

Mit der Total Cost Analysis, auch bekannt als **Total Cost of Ownership (TCO)**, werden die während des Lebenszyklus anfallenden Gesamtkosten eines Objekts mit langer Nutzungsdauer ermittelt, um auf dieser Basis Beschaffungs- und Inbetriebnahmeentscheidungen zu treffen. Beim TCO-Ansatz werden dabei sämtliche verursachten Anschaffungs- und Nutzungskosten über den Lebenszyklus des Objektes analysiert.

Total Cost of Ownership »examines the cost associated with purchased goods and services throughout the entire supply chain. Thus, TCO considers costs all the way from idea inception, as in working with a supplier to develop a new or improved part, through warranty claims associated with that part once the final product is in use by the customer.« (vgl. Ellram, 1993, S. 3)

Ursprung des TCO

Der Ausgangspunkt von TCO-Ansätzen liegt im Bereich des IT-Controllings: Beginnend mit den 1970er Jahren stieg die Bedeutung von Hard- und Softwareprodukten und somit auch die Ausgaben der Unternehmen hierfür. Es zeigte sich, dass die reinen Beschaffungskosten für die IT nur einen Teil der Gesamtkosten ausmachten, und weitere Bestandteile wie Implementierung, Schulung, Wartung, Update etc. relevante Kostenbestandteile darstellen. Im Jahr 1987 legte die auf IT-Beratung spezialisierte Gartner Group eine erste Studie zur Bestimmung sämtlicher Kosten eines PC-Arbeitsplatzes vor – inklusive der laufenden Kosten während der Nutzungsdauer. Das Ergebnis dieser Studie zeigte, dass die während des Lebenszyklus anfallenden Kosten die Anschaffungskosten um ein Vielfaches überschreiten können. Die Gartner Group entwickelte aus den Folgerungen der Studien ein Konzept, für das sie den Begriff der TCO prägte. Weitere Unternehmen erstellten TCO-Modelle, die sich sowohl in den berücksichtigten Kosteneinflussgrößen als auch in der Art der Verdichtung zu den Gesamtkosten der TCO unterscheiden (vgl. Ferrin/Plank, 2002, S. 26).

Bestandteile der TCO-Analyse

Zur Analyse der TCO können die Kosten entsprechend ihrer Entstehung im Lebenszyklus in die Kostenkategorien »pre-transaction cost«, »transaction cost« und »post-transaction cost« unterteilt werden (vgl. Abb. 4-11; vgl. zum verwandten Konzept des Produktlebenszyklus Abschnitt 3.2.4.3).

- **Pre-transaction cost:** Kosten, die vor der Transaktion entstanden sind, wie z. B. für Lieferantensuche und -auswahl.
- **Transaction cost:** Kosten, die während der Transaktion anfallen, wie z. B. für Buchung, Bezahlung und Lieferung. Diese Kosten umfassen auch den Preis des gekauften Objekts.
- **Post-transaction cost:** Kosten, die nach dem Kauf des Objekts anfallen, wie z. B. für Reparaturen sowie Service- und Entsorgungsaktivitäten.

Abb. 4-11

Kostenkategorien der TCO-Analyse

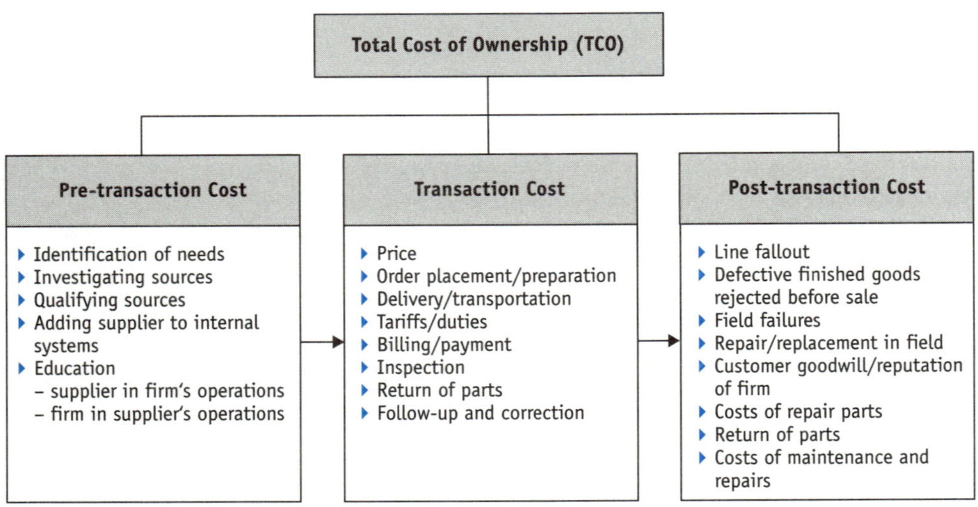

(Quelle: Ellram, 1993, S. 7)

Bevor das TCO-Modell im Unternehmen implementiert wird, gilt es, ein detailliertes Verständnis über die Kostenzusammensetzung zu erlangen und die Kosten vor, während sowie nach der Transaktion zu identifizieren.

Einordnung der TCO-Analyse

Die TCO-Analyse ermöglicht eine detaillierte Durchdringung der Kostenstruktur der Investitionsobjekte in inhaltlicher und zeitlicher Hinsicht und damit eine verbes-

Praxisbeispiel

Total Cost of Ownership – Die Gesamtkosten im Blick

Kaum ein Begriff wird derzeit in der Flottenwelt so strapaziert wie die TCO, die Total Cost of Ownership. Inzwischen tauchen die Zahlen sogar in den Broschüren der Fahrzeughersteller auf. Manchmal werden sie auch in TCO pro Kilometer angegeben.

Grundsätzlich sind die TCO auch der richtige Maßstab um alternative Fahrzeuge oder Fuhrparkanbieter miteinander zu vergleichen. Denn die Kosten, die der Kunde für die Nutzung des Fahrzeugs über einen Zeitraum oder pro Kilometer insgesamt zu zahlen hat, sind der zunehmend entscheidende Faktor für Unternehmen. Wie aber die TCO zu errechnen sind, kann nur der Kunde selbst ermitteln. Die größten Kostenblocks werden in der Fuhrparkpresse hinreichend diskutiert. Dazu gehören Leasingraten, Treibstoff, Versicherungsprämien, Wartungskosten, Reifenersatz und so weiter. Die Kosten der eigenen Fuhrparkorganisation und die Management-Fees eines Fuhrparkmanagers müssen ebenso berücksichtigt werden, wie die Rücknahmeschäden, die auch zu den Fahrzeugkosten gehören. In Summe liegen die TCO pro km meist zwischen 0,35 und 0,50 Euro. Bei einer Flotte von 100 Fahrzeugen und einer durchschnittlichen Laufleistung von 30.000 km pro Jahr belaufen sich die Kosten durchaus auf deutlich über 1 Mio. Euro. In vielen Unternehmen ist das ein erheblicher Kostenblock. Wer Einsparungspotenziale sucht, wird hier in der Regel auch fündig. Allerdings blühen die schönsten Blumen oft im Verborgenen; ein genauer Blick lohnt sich. Besonders relevant ist, ob die Kostenbasis vollständig berücksichtigt ist und welche Kostenkomponenten schnell und effizient verändert werden können.

Beispiel Treibstoffkosten: sie machen bis zu 25 % der Fuhrparkkosten aus, ihre Entwicklung kann aber durch Verhandlungen mit den Mineralölgesellschaften kaum beeinflusst werden, denn der Preis an der Zapfsäule hängt eher von der geopolitischen Lage als von der Verhandlungsmacht eines Flottenbetreibers ab. Sie lassen sich aber durch die Wahl der Fahrzeuge beeinflussen.

Verbrauchsärmere Fahrzeuge senken nicht nur die Treibstoffkosten, sondern sind oft auch in anderen Kostenkomponenten günstiger (bessere Restwerte, niedrigere Wartungskosten usw.).

Ein weiteres Beispiel: Versicherungsprämien. Ob selbstversichertes Kaskorisiko oder klassisches Vollkasko- und Haftpflichtmodell, die zu kalkulierenden Prämien hängen vom Schadens- bzw. dem Aufwandsverlauf ab. Eine Änderung dazu kann in der Regel erst am Jahresende erfolgen, durch eine Umdeckung der Versicherung, wenn der Markt eine günstigere Eindeckung ermöglicht. Diese Änderung kann aber auch in die andere Richtung passieren, wenn der Schadensverlauf schlecht und der Versicherungsmarkt »hart« ist. Der beste Weg die Versicherungskosten zu beeinflussen ist es, das Fahrverhalten der Nutzer zu verändern. Verhaltensänderungen aber brauchen Zeit und die richtigen Instrumente – z. B. Beteiligung an Schäden oder Bonus-Malus-Systeme bei entsprechendem Verhalten.

Nächstes Beispiel: interne Prozesskosten. Ob es die Belegverarbeitung, das Reporting oder die Kommunikation mit den Nutzern ist – an allen möglichen Stellen fallen Bearbeitungsschritte im Fuhrpark an. Selbst bei outgesourctem Fuhrparkmanagement sind neben den Kosten des Providers meist immer noch interne Ressourcen nötig. Wenn diese Prozesskosten reduziert werden sollen, sind meist Prozessänderungen und der Einsatz effizienter Online-Tools erforderlich. eBilling rundet die Prozesskette ab.

Letztes Beispiel: Leasingraten versus Rücknahmeschäden. Jeder weiß, dass die Rücknahmeschäden, die erst am Ende des Vertragslebens bezahlt werden müssen, die Entscheidung, die man am Anfang getroffen hat, in einem anderen Licht erscheinen lassen können. Im Nachhinein lässt sich hier jedenfalls nichts mehr ändern. Man ist dem Leasinggeber weitgehend ausgeliefert. Hier kann man entweder aus Erfahrung klug werden oder zu Beginn die durchschnittliche Rücknahmeschadenshöhe in den TCO-Vergleich einbeziehen.

Die Entscheidung, welche Kostenkomponenten man verändert, hängt also von einer guten und stabilen Analyse und Priorisierung ab. (…)«

(Quelle: GE Capital Deutschland, in: http://www.gecapital.de/de/news/aktuelles/total-cost-of-ownership.html, Abruf: 24.05.2014)

serte Entscheidungsgrundlage, insbesondere für Einkaufsentscheidungen (vgl. Wouters et al., 2005, S. 168). Allerdings beschränkt sich die TCO-Analyse auf die Kostenseite der Investitionsobjekte und vernachlässigt deren Nutzen. Folglich bieten die TCO-Maßnahmen keine Möglichkeit, den aus der Nutzung des Objekts resultierenden Wertzufluss zu erfassen, zu analysieren und gezielt zu steuern. Einen zunehmenden Einsatz findet die TCO-Analyse mit der Verbreitung von variablen Preismodellen (pay for production), bei denen im Rahmen von sog. Betreiberkonzepten vom Lieferanten fertige Leistungen eingekauft werden. Bei den Betreiberkonzepten wird nicht mehr eine Maschine zur Herstellung von Produkten gekauft, sondern es wird eine Vereinbarung über die Menge, Art und Qualität sowie den Abnahmezeitraum der abzunehmenden Leistungen getroffen. Die zur Preissetzung der Leistungen notwendige Kostenkalkulation kann durch eine vorgelagerte TCO-Analyse erfolgen.

Kontrollfragen

1. *Wodurch unterscheiden sich Gesamtkostenverfahren und Umsatzkostenverfahren?*
2. *Wie unterscheidet sich das Vorgehen der einfachen und mehrstufigen Deckungsbeitragsrechnung?*
3. *Wie lautet die Gleichung zur Bestimmung der Break-Even-Menge im Einproduktfall?*
4. *Worum handelt es sich bei der Break-Even-Menge?*
5. *Was sagt der Sicherheitskoeffizient aus?*
6. *Wie kann der Fixkostenblock mithilfe der Break-Even-Analyse detaillierter untersucht werden?*
7. *Wodurch unterscheiden sich summarische und differenzierte Fixkostenbehandlung bei der Break-Even-Analyse im Mehrproduktunternehmen?*
8. *Welche Informationen bietet eine Break-Even-Analyse bei variabler Produktmischung?*
9. *Wodurch lassen sich Preisuntergrenzen und Preisobergrenzen voneinander abgrenzen?*
10. *Wie lassen sich die Preisuntergrenze und die Preisobergrenze beim Vorliegen eines Kapazitätsengpasses im Unternehmen bestimmen?*
11. *Wie wird die langfristige Preisuntergrenze in einem Mehrproduktunternehmen berechnet?*
12. *Was bedeutet der Begriff »Total Cost of Ownership«?*
13. *Was sind die Ziele der TCO-Analyse, insbesondere wenn man dabei die einzelnen Bestandteile der TCO-Analyse berücksichtigt?*

Abkürzungsverzeichnis

BEP	Break-Even-Punkt
DACH	Deutschland, Österreich, Schweiz
HGB	Handelsgesetzbuch
GKV	Gesamtkostenverfahren
IFRS	International Financial Reporting Standards

ME	Mengeneinheit
PUG	Preisuntergrenze
POG	Preisobergrenze
TCO	Total Cost of Ownership
UEFA	Union of European Football Associations
UKV	Umsatzkostenverfahren
US-GAAP	United States Generally Accepted Accounting Principles
ZE	Zeiteinheit

Symbolverzeichnis

α	Parameter
a	Vorproduktkosten des Endprodukts
a_k	Vorproduktkosten des Endprodukts k
A	Abschreibungen
b	Vorproduktverbrauch je Einheit des Absatzprodukts
b_{ji}, b_{jk}	Belegungskoeffizient der j-ten Restriktion des Produkts i bzw. des verdrängten Produkts k
DB	(Stück-)Deckungsbeitrag
DB_i, DB_k	Stückdeckungsbeitrag des i-ten Produkts bzw. des verdrängten Produkts k
e_{ki}	Vorprodukteinheit des Endprodukts k von Vorprodukt i
G	Gewinn
i	Vorprodukt
j	Engpasskapazität
k_i	Endprodukt auf der Basis des Vorprodukts i
K_f	fixe Kosten
k_v	variable Stückkosten
k_{vi}, k_{vk}	variable Stückkosten des i-ten Produkts bzw. des verdrängten Produkts k
L	Break-Even-Linie (als Linearkombination aus zwei Produktmengen)
p	Stückpreis
p_{alt}, p_{neu}	Stückpreis vor bzw. nach einer Preisänderung
p_i, p_k	Preis des i-ten Produkts bzw. des verdrängten Produkts k
POG_i	Preisobergrenze von Vorprodukt i
PUG_i	Preisuntergrenze von Produktart i
r	konkurrierendes Endprodukt in Bezug auf das Vorprodukt i
S	Sicherheitskoeffizient
U	Umsatz
U_{BE}	Break-Even-Umsatz
w_{ji}, w_{jk}, w_{jr}	inputbezogene Opportunitätskosten bzgl. des Faktors j für das Produkt i, das verdrängte Produkt k bzw. das konkurrierende Endprodukt r
x_{alt}, x_{neu}	Absatzmenge vor bzw. nach einer Preisänderung
x_i	Menge der verkauften Einheiten von Produkt i
x_{BE}	Break-Even-Menge
x_{Ist}	Absatzmenge bei Ist-Kapazitätsauslastung

Literaturhinweise

Coenenberg, A. G./Fischer, T. M./Günther, T. (2012): Kostenrechnung und Kostenanalyse, 8. Aufl., Stuttgart 2012.

Coenenberg, A. G./Haller, A./Schultze, W. (2014): Jahresabschluss und Jahresabschlussanalyse, 23. Aufl., Stuttgart 2014.

Ellram, L. M. (1993): Total Cost of Ownership: Elements and Implementation, in: The International Journal of Purchasing and Materials Management, 29. Jg., 1993, Heft 4, S. 3–11.

Ferrin, B. G./Plank, R. E. (2002): Total Cost of Ownership Models – An Exploratory Study, in: The Journal of Supply Chain Management, 38. Jg., 2002, Heft 3, S. 18–29.

Horváth, P. (2011): Controlling, 12. Aufl., München 2011.

Kilger, W./Pampel, J. R./Vikas, K. (2012): Flexible Plankostenrechnung und Deckungsbeitragsrechnung, 13. Aufl., Wiesbaden 2012.

Schildbach, T./Homburg, C. (2008): Kosten- und Leistungsrechnung, 10. Aufl., Stuttgart 2008.

Schweitzer, M./Küpper, H.-U. (2011): Systeme der Kosten- und Erlösrechnung, 10. Aufl., München 2011.

Sterzenbach, R./Conrady, R. (2009): Luftverkehr. Betriebswirtschaftliches Lehr- und Handbuch, 4. Aufl., München 2009.

Wahle, O. (1989): Kostenrechnung II für Studium und Praxis. Ist- und Normalkostenrechnung, 3. Aufl., Bad Homburg v. d. H. 1989.

Wouters, M./Anderson, J. C./Wynstra, F. (2005): The adoption of total cost of ownership for sourcing decisions – A structural equations analysis, in: Accounting, Organizations and Society, 30. Jg., 2005, Heft 2, S. 167–191.

5 Kostenmanagement

Lernziele

In diesem Kapitel erfahren Sie,

- welche (Funktions-)Bereiche das Prozesskostenmanagement primär adressiert,
- welche Ansätze zur Prozessoptimierung existieren,
- wodurch Prozessmodelle gekennzeichnet sind und welchen Nutzen sie haben,
- was man unter Target Cost Management versteht, aus welchen Phasen dieses besteht und wozu das Target Cost Management eingesetzt werden kann,
- was das Life Cycle Costing beinhaltet und welche Formen unterschieden werden können,
- welche Phasen den Benchmarking-Prozess bilden,
- was Working Capital Management heißt und welche Ansätze es umfasst,
- wozu Qualitäts- und Zeitmanagement dienen und welche Methoden dafür verwendet werden.

Der Vorstand der Grape SE ist aufgrund der Geschäftszahlen der vergangenen Quartale besorgt um die Geschäftsbereiche »Mobiles« und »Tablets«. Ein neues asiatisches Konkurrenzunternehmen vertreibt gleichwertige Produkte zu günstigeren Preisen. Offensichtlich besteht Handlungsbedarf bezüglich der Kostengestaltung für aktuelle und zukünftige Produkte der Grape SE. Der Vorstandsvorsitzende Dr. Lodìn setzt daher ein Programm »P³« zur systematischen Optimierung der Kostensituation auf, das aus drei Komponenten besteht: Die internen Prozesse zur Leistungserstellung sollen analysiert und optimiert werden; die Produkte sollen bzgl. ihrer Kostenstruktur, Komplexität, Kostenentwicklung und Kundenorientierung hinterfragt werden; in ausgewählten Produktionsbereichen sollen Leistungsvergleiche mit der Konkurrenz durchgeführt werden. Als erweiterte Komponente des »P³« wird die Überprüfung und Verbesserung der bisherigen Prozess- und Produktqualität sowie eine Überprüfung der bisherigen Responsezeiten eingeführt. Das Kostenmanagement der Geschäftsbereiche kann nur im Einklang mit der Qualitäts- und Zeitperformance zu einer Stärkung der Wettbewerbssituation beitragen. Damit hofft Dr. Lodìn, die Grape SE mittelfristig wieder konkurrenzfähig zu machen. Als kurzfristige Maßnahme zur Liquiditätssicherung und Ergebnisoptimierung lässt er durch das Team um Dr. Müller-Christ eine Analyse des Umlaufvermögens durchführen, um die Finanzierungskosten für das im Lager und Produktionsprozess gebundene Kapital zu reduzieren.

Die Hauptaufgabe der traditionellen Kostenrechnung bestand in der eher vergangenheitsorientierten Aufdeckung von Plan-/Ist-Abweichungen und der Ermittlung und Dokumentation kostenbezogener Werte (vgl. Abschnitt 1.1.3). Zunehmend wird inzwischen eine zukunftsorientierte Gestaltung der Kosten wichtig, für die sich die Bezeichnung Kostenmanagement etabliert hat. Wesentlich unterstützt wurde diese Entwicklung zu entscheidungs- und maßnahmenbezogenen Ansätzen durch das angloamerikanische Verständnis des »Management Accounting« als »führungsorientiertes Rechnungswesen«. Die traditionelle Kostenrechnung und das Kostenmanagement sind allerdings nicht isoliert voneinander zu betrachten: Das Kostenmanagement greift auf die rechnerische Abbildung der Ausgangsgrößen zurück und kann nur mit entsprechenden Kosteninformationen Gestaltungsvorschläge erbringen (vgl. Kajüter, 2000, S. 13). Bei der Gestaltung und Umsetzung des Kostenmanagements müssen dazu neben den Kosten auch Qualitäts- und Zeitaspekte einbezogen werden, um einen komparativen Wettbewerbsvorteil zu erlangen. Neben den Grundlagen des Kosten-, Qualitäts- und Zeitmanagements werden im Folgenden Prozesskostenmanagement, Target Cost Management, Life Cycle Costing, Benchmarking und Working Capital Management als wesentliche Instrumente des Kostenmanagements dargestellt.

5.1 Grundlagen des Kostenmanagements

Kostenmanagement

> Kostenmanagement ist die aktive, zukunfts- und zielorientierte Gestaltung von Kostenstruktur, -niveau und -verlauf, um Handlungsspielräume zur Kostenoptimierung aufzuzeigen und umzusetzen (vgl. ähnlich Horváth, 2011, S. 437).

Im Vergleich zur reaktiven und primär dokumentarischen Kostenrechnung ist das Kostenmanagement proaktiv und zukunftsorientiert ausgerichtet. Das Kostenmanagement wird dazu notwendigerweise in frühen Phasen der Produktentwicklung gestaltend tätig, um das zeitliche Auseinanderfallen zwischen Kostenfestlegung und Kostenentstehung zielorientiert zu steuern. Dies lässt sich darauf zurückführen, dass im Rahmen der Produktentwicklung und -gestaltung bis zu 80 Prozent der Herstellkosten determiniert werden (vgl. Ehrlenspiel et al., 2002, S. 14). Informationen über Kostenkonsequenzen müssen daher vorverlagert werden, um auf der Grundlage der Kostenentstehungsanalyse Produkte, Prozesse und Ressourcen zielgerecht zu gestalten. Wesentliches Element des Kostenmanagements ist daher seine Funktion als Impulsgeber, um Unwirtschaftlichkeiten und Gestaltungsspielräume in der Kostensituation zu einem frühen Zeitpunkt und in den richtigen Bereichen antizipativ aufzuzeigen. Das Kostenmanagement ist Aufgabe der Unternehmensführung und daher als permanenter Prozess zu betrachten, der sämtliche Aktivitäten eines Unternehmens – auch bzgl. seiner Zulieferer – umfasst. Die aktive Ausrichtung und Gestaltung der Kostensituation eines Unternehmens an den Markterfordernissen führt zur Notwendigkeit der integrierten Berücksichtigung von einer Vielzahl an Aspekten im Rahmen des Kostenmanagements in allen seinen drei Dimensionen Kostenniveau, -verlauf und -struktur (vgl. Tab. 5-1).

Tab. 5-1

Kostenmanagement zur Beeinflussung von Kostenniveau, -verlauf und -struktur

	Kostenniveau	Kostenverlauf	Kostenstruktur
Änderungen im Wettbewerbsumfeld	▸ Senkung des Niveaus der entscheidungsrelevanten Kosten durch Fixkostenanstieg ▸ Generelle Kostenniveausenkung durch Wettbewerbsintensivierung ▸ Verschärfung der Kostenintensität durch steigende Faktorpreise	▸ Hohe Innovationsrate, abnehmende Produktlebenszeiten und steigende Produktentwicklungszeiten führen zu Verkürzung der Pay-off-period ▸ Investitionsintensive Technologien führen zum Anstieg der Vorlaufkosten ▸ Gesetzliche Regelungen machen eine Berücksichtigung der Nachlaufkosten notwendig ▸ Periodenbezogenheit der Kostenrechnung führt zu Zurechnungsproblemen	▸ Fixkostenanstieg bzw. Anstieg der Starrheit der Kostenstrukturen durch investitions- und kostenintensive Technologien ▸ Verbesserte Technologien (Rationalisierung, Automatisierung, Verkürzung der Bearbeitungszeiten etc.) führen zur Verlagerung von produktiven auf dispositive Tätigkeiten, was einen Gemeinkostenanstieg zur Folge hat ▸ Materialkostenanstieg durch sinkende Fertigungstiefe ▸ Automatisierung, Flexibilisierung und gestiegene Kundenanforderungen führen zu Variantenanstieg, was einen Anstieg der Erlös- und Kostenträger zur Folge hat
Ziel	Reduzierung der angefallenen Kosten	Optimierung/Flexibilisierung der Kostenreagibilität	optimale Allokation/ Verwendung/Dimensionierung der Kosten
Einflussfaktoren	▸ Menge der Produktionsfaktoren ▸ Wert der Produktionsfaktoren	▸ Beschäftigung ▸ Technik ▸ Lernen/Erfahrung ▸ Sprünge durch Unstetigkeit im Wertgerüst, Komplexität ▸ Remanenz/Präkurrenz der Kostenänderung	▸ zeitlicher Horizont des Kostenanfalls (variabel/fix) ▸ Zurechenbarkeit der Kosten (einzel/gemein) ▸ Entstehungszusammenhang (primär/sekundär)

(Quelle: Möller, 2002, S. 35)

Das Kostenmanagement wird durch eine Vielzahl von Instrumenten unterstützt, wobei insbesondere das Target Costing, die Prozesskostenrechnung, das Benchmarking und das Life Cycle Costing (Lebenszyklusrechnung) als Instrumente des Kostenmanagements hervorgehoben werden. Im Allgemeinen können dem Kostenmanagement jedoch alle Instrumente zugerechnet werden, die Kostensituationen analysieren, Kosteneinflussgrößen identifizieren, das Entscheidungsverhalten beeinflussen oder die Planung von Kostengestaltungsmaßnahmen unterstützen (vgl. Kajüter, 2000, S. 227 f.). Bisherige Untersuchungen bei deutschen und schweizerischen Großunternehmen zeigen, dass seit den 1990er Jahren eine deutliche Zunahme im Anwendungsgrad von Kostenmanagementinstrumenten zu beobachten ist, wobei das Benchmarking (vgl. Abschnitt 5.5.1) in den Unternehmen am weitesten verbrei-

Abb. 5-1

Verbreitungsgrad von Kostenmanagementinstrumenten

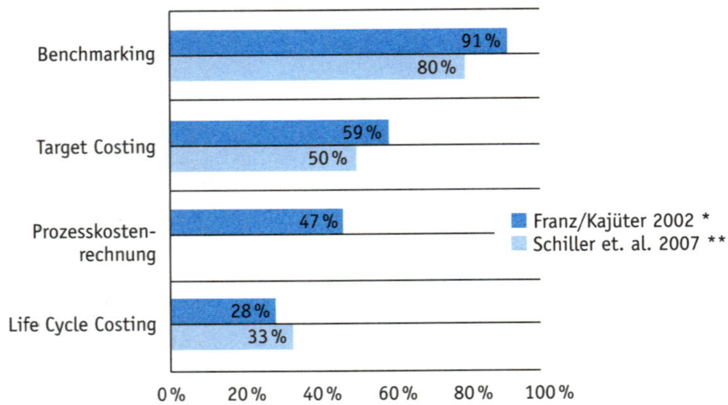

* 98 Controlling-Leiter deutscher Großunternehmen
** 539 CFOs und Controller schweizerischer Unternehmen

(Quelle: eigene Darstellung)

tet ist (vgl. Abb. 5-1). Weiterhin weit verbreitet sind das Target Costing (vgl. Abschnitt 5.3) und die Prozesskostenrechnung (vgl. Abschnitt 5.2). Der gegenüber dem Benchmarking geringere Verbreitungsgrad dürfte auf die höhere Komplexität dieser Instrumente und die schwierigere Übertragbarkeit auf Unternehmen des Dienstleistungssektors zurückzuführen zu sein (vgl. Kajüter, 2005, S. 92). Weitere wesentliche Instrumente des Kostenmanagements bilden die Gemeinkostenwertanalyse und das Zero Base Budgeting, welche in Kapitel 8 dargestellt sind. Im Folgenden werden die einzelnen Kostenmanagementinstrumente näher erläutert.

5.2 Prozesskostenmanagement

Prozesskostenmanagement umfasst die Analyse und Optimierung der Kostentreiber und Kostenfunktionen funktions- und kostenstellenübergreifender Prozesse der indirekten Leistungsbereiche eines Unternehmens (vgl. ähnlich Horváth, 2011, S. 246).

Prozessmanagement versus Prozesskostenmanagement

Das Prozesskostenmanagement ist von einem »einfachen« Prozessmanagement zu unterscheiden: Zwar fokussieren beide Ansätze auf die Optimierung der Ablauforganisation, allerdings nutzt das Prozesskostenmanagement dazu explizit Kosteninformationen und basiert damit auf einer qualifizierten, quantitativen Grundlage.

Dabei geht es deutlich über eine Kostenstellenrechnung hinaus: Für das Controlling steht nicht mehr die Frage im Mittelpunkt, wo (d. h. in welcher Kostenstelle) Kosten angefallen sind, sondern wofür (d. h. für welche Verrichtung). Deutlich wird damit, dass weniger die vergangenheitsorientierte Verrechnung der Kosten, sondern die zukunftsgerichtete Gestaltung im Mittelpunkt steht. Das Prozesskostenmanagement konzentriert sich dazu auf Gemeinkostenbereiche wie Einkauf/Beschaffung, Vertrieb, Qualitätsmanagement, Arbeitsvorbereitung, Personal etc. Wird in diesen Bereichen mithilfe einer (pauschalen) Zuschlagskalkulation gearbeitet, kann es zu erheblichen Fehlentscheidungen kommen, da einzelnen Kunden oder Produktvarianten zu hohe oder zu niedrige Gemeinkosten zugerechnet werden. Eine prozessorientierte Kalkulation ermöglicht hier eine verursachungsgerechtere Verrechnung, die Grundlage für eine gezielte Beeinflussung der Leistungserbringung im Rahmen des Prozesskostenmanagements ist. Grundlage für das Prozessmanagement ist üblicherweise ein hierarchisches Prozessverständnis, in dem verschiedene Aggregationsebenen von Prozessen unterschieden werden: Durch die Zusammenfassung von Tätigkeiten (in) einer Kostenstelle entstehen Teilprozesse; diese lassen sich in (kostenstellenübergreifende) Hauptprozesse zusammenführen, die ihrerseits wieder zu (abteilungsübergreifenden) Geschäftsprozessen aggregiert werden können (vgl. Abb. 5-2). Für jede Prozesshierarchiestufe können Kosteninformationen ausgewiesen werden, die sich aus Detailinformationen der jeweils untergeordneten Ebene zusammensetzen.

Abb. 5-2

Prozessorientierung und Prozesshierarchie

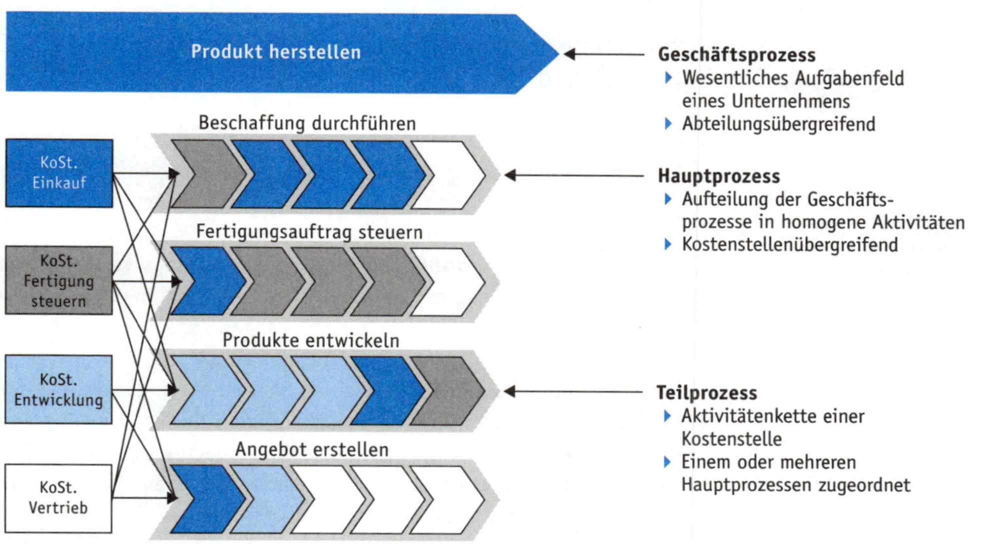

KoSt. = Kostenstelle

(Quelle: eigene Darstellung)

Definition Prozess

Ein **Prozess** bildet eine strukturierte Abfolge von Aktivitäten zur Erstellung einer Leistung oder Veränderung eines Objektes mit messbarer Ressourcenbeanspruchung. Ein Prozess hat einen definierten Start und ein definiertes Ende. Prozesse verfolgen ein bestimmtes Ziel, wobei messbare Inputs durch den Prozess in messbare Outputs umgewandelt werden, die sowohl materieller (z. B. Material oder Energie) als auch immaterieller (z. B. Informationen) Art sein können.

Aufgaben des Prozesskostenmanagements

Die wesentliche Aufgabe des Prozesskostenmanagements besteht in der Bereitstellung relevanter **Kosteninformationen**, um für Prozessabläufe und -strukturen fundierte Entscheidungen sowie Verbesserungen der Planung, Steuerung und Kontrolle der Gemeinkosten zu ermöglichen. Das Prozesskostenmanagement sieht neben der Analyse der Kostensituation auch eine weitergehende Analyse der hinter den Prozesskosten stehenden Strukturen vor. Daher erfolgt nicht nur eine Kostenkalkulation, sondern ebenfalls eine Analyse und Optimierung der gesamten **Kostenstruktur** des Unternehmens. Durch umfassende Kosteninformationen wird somit eine erhöhte (Kosten-)Transparenz der Gemeinkostenbereiche bezüglich der Ressourceninanspruchnahme sowie der bestehenden Aktivitäten geschaffen. Gleichzeitig stellt das Prozesskostenmanagement auch die **Wirtschaftlichkeit** der Prozesse sicher, indem es die Kostenschwerpunkte identifiziert und darauf aufbauend Prozessoptimierungsmaßnahmen im Sinne von Rationalisierungs- und Restrukturierungseingriffen ermöglicht. Darüber hinaus schafft das Prozesskostenmanagement die Grundlage für die Ermittlung von **Prozesskennzahlen**, um hierauf aufbauend Benchmarkingaktivitäten bzw. interne und externe Betriebsvergleiche durchführen zu können (vgl. Abschnitt 5.5.1).

5.2.1 Rechenmethoden: Prozesskostenrechnung, Activity Based Costing (ABC) und Time Driven Activity Based Costing (TD ABC)

Methodisch existieren drei Ansätze zur Generierung von prozessorientierten Kosteninformationen als Voraussetzung für ein Prozesskostenmanagement: Activity Based Costing (ABC), Prozesskostenrechnung (PKR) und Time Driven Activity Based Costing (TD ABC).

Activity Based Costing (ABC)

Das **Activity Based Costing (ABC)** stellt ein Kostenrechnungssystem dar, welches sämtliche angefallene Gemeinkosten des indirekten und direkten Leistungsbereichs verursachungsgerecht den jeweiligen Produkten anhand der für sie benutzten Aktivitäten zurechnet (vgl. Cooper, 1990, S. 4 ff.; Kaplan/Cooper, 1998, S. 3). Die Hauptaufgabe liegt in der verursachungsgerechten Verrechnung der Produktionsgemeinkosten. Dieses Vorgehen wurde im amerikanischen Rechnungswesen seit den 1980er Jahren diskutiert, da die traditionelle Kostenrechnung die zunehmende Bedeutung administrativer Tätigkeiten und die damit verbundene Kostensteigerung in den indirekten Leistungsbereichen nicht abbilden konnte. Durch zunehmende Automatisierungstechniken sanken die direkt zurechenbaren Kosten, wie z. B. die Lohnkosten in der Produktion, während die Gemeinkosten in den indirekten Bereichen, wie z. B. der Verwaltung, stark anstiegen. Das ABC sollte diese Entwicklungen aufnehmen und die fixen Gemeinkosten nicht mehr über Lohnstunden, sondern über in Anspruch genommene Aktivitäten auf die Produkte zurechnen. Aktivitäten sind dabei als relevante Tätigkeiten zu verstehen, die v. a. im indirekten Leistungsbereich ausgeführt werden. Damit ist eine verursachungsgerechtere Kalkulation der zugehörigen Kosten für die Produkte möglich (vgl. Ittner et al., 2002, S. 712).

Vorgehensweise des ABC

Die Implementierung des ABC erfolgt in vier Schritten (vgl. Kaplan/Cooper, 1998, S. 84 ff.):

1. **Aufstellen eines Aktivitätenkatalogs** (»Develop the Activity Dictionary«): Identifikation von Aktivitäten, die in einer Produktionseinrichtung durchgeführt werden, und deren Aufnahme in einen Aktivitätenkatalog. Der Katalog sollte alle relevanten Aktivitäten des Unternehmens auflisten und definieren.
2. **Ermittlung der Ressourcen** (»Determine How Much the Organization Is Spending on Each of Its Activities«): Die Kosten und genutzten Kapazitäten (resource expenses) werden den identifizierten Aktivitäten verursachungsgerecht zugeordnet. Hierbei dienen die »resource expense driver« als Maßgröße für die Kostenverursachung der Aktivitäten. Die Aktivitäten können zu Geschäftsprozessen zusammengefasst oder anhand ihrer jeweiligen Relevanz auf den gesamten Produktionsprozess aufgegliedert werden, um so bestimmte Aspekte innerhalb der Produktion hinsichtlich der verursachten Kosten vergleichen zu können.
3. **Identifikation der Produkte, Dienstleistungen und Kunden des Unternehmens** (»Identify the Organization's Products, Services, and Customers«): Die Ergebnisse der unternehmerischen Tätigkeit (Produkte, Dienstleistungen und Kunden), die das Resultat und Ziel der betrachteten Aktivitäten sind, werden identifiziert.
4. **Ermittlung der Activity Cost Driver** (»Select Activity Cost Drivers That Link Activity Costs to the Organization's Products, Services, and Customers«): Die Zuordnung der Kosten zu den Outputs (Produkte, Dienstleistungen und Kunden) erfolgt mithilfe von sog. Activity Cost Drivern. Dabei ist ein Activity Cost Driver eine quantitative Messgröße einer Aktivität, wie z. B. die Laufzeit einer Maschine. Anhand dieser Größe können die Kosten verursachungsgerecht im Sinne der Aktivitätenbeanspruchung zugerechnet werden.

In Abbildung 5-3 ist der Ablauf des ABC zusammenfassend dargestellt.

Prozesskostenrechnung (PKR)

Gleichzeitig zum ABC-Ansatz wurde Anfang der 1980er Jahre im deutschsprachigen Raum das Konzept der **Prozesskostenrechnung (PKR)** entwickelt, das den Problemstellungen und Gegebenheiten des deutschen Rechnungswesens angepasst ist (vgl. Horváth/Mayer, 1993, S. 16 f.). Während das ABC stärker auf den Fertigungsbereich bezogen ist, zielt die PKR auf mittelbar und unmittelbar unterstützende indirekte Aktivitäten oder Prozesse ab. Der PKR liegt das Verständnis zugrunde, dass diejenigen Abläufe, die für den Markterfolg eines Unternehmens von wesentlicher Bedeutung sind, nicht nur innerhalb einer Kostenstelle im Unternehmen angesiedelt sind. Die PKR betrachtet somit Prozesse, die mehrere Aktivitäten kostenstellenübergreifend verbinden, und ist folglich in der Lage, Kosten nicht nur den Kostenstellen, sondern kostenstellenübergreifenden Prozessen zuzuordnen. Ein Prozess wird damit weiter spezifiziert als Abfolge von homogenen repetitiven Tätigkeiten, die in unterschiedlichen Abteilungen eines Unternehmens zur Ausführung bestimmter Aufgaben

Abb. 5-3

Das System des Activity Based Costing

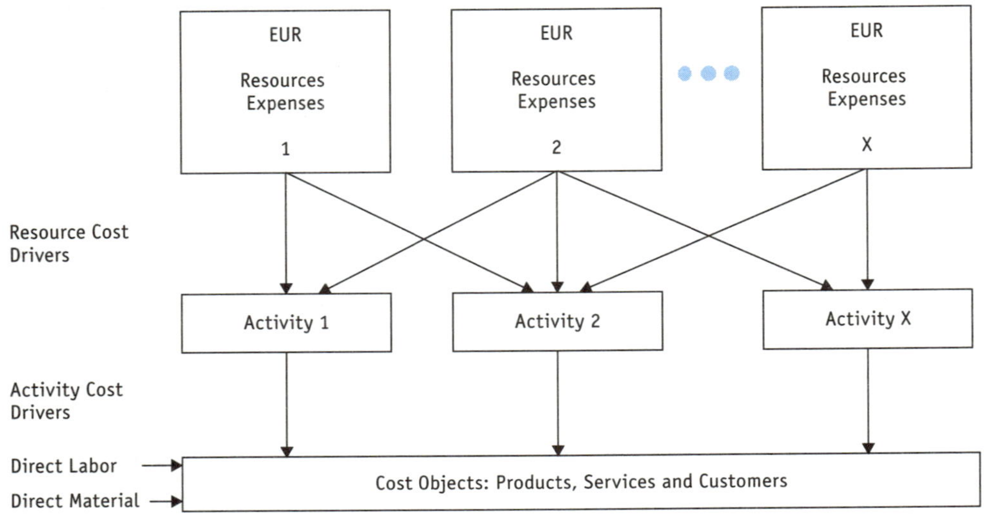

(Quelle: Kaplan/Cooper, 1998, S.84)

notwendig sind. Neben der Erhöhung der Kostentransparenz, insbesondere der indirekten Leistungsbereiche, trägt die PKR damit zur Unterstützung von Kalkulation, Profitabilitätsanalyse, Prozessgestaltung, Prozessbenchmarking etc. bei (vgl. nochmals Tab. 5-1).

Vorgehensweise des Prozesskostenmanagements

Die Vorgehensweise der PKR setzt sich aus den folgenden fünf Schritten zusammen (vgl. Abb. 5-4):

1. **Festlegen des Untersuchungsbereichs:** Zuerst werden die in die Prozesskostenrechnung einzubeziehenden Bereiche festgelegt. Dies umfasst in der Regel die Selektion von Kostenstellen aus indirekten Leistungsbereichen. Damit kann der Umfang der in der Prozesskostenrechnung erfassten Sach- und Personalkosten (Mitarbeiteräquivalente/FTE = Full Time Equivalents) erfasst werden.
2. **Entwurf eines (hypothetischen) Prozessmodells:** Nach der Festlegung des Untersuchungsbereichs wird zu dessen Strukturierung und als Basis für das weitere Vorgehen ein Prozessmodell entwickelt, das Geschäfts- und Hauptprozesse umfasst. Das Prozessmodell definiert dabei die einzelnen Prozesse auf ihren verschiedenen Prozessebenen (vgl. Abschnitt 5.2.3). Dieses hypothetische Modell wird im weiteren Verlauf durch vertiefende Analysen permanent an die Realität des Untersuchungsbereichs angepasst.

3. **Kostenstellenbezogene Tätigkeits- und Teilprozessanalyse:** Für jede Kostenstelle wird im Rahmen einer Tätigkeitsanalyse festgestellt, welche Teilprozesse (Tätigkeiten/Aktivitäten) in der Kostenstelle ablaufen. Für die Teilprozesse werden die jeweiligen Kostentreiber ermittelt, d. h. die Faktoren, die die Prozessinanspruchnahme der entsprechenden Leistungen bestimmen. Hierbei findet eine Unterscheidung in leistungsmengeninduzierte (lmi) und leistungsmengenneutrale (lmn) Prozesse statt. Lmi-Prozesse sind vom Leistungsvolumen der Kostenstelle abhängig, lmn-Prozesse, wie z. B. »Abteilung leiten«, hingegen nicht. Folglich werden Kostentreiber lediglich für lmi-Prozesse identifiziert. Für produktferne Prozesse, deren Kosten unabhängig von den Prozessmengen entstehen und als fix anzusehen sind (d. h. die leistungsmengenneutralen (lmn) Kosten), erfolgt in der Regel eine Verrechnung über wertmäßige Zuschlagsbasen (vgl. Horváth/Mayer, 1989, S. 217). Hierbei wird ein Zuschlagssatz ermittelt, bei dem die lmn-Kosten durch die lmi-Kosten eines Prozesses dividiert und anschließend mit 100 multipliziert werden. Somit erfolgt eine Umlage dieser lmn-Kosten proportional zur Höhe der lmi-Kosten. Nachteilig bei dieser einfachen Berechnung ist jedoch, dass in den Prozesskostensätzen nun nicht mehr ausschließlich von den Leistungen abhängige Kosten verrechnet werden. Daher sollte der lmn-Verteilungssatz möglichst niedrig sein (z. B. < 20 %). Am Ende dieser Phase liegt für jede Kostenstelle eine Prozesskostenrechnung auf Teilprozessebene vor, die Informationen zur Menge der Prozessdurchführungen, den Gesamtkosten pro Prozess und den Kosten pro Prozessdurchführung (Prozesskosten) umfasst.
4. **Zusammenführung der Daten:** Die Teilprozesse der einzelnen Kostenstellen werden zu Hauptprozessen zusammengefasst. Dabei werden alle Prozesse, die denselben Kostentreiber besitzen, zusammengefasst. Im Zuge der Zuordnung wird das Prozessmodell überprüft und ggf. modifiziert. Im Ergebnis liegen für die Hauptprozesse (und in deren Folge auch für Geschäftsprozesse) die o. a. Prozesskosteninformationen vor.

Abb. 5-4

Vorgehensweise des Prozesskostenmanagements

(Quelle: eigene Darstellung)

5. **Auswertungsrechnungen (Kalkulation und Optimierung):** Die erhobenen Informationen können nun zur Kostengestaltung und -beeinflussung im Rahmen verschiedener Auswertungsrechnungen und Maßnahmen genutzt werden. Mit den Prozesskosteninformationen werden in erster Linie die Kalkulation und die Ergebnisrechnung präzisiert. Darüber hinaus lassen sich die Informationen für Planung, Benchmarking oder zur Kostenoptimierung nutzen (vgl. dazu Abschnitt 5.2.2).

Time Driven Activity Based Costing (TD ABC)

Im Rahmen von ABC und PKR erfolgt keine Trennung von genutzten und ungenutzten Kapazitäten, sondern es wird von einer Vollauslastung der Kostenstellenkapazitäten ausgegangen. Das **Time Driven Activity Based Costing (TD ABC)** stellt eine Weiterentwicklung des ABC dar, welche die Problematik der Kapazitätsauslastung mit aufnimmt (vgl. Kaplan/Anderson, 2004). Dem TD ABC liegt die Idee zugrunde, dass den identifizierten Teilprozessen die Kapazitäten und Kosten mithilfe von ökonomischen Verbrauchsfunktionen zugeordnet werden (vgl. Coners/von der Hardt, 2004, S. 110). Die Verbrauchsfunktionen basieren dabei auf den Soll-Bearbeitungszeiten und den Netto-Kostenstellenkapazitäten der Teilprozesse. Demnach handelt es sich beim TD ABC um eine Kombination der PKR mit einer Stundensatzkalkulation, da Prozessgrößen nun durch den Zeitverbrauch abgebildet werden (vgl. Coenenberg et al., 2012, S. 174).

Vorgehensweise des TD ABC

Beim Verfahren des TD ABC wird zunächst die **Sollzeit** (Zeiteinheiten/Mengeneinheiten) für die einmalige Prozessdurchführung, wie z. B. »Kundenauftrag annehmen«, ermittelt. Diese Größe kann mittels Kostenstelleninterviews geschätzt oder durch Zeitstudien gemessen werden (vgl. Kaplan/Cooper, 1998, S. 367). Eine Sollzeit definiert sich als die Zeit, die eine Maßeinheit, wie z. B. »Anzahl Aufträge«, bei der Bearbeitung netto in Anspruch nimmt. Im nächsten Schritt erfolgt die Ermittlung der **Nettokapazität**. Die Nettokapazität kann beispielsweise anhand der Mitarbeiteranzahl der betrachteten Kostenstelle und der Nettoarbeitszeit eines Mitarbeiters ermittelt werden. So wird die Nettokapazität zunächst als maximale Kapazität eingeführt (Mitarbeiter x Arbeitszeit). Anschließend werden die Nettokapazitäten der Teilprozesse als genutzte Kapazitäten durch Multiplikation der Sollzeiten je einmaliger Teilprozessdurchführung mit den Maßgrößenmengen (Mengen) bestimmt. Ausgehend von diesem Schritt kann die genutzte Kapazität der Kostenstelle durch Summierung der Teilprozesskapazitäten ermittelt werden. Die **ungenutzte Kapazität** ergibt sich wiederum aus der Differenz zwischen der Nettokapazität und der **genutzten Kapazität**. Anschließend wird mittels Division der gesamten Kostenstellenkosten und der Nettokapazität der **Stundenkostensatz** ermittelt. Multipliziert man abschließend den Stundenkostensatz der Kostenstelle mit den Teilprozesskapazitäten, ergeben sich die Kosten der Teilprozesse (vgl. Coners/von der Hardt, 2004, S. 111). Mithilfe einer solchen Vorgehensweise bei der Kostenrechnung können ungenutzte von genutzten Kapazitäten unterschieden werden, was eine entscheidende Information für das Kapazitätsmanagement darstellt (vgl. Kaplan/Cooper, 1998, S. 117 ff.). Das Vorgehen des TD ABC ist beispielhaft in Abbildung 5-5 dargestellt. Wesentliche Unterschiede des TD ABC zum ABC und zur PKR bilden die einfachere und direkte Abbildung der Prozesskomplexität, die Vergabe von Sollvorgaben als Ressourcenver-

Abb. 5-5

Systematik des Time Driven Activity Based Costing (TD ABC)

Kostenstellenkosten:	693.000 EUR
Kapazität:	eine Kostenstelle mit 60 MA (à 150 Stunden/Monat) → 9.000 Stunden
Stundenkostensatz:	77 EUR/Stunde

Teilprozess	Sollzeit je Ausführung	Kostensatz	Menge	Zeit	Kosten
Kundenauftrag annehmen	0,81 Std.	62,37 EUR/Auftrag	7.500	6.075 Std.	467.775 EUR
Kundenbeschwerde bearbeiten	3,85 Std.	296,45 EUR/Auftrag	400	1.540 Std.	118.580 EUR
Kreditüberprüfung durchführen	3,90 Std.	300,30 EUR/Auftrag	320	1.248 Std.	96.096 EUR
Genutzte Kapazität		= 77 EUR/Std. × 3,90 Std.		8.863 Std.	682.451 EUR
Ungenutzte Kapazität				137 Std.	10.549 EUR
SUMME				9.000 Std.	693.000 EUR

(Quelle: in Anlehnung an Coners/von der Hardt, 2004, S. 111)

brauchsfunktion, der Verzicht auf die Modellierung vielfältiger Prozessvarianten als eigene Prozesse sowie die Separierung der Kosten von genutzten gegenüber ungenutzten Kapazitäten. Der Einbezug von Ressourcenverbrauchsfunktionen ermöglicht die gleichzeitige Berücksichtigung mehrerer Kosteneinflussgrößen, sodass auch bei komplexen, vielfältigen Prozessen eine verursachungsgerechtere Kalkulation möglich ist (vgl. Coenenberg et al., 2012, S. 174).

Beispiel 5.1 Grape SE **Prozesskostenrechnung und prozessorientierte Kalkulation für das Produkt »gMini«**

▸▸▸ In der anstehenden Vorstandssitzung soll das Produktionsprogramm des Geschäftsbereichs »Tablets« für das kommende Jahr geplant werden. Der zunehmende Kostendruck im Bereich der »Tablets« bereitet dem Vorstandsvorsitzenden Dr. Lodìn Sorgen. Damit eine erste Preiskalkulation für den »gMini« und den »gMidi« durchgeführt werden kann, führt Dr. Müller-Christ eine Zuschlagskalkulation durch, bei der jeweils die Herstellkosten und Selbstkosten auf Basis von Zuschlagssätzen berechnet werden (vgl. auch Abschnitt 4.1.2). Hierzu ermittelt er zunächst auf Basis der Material-, Fertigungs- und Vertriebskosten sowie folgenden Ausgangsdaten des Rechnungswesens die Zuschlagssätze (vgl. Tab. 5-2). Dabei berücksichtigt er die interne Kalkulationsrichtline, die eine konsequente Rundung auf zwei Nachkommastellen vorsieht.

Tab. 5-2

Ausgangsdaten

	gMini	gMidi
Verkaufspreis [in EUR/Stück]	80	120
Absatzmenge [in Stück]	600.000	400.000
Materialeinzelkosten [in EUR/Stück]	12	16
Fertigungslöhne [in EUR/Stück]	19	21
Materialgemeinkosten [in EUR]	2.942.000	
Fertigungsgemeinkosten [in EUR]	39.096.000	
Verwaltungs- und Vertriebsgemeinkosten [in EUR]	3.570.000	

Berechnung der Zuschlagssätze (»gMini« & »gMidi«):

$$\text{Zuschlagsatz Materialgemeinkosten} = \frac{2.942.000}{(12 \cdot 600.000) + (16 \cdot 400.000)} \cdot 100\% = 21{,}63\%$$

$$\text{Zuschlagsatz Fertigungsgemeinkosten} = \frac{39.096.000}{(19 \cdot 600.000) + (21 \cdot 400.000)} \cdot 100\% = 197{,}45\%$$

Zuschlagsatz Fertigungsgemeinkosten

$$= \frac{3.570.000}{12 \cdot 600.000 + 19 \cdot 600.000 + 16 \cdot 400.000 + 21 \cdot 400.000 + 2.942.000 + 39.096.000} \cdot 100\% = 4{,}73\%$$

Im Wettbewerbsvergleich ist jedoch auffällig, dass das eigene Produkt »gMini« in den letzten Jahren wesentlich teurer als Konkurrenzprodukte am Markt angeboten wurde. Dr. Lodìn vermutet, dass die Ergebnisse der bisherigen Zuschlagskalkulation nicht den

Tab. 5-3

Ermittlung des Verkaufspreises auf Basis der Zuschlagskalkulation

Kostenkategorie	**gMini [in EUR/Stück]**	**gMidi [in EUR/Stück]**
Materialeinzelkosten	12,00	16,00
Materialgemeinkosten	2,60	3,46
Fertigungseinzelkosten	19,00	21,00
Fertigungsgemeinkosten	37,52	41,47
Herstellkosten	**71,12**	**81,93**
Verwaltungs- und Vertriebsgemeinkosten	3,36	3,88
Selbstkosten	**74,48**	**85,81**
Gewinnzuschlag [20 %]	14,90	17,16
Verkaufspreis	**89,38**	**102,97**

tatsächlichen Gegebenheiten entsprechen und die Gemeinkostensätze für das Produkt »gMini« zu hoch angesetzt werden. Bei »gMidi«, dem anderen Produkt der Produktgruppe, vermutet Dr. Lodìn ebenfalls verfälschte Selbstkosten (vgl. Tab. 5-3). Um eine möglichst transparente und verursachungsgerechte Kostenzurechnung zu erreichen, beauftragt Dr. Lodìn die Unternehmensberatung FMS AG mit der Durchführung einer Prozessanalyse. Für die erste Zwischenpräsentation erstellt die FMS eine Liste der Teilprozesse, die in den einzelnen Kostenstellen durchgeführt werden (vgl. Tab. 5-4). Ergänzt durch Daten der Kostenrechnung erfolgte durch FMS bereits die Zuordnung der einzelnen Prozesskosten zu den Teilprozessen. Die Zurechnung der lmn-Kosten auf die Kostenstellen erfolgte hierbei über einen Zuschlagssatz. Den lmn-Zuschlagssatz ermittelt Dr. Müller-Christ, indem er die lmn-Kosten der Kostenstellen entsprechend dem Verhältnis der lmi-Kosten der einzelnen Hauptprozessbestandteile aufteilt.
Dr. Lodìn übergibt die Liste der Kostenstellen und Teilprozesse an den Controllingleiter Dr. Müller-Christ und bittet diesen, eine detaillierte prozessorientierte Produktkalkulation für die Produkte »gMini« und »gMidi« durchzuführen. Für eine prozessorientierte Kalkulation fasst Dr. Müller-Christ zunächst die Teilprozesse gemäß der Kostentreiber zu den relevanten Hauptprozessen »Beschaffung«, »Fertigung« und »Auftragsbearbeitung« zusammen. Das Vorgehen ist in Abbildung 5-6 dargestellt.

Abb. 5-6

Übersicht von Geschäfts- und Hauptprozessen sowie beteiligter Kostenstellen

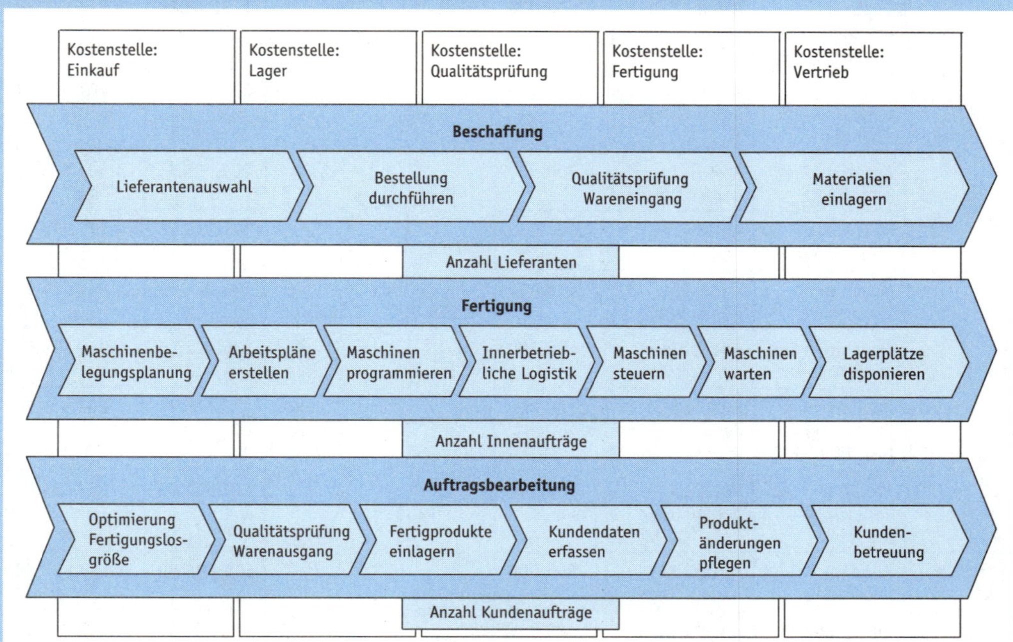

(Quelle: eigene Darstellung)

Tab. 5-4

Liste der Kostenstellen und Teilprozesse

Kostenstelle	Teilprozess	Kostentreiber	lmi-Prozesskosten [in EUR]	Gesamte lmi-Kosten [in EUR]	lmn-Kostenstellenkosten [in EUR]	lmn-Prozesskosten [in EUR]	lmi- und lmn-Kosten [in EUR]
Einkauf	Lieferantenauswahl	Anzahl Lieferanten	200.000	1.820.000	500.000	54.945,05	254.945,05
	Bestellung durchführen	Anzahl Lieferanten	1.620.000			445.054,95	2.065.054,95
Lager	Materialien einlagern	Anzahl Lieferanten	140.000	2.190.000	498.000	31.835,62	171.835,62
	Fertigprodukte einlagern	Anzahl Kundenaufträge	1.600.000			363.835,62	1.963.835,62
	Innerbetriebliche Logistik	Anzahl Innenaufträge	200.000			45.479,45	245.479,45
	Lagerplätze disponieren	Anzahl Innenaufträge	250.000			56.849,32	306.849,32
Qualitätsprüfung	Qualitätsprüfung Wareneingang	Anzahl Lieferanten	560.000	5.160.000	800.000	86.821,71	646.821,71
	Qualitätsprüfung Warenausgang	Anzahl Kundenaufträge	4.600.000			713.178,29	5.313.178,29
Fertigungssteuerung	Maschinenbelegungsplanung	Anzahl Innenaufträge	4.200.000	31.260.000	1.500.000	201.535,51	4.401.535,51
	Arbeitspläne erstellen	Anzahl Innenaufträge	4.200.000			201.535,51	4.401.535,51
	Maschinen programmieren	Anzahl Innenaufträge	4.000.000			191.938,58	4.191.938,58
	Maschinen steuern	Anzahl Innenaufträge	11.400.000			547.024,95	11.947.024,95
	Maschinen warten	Anzahl Innenaufträge	6.600.000			316.698,66	6.916.698,66
	Optimierung Fertigungslosgröße	Anzahl Kundenaufträge	280.000			13.435,70	293.435,70
	Produktänderungen pflegen	Anzahl Kundenaufträge	580.000			27.831,09	607.831,09
Vertrieb	Kundenbetreuung	Anzahl Kundenaufträge	660.000	1.080.000	800.000	488.888,89	1.148.888,89
	Kundendaten erfassen	Anzahl Kundenaufträge	420.000			311.111,11	731.111,11

Anschließend ordnet er jedem Hauptprozess die lmi- und lmn-Prozesskosten zu (vgl. Tab. 5-5). Der Hauptprozess »Beschaffung« verursacht beispielsweise leistungsmengeninduzierte Kosten von 2.520.000 EUR pro Jahr, während 618.657 EUR der Prozesskosten »Beschaffung« unabhängig von der Menge der Lieferanten anfallen und als leistungsmengenneutral anzusehen sind. Nach der Zuordnung der Prozesskosten ermittelt Dr. Müller-Christ die Prozesskostensätze, indem er die Prozesskosten durch die Prozessmenge teilt (vgl. Tab. 5-5). Die Prozessmengen wurden dabei ebenfalls von der FMS aus dem Data Warehouse der Grape SE erhoben. Dabei wurde auf Basis der teilweise heterogenen Kostentreiber der Teilprozesse ein homogener Kostentreiber für den Hauptprozess ermittelt. Die Kosten des Beschaffungsprozesses hängen zum Beispiel im Wesentlichen von der Anzahl der Lieferanten ab. Die Lieferverträge werden jährlich ausgeschrieben, sodass der Auswahlprozess für jeden der 660 Lieferanten jährlich neu durchgeführt wird. Da der Turnus für Bestellungen, Warenlieferung und die folgende stichprobenartige Qualitätsprüfung aus produktionstechnischen Gründen für alle Lieferanten identisch ist, ist auch hier die Anzahl der Lieferanten der treibende Kostenfaktor. Für den Hauptprozess »Beschaffung« ermittelt Dr. Müller-Christ somit einen Prozesskostensatz von 4.755,54 EUR. Dieser Prozesskostensatz beinhaltet lmn- und lmi-Prozesskosten.

Tab. 5-5

Ermittlung der Prozesskostensätze

Hauptprozess	lmi-Prozesskosten [in EUR]	lmn-Prozesskosten [in EUR]	Prozesskosten gesamt [in EUR]	Kostentreiber	Prozessmenge	Prozesskostensatz [in EUR/Prozess]
Beschaffung	2.520.000,00	618.657,33	3.138.657,33	Anzahl Lieferanten	660	4.755,54
Fertigung	30.850.000,00	1.561.061,98	32.411.061,98	Anzahl Innenaufträge	720	45.015,36
Auftragsbearbeitung	8.140.000,00	1.918.280,70	10.058.280,70	Anzahl Kundenaufträge	600	16.763,80

Um für das Produkt »gMini« die Herstellkosten auf Basis der Prozesskostenrechnung zu kalkulieren, ermittelt Dr. Müller-Christ zunächst die Einzelkosten der Produkte. Zu den Produkteinzelkosten rechnet er anschließend die Gemeinkosten hinzu, die sich aus dem Gesamtprozesskostensatz (Beschaffung, Fertigung, Auftragsbearbeitung) ergeben. Dafür muss Dr. Müller-Christ die bereits errechneten Prozesskosten der Hauptprozesse auf die beiden Produkte verteilen (vgl. Tab. 5-6). Als Verteilungsschlüssel dienen ihm die Kostentreiber, die für die Ermittlung der Prozesskosten benutzt wurden. Bei den Auswertungen wird deutlich, dass die Prozessmengen des »gMidi« im Bereich der Beschaffung um 20 % höher sind als die des »gMini«. Dies ist auf die geringe Komplexität des »gMini« zurückzuführen, bei dem weniger Teile und entsprechend weniger Lieferanten involviert sind. Weiterhin wird deutlich, dass die Prozessmengen im Bereich der Fertigung für »gMidi« ebenfalls um 40 % höher ausfallen. Dies ist auf die komplexere Fertigung der Einzelkomponenten mit einer klei-

Tab. 5-6

Verteilung der Prozesskosten auf »gMini« und »gMidi«

Haupt-prozess	Prozess-kostensatz [in EUR/Prozess]	Prozess-menge gesamt	Prozess-menge gMini	Prozess-menge gMidi	Prozesskosten gMini [in EUR]	Prozesskosten gMidi [in EUR]
Beschaffung	4.755,54	660	300	360	1.426.662,00	1.711.994,40
Fertigung	45.015,36	720	300	420	13.504.608,00	18.906.451,20
Auftrags-bearbeitung	16.763,80	600	300	300	5.029.140,00	5.029.140,00

nen Losgröße und somit höheren Gesamtzahl an Innenaufträgen zurückzuführen. Die Auftragsbearbeitung wird von beiden Produkten im gleichen Maß in Anspruch genommen.

Mit diesen Informationen kann eine prozessorientierte Kalkulation der Produkte »gMini« und »gMidi« erstellt werden (vgl. Tab. 5-7). Dazu werden die in Tabelle 5-6 ermittelten produktbezogenen Prozesskosten durch die Produktmengen (vgl. oben Tab. 5-2) geteilt. Die Ergebnisse zeigen deutliche Abweichungen gegenüber der Zuschlagskalkulation. Dr. Müller-Christ übermittelt seine Analyseergebnisse an Dr. Lodìn: Der bisherige Verkaufspreis (vgl. Tab. 5-3) des »gMidi« ist zu niedrig und der des »gMini« zu hoch!

Tab. 5-7

Ermittlung des Verkaufspreises auf Basis der Prozesskostenrechnung

Kostenkategorie	gMini [in EUR/Stück]	gMidi [in EUR/Stück]
Materialeinzelkosten	12,00	16,00
Beschaffungsprozesskosten (= prozessorientierte Materialgemeinkosten)	2,38	4,28
Fertigungseinzelkosten	19,00	21,00
Fertigungsprozesskosten (= prozessorientierte Fertigungsgemeinkosten)	22,51	47,27
Herstellkosten	**55,89**	**88,55**
Auftragsbearbeitungsprozesskosten (= prozessorientierte Verwaltungs- und Vertriebsgemeinkosten)	8,38	12,57
Selbstkosten	**64,27**	**101,12**
Gewinnzuschlag [20 %]	12,85	20,22
Verkaufspreis	**77,12**	**121,34**

◂◂

Aus der Vorgehensweise der Prozesskostenrechnung resultieren drei wesentliche **Informationsvorteile** gegenüber der Zuschlagskalkulation (vgl. Coenenberg/Fischer, 1991, S. 28 ff.).

Informationsvorteile der Prozesskostenrechnung

Degressionseffekt

Im Allgemeinen werden bei der Zuschlagskalkulation die Gemeinkosten auf Basis von auftragsgrößenunabhängigen Zuschlagssätzen zugeordnet und somit jeweils mit einem konstanten Gemeinkostensatz pro Stück verrechnet. Allerdings sinken die verursachten Prozesskosten je Stück für die interne Abwicklung von Prozessen mit steigender Auftragsgröße, da die Kosten für die Durchführung der einzelnen Prozesse unabhängig von der Stückzahl anfallen. In der Prozesskostenrechnung wird dieser **Degressionseffekt** der Kosten mitberücksichtigt, sodass für größere Stückzahlen im Verhältnis zu geringeren Stückzahlen niedrigere Kosten kalkuliert werden. Bei der traditionellen Kostenrechnung mit Zuschlagskalkulation wird dieser Zusammenhang hingegen nicht berücksichtigt, da von konstanten anteiligen Gemeinkostenumlagen pro Stück ausgegangen wird.

Allokationseffekt

Bei der traditionellen Kostenrechnung werden die Gemeinkosten proportional zu einer Wertbasis (z. B. Materialeinzelkosten) und der Produktmenge zugeordnet. Allerdings ist der Aufwand für einzelne Verrichtungen (wie beispielsweise Beschaffung oder Lagerung) nicht abhängig von der Höhe der Zuschlagsbasis, sondern vielmehr von den zur Abwicklung erforderlichen Prozessen. Da bei der Prozesskostenrechnung eine Zuordnung der Gemeinkosten nach der Inanspruchnahme betrieblicher Ressourcen auf die einzelnen Produkte – unabhängig von deren Wert – erfolgt, wird die Inanspruchnahme der Ressourcen abgebildet und somit eine Fehlzurechnung vermieden. Der **Allokationseffekt** beschreibt daher die Differenz zwischen der Zurechnung von Gemeinkosten über eine wertmäßige Bezugsgröße und über eine mengen- oder zeitabhängige Beanspruchung betrieblicher Ressourcen.

Komplexitätseffekt

In der Zuschlagskalkulation wird ferner nicht zwischen komplexen und weniger komplexen Produkten bei der Zurechnung der Gemeinkosten unterschieden. Ein Produkt mit niedriger Komplexität wird bei der traditionellen Zuschlagskalkulation daher tendenziell zu teuer am Markt angeboten. Die Prozesskostenrechnung ermöglicht hingegen eine Berücksichtigung der höheren Gemeinkosten bei Produkten mit hoher Komplexität. Denn für komplexe Produktvarianten kann ein höherer Bedarf an Gemeinkosten verursachenden Prozessen, wie z. B. Materialdisposition und Fertigungssteuerung bestehen, als bei einfacheren Produkten. Der **Komplexitätseffekt** beschreibt somit die Berücksichtigung von höheren Gemeinkosten bei der Erstellung von komplexeren Produkten.

Beispiel 5.2 Grape SE **Informationsvorteile der Prozesskostenrechnung**

▸▸▸ **1. Degressionseffekt:** Dr. Müller-Christ analysiert genauer die Selbstkosten der »gMini« in Abhängigkeit von unterschiedlichen Stückzahlen. Der Vertrieb sieht zusätzliches Verkaufspotenzial und meint, anstatt der ursprünglich geplanten 600.000 Stück (vgl. Tab. 5-2) bis zu 700.000 Stück bei den bestehenden Kunden absetzen zu können. Entsprechend würden keine zusätzlichen internen Auftragsbearbeitungskosten entstehen (vgl. Tab. 5-6). Um die Zusatznachfrage zu generieren, möchte der Vertrieb allerdings eine geringe Preisreduktion von einem EUR anbieten. Mit diesen Angaben berechnet Dr. Müller-Christ nun die Selbstkosten (vgl. Tab. 5-8). Es zeigt sich, dass die Selbstkosten pro Stück bei der Zuschlagskalkulation konstant sind und somit Kostendegressionen bei höheren Stückzahlen nicht berücksichtigt werden. Bei der Prozesskostenrechnung tritt hingegen eine Reduktion der Stückkosten bei steigender Stückzahl ein, die in diesem Fall mit 1,20 EUR höher wäre, als die geforderte Preisreduzierung um einen EUR. Dieser Degressionseffekt ist entscheidend, um z. B. Mindermengenzuschläge oder Rabatte zu veranschlagen.

Tab. 5-8

Degressionseffekt bei den Selbstkosten

Stückzahl »gMini«	Herstellkosten [in EUR]	Zuschlagskalkulation			Prozessorientierte Kalkulation		
		Verwaltungs- und Vertriebsgemeinkosten (4,73 % der HK) [in EUR]	Selbstkosten [in EUR]	Selbstkosten [in EUR/Stück]	Auftragsbearbeitungsprozesskosten [in EUR]	Selbstkosten [in EUR]	Selbstkosten [in EUR/Stück]
600.000	42.672.000	2.018.386	44.690.386	74,48	5.029.140	47.701.140	79,50
620.000	44.094.400	2.085.665	46.180.065	74,48		49.123.540	79,23
640.000	45.516.800	2.152.945	47.669.745	74,48		50.545.940	78,98
660.000	46.939.200	2.220.224	49.159.424	74,48		51.968.340	78,74
680.000	48.361.600	2.287.504	50.649.104	74,48		53.390.740	78,52
700.000	49.784.000	2.354.783	52.138.783	74,48		54.813.140	78,30

2. Allokationseffekt: Dr. Müller-Christ analysiert die Herstellkosten von zwei »gMini« Versionen. Die Version 1 hat die Standardausstattung. Die Version 2 hat zusätzlich zur Standardausstattung ein spritzwassergeschütztes Gehäuse und erlaubt Fotos auch unter Wasser. Durch die exklusive Ausstattung sind die Materialeinzelkosten bei der Version 2 deutlich höher. Dadurch muss der Fertigungsprozess intensiver überwacht werden, was durch den dreifachen Fertigungsprozesskostensatz berücksichtigt werden soll. In Tabelle 5-9 wurden die Herstellkosten der einzelnen Versionen nach der Zuschlagskalkulation und der Prozesskostenrechnung ermittelt. Die Zuschlagssätze wurden auf Basis von Vergangenheitsdaten vorgegeben. Deutlich wird, dass bei der Zuschlagskalkulation die Materialgemeinkosten der »gMini« Version 2 aufgrund des Zuschlagssatzes steigen und bei der Prozesskostenrechnung konstant bleiben. Die Prozesskostenrechnung ist hier verursachungsgerechter, da der Aufwand der Materialbeschaffung unabhängig von der Art der Ausstattung ist und nur von der Anzahl der Bestellungen abhängt.

3. Komplexitätseffekt: Dr. Müller-Christ möchte gern die Kosten der zwei »gMini« Versionen grafisch gegenüberstellen, um den Einfluss der Komplexität sichtbar zu machen (vgl. Tab. 5-9 und Abb. 5-7). Es zeigt sich, dass die Komplexitätskosten proportional in Abhängigkeit von der Zuschlagsbasis zugerechnet werden. Folglich wird entsprechend der Zuschlagskalkulation die Version 1 mit der Standardausstattung (niedrige Komplexität) zu teuer am Markt angeboten, während die Version 2, die mit

Tab. 5-9

Gegenüberstellung von Zuschlagskalkulation und prozessorientierter Kalkulation

Kostenkategorie	Zuschlagskalkulation [in EUR/Stück]		Prozessorientierte Kalkulation [in EUR/Stück]		Kostenkategorie
	gMini Version 1	gMini Version 2	gMini Version 1	gMini Version 2	
Materialeinzelkosten	12,00	32,00	12,00	32,00	Materialeinzelkosten
Materialgemeinkosten [21,63 %]	2,60	6,92	2,38	2,38	Beschaffungsprozesskosten
Fertigungseinzelkosten	19,00		19,00		Fertigungseinzelkosten
Fertigungsgemeinkosten [197,45 %]	37,52	37,52	22,51 (einfacher Satz)	67,53 (dreifacher Satz)	Fertigungsprozesskosten
Herstellkosten	**71,12**	**95,44**	**55,89**	**120,91**	**Herstellkosten**
Verwaltungs- und Vertriebsgemeinkosten [4,73 %]	3,36	4,51	8,38		Auftragsbearbeitungsprozesskosten
Selbstkosten	**74,48**	**99,95**	**64,27**	**129,29**	**Selbstkosten**
Gewinnzuschlag [20 %]	14,90	19,99	12,85	25,86	Gewinnzuschlag [20 %]
Verkaufspreis	**89,38**	**119,94**	**77,12**	**155,15**	**Verkaufspreis**

Abb. 5-7

Komplexitätseffekt in der Prozesskostenrechnung

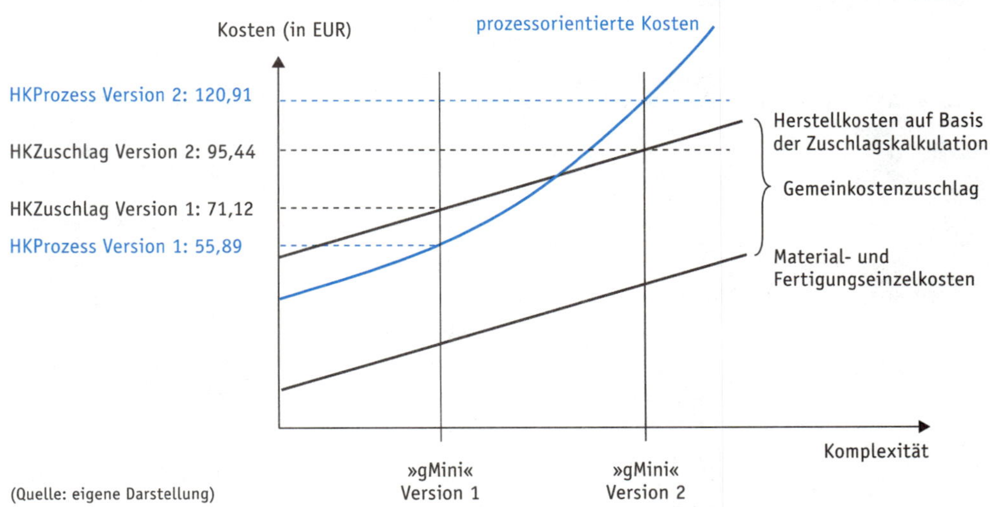

(Quelle: eigene Darstellung)

einem spritzwassergeschützten Gehäuse ausgestattet ist (hohe Komplexität abgebildet durch den dreifachen Fertigungsprozesskostensatz), zu billig angeboten wird. ◀◀◀

5.2.2 Einsatzbereiche des Prozesskostenmanagements

Grundlegende und regelmäßige Einsatzbereiche des **Prozesskostenmanagements** sind die Kalkulation und Ergebnisrechnung sowie die Kosten- und Personalplanung. Darüber hinaus dienen das Prozessbenchmarking und die Prozessoptimierung zur fallweisen Leistungssteigerung der Prozesse. Damit ergibt sich eine Vielzahl von Einsatzbereichen, die nach der Häufigkeit und Frequenz der Anwendung abfallend in Abbildung 5-8 und im Folgenden dargestellt sind.

(Vor-)Kalkulation

Im Rahmen der **Vorkalkulation** liefert die Prozesskostenrechnung einen Ansatz zur verursachungsgerechten **Verrechnung von Kosten auf die Kostenträger**. Mit der Vorkalkulation kann so noch vor der Produkterstellung eine realistische Kostenschätzung als Grundlage für die Preisfestlegung ermittelt werden, die auch verschiedene Produkt- und Prozesskomplexitäten abbildet (vgl. Coenenberg et al., 2014, S. 25 ff.). Aufgrund des Vollkostencharakters der Prozesskostenrechnung können die Informationen zur langfristigen, ergebniszielorientierten Steuerung der Produkte und Kunden – ex ante im Rahmen der Vorkalkulation, begleitend im Rahmen der mitlaufenden Kalkulation und ex post im Rahmen der Nachkalkulation – herangezogen werden. Die Analyse der Kunden anhand einer traditionellen Zuschlagskalkulation berücksichtigt hingegen keine Komplexität und die damit verbundene ungleiche Ressourceninanspruchnahme durch die Kostenträger und führt somit möglicherweise zu Fehlentscheidungen bei der Bewertung von Produkten und Kunden (vgl.

Abb. 5-8

Einsatzbereiche des Prozesskostenmanagements

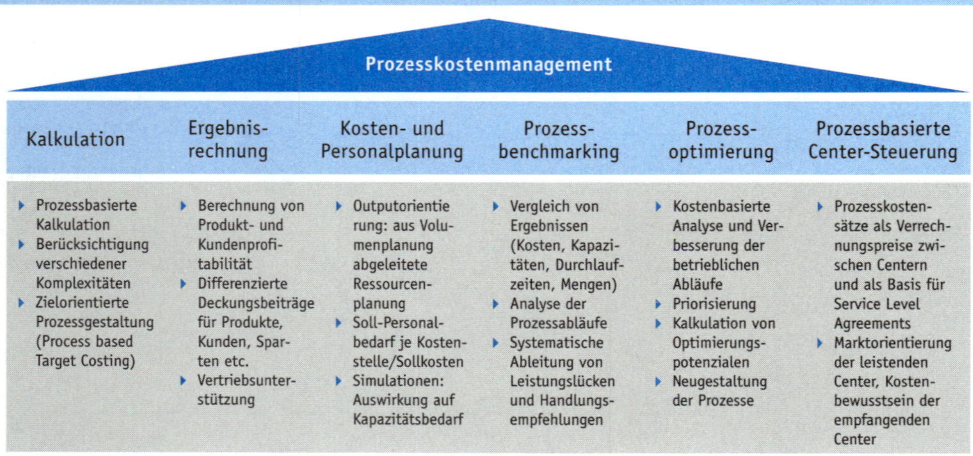

(Quelle: eigene Darstellung)

hierzu die Informationsvorteile der Prozesskostenrechnung in Abschnitt 5.2.1). Kunden mit unterschiedlichem »Behandlungsaufwand« können entsprechend in der Prozesskostenrechnung unterschiedlich – und damit verursachungsgerechter – abgebildet werden. Die prozessorientierte Kalkulation ermöglicht daneben auch die Festlegung von Verrechnungspreisen für Produkte und Dienstleistungen für interne und externe Kunden. Die Berücksichtigung der Komplexität führt zu einer genaueren Verrechnung der entstandenen Kosten zwischen Leistungserbringer und Leistungsempfänger. Prozessorientierte Kosteninformationen können auch als Komponenten in das Target Costing einbezogen werden und so proaktiv ziel-, markt- und kundenorientiert gestaltet werden.

Ergebnisrechnung

Im Rahmen einer (mehrdimensionalen) Deckungsbeitragsrechnung können die Prozesskosten für verschiedene Auswertungsdimensionen wie Produkte, Kunden und Sparten differenziert in der **Ergebnisrechnung** berücksichtigt werden. Im Rahmen dieser Ergebnisrechnungen dienen die Prozesskosteninformationen insbesondere zur profitabilitätsorientierten Steuerung des Vertriebs durch eine verursachungsgerechtere **Allokation der Kosten auf die Kostenträger.** Durch die Abbildung der Komplexität der Produkte und Kunden kann eine fundierte Bewertung der Kunden nach ihrer Profitabilität erfolgen. Ohne eine Berücksichtigung der Komplexität der Kunden kann es wie bei der Vorkalkulation zu Fehlentscheidungen bei der Steuerung des Produkt- und Kundenportfolios kommen. Das Prozesskostenmanagement unterstützt zum Beispiel die Identifikation nicht profitabler Kunden, die durch eine sehr hohe Intensität in der Betreuung hohe Kosten verursachen. Eine traditionelle Zuschlagskalkulation deckt diese Komplexität und die damit entstehenden Kosten nicht auf und beurteilt beispielsweise einen Kunden, der viele kleine Bestellungen aufgibt, als gleich profitabel wie einen Kunden, der lediglich wenige große Bestellungen aufgibt. Anhand der gezielten Entwicklung profitabler Kunden und Produkte unter Nutzung prozesskostenbasierter Informationen kann so der Gewinn gesteigert werden.

Kosten- und Personalplanung

Die prozessorientierte Planung ermöglicht eine analytisch fundierte, gezielte Steuerung der Kosten in Unterstützungs- bzw. Gemeinkostenbereichen, wie sie in den direkten Bereichen der Leistungserstellung (z. B. Produktion) bereits überwiegend erfolgt. Dort sind Kostenverbrauchsfunktionen (d. h. mengenmäßige Zusammenhänge zwischen Kostenträgern und kostenverursachenden Inputfaktoren) insbesondere im Rahmen von Stücklisten und Arbeitsplänen kodiert. Durch die Herstellung einer mengenmäßigen Beziehung zwischen den Produkten und den jeweils zugehörigen, indirekten Prozessen wird eine fundierte mengenorientierte Planung, Budgetierung und Steuerung der in Anspruch genommenen Ressourcen und damit der Gemeinkosten möglich. Diese Verbindung von Produkten und Gemeinkostenprozessen ermöglicht zum einen eine präzisere, leistungsorientierte **Planung der Gemeinkosten**, zum andern wird durch die **Kapazitäts- und Auslastungsinformationen** der am Prozess beteiligten Mitarbeiter zusätzlich eine absatzorientierte Personalplanung auch im Gemeinkostenbereich ermöglicht. Auf diese Weise kann die Planung und Budgetierung der indirekten Bereiche kontinuierlich volumen- und damit marktorientiert durchgeführt werden. Der Ressourcenbedarf an Kosten und Personal wird dann anhand der Inanspruchnahme an indirekten Prozessen durch die geplanten Absatzzahlen bei den Produkten geplant. Simulationen ermöglichen darüber hinaus die differenzierte Analyse von Auswirkungen auf den Kapazitätsbedarf in den indirekten Bereichen durch schwankende Absatzzahlen.

Prozessbenchmarking

Versteht man **Prozesse als Vergleichsobjekte**, können diese im Rahmen eines **Prozessbenchmarkings** in verschiedenen Dimensionen (Qualität, Kosten, Zeit etc.) separat oder integriert miteinander verglichen werden. Im Rahmen des Prozesskostenmanagements liefert das Prozessbenchmarking einen Lösungsansatz, um Effizienz und Effektivität der Prozesse zu verbessern. Das Prozessbenchmarking betrachtet Geschäfts-, Haupt- oder Teilprozesse als Benchmarking-Objekt und lässt sich als ein Vergleich ähnlicher Prozesse mit dem Ziel der **kontinuierlichen Prozessoptimierung** definieren. Der Vergleich homogener Prozesse über mehrere Abteilungen oder Unternehmen hinweg kann erhebliche Einsparpotenziale und Hinweise zur kostenoptimalen Gestaltung der Prozesse bieten. Die Prozesskosteninformationen sowie die Kostentreiber dienen im Prozessbenchmarking als Grundlage für eine integrative Prozessanalyse (vgl. Abschnitt 5.5.1).

Prozessoptimierung

Zur **Prozessoptimierung**, d. h. in der Regel für eine **Senkung von Prozesskosten,** liegt eine Vielzahl von Ansätzen vor, die in Organisations- und Qualitätsmanagementansätze unterschieden werden können. Durch eine Kenntnis von Prozesskosten und Wiederholfrequenzen können gezielte Optimierungen hinsichtlich Struktur, Ablauf, Anordnung, Schnittstellen etc. durchgeführt werden. Im Rahmen der Prozessoptimierung kann eine **Prozesserneuerung** und eine **Prozessverbesserung** angestrebt werden. Prozesserneuerung bezieht sich auf große Veränderungen in Ausnahmesituationen. Ausgangspunkt hierfür ist die Schaffung neuer Prozesse mit einer radikalen Veränderung der Effizienz durch funktionsübergreifende Änderungen. Prozessverbesserungen hingegen beinhalten kleine, laufende Veränderungen bestehender Prozesse durch inkrementelle Steigerung der Effizienz und Veränderungen innerhalb des Prozesses. Die bekannteste Methode der Prozesserneuerung ist das Business Process Reengineering (BPR) (vgl. Hammer/Champy, 2003, S. 47). Im Rahmen der Methoden der Prozessverbesserung bleibt die Struktur der Prozesse bestehen und Änderungen werden lediglich innerhalb der Prozesse vorgenommen. Eine weitere Möglichkeit zur Prozessoptimierung liegt in der Auslagerung von Prozessen an selbstständige eigene oder fremde Organisationen zur Steigerung der Prozesseffizienz (Business Process Outsourcing – BPO). Die Beurteilung zur Eignung der Prozesse für ein Outsourcing kann anhand von prozessorientierten Kosteninformationen erfolgen, da eine Auslagerungsentscheidung zentral an Aussagen über den Anteil an der Wertschöpfung, die Kostenstruktur, die Wiederholungshäufigkeit etc. festgemacht werden, die im Rahmen einer Prozesskostenrechnung erhoben werden.

Prozessbasierte Center-Steuerung

Eine konsequente Orientierung der Gestaltung des Unternehmens und seiner Abteilungen an den Prozessen führt zu einer **prozessbezogenen Bildung von Steuerungseinheiten.** Neben »klassischen« Centern wie IT-Dienstleistungen umfasst dies auch »Accounting Factories« oder Controlling Shared Service Center. Im Bereich der IT etablierten sich standardisierte Leistungsbeschreibungen, sog. Service Level Agreements (SLAs), die sich auch auf zentrale, vom Shared Service Center zu erbringende Dienstleistungsprozesse erstrecken. Analog bilden sich prozessorientierte Leistungsbündel in den Shared Service Centern. Diese, meist als Profit-Center geführten Shared Service Center stehen häufig mit ihrem Leistungsangebot mit externen, spezialisierten Dienstleistern in Wettbewerb. Eine prozessorientierte Steuerung der Shared Service Center kann dann mittels marktorientierter Verrechnungspreise geschehen. Zur Steuerung der unternehmensinternen Nachfrage ergänzt das Management mit Prozesskostensätzen die prozessorientierte Ausgestaltung der Verrechnungspreise zwischen Centern und Leistungsempfängern. Auf diese Weise können Kostenbewusstsein und Prozessorientierung bei der Center-Steuerung erhöht und durch Bündelungs- und Kostendegressionseffekte die Effizienz der Shared Service Center-Steuerung gesteigert werden.

5.2.3 Einsatz von Prozessmodellen

Prozessmodelle

Prozessmodelle bilden Geschäftsprozesse zweckorientiert und vereinfachend ab. Die Struktur von Prozessmodellen stellt dabei die zeitlich-sachlogische Abfolge der betrachteten Unternehmensfunktionen dar. Dabei werden die Strukturen und Beziehungen der Prozesse in einem gesamten Prozesssystem üblicherweise in verschiedene Hierarchieebenen unterschieden. Beispielhaft sei die Unterteilung der Prozessebenen in Aktivitäten, Teil-, Haupt- und Geschäftsprozesse erwähnt (vgl. Gaitanides, 2012, S. 161).

Aufgabe von Prozessmodellen

Die Hauptaufgabe von Prozessmodellen ist die **Verringerung der Komplexität** von Systemen. Dazu erfüllen Prozessmodelle eine **Erklärungs-** und **Gestaltungsfunktion** und werden zur Dokumentation, Visualisierung, Analyse und Gestaltung von Geschäftsprozessen sowie zur Unterstützung der Kommunikation über Geschäftsprozesse eingesetzt. Über eine höhere Prozessstrukturtransparenz und bessere Koordination der Prozesselemente kann so eine Prozessleistungstransparenz und damit letztlich eine Prozessverbesserung erzielt werden.

Eigenschaften von Prozessmodellen

Prozessmodelle können anhand der spezifischen Ausprägungen von Modellmerkmalen abgegrenzt werden.

- Prozessmodelle stellen die Prozessstruktur einer Organisation in der Regel grafisch dar **(Abbildungsmerkmal)**. Dabei werden reale Prozesse durch grafische Symbole oder in Textform abgebildet.
- Prozessmodelle enthalten nur die wichtigsten, aus dem Verwendungszweck des Modells abgeleiteten Elemente und Beziehungen der Prozesstypen **(Verkürzungsmerkmal)**.
- Die Abbildung von Prozesstypen erfolgt stets zu einem bestimmten Zweck und ist daher zeitlich begrenzt **(pragmatisches Merkmal)**.

Aus dem Verkürzungsmerkmal und dem pragmatischen Merkmal lässt sich ableiten, dass über die Komponenten und den Detaillierungsgrad von Prozessmodellen stets nur zweckbezogen entschieden werden kann.

Verwendung von Prozessmodellen

Die Verwendungszwecke von Prozessmodellen können in der Anwendungssystemgestaltung sowie der Organisationsgestaltung liegen. Im Rahmen der **Anwendungssystemgestaltung** dienen Prozessmodelle der Auswahl und Konfiguration von Software. Betrachtet man die Prozessmodelle aus der Perspektive der **Organisationsgestaltung**, so ergeben sich Einsatzzwecke wie Organisationsdokumentation, Pro-

Praxisbeispiel

Referenzprozessmodell bei der Siemens AG

Das Siemens Process Framework

Geschäftsprozesse stehen insbesondere bei stark vernetzten und weltweit agierenden Großkonzernen im Fokus, da die Prozesse aus Effizienz- und Governancegründen über Bereichs- und Landesgrenzen hinweg harmonisiert werden müssen. Daher hat die Siemens AG ein eigenes Prozessmodell entwickelt, das die Prozesse innerhalb des gesamten Konzerns bis zu einem bestimmten Detaillierungsgrad definiert. Im Mittelpunkt steht das Reference Process House, mit dem die Management-, Business- und Supportprozesse als Sollprozesse beschrieben werden und somit die Grundlage für ein umfassendes Prozessmanagement im Konzern bilden. Innerhalb des Reference Process House umfassen die Businessprozesse die primären Geschäftsprozesse Customer Relationship Management (CRM), Supply Chain Management (SCM) und Product Lifecycle Management (PLM). Die Management- und Supportprozesse bilden sekundäre Prozesse, wie z. B. strategische Planung, Personal- oder Qualitätsmanagement ab. Alle Prozesse sind gemäß einem Ebenenkonzept strukturiert, wodurch die hierarchische Struktur der Geschäftsprozesse abgebildet wird. Durch das Siemens Process Framework wird eine konzernweite Standardisierung und Optimierung der Prozesse ermöglicht, was zu einer erhöhten Effizienz insbesondere an den Schnittstellen und somit auch zu einer Steigerung der Wettbewerbsfähigkeit führt.
(Quelle: Feldmayer/Seidenschwarz, 2005, S. 26)

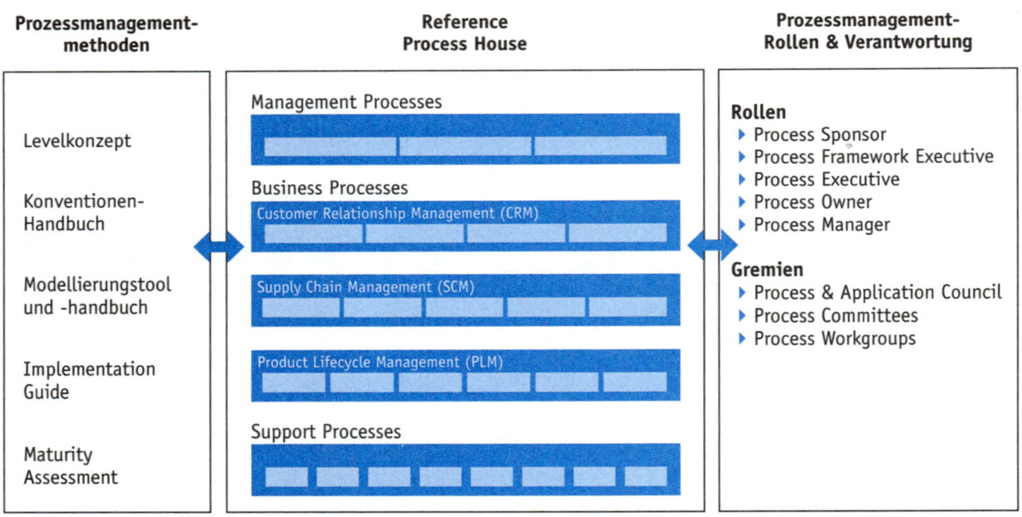

zessoptimierung (vgl. Abschnitt 5.2.2), Zertifizierung des Qualitätsmanagements, Wissensmanagement, Prozesskostenrechnung (vgl. Abschnitt 5.2.1) und Prozessbenchmarking (vgl. Abschnitt 5.4).

Methoden zur Modellierung

Zur Modellierung von Prozessen gibt es eine Vielzahl an Methoden. Diese lassen sich in Skriptsprachen und Diagrammsprachen unterteilen. **Skriptsprachen** erlauben die Beschreibung von Prozessmodellen mit einer an Programmiersprachen angelehnten Notation. Die Anschaulichkeit des Modells ist jedoch aufgrund des hohen Detaillierungsgrades gering. **Diagrammsprachen** können in datenfluss-, kontroll- und objektorientierte Methoden unterschieden werden. Weiterhin ermöglichen **Modellierungswerkzeuge** eine vereinfachte Erstellung und Verwaltung von Prozessmodellen. Die Verwendung von Modellierungssoftware bietet dabei den Vorteil einer beschleunigten Modellerstellung und einer verbesserten Übersichtlichkeit und Qualität der Modelle. Durch Schnittstellen zu Softwaresystemen oder Prozesskostenrechnungssystemen kann die Integrität bei der IT-technischen Umsetzung erhöht werden. Der Einsatz von Modellierungswerkzeugen bei der Erstellung von Prozessmodellen findet in der Praxis eine weite Verbreitung, wie z. B. ADONIS oder ARIS (vgl. Gaitanides, 2012, S. 165 f.).

Arten von Prozessmodellen

Grundsätzlich können Prozessmodelle in Ist- und Soll-Modelle unterteilt werden. Bei einem **Ist-Modell** handelt es sich um eine vereinfachte Darstellung der gegenwärtigen Strukturen und Prozesse. Sie werden eingesetzt, um den Reorganisationsgegenstand zu konkretisieren, Schwachstellen und Schnittstellen zu visualisieren sowie eine wertmäßige Prozessbetrachtung durchzuführen. Es handelt sich folglich um ein Beschreibungsmodell. Ein **Soll-Modell** hingegen stellt den gewünschten kurz- bis mittelfristig zu erreichenden zukünftigen Zustand dar. Der Unterschied zwischen Ist-Modell und Soll-Modell kennzeichnet den Handlungsbedarf der Verantwortlichen. Ein **Referenzmodell** ist ein spezielles Soll-Modell mit Empfehlungscharakter, welches nach den »Best Practices« der jeweiligen Branche bzw. den jeweiligen Unternehmensfunktionen zusammengetragen wird. Die Anwendung von Referenzmodellen liegt in der Analyse und Verbesserung einer bestehenden Situation, wobei das Ist-Modell mit dem Referenzmodell abgeglichen wird. Zudem können Referenzmodelle genutzt werden, um ausgehend von einem State-of-the-Art Zustand zu einer Beschreibung des eigenen Prozessmodells zu gelangen. Darüber hinaus bilden Referenzmodelle eine transparente Basis im Rahmen eines Prozessbenchmarkings (vgl. Abschnitt 5.5.1). Im Folgenden werden zwei Referenzmodell vorgestellt: Zuerst das Supply Chain Operation Reference-Modell (SCOR) als eines der ersten Referenzmodelle mit einem sehr breiten Einsatzbereich. Danach wird das Controlling Prozessmodell der International Group of Controlling (IGC) als funktionsspezifisches Referenzmodell vorgestellt. Ausgehend von derartigen Modellen finden sich inzwischen auch unternehmensspezifische Prozessmodelle.

SCOR-Modell

Das vom Supply Chain Council (SCC) ab dem Jahr 1996 entwickelte **Supply Chain Operation Reference-Modell (SCOR)** ist eines der ersten und am besten dokumentierten öffentlich verfügbaren Prozessmodelle. Das SCOR-Modell wurde mit dem Ziel der Beschreibung aller unternehmensinternen und unternehmensübergreifenden Prozesse entwickelt und soll den Informationsaustausch zwischen Unternehmen in einer Supply Chain verbessern. Das SCOR-Modell basiert auf fünf Prozessen (Planung, Beschaffung, Herstellung, Lieferung und Rückgabe). Abbildung 5-9 zeigt den Grundaufbau und die vier Ebenen des SCOR-Modells. Dabei sind die drei oberen Ebenen (Top-Level-Prozesse, Prozesskategorien und Prozesselemente) näher spezifiziert und die vierte Ebene (Detaillieren der Prozesselementebene) ist unternehmensspezifisch zu gestalten. Um die Leistungsmessung der einzelnen Prozesse einheitlich zu gestalten, verfügt das SCOR-Modell über vordefinierte In- und Outputfaktoren, Leistungskennzahlen sowie Best-Practices.

Controlling-Prozessmodell

Auch das von einer Arbeitsgruppe der International Group of Controlling (IGC) erarbeitete Prozessmodell lehnt sich an das SCOR-Modell an (vgl. IGC, 2011). Es

Abb. 5-9

Die Hierarchieebenen des SCOR-Modells

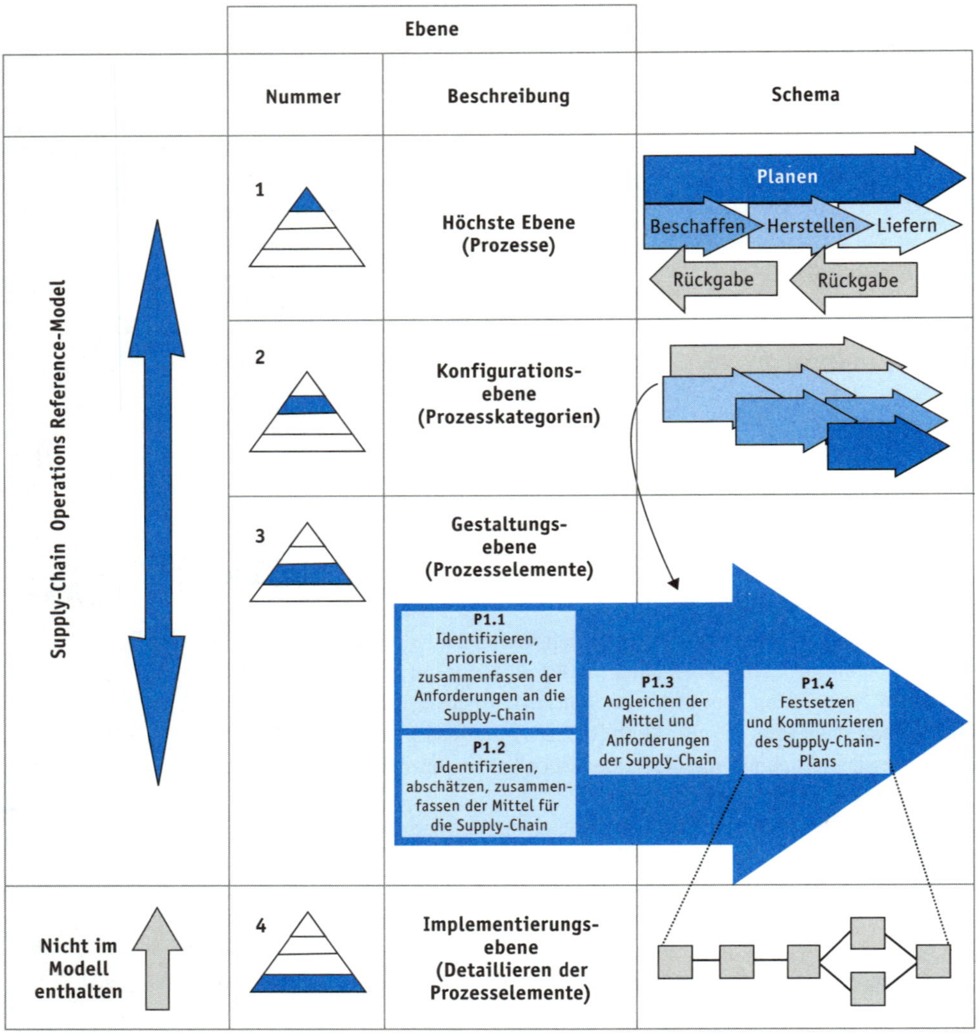

(Quelle: eigene Darstellung in Anlehnung an www.supply-chain.org)

beinhaltet drei hierarchische Stufen von Prozessen: Der Controllingprozess bildet einen Teil des Unternehmensprozesses und ist damit als Geschäftsprozess auf Stufe 1 angesiedelt. Er wird anschließend in zehn Hauptprozesse und weitere Teilprozesse untergliedert. Die Ebene 4 (Aktivitäten) wird wie beim SCOR-Modell als unternehmensspezifisch gestaltbar angesehen und nur beispielhaft beschrieben. Für die einzelnen Haupt- und Teilprozesse liegen Prozessbeschreibungen und Kennzahlenvorschläge vor.

Abb. 5-10

Controlling-Prozessmodell der IGC

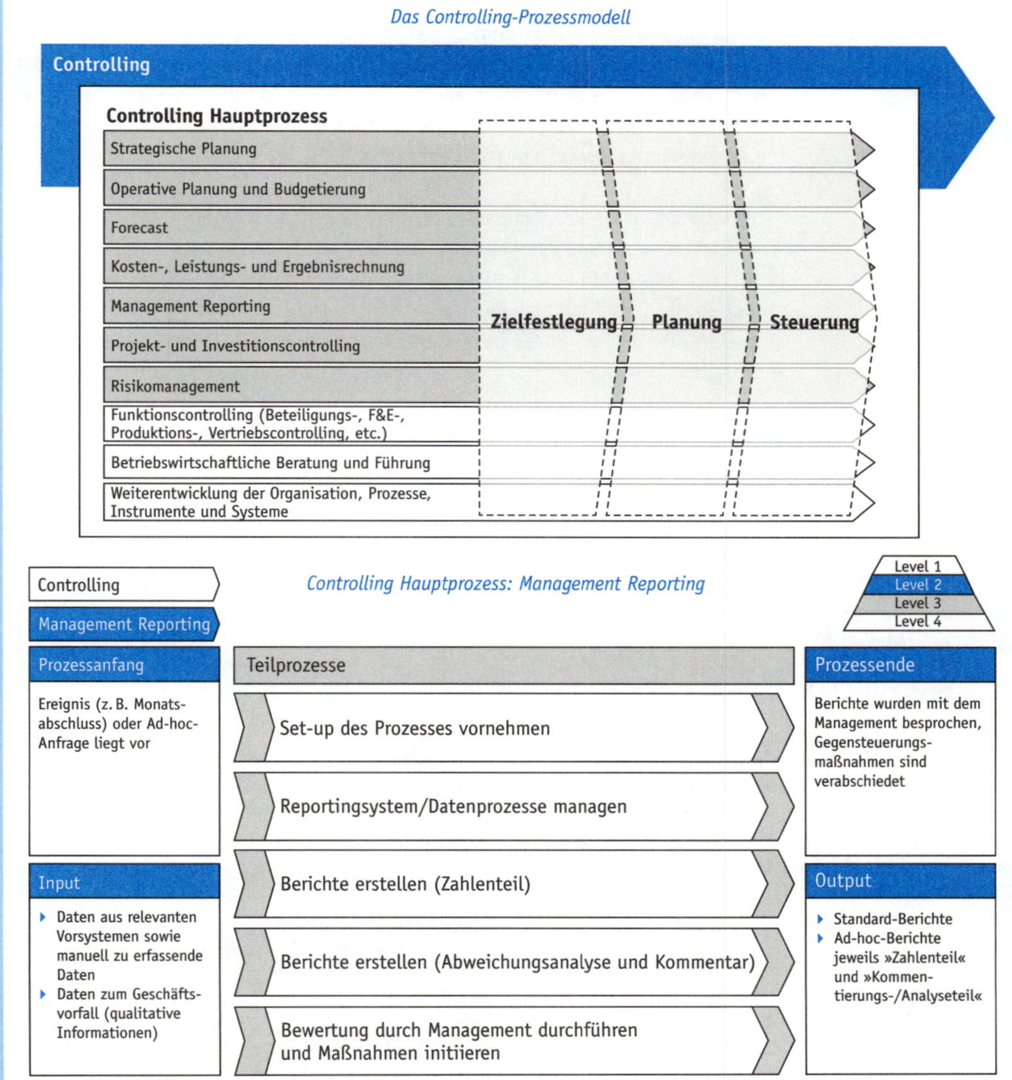

(Quelle: IGC, 2011)

5.3 Target Cost Management

Ein im Rahmen des Kostenmanagements weit verbreitetes Instrument ist das Target Costing bzw. Target Cost Management, das die zielorientierte Gestaltung von Produkt- und Dienstleistungskosten im Rahmen der Produktentwicklung zum Ziel hat. Die Anwendung von Target Costing geht über eine rein instrumentelle Unterstützung der Kostenrechnung hinaus; es handelt sich vielmehr um einen umfassenden Preis- und Kostenplanungs-, Steuerungs- und Kontrollprozess, eingebettet in den Gesamtprozess der Produktentstehung. Der an das englische »Costing« (Kostenrechnung) angelehnte Begriff ist daher irreführend, hat sich allerdings in Praxis und Wissenschaft weitgehend durchgesetzt. Die deutsche Übersetzung »Marktorientiertes Zielkostenmanagement« trägt der Komplexität der Konzeption als Instrument des Kostenmanagements insofern besser Rechnung.

Das Target Cost Management stellt eine kunden- und marktorientierte Kostenbestimmung und -vorgabe dar, bei der Produktpreis, -struktur und -kosten aus den Marktbedingungen und -anforderungen direkt abgeleitet werden. Das Target Cost Management initiiert somit ein proaktives Kostenmanagement in der frühen Phase der Produktentwicklung (vgl. Seidenschwarz, 1993, S. 78 ff.).

Eine wesentliche Begründung des Target Cost Managements liegt in der Erkenntnis, dass insbesondere in den frühen Phasen der Produktentstehung 80 Prozent der Kosten der nachgelagerten Prozesse im Produktlebenszyklus festgelegt werden (vgl. Ehrlenspiel et al., 2002, S. 57). Allerdings stehen der Produktentwicklung in diesen frühen Phasen nur verhältnismäßig wenige Informationen zur kostengünstigen

Praxisbeispiel

Zielpreis für Elektroauto

Tesla setzt Familienkutschen unter Strom
Bislang war ein Tesla etwas für reiche Trendsetter mit sauberem Gewissen. Nachdem die Amerikaner über 2.400 Elektro-Roadster ausgeliefert haben, zielen sie jetzt auf den Massenmarkt: Seit 2012 haben sie elektrisches Fahren mit dem Modell S populär gemacht, das im Jahr 2013 über 22.000 mal verkauft wurde. Neuestes Mitglied der Familie wird der Tesla X, eine innovative Kombination aus SUV und Kleinbus.
Wenn alles nach Plan läuft, sich bis zum Auslieferungsstart Anfang 2015 an dem Auto nicht mehr viel ändert und die Amerikaner ihren Zielpreis von ca. 70.000 EUR halten, könnte das neueste Modell, der Tesla X, Autos wie dem Chevrolet Volt womöglich einen tödlichen Stromschlag versetzen.
Für den Antrieb der Limousine sorgen wie in den anderen Modellen ausschließlich Elektromotoren, die aus Lithium-Ionen-Akkus gespeist werden. Anders als beim Roadster wollen die Amerikaner diesmal aber auch Allradantrieb anbieten und würden dafür noch einen weiteren Motor einbauen.
(Quelle: in: www.teslamotors.com, Abruf: 10.06.2014)

Gestaltung zur Verfügung. Die frühzeitige Beeinflussung und Gestaltung der Produktentwicklung ist daher ein wesentliches Anliegen des Target Cost Managements.

5.3.1 Methodik und Grundprinzipien

Ursprung des Target Cost Managements

Die systematische Entwicklung des Target Cost Managements wurde aus der betrieblichen Praxis heraus in Japan in den 1960er Jahren wesentlich durch die Automobilhersteller insbesondere Toyota vorangetrieben (vgl. Sakurai, 1989, S. 39; Rösler, 1996, S. 11). Seit Ende der 1980er Jahre fand die Systematik des Target Cost Managements im Rahmen der verstärkten Marktorientierung des Kostenmanagements und einer generellen Verschärfung der Kostensituation auch im angloamerikanischen und deutschen Sprachraum Eingang und große Verbreitung (vgl. u. a. Seidenschwarz, 1991; Horváth/Seidenschwarz, 1992; Arnaout, 2001).

Grundidee des Target Cost Managements

Die Grundidee des Target Cost Managements besteht darin, bereits in den frühen Phasen der Produkt- und Prozessgestaltung die Kostenstrukturen dahingehend zu beeinflussen, dass sie den Marktanforderungen und damit den **von den Kunden gewünschten Produktmerkmalen** gerecht werden (vgl. Horváth/Seidenschwarz, 1992, S. 142). Die Produktkosten werden somit direkt am Kundennutzen ausgerichtet. Die Marktorientierung wird durch ein zentrales Merkmal, die **retrograde produktlebenszyklusorientierte Kalkulation**, realisiert. Im Gegensatz zur klassischen progressiven »Cost-plus-Kalkulation«, die den Verkaufspreis über die Selbstkosten und einen Gewinnzuschlag ermittelt, geht die retrograde »Preis-minus-Kalkulation« vom Zielumsatz aus, subtrahiert davon den Zielgewinn (Target Profit) und erhält dadurch die **»vom Markt erlaubten Kosten« (Allowable Costs)** (vgl. Seidenschwarz, 1995, S. 109 ff.). Den »erlaubten« Kosten werden anschließend die prognostizierten Standardkosten (Drifting Costs) des neuen Produkts gegenübergestellt. Eine mögliche Differenz weist auf Kostenreduktionsmaßnahmen (Allowable Costs < Drifting Costs) bzw. Investitionspotenziale (Allowable Costs > Drifting Costs) hin. Ausgangspunkt der retrograden Kalkulation ist folglich eine nach außen auf den Markt und die Kundenanforderungen gerichtete Betrachtungsweise (»Was darf ein Produkt kosten?«), während die traditionelle Kalkulation den Blick zuerst auf das »Innere des Unternehmens« lenkt (»Was wird ein Produkt kosten?«) (vgl. Seidenschwarz, 1991, S. 199).

Grundprinzipien des Target Cost Managements

Für das Target Cost Management als kunden- und kostenfokussierten Planungs- und Steuerungsprozess der Produktentwicklung können sechs Grundprinzipien formuliert werden (vgl. Ansari/Bell, 1997, S. 11 ff.; Arnaout, 2001, S. 67 ff.):

1. **»Price led Costing«:** Da sich ein Wandel zu einer Dominanz der Käufermärkte (mit den Attributen der hohen Wettbewerbsintensität und Preissensibilität) vollzogen hat, kommt einer intensiven Markt- und Kundenorientierung eine enorme Bedeutung zu. Der Marktpreis sollte daher Ausgangspunkt einer retrograden Kalkulation für Produkt- und Kostenplanung sein.
2. **»Focus on Customers«:** Das gesamte Produkt und seine Teilfunktionen werden kundenorientiert gestaltet mit dem Ziel, durch jedes Leistungsangebot einen Erfolgsbeitrag zu leisten. Daher sind die Kosten am erzielbaren Preis auszurichten.

3. **»Focus on Design«:** Gerade auf wettbewerbs- und preisintensiven Märkten können Gestaltungsfehler mit Kostenwirkungen während der Produktionsphase oder sogar später kaum mehr kompensiert werden. Kurze Lebenszyklen lassen für Korrekturschleifen kaum Zeit. Eine Konzentration auf die kostendeterminierende Produktentstehungsphase ist daher unabdingbar.
4. **»Cross-Functional Involvement«:** Die abteilungsübergreifende Zusammenarbeit stellt die Berücksichtigung sämtlicher Aspekte bei der Produktentwicklung sicher und trägt zur Marktorientierung aller Unternehmensbereiche bei. Dies bedeutet eine Abkehr von einer rein ingenieurgetriebenen Produktentwicklung hin zu einer multidisziplinären Teamstruktur.
5. **»Life Cycle Orientation«:** Unter Annahme der wachsenden Bedeutung von Wartungs-, Reparatur-, Garantie- sowie anderer Dienst- und Serviceleistungen darf sich ein Kostenmanagement nicht allein auf den Zeitpunkt des Verkaufs konzentrieren. Die Produkt- und Kostengestaltung erfolgt daher lebenszyklusbezogen.
6. **»Value Chain Involvement«:** Zur effizienten Anwendung des Target Cost Managements ist die enge Zusammenarbeit mit Kunden und Lieferanten notwendig, um Produkt und Prozesse im Interesse der gesamten Wertschöpfungskette zu optimieren. Dies kann durch eine Integration aller Glieder der Wertschöpfungskette im Target Costing-Team erreicht werden.

Durch die enge Verknüpfung von gewünschten Kundenfunktionen, Komponenten und den Komponentenkosten schafft das Target Cost Management ein hohes Maß an Kosten-Nutzen-Transparenz. Das Verhalten jedes Mitarbeiters wird somit nicht mehr durch anonyme Unternehmensvorgaben gesteuert, sondern durch konkrete Markterfordernisse. Diese **Motivationsfunktion** sollte durch eine Anbindung an effektive Anreizsysteme auch institutionalisiert werden.

Einsatzmöglichkeiten

Als produkt- und branchenspezifische **Einsatzmöglichkeiten** des Target Cost Managements gelten Unternehmen mit hoher Variantenzahl, kurzen Produktlebenszyklen und rationalisierter Produktion, die auf wettbewerbsintensiven Märkten mit einem hohen Innovations- und Preisdruck agieren. Um ein Target Cost Management unter Aufwand-Nutzen-Erwägungen sinnvoll implementieren zu können, sollten die Produkte eine hohe Wertigkeit und Komplexität aufweisen. Unabdingbare Voraussetzung ist eine genügend große Gestaltungsfreiheit, um die Kundenanforderungen flexibel berücksichtigen zu können. Stark standardisierte Produkte, wie bspw. Schrauben bzw. Ein-Komponenten-Produkte, eignen sich daher weniger für ein Target Cost Management.

5.3.2 Prozessablauf

Der Prozess des Target Cost Managements kann in drei Phasen zerlegt werden: Zielkostenfindung, Zielkostenspaltung und Zielkostenerreichung (vgl. Abb. 5-11).

Phase1: Zielkostenfindung

Die erste Phase des Target Cost Managements bildet die Zielkostenfindung auf Gesamtproduktebene. Ausgangsbasis der **Zielkostenfindung** ist die Sammlung aller relevanten Marktdaten. Dies ist nicht nur Aufgabe der Marktforschung allein, son-

Abb. 5-11

Dreistufige Target Costing-Konzeption

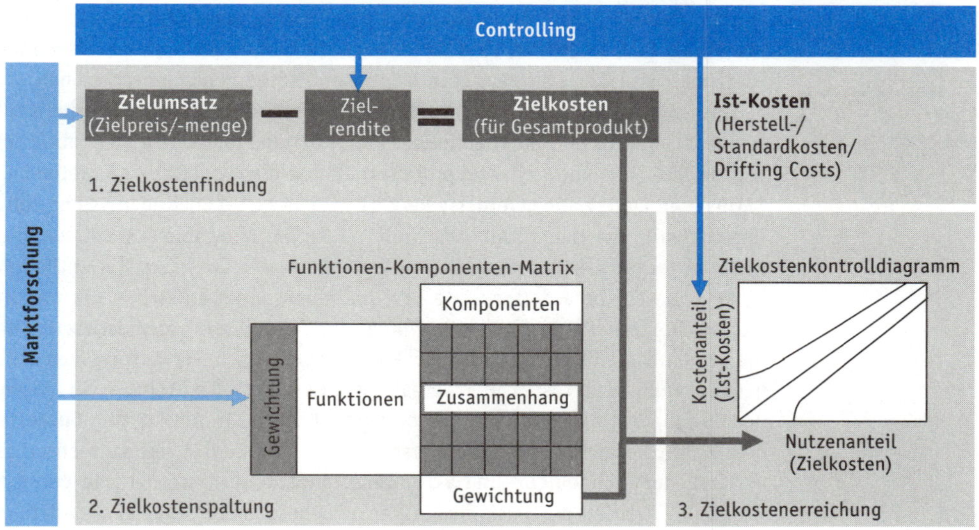

(Quelle: eigene Darstellung)

dern fordert bereits in diesem Stadium die Bildung eines interdisziplinären Teams. Hierbei lassen sich fünf Methoden zur Findung von Zielkosten unterscheiden (vgl. Seidenschwarz, 1991, S. 199 f.):

- **Market into Company:** Ausgangspunkt der Zielkostenbestimmung ist der am Markt erzielbare Preis und der geplante Gewinn. Zunächst gilt es zu klären, welches der adäquate Marktpreis für ein Unternehmen ist. Ein Marktneuling wird sich kaum durchsetzen können, wenn er seine Produkte lediglich zum selben Preis wie die etablierten Hersteller anbietet. Zudem muss der Preis unter langfristigen Überlegungen ausgewählt werden, da Preisniveau, -dynamik und Markteintrittszeitpunkt eine wichtige Rolle spielen.
- **Out of Company:** Die Zielkosten werden aus den technischen und betriebswirtschaftlichen Fähigkeiten, dem Erfahrungsschatz und den Potenzialen des Unternehmens abgeleitet.
- **Into and out of Company:** Dieses Verfahren stellt eine Kombination der oberen zwei Verfahren dar.
- **Out of Competitor:** Die Zielkosten werden aus den Kosten der Konkurrenz abgeleitet.
- **Out of Standard Costs:** Ableitung der Zielkosten aus den eigenen Standardkosten und Senkungsabschlägen.

Die zuerst genannte Konzeption der Zielkostenfindung entspricht dem Target Costing-Konzept am besten, da nur dann die Zielkosten so nahe wie möglich an die vom Markt erlaubten Kosten angenähert sind. Bei den anderen Formen der Zielkostenfestlegung ist eine Marktorientierung nur indirekt möglich. Die Bedeutung des Marktpreises gründet darin, dass von ihm die Zielkosten abgeleitet werden – wird der Marktpreis falsch gewählt, sind damit auch die Target Costs obsolet geworden. Im Folgenden wird daher die Market into Company-Methode näher beschrieben.

Market into Company-Methode

Ausgangspunkt der **Market into Company-Methode** ist der mithilfe der Marktforschung ermittelte »am Markt erzielbare Preis« für ein Produkt. Durch Subtraktion der angestrebten Zielrendite (target profit) erhält man die »vom Markt erlaubten Kosten« **(Allowable Costs)**. Die geforderte Rendite wird im Target Costing meistens durch die Umsatzrendite bestimmt (vgl. Abschnitt 5.3.3). Die Allowable Costs stellen die »als maximal zulässig erachteten Kosten« dar. »Allowable Costs i. w. S.« enthalten alle Kosten, die während der gesamten Produktlebensdauer entstehen dürfen, um die angestrebte Rendite zu erreichen. Durch eine Subtraktion prognostizierter Kosten der Gemeinkostenbereiche (z. B. F&E, Marketing/Vertrieb, Verwaltung) von den Budgets der »Allowable Costs i. w. S.« erhält man die »Allowable Costs i. e. S.«. Diese werden den sogenannten »Drifting Costs« gegenübergestellt. Als **Drifting Costs** werden die Kosten bezeichnet, die die Herstellung des Produktes bei Aufrechterhaltung vorhandener Technologie- und Verfahrensstandards im Unternehmen verursachen würde. Sie werden auf Basis bisheriger oder geschätzter eigener Standardkosten durch eine progressive Kalkulation ermittelt. Diese Berechnung sollte sich – wie auch das gesamte Target Cost Management – auf Vollkosten beziehen. In der Unternehmenspraxis werden allerdings häufig nur einzelne Kostenbestandteile (variable Kosten, Herstellkosten, Materialkosten) herangezogen (vgl. Arnaout, 2001, S. 46).

Target Costs

Zwischen den Drifting Costs und den Allowable Costs werden die **Zielkosten (Target Costs)** festgelegt. Die Unterscheidung zwischen den Allowable Costs und den Target Costs resultiert daher, dass unter motivationalen Gesichtspunkten die Zielkosten nicht zwingend mit den Allowable Costs gleichzusetzen sind. Die Zielkosten sollten auf jeden Fall realistisch und erreichbar sein. Wie nah sie an den Allowable Costs festgelegt werden, ist jeweils nach Situation des Marktes, des Unternehmenskontextes und nach der strategischen Position zu bestimmen. Je höher die Wettbewerbsintensität und der Kostendruck sind, desto näher sollten die Zielkosten an den vom Markt erlaubten Kosten positioniert sein, im Idealfall sind sie identisch.

Phase 2: Zielkostenspaltung

Eine detaillierte Kostensteuerung ist mit der Vorgabe von Zielkosten auf Gesamtproduktebene noch nicht möglich. Dazu müssen die Gesamtkosten auf eine steuerungsrelevante Ebene aufgespalten werden. Das Target Cost Management betrachtet dazu zwei Perspektiven: Aus Sicht der Kunden stellen Produkte und Dienstleistungen Lösungen dar, die bestimmte Funktionalitäten aufweisen; aus Sicht des Unternehmens konstituiert sich ein Produkt aus mehreren Komponenten, die zur Funktionserfüllung beitragen. Hintergrund der **Zielkostenspaltung** ist damit die Anforderung des Kunden, ein umfassendes Leistungsbündel zu erwerben, das verschiedene Funktionen erfüllt. Diese Funktionen sind Eigenschaften des Leistungsbündels, die zu einer Bedürfnisbefriedigung beim Nachfrager führen. Im Rahmen der Zielkostenspaltung erfolgt eine Übertragung der Funktionen aus der Kundensprache in Komponenten und Prozesse aus der Unternehmenssprache. Für die systematische Übertragung haben sich zwei Ansätze etabliert:

- Die relativ einfach konzipierte **Komponentenmethode** geht von der Annahme aus, dass genau eine Komponente eine Funktion erfüllt. Als Anhaltspunkt für die Zielkostenspaltung dienen die Kostenstrukturen von Vorgängermodellen, ähnlichen Produkten oder Konkurrenzprodukten. Der Nachteil der Komponentenmethode besteht darin, dass Kundenwünsche nicht explizit berücksichtigt werden und eine »Einfrierung« der bestehenden Kosten- und Prozessstruktur vorgenommen wird. Daher wird sie besonders für Produkte mit einem geringen Innovationsgrad und für primär material- und technologieorientierte Entwicklungen verwendet.
- Die **Funktionsmethode** orientiert sich direkt an den Wünschen des Kunden und ist damit prädestiniert für den Einsatz bei komplexen und umfangreichen Neuproduktentwicklungen. Ein Produkt wird dazu als eine Kombination von Funktionen definiert, die wiederum durch technische Komponenten (und ggf. dazugehörige Dienstleistungen) erfüllt werden. Die Verbindung von Funktionen und technischen Komponenten erfolgt anschließend über eine **Funktionen-Komponenten-Matrix**, in der eine komponentenbezogene Zuordnung zur Funktionserfüllung erfolgt.

Am Ende der Zielkostenspaltung liegen für alle spezifizierten Bestandteile des Gesamtprodukts Zielkosten vor, die einen Einzelkostencharakter aufweisen und daher separat hinsichtlich der Dimensionen Kostenstruktur, -verlauf und -niveau beeinflussbar sind. Mit den Kunden- bzw. Funktionsanforderungen im Hintergrund kann dann die konkrete Ausgestaltung der Leistungsbestandteile erfolgen.

Phase 3: Zielkostenerreichung

Zur besseren Steuerung und Visualisierung kritischer Bereiche bei der Umsetzung der **Zielkostenerreichung** werden in der dritten Phase des Target Cost Managements Zielkostenindizes und das Zielkostenkontrolldiagramm verwendet. Ausgehend von der Idealform, dass der Ressourceneinsatz für eine Komponente genau dem Kundennutzen dieser Komponente entspricht, errechnet sich der **Zielkostenindex** aus der Division von prozentualem Nutzenteilgewicht und prozentualem Kostenanteil. Ein Zielkostenindex kleiner als eins signalisiert dabei, dass eine Produktkomponente zu teuer ist. Liegt eine Komponente jedoch innerhalb des Toleranzbereichs, wird die Abweichung noch als wirtschaftlich vertretbar angesehen. Aufgrund der lediglich näherungsweisen Aussage legt man eine **Zielkostenzone** um den Zielkostenindex fest. Mit zunehmender Bedeutung der Komponente nimmt der Toleranzbereich stetig ab. Mit abnehmender Bedeutung der Komponenten wird hingegen eine größere Bandbreite in der Zielkostenzone für zulässig gehalten (»trichterförmiger Verlauf«). Das **Zielkostenkontrolldiagramm** visualisiert diesen Sachverhalt übersichtlich für alle Komponenten bzw. Zielkostenindizes (vgl. Abb. 5-12). Hierbei wird auf der x-Achse das Nutzenteilgewicht einer Komponente abgetragen, auf der y-Achse deren Kostenanteil. Die Winkelhalbierende zeigt die Idealforderung des Zielkostenindexes von 1 an. Der Wert des Entscheidungsparameters q, der die Breite der Zielkostenzone bestimmt, soll nach der jeweiligen Unternehmens- und Marktsituation festgelegt werden. Je näher die Zielkosten für das Gesamtprodukt bei den vom Markt erlaubten

Abb. 5-12

Zielkostenkontrolldiagramm

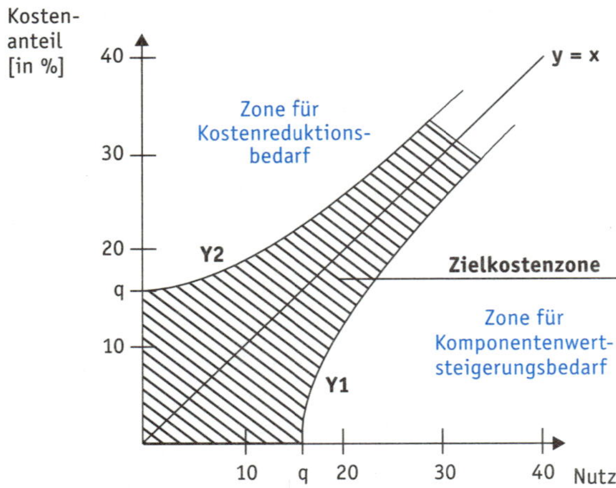

Y1: $y = (x^2 - q^2)^{1/2}$
Y2: $y = (x^2 + q^2)^{1/2}$

Y1	=	Untere Begrenzung der Zielkostenzone
Y2	=	Obere Begrenzung der Zielkostenzone
x	=	Funktionsteilgewicht
y	=	Funktionskostenanteil
q	=	Entscheidungsparameter zur Definition der Zielkostenzone, gesetzt vom Top Management

(Quelle: Seidenschwarz, 1993, S. 182)

Kosten festgelegt werden, umso enger sollte auch die Zielkostenzone sein bzw. umso niedriger das q gewählt werden (vgl. Seidenschwarz, 1993, S. 182). Und je höher das Erfahrungspotenzial bei der Zielkostenerreichung im Unternehmen ist, umso breiter bzw. höher kann die Zielkostenzone bzw. das q gewählt werden.

Zur detaillierten Analyse der relativen und absoluten Abweichung der Kosten von den geforderten Nutzenanteilen und den Zielkosten kann eine **Erweiterung des Zielkostenkontrolldiagramms** vorgenommen werden. Zur Ermittlung des Kostenanteiles werden die geschätzten Drifting Costs der einzelnen Komponenten nicht mehr mit den geschätzten Drifting Costs der Gesamtleistung ins Verhältnis gesetzt. Vielmehr berechnet sich der Kostenanteil aus dem Verhältnis zwischen den geschätzten Drifting Costs pro Komponente und den Allowable Costs i. e. S. für die Gesamtleistung. Auf diese Weise findet auch die Betrachtung des gesamten Kostenniveaus Eingang in das Zielkostenkontrolldiagramm (für weitere Ausführungen vgl. Fischer/Schmitz, 1994, S. 427 ff.).

Nach der Verabschiedung der Zielkosten beginnt die **Umsetzungsphase**, in der die angestrebten Zielkosten durch Kostensenkungsmaßnahmen realisiert werden müssen. Die Maßnahmen beziehen sich auf den gesamten Produktlebenszyklus, sie setzen aber insbesondere in der Entwicklungs- und Produktionsplanungsphase an, um Gestaltungsspielräume zu nutzen. Für den eigentlichen Prozess der Zielkostenerreichung existiert eine Vielzahl von Instrumenten und Maßnahmen zur Aufdeckung und anschließenden Umsetzung von Kostensenkungspotenzialen, die in Abbildung 5-13 dargestellt sind.

Abb. 5-13

Verfahren der Zielkostenerreichung

Ingenieurorientierte Verfahren

- Konstruktionsbegleitende Kalkulation
- Simultaneous Engineering/ Resident Engineers
- Reverse Engineering
- Wertanalyse
- Design-to-Cost
- Design for Manufacture and Assembly (DFMA)
- Rapid Prototyping

Managementorientierte Verfahren

- Benchmarking
- Zero Base Budgeting
- Prozesskostenmanagement
- Lebenszyklusrechnung
- Kaizen/Kontinuierlicher Verbesserungsprozess (KVP)
- Zuliefferermanagement
- Outsourcing

(Quelle: Möller, 2002, S. 164)

Beispiel 5.3 Grape SE Target Cost Management für das »gMobile« der fünften Generation

▸▸▸ Der Vorstand der Grape SE hat erkannt, dass zunehmender Wettbewerbsdruck und steigende Kundenanforderungen die Entwicklung eines neuen Handymodells erfordern. Das bisherige Handymodell der vierten Generation soll durch das Handy »gMobile 5G« der fünften Generation erweitert werden. Das »gMobile 5G« soll gehobenen Ansprüchen in Bezug auf Design und Funktionalität genügen. Wesentliche technische und optische Neuerungen bilden der neuartige Touchscreen, die hochauflösende Kamera und die umfangreiche Software. Die technische Entwicklung definiert dabei fünf Grundfunktionen des »gMobile 5G«, die im Rahmen einer Kundenanalyse erhoben wurden: Design, Handhabung, Akkulaufzeit, Funktionsvielfalt und Sprachqualität. Der Vorstandsvorsitzende Dr. Lodìn beauftragt das Marktforschungsinstitut »Gesellschaft für Trendforschung (GfT)«, eine umfassende Befragung der potenziellen Zielgruppe vorzunehmen und auf Basis eines Prototyps einen Zielpreis und die Bedeutung der Produktfunktionen aus Kundensicht zu ermitteln. Nach einer umfangreichen Kundenbefragung sendet die GfT dem Vorstand der Grape SE das nachfolgende Ergebnis der Kundenbewertungen zu (vgl. Tab. 5-10).

Neben den Kundengewichtungen der Produktfunktionen hat die GfT ferner einen Zielpreis (vor Steuern, Rabatten, Provisionen etc.) von 90 EUR pro Handy und eine über den Lebenszyklus realisierbare Absatzmenge von 500.000 Handys prognostiziert. Aufgrund des schnellen Technologiewechsels und des Preisdrucks geht die GfT von maximal drei Jahren Marktphase aus, in denen am Ende eine Preiserosion auftreten wird. Im Hinblick auf die kurze Laufzeit und die Prognoseunsicherheit beschließt der Vorstand, keine Diskontierungseffekte zu berücksichtigen. Dr. Lodìn beauftragt den Controllingleiter Dr. Müller-Christ mit der Zielkostenermittlung entsprechend der Market into Company-Methode, die auf Basis der Daten der GfT und einer Ziel-

Tab. 5-10

Kundenbewertung der Produktfunktionen

Produktfunktion	Kundengewichtung
Design [in %]	14
Handhabung [in %]	17
Akkulaufzeit [in %]	23
Funktionsvielfalt [in %]	37
Sprachqualität [in %]	9

Umsatzrendite von 20% erfolgen soll. Durch Subtraktion der Zielrendite vom Umsatz (45 Mio. EUR × 20% = 9 Mio. EUR) ermittelt Dr. Müller-Christ die Zielkosten von 72 EUR pro Handy (36 Mio. EUR/500.000 Stück = 72 EUR/Stück) (vgl. Tab. 5-11).

Tab. 5-11

Ermittlung der Zielkosten

»gMobile 5G« [in Stück]	500.000
Umsatz [in EUR]	45.000.000
– Zielrendite [in EUR]	9.000.000
Allowable Costs [in EUR]	**36.000.000**

Nach der Ermittlung der Zielkosten fordert Dr. Müller-Christ von seinen Mitarbeitern eine Übersicht an, zu welchen Kosten die einzelnen Komponenten des »gMobile 5G« gefertigt werden können. Hierzu werden die Herstellkosten der einzelnen Komponenten (Drifting Costs) auf Basis des technischen Produktentwurfs und der vorhandenen Kostenrechnung geschätzt. Die Mitarbeiter des Controllings ermitteln 15 EUR Drifting Costs für das Display, 5 EUR Drifting Costs für das Gehäuse, 10 EUR Drifting Costs für den Akku, 30 EUR Drifting Costs für die Elektronik und 15 EUR Drifting Costs für die Software. Zur Verteilung der Zielkosten setzt Dr. Müller-Christ einen interdisziplinären Workshop an, in dem Mitarbeiter aus der Controlling-, Entwicklungs- und Produktionsabteilung den Beitrag der einzelnen Komponenten zur Erfüllung der Funktionen schätzen. Als Ergebnis des Workshops erhält Dr. Müller-Christ eine abgestimmte Funktionen-Komponenten-Matrix (vgl. Tab. 5-12). So wird beispielsweise das Design zu 28% durch das Display, zu 70% durch das Gehäuse und zu jeweils 1% durch den Akku sowie die Elektronik determiniert.
Dr. Müller-Christ berechnet auf Basis der Ergebnisse des Workshops die Nutzenanteile der Komponenten. Der Nutzenanteil ergibt sich, indem die Funktionsanteile der Komponenten mit der Kundengewichtung multipliziert werden und im Anschluss aufsummiert werden. So ermittelt sich der Nutzenanteil des Displays durch 28 × 0,14 + 40 × 0,17 + 5 × 0,23 + 5 × 0,37 = 13,72% (vgl. Tab. 5-12). Zudem ermittelt er durch

Tab. 5-12

Funktionen-Komponenten-Matrix für das gMobile 5G

Funktionen	Kunden-gewichtung	Komponenten				
		Display	Gehäuse	Akku	Elektronik	Software
Design [in %]	14	28	70	1	1	
Handhabung [in %]	17	40	10	5	20	25
Akkulaufzeit [in %]	23	5		90	5	
Funktionsvielfalt [in %]	37	5	5		45	45
Sprachqualität [in %]	9		10		90	
Nutzenanteil [in %]	100	**13,72**	**14,25**	**21,69**	**29,44**	**20,90**

Multiplikation der Nutzenanteile einer Komponente mit den Zielkosten pro Stück die Zielkosten der Komponente. Zur Veranschaulichung, inwieweit die relative Bedeutung der Komponente durch deren Kosten abgebildet wird, ermittelt er anschließend den Zielkostenindex, der sich als Quotient von Nutzenanteil und Kostenanteil berechnet. Dabei wird deutlich, dass die Produktkomponenten »Display« mit einem Zielkostenindex von 0,69 und »Elektronik« mit einem Zielkostenindex von 0,74 zu teuer sind und damit Ansatzpunkte für eine Kostenreduzierung bilden (vgl. Tab. 5-13). Das »Gehäuse« mit einem Zielkostenindex von 2,14, der »Akku« mit einem Zielkostenindex von 1,63 und die »Software« mit einem Zielkostenindex von 1,05 sind hingegen eher zu günstig und somit mögliche Ansatzpunkte für eine Wertsteigerung.

Tab. 5-13

Ermittlung der Zielkostenindizes

	Gesamt	Komponenten				
		Display	Gehäuse	Akku	Elektronik	Software
Nutzenanteil [in %]	100	13,72	14,25	21,69	29,44	20,90
Kostenanteil [in %]	100	20,00	6,67	13,33	40,00	20,00
Drifting Costs [in EUR]	75,00	15,00	5,00	10,00	30,00	15,00
Allowable Costs [in EUR]	72,00	9,88	10,26	15,62	21,20	15,05
Zielkostenindex		0,69	2,14	1,63	0,74	1,05

Dr. Müller-Christ weiß aus der praktischen Erfahrung, dass ein Zielkostenindex von eins unrealistisch ist. Daher trägt er die Kosten- und Nutzenanteile der Komponenten unter Berücksichtigung eines Toleranzbereichs der Zielkostenzone in ein Zielkostenkontrolldiagramm ein (vgl. Abb. 5-14). Der Vorstand gibt aufgrund der Erfahrungen im Geschäftsbereich »Mobiles« einen Entscheidungsparameter von q = 0,15 vor.

Abb. 5-14

Zielkostenkontrolldiagramm für das gMobile 5G

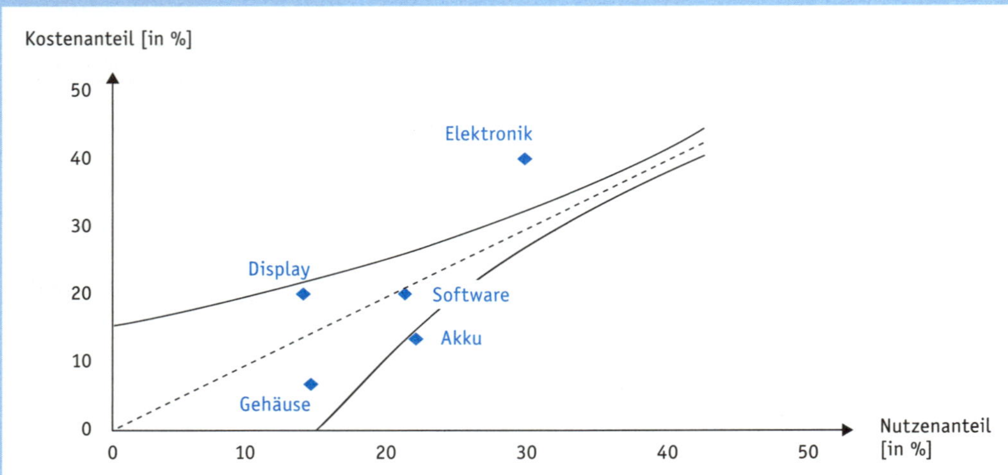

Dr. Müller-Christ berichtet folgende Analyseergebnisse an den Vorstand: Die Komponenten »Display«, »Software« und »Gehäuse« liegen innerhalb des Toleranzbereichs, sodass deren Kostenabweichungen als wirtschaftlich noch vertretbar gelten. Die Komponente »Elektronik« sollte allerdings hinsichtlich Kostensenkungspotenzialen und die Komponente »Akku« hinsichtlich einer höherwertigen Funktionserfüllung untersucht werden. ◂◂◂

5.3.3 Verbindung von Target Costing, Target Pricing und Profit Planning

Einseitige Fokussierung auf die Kosten

Durch die Bezeichnung Target Cost Management sollte nicht eine einseitige Fokussierung auf die Kostenseite erfolgen. Eine derartig isolierte und auf den Kostenaspekt fokussierte Sicht der Target Costs ist in zweierlei Hinsicht gefährlich: Einerseits werden die Gestaltungsoptionen des Preismanagements nicht in ihrer Wirkung auf die Zielkosten analysiert; andererseits werden unter der Annahme einer Zielrendite die Ergebniserwartungen der Anteilseigner und der Kapitaleinsatz bei der Ergebniserzielung nicht berücksichtigt. Notwendig ist daher eine ganzheitliche Sicht, die alle Teile der Gleichung

Target Costs = Target Price − Target Profit

berücksichtigt, d. h. eine Integration von Target Pricing, Profit Planning und Target Costing (vgl. Horváth/Möller, 2003).

Integration von Target Costing, Target Pricing und Profit Planning

Der Kunde bezahlt einen Preis, um Nutzen aus einem Produkt oder einer Dienstleistung zu ziehen. Daher muss ein **Gleichgewicht** aus den Größen **Preis, Nutzen** und **Produkt(-kosten)** hergestellt werden. Abgeleitet aus dem strategischen Dreieck des Marketing (company, competitor und customer) konstituieren sie ein »magisches Dreieck« bzw. bilden durch ihre Abhängigkeiten einen »Triple Constraint«, in dessen Spannungsfeld eine Entscheidung getroffen werden muss (vgl. Horváth/Möller, 2003, S. 468). Ein integratives Preis-, Ergebnis- und Kostenmanagement steht daher vor der dreifachen Optimierungsaufgabe:

- Wieviel ist der Kunde bereit, für einen erwarteten Nutzen zu bezahlen (**Target Price**)?
- Welche Renditeerwartungen gegenüber den Anteilseignern sind zu realisieren (**Target Profit**)?
- Was darf das Produkt unter Berücksichtigung von Target Price und Target Profit kosten (**Target Costs**)?

Eine Optimierungslösung kann nur schrittweise erreicht werden. Zuerst ist es daher Aufgabe der Marktforschung, den Kundennutzen in Preiserwartungen zu transformieren. Im nächsten Schritt müssen unternehmensintern (und in Abhängigkeit der Interessen der Anteilseigner) die Ergebniserwartungen festgelegt werden. Aufbauend auf diesen beiden Informationen können im letzten Schritt die Zielkosten festgelegt werden und eine Entscheidung über eine Produktion bzw. Marktbearbeitung getroffen werden.

Target Pricing

Das **Target Pricing** hat die Aufgabe, den Preis und den Nutzen zu koordinieren. Ein Kunde kauft ein Produkt nur, wenn der Nettonutzen, also die Differenz von Nutzen minus Preis, für ihn positiv bzw. zumindest nicht negativ ist. Im traditionellen Target Cost Management wird die Phase der Preisfindung häufig (zu) stark vereinfacht und der Preis eines Produkts nicht weiter differenziert. Um differenzierte Preis- und Produktgestaltungsmaßnahmen durchführen zu können, ist es daher erforderlich, dass **Nutzen- sowie Preiskategorien und Preisbestandteile** klar herausgearbeitet werden. Nur wenn einzelne Abhängigkeiten bekannt sind, können auch wirksame Maßnahmen zur Steigerung des Kundennutzens ergriffen werden. Das Produkt ist daher in einzelne **Teilfunktionen** zu zerlegen, die von potenziellen Kunden im Rahmen von Marktuntersuchungen hinsichtlich ihres **Teilnutzens** quantifiziert werden. Instrumentell liefert hier insbesondere das Conjoint-Measurement gute Ergebnisse (vgl. Horváth/Seidenschwarz, 1992, S. 145). Grundsätzlich ist eine **Nutzen-Preisrelation** von > 1 anzustreben, d. h. der (Zusatz-) Preis wird durch den Nutzen überkompensiert. Spätestens an dieser Stelle kommen explizit **zeitabhängige Größen** mit ins Kalkül: Die Preis-Nutzenrelation steht nämlich in enger Interaktion mit Preiselastizität und Preisabsatzfunktion, die beide eine dynamische Komponente aufweisen. Konsequenterweise muss also der Preis in Abhängigkeit vom Nutzen und der wiederum in Abhängigkeit u. a. von der Zeit variiert werden. Damit sollten **Lebenszyklusaspekte** nicht nur bei der Produktentwicklung, sondern bereits bei der Preissetzung mit einbezogen werden. Zu berücksichtigen ist dabei sowohl die eigene Position im Produkt-, Branchen- und Marktlebenszyklus als auch die Positionierung von Konkurrenzanbietern. Eine entsprechende Wettbewerbsanalyse ist daher ebenfalls unumgänglich. Ebenfalls können bereits in die Planungsphase Überlegungen einbezogen werden, wie einem (üblicherweise) degressiven Preisverlauf begegnet werden kann, z. B. durch Kaizen-Maßnahmen oder die Einführung produktbegleitender Dienstleistungen. Notwendig ist dazu auch ein Abgleich von Erfahrungskurven aus dem Preis- wie auch dem Kostenmanagement, um eine bereinigte **Preis-Kosten-Erfahrungskurve** produkt- oder technologiebezogen zu generieren.

Neben dynamischen Aspekten sollten auch **regionale Marktgegebenheiten** berücksichtigt werden, um optimale Preis-Nutzenrelationen erreichen zu können. Die länderspezifischen Preisdifferenzierungsstrategien der Automobilhersteller seien hier als Beispiel angeführt: Aufgrund abweichender Besteuerungen weisen die Bruttopreise für den Kunden (auch nach Bereinigung der Kaufkraft) in verschiedenen Ländern z. T. erhebliche Abweichungen auf. Um dennoch den Markt zu bedienen, werden als Reaktion die Nettopreise regionenspezifisch angepasst. Im internationalen Kontext werden diese Faktoren noch durch Währungsschwankungen in ihrer Komplexität verschärft. Auch diese Parameter gilt es entsprechend bei einem marktorientierten Zielkostenmanagement zu berücksichtigen, z. B. indem relative Werte Verwendung finden. Das Ergebnis der Target Pricing-Phase ist eine **differenzierte Preis- und Nutzenstruktur**, in der eine Vielzahl von Informationen enthalten sind.

Profit Planning

Nachdem eine differenzierte Kunden- und Marktanalyse durchgeführt wurde, gilt es in der Phase des **Profit Planning**, die Ertragserwartungen der Anteilseigner, d. h. die Höhe des Target Profits, zu bestimmen, um Vorgaben für die eigentliche Produktentwicklung zu haben. Zu entscheiden ist hier in erster Linie die Art und Weise der **Profit-Festlegung**, da die Vorgaben der Anteilseigner in der Regel nicht bei jedem Produkt neu festgelegt werden. Das klassische Target Cost Management geht von ungeeigneten Größen für die Ergebnisplanung aus: Zur Operationalisierung einer Profit-Erwartung fanden bisher sowohl relative Ziele (meist Umsatz- oder Kapitalrentabilitäten) als auch absolute Ergebnisbeiträge Anwendung, die produktbezogen vorgegeben werden. Die **Umsatzrentabilität** wurde beim Target Cost Management aus zwei Gründen bevorzugt: Erstens muss das in den Produkten gebundene Kapital gegenüber der Kapitalrendite (Return on Investment) nicht ermittelt bzw. zugerechnet und in der Rechnung berücksichtigt werden und zweitens ist die Vergleichbarkeit zwischen einzelnen Produkten so deutlich verbessert. Die Umsatzrentabilität ist jedoch sowohl eine recht operative als auch eine statische Maßgröße, die in dem heutigen, von hoher **Dynamik** geprägten Umfeld nicht mehr zeitgemäß ist. Notwendig ist daher eine rechnerische Verknüpfung zwischen Umsatzrentabilität und ausgewähltem Ergebnisziel für das Target Cost Management-Projekt/-Produkt. Heute geht es dabei in der Regel um ein **unternehmenswertorientiertes Ergebnisziel**, das dynamische Effekte berücksichtigen muss. Durch die Festsetzung eines solchen dynamischen Zielwertes können die wertorientierten Ergebnisziele eines Unternehmens explizit berücksichtigt werden. Realisierbar ist dies durch einen **»Zielkapitalwert«** als Oberziel des Target Costing-Projektes im Sinne eines Lifetime-Value, z. B. in der Ausprägung des EVA. Seine Höhe leitet sich direkt aus den von den Anteilseignern vorgegebenen bzw. marktüblichen Kapitalkostensätzen plus Risikozuschlägen ab.

Zusammenfassend lässt sich für die Ergebnisse aus der Phase des Profit Planning festhalten, dass ein Mehrjahresergebnisplan erstellt werden muss, der die Wertbeiträge des Produkts und seiner einzelnen Komponenten (deren Detaillierung durch die Preis-Nutzen-Relationen des Target Pricing festgelegt ist) ausweist und damit eine verbindliche **mehrperiodische Aussage** zum Wertzuwachs durch das Neuprodukt enthält.

Integratives Target Cost Management

In der Phase des eigentlichen Target Cost Managements werden nun die Ergebnisse aus dem Target Pricing und Profit Planning zueinander in Beziehung gesetzt, um im Rahmen der Produktentwicklung die ermittelten Nutzenerwartungen in Produktkomponenten umzusetzen. Dazu wird auf die bereits beschriebenen traditionellen Target Cost Management-Methoden (Retrograde Kalkulation, Funktionen-Komponenten-Analyse etc.) zurückgegriffen. Kernstück ist die **Transformation** der **Preis-Nutzen-Relationen** in **Kosten-Komponenten-Relationen**, also ein zweifacher Übergang von Funktionen auf Komponenten und von Preisen auf Kosten. Durch die Berücksichtigung dynamischer Komponenten in den beiden vorangegangenen Phasen können nun **lebenszyklusorientierte Vorgabewerte** gesetzt werden. Dies verbessert einerseits die Verursachungsgerechtigkeit der Kalkulation und ermöglicht bzw. erfordert andererseits auch die Setzung weiterer Targets. Dies betrifft insbesondere die Behandlung von Gemeinkosten (Target Budgets), Investitionen (Target Investment), Erfahrungseffekten (Target Kaizen) und Lieferantenbeziehungen (Target Relationship Value/Target Supplier Value) (vgl. Abb. 5-15).

Abb. 5-15

Schnittstellen des Target Cost Managements zu anderen Controllinginstrumenten

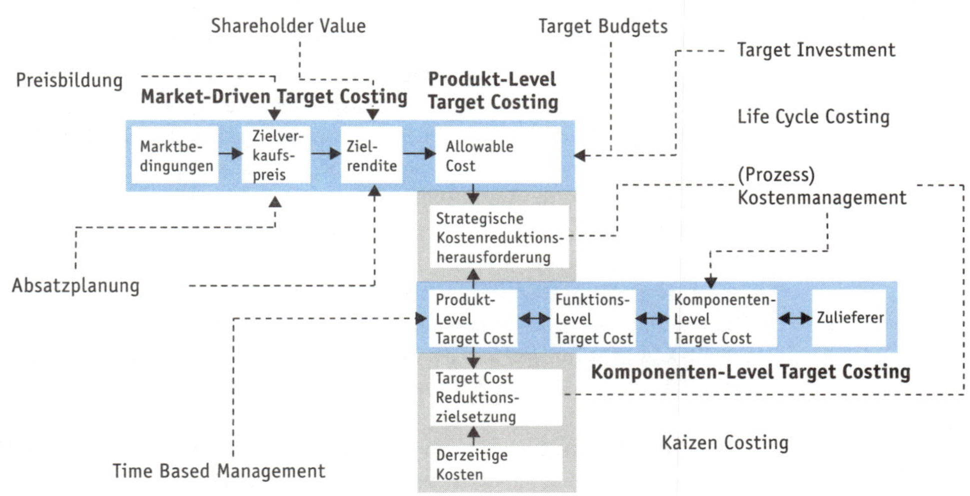

(Quelle: Cooper/Slagmulder, 1997, S. 11)

5.4 Lebenszyklusrechnung

Definition

Das Life Cycle Costing, auch Lebenszyklusrechnung genannt, stellt eine weitere Methode des Kostenmanagements dar, welche erstmals in den 1960er Jahren im militärischen Bereich, bei Bauinvestitionen und für die Überwachung großer Investitionsprojekte eingesetzt wurde (vgl. Wübbenhorst, 1984, S. 6 f.).

Das Life Cycle Costing dient zur Optimierung der Gesamtkosten eines Systems oder Produktes, die über den Lebenszyklus hinweg entstehen. Es wird in der Planung, Beurteilung und zum Vergleich von Investitionsalternativen sowie zur Wirtschaftlichkeitsanalyse von Systemen und Produkten eingesetzt (vgl. Coenenberg et al., 2012, S. 597).

Das Life Cycle Costing basiert auf dem allgemeinen Lebenszykluskonzept (vgl. Abschnitt 3.2.4.3), sodass alle Kosten eines Produktes bzw. Projektes von der Vorlauf-, über die Markt- bis hin zur Nachlaufphase betrachtet werden. Die Lebenszykluskosten bzw. Lebenszyklusauszahlungen setzen sich somit aus sämtlichen Kosten zusammen, die während eines gesamten Lebenszyklus entstehen. Der Grundgedanke des Life Cycle Costings entspricht einer Investitionsrechnung, da mithilfe der Kapitalwertmethode eine Diskontierung der Zahlungsströme der einzelnen Perioden auf den Anschaffungszeitpunkt erfolgt (vgl. Abschnitt 1.1.3.3).

Methodik des Life Cycle Costing

Die Methode des Life Cycle Costings ist eng mit dem Konzept des Target Cost Managements verknüpft, da in allen Lebenszyklusphasen das Erreichen der aus dem Markt abgeleiteten »Allowable Costs« im Vordergrund steht (vgl. Coenenberg et al., 2012, S. 585 f.). Das Life Cycle Costing nimmt eine direkte Zurechnung aller entstehenden Kosten auf ein Produkt oder System vor. Dabei werden nicht nur die Produktionskosten, sondern auch die Anschaffungs- und Folgekosten betrachtet. Der Betrachtungszeitraum orientiert sich am marktbezogenen Produktlebenszyklus. Die Zurechnung von Kosten und Erlösen lässt sich einerseits durch eine auf den gesamten Lebenszyklus ausgerichtete Erfolgsrechnung abbilden, andererseits durch eine periodenbezogene Erfolgsrechnung. Neben der Dauer des Lebenszyklus und der Höhe des Diskontierungssatzes sollten ebenfalls zukünftige Zahlungsströme bestimmt werden. Nach der Festlegung der periodenbezogenen Erlöse und Kosten erfolgt eine Diskontierung der Zahlungsströme auf den Anschaffungszeitpunkt. Das Life Cycle Costing kann zur Analyse und Steuerung von Produkten, Kundenbeziehungen und genutzter Ressourcen, wie z. B. Betriebsmittel, Material oder Personal, verwendet werden.

Product Life Cycle Costing

Das **Product Life Cycle Costing** erfasst und minimiert sämtliche Anschaffungs- und Folgekosten eines Produkts über dessen Nutzungszeitraum aus Kundensicht. Das **Product Life Cycle Costing aus Produzentensicht** richtet sich nach dem integrierten Produktlebenszyklus, der sich dabei auf die Gesamtheit aller hergestellten Produkte eines Typs über den gesamten Lebenszyklus bezieht (vgl. Coenenberg et al., 2012, S. 586). Der Lebenszyklus beginnt mit der Vorlaufphase, in der die Produktidee entsteht, die Konstruktion geplant sowie Produktions- und Absatzvorbereitungen vorgenommen werden. In der anschließenden Marktphase ist der Zeitraum vom Markteintritt bis zum Marktaustritt zusammengefasst, der die Herstellung und den Vertrieb des Produktes enthält. Im Marktzyklus werden die Einführungs-, Durchdringungs-, Sättigungs- und Degenerationsphase unterschieden. In der abschließenden Nachlaufphase finden sich Kundendienst, Ersatzteilgeschäft, Rücknahme und Entsorgung sowie die Desinvestition von Betriebsmitteln. Die typischen Verläufe von Kosten und Erlösen bzw. Ein- und Auszahlungen zeigt Abbildung 5-16. Mit dem Product Life Cycle Costing kann ein Produzent somit analysieren, ob sich z. B. eine Kostenerhöhung in den Phasen vor der Produkteinführung positiv auf Kostensenkungen in späteren Lebenszyklusphasen auswirken. Ist bekannt, in welcher Phase des Produktlebenszyklus sich ein Produkt befindet, so lassen sich ferner Schlussfolgerungen über dessen zukünftige Absatzentwicklung oder Erfolgspotenziale ziehen. Das Life Cycle Costing vermeidet durch die Betrachtung der Kosten in ihrer Gesamtheit, dass Kosten der Folge- bzw. Nachlaufphase als Gemeinkosten auf andere Produkte verrechnet werden und strebt so eine direkte Zuweisung auf das verursachende Produkt an.

Bei dem **Product Life Cycle Costing aus Kundensicht** nimmt das Unternehmen die Kundenperspektive ein, indem es die beim Kunden anfallenden Lebenszykluskosten und den Kundennutzen analysiert (vgl. Götze, 2010, S. 310). Die Lebenszykluskosten sind durch den Konsumentenzyklus gekennzeichnet, der mit dem Kauf des Produktes beginnt und mit dessen Verkauf, Stilllegung und/oder Entsorgung endet.

Abb. 5-16

Integrierter Produktlebenszyklus

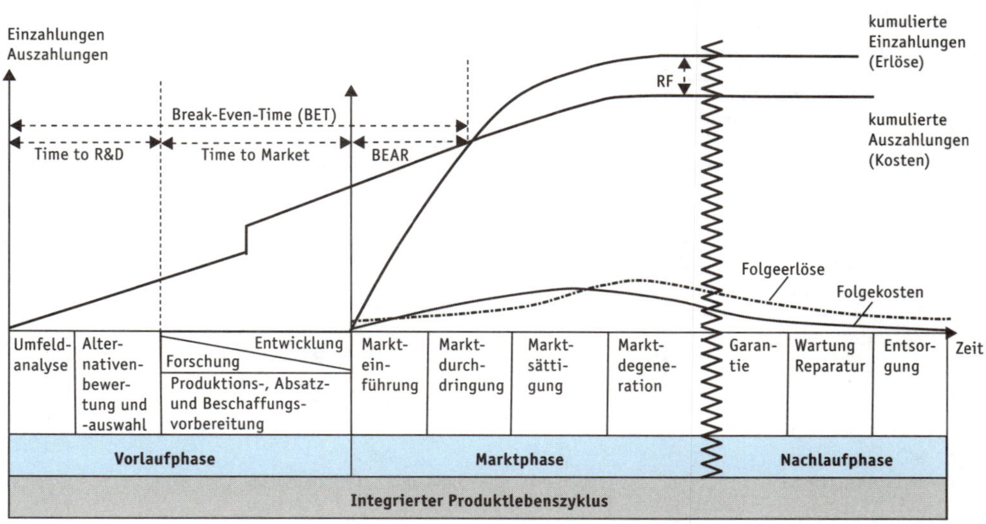

(Quelle: Pfohl, 2002, S. 30)

BEAR = Break Even After Release
RF = Return Factor
R&D = Research and Development

Praxisbeispiel

Lebenszykluskosten von Maschinen und Anlagen

VDMA-Prognosemodell für die Lebenszykluskosten von Maschinen und Anlagen

Vom Verein Deutscher Maschinen- und Anlagenbauer e. V. (VDMA) wurde ein Standardisierungsvorschlag zur Lebenszyklusrechnung erarbeitet. Ziel war es unter anderem, einen transparenten Angebotsvergleich von deutschen und ausländischen Maschinenherstellern zu ermöglichen, bei dem neben unterschiedlichen Anschaffungspreisen auch Nutzungsdauer und Wartungskosten einbezogen werden können. Häufig agieren deutsche Hersteller sowohl im Hochtechnologie- als auch im Hochpreissegment und tun sich schwer, ihre hohen Preise gegenüber günstigen Anbietern z. B. aus Fernost zu argumentieren. Zunehmend werden die Hersteller auch mit Anfragen zu einem Maschinenleasing oder »pay on production«-Preismodellen konfrontiert. Dabei verbleibt die Anlage im Besitz des Herstellers und der Kunde kauft eine vereinbarte Produktionsstückzahl. Dazu ist die detaillierte Kenntnis der langfristigen Kosten notwendig. Unter Lebenszykluskosten wird im Sinne dieses Ansatzes die Summe aller zum bestimmungsgemäßen Gebrauch einer geeignet ausgelegten Maschine oder Anlage erforderlichen Aufwendungen von der Anschaffung bis zur Entsorgung verstanden. Die Prognose kann dem Hersteller damit als Marketinginstrument und als Grundlage von Angeboten mit ganzheitlicher Kostenbetrachtung dienen. Dem Betreiber kann sie als Grundlage für eine standardisierte, vergleichbare Ausschreibung von Investitionen dienen.
(Quelle: VDMA, 2006)

Prognose der Lebenszykluskosten gemäß VDMA Einheitsblatt 34160 für Maschine X [in EUR]

Kürzel	Beschreibung	Anbieter	Kunde	Wert		Detaillierung
LCC	**Prognostizierte Lebenszykluskosten**				**3.500.000,00**	
E	**Entstehung**	**500.000,00**	**40.000,00**		**540.000,00**	Seite 2
E1	Beschaffung	400.000,00		400.000,00		Seite 2
E2	Infrastrukturkosten	100.000,00	40.000,00	140.000,00		
E3	Sonstige Entstehungskosten	-	-	-		
B	**Betriebskosten**				**2.860.000,00**	
D1	Betrachtungszeitraum			10 Jahre		
B1	Betriebskosten pro Jahr	192.000,00	94.000,00	286.000,00		
IH1	Wartung und Inspektion	30.000,00	-	30.000,00		Seite 3
IH2	Instandsetzung	22.000,00	20.000,00	42.000,00		Seite 4
IH3	Ungeplante Instandsetzung	140.000,00	-	140.000,00		Seite 5
RK1	Raumkosten		12.000,00	12.000,00		Seite 6
MK1	Materialkosten		13.000,00	13.000,00		Seite 7
EK1	Energiekosten		14.000,00	14.000,00		
HB1	Hilfs- und Betriebsstoffe		-	-		
EN1	Entsorgungskosten		-	-		
PK1	Personalkosten	-	-	-		
WK1	Werkzeugkosten		-	-		
RU1	Rüstkosten		-	-		
LK1	Lagerkosten	-	23.000,00	23.000,00		
SO1	Sonstige Betriebskosten	-	12.000,00	12.000,00		
V	**Verwertungskosten**	**-**	**100.000,00**		**100.000,00**	
V1	Rückbau	-	120.000,00	120.000,00		
V2	Restwert	-	20.000,00	20.000,00		
V3	Sonstige Verwertungskosten	-	-	-		

Daher gilt es, nicht nur Anschaffungszahlungen, sondern auch Folgezahlungen zu betrachten. Die Analyseergebnisse des Life Cycle Costings lassen sich nutzen, um durch geeignete Produkt- und Konditionengestaltung die Lebenszykluskosten aus Kundensicht zu verringern oder das Verhältnis zwischen Nutzen und Lebenszykluskosten zu verbessern. Das Product Life Cycle Costing ist dabei in Abhängigkeit der Produktart durchzuführen, da z. B. Lebensmittel einen kurzen und Kraftfahrzeuge einen langfristigen Lebenszyklus aufweisen.

Customer Life Cycle Costing

Das **Customer Life Cycle Costing** untersucht nicht die Wirtschaftlichkeit von Produkten und deren Kosten, sondern die Vorteilhaftigkeit von Kundenbeziehungen sowie anfallenden Kosten während der Kundenbeziehung. Hierbei kann eine einperiodische, statische Betrachtung von einer periodenübergreifenden, dynamischen Betrachtung unterschieden werden (vgl. Bauer et al., 2006, S. 170 ff.). Die statische Betrachtung umfasst die Kundendeckungsbeitragsrechnung und Kunden-Cashflow-Rechnung und dient der operativen Steuerung von Kundenbeziehungen. Die dynamische Betrachtung umfasst Customer Lifetime Value-Berechnungen und Customer Equity-Berechnungen und findet Anwendung im strategischen Kundenmanagement.

5.5 Ansatzpunkte der Kostenreduktion

5.5.1 Benchmarking

Zur Beurteilung der langfristigen Wettbewerbsfähigkeit eines Unternehmens sind absolute Größen regelmäßig nur bedingt aussagekräftig. Wichtig ist immer der Bezug zu relevanten Vergleichsobjekten und -größen, da nur dann Leistungsunterschiede identifiziert werden können. **Benchmarking** ist ein ganzheitlicher Ansatz für diesen Informationsvergleich mit dem Ziel der Steigerung der eigenen Leistung.

Benchmarking

> Benchmarking ist ein kontinuierlicher Management- und Verbesserungsprozess, bei dem systematisch Strategien, kritische Erfolgsfaktoren, Funktionen und Prozesse und die damit erzeugten Produkte und Dienstleistungen des eigenen Unternehmens mit Leistungsführern verglichen werden, mit dem Ziel, Leistungsunterschiede zu identifizieren und Lernprozesse zu formulieren und umzusetzen (vgl. z. B. Camp, 1994, S. 13).

Das Benchmarking kann sich auf verschiedene (Vergleichs-)Objekte beziehen: Produkte, Funktionen, Prozesse, Methoden etc. und dazu verschiedene Zielgrößen in den Vergleich einbeziehen (Kosten, Qualität, Zeit, Kundenzufriedenheit, kombinierte Kennzahlen etc.). Wesentlich für die Aussagefähigkeit des Benchmarkings ist die Vergleichbarkeit der Zielgrößen, die dazu eindeutig definiert sein sollten.

Abb. 5-17

Ablaufphasen des Benchmarkings

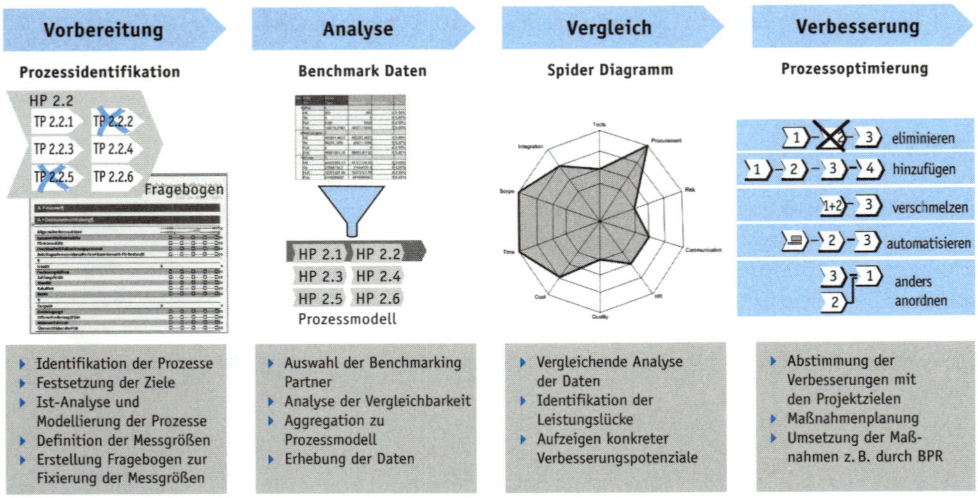

(Quelle: eigene Darstellung)

5.5.1.1 Benchmarking-Prozess

Der Benchmarking-Prozess kann grundsätzlich in die Phasen Vorbereitung, Analyse, Vergleich und Verbesserung unterteilt werden. Abbildung 5-17 zeigt einen idealtypischen Ablauf der Benchmarking-Phasen am Beispiel des **Prozessbenchmarkings.**

In der Phase der Vorbereitung wird die Zielfestsetzung vorgenommen, bei der die zu analysierenden Objekte identifiziert und deren Leistungsdimensionen vereinbart werden. In der Analysephase findet die Erhebung der Daten und deren Auswertung statt. Anschließend werden die Daten zur Identifikation der Leistungslücke verglichen. Die Bewertung erfolgt meist anhand von graphischen Darstellungen wie »Spider«- oder »Z«-Diagrammen, da so mehrdimensionale Aspekte dargestellt werden können. Problematisch hierbei ist jedoch die mangelnde Gewichtung der einzelnen Messgrößen. Mehrdimensionale, mathematische Verfahren der Effizienzmessung wie die Data Envelopment Analysis (DEA) können hier einen Beitrag zur besseren Vergleichbarkeit leisten. In der Verbesserungsphase wird basierend auf den identifizierten Leistungslücken und in Abstimmung mit den definierten Projektzielen eine Maßnahmenplanung aufgestellt. Die Umsetzung der Verbesserungen ist ebenfalls Bestandteil des Benchmarkings.

Praxisbeispiel

Benchmarking in Fußballvereinen

Prozessorientiertes Benchmarking im Profifußball

Mit der Vision »Spitzenleistungen im Profifußball nicht nur auf dem, sondern auch außerhalb des Spielfeldes zu etablieren«, wurde das Vorhaben eines Benchmarkingvergleichs angestoßen. Das Benchmarking-Projekt im Profifußball orientierte sich an den vier Grundphasen eines Benchmarkings und erweiterte diese um die Modellierungsphase als fünfte Phase (vgl. Phasenkonzept).

Phasenkonzept des Benchmarking-Projektes

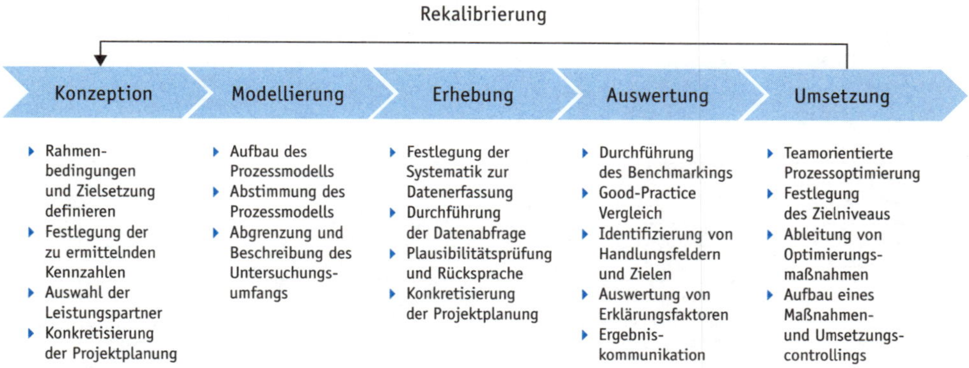

Die Zielsetzung des Projekts wurde im Rahmen von Workshops zu Beginn der Konzeptionsphase mit den Verantwortlichen der Profifußballclubs definiert. Dabei wurden Prozesse als Leistungsobjekte und Kosten bzw. Kapazitäten als Leistungsmaßstäbe festgelegt. Der Zielfindungsprozess ergab nachstehende Projektziele:

- Schaffung von Prozessstruktur- sowie Prozessleistungstransparenz durch die Ermittlung neuer prozessorientierter Kennzahlen in der Branche Profifußball.
- Durchführung eines internen Benchmarkings zur gezielten Prozesssteuerung.
- Positionierung anhand von Benchmarks zum Leistungspartner und Ermittlung der Leistungslücken.
- Identifikation von Erklärungsfaktoren als Ansatzpunkte für Prozessoptimierungen.

Eine einheitliche Beschreibung und klare Abgrenzung der Prozesse erfolgte durch ein standardisiertes Prozessmodell, welches die Grundlage für das Benchmarking liefert. Die Entwicklung des Referenzprozessmodells für Profifußballclubs (PRO²) fand über einen längeren Zeitraum anhand von Experteninterviews mit Fachkräften aus der Fußballbranche statt. Das Referenzmodell beschreibt die grundlegenden Prozessstrukturen und definiert vier Oberprozesse (Sport-Prozess, Sportunterstützender Prozess, Kunden-Prozess, Club-Prozess). In einem Top down-Vorgehen werden die Oberprozesse in Geschäftsprozesse zerlegt (vgl. Referenzmodell auf Folgeseite). So umfasst der Geschäftsprozess »Merchandising« beispielsweise die Prozessgruppe »Beschaffung«, welche die Hauptprozesse »Warenbeschaffung bei Ausrüstern« und »Warenbeschaffung bei Lieferanten« beinhaltet. Beide Hauptprozesse sind in jeweils sieben Teilprozesse unterteilt.

Fortsetzung auf Folgeseite

Fortsetzung von Vorseite

Referenzprozessmodell für Profifußballclubs (PRO²) und Geschäftsprozess »Merchandising«

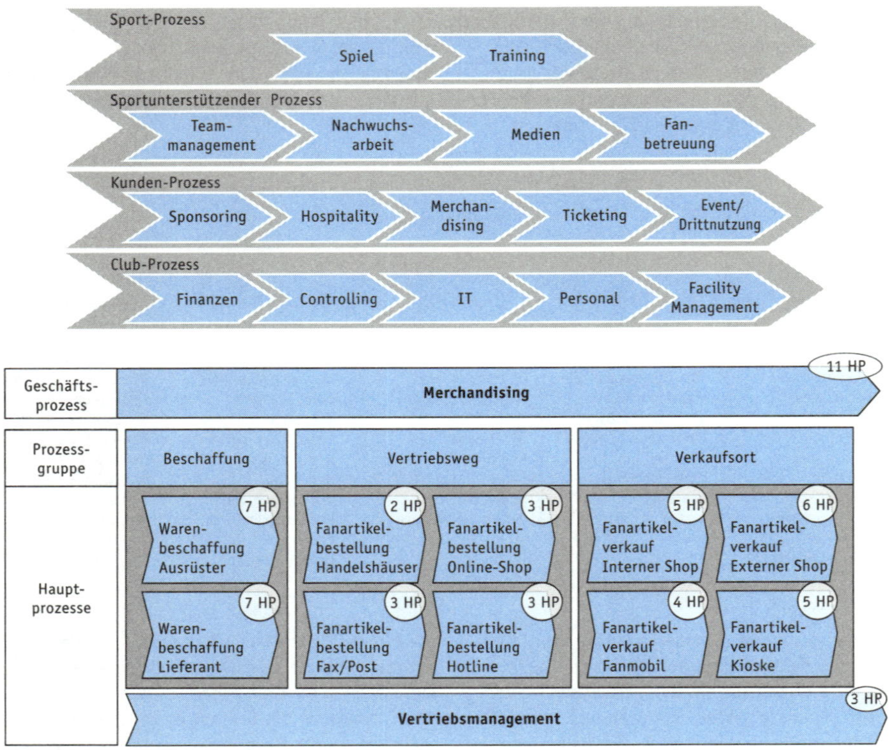

Fortsetzung auf Folgeseite

5.5.1.2 Benchmarking-Arten

Die verschiedenen Anwendungen von Benchmarking unterscheiden sich im Wesentlichen hinsichtlich der Vergleichsgruppe und des Vergleichsgegenstandes. Voraussetzung für valide Ergebnisse ist eine hohe Vergleichbarkeit der Informationen. Grundsätzlich können die Vergleichsgruppen in folgende vier Arten unterschieden werden (vgl. auch Friedl, 2003, S. 339 f.; Siebert/Kempf, 2008, S. 32 ff.):

- **Internes Benchmarking:** Die Vergleichsobjekte befinden sich innerhalb eines Unternehmens. Der Zugang zu den Informationen ist daher in der Regel unbeschränkt und die Informationen sind weitgehend homogen. Die Aussagekraft des Benchmarks ist allerdings beschränkt, da die Leistung nur relativ zu anderen Unternehmensteilen gemessen wird. Aussagen über die Wettbewerbssituation können somit nicht getroffen werden.

Fortsetzung von Vorseite

Der Hauptprozess »Fanartikelverkauf« des Geschäftsprozesses »Merchandising« wurde anhand der Variantenausprägungen Interner und Externer Shop mittels Prozesskostensätzen sowohl clubintern als auch clubübergreifend miteinander verglichen. Die Positionierung der Prozesse Fanartikelverkauf Interner und Externer Shop von beiden Clubs zeigt große Prozesskostenunterschiede in den einzelnen Varianten. Der »Fanartikelverkauf Externer Shop« bei Club B präsentiert sich als »Good Practice«. Der »Fanartikelverkauf Externer Shop« von Club A weist bei einer geringen Menge verkaufter Merchandisingartikel den höchsten Prozesskostensatz auf. Das rechnerische Optimierungspotenzial zum »Good Practice« beläuft sich auf ungefähr 60 Prozent. Innerhalb eines internen Benchmarkings wurden beide Prozessvarianten von Club A gegenübergestellt. Der Interne Shop zeigt im Vergleich zum Externen Shop ca. 40 Prozent geringere Prozesskosten. Zur Erklärung der Unterschiede können die Kostenanteile der Teilprozesse betrachtet werden.

Benchmarking-Ergebnis »Fanartikelverkauf Externer und Interner Shop«

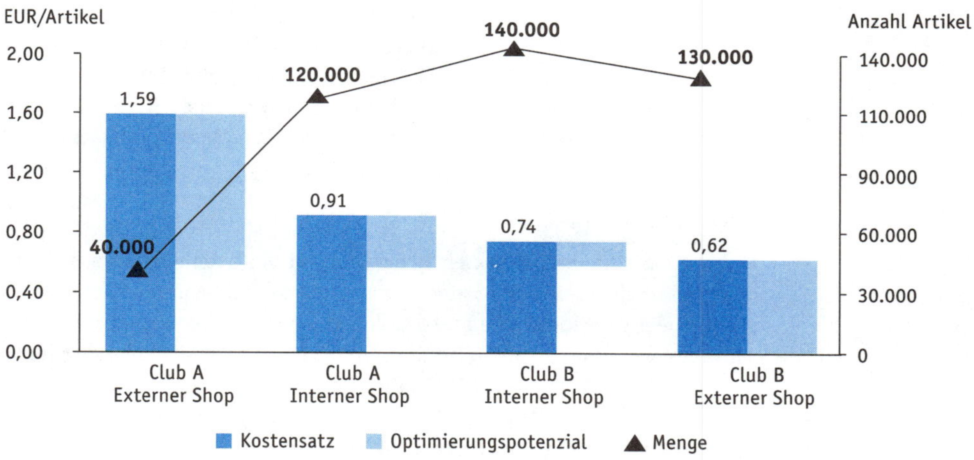

(Quelle: von der Hardt/Lindner, 2007, S. 317–326)

- **Kompetitives Benchmarking:** Vergleichsgruppen sind hier Unternehmen der gleichen Branche. Da relevante Informationen in der Regel vertraulich sind, ist das Benchmarking häufig auf öffentlich verfügbare Informationen (z. B. Informationen der externen Rechnungslegung, Verbände) oder auf eine kleine Gruppe von Kooperationspartnern beschränkt.
- **Funktionales Benchmarking:** Gegenstand sind hier branchenunabhängige Funktionen (z. B. Personal, Rechnungswesen) oder auch Finanzkennzahlen zur Trendanalyse mit Unternehmen anderer Branchen. Aufgrund der Heterogenität ist die Auswahl der zu analysierenden Informationen entscheidend. Durch funktionales Benchmarking kann ein Unternehmen branchenübergreifende Anregungen zur Leistungsverbesserung generieren.
- **Generisches Benchmarking:** Dazu findet ein funktions- und branchenübergreifender Vergleich statt. Im Fokus steht dabei ein Benchmarking grundlegender Aktivitäten und Prozesse, um strukturelle Innovationen zu adaptieren. Generi-

sches Benchmarking bietet ein hohes Lernpotenzial, kann aber nur mit hohem Aufwand durchgeführt werden.

Generell liegen die Vorteile des Benchmarking in der Überwindung einer starken Innenfokussierung durch die systematische und qualifizierte Einbringung einer Outside-in-Perspektive. Durch die Ermittlung einer Best Practice entsteht Veränderungsdruck in Richtung auf ein »gutes Vorbild« und es wird eine dynamische Perspektive und eine Lernkultur etabliert. Negativ ist die Ausrichtung auf eine »Nachahmerperspektive« zu verzeichnen: Im Mittelpunkt steht immer eine Imitation und weniger eine Innovation, was im besten Fall zu einer ständigen Folger-Position, im schlechtesten Fall zum Verpassen von Innovationssprüngen führen kann. Wie bei vielen Verfahren spielt die Datenqualität und Vergleichbarkeit eine große Rolle für die Aussagekraft von Vergleichsanalysen. In diesem Kontext sind Aufwand-Nutzen-Erwägungen auch beim Benchmarking von hoher Relevanz. Geeignete Benchmarking-Partner haben eine wesentliche Erfolgsbedeutung, sind aber auch nicht einfach zu finden bzw. zu einem Vergleich zu bewegen. Eine neutrale Stelle zur methodisch sauberen und vertraulichen Durchführung des Benchmarkings kann hier wesentliche Unterstützung leisten.

Beispiel 5.4 Grape SE

▸▸▸ Die einzelnen Geschäftsbereiche der Grape SE verfügen über jeweils eigene Entwicklungsabteilungen, deren Entwicklungsprozesse nicht harmonisiert sind. Um den internen »Best Practice« zu ermitteln, der zukünftig in allen Entwicklungsabteilungen angewendet werden soll, führt die Grape SE bei den Entwicklungsabteilungen der Geschäftsfelder »Tablets«, »UHD TV« und »Mobiles« ein Benchmarking der Entwicklungsprozesse durch. Den vier Phasen des Benchmarkings entsprechend wurden zuerst die zu analysierenden Prozesse identifiziert und die entsprechenden Messgrößen festgelegt (vgl. Abb. 5-18).

Abb. 5-18

Entwicklungsprozesse der Grape SE

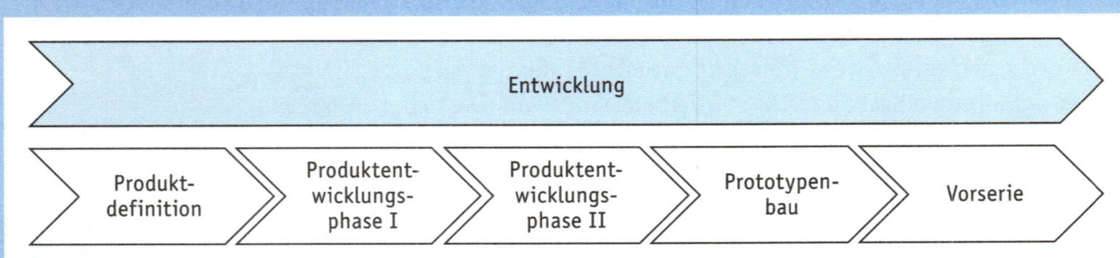

Tab. 5-14

Ausprägungen der Messgrößen der Entwicklungsprozesse

Messgröße	Entwicklungsabteilung	Produktdefinition	Produktentwicklung I	Produktentwicklung II	Prototypenbau	Vorserie	Gesamt
Prozesskosten je Entwicklungsmonat [in TEUR]	Alle	150	220	220	370	520	
Prozessdauer [in Monaten]	Tablets	3	4	5	4	3	19
	Mobiles	3	4	6	4	3	20
	UHD TV	4	5	6	4	3	22
Prozesskosten [in TEUR]	Tablets	450	880	1.100	1.480	1.560	5.470
	Mobiles	450	880	1.320	1.480	1.560	5.690
	UHD TV	600	1.100	1.320	1.480	1.560	6.060

Im ersten Schritt wurden als Messgrößen die Dauer der einzelnen Entwicklungsphasen bis zur Markteinführung eines Produkts je Entwicklungsabteilung sowie die durchschnittlichen Kosten der Entwicklungsprozesse gemessen.

Die Analyse zeigt, dass die Entwicklung eines Tablets bis zur Markteinführung aufgrund der kürzeren Entwicklungszeit weniger Kosten verursacht als die Entwicklung von Mobiltelefonen oder UHD TV (vgl. Tab. 5-14). Werden zusätzlich die Entwicklungen, die nicht zur Marktreife gelangen, berücksichtigt, ergibt sich ein etwas anderes Bild (vgl. Tab. 5-15). Während in dem Bereich »Tablets« einige Entwicklungsprojekte in der »Prototypenbau«-Phase (6 % aller gestarteten Entwicklungsprojekte) oder sogar erst in der »Vorserien«-Phase (1,5 %) abgebrochen werden, erfolgt der Abbruch aussichtsloser Projekte in der UHD TV-Sparte überwiegend innerhalb der ersten beiden Entwicklungsphasen (92 %), wodurch Projektabbrüche in den teuren letzten beiden Entwicklungsphasen weitestgehend vermieden werden können. Ursache dafür ist ein effizientes Projektcontrolling-Tool, das in der UHD TV-Sparte eingesetzt wird. Dabei werden die Erfolgsaussichten eines Projektes anhand dokumentierter Experteneinschätzungen bewertet und bei Änderungen im Entwicklungsplan angepasst. Dadurch wird auf Planabweichungen schnell reagiert und das Risiko von Fehlentwicklungen rechtzeitig erkannt.

Tab. 5-15

Durchschnittlicher Entwicklungsgrad der Projekte

Messgröße	Entwicklungsabteilung	Produktdefinition	Produktentwicklung I	Produktentwicklung II	Prototypenbau	Vorserie	Markteinführung
Phase des Projektendes in % aller Projekte	Tablets	60,0	10,0	18,0	6,0	1,5	4,5
	Mobiles	75,0	10,0	7,5	2,6	0,7	4,1
	UHD TV	80,0	12,0	2,0	0,9	0,1	5,0

Unter der Annahme, dass der Abbruch von Projekten am Ende der jeweiligen Phase erfolgt, ergeben sich die in Tabelle 5-16 dargestellten zusätzlichen Kosten für Fehlentwicklungen sowie die Gesamtkosten einer erfolgreichen Markteinführung.

Tab. 5-16

Ergebnis des Datenvergleichs

Messgröße	Entwicklungsabteilung	Produktdefinition	Produktentwicklung I	Produktentwicklung II	Prototypenbau	Vorserie	Gesamt
Kosten für Fehlentwicklungen [in TEUR]	Tablets	6.000	1.956	4.400	1.973	520	14.849
	Mobiles	8.145	2.124	2.389	938	275	13.870
	UHD TV	9.604	2.641	528	267	32	13.071
Kosten für eine Markteinführung [in TEUR]	Tablets	6.450	2.836	5.500	3.453	2.080	20.319
	Mobiles	8.595	3.004	3.709	2.418	1.835	19.560
	UHD TV	10.204	3.741	1.848	1.747	1.592	19.131

Nach Einbezug der Aufwendungen für abgebrochene Entwicklungsprojekte zeigt der Vergleich der Messgrößen, dass die Aufwendungen pro erfolgreicher Markteinführung im Bereich »UHD TV« entgegen der ersten Analyse geringer als in den anderen Bereichen sind. Um die Entwicklungskosten insgesamt zu senken, sollte das Projektcontrolling-Tool, das die UHD TV-Sparte erfolgreich einsetzt, auch in den anderen Sparten implementiert werden. ◂◂◂

5.5.2 Working Capital Management

Das Working Capital Management bezieht sich speziell auf die Optimierung der Kosten, die im bzw. für das betriebsnotwendige Vermögen gebunden sind. Ausgangspunkt des Ansatzes ist die Notwendigkeit einer Vorfinanzierung von Gütern durch das Unternehmen im Rahmen des Leistungserstellungsprozesses: In einer zeitlichen Betrachtung müssen zuerst Vorleistungen von Lieferanten bezogen und (in der Regel auch) bezahlt werden, anschließend können sie im eigenen Unternehmen verarbeitet, veredelt und dann verkauft werden. Meist vergeht weitere Zeit, bis der Kunde die Leistung bezahlt. Während dieser Zeitspanne müssen die Leistungen finanziert werden, d. h. es ist Kapital notwendig, für das nach betriebswirtschaftlichen Grundsätzen auch Finanzierungskosten zu berücksichtigen sind. Die Zielsetzung ist, den betriebsnotwendigen Kapitaleinsatz so gering wie möglich zu halten, ohne Leistungseinbußen (bzgl. Qualität, Lieferfähigkeit etc.) zu verursachen. Als Steuerungsgröße findet dazu die Dauer der Kapitalbindung im Nettoumlaufvermögen Verwendung. Die Optimierung des Working Capitals kann auch zu eigenen Geschäftsmodellen führen bzw. diese maßgeblich bestimmen: Wird beispielsweise von Lebensmitteldiscountern nur die Barzahlung der Ware durch die Kunden akzeptiert (sofortiger Cash in), gleichzeitig aber aufgrund einer hohen Verhandlungsmacht gegenüber den

Lieferanten mit diesen ein Zahlungsziel von 30 Tagen (Cash out) bei Lieferung innerhalb von 7 Tagen vereinbart, kann sich bei einem schnellen Warenumschlag (d. h. der Kunde bezahlt die Ware bevor der Lebensmittelmarkt den Lieferanten bezahlt) ein für das Unternehmen positives Working Capital ergeben, das zinsbringend in Finanzanlagen investiert werden kann.

Net Working Capital bezeichnet die Differenz zwischen den kurzfristigen Vermögenswerten (Umlaufvermögen) und dem kurzfristigen Fremdkapital (vgl. ICV, 2013, S. 17).

Working Capital

Auf Grund der Berechnung des Working Capitals als Differenz wird es auch als **Net Working Capital** bezeichnet. Da es keine genaue Definition gibt, welche Bilanzpositionen dem Working Capital zuzuordnen sind, wird bei der Berechnung des Working Capitals in der Regel auf Bilanzpositionen Bezug genommen, die eindeutig der gewöhnlichen Geschäftstätigkeit zuzuordnen sind. Dies trifft auf der Aktivseite auf das Vorratsvermögen, Forderungen aus Lieferungen und Leistungen und auf der Passivseite auf Verbindlichkeiten aus Lieferungen und Leistungen zu. Nach dieser Definition kann das Net Working Capital wie folgt berechnet werden.

Net Working Capital = Vorratsvermögen + Forderungen LuL
– Verbindlichkeiten LuL

Zur Analyse und Steuerung des Working Capitals, d. h. der Transformation von Investitionen in Mittelzuflüsse, eignet sich der **Cash Conversion Cycle (CCC)**: Er wird berechnet als Kapitalbindung in den Forderungen (Debitorentage) zuzüglich der Kapitalbindung in den Vorräten (Vorratstage) abzüglich der Vorfinanzierung durch die Lieferanten (Verbindlichkeitstage). Der CCC gibt damit die Zeitspanne an, in der das auf der Beschaffungsseite ausgegebene Geld auf der Absatzseite wieder zurückfließt. Diese Zeitspanne gilt es durch die entsprechenden Stellhebel zu verkürzen: »collect fast and pay slow«. Abbildung 5-19 zeigt den Cash Conversion Cycle eines Produktionsunternehmens vom Zeitpunkt der Beschaffung bis zur Bezahlung durch den Kunden. Zusätzlich sind die entsprechenden Buchungssätze dargestellt, anhand derer der Einfluss der Ereignisse auf Bilanz und GuV nachvollzogen werden kann.

Damit kann der CCC berechnet werden:

CCC = Zeitraum, in dem das eingekaufte Gut bilanziert wird
– Zeitraum von Einbuchung Verbindlichkeit bis Mittelabfluss
+ Zeitraum von Einbuchung Umsatzerlöse bis Mittelzufluss

Für die Berechnung des Zeitraumes, in dem ein eingekauftes Produkt im Unternehmen bilanziert wird, kann die Lagerumschlaghäufigkeit verwendet werden. Diese gibt an, wie häufig der durchschnittliche Lagerbestand innerhalb einer festgelegten Periode vollständig entnommen und wieder aufgefüllt wurde. Der durchschnittliche Lagerbestand kann anhand der Bilanz vereinfachend als

$$\text{durchschnittlicher Lagerbestand} = \frac{\text{Anfangsbestand der Periode} + \text{Endbestand der Periode}}{2}$$

Abb. 5-19

Cash Conversion Cycle

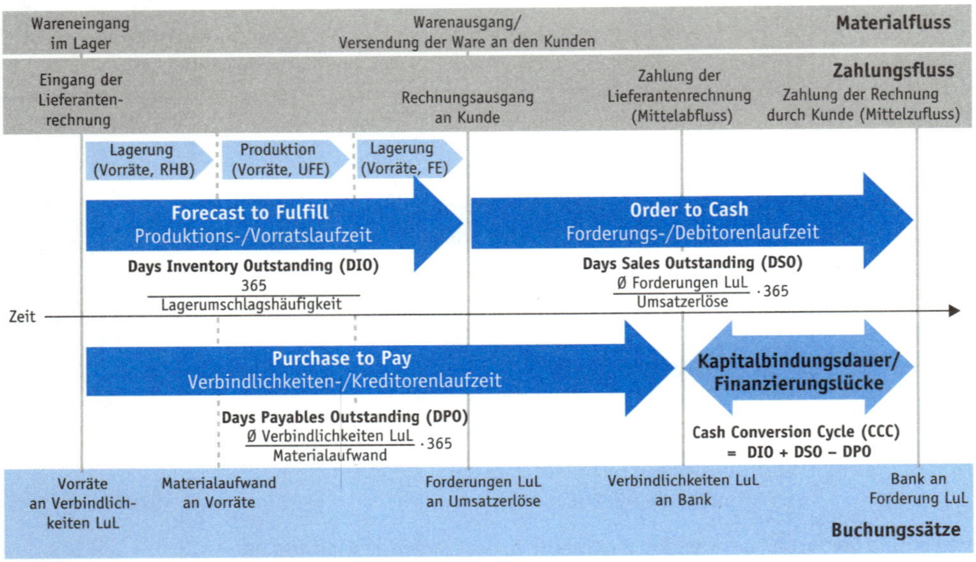

RHB – Roh-, Hilfs- und Betriebsstoffe, UFE – Unfertige Erzeugnisse, FE – Fertigerzeugnisse, LuL – Lieferungen und Leistungen, Lagerumschlagshäufigkeit = Materialaufwand/Ø Lagerbestand

(Quelle: eigene Darstellung)

berechnet werden. Bei der Entnahme eines Roh-, Hilfs- oder Betriebsstoffes (RHB-Stoff) aus dem Lager für den Produktionsprozess wird Materialaufwand gebucht. Die Summe des Materialaufwandes in einer Periode entspricht also der kumulativen Lagerentnahme der RHB-Stoffe. In der Literatur wird zwischen unterschiedlichen Definitionen der Lagerumschlagshäufigkeit unterschieden. Die Lagerumschlagshäufigkeit wird im Folgenden als

$$\text{Lagerumschlagshäufigkeit} = \frac{\text{Materialaufwand}}{\varnothing\ \text{Lagerbestand}}$$

berechnet. Zur Berechnung der Lagerumschlagshäufigkeit werden die Materialaufwendungen herangezogen. Die Berechnungen beziehen sich dabei auf die Rechnungslegung nach dem Gesamtkostenverfahren. Ergänzend kann der Materialaufwand zusätzlich um die Bestandsveränderungen korrigiert werden. Folglich werden nur die Materialaufwendungen berücksichtigt, die für die verkauften Produkte angefallen sind. Im Umsatzkostenverfahren werden zumeist die Umsatzkosten »Cost of Goods Sold« in Relation zum durchschnittlichen Lagerbestand gesetzt. Entsprechend der Logik des Umsatzkostenverfahrens bezieht sich die Lagerumschlagshäufigkeit somit auf alle Produkte, die zu Umsatz geführt haben. Aus Vereinfachungsgründen kann auch der Umsatz als Bezugsgröße herangezogen werden.

Aus der Lagerumschlagshäufigkeit einer Periode kann dann der Zeitraum der Bilanzierung eines eingekauften Produkts innerhalb der Vorräte errechnet werden. Diesen Zeitraum bezeichnet man auch als **Days Inventory Outstanding (DIO)**. Für die Periode von einem Jahr werden die DIO wie folgt errechnet:

$$\text{DIO} = \frac{365}{\text{Lagerumschlagshäufigkeit}}$$

Analog zu der Berechnung der DIO erfolgt die Ermittlung der Zeiträume für die Transformation der Verbindlichkeiten bzw. Umsatzerlösen in Cashflows. Die **Days Payables Outstanding (DPO)** ergeben sich aus den durchschnittlichen Verbindlichkeiten aus LuL im Verhältnis zu den Materialaufwendungen des betrachteten Zeitraums. Für ein Jahr werden die DPO wie folgt berechnet:

$$\text{DPO} = \frac{\varnothing\,\text{Verbindlichkeiten LuL}}{\text{Materialaufwand}} \cdot 365$$

Ein Maß für die Geschwindigkeit der Transformation von Umsatzerlösen in Mittelzuflüsse sind die **Days Sales Outstanding (DSO)**, die sich aus dem Verhältnis der durchschnittlichen Forderungen aus Lieferungen und Leistungen und den Umsatzerlösen ergeben. Für ein Jahr ergibt sich analog zu den DPO:

$$\text{DSO} = \frac{\varnothing\,\text{Forderungen LuL}}{\text{Umsatzerlöse}} \cdot 365$$

Daraus folgt für die Berechnung des Cash Conversion Cycles:

$$\text{CCC} = \text{DIO} - \text{DPO} + \text{DSO}$$

Die genannten Kennzahlen lassen sich grundsätzlich auf viele unterschiedliche Arten berechnen (vgl. ICV, 2013, 23 ff.). Einerseits ist eine Berechnung über 365 oder 360 Tage möglich. Andererseits können die Bezugsgrößen zur Berechnung der DIO, DPO und DSO von Materialaufwand (inklusive oder exklusive Bestandsveränderungen), über Umsatzkosten bis hin zum Umsatz variieren. Des Weiteren besteht die Möglichkeit, die Nettowerte des Umsatzes und der Aufwendungen an die Bruttowerte der durchschnittlichen Forderungen und Verbindlichkeiten anzugleichen. Die Wahl der Berechnungsart ist für das eigentliche Working Capital Management jedoch von nachrangiger Bedeutung, wichtig ist hingegen, dass eine Berechnungsart über die Zeit beibehalten wird, um die Entwicklung des Working Capitals sinnvoll analysieren zu können.

Die obigen Größen werden von Analysten oder Wettbewerbern häufig im Rahmen eines Kennzahlen-Benchmarkings (vgl. Abschnitt 5.5.1) auf Basis von Informationen der externen Rechnungslegung berechnet. Da diese Stichtagsbetrachtung den Einfluss von Saisonalitäten und anderen Schwankungen unberücksichtigt lässt, eignet sie sich für die interne Steuerung nur bedingt. Aus diesem Grund sind Monitoring-Systeme zu implementieren, die eine Betrachtung von durchschnittlichen Größen und Verläufen ermöglichen und so kontinuierlich eine Verbindung der Stichtagsbetrachtung der Bestandsgrößen (Kundenforderungen etc.) mit einer Stromgrößenbetrachtung (Umsatz, Kapitalbindung etc.) herstellen. Bestands- und Stromgrößen sollten dabei kongruent sein, d. h. den gleichen wirtschaftlichen Sachverhalt betreffen.

Zusätzlich zu der Problematik der Stichtagsbetrachtung kann der CCC nicht die Bewertungsrisiken der Vorräte sowie das Ausfallrisiko von Forderungen abbilden. Die Beschaffungspreise von Rohstoffen sowie die Absatzpreise von Fertigerzeugnissen unterliegen Schwankungen, die insbesondere bei langen CCC in die Working Capital Analyse einbezogen werden müssen. Bei einem Ausfall von Forderungen (z. B. durch Insolvenz) wird der Umsatz nicht in einen entsprechenden Cash-Eingang transformiert. Da dieser Fall im CCC nicht abgebildet wird, sollte die Working Capital Analyse die Betrachtung der Forderungsausfälle einschließen. Die Informationen dafür können ebenfalls der externen Rechnungslegung entnommen werden. Die **Bad Debt Loss Rate** wird prozentual vom Umsatz angegeben:

$$\text{bad debt loss rate} = \frac{\text{Wertberichtigung auf Forderungen LuL}}{\text{Umsatzerlöse}} \cdot 100$$

Praxisbeispiel

Working Capital Management

»Die Firma Lange + Ritter aus Gerlingen bei Stuttgart handelt mit innovativen Werkstoffen, die zum Beispiel in der Automobilindustrie zum Einsatz kommen. »Trotz stark schwankender Nachfrage müssen wir immer schnell liefern können«, beschreibt Geschäftsführer Riki Rosson die Herausforderung. Da manche Kunden oft zeitverzögert bezahlen, müsse das Unternehmen zudem seine Forderungen intern vorfinanzieren. Dafür brauche es freie Liquidität.
»Wenn die Kunden ihre Rechnungen erst relativ spät bezahlen und das Unternehmen dadurch für längere Zeit in Vorleistungen treten muss, bedeutet das ganz allgemein Risiken für seine Liquiditätsausstattung«, sagt Ralph Lück, Vorstand des Beratungsunternehmens BF.direkt AG aus Stuttgart, das Mittelständler in Finanzierungsfragen berät. »Vordergründig geht es immer um Liquidität und wie man diese gewinnt. Eigentlich aber müssen interne Organisations- und Ablaufprozesse mit Blick auf die Kapitalbindungsdauer analysiert und optimiert werden.«
Sollen Liquiditätslücken geschlossen werden, indem Bestände, Forderungen und Verbindlichkeiten effizient gesteuert werden, sprechen Fachleute vom sogenannten **Working Capital Management.** Die betriebswirtschaftliche Kennzahl »Working Capital« beschreibt die Differenz zwischen kurzfristigem Vermögen und kurzfristigen Verbindlichkeiten. Diese Kennzahl gibt Aufschluss über die Kapitalbindung eines Unternehmens, aber auch über die Effizienz seiner Betriebsabläufe. Ist sie zu groß, setzt das Unternehmen sein Kapital ineffizient ein.
»Working Capital Management ist eine der wichtigsten Finanzierungsquellen für Unternehmen, genauso wichtig wie eine Bankfinanzierung«, betont Joachim Rupp, Referent für Unternehmensfinanzierung bei der Industrie- und Handelskammer Ulm. »Denn besser kann eine Firma keine Liquidität schöpfen, als wenn sie ihre Prozesse optimiert.«
In der Tat ist das Potenzial enorm: Einer Studie der Wirtschaftsprüfungsgesellschaft PricewaterhouseCoopers zufolge führt eine Optimierung des Working Capital im Schnitt zur Freisetzung von 20 bis 30 Prozent des gebundenen Kapitals.
»Als wir unsere Organisationsprozesse optimiert haben, haben wir im Lager angesetzt«, berichtet Rosson. Seit einem Jahr nun werden bei Lange + Ritter die Waren vom Eingang bis zur Auslieferung barcodegestützt begleitet.
Um interne Liquiditätsreserven zu heben, setzt Working Capital Management grundsätzlich an drei Stellen an: Erstens wird das Volumen der Forderungen gegenüber Dritten reduziert, zweitens werden die Lagerbestände und damit die notwendigen Kosten für die Lagerhaltung heruntergefahren und drittens die Lieferantenverbindlichkeiten erhöht. Das heißt, dass das Unternehmen seinerseits selbst Rechnungen erst so spät wie möglich bezahlt. Um von seinen Kunden möglichst schnell Geld zu bekommen, raten Experten dazu, zügig Rechnungen zu schreiben und bereits nach kurzer Zeit zu mahnen, sollte der Kunde mit seiner Zahlung in Verzug geraten.
Ihr Lager können Unternehmen reduzieren, indem sie nur so viel Material bevorraten, wie sie für ihren Produktionsprozess unbedingt brauchen. In der Automobilbranche beispielsweise üblich ist die sogenannte Just-in-time-Lieferung. Dabei bestellt das Unternehmen erforderliche Komponenten exakt zu dem Zeitpunkt, zu dem sie in der Produktion benötigt werden.(...)«
(Quelle: Handelsblatt, in www.handelsblatt.de sowie http://www.lange-ritter.de/aktuelles/news/artikel/working-capital-management-lange-ritter-im-handelsblatt/, Abruf: 14.11.2013)

Beispiel 5.5 Grape SE **Working Capital Analyse bei der Grape SE**

▸▸▸ Gegeben sind die Bilanz und GuV der Grape SE für die vergangenen drei Geschäftsjahre. Berechnet werden sollen die im vorangegangenen Abschnitt vorgestellten Kennzahlen. Da keine Durchschnittsbetrachtung möglich ist, wird angenommen, dass die Veränderung der Bilanzposition gleichmäßig während des Geschäftsjahres erfolgte. Für das Geschäftsjahr 2011 liegen keine Zahlen vor. Aus diesem Grund erfolgt für die Bilanzgrößen im GJ12 eine reine Stichtagsbetrachtung.

Tab. 5-17

Bilanz der Grape SE für die vergangenen drei Geschäftsjahre

[in Mio. EUR]	GJ14	GJ13	GJ12
AKTIVA	**4.582**	**4.242**	**3.799**
Anlagevermögen	3.219	2.794	2.535
Immaterielle Vermögensgegenstände	51	40	42
Sachanlagevermögen	2.068	1.922	1.929
Finanzanlagen	1.100	832	564
Umlaufvermögen	1.243	1.272	1.152
Vorräte	306	350	362
Roh-, Hilfs- und Betriebsstoffe	78	78	78
Unfertige Erzeugnisse	105	127	133
Fertigerzeugnisse und Waren	123	145	151
Forderungen und sonstige Vermögensgegenstände	714	747	776
Forderungen LuL	546	558	616
Forderungen gegen verbundene Unternehmen	14	13	18
Sonstige Vermögensgegenstände	154	176	142
Liquide Mittel	223	175	14
Aktive Rechnungsabgrenzungsposten	43	56	44
Aktive Latente Steuern	78	120	68
PASSIVA	**4.582**	**4.242**	**3.799**
Eigenkapital	1.776	1.390	1.008
Rückstellungen	854	853	851
Pensionsrückstellungen	431	387	365
Steuerrückstellungen	265	302	245
Sonstige Rückstellungen	158	164	241
Verbindlichkeiten	1.784	1.723	1.785
Verbindlichkeiten gegenüber Kreditinstituten	1.161	1.045	987
Verbindlichkeiten LuL	456	507	567
Verbindlichkeiten gegen verbundene Unternehmen	23	15	18
Sonstige Verbindlichkeiten	144	156	213
Passive Rechnungsabgrenzungsposten	45	88	65
Passive latente Steuern	123	187	90

Tab. 5-18

Gewinn- und Verlustrechnung der Grape SE für die vergangenen drei Geschäftsjahre

[in Mio. EUR]	GJ14	GJ13	GJ12
Umsatzerlöse	**8.654**	**7.890**	**7.765**
Bestandsveränderungen	–45	–12	23
Gesamtleistung	**8.609**	**7.878**	**7.742**
Sonstige betriebliche Erträge	382	324	83
Materialaufwand	–5.104	–4.856	–4.812
Wertberichtigungen von Forderungen LuL	–168	–203	–234
Sonstige betriebliche Aufwendungen	–2.654	–2.346	–2.145
EBIDTA	**1.065**	**798**	**680**
Abschreibungen	–247	–222	–264
EBIT	**818**	**576**	**416**
Zinserträge	10	14	8
Zinsaufwendungen	–93	–84	–79
EBT	**735**	**506**	**345**
Steueraufwand	–349	–124	–222
Jahresüberschuss	**386**	**382**	**123**

Aus den gegebenen Daten ergeben sich folgende Working Capital-Kennzahlen:

Tab. 5-19

Working Capital-Kennzahlen der Grape SE

	GJ14	GJ13	GJ12
Net Working Capital [in Mio. EUR]	396	401	411
Lagerumschlagshäufigkeit	15,6	13,6	13,3
DIO [in Tagen]	23,4	26,8	27,4
DPO [in Tagen]	34,4	40,4	43,0
DSO [in Tagen]	23,3	27,1	29,0
CCC [in Tagen]	12,3	13,5	13,4
Bad Debt Loss Rate [in Prozent]	1,9	2,6	3,0

Nachfolgend wird die Berechnung der Kennzahlen exemplarisch für das Geschäftsjahr 2014 (GJ14) unter Nutzung der o. g. Formeln erläutert:

Net Working Capital = 306 + 546 – 456 = 396 EUR

$$\text{Lagerumschlagshäufigkeit} = \frac{5.104}{(350 + 306)/2} = 15{,}6$$

$$\text{DIO} = \frac{365}{15{,}6} = 23{,}4 \text{ Tage}$$

$$\text{DPO} = \frac{(456 + 507)/2}{5.104} \cdot 365 = 34{,}4 \text{ Tage}$$

$$\text{DSO} = \frac{(546 + 558)/2}{8.654} \cdot 365 = 23{,}3 \text{ Tage}$$

$$\text{CCC} = 23{,}4 + 23{,}3 - 34{,}4 = 12{,}3 \text{ Tage}$$

$$\text{bad debt loss rate} = \frac{168}{8.654} = 0{,}019 = 1{,}9\%$$

Das Net Working Capital hat sich in den letzten drei Geschäftsjahren weitgehend stabil entwickelt. Die nähere Analyse anhand der vorgestellten Kennzahlen zeigt aber deutliche Veränderungen der Struktur, die auf umfangreiche Maßnahmen des Managements zurückzuführen sind.
Durch eine verbesserte Produktionsplanung und laufende Kommunikation der geplanten Produktionsmengen an Zulieferbetriebe, konnte die Grape SE den Lagerbestand an RHB-Stoffen bei steigenden Umsätzen konstant halten und die Lagerumschlagshäufigkeit erhöhen. In Zukunft plant die Grape SE eine weitere Vernetzung der Produktionsplanungsprogramme entlang der Supply Chain, um weitere Reduzierungen der Vorratsmengen zu erreichen.
Zum Ende des GJ13 hat die Unternehmensführung eine Leitlinie zum Management von Forderungen und Verbindlichkeiten aus Lieferungen und Leistungen entwickelt, deren Auswirkungen im GJ14 zur Reduzierung der DPO und DSO geführt haben. Die Leitlinie gibt vor, dass bei Verbindlichkeiten LuL angebotene Skonti immer genutzt werden sollen, da die Lieferantenkredite deutlich teurer als alternative Finanzierungsformen sind.
Um den Forderungsbestand zu reduzieren und das Ausfallrisiko zu senken, wurden für Teile der Forderungen Verträge mit einem Factoringunternehmen geschlossen. Der Factor kauft der Grape SE Forderungen mit einem geringen Abschlag ab, sodass die Grape SE einen direkten Zahlungseingang verzeichnen kann und das Ausfallrisiko auf den Factor übergegangen ist. Für die übrigen Forderungen wurden die Zahlungsziele der Kunden verkürzt und die Prozesse im Mahnwesen verbessert, sodass ausstehende Forderungen schneller eingetrieben werden können.
Durch diese Maßnahmen konnten die DSO auf 23,3 Tage gesenkt werden. Gleichzeitig wurden die Forderungsausfälle signifikant verringert. ◂◂◂

Kritische Würdigung Working Capital Management

Die Verbesserungen der Working Capital-Kennzahlen haben einen direkten Einfluss auf die Finanzierungskosten und Erfolgsgrößen des Unternehmens. So führt eine absolute Verringerung der Forderungsausfälle direkt zu einem höheren Periodenergebnis in gleicher Höhe. Das Potenzial zur Senkung von Finanzierungskosten ist je nach Finanzierungssituation des Unternehmens ebenfalls erheblich.

5.5.3 Qualitäts- und Zeitmanagement

Erfolgsfaktoren Kosten, Qualität und Zeit

In wettbewerbsintensiven, globalisierten Märkten werden die Unterschiede in den Produkten und Dienstleistungen der verschiedenen Anbieter geringer. Eine Differenzierung in den Erfolgsfaktoren Kosten, Zeit und Qualität wird daher zunehmend wichtiger. Das Unternehmen muss insgesamt eine **Gesamtoptimierung** der drei Erfolgsfaktoren Kosten, Zeit und Qualität vornehmen, um einen komparativen Wettbewerbsvorteil zu erlangen. Ein alleiniges Kostenmanagement ist somit nicht ausreichend. Vielmehr muss eine Integration des Kosten-, Qualitäts- und Zeitmanagements erfolgen. Zwischen den Zielgrößen Kosten, Zeit und Qualität besteht ein **Abhängigkeitsverhältnis**, sodass die Faktoren als **»magisches Dreieck«** in Beziehung zueinander stehen (vgl. Abschnitt 3.2.3). So bedingt die Optimierung der Zielgröße Qualität zumeist eine Erhöhung der Produktentwicklungskosten oder eine Verlängerung der Produktentwicklungszeit. Um das »magische Dreieck« zu konkretisieren, kann es auf Produkte, Prozesse und Unternehmen bezogen werden. Auf der Produktebene konkretisiert sich das Dreieck dann auf die vom Kunden häufig wahrgenommenen Eigenschaften »Preis«, »Funktionalität« und »Lieferzeit«. Auf der Prozessebene beinhalten die Qualitätsmerkmale in erster Linie die »Fehlerquote« bzw. die »Prozessfähigkeit«, sodass sich ein Dreieck mit den Eckpunkten »Kosten«, »Fehlerquote/Prozessfähigkeit« und »Durchlaufzeit« ergibt. Eine Erweiterung dieser Betrachtungsweise auf die Unternehmensebene könnte die Elemente »Gewinn«, »Qualitätslevel« und »Time-to-Market« des Unternehmens verwenden.

Qualitätsmanagement

Im **Qualitätsmanagement** findet eine Vielzahl an Methoden und Leitsätzen Verwendung mit dem Ziel der Messung und Steuerung von Qualität und Veränderung von Kosten- und Erlöspositionen. Eine Erhöhung der relativen Qualität im Vergleich zum Wettbewerb führt zu höheren Marktanteilen, relativ höheren Preisen sowie höheren Umsatz- und Kapitalrenditen (vgl. Hendricks/Sinhal, 2001, S. 359 ff.; Rust et al., 2002, S. 7 ff.; Wildemann, 2005, S. 21 ff.).

Das Qualitätsmanagement wird definiert als »aufeinander abgestimmte Tätigkeiten zum Leisten und Lenken einer Organisation bezüglich Qualität« (DIN EN ISO 9000, 2005, S. 21). Aufgabengebiete des Qualitätsmanagements bilden die Methoden zur Qualitätssteuerung und -erfassung sowie die Festlegung der Qualitätspolitik, Qualitätsziele, Qualitätsplanung und Qualitätsverbesserung.

Zu den wesentlichen Methoden zur Erfassung und Steuerung der Qualität zählen die Qualitätskostenrechnung und -analyse, die Fehlermöglichkeiten- und -einflussanalyse, die statistische Prozessregelung, das Quality Function Deployment, das Total Quality Management, Six Sigma und Kaizen. Diese werden insbesondere relevant, wenn Unternehmen eine qualitätsbasierte Wettbewerbsstrategie verfolgen (vgl. Abschnitt 3.2.5.2).

Qualitätskostenrechnung

Im Rahmen der **Qualitätskostenrechnung** werden qualitätsbezogene und qualitätsneutrale Kosten aufgenommen, wobei die qualitätsbezogenen Kosten in Fehlerverhütungskosten, Prüfkosten und Fehlerkosten bzw. Kosten der Übereinstimmung

(Beitrag zum Unternehmenserfolg) und Kosten der Abweichung (Verschwendung von Ressourcen) unterschieden werden (vgl. Coenenberg et al., 2012, S. 612; Crosby, 1990, S. 92).

Fehlermöglichkeits- und -einflussanalyse (FMEA)

Eine nicht finanzielle Methode stellt die **Fehlermöglichkeits- und -einflussanalyse (FMEA)** dar, die der frühzeitigen Entdeckung und Vermeidung von systematisch potenziellen Fehlern und der daraus entstehenden Risiken dient. Die systematische Risikoanalyse, Risikobewertung und die Erfassung der Optimierungsschritte erfolgt auf der Grundlage eines FMEA-Formblatts (vgl. DGQ, 2001, S. 23). In der Risikoanalyse werden die möglichen Fehler, Fehlerfolgen und Fehlerursachen festgehalten. In der Risikobewertung werden die Fehlerursachen anhand einer Risikoprioritätszahl in eine Risiko-Rangfolge gebracht. Je höher eine Fehlerursache in der Rangfolge ist, umso vorrangiger müssen Qualitätsmaßnahmen zur Verringerung dieses Risikos umgesetzt werden. In der Optimierung werden Lösungsvorschläge erarbeitet, um die Wahrscheinlichkeit des Auftretens des Fehlers bzw. der Fehlerursache zu verringern.

Statistische Prozessregelung (SPC)

Die **statistische Prozessregelung (SPC)** ist eine mathematisch-statistische Methode, um Informationen über den Zustand von Prozessen und deren Leistungsvermögen zu gewinnen (vgl. Kamiske/Brauer, 2011, S. 223 ff.). Sie ermöglicht es, Prozesse zu bewerten, zu regeln und kontinuierlich zu überwachen. Als wichtige Instrumente dienen dabei verschiedene Typen von Fähigkeitsindizes und Regelkarten. In der Qualitätsregelkarte werden Prozessergebnisse sowie systematische und zufällige Qualitätsabweichungen abgetragen. Prozessfähigkeiten, d. h. das Einhalten bestimmter Toleranzgrenzen bzgl. eines Qualitätsmerkmals als Ausmaß für die Prozessstreuung, können analysiert und Ursachen für Abweichungen ermittelt werden, um entsprechende Gegenmaßnahmen zu treffen.

Quality Function Deployment (QFD)

Als Methode der Qualitätsplanung dient das **Quality Function Deployment (QFD)** der kundenorientierten Steuerung des Produktentstehungsprozesses zur gleichzeitigen Optimierung von Qualitäts-, Zeit- und Kostenzielen. Das House of Quality (HoQ) bildet die erste Stufe des QFD und dient zur systematischen Strukturierung des QFD. Das HoQ übersetzt die kundenwichtigen Merkmale in Konstruktionsmerkmale, diese werden anschließend in der zweiten Stufe in Teilemerkmale überführt (Teileentwicklung). Dafür kann ein neues HoQ erstellt werden. Die Teilemerkmale werden in der dritten Stufe in entscheidende Betriebsabläufe überführt (Arbeitsvorbereitung), aus denen abschließend Produktionserfordernisse abgeleitet werden (Fertigungsplanung). Eine Erweiterung des QFD besteht in der Verbindung mit dem Target Costing.

Total Quality Management (TQM)

Ein Qualitätsmanagementansatz zur Ausrichtung der Prozesse und Denkweisen eines Unternehmens auf die Kundenzufriedenheit und somit auf die Kunden ist das **Total Quality Management (TQM)**. Die Kundenorientierung wird von den Mitarbeitern ebenfalls in die internen Kunden-Lieferanten-Beziehungen einbezogen. Die Grundlage eines erfolgreichen TQM bildet die ständige Verbesserung der Prozesse und Aktivitäten (vgl. Schildknecht, 1992, S. 117 ff.). Durch das TQM wird Qualität als Systemziel eingeführt und dadurch angestrebt, diese Qualität dauerhaft zu garantieren. Der Vorsatz der kontinuierlichen Verbesserung wird mittels des sogenannten PDCA-Zyklus verfolgt. Dieser Zyklus besteht aus den Phasen Planen, Ausführen, Überprüfen und Handeln (Plan, Do, Check, Act).

Six Sigma

Die Prozessqualität steht im Mittelpunkt des **Six Sigma-Ansatzes**. Der Begriff Six Sigma stammt aus der Statistik und bezeichnet eine Zielstreubreite von sechs Standardabweichungen um einen Ziel- bzw. Mittelwert herum. Damit ergibt sich ein Toleranzkorridor, in dem Ergebnisse als »richtig« anerkannt werden. Ein Six Sigma Niveau wird dann gleichgesetzt mit einem Niveau von weniger als 3,4 Fehlern je 1 Million hergestellter Produkte bzw. durchgeführter Prozesse (vgl. Hammer, 2002, S. 29). Ziel von Six Sigma ist somit die Verringerung der Schwankungsbreite der Prozessergebnisse im Vergleich zum Zielwert. Unter dem Schlagwort Six Sigma hat sich inzwischen eine ganze Unternehmensphilosophie entwickelt, die auf eine hohe Qualität bei gleichzeitig geringem Ressourceneinsatz ausgerichtet ist (vgl. Magnusson et al., 2001). Die Vorgehensweise unterscheidet die Phasen Definieren, Messen, Analysieren, Verbessern, Steuern (Define, Measure, Analyse, Improve, Control – DMAIC, vgl. z. B. Harry/Schroeder, 2001). Daneben ist die organisatorische Umsetzung des Konzepts von besonderer Bedeutung. In Anlehnung an die Kompetenz- und Gurteskala fernöstlicher Kampfsportarten werden sogenannte Black Belts qualifiziert, die eine umfangreiche Ausbildung in Statistik, Projektmanagement, Moderationstechnik und Führungslehre erhalten. Sie sind wesentlich für die permanente Implementierung und Weiterentwicklung des Six Sigma-Konzepts zuständig und wirken als Multiplikatoren des Ansatzes im Unternehmen. Für die unternehmenspolitische Rückendeckung werden Master Black Belts und Champions implementiert, für die operative Verbesserung Green und White Belts. Dies gibt allen Mitarbeitern die Möglichkeit der Identifikation mit dem Ansatz.

Kontinuierliche Verbesserung (Kaizen)

Die **kontinuierliche Verbesserung (Kaizen)** ist eine japanische Managementphilosophie, in deren Mittelpunkt die systematische und schrittweise Verbesserung von Prozessen steht (vgl. Imai, 1986). Der Fokus beim Kaizen liegt nicht auf dem Ergebnis, sondern auf dem Prozess zur Erzeugung des Ergebnisses. Es soll eine permanente, kontinuierliche Steigerung der Prozessleistung in kleinen Schritten durch Orientierung an den internen und externen Kundenwünschen unter Nutzung der Fähigkeiten aller Mitarbeiter erfolgen. Beim Kaizen werden die Prozessverbesserungsvorschläge somit von den Mitarbeitern, die mit den Prozessen vertraut sind, initiiert (bottom-up-Ansatz).

Zeitmanagement

Seit Beginn der 1990er Jahre gewinnt das Management des strategischen Erfolgsfaktors **Zeit** aufgrund der zunehmenden Dynamisierung der Märkte und der Verkürzung des Marktzyklus zunehmend an Bedeutung (vgl. Klenter, 1995, S. 18). Das verstärkte Bewusstsein für die Wichtigkeit des Zeitfaktors spiegelt sich in der häufigen Verwendung von Begriffen wie »Time-to-market«, »Just-in-time« oder »Lieferzeit und -treue« wider. Für den Begriff des Zeitmanagements existiert eine Vielzahl synonymer Fachbegriffe, wie z. B. »Time Based Management«, »Fast Cycle Capability« oder »Speed Management«. Die Aufgabe des Zeitmanagements besteht in der Beschleunigung betrieblicher Prozesse und einer Entscheidung bzgl. der Wahl des optimalen Zeitpunkts für bestimmte Maßnahmen (Timing). Zu dem Timing gehört u. a. die Entscheidung über den optimalen Zeitpunkt des Marktein- oder -austritts. Zur Verfolgung zeitbasierter Wettbewerbsstrategien zur Differenzierung gegenüber dem Wettbewerb siehe auch Abschnitt 3.2.5.3.

Response-Zeiten

Innerhalb der Beschleunigung der betrieblichen Prozesse bildet die ökonomische Gestaltung und Steuerung von Zeitspannen (Response-Zeiten) eine bedeutende

Praxisbeispiel

Six Sigma bei General Electric

»Qualitätsschwankungen sind böse«
Jack Welch, Ex-Chef von General-Electric setzte schon früh auf die Six-Sigma-Methode, an der sich nun auch die Deutsche Post orientieren will: Dabei geht es um die statistische Erfassung aller Prozesse, die im Unternehmen verbessert werden sollen.

Jack Welch, Ex-Chef von General-Electric, gab einst an seine Mitarbeiter eine einfache Maxime aus: »Qualitätsschwankungen sind böse.« Denn: »Damit Ihnen Kunden die Treue halten, ist es unabdingbar, dass Sie ihre Erwartungen erfüllen oder gar übertreffen«, schreibt Welch in seinem Bestseller«. Um dies den Mitarbeitern einzuimpfen, wählte Welch 1995 die Six-Sigma-Methode, an deren Prinzipien sich nun auch die Deutsche Post orientieren will. Six Sigma ist nichts anderes als gutes Prozessmanagement mit dem Ziel, möglichst alle Fehler in der Produktions- oder Dienstleistungskette auszumerzen und so eine Qualität ohne Schwankungen zu erreichen. Der Name Sigma kommt aus der Statistik und beschreibt die Abweichung von dem Mittelwert eines Prozesses: Six Sigma ist ein Maximalziel und dann erreicht, wenn nur noch 3,4 Fehler aus einer Million Fehlermöglichkeiten auftreten.
Damit ist man schon mitten im Kern von Six Sigma: Es geht um die exakte statistische Erfassung aller Prozesse, die im Unternehmen verbessert werden sollen.
Dadurch sollen die Fehlerquellen offen gelegt werden. Das Management muss dabei als Ziel einen Idealzustand vorgeben – bei der Deutschen Post könnte dies etwa die Paketzustellung vor zwölf Uhr sein. Dann werden Daten von allen Prozessen bis ins Detail erhoben, die an dieser Dienstleistung beteiligt sind. Meist sind dies wiederkehrende Schritte wie etwa Paketannahme, Abholung, Transport per Flugzeug oder Auslieferung.
Mithilfe dieser Daten soll das Management die Gründe erkennen, warum die Lieferung vor zwölf nicht immer gelingt, und diese beseitigen. Die statistische Messung ist zwar aufwendig, doch darin liegt der Charme von Six Sigma: Manager sollen auf Grundlage von harten Daten die Prozesse kontinuierlich verändern – und nicht nach dem Bauchgefühl entscheiden. Die Messung soll zudem helfen, den Erfolg zu dokumentieren.
Six-Sigma-Projekte werden in Unternehmen stets von speziell ausgebildeten Teams und Leuten umgesetzt, die verschiedene Qualifikationsstufen erreichen können. Bei General Electric ist dieses Wissen mitentscheidend für die Karriere der Manager. Die Idee dahinter: Nur wer die Prozesse genau kennt, kann sie auch steuern. Vielfach richtet sich auch die Gehaltsentwicklung daran aus, ob die Manager bessere Sigma-Werte in ihrem Zuständigkeitsbereich erzielt haben.
Als Vorteile von Six Sigma werden meist höhere Kundenbindung, weniger Verschwendung und somit auch Kostensenkung genannt. Doch für Jack Welch hatte die Methode eine weitere – oft unterschätzte – Wirkung: »Der vielleicht wichtigste Vorzug«, schreibt er, »ist die Fähigkeit, Führungspersönlichkeiten herauszubilden.«

Qualitätsmanagement: Unternehmen können nicht nur durch Übernahmen, neue Produkte oder bessere Vermarktung wachsen. Ebenso wichtig ist es, durch eine hohe und vor allem gleich bleibende Qualität die Kunden enger an sich zu binden.
Six Sigma: Qualitätsmanagement kann auf viele Arten betrieben werden, doch ein beliebter Ansatz ist mittlerweile Six Sigma: Bei dieser systematischen Methode liefern klare Daten und Statistiken die Grundlage dafür, wie Prozesse kontinuierlich verbessert und somit Fehlerquellen beseitigt und Kosten gesenkt werden können.
Geschichte: Die Idee für Six Sigma kam von japanischen Firmen. Die Methode wurde aber Mitte der achtziger Jahre vom US-Konzern Motorola während einer tiefen Krise entwickelt. Aber erst Jack Welch hat sie in seiner Zeit als General-Electric-Chef populär gemacht.
General Electric: Welch erklärte Six Sigma 1995 zum zentralen Managementinstrument und hat dadurch bei dem US-Konzern eine Kultur geschaffen, die komplett auf Werterzeugung für den Kunden ausgerichtet ist. Six Sigma wird heute von den meisten US-Großunternehmen eingesetzt, aber auch von mittlerweile mehr als 200 deutschen Firmen.
Schwierige Umsetzung: Programme zur Qualitätsverbesserung stehen und fallen mit dem Engagement der Mitarbeiter. Diese sind von Six Sigma zunächst oft verschreckt – allein das Wort ist kompliziert, der Ansatz scheint schwer verständlich. Deswegen muss die Umsetzung vom Topmanagement gefördert und möglichst einfach gehalten werden.

(Quelle: Handelsblatt, in: www.handelsblatt.de. Abruf: 21.03.2006)

Rolle. Die **Response-Zeiten** des Unternehmens sind dabei als Reaktionszeiten auf Impulse aus dem Unternehmen oder Unternehmensumfeld zu verstehen und bilden eine zentrale Zielgröße im Zeitmanagement (vgl. Coenenberg et al., 2012, S. 646). Basis für eine Systematisierung der Response-Zeiten einer Unternehmung bildet das erweiterte Produktlebenszykluskonzept (vgl. Abschnitt 3.2.4.3). Der **innovative Aktivitätszyklus** ist zum größten Teil dem Entstehungszyklus eines Produktes zuzuordnen und beinhaltet alle Aktivitäten zwischen Beginn eines Entwicklungsprojektes bis zur Markteinführung mit der zentralen Zeitgröße Einführungszeit (time-into-market). Neben der Einführungszeit wird häufig die Entwicklungszeit (time-to-market) als Zielgröße für zeitbasierte Wettbewerbsstrategien verfolgt. Zur zeitlichen Steuerung der Entwicklungszeiten kann z. B. das S-Kurven-Konzept eingesetzt werden (vgl. Abschnitt 3.3.2.2). Der **operative Aktivitätszyklus** umfasst den Marktzyklus mit der laufenden Marktversorgung und Nachsorge. Im operativen Bereich bilden die Wiederbeschaffungszeit für Teile und Komponenten (time-to-production), die Fertigungsdurchlaufzeit bzw. Lieferzeit (time-to-customer) und die Servicezeit die zentralen Zeitgrößen.

Zeitkostenrechnung

Die **Zeitkostenrechnung** bestimmt den Anteil der zeitgetriebenen Kosten an den Gesamtkosten und schlüsselt diese nach Zeitkostenarten auf (vgl. Fischer, 2000, S. 151). Innerhalb der zeitgetriebenen Kosten werden zeitneutrale und -relevante Kosten unterschieden, wobei die zeitrelevanten Kosten, wie z. B. zeitabhängige Fertigungslöhne, im Gegensatz zu den neutralen Kosten, wie z. B. Versicherung des Produktionsgebäudes, von der Dauer der betrieblichen Response-Zeiten beeinflusst werden. Die zeitrelevanten Kosten lassen sich in Abhängigkeit von dem Ziel der Zeitstrategie in verschiedene Zeitkostenarten gliedern. Bei der Verkürzung der Varianz der Responsezeit lassen sich Kosten für die Einhaltung der reduzierten Varianz (Zeiteinhaltungskosten), wie z. B. kalkulatorische Zinsen, Personal-, Betriebsstoff-, Transport-, Qualitätssicherungs- oder Schulungskosten, und Kosten im Falle einer Abweichung von der vorgegebenen Varianz (Zeitabweichungskosten), wie z. B. Marktbearbeitungs-, Schadensersatz- oder Opportunitätskosten, unterscheiden. Wird hingegen das Ziel der Reduktion des Mittelwerts der Response-Zeit verfolgt, so findet eine Betrachtung der Kosten für das Erlangen dieser kürzeren Durchlaufzeit (Kosten der Beschleunigung), wie z. B. Abschreibungen, Wartungs-, Betriebsstoff-, Rüst-, Qualitätssicherungs- oder Schulungskosten, als auch der Kostenreduktionspotenziale infolge der Beschleunigung, wie z. B. kalkulatorische Zinsen, Material-, Personal- oder Raumkosten, statt. Die entstandenen Kosten werden mit einem Zeitschlüssel auf Kostenartenkonten und Kostenstellen gebucht.

Prozessanalyse

Da die Schnelligkeit als wichtiges Kriterium im Zeitwettbewerb gilt, setzen die Maßnahmen des Zeitmanagements insbesondere an der Verkürzung der Prozesszeiten im innovativen als auch im operativen Aktivitätsbereich an. Eine **Prozessanalyse** ermöglicht dabei eine systematische Darstellung des chronologischen Ablaufs aller im Prozess integrierten Handlungen, eine Ermittlung von Durchführungszeiten einzelner Tätigkeiten und Teilprozesse sowie die Identifikation von Zeittreibern und zeitlichen Engpassstellen. Die Analyseergebnisse zeigen erste Ansatzpunkte für eine Reorganisation in Bezug auf zeitkritische Stellen im Prozessablauf (vgl. auch Abschnitt 5.2.2).

Praxisbeispiel

Time-to-Market dauert sieben Wochen

IT-Prozesse als Treiber für schnelleres Time to Market

Sieben Wochen braucht die IT im Durchschnitt, um ein Produkt marktreif zu machen – wobei »Time to Market« natürlich von Produkt und Branche abhängt. Doch zwei wichtige Treiber für eine kurze Dauer sind überall gleich.

Wie lange dauert eine Schwangerschaft? Kommt darauf an, was dabei herauskommen soll: Ein Mensch braucht 38 Wochen, ein Schwein 16, und ein Kaninchen trägt nur 30 bis 32 Tage. »Time to Market« in der IT ist ähnlich schlecht vergleichbar und trotzdem ein guter Indikator für Innovationskraft. Boydak Management Consulting hat die »T2M« in 60 Unternehmen gemessen und benennt die wichtigsten Einflussgrößen für eine schnelle Entwicklung in der IT. Grundannahme dabei: Geschwindigkeit ist der Schlüssel zum Erfolg. »Was nützt es, sechs Monate zu spät mit einem tollen Produkt am Markt zu sein, wenn ein Mitbewerber den Markt längst abgegrast hat?«, fragt Selçuk Boydak, Gründer des Schweizer Beratungshauses. Die Time to Market misst, wie lang der Anteil der Produktentwicklung innerhalb der IT dauert. »Somit ist sie ein wichtiger Indikator dafür, wie gut die IT das Geschäft bei dem vielleicht wichtigsten Thema unterstützt: wettbewerbliche Differenzierung durch schnellere Produkteinführungen«, erklärt Boydak.

Auch für Enrico Lardelli, Mitglied der Geschäftsleitung und CIO von PostFinance, dem fünftgrößten Finanzinstitut der Schweiz, ist der Zeitfaktor für Innovation eine ausgesprochen wichtige Steuerungsdimension. »Die IT kann beim Top-Management punkten, wenn sie sich daran messen lässt, wie stark sie die Time to Market für ein Produkt oder einen Service verkürzen hilft«, so Lardelli. T2M sei als IT-Kennzahl zwar zugegebenermaßen schwieriger zu ermitteln als das Antwortverhalten eines E-Mail-Servers, dafür aber auch sehr viel aussagekräftiger. »Die reinen IT-Kenngrößen werden vom Business nicht verstanden«, so Lardelli. »Nur für das Business verständliche und akzeptierte Kennzahlen sind gute Kennzahlen in der IT.« (...)

Auch wenn nicht alle Unternehmen einer Branche vergleichbar sind, so lässt sich doch klar erkennen, welche die zwei wichtigsten Treiber für eine gute T2M sind:

- flexible Architekturen, die durch Einsatz von Standardlösungen und eine gewisse Modularität geprägt sind; sie fördern einen guten T2M-Wert, weil die Einführung von Changes weniger komplex ist;
- agile Organisationen mit hoher Initiativkraft der Mitarbeiter, kurzen Entscheidungswegen und einer ausgeprägten Innovationskultur, die an harte Wettbewerbsbedingungen gewöhnt sind.

Der Beitrag der IT zu einer möglichst kurzen T2M ist auch für die Business-Steuerung bedeutsam. »Hier wird eine Größe gemessen, die das Zusammenspiel von Business und IT messbar und den gemeinsamen Erfolg quantifizierbar macht«, sagt Lardelli. PostFinance ist der ertragsstärkste Geschäftsbereich der Schweizerischen Post und hat 2009 rund 60 Prozent zum Gewinn der Schweizerischen Post beigesteuert. Mit einem Marktanteil von rund 60 Prozent ist das Finanzinstitut Marktführer im Schweizer Zahlungsverkehr und mit ihrem Portal E-Finance auch führend im Online-Banking.

Gerade im letztgenannten Geschäftsfeld trumpft die IT der PostFinance mit guten T2M-Werten auf. Jüngste Beispiele sind die Einführung von:

- Handy-Zahlung (Geldüberweisungen von einem Konto zum anderen);
- SMS- / E-Mail-Alarming aus dem E-Banking heraus zu verschiedenen definierbaren Events (zum Beispiel Lohnzahlung eingetroffen, Kontostand hat Grenze unterschritten etc.);
- Ausbaustufe der Handy-Zahlung: schnelle Umsetzung erster Mobile-Lösungen für Zahlungen via iPhone (B2B, B2C oder C2C) in Form von iApps.

Eine schnelle T2M im Online-Banking ist für PostFinance dank einer offenen und flexiblen Basisarchitektur möglich. Gerade für Bereiche, die eine hohe Flexibilität und Agilität erfordern, ist es von Vorteil, möglichst auf feste Code-Bestandteile zu verzichten und stattdessen parametrisierbare Komponenten bereitzustellen, die sich ohne aufwendige Programmierungen schnell anpassen lassen. Zudem ist die IT der Schweizer mittlerweile darauf getrimmt, jährlich zwei bis drei große sowie nach Bedarf weitere Zwischen-Releases erfolgreich einzuführen. Pro Release werden im Schnitt 20 bis 30 Projekte und rund 150 Kleinvorhaben mit einem monetären Gesamtumfang von 30 bis 35 Millionen Schweizer Franken realisiert.«

(Quelle: IDG Business Media GmbH (Hrsg.), in: http://www.cio.de/strategien/methoden/2235790/, Abruf: 24.05.2014)

Instrumente des Zeitmanagements

Zum Zeitmanagement können unterschiedliche **Instrumente** genutzt werden. So dienen Verfahren der Prozessmodellierung, wie z. B. Petri-Netze oder ARIS zur Darstellung und Analyse der Prozessabläufe (vgl. Abschnitt 5.2.3). Zur Erfassung des Zeitverbrauchs einzelner Tätigkeiten werden z. B. Arbeitsstudien nach REFA genutzt. Zur Identifikation, Beschreibung und Prognose von Veränderungen im Zeitablauf dienen Methoden, wie z. B. das Half-Life-Konzept, das Erfahrungskurvenkonzept oder das Lebenszyklusmodell (vgl. Kapitel 3).

Kontrollfragen

1. *Worin besteht die Notwendigkeit für das Prozesskostenmanagement?*
2. *Wie lassen sich »Activity Based Costing«, »Prozesskostenrechnung« und »Time Driven Activity Based Costing« voneinander abgrenzen?*
3. *Wie lässt sich die Vorgehensweise beim »Activity Based Costing« beschreiben?*
4. *Wie ist die Vorgehensweise bei der Prozesskostenrechnung?*
5. *Wie werden Prozesskostensätze gebildet?*
6. *Worin unterscheiden sich leistungsmengeninduzierte von leistungsmengenneutralen Kosten? Wie können leistungsmengenneutrale Kosten in der prozessorientierten Kalkulation berücksichtigt werden?*
7. *Welche strategischen Informationsvorteile bietet die Prozesskostenrechnung?*
8. *Wozu dienen Prozessmodelle und welche Prozessmodelle haben sich in der Unternehmenspraxis etabliert?*
9. *Welche Grundidee verfolgt das Target Cost Management?*
10. *Welches sind die sechs Grundprinzipien des Target Cost Managements und wie lassen sich diese erläutern?*
11. *Wie lässt sich die Vorgehensweise bei der Bestimmung der »Allowable Costs« beschreiben?*
12. *Welche Methoden zur Übertragung von Funktionen in Komponenten gibt es?*
13. *Wie ist ein Zielkostendiagramm aufgebaut und welche Aussagen haben die Zielkostenindizes?*
14. *Welche Faktoren sind während der Target Pricing- und Profit Planning-Phase zu berücksichtigen?*
15. *Was besagt der integrierte Produktlebenszyklus?*
16. *Worin besteht der Unterschied in der Betrachtung von Life Cycle Costing aus Produzenten- und Konsumentensicht?*
17. *Welches sind die Ziele des Benchmarkings und welcher Nutzen entsteht dabei für ein Unternehmen?*
18. *Welche verschiedenen Arten von Benchmarking gibt es und wie unterscheiden sie sich?*
19. *Welche einzelnen Phasen von Benchmarking gibt es?*
20. *Welche Bestandteile einer Bilanz sind dem Working Capital zuzurechnen?*
21. *Weshalb sollte die Working Capital Analyse in das regelmäßige Reporting eingebunden sein?*

22. *Wie wirken sich Veränderungen des Working Capitals auf die finanziellen Berichte des Unternehmens aus?*
23. *Was sind übliche Kennzahlen zur Analyse des Working Capitals?*
24. *Welche Maßnahmen kann das Management zur Verbesserung seiner Working Capital Position verwenden?*
25. *Welche Methoden des Qualitätsmanagements gibt es und wie lassen sich diese erläutern?*
26. *Welche Zeitgrößen werden im Zeitmanagement unterschieden und wozu dient die Zeitkostenrechnung?*

Abkürzungsverzeichnis

ABC	Activity Based Costing
ARIS	Architektur integrierter Informationssysteme
BPO	Business Process Outsourcing
BPR	Business Process Reengineering
CCC	Cash Conversion Cycle
CFROI	Cashflow Return on Investment
CRM	Customer Relationship Management
DEA	Data Envelopment Analysis
DFMA	Design for Manufacture and Assembly
DGQ	Deutsche Gesellschaft für Qualität
DIO	Days Inventories Outstanding
DPO	Days Payables Outstanding
DSI	Days Sales of Inventory
DSO	Days Sales Outstanding
EPK	Ereignisgesteuerte Prozesskette
EVA	Economic Value Added
FE	Fertigerzeugnisse
FMEA	Fehlermöglichkeiten- und -einflussanalyse
FTE	Full Time Equivalents
HoQ	House of Quality
HP	Hauptprozess
IGC	International Group of Controlling
IT	Informationstechnik
ITIL	Information Technology Infrastructure Library
Kost.	Kostenstelle
LuL	Lieferungen und Leistungen
lmi	leistungsmengeninduziert
lmn	leistungsmengenneutral
PDCA	Plan, Do, Check, Act
PKR	Prozesskostenrechnung
PLM	Product Lifecycle Management

QFD	Quality Function Deployment
REFA	Verband für Arbeitsgestaltung, Betriebsorganisation und Unternehmensentwicklung
RHB	Roh-, Hilfs- und Betriebsstoffe
SCC	Supply Chain Council
SCM	Supply Chain Management
SCOR	Supply Chain Operation Reference-Modell
SLA	Service Level Agreement
SPC	Statistical Process Control
TCT	Total Cycle Time
TDABC	Time Driven Activity Based Costing
TQM	Total Quality Management
UFE	Unfertige Erzeugnisse
VDMA	Verband Deutscher Maschinen- und Anlagenbau

Literaturhinweise

Ansari, S. L./Bell, J. (1997): CAM-I Target Cost Core Group: Target Costing. The Next Frontier in Strategic Cost Management, Chicago 1997.

Arnaout, A. (2001): Target Costing in der deutschen Unternehmenspraxis, München 2001.

Bauer, H. H./Stokburger, G./Hammerschmidt, M. (2006): Marketing Performance. Messen – Analysieren – Optimieren, Wiesbaden 2006.

Camp, R. (1994): Benchmarking, München 1994.

Coenenberg, A. G./Fischer, T. M. (1991): Prozesskostenrechnung – Strategische Neuorientierung in der Kostenrechnung, in: Zeitschrift für Betriebswirtschaft, 51. Jg., 1991, Heft 1, S. 21–37.

Coenenberg, A. G./Fischer, T. M./Günther, T. (2012): Kostenrechnung und Kostenanalyse, 8. Aufl., Stuttgart 2012.

Coenenberg, A. G./Mattner, G./Schultze, W. (2014): Einführung in das Rechnungswesen. Grundzüge der Buchführung und Bilanzierung, 5. Aufl., Stuttgart 2014.

Cooper, R. (1990): Cost Classification in unit-based and activity-based manufacturing cost systems, in: Journal of Cost Management, 4. Jg., 1990, Heft 3, S. 4–14.

Cooper, R./Slagmulder, R. (1997): Target Costing and Value Engineering, Portland 1997.

Coners, A./von der Hardt, G. (2004): Time-Driven Activity-Based Costing. Motivation und Anwendungsperspektiven, in: Zeitschrift für Controlling und Management, 48. Jg., 2004, Heft 2, S. 108–118.

Crosby, P. B. (1990): Qualität ist machbar, Hamburg 1990.

DGQ (2001): FMEA – Fehlermöglichkeits- und Einflussanalyse, Deutsche Gesellschaft für Qualität e. V., Arbeitsgruppe 131 »FMEA«, DGQ-Band, 13-11, 2. Aufl., Berlin 2001.

DIN EN ISO 9000 (2005): Qualitätsmanagementsysteme – Grundlagen und Begriffe, o. Ort 2005.

Ehrlenspiel, K./Kiewert, A./Lindemann, U. (2002): Kostengünstig Entwickeln und Konstruieren. Kostenmanagement bei der integrierten Produktentwicklung, Berlin 2002.

Feldmayer, J./Seidenschwarz, W. (2005): Marktorientiertes Prozessmanagement, München 2005.

Fischer, J. (2000): Zeitwettbewerb. Grundlagen, strategische Ausrichtung und ökonomische Bewertung zeitbasierter Wettbewerbsstrategien, München 2000.

Fischer, T. M./Schmitz, J. (1994): Informationsgehalt und Interpretationsmöglichkeiten des Zielkostenkontrolldiagramms im Target Costing, in: Kostenrechnungspraxis, 38. Jg., 1994, Heft 6, S. 427–433

Franz, K.-P./Kajüter, P. (2002): Kostenmanagement in Deutschland – Empirische Befunde zur Praxis des Kostenmanagements in deutschen Großunternehmen, in: Franz, K.-P./Kajüter, P. (Hrsg.): Kostenmanagement. Wertsteigerung durch systematische Kostensteuerung, 2. Aufl., Stuttgart 2002, S. 569–585.

Friedl, B. (2003): Controlling, Stuttgart 2003.

Gaitanides, M. (2012): Prozessorganisation. Entwicklung, Ansätze und Programme des Managements von Geschäftsprozessen, 3. Aufl., München 2012.

Götze, U. (2010): Kostenrechnung und Kostenmanagement, 5. Aufl., Berlin 2010.

Hammer, M. (2002): Process Management and the Future of Six Sigma, in: MIT Sloan Management Review, 43. Jg., Heft 2, S. 26–31.

Hammer, M./Champy, J. (2003): Business Reengineering. Die Radikalkur für das Unternehmen, 7. Aufl., Frankfurt a. M./New York 2003.

Harry, M./Schroeder, R. (2001): Six Sigma. Prozesse optimieren, Null-Fehler-Qualität schaffen, Rendite radikal steigern, 2. Aufl., Frankfurt a. M. 2001.

Hendricks, K. B./Sinhal, V. R. (2001): Firm characteristics, total quality management, and financial performance, in: Journal of Operations Management, 19. Jg., 2001, Heft 3, S. 269–285.

Horváth, P. (2011): Controlling, 12. Aufl., München 2011.

Horváth, P./Mayer, R. (1989): Prozesskostenrechnung – Der neue Weg zu mehr Kostentransparenz und wirkungsvolleren Unternehmensstrategien, in: Controlling, 1. Jg., 1989, Heft 4, S. 214–219.

Horváth, P./Mayer, R. (1993): Prozesskostenrechnung – Konzeption und Entwicklung, in: Kostenrechnungspraxis, 37. Jg., 1993, Sonderheft 2, S. 15–23.

Horváth, P./Möller, K. (2003): Target Pricing und Profit Planning, in: Diller, H./Hermann, A. (Hrsg.): Handbuch Preispolitik, Wiesbaden 2003, S. 455–480.

Horváth, P./Seidenschwarz, W. (1992): Zielkostenmanagement, in: Controlling, 4. Jg., 1992, Heft 3, S. 142–150.

ICV (Hrsg.): Working Capital Management. Leitfaden für die nachhaltige Optimierung von Vorräten, Forderungen und Verbindlichkeiten, Freiburg 2013.

IGC (Hrsg.): Controlling-Prozessmodel. Ein Leitfaden für die Beschreibung und Gestaltung von Controlling-Prozessen, Freiburg 2011.

Imai, M. (1986): Kaizen. The Key to Japan's Competitive Success, New York 1986.

Ittner, C. D./Lanen, W. N./Larcker, D. F. (2002): The association between activity-based costing and manufacturing performance, in: Journal of Accounting Research, 40. Jg., 2002, Heft 3, S. 711–726.

Kajüter, P. (2000): Proaktives Kostenmanagement. Konzeption und Realprofile, Wiesbaden 2000.

Kajüter, P. (2005): Kostenmanagement in der deutschen Unternehmenspraxis. Empirische Befunde einer branchenübergreifenden Feldstudie, in: Schmalenbachs Zeitschrift für betriebswirtschaftliche Forschung, 57. Jg., 2005, Heft 1, S. 79–100.

Kamiske, G. F./Brauer, J.-P. (2011): Qualitätsmanagement von A bis Z. Erläuterung moderner Begriffe des Qualitätsmanagements, 7. Aufl., München/Wien 2011.

Kaplan, R. S./Anderson, S. R. (2004): Time-Driven Activity-Based Costing, in: Harvard Business Review, 82. Jg., 2004, Heft 11, S. 131–138.

Kaplan, R. S./Cooper, R. (1998): Cost & Effect. Using Integrated Cost Systems to Drive Profitability and Performance, Boston 1998.

Klenter, G. (1995): Zeit – Strategischer Erfolgsfaktor von Industrieunternehmen, Hamburg 1995.

Magnusson, K./Kroslid, D./Bergman, B. (2001): Six Sigma umsetzen. Die neue Qualitätsstrategie für Unternehmen, München 2001.

Möller, K. (2002): Zuliefererintegration in das Target Costing auf Basis der Transaktionskostentheorie, München 2002.

Pfohl, M. (2002): Prototypgestützte Lebenszyklusrechnung, München 2002.

Rösler, F. (1996): Target Costing für die Automobilindustrie, Wiesbaden 1996.

Rust, R. T./Moorman, C./Dickson, P. R. (2002): Getting return on quality: Revenue expansion, cost reduction, or both?, in: Journal of Marketing, 66. Jg., 2002, Heft 4, S. 7–24.

Sakurai, M. (1989): Target Costing and how to use it, in: Journal of Cost Management, 3. Jg., 1989, Heft 2, S. 39–50.

Schildknecht, R. (1992): Total quality management. Konzeption und State of the Art, Frankfurt a. M./New York 1992.

Schiller, U./Keimer, I./Egle, U./Keune, H. (2007): Kostenmanagement in der Schweiz: Eine empirische Studie, in: Controlling, 19. Jg., 2007, Heft 6, S. 301–307.

Seidenschwarz, W. (1991): Target Costing – ein japanischer Ansatz für das Kostenmanagement, in: Controlling, 3. Jg., 1991, Heft 4, S. 198–203.

Seidenschwarz, W. (1993): Target Costing. Marktorientiertes Zielkostenmanagement, München 1993.

Seidenschwarz, W. (1995): Target Costing und die Rolle des Controlling darin, in: Horváth, P. (Hrsg.): Controllingprozesse optimieren, Stuttgart 1995, S. 107–131.

Siebert, G./Kempf, S. (2008): Benchmarking, 3. Aufl., München 2008.

VDMA (2006): VDMA-Einheitsblatt. Prognosemodell für die Lebenszykluskosten von Maschinen und Anlagen, Berlin 2006.

von der Hardt, G./Lindner, S. (2007): Prozessorientiertes Benchmarking im Profifußball, in: Controlling, 19. Jg., 2007, Heft 6, S. 317–326.
Wildemann, H. (2005): Zahlt sich Qualität aus? Renditewirksamkeit eines Qualitätsmanagements, in: Qualität und Zuverlässigkeit, 50. Jg., 2005, Heft 5, S. 21–25.
Wübbenhorst, K. L. (1984): (Konzept) der Lebenszykluskosten. Grundlagen, Problemstellungen und technologische Zusammenhänge, Darmstadt 1984.

6 Anreizsysteme in arbeitsteiligen Organisationsstrukturen

Lernziele

In diesem Kapitel erfahren Sie,

- warum Entscheidungen innerhalb von Unternehmen delegiert werden,
- welche unterschiedlichen Möglichkeiten der organisatorischen Gestaltung bestehen,
- welche Ursachen für Anreizprobleme bestehen und welche Lösungsmöglichkeiten es hierfür gibt,
- welche Aufgabe dem Controlling zur Lösung von Anreizproblemen zukommt.

Im Jahr 1960 übernahm Johann Müller den Familienbetrieb von seinem Vater. Nach der Übergabe arbeitete nur Johann Müller im Betrieb. Sein Vater unterstützte ihn jedoch immer, wenn »Not am Mann« war. Wegen seiner Lehre zum Elektroniker hatte Herr Müller ein hohes Fachwissen im Bereich Elektrotechnik. Die kaufmännischen Aufgaben hingegen erfüllte er nur notgedrungen. In seiner Freizeit bastelte Herr Müller gerne an Elektronikbauteilen. Eines Abends hatte er die bahnbrechende Idee, gängige Tonbänder in verkleinerter, kompakter Form in ein Plastikgehäuse zu packen und so leichter bedienen zu können. Damit konnte man auch Tonbandgeräte kompakter gestalten und auch in ein Radio integrieren. Der Kassettenrekorder war geboren. Diese einmalige Geschäftsidee führte dazu, dass in den folgenden Jahren der Familienbetrieb rapide wuchs. Aus dem ehemaligen Familienbetrieb Müller entwickelte sich die Grape SE. Aufgrund des stark wachsenden Geschäftes konnte Herr Müller die anfallenden Aufgaben aus zeitlichen Gründen nicht mehr alleine ausführen. Er war gezwungen, Mitarbeiter einzustellen und Aufgaben an diese zu delegieren. Herr Müller beschäftigte nun Herrn Kaiser, einen neuen Mitarbeiter, der für das gesamte Rechnungswesen zuständig ist, einschließlich betriebswirtschaftlicher Auswertungen. Diese Entscheidung erschien sehr sinnvoll, da Herr Müller im Herzen Techniker war und wenig Interesse und Know-how in Sachen Buchhaltung mitbrachte. Dessen geringe Neigung für betriebswirtschaftliche Dinge verhilft jedoch Herrn Kaiser zu einem Informationsvorsprung gegenüber seinem Chef. Das verleitet ihn gelegentlich dazu, Herrn Müller nur die halbe Wahrheit zu berichten. Häufig will dieser sich gar nicht so intensiv mit den Einzelheiten befassen, sondern lieber nur kurz und knapp hören, dass alles gut läuft. Dies führt bald dazu, dass faktisch Herr Kaiser viele wichtige Entscheidungen trifft. Ob diese immer im Interesse von Herrn Müller sind, ist offen.

Dieses Kapitel beschäftigt sich mit Anreizproblemen, die in arbeitsteiligen Organisationen entstehen können. Diese ergeben sich dann, wenn einzelne Akteure innerhalb einer Organisation die ihnen übertragenen Entscheidungsbefugnisse opportunistisch ausnutzen können. Das Controlling kann durch Koordinationsinstrumente einen Beitrag zur Lösung der Anreizprobleme liefern. Darüber hinaus wird der Zusammenhang zwischen den Koordinationsinstrumenten und der Gestaltung von Anreizsystemen dargestellt. Das Kapitel schließt mit einer Darstellung verschiedener Ausgestaltungsmöglichkeiten von Anreizsystemen und einem Ausblick auf zukünftige Entwicklungen hinsichtlich der Gestaltung nachhaltiger Anreizsysteme.

6.1 Zentralisation vs. Delegation von Entscheidungsbefugnissen

Ausgangsproblem der organisatorischen Gestaltung

Als Ausgangsproblem der organisatorischen Gestaltung wird das Phänomen der **Arbeitsteilung bzw. Spezialisierung** angesehen (vgl. Kieser/Walgenbach, 2010, S. 71). So sind die Gesamtaufgaben einer Organisation häufig schlicht zu umfangreich, als dass sie nur von einer einzigen Person ausgeführt werden könnten. Man stelle sich bspw. vor, dass sämtliche Entscheidungen, die bei einem Konzern wie Siemens anfallen, ausschließlich von einer einzigen Person getroffen würden. Da dies offensichtlich unmöglich ist, werden Entscheidungskompetenzen und Verantwortlichkeiten an verschiedene Entscheidungsträger delegiert, die besonderes Detailwissen haben. In obigem Fallbeispiel der Grape SE wird ein neuer Mitarbeiter eingestellt, weil er über ein spezifisches Wissen hinsichtlich betriebswirtschaftlicher Zusammenhänge verfügt, welches sonst bisher nicht im Unternehmen vorhanden war. Die Forderung nach einer Delegation von Entscheidungskompetenzen an verschiedene Entscheidungsträger wird durch die zunehmende Komplexität der Wertschöpfungsprozesse in globalisierten Märkten verstärkt.

Koordination und Organisation

Durch die Zusammenfassung von Teilaufgaben des Unternehmens entstehen einzelne Organisationseinheiten. Diese können sich dahingehend unterscheiden, dass merkmalsgleiche Teilaufgaben zusammengefasst (**Zentralisation**) oder getrennt (**Dezentralisation**) werden. Das **organisatorische Problem** besteht nun darin, die Entscheidungen von Organisationsmitgliedern zielorientiert zu steuern bzw. zu koordinieren (vgl. Laux, 2006, S. 1). In der Unternehmenspraxis bedeutet dies, dass der Erfolg eines Unternehmens von einer Vielzahl einzelner, an verschiedenen Stellen im Unternehmen getroffener Entscheidungen abhängt. So treffen Vorstände, Geschäftsführer, Bereichsmanager, Abteilungsleiter usw. jeweils im Rahmen der ihnen zugeordneten Kompetenzen Entscheidungen. Die sich daraus ergebende Problemstellung besteht darin, sicherzustellen, dass sich die Entscheidungsträger an der Zielsetzung des Gesamtunternehmens und nicht an ihren persönlichen Zielen orientieren.

Prinzipal-Agenten-Theorie

Dieses Delegationsverhältnis zwischen Auftraggebern und Ausführenden (vgl. Abb. 6-1) wird im Rahmen der **Prinzipal-Agenten-Theorie** untersucht (vgl. Jensen/Meckling, 1976; Holmstrom, 1979). Ein konkretes Beispiel für dieses Delegationsverhältnis sind Eigentümer eines Unternehmens, welche Entscheidungskompetenzen an

Abb. 6-1

Delegationsverhältnisse als Prinzipal-Agent-Beziehungen

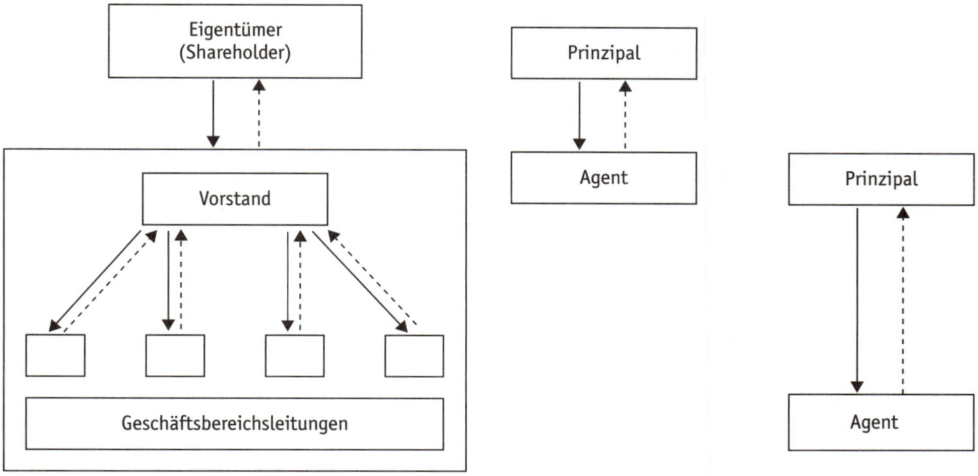

(Quelle: Coenenberg et al., 2012, S. 779)

Geschäftsführer bzw. Vorstände delegieren, wie dies z. B. bei Aktiengesellschaften der Regelfall ist. Der Vorstand wiederum delegiert Aufgaben und Entscheidungskompetenzen an einzelne Bereichsverantwortliche (bspw. an einen Leiter des Entwicklungsbereichs oder an einen Verantwortlichen eines bestimmten Produktsegments). Hieraus resultiert, dass einzelne Personen gleichzeitig sowohl die Rolle eines Prinzipals als auch eines Agenten einnehmen können.

Charakteristik von Delegationsverhältnissen

Die grundlegende Charakteristik solcher **Delegationsverhältnisse** ist, dass der Agent (bspw. die Geschäftsbereichsleitung) eigene Ziele verfolgt, die den Zielen des Prinzipals (bspw. Vorstand bzw. Eigentümer) entgegenstehen können (**opportunistisches Handeln**), und dass die Geschäftsbereichsleitung wegen ihrer Geschäfts- und Marktnähe über Informationen verfügt, die dem Vorstand bzw. den Eigentümern nicht ohne weiteres zugänglich sind (**asymmetrische Information**). Einerseits ist die Tatsache, dass bspw. ein Bereichsmanager über spezifisches Wissen in seinem Bereich verfügt, auch der Grund für die Delegation von Entscheidungsbefugnissen (bspw. Produktionsprogramm in einem bestimmten Segment). Andererseits ist gerade die Kombination aus asymmetrischer Information und divergierenden Zielstellungen von Prinzipal und Agent Ursache für potenzielle Anreizprobleme. Angenommen, es bestünden keine Zielkonflikte zwischen Prinzipal und Agenten, so könnte man auch bei asymmetrisch verteilten Informationen davon ausgehen, dass Manager ihren Entscheidungsspielraum im Sinne der Eigentümer ausnutzen. Geht man umgekehrt davon aus, dass der Agent über keinen Informationsvorsprung verfügt, so könnte der Prinzipal ein Abweichen des Agenten von einer gewünschten Verhaltensweise entsprechend beobachten und sanktionieren. Nur die Kombination von asymmetrischer Information und Zielkonflikten führt also zu Anreizproblemen. Die verschiedenen Formen der Informationsasymmetrie sind in Tabelle 6-1 zusammengefasst.

Es lassen sich drei verschiedene Typen von Informationsasymmetrien unterscheiden (vgl. u. a. Arrow, 1985, S. 38 ff.; Spreman, 1990, S. 566; Breid, 1994, S. 238; Küpper et al., 2013, S. 102 ff.):

- **Hidden characteristics** beschreibt die Situation, in welcher der Prinzipal vor Vertragsabschluss mit dem Agenten, dessen Eigenschaften (wie z. B. Fähigkeiten, Begabung) nicht kennt. Da der Agent über seine eigenen Eigenschaften besser informiert ist als der Prinzipal, besitzt dieser einen Informationsvorsprung gegenüber dem Prinzipal. Folglich kann es passieren, dass der Prinzipal einen Agenten einstellt, obwohl dieser für die jeweilige Arbeitsstelle ungeeignet ist. Um dieses Problem zu lösen, hat der Prinzipal mehrere Möglichkeiten. So kann er bspw. Einstellungstests durchführen, um seine Informationsbasis zu verbessern. Diese Methodik wird als screening bezeichnet. Des Weiteren kann der Prinzipal potenziellen Mitarbeitern verschiedene Arbeitsverträge anbieten. Mithilfe der sog. self selection lassen sich somit bspw. risikoaverse Agenten identifizieren, da diese statt einer erfolgsabhängigen Entlohnung eher ein fixes Gehalt präferieren. Die dritte Möglichkeit stellt das signalling dar. Beim signalling geht die Initiative vom Agenten aus. Dabei möchte er den Prinzipal von seinen Fähigkeiten überzeugen,

Tab. 6-1

Formen der Informationsasymmetrie

	hidden characteristics	hidden information	hidden action
Entstehungs-zeitpunkt	vor Vertragsabschluss	nach Vertragsabschluss, vor Entscheidung	nach Vertragsabschluss, nach Entscheidung
Entstehungs-ursache	ex ante verborgene Eigenschaften des Agents	nicht beobachtbarer Informationsstand des Agents	nicht beobachtbare Aktivitäten des Agents
Problem	Eingehen der Vertragsbeziehung	Ergebnisbeurteilung	Verhaltens-/Leistungsbeurteilung
Resultierende Gefahr	adverse selection	moral hazard	moral hazard, shirking
Lösungsansätze	signalling screening self selection	Anreizsysteme Kontrollsysteme self selection	Anreizsysteme Kontrollsysteme
Beispiele	Herr Müller kennt Herrn Kaiser nur aus seinen Bewerbungsunterlagen. Verfügt Herr Kaiser wirklich über das benötigte Know-how im Rechnungswesen?	Herr Kaiser besitzt einen Informationsvorsprung gegenüber Herrn Müller, da er über spezielles Know-how im Bereich der Buchhaltung verfügt. Setzt er dies für das Wohl des Unternehmens ein?	Herr Müller kann nicht beobachten, wie Herr Kaiser nach der Einstellung seine Aufgaben verrichtet. Erledigt er die Aufgaben bestmöglich oder verfolgt er eher eigene Interessen, indem er seinen Arbeitsaufwand minimiert?

(Quelle: in Anlehnung an Küpper et al., 2013, S. 102)

um einen bestmöglichen Arbeitsvertrag zu erzielen. Ein Zeugnis, Zertifikat etc. dient als ein solches Signal, um Kenntnisse im jeweiligen Fachbereich zu belegen.

- Bei **hidden information** verfügt der Agent im Zeitpunkt der Entscheidung über eine bessere Informationsbasis als der Prinzipal. Dieser Vorsprung resultiert aus seiner Expertise bzw. Erfahrungen im Rahmen seiner Tätigkeit im entsprechenden Unternehmensbereich. So könnte es passieren, dass der Mitarbeiter eine Entscheidungsalternative wählt, die zwar ihm einen Vorteil generiert, jedoch nicht optimal für das Unternehmen erscheint. Außerdem ist es auch möglich, dass der Agent falsche Ergebnisse bzw. Informationen an den Prinzipal meldet. Um dieses Problem zu mildern, kann der Prinzipal geeignete Anreiz- und Kontrollsysteme einsetzen. Durch zielgerichtete Anreizsetzung soll der Agent dazu bewegt werden, sich bei Entscheidungen im Sinne des Unternehmens zu verhalten. Außerdem kann der Prinzipal dem Agenten verschiedene Verträge anbieten (self selection). Dadurch soll erreicht werden, dass der Agent seinen Informationsstand offenlegt.
- Kann der Prinzipal zwar das Ergebnis beobachten, jedoch aber nicht das Verhalten des Agenten, so handelt es sich um **hidden action**. Bei diesem Problem kann der Prinzipal das Aktivitätsniveau des Agenten nicht beobachten, ob dieser fleißig arbeitet oder sich eher um die Arbeit »drückt« (shirking). Durch die Reduktion des Arbeitseinsatzes kann der Agent sich einen eigenen Vorteil verschaffen (moral hazard). Schlechte Ergebnisse führt der Agent dabei auf nicht beeinflussbare Umweltereignisse zurück. Mit der Wahl geeigneter Anreiz- und Kontrollsysteme (vgl. Abschnitt 6.4) soll sichergestellt werden, dass beim Agenten ein Anreiz generiert wird, seine Arbeitsleistung im Sinne des Unternehmens anzupassen.

Optimales Ausmaß der Entscheidungsdelegation

Als Konsequenz dieser Zusammenhänge zeigt schon Williamson (1967), dass eine stärkere Delegation von Entscheidungskompetenzen einen **Kontrollverlust** beinhaltet, da dadurch für einzelne Entscheidungsträger zunehmende Möglichkeiten entstehen, sich opportunistisch zu verhalten. Umgekehrt ermöglicht die Delegation aber, dass »bessere« Entscheidungen getroffen werden können, da dann die Entscheidungsträger über die beste Sachkenntnis bzgl. des Problemfelds verfügen (**Flexibilitätsgewinn**). Insofern ist das optimale Ausmaß der Delegation von Entscheidungen in einem Unternehmen und damit auch indirekt die Form der organisatorischen Gestaltung durch einen Trade-off zwischen Kontrollverlust und Flexibilitätsgewinn gekennzeichnet.

6.2 Anreizprobleme und Controlling

Entscheidungsunterstützungs- und Verhaltenssteuerungsfunktion

Grundsätzlich dienen die Informationen des Rechnungswesens dem Ziel, auf deren Grundlage möglichst optimale Entscheidungen im Sinne des Gesamtunternehmensziels zu treffen. Bei Zentralisation aller Entscheidungen wäre dies der einzige mit dem Controlling verbundene Zweck (sog. **Entscheidungsunterstützungsfunktion**). Durch die Delegation von Entscheidungsbefugnissen kommt die Notwendigkeit hinzu, dass sichergestellt werden muss, dass auch die von beauftragten Entscheidern

Praxisbeispiel

Verhalten sich Manager immer im Sinne der Eigentümer?

Prozess gegen ehemaligen Arcandor-Vorstand

Im Jahr 2002 verkaufte die Arcandor-Tochter Karstadt fünf ihrer Warenhäuser an den Oppenheim-Esch-Fonds. Die vom Fonds sanierten Immobilien wurden daraufhin von Karstadt wieder zu überhöhten Mieten zurückgemietet. Ebenfalls an diesem Fonds beteiligt waren auch Ex-Arcandor-Chef Thomas Middelhoff und seine Frau. Den Deal organisierte jedoch der damalige KarstadtQuelle-Chef Wolfgang Urban. Middelhoff wird aber vorgeworfen, juristische Schritte gegen den Oppenheim-Esch-Fonds nicht eingeleitet zu haben. Der Fonds hatte im Rahmen des Deals vereinbart, zur Kompensation der hohen Mieten, Karstadt an zukünftigen Immobiliengeschäften partizipieren zu lassen. Diese Vereinbarung wurde jedoch nicht eingehalten. Im Juni 2009 musste Arcandor Insolvenz anmelden. In der Folge verklagte der Arcandor-Insolvenzverwalter Hans-Gerd Jauch Middelhoff und weitere ehemalige Arcandor-Vorstände auf Schadensersatz wegen Pflichtverletzung in Höhe von 175 Millionen Euro. Diese Forderungen werden aktuell in zweiter Instanz vor dem Oberlandesgericht Hamm verhandelt. In einem weiteren Verfahren des Insolvenzverwalters wegen angeblich überzogener Boni, Spesen und Abfindungszahlungen wurde Middelhoff vom Landgericht Essen im September 2013 zur Zahlung von 3,4 Millionen Euro verurteilt. (http://www.spiegel.de/wirtschaft/manager-middelhoff-immobiliendeals-bringen-ex-arcandor-chef-in-bedraengnis-a-628917.html vom 06.06.2009, Abruf: 10.07.2014; http://www.spiegel.de/wirtschaft/unternehmen/middelhoff-insolvenzverwalter-gewinnt-in-prozess-um-schadensersatz-a-829709.html vom 25.04.2012, Abruf: 10.07.2014; http://www.spiegel.de/wirtschaft/unternehmen/thomas-middelhoff-verweigert-im-oppenheim-prozess-die-aussage-a-967591.html vom 05.05.2014, Abruf: 10.07.2014)

Schrempp und seine Vision einer »Welt-AG«

Im Jahr 1998 fusionierten die beiden Autobauer Daimler-Benz und Chrysler. Der damalige Daimler-Benz-Chef Jürgen Schrempp bezeichnete die Fusion als »eine Hochzeit des Himmels«. Des Weiteren prägte Schrempp vor allem die Idee von einer »Welt-AG«. Deshalb beteiligte sich Daimler Chrysler im Jahr 2000 ebenfalls beim japanischen Autobauer Mitsubishi Motors. Jedoch hielt dieses Engagement nur 5 Jahre. Als Folge der Fusion entstand für die Aktionäre zwischen 1998 und 2000 ein Vermögensverlust von ca. 60 Mrd. DM. Nach hohen Verlusten und gescheiterten Sanierungsversuchen von Chrysler trennte sich Daimler 2007 von Chrysler. (Quelle: http://www.stern.de/wirtschaft/news/daimlerchrysler-schrempp-und-seine-vision-einer-welt-ag-507397.html vom 04.05.2003, Abruf: 10.07.2014)

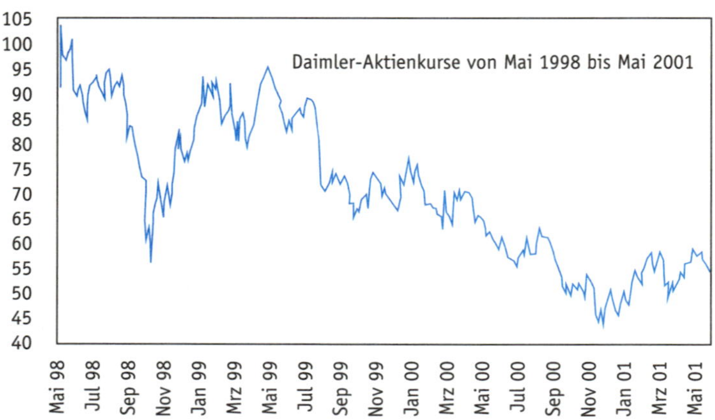

getroffenen Entscheidungen im Sinne des Unternehmensgesamtziels optimal sind (sog. **Verhaltenssteuerungsfunktion**). Beauftragte Manager sollen motiviert werden, sich im Sinne des Gesamtunternehmens zu verhalten. Mitarbeiter sollen einen Anreiz erhalten, sich anzustrengen – der »Dienst nach Vorschrift« soll eigenverantwortlichem Verhalten, gepaart mit unternehmerischem Denken, weichen. Im Rahmen der Verhaltenssteuerungsfunktion kommt dem Controlling damit die Aufgabe zu, das Verhalten der Agenten auf das Gesamtunternehmensziel hin zu beeinflussen.

Entscheidungsrechnungen dienen dem einzelnen Entscheidungsträger zur Entscheidungsfindung. Bestünden keine Interessenskonflikte, würde er diese Informationen genauso einsetzen wie der Prinzipal selbst. Leider ist dies häufig aber nicht der Fall. Manager verfolgen persönliche Ziele und nutzen Informationsvorsprünge dazu aus, ihre eigenen Ziele zu erreichen, was teilweise den Zielen der Eigentümer zuwider laufen kann.

Funktionen der Kontrollrechnung

Über Kontrollrechnungen sollen daher die Auswirkungen der Entscheidungen auf das Gesamtunternehmen messbar und damit beurteilbar gemacht werden. Im Idealfall würde diese nachträgliche Leistungsbeurteilung, verbunden mit negativen und positiven Sanktionen, den Agenten dazu veranlassen, sich im Sinne des Prinzipals zu verhalten. Der Agent antizipiert die zukünftige Leistungsbeurteilung und berücksichtigt deren Auswirkungen bereits bei der Entscheidungsfindung. Durch den Prozess der Leistungsevaluierung werden Anreize gegeben, ex ante gerade diejenigen Entscheidungen zu treffen, die sich positiv auf die Evaluationskriterien auswirken werden. Die Evaluationskriterien müssen daher auf die Erreichung der Ziele des Gesamtunternehmens hin ausgerichtet sein, damit Agenten Entscheidungen im Sinne der Prinzipale treffen (sog. **Zielkongruenz**). Diese als Verhaltenssteuerung bezeichnete Funktion bedeutet daher eine informatorische Unterstützung fremder Entscheidungen. In diesem Sinne liefert das Rechnungswesen Informationen für den einzelnen Entscheidungsträger, anhand derer er die Auswirkungen verschiedener Alternativen bewerten kann. Durch den Prozess von Planung und Kontrolle wird er versuchen, ex ante geplante Ziele zu erreichen. Die Kontrollrechnung misst dabei den **Grad der Zielerreichung** und ermöglicht ein Gegensteuern im Falle der Abweichung. Für Delegationsverhältnisse liefert die Kontrollrechnung gleichzeitig auch Informationen, die zur Leistungsevaluierung des Entscheidungsträgers notwendig sind und damit die Basis für ein Anreizsystem darstellen. Der Agent antizipiert die Form der späteren Leistungsbeurteilung und richtet seine Entscheidungen daran aus. Daher müssen die Aufgaben Planung und Kontrolle im jeweiligen Kontext der Entscheidungsunterstützungs- oder Verhaltenssteuerungsfunktion betrachtet werden. Problematisch hierbei ist, dass eine ex post erfasste Leistungsmessgröße (Performancekennzahl) nicht nur allein über die erreichte Leistung bzw. den erzielten Fortschritt berichtet, sondern wegen ihrer Verwendung als Beurteilungsgröße gleichzeitig Anreize zu entsprechenden Handlungen im Vorfeld auslöst. So ist z. B. der Umsatz eine wichtige Kennziffer, um die erreichte Leistung einer Periode zu messen. Hängen Lob und Tadel, Beförderung und erfolgsabhängige Vergütung aber von dieser Zahl ab, so kann sie Manager zu Verhaltensweisen veranlassen, die nicht im Interesse des Unternehmens bzw. seiner Eigentümer sind.

Beispiel 6.1 Grape SE **Verhaltenssteuerung im Vertrieb**

▸▸▸ Herr Schramm ist verantwortlich für den Vertrieb der Grape SE in Süddeutschland. In diesem Geschäftsjahr waren seine Verkaufszahlen rückläufig. Im letzten Jahr hatte er noch eine Umsatzsteigerung um 5 % vorweisen können und dafür einen Bonus von 200.000 Euro erhalten. Darauf hatte er sich auch für dieses Jahr eingestellt. Um aber den gleichen Bonus wie im Vorjahr zu erhalten, müsste er in den verbleibenden 4 Monaten noch weitere 20 Mio. Euro Umsatz erzielen. Weil er gerade ein neues Haus gebaut hat und größere Ausgaben auf ihn zukommen, kann er auf keinen Fall ein geringes Einkommen hinnehmen. Daher versucht er mit allen Mitteln, die Umsatzziele zu erreichen. Dabei schließt er Verträge im Volumen von 7 Mio. Euro mit einem neuen Kunden ab. Notgedrungen akzeptiert er bei Vertragsabschluss, dass der Kunde nicht wie üblich 30 Tage nach Lieferung bezahlt, sondern erst nach 6 Monaten, ohne dafür Zinsen oder einen höheren Preis bezahlen zu müssen. Insgeheim denkt er sich »Na, wollen wir mal sehen, ob er überhaupt zahlen kann«, jedoch verwirft er diesen Gedanken schnell wieder angesichts seiner eigenen anstehenden Rechnungen für sein neues Haus. »Egal«, denkt er sich, »für meinen Bonus ist nur der Umsatz relevant, nicht wann und ob er auch bezahlt wird.« ◂◂◂

Die Koppelung von Sanktionsmechanismen und Belohnungen an bestimmte Kennzahlen muss folglich eingehend darauf geprüft werden, welche möglichen Anreizprobleme daraus resultieren können. Für obiges Beispiel bedeutet dies, dass Herr Schramm einen Anreiz haben sollte, nur solche Verträge abzuschließen, die insgesamt für das Unternehmen vorteilhaft sind. Er sollte anhand von Leistungsgrößen beurteilt werden, die nicht nur den Umsatz berücksichtigen, sondern alle Vor- und Nachteile für das Unternehmen. Der angesprochene Zusatzauftrag bringt dem Unternehmen nicht nur zusätzlichen Umsatz ein, sondern birgt auch erhebliche zusätzliche Finanzierungskosten und Ausfallrisiken, die in die Beurteilung mit einfließen müssen. Erst dann wird Herr Schramm Entscheidungen treffen, die in gleichem Maße ihm wie auch dem Unternehmen nutzen.

Steuerung von Entscheidungen durch Performancemaße

Daher kann das Controlling neben der organisatorischen Gestaltung einen Beitrag dazu leisten, die aus Zielkonflikten und asymmetrischen Informationsverteilungen resultierenden Probleme zu verringern. Dabei kommt das Controlling seiner Koordinationsfunktion insbesondere bei der Gestaltung von **Performancemaßen** nach. Performancekennzahlen wie Umsatz, Gewinn oder Rentabilität sind wichtige Größen sowohl für die Entscheidungsunterstützung als auch die Verhaltenssteuerung. So hat sowohl die Wahl einer bestimmten Performancegröße als auch die zugrunde liegende Bewertungsmethode (bspw. Abschreibungen, Gemeinkostenallokationen) direkte Auswirkungen auf das Entscheidungsverhalten des Managers, weil er anhand dieser Größen beurteilt wird. Zudem sind diese Beurteilungsgrößen häufig Basis für variable Bonuszahlungen (vgl. Abschnitt 6.4). Eine Diskussion unterschiedlicher Performancekennzahlen bzw. -systeme erfolgt ausführlich in Kapitel 7.

Steuerung von Entscheidungen durch Planung

Eine weitere Form der Koordination erfolgt durch **Planung** (vgl. Kieser/Walgenbach, 2010, S. 111 ff.). So erhalten Mitarbeiter eines Unternehmens periodisch bestimmte Vorgaben, die ihre Aktivitäten koordinieren. Dieser Funktion kommt das Controlling im Kontext der **Budgetierung** nach. Insbesondere übernimmt der Budgetierungsprozess die Aufgabe, relevante Informationen zu bündeln, um daraus einerseits Ziele und Vorgaben ableiten zu können. Andererseits erfolgen auf Basis dieser Plangrößen Ressourcenallokationsprozesse. Allerdings stellt sich im Rahmen der Budgetierung die Frage, ob die für Zwecke der Ressourcenallokation notwendigen Informationen von der nicht notwendigerweise wahrheitsgemäßen Berichterstattung einzelner Bereichsmanager abhängen. So können Ressourcenallokationen mit nicht pekuniären Vorteilen (private benefits of control) der Bereichsmanager verbunden sein. Zum einen wird durch eine größere Ressourcenzuweisung die »Wichtigkeit« eines Managers reflektiert, zum anderen erhöht sich sein Einfluss auf Kollektiventscheidungen. Daher steht die Frage der Induzierung einer wahrheitsgemäßen Berichterstattung im Mittelpunkt von Budgetierung und Verhaltenssteuerung (vgl. Kapitel 8).

Steuerung von Entscheidungen durch organisationsinterne Märkte

Darüber hinaus kann das Controlling durch den Einsatz von **Verrechnungspreisen** die Koordination durch **organisationsinterne Märkte** unterstützen. Dabei hat der Markt als Koordinationssystem den Vorteil, dass Angebot und Nachfrage aufeinander abgestimmt werden, ohne dass Anbieter und Nachfrager gleiche Interessen verfolgen müssen (vgl. Kieser/Walgenbach, 2010, S. 114 ff.). Durch den Einsatz von Verrechnungspreisen werden interne Leistungsaustausche zwischen verschiedenen Bereichen eines Unternehmens bewertet und damit Bereichserfolge messbar gemacht. Im Gegensatz zu planungsorientierten Koordinationsmechanismen hat der Einsatz von Verrechnungspreisen den Vorteil, dass die Anreizwirkung von Märkten dazu verwendet werden kann, die Effizienz der Organisation insgesamt zu steigern (Flexibilitätsgewinn). Unterschiedliche Formen der Verrechnungspreisbildung werden in Kapitel 9 diskutiert.

6.3 Organisatorische Gestaltungsalternativen und Koordinationsrechnungen

Organisationsformen unterscheiden sich insbesondere hinsichtlich des Grades der Delegation von Entscheidungsbefugnissen. Insofern hängt auch der jeweilige Koordinationsbedarf von der Wahl der Organisationsform ab. Werden in einem Unternehmen bspw. verstärkt Entscheidungsrechte an einzelne Bereichsmanager delegiert, so erhöht sich automatisch der Bedarf an Koordination der einzelnen Entscheidungen. Jedoch hängt auch die Form der Koordination von der Organisation ab. Bspw. kann ein Leiter eines Produktionsbereichs nur anhand der in seinem Bereich entstandenen Kosten beurteilt werden. Ist dagegen ein Bereichsmanager für ein Produktsegment verantwortlich, so kann dieser Manager anhand des Erfolgsbeitrags (Kosten und Erlöse) beurteilt werden, der in dem von ihm verantworteten Produktsegment erwirtschaftet wurde.

In den folgenden Abschnitten werden die in der Praxis vorzufindenden Organisationsformen, ihre Vor- und Nachteile sowie ihre Auswirkung auf den Koordinationsbedarf beschrieben. Zu den dargestellten Organisationsformen gehören die funktionale Organisation (vgl. Abschnitt 6.3.1), die divisionale Organisation (vgl. Abschnitt

6.3.2), die Matrixorganisation (vgl. Abschnitt 6.3.3), Holdingkonzepte (vgl. Abschnitt 6.3.4) und neuere Ansätze der Bildung von Organisationsstrukturen (vgl. Abschnitt 6.3.5).

6.3.1 Funktionale Organisationsstrukturen

Zunächst bestand das Produktportfolio der Grape SE nur aus einem Produkt (MP3-Player). Um die spezifischen Fähigkeiten der einzelnen Mitarbeiter bestmöglich zu nutzen, wurden gleichartige Aufgaben zu funktionalen Abteilungen zusammengefasst (bspw. Buchhaltung).

Funktionale Organisation

Eine **funktionale Organisation** ist durch die Gliederung der zweiten Hierarchieebene nach Funktionsbereichen wie Produktion, Marketing, Finanzen, Forschung und Entwicklung usw. gekennzeichnet (vgl. Vahs, 2012, S. 157 ff.; vgl. zu den folgenden Ausführungen auch Kieser/Walgenbach, 2010, S. 72 ff.).

Charakteristisch für diese Organisationsstruktur ist, dass in den einzelnen Funktionsbereichen gleichartige Aufgaben zusammengefasst werden. Darüber hinaus sind Aufgaben und Entscheidungskompetenzen der einzelnen Funktionsbereiche klar voneinander abgegrenzt.

Vorteile

Der Vorteil einer funktionalen Organisation liegt in der Nutzung von Spezialisierungsvorteilen. Durch die Bündelung vergleichbarer Aktivitäten sind die Erzielung von Kostendegressionseffekten (**Economies-of-scale**) sowie die Umsetzung von Verfahrensinnovationen besser erreichbar. Das führt dazu, dass die Leistungsprozesse der einzelnen Funktionsbereiche eine hohe Effizienz aufweisen. So kann bspw. durch die Konzentration des Einkaufs der Einsatzgüter in einem Unternehmen ein Kostensenkungseffekt erzielt werden. Ebenso wird es durch diese Konzentration und eine optimale Gestaltung der Verfahren im Einkauf möglich, Einsatzgüter möglichst effizient und zeitnah zu beschaffen, um damit Lagerhaltungskosten zu senken. Darüber hinaus bewirkt der hohe Grad an Spezialisierung, dass Lern- und Erfahrungskurveneffekte im Rahmen einzelner Leistungsprozesse schneller realisiert werden können.

Praxisbeispiel

Funktionale Organisation bei der BMW Group

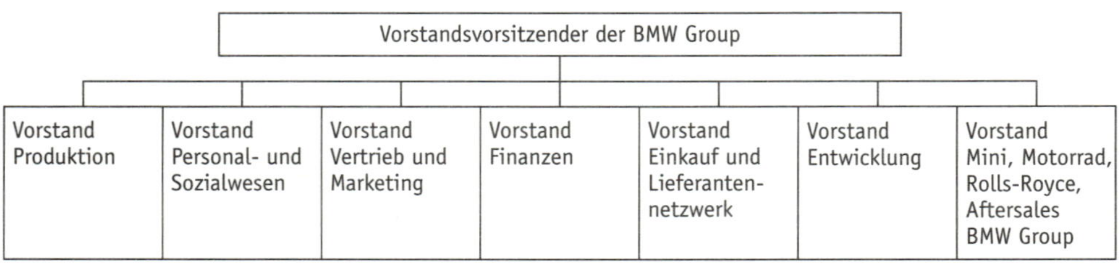

(Quelle: BMW AG, 2014)

Nachteile

Demgegenüber bringen v.a. die Vielzahl von Schnittstellen und Interdependenzen zwischen den einzelnen Funktionsbereichen Probleme mit sich. Durch bereichsopportunes Verhalten einzelner Manager können sich daher vielfältige Koordinationsprobleme ergeben. Durch den Einsatz von Verrechnungspreisen bzw. Budgetierungsverfahren kann das Controlling an dieser Stelle einen Beitrag liefern, diese Koordinationsprobleme abzumildern (vgl. Kapitel 9). Ebenso kann es bei einer funktionalen Organisationsstruktur mit wachsender Breite und Komplexität des Produktionsprogramms dazu kommen, dass die zentrale Unternehmensleitung in Verbindung mit umfassenden Koordinationsproblemen mit den strategischen Aufgabenstellungen überlastet ist.

In der Praxis entwickeln sich funktionale Organisationsstrukturen im Verlauf eines betrieblichen Wachstums. So müssen mit der Zunahme des Geschäftsvolumens anfallende Aufgaben an einzelne Personen delegiert werden (bspw. die Trennung eines kaufmännischen und eines technischen Funktionsbereichs). Eine funktionale Organisationsstruktur ist insbesondere bei kleineren und mittleren Unternehmen mit einem homogenen Produktprogramm anzutreffen. Mit zunehmender Differenzierung der Produkte oder der Zielmärkte eines Unternehmens verringern sich die Vorteile der Spezialisierung. Der Grund hierfür liegt darin, dass die Funktionserfüllung je nach Produkt oder Zielmarkt sehr unterschiedlich sein kann (vgl. Macharzina/Wolf, 2012, S. 488 f.). Daher verfügen Entscheidungsträger in größeren Unternehmen mit heterogenen Produktsegmenten (wie bspw. bei der Siemens AG) über spezifische Kenntnisse einer bestimmten Branche oder eines Produktsegments. In diesen Fällen können zusätzliche Koordinationsprobleme schnell den Nutzen der Spezialisierungsvorteile übersteigen. Daher weisen diese Unternehmen typischerweise eine objektorientierte Organisationsstruktur auf.

Koordination bei einer funktionalen Organisation

Bei der Bestimmung geeigneter Beurteilungsgrößen für die Manager der einzelnen Funktionsbereiche ist darauf zu achten, dass die Steuerung operativer Funktionsbereiche im Wesentlichen über die Festlegung von Kostenzielen erfolgt. Dies liegt daran, dass den einzelnen Funktionsbereichen mit Ausnahme des Vertriebsbereichs Erlöse nicht direkt zugerechnet werden können. In der Konsequenz stehen kostenorientierte Steuerungsgrößen im Mittelpunkt bei der Beurteilung der Funktionsbereichsmanager. Ebenso relevant für die Anreizsteuerung sind daher auch die im Rahmen des Budgetierungsprozesses entwickelten Kostenbudgets für einzelne Funktionsbereiche (vgl. Kapitel 8).

Beispiel 6.2 Grape SE Kostensteuerung bei funktionalen Organisationsstrukturen

▸▸▸ Herr Kiesel ist für den Produktionsbereich der Grape SE verantwortlich, als sie noch lediglich ein einziges Produkt, den MP3-Player, herstellt. Im Rahmen der jährlichen Budgetierungsrunden wird beschlossen, dass dem Produktionsbereich ein Kostenbudget i. H. v. 10 Mio. Euro zugerechnet wird. Wie jedes Jahr hängt auch die variable Vergütung von Herrn Kiesel von den budgetierten sowie den realisierten Kosten ab. Hält er das Kostenbudget gerade ein, so erhält er am Jahresende einen Bonus von 15.000 Euro. Bei angefallenen Kosten von nur 8 Mio. Euro erhält er dagegen schon einen Bonus von 20.000 Euro. Fallen dagegen in seinem Bereich mehr als 12 Mio.

Euro Kosten an, so erhält er gar keine Bonuszahlung mehr. Mit diesem Entlohnungssystem soll Herrn Kiesel ein Anreiz gegeben werden, möglichst kostenoptimal zu produzieren. Allerdings kann hier ein Problem dadurch entstehen, falls tatsächlich produzierte Mengen von budgetierten Produktionsmengen abweichen. ◀◀◀

6.3.2 Divisionale Organisationsstrukturen

Nachdem die Grape SE erfolgreich MP3-Player vertrieben hatte, entschied sich die Geschäftsführung dazu, das Produktangebot zu erweitern und zusätzlich auch Tablets anzubieten. Diese Ausweitung des Angebots hatte ebenfalls Auswirkungen auf die Organisationsstruktur der Grape SE. Die Geschäftsführung untergliederte die Grape SE in die Division I (MP3-Player) und Division II (Tablets). Innerhalb der beiden Divisionen erfolgte dann ein funktionaler Aufbau.

Divisionale Organisation

Divisionale Organisationsstrukturen (oder auch Geschäftsbereichs- oder Spartenorganisation) sind dadurch gekennzeichnet, dass die Organisationseinheiten anhand bestimmter Objekte (Produktlinien, Regionen, Kundengruppen) gegliedert sind (vgl. Macharzina/Wolf, 2012, S. 489 f.). Bspw. ist bei einer Geschäftsbereichsorganisation nach Produkten das Unternehmen in Teilbereiche zerlegt, die den gesamten betrieblichen Leistungserstellungsprozess von der Beschaffung über die Produktion bis zum Absatz des ihnen zugeordneten Produktes umfassen. Daher sind auch die einzelnen Divisionsmanager typischerweise für ihren eigenen Objektbereich unternehmerisch verantwortlich. Insofern erfolgt bei dieser Organisationsform eine weitreichende Delegation der Entscheidungsrechte aus Sicht der zentralen Unternehmensführung. Innerhalb der einzelnen Divisionen sind die Bereiche dann i. d. R. funktional gegliedert (vgl. Abb. 6-2). In der betrieblichen Praxis ist eine divisionale Organisationsstruktur insbesondere bei größeren Unternehmen mit einem heterogenen Produktportfolio zu finden.

Vorteile

Der Vorteil einer divisionalen Organisation ist insbesondere darin zu sehen, dass es zu einer besseren Ausrichtung der einzelnen Geschäftsbereiche auf spezifische Markt- und Wettbewerbssituationen kommt. Das liegt insbesondere daran, dass weit-

Abb. 6-2

Geschäftsbereichsorganisation

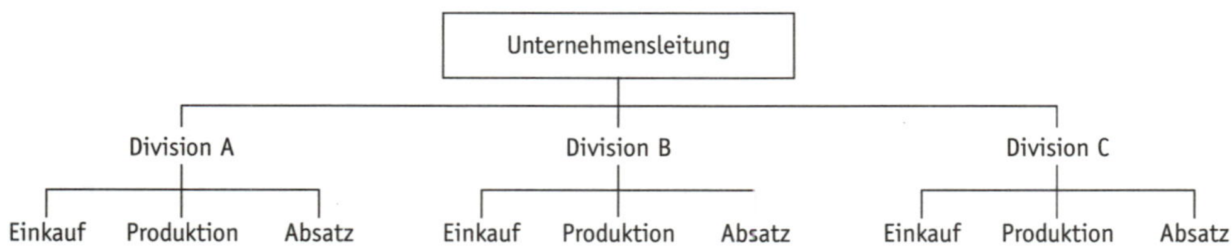

(Quelle: Coenenberg et al., 2012, S. 714)

Praxisbeispiel

Divisionale Organisation bei der Bertelsmann AG

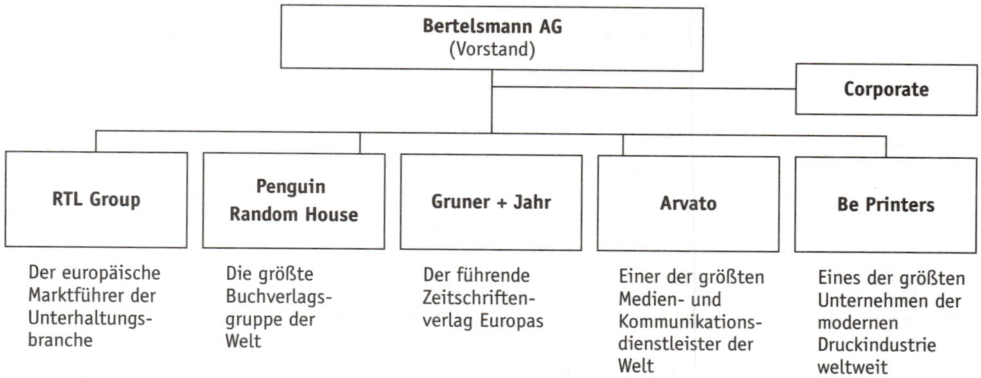

(Quelle: http://www.bertelsmann.de/unternehmen/unternehmensprofil (Abrufdatum: 01.06.2014))

reichende Entscheidungskompetenzen an Bereichsmanager delegiert werden, die auf ein bestimmtes Geschäftsgebiet spezialisiert sind. Im Vergleich zu einer funktionalen Organisationsform verringert sich darüber hinaus auch der Koordinationsbedarf zwischen den Bereichen, da es bei der divisionalen Organisation zu einer weitreichenden Autonomisierung der Geschäftsbereiche kommt.

Nachteile

Umgekehrt besteht bei einer divisionalen Organisation das Problem, dass das optimale Ausmaß der Delegation von Entscheidungsbefugnissen bestimmt werden muss. Werden Entscheidungen verstärkt zentralisiert, so ergibt sich der Nachteil, dass das spezifische Wissen der Geschäftsbereichsmanager nicht effizient genutzt werden kann. Bei einer stärkeren Dezentralisierung der Entscheidungsbefugnisse besteht jedoch auch das Problem, dass die Manager ihre weitreichenden Entscheidungskompetenzen nicht an den Zielen des Gesamtunternehmens orientieren. Bspw. kann ein Manager eines Investment-Centers seine Investitionen zugunsten einer kurzfristigen Bereichsgewinnmaximierung reduzieren. Ein anderes Problem kann dadurch entstehen, dass die zentrale Unternehmensleitung bei der Festlegung von Investitionsbudgets für einzelne Bereiche auf deren Berichte hinsichtlich der zu erwarteten Kapitalrentabilität angewiesen ist. Daher muss sichergestellt werden, dass die Bereichsmanager einen Anreiz zu einer wahrheitsgemäßen Berichterstattung im Rahmen des Budgetierungsprozesses haben (vgl. zur Rolle der Berichterstattung im Rahmen von Budgetierungsverfahren auch Kapitel 8).

Koordination bei einer divisionalen Organisation und Center-Konzept

Das Ausmaß der Delegation von Entscheidungsbefugnissen hat erheblichen Einfluss auf die Auswahl geeigneter Beurteilungsgrößen. Werden einem Manager Kompetenzen hinsichtlich zugrunde liegender Kostenstrukturen zugewiesen (bspw. Leiter des F&E-Bereichs), so kommen bei dessen Leistungsbeurteilung auch kostenorientierte Performancegrößen zum Einsatz. Ist dem gegenüber ein Manager für die Produktion und den Vertrieb eines Produktes zuständig, so erfolgt dessen Leistungsbeurteilung auf Basis gewinnorientierter Performancegrößen. Leistungsbeziehungen zwischen einzelnen Unternehmensbereichen werden durch den Einsatz von Verrechnungspreisen messbar gemacht, wodurch eine Koordination durch einen unternehmensinternen Markt erfolgt. In Abhängigkeit des Umfangs der Verantwortlichkeiten der einzelnen Divisionsmanager wird ein sog. **Center-Konzept** eingesetzt (vgl. Coenenberg et al., 2012, S. 715 ff.). Dabei wird zwischen Cost-, Revenue-, Profit- und Investment-Center unterschieden.

Cost-Center

Cost-Center sind Organisationseinheiten, bei denen sich die interne Steuerung ausschließlich auf die verursachten Kosten bezieht. Grundsätzlich sind Cost-Center nichts anderes als große Kostenstellen. Allerdings fallen auch ganze Produktionsstätten ohne Zugang zum Absatzmarkt unter das Cost-Center-Konzept. Damit beschränken sich Entscheidungsbefugnisse von Managern eines Cost-Centers ausschließlich auf die Steuerung von Kosten (Einhaltung der Plankosten, Kostenminimierung etc.) und sind damit für die Effizienz der Leistungserbringung verantwortlich. Funktionsbereiche im Rahmen der funktionalen Organisationsform werden daher zumeist als Cost-Center geführt. Für Zwecke der Anreizsteuerung kommen daher bei einem Cost-Center insbesondere kostenorientierte Steuerungsgrößen und Kostenbudgets zur Anwendung. Zur Koordination mit anderen Unternehmensbereichen können darüber hinaus Verrechnungspreise eingesetzt werden.

Revenue-Center

Im Gegensatz zu Cost-Centern sind **Revenue-Center** dadurch charakterisiert, dass der Manager eines Revenue-Centers ausschließlich für die erzielten Erlöse verantwortlich ist. Dies trifft bspw. auf einen Vertriebsbereich im Rahmen einer funktionalen Organisationsform zu. Dabei können sowohl Erlösbudgets wie auch erlösbasierte Steuerungsgrößen Bestandteile einer anreizorientierten Steuerung sein. Insbesondere dienen auch Verrechnungspreise als Koordinationsinstrument zwischen Cost- und Revenue-Centern (vgl. Kapitel 9).

Profit-Center

Manager von **Profit-Centern** sind sowohl für entstandene Kosten als auch Erlöse und damit für das ihrem Bereich zurechenbare wirtschaftliche Ergebnis verantwortlich (vgl. Kieser/Walgenbach, 2010, S. 116 ff.). Als Beurteilungsgröße für den Erfolg eines Profit-Centers wird daher auch typischerweise das Bereichsergebnis zu Grunde gelegt. Prinzipiell ist jedoch auch der Einsatz von Deckungsbeitrags- oder Cashflowgrößen möglich (vgl. Kapitel 7). Damit verfügen Manager einer solchen Center-Einheit über weitreichende, jedoch nicht unbeschränkte Entscheidungskompetenzen. So muss bspw. bei Investitionsentscheidungen die Zustimmung der Unternehmensführung eingeholt werden. In multidivisionalen Unternehmen können zusätzlich Verrechnungspreise für Zwecke der innerbetrieblichen Koordination eingesetzt werden, um dadurch unternehmensinterne Märkte zu organisieren (vgl. Macharzina/Wolf, 2012, S. 491 f.).

Investment-Center

Kann der Bereichsmanager darüber hinaus Investitions- bzw. Desinvestitionsentscheidungen treffen, so spricht man von einem **Investment-Center**. Allerdings bleiben Entscheidungen, die das langfristige Fremd- und Eigenkapital betreffen, der zentralen Unternehmensführung vorbehalten. Im Gegensatz zu einem Profit-Center haben Manager eines Investment-Centers damit auch eine Renditeverantwortung.

Daher kommen als Beurteilungsgrößen häufig die Kapitalrentabilität (Return on Investment, RoI) oder auch Residualgewinne zum Einsatz (vgl. Kapitel 7).

Zusammenfassend lässt sich sagen, dass das höhere Ausmaß einer Delegation von Entscheidungsbefugnissen im Rahmen einer divisionalen Organisation die Chance mit sich bringt, Flexibilitätsgewinne zu erzielen. Umgekehrt entsteht dadurch jedoch auch das Risiko, dass Manager ihre Entscheidungsspielräume opportunistisch ausnutzen. Dadurch erhöht sich die Anforderung an das Controlling, im Rahmen der Verhaltenssteuerungsfunktion Einfluss auf die Entscheidungsfindung der divisionalen Manager zu nehmen. Insgesamt zeigt sich, dass divisionale Organisationsformen besonders für größere Mehrproduktunternehmen geeignet sind, die sich in einem dynamischen Wettbewerbsumfeld befinden. Bei solchen Unternehmen hat der Flexibilitätsvorteil aufgrund der besseren Information der Bereichsmanager die höchste Relevanz.

6.3.3 Matrixorganisation

Matrixorganisation

Die **Matrixorganisation** ist als eine Verschmelzung von funktionaler und divisionaler Organisationsform zu sehen. Im Gegensatz zu den bisher genannten Organisationsformen, werden bei der Matrixorganisation die Organisationseinheiten auf der zweiten Hierarchieebene simultan nach zwei Gestaltungsdimensionen gebildet, wobei auch die Berücksichtigung mehrerer Gestaltungsparameter möglich ist (Tensororganisation). Grundsätzlich können sowohl Funktionen (Produktion, Vertrieb etc.) als auch Objekte (Produkte, Regionen etc.) als Gliederungskriterien dienen (vgl. Vahs, 2012, S. 177 ff.; Macharzina/Wolf, 2012, S. 492 ff.). Abbildung 6-3 veranschaulicht eine Matrixorganisation, die horizontal funktional und vertikal produktorientiert gegliedert ist.

Diese Organisationsform führt dazu, dass sog. Matrixschnittstellen entstehen. Diese ergeben sich dadurch, dass mehrere sog. Matrixstellen einer Matrixschnittstelle (bspw. Produktion und Produktgruppe A) übergeordnet sind. Insbesondere stellt sich bei der Gestaltung einer Matrixorganisation die Frage, welche Kompetenzen den Managern zugeordnet werden. Häufig gilt, dass objektorientierte Matrixstellen für das Was und Wann und die funktionsorientierten Matrixstellen für das Wer, Wie und Womit zuständig sind. Bspw. entscheidet der Produktgruppenverantwortliche über die Art des Produkts, während der Produktionsleiter die Fertigungstechnologie festlegt. Es ist jedoch auch möglich, dass die einer Matrixschnittstelle vorgesetzten Matrixstellen hinsichtlich ihrer Kompetenzen gleichberechtigt sind. Dies führt dazu, dass Entscheidungen ausschließlich unter Konsensfindung getroffen werden. Möglich ist aber auch bspw. ein Vetorecht für beide Matrixdimensionen.

Vorteile

Der Vorteil einer Matrixorganisation liegt darin, dass zum einen spezifische Marktkenntnisse der Manager ausgenutzt werden und damit ein Flexibilitätsgewinn erzielt werden kann. Zum anderen ermöglicht diese Organisationsform, dass Effizienzsteigerungen durch Spezialisierungseffekte bei den einzelnen Funktionen im Leistungserstellungsprozess erzielt werden können. Dadurch sollen die Vorteile der funktionalen und divisionalen Organisation zusammengeführt werden.

Abb. 6-3

Matrixorganisation

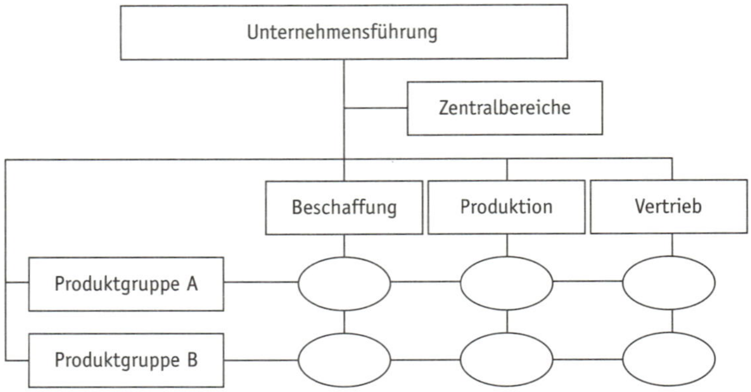

(Quelle: Vahs, 2012, S. 178)

Nachteile

Der Nachteil einer Matrixorganisation besteht insbesondere darin, dass Konflikte innerhalb der Matrixschnittstellen systembedingt in Kauf genommen werden. Je nach Kompetenzverteilung kann es nämlich dazu kommen, dass die Konsensfindung zwischen Funktions- und Objektbereichen mit erheblichem Zeitaufwand verbunden ist. Unter Umständen kann das dazu führen, dass der Flexibilitätsvorteil aufgrund des Fachwissens einzelner Manager durch ineffiziente Koordinations- und Entscheidungsprozesse aufgebraucht wird. Ebenso ist auch denkbar, dass bei der Konfliktlösung zu viele Kompromisse eingegangen werden (vgl. Kieser/Walgenbach, 2010, S. 144 f.). Aufgrund des hohen Verwaltungsaufwands eignen sich Matrixorganisationen nur für sehr große Unternehmen, die sich in einem dynamischen Wettbewerbsumfeld befinden.

Praxisbeispiel

BASF

[…] Die BASF ist als das weltweit führende Chemieunternehmen auf vielen Märkten präsent und verfügt über eine Matrixorganisation. Globale Profit Center verantworten das Geschäft. Es handelt sich um 14 Unternehmensbereiche, die auf der nachgelagerten Ebene ungefähr 70 Geschäftseinheiten umfassen. Ein Unternehmensbereich erzielt zwischen 1,5 bis acht Milliarden Euro Umsatz. Die Regionen bilden die zweite Dimension der Matrix. Dies spiegelt sich in regionalen Leitungsstrukturen wider. Darüber hinaus werden funktionale Aufgaben in drei Zentralbereichen, sechs Zentralabteilungen und elf Kompetenzzentren wie Finanzen, Strategie, Recht, Versicherung oder Personal wahrgenommen. […]
(Quelle: Hagen, 2014, S. 17)

6.3.4 Holdingkonzepte

Holding-Organisation

Bei einer **Holding-Organisation** schließen sich mehrere rechtlich selbstständige Unternehmen unter einer Mutter- bzw. Holdinggesellschaft zusammen. Besteht darüber hinaus ein Beherrschungsverhältnis im Sinne des § 18 Abs. 1 AktG, so spricht man von einem Konzern. Durch diesen Zusammenschluss sollen **Rationalisierungs- und Synergieeffekte** durch die gemeinsame Nutzung materieller und immaterieller Ressourcen wie Know-how, Vertriebswege, Infrastruktur in Forschung und Entwicklung etc. realisiert werden. Dies führt zu dem bekannten Effekt des »2 + 2 = 5«. Er zeigt sich aber in jedem Unternehmen bereits durch die arbeitsteilige Organisation und das Zusammenspiel der betrieblichen Produktionsfaktoren. Daher ist i. d. R. das Ganze mehr wert als seine Teile, d. h. ein Unternehmen ist mehr wert als die Summe der in ihm gebundenen Vermögensgegenstände und Schulden (vgl. Schultze/Hirsch, 2005, S. 197).

Solche Holding-Organisationen entstehen aber auch umgekehrt dadurch, dass bestehende Unternehmen in rechtlich selbstständige Gesellschaften aufgeteilt werden. Mit der damit einhergehenden Delegation von Entscheidungskompetenzen an das jeweilige Management der Tochterunternehmen sollen vergleichbar zur divisionalen Organisation Flexibilitätsgewinne erzielt werden.

Holding-Konzepte

Der Unterschied zur funktionalen oder divisionalen Organisation liegt bei einer Holding darin, dass es sich weniger um eine interne Aufgabenverteilung, sondern viel mehr um Entscheidungs- und Weisungsbefugnisse über Rechtsformgrenzen hinweg handelt. Je nach Ausgestaltung der Holding und dem damit in Verbindung stehenden Ausmaß an Entscheidungsdelegation ergeben sich jedoch vergleichbare Anreizkonflikte wie bei einer funktionalen bzw. divisionalen Organisation. Bei einem Holding-Konzept wird zwischen einer **operativen Holding**, einer **Managementholding** und einer **Finanzholding** unterschieden (vgl. im Folgenden Vahs, 2012, S. 186 ff.). Aufgrund der rechtlichen Selbstständigkeit der Tochtergesellschaften können sich bestehende Koordinationsprobleme jedoch auch verschärfen (vgl. Kieser/Walgenbach, 2010, S. 235).

Operative Holding

Bei einer operativen Holding (Stammhauskonzern) sind die Tochterunternehmen nicht mehr als rechtlich selbstständige Teilbereiche (bspw. Vertriebsgesellschaften). Bei diesem Holdingkonzept übernimmt die Muttergesellschaft sowohl die strategische als auch die operative Leitungsfunktion. Das bedeutet, dass die wesentlichen, zum Leistungserstellungsprozess notwendigen Aktivitäten von der Muttergesellschaft vorgenommen werden, da sie direkt am Markt tätig ist. Die Steuerung der Tochterunternehmen erfolgt vergleichbar zu einer funktionalen Organisation insbesondere über operative Zielvorgaben (Umsatz, operative Ergebnisgrößen etc.) und damit über Budgetierungsmechanismen (vgl. Kapitel 8).

Managementholding

Im Gegensatz dazu ist einer Managementholding (oder auch Strategieholding) durch die Trennung von konzernstrategischen und operativen Aufgaben charakterisiert. Die Aufgaben der Muttergesellschaft bestehen bspw. in der strategischen Planung oder dem Konzerncontrolling und damit insbesondere in der Koordination der einzelnen Tochterunternehmen. Bei einer Managementholding sind sämtliche operative Entscheidungskompetenzen an die Tochterunternehmen delegiert, die sowohl über eigene Produktions- als auch Absatzbereiche verfügen. Der Vorteil einer solchen Holdingstruktur liegt wie bei der divisionalen Organisation vor allem in der Flexibilität, da einzelne Tochtergesellschaften aufgrund ihrer Marktnähe eigene Geschäftsfeldstrategien entwicklen können. Wie bei der divisionalen Organisation besteht aber auch das Problem, dass ein höheres Ausmaß an Entscheidungsdelegation auch die Gefahr opportunistischen Verhaltens des Managements eines Tochterunternehmens erhöht. Anreize von Managern können daher durch Kennzahlen (vgl. Kapitel 7) und Verrechnungspreise (vgl. Kapitel 9) beeinflusst werden, sofern Interdependenzbeziehungen zwischen den einzelnen Tochterunternehmen bestehen.

Finanzholding

Bei einer reinen Finanzholding besitzen die Tochterunternehmen die größtmögliche Selbstständigkeit. Die Zentrale übernimmt bei diesem Holding-Konzept eigentlich nur noch die Aufgabe der Allokation finanzieller Ressourcen sowie die Vorgabe von finanziellen Zielgrößen (bspw. Mindestrentabilität des eingesetzten Kapitals). Insofern entspricht diese Holdingform einem Investment-Center-Konzept im Rahmen einer divisionalen Organisation mit rechtlich selbstständigen Teilbereichen. Die vollständige operative und strategische Leitung liegt bei den Tochtergesellschaften. Im Extremfall kann es sich bei dem Mutterunternehmen auch um eine Verwaltungsgesellschaft für ein Finanzbeteiligungsportfolio handeln. Im Vordergrund bei dieser Holdingform steht die Ertrags- und Wertoptimierung des Gesamtkonzerns durch die Realisierung von Größen-, Spezialisierungs- und Steuervorteilen. Dabei können je nach Zielsetzung einzelne Tochtergesellschaften verkauft oder auch neue Unternehmen in die Holding integriert werden. Da die einzelnen Unternehmensbereiche bei dieser Organisationsform größtenteils unabhängig voneinander agieren, bestehen Koordinationsmöglichkeiten für das Controlling insbesondere in der Zuordnung von finanziellen Ressourcen durch Investitionsbudgets (vgl. Kapitel 8) und durch die Performanceevaluierung der Manager der einzelnen Tochtergesellschaften.

6.3.5 Netzwerkorganisation und virtuelle Organisation

Determinanten zukünftiger Organisationsgestaltung

Die beschleunigten Veränderungen des wirtschaftlichen Umfelds zwingen Unternehmen dazu, mit einer effizienteren Organisation flexibel auf die jeweiligen Gegebenheiten reagieren zu können. Vahs (2012) charakterisiert in diesem Zusammenhang vier Determinanten, die zukünftig die Gestaltung von Organisationen beeinflussen werden (vgl. Vahs, 2012, S. 582):

- Zusätzliche Effektivitäts- und Effizienzerfordernisse u. a. durch einen steigenden Kosten-, Qualitäts- und Zeitdruck, aber auch durch sinkende Margen an den Absatzmärkten;
- Erhöhter Flexibilitäts- und Innovationsbedarf aufgrund zunehmender Wettbewerbsintensität, kürzeren Produktlebenszyklen oder steigenden Kundenanforderungen;
- Wachsende Bedeutung des Humankapitals als relevantester zukünftiger Erfolgsfaktor;
- Zunehmende Globalisierung wirtschaftlicher Aktivitäten bspw. durch zunehmende Wertschöpfungsbeziehungen zwischen Unternehmen.

Auf Basis dieser Überlegungen und der daraus resultierenden Forderungen nach flexibleren internen und externen Anpassungsprozessen der Unternehmen an gesamtwirtschaftliche Entwicklungen werden insbesondere **Netzwerkorganisationen** oder **virtuelle Organisationen** als zukünftige Organisationsformen diskutiert.

Netzwerkorganisation

Die Netzwerkorganisation ist als eine Form der unternehmensübergreifenden Zusammenarbeit zu sehen. Solche Netzwerke sind komplexe, mehrdimensionale Beziehungsgeflechte aus selbstständigen Einheiten (Personen, Unternehmen etc.), die aufgrund gemeinsamer Ziele (bspw. die Realisierung von Wettbewerbsvorteilen in komplexen und dynamischen Märkten) langfristig miteinander verbunden sind (vgl. Bartlett, 1986, S. 382). Diese Kooperation erfolgt häufig in der Form von Joint Ventures und Strategischen Allianzen. Durch Ausnutzung der jeweiligen Kernkompetenzen der Mitglieder einer Netzwerkorganisation soll ein möglichst effizienter Wertschöpfungsprozess sichergestellt sowie Synergieeffekte oder Wettbewerbsvorteile realisiert werden, die ohne Kooperation aufgrund fehlender Ressourcen oder Kompetenzen nicht möglich wären. Um die Kernkompetenzen der beteiligten Akteure auch nutzen zu können, ist ein hoher Grad der Delegation an Entscheidungsbefugnissen notwendig. Im Gegensatz zu traditionellen Organisationsformen ist in der Netzwerkorganisation die Struktur nicht formal, sondern über Beziehungen begründet (vgl. Macharzina/Wolf, 2012, S. 508). Charakteristisch für diese Form der Zusammenarbeit ist daher, dass die Unternehmen sowohl ihre wirtschaftliche als auch ihre rechtliche Selbstständigkeit behalten.

Praxisbeispiel

Strategische Allianz zwischen Volvo und Siemens

Volvo und Siemens verkünden strategische Kooperation

Die Siemens AG will ihre Marktführerschaft auf dem Gebiet der elektrischen Antriebstechnik weiter ausbauen. Dazu verbündete sich das deutsche Unternehmen mit dem Automobilhersteller Volvo und vereinbarte eine strategische Zusammenarbeit. Ziel ist die Entwicklung und Integration neuer Techniken für die zukünftige Elektromobilität, wozu bereits Ende 2011 erste Testfahrten stattfanden. »Wir arbeiten mit Hochdruck in diesem Bereich. Schließlich wollen wir auf dem sehr schnell wachsenden Markt für Elektromobilität die Ersten sein, die wirklich bahnbrechende Ergebnisse liefern können«, so Stefan Jacoby, Präsident und CEO der Volvo Car Cooperation. So sollen über die strategische Partnerschaft mit Siemens 200 Volvo Testfahrzeuge für eine Siemensinterne Testflotte unter Realbedingungen getestet und bewertet werden. Im Jahr 2013 vermeldete die Kooperation mit der Entwicklung eines leistungsstärkeren Elektromotors und eines Schnell-Ladegeräts weitere Fortschritte. (Quelle: http://www.volvocars.com/de/top/about/news_events/pages/press.aspx?itemid= 325 vom 31.08.2011, Abruf: 10.07.2014; http://www.volvocars.com/de/top/about/news_events/pages/press.aspx?itemid= 417 vom 23.04.2013, Abruf: 10.07.2014)

Praxisbeispiel

Linux

Tausende weltweit agierende, selbstständige Entwickler arbeiten seit den 90er Jahren an Erweiterungen und Anpassungen des Betriebssystems Linux. Dabei agieren diese Programmierer miteinander über das Internet. Die Linux-Service-Firmen fassen anschließend diese Anpassungen in aktuellen Versionen zusammen und bieten zusätzlich entgeltliche Serviceleistungen für den Nutzer an wie bspw. bei der Installation (vgl. zu diesem Beispiel auch Sabel/Weiser, 2008, S. 414).

Virtuelle Organisation

In einer **virtuellen Organisation** werden zwischen rechtlich unabhängigen Unternehmen oder auch Personen für einen begrenzten Zeitraum virtuell (bspw. über das Internet) aufgabenspezifische und standortübergreifende Kooperationen gebildet. Ziel dieser Organisationsform ist es, durch eine kooperative Zusammenarbeit von Partnern mit spezifischen Kernkompetenzen komplexe und neuartige Probleme bei einer hohen Marktunsicherheit zu bewältigen.

Im Gegensatz zu Joint Ventures wird bei dieser Organisationsform auch häufig auf eine Institutionalisierung der Managementfunktion verzichtet. Durch die Virtualität wird die Wertschöpfungskette dabei räumlich wie zeitlich entkoppelt (vgl. Vahs,

Praxisbeispiel

Aktuelle Trends bei globalen Projekten

Kollegen ohne Kaffeeküche

Arbeiten, entkoppelt von Raum und Zeit, das ist nicht nur in der Softwarebranche längst Normalität. Bereits jede dritte Fach- und Führungskraft hierzulande arbeitet in virtuellen Teams, die vor allem digital miteinander kommunizieren. Das ergab eine Umfrage der Beratung ComTeam unter knapp 500 Betroffenen. »Virtuelle Teams sind das Spiegelbild global agierender Unternehmen«, konstatiert Jutta Rump, Professorin für Personalmanagement der Hochschule Ludwigshafen. [...] Doch das Führen virtueller Teams hat seine Tücken. Unternehmen unterschätzen die Kontroll- und Reibungsverluste. [...] Auch SAP ist in Sachen virtuelle Teams wieder ein Stück zurückgerudert. »Der Traum vom Arbeiten an einem Entwicklungsprojekt rund um die Uhr, rund um den Globus, hat sich weitgehend als Illusion erwiesen«, so die ernüchternde Erfahrung von Clas Neumann. Der SAP-Manager leitet von Schanghai aus die »Labs«, die 16 größten Entwicklungsstandorte von SAP. »Anfänglich haben wir bei SAP versucht, die Entwicklungsarbeit von Walldorf an Palo Alto und dann nach Indien zu übergeben, aber die Reibungsverluste und Missverständnisse waren einfach zu groß«, sagt Neumann. Bei umfangreichen Projekten werden die Aufgaben nun zunächst auf verschiedene Standorte von SAP verteilt und erst am Schluss wieder gebündelt. Auf den ersten Blick scheinen die Vorteile digital vernetzten Arbeitens unschlagbar. Unternehmen können schneller und flexibler auf Trends und Kundenwünsche reagieren. [...] Wie in einer Fernbeziehung bringt das Arbeiten auf Distanz aber auch Probleme mit sich: 60 % der Mitarbeiter virtueller Teams vermissen laut ComTeam den zwischenmenschlichen Austausch – und sei es nur der Plausch in der Kaffeeküche. [...] Auch die Sprache erweist sich in virtuellen Teams oft als Stolperstein. [...] Globale Teams scheitern aber nicht vorrangig an interkulturellen Differenzen, glaubt Personalexperte Albrecht. Der Hauptgrund für den Misserfolg: Virtuelle Teams werden wie Präsenzteams geführt – trotz großer Unterschiede. Im virtuellen Raum werden Insignien der Macht [...] unsichtbar – und damit wirkungslos. Respekt muss sich der Chef erst erarbeiten. [...] Der virtuelle Chef [...] ist mehr Moderator als Vorgesetzter. Vielen Führungskräften fällt diese Umstellung schwer. Gerade mal jeder fünfte virtuelle Chef hat sich laut ComTeam mit dem Führen auf Distanz angefreundet. [...]

(Quelle: Handelsblatt, vom 21.08.2013, S. 20)

2012, S. 590). Vielmehr soll durch den Einsatz virtueller Strukturen (gemeinsame Datennetze, Groupware etc.) eine effiziente Wertschöpfung sichergestellt werden. Im Idealfall werden bei einer virtuellen Organisation daher optimale Geschäftsprozesse konfiguriert, die durch kurze Anpassungszeiten und schnelle Auftragsabwicklungen insbesondere für kundenindividuelle Lösungen (bspw. die Entwicklung einer Open Office Software) geeignet sind. Insgesamt handelt es sich daher auch um eine projektbezogene Organisationsstruktur.

Sowohl die Netzwerkorganisation als auch die virtuelle Organisation führen zu einer verstärkten Delegation der Entscheidungskompetenzen an dezentrale Einheiten. Insbesondere aufgrund der rechtlichen und wirtschaftlichen Selbstständigkeit der Kooperationspartner führt das dazu, dass das Controlling bei diesen Organisationsformen nur bedingt einen Beitrag zur Lösung bestehender Koordinationsprobleme leisten kann. Viel mehr gewinnen hier organisations- und kommunikationstheoretische Aspekte an Bedeutung.

6.4 Aufbau von Anreizsystemen

Zur Lösung der Koordinationsprobleme werden in der betrieblichen Praxis unterschiedlichste Anreizsysteme eingesetzt. Diese sollen Manager und Mitarbeiter dazu veranlassen, sich an den Zielen des Unternehmens und nicht an seinen persönlichen Präferenzen zu orientieren. Grundsätzlich muss bei der Gestaltung von Anreizsystemen berücksichtigt werden, dass ein Manager die Wirkungsweise des Anreizsystems antizipiert und entsprechend seine Entscheidungen daraufhin ausrichtet. Wird bspw. ein Bereichsmanager in einem Unternehmen mit mehreren Divisionen nur auf Basis seines eigenen Bereichsergebnisses beurteilt, so kann nicht davon ausgegangen werden, dass er sich damit auch automatisch am Gesamtunternehmensergebnis orientiert. Ebenso muss klar sein, dass es für einen Vertriebsleiter, der nur auf Basis des erzielten Umsatzes beurteilt wird, nicht zwingenderweise relevant ist, ob mit dem erzielten Umsatz auch die korrespondierenden Kosten gedeckt werden.

»You get what you pay for«

Generell ist es damit das Ziel von Anreizsystemen, dass der dezentrale Entscheidungsträger im eigenen Interesse im Sinne des Prinzipals handelt (vgl. Laux, 2006, S. 24), weil ihm Anreize so geboten werden, dass sich sein eigensinniges Handeln letztlich zum Wohl des Prinzipals auswirkt. Häufig wird dieser Zusammenhang prägnant als »you get what you pay for« formuliert.

Hauptgestaltungselemente von Anreizsystemen

Bei der Gestaltung eines Anreizsystems muss antizipiert werden, dass der Entscheidungsträger seine Entscheidungen in Abhängigkeit des Anreizsystems trifft. Er wird versuchen, durch eigene Entscheidungen seine Entlohnung zu maximieren. Bei der Gestaltung von Anreizsystemen müssen drei Hauptgestaltungselemente festgelegt werden (vgl. Ewert/Wagenhofer, 2014, S. 396 f.):

1. Die **Art der Belohnung**: Welche Form von Anreizen zur Motivation der Entscheidungsträger soll eingesetzt werden?
2. Die **Bemessungsgrundlage bzw. Beurteilungsgröße**: Wie ist die Schnittstelle zwischen Mitarbeiter- und Eigentümerkalkül bestmöglich zu gestalten?

3. Die **Belohnungsfunktion**: Wie ist der Zusammenhang zwischen Bemessungsgrundlage und Entlohnungsart und deren Höhe zu gestalten?

Dabei steht die Wahl und Gestaltung einer Bemessungsgrundlage für Beurteilungszwecke im Zentrum der Verhaltenssteuerungsfunktion des Controllings. Dagegen ist die Bestimmung der Entlohnungsart sowie der Entlohnungsfunktion eher personal- und organisationsökonomischen Forschungsgebieten zuzuordnen. Die Wahl der Belohnungsart steht im Mittelpunkt des folgenden Abschnitts 6.4.1. Darauf aufbauend werden die Wahl der Bemessungsgrundlage (vgl. Abschnitt 6.4.2) sowie die der Belohnungsfunktion (vgl. Abschnitt 6.4.3) dargestellt. Anschließend werden Anforderungen an Anreizsysteme (vgl. Abschnitt 6.4.4) diskutiert.

6.4.1 Wahl der Belohnungsart

Extrinsische vs. intrinsische Belohnungsart

Prinzipiell wird zwischen extrinsischen und intrinsischen Anreizen unterschieden. Intrinsische Anreize sind eng mit der Arbeit selbst verbunden, indem z. B. die Ausübung einer sinn- und verantwortungsvollen Tätigkeit im Unternehmen für den Mitarbeiter mit einem hohen Gefühl an Zufriedenheit verbunden ist. Extrinsische Anreize beeinflussen das Verhalten durch äußere Anreize. Dazu gehören Geldzahlungen in Form eines Grundgehalts und variabler Vergütungsbestandteile, aber auch Beteiligungen am Unternehmen in Form von Aktienoptionen oder virtueller Beteiligungen (z. B. Phantom Stocks oder Stock Appreciation Rights). Neben diesen materiellen Entlohnungsformen können Belohnungen auch immaterieller Art, z. B. in Form von Beförderungen, sein.

Finanzielle Belohnungen werden häufig dahingehend kritisiert, dass sie nur geringe Anreizwirkungen entfalten bzw. dysfunktionale Effekte bewirken, da sie eine demotivierende Wirkung entfalten können. Ursächlich hierfür ist der sog. **Crowding-out-Effekt**. Dieser besagt, dass finanzielle Anreize eine intrinsische Motivation von Menschen verdrängen können (vgl. Deci, 1971). Hierbei ist jedoch zu beachten, dass die Motivationswirkung von finanziellen Belohnungssystemen vom Verhältnis von Prämien (bspw. Tantiemen) zu fixem Gehalt abhängt. Erhält bspw. ein Manager an sich schon ein sehr hohes Fixgehalt, so ist für ihn der Grenznutzen eines zusätzlichen Einkommens eher gering. Jedoch kann die Motivationswirkung bei gleicher erwarteter Gesamtvergütung dadurch erhöht werden, indem ein eher geringes Fixum vereinbart wird, damit sich die Entlohnung stärker an dem erzielten Erfolg orientiert (vgl. Laux, 2006, S. 24 f.).

6.4.2 Wahl der Bemessungsgrundlage

Bemessungsgrundlage

Durch die Wahl von Bemessungsgrundlagen wird festgelegt, anhand welcher Leistungen der Manager beurteilt wird. Indem die Belohnung in Abhängigkeit von der Ausprägung der Bemessungsgrundlage gestaltet wird, versucht der Entscheidungsträger, diese aus seiner Sicht optimal zu beeinflussen. Die Aufgabe des Prinzipals ist es, damit eine Bemessungsgrundlage zu finden, die entsprechend dem Kalkül des Managers zu einer bestmöglichen eigenen Zielerreichung führt. Grundsätzlich gilt dabei »what you measure is what you get«. Bspw. kann ein Bereichsmanager anhand seines Bereichsgewinns beurteilt und entlohnt werden. Damit soll dem Bereichsmanager ein Anreiz gegeben werden, seinen Bereichsgewinn zu maximieren. Darüber hinaus ist auch eine Kombination mehrerer Beurteilungsgrößen denkbar. So kann ein Bereichsmanager nicht nur auf Basis seines Bereichsgewinns, sondern zusätzlich auch auf Basis des Gesamtunternehmensergebnisses beurteilt werden. Damit kann die Problematik, dass sich ein Bereichsmanager ausschließlich an der Maximierung seines Bereichsgewinns und nicht am Gewinn des Gesamtunternehmens orientiert, abgemildert werden.

Dabei stehen die Wahl und die Bestimmung der Bemessungsgrundlage für Beurteilungszwecke im Mittelpunkt der Verhaltenssteuerungsfunktion des Controllings. Zum einen stehen einem Unternehmen unterschiedliche Steuerungskennzahlen mit unterschiedlichen Anreizeffekten als Bemessungsgrundlage zur Verfügung. Diese werden in Kapitel 7 weitergehend analysiert. Zum anderen hängen Bemessungsgrundlagen von Verrechnungspreisen (Kapitel 9) und den einer organisatorischen Einheit zugeteilten Ressourcen und damit vom Budgetierungsverfahren (Kapitel 8) ab. Damit kann die Wahl bspw. einer bestimmten Gemeinkostenallokation direkte Auswirkungen auf eine Bemessungsgrundlage haben. In der Konsequenz kann dadurch auch ein Entscheidungsverhalten beeinflusst werden.

6.4.3 Wahl der Belohnungsfunktion

Belohnungsfunktion

Definitionsgemäß verknüpft die Belohnungsfunktion die Bemessungsgrundlage mit der Belohnungsart. In diesem funktionalen Zusammenhang soll geklärt werden, wie sich die Belohnungshöhe in Abhängigkeit von der Ausprägung der Beurteilungsgröße verändert und in welcher Höhe eine beurteilungsgrößenunabhängige, fixe Entgeltzahlung erfolgen soll. Solche Bonusfunktionen können einen linearen, degressiven oder progressiven Verlauf in der Beurteilungsgröße haben. Über die Art der Verknüpfung wird die Intensität der Motivationswirkung des Anreizes auf den Mitarbeiter beeinflusst. Es wird unterstellt, dass eine höhere Anreizintensität eine Ver-

Praxisbeispiel

Vergütung der DAX-Vorstände

Laut einer Berechnung der Beratungsfirma Hostettler Kramarsch Partner (HKP) war die Direktvergütung (Grundvergütung plus ein- und mehrjährige variable Vergütung) eines DAX-Vorstandsvorsitzenden im Jahr 2013 im Vergleich zum Vorjahr leicht rückläufig und betrug durchschnittlich 4,97 Mio. Euro. Der Anteil des traditionellen Jahresbonus eines Vorstandsvorsitzenden im DAX sank dabei auf ein Viertel seiner Bezüge. Der Anteil der mehrjährigen variablen Bezüge erhöhte sich auf den höchsten Wert seit 2006 und stellt nun 50 % der Gesamtvergütung dar.
(Quelle: http://www.hkp.com/de/presse/pressetexte/deutschland/20140325-vorstandsverguetung-dax-2013.html vom 25.03.2014, Abruf: 10.07.2014)
Zum Vergleich: 2007, im Jahr vor der Krise, dominierten Jahresboni mit 50 Prozent die Einkünfte der DAX-Vorstände und nur 20 Prozent waren damals nachhaltig.
(Quelle: Handelsblatt, vom 25.05.2011, S. 20)

Praxisbeispiel

Entlohnung: Deutsche Bank AG

Im Jahr 2013 verdienten die beiden Vorstandsvorsitzenden der Deutschen Bank Jürgen Fitschen insgesamt 7.711.187 Euro und Anshuman Jain insgesamt 8.278.629 Euro. Die Gesamtvergütung setzte sich aus einem Fixbestandteil von jeweils 2.300.000 Euro Grundgehalt und weiteren 236.590 EUR (804.032 EUR bei Jain) sonstigen Leistungen sowie einer erfolgsabhängigen Komponente zusammen. Dabei untergliederte sich die erfolgsabhängige Komponente für beide Vorstandsvorsitzende gleichermaßen in 150.000 Euro, welche unmittelbar ausbezahlt wurden, und weitere 5.024.597 Euro mit langfristiger Anreizwirkung (aufgeschobene Vergütungskomponente). Maßgeblich für die Berechnung der erfolgsabhängigen Entlohnung ist neben dem Gesamterfolg der Deutsche Bank-Gruppe vor allem die Zielerreichung der individuell vereinbarten Ziele und damit der individuelle Erfolgsbeitrag.
(Quelle: Deutsche Bank AG, 2014, S. 285)

stärkung der Motivationswirkung bedingt. Zu berücksichtigen ist, dass die Relation von fixen bzw. variablen Bestandteilen der Belohnungsfunktion unterschiedliche Typen von Entscheidungsträgern anzieht. Dabei ist zu beachten, dass Belohnungsfunktionen von den Risikoeinstellungen und den Zeitpräferenzen der Zentrale und der Bereichsmanager, d. h. den Kalkulationszinssätzen, mit denen zukünftige Ergebnisse diskontiert werden, abhängen (vgl. Laux, 2006, S. 27).

6.4.4 Anforderungen an Anreizsysteme

Anforderungen an Steuerungsgrößen

Bei der Gestaltung eines Anreizsystems kommt Steuerungsgrößen als Beurteilungsgrundlage eine wichtige Rolle zu. Daher soll zunächst auf die Anforderungen an Steuerungsgrößen eingegangen werden. Wie bereits in Abschnitt 6.2 erläutert wurde, kommen dem Controlling sowohl eine **Entscheidungsunterstützungs-** als auch eine **Verhaltenssteuerungsfunktion** zu. Damit muss die Ausrichtung des Controllings auf diese Funktionen auch bei der Bestimmung der Steuerungsgröße berücksichtigt werden (Tabelle 6-2 fasst die Anforderungen an Steuerungsgrößen zusammen). Bei der Entscheidungsunterstützungsfunktion wird von potenziellen Anreizproblemen abstrahiert. Daher kann davon ausgegangen werden, dass der Manager zugleich auch der Eigentümer des Unternehmens ist. In diesem Fall müssen Steuerungsgrößen die Entscheidungsprozesse des Managers unterstützen. Steuerungsgrößen müssen einerseits Informationen liefern, mithilfe derer ein Entscheider verschiedene Alternativen anhand ihrer zukünftigen Auswirkungen auf das Unternehmen vergleichen kann (**Zukunftsorientierung**). Andererseits müssen Zielerreichungsgrade anhand von Steuerungsgrößen im Rahmen von Abweichungsanalysen überprüft werden (**Kontrollfähigkeit**). Daher sollten Steuerungsgrößen auch die zugrunde liegenden Risiken reflektieren (**Risikoorientierung**). Aufgrund dieser Informationen können anschließend möglicherweise Maßnahmen zur Gegensteuerung eingeleitet werden (vgl. Schultze/Weiler, 2007, S. 135).

Werden dagegen potenzielle Konflikte zwischen Eigentümer und Manager berücksichtigt, so ergeben sich im Rahmen der Verhaltenssteuerungsfunktion zusätzliche Anforderungen an Steuerungsgrößen. Der Einsatz einer Steuerungsgröße soll als

Beurteilungsgrundlage für Manager dazu führen, dass diese sich mit ihren Entscheidungen an den Interessen des Eigentümers orientieren (**Anreizkompatibilität**). Hier muss insbesondere berücksichtigt werden, dass der Manager seine Entscheidungen von der Steuerungsgröße, auf Basis derer seine Leistung beurteilt wird, abhängig machen wird. Aus diesem Grund muss die Steuerungsgröße die Zielstellung des Eigentümers oder des Gesamtunternehmens widerspiegeln (**Zielkongruenz**). Das Prinzip der Zielkongruenz fordert, dass der Manager dazu incentiviert werden soll, die Entscheidungen zu treffen, die auch ein Eigentümer getroffen hätte. Bei langfristigen Entscheidungen (bspw. Investitionsentscheidungen) fordert die Zielkongruenz, dass Entscheidungsträger sämtliche Projekte mit einem positiven Kapitalwert durchführen sollen, während Projekte mit einem negativen Kapitalwert zu unterlassen sind. Häufig weisen jedoch Investitionen kurzfristig negative und erst langfristig positive Rückflüsse auf. Problematisch in diesem Zusammenhang ist, dass der Zeithorizont von Entscheidungsträger und Unternehmen häufig auseinanderfallen (bspw. durch rechtlich beschränkte Vertragslaufzeiten). Konkret stellt sich dann für den Agenten die Frage, weshalb er überhaupt ein Investitionsprojekt durchführen

Tab. 6-2

Anforderungen an Steuerungsgrößen

Entscheidungsunterstützung	Zukunftsorientierung		▸ Die Steuerungsgröße beinhaltet zukunftsbezogene Informationen und berücksichtigt – Periodeninterdependenzen sowie – den Zeitwert des Geldes.
	Kontrollfähigkeit		▸ Die Steuerungsgröße muss einen Soll-/Ist-Abgleich ermöglichen und den Zielerreichungsgrad widerspiegeln.
	Risikoorientierung		▸ Die Steuerungsgröße berücksichtigt – unternehmensinterne Risiken und – extern begründete Risiken.
Verhaltenssteuerung	Anreizkompatibilität	Zielkongruenz	▸ Die Steuerungsgröße spiegelt die Zielstruktur des Gesamtunternehmens wider.
		Controllability	▸ Die Steuerungsgröße ist vom Manager direkt oder indirekt beeinflussbar.
		Risikoteilung	▸ Bei der Auswahl der Steuerungsgrößen ist das für den Manager damit einhergehende Risiko zu berücksichtigen.
		Intersubjektive Überprüfbarkeit	▸ Die Realisierung der Steuerungsgröße muss intersubjektiv überprüfbar sein.
	Kommunikationsfähigkeit	Analysefähigkeit	▸ Die Identifikation der wesentlichen Einflussgrößen und eine aussagekräftige Ursachenanalyse ist möglich.
		Verständlichkeit	▸ Die Steuerungsgröße muss einfach und nachvollziehbar ausgestaltet sein. Begriffe müssen eindeutig definiert sein.
Wirtschaftlichkeit			▸ Der Nutzen des Systems übersteigt dessen Kosten.

(Quelle: in Anlehnung an Schultze/Hirsch, 2005, S. 32)

soll, wenn er an dem daraus entstehenden Nutzen gar nicht mehr partizipiert oder sogar seine Bemessungsgrundlage verschlechtert. In diesem Zusammenhang fordert die Zielkongruenz, dass sich auch die Bemessungsgrundlage schon im Jahr der Investitionsentscheidung verbessert, wenn das Investitionsprojekt einen positiven Kapitalwert aufweist. Dies kann bspw. durch ein geeignetes Matching von Investitionsauszahlungen und Investitionsrückflüssen erreicht werden (vgl. Kapitel 7).

Daneben muss die Steuerungsgröße von dem Manager direkt oder indirekt beeinflussbar sein (**Controllability**). Dazu können im Rahmen einer relativen Leistungsbeurteilung auch Steuerungsgrößen herangezogen werden, die nicht direkt durch den Manager beeinflussbar sind (bspw. der Gewinn eines Konkurrenzunternehmens). Bei der Auswahl geeigneter Steuerungsgrößen ist zudem zu berücksichtigen, welches Risiko damit für den Manager einhergeht (**Risikoteilung**).

Grundsätzlich müssen Anreizsysteme dem Prinzip **der intersubjektiven Überprüfbarkeit** genügen (vgl. Laux, 2006, S. 27 ff.). Dies besagt, dass die einzelnen Komponenten eines Entlohnungssystems sowohl von Prinzipal und Agenten als auch im Streitfall von Dritten (bspw. einem Arbeitsgericht) intersubjektiv kontrollierbar und verifizierbar sein müssen. Das Prinzip der intersubjektiven Überprüfbarkeit ist dann erfüllt, wenn die Bemessungsgrundlage (bspw. Konzernergebnis), auf Basis derer ein Agent entlohnt wird, von einem Wirtschaftsprüfer überprüft wird und die Komponenten des Anreizvertrags (bspw. die prozentuale Beteiligung des Managers am Konzernergebnis) klar vertraglich geregelt sind. Häufig wird auch gefordert, dass ein Agent ex post keinen willkürlichen Einfluss auf seine Bemessungsgrundlage haben darf (**Manipulationsfreiheit**) (vgl. Küpper et al., 2013, S. 320). Allerdings kann ein gewisser Spielraum für den Manager bei der Ermittlung einer Bemessungsgrundlage (bspw. Auslegung von Aktivierungskriterien für Entwicklungskosten nach IAS 38) positive Anreizwirkungen für das Unternehmen entfalten. So dürfen bspw. Entwicklungskosten nach IFRS erst dann aktiviert werden, wenn ein zukünftiger Nutzen hinreichend gesichert scheint. Demnach wird dem Manager an dieser Stelle ein gewisser Ermessensspielraum bei der Auslegung der Kriterien eingeräumt. Allerdings bedeutet eine Nichtaktivierung nicht, dass für das Unternehmen kein zukünftiger Nutzen aus der Investition resultiert. Da sich eine Nichtaktivierung der Entwicklungskosten negativ auf die Bemessungsgrundlage und damit auch auf seine Bonuszahlung auswirkt, stellt sich für einen Manager die Frage, weshalb er überhaupt investieren soll. Das Problem verstärkt sich dann, wenn der Manager nur noch eine kurze restliche Vertragslaufzeit hat, da er dann nicht davon ausgehen kann, an dem zukünftigen Nutzen noch zu partizipieren. Ist der Manager daher in der Lage, durch Ausübung seiner Ermessensspielräume eine Aktivierung der Entwicklungskosten und damit keine Verschlechterung seiner Bemessungsgrundlage zu bewirken, so werden Unterinvestitionsprobleme dadurch behoben. Folglich kann ein gewisser Ermessensspielraum für Manager positive Anreizwirkungen aus Sicht eines Unternehmens bewirken.

Zusätzlich müssen die Ergebnisse der Steuerungsgrößen kommunizierbar sein (**Kommunikationsfähigkeit**). Da Steuerungssysteme von Menschen angewendet werden, müssen sie die individuellen Eigenschaften der Menschen hinsichtlich **Analysefähigkeit** und **Verständlichkeit** der Ergebnisse berücksichtigen. Neben der

Verständlichkeit müssen Steuerungsgrößen für die Entscheidungsträger auch analysefähig sein. Beide Kriterien – Analysefähigkeit und Verständlichkeit – sind Voraussetzungen für die zentrale Forderung nach Kommunikationsfähigkeit (vgl. Coenenberg et al., 2012, S. 780 f.).
Das Steuerungssystem darf kein Selbstzweck sein, sondern muss der grundlegenden Erfordernis der **Wirtschaftlichkeit** genügen. Dabei gilt es, den zusätzlichen Nutzen aus dem Einsatz von Steuerungssystemen ins Verhältnis zu den zusätzlichen Kosten, z. B. für Implementierung und Pflege, zu setzen.

Anreizkompatibilität und die optimale Gestaltung von Anreizsystemen

Ziel des Prinzipals bei der Gestaltung eines Anreizsystems ist es, seinen persönlichen Nettonutzen, also den Nutzen aus dem Delegationsverhältnis abzüglich der damit korrespondierenden Kosten, zu maximieren. Damit ist ein Anreizsystem genau dann anreizkompatibel, wenn die optimale Lösung dieses Tradeoffs zwischen Nutzen und Kosten des Anreizsystems erreicht wird. Dies verdeutlicht auch den Unterschied zwischen einer Situation ohne Anreizprobleme und der Betrachtung einer Delegationsbeziehung mit Anreizproblemen. Im ersten Fall würde der Prinzipal mit seinen Entscheidungen einfach seinen persönlichen Nutzen (bspw. den Kapitalwert einer Investition) maximieren. Demgegenüber trifft der Prinzipal im Rahmen der Delegationsbeziehungen die Entscheidungen nicht selbst. Stattdessen delegiert er Entscheidungskompetenzen an den Manager und gestaltet ein Anreizsystem, auf Basis dessen der Manager beurteilt und entlohnt werden soll. Sein Entscheidungskalkül verändert sich dahingehend, dass er nun die Kosten des Anreizsystems berücksichtigen muss, um den Manager zu einer bestimmten Handlung zu motivieren. Diese sog. **Agency-Costs** können aus a) divergierenden Zeit- oder Risikopräferenzen, b) der beschränkten Haftbarkeit von Managern sowie c) den Informationsasymmetrien zwischen Manager und Eigentümer resultieren (vgl. Jensen/Meckling, 1976, S. 309 ff.). Diese Kosten stehen mit dem Nutzen des Anreizsystems in einem Wechselverhältnis. Bspw. würde der alleinige Einsatz eines Gesamtunternehmensergebnisses als Bemessungsgrundlage für einen divisionalen Manager dazu führen, dass sich dieser an den Zielen des Gesamtunternehmens orientiert. Gleichzeitig wird dadurch aber auch das dem Anreizsystem inhärente Risiko erhöht, da auch die Unsicherheiten anderer

Abb. 6-4

Nettonutzen und Anreizkompatibilität

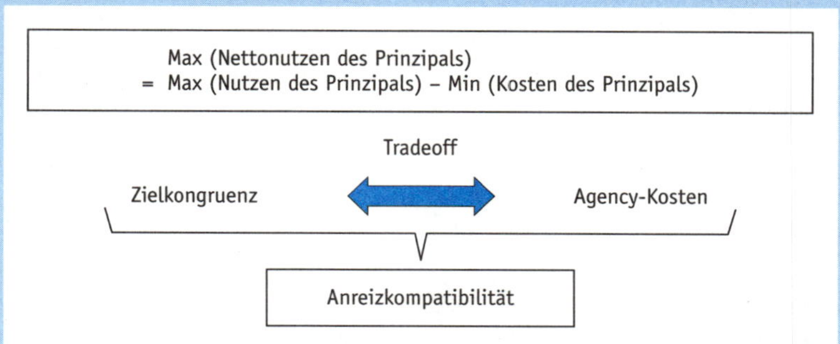

Unternehmensbereiche in dem Anreizsystem zu berücksichtigen sind. Als Konsequenz können in dieser Betrachtung Anreizkompatibilität und Zielkongruenz auseinanderfallen. Während Zielkongruenz ausschließlich den Nutzen der getroffenen Entscheidungen reflektiert, berücksichtigt demgegenüber Anreizkompatibilität auch die anfallenden Kosten des Anreizsystems. Im Extremfall müsste der Prinzipal dem Agenten dann eine so hohe Vergütung bezahlen, dass dadurch der finanzielle Nutzen der Entscheidungen überlagert werden würde. Dieser Sachverhalt wird in Abbildung 6-4 verdeutlicht.

6.5 Aktuelle Entwicklungen und Praxisbeispiele

Hintergrund

Die Aufarbeitung der vergangenen **Finanzmarktkrise** hat zu einer breiten Diskussion vorherrschender Vergütungssysteme von Vorständen und Führungskräften geführt. Diese werden insbesondere dahingehend kritisiert, ein kurzfristiges Denken des Managements zu induzieren. Die nur unzureichende Verbindung von Bonuszahlungen und nachhaltiger Unternehmenswertsteigerung kann dazu führen, dass sich Manager an kurzfristigen Zielen orientieren. Dies kann bspw. dadurch zum Ausdruck kommen, dass langfristige Investitionsprojekte nicht durchgeführt oder überhöhte langfristige Risiken eingegangen werden. Durch solche Managemententscheidungen lassen sich

Praxisbeispiel

Bonusbankorientierte Entlohnung im Talanx-Konzern

Im Talanx-Konzern gilt seit 1. Januar 2011 ein neues Vorstandsvergütungsmodell, in dem die Vergütung des Vorstands aus einer jährlichen Festvergütung und einer variablen Vergütung mit mehrjähriger Bemessungsgrundlage besteht. Der Anteil der variablen Vergütung an der Gesamtvergütung ist individuell unterschiedlich und bewegt sich bei einer Zielerreichung von 100 % in einer Bandbreite von 40 % bis 70 %. Die Gesamthöhe der variablen Vergütung ergibt sich durch Addition der Werte für die beiden Vergütungskomponenten Konzernbonus und Individualbonus sowie – bei Vorstandsmitgliedern mit der Verantwortung für einen bestimmten Geschäftsbereich – einem sogenannten Geschäftsbereichsbonus. Ergibt sich als Folge der Addition der Einzelbeträge ein Negativbetrag, beträgt die variable Vergütung null (d. h., es gibt keine negative variable Vergütung). Ein Negativbetrag der variablen Vergütung wird jedoch bei der Berechnung der Bonusbank berücksichtigt. In die Bonusbank werden jährlich 20 % der festgesetzten variablen Vergütung eingestellt und zinslos für einen Zeitraum von drei Jahren zurückbehalten. Ist der rechnerisch ermittelte Betrag der variablen Vergütung negativ, wird dieser negative Betrag zu 100 % in die Bonusbank eingestellt. Der Saldo der Bonusbank verringert sich entsprechend. Ein positiver Saldo der Bonusbank wird nach Abzug einer etwaigen Auszahlung in das jeweilige Folgejahr fortgeschrieben, ein negativer Saldo wird nicht in das Folgejahr übertragen. Der jeweils in die Bonusbank eingestellte Betrag wird nach Ablauf von drei Jahren in dem Umfang ausgezahlt, in dem er aus dem dann vorhandenen Saldo – unter Berücksichtigung der Gutschriften/Belastungen bis einschließlich derjenigen für das letzte abgelaufene Geschäftsjahr – gedeckt ist. Ein zur Auszahlung anstehender, nicht durch den Saldo der Bonusbank gedeckter Teil der variablen Vergütung verfällt.
(Quelle: Talanx AG, 2014, S. 100 ff.)

kurzfristige Performancegrößen und damit auch die Bonuszahlungen zu Lasten der langfristigen Unternehmensentwicklung maximieren. Der Lösung dieser Problematik liegt folglich die Idee zugrunde, dass ein optimales Anreizsystem auch die langfristigen Konsequenzen der Entscheidungen von Managern erfassen muss. Vor diesem Hintergrund wurden Gesetze erlassen sowie Handlungsempfehlungen hinsichtlich der Gestaltung von Vergütungssystemen abgegeben, die zu einer langfristigeren Orientierung von Managern führen und damit das Problem des kurzfristigen Gewinnstrebens abmildern sollen. Hierzu gehören insbesondere die Verabschiedung **des Gesetzes zur Angemessenheit der Vorstandsvergütung (VorstAG)** im Juli 2009, das sich sowohl im Aktiengesetz (AktG) als auch im **Deutschen Corporate Governance Kodex (DCGK)** niederschlägt. Auf europäischer Ebene sind insbesondere die **Vergütungsrichtlinien der europäischen Bankenaufsicht** vom Dezember 2010 zu nennen, auf deren Basis in Deutschland die Instituts-Vergütungsverordnung (InstitutsVergV) für Kreditinstitute erlassen wurde. Im Folgenden wird kurz auf diese Entwicklungen eingegangen.

Entwicklungstendenzen und die Umsetzung in der Praxis

Mit der Verabschiedung des VorstAG hat unter dem Eindruck der Finanzmarktkrise der Gedanke der Nachhaltigkeit expliziten Eingang sowohl in das Aktiengesetz als auch in den Corporate Governance Kodex gefunden (vgl. v. Werder, 2011, S. 55). Das Ziel ist es, eine stärkere Langfristorientierung des Managements herbeizuführen. Grundsätzlich setzen die Änderungen sowohl an dem Auszahlungsmodus als auch an der Auswahl der Beurteilungsgröße an. Nach § 87 Abs. 1 Satz 2 AktG ist die Vergütungsstruktur bei börsenorientierten Unternehmen auf eine nachhaltige Unternehmensentwicklung hin auszurichten. So sollen Vergütungsbestandteile nach § 87 Abs. 1 Satz 3 AktG eine mehrjährige Bemessungsgrundlage haben. Andererseits soll die Wartezeit für die erstmalige Ausübung von Aktienoptionen mindestens vier Jahre betragen (§ 193 Abs. 2 Nr. 4 AktG). Die Ausrichtung auf eine nachhaltige Unterneh-

Praxisbeispiel

Zeitversetzte Bonuszahlung bei der ThyssenKrupp AG

Ein Element der erfolgsbezogenen Vergütung ist die Tantieme. Entsprechend der vom Aufsichtsrat beschlossenen Tantiemeregelung ist ihre Höhe grundsätzlich von der Entwicklung der beiden Kennzahlen Ergebnis vor Zinsen und Steuern (EBIT) und Gesamtkapitalrentabilität (bei ThyssenKrupp: RoCE) des Konzerns abhängig, die jeweils mit 50 % in die Beurteilung einfließen. Damit besteht ein Gleichklang zwischen der Tantieme als Leistungsanreiz und den im Konzern verwendeten Steuerungskennzahlen. So beträgt die Tantieme z. B. bei einem EBIT von 1 Mrd. Euro und einem RoCE von 5 % 1 Mio. Euro. Bei einem EBIT von 900 Mio. Euro und einem RoCE von 3 % sind es 750.000 Euro, bei einem EBIT von 1,6 Mrd. Euro und einem RoCE von 7 % 1,5 Mio. Euro. Die Tantieme wird zwei Wochen nach der Festlegung durch den Aufsichtsrat an die Vorstandsmitglieder ausgezahlt. Unter Berücksichtigung des Gesetzes zur Angemessenheit der Vorstandsvergütung (VorstAG) hat der Aufsichtsrat festgelegt, ab dem Geschäftsjahr 2009/2010 ein Viertel der Tantieme verpflichtend in Wertrechte der ThyssenKrupp AG umzuwandeln und nach einer dreijährigen Sperrfrist zu vergüten. Ein weiterer Bestandteil der erfolgsbezogenen Vergütung ist der Long Term Incentive (LTI), der seit dem Geschäftsjahr 2010/20011 gewährt wird. Dieser basiert auf dem ThyssenKrupp Value Added (TKVA) sowie der Entwicklung des Aktienkurses. Dem Vorstandsmitglied werden für einen festgelegten Ausgangswert fiktive Aktien (Wertrechte) gewährt. Nach Ablauf eines dreijährigen Performance-Zeitraumes wird die Anzahl der Wertrechte in Abhängigkeit der Entwicklung des TKVA angepasst. Die Auszahlung der Vergütung erfolgt am Ende des Performance-Zeitraumes auf Basis des Durchschnittskurses der ThyssenKrupp Aktie.
(Quelle: ThyssenKrupp AG, 2014, S. 18 f.)

Praxisbeispiel

Vergütung auf Basis von Aktienoptionen bei der SAP AG

Für Zwecke der langfristigen Anreizwirkung erhalten Vorstände und Manager virtuelle Aktienoptionen aus Zuteilungen im Rahmen des SAP Stock Option Plan 2010. In den Jahren von 2010 bis 2013 wurden Mitgliedern des Senior-Leadership Teams, den Global Executives, den SAP Top Rewards (Leistungsträgern mit einer überdurchschnittlichen Beurteilung) sowie nur in den Jahren 2010 und 2011 den Vorstandsmitgliedern virtuelle Aktienoptionen mit Barausgleich gewährt, deren Wert sich nach der mehrjährigen Kursentwicklung der SAP-Aktie bemisst. Der Ausübungspreis für eine Option entspricht 110 % des Basispreises (115 % für Vorstandsmitglieder). Die zugeteilten Optionen haben eine Laufzeit von sechs Jahren (sieben Jahren bei Vorstandsmitgliedern) und können erstmals nach einer Sperrfrist von drei Jahren (vier Jahren bei Vorstandsmitgliedern) zu festgelegten Terminen ausgeübt werden. Die Optionen, die im Jahr 2010 an Vorstandsmitglieder begeben wurden, waren damit erstmals ab September 2014 ausübbar. Mitarbeiter können ihre virtuellen Aktienoptionen nur dann ausüben, wenn sie bei der SAP beschäftigt sind. Bei Ausscheiden aus der Gesellschaft sind die Aktienoptionen verwirkt. Die Optionen der Vorstandsmitglieder können nach Gewährung nicht verwirkt werden.
(Quelle: SAP AG, 2014, S. 254)

mensentwicklung und die mehrjährige Bemessungsgrundlage sind ebenso im DCGK festgehalten. Jüngste Änderungen der Regierungskommission vom Mai 2013 fordern u. a. zusätzlich die Einführung von Höchstgrenzen für die Vergütung insgesamt sowie für die variablen Bestandteile. Zusätzlich soll der Aufsichtsrat das Verhältnis der Vorstandsvergütung zur Vergütung des oberen Führungskreises und der Belegschaft insgesamt berücksichtigen.

Konkretere Vorgaben für die Ausgestaltung der Vergütungssysteme und -methoden finden sich in der InstitutsVergV vom Oktober 2010. Diese schreibt für bedeutende Kreditinstitute vor, dass mindestens 40 % der variablen Vergütung über einen Zeitraum von drei bis fünf Jahren zu strecken sind. Für die Geschäftsleitung sowie nachgelagerte Führungsebenen gelten sogar 60 % (§ 20 Abs. 1 und 2). Außerdem sind ebenso negative Erfolgsbeiträge zu berücksichtigen (§ 20 Abs. 5).

Der Idee, Bonuszahlungen auf einer mehrjährigen Bemessungsgrundlage basieren zu lassen, kann bspw. durch das Konzept einer **Bonusbank** Rechnung getragen

Praxisbeispiel

Eigenbeteiligung des Vorstands bei der Siemens AG

Seit 2008 wird das Vergütungssystem bei Siemens wesentlich durch die unternehmensweit geltenden Siemens Share Ownership Guidelines geprägt. Sie sind ein wesentlicher Bestandteil des Vergütungssystems für den Vorstand und die obersten Führungskräfte und verpflichten die Vorstandsmitglieder, nach einer Aufbauphase während ihrer Zugehörigkeit zum Vorstand ein Vielfaches ihrer Grundvergütung (für den Vorstandsvorsitzenden 300 %, für die übrigen Mitglieder des Vorstands 200 %) in Siemens-Aktien dauerhaft zu halten. Maßgeblich ist hierbei die durchschnittliche Grundvergütung, die das jeweilige Vorstandsmitglied in den vier Jahren der Aufbauphase bezogen hat. Zwischenzeitliche Anpassungen der Grundvergütung werden somit einbezogen. Unverfallbare Aktienzusagen (Bonus Awards) werden für die Erfüllung der Share Ownership Guidelines berücksichtigt. Der Nachweis über die Erfüllung dieser Verpflichtung ist erstmalig nach der Aufbauphase und danach jährlich zu erbringen. Sinkt der Wert des aufgebauten Aktienbestands infolge von Kursschwankungen der Siemens-Aktie unter den jeweils nachzuweisenden Betrag, ist das Vorstandsmitglied zum Nacherwerb verpflichtet.
(Quelle: Siemens AG, 2014, S. 131)

werden. Bonusbanken werden von Beratungsgesellschaften seit längerer Zeit empfohlen. Allerdings ist unklar, nach welchem Modus die Ein- und Auszahlungen bei solchen Vergütungssystemen vorgenommen werden sollen, um damit tatsächlich eine langfristige Anreizsetzung zu erreichen. Eine Verzögerung der Auszahlung von Boni in Folge der Finanzkrise folgt der Idee, überhöhte Boni nicht zur Auszahlung zu bringen und in den Folgejahren wieder zurücknehmen zu können, wenn die Performance nur vorübergehend war. Dies macht es aber erforderlich, nicht nur denselben Bonusbetrag später auszubezahlen, sondern ihn tatsächlich einer Überprüfung auf »Überhöhung« zu unterziehen, d. h. die spätere Performance mit der ursprünglich für die Bonusgutschrift maßgeblichen Erfolgsgröße zu vergleichen. Die Gestaltung einer Bonusbank auf Basis mehrperiodischer Beurteilungsgrößen wird in Kapitel 7 näher beschrieben.

Diesem Prinzip folgen auch die Vergütungsrichtlinien der europäischen Bankenaufsicht sowie die darauf basierende InstitutsVergV, die u. a. vorgeben, dass Bonuszahlungen über einen Zeitraum von 3 bis 5 Jahren gestaffelt werden sollen. Dies kann einerseits durch eine bonusbankorientierte Entlohnung, wie sie im Talanx-Konzern

Praxisbeispiel

Nicht finanzielle Ziele im Vergütungssystem der Audi AG

Die Struktur der Vorstandsvergütung ist auf die Förderung einer Unternehmensführung ausgerichtet, die sich an einer nachhaltigen Entwicklung des Audi Konzerns orientiert. Die Vorstandsbezüge setzen sich aus fixen und variablen Bestandteilen zusammen, wobei die variablen Bestandteile eine langfristige Wirkung der Verhaltensanreize sichern. Die variablen Bezüge des Vorstands bestehen aus einem Bonus, der sich auf die Geschäftsentwicklung der jeweils zwei vorangegangenen Jahre bezieht, sowie seit 2010 aus einem Long Term Incentive (LTI), dem eine Betrachtung der jeweils vier vorangegangenen Geschäftsjahre zugrunde liegt und nicht finanzielle Ziele berücksichtigt. Beide Komponenten tragen sowohl positiven als auch negativen Unternehmensentwicklungen Rechnung. Bei außerordentlichen Entwicklungen kann der Aufsichtsrat eine Begrenzung der Vergütungsbestandteile vornehmen. Maßgeblich für die Höhe des LTI ist für Audi als Marke des Volkswagen Konzerns das Erreichen der Ziele der Strategie 2018 des Volkswagen Konzerns:

- Top-Kundenzufriedenheit, gemessen am Kundenzufriedenheitsindex
- Top-Arbeitgeber, gemessen am Mitarbeiterindex
- Absatzsteigerung, gemessen am Wachstumsindex
- Steigerung der Rendite, gemessen am Renditeindex.

Der Kundenzufriedenheitsindex errechnet sich anhand von Indikatoren, die die Gesamtzufriedenheit der Kunden mit den ausliefernden Händlern, den Neufahrzeugen und den Serviceleistungen auf Basis des jeweils vorangehenden Werkstattbesuchs abbilden. Der Mitarbeiterindex wird aus den Indikatoren Beschäftigung und Produktivität sowie der Beteiligungsquote und dem Ergebnis von Mitarbeiterbefragungen ermittelt.
Die ermittelten Indizes zur Kundenzufriedenheit, zum Bereich Mitarbeiter und zur Absatzsituation werden addiert und das Ergebnis wird anschließend mit dem Renditeindex, der aus der Entwicklung der Umsatzrendite sowie der Dividende der Stammaktie der Volkswagen AG bestimmt wird, multipliziert. Folglich wird der LTI nur ausgezahlt, wenn der gesamte Volkswagen Konzern auch finanziell erfolgreich ist. Falls die Umsatzrendite im Volkswagen Konzern einen Schwellenwert von 1,5 Prozent nicht überschreitet, beträgt der Renditeindex null und es kommt zu keiner Auszahlung des LTI.
(Quelle: Audi AG, 2014, S. 208 f.)

eingesetzt wird, erreicht werden. Alternativ kann eine zeitversetzte Ausbezahlung von Boni auch dadurch erreicht werden, dass Bestandteile der Vergütung in Abhängigkeit von der tatsächlichen Unternehmenswertentwicklung erst zu einem späteren Zeitpunkt ausbezahlt werden.

Ein vergleichbarer Effekt lässt sich dadurch erzielen, dass ausgegebene Aktienoptionen einer Wartezeit unterliegen. An dieser Stelle sehen die neuen Regelungen vor, dass bei einer Vergütung auf Basis von Aktienoptionen die Wartezeit für die Ausübung mindestens vier Jahre betragen muss (§ 193 Abs. 2 Nr. 4 AktG). Dies gilt auch in dem Fall, dass es sich (wie bspw. bei der SAP AG) um virtuelle Aktienoptionspläne handelt. Bei virtuellen Aktienoptionsplänen handelt es sich um die Ausgabe von fiktiven Aktien.

Durch die längere Sperrfrist sollen Vorstände verstärkt in die Rolle des Eigentümers des Unternehmens versetzt werden. Dies kann bspw. auch dadurch erreicht werden, dass sich Manager verpflichtend am Unternehmen beteiligen. Das kann dazu führen, dass für die Dauer der Unternehmenszugehörigkeit ein Vielfaches der eigenen Grundvergütung aus dem eigenen Privatvermögen in das Unternehmen investiert werden muss.

Neben der Anpassung der Auszahlungsmodalitäten bei Vergütungssystemen wird darüber hinaus auch die Wahl geeigneter Beurteilungsgrößen, auf Basis derer Bonuszahlungen basieren können, kritisch diskutiert. Im Bericht der Regierungskommission Deutscher Corporate Governance Kodex (2010) wird konkret das Beispiel negativer Auswirkungen von Kostensenkungsmaßnahmen auf den Kundennutzen der Produkte aufgeführt. Das Problem hierbei ist, dass sich entsprechende negative Auswirkungen auf den Kundennutzen häufig erst mit einer erheblichen zeitlichen Verzögerung in den finanziellen Kennzahlen des Unternehmens niederschlagen. Setzen

Praxisbeispiel

Bahn macht Vorstandsgehalt von Kundenzufriedenheit abhängig

Die Bezahlung aller Führungskräfte und außertariflicher Mitarbeiter der Deutschen Bahn richtet sich ab 2014 erstmalig an den vier strategischen Stoßrichtungen Kunde und Qualität, profitables Wachstum, Kulturwandel/Mitarbeiterzufriedenheit und Ressourcenschonung/Emissions- und Lärmreduktion aus. Das betrifft 4.800 Manager der Deutschen Bahn, davon 3.000 leitende Angestellte und 1.800 außertariflich bezahlte Mitarbeiter, die nur noch Sonderzahlungen erhalten, wenn das Unternehmen im Umweltschutz und der Zufriedenheit von Kunden und Mitarbeitern gut abschneidet. Je nach Führungsebene kann dieser Bonus 25 bis 60 Prozent des Grundgehalts betragen. Vorstandsmitglied Karl-Friedrich Rausch erläuterte, dass für jeden betroffenen Mitarbeiter messbare Ziele festgelegt werden, unterteilt nach übergeordneten Vorgaben des Konzerns sowie Zielen des Geschäftsfeldes und des persönlichen Verantwortungsbereichs. Ein Teil davon werden künftig Umweltziele wie die Verringerung des CO_2-Ausstoßes oder besserer Lärmschutz, ein anderer die in Befragungen ermittelte Zufriedenheit von Kunden und Mitarbeitern sein. Damit verankert die Deutsche Bahn ihr »Streben nach Nachhaltigkeit« im Vergütungssystem der Manager. Die Jahresvergütung war bisher vor allem an Gewinnziele gekoppelt. Für die Mitglieder des Konzernvorstandes gelten ähnliche Bonusregeln bereits seit Anfang 2013.
(Quelle: Deutsche Bahn AG, 2014, S. 85 ff.; http://www.focus.de/finanzen/news/unternehmen/bahn-reformiert-bonus-system-bahn-manager-sollen-nur-bei-puenktlichen-zuegen-boni-bekommen_aid_1155703.html vom 12.11.2013, Abruf: 10.07.2014)

dementsprechend Vergütungssysteme ausschließlich an Finanzkennzahlen an, so besteht die Gefahr, dass eine eher kurzfristige Orientierung an finanziellen Größen als eine nachhaltige Unternehmensentwicklung incentiviert wird (vgl. v. Werder, 2011, S. 56). Folglich sollten auch nicht finanzielle Ziele wie Kunden- oder Mitarbeiterzufriedenheit als Bemessungsgrundlage in ein Vergütungssystem einbezogen werden.

Kontrollfragen

1. *Wodurch entsteht die Notwendigkeit einer Entscheidungsdelegation?*
2. *Wodurch entstehen Koordinationsprobleme?*
3. *Welche Formen der Informationsasymmetrie gibt es? Nennen Sie Beispiele!*
4. *Welche Unterschiede bestehen zwischen der Entscheidungsunterstützungs- und der Verhaltenssteuerungsfunktion?*
5. *Welche Koordinationsinstrumente kommen im Controlling zum Einsatz?*
6. *Wodurch unterscheiden sich funktionale und divisionale Organisationsformen?*
7. *Was ist unter dem Center-Konzept zu verstehen?*
8. *Welche Auswirkung hat das Center-Konzept auf die Koordinationsfunktion des Controllings?*
9. *Was versteht man unter einer virtuellen Organisation? Nennen Sie Beispiele!*
10. *Was sind die wesentlichen Bestandteile eines Anreizsystems?*
11. *Welche Anforderungen sind an die Gestaltung von Anreizsystemen zu stellen?*

Abkürzungsverzeichnis

Abs.	Absatz
AktG	Aktiengesetz
EBIT	Earnings Before Interest and Taxes (Ergebnis vor Zinsen und Steuern)
Nr.	Nummer
RoCE	Return on Capital Employed (Gesamtkapitalrentabilität)
RoI	Return on Investment
VorstAG	Gesetz zur Angemessenheit der Vorstandsvergütung

Literaturhinweise

Audi AG (Hrsg.) (2014): Geschäftsbericht 2013, Ingolstadt 2014.

Arrow, K. J. (1985): The Economics of Agency, in: Pratt, J. W./Zeckhauser, R. J. (Hrsg.): Principals and Agents. The Strucure of Business, Boston 1985.

Bartlett, C. A. (1986): Building and managing the transnational. The organizational challenge, in: Porter, M. E. (Hrsg.): Competition in global industries, Boston 1986, S. 367–404.

BMW AG (Hrsg.) (2014): Geschäftsbericht 2013, München 2014.

Breid, V. (1994): Erfolgspotentialrechnung. Konzeption im System einer finanztheoretisch fundierten, strategischen Erfolgsrechnung, Stuttgart 1994.

Coenenberg, A. G./Fischer, T. M./Günther, T. (2012): Kostenrechnung und Kostenanalyse, 8. Aufl., Stuttgart 2012.
Deci, E. L. (1971): Effects of externally mediated rewards on intrinsic motivation, in: Journal of Personality and Social Psychology, 18. Jg., 1971, Heft 1, S. 105–115.
Deutsche Bahn AG (Hrsg.) (2013): Geschäftsbericht 2013, Berlin 2014.
Deutsche Bank AG (Hrsg.) (2014): Geschäftsbericht 2013, Frankfurt a. M. 2014
Ewert, R./Wagenhofer, A. (2014): Interne Unternehmensrechnung, 8. Aufl., Berlin 2014.
Jensen, M./Meckling, W. H. (1976): Theory of the Firm, Managerial Behavior, Agency Costs and Ownership Structure, in: Journal of Financial Economics, 3. Jg., 1976, Heft 4, S. 305–360.
Kieser, A./Walgenbach, P. (2010): Organisation, 6. Aufl., Stuttgart 2010.
Küpper, H.-U./Friedl, G./Hofmann, C./Hofmann, Y./Pedell, B. (2013): Controlling. Konzeption, Aufgaben, Instrumente, 6. Aufl., Stuttgart 2013.
Laux, H. (2006): Unternehmensrechnung, Anreiz und Kontrolle, 3. Aufl., Berlin 2006.
Hagen, W. (2014): Moving minds. Creating Value. Wolfgang Hagen im Dialog mit Utz Schäffer, in: Controlling & Management Review, Jg. 58, 2014, Heft 2, S. 16–21.
Holmstrom, B. (1979): Moral Hazard and Observability, in: The Bell Journal of Economics, 10. Jg., 1979, Heft 1, S. 74–91.
Macharzina, K./Wolf, J. (2012): Unternehmensführung, 8. Aufl., Wiesbaden 2012.
Regierungskommission Deutscher Corporate Governance Kodex (2010): Bericht der Regierungskommission Deutscher Corporate Governance Kodex an die Bundesregierung, Frankfurt a. M. 2010.
Sabel, H./Weiser C. (2008): Dynamik im Marketing. Umfeld – Strategie – Struktur – Kultur, 4. Aufl., Wiesbaden 2008.
SAP (Hrsg.) (2014): Geschäftsbericht 2013, Walldorf 2014.
Siemens AG (Hrsg.): Geschäftsbericht 2013, München 2014.
Schultze, W./Hirsch, C. (2005): Unternehmenswertsteigerung durch wertorientiertes Controlling, München 2005.
Schultze, W./Weiler, A. (2007): Performancemessung und Wertgenerierung. Entlohnung auf Basis des Residualen Ökonomischen Gewinns, in: Zeitschrift für Planung & Unternehmenssteuerung, 18. Jg., 2007, Heft 2, S. 133–159.
Spremann. K. (1990): Asymmetrische Information, in: Zeitschrift für Betriebswirtschaft, 60. Jg., 1990, Heft 5/6, S. 561–586.
Talanx AG (Hrsg.) (2014): Geschäftsbericht 2013, Hannover 2014.
ThyssenKrupp AG (Hrsg.) (2014): Geschäftsbericht 2012/2013, Essen 2014.
Vahs, D. (2012): Organisation, 8. Aufl., Stuttgart 2012.
Werder, A. v. (2011): Neue Entwicklungen der Corporate Governance in Deutschland, in: Zeitschrift für betriebswirtschaftliche Forschung, 63. Jg., 2011, Heft 1, S. 48–62.
Williamson, O. E. (1967): Hierarchical Control and Optimum Firm Size, in: The Journal of Political Economy, 75. Jg., 1967, S. 123–138.

7 Unternehmenssteuerung mit integrierten Kennzahlensystemen

Lernziele

In diesem Kapitel erfahren Sie,

- anhand welcher Kriterien sich Performancekennzahlen kategorisieren lassen,
- welche Steuerungszwecke mit der Verwendung von erfolgs- bzw. liquiditätsorientierten Kennzahlen verfolgt werden,
- worin sich traditionelle von wertorientierten Kennzahlen unterscheiden und welcher Vorteil in einer wertorientierten Steuerung gesehen wird,
- wie die verschiedenen Kennzahlen die Anforderungen an eine wertorientierte Unternehmensführung erfüllen,
- welche Kennzahlen sich als Basis für wertorientierte Anreizsysteme eignen und wie diese implementiert werden können,
- wie finanzielle und nicht finanzielle Kennzahlen im Rahmen eines ganzheitlichen Performance Management Systems eingesetzt werden.

Die beiden Unternehmensbereiche »Chipherstellung« und »Gesamtfertigung« stehen in intensiver gegenseitiger Geschäftsbeziehung, da die »Chipherstellung« hochwertige Speicherchips an die »Gesamtfertigung« liefert und diese die Chips u.a. im Endprodukt Tablet einarbeitet. Diese gegenseitigen Abhängigkeiten haben unmittelbare Konsequenzen für die Ergebniszahlen der beiden Bereiche. Es stellt sich die Frage, welche Kennzahlen die Performance der beiden Bereiche am besten abbilden. Bisher erfolgte die Steuerung primär auf Basis des Umsatzes, was jedoch dazu führte, dass die Bereichsmanager ihre Bereichsumsätze ungeachtet der Kostensituation und Bonität ihrer Kunden maximierten. Im Rahmen der nächsten Vorstandssitzung soll daher geklärt werden, welche Performancegrößen zukünftig als Entscheidungsgrundlage in den Geschäftsbereichen sowie auf Gesamtunternehmensebene zugrunde gelegt werden sollen. Es ist zu diskutieren, auf Basis welcher Kennzahlen die Ziele der nächsten Jahre formuliert werden und von deren Erreichung die erfolgsabhängige Entlohnung abhängig gemacht werden sollte. Die Geschäftsführung kritisiert außerdem die Orientierung des Steuerungssystems an rein finanziellen Kennzahlen und regt an, ob nicht durch eine Integration nicht finanzieller Werttreiber, wie dies bspw. bei einer Balanced Scorecard der Fall wäre, eine breitere Informationsgrundlage geschaffen werden könnte. Zudem läuft aktuell das Projekt zur Prozessverbesserung »Grape to the Future« an, mit dem Ziel, eine 20%-ige Kosteneinsparung und dadurch eine bessere Wettbewerbssituation im Vergleich zur Konkurrenz zu

erreichen. Die Projektleitung steht vor dem Problem, welche Kennzahlen nun als Grundlage für diesbezügliche Entscheidungen herangezogen werden können.

Dieses Kapitel beschäftigt sich mit Performancekennzahlen und deren Einsatz für die interne Unternehmenssteuerung. Dabei wird insbesondere dargelegt, wie die verschiedenen Kennzahlen die beiden Funktionen des Controllings, Entscheidungsunterstützung und Verhaltenssteuerung, erfüllen. Es wird in diesem Kapitel aufgezeigt, welche Entscheidungen durch die Steuerung auf Basis einer bestimmten Kennzahl induziert werden. Dabei geht es zum einen um Entscheidungen aus Sicht der Unternehmenseigner selbst (Entscheidungsunterstützung, Einpersonenkontext) und zum anderen um die von dezentralen Entscheidungsträgern (Verhaltenssteuerung, Mehrpersonenkontext). Damit letztere auch im Sinne der Gesamtunternehmenszielsetzung, d. h. Maximierung des Eigentümervermögens, getroffen werden, müssen Anreizsysteme auf Basis von Kennzahlen implementiert werden.

7.1 Charakterisierung von Kennzahlen und -systemen

Kennzahlen vs. Kennzahlensysteme

Das Controlling hat die Aufgabe, Informationen zur Fundierung von Entscheidungen sowie zur Verhaltenssteuerung der Geschäftsbereiche eines Unternehmens bereitzustellen. Mithilfe von Kennzahlen werden komplexe betriebswirtschaftliche Sachverhalte für diese Zwecke verdichtet. Kennzahlensysteme setzen einzelne Kennzahlen zueinander in Beziehung. Damit ist es möglich, die Einflussfaktoren einer Kennzahl darzustellen sowie deren Änderungs- oder Beeinflussungsmöglichkeiten zu untersuchen. Bekanntester Vertreter von Kennzahlensystemen ist das **DuPont-Schema**, das den Return on Investment (RoI) in seine Werttreiber aufschlüsselt (vgl. Abschnitt 7.2.1). Ein Kennzahlensystem ist als **Zielsystem** verwendbar, wenn die einzelnen Steuerungsgrößen vom Entscheidungsträger beeinflusst werden können (vgl. Küpper et al., 2013, S. 472 f.). Die Operationalisierung einer übergeordneten Spitzenkennzahl, wie bspw. des RoI, im Rahmen von Zielsystemen ermöglicht die Definition konkreter Zielvorgaben und damit die Steuerung operativer Einheiten.

Funktionen von Kennzahlen

Kennzahlen stellen Informationen in aggregierter Form dar, auf deren Basis Entscheidungen getroffen werden sowie das Verhalten dezentraler Manager gesteuert wird. Diese beiden Funktionen wurden bereits in Abschnitt 1.5 als **Entscheidungsunterstützung** und **Verhaltenssteuerung** definiert. Im Rahmen der Entscheidungsunterstützung werden Kennzahlen für die Planung und Kontrolle herangezogen. So werden in Planungsrechnungen Entscheidungswerte, wie z. B. Unternehmenswerte, bestimmt, mit deren Hilfe ökonomische Entscheidungen zielgerichtet getroffen werden. In Kontrollrechnungen werden Kontrollgrößen ermittelt und im Rahmen von Soll-/Ist-Vergleichen analysiert. Schließlich dienen Kennzahlen als Basis von Entlohnungssystemen zur verhaltenssteuernden Leistungsbeurteilung (vgl. Coenenberg, 1995, S. 2080 ff.).

Kennzahlen lassen sich zum einen in **absolute** und **relative** Größen einteilen. Als absolute Größen können Einzelzahlen (z. B. Anlagebestand), Summen (z. B. Bilanzsumme) oder Differenzen (z. B. Betriebsergebnis) herangezogen werden. Setzt man absolute Kennzahlen zueinander ins Verhältnis, so wird damit ein Vergleich dieser vorgenommen und die Aussagekraft erhöht. Man spricht in diesem Zusammenhang von relativen Kennzahlen bzw. Verhältniskennzahlen. Diese lassen sich weiter in Gliederungs-, Beziehungs- und Indexkennzahlen unterteilen (vgl. Coenenberg et al., 2014, S. 1023 ff.):

Kategorisierung von Kennzahlen

- Bei **Gliederungszahlen** werden Teilgrößen (z. B. Eigenkapital) ihrer entsprechenden Gesamtgröße (z. B. Gesamtkapital) gegenübergestellt. Sie zeigen das relative Gewicht einzelner Größen im Verhältnis zum Ganzen und erlauben dadurch Vergleiche von Unternehmen oder Geschäftsbereichen unterschiedlicher Größe.
- Werden verschiedenartige Größen zwischen denen ein sachlogischer Zusammenhang besteht in Beziehung gesetzt, spricht man von **Beziehungszahlen**. Dieser Zusammenhang kann bspw. eine Mittel-Zweck-Relation sein. So stellt man z. B. den Gewinn als verursachte Größe dem Gesamtkapital als verursachende Größe gegenüber, um die Gesamtkapitalrentabilität zu messen. Die in Beziehungszahlen zueinander in Zusammenhang gesetzten Größen müssen jedoch nicht dieselben Dimensionen aufweisen. Ein Beispiel hierfür wäre die im Handel übliche Kennzahl Umsatz pro Quadratmeter Verkaufsfläche.
- **Indexzahlen** werden zur Darstellung von zeitlichen Veränderungen bzw. Entwicklungen einer Größe herangezogen. Der Wert eines Basiszeitpunktes wird gleich 100 % gesetzt und alle weiteren Werte verschiedener Zeitpunkte werden im Verhältnis zu diesem Basiswert gemessen, z. B. Preis- oder Kostenindizes. So zeigt bspw. ein Lohnkostenindex, um wie viel Prozent sich die Lohnkosten im Berichtszeitpunkt gegenüber dem Wert des Basiszeitpunktes verändert haben.

Neben den **finanziellen** existieren **nicht finanzielle Kennzahlen**. Durch die zunehmende Bedeutung nicht bilanzierungsfähiger, immaterieller Werte (z. B. Humankapital) werden nicht finanzielle Kennzahlen (z. B. Mitarbeiterzufriedenheit) verstärkt zur Unternehmenssteuerung herangezogen. Häufig werden diese in Kombination mit finanziellen Steuerungsgrößen im Rahmen eines ganzheitlichen Performance Measurement Systems (z. B. Balanced Scorecard) verwendet (vgl. Abschnitt 7.5).

Durch die zunehmende Verbreitung des Shareholder-Value-Ansatzes und der damit verbundenen Einführung sog. wertorientierter Kennzahlen, bietet sich eine Differenzierung nach **traditionellen** und **wertorientierten** Steuerungsgrößen an. Traditionelle Kennzahlen bauen unmittelbar auf den Zahlen des externen Rechnungswesens auf und sind daher nicht direkt in der Lage, die Wertsteigerung im Unternehmen abzubilden. Darüber hinaus beziehen wertorientierte Größen zusätzlich zum externen Rechnungswesen auch kalkulatorische Kapitalkosteninformationen mit ein, um dadurch Aussagen hinsichtlich der Wertgenerierung im Unternehmen zu treffen. Im Folgenden werden daher zunächst kurz die traditionellen Kennzahlen und anschließend die unterschiedlichen Konzepte innerhalb der wertorientierten Kennzahlensysteme vorgestellt und diskutiert.

7.2 Traditionelle Kennzahlensysteme

Zielgrößen

Steuerungssysteme basieren auf im Vorfeld definierten Zielgrößen des Unternehmens. Diese umfassen die Generierung von **Erfolgspotenzialen** sowie deren Realisation als **Erfolg** und die Sicherstellung der **Liquidität**. Liquidität, d. h. die Wahrung der Zahlungsfähigkeit des Unternehmens, setzt erfolgreiches unternehmerisches Handeln voraus, das wiederum auf dem Vorhandensein von Erfolgspotenzialen beruht. Auf der anderen Seite ist ausreichende Liquidität Voraussetzung für die Schaffung von Erfolg sowie Erfolgspotenzialen.

Erfolgs-, liquiditätsorientierte und strategische Kennzahlen

Anhand dieser Zielgrößen können erfolgsorientierte, liquiditätsorientierte sowie strategische Kennzahlen unterschieden werden. **Erfolgsorientierte Kennzahlen** knüpfen an einer Ergebnisgröße an, d. h. ihre Berechnung erfolgt auf Grundlage von Daten des Rechnungswesens. Dagegen basieren **liquiditätsorientierte Kennzahlen** auf Cashflows und damit tatsächlichen Zahlungsströmen im Unternehmen. Ergebnisgrößen sind i. d. R. besser in der Lage, die Leistung einer Periode zu erfassen, da sie die Cashflows durch bestimmte Rechnungslegungsregeln den jeweiligen Perioden zuordnen. Durch diese Periodisierung soll die wirtschaftliche Leistung der Periode abgebildet werden. Dadurch besitzen Ergebnisgrößen jedoch den Nachteil, dass sie einem gewissen Gestaltungsspielraum unterliegen und somit anfällig für bilanzpolitische Maßnahmen sind.

Im Folgenden werden die erfolgsorientierten (vgl. Abschnitt 7.2.1) sowie liquiditätsorientierten Kennzahlen (vgl. Abschnitt 7.2.2) dargestellt. Anschließend wird deren Steuerungswirkung beurteilt (vgl. Abschnitt 7.2.3). Hinsichtlich vertiefender Ausführungen zum strategischen Controlling wird auf Abschnitt 1.1.2 sowie Kapitel 3 verwiesen.

7.2.1 Erfolgsorientierte Kennzahlen

Für die Steuerung von Unternehmen bzw. Geschäftsbereichen werden häufig **Rentabilitätskennzahlen** verwendet. Rentabilitätskennzahlen stellen Beziehungszahlen dar, bei welchen ein Ergebnis zu einer Größe in Beziehung gesetzt wird, die für die Erwirtschaftung dieses Ergebnisses eingesetzt wurde. Der Vorteil von Rentabilitätskennzahlen gegenüber Erfolgsgrößen liegt in der Berücksichtigung des dafür erforderlichen Mitteleinsatzes und der daraus resultierenden Möglichkeit von Performancevergleichen unterschiedlich großer Geschäftsbereiche bzw. Unternehmen. Die nachfolgend vorgestellten Kennzahlen unterscheiden sich hinsichtlich der Definition der Ergebnisgröße sowie der Vermögens- bzw. Kapitalbasis.

Eigenkapitalrentabilität

Die **Eigenkapitalrentabilität (EKR)** oder **Return on Equity (RoE)** stellt eine für die Eigenkapitalgeber relevante Kennzahl dar. Sie wird berechnet, indem der **Jahresüberschuss** einer Periode ins Verhältnis zum Eigenkapital am Periodenanfang gesetzt wird:

$$\mathrm{EKR}_t = \frac{\text{Jahresüberschuss}_t}{\text{Eigenkapital}_{t-1}}$$

Die EKR lässt sich interpretieren als prozentuale Verzinsung des von den Eigentümern des Unternehmens zur Verfügung gestellten Kapitals. Bei einer solchen Interpretation wird unterstellt, dass es sich nicht um einen einmaligen Überschuss handelt, sondern es auch langfristig zu einem Rückfluss des eingesetzten Kapitals kommt. Grundsätzlich kann für die Ergebnisgröße auch der **Gewinn vor Steuern** oder **Earnings Before Taxes (EBT)** verwendet werden, um verzerrende Wirkungen aufgrund unterschiedlicher Steuerbelastungen für den überbetrieblichen Vergleich zu eliminieren. Da aus Anteilseignersicht das Ergebnis nach Abzug aller Aufwendungen (inkl. Steuern) von Interesse ist, wird i. d. R. der Jahresüberschuss zur Berechnung der EKR herangezogen (vgl. Coenenberg et al., 2014, S. 1152 f.).

Gesamtkapitalrentabilität

Für die Steuerung von Geschäftsbereichen ist die EKR weniger geeignet, da Finanzierungsentscheidungen häufig zentral und nicht von den Geschäftsbereichen selbst getroffen werden (vgl. Coenenberg et al., 2012, S. 794). Hier bietet sich die Verwendung der **Gesamtkapitalrentabilität (GKR)** an:

$$GKR_t = \frac{\text{Jahresüberschuss}_t + \text{Zinsaufwand}_t + \text{Steueraufwand}_t}{\text{Gesamtkapital}_{t-1}} = \frac{EBIT_t}{\text{Gesamtkapital}_{t-1}}$$

Die GKR gibt die Verzinsung des eingesetzten Gesamtkapitals, also des Eigen- und Fremdkapitals wieder. Daher ist neben dem Jahresüberschuss zusätzlich der den Fremdkapitalgebern zufließende Anteil vom Ergebnis (Zinsaufwand) im Zähler zu berücksichtigen. Häufig wird als Ergebnisgröße der **Gewinn vor Steuern und Zinsen** oder **Earnings Before Interest and Taxes (EBIT)** verwendet, um Verzerrungen durch den ebenfalls von Finanzierungsentscheidungen beeinflussten Steueraufwand zu vermeiden. Im angelsächsischen Sprachgebrauch wird die GKR auch **Return on Assets (RoA)** bezeichnet. Auch die Bezeichnung **Return on Investment (RoI)** ist geläufig, insbesondere wenn es sich um die Beurteilung einzelner Investitionen und nicht der Performance des Gesamtunternehmens handelt. Alternativ lässt sich die GKR auch nach Steueraufwand berechnen. Dies ist dann sinnvoll, wenn die Wirkung der unternehmerischen Steuerpolitik in der Kennzahl erfasst werden soll (vgl. Coenenberg et al., 2014, S. 1166).

Return on Capital Employed/ Return on Net Assets

Wird als Kapitalbasis nicht das gesamte, sondern nur das gebundene Kapital herangezogen, spricht man vom **Return on Capital Employed (RoCE)**. Das gebundene Kapital wird von der Passivseite der Bilanz her berechnet und stellt die Summe aus Eigenkapital und verzinslichem Fremdkapital (z. B. Finanzschulden) dar. Dabei bleibt das unverzinslich zur Verfügung gestellte Kapital, z. B. Lieferantenverbindlichkeiten, unberücksichtigt.

$$RoCE_t = \frac{EBIT_t}{\text{gebundenes Kapital}_{t-1}}$$

Alternativ lässt sich die Kennzahl auch über das gebundene Vermögen berechnen. In diesem Fall spricht man vom **Return on Net Assets (RoNA)**. Das gebundene Vermögen wird ausgehend von der Aktivseite aus der Summe von Anlagevermögen und Nettoumlaufvermögen (Umlaufvermögen abzüglich nicht verzinsliches Fremdkapital) ermittelt.

$$RoNA_t = \frac{EBIT_t}{\text{gebundenes Vermögen}_{t-1}}$$

Beide Möglichkeiten führen zum gleichen Ergebnis, da jeweils die nicht zinstragenden Kapital- bzw. Vermögensbestandteile eliminiert werden. Ursache für deren Abzug ist, dass diese Bestandteile keine direkten Zinszahlungen verursachen bzw. keinen Verzinsungsanspruch besitzen. Lieferantenverbindlichkeiten im Sinne von zinslos zur Verfügung gestellten Lieferantenkrediten berücksichtigen die Verzinsung bereits in Form nicht in Anspruch genommener Skonti und damit höheren Einkaufspreisen für die bezogenen Produkte bzw. Dienstleistungen. Dies führt zu einem geringeren operativen Ergebnis und ist damit bereits im Zähler berücksichtigt. Daher sind unverzinsliche Kapitalbestandteile ebenso im Nenner zu eliminieren (vgl. Ewert/Wagenhofer, 2014, S. 520). Abbildung 7-1 verdeutlicht die Ermittlung des gebundenen Vermögens und des gebundenen Kapitals.

Für die Steuerung von Geschäftsbereichen bietet sich die Verwendung des RoCE und damit die aktivische Ermittlung der Nennergröße an, da auf dieser Ebene i. d. R. keine Informationen über die Finanzierung vorliegen. Analog zur GKR können RoCE/RoNA auch nach Steuern berechnet werden.

Kennzahlenspaltung

Eine Analyse der Einflussfaktoren der oben beschriebenen Kennzahlen ermöglicht die Aufspaltung in deren Erfolgstreiber. Wird die GKR mit $\frac{\text{Umsatz}}{\text{Umsatz}}$ erweitert, lässt sich folgender Zusammenhang darstellen:

$$\text{GKR}_t = \frac{\text{EBIT}_t}{\text{Gesamtkapital}_{t-1}} \times \frac{\text{Umsatz}_t}{\text{Umsatz}_t} = \frac{\text{EBIT}_t}{\text{Umsatz}_t} \times \frac{\text{Umsatz}_t}{\text{Gesamtkapital}_{t-1}}$$

$$= \text{Umsatzrentabilität} \times \text{Kapitalumschlag}$$

Durch die Aufgliederung der GKR in die **Umsatzrentabilität** (brutto) **(UR)** bzw. **Return on Sales (RoS)** und den **Kapitalumschlag (KU)** bzw. **Asset Turnover** werden die Ursachen für Veränderungen der Kennzahl aufgezeigt.

Abb. 7-1

Gebundenes Vermögen, gebundenes Kapital

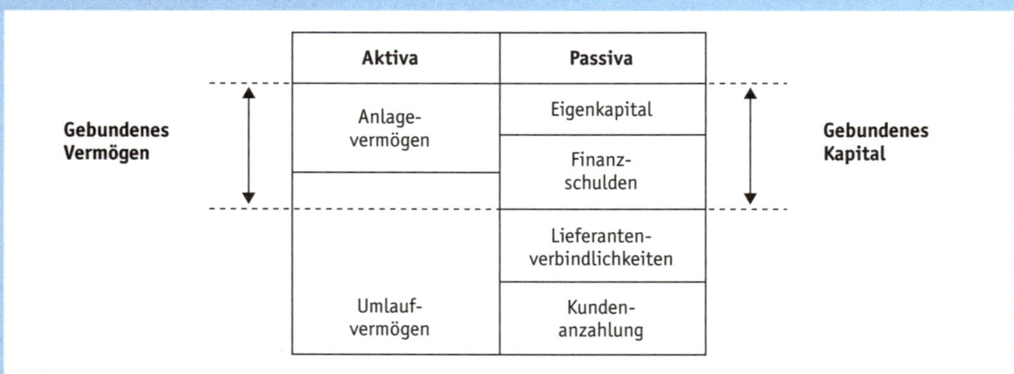

Praxisbeispiel

MAN SE

Ermittlung des RoCE bei der MAN SE

[in Mio. EUR]	2013	2012_{neu}	2012	2011
Eigenkapital[1]	**5.227**	5.632	5.619	5.590
Pensionen und ähnliche Verpflichtungen[2]	**452**	591	591	378
Finanzverbindlichkeiten[2]	**3.627**	5.299	5.299	3.170
nicht durch Eigenkapital von MAN Finance finanziertes Volumen	**–**	-3.243	-3.243	-2.539
Wertpapiere und Flüssige Mittel[2]	**-2.312**	-1.367	-1.367	-958
Capital Employed am 31. Dezember[1]	**6.994**	6.912	6.899	5.614
Capital Employed im Jahresdurchschnitt[1]	**6.903**	6.948	6.937	6.071
Operatives Ergebnis[1]	**475**	969	964	1.483
RoCE	**6,9 %**	13,9 %	13,9 %	24,4 %

[1]2012 angepasst aufgrund der rückwirkenden Anwendung des IAS 19 (2011)
[2]MAN Gruppe nach Ausweis der MAN Finance als Asset Held for Sale. Definition des Capital Employed angepasst: Ab 2013 Darlehen an Konzerngesellschaften im Abzugskapital berücksichtigt.

Bei der MAN SE wird die Kapitalrendite RoCE ermittelt, indem das Operative Ergebnis in Beziehung zum Jahresdurchschnitt des Capital Employed gesetzt wird. Wie die oben dargestellte Tabelle verdeutlicht, wird das Capital Employed für die MAN Gruppe ausgehend von der Finanzierungsseite berechnet. Es setzt sich zusammen aus dem Eigenkapital, den Pensionen und ähnlichen Verpflichtungen sowie den Finanzverbindlichkeiten der MAN Gruppe, vermindert um die Wertpapiere, die Flüssigen Mittel und Darlehen aus Konzerngesellschaften.

Demgegenüber wird für die einzelnen Bereiche das gebundene Vermögen (Net Assets) mithilfe der Vermögensseite ermittelt. Es umfasst für das industrielle Geschäft alle Aktiva mit Ausnahme von Finanzmitteln und Steueransprüchen, vermindert um alle Rückstellungen und Verbindlichkeiten mit Ausnahme der Finanzverbindlichkeiten, der Pensionsrückstellungen und der Steuern. Aus Unternehmenserwerben entstandene Effekte im Zusammenhang mit abschreibbaren materiellen und immateriellen Vermögenswerten werden bei der Ermittlung zusätzlich eliminiert. Erhaltene Anzahlungen werden als Abzugskapital nur berücksichtigt, soweit sie im Rahmen der Auftragsabwicklung bereits verwendet sind.

Die Kapitalrendite RoCE der MAN Gruppe verringerte sich von 24,4 % im Jahr 2011 auf 13,9 % im Jahr 2012. 2013 erfolgte ein weiterer Rückgang auf 6,9 %.

Der signifikante Rückgang des RoCE im Jahr 2013 ist vor allem auf einen Rückgang des Operativen Ergebnisses zurückzuführen. Die MAN Gruppe erzielte im Geschäftsjahr 2013 ein Operatives Ergebnis in Höhe von 475 Mio. EUR und lag damit um rund 50 % unter dem Wert des Vorjahres (969 Mio. EUR). Dieser Rückgang ist vor allem auf das Geschäftsfeld Power Engineering zurückzuführen, dessen Operatives Ergebnis sich auf 40 Mio. EUR (503 Mio. EUR) reduzierte. Der deutliche Rückgang des operativen Ergebnisses in 2012 gegenüber 2011 resultierte weitgehend aus der Schwäche des europäischen Nutzfahrzeugmarktes mit entsprechendem Margendruck sowie erhöhten Kosten. Zusätzlich belastete eine durchschnittlich geringere Marge aufgrund eines veränderten Länder- und Produktmixes das Operative Ergebnis. Bei MAN Latin America sank das Operative Ergebnis im Berichtsjahr 2012 gegenüber dem Vergleichszeitraum von 400 Mio. EUR auf 229 Mio. EUR. (Quelle: MAN SE, 2013, S. 38 ff.; MAN SE, 2014, S. 36 ff.)

Analog zur GKR können auch die Erfolgstreiber der EKR hergeleitet werden:

$$
\begin{aligned}
EKR_t &= \frac{\text{Jahresüberschuss}_t}{\text{Eigenkapital}_{t-1}} \times \frac{\text{Umsatz}_t}{\text{Umsatz}_t} \times \frac{\text{Gesamtkapital}_{t-1}}{\text{Gesamtkapital}_{t-1}} \\
&= \frac{\text{Jahresüberschuss}_t}{\text{Umsatz}_t} \times \frac{\text{Umsatz}_t}{\text{Gesamtkapital}_{t-1}} \times \frac{\text{Gesamtkapital}_{t-1}}{\text{Eigenkapital}_{t-1}} \\
&= \text{Umsatzrentabilität} \times \text{Kapitalumschlag} \times \text{Leverage}
\end{aligned}
$$

Leverage-Effekt

Es zeigt sich, dass die EKR neben der Umsatzrentabilität (netto) und dem Kapitalumschlag zusätzlich vom Anteil des Eigenkapitals am Gesamtkapital (**Leverage**) abhängt, d. h. je geringer das Eigenkapital, desto höher ist die EKR. Ein wachsender Verschuldungsgrad wirkt jedoch nur positiv auf die EKR, wenn die mit dem gesamten Kapital erwirtschaftete Rendite größer ist als die Kosten für das Fremdkapital (Fremdkapitalzinssatz). Diese Hebelwirkung wird als **Leverage-Effekt** bezeichnet. Ausgehend von der Berechnung des Nettoergebnisses G, lässt sich unter den Bedingungen, dass GK = EK + FK und BG = GKR × GK ist, folgender Zusammenhang zwischen Eigenkapitalrendite und Verschuldungsgrad herleiten:

$$G = BG - r_{FK} \times FK$$

$$G = GKR \times GK - r_{FK} \times FK$$

$$\frac{G}{EK} = \frac{GKR \times (EK + FK) - r_{FK} \times FK}{EK}$$

$$\frac{G}{EK} = \frac{GKR \times EK + GKR \times FK - r_{FK} \times FK}{EK}$$

$$\frac{G}{EK} = EKR = GKR + \frac{FK}{EK} \times (GKR - r_{FK})$$

mit:

BG = Bruttoergebnis

G = Ergebnis nach Zinsen

GK = Gesamtkapital

EK = Eigenkapital

FK = Fremdkapital

GKR = Gesamtkapitalrentabilität

EKR = Eigenkapitalrentabilität

r_{FK} = Fremdkapitalzinssatz

Es wird deutlich, dass die EKR mit steigendem Verschuldungsgrad zunimmt, solange GKR > r_{FK} ist. Allerdings erhöht sich dabei die Gefahr der Überschuldung und damit das Insolvenzrisiko. Dies wird im Gegenzug dazu führen, dass die Fremdkapitalgeber höhere Zinsen fordern. Für GKR < r_{FK} wird der Hebeleffekt negativ, sodass mit zunehmender Verschuldung die EKR sinkt (vgl. Coenenberg et al., 2012, S. 794 f.).

Kennzahlensysteme

Die Aufspaltung der GKR in Umsatzrentabilität und Kapitalumschlag stellt die erste Stufe zur Entwicklung eines Kennzahlensystems dar. Diese beiden relativen Kennzahlen lassen sich nun weiter in ihre Bestimmungsfaktoren untergliedern, sodass die absoluten Erfolgstreiber auf tiefer liegenden Ebenen sichtbar werden. Ein derartiges Kennzahlensystem mit der GKR bzw. RoI als Spitzenkennzahl wird auch als **DuPont-Schema** bezeichnet. Der Vorteil eines Kennzahlensystems liegt in der Möglichkeit, die Ursachen für eine Veränderung der Kennzahl aufzuzeigen (Zeitvergleich). Werden anstatt absoluten Erfolgstreibern relative Kennzahlen als Werttreiber dargestellt, lassen sich auch unternehmensübergreifende Vergleiche durchführen und dadurch mögliche Wettbewerbsnachteile (oder -vorteile) identifizieren (vgl. Abschnitt 5.5.1). Auf Basis der so gewonnenen Erkenntnisse können entweder direkt adäquate Verbesserungsmaßnahmen abgeleitet oder Zielvorgaben für die Steuerung einzelner Bereiche definiert werden. Im folgenden Beispiel 7.1 werden die Werttreiber der Grape SE im Vergleich zu ihrem stärksten Wettbewerber analysiert:

Beispiel 7.1 Grape SE

▸▸▸ Für die Grape SE liegen folgende Bilanz und Gewinn- und Verlustrechnung des Geschäftsjahres 2013 vor:

Bilanz Grape SE	31.12.2013
Aktiva [in Mio. EUR]	
Immaterielle Vermögensgegenstände	275
Sachanlagen	1.000
Finanzanlagen	250
Anlagevermögen	**1.525**
Vorräte	210
Forderungen und sonstige Vermögensgegenstände	275
Wertpapiere	110
liquide Mittel	230
Umlaufvermögen	**825**
Summe Aktiva	**2.350**
Passiva [in Mio. EUR]	
Gezeichnetes Kapital	510
Rücklagen	546
Konzernjahresüberschuss	13
Eigenkapital	**1.069**
Rückstellungen für Pensionen und ähnliche Verpflichtungen	156
Steuerrückstellungen	0
Sonstige Rückstellungen	475
Rückstellungen	**631**

Finanzschulden	510
Verbindlichkeiten aus Lieferungen und Leistungen	140
Übrige Verbindlichkeiten	0
Verbindlichkeiten	**650**
Summe Passiva	**2.350**

GuV [in Mio. EUR]	01.01.–31.12.2013
Umsatzerlöse	1.735
Herstellungskosten	–695
Bruttoergebnis vom Umsatz	**1.040**
Vertriebskosten	–440,83
Allgemeine Verwaltungskosten	–390
F&E-Aufwendungen	–120
sonst. betriebliche Erträge	225
sonst. betriebliche Aufwendungen	–25
Zinsaufwendungen	–60
Ergebnis der gewöhnlichen Geschäftstätigkeit	**229,17**
Ertragsteuern	–91,67
Jahresüberschuss	**137,50**

Der durchschnittliche Steuersatz der Grape SE beträgt 40 %. Auf Basis dieser Werte und der des stärksten Konkurrenten (nicht abgebildet) lässt sich folgender **Kennzahlenbaum** aufstellen:
Abbildung 7-2 stellt die Aufspaltung der Kennzahl RoCE der Grape SE und des stärksten Konkurrenten in ihre relativen Werttreiber dar. Umsatz und Umsatzkosten sind in Mio. EUR, Cash Conversion Cycle (CCC), Days Inventory Outstanding (DIO), Days Sales Outstanding (DSO) und Days Payables Outstanding (DPO) in Tagen angegeben. Im Unterschied zu Abschnitt 5.5.2 werden aufgrund der Anwendung des Umsatzkostenverfahrens die Größen wie folgt berechnet: DIO = Vorräte/Umsatzkosten × 365, DPO = Verb. LuL/Umsatzkosten × 365 und DSO = Ford. LuL/Umsatzerlöse × 365. Die Umsatzrentabilität wird nach Steuern und Zinsen berechnet: UR = EBIT × (1 – Ertragsteuern)/Umsatzerlöse. Der Kapitalumschlag wird auf Basis des gebundenen Vermögens ermittelt: KU = Umsatzerlöse/(Anlagevermögen + Umlaufvermögen – sonstige Rückstellungen – Steuerrückstellungen – Verb. LuL).
Insgesamt hat die Grape SE mit 10 % einen geringeren RoCE im Vergleich zum Wettbewerber erzielt, dessen RoCE bei 13,93 % liegt. Es wird deutlich, dass die Unterschiede primär im Vermögensmanagement liegen. So weist die Grape SE einen Kapitalumschlag von 1 auf, während der Wettbewerber in der Lage ist, mit einem EUR eingesetzten Kapitals, 55 Cent mehr an Umsatz zu generieren. Die weitere Aufspaltung in die spezifischen Umschlagssätze für Anlage- und Umlaufvermögen zeigt, dass die Probleme zum einen in der weniger effizienten Nutzung des Anlagevermögens liegen. Zum anderen weist die Grape SE auch eine schlechtere Position in der Relation Umsatz

Abb. 7-2

RoCE-Kennzahlenbaum der Grape SE im Vergleich zum stärksten Wettbewerber

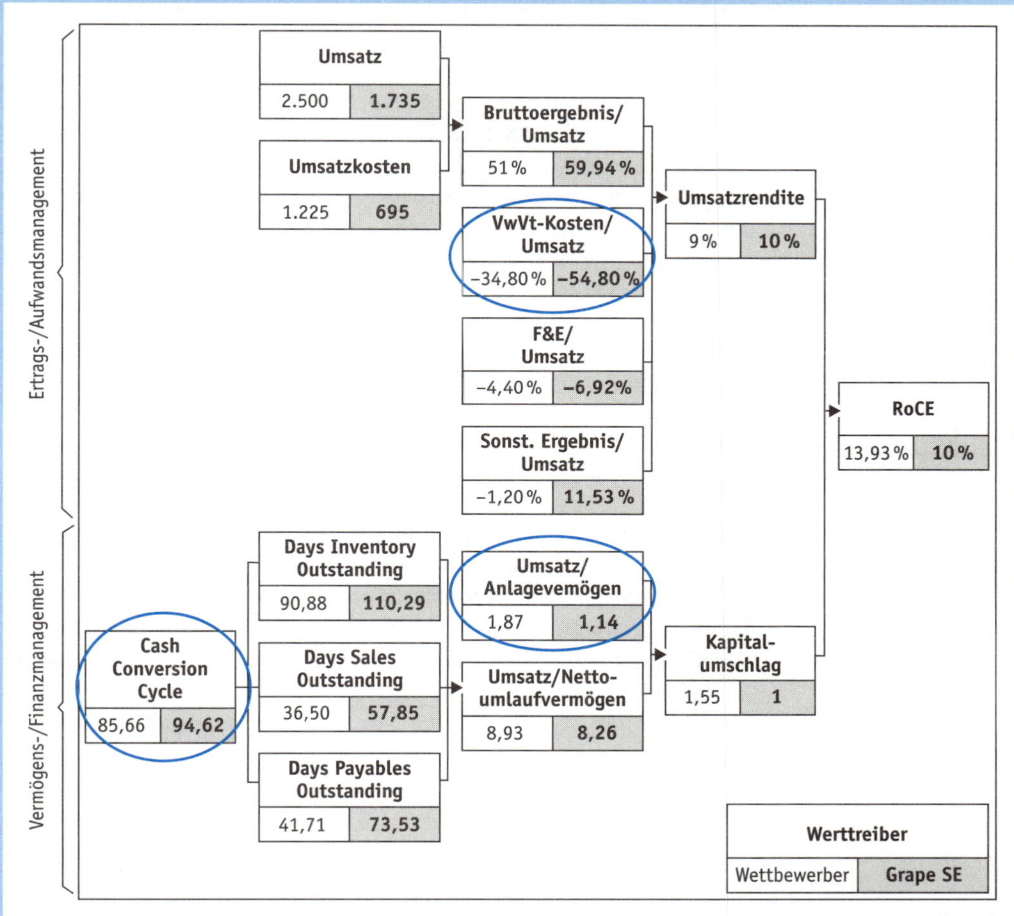

zu Nettoumlaufvermögen (= Umlaufvermögen – Verb. LuL – sonstige Rückstellungen) auf. Die Effizienz des Managements des Nettoumlaufvermögens lässt sich anhand der Kennzahlen DIO, DSO und DPO beurteilen. Zwar hat die Grape SE ein längeres Zahlungsziel bei ihren Lieferantenverbindlichkeiten (DPO), die höhere Vorratsumschlagsdauer (DIO) sowie das längere Kundenziel (DSO) führen in Summe aber zu einem um ca. 9 Tage längeren Cash Conversion Cycle (CCC = DIO + DSO – DPO). Der CCC gibt die durchschnittliche Dauer an, um die für den Einkauf eingesetzten liquiden Mittel durch den Umsatzprozess zurückzugewinnen und gilt als Indikator für die Effizienz beim Management des Nettoumlaufsvermögens.

Bezüglich der Umsatzrendite hat die Grape SE einen um 1%-Punkt höheren Wert erzielt. Die weitere Aufspaltung zeigt, dass dieser u. a. auf die höhere Bruttomarge sowie das positive sonstige Ergebnis zurückzuführen ist, die den im Vergleich zum Wettbewerber deutlich höheren Anteil an Verwaltungs- und Vertriebskosten (VwVt-Kosten) kompensieren. Folglich liegen in der Reduktion dieser Kostenbestandteile weitere Verbesserungsmöglichkeiten der Kapitalrentabilität der Grape SE. Entsprechende Kostensenkungspotenziale könnten bspw. im Rahmen einer Gemeinkostenwertanalyse (vgl. Abschnitt 8.2.2.2) identifiziert und realisiert werden. ◂◂◂

Um die Gefahr einer Fehlsteuerung möglichst gering zu halten, ist die Kenntnis der Einflussgrößen einer Kennzahl unabdingbar. Die Weiterentwicklung von rein finanziellen Kennzahlensystemen hin zu mehrdimensionalen Steuerungssystemen wird in Abschnitt 7.5 ausführlich beschrieben.

7.2.2 Liquiditätsorientierte Kennzahlen

Cashflow-Analyse

Um den Erfolg des Unternehmens zu gewährleisten, ist ein ausreichendes Maß an Liquidität notwendig, sodass das Unternehmen seinen Zahlungsverpflichtungen nachkommen kann und handlungsfähig bleibt. Daher ist die Steuerung um **liquiditätsorientierte Kennzahlen** zu ergänzen. Diese basieren im Gegensatz zu erfolgsorientierten Kennzahlen auf Cashflow-Größen. Ein wichtiger Indikator für die Innenfinanzierungskraft des Unternehmens ist der **operative Cashflow.** Dieser ergibt sich aus der Differenz von operativen Ein- und Auszahlungen (direkte Ermittlung). Der operative Cashflow lässt sich auch indirekt, ausgehend vom Jahresüberschuss, ermitteln:

	Jahresüberschuss
+	Ausgabenunwirksame Aufwendungen
–	Einnahmenunwirksame Erträge
=	Brutto-Cashflow
+/–	Veränderung des Nettoumlaufvermögens
=	Operativer Cashflow
+/–	Investitions-Cashflow
=	Free Cashflow (Geldsaldo)
+/–	Finanzierungs-Cashflow
=	Veränderung der liquiden Mittel

In einem ersten Schritt wird der Jahresüberschuss um die nicht ausgabenwirksamen Aufwendungen erhöht und die nicht einnahmenwirksamen Erträge verringert. Von diesem so ermittelten **Brutto-Cashflow** werden anschließend die Erhöhungen (Verringerungen) des **Nettoumlaufvermögens** abgezogen (hinzugerechnet). Hieraus resultiert der operative Cashflow, der das zentrale Maß für die Innenfinanzierungskraft eines Unternehmens darstellt. Wird dem operativen Cashflow der **Investitions-**

Cashflow hinzugerechnet, ergibt sich der **Free Cashflow**. Dieser misst die dem Unternehmen nach Tätigung der erforderlichen Investitionsausgaben frei zur Ausschüttung an die Kapitalgeber (Dividenden, Tilgungen etc.) zur Verfügung stehenden Zahlungsüberschüsse. Der nach Nettoausschüttung verbliebene Betrag stellt die **Veränderung der liquiden Mittel** dar. Die Erstellung einer derartigen Kapitalflussrechnung ist notwendig, um die erforderlichen Komponenten für die liquiditätsorientierte Steuerung zu ermitteln und um darauf aufbauend relative Kennzahlen zu berechnen.

Nettoumlaufvermögen

Die Unterteilung der Finanzierungskraft des Unternehmens in Brutto-Cashflow und Veränderungen des Nettoumlaufvermögens ist insofern bedeutsam, als dass eine Veränderung des Nettoumlaufvermögens nur einmalige Cashflow-Wirkungen aufzeigt, während der Brutto-Cashflow die nachhaltige Finanzierungskraft des laufenden Geschäfts misst. Durch Berücksichtigung des Nettoumlaufvermögens, bestehend im Wesentlichen aus Vorräten zuzüglich Forderungen aus Lieferungen und Leistungen, abzüglich Verbindlichkeiten aus Lieferungen und Leistungen sowie erhaltenen Anzahlungen (vgl. Abschnitt 5.5.2), wird der Brutto-Cashflow zusätzlich um die Einnahmen (Ausgaben) verringert (erhöht), die keine Zahlungswirkung besitzen. So führt ein Verkauf auf Ziel zwar zu einer Erhöhung der Forderungen, dieser Vorgang hat jedoch bis zum Zahlungseingang keinen Einfluss auf den Cashflow und ist daher bei der indirekten Ermittlung vom Brutto-Cashflow abzuziehen. Dagegen sind Einzahlungen (Auszahlungen), die keine Erträge (Aufwendungen) darstellen, hinzuzurechnen (abzuziehen), wie beispielsweise der Zahlungseingang einer Kundenforderung oder Anzahlungen von Kunden.

7.2.3 Beurteilung der Steuerungswirkung traditioneller Kennzahlen

Steuerung auf Basis von erfolgsorientierten Größen

Periodisierte bzw. erfolgsorientierte Größen haben gegenüber Cashflows den Vorteil, dass sie die wirtschaftliche Leistung der betrachteten Periode abbilden. Durch die Periodisierung werden Investitionen über die Zeit verteilt, indem den zufließenden Erträgen die dafür angefallenen Aufwendungen zugerechnet werden. Aufgrund dieser Eigenschaft stellen erfolgsorientierte Größen die bessere Grundlage für unternehmerische Entscheidung dar. Innerhalb der erfolgsorientierten Größen weisen relative im Gegensatz zu absoluten Kennzahlen den Vorteil auf, verschiedene Alternativen miteinander vergleichen zu können. Die Frage, welche Kennzahl in einer konkreten Entscheidungssituation letztendlich heranzuziehen ist, hängt jedoch von verschiedenen Faktoren ab und kann nicht allgemeingültig beantwortet werden. So wird aufgrund fehlender Informationen über die Finanzierung einzelner Geschäftsbereiche die Steuerung auf dieser Ebene i. d. R. auf Basis von Gesamtkapitalrenditen wie RoI oder RoCE und nicht auf Basis der Eigenkapitalrendite erfolgen. Die Implikationen einer Steuerung auf Basis der Marge bzw. Umsatzrendite im Vergleich zur Kapitalrendite werden anhand des folgenden Beispiels 7.2 verdeutlicht.

Beispiel 7.2 Grape SE **Steuerungswirkung von Umsatz- und Kapitalrenditen im Vergleich**

▸▸▸ Die Grape SE liefert ihre produzierten Tablets in Deutschland an eine Vielzahl von Elektrofachmärkten. Diese Fachmärkte bezahlen die gelieferte Ware im Durchschnitt nach 30 Tagen. Aufgrund des diversifizierten Kundenportfolios ist die Grape SE von keinem einzelnen Kunden abhängig. Das Unterhalten der Geschäftsbeziehung mit verschiedenen Abnehmern verursacht einen hohen Verwaltungsaufwand. Zu Beginn des neuen Quartals unterbreitet die deutschlandweit agierende Elektrodiscounterkette Madeia Markt der Grape SE ein Angebot. Die Kette wäre bereit, eine größere Menge an Tablets abzunehmen. Jedoch erwartet der Discounter im Gegenzug ein Entgegenkommen der Grape SE beim Preis. Momentan liegt dieser bei 130,00 EUR für ein Tablet. Der Madeia Markt würde eine Menge von 10.000 Tablets pro Quartal abnehmen, falls die Grape SE einen Rabatt in Höhe von 8 EUR pro Tablet gewährt. Zusätzlich sieht der neue Auftrag ein Zahlungsziel von nur 15 Tagen vor. Die Controllingabteilung erhält nun den Auftrag, die Anfrage des Discounters zu prüfen. Dabei ist zu berücksichtigen, dass momentan die Fertigungskapazitäten für die Tablets in Höhe von 30.000 Stück pro Quartal ausgeschöpft sind und die Grape SE kurzfristig nicht in der Lage ist, diese auszuweiten. Bei Annahme des Zusatzauftrages wird die Grape SE eine Menge von 10.000 Stück anstatt an mehrere Kleinmengenabnehmer nur noch an einen Anbieter, den Madeia Markt, liefern.

Die Deckungsbeitragsrechnung des letzten abgelaufenen Quartals lieferte folgendes Ergebnis:

	Gesamt	Pro Stück
Absatzmenge	30.000 Stk.	
× Verkaufspreis	130 EUR/Stk.	
= Umsatz	3.900.000 EUR	130 EUR
– variable Kosten	1.800.000 EUR	60 EUR
= Deckungsbeitrag	2.100.000 EUR	70 EUR
– Fixkosten	900.000 EUR	30 EUR
= Ergebnis	**1.200.000 EUR**	**40 EUR**

Würde der Zusatzauftrag über 10.000 Stück angenommen, dann ergäbe sich ein um 80.000 EUR (8 EUR pro Stück × 10.000 Stück) geringerer Umsatz von 3.820.000 EUR und damit ein um 80.000 EUR geringeres Ergebnis. Das Gesamtergebnis würde sich durch den Zusatzauftrag von 1.200.000 EUR auf 1.120.000 EUR verschlechtern. Folglich würde ebenso die Umsatzrendite um ca. 1,5 %-Punkte sinken:

$$UR_{alt} = \frac{1.200.000\ EUR}{3.900.000\ EUR} = 30{,}77\%$$

$$UR_{neu} = \frac{1.120.000\ EUR}{3.820.000\ EUR} = 29{,}32\%$$

Der Vertrieb, der auf Basis der Umsatzrendite beurteilt wird, rät daher zum Ablehnen des Auftrages. Der Chefcontroller, Herr Dr. Müller-Christ, regt jedoch an, zusätzlich die Auswirkung auf die Rendite des eingesetzten Kapitals des Geschäftsbereichs Tablets zu untersuchen. Da der Madeia Markt bereit wäre, die Forderungen im Vergleich zu den anderen Abnehmern schneller zu begleichen (anstatt 30 Tage, in nur 15 Tagen nach Lieferung), lässt sich der durchschnittliche Bestand an Forderungen aus Lieferungen und Leistungen signifikant reduzieren:

∅ **Aktiva** [in EUR]	**Ohne Zusatzauftrag**	**Mit Zusatzauftrag**
Anlagevermögen	3.750.000	3.750.000
Vorräte	1.350.000	1.350.000
Ford. LuL	3.900.000[1]	3.210.000[2]
Summe	**9.000.000**	**8.310.000**

[1] durchschnittlicher Forderungsbestand (bei 30 Tagen Zahlungsziel) = (AB + EB)/2 = 3.900.000 EUR
[2] durchschnittlicher Forderungsbestand (bei 30 Tagen Zahlungsziel für Umsatz 2.600.000 EUR und 15 Tagen für Umsatz 1.220.000 EUR) = (AB + EB)/2 = (3.820.000 + 2.600.000)/2 = 3.210.000 EUR

Herr Dr. Müller-Christ geht davon aus, dass sich keine weiteren Auswirkungen auf die Verbindlichkeiten aus Lieferungen und Leistungen (1.140.000 EUR) sowie Anzahlungen (750.000 EUR) ergeben. Somit ergäbe sich folgendes durchschnittliches gebundene Vermögen:

$$\text{geb. Vermögen}_{alt} = \text{Anlagevermögen} + \text{Nettoumlaufvermögen}$$
$$= 3.750.000 + 1.350.000 + 3.900.000 - 1.140.000 - 750.000$$
$$= 7.110.000 \text{ EUR}$$
$$\text{geb. Vermögen}_{neu} = 6.420.000$$

Auf dieser Basis lässt sich der RoCE ohne bzw. mit Berücksichtigung des Zusatzauftrages berechnen:

$$\text{RoCE}_{alt} = \frac{1.200.000 \text{ EUR}}{7.110.000 \text{ EUR}} = 16{,}88\%$$

$$\text{RoCE}_{neu} = \frac{1.120.000 \text{ EUR}}{6.420.000 \text{ EUR}} = 17{,}45\%$$

Falls die Abteilung ihre Entscheidung auf Basis des RoCE trifft, würde sie den Auftrag annehmen, da sich die Kennzahl infolge des Zusatzauftrages verbessert. Dieses Rechenbeispiel verdeutlicht, dass eine unternehmerische Entscheidung, z. B. hinsichtlich der Annahme oder Ablehnung eines Zusatzauftrages, maßgeblich von der verwendeten Steuerungskennzahl abhängt. ◂◂◂

Steuerung auf Basis von Cashflows

Im Gegensatz zu erfolgsorientierten Größen sind Cashflows schwerer interpretierbar. So kann ein höherer Free Cashflow positive operative Gründe, aber auch Zurückhaltungen bei Investitionen oder sogar Desinvestitionen zur Ursache haben. Daher stellt eine Steuerung auf Basis von Cashflows keine Alternative zur erfolgsorientierten Steuerung dar, sondern hat vielmehr ergänzenden Charakter. Der allgemeine Vorteil von Cashflows im Vergleich zu Erfolgsgrößen wird häufig in der geringeren Manipulationsanfälligkeit gesehen. Jedoch ist durch die Verschiebung der Zahlungen hier ebenso ein gewisser Spielraum gegeben.

Beispiel 7.3 Grape SE **Cashflowsteuerung**

▸▸▸ Im nächsten Schritt sollen die Auswirkungen des Zusatzauftrages auf die Cashsituation der Grape SE beurteilt werden. Herr Dr. Müller-Christ ermittelt dazu die relevanten Cashgrößen, die sich sowohl ohne als auch mit Berücksichtigung des Zusatzauftrages ergeben würden. Vereinfachend werden nur Abschreibungen als ausgabenunwirksame Aufwendungen berücksichtigt.

[in EUR]	**Ohne Zusatzauftrag**	**Mit Zusatzauftrag**
Ergebnis	1.200.000	1.120.000
+ Abschreibung	225.000	225.000
= Brutto-Cashflow	1.425.000	1.345.000
+ Abnahme/– Zunahme des Nettoumlaufvermögens	0	+690.000
= Operativer Cashflow	1.425.000	2.035.000
+ Investitions-Cashflow	–330.000	–330.000
= Free Cashflow	**1.095.000**	**1.705.000**

Zunächst ist zu beachten, dass sich zur Steuerung von Geschäftsbereichen finanzierungsneutrale Größen besser eignen, da die Finanzierungsstruktur häufig zentral vorgegeben wird und somit auf operativer Ebene nicht beeinflusst werden kann. Die Ermittlung der jeweiligen Cashflows erfolgt daher unter der Prämisse der reinen Eigenfinanzierung, d. h. Fremdkapitalzinsen werden bei der Berechnung nicht berücksichtigt (im Gegensatz zum Ermittlungsschema in 7.2.2), sodass der resultierende Free Cashflow als Bruttogröße vor Zinsen definiert ist.
Für die Grape SE würde die geringere Kapitalbindung zu einer deutlichen Erhöhung des operativen Cashflows bzw. Free Cashflows führen. Es ist jedoch zu beachten, dass dieser Effekt nur einmalig im nächsten Quartal auftritt und langfristig daher mit einem geringeren operativen Cashflow aufgrund des geringeren Ergebnisses gerechnet werden muss. ◂◂◂

Kritik an traditioneller Steuerung

Insgesamt ist anzumerken, dass traditionelle Steuerungskennzahlen die Kosten des gebundenen Kapitals nicht adäquat berücksichtigen. So gehen zwar die Kosten für das Fremdkapital in Form von Zinsen in die Berechnung des Gewinns ein, Kosten für die Überlassung von Eigenkapital (sog. kalkulatorische Zinsen) werden jedoch vernachlässigt. Solche kalkulatorischen Zinsen werden zwar traditionell bereits seit Langem als Bestandteil der Kosten angesetzt und schmälern das Betriebsergebnis, jedoch fehlte diesem Ansatz die Transparenz und Interpretationsmöglichkeit als zu erzielende Mindestrendite auf das eingesetzte Kapital. Das **Residualgewinn (RG)**-Konzept im Rahmen der wertorientierten Unternehmensführung berücksichtigt den Aspekt der Kapitalbindung durch die Verrechnung kalkulatorischer Kapitalkosten. Ein positiver RG besagt unmittelbar, dass in der betrachteten Periode mehr verdient wurde, als für die risikoadäquate Verzinsung des eingesetzten Kapitals erforderlich gewesen wäre. In der Praxis der wertorientierten Steuerung haben sich deshalb Residualgewinnmodelle durchgesetzt. Diese werden nun im folgenden Kapitel näher vorgestellt.

7.3 Wertorientierte Kennzahlensysteme

Das folgende Kapitel widmet sich den wertorientierten Kennzahlen(-systemen). Dazu werden zunächst in Abschnitt 7.3.1 die Grundlagen einer wertorientierten Steuerung aufgezeigt. Es folgt eine Betrachtung von dynamischen (vgl. Abschnitt 7.3.2) sowie statischen Kennzahlen (vgl. Abschnitt 7.3.3) und analog zu Abschnitt 7.2.3 eine Beurteilung ihrer Steuerungswirkung (vgl. Abschnitt 7.3.4). Aufgrund der Kritik an bisherigen Konzepten zur Messung der Wertgenerierung wird in Abschnitt 7.3.5 ein alternativer Ansatz vorgestellt und anschließend gezeigt, wie auf dessen Basis ein Anreizsystem implementiert werden kann (vgl. Abschnitt 7.3.6).

7.3.1 Grundlagen des wertorientierten Managements

Shareholder-Value-Ansatz

Seit Beginn der 1980er Jahre entwickelte sich im US-amerikanischen Raum eine zunehmend wertorientierte Sichtweise des Managements. Bei der wertorientierten Unternehmensführung ist es Aufgabe des Managements, sämtliche Entscheidungen so zu treffen und umzusetzen, dass das Vermögen der Eigentümer (Shareholder) gesteigert wird. Dadurch wird der Unternehmenswert und dessen Steigerung als strategisches Konzept explizit in die Zielsetzung des Unternehmens eingebunden und nicht ausschließlich im Rahmen von Investitionsentscheidungen betrachtet. Diese Art der Unternehmensführung wird als **Shareholder-Value-Ansatz** bezeichnet und ist insbesondere auf Rappaport (1986) zurückzuführen. Zu Beginn der 1990er Jahre hielt die Wertorientierung auch schrittweise in die deutsche Wissenschaft und Praxis Einzug. Die Zielsetzung der Unternehmenswertsteigerung hat in der Betriebswirtschaftslehre lange Tradition (vgl. Schultze, 2003, S. 24 ff.). Nach Fisher (1906, S. 101 ff.) und Hicks (1939, S. 171 ff.) ist Gewinn nichts anderes als der Vermögenszuwachs der Eigentümer, der entnehmbar ist, ohne ihn schlechter zu stellen als am Periodenanfang. Hierbei wird Vermögen bereits verstanden als Barwert des zukünftigen Einkommensstroms. Die Zielsetzung der Unternehmenswertsteigerung im Sinne einer Vermögensmehrung aus Sicht der Eigentümer entspricht daher konzeptionell der dynamischen, langfristigen Maximierung des ökonomischen Gewinns. Das Treffen von Investitionsentscheidungen anhand des Kapitalwertkriteriums, das den Unternehmenswertzuwachs der einzelnen Investitionen abbildet, ist allgemeine Basis ökonomischen Handelns. Akzeptiert man die Kapitalwertmaximierung als Auswahlkriterium für Investitionsvorhaben, so wird deren Aggregat, die Zielsetzung Unternehmenswertsteigerung, zum obersten Auswahlkriterium aller möglichen Strategien des Gesamtunternehmens (vgl. Coenenberg et al., 2002, S. 34).

Ursachen für die Entwicklung der Wertorientierung

Neu an der Entwicklung des Shareholder-Value-Ansatzes ist vor allem sein Bezug zu strategischen Entscheidungen. Ursache hierfür ist die deutlich gestiegene Bedeutung des Kapitalmarkts für die Finanzierung von Unternehmen. Zusätzlich resultiert aus dem wachsenden Anteil institutioneller und ausländischer Anleger, die traditionell größeren Einfluss auf die Geschäftsleitung ausüben als Privatanleger, eine umfassendere Kontrolle durch den Kapitalmarkt. Diese Entwicklungen führen insgesamt zu einer immer stärkeren Ausrichtung aller unternehmerischen Entscheidungen an den Zielen der Anteilseigner (vgl. Schultze/Hirsch, 2005, S. 13). Traditionelle Kennzahlen wurden als unzureichend für eine Unternehmensführung erachtet, mit dem Argument, dass sie nicht in der Lage sind, die Wertentwicklung des Unternehmens abzubilden (vgl. Baum et al., 2013, S. 311 ff.).

Anforderungen an ein wertorientiertes Steuerungssystem

Die im Rahmen einer wertorientierten Unternehmensführung verwendeten Steuerungsgrößen sollen einen Indikator für die Wertgenerierung einer Periode liefern. Ein wertorientiertes Steuerungssystem hat zunächst die Aufgabe, ex ante die Auswahl wertsteigernder Alternativen zu unterstützen sowie anschließend ex post die tatsächlich realisierte Wertsteigerung zu kontrollieren (**Entscheidungsunterstützungsfunktion**).

Darüber hinaus gilt es wegen der damit einhergehenden Prinzipal-Agenten-Problematik in nicht eigentümergeführten Unternehmen, die zentrale Unternehmensleitung sowie bei divisionalen Organisationsstrukturen auch die Bereichsmanager durch entsprechende Anreizsysteme zu Entscheidungen im Sinne der Eigentümer anzuhalten (**Verhaltenssteuerungsfunktion**). Dabei sollen Kennzahlen hinreichend Anreize zu wertsteigerndem Handeln der Entscheidungsträger bieten. Die beurteilten Manager antizipieren die spätere Art der Beurteilung und Entlohnung und treffen dementsprechend ihre Entscheidungen. In diesem Sinne sollen ex post ermittelte Performancegrößen Bereichsmanager dazu veranlassen, ex ante die für das Gesamtunternehmen optimalen, d. h. wertsteigernden Entscheidungen, zu treffen.

Im Folgenden wird daher überprüft, inwieweit wertorientierte Steuerungsgrößen die in Kapitel 6 beschriebenen Anforderungen erfüllen. Hierzu werden zunächst **dynamische** und danach **statische Steuerungsgrößen** betrachtet.

7.3.2 Dynamische Steuerungsgrößen

Investitionsrechnung

Investitionsentscheidungen werden auf Basis des Kapitalwertkriteriums getroffen. Der **Kapitalwert** ergibt sich durch Abzug der Investitionsauszahlung vom Barwert der erwarteten Zahlungsüberschüsse. Ein positiver (negativer) Kapitalwert gibt die Höhe der zusätzlichen Wertschaffung (Wertvernichtung) an. Folglich ist für eine Beurteilung der Wertveränderung eine mehrperiodische, dynamische Sichtweise anzusetzen. Die Diskontierung von Cashflows bildet damit eine theoretisch adäquate Grundlage für die Entscheidungsfindung im Rahmen der wertorientierten Planung.

DCF-Methode und Shareholder-Value-Analyse

Die aus der Unternehmensbewertung bekannte **Discounted-Cashflow-(DCF-) Methode** basiert auf der Investitionsrechnung. Hierbei werden jedoch nicht einzelne Projekte, sondern das Unternehmen als Ganzes bewertet, das als Bündel vieler Investitionsprojekte angesehen werden kann. Methodisch erfolgt die Ermittlung des Unternehmenswertes (**Marktwert des Gesamtkapitals**, GK_0^M) durch Diskontierung der Brutto Free Cashflows FCF_t, d. h. der Zahlungsüberschüsse, die zur Ausschüttung an die Kapitalgeber zur Verfügung stehen (vgl. Abschnitt 7.2.2), mit dem Gesamtkapitalkostensatz r. Zur Berechnung des Shareholder-Values, d. h. des Werts aus

Eigentümersicht (Marktwert des Eigenkapitals, EK_0^M), ist anschließend der Wert des Fremdkapitals FK_0 abzuziehen (Bei Fremdkapital wird i. d. R. davon ausgegangen, dass sich Markt- und Buchwerte entsprechen, d. h. $FK_0 = FK_0^M$).

$$GK_0^M = \sum_{t=1}^{\infty} \frac{FCF_t}{(1+r)^t}$$

$$EK_0^M = GK_0^M - FK_0$$

Durch Rappaport (1986, S. 76) wurde die DCF-Methode begrifflich auch als **Shareholder-Value-Analyse** bekannt. Hierbei stand jedoch weniger die Ermittlung von Unternehmenswerten, sondern die Analyse der Werttreiber und die Ausrichtung der Unternehmensführung auf die Steuerung des Unternehmenswertes im Vordergrund (vgl. Abb. 7-3).

Eignung zur Unternehmenssteuerung

Im Rahmen eines wertorientierten Steuerungssystems dient das DCF-Verfahren vor allem als Grundlage von Planungsrechnungen. Die Prognose zukünftiger Cashflows stellt jedoch ein aufwendiges Verfahren dar und wird daher meist nur bei größeren Investitionsprojekten durchgeführt (vgl. Schultze/Hirsch, 2005, S. 48). Auf-

Abb. 7-3

Shareholder-Value-Analyse nach Rappaport

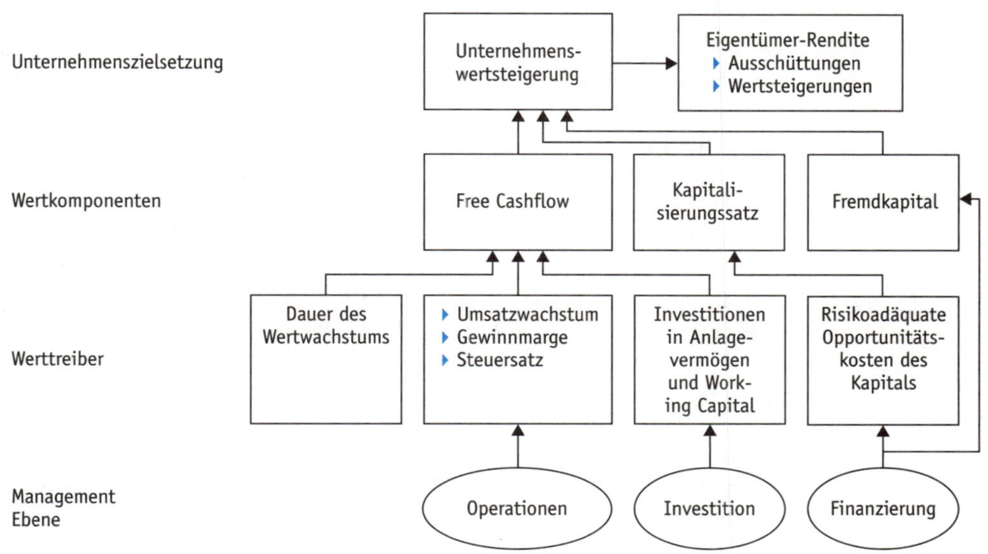

(Quelle: in Anlehnung an Rappaport, 1986, S. 76)

grund der Zukunftsbetrachtung und der damit auftretenden Manipulationsgefahr scheinen dynamische Verfahren jedoch für Kontrollrechnungen weniger geeignet zu sein. Das Management soll im Sinne der Eigentümer handeln. Die Leistung des Managements an seinen eigenen Prognosen festzumachen und darauf ein Vergütungssystem zu basieren ist deshalb kritisch, weil eventuelle Fehlplanungen erst später erkennbar werden. Dann ist aber schwer feststellbar, ob eine Abweichung von der Planung vom Manager verschuldet wurde, ob sie auf Fehlentscheidungen zurückzuführen oder mit veränderten Umweltbedingungen erklärbar ist. Daher werden für die Performancemessung im Sinne einer Leistungsbeurteilung des Managements i. d. R. einperiodische, statische Kennzahlen verwendet, die im folgenden Abschnitt näher beleuchtet werden.

7.3.3 Statische Steuerungsgrößen

Residualgewinne

Periodenbezogene, statische Erfolgskennzahlen beziehen sich auf die Leistung der abgelaufenen Periode. Dazu zählen beispielsweise auch traditionelle Größen wie der Gewinn, der Cashflow oder die Eigenkapitalrentabilität. Bei solchen statischen Erfolgskennzahlen ist die Manipulationsgefahr naturgemäß deutlich geringer als bei prognostizierten Werten. Im Rahmen der wertorientierten Steuerung ist der **Residualgewinn** von besonderer Bedeutung. Für Residualgewinne lässt sich durch Diskontierung, wie für Free Cashflows, im Unterschied zu Gewinnen, ein unmittelbarer theoretischer Zusammenhang zum Unternehmenswert und dem Kapitalwertkriterium herstellen. Wie der Gewinn, aber anders als der Cashflow, erlaubt der Residualgewinn Aussagen über die Leistung der abgelaufenen Periode. Residualgewinne basieren auf Gewinnen und beinhalten daher einen gewissen Manipulationsspielraum durch Bilanzpolitik. Aber auch der Cashflow ist aufgrund von sachverhaltsgestaltenden Maßnahmen (z. B. Leasing vs. Kauf) nicht frei von Bilanzpolitik.

Residualgewinne beziehen im Vergleich zu traditionellen Ergebnisgrößen die Renditeerwartungen der Eigenkapitalgeber zusätzlich in die Rechnung mit ein. Letztere schmälern als kalkulatorische Kosten das Ergebnis bzw. werden als Mindestverzinsung des eingesetzten Kapitals der erzielten Ist-Rendite gegenübergestellt. Ein positiver Residualgewinn bzw. eine Rendite, die die Mindestverzinsungsanforderung übersteigt, gibt demnach Auskunft darüber, ob das Unternehmen in der Lage ist, mehr als seine Kapitalkosten für das Eigen- und Fremdkapital zu verdienen. In der Praxis existieren diverse Varianten solcher residualgewinnorientierter Steuerungskennzahlen wie beispielsweise der **Economic Value Added (EVA™)** von Stern/Stewart oder der **Cash Value Added (CVA)** von der Boston Consulting Group. Da diese zu den am weitesten verbreiteten wertorientierten Steuerungskennzahlen zählen, erfolgt in den nächsten beiden Kapiteln eine ausführliche Darstellung dieser Kennzahlen.

7.3.3.1 Economic Value Added

Konzeption

Zur Ermittlung des EVA sind alternativ zwei Wege möglich. So ergibt sich der EVA zum einen als Differenz zwischen dem Periodenergebnis vor Zinsen und nach Steuern, dem **Net Operating Profit After Taxes (NOPAT)**, und dem Kapitalkostensatz r, multipliziert mit dem gebundenen Vermögen bzw. Kapital zu Periodenbeginn (KB). Demnach lautet die sogenannte Capital-Charge-Formel (vgl. Stewart, 1991, S. 131):

$$EVA_t = NOPAT_t - KB_{t-1} \times r$$

Der EVA zeigt somit das Ergebnis an, das nach Abzug der Kapitalkosten vom Unternehmen in der Periode erwirtschaftet wurde. Alternativ zur Capital-Charge-Formel kann der EVA auch mit der Value-Spread-Formel berechnet werden. Dividiert man den $NOPAT_t$ durch die KB_{t-1}, so lässt sich hieraus die erzielte Vermögensrendite R ermitteln. Die betriebliche Überrendite, die auch als Residualrendite bezeichnet wird, ergibt sich durch Gegenüberstellung der Vermögensrendite R mit dem Kapitalkostensatz r. Bei Multiplikation des sog. Value Spread mit dem investierten Vermögen ergibt sich wiederum der EVA (vgl. Stewart, 1991, S. 136 f.):

$$EVA_t = (R - r) \times KB_{t-1}$$

$$\text{mit } R = \frac{NOPAT_t}{KB_{t-1}}$$

Market Value Added (MVA)

Der Barwert der zukünftigen Residualgewinne ist identisch mit dem Kapitalwert der Investition, der in der Terminologie des EVA-Konzeptes bezogen auf einen Unternehmensbereich oder das Gesamtunternehmen auch **Market Value Added (MVA)** genannt wird (vgl. Stewart, 1991, S. 153; Crasselt et al., 2000, S. 74). In der Rechnungslegung entspricht dieser MVA dem originären Geschäfts- oder Firmenwert, auch **Goodwill** genannt. Der Gesamtunternehmenswert, also der Marktwert des Gesamtkapitals GK_0^M, entspricht deshalb dem Wert des gebundenes Vermögens KB_0 plus dem Barwert der zukünftigen EVAs:

$$GK_0^M = KB_0 + MVA_0 = KB_0 + \sum_{t=1}^{\infty} \frac{EVA_t}{(1+r)^t}$$

Lücke-Theorem

Die Erkenntnis, dass sich der Unternehmenswert anstatt mit Zahlungsströmen auch mit erfolgsorientierten Größen berechnen lässt, ist bereits auf Lücke (1955) zurückzuführen. In der Investitionsrechnung errechnet sich der Barwert einer Investition durch Diskontierung von Cashflows, nicht Gewinnen. Der Grund ist, dass nur Liquidität eine Verzinsung erwirtschaften kann. Nach dem **Lücke-Theorem** lässt sich derselbe Barwert aber auch auf Basis von Gewinnen ermitteln, indem man kalkulatorische Zinsen z_t auf den fortgeführten, kumulierten Unterschiedsbetrag zwischen Gewinn und Cashflow berechnet und vom jeweiligen Gewinn abzieht. Durch den Ansatz der kalkulatorischen Zinsen (mit dem Kapitalkostensatz) auf die Differenz der beiden Rechnungsgrößen wird bei der Diskontierung genau der Unterschied der Rechengrößen eliminiert. So lassen sich Investitionsrechnungen grundsätzlich statt auf der Basis von **Einzahlungsüberschüssen (EZÜ)** mit **Ertragsüberschüssen (ERÜ)** durchführen, wenn kalkulatorische Zinsen z_t auf deren kumulierte Differenz, die Kapitalbindung KB_t, von den Ertragsüberschüssen abgezogen werden. Der Unterschied beider Größen besteht in der Kapitalbindung, denn die Bilanz nimmt die Unterschiede zwischen Liquiditätsrechnung und Erfolgsrechnung auf. Dies lässt sich am Beispiel einer Maschine mit Anschaffungskosten von 1 Mio. EUR und einer Nut-

Abb. 7-4

Market Value Added

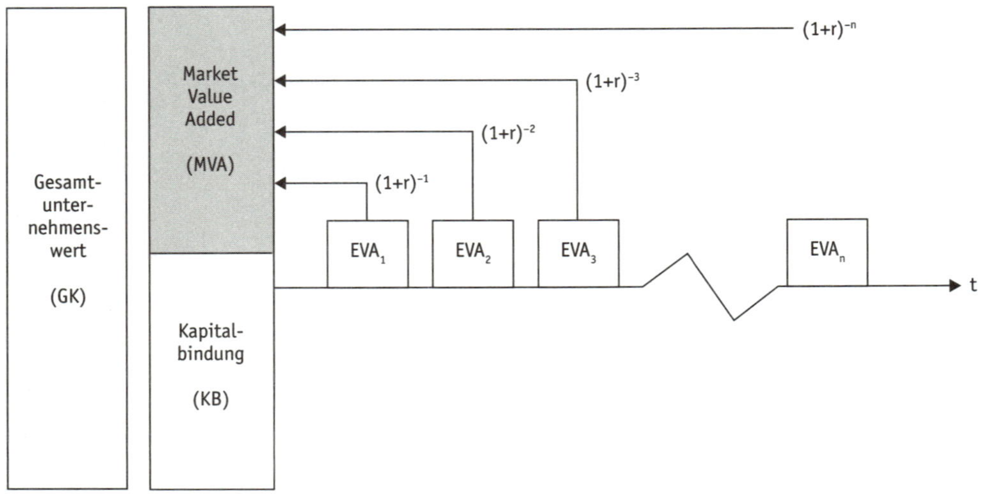

(Quelle: in Anlehnung an Crasselt et al., 2000, S. 75)

zungsdauer von 5 Jahren verdeutlichen: In die Cashflows geht die Anfangsinvestition in Höhe von 1 Mio. EUR sofort negativ ein, in den Ertragsüberschüssen hingegen wird sie erst im Laufe der Zeit in Form von Abschreibungen i. H. v. 200 TEUR jährlich berücksichtigt. Insgesamt werden über die Lebensdauer der Maschine die Anschaffungskosten von 1 Mio. EUR als Auszahlung in der Liquiditätsrechnung und die gesamten Abschreibungen i. H. v. 1 Mio. EUR als Aufwendungen in der Erfolgsrechnung berücksichtigt. Der Unterschied besteht also nur in der zeitlichen Verrechnung. Dieser Unterschied ist in der Bilanz in Form von Sachanlagen enthalten. Durch Berechnung von kalkulatorischen Zinsen auf dieses gebundene Kapital lässt sich die Rechnung mit Gewinnen bewerkstelligen.

Beispiel 7.4 Lücke-Theorem

▸▸▸ Eine Investition von 1 Mio. EUR soll laut Planung Rückflüsse i. H. v. 300 TEUR für 5 Jahre erbringen. Der Kapitalwert (NPV) der Investition bei einem Kapitalkostensatz von 10 % beträgt 137,24 TEUR. Der Barwert der Gewinne beträgt dagegen 379,08 TEUR und ist für die Investitionsentscheidung aussagelos. Zieht man dagegen kalkulatorische Zinsen als Kapitalkosten auf das am Periodenanfang gebundene Kapital von den Gewinnen ab, ergibt sich durch Diskontierung der so errechneten Residualgewinne derselbe Kapitalwert von 137,24 TEUR.

[in TEUR]	t = 0	t = 1	t = 2	t = 3	t = 4	t = 5
Cashflow	−1.000	300	300	300	300	300
PVF (r = 10 %)	1	0,9091	0,8264	0,7513	0,6830	0,6209
PV	−1.000	272,73	247,93	225,39	204,90	186,28
NPV	**137,24**					
Cashflow	−1.000	300	300	300	300	300
Abschreibung	0	200	200	200	200	200
Gewinn	0	100	100	100	100	100
PV	0,00	90,91	82,64	75,13	68,30	62,09
NPV	**379,08**					
KB	1.000	800	600	400	200	0
Kapitalkosten	0	100	80	60	40	20
Residualgewinn	0	0	20	40	60	80
PV	0	0	16,53	30,05	40,98	49,67
NPV	**137,24**					

◂◂◂

Die Tatsache, dass der Unterschied zwischen Cashflows und Gewinnen nur temporär ist und sich im Zeitablauf ausgleicht, bezeichnet man auch als **Kongruenzprinzip** der dynamischen Bilanz nach Schmalenbach (1962). Dieses Prinzip ist die Voraussetzung für die Gültigkeit des Theorems, d. h. die Summe der Periodenerfolge (ERÜ) muss mit der Summe der Zahlungsüberschüsse (EZÜ) über die Projektlaufzeit bzw. Lebensdauer des Unternehmens übereinstimmen:

$$\sum_{t=0}^{T} \text{EZÜ}_t = \sum_{t=0}^{T} \text{ERÜ}_t$$

Dann gilt:

$$\sum_{t=0}^{T} \frac{\text{EZÜ}_t}{(1+r)^t} = \sum_{t=0}^{T} \frac{\text{ERÜ}_t - z_t}{(1+r)^t};\ \text{mit } z_t = r \times KB_{t-1} = r \times \left(KB_0 + \sum_{s=0}^{t-1} (\text{ERÜ}_s - \text{EZÜ}_s) \right)$$

Demnach ist der Kapitalwert einer Investition auf Basis von Free Cashflows (FCF) dem Barwert der Residualgewinne (RG) gleichzusetzen. Diese Eigenschaft wird auch als **Barwertkompatibilität** bezeichnet.

$$\sum_{t=0}^{T} \frac{FCF_t}{(1+r)^t} = \sum_{t=0}^{T} \frac{RG_t}{(1+r)^t};\ \text{mit } RG_t = \text{ERÜ}_t - z_t$$

Unternehmenswert

Der Barwert der Residualgewinne entspricht dem Netto-Barwert (NPV), d. h. dem Kapitalwert der Investition. Der Gesamtwert der Investition ergibt sich durch Addition der Kapitalbindung zum Kapitalwert. In obigem Beispiel hat die Investition folglich einen Wert von 137,24 + 1.000 = 1.137,24 TEUR in t = 0. Indem für diesen Wert nur eine Anschaffungsausgabe von 1.000 TEUR getätigt wird, entsteht ein Mehrwert von 137,24 TEUR. Bestünde das gesamte Unternehmen nur aus dieser einen Investition, so wäre der Unternehmenswert 1.137,24 TEUR, zu dem die Eigentümer das Unternehmen potenziell verkaufen könnten. Da Unternehmen sich in aller Regel aus vielen Investitionen zusammensetzen, ergibt sich der Unternehmenswert aus der Aggregation der Investitionen. Der Unternehmensmehrwert entspricht folglich dem Barwert der Residualgewinne des Unternehmens. Um zum Unternehmenswert zu gelangen, ist zusätzlich die Kapitalbindung zu addieren.

Brutto-/Netto-Unternehmenswert

Der Unternehmenswert ist der Wert des Unternehmens aus Sicht der Eigentümer. Für seine Ermittlung bestehen zwei Alternativen. Zum einen kann der Wert des Eigenkapitals (auch »Shareholder-Value« oder »Equity-Value« genannt) direkt berechnet werden. Dabei werden die erwarteten Gewinne nach Zinsen und Steuern G_t um die kalkulatorischen Eigenkapitalkosten geschmälert (Netto-Residualgewinn) und mit dem Eigenkapitalkostensatz (siehe Abschnitt zu Kapitalkosten) diskontiert. Zusammen mit dem Buchwert des Eigenkapitals zum Zeitpunkt t = 0 ergibt sich der **Netto-Unternehmenswert**, also der **Marktwert des Eigenkapitals (EK_0^M)** (netto von Fremdkapital):

$$EK_0^M = EK_0 + \sum_{t=1}^{\infty} \frac{G_t - r_{EK} \times EK_{t-1}}{(1 + r_{EK})^t}; \text{ mit } G_t - r_{EK} \times EK_{t-1} = RG_t^{netto}$$

Zum anderen kann der Unternehmenswert auch über den »Umweg« des **Brutto-Unternehmenswertes** inklusive Fremdkapital ermittelt werden. Hierzu werden Residualgewinne vor Fremdkapitalzinsen (Brutto-Residualgewinn) verwendet, die dem oben beschriebenen Konzept des EVA entsprechen. Für die wertorientierte Unternehmensführung eignet sich i. d. R. diese Vorgehensweise vor Zinsen besser, da auf Geschäftsbereichsebene die Steuerung anhand von Gewinnen vor Zinsen den Vorteil hat, dass sie unabhängig von Finanzierungseinflüssen ist, da diese auf die operativen Einheiten i. d. R. keinen Einfluss haben. Daher wird der zugrunde liegende Gewinn finanzierungsunabhängig, d. h. unter der Annahme der reinen Eigenfinanzierung berechnet. Auch die Steuerlast wird fiktiv unter dieser Prämisse ermittelt. Von diesem Ergebnis vor Zinsen und nach fiktiven Steuern EBIT (1 – s) werden die Kapitalkosten auf das gesamte gebundene Vermögen abgesetzt. Die Kapitalkosten errechnen sich auf Basis der **Weighted Average Cost of Capital (WACC)** (siehe Abschnitt zu Kapitalkosten), die auch zur Diskontierung der resultierenden Brutto-Residualgewinne verwendet werden. Zusammen mit dem gebundenen Kapital KB_0 ergibt sich der Brutto-Unternehmenswert bzw. **Marktwert des Gesamtkapitals (GK_0^M):**

$$GK_0^M = KB_0 + \sum_{t=1}^{\infty} \frac{EBIT_t \times (1 - s) - WACC \times KB_{t-1}}{(1 + WACC)^t};$$

$$\text{mit } EBIT_t \times (1 - s) - WACC \times KB_{t-1} = RG_t^{brutto} = KB_0 + \sum_{t=1}^{\infty} \frac{EVA_t}{(1 + WACC)^t} = KB_0 + MVA$$

Vom Marktwert des Gesamtkapitals ist das Fremdkapital zu subtrahieren, um zum Marktwert des Eigenkapitals (Shareholder Value) zu gelangen.

Bestimmung des NOPAT

Zur Ermittlung des Brutto-Residualgewinns wird vom Ergebnis vor Steuern und Zinsen (EBIT) eine fiktive Steuerlast abgezogen, indem der EBIT mit (1 – s) multipliziert wird. Die so ermittelte Größe stellt den Gewinn vor Zinsen und nach Steuern bei fiktiver vollständiger Eigenfinanzierung dar (NOPAT). Diese Vorgehensweise führt bei

Unternehmen mit teilweiser Fremdfinanzierung zu einem höheren Steuerabzug, da normalerweise Zinsen für die Überlassung von Fremdkapital den steuerpflichtigen Gewinn mindern und dadurch weniger Steuern anfallen als bei reiner Eigenfinanzierung. Die Ursache für die Nichtberücksichtigung dieses Vorteils der Fremdfinanzierung (**Tax Shield**) in der Ergebnisgröße liegt darin begründet, dass auf Geschäftsbereichsebene i. d. R. keine Finanzierungsinformationen vorliegen. Durch eine künstliche Zuordnung von Eigen- und Fremdkapital auf den Geschäftsbereich ließe sich zwar eine tatsächliche Steuerlast ermitteln, jedoch könnte dann die Höhe der EVAs verschiedener Geschäftsbereiche allein durch Änderung der Kapitalstruktur beeinflusst werden. Durch die Verwendung von unternehmenseinheitlichen WACC wird jedoch implizit unterstellt, dass die Kapitalstruktur des Geschäftsbereichs der des Gesamtunternehmens entspricht. Jedoch ist durch diese Vorgehensweise die Kenntnis der absoluten Höhe der Fremdfinanzierung nicht notwendig.

Bestimmung der Kapitalkosten

Der Ausgleich der »zuviel« angesetzten Steuern bei der Berechnung des NOPAT erfolgt über die Kapitalkosten. Für die Berechnung des EVA sind als Kapitalkosten die WACC heranzuziehen, die ein gewichtetes Mittel aus dem **Eigen-(r_{Ek})** und **Fremdkapitalkostensatz (r_{Fk})** des Unternehmens darstellen. Die Berücksichtigung des Steuervorteils der Fremdfinanzierung erfolgt durch Multiplikation des Fremdkapitalkostensatzes mit (1 – s), d. h. es wird zur Berechnung der WACC ein Fremdkapitalkostensatz nach Steuern herangezogen. Die Gewichte stellen hierbei die Anteile des Eigen- bzw. Fremdkapitals in Marktwerten dar:

$$\mathrm{WACC} = r_{Ek} \times \frac{EK^M}{GK^M} + r_{Fk} \times (1 - s) \times \frac{FK^M}{GK^M}$$

Eigenkapitalkostensatz

Für die Ermittlung des **Eigenkapitalkostensatzes** wird i. d. R. auf das **Capital Asset Pricing Model (CAPM)** zurückgegriffen (vgl. Perridon et al., 2012, S. 271 ff.). Danach lässt sich die Renditeerwartung der Eigenkapitalgeber als Summe des Zinssatzes einer risikolosen Kapitalmarktanlage und eines Risikozuschlags ausdrücken. Die Höhe des geforderten Eigenkapitalkostensatzes hängt maßgeblich vom damit verbundenen Investitionsrisiko ab. Demgemäß steigt die von Anlegern geforderte Rendite mit dem Risiko der Anlage.

$$\text{Eigenkapitalkostensatz} = r_i = r_f + (r_M - r_f) \times \beta_i$$

mit: r_i = erwartete Rendite des Unternehmens i
r_f = risikofreier Zinssatz
r_M = erwartete Rendite des Marktportefeuilles
β_i = Betafaktor des Unternehmens i (systematisches Risiko)

Für die Berechnung des risikofreien Zinssatzes r_f wird häufig die Rendite langfristiger festverzinslicher Wertpapiere, z. B. zehnjähriger Bundesanleihen, verwendet (vgl. Coenenberg et al., 2012, S. 845 f.). Üblich ist auch eine Ermittlung über Zinsstrukturkurven (Svensson-Methode). Der Risikozuschlag ergibt sich durch Multiplikation des Betafaktors β_i des Unternehmens i und der Marktrisikoprämie. Letztere stellt die Differenz zwischen der Rendite des Marktportefeuilles r_M und dem risikofreien Zinssatz dar und ist als die Prämie für das allgemeine Risiko interpretierbar, das sich durch eine Vermögensanlage in den Aktienmarkt ergibt (vgl. Weber/Schäffer, 2014, S. 181). Die Marktportefeuillerendite wird dabei meist durch ein Aktienportefeuille (z. B. CDAX) approximiert. Der Betafaktor spiegelt das systematische Risiko wider, das sich durch Anlage in das Wertpapier eines Unternehmens ergibt. Besitzt das Unternehmen einen Betafaktor größer (kleiner) als 1, so weist die Anlage ein höheres (niedrigeres) Risiko als der Markt auf. Der Betafaktor β_i ist definiert als das Verhältnis der Kovarianz zwischen der Rendite der Anlage i und der des Marktportefeuilles zur Varianz des Marktportefeuilles.

Fremdkapitalkostensatz

Der **Fremdkapitalkostensatz** ergibt sich aus dem gewichteten Durchschnitt der Kapitalkostensätze aller Bestandteile des verzinslichen Fremdkapitals (vgl. Copeland

Praxisbeispiel

Deutsche Lufthansa AG

Ermittlung der Kapitalkosten bei der Deutschen Lufthansa AG

Die Lufthansa AG ermittelt die Kapitalkosten als gewichteten Durchschnitt aus Eigen- und Fremdkapitalkostensatz (WACC), wobei eine Zielkapitalstruktur von 50:50 angesetzt wird. Die Fremdkapitalkosten ergeben sich aus dem tatsächlichen durchschnittlichen Zinssatz der Deutschen Lufthansa AG. Die Eigenkapitalkosten werden mithilfe des Capital Asset Pricing Models (CAPM) ermittelt.

Risikoloser Marktzins	3,2 %
Marktrisikoprämie	5,1 %
Betafaktor	1,1
Eigenkapitalkostensatz	**8,8 %**
Anteil Eigenkapital	50 %
Anteil Fremdkapital	50 %
Fremdkapitalkostensatz	**3,6 %**
WACC Konzern[1]	**5,9 %**

[1] Aufgrund anhaltend niedriger Zinsen sowie erneut gesunkener Risikozuschläge für Eigenkapital ergab sich die Notwendigkeit einer Anpassung des WACC auf 5,9 % im Geschäftsjahr 2013. Dies berücksichtigt die langfristige Ausrichtung des Konzepts und glättet kurzfristige Schwankungen.

Die unterschiedlichen Risiken der Geschäftsfelder werden über individuelle Eigen- und damit auch Gesamtkapitalkostensätze abgebildet, um so auch eine risikoadäquate Kapitalfreigabe für die Projekte der Geschäftsfelder zu gewährleisten. Die Differenzierung erfolgt über die Betafaktoren. Diese werden aufgrund fehlender Benchmarks für einzelne Geschäftsfelder durch die Verbindung von internen und externen Betrachtungen festgelegt. Im Rahmen der internen Sichtweise wurde auf Basis eines Fragenkatalogs durch Führungskräfte der einzelnen Geschäftsfelder eine Risikoeinschätzung vorgenommen, die dann in einen Betafaktor umgerechnet wurde. Dabei erfolgte die Risikoeinschätzung für ein Geschäftsfeld sowohl durch die Führungskräfte des eigenen als auch der anderen Geschäftsfelder. Die Umrechnung in Betafaktoren erfolgte auf Basis des Konzernbetafaktors; das Scoringmodell diente der Ermittlung von Abweichungen der Betafaktoren einzelner Geschäftsfelder vom Betafaktor des Konzerns. Zusätzlich wurde eine externe Sichtweise durch Gespräche mit Investmentbanken berücksichtigt. Für das Jahr 2013 wurden folgende Kapitalkostensätze veranschlagt:

WACC (in %)	**2013**	**2012**
Konzern	**6,2**	7,0
Passage Airline Gruppe	**6,2**	7,0
Logistik	**6,5**	7,2
Technik	**6,0**	6,7
IT Services	**6,0**	6,7
Catering	**6,2**	7,0

(Quelle: Weber et al., 2004, S. 117 ff.; Deutsche Lufthansa AG, 2014, S. 30 f.)

et al., 2002, S. 259 ff.). Zur Ermittlung der Kapitalkosten von Finanzschulden (wie z. B. Anleihen oder Verbindlichkeiten gegenüber Kreditinstituten) ist auf den vertraglich vereinbarten Zinssatz zurückzugreifen (vgl. Coenenberg et al., 2012, S. 846). Für die Verzinsung von Rückstellungen für Pensionsverpflichtungen wird i. d. R. der Diskontierungssatz der künftigen Pensionsleistungen herangezogen (für Deutschland entspricht dieser dem steuerrechtlich vorgeschriebenen Diskontierungssatz von 6 %, vgl. EStG § 6a, Absatz 3, Satz 1). Nicht verzinsliche Fremdkapitalbestandteile (z. B. Kundenanzahlungen, Verbindlichkeiten aus Lieferungen und Leistungen oder Steuerrückstellungen) werden i. d. R. nicht berücksichtigt. Für die Berechnung der

Praxisbeispiel

Daimler AG

(Bildquelle: Daimler AG)

Ermittlung des Value Added

Zu Steuerungszwecken unterscheidet Daimler zwischen der Konzern- und der Geschäftsfeldebene. Der Value Added (Wertbeitrag) ist dabei ein Element des Steuerungssystems auf beiden Ebenen. Er ermittelt sich als Differenz aus der operativen Ergebnisgröße und den auf das durchschnittlich gebundene Kapital (Net Assets) anfallenden Kapitalkosten.

Value Added = Ergebnisgröße – Kapitalkostensatz × Net Assets

Für die industriellen Geschäftsfelder kann der Value Added alternativ auch über die zentralen Werttreiber Umsatzrendite (Verhältnis des EBIT zum Umsatz) und die Net-Asset-Produktivität (Verhältnis des Umsatzes zu den Net Assets) bestimmt werden.

Value Added = (Umsatzrendite × Net-Asset-Produktivität – Kapitalkostensatz) × Net Assets

Während bei den Geschäftsfeldern der EBIT als relevante Ergebnisgröße betrachtet wird, erfolgt die Ermittlung des Value Added auf Konzernebene auf Basis des Net Operating Profit. Der Net Operating Profit enthält zusätzlich zum EBIT Ergebniseffekte, die nicht durch die Geschäftsfelder zu verantworten sind (Ertragsteuern sowie sonstige Überleitungsposten).

Überleitung zum Net Operating Profit (Loss)

	2013 [in Mio. EUR]	2012 [in Mio. EUR]	Veränderung 13/12 [in %]
Mercedes-Benz Cars	**4.006**	4.391	–9
Daimler Trucks	**1.637**	1.695	–3
Mercedes-Benz Vans	**631**	453	+16
Daimler Buses	**124**	–221	
Daimler Financial Services	**1.268**	1.293	–2
EBIT der Geschäftsfelder	**7.666**	7.701	–0
Ertragsteuern[1]	**–1.642**	–1.518	+8
Sonstige Überleitung	**3.149**	1.119	+181
Net Operating Profit (Loss)	**9.173**	7.302	+26

[1] Angepasst um Ertragsteuern auf das Zinsergebnis und Abschreibungen auf aktivierte Fremdkapitalkosten.

Fortsetzung auf Folgeseite

Fortsetzung von Vorseite

Net Assets (Durchschnitt)

	2013 [in Mio. EUR]	2012 [in Mio. EUR]	Veränderung 13/12 [in %]
Mercedes-Benz Cars	**16.658**	14.107	+18
Daimler Trucks	**10.571**	11.082	−5
Mercedes-Benz Vans	**1.547**	1.302	+19
Daimler Buses	**1.068**	1.157	−8
Daimler Financial Services[1]	**6.607**	5.871	+13
Net Asset der Geschäftsfelder	**36.451**	33.519	+9
At-equity bewertete Finanzinvestititonen[2]	**638**	1.938	−67
Vermögenswert und Schulden aus Ertragsteuern[3]	**2.479**	1.256	+97
Sonstige Überleitung[3]	**1.080**	808	+34
Daimler-Konzern	**40.648**	37.521	+8

[1] Eigenkapital
[2] soweit nicht dem Segment zugeordnet
[3] Industriegeschäft

Die Net Assets stellen die Bemessungsgrundlage für die Verzinsungsansprüche der Kapitalgeber dar. Die industriellen Geschäftsfelder sind für die operativen Net Assets verantwortlich; ihnen werden daher sämtliche Vermögenswerte sowie Verbindlichkeiten und Rückstellungen zugerechnet, für die sie im operativen Geschäft die Verantwortung tragen. Die Net Assets des Konzerns beinhalten zusätzlich zu den operativen Net Assets der industriellen Geschäftsfelder und dem Eigenkapital von Daimler Financial Services noch at-equity bewertete Finanzinvestitionen, die keinem Segment zugeordnet wurden, und Ertragsteuern sowie sonstige Überleitungsposten, die nicht durch die Geschäftsfelder zu verantworten sind. Die durchschnittlichen Net Assets des Jahres werden aus den durchschnittlichen Net Assets der Quartale berechnet. Diese ermitteln sich als Durchschnitt der Net Assets zu Beginn und zum Ende eines Quartals.

Kapitalkostensätze

[in %]	**2013**	2012
Konzern, nach Steuern	**8**	8
Industrielle Geschäftsfelder, vor Steuern	**12**	12
Daimler Financial Services, vor Steuern	**13**	13

Der Verzinsungsanspruch auf die Net Assets, und damit der Kapitalkostensatz, wird aus den Mindestrenditen abgeleitet, die Anleger für ihr investiertes Kapital erwarten. Bei der Ermittlung der Kapitalkosten des Konzerns und der industriellen Geschäftsfelder werden die Kapitalkostensätze des Eigenkapitals sowie der Finanzierungsverbindlichkeiten und Pensionsverpflichtungen des Industriegeschäfts berücksichtigt; mit umgekehrten Vorzeichen werden die erwarteten Renditen der Liquidität und des Planvermögens der Pensionsfonds des Industriegeschäfts berücksichtigt.

Value Added

	2013 [in Mio. EUR]	2012 [in Mio. EUR]	Veränderung 13/12 [in %]
Daimler-Konzern[1]	**5.912**	4.300	+38
Mercedes-Benz Cars	**2.007**	2.698	−26
Daimler Trucks	**369**	365	+1
Mercedes-Benz Vans	**445**	387	+15
Daimler Buses	**−4**	−360	+99
Daimler Financial Services	**409**	530	−23

[1] Der Value Added auf Konzernebene beinhaltet zusätzliche Überleitungspositionen, für die Geschäftsfelder keine Verantwortung tragen.

Der Value Added des Konzerns stieg um 1,6 Mrd. EUR auf 5,9 Mrd. EUR. Dies entspricht einer Verzinsung des eingesetzten Kapitals von 22,6 % (2012: 19,5 %). Der Mindestverzinsungsanspruch von 8 % wurde somit erneut erheblich übertroffen. Der Value Added beider Jahre war insbesondere durch die Neubewertung und die Veräußerung der restlichen Anteile an EADS beeinflusst.
(Quelle: Daimler AG, 2014, S. 79 ff.)

WACC ist auf den Fremdkapitalkostensatz nach Steuern abzustellen, d. h. der Fremdkapitalkostensatz ist um das Tax Shield zu reduzieren.

Berechnung der Kapitalbindung

Als Bezugsbasis zur Berechnung der Kapitalkosten dient das gebundene Vermögen bzw. Kapital zu Periodenbeginn, d. h. das Kapital, das für die Erwirtschaftung des NOPAT eingesetzt wurde. Die Berechnung erfolgt analog zu Abschnitt 7.2.1 Abbildung 7-1.

Anpassungen

Neben der oben erwähnten bewertungsorientierten Anpassung des aus dem Rechnungswesen verfügbaren Ergebnisses um fiktive Steuern, schlägt Stern/Stewart eine Reihe weiterer **Anpassungen** (sog. **Adjustments** oder **Conversions**) vor, die aber nicht bewertungsbedingt, sondern rein steuerungsrelevant sind. Zielsetzung ist es, eine anreizkompatible Kennzahl zur Verhaltenssteuerung zu schaffen, indem bspw. außerordentliche Einflüsse eliminiert und die Auswirkungen vorsichtiger Bilanzierung behoben werden. So werden Aufwendungen mit Investitionscharakter, die nach gängigen Rechnungslegungsnormen nicht bilanzierungsfähig sind, wie z. B. Forschungsaufwendungen, im Rahmen der Anpassungen aktiviert und linear abgeschrieben (vgl. Stewart, 1991, S. 112 ff.). Damit wird eine Gleichbehandlung von Investition angestrebt, unabhängig davon, ob diese in materielle oder immaterielle Vermögenswerte getätigt werden. Nach Stern/Stewart können bis zu 164 unterschiedliche Anpassungen vorgenommen werden. Den möglichen Vorteilen einer stärkeren Anreizkompatibilität steht aber ein entscheidender Nachteil gegenüber, nämlich der Verlust der relativ guten Kommunizierbarkeit des EVA-Konzeptes.

Beispiel 7.5 Grape SE **EVA der Grape SE**

▸▸▸ Auf Basis der Bilanz sowie GuV der Grape SE (vgl. Abschnitt 7.2.1) soll im Folgenden der EVA auf Gesamtunternehmensebene berechnet werden. Der durchschnittliche Unternehmenssteuersatz beträgt 40 % und der Fremdkapitalkostensatz 6,67 %. Die Berechnung des Eigenkapitalkostensatzes erfolgt aus Basis des risikofreien Zinssatzes von 6 %, einer Marktrisikoprämie von 5 % und dem Betafaktor der Grape SE von 1,2. Für die Berechnung der gewichteten Kapitalkosten wird ein Verschuldungsgrad in Marktwerten von 1 unterstellt, d. h. $FK^M = EK^M$.

Ermittlung NOPAT:

EBIT = Jahresüberschuss + Zinsaufwendungen + Ertragsteuern
= 137,50 + 60 + 91,67 = 289,17 Mio. EUR

EBIT	289,17
– (fiktive) Ertragsteuern (0,4 × 289,17)	– 115,67
= NOPAT	= 173,5

Ermittlung gebundenes Vermögen:

Anlagevermögen	1.525
+ Umlaufvermögen	+ 825
– unverzinsliches Fremdkapital	– (475 + 140)
= gebundenes Vermögen	= 1.735

Ermittlung WACC:

$r_{EK} = 6\,\% + 5\,\% \times 1{,}2 = 12\,\%$

$WACC = 12\,\% \times 0{,}5 + 6{,}67\,\% \times (1 - 0{,}4) \times 0{,}5 = 8\,\%$

Ermittlung EVA:

$EVA_t = NOPAT_t - KB_0 \times WACC = 173{,}5 - 1.735 \times 8\,\% = 34{,}7$ Mio. EUR

Der positive EVA von 34,7 Mio. EUR besagt, dass die Grape SE im abgelaufenen Geschäftsjahr mehr als ihre Kapitalkosten verdient hat.

Herr Dr. Müller-Christ möchte den Aussagegehalt der Kennzahl verbessern, indem der EVA so angepasst wird, dass die wirtschaftliche Lage des Unternehmens möglichst realistisch, d.h. unabhängig von Einflüssen aufgrund vorsichtiger Rechnungslegungsvorschriften, dargestellt wird. Hierbei fallen ihm insbesondere die Investitionen in F&E auf, die als Aufwendungen verbucht werden und dadurch das Ergebnis belasten. Herr Dr. Müller-Christ stellt fest, dass Aufwendungen des letzten Geschäftsjahres i. H. v. 40 Mio. EUR als langfristige strategische Investitionen anzusehen sind, die zukünftige Rückflüsse erzeugen und daher nicht anders als Investitionen in materielle Werte behandelt werden sollten. Er geht von einer begrenzten Nutzungsdauer von 8 Jahren aus, wobei er bereits für das aktuelle Geschäftsjahr die erste Abschreibungsrate veranschlagt. Der EVA wäre dann folgendermaßen anzupassen:

Gebundenes Vermögen	1.735
+/– Adjustments	+ 35 (40 – 5)
= Gebundenes Vermögen (adj.)	= 1.770

EBIT	289,17
+/– Adjustments	+ 35 (40 – 5)
– (fiktive) Ertragsteuern (0,4 × 324,17)	– 129,67
NOPAT (adj.)	= 194,5

EVA_t (adj.) $= 194{,}5 - 1.770 \times 8\,\% = 52{,}9$ Mio. EUR

Im Vergleich zum nicht angepassten EVA liegt der Wert durch die unterstellte Aktivierung und lineare Abschreibung der Investitionen in F&E nun deutlich höher. Je stärker jedoch von den Daten des externen Rechnungswesens abgewichen wird, desto geringer wird die Verständlichkeit und Kommunizierbarkeit der Kennzahl. ◀◀◀

Implementierung

Ein zentraler Schritt bei der Einführung eines wertorientierten Steuerungssystems ist die Verankerung der wertorientierten Sichtweise im Denken und Handeln der Mitarbeiter des Unternehmens. Dabei steht weniger die exakte Berechnung der wertorientierten Kennzahl im Vordergrund, sondern vielmehr der Lenkungsaspekt bzw. die Beeinflussung des Entscheidungsverhalten des Managements (vgl. Hostettler, 2003, S. 119). Dazu ist es zunächst notwendig, die Ziele und Inhalte des Konzeptes durch Schulungen der Führungskräfte zu vermitteln, um Verständnis und Transparenz zu schaffen und letztlich dadurch eine möglichst hohe Akzeptanz zu erzielen. Ziel ist es, das Bewusstsein für eine wertorientierte Unternehmensführung in allen Hierarchieebenen zu verankern und sämtliche operative und strategische Entscheidungen darauf auszurichten. Um eine vollumfängliche Implementierung des Steuerungskon-

Praxisbeispiel

Metro Group

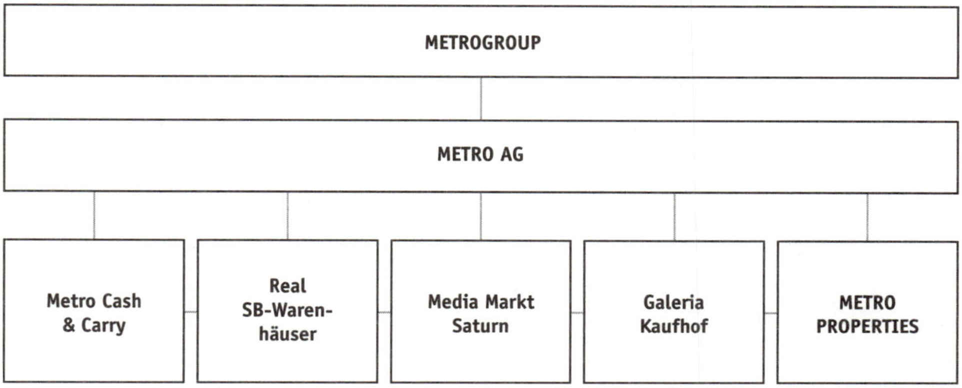

Steuerung auf Basis wertorientierter Kennzahlen in der Metro Group

Die Metro Group ist 1996 als Metro AG durch die Verschmelzung des Großhandelsunternehmens Metro Cash & Carry mit der Kaufhof Holding AG und der Asko Deutsche Kaufhaus AG entstanden. An der Spitze des Unternehmens steht die Metro AG. Als zentrale Management-Holding nimmt sie die Aufgaben der Konzernführung wahr. Dies sind insbesondere die Bereiche Finanzen, Controlling, Recht und Compliance. Das operative Geschäft des Unternehmens verantworten vier Vertriebslinien, die teilweise mit unterschiedlichen Marken oder über Tochtergesellschaften am Markt agieren. Die spezifischen Vertriebsstrukturen sind abhängig von der jeweiligen Strategie, dem Segment und dem spezifischen Wettbewerbsumfeld. Metro Cash & Carry ist in der Metro Group für Selbstbedienungsgroßhandel zuständig, Media-Saturn für Elektrofachhandel, Real für SB-Warenhäuser und Galeria Kaufhof für Warenhäuser. Alle Vertriebslinien haben die ungeteilte Verantwortung für ihre gesamte Wertschöpfungskette. Neben den vier Vertriebslinien waren die Immobilienkompetenzen, -strukturen und -funktionen bis 2013 in der Gesellschaft Metro Properties gebündelt. Um effiziente Prozesse innerhalb der Metro Group zu ermöglichen, wird die Metro Group ab 2014 die operativen Aktivitäten in die Vertriebslinien integrieren und dieses Segment nicht mehr separat darstellen. Seit dem Jahr 2000 setzt die Metro Group wertorientierte Kennzahlen zur Steuerung ein. Gemäß dem Beschluss der Hauptversammlung vom 23. Mai 2012 hat die Metro AG ihr Geschäftsjahr auf den Zeitraum 1. Oktober bis 30. September umgestellt. Aus diesem Grund wurde im Jahr 2013 ein neunmonatiges Rumpfgeschäftsjahr (1. Januar bis 30. September 2013) abgebildet (vgl. Metro AG, 2014, S. 146).

Steuerung auf Basis des EVA

Begonnen hatte die wertorientierte Ausrichtung der Metro Group mit Einführung des EVA-Konzeptes als zentrale Steuerungsgröße im Jahr 2000. Die Geschäftsleitung versprach sich durch eine durchgehende EVA-Steuerung eine größere Transparenz der wirtschaftlichen Situation sowie bessere Vergleichbarkeit der einzelnen Konzerngesellschaften. Seither wurden sämtliche strategische und investive Entscheidungen am EVA ausgerichtet. Die Veränderung des EVA, ausgedrückt als ΔEVA, stellte außerdem ein wesentliches Element der variablen Vergütung dar. Dazu ist der ΔEVA einer Zielvorgabe (Ziel-ΔEVA) gegenüberzustellen. Diese wird kapitalmarktorientiert auf Basis des Marktwertes des Unternehmens abgleitet. Die Metro Group greift hierbei jedoch nicht auf den tatsächlichen Aktienkurs zurück, sondern legt aufgrund der Volatilität des Aktienkurses einen Zielaktienkurs zugrunde. Der Unterschied zwischen dem Buchwert und dem Marktwert (Zielaktienkurs multipliziert mit der Anzahl der Aktien) des Unternehmens (MVA) entspricht dem Barwert der zukünftig erwarteten EVAs. Der Ziel-ΔEVA wird nun ermittelt, indem der MVA in zwei Teile zerlegt wird: Erstens in den Teil, der sich auf Basis einer ewigen Rente des aktuellen EVAs ergibt, und

Fortsetzung auf Folgeseite

Fortsetzung von Vorseite

zweitens in den Teil, der zukünftig noch über das aktuelle Niveau hinaus erzielt werden muss (Future Growth Value). Der Future Growth Value stellt den Barwert der ΔEVAs dar.

Market Value Added = Barwert der ewigen Rente des heutigen EVA
+ Wert des zukünftigen Geschäfts (Future Growth Value)

Auf Basis dieses Future Growth Values wurde als Zielvorgabe seitens der Metro Group der Ziel-ΔEVA für den Konzern festgelegt. Dieser stellt die Verbesserung der EVA-Erreichung dar, die in jeder Steuerungsperiode im Vergleich zum Vorjahr zu realisieren ist, um die vom Kapitalmarkt zukünftig erwartete Wertschaffung zu erreichen. Der Ziel-ΔEVA wurde als jährliche Zielvorgabe über einen Vierjahreszeitraum fixiert und auf die einzelnen Geschäftsfelder heruntergebrochen.

Darstellung des Ziel-ΔEVA

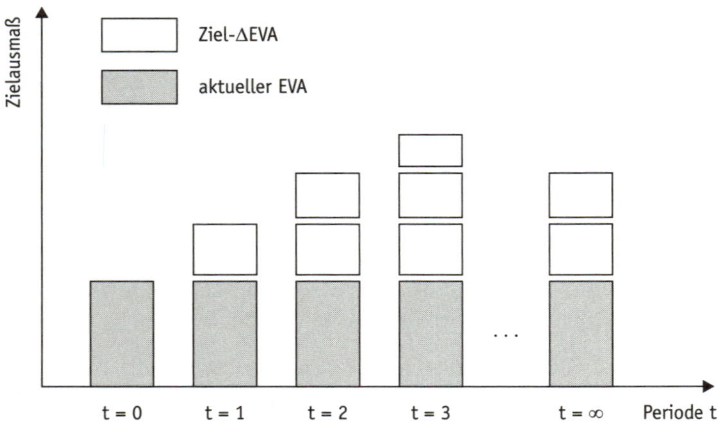

(Quelle: Weber et al., 2004, S. 183)

Die Ermittlung des (internen) EVA bzw. ΔEVA erfolgt auf Basis von Daten aus der GuV sowie Bilanz. Da diese aufgrund buchhalterischer Verzerrungen die wirtschaftliche Leistungsfähigkeit nur begrenzt abbilden, sind die Daten im internen Rechnungswesen anzupassen, damit die ökonomische Realität besser abgebildet wird. Dadurch soll sichergestellt werden, dass durch ein Vergütungssystem die richtigen Anreize zu wertschaffendem Verhalten gesetzt werden. Bei der Metro Group bezogen sich diese vor allem auf die Gleichstellung von Miet-und Leasingverträgen mit einem Kauf, d. h. im Rahmen der Anpassungen wurden die gemieteten bzw. geleasten Objekte dem Geschäftsvermögen hinzugerechnet. Der Grund hierfür ist darin zu sehen, dass langjährige Miet-/Leasingverhältnisse ebenso mit hohen Marktaustrittsbarrieren behaftet sind wie sie durch den Kauf von Objekten entstehen. Durch die Aktivierung soll dieses Risiko adäquat abgebildet werden. Ein weiteres Beispiel sind die Aufwendungen für die Instandhaltung von Gebäuden, die das jährliche Ergebnis belasten. Im Zuge der Anpassungen werden diese wie Investitionen behandelt, d. h. aktiviert und über die Laufzeit abgeschrieben. Ziel ist es hierbei, eine kurzfristige Ergebnismaximierung durch Zurückhalten von notwendigen Instandhaltungen zu verhindern (vgl. Körber, 2006, S. 209 f.).

Zur Implementierung des Steuerungskonzeptes wurden bei der Metro Group massive Anstrengungen unternommen, um die Führungskräfte mit der neuen, wertorientierten Denkweise vertraut zu machen. Zum einen war dies ein umfassendes Schulungskonzept, damit der EVA für jedermann transparent und einleuchtend wird. Im Vordergrund stand hierbei: Keine »hidden Agenda«, keine unverständlichen Regelungen und keine »Know-How-Inseln«. Alle Führungskräfte wurden konzernweit zu teils mehreren Schulungen eingeladen, umfangreiches Informationsmaterial wurde erstellt, Berührungsängste wurden durch EVA-Planspiele abgebaut. Zum anderen unterstützte die Kopplung des Entlohnungssystems an den EVA eine schnelle Ver-

Fortsetzung auf Folgeseite

Fortsetzung von Vorseite

innerlichung und das Verständnis des Konzeptes. Darüber hinaus hat der EVA im gesamten Konzern die Wahrnehmung der gemeinsamen Ziele und die Schaffung einer einheitlichen Konzernidentität begünstigt (vgl. Körber, 2006, S. 211 f.).

Die Einführung der beschriebenen Instrumente zur wertorientierten Unternehmensführung hatte zur Folge, dass die gesamten Controllingabläufe im Konzern, insbesondere die Budgetierungs- und Prognoseprozesse, zu überarbeiten waren. Während der Budget-/Ist-Vergleich bislang das Hauptinstrument zur unterjährigen Führung darstellte, wurden nunmehr entsprechend der EVA-Systematik (Verbesserung zum Vorjahr) und der externen Berichterstattung auch die internen Reportingsysteme auf den Vorjahresvergleich fokussiert. Da das Budget somit nicht mehr zur Incentivierung herangezogen wurde, hat sich dessen Relevanz nunmehr auf die zu entwickelnden Maßnahmen zur Zielerreichung konzentriert (vgl. Weber et al. 2004, S. 180 ff.).

Steuerung auf Basis des EBITaC (seit 2009)

Im Jahr 2009 erfolgte ein Wechsel von der bisher verwendeten Steuerungsgröße EVA auf den sog. EBIT after Cost of Capital (EBITaC). Laut Geschäftsbericht der Metro Group lagen die Gründe hierfür in der Sicherstellung einer stärkeren Ausrichtung auf die Werttreiber. Zudem wurde die Umstellung mit der Erhöhung der Nachvollziehbarkeit durch die ausschließliche Berücksichtigung bilanzieller Werte bei der Berechnung begründet, d. h. es werden im Gegensatz zu den Adjustments im EVA-Konzept keine Anpassungen der bilanziellen Größen vorgenommen (vgl. Metro AG, 2010, S. 78). Ein weiterer Grund für die Ermittlung der Steuerungsgröße ohne Anpassungen ist die Einführung des Immobiliensegments als eigenständiges Profitcenter bei der Metro Group. Dadurch sind sämtliche Eigentumsstandorte der Vertriebslinien im Immobiliensegment ausgewiesen. Somit ist eine Vergleichbarkeit der Vertriebslinien auch ohne Berücksichtigung der Mietbarwerte im Geschäftsvermögen gegeben (vgl. Metro AG, 2010, S. 79). Sonderfaktoren werden bei der Berechnung des EBITaC grundsätzlich linear über vier Jahre periodisiert im EBIT berücksichtigt. Da die entsprechenden positiven EBIT-Wirkungen zum großen Teil zeitverzögert zu den Aufwendungen entstehen, verbessert sich durch Periodisierung dieser Sonderfaktoren die Darstellung der operativen Performance. Kurzfristige Sondereinflüsse wirken sich dadurch nicht in vollem Umfang auf das Ergebnis der Periode des Auftretens aus (vgl. Metro AG, 2014, S. 104).

Ein weiterer Unterschied zum EVA ist, dass der EBITaC auf eine Größe vor Steuern, den EBIT (und nicht NOPAT), abstellt:

$$\begin{aligned}\text{EBITaC} &= \text{EBIT} - \text{Kapitalkosten}\\ &= \text{EBIT} - (\text{Geschäftsvermögen} \times \text{WACC})\end{aligned}$$

Trotz der Unterschiede folgen sowohl EVA als auch EBITaC der gleichen Logik einer Übergewinnberechnung. Die Umstellung ist primär auf konzerninterne Gründe zurückzuführen, eine generelle Vorteilhaftigkeit des EBITaC gegenüber dem EVA ist nicht gegeben.

Aufgrund der Verwendung einer Vorsteuergewinngröße ist auch der Kapitalkostensatz vor Steuern zu berechnen, der auf Basis von Kapitalmarktmodellen abgeleitet wird. Er stellt eine Maßgröße für die von den Kapitalgebern geforderte Mindestrendite auf das eingesetzte Kapital dar und setzt sich aus dem Eigen- und dem Fremdkapitalkostensatz zusammen. Im Rumpfgeschäftsjahr 2013 lag der Kapitalkostensatz der Metro Group vor Steuern bei 9,6 %. Dieser ergibt sich grundsätzlich aus den segmentspezifischen Kapitalkostensätzen, die mit dem Geschäftsvermögen gewichtet werden. Das Geschäftsvermögen stellt das zu verzinsende Vermögen dar. Es setzt sich aus dem Segmentvermögen zuzüglich der operativen Kasse und abzüglich der Verbindlichkeiten aus Lieferungen und Leistungen sowie weiterer operativer Verbindlichkeiten und passiver Rechnungsabgrenzungsposten zusammen (vgl. Metro AG, 2014, S. 104).

Die erfolgsabhängige Vergütung der Mitglieder des Vorstands erfolgt nach wie vor auf Basis wertorientierter Kennzahlen. Wesentlich sind die Entwicklung des Periodenergebnisses (Net Earnings) und des Return on Capital Employed (RoCE) der Metro Group. Zusätzlich werden individuell gesetzte Ziele berücksichtigt. Die Gründe für die zusätzliche Einbindung des Periodenergebnisses in das Vergütungssystem des Vorstands ist laut METRO AG die zusätzliche Honorierung einer positiven Ergebnisentwicklung. Für die Kalkulation der erfolgsabhängigen Vergütung im Rumpfgeschäftsjahr 2013 wird ein voller Jahreszyklus (1. Januar bis 31. Dezember 2013) zugrunde gelegt. Die auf dieser Grundlage ermittelten Beträge werden ratierlich auf den Neun-Monats-Zeitraum des Rumpfgeschäftsjahres gekürzt (vgl. Metro AG, 2014, S. 287).

Die Renditekennzahl RoCE dient der besseren Vergleichbarkeit der einzelnen Segmente und misst die in der betrachteten Periode erzielte Rendite auf das eingesetzte Geschäftsvermögen. Das Geschäftsvermögen beinhaltet das Segmentvermögen, die operative Kasse abzüglich der

Fortsetzung auf Folgeseite

Fortsetzung von Vorseite

Verbindlichkeiten aus Lieferungen und Leistungen sowie weiterer operativer Verbindlichkeiten und passiver Rechnungsabgrenzungsposten hinaus Mietbarwerte, um den unterschiedlichen Eigentumsverhältnissen am Immobilienvermögen Rechnung zu tragen. Bei der Berechnung des RoCE stellt die Metro Group auf das EBIT vor Sonderfaktoren ab, da dieses die operative Ertragskraft der Einheiten losgelöst von Einflüssen der Sonderfaktoren angemessen widerspiegelt. Der RoCE wird dem jeweiligen segmentspezifischen Kapitalkostensatz vor Steuern gegenübergestellt, da dieser eine auf Basis von Kapitalmarktmodellen abgeleitete marktgerechte Mindestverzinsung auf das eingesetzte Kapital darstellt (vgl. Metro AG, 2014, S. 104f.) EBITaC sowie RoCE werden analog zum EVA von der Metro Group unter anderem zur Steuerung des Portfolios sowie zur Allokation der Investitionsmittel eingesetzt. Entscheidend bei der Allokation ist die mittel- und langfristige Auswirkung auf die Wertschaffung. Das wesentliche Kriterium für alle Investitionen innerhalb der Metro Group ist daher der Barwert der zukünftigen Wertbeiträge. Um auch steuerliche Gesichtspunkte bei der Entscheidung über die zukünftige Expansion zu berücksichtigen, werden in diesen Fällen die Wertbeiträge nach Steuern kalkuliert. Als weitere Kriterien werden zusätzlich zu den Wertbeiträgen von Investitionsprojekten der Discounted Cashflow sowie die Amortisationsdauer als liquiditätsorientierte Kennzahlen verwendet. Im Zuge der weiterhin starken Priorisierung bei der Zuteilung der Investitionsmittel werden neben der strategischen Relevanz insbesondere Rentabilitätskennziffern, bezogen auf die eingesetzten Mittel zur Beurteilung alternativer Investitionsprojekte, als zusätzliche Entscheidungsgrundlagen herangezogen (vgl. Metro AG, 2014, S. 105).

Das EBIT 2012/13 der Metro Group lag nach Periodisierung der Sonderfaktoren aus den Vorjahren (2009/10: 329 Mio. EUR; 2010/11: 177 Mio. EUR; 2011/12: 463 Mio. EUR) sowie nach Berücksichtigung der periodisierten Einmalaufwendungen aus dem Jahr 2012/13 in Höhe von 313 Mio. EUR bei 1.680 Mio. EUR. Bei einem durchschnittlichen Geschäftsvermögen in Höhe von 15.076 Mio. EUR betrugen die Kapitalkosten 1.445 Mio. EUR. Trotz der makroökonomischen Herausforderungen und verstärkter Preisinvestitionen setzte die Metro Group im Jahr 2012/13 ihr Geschäftsvermögen erfolgreich ein und erzielte ein positives EBITaC in Höhe von 235 Mio. EUR (vgl. Metro AG, 2014, S. 104):

[in Mio. EUR]	**2012/13**	2011/12[1]	Δ
EBIT vor Sonderfaktoren[2]	**2.000**	2.013	−13
EBIT nach Periodisierung von Sonderfaktoren[2,3]	**1.680**	1.737	−57
∅ Geschäftsvermögen	**15.076**	16.356	−1.280
Vorsteuer-WACC	**9,6 %**	9,6 %	–
Kapitalkosten	**−1.445**	−1.568	123
EBITaC[2]	**235**	169	66

[1] Vorjahr vergleichbar gerechnet
[2] Vorjahresanpassung
[3] Wirkung der Sonderfaktoren über vier Jahre verteilt

zepts im Unternehmen zu gewährleisten, ist die verwandte Steuerungsgröße ebenso in das interne Berichtswesen zu integrieren. Dies betrifft das Erstellen von Berichten und Entscheidungstools, damit die Verantwortlichen über die Entwicklung der Kennzahl informiert sind sowie Auswirkungen von Entscheidungen simuliert werden können (vgl. Körber, 2006, S. 213).

7.3.3.2 Cash Value Added

Konzeption

Der Cash Value Added (CVA) stellt ebenfalls ein Residualgewinnkonzept dar. Allerdings beruht der CVA im Gegensatz zum EVA – wie auch in der Bezeichnung zum Ausdruck kommt – auf einem Cashflow-Ansatz. Die aus den Cashflows ermittelte Rendite des investierten Kapitals – **Cashflow Return on Investment (CFRoI)** – wird dem Kapitalkostensatz (WACC) gegenübergestellt. Die sich daraus ergebende Differenz – Spread, Überrendite oder Residualrendite – wird mit dem zum Wiederbeschaffungswert bewerteten investierten Vermögen, der **Bruttoinvestitionsbasis (BIB)**, multipliziert:

$CVA_t = (CFRoI - WACC) \times BIB_{t-1}$.

Bruttoinvestitionsbasis

Die zu verzinsende Kapitalbasis beim CVA-Konzept stellt zwar wie bei der Berechnung des EVA auf das investierte Vermögen ab, jedoch wird zur Ermittlung des CVA das investierte Vermögen zum Wiederbeschaffungswert angesetzt. Dazu werden die historischen Anschaffungskosten, d.h. das abnutzbare Anlagevermögen (AAV) zuzüglich der kumulierten Abschreibungen, einer Inflationsanpassung unterworfen. Durch Addition des nicht abnutzbaren Anlagevermögens (NAAV) sowie des Nettoumlaufvermögens ergibt sich schließlich die Bruttoinvestitionsbasis (BIB):

Abnutzbares Anlagevermögen (AAV)
+ kumulierte Abschreibungen
= Bruttowert des abnutzbaren Anlagevermögens
× $(1+\text{Inflationsrate})^m$
= Inflationsangepasster Bruttowert des abnutzbaren Anlagevermögens (BIB_a)
+ Nicht abnutzbares Anlagevermögen (NAAV)
+ Nettoumlaufvermögen
= Bruttoinvestitionsbasis (BIB)

Das durchschnittliche Alter des Sachanlagevermögens (m) wird ermittelt, indem die kumulierten Abschreibungen durch den Bruttowert des abnutzbaren Anlagevermögens geteilt und mit der durchschnittlichen Nutzungsdauer des Sachanlagevermögens (n) multipliziert werden:

$$m = \frac{\text{kumulierte Abschreibungen}}{\text{Bruttowert des abnutzbaren Anlagevermögens}} \times n$$

Der Vorteil einer Verzinsung der historischen Anschaffungskosten (im Vergleich zu den fortgeführten Anschaffungskosten beim EVA-Konzept) wird darin gesehen, dass Performanceänderungen, die auf Abschreibungen zurückzuführen sind, eliminiert werden. Ein höherer Erfolgsausweis, der allein durch eine Reduzierung der Kapitalbasis aufgrund von Abschreibungen entsteht, ist daher ausgeschlossen (vgl. Hirsch, 2008, S. 466; Weber/Schäffer, 2014, S. 193).

CFRoI

Für die Berechnung des CFRoI und damit des CVA sind grundsätzlich zwei Wege möglich, die als **dynamischer CFRoI** und **statischer CFRoI** bezeichnet werden.

Dynamischer CFRoI

Die erste Variante des CFRoI beruht auf der Ermittlung der internen Verzinsung eines fiktiven Cashflow-Profils. Üblicherweise werden Kapitalrenditen mittels einfacher Division einer Überschussgröße durch den dafür benötigten Kapitaleinsatz ermittelt. Eine solche Berechnung basiert auf der Zinsrechnung und unterstellt für die Zukunft gleichbleibende Überschüsse, wie aus der Formel für eine ewige Rente ersichtlich ist:

$$\text{Rendite} = \frac{\text{Überschuss}}{\text{Kapital}} \Leftrightarrow \text{Kapital} = \frac{\text{Überschuss}}{\text{Rendite}}$$

Bei einem Rückfluss von z. B. 100 GE und einem Kapitaleinsatz von 1.000 GE beträgt die Verzinsung nur dann 10 %, wenn auch in Zukunft diese Überschüsse generiert werden sowie die Rückzahlung des Kapitaleinsatzes gewährleistet ist. Diese Pauschalannahme konstanter ewig anfallender Zahlungen versucht das Konzept des dynamischen CFRoIs zu verfeinern, indem es die Dauer der Zahlungen und den Rückfluss des nicht abgeschriebenen Kapitals spezifiziert. Der Cashflow der Periode wird nicht durch den Kapitaleinsatz dividiert, sondern es wird der interne Zinsfuß eines hypothetischen Cashflow-Profils ermittelt. Dabei wird angenommen, dass der realisierte Brutto-Cashflow (BCF) der Periode über die verbleibende Nutzungsdauer der eingesetzten Vermögensgegenstände weiterhin anfällt und am Ende dieser Nutzungsdauer (n) die nicht abgeschriebenen Aktiva (NAA) liquidiert werden. Diese Zahlungsreihe wird gleich der Bruttoinvestitionsbasis (BIB) gesetzt. Aus diesem theoretischen Profil wird der interne Zins berechnet (Variante 1 des CFRoI):

$$0 = -\mathrm{BIB} + \frac{\mathrm{BCF}}{(1 + \mathrm{CFRoI})^1} + \frac{\mathrm{BCF}}{(1 + \mathrm{CFRoI})^2} + \ldots + \frac{\mathrm{BCF} + \mathrm{NAA}}{(1 + \mathrm{CFRoI})^n}$$

Der resultierende CFRoI sollte über der geforderten Mindestverzinsung (Kapitalkostensatz) liegen. Durch den so ermittelten CFRoI resultieren jedoch Probleme bzgl. der Barwertkompatibilität, d. h. der Übereinstimmung des Barwerts der CVAs mit dem Kapitalwert der Investition auf Basis von Discounted Cashflows. Dies wird anhand des folgenden Beispiels näher erläutert.

Beispiel 7.6 Grape SE **Berechnung des CFRoI und CVA nach der dynamischen Methode**

▸▸▸ Die Grape SE plant den Produktionsprozess des aktuellen Tablets »gMini« weiter zu automatisieren. Die Anschaffung von Industrierobotern soll dabei zu Einsparungen von Lohnkosten und zu einer Steigerung der Qualität führen. Von einem insolventen Konkurrenten konnten preisgünstig 10 Roboter zu einem Preis von 1.000 TEUR erworben werden. Leider weisen diese Roboter nur noch eine Nutzungsdauer von 2 Jahren auf.

Der Einsatz dieser Roboter erzeugt zusätzliche Rückflüsse über 2 Perioden i. H. v. jeweils 600 TEUR. Daraus lässt sich ein interner Zins von 13,07 % ermitteln. Bei einem Kapitalkostensatz von 10 % ergibt sich ein Spread von 3,07 % und bei einer BIB von 1.000 TEUR jeweils ein CVA von 30,7 TEUR. Der Barwert dieser CVAs beträgt 53,28 TEUR. Der Kapitalwert des Cashflow-Profils beläuft sich hingegen auf 41,32 TEUR (= 1.041,32 TEUR – 1.000 TEUR).

[in TEUR]	t = 1	t = 2
BCF	600,00	600,00
BIB	1.000,00	1.000,00
CFRoI	13,07 %	13,07 %
WACC	10 %	10 %
CVA	**30,7**	**30,7**
Barwert CVAs = 53,28	27,91	25,37
Barwert BCFs = 1.041,32	545,45	495,87

◂◂◂

Diese Abweichung ist durch die dem internen Zinsfuß zugrundeliegende Wiederanlageproblematik der Cashflows zum internen Zins begründet, d. h. es wird unterstellt, dass die erzielten Cashflows jeweils zum internen Zinssatz angelegt werden. Nur im speziellen Fall der Gleichheit von internem Zins- und Kapitalkostensatz lässt sich eine Übereinstimmung des Barwerts der CVAs mit dem Kapitalwert der Cashflows erreichen (vgl. Crasselt et al., 2000, S. 205 f.). Dagegen erzielt die im Folgenden dargestellte Variante 2 des CFRoI, der sog. statische CFRoI, grundsätzlich Barwertkompatibilität (vgl. Pfaff/Bärtl, 1999, S. 95 f.).

Statischer CFRoI

Diese Variante des CFRoI ist als statische Rentabilität konzipiert, bei der der Cashflow nach **ökonomischen Abschreibungen (ÖAB)** durch den Kapitaleinsatz dividiert wird (Variante 2 des CFRoI) (vgl. Stelter, 1999, S. 237 f.):

$$\text{CFRoI} = \frac{\text{BCF}_t - \text{ÖAB}_t}{\text{BIB}_{t-1}}$$

$$\text{CVA}_t = (\text{CFRoI} - \text{WACC}) \times \text{BIB}_{t-1} = (\text{BCF}_t - \text{ÖAB}_t) - \text{WACC} \times \text{BIB}_{t-1}$$

Für die Ermittlung der ökonomischen Abschreibungen werden einerseits wirtschaftliche, d. h. nicht bilanzielle Nutzungsdauern veranschlagt, andererseits wird die unter Berücksichtigung von Zinseffekten notwendige konstante Ansparung ermittelt, die sicherstellt, dass am Ende der Nutzungsdauer der ursprüngliche Investitionsbetrag wieder zur Verfügung steht (vgl. Stelter, 1999, S. 235). Dies geschieht durch Division der Bruttoinvestitionsbasis des abnutzbaren Anlagevermögens BIB_a mit dem Endwertfaktor (EWF), d. h. dem Faktor für die Berechnung des Endwerts einer konstanten Zahlungsreihe:

$$\text{ÖAB} = \frac{\text{BIB}_a}{\text{EWF}}; \quad \text{EWF} = \sum_{t=1}^{n} (1 + \text{WACC})^{n-t} = \frac{(1 + \text{WACC})^n - 1}{\text{WACC}}$$

Das Ergebnis stellt die Abschreibung dar, die über die Laufzeit einschließlich Verzinsung der aus der Abschreibung finanzierten Anlagen genau wieder die BIB_a ergibt. Damit wird aber effektiv in Summe weniger als der investierte Betrag abgeschrieben. Gleichzeitig wird für die Ermittlung der Kapitalkosten grundsätzlich auf die Bruttoinvestitionsbasis abgestellt, d. h. eine nicht durch Abschreibungen verringerte Kapitalbindung. Beide Effekte heben sich gegenseitig auf. Zur Veranschaulichung wird obiges Beispiel weitergeführt:

Beispiel 7.7 Grape SE **Berechnung des CFRoI und CVA nach der statischen Methode**

▸▸▸ Bei einem Kalkulationszinsfuß von 10 % ergibt sich ein Endwertfaktor von 2,1 und damit eine ökonomische Abschreibung von 476,19 TEUR. Diese wird für beide Perioden beibehalten. Zusätzlich werden Kapitalkosten in Höhe von 100 TEUR veranschlagt. In Summe werden damit 576,19 TEUR von den Cashflows abgesetzt, sodass die CVAs in beiden Perioden 23,81 TEUR betragen:

[in TEUR]	t = 1	t = 2
BCF	600,00	600,00
ÖAB	476,19	476,19
= Überschuss	123,81	123,81
BIB	1.000,00	1.000,00
Kapitalkosten	100,00	100,00
CVA	**23,81**	**23,81**
CFRoI	12,38 %	12,38 %
Barwert CVAs = 41,32	21,65	19,68
Barwert BCFs = 1.041,32	545,45	495,87

Der CFRoI beträgt in beiden Perioden 12,38 %. Für den Barwert der CVAs errechnen sich 41,32 TEUR – dies entspricht dem Kapitalwert der Cashflows. Die Barwertkompatibilität ist gewährleistet. Bei dieser Vorgehensweise fällt auf, dass insgesamt weniger als die Anschaffungskosten abgeschrieben wird: die Summe der ökonomischen Abschreibungen beläuft sich auf 952,38 TEUR, nicht 1.000 TEUR (vgl. Crasselt et al., 2000, S. 205 f.). ◀◀◀

Berechnet man die ökonomische Abschreibung mithilfe des Rentenbarwertfaktors als Annuität der Bruttoinvestitionsbasis (vgl. Brealey et al., 2011, S. 331 f.), wobei die Annuität in Abschreibungs- und Zinsanteil zu teilen ist, ergibt sich anfänglich die identische Abschreibung wie in Beispiel 7.7. Sie verändert sich jedoch in den folgenden Perioden durch eine unterschiedliche Zusammensetzung von Zins- und Abschreibungsanteil, weil die Kapitalbindung im Zeitablauf abnimmt, während die Summe beider gleich bleibt. Dabei wird insgesamt genau der Investitionsbetrag abgeschrieben.

Beispiel 7.8 Grape SE **Ökonomische Abschreibung mit Rentenbarwertfaktor**

▶▶▶

[in TEUR]	t = 1	t = 2
BCF	600,00	600,00
$ÖAB_{RBF}$	476,19	523,81
= Überschuss	123,81	76,19
BIB	1.000,00	523,81
Kapitalkosten	100,00	52,38
CVA	**23,81**	**23,81**
Rendite	12,38 %	14,55 %
Barwert CVAs = 41,32	21,65	19,68

In Weiterführung des obigen Beispiels ergeben sich bei einer Investitionsbasis von 1.000 TEUR Rückflüsse über 2 Perioden i. H. v. jeweils 600 TEUR und einem Kalkulationszinsfuß von 10 % ein Rentenbarwertfaktor von 1,735 und damit eine Annuität von 576,19 TEUR. Diese setzt sich in der ersten Periode aus Kapitalkosten von 100 TEUR (10 % × 1.000 TEUR) und einer ökonomischen Abschreibung von 476,19 TEUR zusammen. In der zweiten Periode betragen die Kapitalkosten nur 52,38 TEUR (10 % × (1.000 TEUR – 476,19 TEUR)) und die ökonomische Abschreibung 523,81 TEUR, sodass insgesamt 1.000 TEUR abgeschrieben werden. Die Summe von Kapitalkosten und

Abschreibung beträgt konstant 576,19 TEUR und der CVA damit in beiden Perioden 23,81 TEUR. Erfolgt die Berechnung der Rendite dieser Investition gemäß der Variante 2 des CFRoI ((BCF – ÖAB)/BIB), so ergeben sich 12,38 % bzw. 14,55 %. Die Werte unterscheiden sich voneinander, da die Kapitalbindung abnimmt.

Für Periode t = 1 resultieren dieselben Beträge für ökonomische Abschreibungen und Kapitalkosten wie in Beispiel 7.7. Für Periode t = 2 werden diese Werte jedoch weitergeführt. Nur ihre Summe entspricht der Summe aus Abschreibung und Kapitalkosten, berechnet auf Grundlage des Rentenbarwertfaktors, nicht ihre Aufteilung. Durch eine Beibehaltung der anfänglichen Kapitalbindung von 1.000 TEUR und die daraus resultierenden höheren Kapitalkosten von 47,62 TEUR werden die geringeren Abschreibungen genau ausgeglichen, sodass die CVAs richtig ermittelt werden. Die CVAs stimmen mit denen aus Beispiel 7.7 überein. Aufgrund der vereinfachten Berechnung wird zur Ermittlung des CVA i. d. R. auf die Variante aus Beispiel 7.7 zurückgegriffen. ◂◂◂

Praxisbeispiel

Deutsche Lufthansa AG

Die Anwendung des CVA als wertorientierte Spitzenkennzahl im Lufthansa-Konzern

Bereits in den 80er Jahren entwickelte sich bei der Deutschen Lufthansa durch die schrittweise Privatisierung eine starke Fokussierung auf den Kapitalmarkt. Schrittweise begegnete die Lufthansa den zusätzlichen Anforderungen der Kapitalgeber. So wird seit 1998 ein Konzernabschluss nach IFRS aufgestellt. Im Anschluss an die Einführung einer IFRS-basierten Berichterstattung erfolgte 1999 die Entwicklung und Einführung eines Systems der wertorientierten Unternehmensführung. Die Einführung der wertorientierten Unternehmensführung bei der Lufthansa wurde aber nicht nur durch externe Einflüsse getrieben. Auch intern bestand der Bedarf für ein geschlossenes und kapitalmarktorientiertes Planungs- und Steuerungssystem. Die Notwendigkeit hierfür ergab sich unter anderem durch die Verselbstständigung einzelner Unternehmensteile und die Umwandlung der Deutsche Lufthansa AG in eine Managementholding: Im Jahre 1995 wurden u. a. die Lufthansa Technik AG, die Lufthansa Cargo AG und die IT Systems AG ausgegründet; die Lufthansa Passage konnte aus verkehrs- und steuerrechtlichen Gründen nicht ausgegründet werden, sie besitzt allerdings einen eigenständigen Bereichsvorstand (vgl. Kley 2000, S. 3). Der damit einhergehende Wandel zu einem dezentraleren Führungsstil machte die Vorgabe von Zielen nötig, die die Wertschaffung in allen Konzernteilen sicherstellen(vgl. Weber et al., 2004, S. 117 f.).

Gründe für den CVA als Spitzenkennzahl

Im Rahmen der wertorientierten Unternehmensführung kommt der Definition der wertorientierten Kennzahlen eine wichtige integrierende Aufgabe zu. Sie bilden ex ante die Basis für die Zielvereinbarungen mit den Managern verschiedener Organisationseinheiten und sie messen ex post die Erreichung dieser Ziele. Bei der Auswahl eines wertorientierten Kennzahlensystems wurden bei der Lufthansa folgende Kriterien herangezogen: **Wertorientierung, Entscheidungsorientierung, Praktikabilität und Kommunizierbarkeit**. Auf Basis dieser Kriterien wurde der Cash Value Added (CVA) als Spitzenkennzahl ausgewählt. Die Wertorientierung wird damit begründet, dass die diskontierten zukünftigen CVAs barwertkompatibel sind. Die Entscheidungsorientierung des CVA ergibt sich durch seine Verwendung als Beurteilungsgröße für einzelne Organisationseinheiten und ihre Manager. Durch die Vorgabe von wertorientierten Zielen wird das Entscheidungsverhalten der Manager gesteuert, da sie die Auswirkungen ihrer Entscheidungen auf die wertorientierte Kennzahl in ihr Kalkül einbeziehen. Tatsächlich handelt es sich bei den Konzepten, die unter der Überschrift »wertorientierte Unternehmensführung« propagiert werden, im Kern um Instrumente zur Steuerung, an die teilweise ganze Managementprogramme angehängt werden. Bei der Lufthansa wird die CVA-Systematik deshalb als wertorientierte Konzernsteuerung bezeichnet. Die Praktikabilität wird sichergestellt durch die Einfachheit des Systems. Dabei werden bewusst Ungenauigkeiten in Kauf genommen, da erwartet wird, dass die Kosten einer genaueren Ermittlung des CVA den Nutzen überkompensieren. Ein Beispiel für eine solche

Fortsetzung auf Folgeseite

Fortsetzung von Vorseite

Vereinfachung ist die Berechnung des Cashflows, der aus den IFRS-Abschlüssen und nicht explizit aus einer Erfassung von Ein- und Auszahlungen bestimmt wird. Die Kommunizierbarkeit ist bei dem CVA als absolute Wertbeitragsgröße gegeben, vereinfachend wird er als der in der betrachteten Periode geschaffene Wert präsentiert (vgl. hierzu kritisch Abschnitt 7.3.4).
Der wesentliche Grund für die Verwendung des CVA statt des häufig eingesetzten EVA-Konzeptes besteht darin, dass zur Ermittlung des CVA die Kapitalbasis nicht anhand der bilanziellen Werte, sondern anhand der historischen Anschaffungskosten bestimmt wird. Das hat zur Folge, dass sich keine Performanceveränderungen nur aufgrund von abschreibungsbedingten Schwankungen der Kapitalbasis ergeben. Im Lufthansa Konzern stellen Flugzeuge circa 60 % des Anlagevermögens dar. Deren Anschaffung erfolgt nicht sukzessive, sondern in Schüben. Bei dem EVA-Konzept würde dies zu Verzerrungen der Performanceinformationen führen. Ein weiterer Grund für die Verwendung des CVA war, dass im Gegensatz zum EVA auch Einflüsse aus dem nicht operativen Geschäft in der Analyse erfasst werden und so eine Beurteilung der Gesamtperformance des jeweiligen Betrachtungsobjektes möglich wird (vgl. Weber et al., 2004, S. 118 f.).

Entwicklung und Einführung des Konzepts

Die Entwicklung des Konzepts erfolgte fast ausschließlich ohne die Unterstützung externer Berater. Im Jahre 1999 wurde in der Konzernzentrale ein Team von Mitarbeitern der Abteilungen Rechnungswesen, Konzerncontrolling, Konzernentwicklung und Beteiligungen gebildet. Die Arbeitsergebnisse dieses Teams wurden regelmäßig vor einem »Review Board« aus einem festen Kreis von Top-Führungskräften unter Leitung des Finanzvorstands diskutiert. Weiterhin hatte jedes Geschäftsfeld der Lufthansa eine Top-Führungskraft als Beauftragten zu benennen. Bereits im Jahr 2000 wurde das Budget der Lufthansa und ihrer einzelnen Geschäftsfelder mit dem CVA als Spitzenkennzahl aufgestellt. Seitdem wird im Rahmen einer Arbeitsgruppe unter Leitung des Konzerncontrollings das Konzept stetig weiterentwickelt.
Heute verfügt die Lufthansa über ein geschlossenes Wertmanagement-System auf Konzern- und Geschäftsfeldebene. Inzwischen werden CVA-Ziele in den Planungsansätzen über alle Planungshorizonte hinweg festgelegt. Für die großen Geschäftsfelder wurden die Werttreiber identifiziert und in die Planungsprozesse integriert.
Darüber hinaus setzte eine wirksame Umsetzung der wertorientierten Führungsphilosophie im Konzern eine hohe Identifikation aller Mitarbeiter, insbesondere aber der Führungskräfte voraus. Zur Förderung der Kenntnisse und der notwendigen Vertiefung des Wissens des wertorientierten Managements hat Lufthansa die airlinespezifische Unternehmenssimulation »Value-Line« entwickelt. In praxisnaher Form werden den Teilnehmern der Simulation die Begrifflichkeiten, Zusammenhänge und die Wirkungsmechanismen einer wertorientierten Führungskonzeption vermittelt. Bei der Lufthansa School of Business wurden eigens acht Trainer ausgebildet, die konzernweit Mitarbeiter mit den Grundlagen der wertorientierten Steuerung vertraut machen (vgl. Weber et al., 2004, S. 120).
Einen weiteren essentiellen Baustein zur Förderung des wertorientierten Entscheidungsverhaltens stellt das System erfolgsorientierter Vergütung dar. Dazu gehört das im Jahr 2003 eingeführte LH-Bonusprogramm. Es beeinhaltet eine auf die Berichtsperiode bezogene, variable Vergütung und ist ein wesentliches Element des Steuerungs- und Führungssystems der Lufthansa Group. LH-Bonus erfasst Ziele auf Konzern-, Geschäftsfeld- und individueller Ebene. Für Vorstand und Führungskräfte erfolgt die Messung des Konzernerfolgs gleichermaßen über die operative Marge und den über drei Jahre kumulierten CVA des Konzerns. Die mehrjährige Betrachtung spiegelt das Ziel einer nachhaltigen Wertschaffung wieder. Die wirtschaftliche Leistung des Geschäftsfelds wird insbesondere durch den CVA des Geschäftsfelds erfasst. Ergänzend kann jedes Geschäftsfeld spezifische Erfolgsfaktoren, sogennante Key Performance Indicators, festlegen. Neben LH-Bonus besteht die erfolgsabhängige Entlohnung seit 1997 aus dem Aktienprogramm LH-Performance. Dieses jährlich aufgelegte Programm koppelt einen Vergütungsbestandteil an die Entwicklung des Lufthansa Aktienkurses und honoriert somit die Steigerung des Unternehmenswerts. Seit dem Jahr 2011 haben die neu aufgelegten LH-Performance-Programme eine Laufzeit von vier Jahren (Quelle: Lufthansa AG, 2014, S. 33).

Bestimmung des CVA

Der CVA ergibt sich aus der Differenz des Ist-Cashflows und eines Mindest-Cashflows. Der CVA ist positiv, wenn der Ist-Cashflow größer ist als der zur Deckung der Kapitalkosten notwendige Mindest-Cashflow (vgl. Weber et al., 2004, S. 121).

Bestimmung des Ist-Cashflows

Als Kennzahl für den tatsächlich erwirtschafteten Cashflow wird im Lufthansa Konzern der $\text{EBITDA}^{\text{plus}}$ verwendet, der sich aus einer operativen und einer finanziellen Komponente zusammensetzt. Ausgangspunkt für die Berechnung des operativen $\text{EBITDA}^{\text{plus}}$ ist das operative Betriebs-

Fortsetzung auf Folgeseite

Fortsetzung von Vorseite

ergebnis nach IFRS (EBIT). Um eine Cashgröße zu erhalten, werden dem EBIT die Abschreibungen als wichtigste nicht zahlungswirksame Aufwandsgröße hinzugerechnet (EBITDA). Als weitere nicht zahlungswirksame Aufwendungen werden die Veränderungen der Pensionsrückstellungen hinzugezählt ($EBITDA^{plus}$). Hinzu kommt der finanzielle $EBITDA^{plus}$ mit den Positionen der anteiligen Vorsteuerergebnisse nicht vollkonsolidierter Beteiligungen, Zinserträge und Ergebniseffekte aus dem Abgang von Finanzanlagen. Damit werden im $EBITDA^{plus}$ alle wesentlichen cash-relevanten Posten berücksichtigt.

Bestimmung des Mindest-Cashflows

Der Mindest-Cashflow gibt die Erwartungen der Kapitalgeber und damit die Kapitalkosten im weiteren Sinne an. Diese Kapitalkosten bestehen aus der Summe der Verzinsung des eingesetzten Kapitals, der Kapitalwiedergewinnung und der pauschaliert ermittelten Steuerlast. Die Kapitalbasis errechnet sich aus der Summe aus Anlage- und Umlaufvermögen, abzüglich der zinslosen Verbindlichkeiten. Die abschreibbaren Aktiva werden zu ihren historischen Anschaffungs- bzw. Herstellkosten angesetzt. Durch Ansatz eines Kapitalwiedergewinnungsfaktors (KWF) auf die Anschaffungskosten wird berücksichtigt, dass der Werteverzehr der abschreibbaren Aktiva vom Geschäftsfeld ebenso verdient werden muss. Diese Kapitalwiedergewinnung, die im Rahmen des CVA-Konzeptes als ökonomische Abschreibung definiert ist, ist bei der Berechnung des Mindest-Cashflows zu berücksichtigen. Darüber hinaus wird die erwartete Steuerlast durch einen prozentualen Zuschlag T von derzeit 0,6 % auf die Kapitalbasis berücksichtigt. Die Kapitalbasis, die als Verzinsungsbasis für eine Periode angesetzt wird, errechnet sich als arithmetisches Mittel aus den Kapitalbasen zweier aufeinanderfolgender Jahre. Die Berechnung der Kapitalkosten wird im Praxisbeispiel Deutsche Lufthansa AG in Abschnitt 7.3.3.1 beschrieben. Der Mindest-Cashflow ergibt sich demnach wie folgt:

$$\text{Mindest-Cashflow} = \text{Kapitalbasis} \times (\text{WACC} + T) + \text{abschreibbare Kapitalbasis} \times \text{KWF}$$

Für die Berechnung des CVA wird vom $EBITDA^{plus}$ schließlich der Mindest-Cashflow abgezogen.

Der jährlich zu erwirtschaftende Mindest-Cashflow hängt damit zu einem großen Teil davon ab, über welchen Zeitraum Flugzeuge und Reservetriebwerke genutzt und das darin gebundene Kapital wiedergewonnen werden muss. Bisher wurde bei der Berechnung des CVA unterstellt, dass Flugzeuge und Reservetriebwerke durchschnittlich über zwölf Jahre genutzt werden und danach der Ersatz folgt. Tatsächlich ist die Nutzungsdauer von Flugzeugen und Reservetriebwerken jedoch länger. Im Rahmen der Abschreibung wird mit Wirkung zum 1. Januar 2013 in der Lufthansa Group deswegen eine durchschnittliche Nutzungsdauer von 20 Jahren angenommen. Für die aktuelle Flotte bedeutet dies, dass die vor 2013 maßgebliche Nutzungsdauer von zwölf Jahren einen höheren Werteverzehr pro Jahr unterstellte, also bereits mehr vom eingesetzten Kapital wiedergewonnen wurde, als dies bei einer 20-jährigen Nutzungsdauer der Fall gewesen wäre. In Zukunft soll der Werteverzehr in der Lufthansa Group unter der geänderten Prämisse periodengerecht ermittelt werden. Um aber über die gesamte Nutzungsdauer der derzeit aktiven Flotte nicht mehr als die ursprünglichen Anschaffungskosten wiederzugewinnen, wurde der CVA einmalig in 2013 um den Differenzbetrag von 3,0 Mrd. EUR angepasst. Hierdurch werden weitere Anpassungen aus der aktuellen Änderung der Nutzungsdauer für die Zukunft vermieden.

Für den Konzern ergab sich so für 2013 ein CVA von 3.133 Mio. EUR. Die deutliche Verbesserung gegenüber dem Vorjahreswert (375 Mio. EUR) ist vor allem auf Effekte im Zuge der Umstellung der Abschreibungspolitik zurückzuführen. Der Vorstand der Lufthansa Group wird die Anpassung der Abschreibungspolitik zum Anlass nehmen, das CVA-Konzept kritisch zu überprüfen. Bei Bedarf wird der CVA durch eine ähnlich umfassende Kennzahl zur Wertschaffung ersetzt werden, insofern diese dazu geeignet wäre, die zentrale Stellung des CVA einnehmen zu können (vgl. Lufthansa AG, 2014, S. 30 ff.).

CVA [in Mio. EUR]	**2013**	2012	2011	2010	2009
Konzern	**3.133**	375	99	71	–858
Passage Airline Gruppe	**175**	–340	–122	–198	–691
Logistik	**–41**	65	202	233	–264
Technik	**377**	241	152	172	164
IT Services	**32**	7	23	–23	3
Catering	**29**	39	-25	–28	–68

Vergleich von EVA und CVA

Sowohl EVA als auch CVA stellen Residualgewinnkonzepte dar und zeigen den Überschuss an, der in einer Periode über die Kapitalkosten hinaus erwirtschaftet wurde. Im Unterschied zum EVA basiert die zur Ermittlung des CVA herangezogene Erfolgsgröße auf einen um ökonomische Abschreibungen reduzierten Cashflow. Durch die stärkere Zahlungsorientierung ist der CVA zwar weniger manipulationsanfällig, gänzlich auszuschließen ist diese Gefahr jedoch nicht, da ein Verschieben der Zahlungen durch den Entscheidungsträger ebenso möglich ist. Auch birgt die Berechnung der ökonomischen Abschreibung Gestaltungsspielräume wie bspw. bei der Bestimmung der Nutzungsdauer des abnutzbaren Anlagevermögens (vgl. Schultze/Hirsch, 2005, S. 79 f.). Eine umfassende Beurteilung der Steuerungswirkung von beiden Kennzahlen erfolgt in Abschnitt 7.3.4.

7.3.4 Beurteilung wertorientierter Kennzahlen für die Entscheidungsunterstützung

Rentabilität vs. Residualgewinn

Ein positiver Residualgewinn ist gleichbedeutend mit einer Kapitalrentabilität, die die Kapitalkosten überschreitet. Der Spread zwischen der Rendite der Investition (z. B. CFRoI) und dem Kapitalkostensatz ist eine Variante der Kapitalrendite, die man als wertorientierte Rentabilität bezeichnen kann (vgl. Coenenberg, 2001, S. 600). Insofern kann man die Frage stellen, ob es zur wertorientierten Steuerung nicht ausreicht, wie bei der traditionellen Steuerung üblich, Renditen als Steuerungskennzah-

Abb. 7-5

Ansatzpunkte zur Steigerung des Residualgewinns

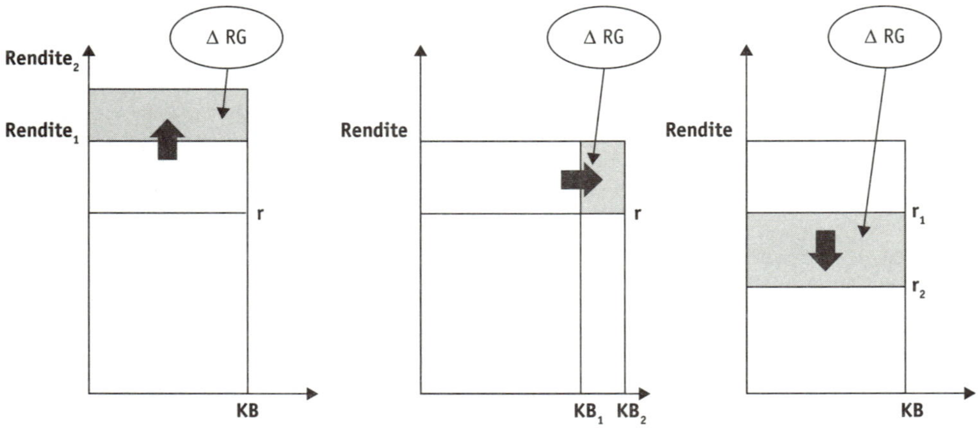

a) Renditesteigerung b) Investitionen über den Kapitalkosten c) Kapitalkostenreduktion

(Quelle: in Anlehnung an Ross/Stelter, 1999, S. 303)

len heranzuziehen. Diese Problematik wird im Folgenden diskutiert. Die Fragestellung ergibt sich dabei prinzipiell unabhängig davon, ob das Residualgewinnkonzept des EVA oder CVA zugrunde gelegt wird.

Ein wachsender Spread kann durch eine Erhöhung der Rendite bzw. durch Senken des Kapitalkostensatzes (r) erreicht werden (vgl. Abb. 7-5 a) und c)). Ohne die Gewichtung mit dem gebundenen Vermögen (KB) genügt die Rendite allein jedoch nicht als Beurteilungsmaßstab. Eine im Zeitablauf fallende Rendite muss kein Anzeichen von Wertvernichtung sein, wie das folgende Beispiel veranschaulicht.

Beispiel 7.9 Grape SE **RoCE vs. Residualgewinn**

▸▸▸ Der Geschäftsbereich Tablets der Grape SE soll in Zukunft anhand des RoCE gesteuert werden. Unabhängig vom Angebot des Madeia Marktes soll eine Investitionsmöglichkeit geprüft werden. Der RoCE des Bereichs liegt aktuell bei 16,88 %. Durch die neue Investition könnte das Ergebnis ab dem nächsten Quartal um 150.000 EUR gesteigert werden, das zusätzlich zu investierende Kapital würde 1.000.000 EUR betragen. Dies hätte jedoch einen Rückgang des RoCE auf 16,65 % zur Folge. Beurteilt man die Investitionsgelegenheit anhand dieses Kriteriums, wäre die Investition abzulehnen.

[in EUR]	**Bestehendes Geschäft**	**Investitions-projekt**	**Auswirkung**
Ergebnis	1.200.000	150.000	1.350.000
geb. Vermögen	7.110.000	1.000.000	8.110.000
RoCE	**16,88 %**	**15,00 %**	**16,65 % ↓**
WACC	10,00 %	10,00 %	10,00 %
Kapitalkosten	711.000	100.000	811.000
Residualgewinn	**489.000**	**50.000**	**539.000**

Wird jedoch zusätzlich als zu erzielende Mindestverzinsung ein Kapitalkostensatz i. H. v. 10 % berücksichtigt, dann lohnt sich prinzipiell jede Investition, die mindestens diese 10 % erwirtschaftet. Deshalb wird für den Geschäftsbereich Tablets die Überrendite ermittelt und mit dem eingesetzten Kapital multipliziert: (16,65 % – 10 %) × 8.110.000 EUR ≈ 539.315 EUR. Im Vergleich zur Ausgangssituation könnte durch die Investition 50.000 EUR zusätzlicher Residualgewinn generiert werden. Für den Fall, dass diese Überrendite bis in die Unendlichkeit erzielt werden könnte, würde dies eine Wertsteigerung von 50.000 EUR/0,1 = 500.000 EUR zur Folge haben. Eine Beurteilung anhand des Residualgewinns würde folglich zu einer Durchführung des Projekts führen, obwohl die Rentabilität sinkt. Eine ganzheitliche Beurteilung der Vorteilhaftigkeit des Investitionsprojekts ist jedoch nur möglich, wenn die geplanten Rückflüsse über die gesamte Laufzeit betrachtet und der Investitionsauszahlung gegenübergestellt werden (Kapitalwertmethode).

Dieses Beispiel stellt eine Kombination der in Abbildung 7-5 dargestellten Steigerungsmöglichkeiten des Residualgewinns a) und b) dar und zeigt, dass eine Erhöhung auch bei insgesamt sinkender Rendite möglich ist (vgl. Abb. 7-6). Auf obiges Beispiel bezogen setzt sich der Gesamteffekt von +50.000 EUR aus einer Steigerung

Abb. 7-6

Erhöhung des Residualgewinns durch Investition über den Kapitalkosten

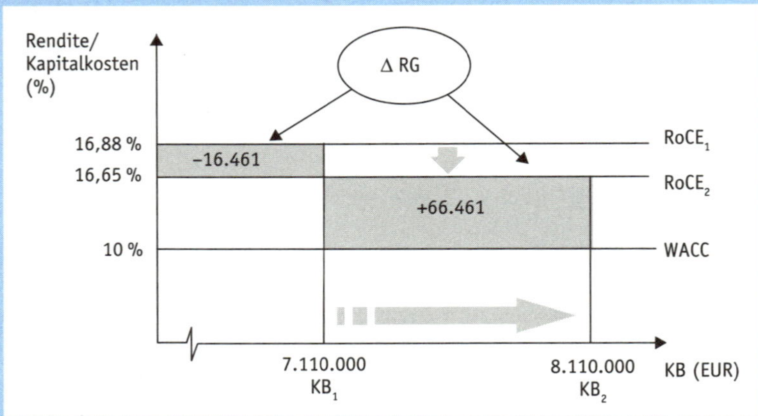

des Residualgewinns um +66.461 EUR aufgrund der größeren Investitionsbasis sowie einer Reduktion um –16.461 EUR aufgrund der gesunkenen Rendite zusammen. ◂◂◂

Werttreiber des Residualgewinns

Die in Abbildung 7-5 aufgezeigten Ansatzpunkte zur Steigerung des Residualgewinns verdeutlichen, dass die Werttreiber einerseits im (klassischen) Ergebnismanagement (Ertragsmanagement, Aufwandsmanagement) sowie andererseits in einer aktiven Beeinflussung von Kapitalkosten, entweder über Maßnahmen des Vermögens- oder des Risikomanagements liegen. Da sich Unterschiede im Residualgewinn einzelner Unternehmen zum größeren Teil durch Unterschiede im Buchgewinn als durch unterschiedliche Kapitalkosten erklären lassen, bietet das Ergebnismanagement einen entsprechend bedeutsamen Hebel zur Steigerung. Zur Senkung des Kapitalkostensatzes erlaubt das Risikomanagement auf der Gesamtunternehmensebene sowohl eine Optimierung der Kapitalstruktur als auch ein strategisches Portfoliomanagement, um die Erwartungshaltung der Kapitalgeber zu beeinflussen. Da sich das Gesamtrisiko aus den Risiken der einzelnen Geschäftsbereiche zusammensetzt, ist eine Betrachtung der Kapitalkosten aber prinzipiell auch auf der Geschäftsbereichsebene möglich. Das Risiko ist umso größer, je höher die Volatilität der bedienten Märkte, je geringer die Wettbewerbsstärke und je geringer die operative Flexibilität ist, gemessen an den relativen Fixkosten zu variablen Kosten. Die Optimierung der Vermögenswerte ist Aufgabe der Geschäftsbereichsebene. Eine Erhöhung des Residualgewinns ist hierbei primär über eine Reduzierung des nicht (hinreichend) produktiven Vermögens sowie hoher Kundenanzahlungen und Lieferantenverbindlichkeiten möglich. Auf Basis der allgemeinen Value-Spread-Formel (unabhängig davon, ob das EVA- oder CVA-Konzept zugrunde gelegt wird)

Residualgewinn = (Vermögensrendite – Kapitalkostensatz) × Vermögen lassen sich folgende Zusammenhänge verdeutlichen: Gelingt es einem Unternehmen beispielsweise sein Geschäftsvolumen (bei einer Erhöhung des Vermögens) unter Beibehaltung der Rentabilität auszubauen (profitables Wachstum), so wird es einen höheren Residualgewinn erzielen, dessen Entstehung eine isolierte Vermögensminimierung unter Umständen verhindert hätte. Daher ist, wie bei einer integrierten Betrachtung von Kosten und Nutzen im klassischen Kostenmanagement, auch beim wertorientierten Kostenmanagement nur eine integrierte Entscheidungsfindung vorteilhaft (vgl. hierzu Abb. 7-7).

Abb. 7-7

Integriertes wertorientiertes Management

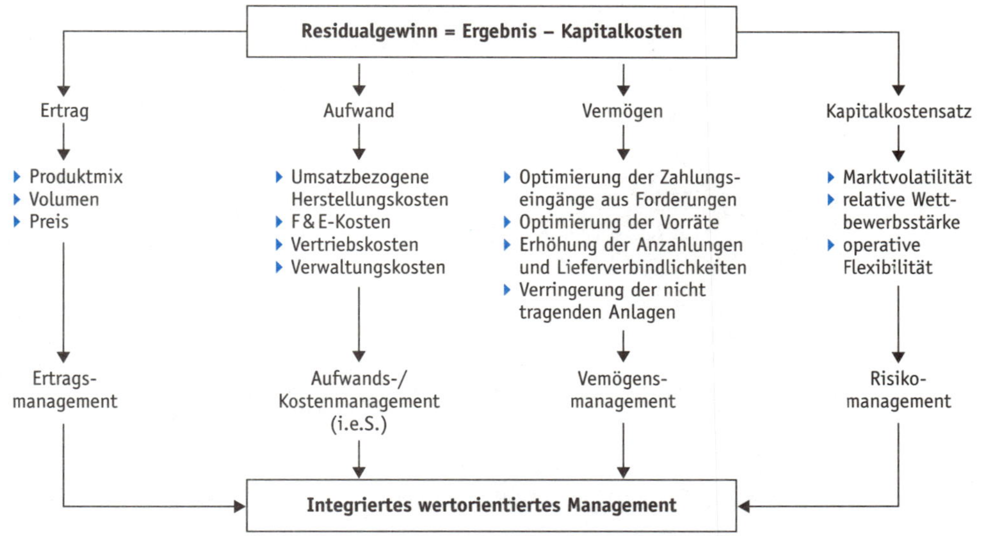

(Quelle: in Anlehnung an Fischer, 2000, S. 15)

Auf dieser Basis lassen sich analog zur Vorgehensweise bei den traditionellen Kennzahlen wertorientierte Kennzahlensysteme aufstellen. Im Unterschied zu klassischen Kennzahlenbäumen, wie dem DuPont-Schema, führen wertorientierte Systeme die Kapitalkosten, sowohl für Fremd- als auch Eigenkapital, separat als eigenständige Werttreiber auf.

Beispiel 7.10 Grape SE

▸▸▸ Abbildung 7-8 stellt eine Erweiterung des klassischen Kennzahlenbaums der Grape SE (vgl. Abb. 7-2) um die Kapitalkosten dar. Der Residualgewinn dient hier als Spitzenkennzahl. Es zeigt sich, dass der höhere Spread des Wettbewerbers zum einen durch die höhere Rendite, zum anderen auch durch die geringeren Kapitalkosten

Abb. 7-8

Wertorientierter Kennzahlenbaum der Grape SE im Vergleich zum stärksten Wettbewerber

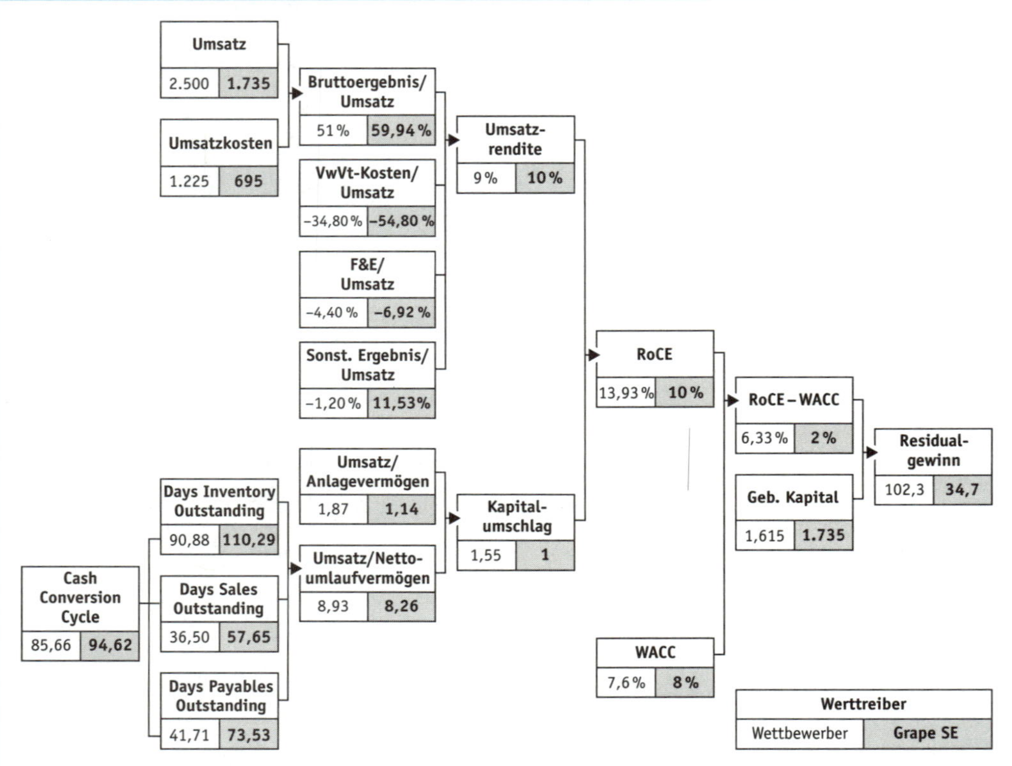

bedingt ist. Im vorliegenden Fall ist dies auf die geringeren Fremdkapitalkosten des Wettbewerbers zurückzuführen, die maßgeblich von dem Verschuldungsgrad des Unternehmens bestimmt werden. Das Verhältnis von Nettofinanzschulden (verzinsliches Fremdkapital abzüglich liquider Mittel) zum Eigenkapital der Grape SE liegt bei 40,79 % (= (156 + 510 –230)/1.069) (siehe Bilanz Abschnitt 7.2.1), das des Wettbewerbers nur bei 23,11 % (keine Angabe). Folglich liegen Ansatzmöglichkeiten zur Verbesserung des Residualgewinns neben der bereits diskutierten Effizienzsteigerung im Vermögensmanagement sowie Senkung der Verwaltung- und Vertriebskosten in Kapitalstrukturmaßnahmen zur Verringerung des Bonitätsrisikos. ◂◂◂

Residualgewinne und Wertgenerierung

Ein weit verbreiteter Irrtum besteht in der Aussage, der Residualgewinn gebe Auskunft über die **Wertgenerierung** der Periode. Tatsächlich beantwortet ein positiver Perioden-Residualgewinn die Frage, ob in der Berichtsperiode mehr als die Kapitalkosten verdient wurde. Er ist insbesondere nicht mit einer Wertsteigerung gleichzusetzen. Dies lässt sich am einfachen Beispiel einer ewigen Rente erkennen: Eine Investition von 1.000 GE führe zu ewigen Rückflüssen von 120 GE pro Periode. Der Barwert dieser Zahlungsreihe bei einem Kapitalkostensatz von 10% beträgt 1.200 GE. Die Unternehmenswertsteigerung beträgt im Zeitpunkt der Durchführung der Investition 200 GE. In den folgenden Perioden muss bis in die Unendlichkeit ein positiver Residualgewinn i. H. v. 20 GE erwirtschaftet werden, dessen Barwert von 200 GE der Wertsteigerung in t = 0 entspricht. Durch den periodischen Residualgewinn von 20 GE wird die in t = 0 durch die Investition initiierte Wertsteigerung schrittweise realisiert, aber keine erneute Wertsteigerung generiert. Eine unmittelbare Verbindung von periodischen Residualgewinnen und Wertgenerierung ergibt sich nur durch die restriktive Annahme, dass bis in die Unendlichkeit konstante Residualgewinne erwirtschaftet werden. Aus diesem Grund wird in der Praxis die Verwendung der Veränderungsgröße des EVA/CVA (ΔEVA/ΔCVA) gefordert. Letztere ist aber als Maß für die neu geschaffene Wertsteigerung ebenso ungeeignet. In obigem Beispiel ist die Erhöhung von 20 GE in t = 1 nur indikativ für eine Wertsteigerung in t = 0 und bildet sie nur unzulänglich ab. Die Durchführung von wertsteigernden Investitionen kann zudem mit Anlaufverlusten verbunden sein, die anfänglich zunächst zu erhöhten negativen Residualgewinnen führen, obwohl die gesamte Investition wertsteigernd wirkt (vgl. Wagenhofer, 1999, S. 195 f.; Hebertinger, 2002, S. 138 f.) Der ΔEVA/ΔCVA wäre dann ebenfalls negativ.

Grundsätzlich lässt sich festhalten, dass Residualgewinne zwar die vorteilhafte Eigenschaft aufweisen, dass ihr Barwert dem investitionstheoretischen Kapitalwert (NPV) entspricht. Einzelne Residualgewinne zeigen jedoch nicht die Unternehmenswertsteigerung der Periode, sondern die Erwirtschaftung der Überschüsse, die bereits bei Durchführung der Investition zu einer Wertsteigerung geführt haben. Um Wertsteigerungen abzubilden, sind dynamische Rechenverfahren erforderlich (vgl. Abschnitt 7.3.2). Der Kapitalwert einer Investition zeigt zwar die zusätzliche Wertschaffung bei Durchführung des Investitionsprojekts an, eine Kontrollgröße müsste jedoch geeignet sein, auch spätere Wertveränderungen sowie Soll-/Ist-Abweichungen abzubilden. Dazu ist es notwendig, einen Zusammenhang zwischen der periodischen Kontrollgröße und der Wertgenerierung herzustellen. Im Folgenden wird daher das Konzept des **residualen ökonomischen Gewinns (RÖG)** vorgestellt, mit dem die periodische Wertgenerierung angezeigt wird.

7.3.5 Messung der Wertgenerierung mit dem residualen ökonomischen Gewinn

Total Return to Shareholders (TRS)

Eine Differenzierung der Steigerung des Aktionärsvermögens als Ziel der wertorientierten Unternehmensführung zeigt, dass aus Sicht der Anteilseigner der Unternehmenserfolg aus Kurssteigerungen, Dividenden, Bezugsrechten etc., dem sogenannten **Total Return to Shareholders (TRS)** besteht (vgl. Coenenberg et al., 2003, S. 35; Ewert/Wagenhofer, 2000, S. 32). Vereinfachend lässt sich der TRS (absolut) als die Summe der Ausschüttung (Div) und die Veränderung des Börsenwertes (ΔP) darstellen:

$$TRS_t = Div_t + \Delta P_t$$

Mithilfe von internen Steuerungskennzahlen soll letztlich diese extern erzielte Vermögenssteigerung abgebildet werden. In Investitionsrechnungen werden die den Eigentümern potenziell ausschüttbaren Beträge durch Free Cashflows approximiert. Die der Diskontierung zu Grunde liegenden Kapitalkostensätze entsprechen den risikoadjustierten alternativen Anlagemöglichkeiten der Eigentümer. Daher ist es für den Investor irrelevant, ob die Überschüsse auch tatsächlich an ihn ausgeschüttet werden und er sie selbst reinvestiert oder ob die Reinvestition durch das Unternehmen erfolgt. Bei Ausschüttung erhält der Eigner die FCF und muss eine Verringerung des Unternehmenswerts hinnehmen. Bei Einbehaltung erhält er keine Ausschüttung, aber dafür eine Unternehmenswertsteigerung.

Ökonomischer Gewinn (ÖG)

Bei residualer Ausschüttungspolitik, d. h. Annahme der Vollausschüttung der FCF, lässt sich der TRS durch die FCF und der Veränderung des fundamentalen Unternehmenswertes (ΔUW), der sich idealerweise auf einem effizienten Kapitalmarkt ergeben würde, messen. Dieser so ermittelte, intern gemessene TRS entspricht dem **ökonomischen Gewinn (ÖG):**

$$ÖG_t = FCF_t + \Delta UW_t$$

Dem ÖG liegt der kapitaltheoretische Gewinnbegriff zugrunde. Er zielt auf eine Erfolgskapitalerhaltung ab, d. h. den Erhalt der wirtschaftlichen Leistungsfähigkeit des Unternehmens (vgl. Schneider, 1963, S. 466 f.). Er lässt sich definieren als Veränderung des Erfolgskapitals zuzüglich Entnahmen und abzüglich Einlagen (vgl. Münstermann, 1966, S. 580 f.). Das Erfolgskapital stellt den Gegenwartswert des Unternehmens auf der Grundlage seiner Zukunftserfolge oder auch seines Erfolgspotenzials dar. Ein positiver ökonomischer Gewinn resultiert einerseits aus dem zeitlichen Näherrücken des Betrachtungszeitpunktes um eine Periode, was auch als Zeiteffekt bezeichnet wird (vgl. Hebertinger, 2002, S. 82). Andererseits erhöhen zusätzlich initiierte Investitionsprojekte den ökonomischen Gewinn um deren Kapitalwert.

Residualer ökonomischer Gewinn (RÖG)

Für die Kontrollrechnung ist aber nicht die gesamte Höhe des ÖG relevant, sondern nur der Teil, welcher die Kapitalkosten übersteigt. Um sicherzustellen, dass die geplante Wertsteigerung erreicht wird bzw. der ÖG die geplante Höhe erreicht, sind in der Kontrollrechnung die Mindestverzinsung des gebundenen Kapitals (KB) sowie die Verzinsung des originären Goodwills (GW) als Kapitalkosten abzusetzen. Damit wird eine adäquate Verzinsung des Unternehmenswerts am Periodenanfang erreicht (UW = GW + KB). Es muss folglich die gesamte Steigerung des Eigentümervermögens nach Abzug der gesamten Kapitalkosten Grundlage der Kontrollrechnung sein:

$$RÖG_t = FCF_t + \Delta UW_t - r \times UW_{t-1}$$

Diese Kontrollgröße lässt sich als **residualer ökonomischer Gewinn (RÖG)** bezeichnen. Durch den Abzug der Kapitalkosten wird der Zeiteffekt, d. h. derjenige Teil des ÖG, der allein auf den Ablauf der Zeit zurückzuführen ist, ausgeschaltet (vgl. Hebertinger, 2002, S. 92 f.). Ein positiver RÖG entsteht nur, wenn das Management neue Projekte mit positivem Kapitalwert durchführt.

Der RÖG lässt sich auch mithilfe von Residualgewinnen bestimmen. Hierzu muss die für die Residualgewinnbewertung erforderliche Clean-Surplus-Bedingung bzw.

das Kongruenzprinzip (vgl. Lücke, 1955) gelten. Auf Basis der oben bereits angeführten Annahme, dass sich der Unternehmenswert aus dem gebundenen Kapital (KB) und dem Goodwill (GW) zusammensetzt, lässt sich der RÖG wie folgt ermitteln (vgl. Schultze/Weiler, 2007, S. 145):

$$RÖG_t = Div_t + G_t - Div_t - r \times KB_{t-1} + \Delta GW_t - r \times GW_{t-1} = G_t - r \times KB_{t-1} + \Delta GW_t - r \times GW_{t-1}$$
$$= RG_t + \Delta GW_t - r \times GW_{t-1}$$

Der Entscheider kann an dieser Leistungskennzahl also direkt ablesen, ob die geplante Wertsteigerung für die Eigner umgesetzt werden konnte, indem er den Residualgewinn zuzüglich der Wertsteigerung des originären Goodwill nach adäquater Verzinsung betrachtet (vgl. ähnlich Ewert/Wagenhofer, 2000, S. 16, 24). Die Interpretation dieser Kontrollgröße für Zwecke der Entscheidungsunterstützung wird im Folgenden anhand eines Beispiels weiter verdeutlicht.

Beispiel 7.11 Grape **Messung der Wertgenerierung mit dem RÖG**

▸▸▸ Herr Dr. Müller-Christ ist skeptisch über den Aussagegehalt periodischer Residualgewinne. Schließlich kann die Wertschaffung durch ein Investitionsprojekt nur über den Kapitalwert gemessen werden. Dazu versucht er, für obiges Projekt (Beispiel 7.9) die erwarteten Rückflüsse zu schätzen. Er geht davon aus, dass die Grape SE aus der Anfangsinvestition i. H. v. 1.000 TEUR Free Cashflows i. H. v. 400 TEUR für 4 Jahre erwirtschaftet. Der Kapitalkostensatz beträgt 10 %. Hieraus resultiert am Ende der 4 Jahre ein Endvermögen (Future Value, FV) von 1.856,40 TEUR (vgl. Abb. 7-10). Wäre der Investitionsbetrag von 1.000 TEUR alternativ zu den Kapitalkosten angelegt worden, so wäre daraus nur ein Endvermögen von 1.464,10 TEUR entstanden. Das Investitionsprojekt schafft zusätzliches Vermögen (Netto-Endwert, NFV) von 392,30 TEUR und ist daher lohnenswert. Der Barwert des NFV in t = 0 beträgt 267,95 GE und entspricht dem Kapitalwert (NPV) der Investition (vgl. Tab. 7-1). Die Berechnung lässt sich auch mit Residualgewinnen durchführen, die sich bei linearer Abschreibung wie folgt ergeben:

Tab. 7-1

Residualgewinn

[in TEUR]	t = 0	t = 1	t = 2	t = 3	t = 4
FCF_t – $Abschreibung_t$ = $Gewinn_t$	-1.000	400 -250 150	400 -250 150	400 -250 150	400 -250 150
Geb. $Kapital_t$	1.000	750	500	250	0
– $Kapitalkosten_t$ = RG_t		-100 50	-75 75	-50 100	-25 125
Barwert RG in t = 0	267,95	45,45	61,98	75,13	85,38
Endwert RG in t = 4	392,30	66,55	90,75	110,00	125,00

Diese Rechnung, die jeder Kapitalwertrechnung zugrunde liegt, impliziert, dass der Geschäftsbereich Tablets der Grape SE in den Folgeperioden das eingesetzte Kapital von 1.000 TEUR, eine Verzinsung auf das eingesetzte Kapital von insgesamt 464,10 TEUR sowie den Kapitalwert zzgl. einer Verzinsung des Kapitalwerts, zusammen 392,30 TEUR, erwirtschaften muss, damit tatsächlich ein Kapitalwert von 267,95 entstehen kann.

Herr Dr. Müller-Christ ist sich jedoch bewusst, dass für die Überwachung der Erwirtschaftung dieser Beträge eine Kontrollrechnung inkl. entsprechender Kontrollgrößen notwendig ist. Diese Größen müssen in unmittelbarem Zusammenhang mit der Wertentwicklung und Erwirtschaftung der relevanten Rückflüsse stehen. Eine Rechnung während der Laufzeit des Projekts wird sich zwangsläufig aus einem Teil der Rückflüsse, die bereits erwirtschaftet wurden, und einem Teil der Rückflüsse, die zukünftig noch zu erwirtschaften sind, zusammensetzen. Führt man die Bewertung für die zukünftigen Zeitpunkte durch, so ergeben sich die in Abbildung 7-9 angegebenen Barwerte zukünftiger Cashflows (blau). Die grauen Balken geben die Zeitwerte der bereits erwirtschafteten Cashflows wieder, die zu dem Kapitalkostensatz verzinst angespart werden. Die Werte über den Balken stellen den aufgezinsten Kapitalwert dar.
Zur Unterstützung wird die externe Beratungsgesellschaft »Munich Consulting Group« engagiert, um die Einführung einer entsprechenden Kontrollrechnung zu begleiten. Der Senior Berater, Herr Schlau, zeigt Herrn Dr. Müller-Christ folgende Zusammenhänge auf: Im Rahmen der Kontrollrechnung muss durch Gegenüberstellung mit den Plangrößen überprüft werden, ob der realisierte TRS oder ÖG den ursprünglich formulierten Erwartungen gerecht wird. Im Zeitpunkt der Durch-

Abb. 7-9

Endwert und Vermögenssteigerung

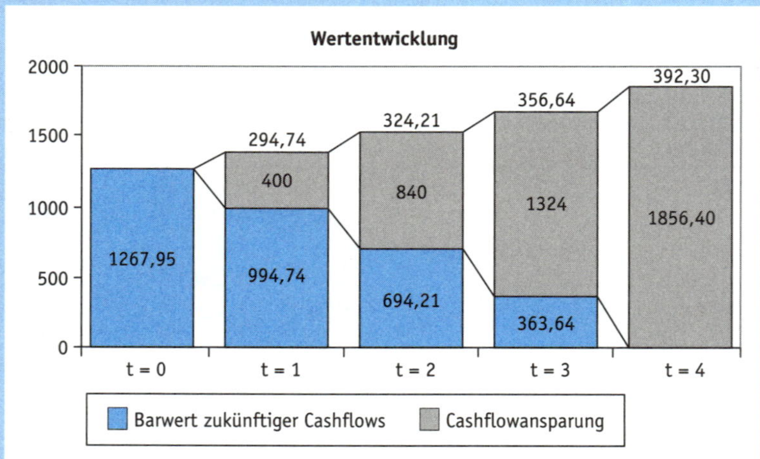

führung der Investition steigt der Unternehmenswert um den Kapitalwert auf 1.267,95 TEUR. Dieser Wert ergibt sich als Barwert der zukünftigen FCF bei einem Kapitalkostensatz von 10 %. Er ist derjenige Grenzpreis, den ein Investor gerade noch bezahlen würde, um daraus künftig eine Verzinsung von 10 % erzielen zu können. Diese Mindestverzinsung stellt die Anforderung an das wertorientierte Controlling dar. Der Barwert der Residualgewinne entspricht dem Kapitalwert bzw. dem Goodwill (GW) des Unternehmens. Der Endwert der realisierten Residualgewinne entspricht der Gesamtvermögenssteigerung am Ende des Projekts. Während der Projektlaufzeit setzt sich die gesamte Vermögenssteigerung aus den bisher erzielten, angesparten und zum Kalkulationszins verzinsten Residualgewinnen und dem Barwert der noch erwarteten, zukünftigen Residualgewinne zusammen (vgl. Tab. 7-2). Die Summe dieser beiden Komponenten entspricht dem aufgezinsten Kapitalwert.

Tab. 7-2

Steigerung des Aktionärsvermögens im Zeitablauf

[in TEUR]	t = 0	t = 1	t = 2	t = 3	t = 4
erwartete RG_t (GW_t) + angesparte RG_t	267,95 0	244,74 50	194,21 130	113,64 243	0 392,30
= KW_t	267,95	294,74	324,21	356,64	392,30

Die Wertsteigerungen des Aktionärsvermögens ergeben sich aus den Residualgewinnen zuzüglich der Wertveränderung des Goodwills und zuzüglich der Verzinsung der angesparten Residualgewinne (vgl. Tab. 7-3).

Tab. 7-3

Intern erzielte Wertsteigerungen auf Basis der Residualgewinne

[in TEUR]	t = 0	t = 1	t = 2	t = 3	t = 4
RG_t + ΔGW_t + Verzinsung angesparte RG_t	0 267,95 0	50 –23,21 0	75 –50,53 5,00	100 –80,58 13,00	125 –113,64 24,30
= ΔKW_t	267,95	26,79	29,47	32,42	35,66

Da diese Wertsteigerungen seit Projektbeginn geplant sind und der adäquaten Verzinsung des Kapitalwerts (Goodwills) entsprechen, ist in einer Kontrollgröße die Einhaltung der ursprünglichen Planung durch den Abzug von Kapitalkosten auf den aufgezinsten Kapitalwert zu erreichen. Die darüber hinausgehende, neue Wertgenerierung der Periode ergibt sich erst nach adäquater Verzinsung des Kapitalwerts (vgl. Tab. 7-4).

Anhand dieses Beispiels verdeutlicht Herr Schlau das Problem: Will man eine wertorientierte Kontrollgröße entwickeln, so ist nicht die Unternehmenswertsteigerung an sich die relevante Größe. Um sicherzustellen, dass die geplanten Wertsteigerungen

Tab. 7-4

Entwicklung des RÖG

[in TEUR]	t = 0	t = 1	t = 2	t = 3	t = 4
KW_t	267,95	294,74	324,21	356,64	392,30
ΔKW – Verzinsung KW_t	267,95 0	26,79 26,79	29,47 29,47	32,42 32,42	35,66 35,66
= $RÖG_t$	267,95	0	0	0	0

auch tatsächlich erwirtschaftet werden, genügt die alleinige Berücksichtigung der Kapitalkosten des gebundenen Kapitals nicht. Denn die Verfolgung dieser periodischen Zielgröße führt nur zu einer Vermögensentwicklung, wie sie die Alternativanlage bieten würde: Die Endvermögens-Zielgröße betrüge im Beispiel nur 1.464,10 TEUR und nicht 1.856,40 TEUR. Um sicherzustellen, dass auch die darüber hinausgehenden 392,30 TEUR verdient werden, muss nicht nur das investierte Kapital verzinst werden, sondern auch der Kapitalwert. Belegt man folglich auch den Kapitalwert, d. h. den originären Goodwill, mit Kapitalkosten und bezieht seine Wertveränderungen mit ein, so ergibt sich die in Tabelle 7-5 abgebildete Kontrollrechnung auf Basis der oben abgeleiteten Steuerungsgröße RÖG. Der RÖG ist im Beispiel in allen Perioden ab t = 1 gleich Null, was besagt, dass exakt die anfangs geplante Wertsteigerung realisiert werden kann. Der RÖG gibt damit die tatsächliche Wertgenerierung der Periode an – im Zeitpunkt der Initiierung des Projekts wird zusätzlicher Wert geschaffen, danach wird dieser nur noch erwirtschaftet.

Tab. 7-5

Kontrollrechnung auf Basis des RÖG

[in TEUR]	t = 0	t = 1	t = 2	t = 3	t = 4
RG_t + ΔGW_t – r x GW_{t-1}	0 267,95 0	50 –23,21 26,79	75 –50,53 24,47	100 –80,58 19,42	125 –113,64 11,36
= $RÖG_t$	267,95	0	0	0	0

Die Sichtweise des RÖG entspricht der eines Eigenkapitalgebers, der am Markt Unternehmensanteile erwerben und veräußern kann. Im Zeitpunkt der Durchführung der Investition steigt der Unternehmenswert von 1.000 TEUR um den Barwert der Investition auf 1.267,95 TEUR. Ein Anteilseigner, der zu diesem Zeitpunkt Anteile erwirbt, bezahlt dafür einen Preis in Höhe des entsprechenden Anteils am Marktwert von 1.267,95 TEUR. Auch ein Anteilseigner, der zuvor gekauft hat und nicht verkauft, hat diese Möglichkeit. Damit wird die adäquate Verzinsung der 1.267,95 TEUR zur Messlatte für die Kontrollrechnung und nicht die ursprüngliche Investition. ◂◂◂

Soll-/Ist-Abweichung

Bei Abweichungen der Ist-Zahlen von den Planzahlen nach oben wird zusätzlicher Unternehmenswert generiert und der RÖG ist positiv, bei Abweichungen nach unten entsprechend negativ. Damit wird in einer Kennzahl gleichzeitig die Wertgenerierung und auch die Planeinhaltung messbar. Dies wird in der Fortführung des obigen Beispiels im Folgenden verdeutlicht.

Beispiel 7.12 Grape SE **Kontrolle von Soll-/Ist-Abweichungen mit dem RÖG**

▸▸▸ Nach der Initiierung des Projekts stellt Herr Dr. Müller-Christ fest, dass es zu Planabweichungen gekommen ist. In t = 2 wurden beispielsweise nur 350 TEUR statt 400 TEUR erzielt. Der verantwortliche Bereichsleiter betont jedoch, dass dies nur auf eine Verlagerung der Einnahmen nach hinten zurückzuführen ist (erwarteter Cashflow in t = 3 von 500 TEUR). Herr Schlau von der »Munich Consulting Group« zeigt, wie diese Entwicklung in der Rechnung berücksichtigt werden kann:

Tab. 7-6

Soll-/Ist-Abweichung in t = 2

[in TEUR]	t = 0	t = 1	t = 2	t = 3	t = 4
Soll-FCF_t	–1.000	400	400	400e	400e
Ist-FCF_t (aus Sicht t = 2)	–1.000	400	350	500*	400*
$Abschreibung_t$		250	250	250e	250e
Soll-$Gewinn_t$		150	150	150e	150e
Ist-$Gewinn_t$ (aus Sicht t = 2)		150	100	250*	150*
Soll-RG_t		50	75	100e	125e
Ist-RG_t (aus Sicht t = 2)		50	25	200*	125*
Soll-/Ist-Abweichung			-50	+100*	0*

* erwartet

Geht man davon aus, dass die Erwartungen in t = 2 über die künftigen Rückflüsse vom Bereichsleiter wahrheitsgemäß berichtet wurden, so ist in der Periode eine Ver-

Tab. 7-7

Kontrollrechnung auf Basis des RÖG (ÖG – Kapitalkosten) bei Soll-/Ist-Abweichung in t = 2

[in TEUR]	t = 0	t = 1	t = 2	t = 3	t = 4
UW_t (aus Sicht t = 0)	1.267,95	1.394,74	1.534,21	1.687,64	1.856,40
UW_t (aus Sicht t = 2)	1.267,95	1.394,74	1.575,12	1.732,64	1.905,90
$ÖG_t = \Delta UW$ – $Kapitalkosten_t$	267,95	126,79 126,79	180,38 139,47	157,51 157,51	173,26 173,26
= $RÖG_t$	267,95	0	40,91	0	0

ringerung der aktuellen Rückflüsse in Höhe von 50 TEUR den zukünftigen Erhöhungen von 100 TEUR gegenüberzustellen. Im Barwert ergibt sich eine Gesamtwirkung von 40,91 TEUR (= –50 + 100/1,1). Dies wird durch den RÖG angezeigt und entspricht genau der Wirkung auf den Unternehmenswert von 40,91 TEUR (= 1.575,12 – 1.534,21).
Der RÖG lässt sich auch mithilfe von Residualgewinnen berechnen. Die Planabweichung reduziert einerseits den RG von ursprünglich 75 TEUR auf nur 25 TEUR, andererseits erhöht sich damit der Goodwill um 90,91 TEUR auf 285,12 TEUR gegenüber ursprünglich 194,21 TEUR. In Summe ergibt dies den RÖG von 40,91 TEUR.

Tab. 7-8

Kontrollrechnung auf Basis des RÖG (RG + ΔGW – r x GW) bei Soll-/Ist-Abweichung in t = 2

[in TEUR]	t = 0	t = 1	t = 2	t = 3	t = 4
FCF_t		400	350	500	400
GW_t	267,95	244,74	285,12	113,64	0
RG_t + ΔGW – r x GW_{t-1}	0 0	50 –23,21 –26,79	25 40,38 –24,47	200 –171,49 –28,51	125 –113,64 –11,36
= $RÖG_t$	267,95	0	40,91	0	0

Im Gegensatz zur Aussage des Bereichsleiters kann in der nächsten Periode t = 3 nur ein Cashflow von 420 TEUR erwirtschaftet werden, die Erwartungen für t = 4 bleiben unverändert (vgl. Tab. 7-9). Damit reduziert sich der Residualgewinn von geplanten 200 TEUR auf lediglich 120 TEUR. Da dies durch keine Wertgenerierung kompensiert wird, ergibt sich nun ein negativer RÖG von –80 TEUR.

Tab. 7-9

Kontrollrechnung auf Basis des RÖG bei Soll-/Ist-Abweichung in t = 3

[in TEUR]	t = 0	t = 1	t = 2	t = 3	t = 4
FCF_t		400	350	420	400
GW_t	267,95	244,74	285,12	113,64	0
RG_t + ΔGW – r x GW_{t-1}	0 0	50 –23,21 –26,79	25 40,38 –24,47	120 –171,49 –28,51	125 –113,64 –11,36
= $RÖG_t$	267,95	0	40,91	–80,00	0

Das Beispiel macht deutlich, dass die Kennzahl RÖG den Projektverlauf genau abbildet. Sie basiert jedoch stets auf den Erwartungen über die Zukunft ab und ist insofern davon abhängig, dass über diese wahrheitsgemäß berichtet wird. Es ist daher die Aufgabe eines Anreizsystems, eine Manipulation bei der Berichterstattung zu verhindern. Wie diese Kennzahl als Grundlage für ein Anreizsystem eingesetzt werden kann, wird im folgenden Abschnitt diskutiert. Im Vorfeld werden zunächst die Steuerungseigenschaften der bisher betrachteten Performancegrößen untersucht. Anschließend wird eine Möglichkeit zur Konzeption eines Entlohnungssystems auf Basis wertorientierter Performancegrößen vorgestellt.

7.3.6 Entlohnung auf Basis von Steuerungskennzahlen

Zielkongruenz

Eine wertorientierte Performancemessung wirkt nicht per se wertsteigernd, sondern erst dadurch, dass sie die Entscheidungsträger zu wertsteigernden Entscheidungen veranlasst. Sind diese nicht gleichzeitig die Eigentümer des Unternehmens, sind Mechanismen notwendig, die sicherstellen, dass Entscheidungen im Sinne der Gesamtunternehmenszielsetzung (Maximierung des Eigentümervermögens) getroffen werden. Zu diesem Zweck dienen Performancegrößen als Grundlage von Entlohnungssystemen. Erfüllt die verwendete Kennzahl obige Anforderung, so wird von **Zielkongruenz** gesprochen (vgl. Abschnitt 6.4.4), d. h. die Kennzahl spiegelt die Zielstellung der Eigentümer wider. Wie bereits in Abschnitt 7.3.2 dargelegt, stellt der Kapitalwert einer Investition das entscheidende Kriterium für die Wertschaffung im Unternehmen dar. Aus Sicht der Entscheidungsunterstützung ist ein periodischer Residualgewinn (z. B. EVA, CVA) nicht in der Lage, die Wertschaffung einer Periode anzuzeigen. Es stellt sich jedoch die Frage, wie diese Größe für Zwecke der Verhaltenssteuerung beurteilt werden kann. Die Funktionsweise eines variablen Vergütungssystems gestaltet sich wie folgt: Der Manager trifft seine Entscheidung auf Basis des Barwertes seiner zukünftig erwarteten Boni. Erhält dieser einen prozentualen Anteil des Residualgewinns als Entlohnung, so entspricht auch der Barwert der Boni anteilig dem Barwert der Residualgewinne, der dem investitionstheoretischen Kapitalwert entspricht. Dadurch wird der Manager optimale Investitionsentscheidungen im Sinne der Unternehmenseigner fällen.

Im Folgenden werden die Kennzahlen buchhalterischer Gewinn, Cashflow und Residualgewinn anhand des Kriteriums der Zielkongruenz beurteilt.

Beispiel 7.13 Grape SE **Erfolgsabhängige Entlohnung**

▸▸▸ Der Bereich »Gesamtfertigung« plant die Ausdehnung seiner Kapazitäten, da er voll ausgelastet ist und weitere Aufträge akquiriert werden können. Daraufhin wurde folgende Planung aufgestellt, welche die erwarteten Ausgaben und Einnahmen aus den neu aufgebauten weiteren 10.000 Stück Jahreskapazität abbildet:

Tab. 7-10

Kapitalwertberechnung zum Investitionsprojekt

[in Mio. EUR]	t = 0	t = 1	t = 2	t = 3	t = 4	t = 5
FCF – Abschreibung **= Gewinn**	–1.000	250 –200 50	250 –200 50	250 –200 50	250 –200 50	250 –200 50
Geb. Kapital	1.000	800	600	400	200	0
– Kapitalkosten (10 %) **= RG**		–100 –50	–80 –30	–60 –10	–40 10	–20 30
Kapitalwert	**–52,30**					

Welche Konsequenzen für das Verhalten des Bereichsmanagements ergeben sich, wenn ihre erfolgsabhängige Entlohnung auf Basis verschiedener Maßgrößen festgelegt wird?

Die Beurteilung könnte an den operativen Cashflows ansetzen. Diese erhöhen sich jährlich um 250 Mio. EUR. Wenn der Bereichsmanager darauf basierend jährlich einen bestimmten Anteil (z. B. 0,1 %) erhält, so erhält er aus Sicht der Entscheidungsperiode einen erwarteten Bonus in Höhe von 0,1 % des Barwerts, also 947 TEUR (vgl.

Abb. 7-10

Barwert der operativen Cashflows und Free Cashflows

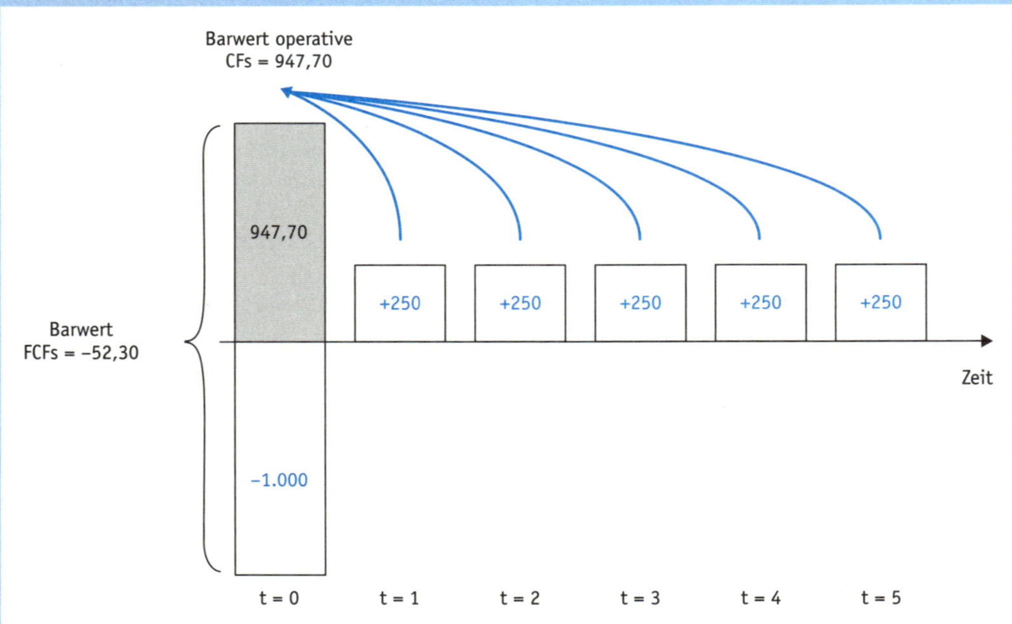

Abb. 7-10). Da dieser Wert positiv ist, hat der Manager einen Anreiz, das Projekt durchzuführen. Das Projekt hat aber einen negativen Kapitalwert und ist aus Sicht des Gesamtunternehmens nicht wünschenswert. Ein zielkongruentes Entscheidungsverhalten setzt daher voraus, dass der Bereichsmanager auch an den negativen Investitionsausgaben beteiligt wird.

Erfolgt die Entlohnung auf Basis der Free Cashflows, ist Zielkongruenz gegeben, da deren Barwert dem Kapitalwert der Investition (–52,30 TEUR) entspricht. Der Bereichsmanager würde die Investition unterlassen, da diese seine Boni schmälert (vgl. Abb. 7-10).

Würde der Bereichsmanager auf Basis der Gewinne vergütet, so erhält er einen bestimmten Anteil (0,1 %) an den jährlichen Erfolgen i. H. v. 50 Mio. EUR. Aus Sicht des Entscheidungszeitpunkts erhöht die Investition den Barwert seiner Vergütung damit um 0,1 % von 189,54 Mio. EUR (vgl. Abb. 7-11). Er hätte daher einen Anreiz zur Durchführung der Investition. Der Barwert der Gewinne steht nicht in Einklang mit dem Kapitalwert der Investition und ist folglich kein guter Indikator für die Wirtschaftlichkeit einer Investition. Ebenso ungeeignet ist er für die Verwendung als Grundlage in einem Anreizsystem. Werden folglich Gewinne für Zwecke der Leistungsbeurteilung eingesetzt, induziert dies beim dezentralen Manager Anreize zur Überinvestition (vgl. Abb. 7-11).

Abb. 7-11

Barwert der Gewinne

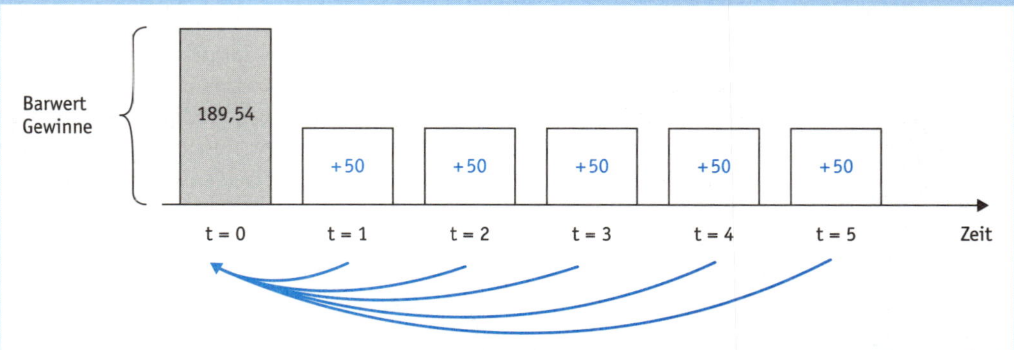

Wird der Bereichsmanager dagegen mit einem bestimmten Anteil (0,1 %) auf den Residualgewinn entlohnt, so kann er erwarten, dass er über die Zeit Boni in einer Höhe erhält, die einen Barwert von –52,30 TEUR haben (vgl. Abb. 7-12). Dies entspricht einem Anteil von 0,1 % vom Kapitalwert. Folglich hat er, übereinstimmend mit den Unternehmensinteressen, keinen Anreiz zur Durchführung des Projekts. Dies setzt jedoch voraus, dass er an den negativen ebenso wie an den positiven Residualgewinnen partizipiert. Residualgewinne induzieren folglich nur bei Betrachtung der Totalperiode optimale Investitionsentscheidungen (vgl. Abb. 7-12).

Abb. 7-12

Barwert der Residualgewinne

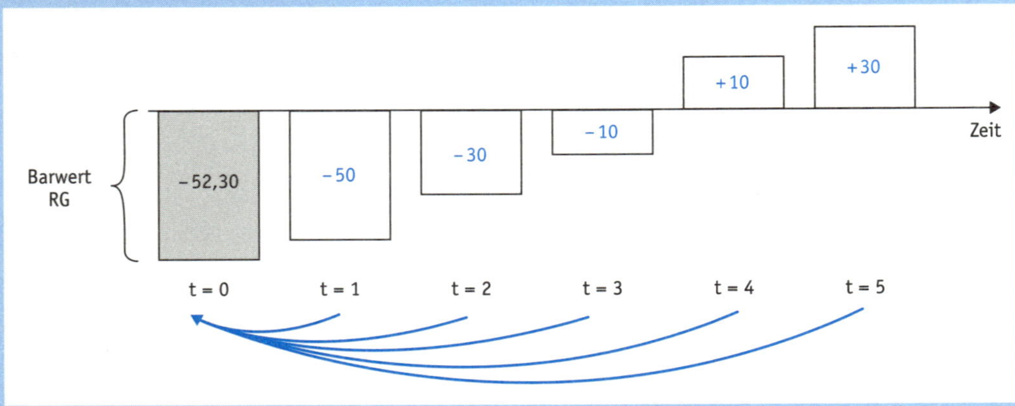

Problem des ungeduldigen Managers

In der Praxis wechseln Manager regelmäßig ihren Verantwortungsbereich innerhalb weniger Jahre. Daher ist es häufig der Fall, dass ein Manager die (positiven oder negativen) Konsequenzen seiner Entscheidungen, die erst nach seinem Ausscheiden eintreten, nicht mehr zu verantworten hat. Dann kann ein Anreiz für das Management bestehen, eine kurzfristig optimale Vorgehensweise unter Vernachlässigung der langfristigen Konsequenzen zu wählen. Man spricht vom **»Problem des ungeduldigen Managers«**, wenn der Manager mit einer gewissen Wahrscheinlichkeit vor Ablauf des Projekts aus dem Bereich ausscheidet oder die Bonuszahlungen mit einem höheren Kapitalkostensatz diskontiert. Wird er auf Basis von Erfolgen entlohnt, die nur den Zeitraum betreffen, in dem er im Unternehmen bzw. Bereich weilt, so wird er nur diesen Teil der Boni in sein Anreizkalkül einbeziehen. Werden also z. B. die positiven Rückflüsse aus einer Investition erst in den Jahren nach seinem Ausscheiden erzielt, dann erhält er daran keinen Anteil und hat keinen Anreiz zur Durchführung des Projekts, auch wenn es aus Unternehmensgesamtsicht wünschenswert wäre.

In diesem Zusammenhang werden zwei Ausprägungen der Zielkongruenz unterschieden: Eine Performancegröße ist **schwach zielkongruent**, wenn unter Vernachlässigung dieses Problems Zielkongruenz bestünde. **Strenge Zielkongruenz** ist gegeben, wenn der Zusammenhang zwischen Performancegröße und Wertsteigerung in jeder einzelnen Periode besteht. In einem solchen Fall ist die Frage der Verweildauer im Bereich irrelevant, weil der Bereichsmanager auf Grundlage jedes einzelnen Perioden-Residualgewinns zur gleichen Entscheidung gelangt wie auf Basis des Kapitalwerts.

Anpassung von Bilanzierungsregeln

Dieses Problem lässt sich dadurch lösen, dass die Residualgewinne so ermittelt werden, dass ein Projekt mit positivem Kapitalwert zu positiven Residualgewinnen in jeder Periode führt. Es lassen sich Kostenallokationsregeln, bspw. Abschreibungsregeln definieren (sog. **»relative Beitragsabschreibung«**, vgl. Rogerson, 1997), die dieser Forderung gerecht werden. Der Manager hat dann in jeder einzelnen Periode einen Anreiz zur Durchführung des Projekts. Darin wird auch der wesentliche Vorteil von gewinnbasierten Performancemaßen gegenüber Cashflows gesehen, zumal erst die Umperiodisierung der Zahlungsströme zu streng zielkongruenten Leistungskennzahlen führt.

Beispiel 7.14 Grape SE **Ungeduldiger Manager**

▸▸▸ Der Bereich »Gesamtfertigung« findet eine Alternative für die Ausgestaltung des Investitionsprojekts (siehe Beispiel 7.13) zur Kapazitätserweiterung. Dabei wird nun ein kürzerer Zeithorizont veranschlagt, in dem zusätzliche Aufträge akquiriert werden können. Außerdem entstehen höhere Rückflüsse pro Jahr:

Tab. 7-11

Kapitalwertberechnung modifiziertes Investitionsprojekt

[in Mio. EUR]	t = 0	t = 1	t = 2	t = 3	t = 4
FCF – Abschreibung = Gewinn	-1.000	325 -250 75	325 -250 75	325 -250 75	325 -250 75
Geb. Kapital	1.000	750	500	250	0
– Kapitalkosten (10 %) = RG		-100 -25	-75 0	-50 25	-25 50
Kapitalwert	30,21				

Das Projekt weist einen positiven Kapitalwert auf und ist daher wertschaffend. Der Manager, der einen prozentualen Anteil der Residualgewinne als Bonus erhält, hätte demnach einen Anreiz zur Durchführung des Projekts. Erhält er jährlich 0,1 % des

Abb. 7-13

Barwert der Residualgewinne bis zum Ausscheiden des Managers in t = 3

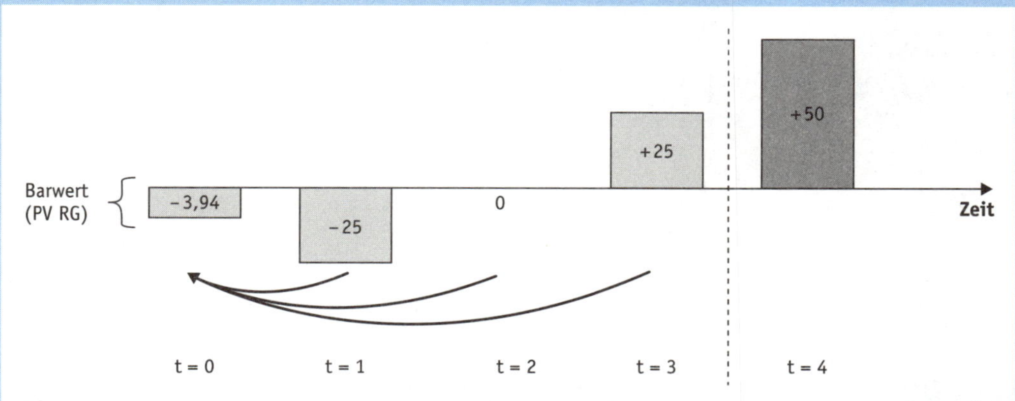

erwirtschafteten RG als Bonus und betragen seine Opportunitätskosten ebenfalls 10 %, so beträgt aus seiner Sicht der Barwert der zu erwartenden Vergütung aus der Durchführung des Projekts 30.210 EUR. Bei Nichtdurchführung des Projekts entginge ihm diese Vergütung, folglich wird er das Projekt durchführen.
Rechnet aber der zuständige Manager damit, dass er bereits nach der 3. Periode aus dem Unternehmen ausscheidet, so wird er nur die Residualgewinne bis zu dieser Periode in seine Rechnung einbeziehen. Da ihm die Boni des Jahres 4 entgehen, kann er nur einen Barwert von –3.940 EUR = 0,001 × –3,94 Mio. EUR erwarten (vgl. Abb. 7-13). Aufgrund des negativen Barwertes würde er das Projekt nicht durchführen, obwohl es aus Gesamtunternehmenssicht lohnend wäre. Hierbei handelt es sich um ein typisches Unterinvestitionsproblem im Sinne der Agency-Theorie.

Tab. 7-12

Anpassung der Abschreibungsregeln

[in Mio. EUR]	t = 0	t = 1	t = 2	t = 3	t = 4
FCF	–1.000	325	325	325	325
– Annuitätenabschreibung		–215,47	–237,02	–260,72	–286,79
= Gewinn		109,53	87,98	64,28	38,21
– Kapitalkosten (10 %)		–100	–78,45	–54,75	–28,68
= RG		9,53	9,53	9,53	9,53
Kapitalwert	30,21				

Das Unterinvestitionsproblem kann gelöst werden, indem die Bonuszahlungen so über die Laufzeit verteilt werden, dass ein Projekt mit positivem Kapitalwert auch in jeder Periode einen positiven Residualgewinn aufweist. Dies ist durch Anpassung der Abschreibungsregeln möglich, sodass rechnerisch in jeder Periode ein positiver Residualgewinn resultiert (vgl. Tab. 7-12 und Abb. 7-14). Würde der Manager nach drei Perioden ausscheiden, hätte er dennoch eine Vergütung im Barwert von 0,1 % von 23,7 Mio. EUR (= 9,53 Mio. EUR × 2,487), d. h. 23.700 EUR, zu erwarten. Unabhängig

Abb. 7-14

Barwert der mithilfe der Annuitätenabschreibung ermittelten Residualgewinne bis t = 4

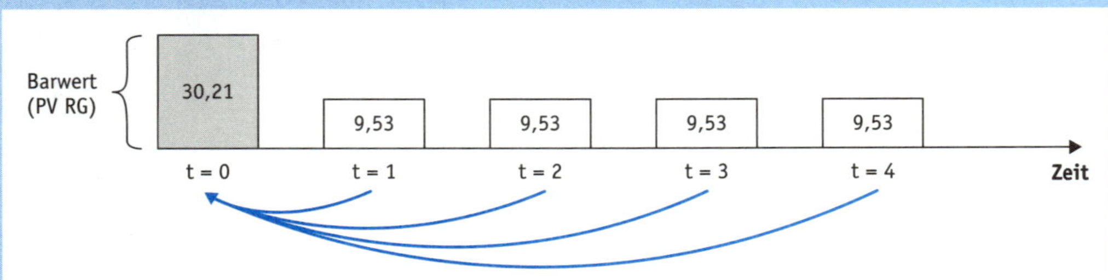

vom Zeithorizont wäre der Barwert der Vergütung positiv und der Manager hätte stets einen Anreiz, das Projekt durchzuführen. Man spricht in diesem Fall von strenger Zielkongruenz. ◂◂◂

Anwendung von Bonusbanken

Eine Möglichkeit zur Lösung des Problems des ungeduldigen Managers besteht somit in der Anpassung von Bilanzierungsregeln wie den Abschreibungen. Es ist jedoch anzumerken, dass solche Anpassungen der Bemessungsgrundlage zwar die für die Verhaltenssteuerungsfunktion notwendige Zielkongruenz herstellen, es aber unbeachtet bleibt, ob die dabei generierten Informationen auch noch für die Aufgabe der Entscheidungsunterstützung nützlich sind, die insbesondere für die externe Rechnungslegung die dominierende Funktion darstellt. Daher liegt es nahe, ein anderes, von den Vertretern der wertorientierten Unternehmensführung propagiertes Konzept, die **Bonusbank**, hierfür heranzuziehen (vgl. Stewart, 1991, S. 235 ff.). Bei einer Bonusbank handelt es sich um einen besonderen Auszahlungsplan für die erfolgsabhängigen Vergütungsbestandteile. Die Boni werden hierbei nicht unmittelbar ausbezahlt, sondern bei Entstehung einem persönlichen Konto gutgeschrieben und zeitversetzt ausbezahlt. Dadurch lässt sich, in Kombination mit obigen Überlegungen, mit relativ geringem Aufwand ein zielkongruenter Zahlungsstrom der Boni herstellen, ohne dabei die Bilanzierungsregeln anzupassen und die dabei generierte Information für Zwecke der Entscheidungsfindung zu verzerren.

Bonusbank und RÖG

Eine Verzögerung der Auszahlung von Boni in Folge der Finanzkrise folgt der Idee, überhöhte Boni nicht zur Auszahlung zu bringen, um sie in den Folgejahren wieder zurücknehmen zu können, wenn die Performance nur vorübergehend war. Dies macht es aber erforderlich, nicht nur den ursprünglich gutgeschriebenen Bonusbetrag später auszubezahlen, sondern ihn tatsächlich einer Überprüfung auf »Überhöhung« zu unterziehen, d. h. die spätere Performance der ursprünglich der Bonusgut-

Praxisbeispiel

Bonusbank

Folgen der Finanzkrise

Die Aufarbeitung der vergangenen Finanzmarktkrise hat zu einer breiten Diskussion vorherrschender Vergütungssysteme von Vorständen geführt. Diese werden dahingehend kritisiert, ein kurzfristiges Denken des Managements zu induzieren. Aus diesem Grund wurden auf politischer und regulatorischer Ebene Richtlinien für Vorstandsvergütungen erarbeitet. So sehen die von der europäischen Bankenaufsichtsbehörde im Dezember 2010 veröffentlichten Richtlinien zur Vergütungspraxis u. a. vor, dass Bonuszahlungen über einen Zeitraum von drei bis fünf Jahren gestaffelt werden sollen (vgl. Committee of European Banking Supervisors (Hrsg.), 2010). Diese Regelungen sind in die seit Oktober 2010 in Deutschland geltende Instituts-Vergütungsverordnung eingeflossen. Zusätzlich sieht die Verordnung vor, dass negative Erfolgsbeiträge die variable Vergütung einschließlich der zurückbehaltenen Beiträge verringern oder zum vollständigen Verlust führen (§ 20, Absatz 5). Allerdings enthalten diese Regelungen keine Vorschläge über die konkrete Ausgestaltung der Vergütungssysteme hinsichtlich der zu verwendenden Bemessungsgrundlage für die Boni oder den Auszahlungsmodus (vgl. Kapitel 6 für Praxisbeispiele zur Verwendung von Bonusbanken).

schrift zugrunde liegenden gegenüberzustellen. Das oben vorgestellte Konzept des RÖG bietet dazu einen Ansatzpunkt, denn darin ist eine solche Gegenüberstellung automatisch beinhaltet. Eine Möglichkeit der Umsetzung besteht folglich darin, in Höhe der prozentualen Beteiligung an der Wertgenerierung, die durch den RÖG gemessen wird, zunächst eine Gutschrift auf der Bonusbank vorzunehmen (vgl. Schultze/Weiler, 2007, S. 149 ff.). Die Wertgenerierung wird in den Folgeperioden in Höhe der prozentualen Beteiligung an der tatsächlich erzielten Wertrealisation (Residualgewinn) ausbezahlt. Der jeweilige Kontostand wird dabei mit dem Kapitalkostensatz verzinst. Da die Boni erst bei Realisation der geplanten Residualgewinne ausbezahlt werden, wird das Manipulationsproblem dynamischer Rechnungen auf Basis von Planzahlen eingedämmt (vgl. Abschnitt 7.3.2). Durch die Verzinsung des Guthabens in der Bonusbank zu den Kapitalkosten entspricht jeder Auszahlungsstrom immer dem Barwert der Gutschriften und ist damit proportional zum Kapitalwert. Daher ist es ebenso möglich, einen von den tatsächlich realisierten Residualgewinnen abweichenden Auszahlungsstrom zu realisieren; der Barwert bleibt derselbe. Die Bonuszahlungen könnten wie im Fall der Anpassung der Abschreibungsregeln über die Laufzeit gleichmäßig verteilt werden (vgl. Tab. 7-12 und Abb. 7-14). Die Vorteile einer Bonusbank auf Basis des RÖG bestehen somit in der Möglichkeit, die Wertgenerierung an sich zu incentivieren sowie durch eine Glättung der Auszahlungen das Problem des ungeduldigen Managers zu beheben, ohne dabei die Bemessungsgrundlage anzupassen (vgl. Bergmann/Schultze/Weiler, 2012).

Beispiel 7.15 Grape SE **Entlohnung auf Basis des RÖG**

▸▸▸ Herr Dr. Müller-Christ ist überzeugt, dass nur eine Entlohnung auf Basis des RÖG die einzelnen Bereichsleiter dazu veranlassen wird, wertsteigernde Investitionen durchzuführen. Er befürchtet jedoch, dass die einzelnen Bereichsmanager die zukünftigen Rückflüsse aus einem Investitionsprojekt nicht nach bestem Wissen berichten werden. Daher bittet er Herrn Schlau, ihm einen Vorschlag zur Implementierung einer Bonusbank auf Basis der Kontrollgröße RÖG zu unterbreiten, um mögliche Manipulationen zu verhindern. Herr Schlau stellt Herrn Dr. Müller-Christ folgenden möglichen Auszahlungsplan über eine Bonusbank vor (vgl. Beispiel 7.11):

Tab. 7-13

Bonusbank bei plangemäßem Projektverlauf

[in TEUR]	t = 0	t = 1	t = 2	t = 3	t = 4
Gutschrift RÖG	267,95	0,00	0,00	0,00	0,00
Verzinsung 10 %		26,79	24,47	19,42	11,36
Auszahlung RG		-50,00	-75,00	-100,00	-125,00
Kontostand	267,95	244,74	194,21	113,64	0,00

Der Barwert der Bonuszahlungen entspricht hierbei dem Kapitalwert der Cashflows und beträgt daher 267,95 TEUR in t = 0. Damit ist ex ante die Zielkongruenz gewähr-

Praxisbeispiel

EVA und Bonusbank

Neben Fixbezügen, einer kurz- und einer mittelfristigen Vergütungskomponente besteht die Vorstandsvergütung bei der Leoni AG zudem aus einer bonusbankbasierten langfristigen Vergütungskomponente. Diese Vergütungsstruktur für den Vorstand ist seit dem 1. Januar 2010 gültig und findet sich auch in den Empfehlungen des Deutschen Corporate Governance Kodex. Zuletzt wurde das Vergütungssystem am 5. Dezember 2013 vom Aufsichtsrat der Leoni AG geprüft. Die langfristige Vergütungskomponente dient der weiteren Stärkung einer nachhaltig positiven Unternehmensentwicklung. Sie berücksichtigt die Wertentwicklung des Unternehmens gemessen am EVA sowie seiner Börsenkapitalisierung. Aus dieser Bonusbank kommt jährlich bis zu einer Obergrenze ein Betrag zur Auszahlung, von dem 50 % durch die Mitglieder des Vorstands in Leoni-Aktien angelegt werden müssen, die über einen Zeitraum von 50 Monaten zu halten sind. Negative Unternehmensentwicklungen mindern die Bonusbank (Malusregelung), wobei der Wert der Bonusbank bis auf null sinken kann. Damit wird auch die Vergütungskomponente null (Quelle: Leoni AG, 2014, S. 113 f.)

leistet. Positive (negative) Soll-/Ist-Abweichungen werden durch eine zusätzliche Gutschrift (Belastung) auf der Bonusbank berücksichtigt. Die im Beispiel vorgeführte Bonusbank sieht eine Auszahlung der Residualgewinne vor. Durch die Verzinsung der Bonusbank zu den Kapitalkosten ist ebenso jeder andere Auszahlungsmodus möglich. Geht man nun davon aus, dass sich im Zeitablauf Abweichungen von der Ausgangsplanung ergeben, so werden diese im RÖG erfasst (vgl. Beispiel 7.12). Abweichungen nach unten kommen dadurch nicht zur Auszahlung, Abweichungen nach oben erhöhen den Bonus. Eine mögliche Überschätzung des RÖG in $t = 0$ ist insofern unproblematisch, als dass nur die tatsächlich erwirtschafteten Erfolge wie bspw. die Residualgewinne, ausgezahlt werden. Voraussetzung hierfür ist ein Controlling, das einen periodischen Abgleich der geplanten mit der tatsächlichen Performance vornimmt. ◂◂◂

7.4 Anwendung von Steuerungskennzahlen in der Praxis

Hinsichtlich der praktischen Anwendung wertorientierter Kennzahlen im Vergleich zu klassischen Größen ist ein deutlicher Unterschied zwischen großen kapitalmarktorientierten Konzernen und mittelständischen Unternehmen festzustellen. Eine Untersuchung von Aders/Hebertinger (2003) hinsichtlich der Umsetzung von Shareholder-Value-Konzepten in der Praxis zeigt eine weite Verbreitung wertorientierter Kennzahlen in DAX100-Unternehmen. Insbesondere Residualgewinnkonzepte wie der EVA finden als Spitzenkennzahlen eine breite Anwendung in der internen Steuerung.

Eine weitere Untersuchung deutscher HDAX-Unternehmen von Lueg (2010) zeigt jedoch, dass bei mehr als 2/3 der befragten Unternehmen nach wie vor traditionelle Größen als Spitzenkennzahl zur Steuerung herangezogen werden (vgl. Abb. 7-15).

Abb. 7-15

Verbreitung von Spitzenkennzahlen in Unternehmen des HDAX

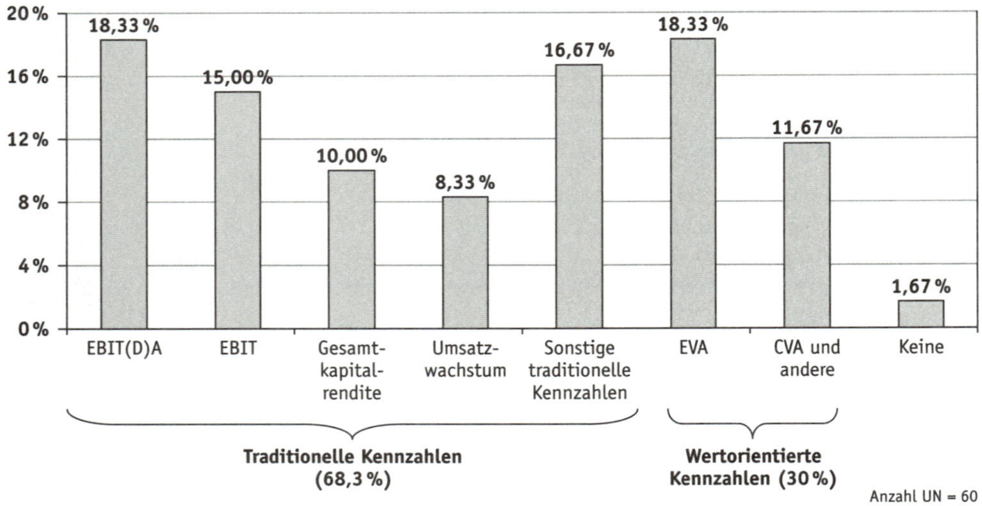

(Quelle: Lueg, 2010, S. 338)

Neben der Verwendung einer wertorientierten Spitzenkennzahl wurde der Implementierungsstand weiterer Controllinginstrumente des **Value Based Management (VBM)** wie die wertorientierte Vergütung oder Planung untersucht. Insgesamt setzen 60 % der Unternehmen Instrumente des VBM ein, wobei dies insbesondere sehr große Unternehmen (gemessen am Börsenwert) und Finanzunternehmen betrifft. Letzteres lässt sich auch durch die Untersuchung von Piontkowski (2010) hinsichtlich der Verbreitung von wertorientierten Steuerungskonzepten in mittelständischen Unternehmen feststellen. Wertorientierte Kennzahlen zur Steuerung finden bei den untersuchten Unternehmen nur geringen Einsatz. Fast die Hälfte der Unternehmen gab an, sehr häufig auf Basis der Umsatzrentabilität zu steuern. Auch der Cashflow besitzt als Steuerungskennzahl eine große Bedeutung (vgl. Abb. 7-16).

Abb. 7-16

Kennzahlen zur Unternehmenssteuerung

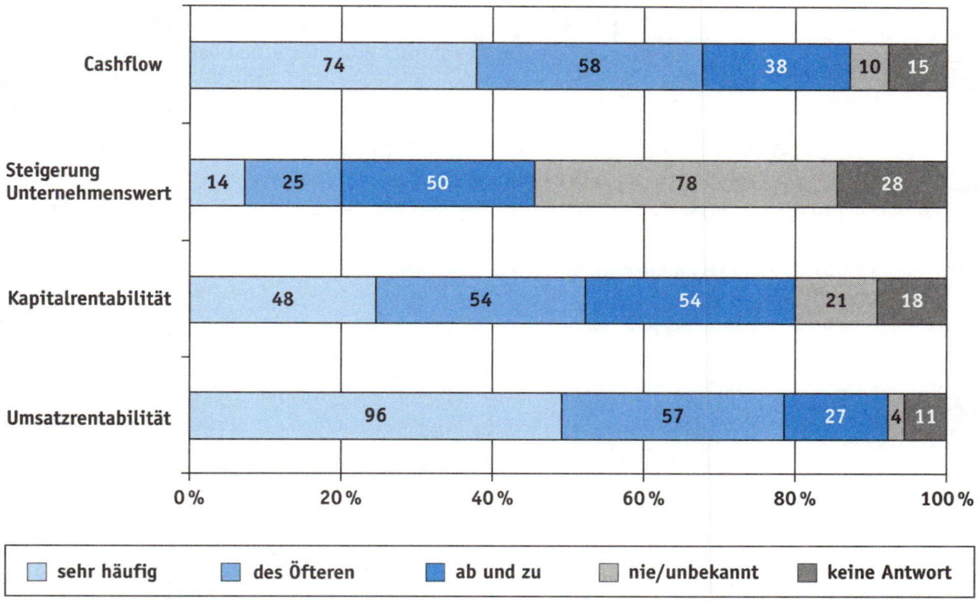

(Quelle: Piontkowski, 2010, S. 362)

7.5 Mehrdimensionale Steuerungssysteme

Zur Darstellung von mehrdimensionalen Steuerungssystemen wird zunächst auf die Grundlagen des übergeordneten Performance Managements sowie dessen Funktionen im Bereich der Steuerung eingegangen (vgl. Abschnitt 7.5.1). Anschließend wird die Balanced Scorecard als zentrales Beispiel für ein mehrdimensionales Steuerungssystem dargestellt (vgl. Abschnitt 7.5.2). Als Alternativen werden weitere Ansätze wie die Performance Pyramid, das Performance Prism, das EFQM-Modell sowie das St. Galler Performance Management Modell vorgestellt (vgl. Abschnitt 7.5.3). Ferner wird die Konfiguration von mehrdimensionalen Steuerungssystemen erläutert (vgl. Abschnitt 7.5.4).

7.5.1 Grundlagen des Performance Management

Neben finanziellen Informationen und Kennzahlen werden zunehmend auch nicht finanzielle Informationen zur Unternehmenssteuerung herangezogen. Grundsätzliche Überlegung ist dabei, dass derartigen Messgrößen (wie beispielsweise dem Wissen der Mitarbeiter oder der Reputation eines Unternehmens) eine wesentliche Vorsteuer-Wirkung zukommen kann, die sich dann zeitversetzt auch auf finanzielle Messgrößen auswirkt. Bei der Gestaltung von Steuerungssystemen wird daher den nicht finanziellen Leistungsindikatoren eine wachsende Bedeutung beigemessen (vgl. Eccles, 1991, S. 136 f.).

Begriffliche Grundlagen

Im angloamerikanischen Bereich hat sich als Oberbegriff für die mehrdimensionale Steuerung und die damit verbundene Nutzung von mehrdimensionalen Steuerungssystemen der Begriff des **Performance Management** etabliert.

> Performance Management ist die selektive Erfassung, Steuerung und Kommunikation von materiellen und/oder immateriellen Indikatoren innerhalb einer wirkungsorientierten Verknüpfung von Inputs, Processes, Outputs und Outcomes, um den Grad der organisationalen Zielerreichung zu verbessern (vgl. in Anlehnung an Gleich, 2011, S. 26).

Mit dem Begriff des Performance Management wird folglich ein ganzheitliches System beschrieben, das den Rahmen für die Leistungsmessung (Performance Measurement) bildet und darüber hinaus die vom Performance Measurement generierten Informationen zur mehrdimensionalen Steuerung verwendet (vgl. Möller et al., 2011, S. 374).

Performance Management System

Ein ganzheitliches **Performance Management System** umfasst ein breites Spektrum an Aufgaben. Ein solches Performance Management System sollte (vgl. Otley, 1999, S. 365 f.; Ferreira/Otley, 2009, S. 266 f.)

- die Vision und Mission der Organisation darstellen können und aufzeigen, wie diese den Managern und anderen Mitarbeitern bereits vermittelt wird oder zukünftig vermittelt werden kann;
- die zentralen Erfolgsfaktoren der Organisation identifizieren und diese den Mitarbeitern verdeutlichen;
- die Organisationsstruktur abbilden und aufzeigen, welchen Einfluss diese auf die Ausgestaltung und die Nutzung eines Performance Management Systems hat;
- die zentralen Ziele, die für den zukünftigen Erfolg der Organisation entscheidend sind, und die Art, wie die Zielerreichung gemessen wird, identifizieren und darstellen;
- die Strategie einer Organisation und die damit verbundenen Prozesse und Aktivitäten zur Umsetzung identifizieren und darstellen. Zusätzlich sollte es aufzeigen, wie die Leistung dieser Prozesse und Aktivitäten messbar gemacht werden kann;
- bestimmen können, welche Leistungsniveaus bei den Prozessen und Aktivitäten, die mit der Strategie verbunden sind, erreicht werden müssen und wie darauf aufbauend entsprechende Leistungsziele gesetzt werden können;

- die Belohnung von Managern oder anderen Mitarbeitern bei Erreichung der gesetzten Leistungsziele regeln;
- darstellen, welche Informationsflüsse (Feedback und Feedforward Schleifen) nötig sind, damit die Organisation aus ihrer Erfahrung lernt und zukünftiges Verhalten entsprechend anpassen kann.

Das Performance Management ist dabei maßgeblich von dem Subsystem abhängig, welches die Leistung in Form von Daten erfasst und sie somit misst. Dabei handelt es sich um das anfangs bereits angesprochene Subsystem des **Performance Measurement.** Der Prozess des Performance Measurement bildet die Grundlage für die Elemente der mehrdimensionalen Leistungssteigerung durch das Performance Management und ist oftmals zentraler Bestandteil ganzheitlicher Steuerungssysteme.

Performance Measurement

Der Prozess des Performance Measurement lässt sich in die folgenden drei Schritte gliedern (vgl. Neely, 1998, S. 6): In einem ersten Schritt werden die Rohdaten des betrachteten Leistungsaspektes erhoben, die im zweiten Schritt durch Kennzahlenbildung und andere mathematische Operationen weiterverarbeitet werden. Im dritten Schritt werden diese Daten zu sinnvollen Einheiten zusammengefasst (beispielsweise Abteilungen), um die später folgende Verarbeitung der Daten für die Leistungssteuerung zu vereinfachen. Abschließend werden die Daten für die weitere Analyse und Interpretation, welche zentral für das Performance Management ist, an die jeweils relevanten Stellen weitergeleitet.

Zentrale Performance Management Systeme

Im Folgenden werden verbreitete und aktuelle Performance Management Systeme dargestellt. Aufgrund der häufigen Verbreitung in der Praxis steht dabei zunächst die Balanced Scorecard im Fokus der Betrachtung. Anschließend werden mit dem Performance Prism, der Performance Pyramid, dem EFQM-Modell und dem St. Galler Performance Management Modell Ansätze dargestellt, die alternative Herangehensweisen und Möglichkeiten zur mehrdimensionalen Steuerung bieten.

7.5.2 Balanced Scorecard

Die von Kaplan und Norton entwickelte **Balanced Scorecard (BSC)** ist das am weitesten verbreitete Instrument im Bereich des Performance Management. Sie entstand ursprünglich aus der Kritik an der rein monetären Ausrichtung klassischer Kennzahlensysteme und ist mittlerweile ein anerkanntes Management- und Führungsinstrument. Die BSC unterstützt das Unternehmen bei der Umsetzung seiner internen Strategie und Vision in konkrete operative Maßnahmen und bietet die Möglichkeit zur Überprüfung dieser Umsetzungen. Dabei bezieht die BSC zusätzlich zur Finanzperspektive drei weitere Perspektiven (Prozess-, Potenzial- und Kundenperspektive) mit ein. Alle Perspektiven zusammengenommen sollen eine möglichst ausgeglichene Betrachtung der finanziellen und nicht finanziellen Performance gewährleisten. Abbildung 7-17 zeigt die genannten Perspektiven und die Möglichkeit, dass diese sich gegenseitig beeinflussen können.

Abb. 7-17

Aufbau der Balanced Scorecard

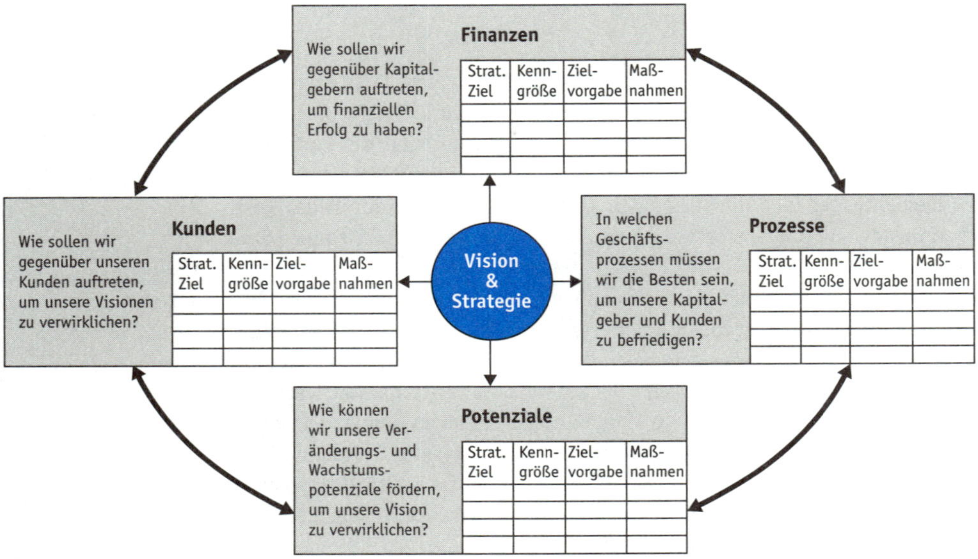

(Quelle: in Anlehnung an Kaplan/Norton, 1997, S. 9)

Die Balanced Scorecard ...

- **schafft eine mehrfache Balance zwischen**
  - finanziellen und nicht finanziellen Steuerungsgrößen,
  - Strategieformulierung und -umsetzung,
  - Planung und (lernender) Kontrolle,
- **und beinhaltet zentrale Funktionen:**
  - Unterstützung der Strategie und Planung,
  - Operationalisierung von Zielen,
  - Erfolg messbar machen,
  - Realisierung der Durchführungskontrolle,
  - Signale für Unternehmensexterne.

Den Ausgangspunkt der BSC bildet die **Finanzperspektive**. Aufgabe der Finanzperspektive ist es, mittels finanzieller Kennzahlen aufzuzeigen, ob die Umsetzung und Durchführung der Unternehmensstrategie zu einer Ergebnisverbesserung geführt hat. Die Zielgrößen der Finanzperspektive beschreiben nicht nur die rein finanzielle Performance, sondern auch die Endziele der anderen drei Perspektiven. Typische Kennzahlen sind beispielsweise die Rentabilität oder der Unternehmenswert (vgl. Kaplan/Norton, 1997, S. 24 und S. 46).

Die **Kundenperspektive** betrachtet das Unternehmen aus Sicht des Kunden und bestimmt dadurch die Anforderungen, die ein Kunde an ein Unternehmen stellt. Die damit zusammenhängenden Kennzahlen beziehen sich auf Produktleistung, Service, Preis, Zeit und Qualität, wie z. B. die Reklamationsrate.
Die **Prozessperspektive** beschäftigt sich mit den Anforderungen, die in Geschäftsprozessen erbracht werden müssen, um die Kapitalgeber und Kunden zufriedenzustellen. Es geht somit um die für die Strategieumsetzung erfolgskritischen Prozesse. Beispiele für Kennzahlen in dieser Perspektive sind die Durchlaufzeit und die Ausschussquote.

Die vierte Perspektive, die **Potenzialperspektive**, soll die Voraussetzungen für ein langfristiges Wachstum sowie für eine Verbesserung der Unternehmensleistung identifizieren. Sie gibt Informationen über mögliche Verbesserungs- und Innovationspotenziale. Typische Kennzahlen in diesem Zusammenhang sind Durchschnittsalter der Produkte oder der Umsatzanteil von Neuprodukten (vgl. Horváth, 2011, S. 233–234).

Innerhalb der einzelnen Perspektiven ist das Vorgehen in vier Schritte unterteilt: In einem ersten Schritt wird ein strategisches Ziel definiert, welches anhand einer bestimmten Kenngröße gemessen wird. Für diese Kenngröße wird ein Zielwert vorgegeben, der essenziell für die Erreichung des gesetzten strategischen Ziels ist. Abhängig von der Abweichung des tatsächlichen Istwertes dieser Kenngröße von der festgelegten Zielvorgabe besteht die Möglichkeit, passende Maßnahmen zu ergreifen.

Die BSC zeichnet sich zudem dadurch aus, dass sie die Möglichkeit bietet, zusätzlich zu direkt messbaren objektiven Kenngrößen (wie Umsatz) auch subjektive Kenngrößen (wie Kundenzufriedenheit) zu verwenden, was wiederum ein entscheidender Vorteil gegenüber herkömmlichen Kennzahlensystemen ist (vgl. Kaplan/Norton, 1997, S. 10).

Als umfassendes Managementsystem unterstützt die BSC die langfristige Umsetzung der Unternehmensstrategie. In diesem Zusammenhang können die angeführten kritischen Managementprozesse mithilfe der BSC bewältigt werden:

- »Klärung und Konsensbildung in Bezug auf die Strategie,
- Kommunikation der Strategie im gesamten Unternehmen,
- Anpassung der abteilungsspezifischen und persönlichen Ziele an die Strategie,
- Verknüpfung der strategischen Ziele mit langfristigen Zielen und Jahresbudgets,
- Identifikation und Verknüpfung strategischer Initiativen,
- Durchführung von periodischen und systematischen Strategic-Reviews,
- Feedback und Lernen über die Verbesserungsmöglichkeiten der Strategie« (Horváth, 2011, S. 232–233).

Beispiel 7.16 Grape SE **Anwendungsbeispiel Balanced Scorecard**

▸▸▸ Die Schnelllebigkeit des Marktes für elektronische Geräte stellt eine große Herausforderung für die Grape SE dar. Das Unternehmen will diesen Herausforderungen begegnen, indem es sich strategisch neu ausrichtet. So soll sichergestellt werden, dass das Unternehmen auch in Zukunft wettbewerbsfähig bleibt. Im Zuge der strategischen Neuausrichtung wird eine BSC im Unternehmen implementiert. Die Eckpunkte der neuen Strategie sollen mithilfe dieser BSC in konkrete Steuerungsinformationen übersetzt werden.

Abb. 7-18

Strategische Ziele und Kennzahlen bezüglich der Teilstrategie Kundenbeziehungen der Grape SE

Perspektive	Strategisches Ziel	Kenngröße
Finanzen	Ausschöpfung bestehender Kundenbeziehungen	Ergebnis oder Wertbeitrag je Kunde
Prozesse	Kundenservice verbessern	Servicezufriedenheit
Kunden	Bindung lukrativer Kunden	Wiederkaufsrate Kunde Anteil rentabler Kunden
	Erhöhung des Umsatzes pro Kunde	Umsatz je Kunde
Potenziale	Informationsstand bezüglich des Kunden verbessern	Share of Wallet

(Quelle: eigene Darstellung)

Einer der Eckpunkte der neuen Strategie ist es, die bestehenden Kundenbeziehungen besser zu nutzen. Ausgehend von dieser Überlegung werden für die einzelnen Perspektiven strategische Ziele und dazugehörige Kenngrößen bestimmt.
In der Finanzperspektive zielt das Unternehmen darauf ab, die Ertragskraft von Kundenbeziehungen zu erhöhen, was anhand der Größe Ergebnis pro Kunde gemessen werden kann.
Hinsichtlich der Prozesse gilt es, den Kundenservice zu verbessern. Dies kann durch die Bearbeitungszeit einer Kundenanfrage sowie mit der Kundenzufriedenheit überprüft werden. Des Weiteren sollen möglichst lukrative Kunden an das Unternehmen gebunden werden. Als Kenngröße dienen in diesem Zusammenhang die Wiederkaufsrate und der Anteil an rentablen Kunden. Zusätzlich soll der Umsatz pro Kunde gesteigert werden.
Potenziale sieht die Grape SE in der Erweiterung der verfügbaren Informationen, die sie über ihre Kunden besitzt.
Abbildung 7-18 gibt einen Überblick über die strategischen Ziele und Kenngrößen für die Teilstrategie »Kundenbeziehungen« der Grape SE in den vier Perspektiven der Balanced Scorecard.
In einem nächsten Schritt legt die Grape SE Zielwerte für diese Kenngrößen und strategische Aktionen fest, um die Zielwerte zu erreichen. Beispielhaft ist dies in der

Abb. 7-19

Zielwert und strategische Aktion in der Prozessperspektive für die Teilstrategie Kundenbeziehungen der Grape SE

Perspektive	Strategisches Ziel	Kenngröße	Zielwert	Strategische Aktion
Prozesse	Kundenservice verbessern	Servicezufriedenheit	80 %	Erhöhung der Anzahl von Kundenberatern

(Quelle: eigene Darstellung)

Abbildung 7-19 für die Prozessperspektive dargestellt. Die Kundenzufriedenheit soll auf 80 % gesteigert werden. Falls die Kundenzufriedenheit unter diesem Wert liegt, soll die Anzahl von Kundenberatern gesteigert werden.
Die Grape SE beabsichtigt, die Ziele, Kenngrößen, Zielwerte und strategischen Aktionen für alle Eckpunkte der neuen Strategie zu bestimmen, um so eine umfassende BSC zu entwickeln. ◂◂◂

7.5.3 Alternative Performance Management Systeme

Zusätzlich zur bereits dargestellten BSC gibt es eine Vielzahl von alternativen Performance Management Systemen. Die Darstellung der Performance Pyramid, des Performance Prism, des EFQM-Modell sowie des St. Galler Performance Management Modells geben im Folgenden einen Einblick in die unterschiedlichen Herangehensweisen, die diesen Ansätzen zugrunde liegen.

Performance Pyramid

Die **Performance Pyramid** ist genau wie die BSC ein Instrument, das der kontinuierlichen Verbesserung des Unternehmenserfolgs dient. Sie bezieht bei der Messung des Unternehmenserfolges und der Steuerung der Strategieimplementierung zusätzlich zu den finanziellen Kennzahlen auch nicht finanzielle Kennzahlen mit ein. Die Performance Pyramid soll sicherstellen, dass eine effektive Verbindung zwischen der übergeordneten Strategie und den operativen Handlungen gewährleistet ist. Dies erfolgt zum einen durch die top-down Vorgabe von kundenorientierten Zielen und zum anderen durch die bottom-up Kommunikation von Kennzahlen (vgl. Lynch/Cross, 2003, S. 65 f.). »Konstituierendes Merkmal der Performance Pyramid ist die hierarchische Gliederung der Unternehmensziele sowie der zugehörigen Messobjekte und Indikatoren« (Baum et al., 2013, S. 430).

Wie in Abbildung 7-20 veranschaulicht, erfolgt diese hierarchische Strukturierung in Geschäftseinheiten, Geschäftsbereiche, Abteilungen/Arbeitsplätze sowie nach Individuen. Diesen einzelnen Hierarchiestufen wird jeweils mindestens eine Mess- und Zielgröße zugewiesen und diesen Größen wird wiederum jeweils mindestens eine der beiden Perspektiven Kunden oder Anteilseigner zugewiesen.

Die Performance Pyramid ist in die folgenden vier Stufen unterteilt:

- Die höchste Stufe der Performance Pyramid beinhaltet die übergeordnete Unternehmensvision.
- Eine Stufe tiefer wird diese Vision in Form von verschiedenen Zielwerten und Kennzahlen des Markt- und Finanzbereichs auf die einzelnen Geschäftseinheiten heruntergebrochen und überprüft.
- Auf der dritten Stufe erfolgen die Vorgaben für die einzelnen Geschäftsbereiche durch Ziele in den Bereichen Kundenzufriedenheit, Flexibilität sowie Produktivität.
- Auf der untersten Stufe der Pyramide können die Ziele für Abteilungen und Arbeitsplätze in die konkreten operativen Kriterien Qualität, Bereitstellung, Durchlaufzeit und Aktivitäten ohne Wertschöpfungsbeitrag umgewandelt werden.

Analog zu diesem Vorgehen verdichten sich die Kennzahlen von der untersten Stufe bis in die Spitze der Pyramide (vgl. Lynch/Cross, 2003, S. 66).

Abb. 7-20

Die Performance Pyramid

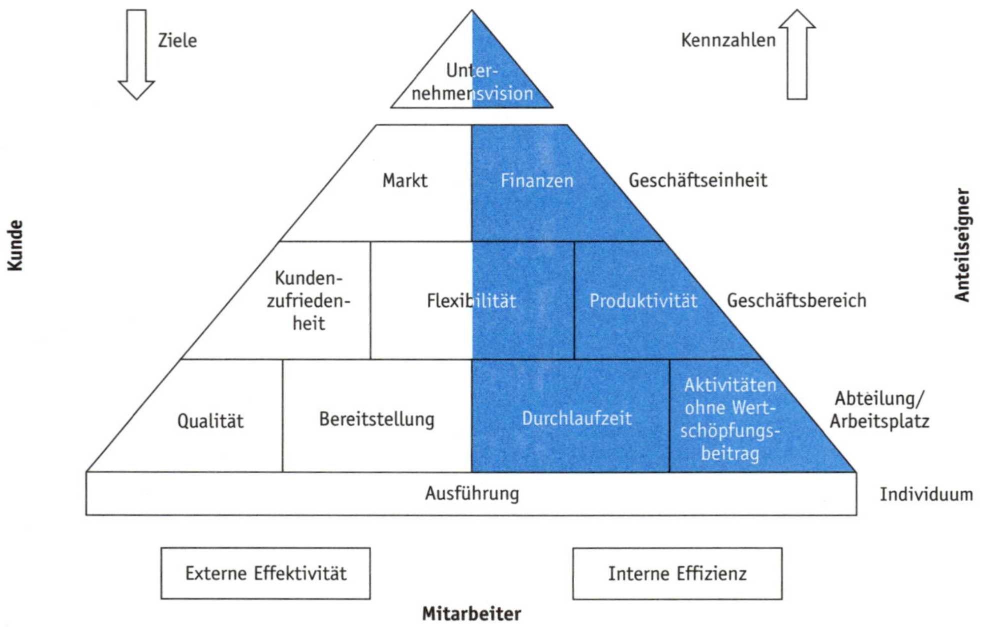

(Quelle: in Anlehnung an Lynch/Cross, 2003, S. 65)

In der Performance Pyramid wird zwischen zwei farblich unterschiedlich gekennzeichneten Bereichen unterschieden. Der blaue Bereich drückt die interne Effizienz der Geschäftsprozesse und Abläufe aus, die den Anteilseignern zugewiesen wird. Der weiße Bereich stellt hingegen die externe Effektivität im Sinne der Zielerreichung hinsichtlich der Kunden dar. Zusätzlich ermöglicht die hierarchische Strukturierung der Performance Pyramid die Berücksichtigung der Mitarbeiter als dritte Stakeholdergruppe (vgl. Baum et al., 2013, S. 431 f.).

Insgesamt erfasst die Performance Pyramid somit die drei wichtigsten Stakeholdergruppen. Anzumerken ist jedoch, dass bei der Betrachtung andere Stakeholdergruppen vernachlässigt werden, sodass die Performance Pyramid nicht in der Lage ist, die Unternehmensprozesse ganzheitlich zu erfassen (vgl. Grüning, 2002, S. 3).

Performance Prism

Das **Performance Prism** ist ein weiteres System, welches die mehrdimensionale Steuerung ermöglicht. Es soll Hilfestellung bei der Auswahl der richtigen Kennzahlen und dem Aufbau eines geeigneten Management Systems geben. Das Performance Prism berücksichtigt im Gegensatz zur Balanced Scorecard die aktuellen ökonomischen Anforderungen an ein Unternehmen, die aus den Ansprüchen der verschiedenen Stakeholder entstehen. Im Zuge des wirtschaftlichen Wandels ist es essenziell geworden, die Bedürfnisse dieser Stakeholder zu berücksichtigen und die zu deren Befriedigung nötigen Strategien, Prozesse und Fähigkeiten in die Steuerung mit einzubeziehen. Genau hier setzt das Performance Prism an und liefert ein entsprechendes Rahmenkonzept (vgl. Neely et al., 2001, S. 6).

Im Kern identifiziert das Performance Prism fünf für den Unternehmenserfolg zentrale Perspektiven, die in wechselseitigen Beziehungen zueinander stehen (vgl. Abb. 7-21). Dabei handelt es sich um die Perspektiven: Stakeholder Satisfaction, Stakeholder Contribution, Strategies, Processes und Capabilities (vgl. Neely et al., 2007, S. 155).

Die Perspektive **Stakeholder Satisfaction** beschäftigt sich mit der Frage, wer die zentralen Stakeholder sind und welche Wünsche von diesen ausgehen. Als mögliche Stakeholdergruppen nennt das Modell Investoren, Kunden und Intermediäre, Mitarbeiter, Aufsichtsorgane und Behörden sowie Zulieferer (vgl. Neely et al., 2001,

Abb. 7-21

Das Performance Prism

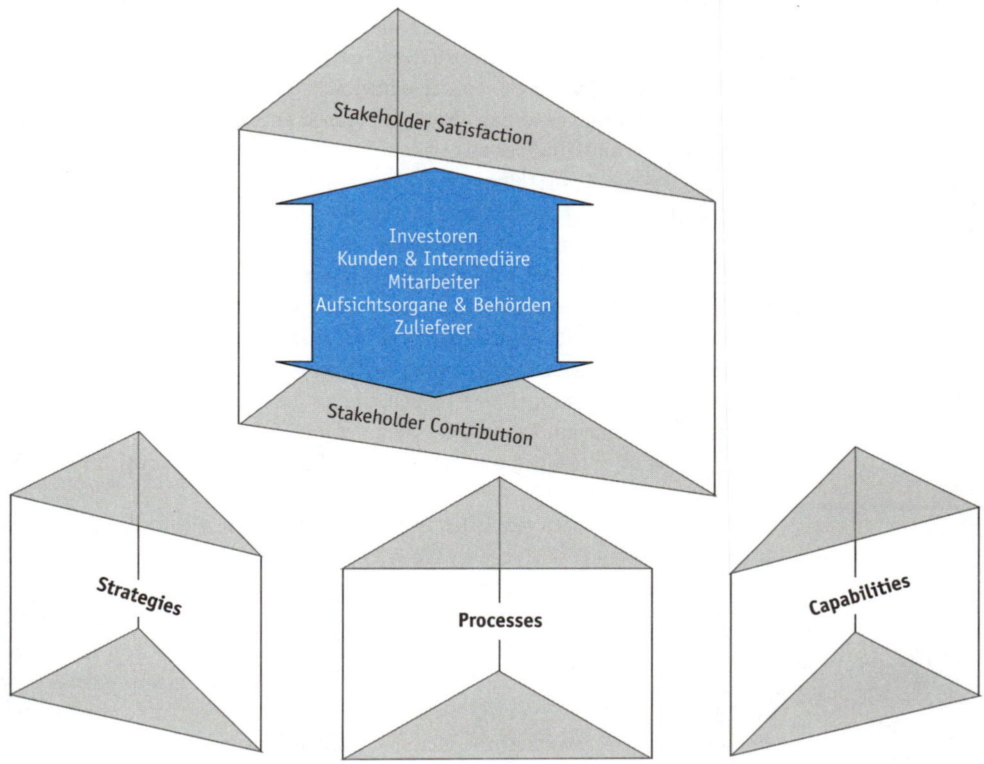

(Quelle: in Anlehnung an Neely et al., 2007, S. 155)

S. 6; Neely et al., 2007, S. 152). Das Konzept des Performance Prism geht von einer Beziehung zwischen dem Unternehmen und dessen Stakeholdern aus, die durch beidseitigen Austausch gekennzeichnet ist. Es befasst sich daher neben der Perspektive Stakeholder Satisfaction zusätzlich mit der **Stakeholder Contribution**. Ziel dieser Perspektive ist es, Bedürfnisse und Anforderungen des Unternehmens gegenüber seinen Stakeholdern zu erfassen. Ein klares Verständnis des dynamischen Spannungsverhältnisses zwischen beiden Perspektiven kann für das Unternehmen erfahrungsgemäß von großer Bedeutung sein (vgl. Neely et al., 2007, S. 152). Innerhalb der dritten Perspektive werden die geeigneten **Strategien** identifiziert, die es ermöglichen, die Anforderungen der Stakeholder, aber gleichzeitig auch die des Unternehmens zu erfüllen. Das Performance Prism hat bezüglich der Strategie vier Aspekte zu berücksichtigen. Es hat zu überprüfen, ob die gewählten Strategien angemessen implementiert werden können, und es hat zu erfassen, wie die Strategie innerhalb der Organisation kommuniziert wird und welche Motivation und Anreize zur Implementierung bestehen. Zudem gilt es, die gewählten Strategien zu beurteilen. Die Beurteilung dieser Aspekte soll dabei nicht nur auf Unternehmensebene, sondern auch auf der Ebene von Geschäftseinheiten, Marken, Produkten und Dienstleistungen sowie der operativen Ebene erfolgen (vgl. Neely et al., 2007, S. 155). Im Rahmen der vierten Perspektive gilt es, die zentralen **Prozesse**, die zur erfolgreichen Strategieumsetzung nötig sind, zu identifizieren und diese in geeigneter Art und Weise zu steuern. Diese sind beispielsweise die Entwicklung von Produkten und Dienstleistungen, die Nachfragegenerierung, die Nachfragebedienung sowie die Unternehmensplanung und -führung. Um dies zu ermöglichen, bedarf es Prozessverantwortlicher, die festlegen, welche Kennzahlen verwendet werden sollen, welche Vorgaben gelten sollen und wie gemessen werden soll. Ziel muss es sein, auf Basis der Kennzahlen Entscheidungen zu treffen und Handlungsempfehlungen abgeben zu können. Ziel der fünften Perspektive ist es, die Frage zu beantworten, welche **Capabilities** (Fähigkeiten) das Unternehmen benötigt, um die Prozesse auszuführen, die für die Erfüllung der Bedürfnisse der Stakeholder nötig sind. Capabilities lassen sich als Kombination mehrerer Unternehmenskomponenten definieren. Sie setzen sich aus den Mitarbeitern, deren Qualifikationen und Wissen, der eingesetzten Technologien und der Infrastruktur zusammen. Capabilities bilden damit die Ausgangsbasis dafür, dass es dem Unternehmen möglich ist, durch ausgewählte Prozesse Mehrwerte für die Stakeholder zu generieren (vgl. Neely et al., 2007, S. 155).

EFQM-Modell

Das **EFQM-Modell** ist hauptsächlich entwickelt worden, um den Erfolgsfaktor Qualität zu evaluieren und zu steuern. Folglich handelt es sich bei diesem Modell um ein qualitätsbezogenes Performance Management System. Ziel des EFQM-Modells ist es, eine systematische Betrachtung des Performance Management zu ermöglichen. Das Modell kann aufgrund seiner hohen Flexibilität in allen Arten von Unternehmen, unabhängig von der Branche, Größe, Struktur und Reife, angewendet werden. Es wird sowohl als Referenzmodell für das Qualitätsmanagement, als auch zur internen Bewertung der eigenen Performance sowie zur Bewertung der Performance im Rahmen der nationalen und europäischen Quality Awards eingesetzt (vgl. Wongrassamee et al., 2003, S. 16; Nabitz et al., 2000, S. 192 f.; Baum et al., 2013, S. 441 f.).

Abb. 7-22

Das EFQM-Modell

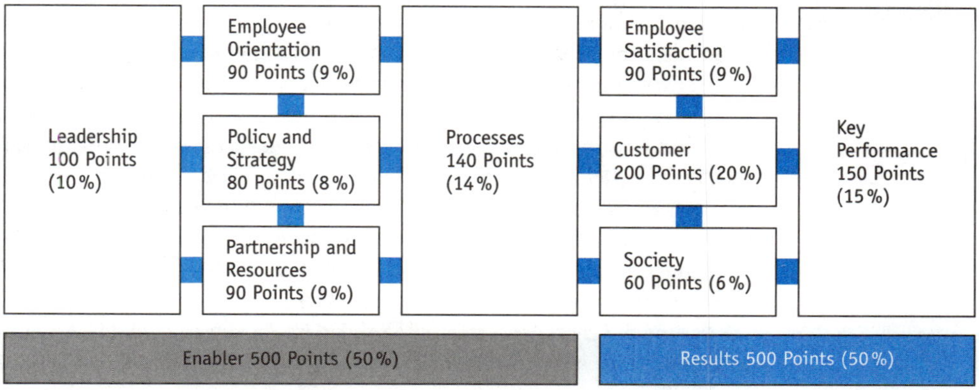

(Quelle: in Anlehnung an European Foundation of Quality Management, 2010, S. 1)

Dem in Abbildung 7-22 dargestellten EFQM-Modell liegt das Verständnis zugrunde, dass exzellente Ergebnisse in Bezug auf die finanzielle Performance, die Kunden und die Gesellschaft durch eine Strategie und Methoden beeinflussende Unternehmensführung erreicht werden können. Eine solche Unternehmensführung wird wiederum im Wesentlichen durch Mitarbeiter, Kooperationen, Prozesse und Ressourcen erzielt.

Das EFQM-Modell unterteilt die durch das Performance Management System abzubildenden Bereiche in zwei Kriteriengruppen, Befähiger-Kriterien (Enabler) und Ergebnis-Kriterien (Results). Zu den Befähiger-Kriterien gehören die Subkriterien Leadership, Policy and Strategy, People, Partnerships and Resources sowie Processes. Diese Kriterien sind mit den Balanced Scorecard Perspektiven »Prozesse« und »Potenziale« vergleichbar. Die Befähiger-Kriterien können als Frühindikatoren für die späteren Ergebnis-Kriterien verstanden werden. Die zentralen Treiber sind Leadership und Processes. Die Ergebnis-Kriterien setzten sich aus den Subkriterien People Results, Customer Results, Society Results sowie Key Performance Results zusammen. Diese sind mit der Kunden- und der Finanzperspektive in der BSC vergleichbar und werden als Spätindikatoren für die Performance gesehen (vgl. Baum et al., 2013, S. 441 f., Nabitz et al., 2000, S. 192 f.). Der Prozentsatz gibt die Gewichtung des jeweiligen Kriteriums an. Insgesamt bietet das EFQM-Modell somit ein Rahmenkonzept für die Zusammensetzung und Gewichtung von Elementen, die innerhalb eines Performance Management Systems betrachtet werden sollten.

St. Galler Performance Management Modell

Das St. Galler Performance Management Modell (SPMM) stellt einen stark auf die Kombination von Verhaltens- und Messpraktiken ausgerichteten Steuerungsansatz dar. Es ist in Abgrenzung zu anderen Performance Management Ansätzen stark prozessual orientiert und besteht aus vier Elementen: (1) Im Mittelpunkt des Modells steht die Erreichung der Organisationsziele einerseits über eine Verhaltensbeeinflussung und andererseits über die strikte Leistungsmessung, die in der klassischen Sequenz von Input, Process, Output und Outcome erfolgt. (2) Das Modell schlägt einen idealtypischen Ablauf für den Performance Management Prozess vor, der sich in eine operative und strategische Komponente gliedert. Die operative Komponente (Prozesse 2, 3 und 4) ist stark an den Plan-Do-Check-Act Prozess des Verbesserungsmanagements angelehnt. Die Prozesse 1 und 5 sind eher strategischer Natur und sollen die Ausrichtung an den Organisationszielen und die Angemessenheit des Systems sicherstellen. (3) Die Verhaltensorientierung und hohe Notwendigkeit einer Individualisierung wird durch das Einfügen eines intraorganisationalen Kontextes (innerer Kreis) betont. Hier soll die Schaffung einer Balance zwischen Performance-Orientierung (Stretch, Discipline) einerseits und sozialer Unterstützung (Support, Trust) andererseits erreicht werden (vgl. Birkinshaw/Gibson, 2004, S. 51). (4) Der äußere Kreis verdeutlicht die Anpassungsnotwendigkeit des Modells an den externen Unternehmenskontext im Sinne des Kontingenzansatzes.

Aufgrund der zentralen Bedeutung werden im Folgenden die im SPMM enthaltenen fünf Prozesse kurz charakterisiert (vgl. Abbildung 7-23 und Möller et al., 2014, S. 437–439):

- Der erste Schritt, **Define & Engage**, fordert eine klare Definition des Unternehmenszweckes und des Leistungsverständnisses gegenüber den Anspruchsgruppen. Ferner sollen die grundlegenden Werte und Verhaltensstandards sowie das Geschäftsmodell und die Unternehmensstrategie eindeutig festgelegt werden, was vor allem top-down erfolgt. Mit »Engage« wird ausgedrückt, dass es sich um Prozesse handeln muss, die zu hohem Engagement der Mitarbeiter führen. Zur Generierung eines glaubhaften und ambitionierten Anspruchsniveaus soll dieser Prozess einen hohen Außenbezug hinsichtlich der Anspruchsgruppen aufweisen. Dieser erste Schritt stellt eine klassische Führungsaufgabe dar, die als Teil des strategischen Review-Cycles regelmäßig überprüft werden muss.
- Im nächsten Schritt, **Target & Plan**, werden die top-down festgelegte Ausrichtung und das Anspruchsniveau in wirkungsvolle Pläne überführt. Dabei soll auf eine interaktive Gestaltung sowie einen hohen Gestaltungsspielraum der Mitarbeiter innerhalb des vorgegebenen Rahmens geachtet werden. Dadurch soll ein hohes Maß an intrinsischer Motivation bei gleichzeitiger Durchgängigkeit der vorgegebenen Richtung sichergestellt werden.
- Der dritte Schritt, **Execute & Adjust**, betont in besonderem Maße eine hohe Flexibilität während der Umsetzung. Dies kann beispielsweise durch dezentrale Entscheidungs- und Ausführungsbefugnis realisiert werden. Diese kann durch den Einsatz von Instrumenten, die eine flexible Koordination ermöglichen (wie z. B. Rolling-Forecasts), unterstützt werden.
- Der vierte Schritt, **Review & Assess**, stellt das letzte Element des operativen Prozesses dar. Dieser soll den Grad der Zielerreichung möglichst objektiv und ganzheitlich messen. Ein Differenzierungsmerkmal des Modells ist die zentrale Stellung einer relativen Messung im Vergleich zu sich verändernden Kontextfaktoren (u. a. Markt, Konkurrenz, interne Benchmarks).
- Im fünften Schritt, **Align System & Context**, soll sichergestellt werden, dass wichtige unterstützende Systeme, wie z. B. das Kompensationssystem und das IT-Sys-

Abb. 7-23

Das St. Galler Performance Management Modell

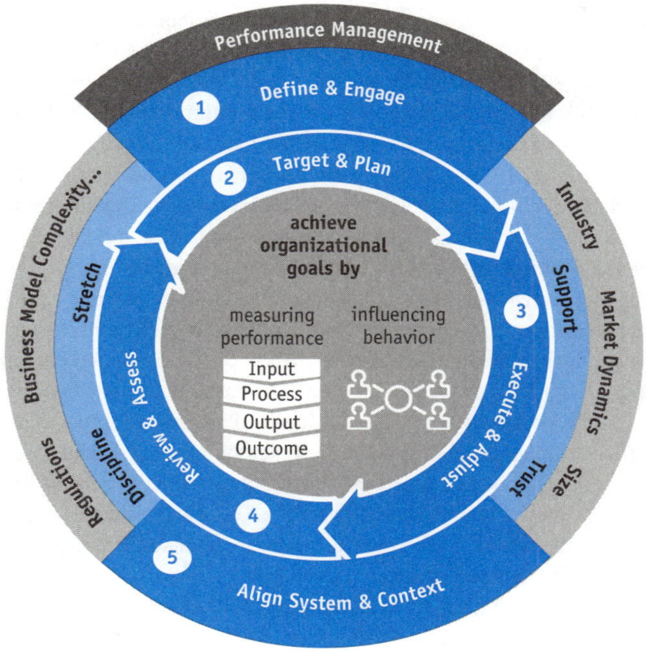

(Quelle: in Anlehnung an Möller et al., 2014, S. 439)

tem, auch tatsächlich unterstützend und nicht kontraproduktiv wirken. Sie sollen insbesondere im Sinne der Erreichung der langfristigen Unternehmensziele wirken und die Selbstkontrolle und -steuerung der Mitarbeiter fördern. Dieser Aspekt steht in enger Verbindung mit der Dezentralisierung der Entscheidungsbefugnis, die ihrerseits auch die Selbstregulierung verstärkt. Wie Schritt eins ist auch Schritt fünf ein strategischer Schritt, der weniger häufig aber dennoch regelmäßig mit dem Zweck der kontinuierlichen Verbesserung durchgeführt werden soll.

7.5.4 Konfiguration von mehrdimensionalen Steuerungssystemen

Mehrdimensionale Steuerungssysteme (Performance Management Systeme) müssen eine Vielzahl von Aufgaben erfüllen (vgl. nochmals Abschnitt 7.5.1). Um dies für die verschiedenen Unternehmenskontexte zu ermöglichen, ist regelmäßig eine Anpassung des jeweiligen Grundmodells notwendig. Entsprechend lässt sich eine stark generische Orientierung der Ansätze und gleichzeitig ein hoher Individualisierungsgrad bei der Anwendung in der Unternehmenspraxis feststellen: Trotz des einfachen Grundmodells gleicht keine Balanced Scorecard einer anderen. Für Wissenschaft und Praxis stellt sich damit regelmäßig die Herausforderung, die Angemessenheit eines Performance Management Systems sinnvoll beurteilen zu können. Das Multilayer Performance Management Framework gibt hier einen Orientierungsrahmen mit einer Prüfung von sechs zentralen Ebenen (vgl. Abbildung 7-24 sowie Möller et al., 2011; Möller/Schläfke, 2012 und Schläfke, 2012):

Multilayer Performance Management Framework

Die **Context-Ebene** ermöglicht es, externe und interne Kontextfaktoren im Rahmen der Leistungssteueurng und -messung zu berücksichtigen. Zu den externen Kontextfaktoren zählen unter anderem die Marktdynamik sowie weitere Umfeldeinflüsse. Darüber hinaus müssen auch interne Faktoren wie die Organisationsstruktur, die Strategie sowie das Geschäftsmodell, bei der Ausgestaltung eines Performance Management Systems berücksichtigt werden, da diese die Leistungsgrößen bestimmen welche im Fokus der Leistungsmessung und -steuerung stehen.

Im Rahmen der **Capture-Ebene** werden die relevanten Leistungselemente identifiziert und gemessen. Hierbei steht die Identifikation und Selektion der Kennzahlen im Mittelpunkt, um Effektivität und Effizienz angemessen abzubilden. Bei der Erfassung wird auf die klassische Vierteilung in Inputs, Processes, Outputs und Outcomes zurückgegriffen. Inputs stellen wesentliche Ressourcen zur Leistungserbringung dar. Processes beinhalten die Transformation der Ressourcen in Outputs bzw. direkte Ergebnisse, d. h. Produkte und Dienstleistungen. Outcomes sind bewertete Outputs, d. h. Zahlungen für Produkte oder Dienstleistungen, aber auch immaterielle Erfolgskriterien wie Kundenzufriedenheit.

Im Anschluss an die Erfassung und Kategorisierung der Leistungselemente müssen diese im Rahmen der **Couple-Ebene** miteinander in Beziehung gesetzt werden,

Abb. 7-24

Multilayer Performance Management Framework

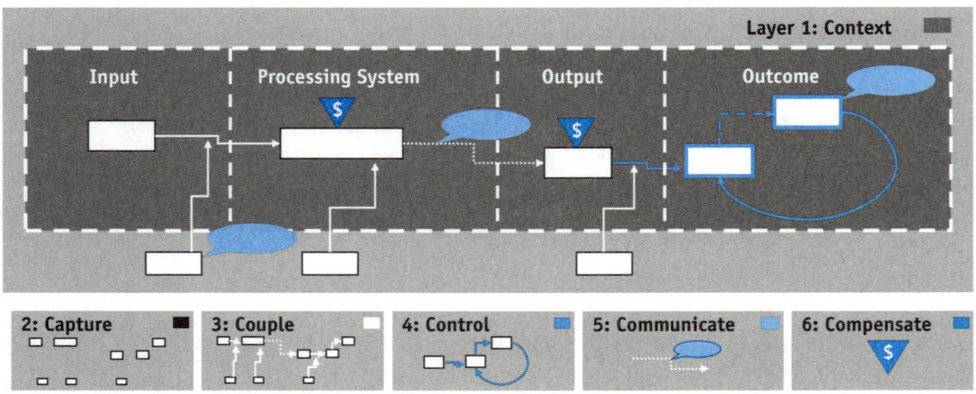

(Quelle: in Anlehnung an Möller/Schläfke, 2012, S. 90)

sodass es zu einer Dokumentation des Leistungsprozesses kommt. Hierdurch sollen die verschiedenen Wechselwirkungen zwischen den einzelnen Größen sowie insbesondere ihr Einfluss auf den Unternehmenserfolg sichtbar werden. Durch die Verknüpfung der ausgewählten Leistungsgrößen mit den relevanten externen und internen Einflussfaktoren entsteht ein ganzheitliches Bild der Leistungserstellung.

Das entstandene ganzheitliche Bild der Leistungserstellung ermöglicht im Rahmen der **Control-Ebene** die Ableitung von Steuerungsmaßnahmen. Sofern es zu Abweichungen von den vorab definierten Zielwerten kommt, können Maßnahmen zur Zielerreichung und längerfristig auch ein Lernen bzw. ein verbessertes Systemverständnis initiiert werden. Die Identifikation solcher Abweichungen erfolgt durch eine regelmäßige Überprüfung und Kontrolle der ausgewählten Kennzahlen.

Für die Nutzung der so geschaffenen Leistungsinformationen durch die Entscheidungsträger bedarf es einer unternehmensweiten Kommunikation des Stands der Leistungserstellung im Rahmen der **Communicate-Ebene** durch Feedback- oder Feedforward-Schleifen. Die so kommunizierten Leistungsdaten sollten nicht nur intern für die Ableitung von Steuerungsmaßnahmen genutzt werden, sondern können auch gegenüber externen Stakeholdern kommuniziert werden.

Neben der Möglichkeit, aus den gewonnenen Leistungsdaten Steuerungsmaßnahmen abzuleiten, können diese im Rahmen der **Compensate-Ebene** zusätzlich für die Motivation der Mitarbeiter genutzt werden, indem gezielt Anreize gesetzt werden. Dies umfasst sowohl monetäre Anreize wie auch nichtmonetäre Anreize, z. B. Auszeichnungen. Die Verknüpfung der Leistungsdaten mit den Vergütungs- und Belohnungssystemen soll das Mitarbeiterverhalten stärker an die Erreichung der Organisationsziele koppeln.

Kontrollfragen

1. *Welche Funktionen müssen Kennzahlen erfüllen?*
2. *In welcher Hinsicht unterscheiden sich absolute und relative Steuerungsgrößen und wie können letztere weiter kategorisiert werden?*
3. *Welchen Zweck erfüllen Kennzahlensysteme?*
4. *Worin liegt der Unterschied zwischen traditionellen und wertorientierten Kennzahlen?*
5. *Welche erfolgsorientierten Kennzahlen können unterschieden werden und wie werden diese interpretiert?*
6. *Welche Stellhebel der Eigen- sowie Gesamtkapitalrentabilität können identifiziert werden? Erläutern Sie in diesem Zusammenhang den Leverage-Effekt!*
7. *Wozu dient eine liquiditätsorientierte Steuerung und welche Steuerungsgrößen sind hierfür relevant?*
8. *Was ist der Grundgedanke einer wertorientierten Unternehmensführung und welche Ursachen führten zu einer zunehmenden Verankerung dieser Sichtweise im Management?*
9. *Für welche Zwecke eignen sich dynamische Steuerungsgrößen?*
10. *Wie werden die einzelnen Komponenten des EVA/CVA ermittelt und wie sind diese Kennzahlen zu interpretieren?*

11. *Wie ist die Steuerungswirkung von Residualgewinnen und Rentabilitätsgrößen im Vergleich zu beurteilen?*
12. *Welche Werttreiber von Residualgewinnen können identifiziert werden?*
13. *Welcher Zusammenhang besteht zwischen einperiodischen Residualgewinnen und einer Unternehmenswertsteigerung?*
14. *Auf welcher Idee basiert der RÖG und inwieweit ist diese Größe in der Lage, die Wertgenerierung einer Periode anzuzeigen?*
15. *Welches entscheidende Kriterium müssen Steuerungskennzahlen als Voraussetzung für die Verwendung als Bemessungsgrundlage in Anreizsystemen erfüllen?*
16. *Erfüllen Gewinn, Cashflow und Residualgewinn diese Anforderung an Steuerungskennzahlen?*
17. *Welche Möglichkeiten zur Konzeption von Anreizsystemen bestehen, um in jeder Periode optimale Investitionsentscheidungen beim dezentralen Manager zu induzieren?*
18. *Wie kann auf Basis des RÖG ein Anreizsystemen i. S. einer Bonusbank implementiert werden?*
19. *Wie lauten die zentralen Aufgaben eines ganzheitlichen Performance Management Systems?*
20. *Wie ist eine Balanced Scorecard aufgebaut und wie sind die einzelnen Kategorien definiert?*
21. *Welche prozessualen Schritte umfasst das St. Galler Performance Management Modell und was ist deren Inhalt?*

Abkürzungsverzeichnis

AAV	abnutzbares Anlagevermögen
adj.	adjusted
BCF	Brutto-Cashflow
BCG	Boston Consulting Group
BSC	Balanced Scorecard
BIB	Bruttoinvestitionsbasis
CAPM	Capital Asset Pricing Model
CF	Cashflow
CFRoI	Cashflow Return on Investment
CVA	Cash Value Added
CCC	Cash Conversion Cycle
DAX	Deutscher Aktienindex
DCF	Discounted Cashflow
DIO	Days Inventory Outstanding
DPO	Days Payables Outstanding
DSO	Days Sales Outstanding
EBIT	Earnings Before Interest and Taxes
EBITDA	Earnings Before Interest and Taxes, Depreciation and Amortization
EBT	Earnings Before Taxes
EFQM	European Foundation for Quality Management
EK	Eigenkapital

EKR	Eigenkapitalrentabilität
ERÜ	Ertragsüberschüsse
EVA	Economic Value Added
EWF	Endwertfaktor
EZÜ	Einzahlungsüberschüsse
FCF	Free Cashflow
FK	Fremdkapital
Ford. LuL	Forderungen aus Lieferungen und Leistungen
FV	Future Value
GE	Geldeinheiten
GK	Gesamtkapital
GKR	Gesamtkapitalrentabilität
GuV	Gewinn- und Verlustrechnung
GW	Goodwill
KB	Kapitalbindung
KU	Kapitalumschlag
KW	Kapitalwert
KWF	Kapitalwiedergewinnungsfaktor
MVA	Market Value Added
NAAV	nicht abnutzbares Analagevermögen
NFV	Net Future Value
NOPAT	Net operating profit after taxes
NPV	Net Present Value
ÖAB	ökonomische Abschreibung
ÖG	ökonomischer Gewinn
PV	Present Value
PVF	Present-Value-Faktor
RG	Residualgewinn
RoA	Return on Assets
RoCE	Return on Capital Employed
RoE	Return on Equity
RÖG	residualer ökonomischer Gewinn
RoI	Return on Investment
RoNA	Return on Net Assets
RoS	Return on Sales
SE	Europäische Gesellschaft (Societas Europaea)
SPMM	St. Galler Performance Management Modell
TRS	Total Return to Shareholders
UN	Unternehmen
UR	Umsatzrentabilität
US	United States
UW	Unternehmenswert
VBM	Value Based Management
Verb. LuL	Verbindlichkeiten aus Lieferungen und Leistungen
WACC	Weighted Average Cost of Capital

Symbolverzeichnis

BG	Bruttoergebnis
Div	Dividende
G	Ergebnis nach Zinsen und Steuern
GK^M	Marktwert des Gesamtkapitals
GK	Gesamtkapital (Buchwert)
EK^M	Marktwert des Eigenkapitals
EK	Eigenkapital (Buchwert)
FK	Fremdkapital
P	Börsenwert
r	Gesamtkapitalkostensatz
m	durchschnittliches Alter des Sachanlagevermögens
n	durchschnittliche Nutzungsdauer des Sachanlagevermögens
r_{EK}	Eigenkapitalkostensatz
r_f	risikofreier Zinssatz
r_{Fk}	Fremdkapitalkostensatz
r_i	erwartete Rendite des Unternehmens i
r_M	erwartete Rendite des Marktportefeuilles
s	Steuersatz
β_i	Betafaktor des Unternehmens i (systematisches Risiko)
t	Periode
z	kalkulatorische Zinsen
τ	Zeitindex

Literaturhinweise

Aders, C./Hebertinger, M. (2003): Value Based Management – Shareholder Value-Konzepte. Eine Untersuchung der DAX100-Unternehmen, in: Ballwieser, W./Wesner, P./KPMG (Hrsg.): Value Based Management, Frankfurt a. M. 2003.

Baum, H.-G./Coenenberg, A. G./Günther, T. (2013): Strategisches Controlling, 5. Aufl., Stuttgart 2013.

Bergmann, I./Schultze, W./Weiler, A. (2012): Langfristorientierung der Unternehmensführung und bonusbankorientierte Entlohnungssysteme, in: Controlling, Jg. 24, 2012, Heft 10, S. 554–560.

Birkinshaw, J./Gibson, C. (2004): Building ambidexterity into an organization, in: MIT Sloan Management Review, 45. Jg., 2004, Heft 4, S. 47–55.

Brealey, R. A./Myers, S. C./Allen, F. (2011): Principles of Corporate Finance, 10. Aufl., Boston et al. 2011.

Coenenberg, A. G. (1995): Einheitlichkeit oder Differenzierung von internem und externem Rechnungswesen. Die Anforderungen der internen Steuerung, in: Der Betrieb, 48. Jg., 1995, Heft 42, S. 2077–2083.

Coenenberg, A. G. (2001): Segmentberichterstattung als Instrument der Bilanzanalyse, in: Der Schweizer Treuhänder, 2001, Heft 6-7, S. 593–606.

Coenenberg, A. G./Fischer, T. M./Günther, T. (2012): Kostenrechnung und Kostenanalyse, 8. Aufl., Stuttgart 2012.
Coenenberg, A. G./Haller, A./Schultze, W. (2014): Jahresabschluss und Jahresabschlussanalyse, 23. Aufl., Stuttgart 2014.
Coenenberg, A. G./Mattner, G./Schultze, W. (2002): Kostenmanagement im Rahmen der wertorientierten Unternehmensführung, in: Franz, K.-P./Kajüter, P. (Hrsg.): Kostenmanagement. Wertsteigerung durch systematische Kostensteuerung, 2. Aufl., Stuttgart 2002, S. 33–46.
Coenenberg, A. G./Mattner, G./Schultze, W. (2003): Wertorientierte Steuerung. Anforderungen, Konzepte, Anwendungsprobleme, in: Rathgeber, A./Tebroke, H.-J./Wallmeier, M. (Hrsg.): Finanzwirtschaft, Kapitalmarkt und Banken, Festschrift für Prof. Dr. Manfred Steiner zum 60. Geburtstag, Stuttgart 2003, S. 1–24.
Committee of European Banking Supervisors (Hrsg.) (2010): Guidelines on Remuneration Policies and Practices, in: https://www.eba.europa.eu/documents/10180/106961/Guidelines.pdf, Abruf: 16.06.2014.
Copeland, T. E./Koller, T./Murrin, J. (2002): Unternehmenswert, 3. Aufl., Frankfurt a. M. 2002.
Crasselt, N./Pellens, B./Schremper, R. (2000): Konvergenz wertorientierter Kennzahlen, in: Das Wirtschaftsstudium, 29. Jg., 2000, Heft 2, S. 72–78 und S. 205–208.
Daimler AG (Hrsg.) (2014): Geschäftsbericht 2013, Stuttgart 2014.
Eccles, R. G. (1991): The Performance Measurement Manifesto, in: Harvard Business Review, 69. Jg., 1991, Heft 1, S. 131–137.
European Foundation for Quality Management (EFQM) (2010): EFQM Excellence Model, in: http://www.efqm.org/sites/default/files/overview_efqm_2013_v1.pdf, Abruf: 18.06.2014.
Ewert, R./Wagenhofer, A. (2000): Rechnungslegung und Kennzahlen für das wertorientierte Management, in: Wagenhofer, A./Hrebicek, G. (Hrsg.): Wertorientiertes Management, Stuttgart 2000, S. 3–64.
Ewert, R./Wagenhofer, A. (2014): Interne Unternehmensrechnung, 8. Aufl., Berlin/Heidelberg 2014.
Ferreira, A./Otley, D. (2009): The design and use of performance management systems: An extended framework for analysis, in: Management Accounting Research, 20. Jg., 2009, Heft 4, S. 263–282.
Fischer, T. M. (2000): Economic Value Added (EVA) – Informationen aus der externen Rechnungslegung zur internen Unternehmenssteuerung?, HHL-Arbeitspapier Nr. 27, Leipzig 2000.
Fisher, I. (1906): The Nature of Capital and Income, New York 1906, reprinted 1965.
Gleich, R. (2011): Performance Measurement. Konzepte, Fallstudien und Grundschema für Praxis, 2. Aufl., München 2011.
Grüning, M. (2002): Performance-Measurement-System. Messung und Steuerung von Unternehmensleistung, Wiesbaden 2002.
Hebertinger, M. (2002): Wertsteigerungsmaße – Eine kritische Analyse, Frankfurt a. M. u. a. 2002.

Hicks, J. R. (1939): Value and Capital. An Inquiry into Some Fundamental Principles of Economic Theory, Oxford 1939.
Hirsch, B. (2008): Der Cash Value Added, in: Wirtschaftswissenschaftliches Studium, 37. Jg., 2008, Heft 9, S. 462–467.
Horváth, P. (2011): Controlling, 12. Aufl., München 2011.
Hostettler, S. (2003): Economic Value Added – Lektionen aus der Praxis, in: Der Schweizer Treuhänder, 2003, Heft 3, S. 117–122.
Kah, A. (1994): Profitcenter-Steuerung, Stuttgart 2004.
Kaplan, R. S./Norton, D. P (1997): Balanced Scorecard. Strategien erfolgreich umsetzen, Stuttgart 1997.
Kley, K.-L. (2000): Wertorientiertes Konzerncontrolling bei der Deutsche Lufthansa AG, in: Horváth, P. (Hrsg.): Strategische Steuerung und Tools in der Praxis, Stuttgart 2000, S. 1–27.
Körber, H.-J. (2006): Wertorientierte Unternehmensführung in der Metro Group, in: Schweickhart, N./Töpfer, A. (Hrsg.): Wertorientiertes Management. Werterhaltung – Wertsteuerung – Wertsteigerung ganzheitlich gestalten, Berlin/Heidelberg 2006, S. 205–213.
Küpper, H.-U./Friedl, G./Hofmann, C./Hofmann, Y./Pedell, B. (2013): Controlling. Konzeption, Aufgaben, Instrumente, 6. Aufl., Stuttgart 2013.
Leoni AG (Hrsg.) (2014): Geschäftsbericht 2013, Nürnberg 2014.
Lücke, W. (1955): Investitionsrechnungen auf der Basis von Ausgaben oder Kosten?, in: Zeitschrift für handelswissenschaftliche Forschung, 7. Jg., 1955, S. 310–324.
Lueg, R. (2010): Shareholder Value und Value-based Management (VBM): Wie steuern die HDAX-Unternehmen? Ergebnisse einer empirischen Studie, in: Controlling, 22. Jg., 2010, Heft 6, S. 337–344.
Lynch, R. L./Cross, K. F. (2003): Measure up! yardsticks for continuous improvement, 2. Aufl., Malden 2003.
MAN SE (Hrsg.) (2013): Geschäftsbericht 2012, München 2013.
MAN SE (Hrsg.) (2014): Geschäftsbericht 2013, München 2014.
Metro AG (Hrsg.) (2010): Geschäftsbericht 2009, Düsseldorf 2010.
Metro AG (Hrsg.) (2014): Geschäftsbericht 2013, Düsseldorf 2014.
Möller, K./Müller-Stewens, B./Wirnsperger, F. (2014): Chancen und Risiken des Performance Managements aus Sicht des Verwaltungsrats, in: Der Schweizer Treuhänder, 88. Jg., 2014, Heft 5, S. 435–440.
Möller, K./Schläfke, M. (2012): Controlling und immaterielle Werte, in: Gleich, R., Mayer, R., Möller, K., Seiter, M. (Hrsg.) (2012): Controlling – Relevance lost? Perspektiven für ein zukunftsfähiges Controlling, München 2012, S. 85–98.
Möller, K./Schläfke, M./Schönefeld, C. (2011): Wirkungsorientiertes Performance Management, in: Zeitschrift für Controlling, 23. Jg. 2011, Heft 7, S. 372–378.
Münstermann, H. (1966): Wert und Bewertung der Unternehmung, Wiesbaden 1966.
Nabitz, U./Klazinga, N./Walburg, J. (2000): The EFQM excellence model: European and Dutch experiences with the EFQM approach in health care, in: International Journal for Quality in Health Care, 12. Jg., 2000, Heft 3, S. 191–201.
Neely, A. D. (1998): Measuring Business Performance. Why, What and How, London 1998.

Neely, A. D./Adams, C./Crowe, P. (2001): The Performance Prism in Practice, in: Measuring Business Excellence, 5. Jg., 2001, Heft 2, S. 6–12.

Neely, A. D./Kennerley, M./Adams, C. (2007): Performance measurement frameworks. A review, in: Neely, A. D. (Hrsg.): Business performance measurement: unifying theories and integrating practice, 2. Aufl.,Cambridge 2007, S. 143–162.

Neely, A./Gregory, M./Platts, K. (1995): Performance measurement system design, in: International Journal of Operations & Production Management, 15. Jg., 1995, Heft 4, S. 80–116.

Otley, D. (1999): Performance management: A framework for management control systems research, in: Management Accounting Research, 10. Jg., 1999, Heft 4, S. 363–382.

Pellens, B./Crasselt, N./Sellhorn, T. (2002): Bedeutung der neuen Goodwill-Bilanzierung nach US-GAAP für die wertorientierte Unternehmensführung, in: Horváth, P. (Hrsg.): Performance Controlling – Strategie, Leistung und Anreizsystem effektiv verbinden, Stuttgart 2002, S. 131–152.

Perridon, L./Steiner, M./Rathgeber, A. W. (2012): Finanzwirtschaft der Unternehmung, 16. Aufl., München 2012.

Pfaff, D./Bärtl, O. (1999): Wertorientierte Unternehmenssteuerung – Ein kritischer Vergleich ausgewählter Konzepte, in: Gebhard, G./Pellens, B. (Hrsg.): Rechnungswesen und Kapitalmarkt, Zeitschrift für betriebswirtschaftliche Forschung, 1999, Sonderheft 41, S. 85–115.

Piontowski, J. O. (2010): Wertorientierte Unternehmensführung in mittelständischen Unternehmen, in: Controlling, 21. Jg., 2010, Heft 7, S. 357–363.

Rappaport, A. (1986): Creating Shareholder Value, New York/London 1986.

Rogerson, W. (1997): Inter-temporal Cost Allocation and Managerial Investment Incentives. A Theory Explaining the Use of Economic Value Added as a Performance Measure, in: Journal of Political Economy, 105. Jg., 1997, Heft 4, S. 770–795.

Schläfke, M. (2012): Unternehmenssteuerung mit Performance Management Systemen, Göttingen 2012.

Schmalenbach, E. (1962): Dynamische Bilanz, 13. Aufl., Köln/Opladen 1962.

Schneider, D. (1963): Bilanzgewinn und ökonomische Theorie, in: Zeitschrift für handelswissenschaftliche Forschung, 15. Jg., 1963, S. 457–474.

Schultze, W./Hirsch, C. (2005): Unternehmenswertsteigerung durch wertorientiertes Controlling, München 2005.

Schultze, W./Weiler, A. (2007): Performancemessung und Entlohnung auf Basis des Residualen Ökonomischen Gewinns, in: Zeitschrift für Planung und Unternehmenssteuerung, 18. Jg., 2007, Heft 2, S. 133–159.

Stelter, D. (1999): Wertorientierte Anreizsysteme, in: Bühler, W./Siegert, T. (Hrsg.): Unternehmenssteuerung und Anreizsysteme, 52. Deutscher Betriebswirtschafter-Tag 1998, Stuttgart 1999, S. 207–241.

Stewart, G. B. (1991): The Quest for Value, New York 1991.

Wagenhofer, A. (1999): Anreizkompatible Gestaltung des Rechnungswesens, in: Bühler, W./Siegert, T. (Hrsg.): Unternehmenssteuerung und Anreizsysteme, Stuttgart 1999, S. 183–205.

Weber, J./Bramsemann, U./Heineke, C./Hirsch, B. (2004): Wertorientierte Unternehmenssteuerung. Konzepte – Implementierung – Praxisstatements, Wiesbaden, 2004.

Weber, J./Schäffer, U. (2014): Einführung in das Controlling, 14. Aufl., Stuttgart 2014.

Wongrassamee, S./Gardiner, P. D./Simmons, J. E. L. (2003): Performance measurement tools. the Balanced Scorecard and the EFQM Excellence Model, in: Measuring Business Excellence, 7. Jg., 2003, Heft 1, S. 14–29.

8 Budgetierung

Lernziele

In diesem Kapitel erfahren Sie,

- was die wesentlichen Aufgaben und Funktionen von Budgets sind,
- welche Möglichkeiten es bei der Gestaltung eines Budgetierungsprozesses gibt,
- welche Aufgabe der Budgetanalyse zukommt,
- in welcher Form Budgets Verhaltenswirkungen entfalten.

Zum Ende des ersten Quartals des aktuellen Geschäftsjahrs diskutieren die zentrale Geschäftsleitung und der Chefcontroller der Grape SE, Herr Dr. Müller-Christ, die Entwicklung der aktuellen Geschäftszahlen mit den jeweiligen Produktions- und Vertriebsverantwortlichen der beiden Produktlinien MP3-Player sowie Tablets. Insbesondere bei den MP3-Playern liegen die aktuellen Gewinnzahlen unter den ursprünglich für diesen Geschäftsbereich geplanten Ergebnissen. In der Sitzung sollen nun die Ursachen für diese Abweichungen identifiziert werden. Der Produktionsleiter der MP3-Player, Herr Schimpfle, betont gleich zu Beginn des Gesprächs, dass die verschlechterten Ergebniszahlen insbesondere darin begründet liegen, dass deutlich weniger MP3-Player als geplant verkauft wurden. Frau Seller, die Vertriebsleiterin für MP3-Player, entgegnet jedoch, dass die schlechten Zahlen wohl doch eher daran liegen würden, dass die geplanten Kosteneinsparungen in der Produktion nicht realisiert werden konnten und dadurch die MP3-Player nicht zu wettbewerbsfähigen Preisen am Markt anzubieten waren. Außerdem weist Frau Seller darauf hin, dass ein Elektronikgroßhandel einen Großauftrag für die Abnahme an MP3-Playern in das kommende Geschäftsjahr verschoben hat, was zumindest einen hohen Anteil der verringerten Absatzzahlen im aktuellen Quartal erklärt. An dieser Stelle mischt sich der Chefcontroller der Grape SE, Herr Dr. Müller-Christ, in die Diskussion ein. Er möchte wissen, welche Auswirkungen die Verschiebung des Großauftrags für die Planung für das kommende Geschäftsjahr bedeutet.

Dieses Kapitel beschäftigt sich mit der Budgetierung im Unternehmen. Dabei sollen insbesondere die wesentlichen Funktionen und Verfahren eines Budgetierungsprozesses erläutert werden. Darüber hinaus soll verdeutlicht werden, welche Auswirkung die Budgetierung als Koordinationsinstrument auf Fragen der internen Unternehmenssteuerung und das Verhalten beteiligter Personen haben kann.

8.1 Ziele und Zwecke von Budgets

Planung und Budgetierung

Die operative Planung baut, wie bereits in Abschnitt 2.1.1.1 erörtert wurde, auf der strategischen und mittelfristigen Planung auf und ist demzufolge als kurzfristig orientierte Detailplanung zu verstehen. Somit verfolgt sie, auf einzelne Bereiche und Stellen herunter gebrochen, die Umsetzung der festgelegten Unternehmensziele. Nahezu alle Unternehmen planen regelmäßig ihre Kosten und Erlöse im Rahmen eines Budgetierungsprozesses. Dabei wird im Budget festgelegt, mit welchen Kosten und Erlösen in einem bestimmten Planungszeitraum zu rechnen ist.

Das Budget ist als Wertgröße formuliert, die in einem genau abgegrenzten Zeitraum durch die Entscheidungen und Handlungen eines Bereichs eingehalten werden soll. Mit ihm werden nicht die einzelnen Handlungsvariablen und -alternativen festgelegt, sondern ein Handlungsrahmen (Küpper et al., 2013, S. 433).

Beispiel 8.1 Grape SE **Planung und Budgets**

▸▸▸ Für das kommende Geschäftsjahr plant die Grape SE Gesamtkosten in Höhe von ca.17,418 Mio. EUR (Kostenbudget). Die Kosten lassen sich u. a. aufspalten in ein Herstellkostenbudget für MP3-Player (bzw. Tablets) in Höhe von ca. 9,075 Mio. EUR (4,543 Mio. EUR). Zusätzlich ist auch ein Budget für Forschung und Entwicklung bzw. Marketing und Vertrieb in Höhe von 1,2 Mio. EUR bzw. 1,4 Mio. EUR angesetzt. Der Verwaltungsbereich hat ein Budget in Höhe von 1,2 Mio. EUR. Insgesamt geht die Grape SE in ihrer Planung von Erlösen in Höhe von 19,7 Mio. EUR aus. Dieses Erlösbudget setzt sich zusammen aus geplanten Erlösen für MP3-Player (bzw. Tablets) in Höhe von 13,75 Mio. EUR (5,95 Mio. EUR). ◂◂◂

Zwecke von Budgets

Grundsätzlich werden Budgets in Unternehmen dazu eingesetzt, die Aktivitäten der Entscheidungsträger zu koordinieren. Dies entspricht einer **Koordination durch Pläne** (vgl. Kieser/Walgenbach, 2010, S. 111 ff.). Im Einzelnen dienen Budgets folgenden Zwecken (vgl. Friedl et al., 2013, S. 512 f.):

- Budgets transformieren Ziele und Strategien in klar definierte finanzielle Vorgaben für das Gesamtunternehmen und einzelne Teileinheiten.
- Die Budgetierung zwingt Manager, sich mit der Zukunft auseinanderzusetzen und ihre Pläne transparent zu machen.
- Durch die Abstimmung der Teilbudgets erfolgt eine Koordination aller zukünftigen Aktivitäten. Zusätzlich wird die Kommunikation der Entscheidungsträger sowohl zwischen den Bereichen als auch zwischen der zentralen Unternehmensleitung und dezentralen Einheiten gefördert.
- Die Einhaltung von Budgets bildet den Ausgangspunkt für die Beurteilung der Leistung einzelner Entscheidungsträger. Dies erfolgt durch den Vergleich zwischen geplanten und tatsächlich realisierten Ergebnissen. Ebenso können über Budgets Anreize gestaltet werden, um Manager zu einem effizienten Ressourceneinsatz zu motivieren.

Strategie und Budgetierung

Der starke Bezug zur operativen Planung führt häufig dazu, dass keine direkte Verbindung zwischen Budgetierung und **strategischer Planung** besteht. Hierdurch entsteht das Problem, dass die Aufmerksamkeit und die Aktivitäten des Managements auf kurzfristige betriebliche Details und nicht auf die Implementierung langfristiger Strategien fokussiert sind. Unternehmen können ein analoges **»Step-Down«**-Vorgehen einsetzen, um den Übergang von der Strategie zur Budgetierung betrieblicher Aktivitäten zu realisieren. Dieses wird in folgenden vier Schritten vollzogen (vgl. Kaplan/Norton, 2001, S. 248 f.):

1. In einem ersten Schritt erfolgt die Übersetzung der ausgearbeiteten Strategie in ein zur Strategieimplementierung geeignetes Instrument (z. B. Balanced Scorecard) einschließlich der Definition der strategischen Ziele und Messgrößen.
2. Anschließend werden für jede einzelne Messgröße anspruchsvolle Zielvorgaben festgesetzt und Planungslücken identifiziert.
3. Im dritten Schritt werden strategische Aktionsprogramme identifiziert und die hierfür benötigten Ressourcen angefordert, um die Planungslücken zu schließen. Hierdurch wird die Erreichung der anspruchsvollen Zielsetzung gewährleistet.
4. Im letzten Schritt des Übergangs von der Strategie zum Budget erfolgt die Genehmigung der Finanz- und Personalressourcen für die strategischen Aktionsprogramme und die Einbettung der Anforderungen in die jährlichen Budgets. Das jährliche Budget beinhaltet anschließend zwei Komponenten, das operative und das strategische Budget, auf welche im weiteren Verlauf näher eingegangen wird.

Der zweite und dritte Schritt stellen dabei den Kern des Verfahrens dar, da die anspruchsvollen Ziele und strategischen Aktionsprogramme die Verbindung zwischen Strategie und Budget herstellen. Bspw. zeigen aktuelle Marktforschungsergebnisse, dass ein wichtiger Erfolgsfaktor für Unternehmen im Bereich MP3-Player die Zufriedenheit der Kunden ist. Für die Grape SE besteht daher die Möglichkeit, die Zielgröße Kundenzufriedenheit in das interne Planungs- und Steuerungssystem aufzunehmen. Durch die Aufnahme solcher »weicher« Faktoren in das interne Steuerungssystem kann daher die Verbindung von Strategie und Budgetierung verbessert werden. Mithilfe dieses Vorgehens kann die Organisation die Steuerung langfristiger strategischer Themen berücksichtigen und ein System aufbauen, das rollierende Vorhersagen im jährlichen Budgetierungsprozess entwickelt und integriert. Strategiefokussierte Unternehmen setzen eine sogenannte doppelte Schleife (»Double Loop«) zur Integration des Budgetmanagements mit dem Strategiemanagement ein. Ein solches System ist Abbildung 8-1 zu entnehmen.

Operative und strategische Budgets

Das **operative Budget** spiegelt die schrittweisen Effizienz- und Effektivitätsverbesserungen bereits bestehender Prozesse wider. **Strategische Budgets** hingegen genehmigen die Aktionsprogramme, welche die Lücke zwischen den herausfordernden strategischen Zielen und deren Erreichung durch kontinuierliche Verbesserungen schließen sollen. Strategische Budgets nehmen im Vergleich zu operativen Budgets in der Regel einen wesentlich geringeren Anteil am Gesamtbudget ein. Dabei werden die in den strategischen Budgets festgelegten Aktionsprogramme möglichst losgelöst von den Vorgaben der operativen Budgets gesteuert.

Abb. 8-1

Strategie als kontinuierlicher Prozess

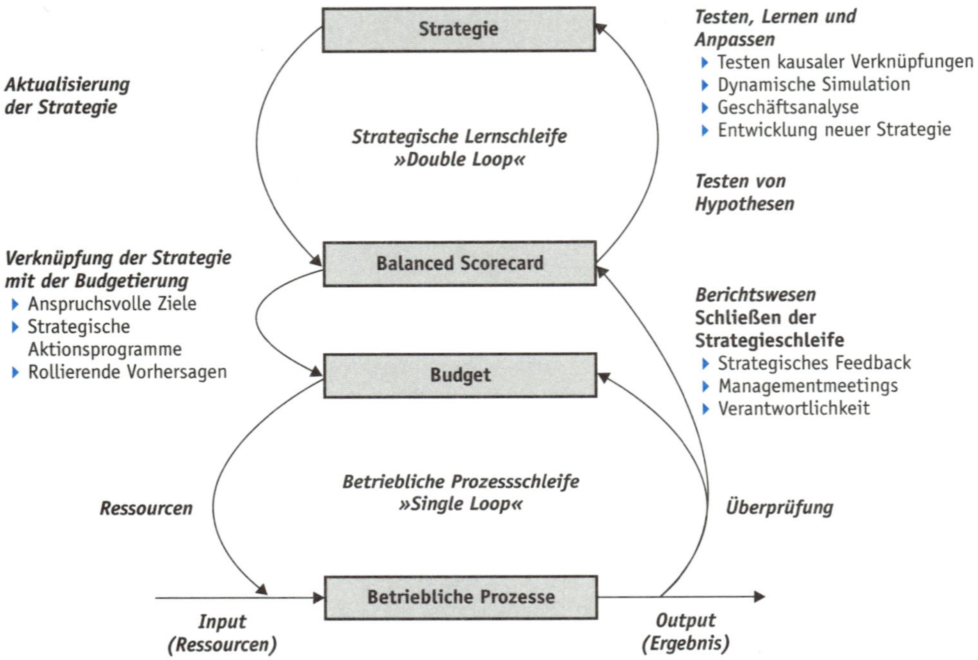

(Quelle: Eigene Darstellung in Anlehung an Kaplan/Norton, 2001, S. 245)

Praxisbeispiel

Deutsche Bahn AG

Große Aktiengesellschaften müssen Budgets häufig vom Aufsichtsrat genehmigen lassen. Grundlage hierfür ist § 111 AktG Absatz 4 Satz 2, welcher besagt, dass ein Katalog zustimmungspflichtiger Geschäfte, wie bspw. die Verabschiedung der Jahres-, Investitions- und Mittelfristplanung, in der Satzung oder durch den Aufsichtsrat selbst festgeschrieben werden muss. Dem Geschäftsbericht der Deutschen Bahn AG für das Jahr 2013 ist zu entnehmen, dass der Aufsichtsrat im Dezember 2013 dem Budget des DB-Konzerns und der Investitionsplanung für das Jahr 2014 zugestimmt hat (Quelle: Deutsche Bahn AG 2014, S. 48). Der Geschäftsbericht 2013 weist bezüglich der voraussichtlichen Entwicklung des DB-Konzerns ferner darauf hin, dass die dargestellte Entwicklung auf den in der Mittelfristplanung hinterlegten Annahmen zu den erwarteten Markt-, Wettbewerbs- und Umfeldentwicklungen sowie dem Umsetzungserfolg von geplanten Maßnahmen basiert. Da zum Zeitpunkt der Erstellung dieses Berichts noch keine vom Aufsichtsrat verabschiedete Mittelfristplanung vorlag, sondern nur ein Budget für das Geschäftsjahr 2014, wird keine Einschätzung für das Geschäftsjahr 2015 abgegeben. (Quelle: Deutsche Bahn AG, 2014, S. 197)

Abb. 8-2

Budgetierungsprozess

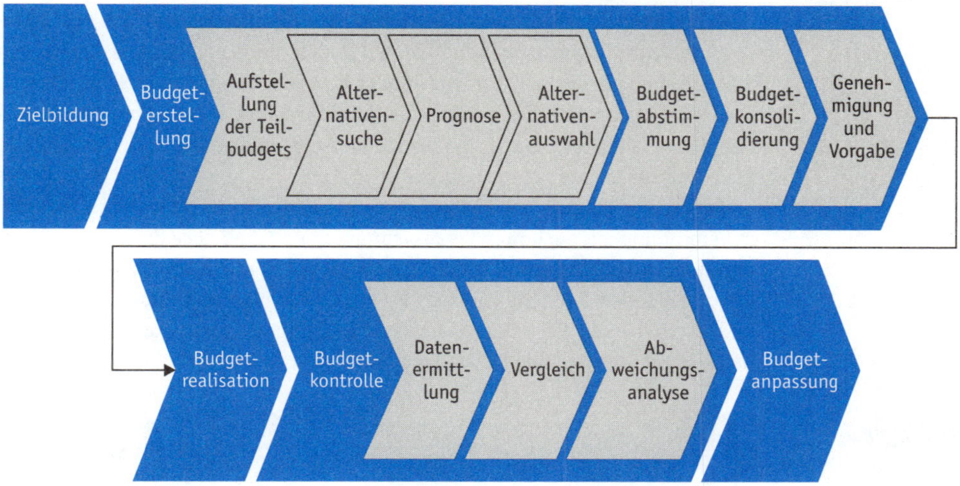

(Quelle: Eigene Darstellung in Anlehnung an Dillerup/Stoi, 2008, S. 387; Weber, 2005, S. 80)

Budgetierungsprozess

Der Budgetierungsprozess beschreibt den zeitlichen und sachlichen Ablauf der Budgetierungsaktivitäten und ist regelmäßig in den Gesamtplanungsprozess integriert. Prinzipiell lassen sich fünf Hauptphasen des Budgetierungsprozesses feststellen. Die Zielbildung, die Budgeterstellung, die Budgetrealisation, die Budgetkontrolle bzw. Analyse einer Budgetabweichung (vgl. Abschnitt 8.3.1) und die Budgetanpassung laufen in Phasen ab, wobei sich die Hauptphasen teilweise noch in Unterphasen aufgliedern. So kann der Prozess der Budgetkontrolle wiederum in die Unterphasen Datenermittlung, Vergleich und Abweichungsanalyse aufgespalten werden. Der vollständige Budgetierungsprozess ist in Abbildung 8-2 dargestellt.

8.2 Budgetierungsverfahren

In der Praxis existieren unterschiedliche Verfahren und Budgetierungstechniken. Dabei kommt insbesondere der Budgetierung von Gemeinkosten eine besondere Rolle zu (vgl. Abschnitt 8.2.2). Im Folgenden wird die Entwicklung eines Gesamtbudgets im Rahmen einer jährlichen Ergebnisplanung (Master Budget) dargestellt.

8.2.1 Master Budget

Master Budget

Das **Master Budget** bildet typischerweise die Unternehmensaktivitäten des geplanten Geschäftsjahres in Kosten, Erlösen und Zahlungsströmen ab. Dabei startet der Budgetierungsprozess in der Regel mit der Absatzprognose für das kommende Geschäftsjahr. Davon ausgehend können für das Unternehmen die Absatz- und Produktionsmengen geplant werden. Auf der Basis der budgetierten Produktionsmenge wiederum lassen sich die entsprechenden Einzelkosten wie zum Beispiel Material- oder Personalkosten planen. Daraus ist der Anlagenbedarf und damit das Budget für die Fertigungsgemeinkosten abzuleiten.

Neben der Planung der Herstellkosten lassen sich auf Basis der Absatzprognose in Verbindung mit geplanten Verkaufspreisen auch die Erlöse für das Planjahr budgetieren. Zusätzlich müssen für die nicht direkt mit dem Produktionsprozess in Verbindung stehenden Bereiche wie zum Beispiel Forschung und Entwicklung, Marketing und Vertrieb oder Verwaltung einzelne Teilbudgets festgelegt werden. Auf dieser Basis kann anschließend das Ergebnisbudget (Planergebnis) bestimmt werden.

Abb. 8-3

Master Budget

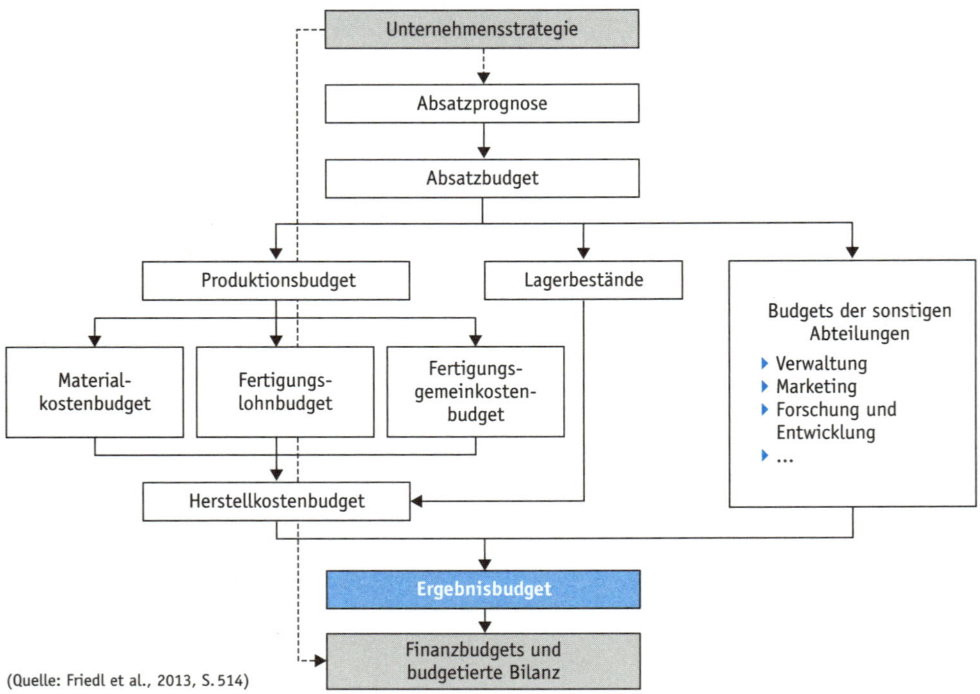

(Quelle: Friedl et al., 2013, S. 514)

Annahmen über Zahlungshöhen bzw. -zeitpunkte fließen in eine Finanzplanung ein. Das Ergebnis des Planungsprozesses ist die daraus entstehende Planbilanz (vgl. Abb. 8-3).

Rolle des Controllings

Diese Entwicklung des Gesamtbudgets wird typischerweise jährlich vorgenommen. Dabei ist zu beachten, dass diese Jahresplanung von einer Reihe unterschiedlicher Maßnahmen abhängt. Im Normalfall sind in diesem Planungsprozess sowohl die Mitarbeiter und Verantwortlichen der jeweiligen Bereiche, die ein Teilbudget zu verantworten haben, als auch das Controlling beteiligt. Hierbei wird jedoch schon deutlich, dass naturgemäß zwischen diesen einzelnen Gruppen unterschiedliches Wissen hinsichtlich der erwarteten Entwicklung vorliegt. Die Aufgabe der Controller in diesem Zusammenhang ist es, den Planungsprozess zu koordinieren und relevante Annahmen hinsichtlich ihrer Plausibilität zu überprüfen (Friedl et al., 2013, S. 515).

Beispiel 8.2 Grape SE **Master Budget**

▸▸▸ An der jährlichen Planungsrunde für das kommende Geschäftsjahr nehmen neben der zentralen Geschäftsleitung auch der Leiter Controlling, Herr Dr. Müller-Christ, sowie die Vertriebsverantwortlichen der jeweiligen Produkte, Frau Seller für die MP3-Player und Herr Preis für die Tablets, und auch die Produktionsleiter, Herr Schimpfle für MP3-Player und Herr Weller für Tablets, teil.

Schritt 1: Erstellung des Absatzbudgets

Die Planung für das kommende Geschäftsjahr der Grape SE mit den beiden Produktlinien MP3-Player und Tablets geht von der Absatzprognose aus. Auf dieser Basis werden dann die Planerlöse und das Herstellkostenbudget festgelegt. Ausgangspunkt für die Absatzprognose bilden häufig Erfahrungswerte über Absatzzahlen aus der Vergangenheit. Diese vergangenheitsorientierten Werte werden anschließend an aktuelle Marktentwicklungen und Wettbewerbsbedingungen angepasst. Frau Seller und Herr Preis erläutern, dass mit folgenden Absatzzahlen und Verkaufspreisen in der jeweiligen Produktlinie im kommenden Jahr zu rechnen ist (vgl. Tab. 8-1). Dabei stellen die grau hinterlegten Werte prognostizierte Ausgangswerte für die Budgetierung dar.

Tab. 8-1

Absatzbudget

Absatzbudget für das Planjahr

	MP3-Player	Tablets	Summe
Absatzmenge	275.000 Stk.	70.000 Stk.	
Verkaufspreis je Stück	50 EUR	130 EUR	
Erlöse	**13.750.000 EUR**	**9.100.000 EUR**	**22.850.000 EUR**

Insgesamt rechnet die Grape SE daher mit einem Umsatz von 22,85 Mio. EUR für das kommende Geschäftsjahr. In der Diskussion wird ebenfalls deutlich, dass die vorhandenen Kapazitäten zur Produktion der geplanten Absatzmenge ausreichend sind.

Schritt 2: Erstellung des Produktionsbudgets

Für Zwecke der Erstellung des Produktionsbudgets muss ermittelt werden, welche Lagerbestände zu Beginn des Geschäftsjahres bestehen bzw. welche Bestände am Ende des Geschäftsjahres vorliegen sollen (vgl. Tab. 8-2).

Tab. 8-2

Produktionsbudget

Produktionsbudget für das Planjahr		
Mengen in Stück	**MP3-Player**	**Tablets**
Absatzmenge	275.000	70.000
Geplanter Endbestand zum 31.12.	5.000	10.000
Erforderliche Menge	280.000	80.000
Abzüglich Anfangsbestand zum 1.1.	30.000	5.000
Herstellmenge	**250.000**	**75.000**

Schritt 3: Erstellung des Materialkostenbudgets

Für die Produktion der MP3-Player und Tablets werden hauptsächlich die Materialien Kunststoff, Metalle und Glas verarbeitet. Am Markt werden diese Produkte in Kilogramm (kg) gehandelt. Auf Basis der geplanten Absatz- bzw. der Fertigungsmenge lässt sich der Gesamtbedarf der einzelnen Materialen und damit die Materialkosten bestimmen. Hierfür müssen die beiden Produktionsverantwortlichen, Herr Schimpfle und Herr Weller, angeben, mit welchem Verbrauch eines bestimmten Rohstoffs für die Produktion der MP3-Player bzw. der Tablets zu rechnen ist (vgl. Tab. 8-3).

Tab. 8-3

Materialkostenbudget

Materialkostenbudget für das Planjahr				
Mengen in kg	**Kunststoff**	**Metalle**	**Glas**	**Summe**
Bedarf je Tausend MP3-Player	300	20	100	
Bedarf je Tausend Tablets	500	30	150	
Materialbedarf (Herstellmenge)	112.500	7.250	36.250	
Materialbedarf (Absatzmenge)	117.500	7.600	38.000	
Einkaufspreis je kg	8 EUR	80 EUR	10 EUR	
Materialkosten (Herstellmenge)	900.000 EUR	580.000 EUR	362.500 EUR	1.842.500 EUR
Materialkosten (Absatzmenge)	940.000 EUR	608.000 EUR	380.000 EUR	1.928.000 EUR

Für die Bestimmung der Materialkosten muss zuerst der Materialbedarf ermittelt werden. So ermittelt sich bspw. der Materialbedarf an Kunststoffen für die geplanten Absatzmengen (vgl. Tab. 8-1 und 8-3) wie folgt: 0,3 kg/Stk. × 275.000 Stk. + 0,5 kg/

Stk. × 70.000 Stk. = 117.500 kg. Bei einem Einkaufspreis von 8 EUR je Kilogramm Kunststoff ergeben sich budgetierte Materialkosten der Planabsatzmenge für Kunststoffe in Höhe von 940.000 EUR.

Schritt 4: Erstellung des Fertigungslohnbudgets
Für die Ermittlung des Fertigungslohnbudgets wird insbesondere zwischen den Tätigkeiten Produktion und Qualitätskontrolle unterschieden. Für die Bestimmung des Fertigungslohnbudgets muss geplant werden, mit welchen Lohnkosten je Stunde zu rechnen ist. Darüber hinaus geben Herr Schimpfle und Herr Weller an, mit welchen Bearbeitungszeiten für die Herstellung der einzelnen Produkte zu rechnen ist (vgl. Tab. 8-4).

Tab. 8-4

Fertigungslohnbudget

Fertigungslohnbudget für das Planjahr			
Arbeitszeiten in Std.	**Produktion**	**Qualitätskontrolle**	**Summe**
Fertigungszeit je MP3-Player	1,00	0,20	
Fertigungszeit je Tablet	2,00	0,50	
Fertigungszeit (Herstellmenge)	400.000	87.500	
Fertigungszeit (Absatzmenge)	415.000	90.000	
Lohnkosten je Std.	8 EUR	10 EUR	
Fertigungslohn (Herstellmenge)	3.200.000 EUR	875.000 EUR	4.075.000 EUR
Fertigungslohn (Absatzmenge)	3.320.000 EUR	900.000 EUR	4.220.000 EUR

Die Kosten für die Fertigungslöhne ermitteln sich äquivalent zu den budgetierten Materialkosten. Insgesamt rechnet die Grape SE mit Einzelkosten für Material und Löhne der Absatzmenge im kommenden Geschäftsjahr in Höhe von 6,148 Mio. EUR (= 1,928 Mio. EUR + 4,22 Mio. EUR).

Schritt 5: Erstellung des Fertigungsgemeinkostenbudgets
Bei der Ermittlung des Fertigungsgemeinkostenbudgets wird bei der Grape SE zwischen variablen und fixen Fertigungsgemeinkosten unterschieden. Der Grund hierfür ist, dass die variablen Fertigungsgemeinkosten wiederum von der geplanten Produktionsmenge abhängen und dadurch die Trennung zwischen fixen und variablen Fertigungsgemeinkosten zu einer genaueren Planung führt. Als variable Fertigungsgemeinkosten werden von der Grape SE Energiekosten behandelt. Auf der Basis von Erfahrungswerten kommen Herr Dr. Müller-Christ sowie die beiden Produktionsleiter zu dem Ergebnis, dass im kommenden Jahr mit einem Energieverbrauch von 5 Mio. Kilowattstunden (kWh) zu rechnen ist. Bei einem Strompreis in Höhe von 0,16 EUR/kWh führt das zu budgetierten variablen Fertigungsgemeinkosten von 800.000 EUR (vgl. Tab. 8-5). Da für die Produktions- und Absatzmengen keine Kapazitätserweiterung notwendig ist, werden als budgetierte fixe Fertigungsgemeinkosten einfach die Vorjahreswerte übertragen.

Tab. 8-5

Fertigungsgemeinkostenbudget

Fertigungsgemeinkostenbudget für das Planjahr	
Variable Fertigungsgemeinkosten	
Energie	800.000 EUR
Fixe Fertigungsgemeinkosten	
Abschreibungen	2.800.000 EUR
Gehälter	2.340.000 EUR
Sonstige Fertigungsgemeinkosten	1.260.000 EUR
Summe	**7.200.000 EUR**
Basis: Bearbeitungszeit in der Produktion (in Std.)	400.000
Gemeinkostenzuschlagssatz (in EUR/Std.)	18

Für Zwecke der Kalkulation werden die Gemeinkosten auf Basis der Bearbeitungszeit in der Produktion auf die Produkte geschlüsselt. Daher ergibt sich ein Zuschlagssatz in Höhe von 18 EUR/Std.

Schritt 6: Erstellung der Herstellkostenbudgets
Auf Basis der vorangegangenen Überlegungen trägt Herr Dr. Müller-Christ nun die bisherigen Teilbudgets zusammen, um das Herstellkostenbudget zu ermitteln. Dieses ermittelt er wie folgt (vgl. Tab. 8-6):

Tab. 8-6

Herstellkostenbudget

Herstellkostenbudget für das Planjahr		
Kosten je Stück	**MP3-Player**	**Tablets**
Materialkosten		
Kunststoff	2,40 EUR	4,00 EUR
Metalle	1,60 EUR	2,40 EUR
Glas	1,00 EUR	1,50 EUR
Fertigungslöhne		
Bearbeitung	8,00 EUR	16,00 EUR
Kontrolle	2,00 EUR	5,00 EUR
Fertigungsgemeinkosten	18,00 EUR	36,00 EUR
Summe	**33,00 EUR**	**64,90 EUR**
Herstellkosten der Absatzmenge	**9.075.000 EUR**	**4.543.000 EUR**
Summe	**13.618.000 EUR**	

Die Materialeinzelkosten des Kunststoffs für einen MP3-Player ergeben sich durch 300 kg/1.000 Stk. × 8 EUR/kg = 2,40 EUR/Stk. Die verrechneten Fertigungsgemeinkosten ergeben sich auf Basis des Zuschlagssatzes, der im Schritt 5 ermittelt wurde. Für die Kalkulation der Herstellkosten ergeben sich daher z. B. für die Tablets die zugerechneten Fertigungsgemeinkosten durch 2 Std. × 18,00 EUR/Std. = 36,00 EUR. Da die Grape SE in ihrer Ergebnisrechnung das Umsatzkostenverfahren anwendet, wird auch das Planergebnis auf Basis des Umsatzkostenverfahrens ermittelt. Zu diesem Zweck müssen die Herstellkosten der geplanten Absatzmenge bestimmt werden. Für das kommende Geschäftsjahr rechnet die Grape SE insgesamt mit Herstellkosten für die abgesetzte Menge in Höhe von 13.618.000 EUR.

Schritt 7: Erstellung der verbleibenden Budgets

Neben den Absatz- und Herstellkostenbudgets müssen auch die übrigen Funktionsbereiche betrachtet werden, die nicht direkt produktionsbezogen sind. Neben den Herstellkosten fallen bei der Grape SE weitere Kosten für Forschung und Entwicklung, für den Marketing- und Vertriebsbereich als auch für die Verwaltung an. Nach kurzer Diskussion der beteiligten Personen werden die Budgets dieser Funktionsbereiche auf Basis der Vorjahreswerte mit der zu erwarteten Änderung festgehalten (vgl. Tab. 8-7).

Tab. 8-7

Sonstige Budgets

Budgets nicht produktionsbezogener Bereiche für das Planjahr	
Forschung und Entwicklung	1.200.000 EUR
Marketing und Vertrieb	1.400.000 EUR
Verwaltung	1.200.000 EUR
Summe	**3.800.000 EUR**

Diese Kosten sollen in der Planergebnisrechnung ebenfalls von den Planerlösen gedeckt werden.

Schritt 8: Erstellung des Ergebnisbudgets

Im Anschluss an die Sitzung wird der Leiter der Controllingabteilung, Herr Dr. Müller-Christ, mit der Aufstellung des Ergebnisbudgets für das kommende Geschäftsjahr beauftragt. Nachdem er sämtliche Teilbudgets zusammengetragen hat, kommt er zu folgendem Ergebnis:

Tab. 8-8

Ergebnisbudget

Ergebnisbudget für das Planjahr	
Erlöse	
MP3-Player	13.750.000 EUR
Tablets	9.100.000 EUR
Summe Erlöse	22.850.000 EUR
Herstellkosten	
MP3-Player	9.075.000 EUR
Tablets	4.543.000 EUR
Summe Herstellkosten	13.618.000 EUR
Bruttoergebnis	**9.232.000 EUR**
Forschungs- und Entwicklungskosten	1.200.000 EUR
Marketing- und Vertriebskosten	1.400.000 EUR
Verwaltungskosten	1.200.000 EUR
Budgetierter Gewinn	**5.432.000 EUR**

Auf Basis dieser Planung geht die Grape SE folglich davon aus, dass im kommenden Geschäftsjahr ein Gesamtunternehmensergebnis in Höhe von 5.432.000 EUR erwirtschaftet wird (vgl. Tab. 8-8). Die Einzelbudgets dienen den einzelnen Unternehmensbereichen als Zielgröße, die bei Einhaltung sicherstellt, dass das geplante Ergebnis auch tatsächlich erreicht wird. Die Einhaltung dieser Zielgrößen soll im Rahmen quartalsmäßig stattfindender Besprechungen überprüft und analysiert werden. ◂◂◂

Kritik an der traditionellen Budgetierung

Die Kritik an der traditionellen Budgetierung lässt sich wie folgt zusammenfassen (vgl. Coenenberg et al., 2012, S. 907 f.):

- Grundsätzlich ist die Wirtschaftlichkeit dieses Steuerungsinstruments fraglich. Dies liegt zum einen daran, dass der mit der Budgetierung verbundene Aufwand (bspw. aufgrund langer Verhandlungen) als zu hoch eingeschätzt wird. Andererseits wird der durch die Budgetierung generierte Nutzen angezweifelt.
- Die traditionelle Budgetierung wird als zu wenig marktorientiert und zu unflexibel eingeschätzt.
- Die Budgetierung ist nur unzureichend mit den strategischen Zielen des Unternehmens verknüpft.

Diese Kritikpunkte haben zu der Entwicklung neuer Ansätze in der Budgetierung geführt. Diese werden in Abschnitt 8.2.3 dargestellt.

8.2.2 Budgetierung der Gemeinkosten

Bis auf Herrn Dr. Müller-Christ sind alle Beteiligten des Budgetierungsprozesses mit dem Ergebnis zufrieden. Schließlich, so scheint es, ist im kommenden Geschäftsjahr mit einem hohen Gewinn zu rechnen. Herr Dr. Müller-Christ merkt kritisch an, dass insbesondere die Budgets der nicht produktionsbezogenen Bereiche recht pragmatisch festgelegt wurden. Er stellt sich die Frage, ob man für Zwecke der Budgetierung der indirekten Leistungsbereiche nicht auch genauer vorgehen kann, um eine bessere Planung zu erreichen. Von der zentralen Geschäftsleitung wird er daraufhin damit beauftragt, über alternative Vorgehensweisen bei der zukünftigen Budgetierung von Gemeinkosten nachzudenken.

In diesem Kapitel wird auf drei Weiterentwicklungen der klassischen Budgetierung eingegangen: Activity Based Budgeting, Gemeinkostenwertanalyse und Zero Base Budgeting.

8.2.2.1 Activity Based Budgeting

Activity Based Budgeting

Die prozessorientierte Ausgestaltung der Budgetierung stellt eine Weiterentwicklung der Prozesskostenrechnung dar. Eine notwendige Voraussetzung für die Anwendung dieses Budgetierungsverfahrens ist folglich das Vorliegen von prozessorientierten Kostendaten in den betrachteten Bereichen. Dabei bezieht sich die Begrifflichkeit der Prozessorientierung nicht auf den Erstellungsvorgang der Budgetierung, sondern auf Art und Schwerpunktsetzung der verwendeten Kosteninformationen. Bei der prozessorientierten Budgetierung werden die Budgets der Abteilungen dementsprechend auf Basis der für das Produktionsprogramm erforderlichen Prozesse abgebildet. Dieses Vorgehen wird im angloamerikanischen Sprachraum als **Activity Based Budgeting** bezeichnet. Im deutschen Sprachraum ist diese Form der Budgetierung auch als **prozessorientierte Budgetierung** bekannt. Den Ausgangspunkt der prozessorientierten Budgetierung stellen die geplanten mengenmäßigen Outputinformationen (Produktions- und Absatzprogramm) dar, wodurch der Bedarf an betrieblichen Prozessen zur Erreichung dieses Outputs bestimmt wird. Nach der mengenmäßigen Bestimmung werden diese Prozesse mit einem Wertgerüst in Bezug gesetzt, woraus sich das Gesamtbudget ergibt. Das Gesamtbudget wird anschließend auf die Kostenstellen in Abhängigkeit der dort ablaufenden Prozessarten und -mengen aufgeteilt (prozessbezogenes Budget). Durch diese Vorgehensweise ist demzufolge eine zweidimensionale Betrachtung nach Prozess- und Budgetbereichen möglich.

Beurteilung Activity Based Budgeting

Ein wesentlicher Vorteil dieses Verfahrens, insbesondere bei der Anwendung in Gemeinkostenbereichen, ist, dass nicht mehr die Produktkosten oder die Kostenarten einer Kostenstelle betrachtet werden. Stattdessen werden die Kosten der für ein definiertes Produktionsprogramm notwendigen Prozesse in den einzelnen Bereichen und die bereichsübergreifenden Hauptprozesse betrachtet. Somit erfolgt die Budgetierung nachfrageorientiert. Dadurch wird es ermöglicht, das Unternehmen marktorientiert auszurichten und die Strategien auch in den Gemeinkostenbereichen zu verankern. Auf der anderen Seite sind allerdings auch die systembedingten Schwächen dieses Ansatzes ins Kalkül zu ziehen. So gelten durch den Rückgriff auf die Methodik und Datenbasis der Prozesskostenrechnung die wissenschaftlichen und methodischen Kritikpunkte an der Prozesskostenrechnung auch für die prozessorientierte Budgetierung. Hier sind insbesondere die Probleme bei der Abgrenzung von Prozessen und der Identifikation von Kostentreibern zu nennen (vgl. Möller, 2003, S. 331 ff.).

8.2.2.2 Gemeinkostenwertanalyse

Gemeinkostenwertanalyse

L. D. Miles entwickelte aufgrund der Materialknappheit gegen Ende des Zweiten Weltkrieges im Auftrag von General Electric die Wertanalyse, die die Grundlage für die **Gemeinkostenwertanalyse (GWA)** darstellt. Im Rahmen der GWA sollen Einsparpotenziale bei den Gemeinkosten definiert werden, wobei die Leistungen des Unternehmens unangetastet bleiben. Auf dieser Basis soll die Wettbewerbsfähigkeit eines Unternehmens sichergestellt werden. Da diese Form der Planung insbesondere die indirekten Leistungsbereiche adressiert, sind von der Gemeinkostenwertanalyse häufig Verwaltungsbereiche der Unternehmen betroffen (vgl. Friedl et al., 2013, S. 524). Die GWA kann in drei Phasen untergliedert werden (vgl. Coenenberg et al., 2012, S. 909 ff.). In einer Vorbereitungsphase werden die Projektziele in Form von Budgeteinsparungen sowie die zu untersuchenden Bereiche und Projektteams festgelegt. In der darauf folgenden Analysephase werden die Leistungen der zu untersuchenden Bereiche erfasst. So gehören Kundenbetreuung oder Verkaufsabwicklung zu wesentlichen Leistungen eines Vertriebsbereichs. Anschließend werden die für die Erstellung der Leistungen anfallenden Kosten erfasst und den Leistungen gegenübergestellt, sodass Einsparungspotenziale generiert werden können. So könnten bspw. durch den Einsatz einer neuen Software die Kosten für die Kundenbetreuung deutlich sinken, da die Kundendaten besser aufbereitet werden. Diese Ideen werden hinsichtlich ihrer Realisierbarkeit bewertet und anschließend als Maßnahmenpaket verabschiedet. In der Realisierungsphase werden die verabschiedeten Maßnahmen umgesetzt.

Beurteilung Gemeinkostenwertanalyse

Insgesamt zeigen Erfahrungsberichte, dass üblicherweise mit einem Erfolg bei der GWA mit Kostensenkungen in Höhe von 10–20 % zu rechnen ist (vgl. Roever, 1982, S. 251 f.). Kritisch bei dem Verfahren allerdings ist, dass insbesondere die Umsetzung der GWA die Mitarbeit und Beteiligung und damit auch die Akzeptanz aller Betroffenen voraussetzt. Im Extremfall wäre bspw. der Fall denkbar, dass ein Mitarbeiter durch seine Beteiligung an einer GWA seinen eigenen Arbeitsplatz gefährden würde.

8.2.2.3 Zero Base Budgeting

Zero Base Budgeting

Das sogenannte **Zero Base Budgeting (ZBB)** wurde von »Texas Instruments« gegen Ende der 1960er Jahre konzipiert. Wie die GWA zielt das ZBB auf die Steuerung der Gemeinkosten ab. Der Unterschied zwischen beiden Verfahren liegt jedoch darin, dass beim ZBB insbesondere auch der Nutzen von Gemeinkostenleistungen hinterfragt wird. Demgegenüber sieht die GWA Leistungen als gegeben an und hinterfragt nur die dafür notwendigen Kosten. Dies führt dazu, dass beim ZBB sämtliche Leistungen des zu überprüfenden Teilbereichs hinsichtlich ihrer Notwendigkeit hinterfragt werden. Im Rahmen der Budgetierung werden daher Budgets für einzelne Leistungen nicht einfach fortgeschrieben, sondern ausgehend von einem Niveau von null (Zero-Base) neu geplant. Als Ziel dieses in den Gemeinkostenbereichen eingesetzten Verfahrens ist weniger die Kostensenkung als vielmehr die optimale Allokation der knappen Ressourcen anzusehen, wobei durch das Verfahren zugleich erhebliche Kostensenkungen realisiert werden können. In dieses komplexe und aperiodische Verfahren sind, wie bei der zuvor vorgestellten GWA, die Leiter der organisatorischen Einheiten eingebunden. Das ZBB stößt jedoch häufig auf geringeren Widerstand als die GWA, welche vorrangig auf Kostensenkung und Personalabbau abzielt.

Grundsätzlich handelt es sich beim ZBB um einen mehrstufigen Prozess (vgl. Coenenberg et al., 2012, S. 911 ff.), der in weiten Teilen dem einer GWA ähnelt. Nach einer vorbereitenden Phase, in der die relevanten Ziele des Prozesses definiert werden, werden einzelne Entscheidungseinheiten gebildet, die häufig den Abteilungen des Unternehmens entsprechen. Im Rahmen einer Analysephase wird anschließend zunächst der aktuelle Ist-Zustand der Leistungen und der Kosten des Entscheidungsbereichs aufgenommen. Auf dieser Basis wird nun geprüft, ob die Leistung überhaupt notwendig ist bzw. ob es Kostensenkungspotenzial gibt. Anschließend wird für jede Entscheidungseinheit ein Maßnahmenplan definiert und dem Management zur Verabschiedung vorgeschlagen.

Beurteilung Zero Base Budgeting

Als Vorteil des ZBB wird angesehen, dass es im Gegensatz zur GWA sowohl Kosten als auch Leistungen betrachtet. Dies kann dazu führen, dass es zu Umverteilungen der Ressourcen im Unternehmen kommen kann. Wie bei der GWA besteht beim ZBB allerdings das Problem, dass dieses Verfahren ohne die von den anschließenden Kostensenkungsprogrammen betroffenen Personen nicht möglich ist. Daher stellt sich die Frage hinsichtlich der Verlässlichkeit entsprechender Informationen zu Kosteneinsparungspotenzialen der einzelnen Bereiche. So wird ein Mitarbeiter wohl selbst kaum eingestehen, dass sein Aufgabenbereich für das Unternehmen keinen besonderen Mehrwert bringt. Darüber hinaus ist das ZBB mit einem sehr hohen Aufwand verbunden und kann daher nur schwer in den jährlichen Budgetierungsprozess einbezogen werden (vgl. Coenenberg et al., 2012, S. 915).

8.2.3 Neuere Ansätze in der Budgetierung

Die Kritik an traditionellen Budgetierungsverfahren hat zur Entwicklung neuerer Ansätze in der Budgetierung geführt. Diese sollen insbesondere die Wirtschaftlichkeit und Flexibilität von Budgetierungsverfahren und Budgets sowie eine bessere Verknüpfung mit den strategischen Unternehmenszielen bewirken. Die Kritik an der traditionellen Budgetierung soll im Folgenden anhand der wichtigsten Merkmale dargestellt werden. Kritisiert wird, dass die traditionelle Budgetierung (vgl. Horváth/Möller, 2004, S. 69 f.):

- fest vorgegebene, absolute Zielgrößen verwendet. Basis der Vorgabewerte bilden Prämissen über die Änderung der Rahmenbedingungen in der Zukunft zum Planungszeitpunkt. Eine Änderung der Umwelt ist nicht integriert, soweit sie nicht absehbar war (bspw. Terroranschlag am 11. September 2001);
- eine hohe Inflexibilität aufweist. Damit wird eine Reaktion auf Markt- oder Strategieänderungen erschwert bzw. unmöglich. Lukrative Projekte können unter Umständen nicht bearbeitet werden, da kein Budget mehr vorhanden ist;

- einen enormen Aufwand verursacht. Der hohe Formalisierungsgrad und die zentrale Erstellung von Budgets führen zu einer großen Ressourcenbindung, die unter Umständen eine »Selbstbeschäftigung« darstellt;
- missbräuchlich genutzt werden kann, insbes. wenn die Incentivierung an sie angebunden ist. Hängt die variable Vergütung der Manager von Budgetzielen ab, kann dies unter Umständen einen Anreiz zur Manipulation der Budgets darstellen;
- lediglich eine Fortschreibung der Vergangenheit darstellt. Markt- und Strategieänderungen schlagen sich damit in den Budgets unter Umständen nicht nieder. Die Ziel- und Motivationsfunktion der Budgetierung geht damit verloren.

Die Stärken der traditionellen Budgetierung (Vollständigkeit, Detailliertheit, Führungs-/Vorgabewirkung etc.) können sich vor dem Hintergrund veränderter Umwelt- und Organisationsstrukturen (Komplexität, Dynamik, Turbulenz etc.) zu Schwächen entwickeln. Als Reaktion wurden verschiedene alternative Ansätze entwickelt.

Better Budgeting

Der Ansatz des **Better Budgeting** zielt auf eine graduelle Verbesserung der Budgetierung durch Effizienzsteigerungen ab, welche mittels einer Ausrichtung an Marktvorgaben und durch Vereinfachungs- oder Verschlankungsmaßnahmen erreicht werden soll (vgl. Gleich et al., 2006, S. 290 f.). Better Budgeting stellt damit keinen geschlossenen Ansatz oder eine Methode im wissenschaftlichen Sinne dar, sondern vielmehr eine Ansammlung von Ideen, die einer anwendungsspezifischen Ausgestaltung bedürfen. Die Optimierungsrichtung des Better Budgeting zielt auf eine Fokussierung der Planungsinhalte (funktionaler Aspekt) und eine Verkürzung des Budgetierungsprozesses (institutioneller Aspekt). Besondere Bedeutung haben in diesem Zusammenhang (vgl. Gleich et al., 2003, S. 315 ff.):

- die Konzentration, Fokussierung und Entfeinerung erfolgskritischer Prozesse und Organisationsstrukturen;
- die Verwendung marktorientierter Ziele und Vorgaben anstelle von Budgetierung auf Basis der Fortschreibung;
- die Reduzierung von Frequenz und Anzahl von Budgetkontrollen und Reporting;
- die Stärkung dezentraler Strukturen bei Budgeterstellung und -verabschiedung sowie
- die Stärkung der Weisungsbefugnis, um den Arbeits- und Zeitaufwand zu reduzieren.

Better Budgeting basiert also auf der herkömmlichen Budgetierung unter Nutzung der klassischen finanzorientierten Instrumente.

Beyond Budgeting

Während das Better Budgeting darauf abzielt, die Budgetierungsprozesse zu verbessern, stellt das **Beyond Budgeting** die Budgetierung als Steuerungsinstrument grundsätzlich in Frage (vgl. Hope/Frazer, 1997, S. 20 ff.). In diesem Sinne soll die innerbetriebliche Steuerung nicht auf Basis von Budgets, sondern durch dezentrale Strukturen anhand von Grundsätzen und Zielen erfolgen. Dadurch soll eine hohe Marktorientierung und eine flexible Steuerung auf Basis dezentraler Verantwortung erreicht werden. Beyond Budgeting ist durch zwölf Prinzipien charakterisiert (vgl. Abb. 8-4). Sechs Prinzipien beziehen sich auf eine neue Führungsvision (»radical devolutionary framework«), weitere sechs Prinzipien beschreiben einen sich stets an veränderte Umfeldbedingungen anpassenden Managementprozess (»adaptive management process«).

In beiden Bereichen werden organisatorische Aspekte angesprochen, insbesondere ein adaptiver Managementprozess. Dieser beinhaltet vier zentrale Unterstützungsinstrumente: Balanced Scorecard, Activity Based Budgeting, Benchmarking und eine rollierende Planung. Das Konzept setzt in beiden Bereichen stark auf dezentrale Strukturen und die Delegation von Entscheidungen. Den handelnden Personen soll einerseits ein maximales Maß an Entscheidungsspielraum und Selbstkontrolle eingeräumt werden, anderseits sollen ihnen relative und marktorientierte Ziele als

Abb. 8-4

Prinzipien des Beyond Budgeting

Prinzipien des Beyond Budgeting Ansatzes	Merkmale
Förderung der Dezentralisierung	
1. Prinzip Selbstbestimmungsumfeld	Aufgaben, Prinzipien und Werte sind die dominanten Steuerungselemente
2. Prinzip Ergebnisverantwortung	Erreichung von kompetitiven Leistungszielen steht im Vordergrund
3. Prinzip Marktähnliche Koordination	Umlagen und Verrechnungspreise werden im Wesentlichen marktähnlich vereinbart
4. Prinzip Netzwerk-Organisation	Verstärkung von netzwerkähnlichen und kundenorientierten Strukturen in der Organisation
5. Prinzip Befähigte Führungskräfte	Hohes Maß an Selbstbestimmung durch umfassende Handlungsfreiräume
6. Prinzip Unterstützender Führungsstil	Kooperative Führung durch gleichzeitiges Fördern und Fordern
Adaptive Managementprozesse	
7. Prinzip Relative Zielgrößen	Zielsetzung ist das Übertreffen kompetitiver Vergleichsgrößen
8. Prinzip Wettbewerbsorientierte Teamentlohnung	Belohnungen basieren auf gemeinsamer Erreichung kompetitiver Vergleichsgrößen
9. Prinzip Anpassbare Strategien	Strategien können sich flexibel den Marktgegebenheiten anpassen
10. Prinzip Ressourcen bei Bedarf	Ressourcen können dann abgerufen werden, wenn sie gebraucht werden
11. Prinzip Früherkennungssysteme	Früherkennungssysteme dienen der Überprüfung der strategischen Richtung
12. Prinzip Schnelle und offene Kontrollsysteme	Informationen werden schnell und offen kommuniziert

(Vgl. Hope/Frazer, 2003, S. 62 ff.)

Orientierungsgrößen vorgegeben werden. Statt der ex-ante-Festlegung von individuellen Anreizen (Incentivierung) wird die ex-post-Entlohnung auf Basis gemeinsamer Erfolge empfohlen. Die Abschaffung von Budgets (nicht zu verwechseln mit der Planung generell) ist die konsequenteste und bekannteste Forderung der Vertreter dieses Ansatzes. Zentrale Annahme ist, dass es Instrumente gibt, die in der Lage sind, wichtige Funktionen der traditionellen Budgetierung zu übernehmen und diese sogar besser erfüllen können. Damit kann die traditionelle Budgetierung in Teilbereichen ersetzt werden. Auch beim Beyond Budgeting werden also Ziele durch finanzielle Maßgrößen konkretisiert und damit zu einer Form von »Budgets«. Der Unterschied dabei liegt im Verbindlichkeits- und Formalisierungsgrad.

Better und Beyond Budgeting im Vergleich

Ein wesentliches Differenzierungsmerkmal liegt im Grundgedanken und der Umsetzung der beiden Varianten: Das Beyond Budgeting stellt einen radikalen, revolutionären Ansatz dar, während das Better Budgeting eine evolutionäre Veränderung beinhaltet (vgl. Abb. 8-5). Kritisch in diesem Zusammenhang ist, dass die Vorteilhaftigkeit beider Verfahren bisher noch nicht überprüft wurde.

Abb. 8-5

Vergleich der Ansätze Better Budgeting und Beyond Budgeting

	Better Budgeting	**Beyond Budgeting**
Kernziele	▸ Effizienzsteigerung ▸ Verschlankung der Planung ▸ Vereinfachung	▸ Effizienz- und Effektivitätssteigerung ▸ Berücksichtigung strategischer Ziele ▸ Vereinfachung ▸ Vollständiger Umbau des Managementsystems
Kern-Tools	▸ Klassisches Budgetsystem insbesondere auf Basis Kostenrechnung, GuV, Bilanz	▸ Balanced Scorecard ▸ Activity Based Budgeting ▸ Benchmarking ▸ Rollierende Finanz- und Investitionsplanung
Umsetzung	▸ Evolutionär ▸ In kleinen Schritten ▸ In Ergänzung zur traditionellen Planung/Budgetierung	▸ Revolutionär ▸ Radikal ▸ Als Ersatz der traditionellen Planung/Steuerung

(Quelle: Gleich et al., 2003, S. 321)

8.3 Unternehmenssteuerung auf Basis von Budgets

Am Ende des Geschäftsjahres wird deutlich, dass die Grape SE es nicht geschafft hat, das geplante Bruttoergebnis von ca. 9,232 Mio. EUR im aktuellen Geschäftsjahr zu erwirtschaften. Allerdings ist nicht genau klar, auf welche Ursachen das geringer ausgefallene Ergebnis zurückgeführt werden kann. Während Herr Schimpfle als Produktionsleiter die Ursachen für die Ergebnisabweichung in erster Linie bei der Vertriebsabteilung sieht, wirft Frau Seller, verantwortliche Vertriebsleiterin für MP3-Player, dem Produktionsbereich vor, geplante Kosteneinsparungen nicht realisiert zu haben. Der Leiter der Controllingabteilung, Herr Dr. Müller-Christ, nimmt ebenfalls am Gespräch teil. Er regt an, sich erst nach einer genaueren Analyse der Abweichungen wieder zusammenzusetzen, da auf dieser Ebene die Diskussion nicht weiterführen würde. Zurück in seinem Büro beginnt er sofort mit der Analyse der Abweichungen.

Häufig werden Budgets als Instrument der Leistungsmessung eingesetzt. Durch die Analyse der **Budgetabweichungen** sollen die dafür verantwortlichen Ursachen festgestellt und die Einleitung von Gegensteuerungsmaßnahmen ermöglicht werden. Je früher Informationen über Abweichungen von geplanten und realisierten Größen vorliegen, desto eher können entsprechende Gegensteuerungsmaßnahmen eingeleitet und dadurch die Ergebnisabweichung eingeschränkt werden.

Budgets werden im Rahmen der Unternehmenssteuerung jedoch auch zur Beurteilung der Leistung von Managern eingesetzt. So sieht das Teilbudget für die Produktion Kosten vor, die in der Planperiode anfallen dürfen. Entsprechende Abweichungen schlagen sich dann häufig auch in den Bonuszahlungen der verantwortlichen Manager nieder (vgl. Kapitel 6). Allerdings entwickelt sich hieraus ein Interessenkonflikt: Häufig muss im Rahmen der Planung auf Berichte der einzelnen Bereichsmanager zurückgegriffen werden. Werden diese Informationen nun in ein Steuerungsinstrument einbezogen, so stellt sich die Frage, ob die Informationen wahrheitsgemäß weitergegeben wurden. So kann bspw. der Leiter der Produktionsabteilung in seiner Berichterstattung die Kostensituation seines Bereichs deutlich schlechter darstellen, um bei der anschließenden Evaluierung positiv überraschen zu können. Dieser Aspekt sowie mögliche Anreize zu einer wahrheitsgemäßen Berichterstattung seitens der Bereichsmanager werden im Abschnitt 8.3.2 weiter thematisiert.

8.3.1 Analyse von Budgetabweichungen

Budgetkontrolle

Bei der Analyse von Budgetabweichungen werden grundsätzlich realisierte und ursprünglich geplante Ergebnisse einander gegenübergestellt. Die sich daraus ergebenden Abweichungen können sowohl vorteilhaft sein, bspw. wenn die tatsächlichen Marketingkosten geringer als die budgetierten Kosten waren, jedoch können diese Abweichungen auch negativ sein, bspw. wenn die realisierten Erlöse für ein bestimmtes Produkt das Erlösziel unterschreiten. Um entsprechende Analysen überhaupt vornehmen zu können, muss zunächst eine **Budgetkontrolle** vorgenommen werden, bei der Abweichungen von geplanten und realisierten Größen zu ermitteln sind.

> Bei der Budgetkontrolle handelt es sich um einen informationsverarbeitenden Prozess zur Ermittlung und Analyse realisierter oder erwarteter Budgetabweichungen durch den Vergleich des zu kontrollierenden Wertes mit dem Vorgabewert der Budgetgröße oder der dem Budget zugrunde liegenden Prämissen (vgl. Friedl, 2013, S. 236).

Ziel der Analyse der Budgetabweichung

Häufig sind vielfältige Ursachen für Budgetabweichungen verantwortlich. Ziel der Analyse von Budgetabweichungen ist es daher, die Gründe für entsprechende Abweichungen näher charakterisieren zu können. Dadurch soll das Einleiten von Gegensteuerungsmaßnahmen ermöglicht werden. Übersteigen bspw. die Materialkosten das Materialkostenbudget bei unveränderter Produktionsmenge, so stellt sich die Frage, ob sich der Materialverbrauch aufgrund ineffizienten Wirtschaftens erhöht hat oder ob sich die Einkaufspreise der Güter erhöht haben. Darüber hinaus soll die Analyse der Budgetabweichungen verdeutlichen, ob die Abweichungen von den jeweiligen Budgetverantwortlichen zu vertreten sind oder ob diese auf nicht beeinflussbare Größen zurückgehen. Häufig ist es jedoch nicht möglich, einzelne Ursachen für Budgetabweichungen isoliert zu betrachten (vgl. Friedl et al., 2013, S. 528).

Starre und flexible Budgets

Die Problematik der Analyse der Abweichungen erhöht sich immer dann, wenn volumenbedingte Abweichungen auftreten. So stellt ein Überschreiten des Materialkostenbudgets nicht unbedingt einen negativen Trend dar, wenn dafür eine höhere Anzahl an Produkten gefertigt wurde. Zu diesem Zweck wird insbesondere in der angloamerikanischen Literatur zwischen **starren** und **flexiblen Budgets** unterschieden (vgl. Horngren et al., 2012, S. 248 ff.). Der Unterschied zwischen starren und flexiblen Budgets besteht darin, dass starre Budgets hinsichtlich einer veränderten Fertigungsmenge nicht angepasst werden. Dies hat zur Folge, dass eine höhere Fertigungsmenge bei unveränderten Einkaufspreisen zwangsläufig zu einem Überschreiten des Materialkostenbudgets führt. Allerdings ist der Informationsgehalt einer solchen Abweichung eher kritisch zu bewerten. Aus diesem Grund werden flexible Budgets in Abhängigkeit der tatsächlichen Fertigungsmenge angepasst. Daher werden im Rahmen der Analyse von Budgetabweichungen zuerst Anpassungen an den zugrunde liegenden Planungen vorgenommen und dadurch ein Soll-Wert ermittelt.

Beispiel 8.3 Grape SE **Starre und flexible Budgets**

▸▸▸ Eine Betrachtung der ursprünglichen Planung für das Geschäftsjahr liefert für Herrn Dr. Müller-Christ die notwendigen Informationen, die zur Ergebnisprognose für die MP3-Player geführt haben. Insgesamt wurde mit einem Absatz von 275.000 MP3-Playern gerechnet. Diese hätten mit einem Stückpreis von 50 EUR verkauft werden sollen, was zu Planerlösen in Höhe von 13,75 Mio. EUR geführt hätte. Daneben sieht die Planung variable Herstellkosten in Höhe von 17 EUR je MP3-Player vor. Zusätzlich sind fixe Herstellkosten in Höhe von 4,4 Mio. EUR budgetiert. Zusammengefasst hätten diese Teilplanungen zu einem Bruttoergebnis der MP3-Player in Höhe von 4,675 Mio. EUR führen sollen.

Tatsächlich weist der Produktbereich MP3-Player im vergangenen Geschäftsjahr nur ein realisiertes Ergebnis von 3,959 Mio. EUR aus. Damit hat sich das Ergebnis im Vergleich zum Budget um 0,716 Mio. EUR verschlechtert.

Tab. 8-9

Starres Budget

	Starres Budget	Ist-Werte	Abweichung
Absatzmenge	275.000 Stk.	260.000 Stk.	-15.000 Stk.
Erlöse	13.750.000 EUR	13.000.000 EUR	-750.000 EUR
Variable Herstellkosten	-4.675.000 EUR	-4.641.000 EUR	34.000 EUR
Fixe Herstellkosten	-4.400.000 EUR	-4.400.000 EUR	
Bruttoergebnis	**4.675.000 EUR**	**3.959.000 EUR**	**-716.000 EUR**

Der Vergleich zwischen den budgetierten und realisierten Größen scheint Herrn Schimpfle Recht zu geben. Dieser war der Meinung, dass das verschlechterte Bruttoergebnis bei den MP3-Playern insbesondere auf die geringere Absatzzahl und damit von Frau Seller, der verantwortlichen Vertriebsleiterin für MP3-Player, zu vertreten ist. So wurden insgesamt 15.000 MP3-Player weniger abgesetzt, wodurch sich die Erlöse um 750.000 EUR verringerten. Es scheint sogar, dass der Produktionsbereich günstiger produziert hat, als ursprünglich vorgegeben war. So haben sich die variablen Herstellkosten um 34.000 EUR verringert. Die Fixkosten sind im Vergleich zur Planung unverändert geblieben.
Nun will Herr Dr. Müller-Christ jedoch auch der Kritik von Frau Seller nachgehen. Diese hatte zwar eingeräumt, dass deutlich weniger MP3-Player abgesetzt wurden, jedoch gleichzeitig behauptet, dass das geringere Ergebnis ebenfalls darauf zurückzuführen sei, dass der Produktionsbereich nicht die geplanten Kostensenkungen erzielt hätte. Herr Dr. Müller-Christ überlegt sich, welche Herstellkosten wohl laut Planung angefallen wären, wenn man von einer geplanten Absatzmenge von 260.000 Stück ausgegangen wäre. Auf dieser Basis stellt er ein flexibles Budget auf.

Tab. 8-10

Flexibles Budget

	Flexibles Budget	Ist-Werte	Abweichung
Absatzmenge	260.000 Stk.	260.000 Stk.	
Erlöse	13.000.000 EUR	13.000.000 EUR	
Variable Herstellkosten	-4.420.000 EUR	-4.641.000 EUR	-221.000 EUR
Fixe Herstellkosten	-4.400.000 EUR	-4.400.000 EUR	
Bruttoergebnis	**4.180.000 EUR**	**3.959.000 EUR**	**-221.000 EUR**

Bei variablen Herstellkosten in Höhe von 17 EUR je Stück hätten bei einem Absatz von 260.000 MP3-Playern variable Herstellkosten in Höhe von 4,42 Mio. EUR anfallen dürfen. Allerdings sind die tatsächlich realisierten variablen Herstellkosten um 5 % auf 4,641 Mio. EUR angestiegen. Dieser Kostenanstieg ist auf erhöhte variable Herstellkosten zurückzuführen. Bei der hier ansetzenden Analyse muss geklärt werden, auf welche Ursachen (bspw. höhere Materialkosten) der Kostenanstieg zurückgeführt werden kann.
Somit verdeutlicht das flexible Budget, dass sowohl der Vertriebs- als auch der Produktionsbereich durch negative Abweichungen von den Zielgrößen das geringere Ergebnis im Vergleich zur Planung zu vertreten haben. Mit diesen Informationen macht sich Herr Dr. Müller-Christ auf den Weg in die nächste Sitzung mit Frau Seller und Herrn Schimpfle. Herr Schimpfle soll hier näher erläutern, welches die Ursachen für die zu hohen Herstellkosten waren. Zusätzlich will Herr Dr. Müller-Christ mit beiden Maßnahmen erörtern, wie diese Abweichungen in Zukunft zu vermeiden sind. ◂◂◂

8.3.2 Berichterstattung und Budgets

Verhaltenswirkungen von Budgets

Neben der Analyse von Budgetabweichungen ist auch die Frage der **Partizipation** der einzelnen Bereichsmanager am Budgetierungsprozess für die Unternehmenssteuerung relevant. Grundsätzlich können mithilfe von Budgets die Aktivitäten einzelner Entscheidungsträger innerhalb eines Unternehmens koordiniert werden. Dies geschieht durch Zielvorgaben, die häufig wiederum mit finanziellen Anreizen für Manager verknüpft sind. So kann der Leiter eines Bereiches in seiner Berichterstattung die wirtschaftliche Situation negativer darstellen, um bei der anschließenden Evaluierung positiv überraschen zu können. Dies kann sogar zu einer Bonuszahlung an ihn führen. Damit entsteht aus Sicht der Unternehmensleitung häufig ein Problem: Einerseits verfügen die Bereichsmanager über ein detailliertes Wissen über ihre jeweiligen Bereiche. Daher sollten diese Informationen im Rahmen des Planungsprozesses berücksichtigt werden. Andererseits werden die Bereichsmanager anschließend anhand der im Rahmen des Budgetierungsprozesses gebildeten Zielstellungen evaluiert. Daher stellt sich die Frage, welche Auswirkung ein solcher Budgetierungsprozess auf das Verhalten der Manager hat. Es kann nämlich nicht davon ausgegangen werden, dass diese ihre Informationen ohne weiteres wahrheitsgemäß preisgeben (vgl. Ewert/Wagenhofer, 2014, S. 409 ff.).

Beispiel 8.4 Grape SE **Berichterstattung in der Budgetierung**

▸▸▸ Herr Schimpfle bereitet sich auf die kommende Budgetierungsrunde vor. In dieser Sitzung sollen die Herstellkosten für das kommende Geschäftsjahr budgetiert werden. Für das aktuelle Geschäftsjahr waren variable Herstellkosten je Stück in Höhe von 17 EUR geplant worden. Allerdings lagen die tatsächlich realisierten variablen Herstellkosten je Stück mit über 17,85 EUR deutlich darüber. Dies hatte dazu geführt, dass Herr Schimpfle im aktuellen Geschäftsjahr keine Bonuszahlung erhalten hat. Eigentlich geht er davon aus, dass bei optimaler Gestaltung des Produktionsablaufs variable Herstellkosten von 17 EUR möglich sein sollten. Er beschließt jedoch, sich bei der neuen Budgetplanung einen »Puffer« einzubauen. Er nimmt sich vor, im Rahmen des Budgetierungsprozesses die variablen Herstellkosten je Stück mit 17,50 EUR anzugeben. Dies will er damit rechtfertigen, dass die Leistungsfähigkeit einer neuen Maschine in seinem Bereich noch nicht genau beurteilt werden kann. Dadurch will er sicherstellen, dass er dieses Mal ebenfalls eine Bonuszahlung erhält. ◀◀◀

Partizipation in der Budgetierung

Grundsätzlich können Bereichsmanager in einem unterschiedlichen Ausmaß am Budgetierungsprozess beteiligt werden (**Partizipation**). Eine stärkere Partizipation der Bereichsmanager hat demnach zur Folge, dass der bessere Informationsstand der Bereichsmanager in die Planung integriert wird. Allerdings bietet eine stärkere Partizipation für Bereichsmanager auch einen höheren Spielraum, opportunistische Ziele zu verfolgen. Daher wäre es als Extremfall möglich, dass die Budgets ohne Partizipation der einzelnen divisionalen Entscheidungsträger festgesetzt werden. Dieses Verfahren wird als **Top-down-Budgetierung** bezeichnet. Der Vorteil dieses Verfahrens besteht darin, dass potenzielle Bereichsegoismen ausgeblendet werden. Allerdings wird dadurch bewusst ein Informationsnachteil bei der Planung in Kauf genommen. So sind große multinationale Unternehmen wie Siemens in jedem Fall auf Informationsübermittlungen einzelner Ländergesellschaften angewiesen. Daher ist diese Form der Budgetierung nur in kleineren Unternehmen anwendbar.

Umgekehrt wäre auch der Extremfall denkbar, dass im Rahmen einer **Bottom-up-Budgetierung** die Budgetvorschläge der einzelnen Bereichsmanager aufeinander abgestimmt und zu einem Gesamtbudget verdichtet werden. Allerdings besteht hier das Problem, dass dieses Verfahren den Managern erheblichen Spielraum einräumt, sich opportunistisch zu verhalten. Einerseits können sie ihren besseren Informationsstand nicht wahrheitsgemäß an die zentrale Unternehmensleitung weitergeben. Andererseits bestehen auch Koordinationsprobleme zwischen den einzelnen Bereichen, wenn es um die gemeinsame Beanspruchung knapper Ressourcen geht. Damit führt eine stärkere Partizipation in der Budgetierung auch zu einem höheren zeitlichen und personellen Aufwand.

In der Praxis wird daher häufig ein Mittelweg zu finden sein, der als Budgetierung nach dem **Gegenstromverfahren** bezeichnet wird. Dieses Verfahren ist durch die Vorgabe von Budgets durch die zentrale Unternehmensleitung und anschließender Anpassung der Vorgabe durch die beteiligten dezentralen Einheiten gekennzeichnet.

Budgetmanipulation und wahrheitsgemäße Berichterstattung

Große multinationale Unternehmen können Budgets nur mithilfe dezentraler Entscheidungsträger erstellen. So sollten Informationen von Managern einzelner Landesgesellschaften in den Planungsprozess der Absatzmöglichkeiten in einem bestimmten Land oder einer Region einbezogen werden, da diese über einen besseren Kenntnisstand hinsichtlich dieser Fragestellungen verfügen. Allerdings stellt sich in diesem Zusammenhang die Frage, ob der Manager diese Informationen bei einer Partizipation am Budgetierungsprozess ohne weiteres wahrheitsgemäß weitergeben wird. Tatsächlich bestehen häufig verschiedene Gründe, die zu einer **Budgetmanipulation** durch den Manager führen. Das wird dann der Fall sein, wenn der Manager einen persönlichen Nutzen aus einer falschen Berichterstattung zieht. Dieser Fall kann dann eintreten, wenn ein Manager sogenannte **nicht pekuniäre Vorteile (private benefits of control)** aus einer Ressourcenzuteilung erhält, die auf dem Planungsprozess aufsetzt (vgl. Ewert/Wagenhofer, 2014, S. 394). Damit ist gemeint, dass ein Manager seine persönliche »Wichtigkeit« von den ihm zugeteilten Ressourcen abhängig macht, da dies seine Bedeutung unterstreicht. So steigt sein persönlicher Nutzen dadurch an, dass er für vergleichsweise viel Personal verantwortlich ist. Daneben kann das Problem nicht wahrheitsgemäßer Berichterstattung auch organisationsbedingt sein, nämlich genau dann, wenn mehrere Bereiche innerhalb eines Unternehmens um knappe Ressourcen konkurrieren. Dies kann dazu führen, dass ein Bereichsmanager »frisierte« Berichte an die zentrale Unternehmensleitung weitergibt, um den Zuschlag für ein Investitionsprojekt zu erhalten.

Hängen darüber hinaus Bonuszahlungen an die Bereichsmanager von der Einhaltung der Budgets ab, so haben Manager häufig einen Anreiz, **Budgetreserven (budgetary slack)** in die Berichterstattung einzubauen. Das bedeutet, dass Erlösbudgets zu niedrig bzw. Kostenbudgets zu hoch angesetzt werden, damit ein Manager auch bei eher ungünstigen Erlös- oder Kostenentwicklungen eine Bonuszahlung erhält.

Aufgrund des Informationsvorsprungs der einzelnen Bereichsmanager wird es für die zentrale Unternehmensleitung häufig nicht möglich sein, zwischen einer falschen Berichterstattung und einer gewöhnlichen Budgetabweichung ex post zu unterscheiden. Allerdings können zusätzliche Maßnahmen eingeleitet werden, die eine falsche Berichterstattung für einen Bereichsmanager ex ante unattraktiv erscheinen lassen. Dazu gehört einerseits die Beschaffung zusätzlicher Informationsquellen zur Prognose künftiger Geschäftsentwicklungen. So kann die zentrale Unternehmensleitung neben der Berichterstattung des Managers einer Landesgesellschaft hinsichtlich der möglichen Absatzentwicklung auch ein Beratungsunternehmen oder Marktforschungsinstitute befragen. Dadurch wird eine nicht wahrheitsgemäße Berichterstattung erschwert (vgl. Friedl et al., 2013, S. 533 f.).

Ein anderes Instrument zur Eingrenzung von Anreizen zu Budgetmanipulationen liegt in der Ausgestaltung von Anreizsystemen. So können im Fall, dass mehrere Bereiche um knappe Ressourcen konkurrieren, potenzielle Anreize zu einer Budgetmanipulation dadurch eingegrenzt werden, dass die Bonuszahlungen an die Bereichsmanager auch von den Ergebnissen der anderen Bereiche abhängig sind. In diesem Fall haben die Bereichsmanager ein Interesse daran, dass die zur Verfügung stehenden Mittel effizient auf alle Bereiche aufgeteilt werden.

Kontrollfragen

1. *Was versteht man unter einem Budget?*
2. *Welche Zwecke haben Budgets?*
3. *Wie können Budgets und strategische Zielsetzung des Unternehmens miteinander verbunden werden?*
4. *Was versteht man unter einem Master Budget?*
5. *Welche Möglichkeiten für die Budgetierung der Gemeinkosten gibt es?*

6. *Zu welchem Zweck wird eine Analyse von Budgetabweichungen vorgenommen?*
7. *Was ist der Unterschied zwischen einem starren und einem flexiblen Budget?*
8. *Welche Formen der Partizipation im Budgetierungsprozess gibt es?*
9. *Welche Ursachen für eine Budgetmanipulation durch Bereichsmanager gibt es?*
10. *Durch welche Maßnahmen können Budgetmanipulationen eingegrenzt werden?*

Abkürzungsverzeichnis

GWA Gemeinkostenwertanalyse
ZBB Zero Base Budgeting

Literaturhinweise

Coenenberg, A. G./Fischer, T. M./Günther, T. (2012): Kostenrechnung und Kostenanalyse, 8. Aufl., Stuttgart 2012.
Deutsche Bahn AG (Hrsg.) (2014): Geschäftsbericht 2013, Berlin 2014.
Ewert, R./Wagenhofer, A. (2014): Interne Unternehmensrechnung, 8. Aufl., Berlin 2014.
Friedl, B. (2013): Controlling, 2. Aufl., Stuttgart 2013.
Friedl, G./Hofmann, C./Pedell, B. (2013): Kostenrechnung, 2. Aufl., München 2013.
Gleich, R./Greiner, O./Hofmann, S. (2006): Better, Advanced und Beyond Budgeting – Von der Evolution zur Revolution, in: Der Controlling-Berater, 2006, Heft 3, S. 285–300.
Gleich, R./Kopp, J./Leyk, J. (2003): Advanced Budgeting: better and beyond, in: Horváth, P./Gleich, R. (Hrsg.): Neugestaltung der Unternehmensplanung, Stuttgart 2003, S. 315–329.
Hope J./Fraser R. (1997): Beyond Budgeting – Breaking through the barrier to »the third wave«, in: Management Accounting, 75. Jg., 1997, S. 20–23.
Hope J./Fraser R. (2003): Beyond Budgeting: Wie sich Manager aus der jährlichen Budgetierungsfalle befreien können, Stuttgart 2003.
Horngren, C./Datar, S./Rajan, M. (2012): Cost accounting. A Managerial Emphasis, 14. Aufl., New Jersey 2012.
Horváth, P./Möller, K. (2004): Budgetierung und Organisationsstruktur, in: Zeitschrift für Organisation, 73. Jg, 2004, Heft 2, S. 68–73.
Kaplan, R. S./Norton, D. P. (2001): Die strategiefokussierte Organisation, Stuttgart 2001.
Kieser, A./Walgenbach, P. (2010): Organisation, 6. Aufl., Stuttgart 2010.
Küpper, H.-U. /Friedl, G./Hofmann, C./Hofmann, Y./Pedell, B. (2014): Controlling. Konzeption, Aufgaben, Instrumente, 6. Aufl., Stuttgart 2013.
Möller, K. (2003): Prozessorientierung in Planung, Reporting und Budgetierung, in: Horváth, P./Gleich, R. (Hrsg.): Neugestaltung der Unternehmensplanung, Stuttgart 2003, S. 331–352.

Roever, M. (1982): Gemeinkosten-Wertanalyse – Erfolgreiche Antwort auf den wachsenden Gemeinkostendruck, in: Zeitschrift für Organisation, 51. Jg., 1982, Heft 5/6, S. 249–253.

Weber, J. (2005): Das Advanced-Controlling-Handbuch. Alle entscheidenden Konzepte, Steuerungssysteme und Instrumente, Weinheim 2005.

9 Verrechnungspreise

Lernziele

In diesem Kapitel erfahren Sie,

- welches die Funktionen von Verrechnungspreisen sind,
- welcher Zusammenhang zwischen Verrechnungspreisen und einer dezentralen Organisationsform besteht,
- welche Gestaltungsformen von Verrechnungspreisen es gibt,
- welche Rolle Verrechnungspreise bei der Koordination von Entscheidungen einnehmen,
- warum marktorientierte Verrechnungspreise innerbetriebliche Koordinationsprobleme nur scheinbar lösen,
- welche Anreizwirkungen kostenorientierte Verrechnungspreise im Vergleich zu verhandelten Verrechnungspreisen entfalten,
- welches die wesentlichen Dokumentationspflichten bei Konzernverrechnungspreisen sind.

Bei der monatlichen Sitzung der Bereichsleiter der Grape SE geht es um die Frage, bei welchem Unternehmen die Teile für elektronische Steuerung der MP3-Player und Tablets bezogen werden sollen. Die Grape SE verfügt selbst über einen Bereich Komponentenbau, der in der Lage ist, diese elektronische Steuerung bereitzustellen. Die Geschäftsleitung erlaubt den einzelnen Bereichen jedoch ausdrücklich, auch externe Leistungen sowohl zu beziehen als auch nach außen zu liefern. Dadurch soll es den einzelnen Geschäftsbereichen ermöglicht werden, wie kleine Unternehmen innerhalb der Grape SE zu agieren. Schließlich sind die einzelnen Bereichsmanager für ihre jeweiligen Bereichsgewinne verantwortlich. Allerdings übersteigt der von dem Bereich Komponentenbau geforderte Preis für die interne Leistung deutlich den Preis externer Anbieter. Das hat zur Folge, dass aktuell weder der Bereich MP3-Player noch der Bereich Tablets die elektronische Steuerung vom eigenen Komponentenbau beziehen möchte. »Bei diesen Bezugspreisen sind wir nicht mehr in der Lage, wettbewerbsfähige Preise für unsere MP3-Player anzusetzen«, klagt der Manager des Bereichs MP3-Player. Umgekehrt sieht der Leiter des Bereichs Komponentenbau ebenfalls keine Möglichkeit, den Preis für den internen Bezug zu senken: »Sonst erwirtschaften wir ja nur noch einen Verlust!« Anklagend meint der Leiter des Bereichs Tablets: »Bei den aktuellen Preisen für die interne Leistungsbeziehung hat der Bereich Komponentenbau offensichtlich keinen Bedarf zur Senkung der eigenen Kosten, sondern möchte die zu hohen Kosten auf die abnehmenden Bereiche abwälzen!«

Als Vertreter der zentralen Geschäftsleitung der Grape SE nimmt auch Herr Dr. Müller-Christ, Leiter der zentralen Controllingabteilung, an der Sitzung teil. Er kann sich noch gut an den Entscheidungsprozess erinnern, der zum Aufbau des eigenen Komponentenbaus geführt hat. Ziel war es damals, dass die interne Herstellung der elektronischen Steuerung günstiger als der externe Bezug sein sollte. Seiner Meinung nach wurden auch in den letzten Jahren durch diesen internen Leistungsaustausch Synergieeffekte realisiert. Offensichtlich besteht das aktuelle Problem darin, dass die jeweiligen Bereiche bei Anwendung des aktuellen Preises für den internen Leistungsbezug nicht in gleichem Maße von diesen Synergieeffekten profitieren wie das Gesamtunternehmen. Im Anschluss an die ergebnisoffene Sitzung nimmt sich Herr Dr. Müller-Christ vor, die Auswirkungen unterschiedlicher Preise für den internen Leistungstransfer auf die Bereichsergebnisse und damit auf die zugrunde liegenden Anreize genauer zu untersuchen.

Dieses Kapitel beschäftigt sich mit der Gestaltung von Verrechnungspreisen. Im Mittelpunkt steht dabei die Frage, wie unterschiedliche Verrechnungspreismechanismen hinsichtlich ihrer Koordinationsfunktion zu bewerten sind. Darüber hinaus werden externe Dokumentationspflichten für Verrechnungspreise erläutert.

9.1 Funktionen und Ziele von Verrechnungspreisen

Um die wesentlichen Ziele und Funktionen von Verrechnungspreisen zu verdeutlichen, werden im Folgenden zunächst die grundlegenden Überlegungen hinter der Verrechnungspreisbildung dargestellt. Anschließend werden die Erfolgsermittlungsfunktion (vgl. Abschnitt 9.1.1), die Koordinationsfunktion (vgl. Abschnitt 9.1.2) und weitere Funktionen (vgl. Abschnitt 9.1.3) dargestellt.

Verrechnungspreise vs. Transferpreise

Die Gestaltung innerbetrieblicher Verrechnungspreise ist ein viel diskutiertes Thema in Forschung und Praxis. Schon Schmalenbach habilitierte sich 1903 mit der Schrift »Die Verrechnungspreise in großindustriellen Betrieben«. Dieser Untersuchungsgegenstand ist bis heute aktuell geblieben. Grundsätzlich sind Verrechnungspreise Wertansätze für innerbetrieblich erstellte Leistungen (Zwischenprodukte, Dienstleistungen etc.), die von anderen, rechnerisch abgrenzbaren Unternehmensbereichen bezogen werden (vgl. Ewert/Wagenhofer, 2014, S. 567). Dabei können die Unternehmensbereiche sowohl einzelne Kostenstellen als auch rechtlich selbstständige Konzernunternehmen sein. Verrechnungspreise finden ihre Anwendung aber nicht nur zwischen einzelnen dezentralen Einheiten, sondern auch zwischen der Zentrale und einer oder mehreren dezentralen Einheiten. Beispielsweise werden von der Zentrale Güter wie Forschungs- und Entwicklungs- oder Beschaffungsleistungen bereitgestellt. In diesem Zusammenhang zeigt sich, dass auch die Gemeinkostenallokation im Rahmen der Kosten- und Leistungsrechnung als Sonderform von Verrechnungspreisen anzusehen ist. Kommt es zu der Anwendung von Verrechnungspreisen zwischen rechtlich selbstständigen Unternehmen, besitzen Verrechnungspreise auch eine zivil- und steuerrechtliche Bedeutung (vgl. Coenenberg et al., 2012, S. 706 f.). Aus diesem Grund wird in der Literatur häufig zwischen Verrechnungs- und Transferpreisen unterschieden (vgl. bspw. Pfaff/Stefani, 2006, S. 518). Dabei ist bei Transferpreisen die Steuerproblematik zu vernachlässigen. So führen Veränderungen der Transferpreise ausschließlich zu einer Verschiebung der Ergebnisse zwischen Profit-Centern. Das Gesamtergebnis des Unternehmens und die daraus resultierende Steuerbelastung sind jedoch nicht direkt davon betroffen. Demgegenüber haben in der Regel länderübergreifende Verrechnungspreise zwischen rechtlich selbstständigen Unternehmen auch eine steuerliche Relevanz. Im weiteren Verlauf des Kapitels werden steuerliche Themen weitgehend ausgeblendet und daher diese Begriffe im Folgenden synonym verwendet.

Verrechnungspreise als Konsequenz dezentraler Organisation

Die Notwendigkeit der Ermittlung von Verrechnungspreisen ergibt sich genau genommen weniger aus den Entwicklungstendenzen im Rechnungswesen, als viel mehr aus der Existenz bestimmter Organisationsstrukturen. Dabei ist eine dezentrale Organisationsform (Profit-Center etc.) Voraussetzung für den Bedarf an Verrechnungspreisen (vgl. Kapitel 6). In diesem Fall sind die Manager der dezentralen Bereiche verantwortlich für eine Beurteilungsgröße aus ihrem Bereich (z. B. Bereichserfolg). Da der Bereichserfolg organisatorischer Einheiten maßgeblich von den Preisen ihrer Einsatz- und Ausbringungsgüter abhängt, haben Verrechnungspreise eine direkte Auswirkung auf einzelne Bereichsergebnisse und damit häufig auch auf zugrunde liegende Anreize der Bereichsmanager. Somit bieten Verrechnungspreise einen Ansatz zur Koordination dezentraler Organisationseinheiten.

Fiktion eines Markts

Die grundlegende Idee der dezentralen Organisationsform besteht darin, dass die Bereiche wie eigenständige Unternehmen innerhalb eines Gesamtunternehmens agieren. Damit soll eine Koordination der einzelnen Bereiche durch einen (fiktiven) Markt erreicht werden. Durch die Einbindung dezentraler Organisationseinheiten in einen Unternehmensverbund wird der externe Markt als Koordinationsmechanismus jedoch faktisch ausgeschlossen. Das liegt daran, dass durch die Eingliederung der dezentralen Unternehmensbereiche in ein Gesamtunternehmen Synergiepotenziale realisiert werden sollen. Eine Integration mehrerer Unternehmensbereiche in ein Gesamtunternehmen macht ökonomisch nur dann Sinn, wenn zwischen den Unternehmensbereichen Synergiepotenziale realisiert werden können. Die Vorteile dieser Integration liegen bspw. in

- der Realisierung von Größenvorteilen,
- einer verbesserten Auslastung der Kapazität,
- geringeren Marketingkosten durch Nutzung der Reputation des Unternehmens oder
- einer besseren Koordination von Produktentwicklungen.

Durch den Einsatz von Verrechnungspreisen wird nun der Marktgedanke wieder ins Unternehmen geholt. Damit ist der leitende Gedanke bei der Bildung von Verrechnungspreisen die **Fiktion eines Marktes** innerhalb eines Unternehmens (vgl. Frese, 2000, S. 236 ff.). Die Bestimmung der Verrechnungspreise muss in diesem Sinne dazu führen, dass es zu einer bestmöglichen Realisierung dieser Synergiepotenziale kommt.

Ursachen der Verrechnungspreisbildung

Die Gestaltung von Verrechnungspreisen wird dann relevant, wenn bei einer dezentralen Organisationsstruktur Interdependenzen zwischen einzelnen Bereichen bestehen. Diese lassen sich auf folgende zwei Grundformen zurückführen (vgl. Coenenberg, 1973, S. 374):

1. Zwischen den Bereichen finden Leistungstransfers statt.
2. Die Geschäftsbereiche konkurrieren um knappe Ressourcen.

Hierbei finden Leistungstransfers zwischen Bereichen bspw. dann statt, wenn ein Bereich ein Zwischenprodukt herstellt, das von einem anderen Bereich fertiggestellt und am Markt veräußert wird.

In diesem Kontext zählen zu den wichtigsten Funktionen von Verrechnungspreisen die Erfolgsermittlungs- und die Koordinationsfunktion, die in den folgenden Abschnitten erläutert werden (vgl. Ewert/Wagenhofer, 2014, S. 568 ff.).

9.1.1 Erfolgsermittlungsfunktion

Erfolgsermittlungsfunktion

Im Rahmen der **Erfolgsermittlung** sind Verrechnungspreise notwendig, um die Erfolge der Bereiche bestimmen und beurteilen zu können, sofern Leistungsverflechtungen zwischen den Bereichen bestehen. Damit ist der Verrechnungspreis ein interner Preis, den ein abnehmender Bereich einem liefernden Bereich für die Entlohnung einer Leistung (z. B. Zwischenprodukt) bezahlt. In diesem Fall stellen Verrechnungspreise einerseits den (internen) Erlös für den liefernden Bereich, andererseits aber auch (interne) Kosten für den abnehmenden Bereich dar. Die Erfolgsermittlung ist der Entscheidungunterstützungsfunktion (vgl. Kapitel 1) zuzuordnen. Es soll eine möglichst unverzerrte Bereichsergebnisgröße ermittelt werden, die für die Steuerung der Teilbereiche genutzt werden kann. Wichtig hierbei ist die Erkenntnis, dass je nach Gestaltung des Verrechnungspreises der gemeinsam erwirtschaftete Erfolg eher dem einen oder dem anderen Bereich zugerechnet wird. Insofern führt die Anwendung des Verrechnungspreises dazu, dass der Gesamtunternehmenserfolg in einzelne Teilergebnisse aufgespalten wird. Dies setzt voraus, dass durch diese Aufteilung die Handlungen der Akteure unverändert bleiben, sich also keine motivierenden oder demotivierenden Einflüsse daraus ergeben (vgl. bspw. Pfaff/Stefani, 2006, S. 520).

9.1.2 Koordinationsfunktion

Koordinationsfunktion

Bereichsmanager werden typischerweise anhand ihrer jeweiligen Bereichsergebnisse beurteilt. Bereichsergebnisse bilden die Grundlage u. a. für Lob und Tadel, Beförderung und erfolgsabhängige Gehaltsbestandteile (Boni). Das hat zur Folge, dass ihnen ein Anreiz gegeben wird, die Bereichsergebnisse zu maximieren. Zwar mag dieses Verhalten auf den ersten Blick im Interesse des Gesamtunternehmens sein, bei genauerer Betrachtung jedoch wird deutlich, dass dies zu Entscheidungen führen kann, die für das Gesamtunternehmen ungünstig sind, da Bereichsgewinne die Effekte der Bereichsentscheidungen auf andere Bereiche nicht berücksichtigen. Bspw. könnte der Produktionsbereich in eine neue Produktionstechnologie investieren, die die Produktionskosten für die Herstellung eines Zwischenprodukts verringern würde. Jedoch wird im Rahmen der internen Leistungsverrechnung ein Teil der Kostenersparnis an abnehmende Bereiche weitergegeben, wodurch der Kapitalwert der Investition aus Sicht des produzierenden Bereichs negativ wird (**Hold-up-Problem**).

Da Verrechnungspreise Leistungsbeziehungen zwischen einzelnen Bereichen bewerten und im Rahmen der Erfolgsermittlung auch zur Bestimmung der Bereichsergebnisse herangezogen werden, können sie zur Beeinflussung dezentraler Entscheidungen verwendet werden (**Koordinationsfunktion**). Verrechnungspreise können dazu eingesetzt werden, das Verhalten der Manager einzelner Teilbereiche aufeinander abzustimmen. Sie dienen damit der Verhaltenssteuerung. Auch wenn prinzipiell eine ex post vorgenommene unterschiedliche Verteilung nur zu einer unterschiedlichen Aufteilung eines gemeinsam erwirtschafteten Gewinns führen mag, so fließt dies doch bereits ex ante in die Entscheidungen der Akteure ein und beeinflusst damit das Gesamtergebnis positiv oder negativ. Insgesamt ist daher ein Verrechnungspreis so zu wählen, dass die im Eigeninteresse handelnden Bereichsmanager mit ihren Bereichsergebnissen zugleich den Gesamtgewinn des Unternehmens maximieren.

Dabei stehen die beiden Funktionen Erfolgsermittlung und Koordination häufig in einem Konkurrenzverhältnis. Bspw. kann es für ein Unternehmen optimal sein, im Rahmen des innerbetrieblichen Leistungstransfers dem abnehmenden Bereich, der letztlich das fertige Produkt nach außen liefert, einen möglichst großen Preisspielraum zu lassen. Dies liegt daran, dass bei einer dezentralen Organisationsstruktur und einem oligopolistischem Wettbewerb dem Verrechnungspreis auch eine wettbewerbsstrategische Bedeutung zukommt, da dieser Preisentscheidungen der abnehmenden Bereiche beeinflusst (vgl. Göx, 1999, S. 60 ff.; Lengsfeld, 2005, S. 140). Zu diesem Zweck werden die Grenzkosten als Transferpreis etabliert, denn kurzfristig sind diese die relevanten Kosten. Diese Vorgehensweise ist jedoch für die Erfolgsermittlung inadäquat, da der liefernde Bereich in jedem Fall einen Verlust in Höhe der Fixkosten erwirtschaftet.

9.1.3 Weitere Funktionen

Steuerbemessungsfunktion

Verrechnungspreisen kommt neben der Erfolgsermittlungs- und Koordinationsfunktion auch die Aufgabe zu, den Lieferungs- und Leistungsverkehr zwischen Steuersubjekten zu bewerten. Hierbei spielt die **Gewinnabgrenzung** zwischen Konzerngesellschaften eine wichtige Rolle (vgl. Pfaff/Stefani, 2006, S. 520). Insofern handelt es sich hierbei um eine Sonderfunktion der Erfolgsermittlungsfunktion, für die spezielle steuerliche Regelungen zu beachten sind. Da einzelne Gesellschaften einer unterschiedlichen Besteuerung unterliegen und Verrechnungspreise Gewinne zwischen den Konzerngesellschaften verschieben, können Verrechnungspreise zur Optimierung des gesamten Steueraufwands genutzt werden. Um diesen Spielraum einzugrenzen, werden auf Basis nationaler und internationaler Steuervorschriften vielfältige Dokumentationspflichten relevant (vgl. hierzu Abschnitt 9.3).

Abrechnungsfunktion

Verrechnungspreisen kommt im Zusammenhang mit der Bilanzierung auch eine **Abrechnungsfunktion** zu (vgl. Coenenberg, 1973, S. 374). Denn Verrechnungspreise können im Rahmen der internen Leistungsverrechnung notwendig werden, um Inventurwerte zu bestimmen. Insofern dienen Verrechnungspreise der Betriebsabrechnung und liegen daher der Kostenträgerrechnung zu Grunde.

9.2 Typen von Verrechnungspreisen

Im Folgenden werden die wesentlichen Verrechnungspreistypen sowie die damit verbundenen Zielsetzungen hinsichtlich der Erfolgsermittlungs- und Koordinationsfunktion dargestellt. Dazu gehören insbesondere marktorientierte Verrechnungspreise (vgl. Abschnitt 9.2.1), kostenorientierte Verrechnungspreise (vgl. Abschnitt 9.2.2) und verhandelte Verrechnungspreise (vgl. Abschnitt 9.2.3).

Verrechnungspreistypen

Für die Gestaltung von Verrechnungspreisen existieren verschiedene Konzepte, die in der Praxis unterschiedlich häufig Anwendung finden. Dabei werden insbesondere drei unterschiedliche Verrechnungspreistypen unterschieden (vgl. Ewert/Wagenhofer, 2014, S. 574 ff.):

- **Marktorientierte Verrechnungspreise:** Der Verrechnungspreis wird aus dem Marktpreis abgeleitet, der für ein äquivalentes Zwischenprodukt vorliegt.
- **Kostenorientierte Verrechnungspreise:** Hier bilden Ist- oder Standardkosten der leistungsabgebenden Stellen den Ausgangspunkt für die Ermittlung des Verrechnungspreises. Weiterhin können sowohl Grenz- als auch Vollkosten die Grundlage für einen Verrechnungspreis darstellen.
- **Verhandelte Verrechnungspreise:** Dieser Verrechnungspreis ist das Ergebnis eines Verhandlungsprozesses zwischen leistungsabgebenden und -beziehenden Unternehmensbereichen. Bei diesem Verrechnungspreisregime wird beiden Bereichen ein hohes Maß an Autonomie zugestanden.

Verrechnungspreise in der Praxis

In der Praxis dominieren kostenorientierte Verrechnungspreise vor marktorientierten Preisen. Verhandelte Verrechnungspreise spielen dagegen nur eine untergeordnete Rolle.

In den folgenden Abschnitten werden diese unterschiedlichen Verrechnungspreistypen hinsichtlich ihrer Eignung für die Koordinationsfunktion näher analysiert. Von steuerlichen Aspekten wird in diesem Zusammenhang abstrahiert.

9.2.1 Marktorientierte Verrechnungspreise

Marktorientierte Verrechnungspreise

Bei der Anwendung **marktorientierter Verrechnungspreise** bildet der Marktpreis für das Zwischenprodukt den Ausgangspunkt für die Ermittlung des Verrechnungspreises. Die Idee dabei ist, dass sich unter diesen Bedingungen jeder einzelne Bereich wie ein selbstständig am Markt agierendes Unternehmen verhalten soll. Entsprechend erfolgt eine Koordination durch Märkte. Voraussetzung ist jedoch, dass ein

Praxisbeispiel

HeidelbergCement AG

Die HeidelbergCement AG zählt zu den führenden Baustoffherstellern der Welt. Dabei untergliedert sich die HeidelbergCement AG in die vier Geschäftsbereiche Zement, Zuschlagsstoffe, Bauprodukte und Beton-Service-Sonstiges. Die einzelnen Geschäftsbereiche sind dabei nicht völlig isoliert voneinander, sondern erbringen gegenseitig Leistungen für den jeweils anderen Bereich. Laut dem Geschäftsbericht 2013 erzielten die vier Geschäftsbereiche folgende »Umsätze mit anderen Geschäftsbereichen«:

Zement:	855 Mio. EUR
Zuschlagsstoffe:	759 Mio. EUR
Bauprodukte:	1 Mio. EUR
Beton-Service-Sonstiges:	407 Mio. EUR

Die Verrechnungspreise wurden auf marktorientierter Basis ermittelt.
(Quelle: HeidelbergCement AG, 2014, S. 164 f.)

Markt für das Zwischenprodukt überhaupt existiert. Im Idealfall sollten die jeweiligen Bereiche ungehindert auf den Markt zugreifen können und nicht durch Bezugs- und Lieferungsverpflichtungen eingeschränkt sein. Insgesamt dürfen die Marktpreise nicht durch das Angebots- bzw. Nachfrageverhalten der Bereiche beeinflussbar sein. Darüber hinaus muss die Eignung eines Marktpreises als Verrechnungspreis auf spezielle Anforderungen hin überprüft werden. So kann es vorkommen, dass ein externer Anbieter zum Zweck eines Markteintritts einen sehr niedrigen Preis bietet. Ein Verrechnungspreis auf Basis dieses niedrigen Marktpreises erscheint aber im Kontext einer langfristigen Lieferungs- und Leistungsbeziehung als ungeeignet.

Beispiel 9.1 Grape SE **Marktpreis als Verrechnungspreis**

▸▸▸ Die Grape SE besteht u. a. aus den beiden Geschäftsbereichen MP3-Player und Tablets. Dabei produziert der Geschäftsbereich MP3-Player seine Produkte zunächst nur in einem Werk in Deutschland, welches sich insbesondere in die Unternehmensbereiche Chipherstellung und Gesamtfertigung gliedert. Zwischen beiden Unternehmensbereichen bestehen Interdependenzen, da die von dem Bereich Chipherstellung erstellten Speicherchips an den Bereich Gesamtfertigung geliefert werden. Der Bereich »Chipherstellung« hat außerdem auch die Möglichkeit, seine produzierten Chips an externe Abnehmer zu verkaufen. Die »Gesamtfertigung« kann alternativ die benötigten Chips für die MP3-Player von externen Lieferanten beziehen. Beide Bereiche werden ferner als Profit-Center geführt.
Bei der internen Produktion des Chips entstehen variable Stückkosten von 10 EUR im Bereich Chipherstellung sowie bei der Herstellung des MP3-Players zusätzliche varia-

ble Stückkosten von 6 EUR im Bereich Gesamtfertigung. In beiden Bereichen fallen außerdem noch Fixkosten in Höhe von 150 TEUR bzw. 300 TEUR an. Jeder MP3-Player benötigt genau einen Chip. Die Speicherchips können für 12 EUR sowohl an den Markt geliefert als auch vom Markt bezogen werden. Der aktuelle Absatz an MP3-Playern beträgt 20.000 Stück pro Jahr.

Abb. 9-1

Ausgangssituation

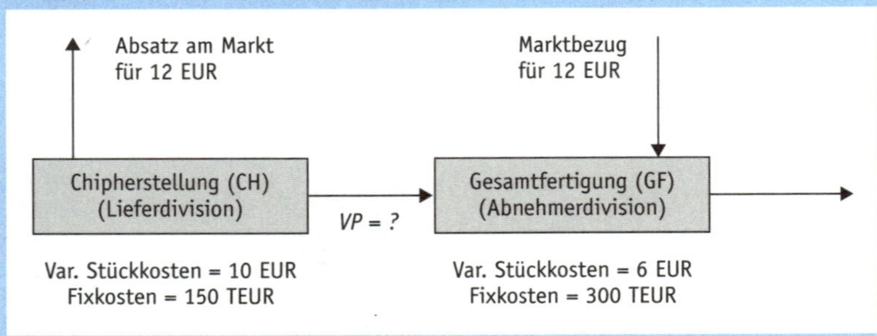

Ein Elektronikgroßhandel fragt an, einmal zusätzlich 1.000 MP3-Player für einen Stückpreis von 20 EUR zu kaufen (Fall 1). Die Kapazitäten für diesen Zusatzauftrag sind vorhanden. Soll der Zusatzauftrag angenommen werden? Alternativ wird der Fall betrachtet, dass nur ein Stückpreis von 17 EUR geboten wird (Fall 2).
Der marktorientierte Verrechnungspreis für Speicherchips liegt bei 12 EUR. In diesem Fall führt die Annahme des Zusatzauftrags zu folgendem Deckungsbeitrag im Bereich Chipherstellung:

Chipherstellung:	
Verrechnungspreis	12 TEUR
Eigene variable Kosten	–10 TEUR
Deckungsbeitrag des Zusatzauftrags	2 TEUR

Für den Bereich Gesamtfertigung ergibt sich folgender Deckungsbeitrag:

Gesamtfertigung:	Fall 1	Fall 2
Erlös	20 TEUR	17 TEUR
Eigene variable Kosten	–6 TEUR	–6 TEUR
Verrechnungspreis	–12 TEUR	–12 TEUR
Deckungsbeitrag des Zusatzauftrags	2 TEUR	–1 TEUR

In Fall 1 würde sich der Deckungsbeitrag in beiden Geschäftsbereichen um je 2 TEUR erhöhen, sodass beide Bereiche einen Anreiz hätten, den Auftrag anzunehmen. Aus Gesamtunternehmenssicht wäre dies sinnvoll, da ein Gesamtdeckungsbeitrag von 4 TEUR (= 20 TEUR – 10 TEUR– 6 TEUR) entsteht. In Fall 2 besteht für den Bereich

Gesamtfertigung hingegen kein Anreiz zur Annahme des Auftrags. Durch Annahme des Zusatzauftrages würde sich im Fall eines Verkaufspreises je Stück in Höhe von 17 EUR sein Deckungsbeitrag um 1 TEUR verschlechtern. Aus Sicht des Gesamtunternehmens wäre der Auftrag aber lohnend, da er einen Gesamtdeckungsbeitrag von 1 TEUR (= 17 TEUR – 16 TEUR) erwirtschaftet:

Grape SE:	Fall 1	Fall 2
Erlös	20 TEUR	17 TEUR
Variable Kosten Chipherstellung	–10 TEUR	–10 TEUR
Variable Kosten Gesamtfertigung	–6 TEUR	–6 TEUR
Deckungsbeitrag des Zusatzauftrags	4 TEUR	1 TEUR

Auf den ersten Blick erscheint diese Situation aus Sicht der Grape SE problematisch. Bei genauerer Betrachtung zeigt sich aber, dass die Ablehnung des Auftrags im Fall 2 auch aus Sicht des Gesamtunternehmens die richtige Entscheidung ist. Denn der Bereich Chipherstellung kann mit einem Stückpreis in Höhe von 12 EUR durch Verkauf an den Markt einen Deckungsbeitrag in Höhe von 2 TEUR für die Grape SE erwirtschaften. Insofern sind aus Sicht der Gesamtfertigung die 12 EUR Marktpreis die entscheidungsrelevanten Opportunitätskosten und somit erfüllt der marktorientierte Verrechnungspreis seine Koordinationsfunktion in optimaler Weise. ◂◂◂

Angepasster marktorientierter Verrechnungspreis

Gelegentlich sind zur Bestimmung eines optimalen marktorientierten Verrechnungspreises Anpassungen erforderlich. Bspw. sind Marktpreise einer innerbetrieblichen Leistung einerseits um potenzielle Absatz- und Versandkosten zu verringern, andererseits dagegen um innerbetriebliche Transportkosten zu erhöhen. Nach Coenenberg et al. (2012) errechnet sich der angepasste marktpreisorientierte Verrechnungspreis dann wie folgt (vgl. Coenenberg et al., 2012, S. 730):

	Marktpreis
–	bei interner Lieferung entfallende Absatznebenkosten der Lieferdivision
+	bei internem Bezug entfallende Beschaffungsnebenkosten der Abnehmerdivision
=	angepasster marktpreisorientierter Verrechnungspreis

In diesem Sinne entspricht ein um den Kostennachteil der externen Lieferung ermäßigter Marktpreis gerade dem Grenzpreis des liefernden Bereichs. Wird dementsprechend der Verrechnungspreis in dieser Höhe festgelegt, so ist der liefernde Bereich indifferent zwischen dem Absatz des Produkts am externen Markt einerseits und der Lieferung des Zwischenprodukts an den beziehenden Bereich andererseits. Damit hat der liefernde Bereich bei jedem Transferpreis, der diesen Grenzpreis übersteigt, immer einen strikten Anreiz, das Zwischenprodukt auch tatsächlich an den abnehmenden Bereich zu liefern. Wird gerade dieser Grenzpreis als Verrechnungspreis implementiert, so entsteht der gesamte Vorteil der wirtschaftlichen Transaktion beim beziehenden Bereich. Aus Sicht des Gesamtunternehmens kann dieser Effekt gerade dann wünschenswert sein, wenn dem abnehmenden Bereich ein möglichst großer Spielraum bei der Preisbildung eingeräumt werden soll. Dagegen führt eine Erhöhung des Marktpreises um entfallende Beschaffungsnebenkosten zum umgekehrten Ergebnis.

Beurteilung des Marktpreises als Verrechnungspreis

Die Verwendung von marktorientierten Verrechnungspreisen eignet sich insbesondere im Rahmen der Erfolgsermittlungsfunktion (vgl. Ewert/Wagenhofer, 2014, S. 576). Dies liegt daran, dass jeder Bereich direkt an Marktbedingungen gemessen wird. Daher repräsentieren Marktpreise einen Maßstab für einen zutreffenden Erfolgsausweis und sind für die Beurteilung der Bereiche an deren jeweiligem Bereichsergebnis geeignet. Eine gesamtzieloptimale Koordination über den Marktmechanismus, was die grundlegende Idee der marktorientierten Verrechnungspreise ist, wird jedoch nur bei Existenz eines kompetitiven Marktes erreicht. Somit müssen für eine sinnvolle Verwendung des Marktpreises folgende Bedingungen erfüllt sein (vgl. Ewert/Wagenhofer, 2014, S. 576):

- Es existiert ein Markt für das Zwischenprodukt.
- Es existiert ein einheitlicher Marktpreis, der durch die einzelnen Unternehmensbereiche nicht beeinflusst werden kann (bspw. durch bestimmtes Nachfrageverhalten).
- Der Marktpreis muss zur jeweiligen Entscheidung passen.

Dabei scheint die erste Bedingung offensichtlich, jedoch ist diese in der Realität häufig nicht gegeben. So werden oft mehrere äquivalente Zwischenprodukte mit unterschiedlichen Preisen angeboten. Die zweite Bedingung ist gerade dann erfüllt, wenn vollständiger Wettbewerb herrscht. Daneben muss sichergestellt werden, dass der Marktpreis zur jeweiligen Entscheidung passt. So ist ein Marktpreis als Verrechnungspreis auf Basis kurzfristiger »Kampfpreise« nicht geeignet, wenn damit eine langfristige Lieferbeziehung bewertet werden soll.

Vertikale Integration und Synergieeffekte

Bei Existenz vollkommener Märkte wirkt der Marktmechanismus als Koordinationsinstanz. Unter solchen Bedingungen ist es jedoch nicht von Vorteil, beide selbstständig agierenden Teileinheiten innerhalb eines Unternehmens zu führen, denn es entstünde kein Mehrwert aus ihrer Verbindung. Verbindungen solcher Aktivitäten unter einem Unternehmensdach im Sinne der vertikalen Integration entstehen gerade dann, wenn eine Koordination innerhalb von Unternehmen einer Koordination über Märkte überlegen ist. Ursächlich dafür sind **Verbundvorteile** bzw. **Synergien** zwischen den Bereichen, die sich über den Markt alleine nicht realisieren lassen. Nach Perry (1989) liegen die Ursachen für eine vertikale Integration und somit für Synergiepotenziale insbesondere in technologischen Abhängigkeiten zwischen den Produktionsstufen, Marktunvollkommenheiten, bspw. aufgrund von Informationsunsicherheiten zwischen potenziellen Vertragsparteien, oder in der Berücksichtigung von Transaktionskosten (vgl. Perry, 1989, S. 185 ff. Zu der Thematik der Transaktionskosten vgl. Abschnitt 9.2.2.3). Dies bedeutet, dass Synergiepotenziale zwischen den Bereichen u. a. ansteigen, je spezifischer ein Produktionsfaktor ist oder je höher Informationsunsicherheiten bspw. hinsichtlich der Qualität des Zwischenprodukts bei externem Bezug sind. Daher kann ein entsprechender Mehrwert nur dann generiert werden, wenn ein unvollständiger Markt vorliegt und damit eine Koordination über Märkte versagt. Folglich ist in diesem Fall auch kein Marktpreis beobachtbar. Insofern ist der

Einsatz von Marktpreisen nur in solchen Fällen gesamtzieloptimal, wo keine Verbundeffekte erzielt werden. Die erzielten Bereichserfolge entsprechen nämlich gerade den Erfolgen, die autonome, am Markt operierende Einheiten erzielt hätten (vgl. Coenenberg, 1973, S. 377). Dann stellt sich allerdings die Frage, weshalb beide Bereiche überhaupt innerhalb eines Unternehmens zusammengefasst werden. Es entsteht durch die Integration in ein Gesamtunternehmen kein wirtschaftlicher Vorteil. Somit lässt sich festhalten, dass die Verwendung marktorientierter Verrechnungspreise bei unvollständigen Märkten zu keiner gesamtzieloptimalen Koordination führt.

9.2.2 Kostenorientierte Verrechnungspreise

Kostenorientierte Verrechnungspreise

Kostenorientierte Verrechnungspreise sind die in der Praxis am häufigsten anzutreffenden Preise für innerbetriebliche Leistungen (vgl. Pfaff/Stefani, 2006, S. 520 ff.). Dabei wird der Vorteil kostenbasierter Verrechnungspreise darin gesehen, dass die dafür notwendigen Daten direkt aus dem Rechnungswesen abgeleitet werden können. Grundsätzlich ist bei kostenorientierten Verrechnungspreisen zu unterscheiden, ob diese auf Grenz- oder Vollkosten basieren. Darüber hinaus können kostenorientierte Verrechnungspreise nach Ist-, Soll- und Plankosten unterteilt werden. Allerdings sind rein kostenorientierte Verrechnungspreise im Kontext der Steuerung nach Profit- oder Investment-Center problematisch, da dann dem liefernden Bereich maximal ein Ergebnis von Null zugewiesen werden kann. Aus diesem Grund sind in der Praxis auch sogenannte Cost-Plus-Verrechnungspreise vorzufinden. Diese beinhalten neben den Kosten für das Zwischenprodukt auch einen Gewinnaufschlag für den liefernden Bereich.

Ausschluss der Existenz eines vollkommenen Marktes

Wie bereits in Abschnitt 9.2.1 erläutert wurde, sind Marktpreise bei Existenz eines vollkommenen Marktes als Verrechnungspreise sinnvoll. Daher finden kostenorientierte Verrechnungspreise gerade dann Anwendung, wenn dies nicht der Fall ist. Insofern wird bei der Beurteilung der Koordinationsfunktion kostenorientierter Verrechnungspreise im Folgenden davon ausgegangen, dass ein vollkommener Markt nicht existiert. Daher wird bei der weiteren Darstellung unterstellt, dass das zwischen den Bereichen transferierte Zwischenprodukt nicht an externe Unternehmen geliefert werden kann bzw. von einem externen Unternehmen bezogen werden kann.

9.2.2.1 Grenzkostenorientierte Verrechnungspreise

Grenzkostenorientierte Verrechnungspreise

Der **grenzkostenorientierte Verrechnungspreis** wird auf Basis der Grenzkosten des liefernden Bereichs festgelegt. Damit werden innerbetriebliche Leistungstransfers nur mit den zusätzlich entstehenden Kosten belastet. Dieser Verrechnungspreisgestaltung liegt die Idee zugrunde, dass bei einem grenzkostenorientierten Verrechnungspreis das Entscheidungskalkül des abnehmenden Bereichs gerade dem des Gesamtunternehmens entspricht. Formal trifft in diesem Fall der abnehmende Bereich seine Entscheidung gemäß der Bedingung »Grenzkosten = Grenzerlös«. Aus Sicht des Gesamtunternehmens wird bei Anwendung grenzkostenorientierter Verrechnungspreise der abnehmende Bereich die gesamtunternehmensoptimale Produktionsmenge beim liefernden Bereich nachfragen (vgl. Hirshleifer, 1956, S. 175).

Beispiel 9.2 Grape SE **Grenzkostenorientierte Verrechnungspreise**

▸▸▸ Ein Elektronikgroßhandel bietet der Grape SE zwei unterschiedliche Zusatzaufträge an. Einerseits wird angeboten, einmalig zusätzliche 1.000 MP3-Player für einen Stückpreis von 17 EUR zu kaufen (Alternative 1). Andererseits wird angefragt, 400 MP3-Player für einen Stückpreis von 18 EUR zu kaufen (Alternative 2). Die Grape SE delegiert diese Entscheidungssituation an den Unternehmensbereich Gesamtfertigung. Bei der internen Produktion des Chips entstehen variable Stückkosten von 10 EUR im Bereich Chipherstellung sowie bei der Herstellung des MP3-Players zusätzliche variable Stückkosten von 6 EUR im Bereich Gesamtfertigung. Für welche Alternative entscheidet sich der Bereich Gesamtfertigung, wenn ein grenzkostenorientierter Verrechnungspreis angewendet wird?

In einem ersten Schritt soll geklärt werden, welche Alternative aus Sicht der Grape SE zu bevorzugen wäre. Der Gesamtdeckungsbeitrag der beiden Alternativen lässt sich wie folgt bestimmen:

Grape SE:	Alternative 1	Alternative 2
Erlös	17 TEUR	7,2 TEUR
Variable Kosten Chipherstellung	−10 TEUR	−4 TEUR
Variable Kosten Gesamtfertigung	−6 TEUR	−2,4 TEUR
Deckungsbeitrag des Zusatzauftrags	1 TEUR	0,8 TEUR

Aus Sicht der Grape SE wäre es daher optimal, wenn sich der Bereich Gesamtfertigung für Alternative 1 entscheiden würde. Wird der Verrechnungspreis auf Basis der Grenzkosten (10 EUR je Stück) festgelegt, so ergibt sich für den Bereich Gesamtfertigung folgende Entscheidungssituation:

Gesamtfertigung:	Alternative 1	Alternative 2
Erlös	17 TEUR	7,2 TEUR
Eigene variable Kosten	−6 TEUR	−2,4 TEUR
Verrechnungspreis	−10 TEUR	−4 TEUR
Deckungsbeitrag des Zusatzauftrags	1 TEUR	0,8 TEUR

Die Anwendung grenzkostenorientierter Verrechnungspreise führt dazu, dass das Entscheidungskalkül des Bereichs Gesamtfertigung mit dem der Grape SE konsistent ist. Daher entscheidet sich der Bereich Gesamtfertigung für Alternative 1 und generiert durch diese Entscheidung einen zusätzlichen Deckungsbeitrag für die Grape SE in Höhe von 1 TEUR. Bei Anwendung grenzkostenorientierter Verrechnungspreise erwirtschaftet dann der Bereich Chipherstellung definitionsgemäß gerade einen Deckungsbeitrag von Null:

Chipherstellung:	Alternative 1	Alternative 2
Verrechnungspreis	10 TEUR	4 TEUR
Eigene variable Kosten	−10 TEUR	−4 TEUR
Deckungsbeitrag des Zusatzauftrags	0 EUR	0 EUR

Wird dagegen der Verrechnungspreis so festgelegt, dass auch der Bereich Chipherstellung mit einem positiven Deckungsbeitrag von dem Zusatzauftrag profitieren soll, so ist die Konsistenz des Entscheidungskalküls des Bereichs Gesamtfertigung mit dem der Grape SE nicht mehr sichergestellt. Im Folgenden wird der Verrechnungspreis auf Basis von Grenzkosten inklusive eines Gewinnzuschlags von 1 EUR je Speicherchip für den Bereich Chipherstellung festgelegt. Der Verrechnungspreis beträgt in diesem Fall 11 EUR je Speicherchip. Die Entscheidungssituation des Bereichs Gesamtfertigung ändert sich dann wie folgt:

Gesamtfertigung:	Alternative 1	Alternative 2
Erlös	17 TEUR	7,2 TEUR
Eigene variable Kosten	−6 TEUR	−2,4 TEUR
Verrechnungspreis	−11 TEUR	−4,4 TEUR
Deckungsbeitrag des Zusatzauftrags	0 EUR	0,4 TEUR

Bei einem Verrechnungspreis auf Basis von Grenzkosten inklusive eines Gewinnzuschlags von 1 EUR je Speicherchip wird sich der Bereich Gesamtfertigung für Alternative 2 entscheiden. Gegenüber einem Verrechnungspreis auf Basis von Grenzkosten exklusive eines Gewinnzuschlags sinkt für den Geschäftsbereich Gesamtfertigung der Deckungsbeitrag des Zusatzauftrags um 0,6 TEUR. Weiterhin führt eine Annahme von Alternative 2 durch den Geschäftsbereich Gesamtfertigung für die Grape SE zu einem Deckungsbeitrag von 0,8 TEUR und somit zu einem Verlust von 0,2 TEUR gegenüber der Ausgangssituation. Daher entsteht durch Anwendung eines Verrechnungspreises auf Basis von Grenzkosten inklusive eines Gewinnzuschlags ein falscher Anreiz für den Bereich Gesamtfertigung. ◂◂◂

Beurteilung grenzkostenorientierter Verrechnungspreise

Für Zwecke der Erfolgsermittlung sind grenzkostenorientierte Verrechnungspreise kritisch zu bewerten. Bei grenzkostenorientierten Verrechnungspreisen werden innerbetriebliche Leistungstransfers nur mit den zusätzlich entstehenden Kosten belastet. In der Folge erwirtschaftet der liefernde Bereich in jedem Fall einen Verlust in Höhe der Fixkosten. Aus diesem Grund sind grenzkostenorientierte Verrechnungspreise in der Praxis eher selten anzutreffen (vgl. Pfaff/Stefani, 2006, S. 521).

Aus Sicht der Koordinationsfunktion führen grenzkostenorientierte Verrechnungspreise dazu, dass das Entscheidungskalkül des abnehmenden Bereichs konsistent mit dem des Gesamtunternehmens ist, zumal die Optimalitätsbedingung »Grenzkosten = Grenzerlöse« erfüllt ist. Das Anreizproblem wird allerdings nur scheinbar gelöst, denn zur Festlegung des optimalen Verrechnungspreises werden Informationen benötigt, auf deren Grundlage die Zentrale das Problem auch direkt selbst lösen könnte (vgl. Ewert/Wagenhofer, 2014, S. 587).

Bei Anwendung von Grenzkosten als Verrechnungspreis entsteht für die zentrale Unternehmensleitung das Problem, dass sie zur Ermittlung des Verrechnungspreises detaillierte Kosteninformationen benötigt. Würden diese Informationen vorliegen, so könnte die Unternehmensleitung unmittelbar die zu liefernde Menge festlegen. Ein Verrechnungspreis zur Koordination dieser Entscheidungen ist dann aber nicht mehr notwendig.

Beispiel 9.3 Grape SE **Grenzkostenorientierte Verrechnungspreise (Fortsetzung)**

▸▸▸ Ist die zentrale Unternehmensleitung der Grape SE in der Lage, die entscheidungsrelevanten Parameter über den Zusatzauftrag zu beobachten, so kann sie auf Basis ihres Entscheidungskalküls festlegen, dass Alternative 1 aufgrund des höheren Deckungsbeitrags gewählt wird. Damit löst der Verrechnungspreis als Koordinationsinstrument zur Steuerung dezentraler Entscheidungen nur ein Scheinproblem.

Grape SE:	Alternative 1	Alternative 2
Erlös	17 TEUR	7,2 TEUR
Variable Kosten Chipherstellung	−10 TEUR	−4 TEUR
Variable Kosten Gesamtfertigung	−6 TEUR	−2,4 TEUR
Deckungsbeitrag des Zusatzauftrags	1 TEUR	0,8 TEUR

◂◂◂

Dilemma der pretialen Lenkung

Daher wird bei dieser Vorgehensweise im besten Fall ein zentraler Mechanismus reproduziert. Dies bedeutet, dass aus Sicht der Zentrale kein Grund besteht, die Entscheidung über Produktionsmengen an die einzelnen Unternehmensbereiche zu delegieren. Dieses Problem ist als das **»Dilemma der pretialen Lenkung«** bekannt (vgl. Pfaff/Pfeiffer, 2004, S. 299).

Zusätzlich besteht das Problem, dass die einzelnen Unternehmensbereiche häufig präzisere Informationen hinsichtlich ihrer jeweiligen Kostensituation besitzen. In diesem Fall ist die zentrale Unternehmensleitung auf Berichterstattungen des liefernden Bereichs über seine jeweiligen Grenzkosten angewiesen. Dieser kann, wie obiges Beispiel zeigt, durch Manipulation sein Ergebnis zu Lasten des Gesamtunternehmens verbessern.

Beispiel 9.4 Grape SE **Grenzkostenorientierte Verrechnungspreise (Fortsetzung)**

▸▸▸ Im Gegensatz zum vorangegangenen Beispiel wird nun unterstellt, dass die variablen Kosten des Bereichs Chipherstellung nicht direkt beobachtbar sind. Damit hat der Bereich Chipherstellung die Möglichkeit, seine Informationen über seine variablen Kosten verzerrt weiterzugeben. Dadurch kann er den Verrechnungspreis und damit sein eigenes Bereichsergebnis verbessern. Gibt er bspw. an, dass für die Produktion des Speicherchips variable Stückkosten in Höhe von 11 EUR anfallen, so führt der korrespondierende Verrechnungspreis zu folgender Entscheidungssituation aus Sicht des Bereichs Gesamtfertigung:

Gesamtfertigung:	Alternative 1	Alternative 2
Erlös	17 TEUR	7,2 TEUR
Eigene variable Kosten	−6 TEUR	−2,4 TEUR
Verrechnungspreis	−11 TEUR	−4,4 TEUR
Deckungsbeitrag des Zusatzauftrags	0 TEUR	0,4 TEUR

Die Entscheidung würde auf Alternative 2 fallen, was aus Sicht der Grape SE nicht die optimale Entscheidung darstellen würde, da in diesem Fall nur ein Deckungsbeitrag von 0,8 TEUR (anstatt 1 TEUR bei der Wahl von Alternative 1) erwirtschaftet wird. ◂◂◂

9.2.2.2 Vollkostenorientierte Verrechnungspreise

Vollkostenorientierte Verrechnungspreise

Die Anwendung **vollkostenorientierter Verrechnungspreise** basiert auf der Idee, dass langfristig sämtliche Kosten gedeckt sein müssen (vgl. Coenenberg et al., 2012, S. 735). Durch diese Vorgehensweise wird der liefernde Bereich grundsätzlich besser gestellt, zumal ihm nicht mehr ein Verlust in Höhe der Fixkosten zugewiesen wird.

In der Praxis sind vollkostenorientierte Verrechnungspreise sehr beliebt (vgl. Ewert/Wagenhofer, 2014, S. 590). Dies liegt insbesondere daran, dass die Vorgehensweise bei der Ermittlung vollkostenorientierter Verrechnungspreise der einer sekundären Gemeinkostenverrechnung im Rahmen der Kostenstellenrechnung ähnelt. Daher ist die Einfachheit eines solchen Verrechnungspreissystems Hauptgrund für dessen Anwendung. Allerdings werden die Probleme der nicht verursachungsgerechten Zurechnung von Gemeinkosten bei mehreren Produkten im Rahmen einer differenzierten Zuschlagskalkulation auf ein vollkostenorientiertes Verrechnungspreissystem übertragen. Ebenso besteht das Problem, dass Vollkosten für kurzfristige Entscheidungen wie bspw. die Annahme von Zusatzaufträgen nicht geeignet sind.

Beispiel 9.5 Grape SE **Vollkostenorientierte Verrechnungspreise**

▸▸▸ Es wird erneut die Situation betrachtet, dass ein Elektronikgroßhandel bei der Grape SE zwei unterschiedliche Kaufgesuche abgibt. Einerseits wird angefragt, einmalig zusätzliche 1.000 MP3-Player für einen Stückpreis von 17 EUR zu kaufen (Alternative 1). Andererseits wird angefragt, 400 MP3-Player für einen Stückpreis von 18 EUR zu kaufen (Alternative 2). Im Rahmen eines vollkostenorientierten Verrechnungspreises müssen zuerst die Vollkosten des zu liefernden Zwischenprodukts bestimmt werden. Bei der geplanten Produktion von 20.000 Speicherchips pro Jahr wird mit variablen Kosten von 10 EUR je Stück und Fixkosten von 150 TEUR gerechnet. Im Rahmen der Kalkulation werden die Vollkosten für einen Speicherchip wie folgt ermittelt:

$$10\,\frac{\text{EUR}}{\text{Stk.}} + \frac{150.000\ \text{EUR}}{20.000\ \text{Stk.}} = 17{,}5\ \frac{\text{EUR}}{\text{Stk.}}$$

Aus Sicht der Grape SE ist Alternative 1 vorzuziehen, da dadurch der höhere Deckungsbeitrag realisiert werden kann:

Grape SE:	Alternative 1	Alternative 2
Erlös	17 TEUR	7,2 TEUR
Variable Kosten Chipherstellung	–10 TEUR	–4 TEUR
Variable Kosten Gesamtfertigung	–6 TEUR	–2,4 TEUR
Deckungsbeitrag des Zusatzauftrags	1 TEUR	0,8 TEUR

Wird nun der Verrechnungspreis auf Basis der ermittelten Vollkosten (17,5 EUR je Stück) für einen Speicherchip festgesetzt und gleichzeitig die Entscheidung hinsichtlich der beiden Alternativen an den Unternehmensbereich Gesamtfertigung delegiert, so ergibt sich aus Sicht der Gesamtfertigung folgende Entscheidungssituation:

Gesamtfertigung:	Alternative 1	Alternative 2
Erlös	17 TEUR	7,2 TEUR
Eigene variable Kosten	–6 TEUR	–2,4 TEUR
Verrechnungspreis	–17,5 TEUR	–7 TEUR
Deckungsbeitrag des Zusatzauftrags	–6,5 TEUR	–2,2 TEUR

Damit wird das Problem vollkostenorientierter Verrechnungspreise deutlich: Obwohl beide Alternativen aus Sicht der Grape SE zu einer Erhöhung des Deckungsbeitrags beitragen, wird keine der Alternativen vom Unternehmensbereich Gesamtfertigung akzeptiert. Hier führen vollkostenorientierte Verrechnungspreise dazu, dass die Annahme des Zusatzauftrages zu einer Deckung der fixen Kosten im Bereich Chipherstellung führt:

Chipherstellung:	Alternative 1	Alternative 2
Verrechnungspreis	17,5 TEUR	7 TEUR
Eigene variable Kosten	–10 TEUR	–4 TEUR
Deckungsbeitrag des Zusatzauftrags	7,5 TEUR	3 TEUR

Beurteilung vollkostenorientierter Verrechnungspreise

Befürworter vollkostenorientierter Verrechnungspreise begründen den Einsatz damit, dass innerbetriebliche Leistungsbeziehungen typischerweise keinen kurzfristigen Charakter haben. Damit soll dem Argument, dass nur Grenzkosten das Koordinationsproblem optimal lösen, entgegengewirkt werden. Für langfristige Entscheidungen ist die Verwendung von Vollkosten jedoch genauso ungeeignet wie die Verwendung von Grenzkosten, da das Entscheidungskriterium nur die durch die Entscheidung ausgelösten Änderungen umfassen darf. So enthalten Vollkosten auch für das Entscheidungsproblem nicht relevante Kostenbestandteile. Dies ist insbesondere der Fall, wenn der liefernde Bereich mehrere Produkte herstellt und die Fixkosten künstlich zu geordnet werden müssen (vgl. Ewert/Wagenhofer, 2014, S. 591).

Das Hauptproblem vollkostenorientierter Verrechnungspreise besteht aus Sicht der Koordinationsfunktion folglich darin, dass die tatsächlich relevanten Kosten nicht erfasst sind. Bestenfalls wird dadurch eine vereinfachte Approximation der langfristig durch die Entscheidung veränderlichen Kosten gebildet. Aus Sicht der Erfolgsermittlungsfunktion besteht darüber hinaus das Problem, dass der abnehmende Bereich keinen Gewinn aus dem gemeinsam erwirtschafteten Erfolg zugewiesen bekommt. Darüber hinaus erfolgt die Aufteilung des gemeinsam erwirtschafteten Gewinns aufgrund der Gemeinkostenproblematik in einem gewissen Sinne willkürlich.

9.2.2.3 Cost-Plus-Verrechnungspreise

Cost-Plus-Verrechnungspreise

Um beiden Bereichen ein positives Ergebnis aus dem gemeinsam erwirtschafteten Unternehmenserfolg zuweisen zu können, ist es notwendig, dass beiden Bereichen durch einen Gewinnaufschlag auf den Verrechnungspreis ein positives Ergebnis aus der Transaktion zugewiesen werden kann. Dies führt dazu, dass einzelne Unternehmensbereiche wie zwei unabhängige Unternehmen behandelt werden können. Daher liegt der Ursprung der **Cost-Plus-Verrechnungspreise** in der Erfolgsermittlungsfunktion. Dies ist auch der Grund, weshalb diese Form der Verrechnungspreismethodik in der Praxis dominiert (vgl. Pfaff/Stefani, 2006, S. 521).

Grundsätzlich bleibt festzuhalten, dass aufgrund von Synergieeffekten zwischen den Bereichen jede Form der Gewinnaufteilung willkürlich ist. Insbesondere stellt sich die Frage, wie ein angemessener Gewinnaufschlag bestimmt werden kann. Hierzu sind bspw. folgende Möglichkeiten denkbar (vgl. Ewert/Wagenhofer, 2014, S. 596):

- Prozentsatz der Vollkosten;
- Angemessene Verzinsung des eingesetzten Kapitals (sofern nicht in den Vollkosten enthalten);
- Verhandlungen unter den Bereichen.

Voll- vs. Grenzkosten

Grundsätzlich besteht bei der Ermittlung von Cost-Plus-Verrechnungspreisen die Möglichkeit, den Zuschlag basierend auf Grenz- oder Vollkosten zu bilden. Werden Cost-Plus-Verrechnungspreise allerdings auf Basis von Vollkosten gebildet, so lassen sich sämtliche Kritikpunkte an vollkostenorientierten Verrechnungspreisen auch auf Cost-Plus-Verrechnungspreise übertragen. Daher sind Vollkosten plus Gewinnzuschlag im Kontext der Koordinationsfunktion kritisch zu bewerten. Andererseits bedeutet jeder Gewinnzuschlag auf Grenzkosten ebenfalls, dass der abnehmende Bereich nicht die gesamtunternehmensoptimale Menge nachfragen wird. Das liegt daran, dass die Optimalitätsbedingung »Grenzkosten = Grenzerlöse« bei Grenzkosten plus Gewinnzuschlag verletzt ist.

Theoretische Begründung

In den bisherigen Ausführungen wurde festgestellt, dass grenzkostenorientierte Verrechnungspreise zwar das Koordinationsproblem optimal lösen, die Delegation von Entscheidungsrechten an einzelne Unternehmensbereiche und damit allgemein den Einsatz von Verrechnungspreisen als Koordinationsinstrument nicht begründen können. Würde sich die zentrale Unternehmensleitung die für die Gestaltung eines optimalen Verrechnungspreises notwendigen Informationen übermitteln lassen, so muss dem liefernden Bereich eine Informationsrente bezahlt werden, damit dieser seine »private« Information wahrheitsgemäß bereitstellt. In diesem Fall setzt sich der Verrechnungspreis aus den Produktionskosten und einer Informationsrente, die einem Gewinnaufschlag entspricht, zusammen (vgl. Pfeiffer, 2002, S. 1271). Dies korrespondiert gerade mit den Cost-Plus-Verrechnungspreisen, bei denen dem liefernden Bereich ein Gewinn in Höhe des Gewinnzuschlages zugestanden wird. Allerdings bleibt auch hier das Dilemma der pretialen Lenkung bestehen, da sich die Zentrale die relevanten Kosten- und Erlösparameter berichten lassen kann, um dann selbst die optimale Entscheidung zu fällen (vgl. Pfaff/Pfeiffer, 2004, S. 303). Daher lässt sich bis zum jetzigen Stand der Darstellung nicht erklären, weshalb die entsprechenden Entscheidungskompetenzen an dezentrale Einheiten überhaupt delegiert werden.

Bezug zur Transaktionskostentheorie

Ein anderes Bild ergibt sich hingegen, wenn **Transaktionskosten** in Form einer eingeschränkten Kommunikation berücksichtigt werden. In diesem Fall kann sich die Zentrale nicht einfach die relevanten Informationen übermitteln lassen. Dabei zeigt sich, dass eine dezentrale Steuerung einen Flexibilitätsvorteil gegenüber der zentralen Planung hat, der zu einem höheren Gesamterfolg führt (vgl. Wagenhofer, 1992, S. 654 f.). Der Flexibilitätsvorteil resultiert aus der Tatsache, dass die dezentralen Entscheidungsträger ihre Entscheidungen von der eigenen Leistungsfähigkeit abhängig machen. Dieser Planungsvorteil wird durch Cost-Plus-Verrechnungspreise erreicht. Die Dominanz dezentraler Lösungen gegenüber einem zentralen Mechanismus bei eingeschränkter Kommunikation gilt dabei unabhängig von der Art der Verrechnungspreise (vgl. Melumad et al., 1995, S. 666).

Ein ähnliches Bild ergibt sich, wenn **transaktionsspezifische Investitionen** betrachtet werden. Beispielsweise kann der produzierende Bereich Rationalisierungsinvestitionen durchführen, die zu einer günstigeren Kostenstruktur führen, oder der Absatzbereich führt Marketingmaßnahmen durch, die zu erhöhten Absätzen führen. Das Grundproblem der Delegation besteht nun darin, dass weder die Investitionsausgaben, noch der dadurch induzierte Erfolg auf die einzelnen Bereiche verursachungsgerecht zurechenbar sind. Damit besteht für jeden Bereich die Gefahr, die gesamten Investitionsausgaben tragen zu müssen, ohne ausreichend an dem dadurch induzierten Erfolg zu partizipieren. Wird dieses Problem von den Bereichsmanagern antizipiert, kommt es aus Sicht der Zentrale zu einem Unterinvestitionsproblem (sog. **Hold-up-Problem**). Wird folglich der Verrechnungspreis auf Basis von Grenzkosten festgelegt, so wird dadurch zwar eine effiziente Mengenentscheidung induziert, allerdings hat der Produktionsbereich keinen Investitionsanreiz. Ein steigender Zuschlagssatz bei einem Cost-Plus-Verrechnungspreis führt zwar zu ineffizienten Mengenentscheidungen, allerdings erhöht er den Investitionsanreiz des Produktionsbereichs und indirekt auch den des Absatzbereichs. Investiert nur der abnehmende Bereich, so ist es aus Sicht der Zentrale optimal, auf den Zuschlag zu verzichten (vgl. Pfeiffer, 2002, S. 1288). Deshalb kommt es bei einem Cost-Plus-Verrechnungspreis zu einem Trade-off zwischen Investitions- und Mengenentscheidungen.

Beispiel 9.6 Grape SE **Cost-Plus-Verrechnungspreise**

▸▸▸ Erneut wird die Situation betrachtet, dass ein Elektronikgroßhandel der Grape SE zwei unterschiedliche Kaufangebote macht. Einerseits besteht das Angebot, einmal zusätzlich 1.000 MP3-Player für einen Stückpreis von 17 EUR zu kaufen (Alternative 1). Andererseits bietet der Elektronikgroßhandel die Möglichkeit an, 400 MP3-Player für einen Stückpreis von 18 EUR zu kaufen (Alternative 2). Zusätzlich besteht jedoch für den Bereich Chipherstellung die Möglichkeit, durch eine Investition in eine neue Produktionstechnologie die variablen Stückkosten für den Zusatzauftrag um 2 EUR je Speicherchip zu senken. Die dafür anfallenden Fixkosten sind jedoch von dem Volumen des Zusatzauftrags abhängig. Es würden zusätzliche Fixkosten in Höhe von 0,5 TEUR bei Alternative 1 bzw. 0,2 TEUR bei Alternative 2 anfallen. Damit liefert die Investition in Abhängigkeit der Entscheidung für eine Alternative einen zusätzlichen Gewinnbeitrag in Höhe von 2,5 TEUR (Alternative 1) bzw. 1,4 TEUR (Alternative 2). Aus Sicht der Grape SE ist Alternative 1 vorzuziehen, da dadurch der höhere Gewinnbeitrag realisiert werden kann:

Grape SE:	Alternative 1	Alternative 2
Erlös	17 TEUR	7,2 TEUR
Variable Kosten Chipherstellung	−8 TEUR	−3,2 TEUR
Variable Kosten Gesamtfertigung	−6 TEUR	−2,4 TEUR
Fixkosten neue Produktionstechnologie	−0,5 TEUR	−0,2 TEUR
Deckungsbeitrag des Zusatzauftrags	2,5 TEUR	1,4 TEUR

Zu beachten ist, dass die Investition dazu führt, dass auch Alternative 2 einen höheren Deckungsbeitrag liefert, als Alternative 1 ohne Investitionen (Gesamtdeckungsbeitrag von 1 TEUR).
Die Entscheidung über den Zusatzauftrag wird an den Bereich Gesamtfertigung delegiert. Zugleich trifft der Bereich Chipherstellung seine Investitionsentscheidung unter Antizipation der nachgefragten Menge. In einem ersten Schritt wird unterstellt, dass der Verrechnungspreis auf Basis der Grenzkosten festgesetzt wird (10 EUR je Speicherchip). Alternativ kann der Verrechnungspreis auf Basis der Grenzkosten plus eines Gewinnzuschlags von 1 EUR je Speicherchip festgesetzt werden.

Verrechnungspreis auf Basis der Grenzkosten
Wird der Verrechnungspreis auf Basis der Grenzkosten festgesetzt, so ergibt sich für den Bereich Gesamtfertigung folgende Entscheidungssituation, wenn davon ausgegangen wird, dass der Bereich Chipherstellung nicht in eine neue Produktionstechnologie investiert:

Gesamtfertigung (ohne Investition):	Alternative 1	Alternative 2
Erlös	17 TEUR	7,2 TEUR
Eigene variable Kosten	−6 TEUR	−2,4 TEUR
Verrechnungspreis	−10 TEUR	−4 TEUR
Deckungsbeitrag des Zusatzauftrags	1 TEUR	0,8 TEUR

Geht der Bereich Gesamtfertigung dagegen davon aus, dass der Bereich Chipherstellung investiert, so ergibt sich folgendes Entscheidungsfeld:

Gesamtfertigung (mit Investition):	Alternative 1	Alternative 2
Erlös	17 TEUR	7,2 TEUR
Eigene variable Kosten	−6 TEUR	−2,4 TEUR
Verrechnungspreis	−8 TEUR	−3,2 TEUR
Deckungsbeitrag des Zusatzauftrags	3 TEUR	1,6 TEUR

Offensichtlich ist es daher für die Gesamtfertigung in jedem Fall optimal, sich für Alternative 1 zu entscheiden und daher 1.000 zusätzliche Speicherchips vom Bereich Chipherstellung nachzufragen. Unter Antizipation dieses Sachverhalts trifft der Bereich Chipherstellung wie folgt seine Investitionsentscheidung:

Chipherstellung:	Ohne Investition	Mit Investition
Verrechnungspreis	10 TEUR	8 TEUR
Eigene variable Kosten	–10 TEUR	–8 TEUR
Investition	–	–1,5 TEUR
Deckungsbeitrag des Zusatzauftrags	0 EUR	–1,5 TEUR

Es wird deutlich, dass der Bereich Chipherstellung keinen Anreiz hat, in die neue Produktionstechnologie zu investieren. Das liegt an der Verwendung des Verrechnungspreises auf Basis der Grenzkosten, der dazu führt, dass der Bereich Chipherstellung seine Investitionskosten alleine zu tragen hat. Aus Sicht der Grape SE wird durch diese Entscheidungskonstellation nur ein zusätzlicher Deckungsbeitrag von 1 TEUR geschaffen. Damit wird deutlich, dass grenzpreisorientierte Deckungsbeiträge ihre Koordinationsfunktion nicht optimal erfüllen.

Cost-Plus-Verrechnungspreis

Wird nun der Verrechnungspreis auf Basis der Grenzkosten plus Gewinnzuschlag von 1 EUR je Speicherchip ermittelt, so ergibt sich je nach Investitionsentscheidung ein Verrechnungspreis von 11 EUR (bzw. 9 EUR bei Investition in eine neue Produktionstechnologie) je Speicherchip. Geht der Bereich Gesamtfertigung davon aus, dass der Bereich Chipherstellung nicht investiert, so ergibt sich folgende Entscheidungssituation:

Gesamtfertigung (ohne Investition):	Alternative 1	Alternative 2
Erlös	17 TEUR	7,2 TEUR
Eigene variable Kosten	–6 TEUR	–2,4 TEUR
Verrechnungspreis	–11 TEUR	–4,4 TEUR
Deckungsbeitrag des Zusatzauftrags	0 EUR	0,4 TEUR

Die Entscheidungssituation ändert sich wie folgt, wenn von einer Investition des Bereichs Chipherstellung ausgegangen wird:

Gesamtfertigung (mit Investition):	Alternative 1	Alternative 2
Verkaufspreis	17 TEUR	7,2 TEUR
Eigene variable Kosten	–6 TEUR	–2,4 TEUR
Verrechnungspreis	–9 TEUR	–3,6 TEUR
Deckungsbeitrag des Zusatzauftrags	2 TEUR	1,2 TEUR

Durch die Anwendung eines Cost-Plus-Verrechnungspreises kommt es zu einer komplexen Entscheidungssituation: Würde der Bereich Gesamtfertigung einerseits davon ausgehen, dass der Bereich Chipherstellung nicht investiert, so würde die Entscheidung auf Alternative 2 fallen. Wird allerdings davon ausgegangen, dass der Bereich Chipherstellung investiert, so wäre Alternative 1 optimal. Der Grund dafür ist, dass sich der Stückdeckungsbeitrag je verkauftem MP3-Player durch die Investition erhöht.

Der Bereich Chipherstellung muss dieses Nachfrageverhalten bei seiner Investitionsentscheidung antizipieren. Entscheidet sich der Bereich für die Investition, so wählt der Bereich Gesamtfertigung Alternative 1, ansonsten Alternative 2. Würde der Bereich Gesamtfertigung Alternative 1 nachfragen, so ergibt sich folgende Entscheidungssituation:

Chipherstellung (Alternative 1):	Ohne Investition	Mit Investition
Verrechnungspreis	11 TEUR	9 TEUR
Eigene variable Kosten	−10 TEUR	−8 TEUR
Investition	–	−0,5 TEUR
Deckungsbeitrag des Zusatzauftrags	1 TEUR	0,5 TEUR

Wird stattdessen von der Nachfrage nach Alternative 2 ausgegangen, so ergibt sich folgende Entscheidungssituation:

Chipherstellung (Alternative 2):	Ohne Investition	Mit Investition
Verrechnungspreis	4,4 TEUR	3,6 TEUR
Eigene variable Kosten	−4 TEUR	−3,2 TEUR
Investition	–	−0,2 TEUR
Deckungsbeitrag des Zusatzauftrags	0,4 TEUR	0,2 TEUR

Folglich wäre es für den Bereich Chipherstellung optimal, wenn auf die Investition verzichtet werden würde und trotzdem die Gesamtfertigung die notwendige Menge für Alternative 1 nachfragen würde. Dies wird aber nicht der Fall sein, da im Fall ohne Investition die Gesamtfertigung Alternative 2 wählt und damit der Bereich Chipherstellung sein Ergebnis um 0,4 TEUR verbessert.
Entscheidet sich der Bereich Chipherstellung dagegen für die Investition, so kann er antizipieren, dass sich die Gesamtfertigung für Alternative 1 entscheiden wird, wodurch das Ergebnis des Bereichs Chipherstellung einen Deckungsbeitrag in Höhe von 0,5 TEUR erzielt.
Als Fazit lässt sich festhalten, dass die Anwendung des Cost-Plus-Verrechnungspreises dazu führt, dass der Bereich Gesamtfertigung sich für Alternative 1 entscheidet und gleichzeitig der Bereich Chipherstellung optimale Investitionsanreize erhält. Damit wird durch die Anwendung des Cost-Plus-Verrechnungspreises das Koordinationsproblem optimal gelöst. ◂◂◂

Beurteilung Cost-Plus-Verrechnungspreise

Die wesentliche Motivation zur Berücksichtigung eines Gewinnaufschlags liegt in der Erfolgsermittlungsfunktion. Durch den Gewinnaufschlag wird auch dem liefernden Bereich ein positiver Gewinnbeitrag zugewiesen. Es bleibt jedoch das Problem bestehen, dass ein Gewinnaufschlag, wie auch immer er gewählt sein mag, willkürlich bleibt (vgl. Ewert/Wagenhofer, 2014, S. 596).

Aus Sicht der Koordinationsfunktion führt die Berücksichtigung von Transaktionskosten dazu, dass das Dilemma der pretialen Lenkung gelöst wird. So führt die Berücksichtigung von Transaktionskosten bspw. in Form relationsspezifischer Investitionen dazu, dass die Delegation von Entscheidungen an dezentrale Unternehmensbereiche einen Vorteil im Vergleich zu einem zentralen Mechanismus beinhaltet. So können Cost-Plus-Verrechnungspreise sowohl zu einem optimalen Nachfrageverhalten nach einem Zwischenprodukt führen und gleichzeitig optimale Investitionsanreize liefern. Dadurch wird die Koordinationsfunktion optimal erfüllt. Allerdings sind ebenfalls Situationen denkbar, in denen Cost-Plus-Verrechnungspreise einerseits optimale Investitionsanreize für den liefernden Bereich implizieren, andererseits der abnehmende Bereich jedoch nicht mehr die optimale Menge nachfragen wird. Das liegt daran, dass sich das Zwischenprodukt aus Sicht des abnehmenden Bereichs verteuert. An dieser Stelle können verhandelte Verrechnungspreise das Problem abmildern (vgl. Pfaff/Pfeiffer, 2004, S. 310 ff.).

9.2.3 Verhandelte Verrechnungspreise

Verhandelte Verrechnungspreise

Im Gegensatz zu kostenorientierten Verrechnungspreisen verzichtet die Zentrale bei **verhandelten Verrechnungspreisen** auf die Festlegung eines Preises. In diesem Fall stellt der Verrechnungspreis das Ergebnis von Verhandlungen zwischen den Unternehmensbereichen dar (vgl. Ewert/Wagenhofer, 2014, S. 604). Der Vorteil dieser Vorgehensweise wird darin gesehen, dass die einzelnen Bereiche eine bessere Information über die Kosten- und Erlössituation besitzen. Dem liegt die Idee zugrunde, eine Näherungslösung an den Marktpreis zu schaffen (vgl. Coenenberg et al., 2012, S. 751). Jedoch haben Verhandlungsmacht und das persönliche Verhandlungsgeschick einen großen Einfluss auf das Verhandlungsergebnis. Auch können solche Verhandlungen zeitintensiv sein oder Konflikte nach sich ziehen (vgl. Ewert/Wagenhofer, 2014, S. 607).

Einigungsbereich

Eine Einigung wird nur in dem Fall erzielt, indem beide Bereiche von der Zusammenarbeit profitieren. Insofern müssen bei den Verhandlungen auch die jeweiligen Opportunitätskosten der beiden Bereiche berücksichtigt werden. Folglich wird der Einigungsbereich, in dem das Verhandlungsergebnis liegen kann, umso kleiner, je besser die Alternativen für beide Bereiche werden.

Beispiel 9.7 Grape SE **Verhandelte Verrechnungspreise**

▸▸▸ Der Verrechnungspreis für die Lieferung eines Speicherchips von der Chipherstellung an die Gesamtfertigung soll nun durch Verhandlungen bestimmt werden. Im Rahmen eines Zusatzauftrags bietet ein Elektronikgroßhandel an, MP3-Player für einen Stückpreis von 18 EUR vom Bereich Gesamtfertigung zu beziehen. Die für die Produktion notwendigen Speicherchips können alternativ vom Markt für einen Preis von 11 EUR je Stück bezogen werden. Für den Zusatzauftrag fallen in der Chipherstellung variable Kosten in Höhe von 10 EUR je Speicherchip an. Im Rahmen der Weiterverarbeitung im Bereich Gesamtfertigung fallen zusätzlich 6 EUR variable Kosten je MP3-Player an.
Damit es zu einer Einigung kommt, muss der Verrechnungspreis Grenzkosten und potenziellen Deckungsbeiträge der Bereiche berücksichtigen. Für den liefernden Bereich ist jeder Verrechnungspreis optimal, der mindestens die variablen Kosten (10 EUR) deckt ($VP \geq 10$). Umgekehrt ist der Bereich Gesamtfertigung nur bereit,

einen Preis zu bezahlen, der einen positiven Deckungsbeitrag (12 EUR = 18 EUR – 6 EUR) sicherstellt ($VP \leq 12$). Angenommen, es gäbe für beide Bereiche keine Alternativen, so liegt der Einigungsbereich im Preisintervall [10; 12].
Wird zusätzlich betrachtet, dass der Bereich Gesamtfertigung den Speicherchip alternativ für 11 EUR je Stück am Markt beziehen könnte, so verringert sich dessen Bereitschaft, einen Preis zu bezahlen, der 11 EUR übersteigt. Der Einigungsbereich sinkt somit auf das Preisintervall [10; 11]. ◀◀◀

Nash-Verhandlungslösung

Bei verhandlungsorientierten Verrechnungspreisen erfolgen die Produktionsmengen- und Transferpreisentscheidungen im Produktionszeitpunkt auf Basis von Verhandlungen. Kommt ein Handel zustande, wird der Erfolg entsprechend der Verhandlungsmacht auf beide Bereiche aufgeteilt. Wird jeder der Bereiche gleichermaßen am Erfolg beteiligt, so resultiert daraus gerade die spieltheoretische **Nash-Verhandlungslösung** (vgl. Baldenius et al., 1999, S. 73).

Auswirkung auf Produktions- und Investitionsentscheidungen

Da beide Bereiche einen Anteil am gesamten erwirtschafteten Erfolg erhalten, haben sie in jedem Fall einen Anreiz, effizient zu produzieren. Allerdings wird den Bereichen nur ein Anteil am Gesamterfolg zugerechnet, während sie die gesamten Investitionskosten selbst tragen müssen. Dies führt zu einem Unterinvestitionsproblem. Effiziente Investitionsentscheidungen werden nur in dem Fall getroffen, wenn nur ein Bereich investiert und dieser gleichzeitig den vollen Erfolg zugerechnet bekommt (vgl. Pfaff/Pfeiffer, 2004, S. 309).

Beurteilung verhandelte Verrechnungspreise

Aus Sicht der Erfolgsermittlungsfunktion liefern verhandelte Verrechnungspreise einen interessanten Ansatz, da dadurch ein Marktpreis approximiert werden soll. Dadurch wird dem Grundgedanken der Erfolgsermittlungsfunktion Rechnung getragen, da beide Bereiche wie zwei unabhängige Unternehmen beurteilt werden. Aus Sicht der Koordinationsfunktion ist kritisch anzumerken, dass verhandelte Verrechnungspreise zwar effiziente Produktionsentscheidungen induzieren, gleichzeitig jedoch Unterinvestitionsprobleme entstehen. Hierbei ist insbesondere zu berücksichtigen, dass die Vorteilhaftigkeit verhandlungsbasierter Verrechnungspreise von der Verhandlungsmacht der einzelnen Bereichsmanager abhängt (vgl. Baldenius et al., 1999, S. 70 ff.). Im Vergleich zu Cost-Plus-Verrechnungspreisen kommen agencytheoretische Untersuchungen zu dem Ergebnis, dass Cost-Plus-Verrechnungspreise nur dann von Vorteil sind, wenn einseitige Investitionen des Produktionsbereichs anfallen (vgl. Baldenius/Reichelstein, 1998, S. 254). Diese Ergebnisse hängen davon ab, dass keine Konflikte bei der Aushandlung eines Verrechnungspreises auftreten. Zusammenfassend lässt sich daher festhalten, dass in vielen Fällen verhandlungsorientierte Verrechnungspreise den kostenorientierten überlegen sind, wenn man von Konflikten bei den Verhandlungen absieht.

9.3 Verrechnungspreise in Konzernunternehmen

In den letzten Jahren intensivierte sich der Preiswettbewerb innerhalb des Elektrohandels. Besonders die Elektro-Discounter setzen verstärkt auf niedrige Preise (z. B. Madeia Markt). Damit diese Discounter die niedrigen Preise dem Endverbraucher anbieten konnten, versuchten sie, ihre Einkaufspreise zu senken. Diesen Trend spürte auch die Grape SE. Viele Abnehmer übten verstärkt einen Preisdruck auf die MP3-Player bzw. Tablets aus und waren nur bereit, größere Absatzmengen abzunehmen, falls die Grape SE einen größeren Preisnachlass gewährt. Infolgedessen war die Grape SE gezwungen, ihre eigenen Kosten zu reduzieren, damit sie den geforderten Preisnachlass gewähren kann, ohne selber Verluste zu erzielen. Die Geschäftsführung diskutierte verschiedene Lösungsvorschläge bzgl. Kosteneinsparungen. Da die Grape SE bis dahin nur in Deutschland produziert hatte, wurde überlegt, durch die Verlagerung der Produktion von einzelnen Komponenten ins Ausland Kosteneinsparungspotenziale zu realisieren. Dabei stellte sich die Frage, welche Komponente ins Ausland verlagert werden soll. Herr Schlaumaier, Mitglied der Geschäftsführung, schlug vor, ein besonders arbeitsintensives Bauteil auszulagern. Nach seiner Rechnung ließen sich durch die relativ niedrigen Lohnkosten im Ausland (z. B. Slowakei) einige Mio. EUR einsparen. Dieser Vorschlag wurde von der Geschäftsführung einstimmig angenommen. Die Geschäftsführung entschied sich dazu, die Produktion der Speicherchipherstellung auszulagern. Bei der Wahl eines geeigneten Produktionsstandorts spielen auch steuerliche Wirkungen eine wesentliche Rolle. Seitens der Geschäftsleitung wird angeregt, einen möglichst hohen Gewinnanteil innerbetrieblicher Transaktionen in Ländern mit einer niedrigeren Steuerquote auszuweisen, um so Steuern zu sparen. Der Leiter der zentralen Controllingabteilung, Herr Dr. Müller-Christ, wirft jedoch ein, dass dieser Spielraum aufgrund gesetzlicher Rahmenbedingungen eingeschränkt ist. Er wird damit beauftragt, die wesentlichen Anforderungen, denen ein Verrechnungspreis in diesem Zusammenhang genügen muss, zusammenzustellen.

Im Folgenden wird zunächst auf besondere Merkmale der Verrechnungspreisbildung in Konzernen eingegangen. Anschließend werden steuerliche Ansätze zur Bestimmung von Konzernverrechnungspreisen (vgl. Abschnitt 9.3.1) und Dokumentationspflichten (vgl. Abschnitt 9.3.2) dargestellt.

Konzernunternehmen und Verrechnungspreise

Aufgrund der Internationalisierung der Konzerne gewann die Verrechnungspreisproblematik auch und gerade für Leistungsbeziehungen zwischen Konzerngesellschaften mit Sitz in verschiedenen Ländern an Bedeutung. Der Unterschied zwischen divisionalisierten Unternehmen und Konzernunternehmen besteht darin, dass erstere nur wirtschaftlich selbstständig sind, wohingegen Konzernunternehmen sowohl wirtschaftlich als auch rechtlich selbstständige Unternehmen darstellen. Als Folge kann ein Konzern im Rahmen der Verrechnungspreisproblematik als Spezialform eines divisionalisierten Unternehmens betrachtet werden (vgl. Coenenberg et al., 2012, S. 754 f.).

Bedeutung von Konzernverrechnungspreisen

Die Bedeutung von **Konzernverrechnungspreisen** wird dadurch deutlich, dass nach Schätzungen der OECD mehr als 60 % des Welthandels über konzerninterne

Transaktionen abgewickelt werden (vgl. Kahle, 2007, S. 96 mit weiteren Literaturangaben). In der Folge finden weite Teile der Transaktionen multinationaler Unternehmen keine Marktbestätigung, sondern sind auf Basis von Verrechnungspreisen abzuwickeln.

Ziele von Konzernverrechnungspreisen

Charakteristisch für Konzernverrechnungspreise ist, dass neben den Hauptfunktionen der Verrechnungspreisbildung, Erfolgsermittlungs- und Koordinationsfunktion, steuerliche Zielsetzungen relevant werden. So spielt das Thema **Gewinnverlagerung** im Rahmen der Ermittlung von Konzernverrechnungspreisen eine wesentliche Rolle. Um an dieser Stelle beliebige Spielräume der Unternehmen hinsichtlich der Gewinnverlagerung in Länder mit günstigeren Steuersätzen einzugrenzen, haben gesetzliche Rahmenbedingungen einen wesentlichen Einfluss auf die Bestimmung von Konzernverrechnungspreisen. Allerdings ist darauf hinzuweisen, dass Unternehmen typischerweise auch dann für interne Steuerungszwecke steuerlich relevante Verrechnungspreismechanismen anwenden, wenn sie dazu gar nicht gezwungen wären (vgl. Pfaff/Stefani, 2006, S. 521).

9.3.1 Steuerrechtliche Ansätze zur Bestimmung von Konzernverrechnungspreisen

Fremdvergleichsgrundsatz

Um beliebigen Spielraum bei der Bestimmung von Konzernverrechnungspreisen einzuschränken, beruhen steuerliche Verrechnungspreise auf dem Grundsatz des Dritt- bzw. **Fremdvergleichs** (dealing at arm's length). Rechtlich ist der Fremdvergleichsgrundsatz im OECD-Musterabkommen (Art. 9 OECD-MA) verankert und ist darüber hinaus in vielen Staaten zur Bestimmung von Verrechnungspreisen bei innerbetrieblichen Transaktionen für steuerliche Zwecke vorgeschrieben (vgl. bspw. § 1 AStG). Darüber hinaus ist der Fremdvergleichsgrundsatz vor dem Hintergrund der verdeckten Gewinnausschüttung auch für rein nationale Transaktionen anzuwenden (vgl. Schwedhelm, 2014, Tz. 271 f.) Nach dem Fremdvergleichsgrundsatz müssen Verrechnungspreise innerhalb eines Konzerns mit Preisen gegenüber Konzernfremden vergleichbar sein. Genau genommen soll der steuerlich relevante Verrechnungspreis daher einen Preis widerspiegeln, wie er von voneinander unabhängigen Dritten unter vergleichbaren Umständen vereinbart worden wäre.

Kritik am Fremdvergleichsgrundsatz

Der Fremdvergleichsgrundsatz weist sowohl theoretische als auch praktische Schwächen auf (vgl. Kahle, 2007, S. 97 f.). Einerseits setzt er voraus, dass vergleichbare Transaktionen zwischen unabhängigen Vertragsparteien vorliegen, was jedoch in den meisten Fällen nicht der Fall sein dürfte. Daher kann ein entsprechender Verrechnungspreis im Rahmen des hypothetischen Fremdvergleichs bestenfalls simuliert werden. Andererseits sind Marktpreise, wie bereits in Abschnitt 9.2.1 erläutert, für die innerbetriebliche Koordination einzelner Unternehmensbereiche ungeeignet.

Transaktionsbasierte Methoden

Für die Ermittlung von Konzernverrechnungspreisen stehen verschiedene Methoden zur Auswahl, wobei die sog. **transaktionsbasierten Methoden** (Standardmethoden) bevorzugt anzuwenden sind. Nur für den Fall, dass ein Fremdvergleich bei keiner der transaktionsbasierten Methoden möglich erscheint, sind alternativ **gewinnbezogene Methoden** möglich. Grundsätzlich stehen bei der transaktionsbasierten Methode drei Standardverfahren zur Verfügung, wobei zu berücksichtigen ist, dass je nach Unternehmenscharakteristikum einzelne Methoden aus Zweckmäßigkeitsgesichtspunkten zu bevorzugen sind. Diese drei Verfahren sind (vgl. bspw. Brähler, 2012, S. 424 ff. oder Kahle, 2007, S. 98 ff.):

- Preisvergleichsmethode
- Wiederverkaufspreismethode
- Kostenaufschlagsmethode

Preisvergleichsmethode

Bei der **Preisvergleichsmethode** muss der Verrechnungspreis mit Preisen vergleichbar sein, die fremde Dritte am Markt ausgehandelt hätten. Grundsätzlich kommt diese Methode dem tatsächlichen Fremdvergleich von allen Methoden am nächsten. Als Vergleichsmaßstab werden bei dieser Methode identische Geschäfte herangezogen, die zwischen nicht verbundenen Unternehmen am Markt getätigt wurden. Dies bedingt, dass es sich um gleichartige Güter in vergleichbarer Menge und Qualität mit ähnlichen Liefer- und Zahlungsbedingungen handeln muss (vgl. Coenenberg et al., 2012, S. 755 f.). Daher ist die Preisvergleichsmethode insbesondere für marktgängige Dienstleistungen oder homogene Warenlieferungen anzuwenden.

Wiederverkaufspreismethode

Die **Wiederverkaufspreismethode** geht von einem Preis aus, den der Empfänger der Leistung von Dritten erhält. Anschließend wird ein marktüblicher Abschlag sowie noch anfallende Kosten abgezogen. Folglich wird bei der Wiederverkaufsmethode dem Empfänger der Leistung gerade ein Gewinn in Höhe des marktüblichen Abschlags zugestanden. Im Sinne der Fremdvergleichbarkeit muss daher der Abschlag die Funktionen und Risiken des Wiederverkäufers marktgerecht abgelten. Grundsätzlich eignet sich die Wiederverkaufsmethode daher insbesondere für Unternehmen im Vertriebsbereich. Allerdings ist darauf hinzuweisen, dass grundsätzlich das Gewinnerzielungspotenzial des abnehmenden Bereichs nicht beachtet wird.

Kostenaufschlagsmethode

Bei der **Kostenaufschlagsmethode** werden die Selbstkosten des liefernden Unternehmens um einen betriebs- oder branchenüblichen Gewinnaufschlag erweitert. Grundsätzlich reflektiert daher der Konzernverrechnungspreis einen Preis, wie ihn der liefernde Bereich auf Basis seiner eigenen Kostenkalkulation angesetzt hätte. Da bei der Kostenaufschlagsmethode das Risiko der Transaktion auf das abnehmende Unternehmen übergeht, eignet sich diese Methode insbesondere für den Bezug unfertiger Erzeugnisse.

Gewinnbasierte Methoden

Der **gewinnbasierten Methode** liegt die Idee zugrunde, dass die Verrechnungspreise dann fremdüblich sind, wenn die aus den zu diesen Preisen abgewickelten Transaktionen zu fremdüblichen Gewinnen führen. Generell sind gewinnbasierte Methoden nur dann anzuwenden, wenn transaktionsbasierte Methoden nicht möglich sind.

Transaktionsbezogene Nettomargenmethode

Bei der **transaktionsbezogenen Nettomargenmethode** wird der Nettoerfolg einer Transaktion auf eine geeignete Größe (z. B. Umsatz, Vollkosten) bezogen und mit den Nettorenditen aus Geschäften verglichen, die das Unternehmen mit fremden Dritten tätigt oder die zwischen fremden Dritten getätigt werden (vgl. Kahle, 2007, S. 99). Der Grundsatz der Vergleichbarkeit ist folglich dann gegeben, wenn das operative Ergebnis einer konzerninternen Transaktion mit dem vergleichbaren Nettoerfolg übereinstimmt, den fremde Dritte unter vergleichbaren Umständen erzielt hätten.

Praxisbeispiel

Verrechnungspreise bei der K+S Gruppe

Für Lieferungen und Leistungen zwischen Segmenten werden Verrechnungspreise festgelegt, welche in der jeweiligen konkreten Situation und unter gleichen Umständen von einem fremden Dritten zu zahlen wären. Die Methoden zur Bestimmung der Verrechnungspreise werden zeitnah dokumentiert und kontinuierlich beibehalten. Bei der Bestimmung von Verrechnungspreisen für Lieferungen kann die Preisvergleichsmethode, die Wiederverkaufspreismethode, die Kostenaufschlagsmethode oder eine Kombination dieser Methoden angewendet werden. Dabei wird die Methode gewählt, die den Verhältnissen am nächsten kommt, unter denen sich auf vergleichbaren Märkten Fremdpreise bilden.
(Quelle: K+S Gruppe, 2014, S. 173)

Damit wird ein Sollgewinn unterstellt, der häufig nicht den tatsächlichen wirtschaftlichen Gegebenheiten entspricht. Diese Methode ist nur für Unternehmen anwendbar, die lediglich Routinefunktionen ausüben (vgl. BMF v. 12.4.2005, S. 570 ff.).

Funktionsorientierte Gewinnzerlegung

Bei der **funktionsorientierten Gewinnzerlegung** wird der gemeinsam erwirtschaftete Gewinn nach wirtschaftlich vernünftigen Maßstäben aufgeteilt, wie dies unter vergleichbaren Umständen zwischen unverbundenen Parteien geschehen würde. Dabei werden als wirtschaftlich vernünftiger Maßstab insbesondere Fragen der Risikoallokation, der Anteil der Leistungserbringung des jeweiligen Unternehmens oder dessen Funktion im Leistungserstellungsprozess berücksichtigt (vgl. Coenenberg et al., 2012, S. 756). Kritisch ist jedoch anzumerken, dass fremde Dritte keine Aufteilung des gemeinsam erwirtschafteten Erfolgs vornehmen, sondern einen Preis für eine bestimmte Leistung festsetzen. Daher ist diese Methode aus Sicht der Fremdvergleichbarkeit kritisch zu bewerten (vgl. Kahle, 2007, S. 100).

9.3.2 Dokumentation der Verrechnungspreise

Bedeutung der Verrechnungspreis-Dokumentation

Gemäß § 90 Abs. 3 AO haben Personen für grenzüberschreitende Transaktionen mit nahestehenden Personen im Sinne des § 1 Abs. 2 AStG spezielle Aufzeichnungen zu erstellen. Grundsätzlich soll im Rahmen der Dokumentation dargestellt werden, auf welche Weise die Konzernverrechnungspreise ermittelt wurden und inwieweit der Grundsatz des Fremdvergleichs beachtet wurde. Die Bedeutung der **Dokumentationspflicht** ergibt sich für Unternehmen dadurch, dass ein Verletzen der Dokumentationspflicht ein Strafzuschlag zwischen 5 % und 10 % des durch die Steuerschätzung ermittelten Mehrbetrags fällig wird (§ 162 Abs. 4 AO). Der Mehrbetrag entsteht dadurch, dass mögliche Bandbreiten im Rahmen des Fremdvergleichs zum Nachteil des Steuerpflichtigen ausgelegt werden. Eine vergleichbare Dokumentationspflicht gilt für Transaktionen auf nationaler Ebene nicht (vgl. Kahle, 2007, S. 100).

Sachverhaltsdokumentation

Grundsätzlich besteht die Verrechnungspreisdokumentation gemäß § 90 Abs. 3 AO aus der **Sachverhalts-** und der **Angemessenheitsdokumentation**. In der **Sach-**

verhaltsdokumentation sollen Unternehmen die Art und den Inhalt der mit dem Ausland verwirklichten Geschäftsbeziehungen beschreiben. Dazu gehören insbesondere Informationen über Beteiligungsverhältnisse oder den Geschäftsbetrieb. Zusätzlich sollen im Rahmen einer **Funktions-** und **Risikoanalyse** wesentliche Eigenschaften hinsichtlich der Übernahme des unternehmerischen Risikos herausgearbeitet werden. Dies soll als Basis für den Fremdvergleich und damit für die Anwendung einer bestimmten Verrechnungsmethode dienen.

Angemessenheitsdokumentation

Im Rahmen der **Angemessenheitsdokumentation** muss der Steuerpflichtige nachweisen, dass seine Geschäftsbeziehungen zu nahestehenden Personen unter Beachtung des Fremdvergleichsgrundsatzes gestaltet werden. Insbesondere muss er in Verbindung mit entsprechenden Fremdvergleichsdaten oder innerbetrieblichen Plandaten darstellen, weshalb er die gewählte Methode für geeignet hält. Gemäß § 162 Abs. 3 S. 1 AO liegt die Beweislast für die Angemessenheit der Verrechnungspreise jedoch nicht beim Steuerpflichtigen. Allerdings kehrt sich die Beweislast um, sofern er seinen Dokumentationspflichten nicht nachkommt.

Zeitliche Anforderungen

Die Dokumentation der Konzernverrechnungspreise ist im Rahmen einer steuerlichen Betriebsprüfung vorzulegen. Dabei sind die Aufzeichnungen innerhalb von 60 Tagen vorzulegen. Ein Überschreiten dieser Frist wird ebenfalls mit Sanktionen in Höhe von 100 EUR pro Tag belegt (§ 162 Abs. 4 AO).

Kontrollfragen

1. *Was sind die wesentlichen Ziele der Verrechnungspreisbildung?*
2. *In welchem Zusammenhang stehen Verrechnungspreise und eine dezentrale Organisationsform?*
3. *In welcher Beziehung stehen Erfolgsermittlungs- und Koordinationsfunktion?*
4. *Wie sind marktorientierte Verrechnungspreise hinsichtlich ihrer Koordinationsfunktion zu beurteilen?*
5. *Was versteht man unter dem Dilemma der pretialen Lenkung?*
6. *Wie sind grenzkostenorientierte Verrechnungspreise hinsichtlich ihrer Koordinationsfunktion zu beurteilen?*
7. *Unter welchen Voraussetzungen wird das Dilemma der pretialen Lenkung gelöst?*
8. *Welche Möglichkeiten gibt es zur Ermittlung eines geeigneten Aufschlags im Rahmen der Cost-Plus-Verrechnungspreise?*
9. *Wie sind entsprechende Aufschläge aus Sicht der Erfolgsermittlungsfunktion zu beurteilen?*
10. *Was versteht man unter dem Hold-up-Problem?*
11. *Wie sind Cost-Plus-Verrechnungspreise und verhandelte Verrechnungspreise hinsichtlich ihrer Koordinationsfunktion zu beurteilen?*
12. *Welche zusätzliche Aufgabe wird für Konzernverrechnungspreise relevant?*
13. *Was versteht man unter dem Fremdvergleichsgrundsatz?*
14. *Wodurch unterscheiden sich Wiederverkaufs- und Kostenaufschlagsmethode?*
15. *Was sind die wesentlichen Dokumentationspflichten bei grenzüberschreitenden Konzernverrechnungspreisen?*

Abkürzungsverzeichnis

Abs.	Absatz
AO	Abgabenordnung
AStG	Außensteuergesetz
BMF	Bundesministerium der Finanzen
OECD	Organisation for Economic Co-operation and Development
OECD-MA	OECD Musterabkommen
VP	Verrechnungspreis
Tz.	Textziffer

Literaturhinweise

Baldenius, T./Reichelstein, S. (1998): Alternative Verfahren zur Bestimmung innerbetrieblicher Verrechnungspreise, in: Zeitschrift für betriebswirtschaftliche Forschung, 50. Jg., 1998, Heft 3, S. 236–259.

Baldenius, T./Reichelstein, S./Sahay, S. A. (1999): Negotiated versus Cost-Based Transfer Pricing, in: Review of Accounting Studies, 4. Jg., 1999, Heft 2, S. 67–91.

BMF (2005): Grundsätze für die Prüfung der Einkunftsabgrenzung zwischen nahestehenden Personen mit grenzüberschreitenden Geschäftsbeziehungen in Bezug auf Ermittlungs- und Mitwirkungspflichten, Berichtigungen sowie auf Verständigungs- und EU-Schiedsverfahren, Berlin 2005.

Brähler, G. (2012): Internationales Steuerrecht. Grundlagen für Studium und Steuerberaterprüfung, 7. Aufl., Wiesbaden 2012.

Coenenberg, A. G. (1973): Verrechnungspreise zur Steuerung divisionalisierter Unternehmen, in: Wirtschaftswissenschaftliches Studium, 2. Jg., 1973, Heft 8/9, S. 373–382.

Coenenberg, A. G./Fischer, T. M./Günther, T. (2012): Kostenrechnung und Kostenanalyse, 8. Aufl., Stuttgart 2012.

Ewert, R./Wagenhofer, A. (2014): Interne Unternehmensrechnung, 8. Aufl., Berlin 2014.

Frese, E. (2000): Organisationsmanagement. Neuorientierung der Organisationsarbeit, Stuttgart 2000.

Göx, R. F. (1999): Strategische Transferpreispolitik im Dyopol, Wiesbaden 1999.

HeidelbergCement AG (Hrsg.) (2014): Geschäftsbericht 2013, Heidelberg 2014.

Hirshleifer, J. (1956): On the Economics of Transfer Pricing, in: The Journal of Business, 29. Jg., 1956, Heft 3, S. 172–184.

K+S AG (Hrsg.) (2014): Finanzbericht 2013, Kassel 2014.

Kahle, H. (2007): Internationale Verrechnungspreise aus steuerlicher Sicht, in: Controlling & Management, 51. Jg., 2007, Heft 2, S. 96–101.

Lengsfeld, S. (2005): Verrechnungspreise und Organisationsstrukturen in multinationalen Unternehmen – Zum Erkenntnisstand formaltheoretischer Analysen, in: Betriebswirtschaftliche Forschung und Praxis, 57. Jg., 2005, Heft 2, S. 137–155.

Melumad, N. D./Mookherjee, D./Reichelstein, S. (1995): Hierarchical decentralization of incentive contracts, in: The Rand Journal of Economics, 26. Jg., 1995, Heft 4, S. 654–672.

Perry, M. K. (1989): Vertical Integration, in: Schmalensee, R./Willig, R. D. (Hrsg.): Handbook of Industrial Organization, Amsterdam 1989, S. 183–255.

Pfaff, D./Pfeiffer, T. (2004): Verrechnungspreise und ihre formal-theoretische Analyse: Zum State of the Art, in: Die Betriebswirtschaft, 64. Jg., 2004, Heft 3, S. 296–319.

Pfaff, D./Stefani, U. (2006): Verrechnungspreise in der Unternehmenspraxis, in: Controlling, 18. Jg., 2006, Heft 10, S. 517–524.

Pfeiffer, T. (2002): Kostenbasierte oder verhandlungsorientierte Verrechnungspreise? Weiterführende Überlegungen zur Leistungsfähigkeit der Verfahren, in: Zeitschrift für Betriebswirtschaft, 72. Jg., 2002, Heft 12, S. 1269–1296.

Schwedhelm, R. (2014): Ermittlung des Einkommens, in: Streck, M. (Hrsg.): Körperschaftsteuergesetz, 8. Aufl., München 2014, S. 134–206.

Wagenhofer, A. (1992): Verrechnungspreise zur Koordination bei Informationsasymmetrie, in: Spremann, K./Zur, E. (Hrsg.): Controlling. Grundlagen – Informationssysteme – Anwendungen, Wiesbaden 1992, S. 637–656.

10 Corporate Governance, Compliance, Risikocontrolling

Lernziele

In diesem Kapitel erfahren Sie,

- weshalb dem Themenkomplex »Corporate Governance, Compliance und Risikocontrolling« in den letzten Jahren verstärkte Aufmerksamkeit geschenkt wird,
- wie sich die Begriffe »Corporate Governance« und »Compliance« definieren lassen,
- wie sich der Risikobegriff definieren lässt,
- was der »Deutsche Corporate Governance Kodex« (DCGK) ist und welchen Inhalt er hat,
- welche Bedeutung das Risikomanagement für Unternehmen hat und wie es gesetzlich verankert ist,
- wie die Aufgabenbereiche zwischen Risikomanagement und Risikocontrolling voneinander abgegrenzt werden,
- welches die externen und internen Anforderungen an das Risikomanagement sind,
- welche Methoden im Rahmen der Risikoidentifikation existieren,
- anhand welcher Ansätze Risiken bewertet werden,
- wie Risiken gesteuert werden,
- welchen internen und rechtlichen Anforderungen das Risikocontrolling zu genügen hat,
- wie die interne und externe Risikoberichterstattung auszugestalten ist,
- welche Aspekte bei der Informationsversorgung von Mitgliedern der Aufsichtsorgane zu beachten sind.

In der letzten Vorstandssitzung der Grape SE trug die Expertin Dr. Sawangi zur Bedeutung der Corporate Governance, der Compliance und des Risikomanagements und -controllings insbesondere in Krisenzeiten vor. Die Vorstände bemerkten, dass sie nicht genügend über die regulatorischen Rahmenbedingungen zur Unternehmensführung und die Grundsätze, Umsetzung und Ziele des Chancen- und Risikomanagementsystems in ihrem Unternehmen informiert sind. Sie beurteilten insbesondere die Anforderungen an ihre Kapitalgesellschaft und die Methoden, um Chancen und Risiken frühzeitig zu identifizieren, treffend zu bewerten, adäquat zu steuern, verlässlich zu kontrollieren und umfassend zu berichten, als sehr bedeutsam für die Zukunft der Grape SE. Aufgrund der Relevanz dieses Themas für den Unternehmenserfolg wird sich Dr. Müller-Christ, Chef-Controller der Grape SE, bis zur nächsten Vorstandssitzung einerseits über die rechtlichen und darüber hinaus gehenden Anforderungen an eine moderne Unternehmensführung und die Einhaltung von Regelungen informieren. Anderer-

seits wird er sich auch über die Identifikation, Bewertung, Steuerung und Berichterstattung der Risiken und Chancen informieren, um den Kollegen einen Überblick hierzu geben zu können.

Die Rahmenbedingungen der Unternehmensführung werden maßgeblich durch gesetzliche und weitere regulatorische Bestimmungen sowie ökonomische Kriterien bestimmt. Die langfristige Existenzsicherung des Unternehmens erfordert u. a. eine Sicherstellung der Funktionsweise und Überwachung der Unternehmensführung (sog. Corporate Governance). Ferner ist zu gewährleisten, dass bei den im Unternehmen getroffenen Entscheidungen extern und intern vorgegebene Regelungen eingehalten werden (sog. Compliance). Die Notwendigkeit des Risikomanagements im Unternehmen ergibt sich neben der Einhaltung rechtlicher Bestimmungen auch aus der unternehmerischen Tätigkeit, die untrennbar mit Chancen und Risiken verbunden ist. Die Verzahnung des Risikomanagements mit dem Controlling des Unternehmens schafft die Basis für die Bewertung der Auswirkungen von identifizierten Risiken und Chancen auf die Ertrags-, Finanz- und Vermögenslage. Zur Risikobegrenzung können dann entsprechende Maßnahmen eingeleitet werden. Ein wirksames Risikomanagement ist somit Kernelement für die langfristige Existenzsicherung von Unternehmen und die nachhaltige Steigerung des Unternehmenswertes.

10.1 Notwendigkeit, Begriffsabgrenzung und regulatorische Rahmenbedingungen

Notwendigkeit für Corporate Governance, Compliance und Risikocontrolling

Zahlreiche Unternehmens- und Bilanzskandale (z. B. Bilanzmanipulationen bei Enron und WorldCom; Wertpapierspekulationen bei Société Générale; LIBOR-Manipulationen) haben zu einem Verlust an Vertrauen in die Unternehmensführung geführt. Die Forderung nach neuen Regelungen zur Vermeidung von Risiken und Verbesserung der Überwachung der Unternehmensführung mündete in einer Vielzahl von neuen **Regelungen** zur Corporate Governance und Compliance sowie zum Risikocontrolling in Unternehmen (vgl. hierzu und im Folgenden bspw. Lutter, 2009; Kajüter, 2009, S. 111). Zu nennen sind hierzu in Deutschland – neben anderen – das Gesetz zur Kontrolle und Transparenz im Unternehmensbereich (KonTraG) von 1998, welches u. a. eine Pflicht zur Einrichtung eines Risikoüberwachungssystems für Aktiengesellschaften einführte (§ 91 Abs. 2 AktG), und das Transparenz- und Publizitätsgesetz (TransPuG) von 2002, mit dem festgeschrieben wurde, dass der Aufsichtsrat einer Aktiengesellschaft Geschäfte festzulegen hat, welche seiner expliziten Zustimmung bedürfen (§ 111 Abs. 4 Satz 2 AktG). Weiter wurde für kapitalmarktorientierte Gesellschaften die Verpflichtung zur Abgabe einer jährlichen Erklärung eingeführt, ob den Empfehlungen des Deutschen Corporate Governance Kodex entsprochen wurde und warum ggf. Abweichungen vorliegen (§ 161 AktG). In den USA wurden mit dem Sarbanes-Oxley Act (SOX) von 2002 einschneidende und verschärfende Regelungen für Unternehmen, deren Wertpapiere in den USA gehandelt werden, erlassen. Insbesondere zu nennen ist Section 404 mit Bestimmungen für das interne Kontrollsystem von Unternehmen.

Ökonomische Begründung

Neben dieser regulatorischen Entwicklung lässt sich auch aus **theoretisch-ökonomischer Perspektive** die Bedeutung von Corporate Governance, Compliance und Risikocontrolling für Unternehmen begründen, da jede unternehmerische Tätigkeit bzw. Entscheidung untrennbar mit Unsicherheit und den hieraus erwachsenden Chancen und Risiken verbunden ist. Nachfrageänderungen auf den Absatzmärkten, Verfügbarkeit und Preisänderungen von Einsatzstoffen, Gewährleistung von Qualität und Sicherheit der Produkte, Volatilität von Wechselkursen, Schwankungen von Zahlungsströmen, regulatorische und politische Unsicherheiten, demographischer Wandel, Wettbewerb um hochqualifizierte Fach- und Führungskräfte, Eigennutzenmaximierung der Handelnden und mögliche dolose Handlungen (Fraud) stellen nur einige der Einflussfaktoren für die positive oder negative Weiterentwicklung und damit den Fortbestand eines Unternehmens dar. In einer Welt **vollkommener** Kapitalmärkte (neoklassische Modellwelt) besteht aus Investorensicht keine Notwendigkeit für ein Risikomanagement auf Unternehmensebene, da Investoren ihr Risiko über verschiedene Unternehmen diversifizieren können. Erst durch realistischere Annahmen der Neuen Institutionenökonomie, wie z. B. begrenzte Rationalität der Handelnden und asymmetrische Informationsverteilung, ergibt sich diese Notwendigkeit (vgl. zur theoretischen Fundierung Kajüter, 2009, S. 110 f.; Becker/Ulrich, 2010, S. 8): Manager eines Unternehmens unterliegen Einschränkungen in ihrer Informationsverarbeitungskapazität und Informationsbeurteilung, sodass sich hieraus mögliche Fehlentwicklungen ergeben können, die zu vermeiden sind. Aus der Trennung von Eigentum und Leitung heutiger Kapitalgesellschaften entstehen Informationsasymmetrien, die Anreize für Manager setzen, auf Basis ihres unternehmensinternen Informationsvorsprungs eigennutzenmaximierend zu handeln und dabei Eigentümerinteressen zu vernachlässigen. Manager könnten bspw. für Anteilseigner wertschaffende Investitionen ablehnen, wenn sie die damit einhergehenden Risiken scheuen, da sie die Risiken im Gegensatz zu den Investoren nicht diversifizieren können. Eine Überwachung der Unternehmensleitung ist daher geboten. Gleichzeitig ergeben sich aus diesem Informationsvorsprung von Managern im Vergleich zu Investoren komparative Kostenvorteile bei der Identifikation, Bewertung und Steuerung von Unternehmensrisiken, sodass ein Risikomanagement im Unternehmen anzusiedeln ist und die Bewertung von Risiken nicht allein Investoren überlassen werden sollte.

Im Folgenden werden die zentralen Begriffe Corporate Governance, Compliance und Risiko zunächst definiert und erläutert. Darauf aufbauend werden die verschiedenen (Teil-)Systeme eines Unternehmens, welche zur Umsetzung der regulatorischen Anforderungen relevant sind, dargestellt.

Corporate Governance

Der Begriff **»Corporate Governance«** umfasst alle Elemente und Rahmenbedingungen für eine verantwortungsvolle und zielgerichtete Funktionsweise sowie Überwachung der Unternehmensführung (vgl. Bassen/Zöllner, 2009, S. 44). Wie dies für ein Unternehmen jeweils konkret umzusetzen ist, ergibt sich zum einen aus gesetzlichen und weiteren regulatorischen Anforderungen. Zusätzlich sind ggf. selbstgewählte Anforderungen, wie etwa Unternehmensrichtlinien und -werte zu berücksichtigen.

Deutscher Corporate Governance Kodex

Im Jahr 2001 erarbeitete die »Regierungskommission Deutscher Corporate Governance Kodex« Grundsätze guter Unternehmensführung, die im **Deutschen Corporate**

Governance Kodex (DCGK) niedergeschrieben sind. Die Erstveröffentlichung des Kodex im elektronischen Bundesanzeiger erfolgte am 20. August 2002. Der DCGK wird von der Regierungskommission in der Regel einmal jährlich vor dem Hintergrund nationaler und internationaler Entwicklungen überprüft und bei Bedarf angepasst. Der DCGK ist von großer Bedeutung für deutsche börsennotierte Unternehmen im Hinblick auf die Ziele der Corporate Governance, denn er »stellt wesentliche gesetzliche Vorschriften zur Leitung und Überwachung [...] dar und enthält international und national anerkannte Standards guter und verantwortungsvoller Unternehmensführung. Der Kodex hat zum Ziel, das deutsche Corporate Governance System transparent und nachvollziehbar zu machen.« (vgl. DCGK, 2014, Präambel). Neben den Darstellungen geltenden Rechts enthält der Kodex Verhaltensempfehlungen (»soll«) und Anregungen (»sollte« oder »kann«) für eine gute Unternehmensführung i. S. d. Kodex. Jedoch sind weder die Anregungen noch die Empfehlungen verbindlich. Gemäß § 161 Abs. 1 AktG haben Vorstand und Aufsichtsrat von börsennotierten Gesellschaften jährlich eine Erklärung abzugeben, dass den Empfehlungen der »Regierungskommission Deutscher Corporate Governance Kodex« entsprochen wurde oder, bei Abweichung, die nicht berücksichtigte Empfehlung anzugeben und das Vorgehen zu begründen (sog. Comply-or-Explain-Ansatz). Diese Erklärung ist auf den Internetseiten der Gesellschaft zu veröffentlichen (vgl. § 161 Abs. 2 AktG). Das Praxisbeispiel (s. nächste Seite) stellt eine Entsprechungserklärung der Daimler AG dar.

Gemäß § 289a HGB besteht bei kapitalmarktorientierten Gesellschaften die Pflicht, im Lagebericht eine Erklärung zur Unternehmensführung abzugeben. Diese Erklärung muss gem. § 289a Abs. 2 Nr. 1 HGB u. a. die Entsprechungserklärung nach § 161 AktG enthalten. Im Fall der Abgabe einer falschen Entsprechungserklärung können Vorstandsmitglieder und Aufsichtsratsmitglieder gem. § 331 Abs. 1 Satz 1 HGB strafrechtlich belangt werden.

Compliance

Der Begriff **»Compliance«** bezeichnet die »Einhaltung aller für ein Unternehmen relevanten rechtlichen und ethischen, branchenspezifischen und organisationsinternen Handlungs- und Verhaltensregeln« (vgl. hierzu und im Folgenden AKEIÜ, 2010b, S. 1510).

Um das regelkonforme Verhalten zu fördern, ist es notwendig ein Compliance-Management im Unternehmen einzurichten, welches sich auf die

- Aufdeckung und Prävention von Gesetzes- und Regelverstößen durch die Mitarbeiter eines Unternehmens,
- Ausrichtung des Mitarbeiterverhaltens auf gesetzes- und regelkonformes Handeln und
- Vorgehensweise bei Aufdeckung oder dem Verdacht auf dolose Handlungen

bezieht.

Compliance-Risiken betreffen die Gefahren, welche durch nicht gesetzes- und regelkonformes Verhalten der Mitarbeiter im Unternehmen entstehen können. Das Compliance-Management ist deshalb eine notwendige Voraussetzung für die nachhaltige Existenzsicherung des Unternehmens, um drohende Folgen von Non-Compliance zu minimieren, wie bspw. Reputationsverluste, Geldstrafen und rechtliche Auflagen, Ergebnisschmälerungen bei nicht regelkonformem Unternehmenshandeln, Scha-

Praxisbeispiel

Entsprechungserklärung

Erklärung von Vorstand und Aufsichtsrat der Daimler AG gemäß § 161 AktG zum Deutschen Corporate Governance Kodex in der Fassung vom 15. Mai 2012
Die Daimler AG wird den Empfehlungen auch künftig mit den nachfolgend erklärten und erläuterten Abweichungen entsprechen.

Höhe des Selbstbehalts bei der D&O-Versicherung für den Aufsichtsrat (Ziffer 3.8 Abs. 3):
Für die Mitglieder des Aufsichtsrats ist in der Directors & Officers-Versicherung (D&O-Versicherung) wie in den Vorjahren ein nach Ansicht der Daimler AG angemessener Selbstbehalt vereinbart. Dieser entspricht jedoch nicht dem gesetzlich geforderten Selbstbehalt für Vorstandsmitglieder in Höhe von mindestens 10 Prozent des Schadens bis mindestens zum Eineinhalbfachen der festen jährlichen Vergütung. [...]

Konkrete Ziele für die Zusammensetzung des Aufsichtsrats (Ziffer 5.4.1 Abs. 2):
Der Aufsichtsrat hat die Zielvorgaben für die Zahl unabhängiger Aufsichtsratsmitglieder sowie für die Berücksichtigung potenzieller Interessenkonflikte bei seiner Zusammensetzung mangels Einflusses auf die Besetzung der Arbeitnehmerseite auf die Anteilseignerseite beschränkt.

Betragsmäßige Höchstgrenzen für die Vorstandsvergütung insgesamt und für ihre variablen Vergütungsteile (Ziffer 4.2.3 Abs. 2 S. 6):
Diese Empfehlung wurde neu in die Fassung des Kodex vom 13. Mai 2013 aufgenommen. Die Vergütungsvereinbarungen mit den Vorstandsmitgliedern sahen bereits zu diesem Zeitpunkt Höchstgrenzen für Vergütungsbestandteile vor, die jedoch die Anforderungen der neuen Empfehlung noch nicht vollständig erfüllten. [...]

Stuttgart, im Dezember 2013

Der Aufsichtsrat   Der Vorstand

(Quelle: Daimler AG, in: http://www.daimler.com/Projects/c2c/channel/documents/2417187_Daimler_Entsprechenserklaerung_2013.pdf, Abruf: 02.06.2014)

densersatzansprüche von Dritten, Ausschluss von öffentlichen Ausschreibungsverfahren infolge von Korruptionstatbeständen sowie schlechtere Bewertungen durch den Kapitalmarkt. Der Aufwand zur Minimierung derartiger Compliance-Risiken hängt von mehreren Faktoren ab, wie bspw. von der potenziellen Gefahr, die durch die Produktion oder den Gebrauch der Produkte ausgeht, sowie von der Größe, Organisationsstruktur, Vertriebsstruktur und dem Internationalisierungsgrad des Unternehmens.

Compliance-Management-System

Um die Compliance im Unternehmen effektiv und effizient umzusetzen, empfiehlt es sich, ein sog. **Compliance-Management-System** zu implementieren, welches »die Gesamtheit aller organisatorischen und kulturellen Strukturen und systematisch aufeinander bezogenen Maßnahmen zur effektiven und effizienten Aufdeckung und Prävention von Gesetzes- und Regelverstößen« gewährleistet (vgl. AKEIÜ, 2010b, S. 1510). Abbildung 10-1 stellt ein Beispiel für die organisatorische Verankerung eines vierstufigen Compliance-Management-Systems dar.

Trotz vorhandener Compliance-Management-Systeme ereignen sich in der Praxis Compliance-Verstöße (vgl. hierzu nachfolgendes Praxisbeispiel zur Siemens AG). Folglich muss das Unternehmen vorab einzuleitende Maßnahmen und eine strukturierte Vorgehensweise festlegen, wie im Falle eines Verdachts oder einer Entdeckung doloser Handlungen verfahren werden soll.

Abb. 10-1

Beispiel für eine Aufbau- und Ablauforganisation eines Compliance-Management-Systems

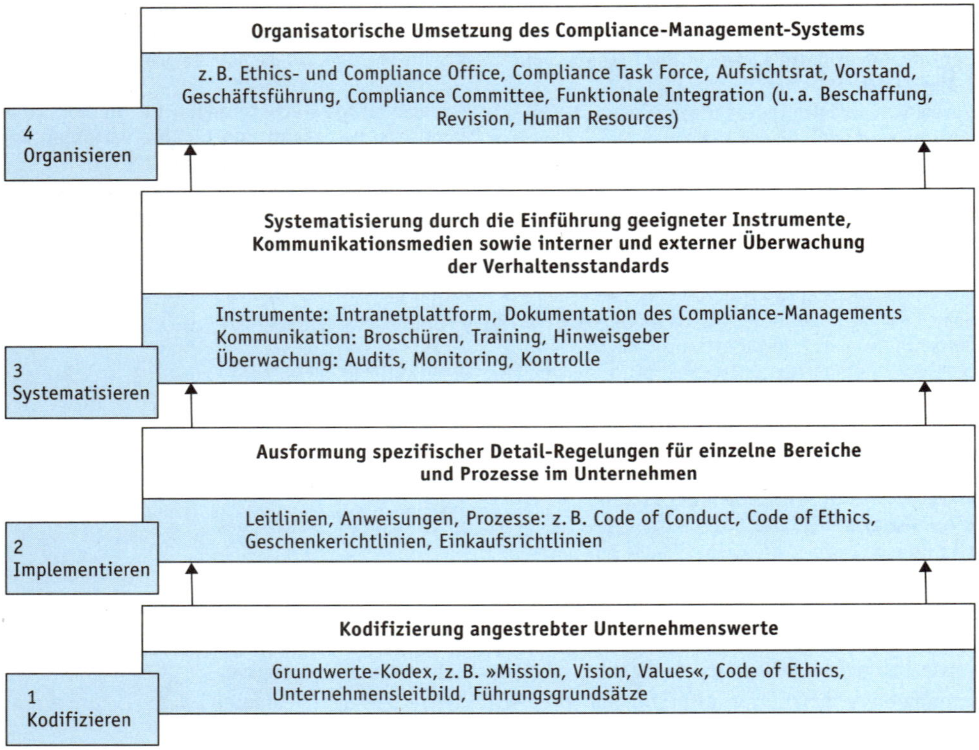

(Quelle: in Anlehnung an Wieland, 2010, S. 22)

Bezüglich der rechtlichen Rahmenbedingungen ist darauf zu verweisen, dass es derzeit keine direkte gesetzliche Verpflichtung zur Einrichtung eines Compliance-Managements gibt. Ausnahmen bilden rechtliche Vorgaben bei speziellen unternehmerischen Betätigungsformen, wie bspw. für Wertpapierdienstleistungsunternehmen, welche dazu verpflichtet sind, eine »dauerhafte und wirksame Compliance-Funktion einzurichten« (§ 33 Abs. 1 Nr. 1 WpHG). Dennoch besteht gemäß § 161 AktG i. V. m. dem DCGK eine Verpflichtung für Unternehmen, sich mit der Thematik »Compliance« auseinanderzusetzen:

- Der Vorstand hat den Aufsichtsrat regelmäßig, zeitnah und umfassend über alle für das Unternehmen relevanten Aspekte der Compliance zu informieren (vgl. DCGK, 2014, Tz. 3.4);

- der Vorstand ist verpflichtet, für die Einhaltung der gesetzlichen Bestimmungen und der unternehmensinternen Richtlinien (Compliance) zu sorgen (vgl. DCGK, 2014, Tz. 4.1.3);
- der durch den Aufsichtsrat eingerichtete Prüfungsausschuss soll sich insbesondere auch mit Fragen der Compliance befassen (vgl. DCGK, 2014, Tz. 5.3.2).

Bei Verstoß gegen bestehende Regelungen (Non-Compliance) können für das Unternehmen Risiken entstehen. Neben diesen Compliance-Risiken entstehen zahlreiche weitere Risiken durch die unternehmerische Tätigkeit, welche stets mit Wagnissen und Untersicherheiten verknüpft ist (vgl. oben). Im Folgenden wird daher der Risikobegriff definiert sowie weiterführend das Risikomanagement und -controlling im Unternehmen mit den zugehörigen regulatorischen Anforderungen und weiteren Systemen dargestellt.

Risikobegriff

Der **Risikobegriff** ist in der Literatur nicht einheitlich definiert. In einer engen Definition stellt Risiko auf »mögliche künftige Entwicklungen oder Ereignisse, die zu einer für das Unternehmen negativen Prognose- bzw. Zielabweichung führen können,« ab (vgl. DRS 20 Tz. 11). Allgemein können die gängigen Risikodefinitionen in extensive, informationsorientierte und entscheidungsbezogene Auffassungen klassifiziert werden (vgl. hierzu und im Folgenden Imboden, 1983, S. 41 ff.).

Praxisbeispiel

Das Siemens-Compliance-System

Verantwortungsvolle Unternehmensführung ist die Basis unseres Geschäfts. Mit unserem Compliance-System wollen wir Compliance dauerhaft im Denken und Handeln aller Siemens-Mitarbeiter verankern.

Für Integrität einzustehen bedeutet für Siemens: Überall dort, wo wir geschäftlich tätig sind, handeln wir in Übereinstimmung mit unseren Werten »Verantwortungsvoll – Exzellent – Innovativ«. Ein wesentliches Element von Integrität bildet Compliance, also das Einhalten von Gesetzen und eigenen Regelungen. Unsere Maxime lautet: keinerlei Toleranz gegenüber Korruption und Wettbewerbsverstößen.

Das Siemens-Compliance-System gliedert sich in drei Handlungsebenen: Vorbeugen, Erkennen und Reagieren. Darin bündeln wir ein umfassendes System von Maßnahmen, mit denen wir sicherstellen wollen, dass unser Geschäft stets im vollen Umfang mit Recht und Gesetz sowie unseren internen Prinzipien und Regeln in Einklang steht.

(Quelle: http://www.siemens.com/sustainability/de/themenfelder/compliance/system/index.php, Abruf: 02.06.2014)

Vorbeugen	Erkennen	Reagieren
Verantwortung des Managements		
‣ Compliance Risikomanagement ‣ Richtlinien und Verfahren ‣ Training und Kommunikation ‣ Beratung und Unterstützung ‣ Integration in Personalprozesse ‣ Collective Action	‣ Meldewege »Tell us« und Ombudsmann ‣ Compliance-Kontrollen ‣ Monitoring und Compliance-Prüfungen ‣ Compliance-Audits ‣ Compliance-Untersuchungen	‣ Ahndungen von Fehlverhalten ‣ Nachbearbeitung von Fällen ‣ Globale Fallverfolgung

Extensive, informationsorientierte und entscheidungsbezogene Risikoabgrenzungen

Durch das **extensive Verständnis** wird Risiko als eine schicksalhafte, negative Begleiterscheinung jeder unternehmerischen Tätigkeit angesehen. Eine Analyse der Ursachen und Einflussmöglichkeiten wird in diesem Zusammenhang nicht angestrebt. Das **informationsorientierte Verständnis** definiert Risiko nicht als Gefahr, sondern ursachenbezogen als eine spezifische Informationsstruktur, welche den Entscheidungen zugrunde liegt. Als Ursache von Risiken gilt, wenn einem Entscheidungsträger unvollkommene Informationen über die Arten und Anzahl von Umweltzuständen, Eintrittswahrscheinlichkeiten und Handlungsalternativen vorliegen.

In der Weiterentwicklung entstand der **entscheidungsbezogene Ansatz**, der die Entscheidungsfähigkeit von Akteuren in den Vordergrund stellt. Jeder Akteur hat die Aufgabe, Ursachen und Wirkungen von Risiken so gut wie möglich vorherzusehen, d. h. das Ausmaß einer Verfehlung einmal gesetzter Ziele abzuschätzen.

Reine und chancenorientierte Risiken

Folgt man der Auffassung, dass Risiko nur mit negativen Auswirkungen verbunden ist, spricht man vom **»reinen« Risiko**. Werden auch die positiven Abweichungen berücksichtigt, so entsteht ein um Chancen erweiterter Risikobegriff, der sowohl die Unterschreitung als auch die Übererfüllung des Ziels umfasst (vgl. hierzu ausführlich Wygoda, 2005, S. 38 ff.).

Die verschiedenen Risikoauffassungen sind in Abbildung 10-2 nochmals zusammenfassend dargestellt.

In der Literatur zum Risikomanagement ist den Risikobegriffen gemeinsam, dass sie vorwiegend die wirkungsbezogene Dimension der entscheidungsbezogenen Risikoauffassung betonen.

»Risiko resultiert ursachenbezogen aus der Unsicherheit zukünftiger Ereignisse – wobei dies regelmäßig mit einem unvollständigen Informationsstand einhergeht – und schlägt sich wirkungsbezogen in einer [...] Abweichung von einer festgelegten Zielgröße nieder« (vgl. Schulte, 1997, S. 12).

Abb. 10-2

Auffassungen zum Risikoverständnis

Risikoverständnis	Extensiv	Informationsorientiert	Entscheidungsbezogen	Chancenorientiert
Risikodefinition	Gefahr eines Misserfolgs der Leistung	Unsichere Informationsstruktur	Gefahr einer Fehlentscheidung	Positive Abweichungen im Sinne der Übererfüllung des Ziels
Bedeutende Wesensmerkmale der Phasen	Risiko wird nicht als unsicherheitsbedingte Erscheinung betrachtet (keine Verbindung zur Entscheidungsfindung)	Entscheidung als arbeitsteiliger Prozess (Wahlakt stellt nur eine abschließende Teilphase dar)	Entscheidung stellt das handlungsbestimmende Element mit der Unsicherheit des Akteurs als Hauptproblem dar	Risikofokussierung im Unternehmensführungsprozess wird durch eine chancenspezifische Komponente ergänzt

(Quelle: erweiterte Darstellung in Anlehnung an Imboden, 1983, S. 41)

Risikomanagement

Risikomanagement umfasst den proaktiven Umgang mit allen operativen, strategischen und finanziellen Risiken eines Unternehmens (vgl. hierzu und im Folgenden AKEIÜ, 2010a, S. 1245). Dies gilt für alle betrieblichen Haupt- und Querschnittsfunktionen und unternehmensübergreifend im Wertschöpfungssystem vom Zulieferer bis zum Endkunden eines Unternehmens. Folglich umfasst das Risikomanagementsystem alle Unternehmensaktivitäten, die kontinuierlich und systematisch Risiken identifizieren, analysieren, bewerten, steuern, dokumentieren und kommunizieren (vgl. DRS 20 Tz. 11). Das Risikomanagementsystem enthält ein Risikoüberwachungssystem, welches die Durchführung und Einhaltung der getroffenen Maßnahmen im Rahmen der Risikosteuerung (Risikocontrolling) gewährleistet. Unterstützt wird das Risikomanagement durch die Interne Revision.
Im Hinblick auf die Verpflichtung zum Risikomanagement enthält der DCGK folgende Empfehlungen:

- Der Vorstand hat den Aufsichtsrat mit Informationen zu den relevanten Themen Planung, Geschäftsverlauf, Risikosituation, Risikomanagement sowie Compliance zu versorgen (vgl. DCGK, 2014, Tz. 3.4).
- Zu den Aufgaben und Zuständigkeiten des Vorstands zählt u. a. die Einrichtung eines geeigneten Risikomanagements und Risikocontrolling im Unternehmen (vgl. DCGK, 2014, Tz. 4.1.4).
- Zu den Aufgaben und Befugnissen des Aufsichtsratsvorsitzenden gehört u. a. die regelmäßige Kommunikation und Beratung mit dem Vorstand zu Fragen der Strategie, Geschäftsentwicklung und des Risikomanagements (vgl. DCGK, 2014, Tz. 5.2).

Des Weiteren soll der Aufsichtsrat einen Prüfungsausschuss bilden, der sich u. a. mit der Thematik des Risikomanagements befasst (vgl. DCGK, 2014, Tz. 5.3.2).

Risikocontrolling

In diesem Kontext kommt dem **Risikocontrolling** eine wichtige führungsunterstützende Funktion im Risikomanagementprozess zu (vgl. Burger/Buchhart, 2002, S. 12). Die Zielsetzung des Risikocontrollings besteht in der Gewährleistung der Reaktions-, Anpassungs- und Koordinationsfähigkeit im Hinblick auf die Risikosituation durch die klassischen Controlling-Funktionen Planung, Kontrolle und Informationsversorgung (vgl. Burger/Buchhart, 2002, S. 13). Hierzu muss das Risikocontrolling Informationen über die verschiedenen Risikopositionen bereitstellen, aufbereiten sowie pflegen, um eine Dokumentation und Berichterstattung sicherzustellen. Im operativen Aufgabenbereich ist das Risikocontrolling für die Erarbeitung von Instrumenten zur Identifikation, Erfassung, Analyse und Bewertung von Risiken zuständig (vgl. Reichmann, 2011, S. 572). Dadurch wird das Risikomanagementsystem mit seinen Instrumenten und Aktivitäten zur Erkennung, Analyse, Bewertung, Kommunikation und Überwachung von Risiken durch das Risikocontrolling unterstützt. Abbildung 10-3 stellt die Abgrenzung der Aufgaben des Risikomanagements und -controllings dar.

Entwicklung der Ziele des Risikomanagements

Ursprünglich stand die Schadensvorsorge und Einhaltung rechtlicher Vorschriften im Zentrum des Risikomanagements. Bei vielen Unternehmen ist eine Weiterentwicklung von der Erfüllung gesetzlicher Vorgaben zu einem ökonomischen Risikomanagement erfolgt. Die damit verbundene Verzahnung des Risikomanagements mit

Abb. 10-3

Aufgabenbereiche des Risikomanagements und -controlling

Aufgaben des Risikomanagements
- Integration risikopolitischer Grundsätze
- Etablierung einer Risikostrategie
- Koordinierender und gestaltender Eingriff bei der Durchführung des Risikomanagementprozesses mit den Einzelschritten Risikoidentifikation, Risikoanalyse, Risikobewertung, Risikosteuerung und Risikoüberwachung in Kenntnis der aktuellen Risikolage

Aufgaben des Risikocontrollings
- Entwicklung einer Fach- und Methodenkompetenz
- Methodische Unterstützung des Risikomanagements bei der Identifikation, Erfassung, Analyse, Bewertung und Steuerung von Risiken
- Entwicklung bzw. Weiterentwicklung des risikoorientierten Instrumentariums
- Etablierung eines risikoorientierten Berichtswesens

(Quelle: erweiterte Darstellung in Anlehnung an Reichmann, 2011, S. 572)

den operativen Einheiten ist unmittelbare Folge eines intensivierten Wettbewerbs und des Bestrebens, Risiken kalkulierbar und steuerbar zu machen (vgl. AKEIÜ, 2010a, S. 1247). Die höchste Entwicklungsstufe bildet das holistische Risikomanagement, welches durch eine vollständige Integration in die Unternehmenssteuerung charakterisiert ist (vgl. Abb. 10-4).

Abb. 10-4

Entwicklungsstufen des Risikomanagements

(Quelle: AKEIÜ, 2010a, S. 1248)

Externe und interne Anforderungen an das Risikomanagement

Bei der **Konzeption des Risikomanagementsystems** muss zum einen berücksichtigt werden, dass die rechtlichen Rahmenbedingungen erfüllt werden. § 91 Abs. 2 AktG stellt in diesem Kontext das Kernelement dar. Demnach hat der Vorstand geeignete Maßnahmen zu treffen, insbesondere ein Überwachungssystem einzurichten, damit den Fortbestand der Gesellschaft gefährdende Entwicklungen früh erkannt werden. Dabei ist zu gewährleisten, dass das Risikomanagement den internen Anforderungen gerecht wird und der Risikomanagementprozess funktioniert. Dies erfordert eine umfassende Informationsbasis als Entscheidungsgrundlage für die Unternehmensführung. Ferner ist über Standard- und Ad-hoc-Berichte eine Risikokommunikation durch die Risikoberichterstattung (vgl. Abschnitt 10.5) zu gewährleisten (vgl. Lachnit/Müller, 2012, S. 225 ff.).

Um eine adäquate Risikokontrolle zu gewährleisten, muss das Risikomanagement entsprechend in die Unternehmensorganisation verankert sein. Für deutsche Unternehmen existieren inzwischen umfangreiche gesetzliche Regelungen. Die Mindestanforderungen werden im Folgenden am Beispiel einer Aktiengesellschaft erläutert (vgl. hierzu und im Folgenden Kajüter, 2009, S. 111 ff.).

Kontrolle im Risikomanagementsystem

Nach herrschender Meinung ergibt sich aus § 91 Abs. 2 AktG für den Vorstand die Pflicht zur Errichtung eines Risikofrüherkennungssystems sowie eines internen Überwachungssystems. Der Aufsichtsrat hat nach § 111 Abs. 1 AktG die Aufgabe, den Vorstand zu überwachen. Dies bezieht sich auch auf die eingeleiteten Maßnahmen zur Risikosteuerung durch den Vorstand sowie die Wirtschaftlichkeit des eingerichteten Risikofrüherkennungs- und Überwachungssystems. Dem vom Aufsichtsrat bestellten Wirtschaftsprüfer obliegt die Aufgabe, das Risikofrüherkennungs- sowie das Überwachungssystem auf Angemessenheit und Wirksamkeit im Hinblick auf die Zielsetzung zu überprüfen (vgl. § 317 Abs. 4 HGB i. v. m. § 91 Abs. 2 AktG) und dem Aufsichtsrat die Prüfungsergebnisse in einem Prüfungsbericht mitzuteilen (§ 321 HGB).

Wirksamkeitsüberwachung nach § 107 Abs. 3 AktG

Neben der Überwachung durch den Wirtschaftsprüfer kann der Aufsichtsrat gemäß § 107 Abs. 3 Satz 2 AktG einen Prüfungsausschuss zur Überwachung des »Rechnungslegungsprozesses, der Wirksamkeit des internen Kontrollsystems, des Risikomanagementsystems und des internen Revisionssystems sowie der Abschlussprüfung« bestellen. Der Aufsichtsrat bleibt aber in der Hauptverantwortung für diese Überwachungsaufgaben (§ 107 Abs. 3 Satz 3 AktG). Die Wirksamkeitsüberwachung nach § 107 Abs. 3 Satz 2 AktG ergibt sich aus dem Zusammenspiel von Risikomanagement und dem rechnungslegungsbezogenen internen Kontrollsystem. Das Risikomanagement übermittelt die identifizierten und steuerbaren Risiken an das interne Kontrollsystem zur dortigen Überwachung. Nicht steuerbare Risiken werden vom internen Kontrollsystem an das Risikomanagementsystem gemeldet, welches dann Vorschläge zum Umgang mit nicht steuerbaren Risiken erarbeitet. Folglich hängt es vom Grad der Steuerbarkeit eines Risikos ab, in welchem Bereich es überwacht und gesteuert wird.

Die hier genannten Regelungen beziehen sich auf die Risikofrüherkennung, Risikotransparenz sowie Prüfungspflichten und sind noch einmal in Abbildung 10-5 zusammengestellt.

Abb. 10-5

Gesetzliche Regelungen zum Risikomanagement

Risikofrüherkennung

§ 91 Abs. 2 AktG
»Der Vorstand hat geeignete Maßnahmen zu treffen, insbesondere ein Überwachungssystem einzurichten, damit den Fortbestand der Gesellschaft gefährdende Entwicklungen früh erkannt werden.«

§ 107 Abs. 3 AktG
Der Aufsichtsrat kann »einen Prüfungsausschuss bestellen, der sich mit der Überwachung des Rechnungslegungsprozesses, der Wirksamkeit des internen Kontrollsystems, des Risikomanagementsystems und des internen Revisionssystems sowie der Abschlussprüfung [...] befasst.«

Beachte: Der Aufsichtsrat bleibt aber in der Hauptverantwortung für die Überwachungsaufgaben.

Risikotransparenz

§ 289 Abs. 2, Nr. 2 HGB
»Der Lagebericht soll auch eingehen auf:
a) die Risikomanagementziele und -methoden der Gesellschaft einschließlich ihrer Methoden zur Absicherung aller wichtigen Arten von Transaktionen, die im Rahmen der Bilanzierung von Sicherungsgeschäften erfasst werden, sowie
b) die Preisänderungs-, Ausfall- und Liquiditätsrisiken sowie die Risiken aus Zahlungsstromschwankungen, denen die Gesellschaft ausgesetzt ist,

jeweils in Bezug auf die Verwendung von Finanzinstrumenten durch die Geselschaft und sofern dies für die Beurteilung der Lage oder der voraussichtlichen Entwicklung von Belang ist.«

§ 289 Abs. 5 HGB
»Kapitalgesellschaften im Sinn des § 264d haben im Lagebericht die wesentlichen Merkmale des internen Kontroll- und des Risikomanagementsystems im Hinblick auf den Rechnungslegungsprozess zu beschreiben.«

Prüfungspflicht

§ 317 Abs. 4 HGB
»Bei einer börsennotierten Aktiengesellschaft ist außerdem im Rahmen der Prüfung zu beurteilen, ob der Vorstand die ihm nach § 91 Abs. 2 des Aktiengesetztes obliegenden Maßnahmen in einer geeigneten Form getroffen hat und ob das danach einzurichtende Überwachungssystem seine Aufgabe erfüllen kann.«

Der Vorstand kann i. d. R. nicht selbst alle genannten Aufgaben wahrnehmen, weshalb er sie in der Praxis meist delegiert. Die institutionellen Träger des Risikofrüherkennungssystems sind das Unternehmenscontrolling und die Risikomanager, die über alle wesentlichen Risiken an den Vorstand zu berichten haben. In diesem Rahmen hat die **Interne Revision** die Aufgabe, das Risikomanagementsystem im Auftrag des Vorstands zu überwachen und einer internen Eignungsprüfung zu unterziehen (vgl. Kajüter, 2009, S. 110). Abbildung 10-6 gibt hierzu eine zusammenfassende Übersicht.

Wechselwirkung zwischen Corporate Governance, Compliance und Controlling

Die Begriffe Corporate Governance, Compliance und Controlling stehen sich nahe, da das Controlling insbesondere mit seiner Effektivitäts- und Effizienzsicherung sowie seiner Methodenkompetenz für die Umsetzung von Corporate Governance- und Compliance-Richtlinien als hilfreich oder sogar notwendig angesehen werden kann. Das Controlling kann einerseits zur Steuerung der Objekte Corporate Governance und Compliance eingesetzt werden. Andererseits wird Controlling als Führungsunterstützung im Rahmen der Corporate Governance und Compliance benötigt. Die allgemein dem Controlling zugesprochenen Aufgabenfelder Berichtswesen, Performancemes-

Abb. 10-6

Aufgaben und Funktionen bei der Risikoüberwachung

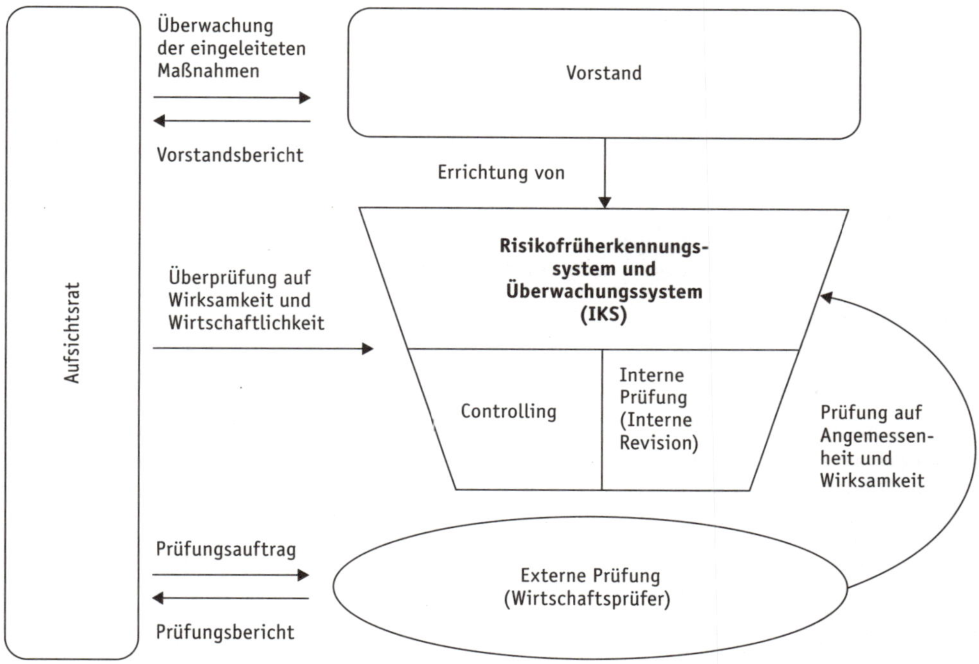

(Quelle: in Anlehnung an Kajüter, 2009, S. 114)

sung und Risikocontrolling dienen der Um- und Durchsetzung von Corporate Governance und Compliance (vgl. Kajüter, 2009, S. 110 ff.; Becker/Ulrich, 2010, S. 8).

Internes Kontrollsystem

Die Aufgaben des **internen Kontrollsystems (IKS)** umfassen die effektive und effiziente Sicherung der Geschäftstätigkeit eines Unternehmens, die ordnungsmäßige Einhaltung der Regelungen für die interne und externe Rechnungslegung sowie weiterer relevanter rechtlicher Vorschriften durch das Unternehmen (vgl. IDW PS 261 n. F., Tz. 19). Das interne Kontrollsystem basiert auf den vom Management eingeführten Regelungen zur Steuerung der Unternehmensaktivitäten (internes Steuerungssystem) und zur Überwachung der Einhaltung dieser Regelungen (internes Überwachungssystem) (vgl. IDW PS 261 n. F., Tz. 20). Das interne Überwachungssystem kann dabei in **prozessintegrierte** und **prozessunabhängige Überwachungsmaßnahmen** unterteilt werden.

Die prozessintegrierten Überwachungsmaßnahmen umfassen organisatorische Sicherungsmaßnahmen, die mittels vorgegebener Sicherheitsniveaus Fehler verhindern, und interne Kontrollen, die die Eintrittswahrscheinlichkeit von Fehlern vermindern.

Aufgaben der internen Kontrolle

Die wesentlichen Aufgaben der **internen Kontrollen** sind (vgl. Buderath/Amling, 2000, S. 130 ff.):

- Implementierung von Überwachungsgrundsätzen (z. B. Funktionstrennung);
- Sicherstellung des ordnungsgemäßen Ablaufs der Prozesse des Risikomanagementsystems;
- Festlegung von Entscheidungsbefugnissen;
- Laufende Überwachung durch das Management.

Zu den prozessunabhängigen Überwachungsmaßnahmen zählen die Prüfung und Beurteilung der Unternehmensstrukturen und -aktivitäten durch die Interne Revision sowie sonstige prozessunabhängige Überwachungsmaßnahmen in Form von Sonderprüfungen, z. B. Kassenprüfung, oder »high-level controls« durch kennzahlenbasiertes Controlling (vgl. IDW PS 261 n. F., Tz. 20).

Praxisbeispiel

Das interne Kontrollsystem bei der BASF-Gruppe

Das interne Kontrollsystem im Hinblick auf den Konzernrechnungslegungsprozess

Die für die BASF-Gruppe wesentlichen Risiken in Bezug auf ein verlässliches Kontrollumfeld sowie eine ordnungsgemäße Finanzberichterstattung sind in einem Risikokatalog zentral erfasst. Dieser wird jährlich überprüft und aktualisiert. In einem zentralen Auswahlprozess werden Gesellschaften und Einheiten bestimmt, die besonderen Risiken ausgesetzt sind, größere Bedeutung für den Konzernabschluss der BASF-Gruppe haben oder Serviceprozesse bereitstellen. Der Auswahlprozess wird jährlich durchgeführt. In den relevanten Gesellschaften und Einheiten ist ein Verantwortlicher benannt, der die Durchführung der Schritte koordiniert und überwacht.

Der jährliche Evaluierungsprozess umfasst die folgenden Schritte:

Evaluierung des Kontrollumfelds

Die Einhaltung von internen und externen Richtlinien, die für die Aufrechterhaltung eines verlässlichen Kontrollumfelds relevant sind, wird durch die Beantwortung eines einheitlichen Fragebogens überprüft. Dies wird durch Stichproben unterstützt.

Identifikation der Kontrollaktivitäten

Um den in unserem zentralen Risikokatalog aufgeführten Risiken der Finanzberichterstattungsprozesse zu begegnen, werden entsprechende Kontrollaktivitäten ausgeführt und dokumentiert.

Beurteilung der Kontrollaktivitäten

Nach der Dokumentation erfolgt eine Überprüfung, ob die beschriebenen Kontrollen geeignet sind, die Risiken adäquat abzudecken. In der anschließenden Testphase wird mit Stichproben überprüft, ob die Kontrollen in der Praxis so wie beschrieben durchgeführt wurden.

Monitoring der Kontrollschwächen

Identifizierte Kontrollschwächen sowie deren Behebung werden dem verantwortlichen Management berichtet und von einem interdisziplinären Gremium auf ihre Bedeutung für die BASF-Gruppe untersucht. Bei der Feststellung von Kontrollschwächen mit einem wesentlichen Einfluss auf die Finanzberichterstattung werden der Vorstand und der Prüfungsausschuss informiert.

Interne Bestätigung des internen Kontrollsystems

Die verantwortlichen Geschäfts- und Finanzleiter der konsolidierten Gruppengesellschaften bestätigen gegenüber dem Vorstand der BASF SE am Ende des jährlichen Zyklus die Effektivität des internen Kontrollsystems in Bezug auf Rechnungslegung und Ordnungsmäßigkeit der Finanzberichterstattung.
(Quelle: BASF SE, 2014, S. 108 f.)

Die Aufgaben der Internen Revision umfassen (vgl. Buderath/Amling, 2000, S. 130 ff.):

Aufgaben der Internen Revision

- Überprüfung des implementierten Risikomanagementsystems auf Eignung;
- Entwicklung von Überwachungsgrundsätzen;
- Information und Kommunikation der Prüfungsergebnisse.

Anhand der Beschreibung des internen Kontrollsystems der BASF-Gruppe wird nachfolgend die Funktionsweise eines internen Kontrollsystems in der Praxis aufgezeigt.

Risikomanagementprozess

Der **Prozess des Risikomanagements** ist ein dynamischer Vorgang, der sämtliche Aktivitäten zur Bewältigung betriebswirtschaftlicher Risiken umfasst (vgl. Vielmeyer, 2004, S. 58). Er wird idealtypisch in die Phasen Risikodefinition, -identifikation, -bewertung, -steuerung, -kontrolle sowie -berichterstattung und -überwachung unterteilt. Das nachfolgende Praxisbeispiel zeigt den Risikomanagementprozess bei der BASF-Gruppe.

Praxisbeispiel

Risikomanagementprozess bei der BASF-Gruppe

Der Risikomanagementprozess der BASF-Gruppe weist folgende Merkmale auf:

Organisation und Zuständigkeiten

- Die Verantwortung für das Risikomanagement liegt beim Vorstand. Er definiert zudem die Prozesse zur Genehmigung von Investitionen, Akquisitionen und Devestitionen.
- Der Vorstand wird durch die Zentralbereiche Finance, Strategic Planning & Controlling und Legal, Taxes & Insurance sowie durch das Corporate Controlling und den Chief Compliance Officer unterstützt. Diese koordinieren den Risikomanagementprozess auf Gruppenebene und stellen Struktur und geeignete Techniken bereit. So ist das Chancen- und Risikomanagement in die Strategie-, Planungs- und Budgetierungsprozesse integriert.

  [...]
- Der Internen Revision (Corporate Audit) obliegt die regelmäßige Prüfung des vom Vorstand nach § 91 Abs. 2 Aktiengesetz einzurichtenden Risikomanagementsystems. Darüber hinaus befasst sich der Aufsichtsrat im Rahmen der Überwachung des Vorstands mit der Wirksamkeit des Risikomanagementsystems. Die Einrichtung und Eignung eines Risikofrüherkennungssystems wird vom externen Abschlussprüfer geprüft.

Instrumente

[...]

- Standardisierte Bewertungs- und Berichtswerkzeuge stehen für die Erfassung und Bewertung von Risiken zur Verfügung. Die Aggregation von Chancen, Risiken und Sensitivitäten auf Geschäftsbereichs- und Konzernebene mittels Monte-Carlo-Simulation hilft, unternehmensweite Auswirkungen und Trends zu erkennen.
- Operative Chancen und Risiken (Betrachtungszeitraum von bis zu einem Jahr) werden der Unternehmensleitung im monatlich von Corporate Controlling erstellten Managementbericht gemeldet. Außerdem informieren die Zentralbereiche Strategic Planning & Controlling und Finance halbjährlich über die aggregierte Chancen-Risiko-Exposition der BASF-Gruppe. Darüber hinaus besteht eine unmittelbare Berichtspflicht für neu auftretende Einzelrisiken, deren Ergebnisauswirkung 10 Millionen € übersteigt, sowie für Reputationsrisiken.
- Strategische Chancen-Risiken-Analysen mit einem Betrachtungszeitraum von zehn Jahren führt die Einheit Strategic Planning im Rahmen der Stragegieentwicklung durch. Sie werden im Zuge des strategischen Controllings jährlich überprüft und gegebenenfalls angepasst.

(Quelle: BASF SE, 2014, S. 107 f.)

Praxisbeispiel

Fehlende Risikokontrolle bei der Société Générale

»Nur Dummköpfe im Management?«
4,9 Milliarden Euro sind plötzlich weg: Jérôme Kerviel, 31-jähriger Händler der Société Générale, soll nahezu den Vorjahresgewinn der Großbank verzockt haben. Die Finanzwelt ist um einen Skandal reicher. Erneut stellt sich die Frage effektiver Kontrollen – nicht nur in Paris.
[...] Bankexperten zeigten sich am Donnerstag geschockt. »Für mich stellt sich die Frage, ist das Topmanagement eigentlich nur von Dummköpfen durchsetzt? Wie kann es sein, dass in einer Phase wie dieser, in der jede Bank auf ihre Bilanzen schaut und alle Positionen überprüfen muss, in der Analysten und Anleger seit Monaten die Bankvorstände mit Fragen bombardieren – wie ist es möglich, dass so eine Position versteckt bleiben kann?«, schimpfte der Analyst einer deutschen Privatbank im Gespräch mit manager-magazin.de. Es sei völlig unerklärlich, warum man diese betrügerischen Spekulationen nicht früher bemerkt habe. Der Fall sei ein »absolutes Armutszeugnis« für das Risikomanagement der Bank.
Erklärungsversuche: Offenbar konnte der Händler Lücken im Kontrollsystem ausnutzen, weil er selbst früher im Middle Office, das die Risiken der Bank kontrolliert, tätig war. Er war für das Hedging mit »Plain-Vanilla-Futures« auf europäische Aktienindizes verantwortlich, teilte die französische Großbank mit. »Plain Vanilla« bedeutet im Finanz-Slang »nichts Besonderes«. Es handelte sich also um schlichte Terminkontrakte, Wetten auf steigende oder fallende Aktienmärkte ohne komplizierte Konstruktionen.
[...]
(Quelle: manager magazin online, in: http://www.manager-magazin.de/finanzen/artikel/a-530765.html, Abruf: 02.06.2014)

10.2 Risikoidentifikation

Im Rahmen der **Risikoidentifikation** müssen alle wesentlichen Einflussfaktoren, die sich auf den Geschäftsverlauf sowohl negativ als auch positiv auswirken können, einschließlich ihrer Wirkungszusammenhänge im Sinne der Risikodefinition erfasst werden. Hierbei spielen die Aspekte »Vollständigkeit« und »frühzeitige Erfassung« der Chancen und Risiken eine entscheidende Rolle, damit die Unternehmensführung im Bedarfsfall rechtzeitig Handlungsmaßnahmen einleiten kann, da nur identifizierte Risiken bewertet und gesteuert werden können (vgl. Lachnit/Müller, 2012, S. 228; Kajüter, 2009, S. 119). Nach dem Kenntnisstand über ein Risiko können Risiken eingeteilt werden in (vgl. Maluf et al., 2005, S. 3):

- unbekannte Risiken (»unknown-unknown«);
- bekannte aber nicht bewertete Risiken (»known-unknown«)
- bekannte und gesteuerte Risiken (»known-known«)

In einer Lebenszyklusbetrachtung sind unbekannte Risiken zunächst durch die Risikoidentifikation zu entdecken, anschließend zu erfassen und zu bewerten (vgl. Abschnitt 10.3) und schließlich der Risikosteuerung (vgl. Abschnitt 10.4) zuzuführen.

Instrumente

Voraussetzung zur Risiken- und Chancenerkennung sind **Instrumente**, die zur Generierung dieser Informationen beitragen. Hierdurch soll die Unternehmensführung frühzeitig vor negativen Zielabweichungen gewarnt werden. Neben der rechtzeitigen Erkennung von Risiken ist für einen erfolgreichen Geschäftsverlauf auch das

Erkennen von Chancen erforderlich, wodurch Frühwarnsysteme zu Früherkennungs- bzw. Frühaufklärungssystemen weiterentwickelt wurden.

Die Instrumente der Risikoidentifikation können in verschiedene Generationen eingeteilt werden (vgl. hierzu und im Folgenden Krystek/Müller-Stewens, 1993, S. 18 ff.):

Frühwarnsysteme (vgl. Abschnitt 10.2.1) stellen Instrumente der ersten Generation dar. Diese sind darauf ausgerichtet, negative Zielabweichungen frühzeitig zu erkennen. Sie beruhen im Wesentlichen auf Kennzahlensystemen und Planungsrechnungen. In der zweiten Generation wurden **Früherkennungssysteme** (vgl. Abschnitt 10.2.2) eingeführt. Diese berücksichtigen neben den Risiken auch die Chancen zukünftiger Entwicklungen. Im Rahmen dieser Weiterentwicklung wurden die quantifizierbaren Kennzahlensysteme durch indikatorbasierte Systeme ersetzt. In einem dritten Entwicklungsschritt sind die sogenannten **Frühaufklärungssysteme** (vgl. Abschnitt 10.2.3) entstanden. Durch diese werden strategische Unternehmensrisiken durch Identifizierung von Diskontinuitäten bei zukünftigen Entwicklungen transparent und Hinweise auf mögliche Gegenmaßnahmen gegeben.

Diese Typologisierung ist in Abbildung 10-7 abgebildet.

Abb. 10-7

Entwicklungsstufen der Risikoidentifikation

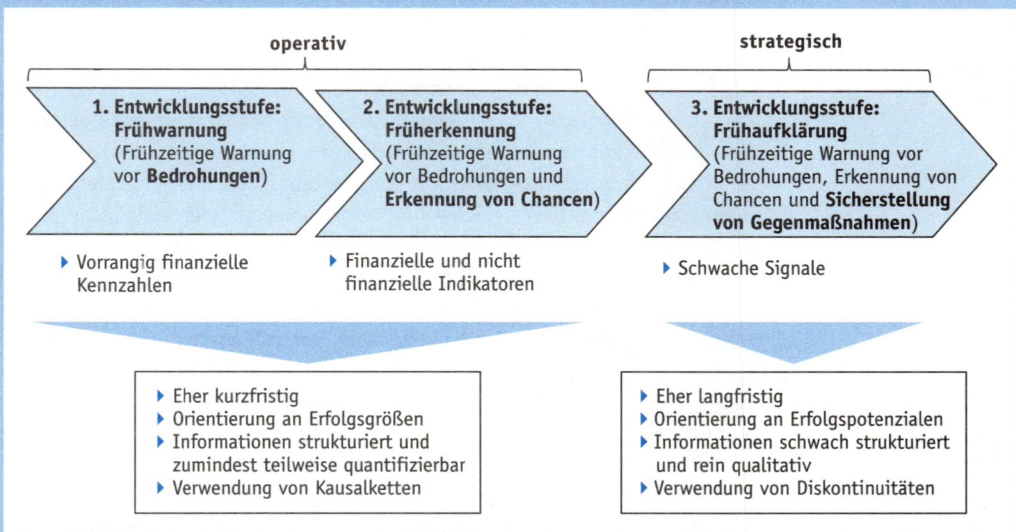

10.2.1 Frühwarnsysteme

Frühwarnsysteme stellen Instrumente zur systematischen Erfassung, Verarbeitung und Kommunikation von Unternehmensinformationen dar (vgl. Burger/Buchhart, 2002, S. 71). Ziel ist die Ortung von Gefahren für den Geschäftsverlauf des Unternehmens und das Voraussehen von Krisen (vgl. Liebl, 1996, S. 6).

Interne und externe Orientierung

Im Rahmen der **internen Orientierung** der Frühwarnsysteme sollen durch kontinuierliche Soll-/Ist-Vergleiche Gefährdungspotenziale frühzeitig erkannt werden, sodass Gegenmaßnahmen rechtzeitig eingeleitet werden können. Durch Frühwarnsysteme, die einer **externen Orientierung** folgen, wird die Entwicklung des Geschäftsverlaufs des Unternehmens anhand von (publizierten) rechnungslegungsbasierten Informationen abgeschätzt, um eine adäquate Grundlage für Investitionsentscheidungen zu gewährleisten (vgl. Liebl, 1996, S. 5).

Anforderungen

Damit die Unternehmensführung rechtzeitig Reaktionsmaßnahmen einleiten kann, haben Frühwarnsysteme Anforderungen im Hinblick auf die Merkmale »Qualität« und »Zeit« der Messwerte zu gewährleisten. Die Qualität der Messwerte spiegelt sich im Erklärungsgrad zwischen der Ursache-Wirkungs-Beziehung des Gefahrenpotenzials und der zentralen Messgröße der Vermögens-, Erfolgs- oder Liquiditätslage wider. Der Zeitaspekt bezieht sich auf die Reaktionszeitspanne zwischen der Ortung der Gefahr und dem Eintritt der damit verbundenen Folgen. Die Reaktionszeitspanne sollte ausreichen, um die Risiken steuerbar zu machen und somit die negative Zielabweichung im Geschäftsverlauf zu minimieren (vgl. Burger/Buchhart, 2002, S. 71 f.).

Methodische Vorgehensweisen

Die **methodische Vorgehensweise** hängt von der Zeitdauer ab, die dem Management zum Einleiten von Handlungsmaßnahmen verbleibt: Bei einer kurzen Reaktionszeit ist die Dringlichkeit von Gegenmaßnahmen als hoch einzustufen. Folglich müssen Frühwarnsysteme klare Warnhinweise geben. Idealerweise sind die Warnhinweise auf die zentralen Wertgrößen Umsatz, Kosten, Liquidität oder Erfolg zu beziehen. Werden vorher definierte Schwellenwerte überschritten, erfolgt eine Warnung an übergeordnete Hierarchieebenen. Eine ganzheitliche Analyse von Risiken wird im Kontext der Frühwarnsysteme durch Kennzahlensysteme, wie dem DuPont-System mit der Gesamtkapitalrentabilität als Leitkennzahl, oder dem ZVEI-System mit der Eigenkapitalrentabilität als Spitzenkennzahl, gewährleistet, indem Ursachen und Auswirkungen von Abweichungen zwischen Ist- und Zielwerten untersucht werden. Zu den weiteren Instrumenten der kurzfristigen Frühwarnung zählen Prognosemethoden wie Zeitreihenverfahren, kausale Verfahren, Diskriminanzanalysen oder Simulationsmodelle, die quantitative Prognoseangaben über die Frühwarngrößen zur Verfügung stellen (vgl. Lachnit/Müller, 2001, S. 370 f.).

Instrumente, die langfristige Auswirkungen auf den Geschäftsverlauf des Unternehmens aufdecken, müssen dazu beitragen, schwache Signale als Frühwarnhinweise zu identifizieren. Hierbei können langfristige operative Vorgaben, wie z. B. Rentabilitätsziele, durch Abweichungsanalysen regelmäßig kontrolliert werden, indem ein laufender Abgleich mit zuvor dokumentierten quantitativen Zielen erfolgt. In diesem Zusammenhang haben Abweichungen die Funktion eines Warnsignals. Auf dieser Basis kann die Unternehmensführung gezielte Maßnahmen zur Risikosteuerung und -bewältigung rechtzeitig einleiten (vgl. Lehner/Schmidt, 2000, S. 264). Die

Praxisbeispiel

Frühwarnsystem gegen Wettmanipulation im Sport

»Frühwarnsystem gegen Wettmanipulation im Handball«

Konkrete Anzeichen für Betrug gibt es nicht, aber der Handball wird im Kampf gegen Wettmanipulation vorsichtshalber aktiv. Mit dem Saisonstart setzt die Bundesliga (HBL) auf das Frühwarnsystem der Firma Sportradar.

[…] Der Deutsche Fußball-Bund (DFB) und die Deutsche Fußball Liga (DFL) arbeiten seit dem Schiedsrichter-Skandal um manipulierte Fußballspiele 2005 mit dem Unternehmen Sportradar zusammen. Sportradar ist nach eigenen Angaben international »mit einem ausgeklügelten System, an dem mehrere hundert Mitarbeiter beteiligt sind«, aktiv.

Unter anderem werden die Quotenveränderungen der Wettanbieter in bestimmten Zeit-Intervallen untersucht. Verändern sich diese auffällig, werden automatisch Warnhinweise versendet. Allerdings hat sich der Wettmarkt in den vergangenen Jahren stark gewandelt. Immer häufiger setzen die Zocker ihr Geld bei Live-Wetten ein. Diese beginnen erst, wenn die Partien bereits laufen. Warnhinweise sind in solchen Fällen schwierig.

[…] Der Weltfußballverband FIFA hat im Vorfeld der Weltmeisterschaft 2006 das »FIFA Early Warning System« ins Leben gerufen, um ebenfalls ungewöhnliche Wettvorgänge in allen Wettbewerben zu beobachten. Nach FIFA-Angaben haben die Spezialisten für Sportwetten Kontakte zu 400 Anbietern geknüpft, die sich vertraglich dazu verpflichtet haben, unregelmäßige Wettmuster zu melden. Nach FIFA-Schätzungen werden jährlich mehr als 100 Milliarden Euro auf Fußballwetten gesetzt.

[…] Der staatliche Wettanbieter Oddset arbeitet mit dem Oddset-Kontroll-System (OKS), das alle rund 25 000 Annahmestellen in Deutschland überwacht. Spiele und Kombinationen mit auffällig vielen oder hohen Einsätzen können bei Bedarf sofort gesperrt werden. Anders als in Asien ist der Einsatz bei Oddset-Wetten begrenzt. Maximal können 500 Euro pro Wette gesetzt werden, als maximaler Gewinn werden 50 000 Euro pro Einzelwette ausgeschüttet. Seit Anfang 2008 kann zudem nur noch mit einer Kundenkarte gewettet werden.«

(Quelle: FOCUS Online, in: http://www.focus.de/sport/mehrsport/handball-fruehwarnsystem-gegen-wettmanipulation-im-handball_aid_544616.html, Abruf: 02.06.2014)

Frühwarnsysteme können weiterhin durch bspw. Szenario- oder SWOT-Analysen ergänzt werden, welche die Chancen- und Risikostruktur einzelner Geschäftsaktivitäten näher bestimmen und somit das Risikopotenzial fundiert und eingehend erfassen (vgl. Lehner/Schmidt, 2000, S. 264 f.).

Das obige Praxisbeispiel erläutert die Vorgehensweise von Frühwarnsystemen des Unternehmens Sportradar.

10.2.2 Früherkennungssysteme

Früherkennungssysteme stellen eine Weiterentwicklung von Frühwarnsystemen dar, mit denen neben Risiken auch Chancen eines Unternehmens identifiziert werden können. Weiteres Merkmal von Früherkennungssystemen ist die explizite Berücksichtigung des Unternehmensumfelds in der Analyse. Bei der methodischen Vorgehensweise wird der Fokus nicht nur auf quantitative Kennzahlen, wie bei Frühwarnsystemen, gelegt, sondern auch auf qualitative Indikatoren, die potenzielle Risiken und Chancen in die Analyse einbeziehen, wie das folgende Praxisbeispiel der HOCHTIEF AG zeigt.

Zu den Hauptinstrumenten der Früherkennung zählen Indikatoren, Fehlermöglichkeiten- und -einflussanalysen, Checklisten, Fehlerbaum- sowie Flow-Chart-Analysen, die im Folgenden näher erläutert werden.

Praxisbeispiel

Risikofrüherkennungssystem

Konzernweites Risikofrüherkennungssystem 2013

Eine konzernweit gültige und jedem Mitarbeiter zugängliche Richtlinie Risikomanagement, die 2013 überarbeitet wurde, regelt einheitlich den Umgang mit Risiken, beschreibt die Aufbau- und Ablauforganisation und definiert den konzernweit gültigen Rahmen des Risikomanagements. [...] Die Risikomeldung enthält die potenzielle Schadenshöhe, die Eintrittswahrscheinlichkeit, die Risikokategorie, den möglichen Eintrittszeitpunkt und bereits getroffene Maßnahmen zur Abwendung. Über diese quantitative Risikodarstellung hinaus ist es HOCHTIEF besonders wichtig, dass die Risiken im Management offen diskutiert werden. Zu diesem Zweck ist ein Steuerungskreis Risikomanagement etabliert, dem Vertreter der Divisions- und Konzernabteilungen angehören. [...] Dabei werden konkrete Gegensteuerungsmaßnahmen koordiniert und verabschiedet. Die Ergebnisse des Steuerungskreises werden vom Konzerncontrolling für den Vorstand aufbereitet. Die Risikosituation wird turnusmäßig in den Sitzungen des Prüfungsausschusses des Aufsichtsrats erörtert. Zusätzlich werden im Rahmen von Prognosen und Planungen [...] auch einzelfallbezogen Risikoszenarien erstellt. [...] Kurzfristig und neu auftretende wesentliche Risiken werden unabhängig von dem standardisierten Prozess an die Risikomanagement-Verantwortlichen gemeldet. [...]
(Quelle: HOCHTIEF AG, 2014, S. 119 f.)

10.2.2.1 Indikatororientierte Früherkennungssysteme

Im Zuge der Früherkennung sind Frühindikatoren, die relevante Zielabweichungen für den Geschäftsverlauf mit einem hinreichenden zeitlichen Vorlauf erkennen, von Bedeutung. Indikatoren sind allgemein beobachtbare Größen, die nicht direkt erfassbare, latente Phänomene hilfsweise erkennbar machen (vgl. Krystek/Moldenhauer, 2007, S. 107). Beispiele für Frühindikatoren sind Auftragseingänge, die auf das künftige Auftragsvolumen sowie die Entwicklung in der Produktion und dem Vertrieb schließen lassen, oder der »ifo-Geschäftsklimaindex«, der die Erwartungen der Unternehmen des Verarbeitenden Gewerbes, des Bauhauptgewerbes, des Großhandels und des Einzelhandels in den nächsten sechs Monaten abbildet und somit eine Prognose für die zukünftige Geschäftslage darstellt. Für eine möglichst fundierte Risikofrüherkennung sollten Frühindikatoren folgende spezifische Anforderungen erfüllen (vgl. Hinze, 2003, S. 2 ff., Krystek/Moldenhauer, 2007, S. 107 f.):

Spezifische Anforderungen an Indikatoren

- Frühzeitige Erkennung von Risiken und Chancen;
- Rechtzeitige Verfügbarkeit von Informationen;
- Eindeutige Interpretation der Aussagen eines Indikators;
- Vollständige Informationen über den Beobachtungsbereich;
- Angemessenes Verhältnis zwischen Informationsnutzen und Beschaffungsaufwand der Indikatoren.

Funktionsweise eines indikatororientierten Früherkennungssystems

Die Funktionsweise eines indikatororientierten Früherkennungssystems lässt sich in sechs Teilschritte unterteilen (vgl. hierzu und im Folgenden Krystek/Müller-Stewens, 1993, S. 93 ff.; Krystek/Moldenhauer, 2007, S. 110 ff.):

Im **ersten Schritt** werden interne und externe Beobachtungsbereiche ermittelt, die potenzielle Chancen oder Risiken beinhalten. Der Beobachtungsbereich sollte dabei in Beziehung zu den strategischen Zielen des Unternehmens stehen. In einem **zweiten Schritt** werden für die festgelegten Beobachtungsbereiche Indikatoren gesammelt, die den o. g. spezifischen Anforderungen genügen. Anschließend findet eine Festlegung auf einen Pool von relevanten Indikatoren statt. Im **dritten Schritt** werden Sollwerte und Toleranzgrenzen für die ausgewählten Indikatoren bestimmt. Die Toleranzgrenzen zeigen an, wie stark die Indikatoren um die vorher festgelegten Sollwerte schwanken dürfen, ohne unmittelbar als ein ernsthaftes Risiko eingestuft zu werden. Eine Über- oder Unterschreitung der Toleranzgrenzen löst Signale aus, die als Chancen oder Risiken bezogen auf eine positive oder negative Zielabweichung zu klassifizieren sind. Kritisch ist hierbei die Festlegung der Toleranzgrenzen, da hier die Gefahr einer zu frühen oder zu späten Erkennung von Risiken bzw. Chancen besteht. In einem **vierten Schritt** werden die Mitarbeiter (Beobachter) motiviert, die Indikatorwerte ihres Arbeitsumfelds zu beobachten und bei Unter- oder Überschreitung der festgelegten Toleranzgrenzen ein entsprechendes Signal an die Zentrale weiterzuleiten. Im **fünften Schritt** werden die Aufgaben der Informationsverarbeitungsstellen und die Ausgestaltung der Informationskanäle geregelt. Hierzu gehört zunächst die Festlegung von Meldefrequenzen (Routine- und/oder Ausnahmemeldungen) und der Kommunikationsform (Intranet, Formulare etc.) zwischen Beobachter und Zentrale. Zu den wesentlichen Aufgaben der Zentrale zählen die Informationssammlung, -dokumentation, -aufbereitung und -berichterstattung. Diese können dem Bereich »Controlling« übertragen werden (vgl. bspw. Horváth, 2011, S. 340). Abschließend werden die Meldefrequenzen und die Kommunikationsform zwischen Zentrale und Nutzer der Früherkennungssysteme (Unter-

Abb. 10-8

Aufbaustufen eines indikatororientierten Früherkennungssystems

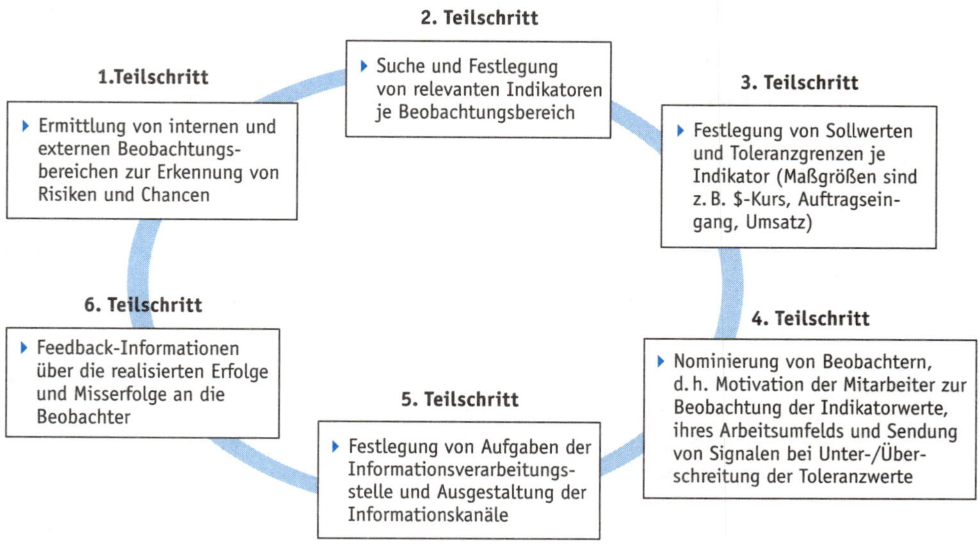

(Quelle: in Anlehnung an Krystek/Müller-Stewens, 1993, S. 95)

nehmensleitung, Führungskräfte) festgelegt. Im **sechsten Schritt** werden aus Motivationsgründen und zu Verbesserungszwecken des Früherkennungssystems Feedback-Informationen über die bisher realisierten Erfolge und Misserfolge an die Mitarbeiter (Beobachter) weitergeleitet. Abbildung 10-8 fasst die sechs Schritte nochmals zusammen.

10.2.2.2 Fehlermöglichkeiten- und -einflussanalyse (FMEA)

Die Fehlermöglichkeiten- und -einflussanalyse (FMEA = Failure Mode and Effects Analysis) verfolgt das Ziel einer vorausschauenden Fehlervermeidung. Zu diesem Zweck werden präventiv die Risiken und ihre Ursachen analysiert. In der Praxis treten drei Arten von FMEA auf (vgl. grundlegend Gleißner/Romeike, 2005, S. 183):

Arten von FMEA

- System-FMEA mit dem Schwerpunkt auf den einzelnen Teilkomponenten von Systemen und deren Anteil am Gesamtrisiko;
- Konstruktions-FMEA mit dem Fokus auf der Risikobewertung im Entwicklungsprozess zur Beurteilung der Eignung für die Anwendung und die Erfüllung der vorab spezifizierten Funktionen;
- Prozess-FMEA, um einen fehlerfreien Herstellungsprozess zu gewährleisten. Dieser wird in seine Einzelschritte zerlegt und daraufhin untersucht, ob die festgelegten Produkteigenschaften realisierbar sind.

Durchführung einer FMEA

Die Durchführung der FMEA kann in fünf Teilschritte unterteilt werden (vgl. grundlegend Romeike, 2003b, S. 165 ff.):

In einem **ersten Schritt** wird das Gesamtsystem in Funktionsbereiche, Prozessschritte oder seine Merkmale zerlegt. Dieses bildet die Grundlage für die Festlegung von Orientierungsdaten. **Zweitens** erfolgt die Fehleranalyse, die kritische Komponenten und potenzielle Schwachstellen des Systems identifiziert und möglichst eine vollständige Erfassung der Fehlerursachen gewährleistet. In einem **dritten Schritt** findet die Risikobeurteilung statt. Hierbei werden insbesondere die Risikoauswirkungen auf das Gesamtsystem betrachtet. Im **vierten Schritt** werden Maßnahmenvorschläge zur Optimierung der Prozesse generiert. Im **fünften Schritt** ist eine Ergebnisbeurteilung auf Grundlage der Informationen zur Fehlerursache, Fehlerwirkung, den bedrohten Objekten, der Risikobewertung im Hinblick auf die Eintrittswahrscheinlichkeit und das Schadensausmaß sowie die getroffenen Optimierungsmaßnahmen durchzuführen.

10.2.2.3 Ergänzende Methoden zur Identifikation von Risiken

Checklisten. Die einfache Handhabung von meist standardisierten Fragebögen führt dazu, dass Checklisten in der Praxis das am häufigsten verwendete Instrument zur systematischen Erfassung von Risiken darstellen. Vorteile von Checklisten liegen in der einheitlichen Erfassung von Informationen und der damit verbundenen einfachen und schnellen Auswertung der Daten. Ferner kann durch den Fragebogen eine Vielzahl von Risiken erfasst werden. Eine Anpassung an sich ändernde Umfeldbedingungen ist jederzeit möglich. Als Nachteil wird der hohe Aggregationsgrad der erhobenen Informationen angesehen und die Nicht-Berücksichtigung von Wechselwirkungen zwischen den Einzelrisiken. Weitere Probleme ergeben sich, wenn die Erhebungssystematik nicht an die Unternehmenserfordernisse angepasst wird und sich folglich ein Vollständigkeitsproblem ergibt (vgl. Burger/Buchhart, 2002, S. 82 f.).

Fehlerbaum-Analyse. Die Ausgangssituation der Fehlerbaum-Analyse bildet nicht die einzelne Systemkomponente, wie bei der FMEA, sondern das funktionsdefekte Gesamtsystem. Darauf aufbauend werden sekundäre Störungen identifiziert, die in direktem Zusammenhang mit dem Funktionsdefekt stehen. In einem weiteren Schritt werden die sekundären Störungsursachen weiter differenziert bis die primären Ursachen der Systemstörung ermittelt werden. Die Aufgliederung der Systemstörungen führt zu einer Baumstruktur (vgl. Abb. 10-9). Mithilfe der Baumstruktur wird ein hoch aggregiertes Risiko in sekundäre und primäre Risiken unterteilt und systematisch analysiert (vgl. Burger/Buchhart, 2002, S. 90). Der Vorteil der Fehlerbaum-Analyse gegenüber der FMEA liegt in der Darstellung der Wechselbeziehungen zwischen den Einzelrisiken.

Flow-Chart-Analyse. Bei der Flow-Chart-Analyse erfolgt die Quantifizierung bzw. Schätzung von Folgeschäden durch potenzielle Fehler, die sich im Gesamtsystem kumulieren. Diese Methode wird überwiegend bei der elektronischen Datenverarbeitung verwendet. Hierbei wird im Speziellen die Beziehung zwischen Geschäftsprozessen und den dazugehörigen Datenflüssen auf logische Fehler im System untersucht (vgl. Wolf/Runzheimer, 2009, S. 45).

Abb. 10-9

Fehlerbaum

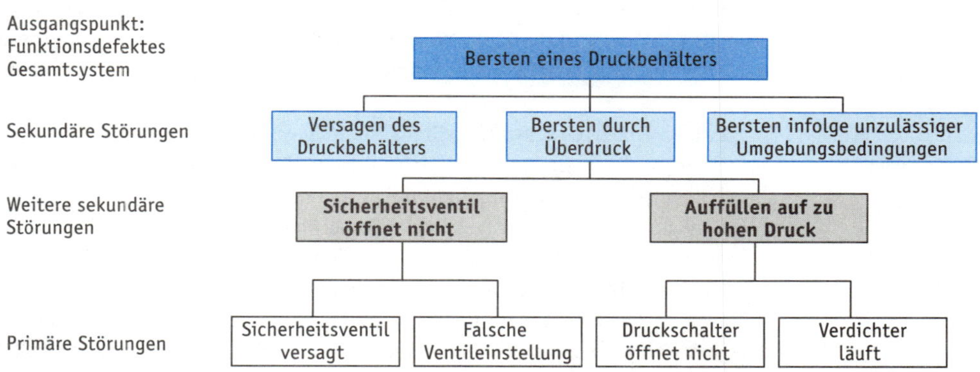

(Quelle: vereinfachte Darstellung in Anlehnung an Geiger/Kotte, 2005, S. 118)

10.2.3 Strategische Frühaufklärungssysteme

Strategische Frühaufklärungssysteme stellen die letzte Entwicklungsstufe der Instrumente zur Risikoidentifikation dar. Ihre Aufgabe liegt in der Identifizierung von »schwachen Signalen«, die auf Diskontinuitäten im sozio-ökonomischen Unternehmensumfeld hinweisen (vgl. hierzu und im Folgenden Krystek/Müller-Stewens, 1993, S. 174 ff.). Solche Diskontinuitäten bergen ein hohes strategisches Risikopotenzial, sodass eine frühzeitige Erfassung von Vorläufererereignissen, die auf solche »Trendbrüche« hinweisen, notwendig ist, um mögliche Handlungsmaßnahmen rechtzeitig einzuleiten.

Das Konzept schwacher Signale basiert auf der Annahme, dass eintretende Diskontinuitäten durch Indikatoren angekündigt werden. Informationen aus Presseberichten, Studien von Zukunftsforschungsinstituten, Informationen aus Diskussionsforen im Internet, Prognosen bzw. Informationen bezüglich der volkswirtschaftlichen Entwicklung oder Tendenzen in der Rechtsprechung können zur Identifizierung schwacher Signale genutzte werden (vgl. Müller, 2003, S. 30). Diese Frühsignale (schwache Signale) können aufgrund ihrer unstrukturierten Informationen Hinweise nur unzureichend deuten, sodass deterministische Aussagen über Trendentwicklungen und folglich das Einleiten von spezifischen Reaktionen schwer möglich sind. Im Zeitablauf nimmt jedoch der Konkretisierungsgrad der Information zu, sodass gezielte Maßnahmen ergriffen werden können. Gleichzeitig geht aber bedeutende Reaktionszeit dadurch verloren. In diesem Zusammenhang kommt der Identifizierung und Beobachtung schwacher Signale eine wichtige Rolle zu.

Identifizierung von »schwachen Signalen«

Aufgrund der schwachen Informationsstruktur der Frühsignale findet zunächst eine breit angelegte, unspezifizierte Suche im Bereich des sozio-ökonomischen Umfelds statt, welche im Folgenden auch als »Scanning« bezeichnet wird. Dieses dient dazu, sowohl schwache Signale sowie neue Trends aus dem Umfeld herauszufiltern als auch neue sozio-ökonomische Umfeldbereiche zu identifizieren, die durch ihr Informationspotenzial einen Beitrag zur Frühaufklärung leisten können (vgl. Liebl, 1996, S. 12).

Beobachtung von »schwachen Signalen«

Die identifizierten schwachen Signale sind im Folgenden vertiefend und kontinuierlich zu beobachten, um zusätzliche Informationen zu einem möglichen Trendbruch zu erhalten. Dieses Vorgehen wird auch »Monitoring« genannt. Das Monitoring soll zunächst Hinweise auf den Risiko- oder Chancencharakter der identifizierten schwachen Signale und anschließend Anhaltspunkte auf potenzielle Auswirkungen für den Geschäftsverlauf geben (vgl. Krystek/Müller-Stewens, 1993, S. 176).

Liegen schwache Signale und Hinweise auf zu erwartende Entwicklungen und Ereignisse vor, müssen diese nachfolgend erfasst und dokumentiert werden. Zumeist geschieht dies durch standardisierte Trendmeldungen, die in einer Datenbank hinterlegt werden. Mögliche Trendmeldungen für den Einzelhandel können wie folgt lauten: verstärkter Einsatz der RFID-Technologie sowie der Selbstbedienungskassen bei Wettbewerbern, gestiegene Konsumentennachfrage nach Bio-Lebensmitteln sowie Konsumprodukten aus nachhaltigen Rohstoffen, erhöhtes Angebot von individualisierten Produkten und Dienstleistungen durch Wettbewerber. Ferner sollte ein vernetztes EDV-System aufgebaut werden, um jederzeit eine Abfrage der Trendmeldungen nach Gemeinsamkeiten und wechselseitigen Abhängigkeiten durchführen zu können. Auf dieser Basis ist dann die Bildung von Trendlandschaften aus thematisch verbundenen Trendmeldungen möglich, die eine bessere Beurteilung und Konkretisierung der Chancen- oder Risikosituation zulassen (vgl. Krystek/Müller-Stewens, 1993, S. 196). Aus den oben genannten beispielhaften Trendmeldungen lässt sich durch den verstärkten Einsatz der RFID-Technologie sowie der Selbstbedienungskassen die Trendlandschaft »neue Technologien« ableiten. Die Trendmeldungen »gestiegene Konsumentennachfrage« nach Bio-Lebensmitteln sowie Konsumprodukten aus nachhaltigen Rohstoffen, erhöhtes Angebot von individualisierten Produkten und Dienstleistungen charakterisieren die Trendlandschaft »neuer Verbrauchertypus«.

Prozess der strategischen Frühaufklärung

Die Phase der Umfeldbeobachtung, zu der die Vorgänge des Scanning und Monitoring zählen, bildet den Ausgangspunkt im Prozess der strategischen Frühaufklärung. Anschließend folgt die Generierung von Trendlandschaften mittels der erfassten Signale. Daraufhin werden die wahrgenommenen Trends im Hinblick auf ihre strategische Relevanz für das Unternehmen untersucht. Aus den Ergebnissen der analysierten Trends werden die strategischen Maßnahmen abgeleitet. Diese können aus dem allgemeinen Unternehmensumfeld (»outside-in«) oder aus dem spezifischen Aufgabenumfeld der Organisation (»inside-out«) entstammen. In einem letzten Schritt werden gemäß ihrer Wichtigkeit abgestufte Antwortstrategien formuliert (vgl. Liebl, 1996, S. 11). Abbildung 10-10 fasst diesen Vorgang grafisch zusammen.

Abb. 10-10

Der Prozess der strategischen Frühaufklärung

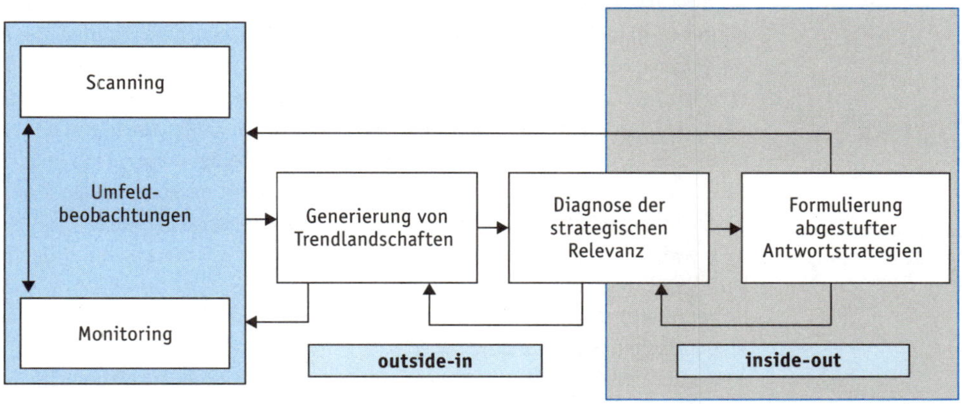

(Quelle: in Anlehnung an Liebl, 1996, S. 11)

10.2.4 Szenarioanalyse

Die traditionellen Planungsinstrumente, wie Prognoseverfahren und Trendprojektionen, berücksichtigen vor allem quantifizierbare Indikatoren, sodass sie bei veränderten Rahmenbedingungen eine nur eingeschränkte Prognosehilfe darstellen. Folglich wurde das Instrumentarium um die Szenarioanalyse erweitert, die neben quantitativen auch qualitative Einflussgrößen berücksichtigt (vgl. Hopfenbeck, 2002, S. 564).

10.2.4.1 Grundlagen

Szenarien dienen zum einen der Absicherung von Risikoprognosen und -interpretationen, zum anderen der Entdeckung von bisher nicht erkannten strategischen Maßnahmen. Daraus lässt sich folgende Definition ableiten:

> »Mit Szenarien werden mögliche Zukunftsbilder gezeichnet, d. h. Aussagen zu den denkbaren langfristigen Entwicklungen strategiebestimmender Ereignisse getroffen« (vgl. Hopfenbeck, 2002, S. 564).

Der Vorteil von Szenarien liegt in der Möglichkeit, Zukunftsbilder systematisch zu entwickeln, indem Haupteinflussgrößen, bspw. ökonomischer, sozialer, politischer oder technischer Art, unter Angabe geschätzter Eintrittswahrscheinlichkeiten, variiert werden. Hierdurch erhält das Management eine Bandbreite an Möglichkeiten konsistenter alternativer Zukunftsbilder (vgl. Abb. 10-11) und kann für unterschiedliche Szenarien unterschiedliche Handlungsalternativen entwerfen.

Der Trichter bildet die Spannweite an Möglichkeiten ab, die sich aus der Variation der Einflussparameter ergeben. Je weiter der Prognosehorizont voranschreitet, umso breiter wird der Trichter, der somit die steigende Unsicherheit abbildet. Die Ausweitung des Trichters wird durch zwei Extremszenarien begrenzt: Zum einen durch ein Szenario, das weitestgehend frei von Störeinflüssen und Risiken ist (»Best-Case«-Szenario), und zum anderen durch ein Szenario, welches durch starke Störereignisse und hohe Risiken charakterisiert ist (»Worst-Case«-Szenario) (vgl. Burger/Buchhart, 2002, S. 94). Ferner wird neben den zwei Extremszenarien ein Szenario mit einer hohen Eintrittswahrscheinlichkeit (Trendszenario) abgebildet.

Beurteilung der Szenarioanalyse

Die wichtigsten Vorteile der Szenarioanalyse sind (vgl. hierzu ausführlich Hopfenbeck, 2002, S. 565):

- Verarbeitung interdisziplinärerer Einflussgrößen, bspw. sozio-ökonomischer, politischer und technologischer Art;
- Berücksichtigung qualitativer Faktoren, wie bspw. gesellschaftliche Erwartungshaltung, politische Rahmenbedingungen und Kundenverhalten;
- Reaktionsvermögen und Anpassungsfähigkeit durch die Möglichkeit der Variation der Einflussfaktoren und Bildung von Alternativszenarien;
- Verringerung der Unsicherheit und Erhöhung der Transparenz bei Entscheidungen durch das Aufzeigen der Bandbreite an möglichen Situationen und Entwicklungen.

Abb. 10-11

Modell zur Darstellung von Szenarien

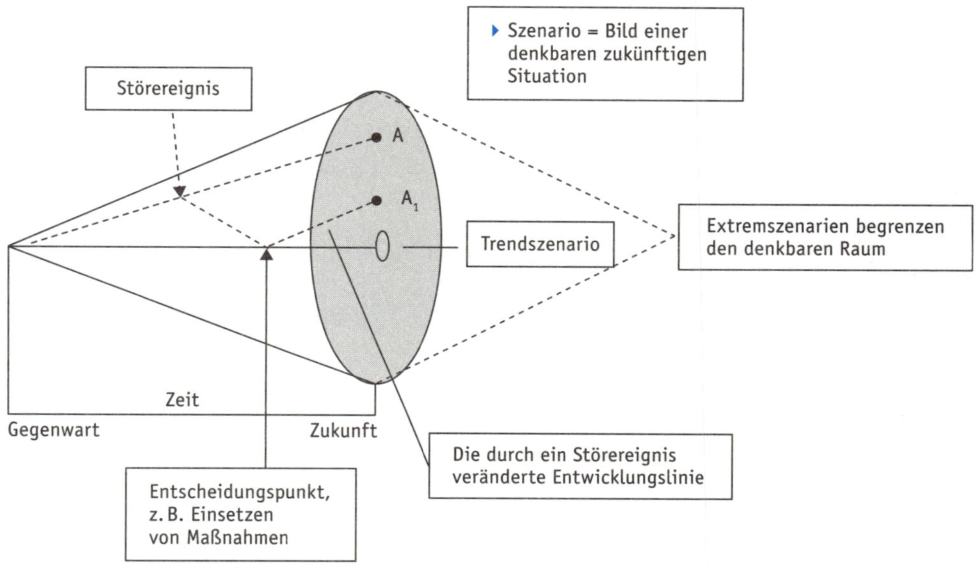

(Quelle: in Anlehnung an Hopfenbeck, 2002, S. 565)

Als nachteilig können folgende Kriterien bei der Erstellung von Szenarien angesehen werden (vgl. Götze, 1993, S. 255 f.):

- Prozess der Szenarioanalyse beinhaltet eine Vielzahl subjektiver Komponenten, die Einfluss auf die Ergebnisse nehmen und aufgrund derer die Ergebnisse nicht vollständig reproduzierbar sind;
- Erstellung von Szenarien mit einer hohen Güte kann sehr zeit- und kostenintensiv sein.

10.2.4.2 Szenarien im Prozess der strategischen Planung

Infolge der Globalisierung und der verstärkten Wettbewerbsintensität auf Faktor- und Gütermärkten hat in den letzten Jahren die Unsicherheit im ökonomischen, gesellschaftlichen, politischen, technischen und rechtlichen Bereich zugenommen.

Beispiele für wesentliche Einflüsse auf die geschäftliche Entwicklung von Unternehmen sind:

- Auswirkungen der Globalisierung auf Faktor- und Gütermärkte;
- demographischer Wandel der Gesellschaft und seine Auswirkungen auf die Verbraucherpräferenzen;
- Klimawandel und seine Folgen für die Gesellschaft;

Abb. 10-12

Beispiel für eine Einflussmatrix

Wirkung ↓ von → auf	Investitionen	Beschaffungs-sicherung	Auslands-märkte	Neue Produkte	IT-Strategie
Globalisierung	3	1	3	1	1
Demographischer Wandel	2	0	2	1	0
Klimawandel	1	1	2	2	1
Regulierung des Finanzmarktes	2	0	1	0	2

Wirkung 0 = kein Einfluss   Wirkung 1 = schwacher Einfluss   Wirkung 2 = mittlerer Einfluss   Wirkung 3 = starker Einfluss

(Quelle: in Anlehnung an Geschka, 1999, S. 535)

- Entwicklung der Informationstechnologien und die Beeinflussung geschäftlicher und privater Verhaltensweisen;
- rechtliche Regulierung der Finanz- und Gütermärkte;
- Auswirkungen von Wirtschaftskrisen auf den Arbeitsmarkt.

Die Unsicherheit über den Einfluss von externen Faktoren sowie das komplexe Unternehmensumfeld sind bei der strategischen Unternehmensplanung zu berücksichtigen. Manager stehen vor der Herausforderung, mittels unsicherer und zumeist nur qualitativer Informationen Zukunftsszenarien zu entwerfen und daraus sinnvolle Unternehmensplanungen und -strategien abzuleiten (vgl. Geschka, 2006, S. 358 f.). Mittels einer Analyse der Einflussfaktoren durch eine sog. Einflussmatrix (vgl. Abb. 10-12), kann die Effizienz der strategischen Planung erhöht werden. Dazu wird in einer Einflussmatrix die Einflussstärke eines externen Faktors auf einen strategischen Parameter, wie bspw. die Investitionen, abgebildet (vgl. Geschka, 1999, S. 534 ff.).

10.2.4.3 Phasenablauf einer Szenarioanalyse

Bei der Entwicklung eines Szenarios wird zumeist die gegenwärtige Situation gründlich analysiert, um Wirkungszusammenhänge zu identifizieren und nachzuvollziehen. Danach werden begründete Annahmen für Einflussfaktoren mit unsicherer Zukunftsentwicklung getroffen. Abschließend werden in der Synthesephase mehrere alternative, in sich konsistente Zukunftsbilder entwickelt.

Nachfolgend werden beispielhaft acht Schritte der Szenariotechnik nach Geschka vorgestellt (vgl. hierzu und im Folgenden Geschka, 1999, S. 526 ff.; Götze, 1993, S. 99 ff.):

1. **Strukturierung und Definition des Untersuchungsumfelds:**
   Zunächst erfolgt eine exakte und verständliche Definition und Abgrenzung des Untersuchungsfelds in zeitlicher, regionaler und sachlicher Hinsicht. Dabei muss sich das Unternehmen entscheiden, ob Szenarien für das Gesamtunternehmen oder bestimmte strategische Geschäftseinheiten erstellt werden sollen.

2. **Identifizierung und Strukturierung der wichtigsten Einflussfaktoren und -bereiche:**
   Ein weiterer Schritt ist die Identifizierung von sozialen, ökonomischen, rechtlichen, technologischen oder politischen Einflussfaktoren auf das Untersuchungsfeld. Anschließend sollen die Wirkungsbeziehungen der Einflussfaktoren untereinander (Interdependenzanalyse) sowie zwischen Einflussfaktor und Untersuchungsfeld (Wirkungsanalyse) analysiert werden, um die Relevanz der Einflussfaktoren einzustufen.
3. **Ermittlung von kritischen Deskriptoren und Entwicklung von Annahmen:**
   Die ermittelten Einflussfaktoren werden als quantitative oder qualitative Kenngrößen (Deskriptoren) gekennzeichnet. Nachdem die relevanten Deskriptoren feststehen, ist ihr Ist-Zustand zur Darstellung der Ausgangssituation zu ermitteln. Darauf aufbauend kann die zukünftige Entwicklung prognostiziert werden.
4. **Bildung und Auswahl alternativer konsistenter Annahmenkombinationen:**
   In diesem Schritt wird mit einem Rechenalgorithmus abgeschätzt, welche Ausprägungen der Deskriptoren sich gegenseitig verstärken, welche neutral und welche widersprüchlich zueinander sind. Aufbauend auf dieser Konsistenzanalyse können mehrere konsistente und plausible Bündel von Annahmen bezüglich der Entwicklung kritischer Deskriptoren zusammengestellt werden.
5. **Interpretation der ausgewählten Umfeldszenarien:**
   Die Szenarien sollen sich aus der Gegenwart heraus in Richtung der gebildeten Zukunftskonstellation entfalten. Durch das Einfügen von Zwischenschritten können inhaltliche Vergleiche durchgeführt und Reaktionen auf vergangene Entwicklungen verfolgt werden. Dieses führt zu einem vernetzten Entwicklungsablauf.
6. **Einführung und Analyse der Auswirkungen signifikanter Trendbruchereignisse:**
   Plötzlich auftretende Trendbruchereignisse, wie Erdbeben, Reaktorunfälle oder terroristische Anschläge, lenken Entwicklungsverläufe in eine andere Richtung. Kreativitätstechniken, wie Brainstorming, eignen sich zur Ermittlung von Trendbruchereignissen. Hierbei werden zunächst Trendbruchereignisse mit einer hohen Eintrittswahrscheinlichkeit und einem starken Einfluss auf den Entwicklungsverlauf identifiziert. Anschließend werden sie isoliert in die Szenarien eingeführt, um deren Auswirkungen zu analysieren.
7. **Ableitung von Konsequenzen für das Untersuchungsfeld:**
   In einem weiteren Schritt werden Rückschlüsse aus den Umfeldszenarien auf das Zukunftsbild gefolgert.
8. **Konzeption von Maßnahmen und Planungen:**
   Aus den erarbeiteten Vorschlägen für Maßnahmen sind Leit- sowie Alternativstrategien zu entwickeln.

Beispiel 10.1 Grape SE **Szenarioanalyse zur globalen gesellschaftlichen und wirtschaftlichen Entwicklung Deutschlands**

▸▸▸ Der Vorstand der Grape SE beschäftigt sich mit der zukünfigen Ausrichtung des Unternehmens und den Entwicklungen im Umfeld. Hierzu liegen sechs Szenarien zur gesellschaftlichen und wirtschaftlichen Entwicklung der Weltwirtschaft vor (vgl. Fraunhofer-Institut für System- und Innovationsforschung ISI (Hrsg.), 2013, S. 2 f.).

Szenario 1 – Open Everything: Es wird mehr Transparenz und Partizipation auf allen Ebenen des politischen Lebens erwartet und eingefordert. Deshalb werden in Unternehmen und Universitäten zunehmend offene und partizipative Prozesse eingeführt. Hierarchien verlieren ihre Autorität, wenn sie nicht inhaltlich begründet sind und nicht auf einer breiten Legitimation vieler Beteiligter beruhen.

Szenario 2 – Alles in Echtzeit: Die Menschen erwarten zunehmend die digitale, unmittelbare Verfügbarkeit von Informationen, Einkaufsmöglichkeiten und Bildungsangeboten. Wartezeiten, umständliche Recherche und langwierige Suchprozesse werden immer weniger akzeptiert oder als unzeitgemäß betrachtet. Das Echtzeitparadigma mit seinem Anspruch nach spontaner Bedürfnisbefriedigung kennzeichnet diesen Trend.

Szenario 3 – Vernetzte Mobilität: Das Mobilitätsverhalten der Menschen ändert sich grundlegend. Insbesondere in den Städten geht es nicht mehr um das Besitzen eines Fahrzeugs, sondern darum, ressourcensparend und flexibel von A nach B zu kommen. Die Menschen nehmen neue, vernetzte Verkehrskonzepte in Anspruch, weil diese sich einfach und flexibel nutzen lassen. Neben der intelligenten Mobilitätsvernetzung spielt die Elektromobilität eine zentrale Rolle.

Abb. 10-13

Darstellung der sechs Zukunftsszenarien

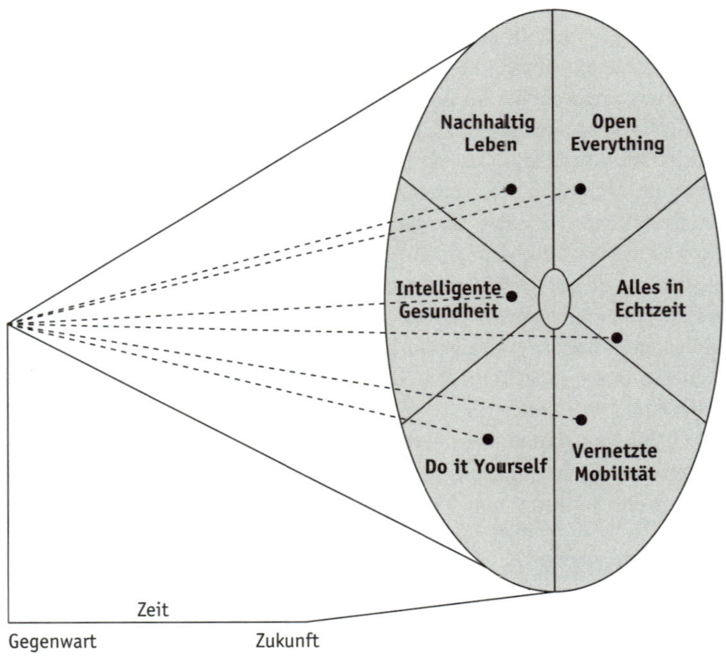

(Quelle: eigene Darstellung)

Szenario 4 – Do it Yourself: Die Menschen nehmen ihre Interessen und auch soziale Themen zunehmend in Eigenregie wahr, machen ihre Hobbies zum Beruf und teilen die Ergebnisse ihrer Arbeit mit anderen. Vorgefertigte Produkte und die bürokratische Abwicklung staatlicher Aufgaben werden aus unterschiedlichen Gründen immer weniger geschätzt.
Szenario 5 – Intelligente Gesundheit: Die Menschen wollen länger gesund und eigenbestimmt leben. Zusätzlich möchten sich alle Altersgruppen gesünder ernähren, bewusster bewegen und individuell medizinisch informiert und behandelt werden. Der »informierte Patient« hat immer weniger Verständnis für Doppeluntersuchungen und andere Ineffizienzen im Gesundheitssystem.
Szenario 6 – Nachhaltig Leben: Die Menschen wollen energiebewusst und nachhaltig leben, sie unterstützen die Energiewende. Aber sie möchten dabei den gewohnten Komfort beibehalten und sind nur in Maßen bereit, für eine energieeffizientere Zukunft mehr zu bezahlen.

Maßnahmen der Grape SE

Die Grape SE entwickelt auf Basis dieser sechs Zukunftsszenarien einen unternehmensspezifischen Maßnahmenkatalog. Maßnahmen, die in mehreren Szenarien identisch sind, werden direkt umgesetzt, weil diese als wesentlich angesehen werden.
Maßnahmenkatalog zu **Szenario 1 – Open Everything** und **Szenario 2 – Alles in Echtzeit:**
- Sicherung des Heimatmarktes;
- Erschließung neuer Absatzmärkte;
- Ausrichtung der Produkte und Prozesse an den Kundenbedürfnissen;

Maßnahmenkatalog zu **Szenario 3 – Vernetzte Mobilität:**
- Konzentration auf die Schlüsselmärkte;
- Verbesserung der Wettbewerbssituation durch Prozess- und Produktoptimierung;

Maßnahmenkatalog zu **Szenario 4 – Do it Yourself:**
- Anpassung der Produkte an die Kundenbedürfnisse;
- Anpassung der Prozesse zur Verbesserung der Kostenposition;
- Verlagerung von Standorten in Niedriglohnländer zur Verbesserung der Kostenposition;

Maßnahmenkatalog zu **Szenario 5 – Intelligente Gesundheit** und **Szenario 6 – Nachhaltig Leben:**
- Produkt- und Prozessverbesserung in Bezug auf Qualität
- Verbesserung der Prozesse entlang der Wertschöpfungskette in Bezug auf ökonomische und ökologische Kundenanforderungen ◀◀◀

10.2.5 Risikokategorien

Die Risikoidentifikation endet mit der Abgrenzung der relevanten Risikofelder für das Unternehmen. Die Relevanz eines Risikofeldes für das Unternehmen lässt sich aus seinen potenziellen Auswirkungen auf die Unternehmensziele ableiten. Zu den Risikofeldern gehören je nach Unternehmen und Branche folgende Risikokategorien (vgl. Thommen/Achleitner, 2009, S. 1092 ff.):

Marktrisiken

- **Marktrisiken** kennzeichnen sämtliche Risiken, die Einfluss auf relevante Faktor- und Gütermärkte eines Unternehmens haben. Dazu gehören insbesondere konjunkturelle und branchentypische Risiken, strukturelle Marktveränderungen auf der Absatzseite durch bspw. neue Anbieter oder Veränderungen in der Konsumentennachfrage, Risiken auf der Beschaffungsseite durch bspw. Preisvolatilitäten von Rohstoffen und Energien sowie Risiken im Bereich hochqualifizierter Fach- und Führungskräfte auf dem Arbeitsmarkt.

Managementrisiken

- **Managementrisiken** entstehen durch das Versagen von im Unternehmen installierten Managementsystemen. Fehlfunktionen können sowohl durch Personen oder organisatorische Strukturen (institutionaler Art) als auch durch Aufgaben und Funktionen des Managements (funktionaler Art) hervorgerufen werden.

Unternehmensstrategische Risiken

- **Unternehmensstrategische Risiken** beziehen sich auf die strategische Entwicklung eines Unternehmens, die durch kontinuierliche Prozessoptimierung, Stärkung der Kernbereiche oder bspw. aktives Portfoliomanagement vorangetrieben wird. Der Erfolg dieser strategischen Maßnahmen unterliegt einem Prognoserisiko bezüglich der Einschätzung künftiger Marktentwicklungen und der Annahmen zur Umsetzbarkeit dieser Strategien.

Operative Risiken

- **Operative Risiken** sind eng verbunden mit der laufenden betrieblichen Geschäftstätigkeit. Dazu zählen bspw. technische Risiken bei der Produktion, Risiken durch Verlust wichtiger Lieferanten oder Partnerschaften sowie Produktqualitätsrisiken und Risiken durch Fehlverhalten von einzelnen Personen.

Finanzielle Risiken

- **Finanzielle Risiken** beziehen sich vorwiegend auf Wechselkurs-, Zinsänderungs-, Ausfall- und Liquiditätsrisiken eines Unternehmens.

Rechtliche Risiken

- **Rechtliche Risiken** ergeben sich für Unternehmen meist aus Haftungsfolgen bei möglichen Verstößen gegen bindende Verträge, Normen oder Gesetze, die stets mit Unsicherheit behaftet sind.

Im folgenden Praxisbeispiel werden ausgewählte Unternehmensrisiken der adidas AG mit ihren Eintrittswahrscheinlichkeiten und möglichen finanziellen Auswirkungen dargestellt.

10.3 Risikobewertung

Die identifizierten Risiken, welchen ein Unternehmen ausgesetzt sein kann, sind nachfolgend zu bewerten. Ziel ist es, die **Wahrscheinlichkeit für das Auftreten eines Risikos** und die **Konsequenzen bei Auftreten eines Risikos** für bestimmte Zielgrößen (sog. Tragweite) eines Unternehmens zu bestimmen. Mithilfe der Risikobewertung kann beurteilt werden, von welchen Risiken eine hohe bzw. niedrige Gefahr für ein Unternehmen ausgeht. Somit können Risiken auf Basis der Risikobewertung mit anderen Risiken eines Unternehmens verglichen und priorisiert werden. Diese Erkenntnisse lassen sich in einem weiteren Schritt für die gezielte Steuerung von Risiken nutzen (vgl. Abschnitt 10.4).

Praxisbeispiel

Unternehmensrisiken der adidas AG

	Eintrittswahrscheinlichkeit	Mögliche Auswirkungen
Strategische Risiken		
Gesamtwirtschaftliche, gesellschaftspolitische und regulatorische Risiken	Möglich	Groß
Risiken in Bezug auf die Vertriebsstrategie	Möglich	Wesentlich
Abhängigkeitsrisiken	Unwahrscheinlich	Wesentlich
Risiken in Verbindung mit Medien- und Stakeholder-Aktivitäten	Wahrscheinlich	Wesentlich
Risiken aus Konsolidierung, grenzüberschreitender Expansion sowie Eigenmarken im Einzelhandel	Möglich	Moderat
Wettbewerbsrisiken	Möglich	Wesentlich
Risiken im Risiko- und Kontrollumfeld	Unwahrscheinlich	Groß
Risiken durch Änderungen der Konsumentennachfrage	Möglich	Moderat
Operative Risiken		
Risiken aufgrund des eigenen Einzelhandels	Möglich	Groß
Logistikrisiken	Möglich	Groß
Marketingrisiken	Wahrscheinlich	Wesentlich
Kundenbeziehungsrisiken	Möglich	Moderat
Umsatz- und Preisgestaltungsrisiken	Sehr wahrscheinlich	Moderat
Zulieferrisiken	Unwahrscheinlich	Wesentlich
Lagerbestandsrisiken	Wahrscheinlich	Moderat
Risiken durch außergewöhnliche externe Störfälle	Möglich	Groß
Personalrisiken	Sehr wahrscheinlich	Moderat
IT-Risiken	Unwahrscheinlich	Groß
Risiken bei Produktinnovation und –entwicklung	Unwahrscheinlich	Moderat
Risiken durch steigende Einstandskosten	Wahrscheinlich	Moderat
Rechtliche & Compliance-Risiken		
Rechtliche Risiken	Möglich	Wesentlich
Risiken in Verbindung mit Wettbewerbs-, Handels- und Zollbestimmungen	Möglich	Groß
Sozial- und Umweltrisiken	Wahrscheinlich	Moderat
Risiken in Verbindung mit Produktfälschungen und -nachahmungen	Unwahrscheinlich	Wesentlich
Produktqualitätsrisiken	Möglich	Wesentlich
Risiken von Betrug und Korruption	Unwahrscheinlich	Groß
Finanzrisiken		
Ausfallrisiken	Unwahrscheinlich	Groß
Finanzierungs- und Liquiditätsrisiken	Unwahrscheinlich	Gering
Währungsrisiken	Wahrscheinlich	Groß
Zinsrisiken	Wahrscheinlich	Gering
Risiken in Verbindung mit Wertminderung der Geschäfts-oder Firmenwerte/sonstigen immateriellen Vermögenswerte	Unwahrscheinlich	Wesentlich

(Quelle: adidas AG, 2014, S. 163)

Im Folgenden werden ausgewählte Instrumente und Methoden vorgestellt, mit denen eine Bewertung von Risiken erfolgen kann.

10.3.1 Nicht finanzielle Risikobewertung

Die nicht finanzielle Risikobewertung dient einer ersten »groben« Klassifizierung von Risiken. Diese werden entsprechend ihrer Relevanz für unternehmensspezifische Zielgrößen (z. B. Jahresüberschuss, Cashflow, Unternehmenswert) in sog. Risikoklassen eingeordnet. Hierfür ist eine Bewertung der Risiken erforderlich, um Aussagen hinsichtlich der Relevanz eines Risikos für die unternehmerische Zielgröße machen zu können.

Experteninterviews

Eine erste Bewertung kann bspw. durch Befragungen im Rahmen von **Experteninterviews** erfolgen. Hierbei werden Personen mit entsprechender Fachexpertise gebeten, die Risiken – basierend auf ihren Einschätzungen hinsichtlich der Eintrittswahrscheinlichkeit und der Tragweite – bestimmten Risikoklassen zuzuordnen. In Abhängigkeit von der zu bewertenden Risikoart sind unternehmens- bzw. abteilungsspezifische Experten zu identifizieren. Zur Abschätzung der Tragweite des potenziellen Ausfalls der IT-Anlage könnte bspw. der Leiter der IT-Abteilung, zur Beurteilung des Risikos auf Versagung der Zulassung eines innovativen Medikaments eines Pharmaunternehmens der für die Entwicklung zuständige Laborleiter oder zur Evaluation des Kreditausfallrisikos einzelner Kreditnehmer einer Bank der Leiter der Kreditabteilung befragt werden. Experteninterviews liefern insbesondere dann einen wertvollen Beitrag zur Risikobewertung, wenn keine historischen Informationen über Eintrittswahrscheinlichkeit und Tragweite eines Risikos vorliegen (vgl. Gleißner, 2011, S. 114; Gleißner/Romeike, 2005, S. 193).

Scoring-Modelle

Zur Risikobewertung werden häufig sog. **Scoring-Modelle** eingesetzt, deren Grundstruktur in Abbildung 10-14 dargestellt ist. Die Bewertung von Risiken erfolgt in vier Schritten (vgl. Wolke, 2008, S. 64):

1. Identifikation der einem Risiko jeweils zugrundeliegenden Risikofaktoren, deren mögliche sowie tatsächliche Ausprägungen.
   Beispiel: Zur Beurteilung des Kreditrisikos einzelner Kreditnehmer einer Bank werden vom Leiter der Kreditabteilung folgende Risikofaktoren sowie deren Ausprägungsmöglichkeiten identifiziert:
   - die bisherige Zahlungsbereitschaft des Kreditnehmers (sehr gut, gut, befriedigend, ausreichend, mangelhaft),
   - die Finanzlage des Kreditnehmers (sehr gut, gut, befriedigend, ausreichend, mangelhaft),
   - das jeweilige Kreditvolumen im Verhältnis zum Eigenkapital der Bank (in %).

   Für jeden Kreditnehmer werden anschließend die tatsächlichen Ausprägungen der jeweiligen Risikofaktoren ermittelt.
2. Gewichtung der einzelnen Risikofaktoren entsprechend dem Einfluss auf die betrachtete Risikogröße.
   Beispiel: Die bisherige Zahlungsbereitschaft wird mit 50 %, die Finanzlage mit 30 % und das Kreditvolumen mit 20 % gewichtet.

Abb. 10-14

Grundstruktur eines Scoring-Modells

1.

Risikofaktoren	Risikofaktor 1 »Zahlungs-bereitschaft«	Risikofaktor 2 »Finanzlage«	Risikofaktor 3 »Kreditvolumen«
Gewicht	0,5	0,3	0,2
Risiko A »Kreditrisiko Kunde A«	mangelhaft	ausreichend	85 %
Risiko B »Kreditrisiko Kunde B«	befriedigend	mangelhaft	10 %
Risiko C »Kreditrisiko Kunde C«	sehr gut	gut	5 %

2. → Gewicht

3.

Risikofaktoren	Risikofaktor 1 »Zahlungs-bereitschaft«	Risikofaktor 2 »Finanzlage«	Risikofaktor 3 »Kreditvolumen«
Gewicht	0,5	0,3	0,2
Risiko A »Kreditrisiko Kunde A«	10	8	9
Risiko B »Kreditrisiko Kunde B«	6	10	2
Risiko C »Kreditrisiko Kunde C«	2	4	1

4.

Risiko A »Kreditrisiko Kunde A«	0,5 x 10 + 0,3 x 8 + 0,2 x 9 = 9,2
Risiko B »Kreditrisiko Kunde B«	0,5 x 6 + 0,3 x 10 + 0,2 x 2 = 6,4
Risiko C »Kreditrisiko Kunde C«	0,5 x 2 + 0,3 x 4 + 0,2 x 1 = 2,4

(Quelle: in Anlehnung an Burger/Buchart, 2002, S. 157; Wolke, 2008, S. 64 f.)

3. Bewertung der Ausprägung der verschiedenen Risikofaktoren durch Zuordnung eines entsprechend skalierten Punktwertes (z. B. Wert auf einer Skala von 1 bis 10).
   Beispiel: In Abhängigkeit von der jeweiligen Ausprägung werden den Risikofaktoren folgende Punktwerte zugewiesen:

- Zahlungsbereitschaft: sehr gut=2, gut=4, befriedigend=6, ausreichend=8, mangelhaft=10,
- Finanzlage: sehr gut=2, gut=4, befriedigend=6, ausreichend=8, mangelhaft=10,
- Kreditvolumen: [0 %; 10 %[=1, [10 %; 20 %[=2, ..., [80 %; 90 %[=9, [90 %; 100 %]=10.

4. Bildung der gewichteten Summe über die Punktwerte der einzelnen Risikofaktoren für jede betrachtete Risikogröße.
   Beispiel: Die Ausprägungsformen der einzelnen Risikofaktoren werden so skaliert, dass das Kreditrisiko eines Kunden aus Sicht der Bank umso höher ist, je höher der Punktwert ist. Folglich hat der Kredit des Kunden A (Punktwert=9,2) ein höheres Kreditrisiko als der Kredit des Kunden C (Punktwert=2,4).

Auf Basis der Ergebnisse der Experteninterviews und des Scoring-Modells können die Risiken entsprechend dem potenziellen Einfluss auf die Zielgröße klassifiziert werden. Die Klassifizierung kann z. B. auf einer Ordinalskala mit Werten von «1« (unbedeutend) bis «5« (existenzgefährdend) erfolgen (vgl. Gleißner, 2011, S. 114). Im Vergleich zur finanziellen Risikobewertung weist die nicht finanzielle Risikobewertung ein niedrigeres Skalenniveau auf, da weder Eintrittswahrscheinlichkeit noch die Tragweite exakt bestimmt werden können (vgl. Burger/Buchhart, 2002, S. 103 f.).

Ein Beispiel für eine derartige Risikoklassifizierung ist in Tabelle 10-1 dargestellt. Dabei erfolgt die Klassifizierung der Kreditrisiken der einzelnen Kunden anhand des im Scoring-Modell erreichten Punktwertes, indem jeder Risikoklasse ein bestimmtes Intervall von Punktwerten zugewiesen wird.

Nutzen der Risikoklassifizierung

Eine derartige Risikoklassifizierung dient insbesondere der Systematisierung von Risiken (vgl. Burger/Buchhart, 2002, S. 105). Hierdurch lässt sich eine Schwerpunkt-

Tab. 10-1

Risikoklassifizierung

Risikoklasse	Punktwert	Risiko	Grad der Einflussnahme	Erläuterung
1	[1,3[	Kreditrisiko Kunde C (2,4)	Unbedeutendes Risiko	Unbedeutende Risiken, die weder Jahresüberschuss noch Unternehmenswert spürbar beeinflussen.
2	[3,5[		Mittleres Risiko	Mittlere Risiken, die eine spürbare Beeinträchtigung des Jahresüberschusses bewirken.
3	[5,7[	Kreditrisiko Kunde B (6,4)	Bedeutendes Risiko	Bedeutende Risiken, die den Jahresüberschuss stark beeinflussen oder zu einer spürbaren Reduzierung des Unternehmenswertes führen.
4	[7,9[		Schwerwiegendes Risiko	Schwerwiegende Risiken, die zu einem Jahresfehlbetrag führen und den Unternehmenswert erheblich reduzieren.
5	[9,10]	Kreditrisiko Kunde A (9,2)	Bestandsgefährdendes Risiko	Bestandsgefährdende Risiken, die mit großer Wahrscheinlichkeit den Fortbestand des Unternehmens gefährden.

(Quelle: in Anlehnung an Gleißner, 2011, S. 114)

setzung in der Risikoanalyse erzielen, da im Rahmen einer weitergehenden Untersuchung und präziseren Quantifizierung zunächst Risiken mit hoher Bedeutung für das Unternehmen fokussiert werden können. Die Analyse eher unbedeutender Risiken kann mit geringerem Aufwand erfolgen (vgl. Gleißner, 2011, S. 114). Auf Basis des Ergebnisses der Risikoklassifizierung lässt sich folglich entscheiden, welchen Risiken verstärkte Aufmerksamkeit zukommen sollte und welche Risiken aufgrund ihrer geringen Relevanz eher vernachlässigbar sind. Für vertiefende Risikoanalysen könnten Risiken bspw. entsprechend ihrer Relevanz bestimmten Hierarchieebenen im Unternehmen zugeordnet werden (vgl. Burger/Buchhart, 2002, S. 105).

Grenzen der Risikoklassifizierung

Es ist zu beachten, dass Einzelrisiken bei isolierter Betrachtung von nur geringer Relevanz sein können, sich durch ihr Zusammenwirken aber zu einem bestandsgefährdenden Gesamtrisiko entwickeln können (vgl. Eckert et al., 2004, S. 33 f.). Problematisch ist zudem die hohe Subjektivität der Risikoklassifizierung. Zum einen unterliegt die Abgrenzung einzelner Klassen subjektiven Einflüssen, da hierzu Abgrenzungskriterien zu definieren sind. Zum anderen unterliegt die Einordnung der Risiken in einzelne Klassen auf Basis von Experteninterviews und/oder Scoring-Modellen einer stark subjektiven Prägung (vgl. Burger/Buchhart, 2002, S. 105). Eine ausschließliche Steuerung von Risiken auf Basis der Risikoklassifizierung ist somit nicht empfehlenswert. Die Risikoklassifizierung sollte daher lediglich für eine prinzipielle Systematisierung und Priorisierung einzelner Risiken verwendet werden, auf deren Basis eine präzisere Analyse und finanzielle Quantifizierung der Risiken erfolgt.

10.3.2 Finanzielle Risikobewertung

10.3.2.1 Bewertung des Einflusses von Risiken: Sensitivitätsanalysen

Mithilfe von **Sensitivitätsanalysen** lässt sich der Einfluss einzelner Risiken (z. B. Markt-, Preis-, Wechselkursrisiken) auf unternehmensspezifische ökonomische Zielgrößen (z. B. Jahresüberschuss, Cashflow, Unternehmenswert) untersuchen (vgl. Burger/Buchhart, 2002, S. 110). Sensitivitäten geben Auskunft über die »Empfindlichkeit« der ökonomischen Zielgröße gegenüber Veränderungen eines oder mehrerer Risikofaktoren (vgl. Wolke, 2008, S. 25). Dabei wird i. d. R. ein einzelner Parameter variiert, während alle anderen Parameter konstant gehalten werden (sog. Ceteris-paribus-Klausel). Werden die Einflüsse mehrerer Risikofaktoren auf die Zielgröße miteinander kombiniert, können verschiedene Szenarien gebildet werden (vgl. Burger/Buchhart, 2002, S. 110 f.).

Die Anwendung von Sensitivitätsanalysen ist besonders dann geeignet, wenn eine funktionale Beziehung zwischen den Risikoparametern und der ökonomischen Zielgröße vorliegt und diese mittels arithmetischer Verknüpfungen im Rahmen eines Bewertungsmodells beschrieben werden kann. Hierdurch wird der Einfluss des untersuchten Faktors auf die Zielgröße direkt verdeutlicht (vgl. Wolke, 2008, S. 25 f.).

Problematisch ist die Anwendung von Sensitivitätsanalysen, da aufgrund der Ceteris-paribus-Bedingung Interdependenzen zwischen einzelnen Parametern bewusst vernachlässigt werden. Daneben erfolgt keine Berücksichtigung der Wahrscheinlichkeit, mit der die untersuchte Veränderung der Einflussgröße eintritt. Die Sensitivitätsanalyse dient daher nur der groben Abschätzung von Risiken und der Relevanzbestimmung gewisser Risikoparameter für das Risikomanagement (vgl. Wolke, 2008, S. 26; Burger/Buchhart, 2002, S. 120 f.).

Beispiel 10.2 veranschaulicht die Durchführung einer Sensitivitätsanalyse zur Bestimmung des Einflusses von Wechselkursänderungen auf das finanzielle Ergebnis der Division »Notebooks« der Grape SE.

Beispiel 10.2 Grape SE Sensitivitätsanalyse zur Bestimmung des Einflusses von Wechselkursrisiken

▸▸▸ Die Produkte der Division »Notebooks« der Grape SE werden in Deutschland produziert und sowohl auf dem europäischen als auch auf dem amerikanischen Markt abgesetzt. Einen Teil der Vorleistungen der Produkte bezieht die Division aus Japan. Aufgrund günstiger Zinskonditionen wurde im letzten Jahr in den USA ein Kredit in US-Dollar aufgenommen. Herr Mayer, der innerhalb des Risikocontrollings der Grape SE als Spezialist für die Bewertung von Risiken gilt, wird beauftragt, die Auswirkungen von Auf- bzw. Abwertungen des Euro gegenüber dem US-Dollar auf das Ergebnis der Division »Notebooks« zu untersuchen. Für die Berechnung werden nachfolgende Angaben benötigt (Beispiel in Anlehnung an Gebhardt/Mansch, 2001, S. 42):

x, a:	Absatzmenge und Anteil des Inlandabsatzes am Gesamtabsatz
$p_€$, $p_\$$:	Stückpreis des Fertigprodukts in Europa (in EUR) und in den USA (in US-Dollar)
$k_€$, $k_¥$:	Variable inländische Stückkosten (in EUR) und Stückkosten der in Japan bezogenen Komponenten (in Yen)
$W_{€/\$}$, $W_{€/¥}$:	US-Dollar- und Yen-Wechselkurse pro Einheit ausländischer Währung
$i_\$$, $A_\$$:	Maßgeblicher Geldmarktzinssatz in den USA und Kreditvolumen (in US-Dollar)
$R_€$:	Saldo der fixen Ein- und Auszahlungen (in EUR)

Das Ergebnis E (·) lässt sich durch folgenden funktionalen Zusammenhang bestimmen:

$$E(\cdot) = \underbrace{[a \times p_€ + (1-a) \times p_\$ \times W_{€/\$}] \times x}_{\text{Umsatzerlöse (€)}} - \underbrace{[k_€ + k_¥ \times W_{€/¥}] \times x}_{\text{variable Kosten (€)}} - \underbrace{i_\$ \times A_\$ \times W_{€/\$}}_{\text{Zinsaufwand (€)}} - R_€$$

Die Auswirkung einer Veränderung des US-Dollar-Wechselkurses auf das Ergebnis lässt sich durch partielle Ableitung der Ergebnisfunktion nach dem US-Dollar-Wechselkurs bestimmen:

$$\frac{\partial E(\cdot)}{\partial W_{€/\$}} = \underbrace{(1-a) \times p_\$ \times x}_{\text{Auslandsumsatz (\$)}} - \underbrace{i_\$ \times A_\$}_{\text{Zinsaufwand (\$)}}$$

Die partielle Ableitung gibt die marginale Veränderung des Ergebnisses (in US-Dollar) als Reaktion auf eine marginale Veränderung des US-Dollar-Wechselkurses an. Das absolute Ausmaß der Ergebnisveränderung (in EUR) auf Basis einer Veränderung des US-Dollar-Wechselkurses ergibt sich dabei aus der Differenz zwischen Auslandsumsatz und Zinsaufwand gewichtet mit der Veränderung des US-Dollar-Wechselkurses $\Delta W_{€/\$}$. Steigt der US-Dollar-Wechselkurs bspw. um 10 % (Abwertung des Euro), führt dies zu einer absoluten Ergebnisveränderung ΔE von:

$$\Delta E = \underbrace{[0{,}1 \times W_{€/\$}]}_{\Delta W_{€/\$}} \times [(1-a) \times p_{\$} \times x - i_{\$} \times A_{\$}]$$

Inwiefern eine Veränderung des US-Dollar-Wechselkurses zu einer Ergebnisreaktion bzw. zu einer Zunahme oder Abnahme des Ergebnisses führt, ist von dem Vorzeichen der ersten partiellen Ableitung nach dem US-Dollar-Wechselkurs abhängig.
Entspricht der Auslandsumsatz dem Zinsaufwand (jeweils in US-Dollar), ist die partielle Ableitung der Ergebnisfunktion nach dem US-Dollar-Wechselkurs gleich Null:

$$\frac{\partial E(\cdot)}{\partial W_{€/\$}} = (1-a) \times p_{\$} \times x - i_{\$} \times A_{\$} = 0$$

Dies bedeutet, dass eine Veränderung des US-Dollar-Wechselkurses keine Auswirkung auf das Ergebnis der Division hat, da in Summe keine offene Position in der Auslandswährung vorliegt. Folglich besteht für die Division in diesem Fall kein Risiko aus der Veränderung des US-Dollar-Wechselkurses.
Übersteigt der Auslandsumsatz den Zinsaufwand (jeweils in US-Dollar), ist die partielle Ableitung der Ergebnisfunktion nach dem US-Dollar-Wechselkurs positiv:

$$\frac{\partial E(\cdot)}{\partial W_{€/\$}} = (1-a) \times p_{\$} \times x - i_{\$} \times A_{\$} > 0$$

Dies bedeutet, dass eine Zunahme des US-Dollar-Wechselkurses (Abwertung des Euro) zu einer Zunahme des Ergebnisses führt. Eine Abnahme des US-Dollar-Wechselkurses (Aufwertung des Euro) führt zu einem Rückgang des Ergebnisses. Für die Division besteht in diesem Fall das Risiko einer Aufwertung des Euro gegenüber dem US-Dollar, da diese zu einer Abnahme des Ergebnisses führt.
Übersteigt der Zinsaufwand den Auslandsumsatz (jeweils in US-Dollar), ist die partielle Ableitung der Ergebnisfunktion nach dem US-Dollar-Wechselkurs negativ:

$$\frac{\partial E(\cdot)}{\partial W_{€/\$}} = (1-a) \times p_{\$} \times x - i_{\$} \times A_{\$} < 0$$

Dies bedeutet, dass eine Zunahme des US-Dollar-Wechselkurses (Abwertung des Euro) zu einer Abnahme des Ergebnisses führt. Eine Abnahme des US-Dollar-Wechselkurses (Aufwertung des Euro) führt zu einer Zunahme des Ergebnisses. Für die Division besteht in diesem Fall das Risiko einer Abwertung des Euro gegenüber dem US-Dollar, da diese zu einer Abnahme des Ergebnisses führt.
Die theoretische Analyse wird abschließend anhand eines Zahlenbeispiels illustriert. Hierzu wird angenommen, dass der Anteil des Inlandabsatzes a der Division »Note-

Abb. 10-15

Beispiel zur Sensitivitätsanalyse

Annahmen:

$x = 50.000$ Stück $\quad i_\$ = 10\,\%$

$p_\$ = 1.000\ \$ \quad A_\$ = 100$ Mio. \$

$W_{€/\$} = 0{,}70$ €/\$ $\quad a = 0{,}8$ (Fall 1), 0,7 (Fall 2), 0,9 (Fall 3)

Untersuchung der Auswirkung einer Abwertung des Euro gegenüber dem US-Dollar um 10 % auf das Ergebnis der Division »Notebooks«:

Fall 1: Anteil des Inlandabsatzes a = 0,8

$$\frac{\partial E(\cdot)}{\partial W_{€/\$}} = \underbrace{(1-0{,}8) \times 1.000\,\$ \times 50.000\text{ Stück}}_{10\text{ Mio. }\$} - \underbrace{0{,}1 \times 100\text{ Mio. }\$}_{10\text{ Mio. }\$} = 0\text{ Mio. }\$ \rightarrow \Delta E = \underbrace{[0{,}1 \times 0{,}70\text{ €/\$}]}_{0{,}07\text{ €/\$}} \times \underbrace{[10\text{ Mio. }\$ - 10\text{ Mio. }\$]}_{0\ \$} = 0\text{ €}$$

Fazit:
Eine Veränderung des US-Dollar-Wechselkurses hat keine Auswirkung auf das Ergebnis.

Fall 2: Anteil des Inlandabsatzes a = 0,7

$$\frac{\partial E(\cdot)}{\partial W_{€/\$}} = \underbrace{(1-0{,}7) \times 1.000\,\$ \times 50.000\text{ Stück}}_{15\text{ Mio. }\$} - \underbrace{0{,}1 \times 100\text{ Mio. }\$}_{10\text{ Mio. }\$} = 5\text{ Mio. }\$ \rightarrow \Delta E = \underbrace{[0{,}1 \times 0{,}70\text{ €/\$}]}_{0{,}07\text{ €/\$}} \times \underbrace{[15\text{ Mio. }\$ - 10\text{ Mio. }\$]}_{5\text{ Mio. }\$} = 0{,}35\text{ Mio. €}$$

Fazit:
Eine Abwertung des Euro gegenüber dem US-Dollar um 10 % führt zu einer Ergebnissteigerung von 0,35 Mio. Euro

Fall 3: Anteil des Inlandabsatzes a = 0,9

$$\frac{\partial E(\cdot)}{\partial W_{€/\$}} = \underbrace{(1-0{,}9) \times 1.000\,\$ \times 50.000\text{ Stück}}_{5\text{ Mio. }\$} - \underbrace{0{,}1 \times 100\text{ Mio. }\$}_{10\text{ Mio. }\$} = -5\text{ Mio. }\$ \rightarrow \Delta E = \underbrace{[0{,}1 \times 0{,}70\text{ €/\$}]}_{0{,}07\text{ €/\$}} \times \underbrace{[5\text{ Mio. }\$ - 10\text{ Mio. }\$]}_{-5\text{ Mio. }\$} = -0{,}35\text{ Mio. €}$$

Fazit:
Eine Abwertung des Euro gegenüber dem US-Dollar um 10 % führt zu einer Ergebnisminderung von 0,35 Mio. EUR.

books« 70 %, 80 % oder 90 % des Gesamtabsatzes betragen kann. Der Gesamtabsatz belaufe sich auf $x = 50.000$ Stück. Die Fertigprodukte werden in den USA zu einem Stückpreis von $p_\$ = 1.000$ US-Dollar abgesetzt. Der US-Dollar-Wechselkurs betrage $W_{€/\$} = 0{,}70$ EUR/US-Dollar. Zudem wird unterstellt, dass ein Kredit zu einem Zinssatz von $i_\$ = 10\,\%$ mit einem Volumen von $A_\$ = 100$ Mio. US-Dollar aufgenommen wurde. Herr Mayer erwartet eine Abwertung des Euro gegenüber dem US-Dollar um 10 % und möchte die Auswirkung dieser Veränderung des Wechselkurses auf das Ergebnis der Division »Notebooks« bestimmen. Seine Analyse und die Auswirkungen auf das Ergebnis sind in Abbildung 10-15 dargestellt. ◂◂◂

Praxisbeispiel

Sensitivitätsanalyse der adidas AG für Wechselkursveränderungen von Fremdwährungen in Mio. EUR

	USD	GBP	JPY
zum 31. Dezember 2013			
	EUR +10 %	**EUR +10 %**	**EUR +10 %**
Eigenkapital	–176	21	17
Gewinn	2	1	0
	EUR –10 %	**EUR –10 %**	**EUR –10 %**
Eigenkapital	214	–25	–20
Gewinn	–3	–1	0
zum 31. Dezember 2012			
	EUR +10 %	**EUR +10 %**	**EUR +10 %**
Eigenkapital	–129	20	15
Gewinn	–13	0	–1
	EUR –10 %	**EUR –10 %**	**EUR –10 %**
Eigenkapital	158	–24	–18
Gewinn	12	0	1

(Quelle: in Anlehnung an adidas AG, 2014, S. 174)

10.3.2.2 Bewertung von Markt- und Preisrisiken: Value at Risk (konzeptionelle Grundlagen)

Unter Markt- bzw. Preisrisiken wird allgemein die Gefahr einer Verminderung des Wertes eines Finanztitels bzw. eines Portfolios von Finanztiteln aufgrund von negativen Marktbewegungen verstanden (vgl. Schierenbeck et al., 2008, S. 6). Der Value at Risk (VaR) ist das zentrale Instrument zur Bewertung von finanzwirtschaftlichen Markt- bzw. Preisrisiken, wie z. B. Aktienkurs-, Rohstoffpreis-, Zinsänderungs- oder Wechselkursrisiken (vgl. Burger/Buchhart, 2002, S. 121).

Der **Value at Risk** ist allgemein definiert als

Definition des Value at Risk

- der geschätzte maximale Wertverlust einer Vermögensposition in Geldeinheiten,
- der unter üblichen Marktbedingungen,
- innerhalb einer bestimmten Periode,
- mit einer bestimmten Wahrscheinlichkeit von $(1 - \alpha)$

nicht überschritten wird (vgl. Schierenbeck et al., 2008, S. 16).

Der Value at Risk wird heute vorwiegend in Unternehmen des Finanzsektors angewendet und gilt dort aufgrund seiner einfachen Interpretier- und Kommunizierbarkeit als Standard. Die Kennzahl dient u. a. der täglichen Risikoüberwachung und -steuerung, der Allokation von Ressourcen in Geschäftsbereiche sowie der Bestimmung der Eigenkapitalanforderungen nach Basel II (vgl. Fricke, 2006, S. 7) und zukünftig Basel III (vgl. zum sog. Stressed-Value at Risk Deutsche Bundesbank (Hrsg.), 2011, S. 21). Bei Industrieunternehmen ist der Value at Risk ebenfalls einsetzbar, falls es sich um die Bewertung von Risikopositionen handelt, für die entsprechende Marktpreise ermittelt werden können. Zu denken ist hierbei an Risikopotenziale aus Rohstoffgeschäften (Ölpreise, Kupfer, etc.). Die Idee des Value at Risk-Ansatzes ist jedoch nicht auf die Bewertung von Markt- bzw. Preisrisiken beschränkt. Mittels des Cashflow at Risk-Ansatzes lässt sich beispielsweise die Grundkonzeption des Value at Risk-Ansatzes auch auf die Bewertung von leistungswirtschaftlichen Risiken in Unternehmen übertragen (vgl. hierzu Abschnitt 10.3.2.4).

Der Value at Risk ist als positiver Wert definiert, obwohl er einen Wertverlust darstellt (vgl. Fricke, 2006, S. 12). Wird der Value at Risk eines Tages einer Aktie im Wert von 600 EUR für ein Wahrscheinlichkeitsniveau von 95 % $(1-\alpha)$ beispielsweise mit 50 EUR quantifiziert, so bedeutet dies, dass die Aktie durch Marktpreisveränderungen bis zum nächsten Tag mit einer Wahrscheinlichkeit von 5 % (α) mehr als 50 EUR an Wert verlieren wird. Der Wert der Aktie wird somit mit einer Wahrscheinlichkeit von 95 % am nächsten Tag nicht kleiner sein als 550 EUR. Anders formuliert bedeutet dies, dass der maximale Wertverlust der Aktie bis zum nächsten Tag mit einer Wahrscheinlichkeit von 95 % nicht mehr als 50 EUR betragen wird. Bei Annahme normalverteilter Renditen der Aktie lässt sich der Value at Risk in diesem Beispiel anhand der Dichtefunktion der Normalverteilung darstellen (vgl. Abb. 10-16).

Dieses Beispiel illustriert, dass der Value at Risk letztendlich ein Quantil der Verteilung möglicher Wertveränderungen der betrachteten Vermögensposition innerhalb einer bestimmten Periode repräsentiert.

Abb. 10-16

Dichtefunktion der Normalverteilung und Value at Risk

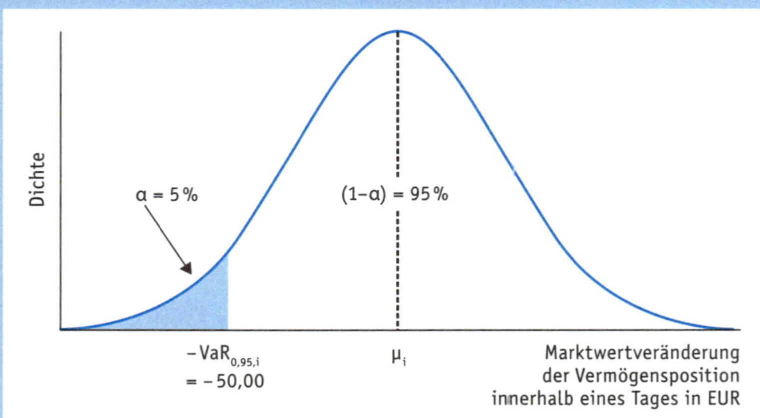

Abb. 10-17

Berechnungsmethoden des Value at Risk

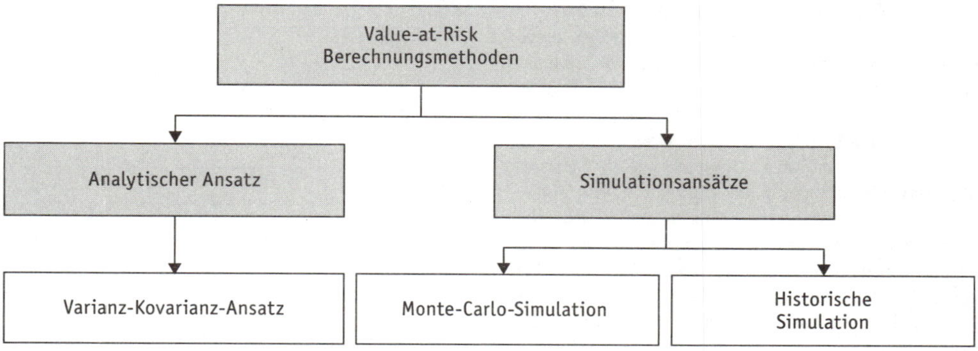

(Quelle: in Anlehnung an Seiter/Eckert, 2004, S. 426)

Methoden zur Berechnung des Value at Risk

Die nachfolgend vorgestellten Methoden zur Berechnung des Value at Risk (vgl. Abb. 10-17), der Varianz-Kovarianz-Ansatz, die Monte-Carlo-Simulation sowie die historische Simulation, stellen verschiedene Varianten zur Schätzung dieses Quantils dar. Die einzelnen Ansätze unterscheiden sich vor allem hinsichtlich der Annahme über die Verteilung der betrachteten Risikopositionen (vgl. Bühler et al., 1998, S. 67).

Varianz-Kovarianz-Ansatz

Zur Verdeutlichung der Methodik des Varianz-Kovarianz-Ansatzes wird zunächst dargestellt, wie der Value at Risk einer Vermögensposition analytisch bestimmt werden kann. Darauf aufbauend wird gezeigt, wie der Value at Risk eines Portfolios bestehend aus mehreren unterschiedlichen Vermögenspositionen zu ermitteln ist.

Value at Risk einer Vermögensposition

Die zentrale Annahme des Varianz-Kovarianz-Ansatzes besteht darin, dass die Wertveränderung einer Vermögensposition der Normalverteilung folgt. Wird bspw. eine Aktie betrachtet, so impliziert die Normalverteilungsannahme, dass die Rendite des Wertpapiers normalverteilt ist. Da sich der investierte Betrag genau um die erzielte Rendite verändert, unterliegt die Wertveränderung der Vermögensposition ebenso einer Normalverteilung. Die Annahme der Normalverteilung weist den Vorteil auf, dass die Verteilung durch zwei Parameter, den Erwartungswert μ und die Standardabweichung σ, beschrieben werden kann (vgl. Burger/Buchhart, 2002, S. 121 f.).

Da der Value at Risk zur Ableitung von Aussagen über die zukünftigen Risiken der Vermögensposition dient, muss der zukünftige Verlauf des Wertes der Vermögensposition geschätzt werden. Zur Schätzung der zukünftigen wertmäßigen Entwicklung der Vermögensposition ist diese als Zufallsvariable zu modellieren. Da die Normalverteilung durch den Erwartungswert und die Standardabweichung vollständig beschrieben wird, sind diese Parameter der Verteilung zu schätzen (vgl. Fricke, 2006, S. 11).

Praxisbeispiel

Bewertung von Preisrisiken bei der BASF-Gruppe

»Auf Grund des Haltens von Warenderivaten und Edelmetallpositionen ist BASF **Preisrisiken** ausgesetzt. Diese Risiken bestehen darin, dass die Bewertung von Warenderivaten und Edelmetallpositionen zum Marktwert bei einer nachteiligen Veränderung der Marktpreise zu Belastung von Ergebnis und Eigenkapital führen kann.
BASF führt **Value-at-Risk-Analysen** für alle Warenderivate und Edelmetallpositionen durch. Mit Value at Risk wird fortlaufend das Marktrisiko quantifiziert und der maximal mögliche Verlust innerhalb des gegebenen Konfidenzintervalls über einen bestimmten Zeitraum prognostiziert. Der Value-at-Risk-Rechnung liegt ein **Konfidenzintervall von 95 %** und eine **Haltedauer von einem Tag** zu Grunde. Die Anwendung des Konfidenzintervalls von 95 % bedeutet, dass der maximale Verlust in einem Zeitraum von einem Tag mit einer Wahrscheinlichkeit von 95 % den Value at Risk nicht übersteigt. Für Edelmetalle basiert der Value at Risk auf einem Konfidenzintervall von 99 %. BASF wendet den **Varianz-Kovarianz-Ansatz** an.«

Risikoposition aus Warenderivaten [in Mio. EUR]

	Value at Risk 2013	Value at Risk 2012
Erdöl, Erdölprodukte und Erdgas	29	–2
Edelmetalle	1	1
Strom	–	–
Agrarprodukte	1	–
	31	**–1**

(Quelle: in Anlehnung an BASF SE, 2014, S. 202)

Erwartungswert »Einzeltitel«

Der Erwartungswert μ_i der Wertveränderung einer Vermögensposition *i* lässt sich auf Basis von *n* historischen Beobachtungen $x_{i,t}$ der Zufallsvariable X_i schätzen:

$$\mu_i = \frac{1}{n}\sum_{t=1}^{n} x_{i,t}$$

Standardabweichung »Einzeltitel«

Die Standardabweichung σ_i der Wertveränderung einer Vermögensposition *i* wird als Wurzel der Varianz der historischen Beobachtungen geschätzt. Die Varianz σ_i^2 ist das wichtigste Streuungsmaß. Sie ist definiert als die Summe der korrigierten quadratischen Abweichungen der einzelnen Beobachtungen vom Erwartungswert (vgl. Schierenbeck et al., 2008, S. 61) und ist daher eine Messgröße für das Risiko einer Vermögensposition:

$$\sigma_i = \sqrt{\sigma_i^2} = \sqrt{\frac{1}{n-1}\sum_{t=1}^{n}\left(x_{i,t} - \mu_i\right)^2}$$

Dichtefunktion

Die Wahrscheinlichkeit, mit der bestimmte Ausprägungen von Zufallsvariablen bzw. Renditen und Wertänderungen einer Vermögensposition eintreten können, kann aus der Dichtefunktion der Normalverteilung abgelesen werden (vgl. Wolke, 2008, S. 28). Mithilfe der Dichtefunktion einer Verteilung kann die Wahrscheinlichkeit bestimmt werden, mit der eine stetige Zufallsvariable einen Wert in einem bestimmten Intervall annimmt (vgl. Schierenbeck et al., 2008, S. 68). Sei X_i die annahmegemäß normalverteilte Wertveränderung der Vermögensposition *i* in Geldeinheiten mit Erwartungswert μ_i und Standardabweichung σ_i, so ist ihre Wahrscheinlichkeitsdichte durch folgenden Zusammenhang gegeben:

$$f\left(x_{i,t}|\mu_i,\sigma_i^2\right)=\frac{1}{\sigma_i\sqrt{2\pi}}e^{-\frac{1}{2}\left(\frac{x_{i,t}-\mu_i}{\sigma_i}\right)^2}$$

Der Value at Risk $VaR_{(1-\alpha),i}$ einer Vermögensposition *i*, der für ein Wahrscheinlichkeitsniveau von $(1-\alpha)$ geschätzt wird, ist definiert als der Wert, für den gilt, dass Wertveränderungen X_i, die kleiner sind als der negativierte Value at Risk, nur mit einer Wahrscheinlichkeit von α eintreten können (vgl. Burger/Buchhart, 2002, S. 122 f.):

$$P\,(X_i \leq -VaR_{(1-\alpha)i}) = \alpha$$

Folglich entspricht der Value at Risk dem α-Quantil der annahmegemäß normalverteilten Wertveränderungen der Vermögensposition. Das α-Quantil lässt sich als Fläche unterhalb der Dichtefunktion in dem Intervall der Wertveränderung von $-\infty$ bis $-VaR_{(1-\alpha),i}$ darstellen:

$$\alpha=\int_{-\infty}^{-VaR_{(1-\alpha),i}} f\left(x_{i,t}|\mu_i,\sigma_i^2\right)dx_{i,t}=\int_{-\infty}^{-VaR_{(1-\alpha),i}}\frac{1}{\sigma_i\sqrt{2\pi}}e^{-\frac{1}{2}\left(\frac{x_{i,t}-\mu_i}{\sigma_i}\right)^2}dx_{i,t}$$

In Abbildung 10-18 wird dieser Zusammenhang visualisiert. Die farbig markierte Fläche unterhalb der Dichtefunktion der Normalverteilung entspricht dem α-Quantil der annahmegemäß normalverteilten Wertveränderungen. Sie umfasst die Fläche von $-\infty$ bis $-VaR_{(1-\alpha),i}$. Wertveränderungen in diesem Intervall treten mit einer Wahrscheinlichkeit von α, Wertveränderung außerhalb dieses Intervalls mit einer Wahrscheinlichkeit von $(1-\alpha)$ auf. Die Fläche von $-\infty$ bis $-VaR_{(1-\alpha),i}$ ergibt folglich den Wert α, der Wert der Fläche von $-VaR_{(1-\alpha),i}$ bis $+\infty$ entspricht daher $(1-\alpha)$.

Abb. 10-18

Dichtefunktion der Normalverteilung und Value at Risk

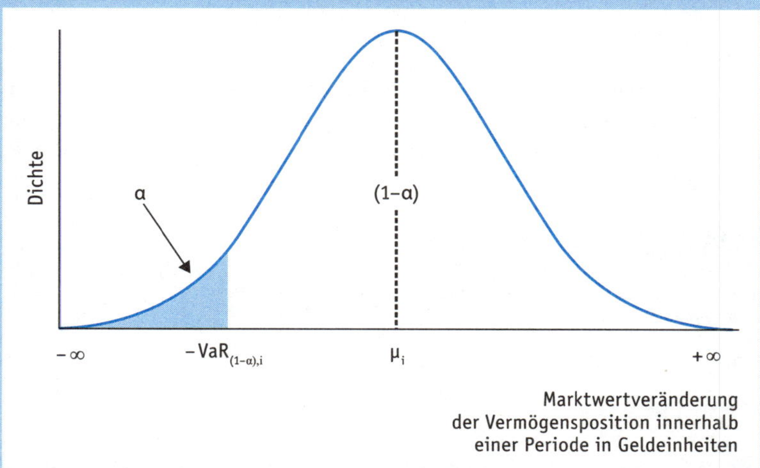

Verteilungsfunktion

Die Fläche unterhalb der Dichtefunktion innerhalb eines bestimmten Intervalls kann über die Verteilungsfunktion $F(X_i|\mu_i,\sigma_i^2)$ bestimmt werden. Die Verteilungsfunktion gibt an, mit welcher Wahrscheinlichkeit die zugrundeliegenden Beobachtungsdaten einen bestimmten Wert bzw. ein bestimmtes Intervall über- oder unterschreiten (vgl. Schierenbeck et al., 2008, S. 68). Somit gilt:

$$\alpha = \int_{-\infty}^{-\mathrm{VaR}_{(1-\alpha),i}} f\left(x_{i,t}|\mu_i,\sigma_i^2\right)dx_{i,t} = \int_{-\infty}^{-\mathrm{VaR}_{(1-\alpha),i}} \frac{1}{\sigma_i\sqrt{2\pi}} e^{-\frac{1}{2}\left(\frac{x_{i,t}-\mu_i}{\sigma_i}\right)^2} dx_{i,t}$$
$$= F\left(X_i = -\mathrm{VaR}_{(1-\alpha),i}|\mu_i,\sigma_i^2\right)$$

Durch das Bilden der Umkehrfunktion $F^{-1}(X_i|\mu_i,\sigma_i^2)$ lässt sich der Value at Risk auf einem Wahrscheinlichkeitsniveau von $(1-\alpha)$ bestimmen als:

$$-\mathrm{VaR}_{(1-\alpha),i} = F^{-1}(X_i|\mu_i,\sigma_i^2)(\alpha)$$
$$\mathrm{VaR}_{(1-\alpha),i} = -F^{-1}(X_i|\mu_i,\sigma_i^2)(\alpha)$$

In der Praxis wird der Value at Risk durch Verwendung des sogenannten α-Quantils (z_α-Wert) der Standardnormalverteilung bestimmt. Prinzipiell lässt sich jede Normalverteilung mittels einer Transformation in eine Standardnormalverteilung umwandeln. Die Standardnormalverteilung N(0,1) entspricht einer Normalverteilung mit einem Erwartungswert von $\mu=0$ und einer Standardabweichung von $\sigma=1$ (vgl. Schierenbeck et al., 2008, S. 69). Ausgewählte z_α-Werte und die dazugehörigen Wahrscheinlichkeiten sind in Tabelle 10-2 dargestellt.

Die α-Quantile der Standardnormalverteilung z_α können zur Ermittlung der α-Quantile der Normalverteilung n_α verwendet werden:

$$n_{\alpha,i} = \mu_i + z_\alpha \times \sigma_i$$

Da der Value at Risk als positiver Wert definiert ist, gilt:

$$\mathrm{VaR}_{(1-\alpha),i} = -(\mu_i + z_\alpha \times \sigma_i)$$

Value at Risk eines Portfolios

In den vorangegangenen Ausführungen wurde der Value at Risk einer Vermögensposition unter Annahme einer Normalverteilung der Wertveränderung der Vermögensposition bestimmt. Im Folgenden wird die Berechnung des Value at Risk für ein Portfolio, bestehend aus mehreren unterschiedlichen Vermögenspositionen, dargestellt.

Tab. 10-2

Wert der Verteilungsfunktion der Standardnormalverteilung für ausgewählte z_α-Werte

$F(z_\alpha)$	0,5000	0,6915	0,8413	0,9500	0,9772	0,9900	0,9987
z_α	0,0000	0,5000	1,000	1,6449	2,0000	2,3263	3,0000

(Quelle: in enger Anlehnung an Schierenbeck et al., 2008, S. 71)

Unter einem Portfolio wird eine feste Anzahl von mindestens zwei Vermögenspositionen verstanden, die alle in einer einheitlichen Basiswährung bewertet werden (vgl. Wolke, 2008, S. 35).

In einem ersten Schritt sind zunächst die Erwartungswerte und Standardabweichungen der Renditen der einzelnen Vermögenspositionen des Portfolios zu bestimmen. In einem zweiten Schritt werden der Erwartungswert und die Standardabweichung des Portfolios berechnet.

Der Erwartungswert der Wertveränderung eines Portfolios lässt sich als gewichteter Mittelwert der Erwartungswerte der Renditen der einzelnen Portfoliotitel $\mu_{r,i}$, multipliziert mit dem in das Portfolio investierten Geldbetrag G, bestimmen. Die Gewichtungsfaktoren w_i der Portfoliotitel ergeben sich aus dem relativen wertmäßigen Anteil eines Titels am Gesamtwert des Portfolios (vgl. hierzu und im Folgenden Jorion, 2007, S. 160 ff.; Schumacher/Auer, 2009, S. 679 f.). Die Summe der Gewichtungsfaktoren aller N Portfoliotitel muss daher 100 % ergeben:

$$100\% = \sum_{i=1}^{N} w_i$$

Erwartungswert »Portfolio«

Für den Erwartungswert der Wertveränderung eines Portfolios μ_P mit dem Geldvolumen *G* gilt:

$$\mu_P = G \times \sum_{i=1}^{N} w_i \times \mu_{r,i}$$

Aus Gründen der Übersichtlichkeit wird die Berechnung des Erwartungswertes in Vektorenschreibweise dargestellt:

$$\mu_P = G \times [w_1 \cdots w_N] \begin{bmatrix} \mu_1 \\ \vdots \\ \mu_N \end{bmatrix} = G \times \; w^T \mu$$

Kovarianz

Anders als bei der Ermittlung des Erwartungswertes der Wertveränderung eines Portfolios lässt sich die Standardabweichung der Wertveränderung eines Portfolios nicht als gewichtetes Mittel der Standardabweichungen der einzelnen Portfoliotitel bestimmen (vgl. hierzu und im Folgenden Wolke, 2008, S. 37 f.). Ursächlich hierfür ist der sog. Diversifikationseffekt. Dieser resultiert aus der Tatsache, dass Risiken durch Abhängigkeiten zwischen den Renditen der einzelnen Portfoliotitel eliminiert werden. Das Risiko eines Portfolios ist demzufolge geringer als die Summe der Risiken der Einzeltitel, sofern die Renditen der Einzeltitel nicht vollständig miteinander korrelieren. Stehen bspw. den positiven Renditen eines Portfoliotitels negative Renditen eines anderen Portfoliotitels gegenüber, gleichen sich die Schwankungen der Einzeltitel durch deren Zusammenfassung in einem Portfolio gegenseitig aus. Aufgrund dieser Abhängigkeiten zwischen den Renditen der einzelnen Portfoliotitel ist das Risiko des Portfolios geringer als das gewichtete Mittel der Einzelrisiken. Diese Zusammenhänge zwischen zwei Größen lassen sich mittels der sog. Kovarianz berücksichtigen. Die Kovarianz $\sigma_{r,ij}$ zwischen den Renditen der Positionen *i* und *j* kann allgemein als der Mittelwert der für alle Datenpunktpaare gebildeten Produkte der Abweichungen vom jeweiligen Erwartungswert der Renditen bestimmt werden:

$$\sigma_{r,ij} = \frac{1}{n-1}\sum_{t=1}^{n}\left(r_{t,i} - \mu_{r,i}\right) \times \left(r_{t,j} - \mu_{r,j}\right)$$

Standardabweichung »Portfolio«

Unter Berücksichtigung der Abhängigkeiten zwischen den einzelnen Portfoliotiteln ergibt sich die Standardabweichung der Rendite eines Portfolios als:

$$\sigma_{r,P} = \sqrt{\sigma_{r,P}^2} = \sqrt{\sum_{i=1}^{N}\sum_{j=1}^{N} w_i \times w_j \times \sigma_{r,ij}}$$

In Vektorenschreibweise gilt für die Standardabweichung der Renditen eines Portfolios:

$$\sigma_{r,P} = \sqrt{\sigma_{r,P}^2} = \sqrt{\begin{bmatrix} w_1 & \cdots & w_N \end{bmatrix} \begin{bmatrix} \sigma_{r,1}^2 & \cdots & \sigma_{r,1N} \\ \vdots & \ddots & \vdots \\ \sigma_{r,N1} & \cdots & \sigma_{r,N}^2 \end{bmatrix} \begin{bmatrix} w_1 \\ \vdots \\ w_N \end{bmatrix}} = \sqrt{w^T \Sigma w}$$

Die Matrix $\sum$ repräsentiert die Varianz-Kovarianz-Matrix, die alle paarweisen Kovarianzen der Portfoliotitel enthält. Die Hauptdiagonale der Varianz-Kovarianz-Matrix enthält die Varianzen der Portfoliotitel, da die Kovarianz einer Variablen mit sich selbst gleich der Varianz dieser Variable ist.

Die Standardabweichung der Wertveränderung des Portfolios σ_P ergibt sich durch Multiplikation der Standardabweichung der Rendite des Portfolios $\sigma_{r,P}$ mit dem in das Portfolio investierten Geldbetrag G:

$$\sigma_P = \sigma_{r,P} \times G$$

Da die Wertveränderung der einzelnen Portfoliotitel annahmegemäß normalverteilt ist, folgt auch die Wertveränderung des Portfolios einer Normalverteilung (vgl. Rau-Bredow, 2001, S. 316).

Analog zur Berechnung des Value at Risk einer Vermögensposition gilt daher für den Value at Risk eines Portfolios $VaR_{(1-\alpha),P}$ auf einem Wahrscheinlichkeitsniveau von $(1-\alpha)$:

$$VaR_{(1-\alpha),P} = -\left(\mu_P + z_\alpha \times \sigma_P\right)$$

Monte-Carlo-Simulation

Vorgehensweise

Im Rahmen der Monte-Carlo-Simulation wird der Value at Risk durch Simulation verschiedener Szenarien für die Wertveränderung der Vermögensposition ermittelt. Die Bestimmung des Value at Risk erfolgt dabei in drei Schritten (vgl. Bühler et al., 1998, S. 68):

1. Zunächst ist die im Rahmen der Simulation unterstellte Verteilung der Wertänderung der Vermögensposition festzulegen. Dabei wird i. d. R. eine Normalverteilung der Wertveränderung unterstellt.

2. Mithilfe eines Zufallsgenerators wird durch Simulationsläufe die wertmäßige Ausprägung der Wertänderungen bei den einzelnen Vermögenspositionen ermittelt. Für jedes dieser simulierten Szenarien ist anschließend eine Neubewertung des Portfolios vorzunehmen. Hierdurch wird eine Stichprobe aus der Wahrscheinlichkeitsverteilung der Wertveränderung des Portfolios erzeugt, wobei der Stichprobenumfang der Anzahl der Simulationsläufe entspricht. Prinzipiell steigt die Validität der Monte-Carlo-Simulation mit der Anzahl der durchgeführten Simulationsdurchläufe. Durch eine größere Anzahl von Simulationsdurchläufen wird eine geringere Abweichung zwischen der tatsächlichen und der simulierten Verteilung erreicht; dies führt jedoch gleichzeitig zu einer Verlängerung der Rechenzeit. Daher ist an dieser Stelle eine Abwägung zwischen der benötigten Genauigkeit und dem Rechenaufwand des Verfahrens notwendig.
3. Der Value at Risk lässt sich als α-Quantil aus der im 2. Schritt simulierten Wahrscheinlichkeitsverteilung der Wertveränderungen des Portfolios ablesen.

Historische Simulation

Vorgehensweise

Die historische Simulation wird in der Praxis am häufigsten zur Ermittlung des Value at Risk eingesetzt (vgl. hierzu und im Folgenden Fricke, 2006, S. 30). Im Unterschied zur Bestimmung des Value at Risk auf Basis des Varianz-Kovarianz-Ansatzes und der Monte-Carlo-Simulation ist im Rahmen der historischen Simulation keine Annahme hinsichtlich der Verteilung der Wertänderung notwendig. Vielmehr werden die Verteilungen der Wertänderungen auf Basis der historisch beobachteten Wertänderungen geschätzt und keine Zufallszahlen wie bei der Monte-Carlo-Simulation herangezogen. Somit wird die historische Renditeverteilung einer Vermögensposition verwendet, um ihre zukünftige Ausprägung zu approximieren und darauf aufbauend die Verteilung der Wertänderungen der Vermögensposition zu bestimmen (vgl. hierzu und im Folgenden Burger/Buchhart, 2002, S. 126).

Die Bestimmung des Value at Risk erfolgt dabei in drei Schritten:

1. Für eine Vermögensposition werden die über einen bestimmten Zeitraum in der Vergangenheit eingetretenen Renditen beobachtet bzw. Wertänderungen in Geldeinheiten bestimmt. Dabei ist zu beachten, dass ein Beobachtungszeitraum mit entsprechend ausreichend vielen Daten zur Verfügung steht.
2. Die Wertänderungen werden in aufsteigender Reihenfolge sortiert.
3. Der Value at Risk lässt sich als α-Quantil aus der im 2. Schritt ermittelten Häufigkeitsverteilung der historischen Wertveränderung der Vermögensposition ablesen.

10.3.2.3 Bewertung von Markt- und Preisrisiken: Value at Risk (Anwendungsbeispiel)

Nachfolgend wird die Vorgehensweise bei der Berechnung des Value at Risk auf Basis des Varianz-Kovarianz-Ansatzes, der Monte-Carlo-Simulation sowie der historischen Simulation anhand eines durchgängigen Anwendungsbeispiels verdeutlicht.

Beispiel 10.3 Grape SE **Berechnung des Value at Risk einer Vermögensposition und eines Portfolios auf Basis des Varianz-Kovarianz-Ansatzes**

Berechnung des Value at Risk einer Vermögensposition auf Basis des Varianz-Kovarianz-Ansatzes

Der Vorstand der Grape SE denkt darüber nach, 500.000 EUR in ein Indexpapier zu investieren, das den Verlauf des DAX nachbildet (im Folgenden wird dieses Wertpapier als »DAX« bezeichnet). Zur Evaluierung der daraus entstehenden Risiken bittet der Vorstand den Risikospezialisten Herrn Mayer, den maximalen Wertverlust dieser Vermögensposition innerhalb eines Tages zu bestimmen, der mit einer Wahrscheinlichkeit von 5 % eintritt. Als Bewertungsmethode soll der Varianz-Kovarianz-Ansatz verwendet werden.

Zunächst werden der Erwartungswert sowie die Standardabweichung der Wertänderung der Vermögensposition bestimmt. Grundlage hierfür sind die historischen Tages(schluss)kurse des DAX für den fünfzehnjährigen Zeitraum vom 10.08.1994 bis 10.08.2009. Auf Basis der Tageskurse ($P_{t,DAX}$) werden die diskreten Renditen ($r_{t,DAX}$) des DAX für einen Tag bestimmt:

$$r_{t,DAX} = \left(\frac{P_{t,DAX} - P_{t-1,DAX}}{P_{t-1,DAX}}\right) = \frac{P_{t,DAX}}{P_{t-1,DAX}} - 1$$

Abb. 10-19

Tagesrendite, durchschnittliche Tagesrendite und Standardabweichung der Tagesrendite des DAX

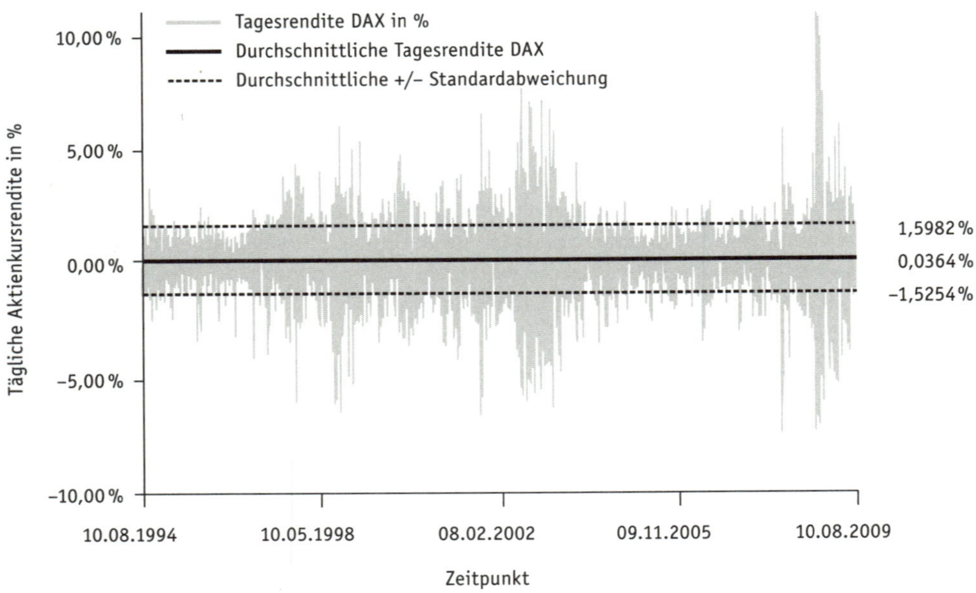

(Quelle: eigene Darstellung in Anlehnung an Wolke, 2008, S. 22)

Der Erwartungswert der Tagesrendite des DAX $\mu_{r,DAX}$ errechnet sich als arithmetisches Mittel der in diesem Zeitraum beobachteten Tagesrenditen des DAX:

$$\mu_{r,DAX} = \frac{1}{T}\sum_{t=1}^{T} r_{t,DAX}$$

Für die Standardabweichung der Tagesrendite des DAX $\sigma_{r,DAX}$ gilt dabei:

$$\sigma_{r,DAX} = \sqrt{\sigma^2_{r,DAX}} = \sqrt{\frac{1}{T-1}\sum_{t=1}^{T}\left(r_{t,DAX} - \mu_{r,DAX}\right)^2}$$

Die diskreten Tagesrenditen des DAX für den Zeitraum vom 10.08.1994 bis zum 10.08.2009 sind in Abbildung 10-19 dargestellt. Der Erwartungswert der Tagesrendite für diesen Zeitraum beträgt $\mu_{r,DAX}$ = 0,0364 % bei einer Standardabweichung der Tagesrenditen von $\sigma_{r,DAX}$ = 1,5618 %. Der durchschnittliche Schwankungsbereich der Tagesrendite liegt folglich zwischen −1,5254 % (=0,0364 % −1,5618 %) und 1,5982 % (= 0,0364 % +1,5618 %).
Unter der Annahme, dass 500.000 EUR in das DAX-Indexpapier investiert werden, ergibt die Multiplikation des Erwartungswerts der Tagesrendite des DAX $\mu_{r,DAX}$ bzw. der Standardabweichung der Tagesrendite des DAX $\sigma_{r,DAX}$ mit 500.000 EUR die in Tabelle 10-3 dargestellten Beträge:

Tab. 10-3

Erwartungswert und Standardabweichung der Wertveränderung eines Tages einer Investition von 500.000 EUR in ein DAX-Indexpapier

μ_{DAX}	181,79 EUR
σ_{DAX}	7.809,23 EUR

Aufgrund der Annahme der Normalverteilung ergibt sich die in Abbildung 10-20 dargestellte Dichtefunktion der Wertveränderungen der Vermögensposition.

Da die Dichtefunktion der Normalverteilung symmetrisch ist, tritt der Erwartungswert μ_{DAX} = 181,79 EUR mit der höchsten Wahrscheinlichkeit auf. Die Dichtefunktion erreicht an der Stelle des Erwartungswertes somit ihr Maximum. Wertveränderungen mit negativen (positiven) Abweichungen vom Erwartungswert liegen links (rechts) des Erwartungswertes und treten mit niedrigerer Wahrscheinlichkeit auf. Je weiter eine potenzielle Wertveränderung vom Erwartungswert entfernt ist, desto niedriger ist die Wahrscheinlichkeit ihrer Realisation. Mittels der Dichtefunktion lässt sich zudem die Wahrscheinlichkeit der Realisation von Wertveränderungen auf einem bestimmten Intervall feststellen. Die Wertveränderung des DAX liegt z. B. mit einer Wahrscheinlichkeit von 68,26 % im Intervall von −7.627,44 EUR ($\mu_{DAX} - \sigma_{DAX}$) und 7.991,02 EUR ($\mu_{DAX} + \sigma_{DAX}$). Der Wert der Vermögensposition wird sich daher mit einer Wahrscheinlichkeit von 68,26 % innerhalb eines Tages zwischen −7.627,44 EUR und

Abb. 10-20

Dichtefunktion der Normalverteilung der Wertveränderung eines Tages einer Investition von 500.000 EUR in ein DAX-Indexpapier

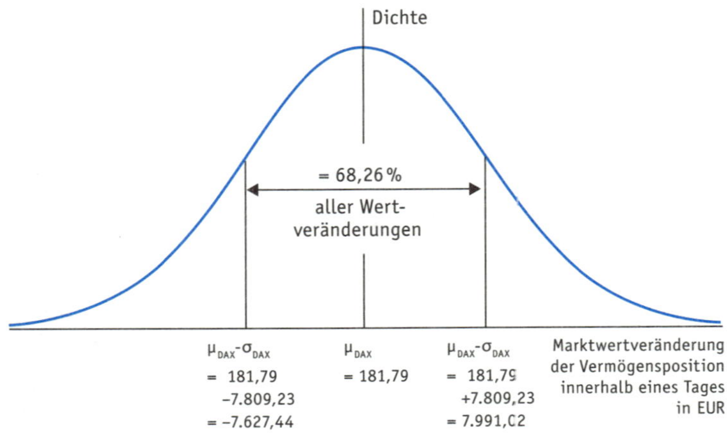

(Quelle: eigene Darstellung in Anlehnung an Wolke, 2008, S. 28)

7.991,02 EUR verändern. Die Wahrscheinlichkeit von 68,26 % kann dabei als das Integral der Dichtefunktion der Normalverteilung auf dem Intervall von [$\mu_{DAX} - \sigma_{DAX}$; $\mu_{DAX} + \sigma_{DAX}$] bzw. [–7.627,44 EUR; 7.991,02 EUR] berechnet werden und lässt sich daher aus der Verteilungsfunktion ablesen.

Die Verteilungsfunktion der Wertveränderung der Vermögensposition ist in Abbildung 10-21 dargestellt. Demzufolge wird mit einer Wahrscheinlichkeit von 84,13 % höchstens eine Wertveränderung von 7.991,02 EUR, mit 15,87 % (=100 % – 84,13 %) Wahrscheinlichkeit eine Wertveränderung von mindestens 7.991,02 EUR erzielt. Eine Wertveränderung von höchstens –7.627,44 EUR wird aufgrund der Symmetrie der Dichtefunktion ebenso mit einer Wahrscheinlichkeit von 15,87 % realisiert, mit einer Wahrscheinlichkeit von 84,13 % (=100 % –15,87 %) wird eine Wertveränderung von mindestens –7.627,44 EUR erreicht. Die Wahrscheinlichkeit von 68,26 % für eine Wertveränderung auf dem Intervall [$\mu_{DAX} - \sigma_{DAX}$; $\mu_{DAX} + \sigma_{DAX}$] bzw. [–7.627,44 EUR; 7.991,02 EUR] ergibt sich als Differenz zwischen den Werten der Wahrscheinlichkeit für die Wertveränderung von 7.991,02 EUR ($\mu_{DAX} + \sigma_{DAX}$) und –7.627,44 EUR ($\mu_{DAX} - \sigma_{DAX}$), also 68,26 % (=84,13 % –15,87 %).

Durch Heranziehen des α-Quantils der Standardnormalverteilung z_α lässt sich der Value at Risk der Vermögensposition bestimmen. Ausgewählte z_α-Werte und die dazugehörigen Wahrscheinlichkeiten sind in Tabelle 10-4 dargestellt.

Abb. 10-21

Verteilungsfunktion der Normalverteilung der Wertveränderung eines Tages einer Investition von 500.000 EUR in ein DAX-Indexpapier

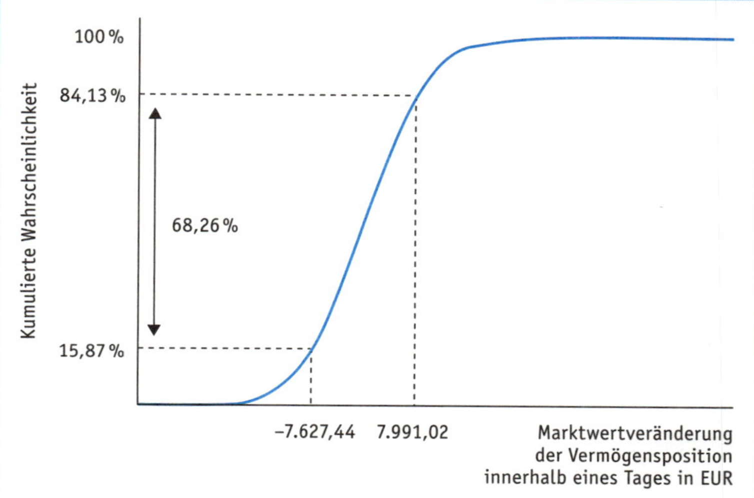

Der Value at Risk eines Tages der Investition von 500.000 EUR in ein DAX-Indexpapier beträgt auf einem Wahrscheinlichkeitsniveau von $(1-\alpha) = 95\,\%$ somit:

$$VaR_{(1-\alpha),i} = -(\mu_i + z_\alpha \times \sigma_i)$$
$$VaR_{(1-0,05),DAX} = -(\mu_{DAX} + z_{0,05} \times \sigma_{DAX})$$
$$VaR_{(0,95),DAX} = -(181{,}79 + (-1{,}6449) \times 7.809{,}23)$$
$$VaR_{(0,95),DAX} = 12.663{,}61$$

Der berechnete Value at Risk in Höhe von 12.663,61 EUR lässt sich interpretieren als der geschätzte maximale Wertverlust der Investition von 500.000 EUR in das DAX-Indexpapier der unter üblichen Marktbedingungen innerhalb eines Tages mit einer Wahrscheinlichkeit von $\alpha = 5\,\%$ eintreten kann. Der Wertverlust der Vermögensposition wird somit innerhalb eines Tages mit 95 %iger Wahrscheinlichkeit 12.663,61 EUR

Tab. 10-4

Wert der Verteilungsfunktion der Standardnormalverteilung für ausgewählte z_α-Werte

$F(z_\alpha)$	0,5000	0,6915	0,8413	0,9500	0,9772	0,9900	0,9987
z_α	0,0000	0,5000	1,000	1,6449	2,0000	2,3263	3,0000

(Quelle: in enger Anlehnung an Schierenbeck et al., 2008, S. 71)

Abb. 10-22

Dichtefunktion und Value at Risk der Wertveränderung eines Tages einer Investition von 500.000 EUR in ein DAX-Indexpapier

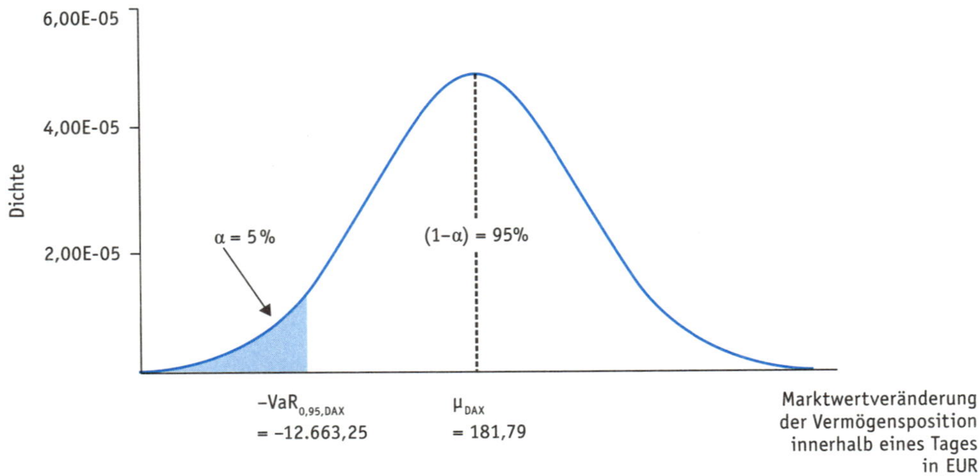

nicht überschreiten. In Abbildung 10-22 werden die Ergebnisse des Beispiels zusammengefasst. Der Value at Risk entspricht demnach dem α-Quantil der Verteilung der annahmegemäß normalverteilten Wertveränderungen der Vermögensposition.

Berechnung des Value at Risk eines Portfolios auf Basis des Varianz-Kovarianz-Ansatzes

Der Vorstand der Grape SE hat sich nun entschlossen, die überschüssigen Liquiditätsreserven von 500.000 EUR nicht in nur ein Wertpapier, sondern in ein Portfolio aus drei Wertpapieren zu investieren. 100.000 EUR ($w_{DAX} = 20\,\%$) sollen in ein DAX-Indexpapier sowie jeweils 200.000 EUR in ein Bovespa-Indexpapier (der Bovespa-Index ist ein brasilianischer Aktienindex) und die Aktie von Apple ($w_{Bovespa} = w_{Apple} = 40\,\%$) investiert werden. Zur Abschätzung der potenziell aufkommenden Verlustrisiken möchte der Vorstand wissen, wie hoch der Value at Risk auf einem Wahrscheinlichkeitsniveau von 95 % für das Portfolio ausfallen würde. Die Bestimmung des Value at Risk soll auf Basis des Varianz-Kovarianz-Ansatzes erfolgen.

Analog zu den Berechnungen im Fall einer Vermögensposition werden zunächst Erwartungswert und Standardabweichung der diskreten Renditen der einzelnen Portfoliotitel auf Basis der historischen Kurse des fünfzehnjährigen Zeitraums vom 10.08.1994 bis zum 10.08.2009 bestimmt (vgl. Abb. 10-23).

Auf Basis der jeweiligen Erwartungswerte der Tagesrenditen der Einzeltitel, der Gewichtungsfaktoren und der Investitionssumme lässt sich der Erwartungswert der Wertveränderung des Portfolios bestimmen. Die Gewichtungsfaktoren w_i der Port-

Abb. 10-23

Bestimmung von Erwartungswert und Standardabweichung der Renditen von DAX, Bovespa-Index und Apple

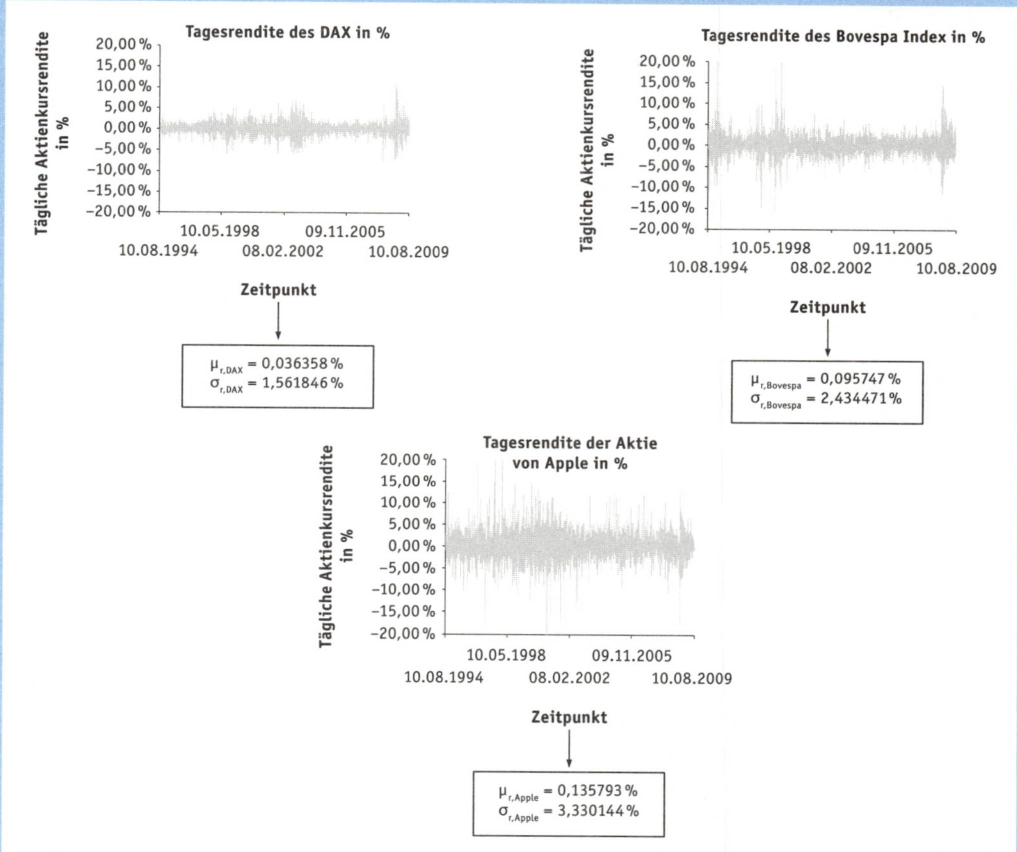

foliotitel ergeben sich aus dem relativen wertmäßigen Anteil eines Titels am Gesamtwert des Portfolios. Der Erwartungswert der Wertveränderung eines Portfolios errechnet sich als arithmetisches Mittel der mit den Gewichtungsfaktoren w_i gewichteten Erwartungswerte der Renditen der einzelnen Portfoliotitel $\mu_{r,i}$, multipliziert mit dem in das Portfolio investierten Geldbetrag G:

$$\mu_P = G \times [w_1 \cdots w_N] \begin{bmatrix} \mu_1 \\ \vdots \\ \mu_N \end{bmatrix} = G \times w^T \mu$$

$$\mu_P = G \times \begin{bmatrix} w_{DAX} & w_{Bovespa} & w_{Apple} \end{bmatrix} \begin{bmatrix} \mu_{r,DAX} \\ \mu_{r,Bovespa} \\ \mu_{r,Apple} \end{bmatrix}$$

$$\mu_P = 500.000 \times \begin{bmatrix} 0{,}2 & 0{,}4 & 0{,}4 \end{bmatrix} \begin{bmatrix} 0{,}00036358 \\ 0{,}00095747 \\ 0{,}00135793 \end{bmatrix}$$

$$\mu_P = 499{,}44$$

Die Standardabweichung der Renditen des Portfolios ergibt sich als:

$$\sigma_{r,P} = \sqrt{\sigma_{r,P}^2} = \sqrt{\begin{bmatrix} w_1 & \cdots & w_N \end{bmatrix} \begin{bmatrix} \sigma_{r,1}^2 & \cdots & \sigma_{r,1N} \\ \vdots & \ddots & \vdots \\ \sigma_{r,N1} & \cdots & \sigma_{r,N}^2 \end{bmatrix} \begin{bmatrix} w_1 \\ \vdots \\ w_N \end{bmatrix}} = \sqrt{w^T \Sigma w}$$

$$= \sqrt{\begin{bmatrix} w_{DAX} & w_{Bovespa} & w_{Apple} \end{bmatrix} \begin{bmatrix} \sigma_{r,DAX}^2 & \sigma_{r,DAX\ Bovespa} & \sigma_{r,DAX\ Apple} \\ \sigma_{r,Bovespa\ DAX} & \sigma_{r,Bovespa}^2 & \sigma_{r,Bovespa\ Apple} \\ \sigma_{r,Apple\ DAX} & \sigma_{r,Apple\ Bovespa} & \sigma_{r,Apple}^2 \end{bmatrix} \begin{bmatrix} w_{DAX} \\ w_{Bovespa} \\ w_{Apple} \end{bmatrix}}$$

$$= \sqrt{\begin{bmatrix} 0{,}2 & 0{,}4 & 0{,}4 \end{bmatrix} \begin{bmatrix} 0{,}01561846^2 & 0{,}00013585 & 0{,}00010832 \\ 0{,}00013585 & 0{,}02434471^2 & 0{,}00017900 \\ 0{,}00010832 & 0{,}00017900 & 0{,}03330144^2 \end{bmatrix} \begin{bmatrix} 0{,}2 \\ 0{,}4 \\ 0{,}4 \end{bmatrix}} = \sqrt{0{,}00037837}$$

$$= 1{,}95\,\%$$

Die Standardabweichung der Wertveränderung des Portfolios in Geldeinheiten σ_P erhält man durch Multiplikation der Standardabweichung der Portfoliorenditen $\sigma_{r,P}$ mit dem in das Portfolio investierten Geldbetrag *G*:

$\sigma_P = \sigma_{r,P} \times G$
$\sigma_P = 0{,}0195 \times 500.000$
$\sigma_P = 9.725{,}83$

Nachdem Erwartungswert und Standardabweichung der Wertveränderung des Portfolios bestimmt wurden, lässt sich durch Heranziehen des entsprechenden α-Quantils der Standardnormalverteilung z_α (vgl. Tab. 10-4) der Value at Risk des Portfolios berechnen. Der Value at Risk eines Tages der Investition von 500.000 EUR zu 20 % in ein DAX-Indexpapier und zu jeweils 40 % in ein Bovespa-Indexpapier und die Aktie von Apple beträgt auf einem Wahrscheinlichkeitsniveau von $(1-\alpha) = 95\,\%$:

$VaR_{(1-\alpha),P} = -(\mu_P + z_\alpha \times \sigma_P)$
$VaR_{(1-0{,}05),P} = -(\mu_P + z_{0{,}05} \times \sigma_P)$
$VaR_{(0{,}95),P} = -(499{,}44 + (-1{,}6449) \times 9.725{,}83)$
$VaR_{(0{,}95),P} = 15.498{,}58$

Der berechnete Value at Risk in Höhe von 15.498,58 EUR lässt sich interpretieren als der geschätzte maximale Wertverlust der Investition von 500.000 EUR (20 % in ein DAX-Indexpapier, jeweils 40 % in ein Bovespa-Indexpapier und die Aktie von Apple), der unter üblichen Marktbedingungen innerhalb eines Tages mit einer Wahrscheinlichkeit von $\alpha = 5\,\%$ eintreten kann. Der Wertverlust der Vermögensposition wird somit innerhalb eines Tages mit 95 %iger Wahrscheinlichkeit 15.498,58 EUR nicht überschreiten. In Abbildung 10-24 werden die Ergebnisse zusammengefasst. Der Value at Risk entspricht demnach dem α-Quantil der Dichtefunktion der annahmegemäß normalverteilten Wertveränderungen des Portfolios.
In diesem Zusammenhang lässt sich auch das Ausmaß des Diversifikationseffektes durch die Portfoliobildung quantifizieren (vgl. Abb. 10-25). Hierzu wurden zunächst die jeweiligen Value at Risks der Einzeltitel berechnet, die sich bei einer ausschließlichen Investition in den jeweiligen Einzeltitel ergeben würden. Eine alleinige Investition von 200.000 EUR in die Aktie von Apple ergäbe bspw. einen Value at Risk eines Tages von 10.683,61 EUR auf einem Wahrscheinlichkeitsniveau von $(1-\alpha) = 95\,\%$. Die Summe der Value at Risks der Einzeltitel ist jedoch größer als der Value at Risk des Portfolios. Daraus ist zu erkennen, dass durch die Portfoliobildung Risiken eliminiert bzw. diversifiziert wurde. Das Ausmaß dieses Diversifikationseffektes entspricht der Differenz zwischen der Summe der Value at Risks der Einzeltitel und dem Value at Risk des Portfolios.

Abb. 10-24

Dichtefunktion und Value at Risk der Wertveränderung des Portfolios

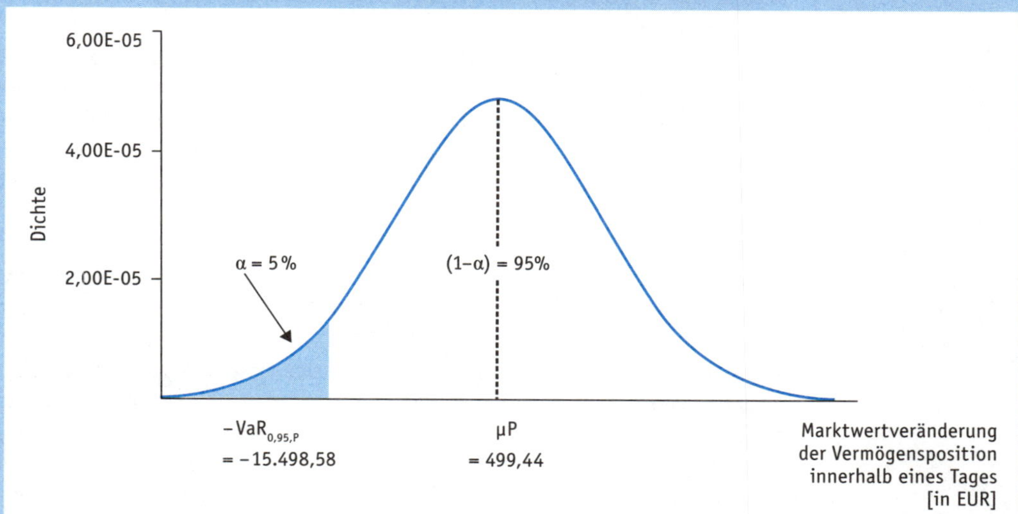

Abb. 10-25

Diversifikationseffekt durch Portfoliobildung [in EUR]

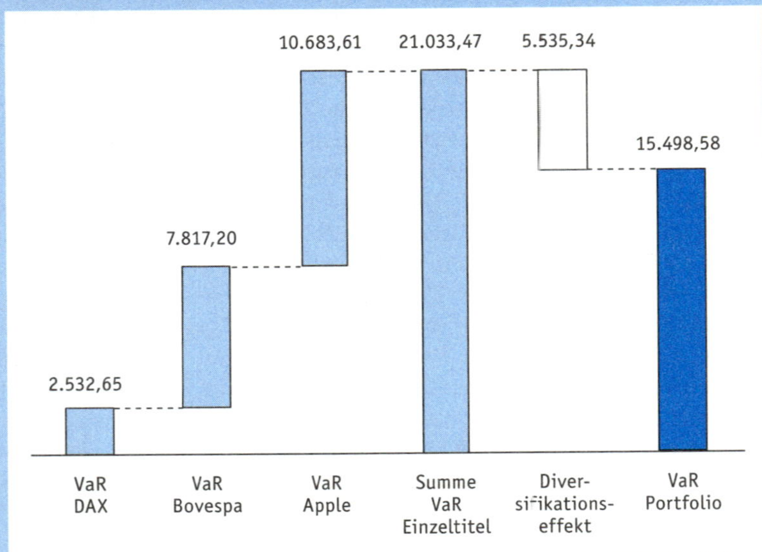

Berechnung des Value at Risk eines Portfolios auf Basis der Monte-Carlo-Simulation

Betrachtet wird ein Wertpapierportfolio (Investitionssumme: 500.000 EUR zu 20% in ein DAX-Indexpapier und je 40% in ein Bovespa-Indexpapier und in die Aktie von Apple). Der Vorstand der Grape SE möchte nun wissen, welcher Value at Risk sich für einen Tag auf einem Wahrscheinlichkeitsniveau von 95% für das Portfolio ergibt. Dabei soll die Berechnung auf Basis der Monte-Carlo-Simulation durchgeführt werden.

In einem ersten Schritt ist eine Annahme hinsichtlich der Verteilung der Renditen der drei betrachteten Wertpapiere zu treffen. Im Folgenden wird eine Normalverteilung der Renditen unterstellt. In einem zweiten Schritt erfolgt die Simulation der Wertveränderung des Portfolios (vgl. Tab. 10-5). Basierend auf der Verteilungsannahme werden mittels eines Zufallsgenerators die Renditen der Einzeltitel für 100.000 Szenarien simuliert. Für jedes dieser 100.000 Szenarien lässt sich die Portfoliorendite als gewichteter Mittelwert der Renditen der Einzeltitel bestimmen. Die Gewichtung erfolgt unter Berücksichtigung des jeweiligen relativen Anteils am Gesamtwert des Portfolios (20% DAX-Indexpapier, je 40% Bovespa-Indexpapier und Apple). Durch Multiplikation der jeweils simulierten Portfoliorendite mit dem Marktwert des Portfolios (500.000 EUR) wird die Wertänderung des Portfolios in Geldeinheiten für jeden der 100.000 Simulationsdurchläufe bestimmt.

In einem dritten Schritt ist der Value at Risk des Portfolios zu bestimmen. Hierzu werden die im Rahmen der Simulation ermittelten Wertänderungen des Portfolios in

Tab. 10-5

Simulation der Wertänderung des Portfolios auf Basis der Monte-Carlo-Simulation

Simulation	Renditen				Wertänderung Portfolio [in EUR]
	DAX	Bovespa Index	Apple	Portfolio	
1	1,21 %	1,93 %	2,65 %	2,07 %	10.369,69
2	−2,04 %	−3,14 %	−4,29 %	−3,38 %	−16.902,58
3	−0,22 %	−0,30 %	−0,40 %	−0,32 %	−1.615,11
4	2,77 %	4,35 %	5,96 %	4,68 %	23.399,23
5	−1,79 %	−2,75 %	−3,75 %	−2,96 %	−14.777,63
...	...	...	...	...	...
4.999	−0,48 %	−0,70 %	−0,96 %	−0,76 %	−3.801,24
5.000	2,07 %	3,26 %	4,47 %	3,51 %	17.526,66
5.001	1,51 %	2,40 %	3,28 %	2,57 %	12.866,04
5.002	−0,41 %	−0,60 %	−0,82 %	−0,65 %	−3.244,41
...	...	...	...	...	...
99.997	1,07 %	1,71 %	2,34 %	1,84 %	9.177,07
99.998	−3,48 %	−5,38 %	−7,36 %	−5,79 %	−28.955,26
99.999	4,33 %	6,79 %	9,30 %	7,30 %	36.509,85
100.000	0,59 %	0,96 %	1,32 %	1,03 %	5.149,81

aufsteigender Reihenfolge sortiert (vgl. Tab. 10-6). Durch Vorgabe des Wahrscheinlichkeitsniveaus kann der Value at Risk aus der sortierten Liste abgelesen werden. Bei 100.000 Simulationsdurchläufen und einem Wahrscheinlichkeitsniveau von 95 %

Tab. 10-6

Bestimmung des Value at Risk auf Basis der Monte-Carlo-Simulation

Rang	Wahrscheinlichkeit (kumuliert)	Wertänderung Portfolio [in EUR] SORTIERT
1 (Min.)	0,001 %	−53.991,31
2	0,002 %	−53.719,93
3	0,003 %	−51.402,49
4	0,004 %	−50.958,61
5	0,005 %	−50.846,69
...	...	...
4.999	4,999 %	−20.984,46
5.000	5,000 %	−20.981,95
5.001	**5,001 %**	**−20.981,02**
5.002	5,002 %	−20.977,92
...	...	...
99.997	99,997 %	56.763,12
99.998	99,998 %	57.175,25
99.999	99,999 %	57.938,99
100.000 (Max.)	100,000 %	58.885,48

entspricht der Wert auf Rang 5.001 der Wertänderung, die mit einer Wahrscheinlichkeit von 95 % nicht unterschritten wird, da alle Wertänderungen von Rang 1 bis Rang 5.000 mit einer Wahrscheinlichkeit von maximal 5 % eintreffen. Der Value at Risk für das Portfolio ergibt sich dann als negativer Wert der Wertänderung auf Rang 5.001 in Höhe von 20.981,02 EUR.

Berechnung des Value at Risk eines Portfolios auf Basis der historischen Simulation

Betrachtet wird wiederum das Wertpapierportfolio der Grape SE aus den beiden vorangegangenen Beispielen (Investitionssumme: 500.000 EUR zu 20 % in ein DAX-Indexpapier und je 40 % in ein Bovespa-Indexpapier und Apple). Nun soll der Value at Risk eines Tages, der sich auf einem Wahrscheinlichkeitsniveau von 95 % für das Portfolio ergibt, auf Basis der historischen Simulation bestimmt werden.

Die Ausgangsbasis bilden die historischen Tagesrenditen der drei Einzelpositionen für den fünfzehnjährigen Zeitraum vom 10.08.1994 bis zum 10.08.2009 (vgl. Tab. 10-7). Insgesamt ergeben sich für diesen Zeitraum jeweils 3.797 Beobachtungen für die Tagesrenditen von DAX, Bovespa-Index und Apple. Analog zur Vorgehensweise im Rahmen der Monte-Carlo-Simulation wird für jedes dieser 3.797 Szenarien die Portfoliorendite als gewichteter Mittelwert der Renditen der Einzeltitel bestimmt. Die Gewichte ergeben sich aus dem jeweiligen relativen Anteil eines Einzeltitels am Gesamtwert des Portfolios (20 % DAX-Indexpapier, je 40 % Bovespa-Indexpapier und Apple). Durch Multiplikation der jeweiligen Portfoliorendite mit dem Marktwert des Portfolios (500.000 EUR) wird die Wertänderung des Portfolios in Geldeinheiten für jeden der 3.797 Simulationsdurchläufe bestimmt.

Tab. 10-7

Simulation der Wertänderung des Portfolios auf Basis der historischen Simulation

Datum	Periode	Renditen				Wertänderung Portfolio [in EUR]
		DAX	Bovespa	Apple	Portfolio	
10.08.2009	1	−0,75 %	0,89 %	−0,48 %	0,01 %	72,50
07.08.2009	2	1,66 %	1,03 %	0,98 %	1,13 %	5.671,88
06.08.2009	3	0,32 %	−1,12 %	−0,73 %	−0,67 %	−3.367,69
05.08.2009	4	−1,18 %	0,62 %	−0,27 %	−0,10 %	−478,33
04.08.2009	5	−0,18 %	0,07 %	−0,53 %	−0,22 %	−1.095,78
...	...	...	...	...	...	...
12.11.2008	189	−2,96 %	−7,75 %	−4,91 %	−5,65 %	−28.270,86
11.11.2008	190	−5,25 %	1,32 %	−1,16 %	−0,98 %	−4.924,55
10.11.2008	191	1,76 %	0,30 %	−2,40 %	−0,49 %	−2.435,98
07.11.2008	192	2,59 %	0,83 %	−0,87 %	0,51 %	2.525,49
...	...	...	...	...	...	...
15.08.1994	3.794	0,66 %	2,28 %	0,00 %	1,05 %	5.233,57
12.08.1994	3.795	−1,42 %	1,87 %	1,19 %	0,94 %	4.684,97
11.08.1994	3.796	−0,24 %	−1,09 %	−0,82 %	−0,81 %	−4.072,26
10.08.1994	3.797	−0,18 %	−0,99 %	2,91 %	0,73 %	3.656,75

Tab. 10-8

Bestimmung des Value at Risk auf Basis der historischen Simulation

Rang	Wahrscheinlichkeit (kumuliert)	Wertänderung Portfolio [in EUR] SORTIERT
1 (Min.)	0,026 %	–105.281,96
2	0,053 %	–58.794,70
3	0,079 %	–42.184,60
4	0,105 %	–41.621,75
5	0,132 %	–41.058,16
...	...	...
189	4,978 %	–14.447,60
190	**5,004 %**	**–14.371,74**
191	5,030 %	–14.356,05
192	5,057 %	–14.353,82
...	...	...
3.794	99,921 %	55.112,60
3.795	99,947 %	67.417,83
3.796	99,974 %	68.523,86
3.797 (Max.)	100,000 %	77.595,97

Anschließend lässt sich der Value at Risk des Portfolios bestimmen. Hierzu werden die im Rahmen der historischen Simulation ermittelten Wertänderungen des Portfolios in aufsteigender Reihenfolge sortiert (vgl. Tab. 10-8). Durch Vorgabe des Wahrscheinlichkeitsniveaus kann der Value at Risk direkt aus der sortierten Liste abgelesen werden. Bei 3.797 Simulationsdurchläufen und einem Wahrscheinlichkeitsniveau von 95 % entspricht der Wert auf Rang 190 ungefähr der Wertänderung, die mit einer Wahrscheinlichkeit von 95 % nicht unterschritten wird, da alle Wertänderungen von Rang 1 bis Rang 189 mit einer Wahrscheinlichkeit von maximal rd. 5 % eintreffen. Der Value at Risk für das Portfolio ergibt sich dann als negativer Wert der Wertänderung auf Rang 190 in Höhe von 14.371,74 EUR. ◀◀◀

10.3.2.4 Bewertung von leistungswirtschaftlichen Risiken: Cashflow at Risk

Das Konzept des **Cashflow at Risk** stellt eine Modifikation des Value at Risk-Ansatzes dar, dessen Notwendigkeit darauf zurückzuführen ist, dass Unternehmen außerhalb des Finanzsektors i. d. R. Risiken ausgesetzt sind, die über die mit Finanzkontrakten verbundenen Risiken hinausgehen (vgl. Burger/Buchart, 2002, S. 136). Bei Industrieunternehmen nehmen insbesondere die im Rahmen des Wertschöpfungsprozesses entstehenden leistungswirtschaftlichen Risiken, wie z. B. Beschaffungsrisiken, Absatzrisiken und Betriebsrisiken eine hohe Relevanz ein (vgl. Wolke, 2008, S. 201). Diese Risiken haben eine unmittelbare Auswirkung auf den Cashflow eines Unternehmens (vgl. Wolke, 2008, S. 226). Vor dem Hintergrund eines ganzheitlichen Risikomanagements werden im Rahmen des Cashflow at Risk-Ansatzes daher die Cashflows eines Unternehmens als risikobehaftete Zielgröße betrachtet. Im Gegensatz zu dem eher kurzfristigen Betrachtungszeitraum des Value at Risk-Ansatzes wird im Rahmen des Cashflow at Risk-Ansatzes eine längerfristige Betrachtung der Zielgröße auf Monats-, Quartals- oder Jahresbasis vorgenommen. Übergeordnetes Ziel des Cashflow at Risk-Ansatzes ist die Analyse und Steuerung der Cashflow-Entwicklung eines Unternehmens (vgl. Löw, 2008, S. 270 ff.).

Absoluter und relativer Cashflow at Risk

Es können zwei definitorische Varianten des Cashflow at Risk unterschieden werden (vgl. Lee et al., 1999, S. 63 ff.):

- Der **absolute** Cashflow at Risk entspricht dem geschätzten Cashflow, der innerhalb einer bestimmten Periode mit einer Wahrscheinlichkeit von $(1-\alpha)$ nicht unterschritten wird bzw. mit einer Wahrscheinlichkeit von α unterschritten wird.
- Der **relative** Cashflow at Risk entspricht der geschätzten betragsmäßigen Unterschreitung einer festgelegten Cashflow-Zielgröße, die innerhalb einer bestimmten Periode mit einer bestimmten Wahrscheinlichkeit von $(1-\alpha)$ nicht übertroffen bzw. mit einer Wahrscheinlichkeit von α übertroffen wird.

Business Risk Modell

Die Berechnung des Cashflow at Risk erfolgt i. d. R. auf Basis eines sog. **Business Risk Modells** (vgl. Abb. 10-26), durch das die ökonomischen Zusammenhänge zwischen den Risikofaktoren, den Komponenten des Cashflows und dem Cashflow selbst abgebildet werden (vgl. Burger/Buchart, 2002, S. 139). Dazu ist der Cashflow zunächst in seine einzelnen Komponenten zu zerlegen. Hierbei bietet sich eine Dekomposition des Cashflows in Umsatz, Umsatzkosten, Verwaltungs- und Vertriebsaufwand, Finanzaufwand sowie Steueraufwand an (vgl. Winter, 2004, S. 293).

Abb. 10-26

Business Risk Modell

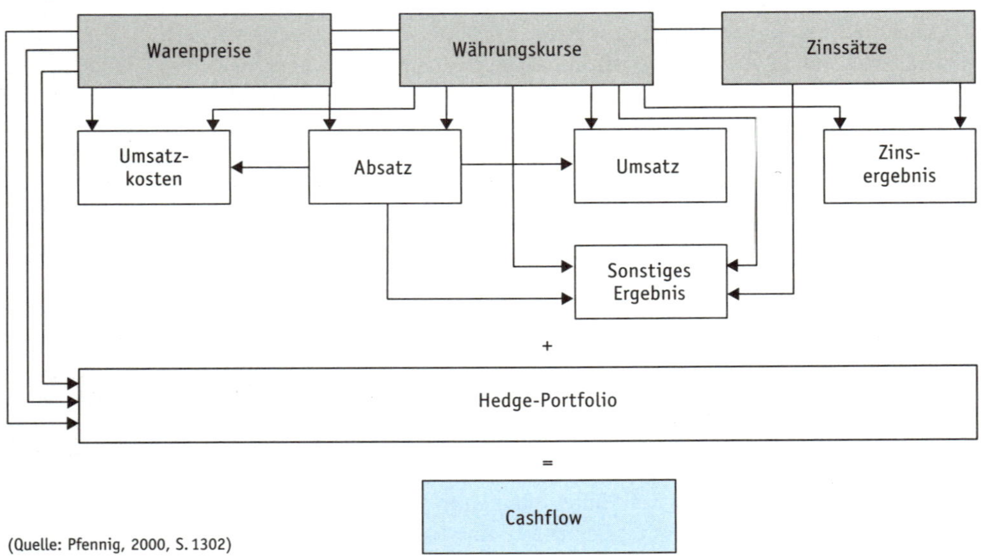

(Quelle: Pfennig, 2000, S. 1302)

Abb. 10-27

Simulationsmodell für den Cashflow at Risk

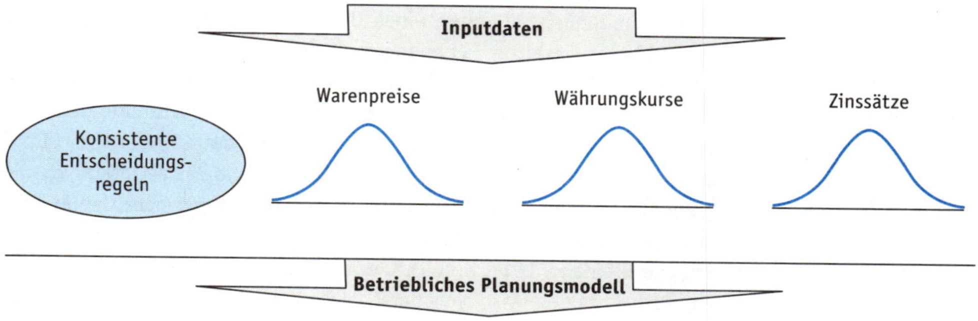

	2011	2012	2013	2014	…
Umsatzerlöse	615,1	710,7	807,4	907,6	…
– Umsatzkosten	415,8	456,3	497,6	535,4	…
– Abschreibungen	10,0	11,0	12,2	13,4	…
– Forschungs- u. Entwicklungskosten	22,8	23,9	25,1	26,4	…
– Vertriebs- und Verwaltungskosten	42,4	44,5	46,7	48,9	…
…					
– Steuern	37,8	54,2	72,7	93,3	…
= Jahresüberschuss	**65,1**	**95,1**	**129,2**	**167,2**	…
+ Abschreibungen	10,0	11,0	12,2	13,4	…
+ Fremdkapitalzinsen	5,2	5,6	5,8	6,1	…
= Operating Cashflow	**80,3**	**111,7**	**147,2**	**186,7**	…
– Zunahme des Net Working Capital	27,0	4,6	4,7	4,9	…
– Investitionen	41,4	32,1	33,4	35,5	…
= Free Cashflow	**11,9**	**75,0**	**109,1**	**146,3**	…
Marktwert des Gesamtkapitals	**1.719,2**				
– Marktwert des Fremdkapitals	58,0				
= Marktwert des Eigenkapitals	**1.661,2**				

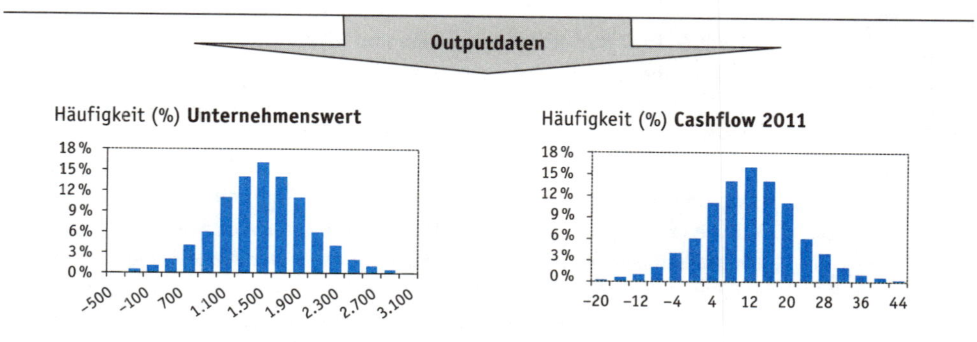

(Quelle: in enger Anlehnung an Bartram, 2000, S. 1285)

Die mit den jeweiligen Cashflow-Komponenten verbundenen Risiken lassen sich auf einzelne Risikofaktoren zurückführen. Risikofaktoren sind bspw. Absatz- und Beschaffungspreise, Zinssätze, Wechselkurse sowie auch Mengengrößen des Umsatzes und der Kosten (vgl. Burger/Buchart, 2002, S. 141 f.). Diese werden dabei in die finanziellen Planungsrechnungen eines Unternehmens in Form von Plan-Bilanz, Plan-GuV und Plan-Cashflow-Rechnung integriert (vgl. Winter, 2004, S. 292). Aufgrund der hohen Komplexität der Zusammenhänge zwischen den einzelnen Risikofaktoren erfolgt die Bestimmung der Wahrscheinlichkeitsverteilung des Cashflows i. d. R. auf Basis einer Monte-Carlo-Simulation (vgl. Löw, 2008, S. 272). Für jeden Simulationsdurchlauf wird dabei unter Berücksichtigung der Verteilung der jeweiligen Risikofaktoren und der wechselseitigen Beziehungen zwischen den Risikofaktoren ein zufälliger Wert für die betrachtete Zielgröße, in diesem Fall der Cashflow, erzeugt (vgl. Gleißner, 2011, S. 165 f.). Analog zur Vorgehensweise im Rahmen des Value at Risk-Ansatzes lässt sich der Cashflow at Risk durch die Vorgabe eines bestimmten Wahrscheinlichkeitsniveaus direkt aus der Wahrscheinlichkeitsverteilung der simulierten Cashflows ablesen. Die Grundstruktur eines derartigen Simulationsmodells ist in Abbildung 10-27 dargestellt.

Die Berechnung des Cashflow at Risk bildet die Grundlage für die gezielte Steuerung von Risiken. Die Kenntnis des Cashflow at Risk erlaubt der Unternehmensleitung die Initiierung von Maßnahmen der Risikosteuerung zur Erreichung eines präferierten Zielwertes des Cashflow at Risk (vgl. Burger/Buchart, 2002, S. 142 f.). Durch Integration der Risikofaktoren in die Planungsrechnung eines Unternehmens sind zudem differenzierte Aussagen über die Deckung des Investitionsvolumens bzw. die Notwendigkeit der Aufnahme von neuem Eigen- bzw. Fremdkapital möglich. Folglich kann mithilfe des Cashflow at Risk-Ansatzes einer Unterfinanzierung bzw. Unterbrechung von Investitionsvorhaben und sogar einer Insolvenz vorgebeugt werden (vgl. Löw, 2008, S. 273).

An dieser Stelle wird aufgrund der Komplexität der Modellierung und Simulation der entsprechenden Risikofaktoren und deren gegenseitiger Wechselwirkungen auf ein Beispiel verzichtet (vgl. Wiedemann/Hager, 2003 mit einer umfangreichen Fallstudie zur Ermittlung des Cashflow at Risk).

10.3.2.5 Risk Map und Aggregation von Risiken

Risk Map

Die Risikobewertung dient zur Quantifizierung der Eintrittswahrscheinlichkeiten und der Tragweite von Risiken (vgl. hierzu und im Folgenden Schierenbeck/Lister, 2002, S. 350 ff.). Durch Kombination dieser beiden Parameter können die einzelnen Risiken eines Unternehmens in einer sog. **Risk Map** dargestellt werden (vgl. Abb. 10-28). Dazu werden auf der x-Achse die Tragweite und auf der y-Achse die Wahrscheinlichkeit für den Eintritt der betreffenden Risiken abgetragen. Entsprechend den jeweiligen Ausprägungen von Eintrittswahrscheinlichkeit und Tragweite zeigt das Koordinatensystem unterschiedliche Risikobereiche. Beispielhaft lassen sich die vier Teilbereiche »Unbedeutende Risiken«, »Mittlere Risiken«, »Schwerwiegende Risiken« und »Nicht akzeptable Risiken« unterscheiden. Risiken, die dem Bereich »Unbedeutende Risiken« zugeordnet werden, sind dadurch gekennzeichnet, dass die Multiplikation von Eintrittswahrscheinlichkeit und Tragweite zu einem niedrigen sog. Verlusterwartungswert führt. Diese Risiken stellen für ein Unternehmen ein unwesentliches Gefährdungspotential dar. Analog dazu weisen Risiken in den Bereichen »Mittlere Risiken« und »Schwerwiegende Risiken« einen höheren Verlusterwartungswert auf. Risiken in dem Bereich »Nicht akzeptable Risiken« können mit sehr hoher Wahrscheinlichkeit eintreten und weisen gleichzeitig eine hohe Tragweite auf. Da dies eine hohe Gefährdung für die Unternehmensexistenz darstellt, sind diese Risiken nach Möglichkeit nicht einzugehen. Daneben sind auch Risiken, die mit einer Wahrscheinlichkeit von 100 %, d. h. sicher, eintreten, dem Bereich »Nicht akzeptable Risiken« zuzuordnen. Diese sollten unabhängig von ihrer Tragweite nicht eingegangen werden.

Mithilfe der Risk Map lässt sich die Risikosituation eines Unternehmens differenziert darstellen. Hieraus wird unmittelbar ersichtlich, ob die Gesamtrisikoposition durch wenige große oder durch viele kleine Einzelrisiken determiniert wird. Auf Basis der Risk Map lassen sich Implikationen für die gezielte Steuerung von Risiken ableiten (vgl. dazu Abschnitt 10.4).

Risikoaggregation

Die beschriebene Risk Map dient der Visualisierung von Einzelrisiken. Eine ausschließliche Betrachtung von Einzelrisiken ist vor dem Hintergrund eines ganzheitlichen Risikocontrollings nicht zweckmäßig. Um die Auswirkungen einzelner Risiken auf das gesamte Unternehmen abschätzen zu können, ist eine Aggregation der Einzelrisiken zu einer Gesamtrisikoposition notwendig. Die Zielsetzung der Risikoaggregation ist die Bestimmung der Gesamtrisikoposition (Risk Exposure) eines Unternehmens sowie der relativen Bedeutung der Einzelrisiken.

Abb. 10-28

Aufbau der Risk Map

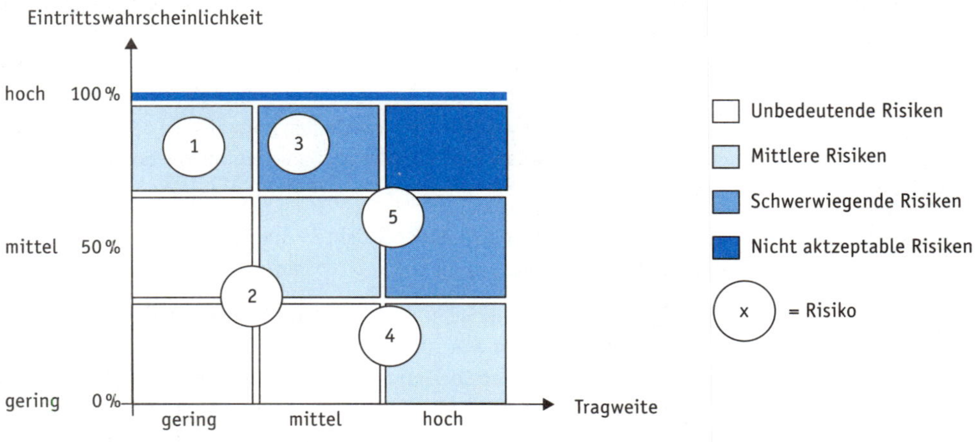

(Quelle: in Anlehnung an Schierenbeck/Lister, 2001, S. 351 f.)

Praxisbeispiel

Finanzrisiken der adidas AG in der Risk Map

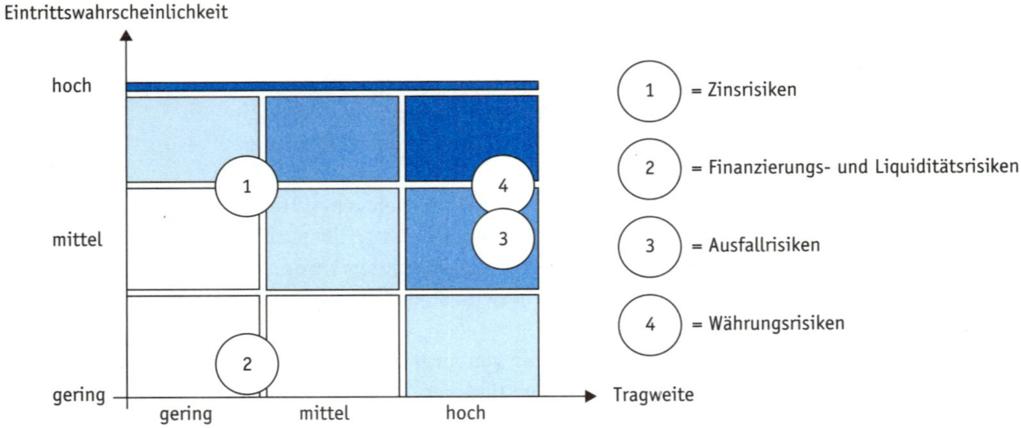

(Quelle: in Anlehnung an adidas AG, 2014, S. 163)

Annualisierte Gesamtschadenserwartung

Ein einfaches Verfahren zur Risikoaggregation stellt das Konzept der annualisierten Gesamtschadenserwartung dar (vgl. hierzu und im Folgenden Schierenbeck/Lister, 2002, S. 343 ff.). Hierbei werden Risiken nach ihrem potenziellen Schadensvolumen in die drei Kategorien Großschaden, mittlerer Schaden und Kleinschaden eingeteilt. Die potenziellen Schadenshöhen werden dann den Zeiträumen zugeteilt, in denen eine Wiederholung erwartet wird. In dem in Tabelle 10-9 dargestellten Beispiel tritt ein Großschaden mit einem Volumen von 10 Mio. EUR nur alle 100 Jahre auf. Ein mittlerer Schaden im Umfang von 2 Mio. EUR ereignet sich nur alle 20 Jahre und ein Kleinschaden von 500 EUR ereignet sich jede Woche. Diese periodisierten Schadenswerte werden auf einen erwarteten Jahresschaden normalisiert und anschließend zu einem Gesamtjahresschadenswert verdichtet. Dabei ergibt sich der Gesamtschadenswert aus:

100 Mio. EUR/100 Jahre + 2 Mio. EUR/20 Jahre + 500 EUR × 52 Wochen =
1 Mio. EUR + 0,1 Mio. EUR + 26.000 EUR = 1,126 Mio. EUR

Der Vorteil dieser Methode liegt in ihrer einfachen Anwendbarkeit. Allerdings entspricht diese Methode mehr den Anforderungen an eine ratierliche Risikovorsorge, denn die Methode leistet letztlich nicht mehr als eine reine Annualisierung. Eine Unternehmenssteuerung auf Basis einer solchen Risikobewertung ist nur unzureichend möglich, da Wechselwirkungen zwischen den Einzelrisiken nicht berücksichtigt werden.

Risikoaggregation auf Basis der Monte-Carlo-Simulation

Im Hinblick auf eine ganzheitliche Risikobewertung und -steuerung sind im Rahmen der Risikoaggregation Wechselwirkungen zwischen den Einzelrisiken explizit zu berücksichtigen. Konzeptionell greift die Risikoaggregation vor diesem Hintergrund

Tab. 10-9

Annualisierte Gesamtschadenserwartung

Periode / Realistische Schadenshöhe	>100 Jahre	100 Jahre	20 Jahre	5 Jahre	1 Jahr	Quartal	Monat	Woche	Tag
Großschaden		100 Mio. EUR							
Mittlerer Schaden			2 Mio. EUR						
Kleinschaden								500 EUR	

(Quelle: in enger Anlehnung an Schierenbeck/Lister, 2002, S. 344)

den Gedanken des Cashflow at Risk-Ansatzes auf Ebene des Gesamtunternehmens auf, da jedes Einzelrisiko (mindestens) eine Position in der Bilanz oder der GuV beeinflusst und sich unter Berücksichtigung von Wechselwirkungen mit anderen Einzelrisiken in der Verteilung des Cashflows des Unternehmens niederschlägt (vgl. Gleißner, 2011, S. 166). Im ersten Schritt sind hierbei die Einzelrisiken zu erfassen, die durch ihre jeweilige Wahrscheinlichkeitsverteilung beschrieben werden (vgl. hierzu und im Folgenden Burger/Buchart, 2002, S. 147). Die Wahrscheinlichkeitsverteilungen von Einzelrisiken können je nach Risikoart bspw. auf Monte-Carlo-Simulationen oder auf der Annahme von theoretischen Verteilungsfunktionen beruhen.

Anschließend erfolgt die Aggregation der Einzelrisiken zur Gesamtrisikoposition, wobei Abhängigkeiten zwischen den Einzelrisiken zu berücksichtigen sind. Dies ist

Abb. 10-29

Risikoaggregation

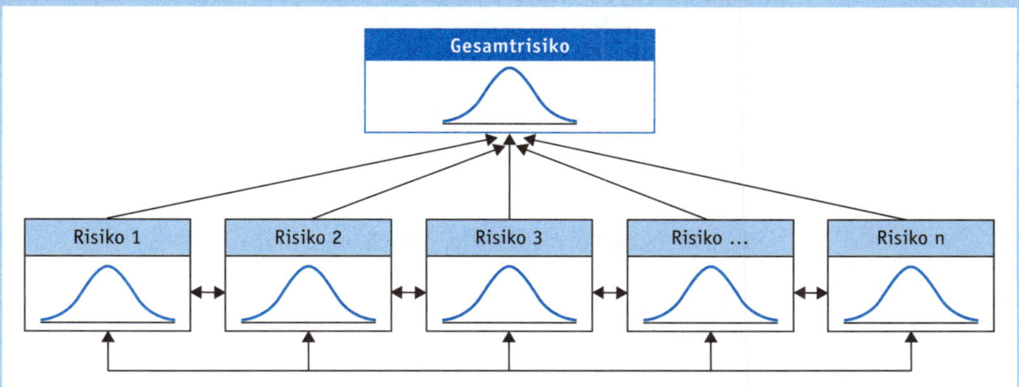

notwendig, da Risikofaktoren meist nicht vollständig miteinander korrelieren und die Gesamtrisikoposition daher von der Summe der Einzelrisiken abweicht (vgl. hierzu die Darstellung des Diversifikationseffektes innerhalb eines Wertpapierportfolios in Abschnitt 10.3.2.2). Als Ergebnis der Risikoaggregation erhält man schließlich die Gesamtrisikoposition des Unternehmens (vgl. Abb. 10-29).

10.4 Risikosteuerung

Die Ergebnisse der Risikobewertung liefern i. d. R. unmittelbare Ansatzpunkte für eine gezielte Steuerung der Risiken. Neben dem Plan-/Ist-Vergleich und einer darauf aufbauenden Abweichungsanalyse stehen zum einen im Rahmen der aktiven und passiven Risikosteuerung unterschiedliche Maßnahmen zur Risikobewältigung zur Verfügung (vgl. Abschnitt 10.4.1). Zum anderen erlauben die Ansätze der risikoadjustierten Performance-Messung eine Steuerung von Unternehmen und einzelnen Geschäftsbereichen auf der Basis von Kennzahlen (vgl. Abschnitt 10.4.2).

Plan-/Ist-Vergleich

Die grundlegendste Methode der Risikosteuerung stellt der Plan-/Ist-Vergleich dar. Hierbei findet im ersten Schritt ein Vergleich zwischen den geplanten und den realisierten Risikowerten statt. Ausgehend von den formulierten Risikozielen werden zunächst Planwerte für die Einzelrisiken festgelegt. In einem zweiten Schritt findet eine Analyse der festgestellten Abweichungen zwischen Plan- und Istwerten im Hinblick auf die Ursachen und Verantwortlichkeiten statt, um in Zukunft ggf. Planungsfehler zu vermeiden (vgl. Burger/Buchhart, 2002, S. 52).

Gründe für Abweichungen

Abweichungen können zum einen bedingt sein durch

- eine unvollständige Erfassung von Risiken in der Phase der Risikoidentifikation,
- unzweckmäßige Ergebnisse im Rahmen der Risikobewertung infolge von bspw. falschen Annahmen oder
- eine Fehleinschätzung der Wirkungsweise von Steuerungsinstrumenten.

Wichtig hierbei ist, dass unter Kosten-Nutzen-Aspekten ein ausgewogenes Verhältnis zwischen dem Aufwand der Kontrolltätigkeiten sowie der Eintrittswahrscheinlichkeit und Tragweite des Risikos hergestellt wird (vgl. Saitz, 1999, S. 91).

10.4.1 Aktive und passive Risikosteuerung

Ausgangspunkt für die Risikosteuerung sind folgende Fragestellungen (vgl. Mott, 2001, S. 205):

- Wer ist von den Risiken betroffen (Abteilung, Standort, Branche etc.)?
- Auf welche Planungsgrößen wirken die Risiken?
- Welche Wirkungsdauer haben die Risiken?
- Folgen die Risiken einem zeitlichen Trend?
- Aus welchen Risikofeldern stammen die Risiken?
- Wie ist die Qualität der Risikobewertung einzuschätzen?

Abb. 10-30

Übersicht über Maßnahmen der aktiven und passiven Risikosteuerung

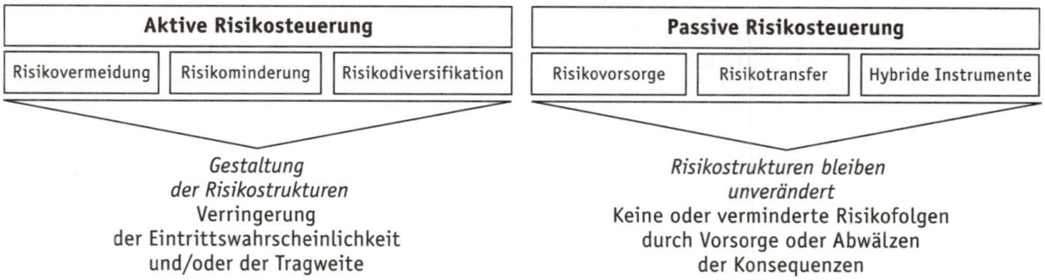

(Quelle: in Anlehnung an Romeike, 2003a, S. 236; Schierenbeck/Lister, 2001, S. 353)

Nach der Beantwortung dieser Fragen kann im nächsten Schritt entschieden werden, wie die Risiken am besten zu steuern sind. Hierzu stehen Maßnahmen der aktiven und passiven Risikosteuerung zur Verfügung (vgl. Abb. 10-30).

Maßnahmen der aktiven Risikosteuerung

Die **aktive Risikosteuerung** umfasst Maßnahmen, die direkten Einfluss auf die Risikostruktur eines Unternehmens nehmen, indem auf die Eintrittswahrscheinlichkeit und/oder auf die Tragweite eines Risikos eingewirkt wird (vgl. hierzu und im Folgenden Schierenbeck/Lister, 2002, S. 352 ff.). Als Maßnahmen der aktiven Risikosteuerung lassen sich die Risikovermeidung, die Risikominderung und die Risikodiversifikation unterscheiden. In Abhängigkeit von dem Einfluss auf die Eintrittswahr-

Abb. 10-31

Maßnahmen der aktiven Risikosteuerung

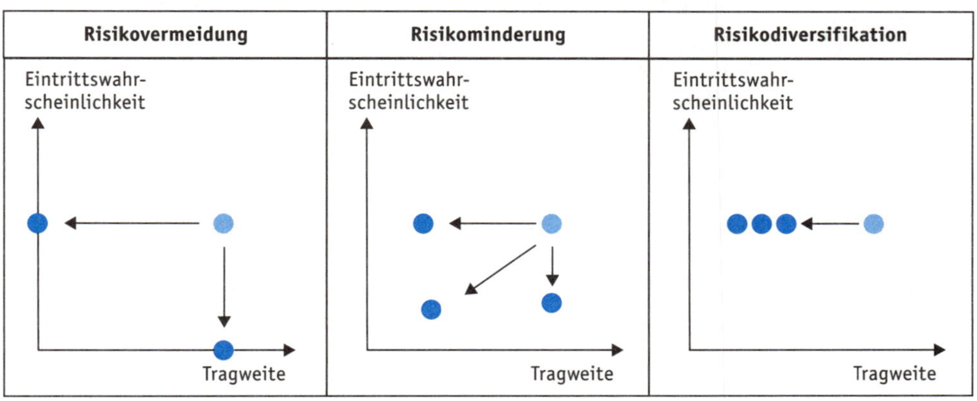

(Quelle: in enger Anlehnung an Schierenbeck/Lister, 2001, S. 354)

scheinlichkeit und Tragweite eines Risikos lassen sich die Strategiealternativen in einem Koordinatensystem darstellen (vgl. Abb. 10-31).

Risikovermeidung

Die Strategie der **Risikovermeidung** zielt auf eine vollständige Reduktion der Eintrittswahrscheinlichkeit oder der Tragweite bestehender Risiken. Bei Verfolgung der Strategie der Risikovermeidung entscheidet sich ein Unternehmen somit, bestimmte Aktivitäten aufzugeben bzw. anzupassen (vgl. Romeike, 2003a, S. 235). Ein Beispiel für eine Maßnahme der Risikovermeidung ist der vollständige Ausstieg aus einem risikobehafteten Projekt oder Geschäftsfeld. Daraus resultiert, dass alle mit dem Projekt oder Geschäftsfeld verbundenen Risiken aber auch Chancen eliminiert werden (vgl. Gleißner, 2011, S. 181).

Risikominderung

Ein weiteres Instrument der aktiven Risikosteuerung ist die **Risikominderung**. Dabei wird eine Reduktion der Eintrittswahrscheinlichkeit und/oder der Tragweite bestehender Risiken auf ein als akzeptabel erachtetes Niveau angestrebt. Im Gegensatz zur Strategie der Risikovermeidung verbleibt bei der Risikominderung ein Restrisiko. Beispielsweise könnte durch die regelmäßige Wartung wichtiger Computersysteme eine Verminderung der Wahrscheinlichkeit von Ausfällen erreicht werden (vgl. Gleißner, 2011, S. 181 f.). Eine Reduktion der Tragweite könnte bspw. durch eine teilweise Desinvestition von Beteiligungen innerhalb eines risikoreichen Geschäftsfeldes bewirkt werden. Dadurch würde eine Minderung der Tragweite des Risikos erreicht, ohne eine Partizipation an den Chancen gänzlich auszuschließen.

Risikodiversifikation

Im Rahmen der Strategie der **Risikodiversifikation** wird ein bestehendes Gesamtrisiko in mehrere voneinander unabhängige Teilrisiken zerlegt. Hierdurch wird bei tendenziell gleichbleibender Eintrittswahrscheinlichkeit eine Verringerung der Tragweite der Einzelrisiken gegenüber dem Gesamtrisiko erzielt. Die Strategie der Risikodiversifikation beruht auf den Erkenntnissen der Portfoliotheorie, wonach die Standardabweichung und somit das Risiko eines Portfolios rückläufig ist, sofern die einzelnen Portfoliotitel nicht perfekt miteinander korreliert sind (vgl. grundlegend zur Portfoliotheorie Markowitz, 1952). Vor dem Hintergrund der aktiven Risikosteuerung lässt sich Risikodiversifikation auf den drei Ebenen der regionalen, objektbezogenen und personenbezogenen Diversifikation realisieren (vgl. Hölscher, 2006, S. 368). Eine regionale Diversifikation wird durch eine räumliche Verteilung von Unternehmensbereichen realisiert. Durch das Betreiben von Produktionsanlagen an verschiedenen Orten lässt sich bspw. das Risiko für den Ausfall von Produktionsanlagen aufgrund eines Brandschadens vermindern. Die objektbezogene Diversifikation fokussiert hingegen auf die Verteilung von Aktivitäten auf mehrere Objekte. Ein Beispiel ist die Nutzung mehrerer kleinerer Rechner anstelle eines Großrechners zur Abwicklung von EDV-Aufgaben (vgl. Schierenbeck/Lister, 2002, S. 355). Mit einer personenbezogenen Diversifikation wird schließlich das Ziel verfolgt, den potenziellen Schaden aufgrund eines Ausfalls wichtiger Humanressourcen zu vermindern. Eine personenbezogene Risikodiversifikation lässt sich bspw. durch eine Regelung realisieren, dass Dienstreisen von mehreren Vorstandsmitgliedern ausschließlich in getrennten Fahrzeugen oder Flugzeugen angetreten werden (vgl. Romeike, 2003a, S. 239).

Maßnahmen der passiven Risikosteuerung

Im Gegensatz zu den Maßnahmen der aktiven Risikosteuerung bleiben die Risikostrukturen (Eintrittswahrscheinlichkeit und/oder Tragweite der Risiken) eines

Praxisbeispiel

Aktive Risikosteuerung bei Infineon, der Münchener Rückversicherung und dem Haniel Konzern

Risikovermeidung

»Infineon verkauft Handysparte an Intel
[...] Die **Infineon**-Mobilfunkchipsparte hatte **jahrelang Verluste** geschrieben, ehe Konzernchef Bauer sie beharrlich sanierte. Im laufenden Quartal wird sie seinen Angaben zufolge zum **größten Umsatzbringer** von Infineon aufsteigen. Zuletzt erreichte das Segment, das unter anderem Nokia, Samsung und Apple beliefert, eine operative Rendite von etwa sieben Prozent.
Mit dem Verkauf der Sparte **vermeidet Infineon** weitgehend, im harten Konkurrenzkampf im Mobilfunkgeschäft **ins Hintertreffen zu geraten.** Branchenexperten hatten gefordert, dass sich der Konzern stärker auf seine Hauptabsatzmärkte Autobau und Industrie konzentriert. Die Einnahmen aus der Trennung lassen die Investoren nun auf eine Dividendenausschüttung hoffen. Diese hatte die Konzernspitze zuletzt wegen der hohen Barbestände immer wieder angedeutet. [...]«
(Quelle: ZEIT ONLINE, in: http://www.zeit.de/wirtschaft/unternehmen/2010-08/intel-infineon-wls, Abruf: 02.06.2014)

Risikominderung
»Mit den Aktivitäten in der Rück- und der Erstversicherung sei der Konzern [die **Münchener Rückversicherung**, d. V.] breit und sicher aufgestellt. Zudem habe das Unternehmen seine **Konzentrationsrisiken** durch den **Abbau von Großbeteiligungen** reduziert. Zuletzt verringerte die Münchener Rück beispielsweise ihre Beteiligung am Finanzkonzern Allianz und an der Commerzbank weiter.«
(Quelle: manager magazin online, in: http://www.manager-magazin.de/finanzen/artikel/a-362398.html, Abruf: 02.06.2014)

Risikodiversifikation
»**Haniel** hat sich seit der Unternehmensgründung stark gewandelt: vom Duisburger Kolonialwarenhändler über ein deutsches Industrieunternehmen zur weltweit agierenden Unternehmensgruppe. Basis der Wachstumsstrategie ist das fokussierte und gleichzeitig **diversifizierte Portfolio:** Alle Geschäftsbereiche agieren innerhalb der Branchen Handel und Dienstleistungen – dennoch sind ihre **Geschäftsmodelle sehr unterschiedlich.** Auch bei den Kundengruppen gibt es **kaum Überschneidungen.** Hinzu kommt die **ausgewogene regionale Verteilung:** In keinem Land erwirtschaftet Haniel mehr als 30 Prozent des Gesamtumsatzes.«
(Quelle: Franz Haniel & Cie. GmbH, in: http://www.haniel.de/de/unternehmen/strategie/, Abruf: 02.06.2014)

»Durch die **Diversifikation** des Haniel-Geschäftsportfolios und die Präsenz in unterschiedlichen Regionen können die **Auswirkungen konjunktureller Schwankungen abgefedert** werden. Die starke Marktposition, umfassende Produkt- und Dienstleistungsangebote sowie die heterogene Kundenbasis tragen zur Risikominderung bei.«
(Quelle: Franz Haniel & Cie. GmbH, 2014, S. 55)

Unternehmens bei einer **passiven Risikosteuerung** unverändert (vgl. hierzu und im Folgenden Schierenbeck/Lister, 2002, S. 355 ff.; Romeike, 2003a, 240 f.; Hölscher, 2006, S. 369 ff.). Im Rahmen der passiven Risikosteuerung wird vielmehr versucht, Vorsorge für den Fall des Risikoeintritts zu betreiben. Ziel ist es, die Auswirkungen eines Risikoeintritts zu vermeiden oder zu vermindern, um so den Fortbestand des Unternehmens auch für den Fall des Risikoeintritts zu gewährleisten. Gegenstand der passiven Risikosteuerung sind insbesondere Risiken, bei denen

- die Maßnahmen der aktiven Risikosteuerung nicht greifen,
- die Kosten der aktiven Risikosteuerung zu hoch sind,
- Restrisiken abgesichert werden müssen.

Da bei einer passiven Risikosteuerung primär der Umgang mit den finanziellen Konsequenzen von eintretenden Risiken diskutiert wird, spricht man in diesem Zusammenhang auch von Risikofinanzierung. Mögliche Finanzierungsformen sind hierbei die Risikovorsorge und der Risikotransfer.

Risikovorsorge

Im Zuge der **Risikovorsorge** werden die finanziellen Konsequenzen von Risikoeintritten ex ante aus Unternehmensmitteln finanziert. Über mehrere Perioden erwirtschaftete und somit vorfinanzierte Unternehmensmittel dienen dabei als Deckungsmasse zur Kompensation der finanziellen Konsequenzen der Risiken. Die Deckungsmasse umfasst das Eigenkapital inklusive des erwirtschafteten Gewinns sowie stille und offene Reserven. Einen innovativen Ansatz zur Bildung von Deckungsmasse stellt das sog. Funding dar. Beim Funding wird die Deckungsmasse nicht unternehmensintern, sondern bei einem externen Versicherungsunternehmen angesammelt.

Risikotransfer

Beim **Risikotransfer** werden die finanziellen Konsequenzen der Risiken auf Dritte übertragen. Im Rahmen des sog. traditionellen Risikotransfers erfolgt eine Übertragung auf unternehmensexterne Märkte durch den Abschluss geeigneter Versicherungen oder den Einsatz entsprechender Finanzderivate (z. B. »Hedging« von Wechselkursen mit Derivaten). Daneben ermöglichen die verschiedenen Formen des sog. alternativen Risikotransfers eine Übertragung vorwiegend leistungswirtschaftlicher Risiken auf den Kapitalmarkt. Dies wird mittels speziell ausgestalteter Instrumente, wie Risk Bonds, Versicherungsderivate und Contingent Capital, realisiert (für eine nähere Darstellung der Instrumente vgl. Schierenbeck/Lister, 2002, S. 359 ff.; Hölscher, 2006, S. 385 ff.).

Hybride Instrumente

Schließlich ist eine passive Risikosteuerung auch mittels Mischformen aus Risikovorsorge und Risikotransfer möglich (vgl. hierzu ausführlich Rücker, 2000, S. 365 ff.; Hölscher, 2006, S. 381 ff.). Dabei werden **hybride Instrumente** wie Captive Insurance Companies und Finite Risk-Konzepte eingesetzt. Bei Captive Insurance Companies, kurz Captives, handelt es sich um unternehmenseigene Versicherungsgesellschaften. Diese werden mit dem Zweck gegründet, Risiken der Gesellschaften der eigenen Unternehmensgruppe zu übernehmen. Die finanziellen Konsequenzen der Risiken werden von der Unternehmensgruppe selbst getragen. Allerdings lassen sich Risiken mithilfe von Captives teilweise aufgrund des Zugangs zum Rückversicherungsmarkt transferieren. Demgegenüber sind Finite Risk-Konzepte dadurch gekennzeichnet, dass die Haftung eines externen Versicherers für Schadenszahlungen vertraglich begrenzt ist. Die vertragliche Haftungsbegrenzung führt dazu, dass die finanziellen Konsequenzen eines Risikos nur anteilig auf den Versicherer transferiert werden.

Die Maßnahmen der aktiven und passiven Risikosteuerung dienen zur Optimierung der Gesamtrisikoposition eines Unternehmens. Das Ziel der Risikosteuerung liegt nicht darin, alle Risiken eines Unternehmens auszuschalten. Vielmehr werden in Unternehmen bewusst Risiken eingegangen, um an den damit verbundenen Chancen zu partizipieren. Vor diesem Hintergrund sollen die Maßnahmen der aktiven und passiven Risikosteuerung dazu beitragen, eine Balance zwischen Chancen und Risiken zu realisieren (vgl. Romeike, 2003a, S. 241).

10.4.2 Risikoadjustierte Performance-Messung

RAPM

An die Frage der Risikosteuerung gekoppelt ist die Beurteilung der Performance, welche mit dem Eingehen von Risiken verbunden ist. Insbesondere in der Steuerung von Banken und Versicherungen – sowohl auf Gesamtunternehmens- als auch Geschäftsbereichsebene – werden unter dem Begriff **Risk Adjusted Performance Measurement** (RAPM) Performance-Kennzahlen verwendet, die eine explizite Berücksichtigung der eingegangenen Risiken erlauben. Diese risikoadjustierten Performance-Kennzahlen sind im Kern Rentabilitätskennzahlen, welche aus dem Verhältnis einer Ergebnisgröße zu einer Kapitalgröße gebildet werden. Im Gegensatz zu »traditionellen« Rentabilitätskennzahlen (wie z. B. Eigen- oder Gesamtkapitalrentabilität) wird bei risikoadjustierten Performance-Kennzahlen jedoch das eingegangene Risiko durch Anpassung der Ergebnisgröße, der Kapitalgröße oder aber beider Größen explizit berücksichtigt. Im Folgenden werden die drei zentralen RAPM-Kennzahlen RORAC, RAROC und RARORAC vorgestellt (vgl. hierzu und im Folgenden Gebhardt/Mansch, 2005, S. 44 ff.; Lister, 2006, S. 325 ff.).

RORAC

Die Kennzahl **RORAC (Return on Risk Adjusted Capital)** ergibt sich aus dem Verhältnis von Nettoergebnis zu Risikokapital. Das Nettoergebnis entspricht der Differenz der dem entsprechenden Geschäftsbereich direkt zurechenbaren Erträge und Aufwendungen, die mit dem Eingang der Risikoposition verbunden sind. Das Risikokapital, das notwendig ist, um die Risiken selbst abzudecken, entspricht dabei dem Value at Risk des betroffenen Geschäftsbereichs. In Höhe des Value at Risk ist demzufolge Eigenkapital zu hinterlegen. Im Verlustfall dient dieses als Haftungs- und Deckungsmasse. Aus der Definition des Value at Risk lässt sich ableiten, dass der Risikokapitalbedarf mit steigendem Risiko zunimmt. Durch Heranziehen des Value at Risk als Kapitalgröße wird bei der Kennzahl RORAC das Risiko somit durch Anpassung der Kapitalgröße berücksichtigt. Folglich gibt der RORAC das Nettoergebnis je Einheit des eingegangenen Risikos an:

$$\text{RORAC} = \frac{\text{Nettoergebnis}}{\text{Risikokapital}}$$

Mit der Kennzahl **RAROC (Risk Adjusted Return on Capital)** wird das Risiko durch Adjustierung der Ergebnisgröße berücksichtigt. Dazu wird das Nettoergebnis um die Kosten des risikotragenden Kapitals reduziert. Diese ergeben sich aus der Multiplikation des Risikokapitals mit einer vorgegebenen Hurdle Rate. Die Hurdle Rate entspricht der risikoadjustierten Rendite des Risikokapitals, die mindestens realisiert werden soll. Da das Risikokapital als zu hinterlegendes Eigenkapital verstanden werden kann, wird als Hurdle Rate meist der Eigenkapitalkostensatz verwendet. Insofern ergibt sich der RAROC aus dem Verhältnis des um die Opportunitätskosten des risikotragenden Kapitals reduzierten Nettoergebnisses und einer Gesamtkapitalgröße. Folglich gibt der RAROC das Residualergebnis pro Einheit der Gesamtkapitalbasis an:

$$\text{RAROC} = \frac{\text{Nettoergebnis} - \text{Hurdle Rate} \times \text{Risikokapital}}{\text{Gesamtkapital}}$$

$$= \frac{\text{Nettoergebnis} - \text{Eigenkapitalkosten des Risikokapitals}}{\text{Gesamtkapital}}$$

RARORAC

Durch Kombination der Überlegungen zu den Kennzahlen RORAC und RAROC erhält man die Kennzahl **RARORAC (Risk Adjusted Return on Risk Adjusted Capital)**, bei der sowohl die Ergebnis- als auch die Kapitalgröße um das Risiko bereinigt wird (vgl. hierzu und im Folgenden Gebhardt/Mansch, 2005, S. 49 f.). Das Nettoergebnis wird analog zu der Bestimmung des RAROC um die Kosten des risikotragenden Kapitals reduziert. Gleichzeitig erfolgt die Risikoadjustierung des Nenners in Analogie zur Bestimmung des RORAC durch Verwendung des Risikokapitals als Kapitalgröße. Folglich gibt der RARORAC das Residualergebnis je Einheit eingegangenen Risikos an:

$$\text{RARORAC} = \frac{\text{Nettoergebnis} - \text{Hurdle Rate} \times \text{Risikokapital}}{\text{Risikokapital}}$$

$$= \frac{\text{Nettoergebnis} - \text{Eigenkapitalkosten des Risikokapitals}}{\text{Risikokapital}}$$

Unter bestimmten Annahmen stellt der RARORAC eine Weiterentwicklung der Kennzahl RORAC dar:

$$\text{RARORAC} = \frac{\text{Nettoergebnis} - \text{Hurdle Rate} \times \text{Risikokapital}}{\text{Risikokapital}}$$

$$= \frac{\text{Nettoergebnis}}{\text{Risikokapital}} - \text{Hurdle Rate}$$

$$= \text{RORAC} - \text{Hurdle Rate}$$

Ist der RARORAC positiv, übersteigt die erwirtschaftete Rendite des Risikokapitals (RORAC) die geforderte Mindestrendite. In diesem Fall werden die Eigenkapitalkosten verdient und eine Überrendite erwirtschaftet. Bei negativem RARORAC fällt die erwirtschaftete Rendite (RORAC) geringer als die Mindestrendite aus. Bei einem RARORAC von Null wird die erforderliche Mindestrendite gerade erwirtschaftet.

Um eine Wertvernichtung zu vermeiden, muss folglich mindestens ein RORAC in Höhe der Hurdle Rate erzielt werden. Somit lässt sich die Hurdle Rate als Mindest- bzw. Ziel-RORAC interpretieren. Bei Erreichung des Ziel-RORAC werden die Renditeforderungen der Eigenkapitalgeber gerade erfüllt. Es gilt:

$$\text{Hurdle Rate} = \text{RORAC}_{\text{Ziel}} = \frac{\text{Nettoergebnis}_{\text{Ziel}}}{\text{Risikokapital}}$$

Durch Integration dieses Zusammenhangs in die Gleichung zur Bestimmung des RARORAC wird dieser als Differenz zwischen dem realisierten (Ist-)RORAC und dem mindestens anzustrebenden Ziel-RORAC ausgewiesen:

$$\text{RARORAC} = \text{RORAC} - \text{RORAC}_{\text{Ziel}}$$

Bewertung

Zusammenfassend lässt sich festhalten, dass die Kennzahlen RORAC, RAROC und RARORAC den Vorteil bieten, Risiken im Gegensatz zu »traditionellen« Rentabilitätskennzahlen als explizite Bestandteile in die Performance-Messung zu integrieren. Aufgrund der Verknüpfung von Ertrags- und Risikogesichtspunkten dienen RAPM-

Kennzahlen vorwiegend in Unternehmen des Finanzsektors als zentrale Größen zur Messung der Effizienz des (Risiko-)Kapitaleinsatzes und Beurteilung der Leistung einzelner Geschäftsfelder und des Gesamtunternehmens. Vor dem Hintergrund der Risikosteuerung stellen sie die Basis für die Allokation von Risikokapital in einzelne Geschäftsfelder dar, um so eine Optimierung des Risiko-Chancen-Profils einzelner Geschäftsfelder und des Gesamtunternehmens zu erreichen.

Die Berechnung der Kennzahlen RORAC und RARORAC wird in Beispiel 10.4 verdeutlicht (in Anlehnung an Lister, 2000, S. 134 f.).

Beispiel 10.4 Grape SE **Berechnung der Kennzahlen RORAC und RARORAC**

▸▸▸ Das Wertpapiergeschäft der Grape SE wurde vom Vorstand in einer separaten Tochtergesellschaft namens »Grape-Trading« zusammengefasst. Innerhalb des letzten Geschäftsjahres wurden insgesamt vier Wertpapiergeschäfte von »Grape-Trading« durchgeführt. Zur Untersuchung der Vorteilhaftigkeit der einzelnen Wertpapiergeschäfte sollen auf Basis des jeweiligen Volumens, Value at Risk sowie Netto-Ertrags die risikoadjustierten Performance-Kennzahlen RORAC und RARORAC berechnet werden. Die Mindestrendite auf das eingesetzte Risikokapital wurde auf 40 % festgelegt. Die Berechnung der beiden Kennzahlen wird exemplarisch in Tabelle 10-10 dargestellt. ◂◂◂

Tab. 10-10

Berechnung der Kennzahlen RORAC und RARORAC

	Geschäft	Berechnung	1	2	3	4
(1)	Volumen [in Mio. EUR]		10.000	10.000	4.000	20.000
(2)	Maximaler Verlust mit einer Wahrscheinlichkeit von 97,7 % = Risikokapital = VaR [in Mio. EUR]		250	400	250	100
(3)	Netto-Ertrag [in Mio. EUR]		200	200	100	-50
(4)	Netto-Marge [in %]	=(3)/(1)	2 %	2 %	2,5 %	−0,25 %
(5)	RORAC [in %]	=(3)/(2)	80 %	50 %	40 %	−50 %
(6)	Ziel-RORAC [in %]		40 %			
(7)	(Mindest-)Ergebnis [in Mio. EUR]	=(6)x(2)	100	160	100	40
(8)	Risk adjusted Return [in Mio. EUR]	=(3)-(7)	100	40	0	−90
(9)	RARORAC [in %]	=(8)/(2)	40 %	10 %	0 %	−90 %

(Quelle: in enger Anlehnung an Lister, 2000, S. 135)

Praxisbeispiel

Risikoadjustierte Performance Messung mit RAROC in der spanischen Bankengruppe Banco Bilbao Vizcaya Argentaria (BBVA)

»The Group's recurrent **risk-adjusted return on economic capital (RAROC)**, generated from customer business and excluding one-off operations, stood at 34%, reaching high levels in all the business areas. The correct combination of risk-adjusted return on economic capital and growth is a key competitive factor in BBVA.«
(Quelle: in Anlehnung an Banco Bilbao Vizcaya Argentaria SA (BBVA), 2008, S. 59)

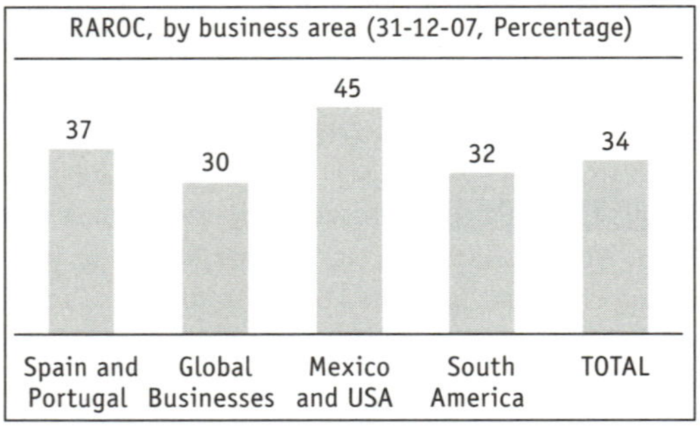

10.5 Risikoberichterstattung

Im Rahmen eines ganzheitlichen Risikomanagement-Ansatzes gewährleistet die Risikoberichterstattung eine adäquate Entscheidungsunterstützung (vgl. Abschnitt 10.5.1). Es werden regelmäßig entscheidungsrelevante Informationen zur Verfügung gestellt, um eine Risikosteuerung (vgl. Abschnitt 10.4) mit dem Ziel zu ermöglichen, Bedrohungen für den Geschäftsverlauf eines Unternehmens frühzeitig zu erkennen und das Potenzial zur Schadensreduzierung zu erhöhen (vgl. Burger/Buchhart, 2002, S. 53). Ausgehend von der tatsächlichen Risikolage werden Informationen den inhaltlichen, formalen, zeitlichen und personalen Anforderungen entsprechend aufbereitet, kommuniziert und dokumentiert. Infolge der unterschiedlichen Anforderungen wird zwischen interner (vgl. Abschnitt 10.5.2) und externer Risikoberichterstattung (vgl. Abschnitt 10.5.3) unterschieden.

10.5.1 Funktionen der Risikoberichterstattung

Die Risikoberichterstattung erfüllt im Unternehmen verschiedene Funktionen, die nachfolgend erläutert werden.

Informationsfunktion

Die Funktion der Risikoberichterstattung, das Management bei Entscheidungen zur Einleitung von Maßnahmen bei gegebenen Chancen und Risiken zu unterstützen, kann nur durch eine adäquate Informationsversorgung erfolgen. Die Informationen zur Entscheidungsunterstützung müssen hierbei folgende Eigenschaften aufweisen:

- Wesentlichkeit und Aktualität, um eine Informationsüberflutung zu vermeiden;
- Verlässlichkeit, d.h., eine hohe Sorgfalt bei der Datenerfassung und Informationszusammenstellung sowie regelmäßige Kontrollen der Daten sind erforderlich;

- Vollständigkeit, um ein umfassendes Bild über die Situation zu erhalten;
- Zeitliche Vergleichbarkeit, um Änderungen besser nachvollziehen zu können.

Das Risikocontrolling stellt in diesem Zusammenhang die Informationsversorgung sicher (vgl. Burger/Buchhart, 2002, S. 175).

Dokumentationsfunktion

Mit der Dokumentation wird die Einhaltung der Maßnahmen des Risikomanagements im Zeitablauf sichergestellt. Hierzu werden die Informationen aller Einzelschritte des Risikomanagements entsprechend verarbeitet und im Rahmen der Risikoberichterstattung dokumentiert.

Kontrollfunktion

Eine weitere Funktion der Risikoberichterstattung ist die Kontrolle bezüglich der eingeleiteten Maßnahmen und deren Eignung zur Steuerung von Risiken und Chancen. Hierbei dient die Risikoberichterstattung u. a. als Prüfungsgrundlage des Risikomanagementsystems durch die Interne Revision, den Aufsichtsrat und den Abschlussprüfer.

Rechenschaftsfunktion

Gleichzeitig dient die Risikoberichterstattung als Rechenschaftsinstrument für die Unternehmensführung, die im Falle einer Unternehmenskrise ihr regelungskonformes Verhalten nachweisen kann.

Die Berichterstattung über relevante Chancen und Risiken lässt sich grundlegend nach den Adressaten in eine interne und externe Berichterstattung unterteilen.

10.5.2 Interne Risikoberichterstattung

Für die **interne Risikoberichterstattung** gibt es keine gesetzlichen Regelungen. Im Rahmen der allgemeinen Sorgfaltspflicht der Unternehmensführung ergibt sich jedoch eine faktische Verpflichtung zur Dokumentation von Risiken (vgl. Lück/Bungartz, 2004, S. 1792).

Die interne Risikoberichterstattung kann in die Top-down-Dokumentation von Risikomanagementsystemen und die Bottom-up-Berichterstattung basierend auf den vom Risikomanagementsystem generierten Informationen unterteilt werden.

Top-down-Dokumentation

Die Dokumentation des Risikomanagementsystems sollte Informationen über die relevanten Risikopositionen, die Risikostrategie des Unternehmens und die eingeleiteten Maßnahmen zur Umsetzung der Strategie umfassen (vgl. Reichmann, 2011, S. 584). Eine zweckerfüllende Risikoberichterstattung setzt die Implementierung des Risikomanagements in die bestehende Organisationsstruktur des Managementprozesses voraus. Vorstand, Aufsichtsrat, Interne Revision, Controlling, Risiko-Manager, Abschlussprüfer und Mitarbeiter sind hierbei sowohl aufbau- als auch ablauforganisatorisch aufeinander abzustimmen, um eine vollständige Risikoidentifikation und umfassende Maßnahmen zur Steuerung von Risiken im Unternehmen zu gewährleisten (vgl. Burger/Buchhart, 2002, S. 261). Nach einer erfolgreichen Risikoidentifikation sind Risikobereiche und Schwellenwerte, die bei Überschreitung eine Berichterstattung an die nächsthöhere Ebene implizieren, festzulegen (vgl. Lück/Bungartz, 2004, S. 1792). Im Rahmen der Reportingstruktur sind die Berichtshäufigkeit und die Berichtsform der Einzelrisiken zu konkretisieren.

Bottom-up-Berichterstattung

Inhalt der Bottom-up-Risikoberichterstattung sind die identifizierten Risiken sowie die Beschreibung der Bewertungsmethoden. Ferner sollte der Risikobericht auch Vorschläge für Risikobewältigungsmaßnahmen an die vorgelagerte Risikomanagement-Instanz enthalten. Zusätzlich sollte der Vorstand Informationen erhalten, die das aggregierte Risikovolumen des Unternehmens abbilden.

10.5.3 Externe Risikoberichterstattung

Im Rahmen eines ganzheitlichen Risikomanagement-Ansatzes gewährleistet die **externe Risikoberichterstattung** eine adäquate Entscheidungsunterstützung. Hierzu ist über die wesentlichen Chancen und Risiken in einem separaten Chancen- und Risikobericht zu informieren. Gemäß § 315 Abs. 1 Satz 5 HGB und DRS 20.117 besteht das Wahlrecht, den Chancen- und Risikobericht im Konzernlagebericht gemeinsam oder getrennt auszuweisen (vgl. Coenenberg et al., 2014, S. 935).

Die Unternehmen haben explizit die wesentlichen Chancen und Risiken der voraussichtlichen Entwicklung im (Konzern-)Lagebericht zu beurteilen und erläutern. Die Relevanz von Chancen und Risiken wird anhand der wesentlichen Beeinflussung der Vermögens-, Finanz- und Ertragslage beurteilt. Chancen und Risiken dürfen dabei nicht saldiert werden. (vgl. Coenenberg et al., 2014, S. 937).

Im (Konzern-)Lagebericht sind in Bezug auf die Verwendung von Finanzinstrumenten zusätzlich Risikomanagementziele und -methoden einschließlich aller relevanten finanzwirtschaftlichen Risiken (z. B. Preisänderungs-, Ausfall- und Liquiditätsrisiken) und deren Absicherungsmaßnahmen des Unternehmens zu erfassen (vgl. die Regelungen in §§ 289 bzw. 315 HGB). Die gesetzlichen Vertreter einer kapitalmarktorientierten Kapitalgesellschaft bzw. eines kapitalmarktorientieren Mutterunternehmens müssen versichern, dass die Darstellung des Geschäftsverlaufes und der Lage der Kapitalgesellschaft bzw. des Konzerns im (Konzern-)Lagebericht den tatsächlichen Verhältnissen entspricht und wesentliche Chancen und Risiken beschrieben sind (vgl. § 289 Abs. 1 Satz 5 bzw. § 315 Abs. 1 Satz 6 HGB). Das nachfolgende Praxisbeispiel der adidas AG fokussiert auf die Darstellung von Liquiditätsrisiken.

Weitere Publizitätspflichten in der externen Risikoberichterstattung bestehen für Kapitalgesellschaften im Sinne des § 264d HGB sowie für Konzerne, wenn ein in den Konzernabschluss einbezogenes Unternehmen kapitalmarktorientiert im Sinn des § 264d HGB ist. Gemäß § 289 Abs. 5 HGB bzw. § 315 Abs. 2 Nr. 5 HGB sind im (Konzern-) Lagebericht die wesentlichen Merkmale des internen Kontroll- und Risikomanagementsystems im Hinblick auf den (Konzern-)Rechnungslegungsprozess zu beschreiben. Hierbei sollen Angaben zu Systemen und Prozessen gemacht werden, sofern diese im Rahmen der Gesamtbeurteilung der Qualität des (Konzern-)Rechnungslegungsprozesses einen Einfluss auf diese haben. Für das interne Kontroll- und Risikomanagementsystem besteht keine explizite Einrichtungspflicht. Folglich werden bei Vorhandensein eines rechnungslegungsbezogenen internen Kontroll- und Risikomanagementsystems keine Wirksamkeitsaussagen im Hinblick auf die Funktionsfähigkeit und Effektivität verlangt (vgl. Heyd/Kreher, 2010, S. 182).

Praxisbeispiel

Liquiditätsrisiken und deren Absicherungsmaßnahmen

Liquiditätsrisiken ergeben sich aus einem eventuellen Mangel an Mitteln, um fällige Verbindlichkeiten in Bezug auf Fristigkeit, Volumen und Währungsstruktur bedienen zu können. Der adidas Konzern sieht sich außerdem dem Risiko ausgesetzt, aufgrund von Liquiditätsengpässen ungünstige Finanzierungskonditionen akzeptieren zu müssen. Zur Steuerung der Liquiditätsrisiken setzt die Konzern-Treasury-Abteilung ein effizientes Cash-Management-System ein. Zum 31. Dezember 2013 beliefen sich die flüssigen Mittel und Finanzanlagen des Konzerns auf 1,629 Mrd. EUR (2012: 1,935 Mrd. EUR). Darüber hinaus unterhält der Konzern bilaterale Kreditlinien in Höhe von 1,652 Mrd. EUR und einen fest zugesagten langfristigen Konsortialkredit in Höhe von 500 Mio. EUR bei internationalen Banken, der keine Marktstörungsklausel (Market Disruption Clause) enthält. Die 2,152 Mrd. EUR Kreditlinien wurden vereinbart, um jederzeit ausreichende Liquidität zu gewährleisten.

[...]

Wir beendeten das Geschäftsjahr mit einer Netto-Cash-Position in Höhe von 295 Mio. EUR (2012: 448 Mio. EUR). Zum Ende 2013 verringerte sich das Verhältnis der Nettofinanzverbindlichkeiten zu EBITDA zum Jahresende auf −0,2 und lag damit innerhalb der mittelfristigen Vorgaben des Konzerns von unter zwei. Aufgrund der uns zur Verfügung stehenden Kreditlinie, unserer Finanzierungsstruktur sowie unseres Geschäftsmodells ist unsere Risikoeinschätzung gegenüber dem Vorjahr unverändert. Wir schätzen die potenziellen Auswirkungen auf den Konzern weiterhin als gering und die Eintrittswahrscheinlichkeit als unwahrscheinlich ein.

(Quelle: adidas AG, 2014, S. 172)

Zukünftige Mittelabflüsse in Mio. EUR zum 31. Dezember 2013

	Bis zu 1 Jahr	Bis zu 2 Jahren	Bis zu 3 Jahren	Bis zu 4 Jahren	Gesamt
Bankkredite	126	—	—	—	126
Schuldscheindarlehen	70	95	111	—	276
Eurobond	514	—	—	—	514
Wandelanleihe	1	1	1	502	505
Verbindlichkeiten aus Lieferungen und Leistungen	1.825	—	—	—	1.825
Andere finanzielle Verbindlichkeiten	33	9	—	—	42
Abgegrenzte Schulden	464				464
Derivative Finanzverbindlichkeiten	80	12	1	—	93
Gesamt	3.113	117	113	502	3.845

(Quelle: in Anlehnung an adidas AG, 2014, S. 173)

Überwachung und Prüfung der Risikoberichterstattung

Damit die Entscheidungsträger eine umfassende externe Risikoberichterstattung erstellen, ist eine Überwachung auf interner und externer Ebene erforderlich. Zu den Überwachungsorganen auf interner Ebene zählen der Aufsichtsrat und die Interne Revision und auf externer Ebene der Abschlussprüfer sowie Akteure des Kapitalmarktes, wie bspw. Anteilseigner oder Finanzdienstleistungsinstitute (vgl. Lück/Bungartz, 2004, S. 1792).

Der Risikobericht ist nach § 289 Abs. 1 Satz 4 HGB bzw. § 315 Abs. 1 Satz 5 HGB Bestandteil des (Konzern-)Lageberichts und somit auch Gegenstand der Prüfung durch den Abschlussprüfer nach § 317 Abs. 2 Satz 1 HGB. Die Angaben im (Konzern-) Lagebericht zu dem rechnungslegungsbezogenen internen Kontroll- und Risikomanagementsystem unterliegen ebenfalls der Prüfungspflicht. Dabei hat der Abschlussprüfer zu prüfen und festzustellen, ob die Chancen und Risiken der künftigen Entwicklung zutreffend dargestellt wurden (vgl. § 317 Abs. 2 Satz 2 und § 322 Abs. 6 Satz 2 HGB). Der Abschlussprüfer hat gem. § 171 Abs. 1 Satz 2 AktG die Pflicht, den Aufsichtsrat oder den Prüfungsausschuss über seine Prüfungsergebnisse, insbesondere wesentliche Schwächen des internen Kontroll- und des Risikomanagementsystems bezogen auf den Rechnungslegungsprozess, zu informieren.

DRS 20 »Konzernlagebericht«

Zur Konkretisierung der inhaltlichen und formalen Anforderungen an die Lageberichterstattung ist ferner in Konzernabschlüssen der Deutsche Rechnungslegungs Standard (DRS) Nr. 20 »Konzernlagebericht« anzuwenden. Der neue Standard zur Konzernlageberichterstattung fasst die vorherigen Regelungen zur Lageberichterstattung (DRS 15) und zur Risikoberichterstattung (DRS 5) sowie die branchenspezifischen Regelungen für Kredit- und Finanzdienstleistungsinstitute (DRS 5–10) und Versicherungsunternehmen (DRS 5–20) zur Risikoberichterstattung zusammen.

Der DRS 20 ist in die Teilbereiche »Gegenstand und Geltungsbereich« (Tz. 1–10), »Definitionen« (Tz. 11), »Regeln« (Tz. 12–K235), »Inkrafttreten« (Tz. 236–237) und »Außerkrafttreten« (Tz. 238–241) gegliedert sowie in »Anlagen«, die die Besonderheiten der Risikoberichterstattung von Kredit- und Finanzdienstleistungsinstituten (Tz. A1.1–A1.22) sowie von Versicherungsunternehmen (Tz. A2.1–A2.20) regeln. Zudem enthält der Standard eine »Begründung« (Tz. B1-B44). Der Standard gilt für Mutterunternehmen, die nach § 315 HGB einen Konzernlagebericht aufzustellen haben oder freiwillig aufstellen (DRS 20.5). Das Ziel der Konzernlageberichterstattung liegt in der Rechenschaftslegung sowie in der Übermittlung von Informationen, »die es dem verständigen Adressaten ermöglichen, sich ein zutreffendes Bild vom Geschäftsverlauf, von der Lage und von der voraussichtlichen Entwicklung des Konzerns sowie von den mit dieser Entwicklung einhergehenden Chancen und Risiken zu machen« (DRS 20.3). Der Risikobericht (DRS 20.135–164) umfasst Angaben zum Risikomanagementsystem, zu den einzelnen Risiken sowie eine Zusammenfassung der Risikolage (DRS 20.135) und muss folgende Kriterien beinhalten:

- Erhöhung der Klarheit und Übersichtlichkeit der Risikoberichterstattung durch Kategorisierung und Ordnen gleichartiger Risiken (DRS 20.162);
- Beschreibung der Risiken und Bestimmung ihrer Eintrittswahrscheinlichkeit und Auswirkungen, um ihre Relevanz für das Unternehmen zu bestimmen (DRS 20.149/150);
- Quantifizierung von Risiken sowie Erläuterung und Darstellung der Modelle und Annahmen, wenn diese zur internen Steuerung verwendet werden und das Verständnis erhöht wird (DRS 20.152);
- Darstellung und Beurteilung der Auswirkungen von Risiken sowie der Maßnahmen zur Risikobegrenzung (DRS 20.157);
- Beschreibung des Risikomanagementsystems durch die Darstellung der Ziele und der Strategie sowie der Prozesse und Strukturen (DRS 20.K137);
- Darstellung und Erläuterung wesentlicher Veränderungen gegenüber dem Vorjahr, die für die Risikobeurteilung notwendig sind (DRS 20.159);
- Erläuterung der wesentlichen Merkmale des internen Kontroll- und Risikomanagementsystems sowie Darstellung der Strukturen und Prozesse (DRS 20.K144).

Die »Risikoberichterstattung in Bezug auf die Verwendung von Finanzinstrumenten« ist in DRS 20.179–187 gesondert geregelt. Hierzu gehören die Anforderungen an die Berichterstattung über **die Beurteilung der Lage bzw. der zukünftigen Entwicklung** (DRS 20.179), **Risiken aus der Verwendung von Finanzinstrumenten** (DRS 20.179), **Risikokategorien** (DRS 20.181) sowie **Risikomanagementziele** (DRS 20.181) und **Risikomanagementmethoden** (DRS 20.181). Für Markt-, Ausfall- und Liquiditätsrisiken, die sich aus der Verwendung von Finanzinstrumenten ergeben, sind jeweils Art und Ausmaß anzugeben (DRS 20.182).

Bei der Zusammenführung der Regelungen zur Konzernlageberichterstattung wurden Änderungen vorgenommen. Zu den für den Risikobericht relevanten Änderungen im DRS 20 »Konzernlageberichterstattung« gehören:

- Pflicht zur zusammenfassenden Darstellung der Risikolage (DRS 20.160);
- Erhöhung der Anforderung an die Darstellung der Risiken (DRS 20.146-164);
- Quantifizierung der Risiken, wenn dies zur internen Steuerung geschieht (DRS 20.152);
- Ausweitung der Anforderungen an die Darstellungen über das Risikomanagementsystem für kapitalmarktorientierte Unternehmen (DRS 20.K137–K145);
- Neudefinition von Risiko (Chance) als negative (positive) Abweichungen von der Prognose (DRS 20.11);
- Die Berichterstattung über Risiken kann getrennt oder gemeinsam mit der Berichterstattung über Chancen erfolgen. Die einzelnen Berichte bzw. der gemeinsame Bericht kann getrennt oder gemeinsam mit dem Prognosebericht erstellt werden (DRS 20.117).

XBRL zur Unterstützung der Berichterstattung

Damit die Berichterstattung ihre zugedachten Funktionen erfüllen kann, ist eine Unterstützung durch geeignete Datenverarbeitungssysteme hilfreich. Als Beispiel für ein mögliches Integrationstool kann **XBRL (eXtensible Business Reporting Language)** angeführt werden, eine Textauszeichnungssprache zur elektronischen Berichterstattung (vgl. ausführlich Abschnitt 2.3.3.5; vgl. auch Grüning, 2004, S. 509 ff.). Mithilfe von XBRL soll die Kommunikation von Finanzinformationen im Rahmen der Unternehmensberichterstattung erleichtert werden. Dazu werden die Finanzinformationen in eine standardisierte Form überführt, was den Nutzern einen vereinfachten Informationsfluss durch einheitliche Schnittstellen gewährleistet. Für Zwecke des Risikomanagements ist mit XBRL die Möglichkeit gegeben, standardisierte Risikoinformationen auf elektronischem Wege für potenzielle Nutzer, wie z. B. Abschlussprüfer oder Analysten, zur Verfügung zu stellen.

10.6 Informationsversorgung von Aufsichtsräten

Aufgabe und Informationspflichten des Aufsichtsrats

Der **»Aufsichtsrat«** bezeichnet nach deutschem Recht das Kollegialorgan einer Aktiengesellschaft sowie dessen Mitglieder. Hauptaufgaben des Aufsichtsrats sind die regelmäßige Überwachung und Beratung der Geschäftsführung (geregelt durch § 111 Abs. 1 AktG und Tz. 5.1.1 DCGK) sowie die Festlegung zustimmungspflichtiger Geschäfte (§ 111 Abs. 4 Satz 2 AktG) (für nachfolgende Ausführungen siehe Fischer/Beckmann, 2009, S. 21 ff.). Weitere wichtige Aufgaben sind die Bestellung und Abberufung von Mitgliedern der Geschäftsführung (§ 84 AktG), die Festlegung der Vergütungshöhe und -zusammensetzung für die Mitglieder der Geschäftsführung (§ 87 Abs. 1 AktG), der Erlass oder die Änderung der Geschäftsordnung des Vorstands (§ 77 Abs. 2 Satz 1) sowie die Erteilung des Prüfungsauftrages für den Jahres- und Konzernabschluss an den Abschlussprüfer (§ 111 Abs. 2 Satz 3 AktG).

Ausgehend vom gesetzlichen Auftrag zur Überwachung und Beratung ist die Informationsversorgung des Aufsichtsrats zu konkretisieren. »Der Aufsichtsrat hat (...) Anspruch auf volle Information über alle Angelegenheiten der Gesellschaft« (vgl. Potthoff/Trescher, 2003, S. 170 (im Original z. T. fett gedruckt)). Gleichzeitig sind Informationen, die keine Relevanz in Bezug auf die Überwachung der Geschäftsführung haben, an die Aufsichtsratsmitglieder weder zu übermitteln noch von diesen zu verwenden (vgl. Theisen, 2007, S. 5).

Vor allem im Zusammenhang mit Unternehmens- bzw. Marktkrisen und/oder Prüfungsskandalen wird oft angeführt, dass auch das »Versagen der Kontrolleure« hierzu beigetragen habe. Nicht nur in wirtschaftlichen Turbulenzen sind somit folgende Fragestellungen von hoher Brisanz und Relevanz:

- Welche Informationen sind für Aufsichtsräte relevant?
- Wie können Aufsichtsräte mit diesen Informationen versorgt werden?
- Welche Aufgaben kommen dabei dem Controller zu?
- Wie muss dementsprechend das Controlling-System gestaltet sein?

Begriff »Informationsversorgung«

»Informationsversorgung« wird allgemein definiert als ein arbeitsteiliger, kommunikativer Prozess zwischen einem (oder mehreren) Informationssender(n) und einem (oder mehreren) Informationsempfänger(n), wobei der Empfänger i. d. R. Nutzer der Informationen ist, d. h. durch den Sender mit relevanten Informationen versorgt wird (vgl. Berthel, 1975, S. 67 und die Ausführungen in Abschnitt 2.3).

Die Informationsversorgung des Aufsichtsrates als Empfänger bzw. Nutzer von Informationen über das Mandatsunternehmen kann idealtypisch in zwei Phasen unterteilt werden: die Informationsbeschaffung und Informationsnutzung (vgl. Berthel, 1975, S. 57 ff.; Pfohl, 2004, S. 317).

Informationsbeschaffung

In der Phase der **Informationsbeschaffung** gibt der Sender die von ihm erstellten bzw. gesammelten und ggf. aufbereiteten Informationen an den Empfänger weiter. Alternativ hat der Empfänger die Möglichkeit Informationen vom Sender anzufordern bzw. sich selbstständig Informationen anzueignen. Diese Phase lässt sich durch fünf Gestaltungsvariablen charakterisieren: 1) die Auskunftspersonen, 2) die Kommunikationsmedien sowie die 3) Informationsmenge, 4) -qualität und 5) -inhalte (vgl. Shannon/Weaver, 1976, S. 16).

Informationsnutzung

Die **Informationsnutzung**, d.h. Verarbeitung und Speicherung der erhaltenen Informationen, stellt einen kognitiven Prozess des Informationsempfängers dar und folgt zeitlich auf die Phase der Informationsbeschaffung (vgl. Kuß/Tomczak, 2007, S. 26 ff.; Nieschlag et al., 2002, S. 600 ff.). Für diese Phase sind zunächst die Arten der Informationsnutzung bedeutsam, d. h. bei Aufsichtsräten die Aneignung von Hintergrundwissen, die Überwachung, die Beratung und die Sitzungsvorbereitung (vgl. allgemein Sandt, 2004, S. 156 f. und Steiners, 2005, S. 35 f.). Ferner ist die Intensität der Informationsnutzung bei den einzelnen Aufsichtsratsmitgliedern zu analysieren (vgl. Nieschlag et al., 2002, S. 604 f.).

Die Vermeidung von Informationsüberflutung bei den Aufsichtsratsmitgliedern ist von hoher Bedeutung. Erforderlich sind deshalb Instrumente zur individuellen Selektion und einfachen Transferierbarkeit in spezifische lokale Informationssysteme beim Nutzer, d. h. bei den jeweiligen Aufsichtsratsmitgliedern, um eine effiziente Informationsnutzung zu ermöglichen.

Kontrollfragen

1. *Wie werden die Begriffe Corporate Governance, Compliance, Risiko, Risikomanagement, Risikocontrolling und Risikomanagementprozess definiert?*
2. *Welches sind die vier gängigen Risikoauffassungen?*
3. *Welche einschlägigen gesetzlichen Regelungen, die das Überwachungssystem eines Unternehmens betreffen, gibt es?*
4. *Was sind die Aufgaben und Funktionen der wesentlichen Akteure im Risikomanagementsystem?*
5. *Wie können die Aufgaben der internen Kontrolle von denen der Internen Revision abgegrenzt werden?*
6. *Wie können Frühwarn-, Früherkennungs- und Frühaufklärungssysteme voneinander abgegrenzt werden?*
7. *Welche Aufbaustufen eines indikatororientierten Früherkennungssystems gibt es?*
8. *Was versteht man unter »Scanning« und »Monitoring« von schwachen Signalen?*
9. *Wozu dient die Szenarioanalyse?*
10. *Welche Risikokategorien existieren?*
11. *Wie können Risiken mittels eines Scoring-Modells bewertet werden?*
12. *Wie ist der Nutzen und wo sind Grenzen der Risikoklassifizierung?*
13. *Welche Erkenntnisse ergeben sich aus Sensitivitätsanalysen?*
14. *Was versteht man unter dem Value at Risk?*
15. *Welche Risiken können mit dem Value at Risk bewertet werden?*
16. *Welche Methoden zur Berechnung des Value at Risk lassen sich unterscheiden?*
17. *Welche zentrale Annahme liegt der Bestimmung des Value at Risk nach dem Varianz-Kovarianz-Ansatz zugrunde?*
18. *Wie ist die Vorgehensweise zur Bestimmung des Value at Risk nach dem Varianz-Kovarianz-Ansatz?*
19. *Wie ist die Vorgehensweise zur Bestimmung des Value at Risk nach der Monte-Carlo-Simulation?*

20. *Wie ist die Vorgehensweise zur Bestimmung des Value at Risk nach der historischen Simulation?*
21. *Was versteht man unter dem Cashflow at Risk? Welche definitorischen Varianten des Cashflow at Risk lassen sich unterscheiden?*
22. *Zur Bewertung welcher Risiken ist der Cashflow at Risk besonders geeignet?*
23. *Wie wird der Cashflow at Risk bestimmt?*
24. *Wozu dient die Risk Map?*
25. *Welches Ziel verfolgt die Risikoaggregation?*
26. *Welche Maßnahmen der aktiven Risikosteuerung stehen zur Verfügung und wie sind diese zu beurteilen?*
27. *Welchen Grundgedanken verfolgt die passive Risikosteuerung und welche Maßnahmen stehen hierzu zur Verfügung?*
28. *Durch welche Performance-Maße kann eine Berücksichtigung des Risikos erfolgen?*
29. *Was sagen die risikoadjustierten Performance-Maße aus?*
30. *Welche wesentlichen Unterschiede und Gemeinsamkeiten der risikoadjustierten Performance-Maße existieren?*
31. *Welche Funktionen hat die Risikoberichterstattung zu erfüllen?*
32. *Wie sind die Ziele der internen Risikoberichterstattung von denen der externen Risikoberichterstattung abzugrenzen?*
33. *Wie sind die Begriffe Informationsversorgung, Informationsbeschaffung und Informationsnutzung mit Blick auf Aufsichtsräte zu erläutern?*

Abkürzungsverzeichnis

Abb.	Abbildung
AG	Aktiengesellschaft
AKEIÜ	Arbeitskreis Externe und Interne Überwachung der Schmalenbach-Gesellschaft für Betriebswirtschaft
AktG	Aktiengesetz
BilMoG	Bilanzrechtsmodernisierungsgesetz
DCGK	Deutscher Corporate Governance Kodex
DRS	Deutscher Rechnungslegungs Standard
DRÄS	Deutscher Rechnungslegungs Änderungsstandard
DSR	Deutscher Standardisierungsrat
FMEA	Failure Mode and Effects Analysis
GuV	Gewinn- und Verlustrechnung
HGB	Handelsgesetzbuch
h. M.	herrschende(r) Meinung
IKS	internes Kontrollsystem
i. d. R.	in der Regel
i. v. m.	in Verbindung mit
IDW	Institut der Wirtschaftsprüfer
KGaA	Kommanditgesellschaft auf Aktien
KonTraG	Gesetz zur Kontrolle und Transparenz im Unternehmensbereich

PS	Prüfungsstandard
RAPM	Risk Adjusted Performance Measurement
RAROC	Risk Adjusted Return on Capital
RARORAC	Risk Adjusted Return on Risk Adjusted Capital
RFID	Radio Frequency Identification
RMS	Risikomanagementsystem
RORAC	Return on Risk Adjusted Capital
SOX	Sarbanes-Oxley Act
Tab.	Tabelle
TransPuG	Transparenz- und Publizitätsgesetz
Tz.	Textziffer
SE	Europäische Gesellschaft (Societas Europaea)
VaR	Value at Risk
WpHG	Wertpapierhandelsgesetz
XBRL	eXtensible Business Reporting Language

Symbolverzeichnis

a	Anteil des Inlandabsatzes am Gesamtabsatz
A	Kreditvolumen in US-Dollar
α	Wahrscheinlichkeitsniveau
$E(\cdot)$	Ergebnisfunktion
G	Geldvolumen eines Portfolios
$i_\$$	Maßgeblicher Geldmarktzinssatz in den USA
$k_€$	Variable inländische Stückkosten
$k_¥$	Stückkosten der in Japan bezogenen Komponenten
μ	Vektor der Erwartungswerte der Renditen der Portfoliotitel
μ_{DAX}	Erwartungswert der Wertänderung eines Tages eines DAX-Indexpapiers
μ_i	Erwartungswert der Wertveränderung der Vermögensposition i
μ_P	Erwartungswert der Wertveränderung eines Portfolios
$\mu_{r,Apple}$	Erwartungswert der Tagesrendite der Aktie von Apple
$\mu_{r,Bovespa}$	Erwartungswert der Tagesrendite des Bovespa-Index
$\mu_{r,DAX}$	Erwartungswert der Tagesrendite des DAX
$\mu_{r,i}$	Erwartungswerte der Renditen des Wertpapiers i
n_α	α-Quantil der Normalverteilung
$p_€$	Stückpreis des Fertigproduktes in Europa
$p_\$$	Stückpreis des Fertigproduktes in den USA
$P_{t,DAX}$	Tagesschlusskurs des DAX am Tag t
$r_{t,DAX}$	Diskrete Tagesrendite des DAX
$R_€$	Saldo der fixen Ein- und Auszahlungen
RAROC	Risk Adjusted Return on Capital
RARORAC	Risk Adjusted Return on Risk Adjusted Capital
RORAC	Return on Risk Adjusted Capital
Σ	Varianz-Kovarianz-Matrix der Renditen eines Portfolios

σ_i	Standardabweichung der Wertveränderung der Vermögensposition i
σ_i^2	Varianz der Wertveränderung der Vermögensposition i
σ_{DAX}	Standardabweichung der Wertänderung eines Tages eines DAX-Indexpapiers
σ_P	Standardabweichung der Wertveränderung eines Portfolios $(1-\alpha)$
$\sigma^2_{r,Apple}$	Varianz der Tagesrendite der Aktie von Apple
$\sigma_{r,Apple\ Bovespa}$	Kovarianz zwischen der Tagesrendite der Aktie von Apple und des Bovespa-Index
$\sigma_{r,Apple\ DAX}$	Kovarianz zwischen der Tagesrendite der Aktie von Apple und des DAX
$\sigma^2_{r,Bovespa}$	Varianz der Tagesrendite des Bovespa-Index
$\sigma_{r,Bovespa\ Apple}$	Kovarianz zwischen der Tagesrendite des Bovespa-Index und der Aktie von Apple
$\sigma_{r,Bovespa\ DAX}$	Kovarianz zwischen der Tagesrendite des Bovespa-Index und des DAX
$\sigma_{r,DAX}$	Standardabweichung der Tagesrendite des DAX
$\sigma^2_{r,DAX}$	Varianz der Tagesrendite des DAX
$\sigma_{r,DAX\ Apple}$	Kovarianz zwischen der Tagesrendite des DAX und der Aktie von Apple
$\sigma_{r,DAX\ Bovespa}$	Kovarianz zwischen der Tagesrendite des DAX und des Bovespa-Index
$\sigma_{r,ij}$	Kovarianz zwischen den Renditen der Wertpapiere *i* und *j*
$\sigma_{r,P}$	Standardabweichung der Renditen eines Portfolios
$\sigma^2_{r,P}$	Varianz der Renditen eines Portfolios
$VaR_{(1-\alpha),i}$	Value at Risk der Vermögensposition i auf einem Wahrscheinlichkeitsniveau von $(1-\alpha)$
$VaR_{(1-\alpha),P}$	Value at Risk eines Portfolios auf einem Wahrscheinlichkeitsniveau von $(1-\alpha)$
w_{Apple}	Anteil der Investition in die Aktie von Apple am Marktwert des Portfolios (Gewichtungsfaktor der Aktie von Apple)
$w_{Bovespa}$	Anteil der Investition in den Bovespa-Index am Marktwert des Portfolios (Gewichtungsfaktor des Bovespa-Index)
w_{DAX}	Anteil der Investition in den DAX am Marktwert des Portfolios (Gewichtungsfaktor des DAX)
$W_{€/\$}$	US-Dollar-Wechselkurs pro Einheit ausländischer Währung
$W_{€/¥}$	Yen-Wechselkurs pro Einheit ausländischer Währung
w_i	Anteil des Marktwertes des Portfoliotitels i am Marktwert des Portfolios (Gewichtungsfaktor des Portfoliotitels i)
w	Vektor der Gewichtungsfaktoren der Portfoliotitel
w^T	Transponierter Vektor der Gewichtungsfaktoren der Portfoliotitel
X_i	Normalverteilte Zufallsvariable der Wertveränderung der Vermögensposition i
x	Absatzmenge
$x_{i,t}$	Historische Ausprägung der Wertveränderung der Vermögensposition i zum Zeitpunkt t
z_α	α-Quantil der Standardnormalverteilung

Literaturhinweise

adidas AG (Hrsg.) (2014): Geschäftsbericht 2013, Herzogenaurach 2014.

AKEIÜ (2010a): Aktuelle Herausforderungen im Risikomanagement – Innovationen und Leitlinien, in: Der Betrieb, 63. Jg., 2010, Heft 23, S. 1245–1252.

AKEIÜ (2010b): Compliance: 10 Thesen für die Unternehmenspraxis, in: Der Betrieb, 63. Jg., 2010, Heft 27/28, S. 1509–1518.

Banco Bilbao Vizcaya Argentaria SA (BBVA) (Hrsg.) (2008): Geschäftsbericht 2007, Bilbao 2008.

Bartram, S. M. (2000): Verfahren zur Schätzung finanzwirtschaftlicher Risiken von Nichtbanken, in: Rudolph, B./Johanning, L. (Hrsg.): Handbuch Risikomanagement, Bad Soden 2000, S. 1267–1294.

BASF SE (Hrsg.) (2014): BASF Geschäftsbericht 2013, Ludwigshafen 2014.

Bassen, A./Zöllner, C. (2009): Erhöht gute Corporate Governance den Unternehmenswert? in: Wagenhofer, A. (Hrsg.): Controlling und Corporate Governance-Anforderungen, Berlin 2009, S. 43–57.

Becker, W./Ulrich, P. (2010): Corporate Governance und Controlling – Begriffe und Wechselwirkung, in: Keuper, F./Neumann, F. (Hrsg.): Corporate Governance, Risk Management und Compliance. Innovative Konzepte und Strategien, Wiesbaden 2010.

Berthel, J. (1975): Betriebliche Informationssysteme, Stuttgart 1975.

Buderath, H./Amling, T. (2000): Das Interne Überwachungssystem als Teil des Risikomanagementsystems, in: Dörner, D./Horváth, P./Kagermann, H. (Hrsg.): Praxis des Risikomanagements, Stuttgart 2000, S. 127–152.

Burger, A./Buchhart, A. (2002): Risiko-Controlling, München/Wien 2002.

Bühler, W./Korn, O./Schmidt, A. (1998): Ermittlung von Eigenkapitalanforderungen mit »Internen Modellen«, in: Die Betriebswirtschaft, 58. Jg., 1998, Heft 1, S. 64–85.

Coenenberg, A. G./Haller, A./Schultze, W. (2014): Jahresabschluss und Jahresabschlussanalyse, 23. Aufl., Stuttgart 2014.

Deutsche Bundesbank (Hrsg.) (2011): Basel III – Leitfaden zu den neuen Eigenkapital- und Liquiditätsregeln für Banken, Frankfurt a. M. 2011.

Eckert, S./Lamparter, G./Möller, K. (2004): Konzeption und Umsetzung eines Risikomanagementsystems bei der DÜRR AG, in: Hachmeister, D. (Hrsg.): Risikomanagement und Risikocontrolling, Zeitschrift für Controlling & Management, 48. Jg., Sonderheft 3, Wiesbaden 2004, S. 26–36.

Fischer, T. M./Beckmann, S. (2009): Informationsversorgung von Aufsichtsräten – Herausforderungen an das Controlling, in: Horváth, P. (Hrsg.): Erfolgreiche Steuerungs- und Reportingsysteme in verbundenen Unternehmen, Stuttgart 2009, S. 21–35.

Fraunhofer-Institut für System- und Innovationsforschung ISI (Hrsg.) (2013): Szenarien für die Gigabitgesellschaft. Ergebnisse einer Szenariostudie, Karlsruhe 2013.

Fricke, J. (2006): Value-at-Risk Ansätze zur Abschätzung von Marktrisiken, Diss., Universität Osnabrück, Wiesbaden 2006.

Gebhardt, G./Mansch, H. (Hrsg.) (2001): Risikomanagement und Risikocontrolling in Industrie- und Handelsunternehmen, in: Schmalenbachs Zeitschrift für betriebswirtschaftliche Forschung, Sonderheft 46, Düsseldorf/Frankfurt a. M. 2001.

Gebhardt, G./Mansch, H. (Hrsg.) (2005): Wertorientierte Unternehmenssteuerung in Theorie und Praxis, in: Schmalenbachs Zeitschrift für betriebswirtschaftliche Forschung, Sonderheft 53, Düsseldorf/Frankfurt a. M. 2005.

Geiger, W./Kotte, W. (2005): Handbuch Qualität. Grundlagen und Elemente des Qualitätsmanagements: Systeme, Perspektiven, 4. Aufl., Wiesbaden 2005.

Geschka, H. (1999): Die Szenario-Technik in der strategischen Unternehmensplanung, in: Hahn, D./Taylor, B. (Hrsg.): Strategische Unternehmungsplanung – Strategische Unternehmungsführung, 8. Aufl., Heidelberg 1999, S. 518–545.

Geschka, H. (2006): Szenariotechnik als Instrument der Frühaufklärung, in: Gassmann, O./Kobe, C. (Hrsg.): Management von Innovationen. Quantensprünge in der Entwicklung erfolgreich managen, 2. Aufl., Berlin u. a. 2006, S. 357–372.

Gleißner, W. (2011): Grundlagen des Risikomanagements im Unternehmen, 2. Aufl., München 2011.

Gleißner, W./Romeike, F. (2005): Risikomanagement. Umsetzung, Werkzeuge, Risikobewertung, Freiburg im Breisgau 2005.

Götze, U. (1993): Szenario-Technik in der strategischen Unternehmensplanung, 2. Aufl., Wiesbaden 1993.

Grüning, M. (2004): Extensible Business Reporting Language, in: Die Betriebswirtschaft, 64. Jg., 2004, Heft 4, S. 509–512.

Franz Haniel & Cie. GmbH (Hrsg.) (2014): Geschäftsbericht 2013, Duisburg 2014.

Heyd, R./Kreher, M. (2010): BilMoG – Das Bilanzrechtsmodernisierungsgesetz. Neuregelungen und ihre Auswirkungen auf Bilanzpolitik und Bilanzanalyse, München 2010.

Hinze, J. (2003): Prognoseleistung von Frühindikatoren, HWWA Discussion Paper, Nr. 236, Hamburg 2003.

HOCHTIEF AG (Hrsg.) (2014): Geschäftsbericht 2013, Essen 2014.

Hölscher, R. (2006): Aufbau und Instrumente eines integrativen Risikomanagements, in: Schierenbeck, H. (Hrsg.) (2006): Risk-Controlling in der Praxis. Rechtliche Rahmenbedingungen und geschäftspolitische Konzeptionen in Banken, Versicherungen und Industrie, Stuttgart 2006, S. 341–399.

Hopfenbeck, W. (2002): Allgemeine Betriebswirtschafts- und Managementlehre. Das Unternehmen im Spannungsfeld zwischen ökonomischen, sozialen und ökologischen Interessen, 14. Aufl., Landsberg/Lech 2002.

Horváth, P. (2011): Controlling, 12. Aufl., München 2011.

Imboden, C. (1983): Risikohandhabung. Ein entscheidungsbezogenes Verfahren, Stuttgart/Bern 1983.

Jorion, P. (2007): Value at Risk. The New Benchmark for Managing Financial Risk, 3. Aufl., New York u. a. 2007.

Kajüter, P. (2009): Risikomanagement als Controllingaufgabe im Rahmen der Corporate Governance, in: Wagenhofer, A. (Hrsg.): Controlling und Corporate Governance-Anforderungen, Berlin 2009, S. 109–130.

Krystek, U./Moldenhauer, R. (2007): Handbuch Krisen- und Restrukturierungsmanagement, Stuttgart 2007.

Krystek, U./Müller-Stewens, G. (1993): Frühaufklärung für Unternehmen. Identifikation und Handhabung zukünftiger Chancen und Bedrohungen, Stuttgart 1993.

Kuß, A./Tomczak, T. (2007): Käuferverhalten. Eine marketingorientierte Einführung, 4. Aufl., Stuttgart 2007.

Lachnit, L./Müller, S. (2001): Risikomanagementsystem nach KonTraG und Prüfung des Systems durch den Wirtschaftsprüfer, in: Freidank, C.-C. (Hrsg.): Die deutsche Rechnungslegung und Wirtschaftsprüfung im Umbruch. Festschrift für Wilhelm Theodor Strobel zum 70. Geburtstag, München 2001, S. 363–393.

Lachnit, L./Müller, S. (2012): Unternehmenscontrolling. Managementunterstützung bei Erfolgs-, Finanz-, Risiko- und Erfolgspotenzialsteuerung, 2. Aufl., Wiesbaden 2012.

Lee, A./Kim, J./Malz, A. M./Mina, J. (1999): CorporateMetrics™ Technical Document, in: http://www.msci.com/resources/research_papers/technical_doc/corporatemetrics_technical_document.html, Abruf: 02.06.2014.

Lehner, U./Schmidt, M. (2000): Risikomanagement im Industrieunternehmen, in: Betriebswirtschaftliche Forschung und Praxis, 52. Jg., 2000, Heft 3, S. 261–272.

Liebl, F. (1996): Strategische Frühaufklärung. Trends – Issues – Stakeholders, München 1996.

Lister, M. (2000): Konzeption des bankinternen Risikomodells RiskMaster®, in: Schierenbeck, H. (Hrsg.): Risk-Controlling in der Praxis. Rechtliche Rahmenbedingungen und geschäftspolitische Konzeptionen in Banken, Versicherungen und Industrie, Stuttgart 2000, S. 69–145.

Lister, M. (2006): Konzeptionelle Basis des wertorientierten Controlling, in: Schierenbeck, H. (Hrsg.): Risk-Controlling in der Praxis. Rechtliche Rahmenbedingungen und geschäftspolitische Konzeptionen in Banken, Versicherungen und Industrie, Stuttgart 2006, S. 295–340.

Löw, K. (2008): Typisierung, Messung und Bewertung von Risiken im Rahmen des Risikomanagements, Diss., Universität Erlangen-Nürnberg, Hamburg 2008.

Lutter, M. (2009): Professionalisierung des Aufsichtsrats, in: Der Betrieb, 62. Jg., 2009, Heft 15, S. 775–779.

Lück, W./Bungartz, O. (2004): Risikoberichterstattung deutscher Unternehmen, in: Der Betrieb, 57. Jg., 2004, Heft 34, S. 1789–1792.

Maluf, D. A./ Gawdiak, Y. O./Bell, D. G. (2005): On Space Exploration and Human Error: A paper on reliability and safety, in: http://ntrs.nasa.gov/archive/nasa/casi.ntrs.nasa.gov/20060016368_2006006769.pdf, verfügbar, Abruf: 02.06.2014.

Markowitz, H. (1952): Portfolio Selection, in: Journal of Finance, 7. Jg., 1952, Heft 1, S. 77–91.

Mott, B. P. (2001): Organisatorische Gestaltung von Risiko-Managementsystemen, in: Gleißner, W./Meier, G. (Hrsg.): Wertorientiertes Risiko-Management für Industrie und Handel, Wiesbaden 2001, S. 199–232.

Müller, A. (2003): Frühaufklärungssysteme im Rahmen des Marketing-Controlling, in: Pepels, W. (Hrsg.): Marketing-Controlling-Organisation. Grundgestaltung marktorientierter Unternehmenssteuerung, Berlin 2003, S. 17–44.

Nieschlag, R./Dichtl, E./Hörschgen, H. (2002): Marketing, 19. Aufl., Berlin 2002.

Pfennig, M. (2000): Shareholder Value durch unternehmensweites Risikomanagement, in: Rudolph, B./Johanning, L. (Hrsg.): Handbuch Risikomanagement, Bad Soden 2000, S. 1295–1332.

Pfohl, H.-C. (2004): Informationsprozeß, in: Lück, W. (Hrsg.): Lexikon der Betriebswirtschaft, 6. Aufl., München/Wien 2004, Sp. 317.

Potthoff, E./Trescher, K. (2003): Das Aufsichtsratsmitglied. Ein Handbuch für seine Aufgaben, Rechte und Pflichten, 6. Aufl., Stuttgart 2003.

Rau-Bredow, H. (2001): Überwachung von Marktpreisrisiken durch Value at Risk, in: Wirtschaftswissenschaftliches Studium, 30. Jg., 2001, Heft 6, S. 315–319.

Reichmann, T. (2011): Controlling mit Kennzahlen. Die systemgestützte Controlling-Konzeption mit Analyse- und Reportinginstrumenten, 8. Aufl., München 2011.

Romeike, F. (2003a): Der Prozess der Risikosteuerung und -kontrolle, in: Romeike, F./Finke, R. B. (Hrsg.): Erfolgsfaktor Risiko-Management. Chance für Industrie und Handel, Wiesbaden 2003, S. 235–243.

Romeike, F. (2003b): Risikoidentifikation und Risikokategorien, in: Romeike, F./ Finke, R. (Hrsg.): Erfolgsfaktor Risiko-Management. Chance für Industrie und Handel, Wiesbaden 2003, S. 165–182.

Rücker, U.-C. (2000): Finite Risk Konzepte als Beispiel hybrider Instrumente der Risikofinanzierung, in: Schierenbeck, H. (Hrsg.): Risk-Controlling in der Praxis. Rechtliche Rahmenbedingungen und geschäftspolitische Konzeptionen in Banken, Versicherungen und Industrie, Stuttgart 2000, S. 365–411.

Saitz, B. (1999): Risikomanagement als umfassende Aufgabe der Unternehmensleitung, in: Saitz, B; Braun, F. (Hrsg.): Das Kontroll- und Transparenzgesetz, Wiesbaden 1999, S. 70–98.

Sandt, J. (2004): Management mit Kennzahlen und Kennzahlensystemen: Bestandsaufnahme, Determinanten und Erfolgsauswirkungen, Diss., Wiesbaden 2004.

Schierenbeck, H./Lister, M. (2002): Value Controlling. Grundlagen Wertorientierter Unternehmensführung, 2. Aufl., München 2002.

Schierenbeck, H./Lister, M./Kirmße, S. (2008): Ertragsorientiertes Bankmanagement, Band 2: Risiko-Controlling und integrierte Rendite-/Risikosteuerung, 9. Aufl., Wiesbaden 2008.

Schulte, M. (1997): Bank-Controlling II: Risikopolitik in Kreditinstituten, 2. Aufl., Frankfurt a. M. 1997.

Schumacher, F./Auer, B. R. (2009): Portfoliooptimierung, in: Das Wirtschaftsstudium, 38. Jg., 2009, Heft 5, S. 679–687.

Seiter, M./Eckert, S. (2004): Value at Risk, in: Controlling, 16. Jg., 2004, Heft 7, S. 425–426.

Shannon, C. E./Weaver, W. (1976): Mathematische Grundlagen der Informationstheorie, übersetzte Fassung des engl. Originals von 1949, München/Wien 1976.

Steiners, D. (2005): Lernen mit Controllinginformationen. Empirische Untersuchung in deutschen Industrieunternehmen, Diss., Wiesbaden 2005.

Theisen, M. R. (2007): Information und Berichterstattung des Aufsichtsrats, 4. Aufl., Stuttgart 2007.

Thommen, J.-P./Achleitner, A.-K. (2009): Allgemeine Betriebswirtschaftslehre. Umfassende Einführung aus managementorientierter Sicht, 7. Aufl., Wiesbaden 2009.

Vielmeyer, U. (2004): Risikoorientierte Unternehmenspublizität, Frankfurt a. M. u. a. 2004.

Wiedemann, A./Hager, P. (2003): Messung finanzieller Risiken mit Cash-Flow at Risk-/Earnings at Risk-Verfahren, in: Romeike, F./Finke, R. B. (Hrsg.): Erfolgsfaktor Risiko-Management. Chance für Industrie und Handel, Wiesbaden 2003, S. 217–233.

Wieland, J. (2010): Compliance Management als Corporate Governance – konzeptionelle Grundlagen und Erfolgsfaktoren, in: Wieland, J./Steinmeyer, R./Grüninger, S. (Hrsg.): Handbuch Compliance Management, Berlin 2010, S. 15–38.

Winter, P. (2004): Cashflow at Risk als Instrument des industriellen Risikomanagements, in: Wirtschaftswissenschaftliches Studium, 33. Jg., 2004, Heft 5, S. 289–294.

Wolf, K./Runzheimer, B. (2009): Risikomanagement und KonTraG. Konzeption und Implementierung, 5. Aufl., Wiesbaden 2009.

Wolke, T. (2008): Risikomanagement, 2. Aufl., München u. a. 2008.

Wygoda, S. (2005): Risiko als Chance. Risikomanagement als Ansatz innovativer Unternehmensentwicklung – eine managementtheoretische Analyse, Berlin 2005.

11 Nachhaltigkeitsorientiertes Controlling

Lernziele

In diesem Kapitel erfahren Sie,

- wie sich der Begriff »unternehmerische Nachhaltigkeit« definieren lässt,
- was man unter dem Begriff »nachhaltigkeitsorientiertes Controlling« versteht,
- wie sich das nachhaltigkeitsorientierte Controlling ausgestalten lässt,
- wie ein nachhaltigkeitsorientiertes Berichtswesen zu gestalten ist.

Als Großserienproduzent für Hightech-Geräte agiert die Grape SE in einem Umfeld, das durch zunehmende Globalisierung der Märkte, Rohstoffknappheit und damit einhergehende Preissteigerungen sowie stärkeres Bewusstsein der Öffentlichkeit in Fragen der gesellschaftlichen Verantwortung von Unternehmen gekennzeichnet ist. Um diesen Entwicklungen zu begegnen und den Unternehmenserfolg zu sichern, steht das Management der Grape SE vor der Herausforderung, neben ökonomischen auch ökologische und soziale Zielgrößen in das Unternehmenscontrolling zu integrieren. Daraus ergibt sich für die Grape SE die Notwendigkeit, die traditionelle, finanzielle Ausrichtung des Controllings zu erweitern, indem zusätzliche, v. a. nicht finanzielle Indikatoren in die Geschäftssteuerung des Unternehmens integriert werden.

Eine nachhaltige Entwicklung fordert einen langfristig ausgerichteten verantwortungsvollen Umgang nicht nur mit ökonomischen sondern auch mit humanen und ökologischen Ressourcen seitens der Gesellschaft und Wirtschaft, um die vom Nachhaltigkeitskonzept geforderte inter- und intragenerationelle Gerechtigkeit zu berücksichtigen (vgl. Europäische Kommission (Hrsg.), 2002, S. 3). Unternehmen müssen einerseits ihre Nachhaltigkeitsleistungen an den Erwartungen ihrer Anspruchsgruppen ausrichten und andererseits Nachhaltigkeit als Chance zur Sicherung des Unternehmenserfolges sehen. Um eine ressourceneffiziente Realisierung der unternehmerischen Maßnahmen im Rahmen der dreifachen (d. h. ökonomischen, ökologischen und sozialen) Kapitalerhaltung zu gewährleisten, sind diese mit den Kernkompetenzen der Unternehmen abzustimmen (vgl. Porter/Kramer, 2002, S. 60 ff.). Hieraus ergibt sich eine Erweiterung der Controlling-Instrumente durch die Integration von ökonomischen, ökologischen und sozialen Aspekten.

11.1 Begriffliche Abgrenzungen

Corporate Sustainability und unternehmerische Nachhaltigkeit

Das Konzept der Nachhaltigkeit wurde bereits im 18. Jahrhundert im Bereich der Forstwirtschaft geprägt (für nachfolgende Ausführungen siehe Fischer et al., 2010, S. 222 ff.). Zur Sicherung des Waldbestandes sollte nur so viel Holz geschlagen werden, wie durch Neuanpflanzungen nachwachsen konnte. Eine Weiterentwicklung der Nachhaltigkeitsidee fand in Europa aufgrund der Umweltschutzdiskussionen während der 1970er Jahre statt. Als Ausgangspunkt für die Nachhaltigkeitsdiskussion auf internationaler Ebene wird der Bericht »Our Common Future« der sogenannten »Brundtland Kommission« von 1987 gesehen, der zu einer Abkehr von der bis dahin ökozentrischen Ausrichtung der Nachhaltigkeit führte. In dem Bericht wird »Nachhaltige Entwicklung« wie folgt definiert: »Sustainable development is development that meets the needs of the present without compromising the ability of future generations to meet their own needs« (WCED (Hrsg.), 1987, S. 43). In der Deklaration der Umweltkonferenz in Rio de Janeiro (1992), der Agenda 21, wurde die Nachhaltige Entwicklung zu einem dreidimensionalen Konzept weiterentwickelt, das auf den Säulen Ökonomie, Ökologie und Soziales aufbaut. Diese drei Zieldimensionen werden als »**Triple Bottom Line**« (TBL) bezeichnet (vgl. Elkington, 1997, S. 69 ff.).

Ausgehend vom Konzept der TBL wird unter **unternehmerischer Nachhaltigkeit (Corporate Sustainability)** »das Prinzip der simultanen Einbeziehung ökonomischer, ökologischer und sozialer Einflussgrößen in das unternehmerische Handeln mit dem Ziel der Ressourcenerhaltung für künftige Generationen« verstanden (Quick/Knocinski, 2006, S. 616).

Nachhaltigkeitsorientiertes Controlling

Durch die TBL wird die traditionelle Ausrichtung des Controlling erweitert. Zunächst war dabei v. a. eine Integration von ökologischen Aspekten in das Controlling zu beobachten. Da mit diesem sog. **Green Controlling** noch kein expliziter Einbezug der sozialen Dimension der TBL verbunden ist, müssen im Rahmen des **nachhaltigkeitsorientierten Controlling** nicht nur ökonomische und ökologische, sondern auch soziale Indikatoren in das Controlling integriert werden (vgl. Preller, 2007, S. 51). Hierbei werden sowohl finanzielle als auch nicht finanzielle Indikatoren in allen drei Dimensionen berücksichtigt. Im Kontext der unternehmerischen Nachhaltigkeit hat das Controlling demnach die Aufgabe, die operative und strategische Unternehmenstätigkeit in den drei Bereichen der TBL zu steuern (vgl. hierzu und im Folgenden Fischer et al., 2009, S. 272). Hierzu

- ist die Versorgung der Unternehmensführung mit entscheidungsrelevanten ökonomisch-, ökologisch- und sozialbezogenen Informationen zu gewährleisten;
- sind die Unternehmensteilziele in den Bereichen der TBL zu planen;
- sind die Führungssubsysteme bezüglich der Erreichung der ökonomischen, ökologischen und sozialen Ziele zu koordinieren und
- ist die erreichte Leistung in den drei Dimensionen der TBL zu messen und zu beurteilen.

Zu den **spezifischen Aufgabenbereichen des strategischen Nachhaltigkeits-Controlling** gehören die Versorgung der Unternehmensführung mit relevanten Methoden und Informationen im Hinblick auf die Unternehmensteilziele der TBL sowie die

Koordination der strategischen Planung und Kontrolle. Das strategische Nachhaltigkeits-Controlling hat somit einen mittel- bis langfristigen Zeitbezug (vgl. Horváth, 2011, S. 223 ff.).

Das **operative Nachhaltigkeits-Controlling dient im Speziellen** zur Sicherung der Wirtschaftlichkeit betrieblicher Prozesse, um den Erfolg in den Unternehmensteilzielen der TBL zu maximieren. Folglich ist das operative Nachhaltigkeits-Controlling primär unternehmensintern orientiert und weist einen kurzfristigen Zeitbezug auf (vgl. Horváth, 2011, S. 224 ff.).

11.2 Ausgestaltung des nachhaltigkeitsorientierten Controllings

Strategisches und operatives Nachhaltigkeits-Controlling sind in ein Gesamtsystem zu integrieren, welches nachfolgend erläutert wird.

Das Konzept der unternehmerischen Nachhaltigkeit umfasst Teilziele, die im Einklang mit den Zieldimensionen der TBL stehen. Diese beziehen sich auf verschiedene Dimensionen des Unternehmens, welche durch das nachhaltigkeitsorientierte Controlling zu steuern sind (vgl. Abb. 11-1).

Abb. 11-1

Nachhaltigkeitsbezogene Controlling-Dimensionen

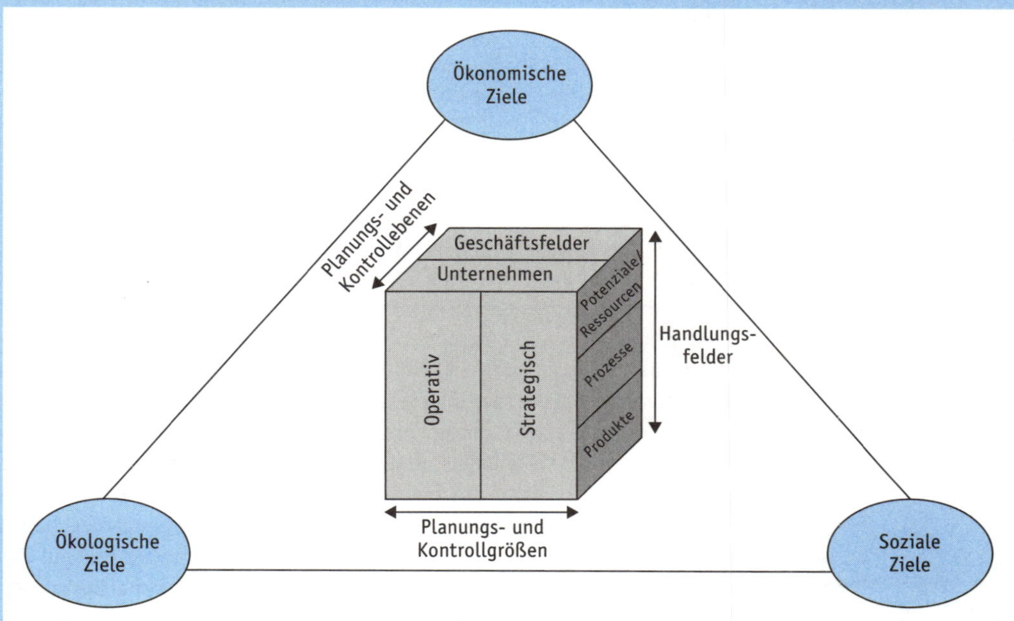

Praxisbeispiel

Nachhaltigkeitsziele auf Unternehmens- und Geschäftsfeldebene

Nachhaltigkeitsziele auf Unternehmens- und Geschäftsfeldebene bei »The Body Shop«

Die Unternehmensstrategie von »The Body Shop« ist darauf ausgerichtet, den Konsumenten einen funktionalen und emotionalen Nutzen durch Verwendung von »The Body Shop«-Pflegeprodukten zu stiften und dabei gleichzeitig als ökologisch und ethisch handelndes Unternehmen durch die Verbraucher wahrgenommen zu werden. Hierzu werden die Produkte nur aus naturnahen Inhaltsstoffen sowie aus fair gehandelten Ressourcen hergestellt. Zusätzlich wird durch Kampagnen zum Schutz von Menschenrechten, für Umweltschutz und gegen Tierversuche gesellschaftliche Verantwortung übernommen.

»Im Business sollte es nicht nur um Geld gehen, sondern um Verantwortung. Es sollte um das Wohl der Allgemeinheit gehen, nicht um private Gier«, meint Dame Anita Roddick, Menschenrechtsaktivistin und Gründerin von The Body Shop.

The Body Shop International ist ein global operierendes Unternehmen, das von der Natur inspirierte und ethisch produzierte Haar- und Körperpflegeprodukte vertreibt. Das Unternehmen wurde 1976 von Dame Anita Roddick gegründet. Heute gehören zu The Body Shop International plc mehr als 2.500 Geschäfte in 62 Ländern und das Sortiment umfasst mehr als 1.200 Produkte.

Against Animal Testing

Alle unsere Produkte sind tierversuchsfrei und für Vegetarier geeignet. Wir waren das erste internationale Kosmetikunternehmen, das mit dem »Humane Cosmetics Standard« für unsere Tierschutz-Politik ausgezeichnet wurde.

Für fairen Handel

Wir glauben so leidenschaftlich an fairen Handel, dass wir vor mehr als 20 Jahren unser eigenes »Hilfe durch Handel«-Programm ins Leben gerufen haben. Wir glauben, dass diese Verpflichtung zum fairen Handel in der Kosmetikindustrie wahrscheinlich einmalig ist. Mehr als 30 Zulieferer in über 20 Ländern sind in unser Programm eingebunden. Das ermöglicht weltweit mehr als 25.000 Menschen ein grundlegendes Einkommen und die Perspektive auf eine Zukunft. Die meisten unserer Produkte enthalten Inhaltsstoffe aus unserem »Hilfe durch Handel«-Programm.

Unsere fünf Grundwerte

The Body Shop übernimmt bei der Förderung unternehmerischer Transparenz eine Vorreiterrolle. Mit unseren Kampagnen sind und waren wir treibende Kraft für gesellschaftlichen und ökonomischen Wandel. Die Kampagnen unterstreichen auch immer unsere fünf Grundwerte: Hilfe durch Handel, Menschenrechte, Tierschutz, Selbstachtung und Umweltschutz.

Unsere Stiftung

The Body Shop Foundation wurde 1990 ins Leben gerufen (registrierte Charity-Nummer 802757), um Organisationen finanziell unter die Arme zu greifen, die im Kleinen Pionierarbeit leisten und andernfalls nur wenig Hoffnung auf konventionelle Fördermittel hätten. Ziel ist es, Gruppen zu unterstützen, die sich für Menschen- und Bürgerrechte, Umwelt- und Tierschutz einsetzen.
(Quelle: http://www.thebodyshop.de/about-us/aboutus_Company.aspx, Abruf: 27.05.2014)

Nachhaltigkeitsbezogene Planungs- und Kontrollebenen

Die in Bezug auf die Nachhaltigkeit erforderlichen Entscheidungen betreffen entweder das Unternehmen als Ganzes oder lediglich einzelne Geschäftsfelder. Auf **Unternehmensebene** sind zunächst Entscheidungen erforderlich, in welchen Märkten und mit welchen Sach- bzw. Dienstleistungen das Unternehmen tätig ist. Die daraus resultierenden Produkt-Markt-Kombinationen werden zu einzelnen strategischen **Geschäftsfeldern** zusammengefasst, welche das Unternehmensportfolio bzw. das Handlungsspektrum des Unternehmens bilden. Nachhaltigkeitsziele sind auf Unternehmens- und Geschäftsfeldebene gleichermaßen relevant.

Ableitung von operativen und strategischen Nachhaltigkeitszielen

Ausgangspunkt für die Fundierung strategischer und operativer Nachhaltigkeitsziele ist die Formulierung einer Unternehmensvision, welche unter Beachtung der

Abb. 11-2

Ableitung von Nachhaltigkeitszielen

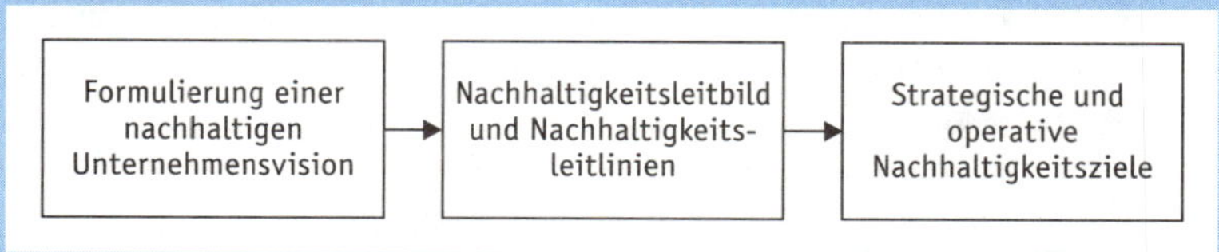

Unternehmenswerte ein nachhaltiges Zukunftsbild skizziert (vgl. Abb. 11-2). Das Zukunftsbild gibt dem Unternehmen einerseits eine klare Identität und stärkt darüber hinaus sowohl die Motivation der Mitarbeiter als auch deren Identifikation mit dem Unternehmen (vgl. Bleicher, 1994, S. 102 f.). Dies wird erreicht, indem klare Aussagen darüber getroffen werden, wofür das Unternehmen steht und wohin es sich entwickeln wird.

Eine Vision gibt dem Unternehmen somit eine klare Richtung vor, ohne aber konkrete Aussagen zur Umsetzung zu machen. Demzufolge sind Grundsätze der unternehmerischen Tätigkeit notwendig, die häufig auch als **Leitlinien** bezeichnet werden und die Grundpositionen des Unternehmens zur Nachhaltigkeit enthalten. Ausgehend vom Nachhaltigkeitsleitbild eines Unternehmens sind **strategische und operative Nachhaltigkeitsziele** zu definieren.

Für die Realisierung der abgeleiteten Nachhaltigkeitsziele sind geeignete Strategien im Rahmen des strategischen Planungsprozesses abzuleiten. Die zu formulierende Unternehmensstrategie muss auf die Realisierung der abgeleiteten strategischen Teilziele in den Bereichen Ökonomie, Ökologie und Soziales ausgerichtet sein, um die nachhaltige Steigerung des unternehmerischen Erfolges zu gewährleisten.

Praxisbeispiel

Nachhaltigkeitsleitbild der Deutsche Post AG

Unternehmerische Verantwortung steuern & entwickeln

In unserer Kernaufgabe als Post- und Logistikunternehmen ist bereits der gesellschaftliche Auftrag enthalten, Menschen miteinander zu vernetzen und ihr Leben durch unsere Dienstleistungen zu erleichtern. Das Prinzip Verantwortung prägt und durchzieht unser unternehmerisches Handeln und ist für den Geschäftserfolg von großer Bedeutung.
Mit unserer Strategie zur unternehmerischen Verantwortung (Living Responsibility), die integraler Bestandteil unserer Konzernstrategie ist, fördern wir eine nachhaltige Unternehmensführung bei Deutsche Post DHL. Das bedeutet, dass wir uns unseren Konzernzielen – erste Wahl als Anbieter, Arbeitgeber und Investment zu werden – auch durch verantwortungsvolle Geschäftspraktiken nähern wollen und somit Ökonomie, Soziales und Ökologie miteinander in Einklang bringen.
(Quelle: http://cr-bericht2013.dpdhl.com/cr-strategie-massnahmen/cr-strategie/, Abruf: 27.05.2014)

Durch Einbindung der unternehmerischen Nachhaltigkeit in die Unternehmensstrategie, unter Berücksichtigung der Kernkompetenzen des Unternehmens, können langfristige Wettbewerbsvorteile erzielt werden (vgl. Porter/Kramer, 2002, S. 59 ff.).

Nachhaltigkeitsbezogene Planungs- und Kontrollgrößen

Ökonomische, ökologische und soziale Teilziele der Geschäftsfeld- und/oder Unternehmensebene sind in das gesamte System der Unternehmenssteuerung zu integrieren (vgl. Abb. 11-3).

Im Zuge der **strategischen Nachhaltigkeits-Planung** wird der Orientierungsrahmen für zukünftige Unternehmensmaßnahmen entwickelt, um künftige Erfolgspotenziale im Bereich der TBL zu erschließen und zu nutzen. Das Unternehmensumfeld und damit verbunden die Anforderungen an das Unternehmen unterliegen einem stetigen Wandel bspw. durch Konjunkturschwankungen, Präferenzänderungen der Nachfrager oder technologische Entwicklungen. Deshalb ist es für die nachhaltige Existenzsicherung erforderlich, dass die strategische Planung, insbesondere das strategische Unternehmensprogramm, fortlaufend angepasst wird. Hierzu findet im Rahmen des strategischen Planungsprozesses eine systematische Erfassung der Umfeldentwicklungen (insbesondere Entwicklungen bei der Markt-/Produktpositionierung oder dem Wettbewerbsverhalten) hinsichtlich Chancen und Risiken statt. Ferner werden die Stärken und Schwächen des Unternehmens identifiziert und analysiert. Basierend auf den relevanten Informationen zum Unternehmen und seinem Umfeld werden unter Berücksichtigung der Übereinstimmung zwischen den Chancen

Abb. 11-3

Elemente der nachhaltigkeitsorientierten Unternehmenssteuerung

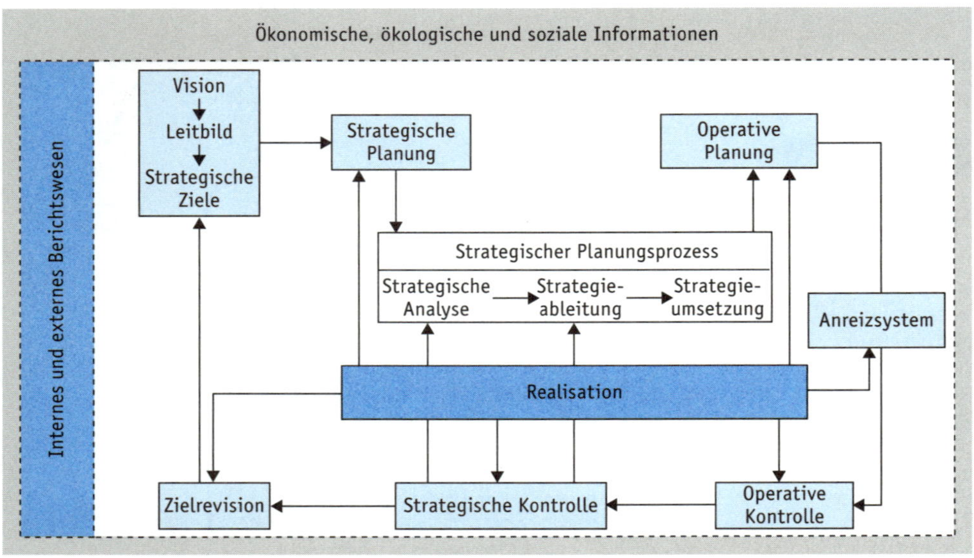

(Quelle: eigene Darstellung in Anlehnung an Baum et al., 2007, S. 11)

des Umfeldes und Stärken des Unternehmens sowie zwischen den Risiken des Umfeldes und den Schwächen des Unternehmens (Umfeld-System-Fit) Strategien zur Wahrnehmung von Chancen und Bewältigung von Risiken entwickelt (vgl. Baum et al., 2013, S. 29). Die Strategien beziehen sich auf das Produktkonzept und die Auswahl des zu bedienenden Marktes (Produkt-/Marktstrategien) sowie auf die Ressourcenpotenziale (siehe Kap. 3.3.3). Als nachhaltige Produkt-/Marktstrategien lassen sich die Strategiealternativen Marktintensivierung, Markterweiterung, Produkterweiterung und Diversifikation unterscheiden.

Um diese strategischen Maßnahmen umzusetzen, ist es notwendig, dass entsprechende **Ressourcenpotenziale** hinsichtlich Sach-, Human- und Finanzkapital nachhaltig verfügbar sind (vgl. Baum et al., 2013, S. 36 f.).

Während die strategische Planung den langfristigen Orientierungsrahmen für die Schaffung von ökonomischen, ökologischen und sozialen Erfolgspotenzialen vorgibt, stellt die **operative Nachhaltigkeits-Planung** darauf ab, eine konkrete Umsetzung des Leistungserstellungsprozesses unter Berücksichtigung der gegebenen Kapazitäten und strategischen Ziele zu entwickeln (vgl. Küpper et al., 2013, S. 136 ff.). Für die Umsetzung von detaillierten Durchführungsplänen sollen im Rahmen der operativen Planung die Zielgrößen Periodenerfolg und Einhaltung der Liquidität unter Beachtung der ökonomischen, ökologischen und sozialen Oberziele des Unternehmens verfolgt werden. Die Erreichung des ökologischen Oberziels ist in der operativen Planung durch den effizienten Umgang mit Ressourcen bei der Leistungserstellung zu verankern. Das soziale Oberziel bezieht sich sowohl auf die Mitarbeiter im Unternehmen, z. B. die Arbeitsbedingungen für Mitarbeiter, wie auch auf das soziale

Praxisbeispiel

Nachhaltige Produkt-/Marktstrategien

Strategiemaßnahme	Beispiel
Marktintensivierung (Bereits bedienter Markt; bessere Produktpositionierung durch Verbesserung des Produktes)	»Grüne Anlageprodukte« (Umweltbank) Nivea »Natural Balance«-Pflegeprodukte ohne Parabene, Silikone, Farbstoffe und Mineralöl (Beiersdorf) Adelholzener »Bio-Schorlen« mit natürlichem Mineralwasser und Direktsaft sowie ohne Zusatzstoffe (Adelholzener)
Markterweiterung (Erschließung eines neuen Marktes mit bereits angebotenen Produkten)	Medizinische Versorgung mit Originalpräparaten zum Selbstkostenpreis in Entwicklungsländern (Accelerating Access Initiative: Abbott Laboratories, Boehringer Ingelheim, Bristol-Myers Squibb, Gilead, GlaxoSmithKline, Hoffmann-La Roche, Merck & Co) Die Personal Transporter der Firma Segway werden als PT i2 Polizeiversion angeboten (Segway)
Produkterweiterung (Bereits bedienter Markt; neu entwickelte Produkte)	Klimafreundliche GoGreen-Produkte und Dienstleistungen (Deutsche Post) i-Modellreihe mit Batterieantrieb (BMW)
Diversifikation (Erschließung neuer Märkte mit neu entwickelten Produkten)	Vergabe von Mikrokrediten in Schwellen- und Entwicklungsländern (Deutsche Bank AG) Vergabe von Mikroversicherungen in Schwellen- und Entwicklungsländern (Allianz und ERGO)

Umfeld des Unternehmens, z.B. Sozialstandards in der Lieferantenkette, deren Umsetzung im operativen Bereich ebenfalls effizient und effektiv zu planen ist. Ferner ist eine nachhaltigkeitsorientierte Finanzplanung erforderlich, um die Realisierung der Planungsergebnisse zu gewährleisten (vgl. Zwingel, 1997, S. 71).

Zur Erreichung der Nachhaltigkeitsziele sind in der Unternehmenssteuerung verschiedene Elemente einzusetzen (vgl. Abb. 11-3). Durch Incentivierung der Mitarbeiter und Führungskräfte mit nachhaltigkeitsorientierten **Anreizsystemen** kann das Verhalten im Hinblick auf die Erreichung der Nachhaltigkeitsziele im Unternehmen beeinflusst werden. Ein Anreizsystem besteht allgemein aus drei Elementen: Anreiz mittels Belohnung oder Sanktion, Bemessungsgrundlage und Anreizfunktion (vgl.

Praxisbeispiel

Festlegung von Umwelt- und Sozialstandards in der Lieferantenkette

Workplace Standards der Adidas Group

Wir erwarten von unseren Geschäftspartnern, dass sie in ihren Produktionsstätten die folgenden Grundsätze und Verfahrensweisen umsetzen:

Allgemeiner Grundsatz

Unsere Geschäftspartner haben ihre Geschäfte in völliger Übereinstimmung mit den jeweils maßgeblichen gesetzlichen Bestimmungen zu führen.

Beschäftigungsgrundsätze

Zwangsarbeit

Geschäftspartner dürfen keine Zwangsarbeiter beschäftigen, weder in Form von Gefangenenarbeit, Sklavenarbeit oder einer sonstigen Form von Zwangsarbeit. Kein Mitarbeiter darf mit Gewalt oder durch Einschüchterung gleich welcher Art zur Arbeit gezwungen werden. Dieses Verbot gilt auch für jedwede Arbeitsverpflichtung zur Sanktionierung von Meinungsfreiheit oder politischen Ansichten.

Kinderarbeit

Geschäftspartner dürfen keine Kinder unter 15 Jahren oder schulpflichtige Kinder in Ländern, in denen das schulpflichtige Alter über 15 Jahren liegt, beschäftigen.

Diskriminierung

Wir respektieren kulturelle Unterschiede. Geschäftspartner dürfen bei ihren Einstellungs- und Beschäftigungspraktiken niemanden diskriminieren. Entscheidungen über Anstellung, Lohn, Sozialleistungen, Fortbildungsmöglichkeiten, Arbeitszuteilung, Beförderung, Disziplinarmaßnahmen und Kündigungen dürfen einzig auf der Grundlage der Fähigkeiten der Mitarbeiter, bestimmte Tätigkeiten auszuführen, basieren. Diese Entscheidungen dürfen insbesondere nicht auf persönlichen Merkmalen oder Ansichten, auf Rasse, nationaler Abstammung, Geschlecht, Religion, Alter, Behinderung, Familienstand, Mitgliedschaft in einer Organisation, sexueller Orientierung oder politischer Überzeugung beruhen. Zusätzlich müssen unsere Geschäftspartner effektive Maßnahmen zum Schutz von Wanderarbeitern einführen, um diese vor jeglicher Art von Diskriminierung zu schützen und eine angemessene Unterstützung anbieten, der dem besonderen Status dieser Personen gerecht wird.

Löhne und Sozialleistungen

Geschäftspartner haben ihren Mitarbeitern den gesetzlich vorgeschriebenen Mindestlohn bzw. den in der Branche üblichen Lohn, falls dieser höher liegt, zu bezahlen. Sie haben den gesetzlich vorgeschriebenen Sozialleistungen Rechnung zu tragen. Mitarbeiter müssen für Überstunden zusätzlich zum normalen Lohn gesetzlich vorgeschriebene Zuschläge erhalten. In Ländern in denen keine gesetzliche Regelung existiert, sind angemessene Zuschläge zu zahlen, die den normalen Stundenlohn übersteigen. Grundlöhne müssen mindestens den Lebensunterhalt und darüber hinaus einige zusätzliche Ausgaben der Mitarbeiter sowie ein Mindestmaß an erspartem Vermögen ermöglichen. Wir suchen Geschäftspartner, die kontinuierlich den Lebensstandard ihrer Mitarbeiter durch das Lohngefüge, Sozialleistungen, Fürsorgeprogramme und andere Leistungen heben sowie insgesamt die Lebensqualität erhöhen.

Arbeitszeit

Die regelmäßige wöchentliche Arbeitszeit der Mitarbeiter darf, mit Ausnahme außergewöhnlicher Umstände, einschließlich Überstunden 60 Wochenstunden nicht übersteigen; gesetzliche Bestimmungen, die niedrigere Höchststunden vorsehen, gehen vor. Mitarbeiter müssen mindestens 24 zusammenhängende Stunden Freizeit pro Woche sowie bezahlten Jahresurlaub erhalten.

Fortsetzung auf Folgeseite

Fortsetzung von Vorseite

Koalitionsfreiheit und Tarifverhandlungen
Geschäftspartner haben das Recht jedes Mitarbeiters, Vereinigungen nach eigener Wahl beizutreten bzw. solche zu gründen sowie an Tarifverhandlungen teilzunehmen anzuerkennen und zu respektieren. Die Geschäftspartner haben Mechanismen zu entwickeln und umzusetzen, mit denen Streitigkeiten innerhalb der Branche inklusive Beschwerden der Mitarbeiter aufgelöst und ein effektiver Informationsaustausch mit den Mitarbeitern und deren Vertretern sichergestellt wird.

Disziplinarmaßnahmen
Jeder Mitarbeiter muss mit Würde und Respekt behandelt werden. Kein Mitarbeiter darf körperlicher, sexueller, psychischer oder verbaler Belästigung, sonstigem Missbrauch oder Bußgeldern und anderen Strafen als Disziplinarmaßnahme ausgesetzt werden. Geschäftspartner müssen durch geeignete Anweisungen und Maßnahmen sicherstellen, dass Beschäftigte ohne Angst vor Repressionen oder dem Verlust des Arbeitsplatzes Bedenken über die Zustände am Arbeitsplatz direkt gegenüber der Fabrikleitung oder der adidas Gruppe äußern können.

Gesundheit und Sicherheit
Geschäftspartner haben für ein sicheres und die Gesundheit erhaltendes Arbeitsumfeld zu sorgen. Geeignete Vorsorgemaßnahmen gegen Arbeitsunfälle und Berufskrankheiten sind zu treffen. Dazu gehört auch Schutz vor Feuer, Unfällen und giftigen Substanzen. Beleuchtungs-, Belüftungs- und Heizungsanlagen müssen ausreichend vorhanden sein. Saubere und zahlenmäßig ausreichende sanitäre Einrichtungen müssen den Mitarbeitern jederzeit frei zugänglich sein. Die Fabriken müssen Sicherheits- und Gesundheitsbestimmungen erlassen und deutlich bekannt geben. Falls Unterkünfte für Mitarbeiter gestellt werden, gelten diese Anforderungen auch insoweit.

Umweltbestimmungen
Geschäftspartner haben die Bedingungen sämtlicher jeweils anwendbarer Umweltgesetze und -bestimmungen zu erfüllen. Unsere Geschäftspartner sollten sich um die ständige Verbesserung der Umweltbedingungen bemühen, unter denen sie selbst und ihre Zulieferer produzieren. Dies bedeutet: die Beachtung des Prinzips der Nachhaltigkeit bei betrieblichen Entscheidungen, der verantwortliche Umgang mit natürlichen Ressourcen, saubere Produktion, Verhinderung von Umweltverschmutzung und die Entwicklung und Verwendung von Materialien, Technologien und Produkten, die sich am Prinzip der Nachhaltigkeit orientieren.
(Quelle: http://www.adidas-group.com/media/filer_public/2013/07/31/german_workplace_standards_de.pdf, Abruf: 27.05.2014)

Laux/Liermann, 2005, S. 505 ff. und ausführlich im Kap. 6). Die zentrale Herausforderung besteht in der Definition von geeigneten Bemessungsgrundlagen, die einen engen Zusammenhang mit den Nachhaltigkeitszielen des Unternehmens aufweisen müssen.

Nach der **Realisierung** der strategischen und operativen Pläne sind auf der Gesamtunternehmens- und Geschäftsfeldebene die realisierten Ergebnisse bzw. die ökonomische, ökologische und soziale Zielerreichung zu kontrollieren. Im Bereich der Leistungserstellung ist hauptsächlich eine **operative Kontrolle** im Hinblick auf den Grad der Ressourceneffizienz durchzuführen. Die Kontrolltätigkeit im Bereich der Finanzplanung beruht vorrangig auf dem Plan-/Istvergleich, dem eine Abweichungsanalyse folgt, um die Planabweichung zu bestimmen und somit den Periodenerfolg und die Einhaltung der Liquidität zu gewährleisten (vgl. Zwingel, 1997, S. 71 ff.).

Ferner ist die Abstimmung zwischen den Planzahlen und den übergeordneten Unternehmenszielen wichtig, was die Aufgabe der **strategischen Kontrolle** darstellt. In diesem Zusammenhang ist darauf zu achten, ob die bei der Planung zugrundeliegenden Annahmen zutreffend sind (Prämissenkontrolle). Ferner werden im Rahmen der Abweichungsanalyse Ursachen für eine operative oder strategische Planabweichung festgestellt (Realisationskontrolle). Durch eine **Zielrevision** oder gar eine Revision des Leitbildes werden ggf. die bisher unterstellten Prämissen an die verän-

Praxisbeispiel

Nachhaltigkeitsorientierte Vorstandsvergütung bei RWE

Seit dem Geschäftsjahr 2010 zahlt RWE den Vorstandsmitgliedern die Tantieme nur zu 75 % direkt aus. Die verbleibenden 25 % werden für drei Jahre zurückbehalten (Tantiemerückbehalt). Nach Ablauf des Dreijahreszeitraums überprüft der Aufsichtsrat anhand eines »Bonus-Malus-Faktors«, ob der Vorstand das Unternehmen nachhaltig geführt hat. Nur wenn dies der Fall ist, wird die zurückbehaltene Tantieme ausbezahlt.
Der Bonus-Malus-Faktor hängt zu 45 % vom wirtschaftlichen Erfolg des Unternehmens ab. Dieser wurde bis einschließlich 2012 an der Entwicklung des Wertbeitrags gemessen. Gemäß Beschluss des Aufsichtsrats vom 13. Dezember 2012 ist ab 2013 die Entwicklung des betrieblichen Konzernergebnisses zugrunde zu legen. Weitere 45 % des Bonus-Malus-Faktors werden anhand eines unternehmensspezifischen Index zur Corporate Responsibility (CR) ermittelt, der auf einer bei RWE seit Jahren etablierten Nachhaltigkeitsberichterstattung aufbaut und das ökologische und gesellschaftliche Handeln des Unternehmens abbildet. Die restlichen 10 % richten sich nach der Höhe eines konzernspezifischen Motivationsindex, der auf Basis anonymer Befragungen die Leistungsbereitschaft und Zufriedenheit unserer Mitarbeiter misst. Der Aufsichtsrat legt vor Beginn der Dreijahresperiode verbindliche Zielwerte für das betriebliche Ergebnis, den CR-Index und den Motivationsindex, fest. Diese werden am Ende des Zeitraums den tatsächlich erreichten Werten gegenübergestellt. Je besser Letztere ausfallen, desto höher ist der Bonus-Malus-Faktor. Er kann zwischen 0 % und 150 % liegen.
(Quelle: RWE AG (2014): Geschäftsbericht 2013, in: http://www.rwe.com/web/cms/mediablob/de/2320250/data/10122/4/rwe/ueber-rwe/RWE-Geschaeftsbericht-2013.pdf, Abruf: 24.07.2014

derten Umfeldbedingungen angepasst (vgl. Baum et al., 2013, S. 359 ff.). Durch das **nachhaltigkeitsorientierte Berichtswesen** wird die Versorgung interner und externer Adressaten mit ökonomisch-, ökologisch- und sozialbezogenen Informationen sichergestellt.

11.3 Nachhaltigkeitsbezogene Handlungsfelder im Unternehmen

Verbraucher wählen Produkte und Dienstleistungen zunehmend unter ökologischen und sozialen Aspekten aus, was die Unternehmen vor die Herausforderung einer nachhaltigen Gestaltung des Kernprodukts und produktbegleitender Dienstleistungen stellt. Als nachhaltig werden Produkte und Dienstleistungen eingestuft, wenn sie in allen Herstellungs- und Nutzungsphasen den ökologischen und sozialen Kriterien gerecht werden (vgl. Balderjahn, 2004, S. 173 ff.). Für Unternehmen ergeben sich hieraus die drei Handlungsfelder a) Gestaltung der Potenziale und Ressourcen, b) Konfiguration der Produktions- und Geschäftsprozesse und c) nachhaltige Produktgestaltung.

Gestaltung der Potenziale und Ressourcen

Der Fokus ist zunächst auf die vorhandenen **Potenziale** und die Auswahl der **Ressourcen** bei der Produktherstellung zu legen. Zur Herstellung nachhaltiger Produkte ist unter ökologischen Aspekten insbesondere darauf zu achten, dass nach Möglichkeit aus Recycling gewonnene Sekundärrohstoffe sowie Ressourcen aus nachhaltigem Anbau verwendet werden und weitestgehend auf den Einsatz von Verbundstoffen verzichtet wird. Unter sozialen Aspekten betrachtet sind Produktionsfaktoren, die unter Umgehung der Menschenrechte (Zwangs- oder Kinderarbeit) oder unter schlechten Arbeitsbedingungen genutzt werden, nicht bei der Produktherstellung zu verwenden.

Im Rahmen der Auswahl der Ressourcen hat das Controlling ein nachhaltigkeitsorientiertes Kostenmanagement durchzuführen, um alle stakeholderspezifischen Kosten, die während der Produktherstellung, -verwertung und -entsorgung anfallen, abzubilden. Hierzu sollte das Unternehmen die Teilnutzenwerte und die gesamten ökonomisch-, ökologisch- und sozialbezogenen Kosten, die im Produktlebenszyklus beim Hersteller sowie beim Kunden anfallen, ermitteln. Aus den so gewonnenen Informationen können umwelt- und sozialrelevante Auswirkungen verschiedener Produktgestaltungsalternativen verglichen werden. Außerdem können die Zielkosten während der einzelnen Phasen des Produktlebenszyklus festgelegt werden, um eine Budgetplanung und -kontrolle durchführen zu können. Das Controlling hat hierbei die Aufgabe, entscheidungsrelevante Informationen zu den vorhandenen Potenzialen und zur Auswahl adäquater Ressourcen bereitzustellen, um die Planung, Bewertung und den Vergleich der Produktgestaltungsalternativen durchführen zu können (vgl. Günther, 2008, S. 258). Hierbei kann anhand einer Conjoint-Analyse der Nutzeneffekt in die Entscheidungsfindung integriert werden. Zum anderen ist im Rahmen der Wirtschaftlichkeitskontrolle zu prüfen, ob die in der Regel höheren Kosten der nachhaltigen Ressourcen gegenüber den konventionellen Ressourcen durch eine entsprechende Preispolitik an den Kunden weitergegeben werden können, damit sich die evtl. höheren Kosten nicht negativ auf das Unternehmensergebnis auswirken.

Konfiguration der Produktions- und Geschäftsprozesse

Ein weiteres Handlungsfeld stellen die **Produktions- und Geschäftsprozesse** dar. Die Verknappung von Rohstoffen und fossilen Energieträgern führt dazu, dass in Unternehmen durch Berücksichtigung der betrieblichen Entsorgungsfunktion die Kreislaufwirtschaft zur Ressourcenschonung und Umweltschutz vermehrt Verbreitung findet (vgl. Günther, 2008, S. 183). Das Gesetz zur Förderung der Kreislaufwirtschaft und Sicherung der umweltverträglichen Bewirtschaftung von Abfällen (KrWG) fordert von Unternehmen, dass im Rahmen eines nachhaltigkeitsorientierten Produktionsprozesses Emissionen, Abwässer, toxische Einsatzstoffe sowie Abfallstoffe durch innovative Produktionstechniken und durch Produktmodifikationen zu vermeiden oder zur Gewinnung von Energie zu nutzen, mindestens aber stofflich zu verwerten sind (§ 2 Abs. 1 KrWG).

Dem Controlling kommt hierbei die Aufgabe der Informationsversorgung in den Bereichen Planung, Entscheidung und Kontrolle zu, um ökologische und soziale Sachverhalte zu analysieren. Hierzu sind die Informationsflüsse nicht nur sachbezogen zu verdichten, sondern auch Kennzahlensysteme zu entwickeln, die neben finanziellen auch nachhaltigkeitsorientierte Kennzahlen berücksichtigen, wie z. B. CO_2-Emissionen pro Produkteinheit, Anteil der Ressourcen mit Öko-/Bio-Fairtrade-Label, durchschnittliche jährliche Stundenzahl der Mitarbeiteraus- oder -weiterbildung (vgl. Preller, 2007, S. 52). Gleichzeitig dienen die Kennzahlen als Frühwarnindikatoren, da auf Basis der Analyse von Zielabweichungen Maßnahmen abgeleitet und rechtzeitig umgesetzt werden können. Ferner kann das Controlling durch Ermittlung und Analyse der Einfluss-, Steuerungs- und Handlungsmöglichkeiten eine umwelt- und sozialverträgliche Produkterstellung und -verwertung gewährleisten (vgl. Haasis, 2008, S. 37). Ein weiterer Aufgabenbereich des Controlling im Produktionsprozess bezieht sich auf die Koordination in und zwischen den betrieblichen Teilbereichen Information, Personalführung, Planung, Kontrolle und Organisation, um einen effizienten und effektiven Produktionsverlauf sicherzustellen.

Praxisbeispiel

Höhere Zahlungsbereitschaft für nachhaltigkeitsorientierte Produkte

Ritter Sport-Schokolade »Standard« vs. »Bio«

»Standard«

- 100 g für 0,85 EUR
- 85 ct/100 g

»Bio«

- 65 g für 0,95 EUR
- 146,2 ct/100 g

Die Zahlungsbereitschaft für eine 65g Bio-Schokoladentafel ist um 77,4 % höher als für eine 100 g Standard-Schokoladentafel.

Jacobs Kaffee »Krönung« vs. »Nachhaltige Entwicklung«

»Krönung«

- 500 g für 6,50 EUR
- 130,0 ct/100 g

»Nachhaltige Entwicklung«

- 500 g für 8,95 EUR
- 179,0 ct/100 g

Die Zahlungsbereitschaft für eine 500 g-Packung Jacobs Kaffee »Nachhaltige Entwicklung« ist um 37,7 % höher als für eine 500 g-Packung Jacobs Kaffee »Krönung«.

Lieber öko und gut

Die Kaufwünsche wandeln sich

Wohlhabende Deutsche verlangen von Luxusprodukten hohe Qualität, Umwelt- und Sozialverträglichkeit. In einer Umfrage der Unternehmensberatung Keylens unter Haushalten mit mehr als 6.000 Euro Nettoeinkommen erklärten 72 Prozent, dass sie glaubwürdig nachhaltige Edelwaren für außerordentlich begehrenswert halten. Für solche Produkte zahlen sie gerne mehr.

Würden Sie für ein grünes Luxusprodukt einen höheren Preis zahlen?

Ich würde den Anbieter eines Luxusproduktes wechseln, wenn*...

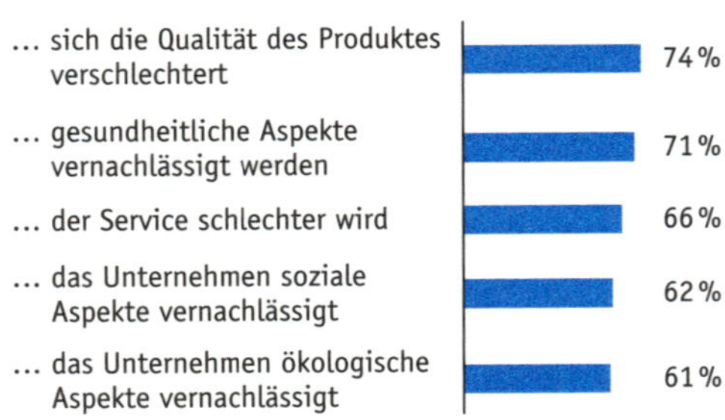

* Mehrfachnennungen möglich.

(Quelle: Müller, 2010, S. 88.)

Praxisbeispiel

Nachhaltigkeitsorientierung entlang des Produktlebenszyklus

Nachhaltigkeitsorientierter Lebenszyklus des C-Klasse T-Modells der Daimler AG

Produktdesign und -entwicklung: Umweltgerechte Entwicklung durch BlueEFFICIENCY-Maßnahmen, z.B. Gewichtsoptimierung durch Leichtbaumaterialien, rollwiderstandsarme Reifen, reibungsreduzierte Radlager und Getriebe mit langen Gangauslegungen, Optimierung der Aerodynamik, geregelte Kraftstoff- und Ölpumpe.

Prozessplanung und -entwicklung: Als Querschnittsteam sind Design for Environment (DfE)-Experten zur Berücksichtigung von Umweltaspekten in alle Prozessstufen der Fahrzeugentwicklung eingebunden. Diese umweltgerechte Produktentwicklung minimiert Umweltlasten und -kosten.

Einkauf und Beschaffung: Management nachhaltiger Zuliefererbeziehungen durch Überprüfung der Zulieferer unter wirtschaftlichen, ökologischen und gesellschaftlichen Aspekten. Bei der Beschaffung wird rezyklierten Kunststoffen und nachwachsenden Rohstoffen der Vorzug gegeben. In der neuen A-Klasse werden 46 Bauteile aus Rezyklaten und 20 Bauteile aus Naturmaterialien hergestellt.

Produktionsvorbereitung und Produktion: Energieeinsparung am Produktionsstandort der A-Klasse in Rastatt durch den Betrieb eines werkseigenen Blockheizkraftwerkes, den Einsatz von Rotationswärmetauschern bei der Belüftung, die Nutzung einer Solaranlage zur Brauchwassererwärmung sowie die Nutzung einer Geothermieanlage zur Heizung und Kühlung der Produktionsanlagen und Werkshallen.

Verpackung und Lagerung: Just-in-Time-Produktion zur Minimierung der Lagerzeit. Recyclingsystem für Verpackungsmaterialien aus dem Vertrieb und After-Sale-Service.

Verkauf und Versand: Veröffentlichung von zusätzlichen Hinweisen für eine wirtschaftliche und umweltschonende Fahrweise in der Betriebsanleitung der neuen A-Klasse. Angebot eines »Eco Fahrtrainings«. Die Ergebnisse dieses Trainings zeigen, dass sich der Kraftstoffverbrauch eines Pkws durch wirtschaftliche und energiebewusste Fahrweise um bis zu 15 % vermindern lässt.

Technische Unterstützung und Wartung: Für alle Fahrzeugmodelle mit Dieselmotor werden in Deutschland, Österreich, der Schweiz und den Niederlanden serienmäßig wartungs- und additivfreie Diesel-Partikelfilter angeboten. Wiederverwertung gebrauchter Ersatzteile aus Wartung und Reparatur.

Produktnutzung: Reduzierung des Kraftstoffverbrauchs durch den Einsatz der BlueEFFICIENCY-Technolgie zur Effizienzsteigerung bei der A-Klasse von bis zu 22 %. Reduzierung der CO_2-Emissionen über den gesamten Lebenszyklus um 16 %, im Fahrbetrieb um 20 %.

Beseitigung oder Wiederverwertung: Verwertungsgerechte Konstruktion erhöht Recyclingfähigkeit und Verwertbarkeit der Fahrzeuge, z. B. durch Sortenreinheit und Demontagefreundlichkeit von Kunststoffbauteilen. Für die neue A-Klasse lässt sich eine stoffliche Recyclingfähigkeit von 85 % und eine Verwertbarkeit von 95 % gemäß dem Berechnungsmodell nach ISO 22628 nachweisen.

Marketing und Kommunikation: Präsentation und Dokumentation des Themas »Automobil und Umwelt« zur umfassenden Information verschiedener Interessengruppen. »Life Cycle« stellt Informationen für die Allgemeinheit sowie für Spezialisten zur Verfügung und wird damit deren unterschiedlichen Informationsanforderungen gerecht.

(Quelle: eigene Darstellung in Anlehnung an Daimler AG, 2012; Daimler AG, 2013)

Der den Produktionsprozess begleitende **Geschäftsprozess** wird nachhaltigkeitsorientiert gestaltet, indem neben den ökonomischen auch ökologische und soziale Treiber identifiziert, analysiert und optimiert werden. Hierzu kann insbesondere ein nachhaltiges Konzept der »Lean Production« eingesetzt werden, welches auf

- die Reduzierung der Lagermengen durch synchronisierte Anlieferung der Produkte mit der angeforderten Qualität in nachgefragter Menge zum gewünschten Zeitpunkt (Just-in-Time-Produktion),
- den Einsatz von umweltverträglichen Transportmitteln und
- eine kontinuierliche Verbesserung der Prozesse mit dem Ziel der Kostensenkung, Qualitätsverbesserung und Zeiteffizienz (Kaizen)

abzielt (vgl. Haasis, 2008, S. 41).

Nachhaltige Produktgestaltung

Das dritte Handlungsfeld fokussiert auf die nachhaltigen **Produkte** und **produktbegleitende Dienstleistungen**. Die zunehmende Nachfrage nach umwelt- und sozialverträglichen Produkten führt zu einem starken Anstieg des Angebots an nachhaltigen Produkten in allen Branchen, bspw. Bionade (Lebensmittelbranche), Simple Shoes (Textilbranche), Hybridfahrzeuge (Automobilbranche), Bio-Shampoos (Kosmetikbranche), Öko-Strom (Versorgungsbranche) sowie ethische und ökologische Fonds (Finanzdienstleistungsbranche). Nachhaltige Produkte müssen neu entwickelt werden und erfordern spezielle Ressourcen sowie Produktionsmethoden, weshalb sie in der Regel höhere Kosten als konventionelle Produkte verursachen. Die Kunden zeigen dabei die Bereitschaft für nachhaltige Produkte einen Preisaufschlag zu bezahlen, wenn ein entsprechend höherer Nutzen wahrgenommen wird.

In diesem Kontext liegt die wesentliche Aufgabe des nachhaltigkeitsorientierten Controlling in der Bereitstellung von Informationen für die Durchführung von Wirtschaftlichkeitskontrollen. Es ist wichtig, dass die konsequente Nachhaltigkeitsorientierung entlang des Produktlebenszyklus unter Berücksichtigung der Potenzial-/Ressourcen-, Prozess- und Produktebene ein Differenzierungsmerkmal und eine Nutzensteigerung für den Kunden darstellt und schließlich zu einem Wettbewerbsvorteil gegenüber Konkurrenzprodukten führt.

11.4 Nachhaltigkeitsorientiertes Berichtswesen

Aufbau eines nachhaltigkeitsorientierten Berichtswesens

Das **nachhaltigkeitsorientierte Berichtswesen** umfasst die Versorgung interner und externer Adressaten mit ökonomisch-, ökologisch- und sozialbezogenen Informationen. Insbesondere die Unternehmensführung benötigt für die Beurteilung der Erreichung der Nachhaltigkeitsziele zeitnah verlässliche Informationen, die sich auf die Nachhaltigkeitsleistung in den Stadien Planung, Realisation und Kontrolle beziehen. Zur Verbesserung der Entscheidungssituation sind durch das nachhaltigkeitsorientierte Controlling die entsprechenden Nachhaltigkeitsinformationen zu generieren, analysieren, aufzubereiten sowie im internen und externen Berichtswesen zu dokumentieren (für nachfolgende Ausführungen siehe Fischer et al., 2010, S. 226 ff.).

Ökonomische, ökologische und soziale Informationen werden zur Quantifizierung der Nachhaltigkeitsziele von internen Anspruchsgruppen benötigt und müssen Eingang in das **interne Berichtswesen** finden. Insbesondere die Unternehmensführung muss zur Entscheidungsunterstützung zunehmend mit relevanten nachhaltig-

Interne nachhaltigkeitsorientierte Berichterstattung

Praxisbeispiel

Sustainable Development Key Performance Indicators (SD-KPIs)

Bedeutsame SD-KPIs von Unternehmen verschiedener Branchen

Branche	Beispiele für SD-KPIs	Branche	Beispiele für SD-KPIs
Automobilindustrie	Durchschnittlicher Flottenverbrauch gewichtet nach im Geschäftsjahr abgesetzten Fahrzeugtypen in g CO_2/km (EU) bzw. »miles per gallon« (USA)	**Konsumgüter/ Einzelhandel**	Umwelt- (z. B. ISO 14001 ff., Verminderung von Emissionen und Wasserverbrauch, Tierschutz) und Sozialstandards der Lieferantenkette insb. in Schwellen- und Entwicklungsländern; Einhaltung von Grundarbeitsrechten; Gesundheit und Sicherheit der Mitarbeiter der Zulieferer
Banken	SD-Kreditrisiken- und Kreditchancenprüfung im Commercial/ Investment Banking (Prüfung von Umwelt- und Sozialrisiken bei Firmenkrediten/ Finanzierungen, insb. auch in Schwellen- und Entwicklungsländern; Prüfung von Umwelt- und Sozialchancen, z. B. Finanzierung erneuerbarer Energien oder Wasserversorgungsprojekten)	**Pharma**	Zugangsstrategien zu Arzneimitteln für Arme, insb. in Schwellen- und Entwicklungsländern; Ausrichtung an großer Zahl bedürftiger Menschen bezüglich notwendiger Medikamente; F&E; Eigentumsrechte; Bepreisung; langfristige Strategie und Gewinnziele
Chemie	Konzernweite Energie- und Treibhausgasintensität der Produktion absolut in Mio. t CO_2 und relativ in kg CO_2 pro Produktionsvolumen	**Transport & Logistik**	Konzernweite Energie- und Treibhausgaseffizienz der Transportdienstleistungen absolut in Mio. t CO_2 und relativ in g CO_2 pro produziertem Tonnen-/Personenkilometer
Industriegüter	Konzernweite Energie- und Treibhausgasintensität der Produktion absolut in Mio. t CO_2 und relativ in kg CO_2 pro Produktionsvolumen	**Versicherungen**	Integrationsanteil von SD-Aspekten im Asset Management (z. B. Berücksichtigung von Umwelt-, Sozial- und Entwicklungsinhalten im Research, bei eigenen Anlagen, vergebenen Mandaten und den Versicherten offerierten Anlagedienstleistungen; indirekte SD-Auswirkungen des Investmentportfolios, z. B. CO_2-Emissionen der investierten Unternehmen; aktive Nutzung von Aktionärsrechten; »Engagement«)
Informations- und Kommunikationstechnologie	Konzernweite Energie- und Treibhausgasintensität der Produktion absolut in Mio. t CO_2 und relativ in kg CO_2 pro Produktionsvolumen und der Produkte (z. B. pro Betriebsstunde)	**Versorger**	Konzernweite Treibhausgasintensität der Energieerzeugung in g CO_2/kWh aufgrund der thermisch und elektrisch generierten Energie; Angabe der Zu- bzw. Verkäufe von Emissionsrechten

(Quelle: in Anlehnung an Baetge/Hesse, 2008, S. 6 f.)

keitsorientierten Informationen versorgt werden. Die Herausforderung für das Controlling besteht in der Beschaffung der ökonomischen, ökologischen und sozialen Daten sowie der adäquaten Gestaltung des nachhaltigkeitsorientierten internen Berichtswesens, um eine transparente und verlässliche Informationsbasis für die zu treffenden Entscheidungen zu gewährleisten. Im Rahmen der Datenbeschaffung muss sich der Controller zum einen mit den Prozessen auseinandersetzen und zum anderen koordinierend zwischen den betrieblichen Teilsystemen wirken, um eine vollständige Informationsbasis zu generieren. Ferner müssen die Daten empfängerspezifisch aufbereitet und dokumentiert werden. Eine mögliche Darstellungsweise stellen sog. **Social Responsibility Dashboards** dar. Hierbei werden die wichtigsten nachhaltigen KPIs in einer übersichtlichen und visuell ansprechenden Art und Weise, bspw. in Form einer Ampeldarstellung, adressatenorientiert zusammengestellt (vgl. Eckerson, 2011, S. 198 ff.). Dabei empfiehlt es sich die oben beschriebenen Ansätze zu Visualisierung betriebswirtschaftlicher Daten zu berücksichtigen. Die Entscheidungsträger werden dadurch in die Lage versetzt die aktuelle Nachhaltigkeitsleistung des Unternehmens in kürzester Zeit zu erfassen.

Operationalisierung durch die Sustainability Balanced Scorecard

Zur Operationalisierung der unternehmerischen Nachhaltigkeitsziele kann das Konzept der um Nachhaltigkeitsaspekte modifizierten Balanced Scorecard, der sog. **Sustainability Balanced Scorecard (SBSC)**, eingesetzt werden. Die Einbindung aller drei Dimensionen der Tripple Bottom Line (TBL) kann durch partielle oder vollständige Integration von ökologischen und sozialen Nachhaltigkeitsaspekten a) in die ursprünglichen Perspektiven, b) eine Erweiterung der Balanced Scorecard um eine Nachhaltigkeitsperspektive oder c) eine inhaltliche und begriffliche Veränderung der konventionellen Perspektiven erreicht werden (vgl. Schaltegger/Dyllick, 2002, S. 121 ff.). Ziel der SBSC ist die Entwicklung eines multidimensionalen Kennzahlensystems, das finanzielle und nicht finanzielle Kennzahlen kombiniert und deren Ursache-Wirkungsbeziehungen beschreibt. Ferner werden Zielwerte und strategische Maßnahmen festgelegt, deren Durchführung durch die Verknüpfung mit dem Anreizsystem gewährleistet wird (vgl. Kaplan/Norton, 2006, S. 2 ff.; 47 ff.). Folglich soll mittels der SBSC die nachhaltigkeitsorientierte Strategie des Unternehmens in ein transparentes und verständliches System der Leistungsmessung übersetzt werden. Dadurch wird zum einen die Kommunikation der Unternehmensvision an die Mitarbeiter ermöglicht. Zum anderen können die sich daraus ergebenden Maßnahmen in den SBSC-Perspektiven auf Grundlage abgeleiteter branchenspezifischer **Sustainable Development Key Performance Indicators (SD-KPIs)** geplant sowie kontrolliert werden (vgl. Schaltegger/Dyllick, 2002, S. 92 ff.).

Die Herausforderung für das Controlling liegt insbesondere in der Bestimmung adäquater Messgrößen für die Quantifizierung der ökologischen und sozialen Nachhaltigkeitsziele. Hierzu müssen zunächst Informationen zu den bedeutsamen, nicht finanziellen Leistungsindikatoren, die Einfluss auf den Geschäftsverlauf oder die Ertragslage haben, für einzelne Perspektiven der SBSC beschafft und hinsichtlich ihrer Chancen und Risiken ausgewertet werden. Basierend auf diesen Informationen sind die unternehmensspezifischen SD-KPIs abzuleiten und mittels partieller oder vollständiger Integration in die SBSC zu implementieren. Anschließend hat das Controlling die Koordination der Informationen in und gerade zwischen betrieblichen

Teilbereichen zu gewährleisten, um die Informationsflüsse zu verdichten und entscheidungsrelevante Informationen über die gegenwärtige sowie die erwartete ökonomische, ökologische und soziale Lage bereitzustellen (vgl. Haasis, 2008, S. 36). Auf dieser Grundlage können Abweichungsanalysen durchgeführt werden, um über Erfolg oder Misserfolg von Nachhaltigkeitsmaßnahmen urteilen zu können.

Externe nachhaltigkeitsorientierte Berichterstattung

Zahlreiche Unternehmen stehen vor der Herausforderung, ihren Stakeholdern sowohl finanzielle als auch nicht finanzielle Informationen über die unternehmerische Nachhaltigkeit zur Verfügung zu stellen. Beispielsweise erwarten Fondsgesellschaften mit nachhaltiger Investitionspolitik (ethische und/oder soziale Investmentfonds) Angaben in Bezug auf die Nachhaltigkeitsleistung der Unternehmen. Von besonderer Bedeutung sind die Empfehlungen der Global Reporting Initiative (GRI),

Praxisbeispiel

Fondsgesellschaften mit nachhaltiger Investitionspolitik

ÖKOWORLD LUX SA

Die Kapitalanlagegesellschaft ÖKOWORLD bietet als erfolgreicher Asset Manager die konsequente Alternative im Kapitalmarkt und legt ausschließlich Investmentfonds auf, deren Investitionsziele vorher von unabhängigen Experten auf ethischen Anspruch, Sozialverträglichkeit und ökologische Kriterien geprüft wurden.
(Quelle: http://www.oekoworld.com/, Abruf: 27.05.2014)

Unternehmen, die ökologische und soziale Risiken erfolgreich einschätzen und managen, sind langfristig auch ökonomisch erfolgreicher. Das zeigen Studien unabhängiger und renommierter Institute eindrucksvoll.
ÖKOWORLD-Fonds investieren ausschließlich in konsequent nachhaltige Unternehmen. Rendite wird also nicht im Sinne von »Gewinn-Maximierung um jeden Preis« über alles gestellt. Die ausschließliche Auswahl nachhaltiger Unternehmen vermeidet Risiken, die nicht-nachhaltige Anlagen in nicht zu unterschätzendem Maße bergen. Die Nachhaltigkeitsverpflichtung arbeitet so als wirksamer »Filter« zur Risikooptimierung, Risikosteuerung und Gewinnorientierung. Wohin Gewinnmaximierung für die Anleger führen kann, zeigen z. B. die jüngsten Ereignisse in Japan (Tepco-Atomkatastrophe Fukushima) und im Golf von Mexiko (BP-Oil Havarie).
Kunden, die ein »Umweltkatastrophen-Potenzial-geprüftes« Anlageportfolio mit zukunftsträchtigen Branchen anstreben, kommen also nicht um einen »Nachhaltigkeitsfilter« herum. Denn das branchenübergreifende Wirtschaftsprinzip Nachhaltigkeit erweist sich in der Finanzwelt immer deutlicher als langfristig entscheidender Erfolgsfaktor.
(Quelle: http://www.oekoworld.com/fonds/uebersicht/, Abruf: 27.05.2014)

KEPLER Ethik Aktienfonds – Aktien mit Nachhaltigkeit und ethischen Kriterien

Anlageschwerpunkt:
Der KEPLER Ethik Aktienfonds legt überwiegend in Aktien internationaler Unternehmen an, die in ihrer Unternehmensführung Kriterien der ökologischen sowie sozialen Nachhaltigkeit beachten. Zusätzlich werden ethische Ausschlusskriterien, wie z. B. Rüstung, Atomenergie, Tierversuche, Alkohol, Biozide, Glücksspiel, Gentechnik, Tabak und Kinderarbeit, berücksichtigt.
(Quelle: https://www.kepler.at/eBusiness/kep_template2/2887387770592596O8-600218_525764038240693395-18107832815593642-profil-1-NA.html, Abruf: 27.05.2014)

KEPLER Ethik Rentenfonds – Anleihen nach ethischen Kriterien

Anlageschwerpunkt:
Der KEPLER Ethik Rentenfonds legt überwiegend in Anleihen internationaler Emittenten an, die ökologische und soziale Nachhaltigkeitskriterien beachten. Zusätzlich werden ethische Ausschlusskriterien, wie z. B. Rüstung, Atomenergie, Tierversuche und Kinderarbeit, berücksichtigt.
Anleihen im Portfolio sind in Euro-Währungen begeben bzw. in Euro abgesichert. Die Anleihen oder deren Emittenten verfügen über ein Rating, das sich überwiegend im Investment Grade-Bereich befindet.
(Quelle: https://www.kepler.at/eBusiness/kep_template2/288738777059259608-525760085528600218_525764038240693395-54943780904828091-NA-1-NA.html, Abruf: 27.05.2014)

die von zahlreichen Unternehmen angewandt werden und somit als de facto-Standard in der externen Nachhaltigkeitsberichterstattung anzusehen sind (zu den GRI siehe Global Reporting Initiative (Hrsg.), 2013). Durch die Nachhaltigkeitsberichterstattung soll die Reputation des Unternehmens verbessert und dadurch der langfristige finanzielle Unternehmenserfolg positiv beeinflusst werden (vgl. ausführlich Möller et al., 2010, S. 290 ff.).

Kontrollfragen

1. *Welche Dimensionen umfasst die Triple Bottom Line?*
2. *Welche Aufgabenbereiche beinhaltet das strategische Nachhaltigkeits-Controlling?*
3. *Welche Aufgabenbereiche beinhaltet das operative Nachhaltigkeits-Controlling?*
4. *Welche nachhaltigkeitsbezogenen Planungs- und Kontrollebenen lassen sich unterscheiden?*
5. *Welche Schritte sind bei der Ableitung von operativen und strategischen Nachhaltigkeitszielen zu berücksichtigen?*
6. *Wie lassen sich nachhaltigkeitsbezogene Planungs- und Kontrollgrößen systematisieren?*
7. *Welche nachhaltigkeitsbezogenen Handlungsfelder ergeben sich für Unternehmen?*
8. *Welche Instrumente existieren zur Integration von »unternehmerischer Nachhaltigkeit« in das interne Berichtswesen von Unternehmen?*

Abkürzungsverzeichnis

GRI	Global Reporting Initiative
KPI	Key Performance Indicator
SBSC	Sustainability Balanced Scorecard
SD-KPIs	Sustainable Development Key Performance Indicators
TBL	Tripple Bottom Line

Literaturhinweise

Baetge, J./Hesse, A. (2008): Best Practices bei SD-KPIs – Beispiele guter Berichterstattung zu »Sustainable Development Key Performance Indicators« (SD-KPIs) in Lageberichten 2006, hrsg. v. Deloitte, Düsseldorf/München 2008.

Balderjahn, I. (2004): Nachhaltiges Marketing-Management. Möglichkeiten einer umwelt- und sozialverträglichen Unternehmenspolitik, Stuttgart 2004.

Baum, H.-G./Coenenberg, A. G./Günther, T. (2013): Strategisches Controlling, 5. Aufl., Stuttgart 2013.

Bleicher, K. (1994): Normatives Management, Frankfurt a. M./New York 1994.

Daimler AG (Hrsg.) (2012): Life Cycle – Umwelt-Zertifikat Mercedes-Benz A-Klasse, Stuttgart 2012.

Daimler AG (Hrsg.) (2013): Nachhaltigkeitsbericht 2012, Stuttgart 2013.

Eckerson, W. W. (2011): Performance Dashboards. Measuring, Monitoring and Managing Your Business, 2. Aufl., Hoboken 2011.
Elkington, J. (1997): Cannibals With Forks: The Triple Bottom Line of 21st Century Business, Oxford 1997.
Europäische Kommission (Hrsg.) (2002): Mitteilung der Kommission betreffend die soziale Verantwortung der Unternehmen. Ein Unternehmensbeitrag zur nachhaltigen Entwicklung, Brüssel 2002.
Fischer, T. M./Huber, R./Sawczyn, A. (2010): Nachhaltige Unternehmensführung als Herausforderung für das Controlling, in: Controlling, 22. Jg., 2010, Heft 4/5, S. 222–230.
Fischer, T. M./Sawczyn, A./Brauch, B. (2009): Nachhaltigkeit und Sustainability Accounting, in: Wall, F./Schröder, R. (Hrsg.): Controlling zwischen Shareholder Value und Stakeholder Value, München 2009, S. 261–287.
Global Reporting Initiative (Hrsg.) (2013): Sustainability Reporting Guidelines – Reporting Principles and Standard Disclosures – G4, Amsterdam 2013.
Günther, E. (2008): Ökologieorientiertes Management. Um-(weltorientiert) Denken in der BWL, Stuttgart 2008.
Haasis, H.-D. (2008): Produktions- und Logistikmanagement. Planung und Gestaltung von Wertschöpfungsprozessen, Wiesbaden 2008.
Horváth, P. (2011): Controlling, 12. Aufl., München 2011.
Kaplan, R. S./Norton, D. P. (2006): Alignment. Mit der Balanced Scorecard Synergien schaffen, Stuttgart 2006.
Küpper, H.-U./Friedl, G./Hofmann, C./Hofmann, Y./Pedell, B. (2013): Controlling. Konzeption, Aufgaben, Instrumente, 6. Aufl., Stuttgart 2013.
Laux, H./Liermann, F. (2005): Grundlagen der Organisation. Die Steuerung von Entscheidungen als Grundproblem der Betriebswirtschaftslehre, 6. Aufl., Berlin u. a. 2005.
Möller, K./Kubach, M./Gamerschlag, R. (2010), Nachhaltigkeitsreporting, in: Panitz, K./Waschkowitz (Hrsg.): Praktikerdialog Reporting. Lösungen für Prozesse, Strukturen und Systeme, Frankfurt a. M. 2010, S. 290–295.
Müller, E. (2010): Edelgrün, in: ManagerMagazin, o. Jg., 2010, Heft 10, S. 84–88.
Preller, E. (2007): Controlling und Sustainability, in: Controlling, 19. Jg., 2007, Heft 1, S. 51–53.
Porter, M. E./Kramer, M. R. (2002): The Competitive Advantage of Corporate Philanthropy, in: Harvard Business Review, 80. Jg., 2002, Heft 12, S. 56–69.
Quick, R./Knocinski, M. (2006): Nachhaltigkeitsberichterstattung: Empirische Befunde zur Berichterstattungspraxis von HDAX-Unternehmen, in: Zeitschrift für Betriebswirtschaft, 76. Jg., 2006, Heft 6, S. 615–650.
Schaltegger, S./Dyllick, T. F. (2002): Nachhaltig managen mit der Balanced Scorecard. Konzept und Fallstudien, Wiesbaden 2002.
World Commission on Environment and Development (WCED) (Hrsg.) (1987): Our Common Future, Oxford 1987.
Zwingel, T. (1997): Einsatzmöglichkeiten und Grenzen von Kennzahlen und Kennzahlensystemen im Rahmen eines ökologischen Controllingkonzepts, München 1997.

12 Immaterielle Werte und Reputation von Unternehmen

Lernziele

In diesem Kapitel erfahren Sie,

- welche Bedeutung immaterielle Werte für die Erreichung von Unternehmenszielen haben,
- wie durch Reputation der Unternehmenserfolg beeinflusst wird,
- wie ein Reputations-Controlling auszugestalten ist,
- mit welchen Methoden immaterielle Werte gemessen und bewertet werden können,
- welche Anwendungsfelder für die Wissensbilanz in der Unternehmenskommunikation bestehen,
- wie immaterielle Werte in Performance Management Systeme integriert werden.

Ein wichtiges Unternehmensziel der Grape SE ist die nachhaltige Steigerung des Unternehmenswertes. Daher wird im Vorstand gegenwärtig über mögliche Maßnahmen diskutiert, um auch zukünftig nachhaltige Wertsteigerungen zu realisieren. Zu diesem Zweck referierte Dr. Müller-Christ, der Chef-Controller der Grape SE, im Rahmen der letzten Vorstandssitzung über mögliche Stellschrauben zur Steigerung des Unternehmenswertes. Als Fazit seines Vortrages ist festzuhalten, dass der Unternehmenswert der Grape SE als führendes Hightech-Unternehmen vor allem durch sog. immaterielle Werte, wie z. B. prozess- und produkttechnologiebezogenes Know-how, Markennamen, Beziehungen zu Kunden oder Patente determiniert wird. Physische Vermögenswerte, wie z. B. Grundstücke, Gebäude oder Produktionsanlagen, machen dagegen einen vergleichsweise kleinen Anteil des Unternehmenswertes aus. Im Anschluss an den Vortrag wies ein Mitglied des Vorstandes darauf hin, dass die Grape SE ihren Ruf als Hightech-Hersteller von Elektronikgeräten nach einem verheerenden Unternehmensskandal vor fünf Jahren zwar verbessern konnte, dieser im Vergleich zu Wettbewerbern aber noch ausbaufähig sei. »Bei einer besseren Reputation hätten wir höhere Chancen neue Kunden zu gewinnen, hochqualifizierte Mitarbeiter zu rekrutieren und bessere Konditionen mit Zulieferern zu verhandeln. Reputation ist somit entscheidend für unseren zukünftigen Erfolg«. Ziel der Grape SE müsse es daher sein, ihre Reputation zu verbessern, um auf diesem Weg einen Ausbau der übrigen immateriellen Werte und dadurch nachhaltige Wertsteigerungen zu realisieren, so das Vorstandsmitglied.

Der Vorstand beauftragt Dr. Müller-Christ mit der Erarbeitung eines Konzepts zur nachhaltigen Steigerung des Unternehmenswertes unter Berücksichtigung der im Rahmen der Vorstandssitzung entwickelten Ideen. Dabei sollen insbe-

sondere die Zusammenhänge zwischen immateriellen Werten, Reputation und dem Unternehmenswert herausgearbeitet und ein Vorschlag zur Integration von Reputation als Steuerungsgröße in die Controllingsysteme der Grape SE entwickelt werden.

Dieses Kapitel beschäftigt sich zunächst mit der Bedeutung und inhaltlichen Abgrenzung von immateriellen Werten. Danach werden Ansatzpunkte zur Steuerung der Reputation von Unternehmen beschrieben. Zuletzt werden Konzepte für die Messung und Bewertung von immateriellen Werten in der Unternehmenspraxis, insbesondere die sog. Wissensbilanz, erläutert.

12.1 Bedeutung und inhaltliche Abgrenzung von immateriellen Werten

Die Wettbewerbsfähigkeit von Unternehmen wird in vielen Branchen durch Kundenbeziehungen, Markennamen, Know-how der Mitarbeiter oder Qualität und Schnelligkeit der internen Prozesse bestimmt (vgl. Fischer/Baumgartner, 2013, S. 18). Die genannten Faktoren besitzen eine hohe strategische Bedeutung für die erfolgreiche Unternehmensentwicklung und sind im Unterschied zu physischen Vermögenswerten, wie z. B. Grundstücke, Gebäude oder Produktionsanlagen, nicht »greifbar«, weshalb sie als »intangibles« oder immaterielle Werte bezeichnet werden (vgl. Arbeitskreis »Immaterielle Werte im Rechnungswesen« der Schmalenbach-Gesellschaft für Betriebswirtschaft e. V., 2001, S. 989; Arbeitskreis »Immaterielle Werte im Rechnungswesen« der Schmalenbach-Gesellschaft für Betriebswirtschaft e. V., 2003, S. 1233).

Eigenschaften von immateriellen Werten

Immaterielle Werte werden durch nachfolgende Eigenschaften charakterisiert (vgl. ausführlich Möller/Gamerschlag, 2009, S. 7 f.):

- Immaterielle Werte können von Unternehmen i. d. R. nicht auf Märkten erworben bzw. veräußert werden, d. h. sie sind nur selten marktgängig.
- Immaterielle Werte können meist zum selben Zeitpunkt in mehrfacher Weise verwendet werden, d. h. sie sind nicht konkurrierend.
- Immaterielle Werte können sich insbesondere in intra- und interorganisationalen Netzwerken entfalten, wobei sich die Größe des jeweiligen Netzwerks positiv auswirkt.
- Immaterielle Werte sind durch vergleichsweise hohe Fix- bzw. Anschaffungskosten und geringe bis gar keine variablen bzw. Gebrauchskosten gekennzeichnet.
- Die Besitz- und Nutzungsansprüche auf immaterielle Werte können aufgrund fehlender physischer Substanz sowie der nicht konkurrierenden Eigenschaft selten exklusiv geltend gemacht werden, Nicht-Besitzer können von der Nutzung i. d. R. nur bedingt ausgeschlossen werden.
- Investitionen in immaterielle Werte sind vergleichsweise risikoreich (»Gefahr des Totalverlustes«), da sie nicht einzeln veräußerbar sind.

Immaterielle Werte (Intangibles) umfassen sowohl bilanzierungsfähige (immaterielle Vermögenswerte) als auch nicht bilanzierungsfähige Werte (Intellectual Capital) (vgl. Coenenberg et al., 2012, S. 618; Coenenberg et al., 2014, S. 1201). Unter **immateriellen Vermögenswerten** werden all diejenigen immateriellen Werte subsumiert, die aufgrund von Rechnungslegungsvorschriften bilanziell erfasst werden (z. B. extern erworbene Lizenzen für Produktionstechnologien) oder im Falle des Unternehmenserwerbs im Rahmen der Erstkonsolidierung potenziell zu bilanzieren wären (z. B. vom gekauften Unternehmen zuvor selbst erstellte Patente). Dem **Intellectual Capital** sind alle übrigen nicht bilanzierungsfähigen immateriellen Werte zuzurechnen (z. B. Know-how der Mitarbeiter, Kundenloyalität).

Immaterielle Werte, immaterielle Vermögenswerte und Intellectual Capital

Immaterielle Werte sind eine wesentliche **Determinante des zukünftigen Erfolgs** und folglich des **Unternehmenswertes** (Marktwert des Eigenkapitals). Da immaterielle Werte nur teilweise bilanziell erfasst werden, können sich bei deren Existenz unter der Voraussetzung effizienter Kapitalmärkte Differenzen zwischen dem Markt- und dem Buchwert des Eigenkapitals eines Unternehmens ergeben. Zur Veranschaulichung dieses Zusammenhangs ist in Abbildung 12-1 die Entwicklung des Verhältnisses von Markt- und Buchwert des Eigenkapitals (Price-to-Book-Ratio) der Unternehmen des S&P 500 und des DAX dargestellt. Da der Markt- den Buchwert des

Markt-/Buchwert-Verhältnis

Abb. 12-1

Entwicklung der Price-to-Book-Ratio im S&P 500 und DAX

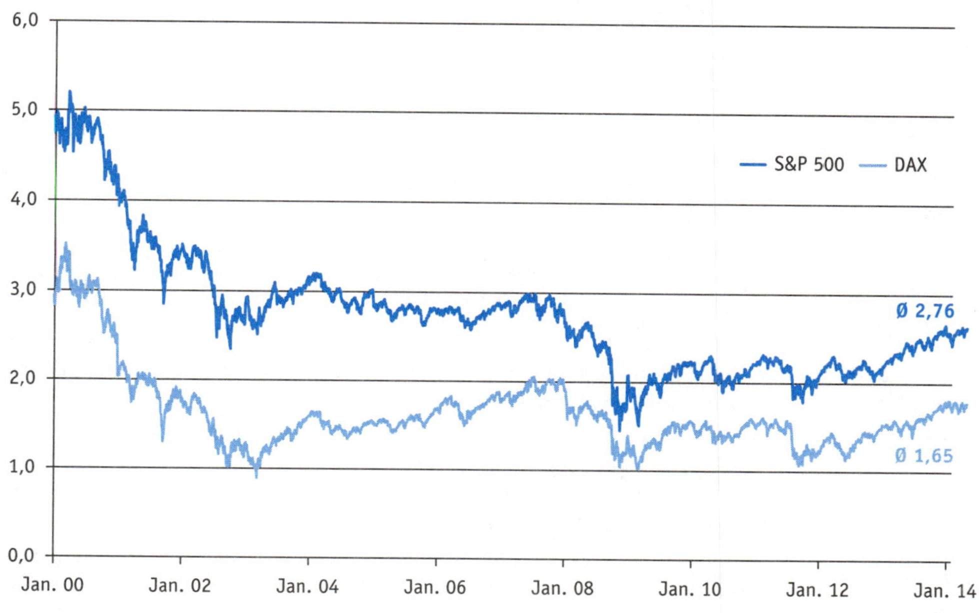

(Datenquelle: Bloomberg)

Eigenkapitals übersteigt, indiziert dies eine Erwartung positiver Zukunftserfolge aus der Nutzung von immateriellen Werten in den betrachteten Unternehmen (vgl. Haller/Dietrich, 2001, S. 1045). Diese Entwicklung reflektiert die hohe Bedeutung von immateriellen Werten für die in den betrachteten Indizes enthaltenen Unternehmen.

Kategorisierung von immateriellen Werten

Im Hinblick auf die hohe Bedeutung von immateriellen Werten für den zukünftigen Unternehmenserfolg ist es notwendig, diese in die interne Steuerung sowie die externe Berichterstattung von Unternehmen zu integrieren. Dazu ist es zweckmäßig, die immateriellen Werte eines Unternehmens nicht als Gesamtheit zu betrachten, sondern in unterschiedliche Kategorien einzuteilen (vgl. Kivikas/Wulf, 2006, S. 45). In der Literatur existieren hierzu verschiedene Vorschläge (vgl. z. B. Edvinson/Malone, 1997, S. 34; Maul, 2000, S. 2009 ff.; Arbeitskreis »Immaterielle Werte im Rechnungswesen« der Schmalenbach-Gesellschaft für Betriebswirtschaft e. V., 2001, S. 990 f.; BMWi (Hrsg.), 2008, S. 18 f.).

Nachfolgend werden die immateriellen Werte in sieben Kategorien unterteilt, die sich vorrangig an den Stakeholdern eines Unternehmens orientieren (vgl. Arbeitskreis »Immaterielle Werte im Rechnungswesen« der Schmalenbach-Gesellschaft für Betriebswirtschaft e. V., 2001, S. 990 f.; Coenenberg et al., 2012b, S. 1194):

- **»Human Capital«**: inhärentes Wissen (z. B. Ausbildung und Experten-Know-how) und Kompetenz (z. B. Führungsqualität) der Mitarbeiter sowie Knowledge-Datenbanken und Betriebsklima;
- **»Customer Capital«**: z. B. Marken, Marktanteile, Abnahmeverträge, Kundenzufriedenheit und Kundenlisten;
- **»Supplier Capital«**: z. B. Verträge über den Bezug von bestimmten, nur knapp verfügbaren Ressourcen;
- **»Investor Capital«**: Qualität der Beziehungen zu Eigen- und Fremdkapitalgebern, z. B. Emissionspreise oder Rating-Resultate;
- **»Process Capital«**: Effizienz der Aufbau- und Ablauforganisation, z. B. Qualitätsmanagement, Informations- und Kommunikationssystem, Distributionskanäle;
- **»Location Capital«**: Standortvorteile, z. B. Verkehrsanbindung oder Steuervergünstigungen;
- **»Innovation Capital«**: Produkt-, Dienstleistungs- und Verfahrensinnovationen, z. B. neue Software, Patente, Filme oder Rezepturen eines Unternehmens.

Immaterielle Werte basieren somit auf Vorteilen, die sich aus **Beziehungen zu Stakeholder-Gruppen** (Mitarbeiter, Kunden, Zulieferer, Kapitalgeber), **betrieblichen Prozessen**, der **Innovationskraft** des Unternehmens sowie **Standortfaktoren** ergeben (vgl. Haller/Dietrich, 2001, S. 1046). Die einzelnen Kategorien können einerseits als Ansatzpunkte zur Steuerung von immateriellen Werten und dadurch zur Beeinflussung der Wettbewerbsfähigkeit eines Unternehmens, der zukünftigen Erfolge und folglich des Unternehmenswertes dienen. Andererseits lassen sie sich zur Strukturierung der Berichterstattung über immaterielle Werte verwenden. Auf diesem Weg kann eine nachhaltige Steigerung des Unternehmenswertes durch den Auf- und Ausbau der Beziehungen zu Stakeholdern, die Verbesserung von betrieblichen Prozessen sowie die Gestaltung und Inanspruchnahme von Standortvorteilen erreicht werden.

Praxisbeispiel

Die wertvollsten Marken 2003 und 2013

Die Bedeutung der von Unternehmen originär aufgebauten Markenwerte wird durch das jährlich durchgeführte Best Global Brands Ranking der Firma Interbrand verdeutlicht. Im Vergleich der Jahre 2003 und 2013 zeigt sich ein deutlicher Anstieg der monetären Werte und eine Verschiebung der Markenattraktivität von der Konsumgüterindustrie (z. B. Coca-Cola, Marlboro) zu Technologieunternehmen (z. B. Apple, Google).

Rang 2003	Marke	Markenwert in Mrd. USD	Rang 2013	Marke	Markenwert in Mrd. USD
1	Coca-Cola	70,453	1	Apple	98,316
2	Microsoft	65,174	2	Google	93,291
3	IBM	51,767	3	Coca-Cola	79,213
4	GE	42,340	4	IBM	78,808
5	Intel	31,112	5	Microsoft	59,546
6	Nokia	29,440	6	GE	46,947
7	Disney	28,036	7	McDonalds	41,992
8	McDonalds	24,699	8	Samsung	39,610
9	Marlboro	22,183	9	Intel	37,257
10	Mercedes	21,371	10	Toyota	35,346

(Quelle: Interbrand, in: www.interbrand.com, Abruf: 24.05.2014)

Herausforderungen bei der Steuerung von immateriellen Werten

Die Steuerung von immateriellen Werten führt in der Unternehmenspraxis zu verschiedenen Herausforderungen (vgl. ausführlich Möller/Gamerschlag, 2009, S. 8):

- Identifikation der relevanten Stellgrößen für die Unternehmenssteuerung. Herausforderung aufgrund mangelnder Möglichkeiten, einzelne Bestandteile von immateriellen Werten isoliert betrachten und optimieren zu können.
- Bewertung und zuverlässige Einschätzung von immateriellen Werten. Herausforderung aufgrund des ständigen Wandels der Bestandteile von immateriellen Werten (z. B. Mitarbeiter können das Unternehmen verlassen, die Erwartungen Externer an das Unternehmen können sich ändern usw.).
- Bestimmung und Messung des Einflusses immaterieller Werte auf den finanziellen Erfolg eines Unternehmens (z. B. Messung des Einflusses einer gesteigerten Kundenzufriedenheit auf den Unternehmenserfolg). Herausfordernd aufgrund des hohen Risikos von Investitionen in immaterielle Werte (z. B. Investitionen in Forschung und Entwicklung) und der zeitlich (mitunter stark) verzögerten Rückflüsse.

12.2 Reputation als immaterieller Wert von Unternehmen

Reputation von Unternehmen

Im Kontext von immateriellen Werten kommt der **Reputation** von Unternehmen eine besondere Bedeutung zu. Unternehmensreputation lässt sich abgrenzen als ein

- Maß für die erfahrungsbasierte Einschätzung eines Unternehmens aus Sicht von Anspruchsgruppen (vgl. Gotsi/Wilson, 2001, S. 27 f.);
- Signal zur Überwindung des Such- und Kontraktrisikos;
- Konstrukt mit kognitiven und affektiven Komponenten;
- Immaterieller Wert, der nicht über Faktormärkte handelbar und schwierig durch Wettbewerber imitierbar ist (vgl. hierzu und im Folgenden Eberl/Schwaiger (2006), S. 421 ff. sowie die dort angegebene Literatur).

Konstituierende Bestandteile von Reputation sind demnach das **Wissen** der Individuen über ein Unternehmen (kognitive Komponente) und die dem Unternehmen von den Individuen entgegengebrachten **Emotionen** (affektive Komponente). Insofern wird Reputation v. a. durch die subjektive Wahrnehmung von Individuen und weniger durch (objektives) Wissen im Sinne von allgemeiner Erkenntnis bestimmt (vgl. Schwaiger et al., 2010, S. 90).

Unternehmensreputation kann als umfassendes Konstrukt für den nachhaltigen Unternehmenswert aus Sicht von Stakeholder-Gruppen verstanden werden. Durch den Aufbau von Reputation lassen sich in den Beziehungen zu Stakeholdern Vorteile aufbauen bzw. Nachteile verringern. Dies führt ceteris paribus zu nachhaltigen Steigerungen der immateriellen Werte des Unternehmens und des Unternehmenswertes. Eine positive Reputation unterstützt somit indirekt die Erreichung der Unternehmensziele. Die positive Wirkung von verschiedenen Reputationsvorteilen in Stakeholderbeziehungen auf den Unternehmenswert (vgl. die empirischen Befunde von Raithel/Schwaiger, 2014) ist in Abbildung 12-2 dargestellt.

Aus der Perspektive von (potenziellen) Kunden bewirkt eine höhere Reputation bspw. eine Risikoreduktion bei der Wahl eines Anbieters, woraus ein größerer Deckungsgrad von erwarteter und wahrgenommener erhaltener Leistung resultiert. Dadurch entsteht eine höhere Kundenzufriedenheit, wodurch die Loyalität, die Wiederholkäufe und die Zahlungsbereitschaft der Kunden sowie der Marktanteil des Unternehmens steigen. Des Weiteren führt eine hohe Reputation zu einer geringeren Abwanderung von Kunden und zu einer vermehrten Gewinnung von Neukunden und folglich zu einer größeren und stärker gebundenen Kundenbasis. Reputation leistet auf diesem Weg einen Beitrag zur Verbesserung des Customer Capital, woraus ein Anstieg des Unternehmenswertes resultiert.

Reputation beeinflusst zudem die Motivation der Mitarbeiter. So kann davon ausgegangen werden, dass Mitarbeiter stärker intrinsisch motiviert sind, wenn sie für ein Unternehmen mit einer hohen Reputation arbeiten. Zugleich wird es einem Unternehmen mit hoher Reputation besser gelingen, hochqualifiziertes Personal zu rekrutieren sowie bestehendes Personal langfristig an das Unternehmen zu binden. Insofern kann durch Reputation der Aufbau eines höher motivierten und qualifizierten Personalbestandes gefördert werden. Vor diesem Hintergrund wirkt Reputa-

Abb. 12-2

Wirkung von Reputationsvorteilen in Stakeholderbeziehungen auf den Unternehmenswert

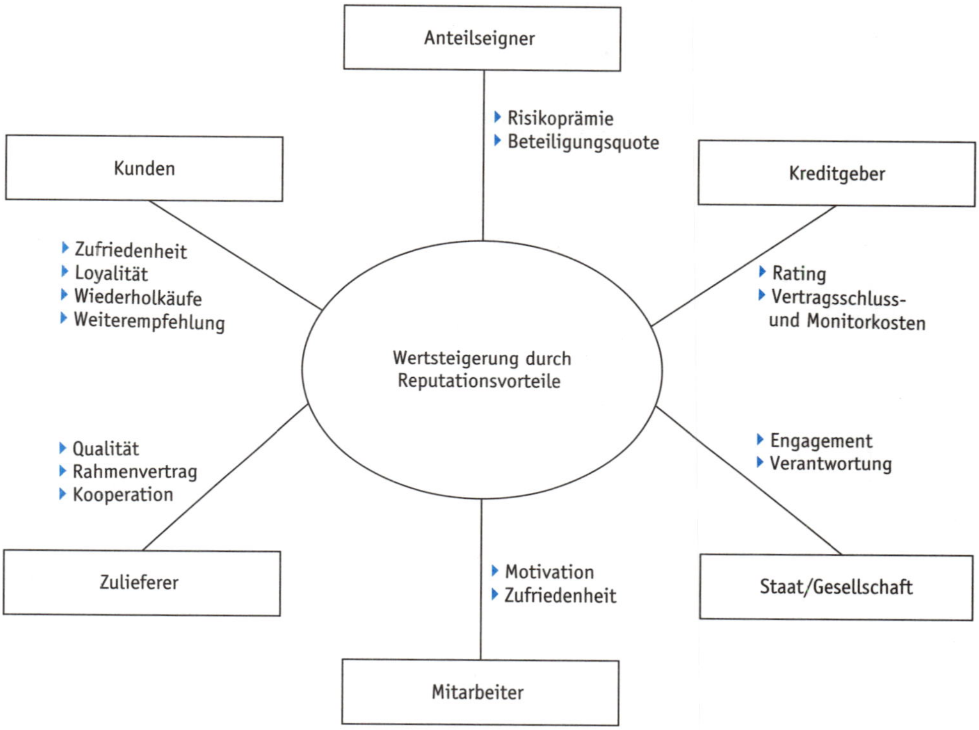

(Quelle: Eberl/Schwaiger, 2006, S. 421 f.)

tion positiv auf das Human Capital und den Unternehmenswert (vgl. Schwaiger et al., 2010, S. 89 f.).

Darüberhinaus gehen von einer hohen Reputation weitere positive Effekte für die Beziehungen zu den Stakeholdern eines Unternehmens aus. So sind Unternehmen mit hoher Reputation i. d. R. durch Verhandlungsvorteile im Umgang mit anderen Stakeholdern gekennzeichnet.

Auf Basis dieser Zusammenhänge lässt sich festhalten, dass der potenzielle Wertbeitrag immaterieller Werte nur bei einer hohen Reputation bestmöglich ausgeschöpft werden kann. Reputation kann gewissermaßen als **Mediator** zwischen unterschiedlichen Unternehmensaktivitäten und dem resultierenden finanziellen Erfolg interpretiert werden (vgl. dazu und im Folgenden Schwaiger et al., 2010, S. 90 ff.). Daraus resultiert die Notwendigkeit, **Reputation als Steuerungsgröße in die Controllingsysteme** eines Unternehmens einzubinden, um auf diesem Weg die Unternehmensziele bestmöglich zu erreichen.

Praxisbeispiel

Reputation als Top-Arbeitgeber

Top-Arbeitgeber 2014 – Wirtschaftswissenschaften
Das Ranking zeigt die 30 beliebtesten Arbeitgeber Deutschlands im Jahr 2014, von examensnahen Studierenden der Wirtschaftswissenschaften gewählt.* Auf dem ersten Platz liegt die BMW Group, die im Gegensatz zum Vorjahr einen Platz gut machen konnte.

Rang 2014	Rang 2013	Arbeitgeber	Rang 2014	Rang 2013	Arbeitgeber
1	2	BMW Group	**16**	15	Deutsche Bank AG
2	1	AUDI AG	**17**	11	Apple
3	3	Volkswagen AG	**18**	19	McKinsey & Company
4	9	Lufthansa	**19**	20	Unilever
5	4	Porsche AG	**20**	20	BCG The Boston Consulting Group
6	6	Daimler/ Mercedes-Benz	**21**	22	Red Bull
7	8	Google	**21**	24	SAP
8	7	Bosch Gruppe	**23**	22	Beiersdorf AG
9	5	adidas AG	**23**	43	ProSiebenSat.1 Media AG
10	10	Siemens	**25**	37	Deutsche Bahn
11	13	PwC	**25**	29	Procter & Gamble
12	12	Ernst & Young (EY)	**27**	26	Coca-Cola
13	14	Auswärtiges Amt	**27**	25	L'Oréal
13	18	BASF	**29**	48	Bayer
13	16	KPMG	**29**	34	EADS

*Befragt wurden ca. 14.000 examensnahe Studierende der Wirtschaftswissenschaften an insgesamt 125 teilnehmenden Hochschulen im Zeitraum September 2013 bis Januar 2014.

(Quelle: Staufenbiel, in: http://www.trendence.com/unternehmen/rankings/germany.html, Abruf: 28.05.2014)

Reputations-Controlling

Da mit dem Aufbau von Reputation kein Selbstzweck, sondern die Verbesserung von unternehmerischen Zielgrößen verfolgt wird, ist vorab festzulegen, welche Zielgrößen in welchen Stakeholder-Gruppen durch den Aufbau von Reputation verbessert werden sollen, z. B. Zufriedenheit und Bindung (Kunden/bestehende Mitarbeiter), Motivation und Engagement (bestehende Mitarbeiter), Bewerbungseingang (potenzielle Mitarbeiter) oder Investitionsbereitschaft (Investoren). Hierbei ist zu beachten, dass zwischen den angestrebten Zielgrößen in den einzelnen Stakeholder-Gruppen Zielkonflikte auftreten können. Bei der Auswahl der Zielgrößen sollte daher ein vertretbarer Ausgleich zwischen den Interessen der Stakeholder-Gruppen hergestellt werden. Ein möglicher Ansatz für ein ganzheitliches **Reputations-Controlling** ist in Abbildung 12-3 dargestellt (vgl. Schwaiger et al., 2010, S. 91).

Abb. 12-3

Kreislauf des Reputations-Controllings

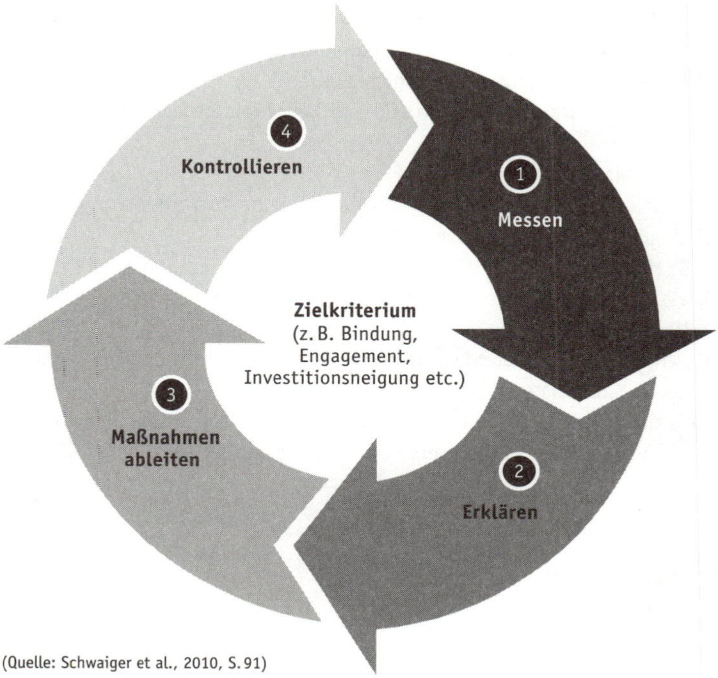

(Quelle: Schwaiger et al., 2010, S. 91)

Nachfolgend werden die einzelnen Schritte, die im Kreislauf des Reputations-Controlling durchlaufen werden, erläutert (vgl. Schwaiger et al., 2010, S. 91 ff.).

- **Schritt 1: Messen von Reputation**
  - Messung der Ausprägung der Zielgröße und der Reputation des Unternehmens im Vergleich zu seinen wichtigsten Wettbewerbern;
  - Messung von Reputation durch Befragung von Probanden aus der breiten Öffentlichkeit und ausgewählten Stakeholder-Gruppen (z. B. Journalisten, Analysten, Wirtschaftsführer, Wissenschaftler, Politiker, Vertreter von NGO und NPO, potenzielle Mitarbeiter);
  - Probanden sollten sowohl affektive als auch kognitive Fragestellungen vorgelegt werden.
- **Schritt 2: Erklären durch Treiberanalysen**
  - Identifikation von zentralen Stellhebeln zur Verbesserung der Reputation;
  - Gängige stakeholderorientierte Treiberkonstrukte sind z. B. Qualität (Kunden), Performance (Investoren), Attraktivität (Mitarbeiter), Corporate Social Responsibility (Gesellschaft);

- Operationalisierung der Konstrukte durch formative Indikatoren unter Berücksichtigung branchen- und unternehmensspezifischer Gegebenheiten;
- Abfrage der Indikatoren in den jeweiligen Stakeholder-Gruppen für das betreffende Unternehmen und seine wichtigsten Wettbewerber;
- Verknüpfung der Treiberkonstrukte über den Mediator Reputation mit dem gewählten Zielkriterium (z. B. Kundenbindung, Investitionsneigung etc.) im Rahmen eines Strukturgleichungsmodells;
- Analyse der Wirkungsrichtung und -stärke mittels Partial Least Squares (PLS)-Pfadanalyse.

▸ **Schritt 3: Maßnahmen ableiten**
- Identifikation und Umsetzung von Maßnahmen zur Verbesserung der Reputation auf Basis der Ergebnisse der Treiberanalyse;
- z. B. Maßnahmen zur Steigerung der Qualität, Entwicklung einer CSR-Strategie jeweils begleitet von geeigneten Kommunikationsmaßnahmen.

▸ **Schritt 4: Kontrollieren**
- Ex-ante-Antizipation und Ex-post-Kontrolle der Reputationswirkung der eingeleiteten Maßnahmen;
- »Wirkungskontrolle«: Haben die eingeleiteten Maßnahmen die Reputation des Unternehmens tatsächlich verbessert (Übergang zu Schritt 1)?

12.3 Messung und Bewertung von immateriellen Werten

Aufgrund der zunehmenden Bedeutung immaterieller Werte für Unternehmen stehen diese immer öfter im Fokus von unternehmerischen Entscheidungen. In diesem Zusammenhang steigen die Anforderungen an das Controlling, das die zur adäquaten Abbildung und Plausibilisierung der immateriellen Werte erforderlichen Informationen liefern muss. Zur Entscheidungsunterstützung ist eine systematische Messung und Bewertung der immateriellen Werte erforderlich (vgl. Dillerup/Stoi, 2013, S. 866).

Die Bedeutung von immateriellen Werten für unternehmerische Entscheidungen sowie die Notwendigkeit, diese zu messen und zu bewerten, wird anhand nachfolgenden Beispiels verdeutlicht (Beispiel in enger Anlehnung an Arbeitskreis »Immaterielle Werte im Rechnungswesen« der Schmalenbach-Gesellschaft für Betriebswirtschaft e. V., 2013, S. 25 ff.):

Beispiel 12.1 Grape SE

▸▸▸ Die Grape SE beabsichtigt ihr Produktprogramm durch den Aufbau eines neuen Geschäftsfeldes »Cloud Computing« zu erweitern. Hierbei sind Auswirkungen auf die Marke der Grape SE zu analysieren. Für die zusätzlich erforderlichen Serverkapazitäten wird ein neues Rechenzentrum errichtet. Dabei wird angenommen, dass die verwendete Servertechnologie in 7 Jahren veraltet ist und das Geschäftsfeld nicht weiterbetrieben wird. Folgender Business Plan liegt dem neuen Geschäftsfeld zugrunde (Werte in Mio. EUR):

Tab. 12-1

Business Plan des Geschäftsfeldes »Cloud Computing«

Jahr	1	2	3	4	5	6	7
Cashflow	–20	–10	70	80	50	60	35
– Investitionen in AV	–50	–40	–30	–10	–10	–10	–10
= Free Cashflow	–70	–50	40	70	40	50	25

Bei Annahme eines gewichteten Gesamtkapitalkostensatzes von 10 % ergibt sich für das Geschäftsfeld »Cloud Computing« ein Barwert der Free Cashflows von 38,79 Mio. EUR zu Beginn der Periode 1. Aufgrund der Annahme der Nicht-Fortführung des Geschäftsfeldes nach Periode 7 wird dabei kein Restwert berücksichtigt. Da der Barwert positiv ist, erscheint es zunächst sinnvoll, den Aufbau des Geschäftsfeldes zu forcieren. Bei dieser Betrachtung bleibt jedoch unberücksichtigt, dass das Geschäftsfeld »Cloud Computing« von der Marke »Grape SE« profitieren wird und gleichzeitig einen Einfluss auf diese hat.

Im Folgenden wird angenommen, dass die Grape SE aufgrund ihres Markennamens im Durchschnitt über alle Produkte ein Preispremium von 50 % bei einem durchschnittlichen Preis pro Produkt von 200 EUR gegenüber den Wettbewerbern realisieren kann. Der gute Markenname ermöglicht dazu einen Mehrabsatz von 200.000 Produkteinheiten pro Jahr; die markenbezogenen (Mehr-)Kosten belaufen sich auf 10 Mio. EUR pro Jahr. Unter der Annahme der ewigen Rente ergibt sich zu Beginn der Periode 1 folgender Markenwert der Grape SE:

$$\text{Markenwert} = \frac{\text{Markenbezogener Umsatz} - \text{Markenbezogene Kosten}}{\text{Gewichteter Gesamtkapitalkostensatz}}$$

$$= \frac{0{,}5 \times 200 \times 200.000 - 10.000.000}{0{,}1} = 100 \text{ Mio. Euro}$$

Aufgrund von absehbaren Datenschutzproblemen und daraus resultierenden Imageproblemen wird bei einem Einstieg in das Geschäftsfeld »Cloud Computing« erwartet, dass die Grape SE über alle Geschäftsfelder am Ende von Periode 7 nur noch ein Preispremium von 45 % realisieren kann. Bei einem unveränderten Durchschnittspreis von 200 EUR, einem gesunkenen Mehrabsatz von 180.000 Produkteinheiten und gestiegenen Markenkosten von 13 Mio. EUR ergibt sich am Ende von Periode 7 ein geringerer Markenwert:

$$\text{Markenwert} = \frac{0{,}45 \times 200 \times 180.000 - 13.000.000}{0{,}1} = 32 \text{ Mio. Euro}$$

Diskontiert auf den Beginn der Periode 1 beträgt der Markenwert nunmehr 32 Mio. EUR/(1,1^7) = 16,42 Mio. EUR. Unter diesen Umständen ist der Aufbau des Geschäftsfeldes »Cloud Computing« betriebswirtschaftlich nicht sinnvoll. Der dadurch erwartete Wertzuwachs in Höhe des Barwertes der Free Cashflows des neuen Geschäftsfeldes in Höhe von 38,79 Mio. EUR fällt geringer aus als der Wertverlust des immateriellen Wertes »Marke«:

Wertbeitrag des Geschäftsfeldes »Cloud Computing«	+ 38,79 Mio. EUR
+ Wertverlust immaterieller Wert »Marke« (16,42–100)	– 83,58 Mio. EUR
= Gesamt-Wertbeitrag des Projektes	– 44,76 Mio. EUR

Methoden zur Messung und Bewertung von immateriellen Werten

Die Messung und Bewertung von immateriellen Werten kann anhand verschiedener Methoden und Verfahren erfolgen. Hierbei lassen sich Mono- und Multiindikator-Methoden unterscheiden. Während bei den Monoindikator-Methoden die Ermittlung eines monetären Wertes der immateriellen Werte im Mittelpunkt steht, werden die immateriellen Werte im Rahmen der Multiindikator-Methoden durch ein System von Indikatoren, wie z. B. dem Skandia Navigator, dem Intellectual Capital Navigator oder der Wissensbilanz, dargestellt (vgl. Günther, 2009, S. 341 f.).

Abbildung 12-4 gibt einen Überblick über die unterschiedlichen Ansätze zur Messung und Bewertung von immateriellen Werten. Diese werden nachfolgend dargestellt.

Abb. 12-4

Methoden und Verfahren zur Messung und Bewertung von immateriellen Werten

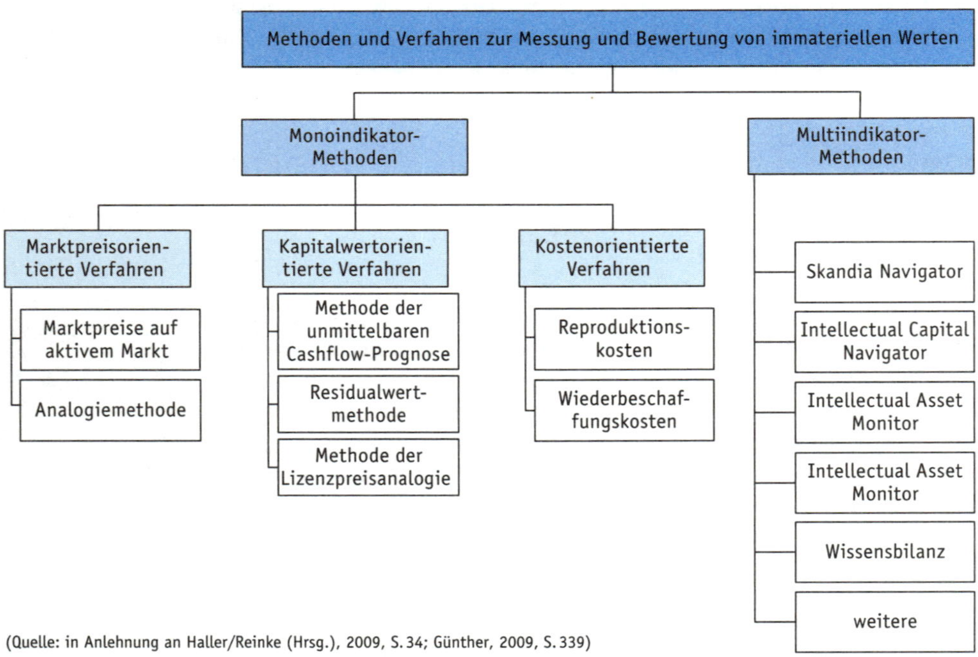

(Quelle: in Anlehnung an Haller/Reinke (Hrsg.), 2009, S. 34; Günther, 2009, S. 339)

12.3.1 Monoindikator-Methoden

Im Rahmen der Monoindikator-Methoden lassen sich marktpreisorientierte Verfahren, kapitalwertorientierte Verfahren und kostenorientierte Verfahren unterscheiden (vgl. Günther, 2009, S. 338 ff.; Haller/Reinke, 2009, S. 33 ff.):

Marktpreisorientierte Verfahren

Marktpreisorientierte Verfahren gehen von der Annahme aus, dass zur Bewertung eines Objekts auf die Nutzeneinschätzung der Marktteilnehmer abzustellen ist. Dem Ansatz liegt der Gedanke zugrunde, dass sich auf kompetitiven Märkten grundsätzlich für die dort gehandelten Objekte Marktpreise einstellen. Wird das Bewertungsobjekt selbst auf einem aktiven Markt gehandelt, ist auf dessen Marktpreis abzustellen. Ist dies nicht der Fall, sind vergleichbare Objekte heranzuziehen, deren Marktpreise auf das Bewertungsobjekt zu übertragen sind (Analogiemethode). Bei Anwendung der Analogiemethode ist zunächst ein Multiplikator als Relation zwischen dem Marktpreis des Vergleichsobjektes und einer Bezugsgröße abzuleiten. Die Anwendung des Market Approach in dem Falle, dass das Bewertungsobjekt nicht auf einem aktiven Markt gehandelt wird, setzt voraus, dass ein mit dem Bewertungsobjekt vergleichbares Objekt, dessen Marktpreis bekannt ist, verfügbar ist. Wird ein Vergleichsobjekt nicht auf einem aktiven Markt gehandelt, sind zur Ableitung von Marktpreisen Vergleichstransaktionen heranzuziehen. Lassen sich entsprechende Transaktionen identifizieren, bedarf es einer genauen Analyse insbesondere von deren detaillierten Konditionen sowie den Bedingungen von deren Zustandekommen (z. B. zwischenzeitliche Veränderungen der Marktgegebenheiten, Einflüsse käuferspezifischer Motive). Angesichts dieser Anwendungsvoraussetzungen ist unmittelbar erkennbar, dass der Anwendungsbereich des marktorientierten Verfahrens zur Bewertung von immateriellen Vermögenswerten sehr begrenzt ist.

Kapitalwertorientierte Verfahren

Kapitalwertorientierte Verfahren setzen am Einkommen an, das in Zukunft voraussichtlich aus dem Bewertungsobjekt zu erwarten ist. »Einkommen« im Sinne des kapitalwertorientierten Verfahrens sind dabei auch Einsparungen fiktiver Lizenzgebührenzahlungen, die der Inhaber des immateriellen Vermögenswertes an einen Dritten zahlen müsste, wenn er nicht Inhaber dieses immateriellen Vermögenswertes wäre, aber dieses Gut wirtschaftlich nutzen müsste. Zur Ableitung des Wertes wird beim kapitalwertorientierten Verfahren das aus dem Bewertungsobjekt zu erwartende Einkommen mit dem Einkommen verglichen, das aus einer alternativen Anlagemöglichkeit zukünftig voraussichtlich erzielbar ist. Der Wert des Bewertungsobjekts entspricht dann dem Betrag, der zur Erlangung der Alternativanlage zu investieren ist. Dieser Alternativvergleich wird durch Diskontierung des zukünftigen Einkommensstromes des Bewertungsobjektes vollzogen. Dabei verkörpert der Diskontierungszinssatz die alternative Anlagemöglichkeit. Demgemäß ergibt sich der Wert des Bewertungsobjektes als Barwert (Present Value) der zu erwartenden zukünftigen Einkommenszahlungen. Dem kapitalwertorientierten Verfahren sind als Bewertungsmethoden die Discounted Cashflow-Verfahren sowie die Ertragswertmethode zuzuordnen. Dabei lassen sich die Incremental Cashflow-Methode (Methode der unmittelbaren Cashflow-Prognose), die Multi Period Excess Earnings-Methode sowie Relief from Royalty-Methode (Lizenzpreisanalogieverfahren) unterscheiden.

- Die **Incremental Cashflow-Methode** setzt auf den zukünftigen Free Cashflow des betreffenden Unternehmensbereichs an. Der Wert des Bewertungsobjekts ergibt sich – unter Berücksichtigung von Steuern – als Barwert der auf diese Weise isolierten Erhöhungen der zukünftigen Free Cashflow. Ein typischer Anwendungsfall dieses Bewertungsansatzes sind Technologien, die identifizierbare Kosteneinsparungen nach sich ziehen (Cost Savings Approach).
- Die **Multi Period Excess Earnings-Methode** ermittelt den Wert des zu bewertenden Vermögenswertes dadurch, dass vom Gesamtwert des betreffenden Unternehmensbereichs die Werte aller übrigen, ihm zuzurechnenden Vermögenswerte abgezogen werden. Technisch wird zumeist so verfahren, dass vom Einkommensstrom des betrachteten Unternehmensbereichs die Einkommensbeiträge aller Vermögenswerte mit Ausnahme des Bewertungsobjekts abgezogen werden. Die verbleibenden »Excess Earnings« werden als dem Bewertungsobjekt zurechenbar betrachtet. Dessen Wert ergibt sich sodann – unter Berücksichtigung von Steuern – durch Diskontierung mit dem vermögensspezifischen Diskontierungssatz. Aus diesem Grund wird diese Vorgehensweise auch als Excess Earnings oder auch Multi Period Excess Earnings-Methode bezeichnet.
- Der **Relief from Royalty-Methode** (Lizenzpreisanalogieverfahren) liegt der Gedanke zugrunde, dass ein Unternehmen, das Eigentümer des zu bewertenden Vermögenswerts ist, diesen nicht von einem Dritten lizenzieren muss. Im Falle der Lizenzierung hätte es Lizenzzahlungen an den Dritten zu leisten, die jedoch – aufgrund der Eigentümerposition – nicht anfallen. Die in diesem Sinne ersparten Zahlungen werden dem Bewertungsobjekt als Einkommen zugerechnet; dessen Wert wird dementsprechend als deren Barwert – unter Berücksichtigung von Steuern – abgeleitet.

Kostenorientierte Verfahren

Der Wert des Bewertungsobjektes wird beim kostenorientierten Verfahren durch den Betrag bestimmt, der erforderlich ist, um ein Objekt zu erlangen, das dem Eigentümer erlaubt, den Nutzen zu ziehen, den ihm das zu bewertende Objekt vermittelt. Es handelt sich somit um den Betrag, den der Eigentümer aufwenden muss, um das zu bewertende Objekt durch ein entsprechendes zu substituieren. Das kostenorientierte Verfahren gibt es in verschiedenen Ausgestaltungen: Die eine grundlegende Form geht von der identischen Reproduktion des zu bewertenden Objekts – einem »exakten Duplikat« – aus; dies ist der Reproduktionskostenwert (Reproduction Cost). Die andere zentrale Variante stellt auf die Beschaffung bzw. Herstellung eines Objekts mit äquivalentem Nutzen ab; dies ist der Wiederbeschaffungskostenwert (Replacement Cost). Bei der Ableitung des Wertes nach dem kostenorientierten Verfahren sind ggf. zudem substanzielle Abnutzung sowie technische und wirtschaftliche Veralterung zu berücksichtigen. Der Anwendungsbereich des kostenorientierten Verfahrens ist allerdings beschränkt, da aus den angefallenen Kosten für die Herstellung eines Objekts nicht zwingend auf einen hieraus resultierenden künftigen Nutzen geschlossen werden kann.

12.3.2 Wissensbilanz als Multiindikator-Methode

Definition Wissensbilanz

Die immateriellen Werte eines Unternehmens werden im traditionellen internen und externen Rechnungswesen nur unzureichend erfasst. Aufgrund der Vielfalt von immateriellen Werten wurden zur Messung und Bewertung verschiedene Methoden entwickelt (vgl. oben Abb. 12-4). Nachfolgend wird dargelegt, wie mit dem Instrument der Wissensbilanz das sogenannte Intellectual Capital eines Unternehmens gemessen und gesteuert werden kann. Dabei unterstützen Wissensbilanzen das Management und die Mitarbeiter bei der Erfassung und Bewertung dieser immateriellen Werte sowie bei der Ableitung von geeigneten Maßnahmen (vgl. Fischer/Baumgartner, 2014a, S. 127).

Die Wissensbilanz ist ein Instrument zur gezielten Darstellung und Entwicklung der immateriellen Werte einer Organisation. Sie zeigt die Zusammenhänge zwischen den organisatorischen Zielen, den Geschäftsprozessen, dem Intellectual Capital und dem Erfolg einer Organisation auf und beschreibt diese Elemente mittels Indikatoren (vgl. BMWi (Hrsg.), 2008, S. 61).

Die Bezeichnung »Wissensbilanz« ist terminologisch nicht zutreffend, da es sich um eine Darstellung des Intellectual Capital einer Organisation handelt und Wissen lediglich eine Teilmenge des Intellectual Capital ist. Auch ist die Verwendung des Begriffs »Bilanz« nicht treffend, da hierunter im Rahmen des Jahresabschlusses die Gegenüberstellung von Vermögen und Kapital verstanden wird. Eigentlich müsste, wie im englischsprachigen Raum, von Intellectual Capital Statements gesprochen werden. Da die wörtliche Übersetzung ins Deutsche aber wenig klangvoll ist, hat der Begriff »Wissensbilanz« als Synonym für Intellectual Capital Statements in der Unternehmenspraxis eine weite Verbreitung gefunden (vgl. Alwert et al., 2005, S. 3).

Kategorien immaterieller Ressourcen

In Wissenschaft und Praxis wurden verschiedene Ansätze zur Wissensbilanzierung entwickelt (ein Überblick findet sich beispielsweise bei Günther, 2005, S. 67 ff.). Diese enthalten teilweise unterschiedliche Vorschläge zur Kategorisierung des Intellectual Capital. Ziel ist, die immateriellen Ressourcen eines Unternehmens zu strukturieren und somit eine Basis für den Einsatz als internes Steuerungsinstrument und externes Kommunikationsinstrument zu schaffen (vgl. Fischer/Baumgartner, 2013, S. 25).

Dem Vorschlag des Arbeitskreis Wissensbilanz folgend, werden die immateriellen Ressourcen eines Unternehmens in die drei Kategorien Humankapital, Strukturkapital und Beziehungskapital untergliedert (vgl. BMWi (Hrsg.), 2008a, S. 18 f.):

Humankapital. Zum Humankapital gehören die Kompetenzen, Fertigkeiten und Verhaltensweisen der Mitarbeiter. Es umfasst alle Eigenschaften und Fähigkeiten, die die Mitarbeiter in die Organisation einbringen und geht bei deren Austritt für das Unternehmen verloren. Beispiele hierfür sind Mitarbeiterqualifikation, Mitarbeitererfahrung, Mitarbeitermotivation und Führungskompetenz.

Strukturkapital. Hierunter sind alle Strukturen und Abläufe in der Organisation zusammengefasst, die die Mitarbeiter einsetzen, um die Geschäftstätigkeit durchzuführen. Das Strukturkapital ist mit der Organisation verbunden und bleibt auch nach dem Ausscheiden einzelner Mitarbeiter weitestgehend erhalten. Beispiele sind Unternehmenskultur, Kooperation und Kommunikation innerhalb der Organisation, Informationstechnik und dokumentiertes Wissen sowie Produktinnovation.

Beziehungskapital. Dieses umfasst alle Beziehungen zu externen Gruppen und Personen, die für die Geschäftstätigkeit genutzt werden können. Beispiele sind Kundenbeziehungen, Lieferantenbeziehungen, Beziehungen zur Öffentlichkeit sowie zu den Eigen- und Fremdkapitalgebern.

Wissensbilanzkonzepte ordnen das Intellectual Capital in den Unternehmenskontext ein. Abbildung 12-5 verdeutlicht, wie ausgehend von der Vision und den Zielen des Unternehmens eine Strategie (Wissensstrategie) formuliert wird und Maßnahmen zur Umsetzung der Strategie eingeführt werden. Diese Maßnahmen beeinflussen das Intellectual Capital, das im Rahmen der unternehmerischen Wertschöpfung und in Verbindung mit der Vermögens- und Finanzlage den Erfolg des Unternehmens determiniert. Der realisierte Erfolg, z. B. ein Anstieg des Unternehmenswertes, wirkt sich wiederum auf die Anpassung der Vision und der Ziele aus. So entsteht ein geschlossenes System, das durch kontinuierliches Lernen weiter verbessert werden kann.

Erstellungsprozess einer Wissensbilanz

Die Erstellung einer Wissensbilanz erfolgt i. d. R. durch ein Projektteam, das sich mit den immateriellen Werten in einem Unternehmen auseinandersetzt und die benötigten Erkenntnisse erarbeitet. Das Projektteam sollte sich dabei aus Mitarbeitern aller

Abb. 12-5

Einordnung der Wissensbilanz in die unternehmerische Wertschöpfungskette

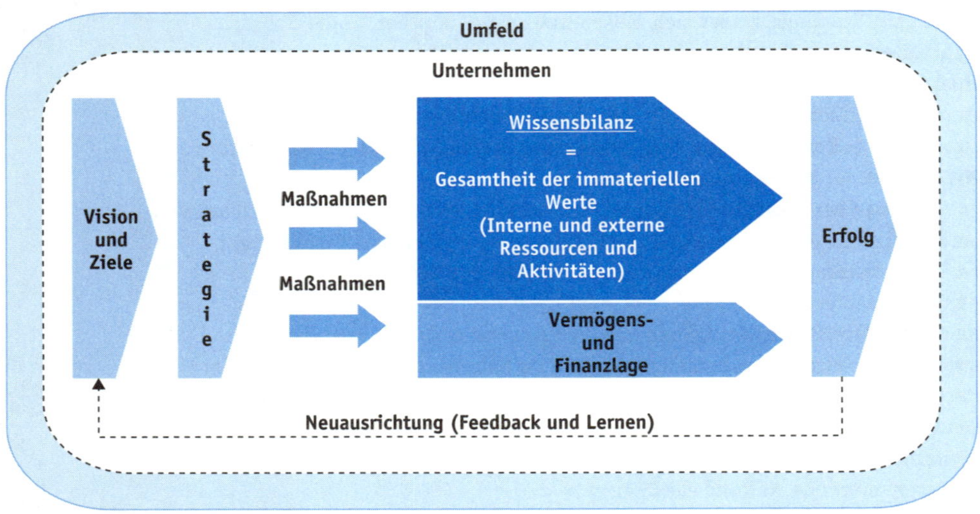

(Quelle: Fischer/Baumgartner, 2013, S. 21)

Bereiche und Hierarchieebenen zusammensetzen, damit eine umfassende Betrachtung der Organisation möglich wird.

In der Praxis haben sich für den Prozess der Erstellung einer Wissensbilanz folgende acht Schritte bewährt (vgl. Pfeifer/Kivikas, 2013, S. 65):

- Schritt 1: Geschäftsmodell beschreiben
- Schritt 2: Immaterielle Werte identifizieren und kategorisieren
- Schritt 3: Bewertung der immateriellen Werte
- Schritt 4: Messung der immateriellen Werte
- Schritt 5: Wirkungszusammenhänge erfassen
- Schritt 6: Auswertung und Ergebnisinterpretation
- Schritt 7: Maßnahmen ableiten
- Schritt 8: Wissensbilanz erstellen

Der Prozess beginnt mit einer allgemeinen Betrachtung des Geschäftsmodells (Schritt 1). Das Projektteam muss hierfür die Vision bzw. das Leitbild des Unternehmens detailliert analysieren. Diese Orientierung auf den zentralen Kern des Unternehmens stellt den Rahmen für die Wissensbilanz dar. Verfolgt ein Unternehmen beispielsweise die Vision der Technologieführerschaft in einer bestimmten Branche, so werden die abgeleiteten Strategien unter anderem die Sicherung von Spitzen-Know-how, z. B. durch die Gewinnung von ausgezeichneten Nachwuchsforschern, als auch die nachhaltige Sicherstellung des wirtschaftlichen Erfolgs umfassen. Daneben müssen kontinuierlich Chancen und Risiken aus dem politischen, rechtlichen und sozialen Umfeld beachtet werden, um mit Hilfe der Wissensbilanz geeignete Gegenmaßnahmen zu identifizieren.

Identifikation von Einflussfaktoren und Indikatoren

Als nächstes werden alle im Unternehmen verfügbaren immateriellen Werte identifiziert und einer der drei Kategorien Human-, Struktur- oder Beziehungskapital zugeordnet (Schritt 2). Alle immateriellen Werte stellen jeweils einen **Einflussfaktor** für die übergeordnete Kategorie dar, d. h. die Einflussfaktoren bestimmen in ihrer Gesamtheit die Ausprägung von Human-, Struktur- und Beziehungskapital.

Damit diese Einflussfaktoren zielgerichtet gesteuert werden können (z. B. mithilfe von Plan-Ist-Vergleichen), müssen die immateriellen Werte bewertet werden (Schritt 3). Aufgrund der nicht-physischen Natur der Einflussfaktoren ist eine indirekte Messung notwendig. Diese erfolgt durch die Verwendung mehrerer **Indikatoren** für einen Einflussfaktor, z. B. »Mitarbeiterzufriedenheit« und »Finanzielle Anreize« zur Messung der Mitarbeitermotivation (Schritt 4). Alle Indikatoren werden anhand von einer eindeutig vorgegebenen Berechnungsvorschrift ermittelt. Dies erhöht die Transparenz der Indikatoren für externe Nutzer der Wissensbilanz, da durch die konstante, klar geregelte Herleitung eine bessere Vergleichbarkeit erreicht wird. Abbildung 12-6 fasst den beschriebenen Aufbau der Wissensbilanz schematisch zusammen.

Bei der Analyse von immateriellen Werten ist zu beachten, dass sie meist nicht isoliert betrachtet werden können, sondern nur in Kombination mit anderen immateriellen Werten ihre volle Wirkung entfalten. Aus diesem Grund müssen nach der Messung der immateriellen Werte die Wirkungszusammenhänge zwischen den einzelnen Einflussfaktoren erfasst werden (Schritt 5). Starke Zusammenhänge eröffnen den Anwendern der Wissensbilanz Ansatzpunkte mit hoher Hebelwirkung. Eine solche

Abb. 12-6

Schematischer Aufbau der Wissensbilanz

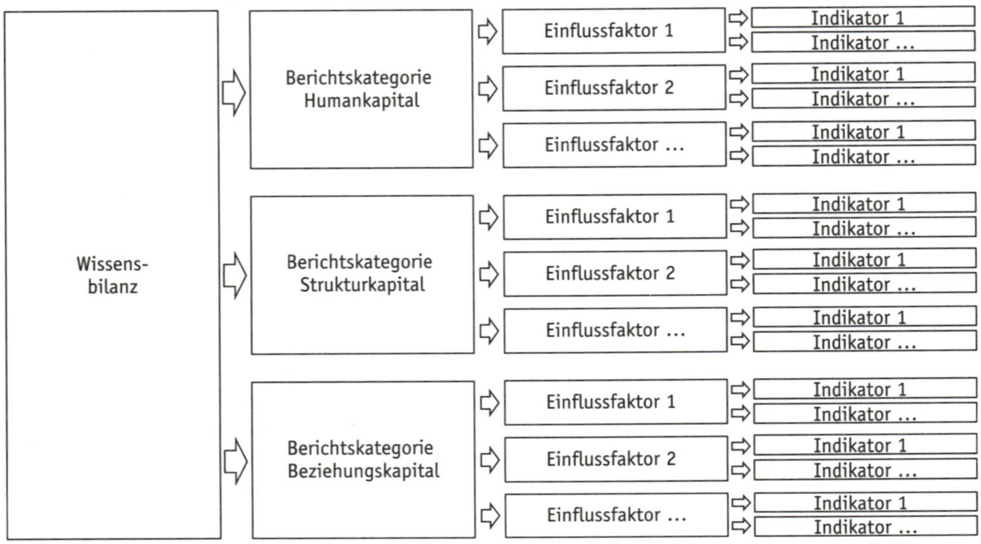

(Quelle: Fischer/Baumgartner, 2014b, S. 72)

Wirkungskette könnte z. B. aufdecken, dass sich die Führungsinstrumente stark auf die Mitarbeitermotivation auswirken, wodurch wiederum der Wissenstransfer erheblich beeinflusst wird, welcher seinerseits einen starken Effekt auf Prozessinnovationen hat. Der Einflussfaktor Prozessinnovation könnte demnach u. a. durch eine Anpassung der Führungsinstrumente erhöht werden.

Nach Abschluss der Analyse der immateriellen Werte werden die gewonnenen Erkenntnisse ausgewertet und anschließend interpretiert (Schritt 6). Besonders für diesen Schritt empfiehlt sich die Anwendung von unterstützender Software wie der Wissensbilanz-Toolbox (kostenlos verfügbar unter www.akwissensbilanz.org/Toolbox/toolbox-download.htm), welche die Ergebnisse der vorangegangenen Bewertungen automatisch in Diagramme überführt. Diese grafische Unterstützung erleichtert die Kommunikation und Interpretation der Ergebnisse erheblich.

Basierend auf der Interpretation des Status quo werden schließlich Maßnahmen festgelegt, welche zur Erreichung der festgelegten Ziele notwendig sind (Schritt 7). Dabei sollten die Maßnahmen mit konkreten Planwerten für die Indikatoren versehen werden, um bei der nächsten Erstellung der Wissensbilanz einen Plan-Ist-Vergleich und somit eine Messung der Zielerreichung zu ermöglichen (z. B.: Der Anteil der zufriedenen Mitarbeiter soll von 80 % im laufenden Jahr auf 85 % im nächsten Jahr erhöht werden).

Am Ende des Erstellungsprozesses liegt die Wissensbilanz als Dokument vor (Schritt 8). Dabei werden alle oben genannten Bestandteile in der Dokumentation erfasst. Welche Elemente letztlich einbezogen werden, hängt u. a. von der Zielgruppe ab. So ist es evtl. sinnvoll, eine detaillierte Wissensbilanz für interne Stakeholder und spezifisch verdichtete Versionen für externe Interessengruppen jeweils gesondert zu erstellen (vgl. Fischer/Baumgartner, 2014b, S. 71 f.).

Anwendungsfelder von Wissensbilanzen

Je nach strategischer Zielsetzung des Unternehmens kann eine Wissensbilanz sowohl als internes Steuerungsinstrument als auch zur externen Kommunikation eingesetzt werden. Als **internes Steuerungsinstrument** fördern Wissensbilanzen eine intensive Auseinandersetzung mit den immateriellen Ressourcen eines Unternehmens. Dadurch wird es möglich, erfolgskritische Verbesserungspotenziale abzuleiten und die Wirksamkeit der eingeleiteten Verbesserungsmaßnahmen zu kontrollieren. Als Instrument zur **externen Kommunikation** tragen Wissensbilanzen dazu bei, das Unternehmen und seine Prozesse gegenüber externen Stakeholdern transparent zu machen. Hierdurch wird einerseits die Akquisition von Kunden, Lieferanten und Investoren erleichtert. Andererseits kann aber auch die organisationsübergreifende Zusammenarbeit verbessert werden (vgl. Fischer/Baumgartner, 2014b, S. 73 f.).

12.4 Integration von immateriellen Werten in Performance Management Systeme

Performance Management Systeme befinden sich im Wandel. Dies beruht darauf, dass die Höhe der Wertschöpfung vieler Unternehmen in der heutigen Wissensgesellschaft eher von ihren immateriellen als von ihren materiellen Ressourcen abhängig ist. Immaterielle Werte werden bisher jedoch oftmals nicht von den Steuerungs- und Informationssystemen erfasst. Zusätzlich stellen Intangibles vermehrt den zentralen Treiber für Innovations- sowie Wettbewerbsfähigkeit dar und haben deshalb auch Einfluss auf den finanziellen Erfolg (vgl. Möller/Gamerschlag, 2009, S. 9). Deshalb ist es von entscheidender Wichtigkeit, dass die Steuerungssysteme diese immateriellen Aspekte mit in die Betrachtung einbeziehen, um so eine zielgerichtete Steuerung aller relevanten Werte zu ermöglichen und gleichzeitig dafür zu sorgen, dass Unternehmen auf lange Sicht wettbewerbsfähig bleiben. Diese Thematik wurde bereits von Systemen, wie beispielsweise der Balanced Scorecard oder der Wissensbilanz, aufgenommen und umgesetzt. Solche Systeme ermöglichen eine Planung, Steuerung und Kontrolle der immateriellen Werte und erlauben somit eine bestmögliche Nutzung der unternehmenseigenen Potenziale. Um eine ganzheitliche Unternehmenssteuerung zu ermöglichen, lassen sich Steuerungssysteme wie die Wissensbilanz auch in das unternehmerische Wertmanagement integrieren. Durch die Verknüpfung der Wissensbilanz mit dem Wertmanagement lassen sich Entscheidungen bzgl. der Intangibles hinsichtlich ihrer Vorteilhaftigkeit für den Unternehmenswert untersuchen. Eine Erhöhung der Mitarbeitermotivation kann beispielsweise zu einer Verbesserung der Kundenbeziehungen und damit zu einer Erhöhung der betrieblichen Erträge führen. Gleichzeitig kann eine höhere Mitarbeitermotivation auch eine Verringerung der

Abb. 12-7

Steuerungsansätze immaterieller Werte

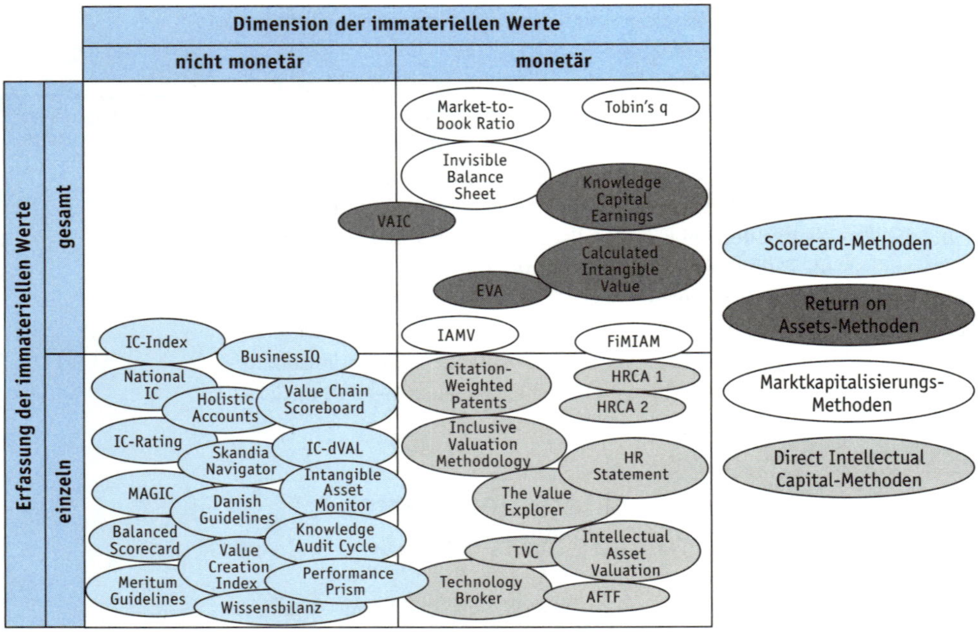

(Quelle: http://www.sveiby.com/Portals/0/articles/IntangibleMethods.htm)

Fehlerquote in der Produktion bedingen, wodurch sich die betrieblichen Aufwendungen verringern. Sowohl höhere betriebliche Erträge als auch niedrigere betriebliche Aufwendungen führen zu einer Verbesserung des NOPAT und damit zu einer Erhöhung des Unternehmenswertes (vgl. zu den Komponenten der Wertbeiträge Kapitel 7). Traditionelle Steuerungssysteme, bei denen Intangibles wie die Mitarbeitermotivation nicht berücksichtigt werden, sind im Gegensatz zu neueren Ansätzen wie der Wissensbilanz nicht in der Lage solche Wirkungsketten abzubilden (vgl. Fischer/Baumgartner, 2014a, S. 129 f.).

Die zunehmende Verbreitung solcher proaktiven Steuerungsinstrumente macht deutlich, welche hohe Relevanz derartige Systeme für Unternehmen entwickeln. In Abbildung 12-7 wird ein Überblick zu bestehenden Steuerungsansätzen für immaterielle Werte gegeben. Dabei werden die Steuerungsansätze dahingehend unterschieden, ob die immateriellen Werte einzeln oder gesamt erfasst werden und die Bewertungsdimensionen monetär oder nicht monetär sind. Demnach wird zwischen vier Typen von Ansätzen unterschieden (vgl. Sveiby, 2007):

- **Scorecard Methoden:** Die Bestandteile der immateriellen Werte werden einzeln identifiziert, klassifiziert und anschließend mithilfe diverser Indikatoren quantifiziert.
- **Direct-Intellectual-Capital-Methoden:** Die Bestandteile der immateriellen Werte werden einzeln identifiziert und bewertet. Als Ergebnis liegt ein monetärer Wert der immateriellen Werte des Unternehmens vor.
- **Marktkapitalisierungs-Methoden:** Der Unterschied zwischen dem Marktwert und dem Substanzwert des Unternehmens wird als monetärer Wert des geistigen Eigentums interpretiert. Bekannte Ansätze stellen Market-to-book ratio und Tobin's q dar.
- **Return-on-Assets-Methoden:** Die Gesamtkapitalrentabilität bezogen auf den durchschnittlichen Bestand der materiellen Vermögenswerte des Unternehmens wird mit dem Durchschnitt der Rentabilität der Branche verglichen. Eine Differenz zwischen der Rentabilität des Unternehmens und der Rentabilität der Branche ist auf die im Unternehmen verfügbaren immateriellen Werte zurückzuführen. Diese Differenz wird mit dem Durchschnitt der materiellen Vermögenswerte multipliziert, um das Jahresdurchschnittseinkommen der immateriellen Werte zu

Abb. 12-8

Zusammenhänge zwischen monetären und nicht monetären Kennzahlen bei der SAP AG

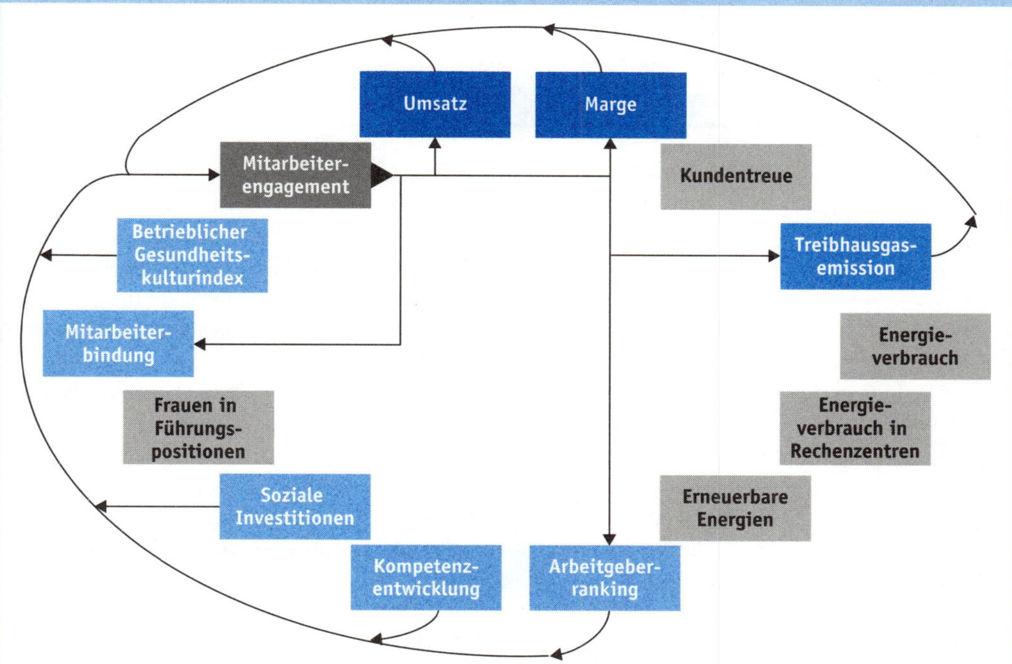

(Quelle: http://www.sapintegratedreport.com/2013/de/strategie-und-geschaeftsmodell/integrierte-leistungsanalyse.html)

berechnen. Wird das Durchschnittseinkommen durch die durchschnittlichen Kapitalkosten des Unternehmens dividiert, ergibt sich eine monetäre Bewertung für die Gesamtheit der immateriellen Werte des Unternehmens.

Insgesamt haben bereits eine Reihe von Unternehmen die immateriellen Werte in ihre Steuerungs- und Berichtssysteme mit einbezogen. Zusätzlich ist deutlich geworden, wie wichtig die Berücksichtigung von Intangibles für den Unternehmenserfolg heute und zukünftig sein wird. Ein ganzheitliches Performance Management ist deshalb mit der Steuerung und Kontrolle von immateriellen Werten untrennbar verknüpft. Darüber hinaus werden immer mehr Informationen zu immateriellen Werten in Unternehmensberichten veröffentlicht, um die Zusammenhänge der unternehmerischen Wertschöpfung und die Konnektivität der nicht monetären mit den monetären KPIs zu verdeutlichen. Ein Referenzbeispiel für die Umsetzung dieser Zusammenhänge ist der integrierte Bericht der SAP AG (vgl. SAP AG (Hrsg.), 2014). Abbildung 12-8 zeigt exemplarisch die Wirkungszusammenhänge zwischen mehreren nicht monetären und monetären Kennzahlen. Die SAP AG hat hierfür eine Vielzahl wissenschaftlicher Studien ausgewertet und zusammengefasst. Auf diese Weise kann nachvollzogen werden, dass sich z. B. höhere Investitionen in die Kompetenzentwicklung der Mitarbeiter, bessere Platzierungen in Arbeitgeber-Rankings und mehr Ausgaben für soziale Projekte positiv auf das Mitarbeiterengagement auswirken. Höheres Mitarbeiterengagement hat wiederum positive Auswirkungen auf die monetären Größen Umsatz und Marge (vgl. Abb. 12-8).

Kontrollfragen

1. *Was beinhaltet der Begriff »immaterielle Werte«?*
2. *Wie können »immaterielle Werte«, »immaterielle Vermögenswerte« und »Intellectual Capital« voneinander abgegrenzt werden?*
3. *Wie lassen sich immaterielle Werte kategorisieren?*
4. *Wie kann der Begriff »Reputation« definiert werden?*
5. *Wie wirken Reputationsvorteile in Stakeholderbeziehungen auf die immateriellen Werte und den Unternehmenswert?*
6. *Welche wesentlichen Schritte müssen im Rahmen des Reputations-Controllings durchlaufen werden?*
7. *Welche Methoden und Verfahren können zur Bewertung von immateriellen Werten angewandt werden?*
8. *Wozu dienen Wissensbilanzen?*
9. *Welche drei Kategorien von intellektuellem Kapital werden bei Wissensbilanzen unterschieden?*
10. *Zwischen welchen Typen von Steuerungsansätzen für immaterielle Werte kann grundsätzlich unterschieden werden?*

Abkürzungsverzeichnis

AFTF	Accounting For The Future
CSR	Corporate Social Responsibility
DAX	Deutscher Aktienindex
EVA	Economic Value Added
FiMIAM	Financial method of intangible assets measurement
HRCA	Human Resource Costing & Accounting
IAMV	Investor assigned market value
IC	Intellectual Capital
IC-dVAL	Dynamic Valuation of Intellectual Capital
KPI	Key Performance Indicator
NGO	Non Governmental Organization
NPO	Non Profit Organization
PLS	Partial Least Squares
S&P 500	Standard & Poor's 500
TVC	Total Value Creation
VAIC	Value Added Intellectual Coefficient

Literaturhinweise

Alwert, K./Heisig, P./Mertins, K. (2005): Wissensbilanzen – Intellektuelles Kapital erfolgreich nutzen und entwickeln, in: Mertins, K./Alwert, K./Heisig, P. (Hrsg.): Wissensbilanzen. Intellektuelles Kapital erfolgreich nutzen und entwickeln, Berlin u. a. 2005, S. 1–17.

Arbeitskreis »Immaterielle Werte im Rechnungswesen« der Schmalenbach-Gesellschaft für Betriebswirtschaft e. V. (2001): Kategorisierung und bilanzielle Erfassung immaterieller Werte, in: Der Betrieb, 54. Jg., 2001, Heft 19, S. 989–995.

Arbeitskreis »Immaterielle Werte im Rechnungswesen« der Schmalenbach-Gesellschaft für Betriebswirtschaft e. V. (2003): Freiwillige externe Berichterstattung über immaterielle Werte, in: Der Betrieb, 56. Jg., 2003, Heft 23, S. 1233–1237.

Arbeitskreis »Immaterielle Werte im Rechnungswesen« der Schmalenbach-Gesellschaft für Betriebswirtschaft e. V. (2013): Management Control and Reporting of Intangibles, in: Schmalenbach Business Review, 65. Jg., 2013, Sonderheft 4/13.

Bundesministerium für Wirtschaft und Technologie (BMWi) (Hrsg.) (2008): Wissensbilanz – Made in Germany. Leitfaden 2.0 zur Erstellung einer Wissensbilanz, Berlin 2008.

Coenenberg, A. G./Fischer, T. M./Günther, T. (2012): Kostenrechnung und Kostenanalyse, 8. Aufl., Stuttgart 2012.

Coenenberg, A. G./Haller, A./Schultze, W. (2014): Jahresabschluss und Jahresabschlussanalyse, 23. Aufl., Stuttgart 2014.

Dillerup, R./Stoi, R. (2013): Unternehmensführung, 4. Aufl., München 2013.

Eberl, M./Schwaiger, M. (2006): Segmentspezifischer Aufbau von Unternehmensreputation durch Übernahme gesellschaftlicher Verantwortung, in: Die Betriebswirtschaft, 66. Jg., 2006, Heft 4, S. 418–440.

Edvinson, L./Malone, M. S. (1997): Intellectual Capital. Realizing your Company's true Value by finding its hidden roots, New York 1997.

Fischer, T. M./Baumgartner, A. (2013): Immaterielle Werte als Erfolgsfaktoren von KMU, in: Fischer, T. M./Wulf, I. (Hrsg.): Wissensbilanzen im Mittelstand, S. 17–36.

Fischer, T. M./Baumgartner, A. (2014a): Integration von Wissensbilanzen in das operative und strategische Wertmanagement, in: Controlling – Zeitschrift für erfolgsorientierte Unternehmenssteuerung, 26. Jg., 2014, Heft 2, S. 124–131.

Fischer, T. M./Baumgartner, A. (2014b): Die Wissensbilanz in Familienunternehmen und Stiftungen, in: Zeitschrift für Familienunternehmen und Stiftungen, 4. Jg., 2014, Heft 2, S. 70–74.

Gotsi, M./Wilson, A. M. (2001): Corporate Reputation: Seeking a Definition, in: Corporate Communications, 6. Jg., 2001, Heft 1, S. 24–30.

Günther, T. W. (2005): Unternehmenssteuerung mit Wissensbilanzen – Möglichkeiten und Grenzen, in: Hachmeister, D. (Hrsg.): Controlling und Management von Intangible Assets, Zeitschrift für Controlling & Management, 49. Jg., Sonderheft 3, Wiesbaden 2005, S. 66–75.

Günther, T. (2009): Immaterielle Werte aus Sicht des Controllings, in: Möller, K./Piwinger, M./Zerfaß, A. (Hrsg.): Immaterielle Vermögenswerte. Bewertung, Berichterstattung und Kommunikation, Stuttgart 2009, S. 333–348.

Haller, A./Dietrich, R. (2001): Intellectual Capital Bericht als Teil des Lageberichts, in: Der Betrieb, 54. Jg., 2001, Heft 20, S. 1045–1052.

Haller, A./Reinke, R. (Hrsg.) (2009): Immaterielle Werte im Rahmen der Purchase Price Allocation bei Unternehmenszusammenschlüssen nach IFRS – Ein Beitrag zur Best Practice, Schmalenbachs Zeitschrift für betriebswirtschaftliche Forschung, Sonderheft 60/09, Düsseldorf 2009.

Kivikas, M./Wulf, I. (2006): Wissensbilanzierung als Element des Value Reporting, in: Fischer, T. M. (Hrsg.): Value Reporting, ZfCM-Sonderheft 3/2006, 50. Jg., Wiesbaden 2006, S. 42–60.

Maul, K. H. (2000): Wissensbilanzen als Teil des handelsrechtlichen Abschlusses, in: Deutsches Steuerrecht, 38. Jg., 2000, Heft 47, S. 2009–2016.

Möller, K./Gamerschlag, R. (2009): Immaterielle Vermögenswerte in der Unternehmenssteuerung – betriebswirtschaftliche Perspektiven und Herausforderungen, in: Möller, K./Piwinger, M./Zerfaß, A. (Hrsg.): Immaterielle Vermögenswerte. Bewertung, Berichterstattung und Kommunikation, Stuttgart 2009, S. 3–21.

Pfeifer, G./Kivikas, M. (2013): Implementierung der Wissensbilanz in der Lageberichterstattung, in: Fischer, T. M./Wulf, I. (Hrsg.): Wissensbilanzen im Mittelstand, Stuttgart 2013, S. 59–78.

Raithel, S./Schwaiger, M. (2014): The Effects of Corporate Reputation Perceptions of the General Public on Shareholder Value, in: Strategic Management Journal, 2014 (forthcoming).

SAP AG (2014): Integrierter Bericht 2013 – Finanzielle und nicht finanzielle Leistungen, in: http://www.sapintegratedreport.com/2013/de/, Abruf: 28.05.2014.

Schwaiger, M./Raithel, S./Scharf, S./Rinkenburger, R. (2010): Erfolgsfaktor Reputation: Steuerung eines immateriellen Werttreibers, in: Controlling, 22. Jg., 2010, Heft 2, S. 89–95.

Sveiby, K. E. (2007): Methods for measuring intangible assets, in: http://www.sveiby.com/articles/IntangibleMethods.htm, verfügbar, Abruf: 26.05.2014.

13 Steuerung von E-Businesses

Lernziele

In diesem Kapitel erfahren Sie,

- was man unter »E-Business« versteht,
- welche Geschäfts- und Erlösmodelle im E-Business unterschieden werden können,
- welche Wirkung sich durch E-Business auf das Controlling ergibt,
- welche Techniken aus dem E-Business zur Verbesserung des Controlling beitragen,
- welche Kennzahlen von einem generischen E-Business-Unternehmen in einer Balanced Scorecard genutzt werden können,
- wie eine Analyse durch Social-Media-Monitoring and Social-Media-Controlling durchgeführt werden kann.

Die Grape SE beabsichtigt als führender Hightech-Produzent ihre Produkte nicht mehr nur traditionell in Ladengeschäften anzubieten. In der letzten Vorstandssitzung wurde darüber nachgedacht, auch neuartige Vertriebswege aufzubauen. Das Endkundengeschäft soll zukünftig über einen eigenen Webshop bedient werden. Ein eingeladener Marketingexperte erläuterte in der Sitzung die zunehmende Verbreitung von sozialen Medien mit zugehörigen Plattformen im Internet. Daneben sollen auch im Beschaffungsbereich in nicht allzu ferner Zukunft neue Wege gegangen werden und neue, IT-unterstützte Prozesse eingesetzt werden. Herr Alfonso, Leiter der Forschungs- und Entwicklungsabteilung, stellte dem Vorstand die bestehenden Kooperationspartner mit den gemeinsamen Projekten vor und wies dabei auf die mittlerweile aufgekommenen Kommunikations- und Koordinationsprobleme hin: »Früher, bei den kleinen Projekten«, sagte Herr Alfonso, »konnten wir uns noch mit unserem Gedächtnis, Stift und Papier sowie dem Telefon behelfen.« Heute ginge das aufgrund der gestiegenen Komplexität der Produkte und der höheren Kooperationsintensität nicht mehr. Frau Heinrich, die rechte Hand des Chief Information Officer (CIO) und für ihn vertretungsweise als Berichterstatterin in der Sitzung, gab zu bedenken, dass der Webshop durch ein adäquates Performance-Measurement zu begleiten sei. Weiter deutete sie an, dass ihr auf der letzten IT-Messe in München Systeme für die Beschaffungslogistik und für die Koordination von Unternehmenskooperationen vorgestellt wurden, die sie für interessant halte.

Der schon beschriebene Wandel von einer sachleistungsorientierten zu einer dienstleistungsorientierten Wirtschaft führt nicht nur zu einem Anstieg der Bedeutung immaterieller Werte (vgl. Kapitel 12). Mittlerweile durchdringen neue Informationstechnologien und insbesondere das Internet unseren Alltag und sind Beförderer neuer Geschäftsideen, die neue Geschäftsmodelle und Erlösmodelle nach sich ziehen. Diese Entwicklung stellt zum einen neue Herausforderungen an das Controlling dar und kann zum anderen auch als Unterstützung für das Controlling genutzt werden.

13.1 Einführung

E-Business

Unter dem Begriff E-Business (kurz für Electronic Business) wird die Anbahnung, Unterstützung, Abwicklung und Aufrechterhaltung von Leistungsaustauschprozessen zwischen ökonomischen Partnern mittels Informationstechnologie in elektronischen Netzwerken verstanden (vgl. Wirtz, 2013, S. 22). Durch den Einsatz von Netzwerken zur Datenübertragung können bisher bestehende Leistungsaustauschprozesse zum einen beschleunigt und erleichtert werden (z. B. Reduktion der Suchkosten bei der Suche nach einem Lieferanten für ein bestimmtes Vorprodukt). Zum anderen werden durch den Einsatz von Informationstechnologie (IT) neue Geschäftsmodelle erst ermöglicht. Im Zusammenhang mit E-Business ergeben sich für das Performance-Measurement neue Aufgabenbereiche (vgl. Wall, 2002, Sp. 825 ff.; Wirtz, 2013, S. 19 ff.). Der Fokus des Performance-Measurement liegt allgemein auf der Leistungsmessung und Umsetzung von Unternehmensstrategien und -zielen, sodass die Entwicklung von Messkonzepten für unterschiedliche Leistungsprozesse ein wichtiger Teilaspekt des Performance-Measurement ist. Für e-business-basierte Geschäftsmodelle (vgl. Abschnitt 13.2) sind demzufolge passende Messkonzepte durch das Performance-Measurement zu entwickeln bzw. – wenn möglich – bestehende Konzepte aus anderen Bereichen zu übertragen und ggf. anzupassen (vgl. Abschnitte 13.3 und 13.4).

13.2 Geschäfts- und Erlösmodelle im E-Business

13.2.1 Geschäftsmodelle im E-Business

Geschäftsmodell

Unter einem Geschäftsmodell wird im Folgenden eine Abbildung des Leistungssystems eines Unternehmens verstanden, welches in vereinfachter und aggregierter Form aufzeigt, welche Ressourcen genutzt werden und wie deren Transformation im innerbetrieblichen Leistungserstellungsprozess in vermarktungsfähige Informationen, Produkte und/oder Dienstleistungen prinzipiell abläuft (vgl. Wirtz, 2013, S. 267). Geschäftsmodelle lassen sich anhand der Ausgestaltung der Wertschöpfungskette und des Leistungsangebotes grundsätzlich in **Geschäftsmodelle für den Business-to-Customer-Bereich** (B2C, Vertrieb an Endkunden) und den **Business-to-**

Tab. 13-1

Merkmale der Geschäftsmodelle B2C und B2B

Business-to-Customer (B2C)	Business-to-Business (B2B)
▸ Informationsaustausch zwischen Unternehmen/Organisationen und dem Endkunden bzw. Konsumenten ▸ Geschäftlicher und informativer Interaktionszweck	▸ Informationsaustausch zwischen zwei Unternehmen/Organisationen mit einem bestimmten Zweck ▸ Interaktionszweck nicht zwingend kommerziell, d. h. auch reiner Erfahrungsaustausch möglich

(vgl. Meier et al., 2000, S. 114; Wirtz, 2013, S. 253 ff.; 392 ff.)

Business-Bereich (B2B, Vertrieb an Geschäftskunden) einteilen. Die wesentlichen Merkmale sind in Tabelle 13-1 angegeben.

B2C- und B2B-Geschäftsmodelle

Für den B2C- und B2B-Bereich wird je eine Typologie näher besprochen, was eine weitere Beschreibung und Abgrenzung konkreter Geschäftsmodelle erlaubt. Für B2C-basierte Geschäftsmodelle ist dies das sog. 4C-Net Business Model während für B2B-basierte Modelle das sog. 4S-Net Business Model besprochen wird (vgl. Wirtz, 2013, S. 276 f.). Hierbei handelt es sich jeweils um eine Geschäftsmodelltypologie, welche je vier Basisgeschäftsmodelltypen mit Unterkategorien umfasst. Die überschneidungsfreie Zuordnung eines real existierenden Geschäftsmodells zu genau einem der vier Basistypen wird i. d. R. nicht gelingen. Anbieter können mehrere Modelltypen gleichzeitig verfolgen (»hybrides Geschäftsmodell«), bspw. weil neue Geschäftsfelder im Zeitverlauf aufgenommen wurden. Die vorgestellten Typologien helfen, Geschäftsmodelle im E-Business voneinander abzugrenzen und Schwerpunkte einer Geschäftsstrategie zu identifizieren (vgl. Wirtz, 2013, S. 275, 382 ff., 392).

4C-Net Business Model

Im B2C-Bereich kann das **4C-Net Business Model** eingesetzt werden, um Geschäftsmodelle anhand ihres Leistungsangebots an Endkunden zu klassifizieren. Das 4CNet Business Model (und auch das später vorgestellte 4S-Net Business Model) umfasst vier Basistypen von Geschäftsmodellen, die in Abbildung 13-1 zusammenfassend darstellt sind. Jeder dieser Basistypen kann in weitere Unterkategorien aufgeteilt werden, doch werden hier nur die (weniger detaillierten) Basistypen besprochen.

B2C-Geschäftsmodell Content

Das **Geschäftsmodell Content** zielt darauf ab, Inhalte möglichst einfach, bequem und ansprechend aufbereitet den Nutzern online verfügbar zu machen. Hierzu werden informative, unterhaltende oder bildende Inhalte (engl. content) auf einer eigenen Plattform gesammelt, selektiert, systematisiert und zusammengefasst (kompiliert, engl. »packaging«) (vgl. ausführlich Wirtz, 2013, S. 278 ff.).

B2C-Geschäftsmodell Commerce

Beim **Geschäftsmodell Commerce** werden im Unterschied zum Geschäftsmodell Content keine (elektronischen) Inhalte angeboten. Die geldwerte Leistung ist eine Unterstützungsfunktion zur Vermarktung von Dienstleistungen und/oder Produkten. Dies umfasst die Anbahnung, Aushandlung und ggf. Abwicklung von Geschäftstransaktionen und unterstützt, ergänzt oder ersetzt so traditionelle Phasen einer Transaktion durch internetbasierte Transaktionsaktivitäten. Die zu vermarktenden Dienstleistungen oder Produkte müssen nicht unbedingt selbst vom Anbieter der Unterstützungsfunktion hergestellt werden oder ihm selbst gehören, da dieser durch

Abb. 13-1

Vier Basisgeschäftsmodelltypen des 4C-Net Business Models

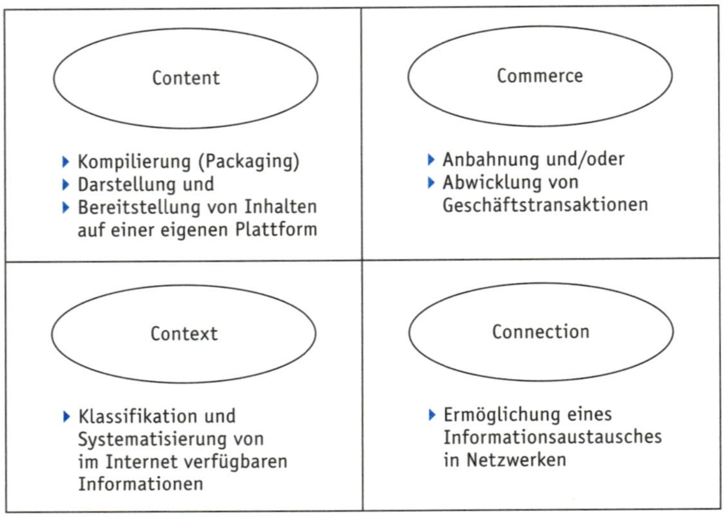

(Quelle: in enger Anlehnung an Wirtz, 2013, S. 277)

das Geschäftsmodell Commerce auch für Dritte tätig werden kann (vgl. ausführlich Wirtz, 2013, S. 305 ff.).

B2C-Geschäftsmodell Context

Das **Context-Geschäftsmodell** verfolgen Anbieter, die im Internet verfügbare Informationen – also insbesondere Informationen Dritter – klassifizieren und systematisieren. Sie bieten Navigationshilfen und Informationsaggregationen und sorgen so für eine Komplexitätsreduktion und Reduktion von Suchkosten für Internetnutzer, welche nach Informations-, Interaktions- oder Transaktionsangeboten suchen. Context-Anbieter tragen so zur Markttransparenz und Verbesserung von Suchanfragen bei. Beispiele für dieses Geschäftsmodell sind Suchmaschinen allgemeiner und spezieller Art oder Webkataloge mit Hinweisen zu bestimmten Themengebieten (vgl. ausführlich Wirtz, 2013, S. 331 ff.).

B2C-Geschäftsmodell Connection

Der (technische) Informationsaustausch zwischen Marktakteuren steht im Mittelpunkt des **Geschäftsmodelltyps Connection.** Anbieter mit diesem Geschäftsmodell stellen eine Kommunikationsinfrastruktur bereit und überwinden damit für ihre Kunden Kommunikationsbarrieren der physischen Welt und/oder reduzieren Transaktionskosten (vgl. ausführlich Wirtz, 2013, S. 357 ff.).

4S-Net Business Model

B2B-basierte Geschäftsmodelle betrachten nur den Leistungsaustausch zwischen Unternehmen und stellen im Unterschied zu B2C-Geschäftsmodellen nicht auf Endkunden ab. Ebenso wie für das 4C-Net Business Model für den B2C-Bereich wird mit dem **4S-Net Business Model** für den B2B-Bereich anhand der Wertschöpfungskette und dem Leistungsangebot eine Geschäftsmodelltypologie abgeleitet, die vier Basisgeschäftsmodelle (vgl. überblicksartig Abb. 13-2) mit Unterkategorien umfasst (vgl. Wirtz, 2013, S. 392 f.).

B2B-Geschäftsmodell Sourcing

Beim **Sourcing-Geschäftsmodell** liegt der Fokus auf der Anbahnung und/oder der Abwicklung von Geschäftstransaktionen zwischen Verkäufer und Käufer aus der Sicht des Käufers. Das Beschaffungsmanagement wird hierbei mit internetbasierten Technologien unterstützt. Verglichen mit traditionellen Unterstützungstechnologien wie Telefon, Fax oder Voicemail können so Kostenvorteile in der Beschaffung realisiert werden, da Prozesse vereinfacht und vereinheitlicht werden. So kann etwa mit einem integrierten Procurement-System der Beschaffungsprozess effizient gestaltet und insbesondere eine Optimierung der Beschaffungsdauer und Beschaffungsprozesskosten erreicht werden (vgl. ausführlich Wirtz, 2013, S. 393 ff.).

B2B-Geschäftsmodell Sales

Wie beim Sourcing-Geschäftsmodell werden beim **Sales-Geschäftsmodell** für den B2B-Bereich ebenfalls Gestaltung und/oder Abwicklung von Geschäftstransaktionen zwischen Verkäufer und Käufer betrachtet, jedoch aus der Verkäufersicht. Prinzipiell ergeben sich die gleichen Vorteile wie beim Sourcing-Modell (vgl. ausführlich Wirtz, 2013, S. 398 ff.).

B2B-Geschäftsmodell Supportive Collaboration

Im **Geschäftsmodell Supportive Collaboration** stehen die beteiligten Unternehmen in einer direkten Beziehung zueinander, d. h. ohne Intermediär. Ziel ist die gemeinsame Wertgenerierung in einem oder mehreren Kooperationsbereich(en).

Abb. 13-2

Vier Basisgeschäftsmodelltypen des 4S-Net Business Models

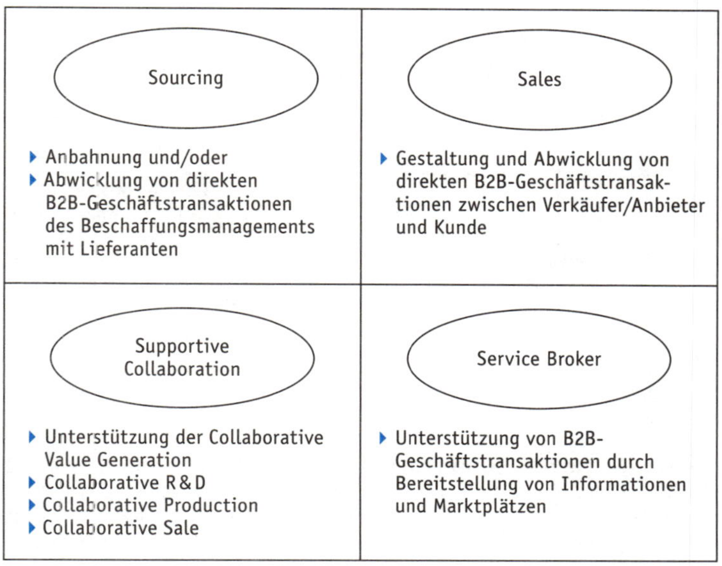

(Quelle: in enger Anlehnung an Wirtz, 2013, S. 393)

Praxisbeispiel

Einteilung der Dienste von Google anhand des 4C-Net Business Models

Google, gegründet 1998, ist ein weltweit aktives Internetdienstleistungsunternehmen. Bekannt wurde es durch die gleichnamige Suchmaschine, doch wird heute eine Vielzahl weiterer Dienstleistungen angeboten. Durch das diversifizierte Produktportfolio verfolgt Google nicht (mehr) eines der oben beschriebenen Geschäftsmodelle, sondern mehrere gleichzeitig, sodass von einem hybriden Geschäftsmodell gesprochen werden kann (vgl. hierzu und im Folgenden Wirtz, 2013, S. 386 ff.). Die Entwicklung des Produktportfolios von Google – hier in einer Auswahl – ist in der nachfolgenden Graphik im Zeitverlauf dargestellt und enthält zugleich eine Zuordnung einzelner Dienste zu einem der vier oben beschriebenen B2C-Geschäftsmodellen des 4C-Net Business Models.

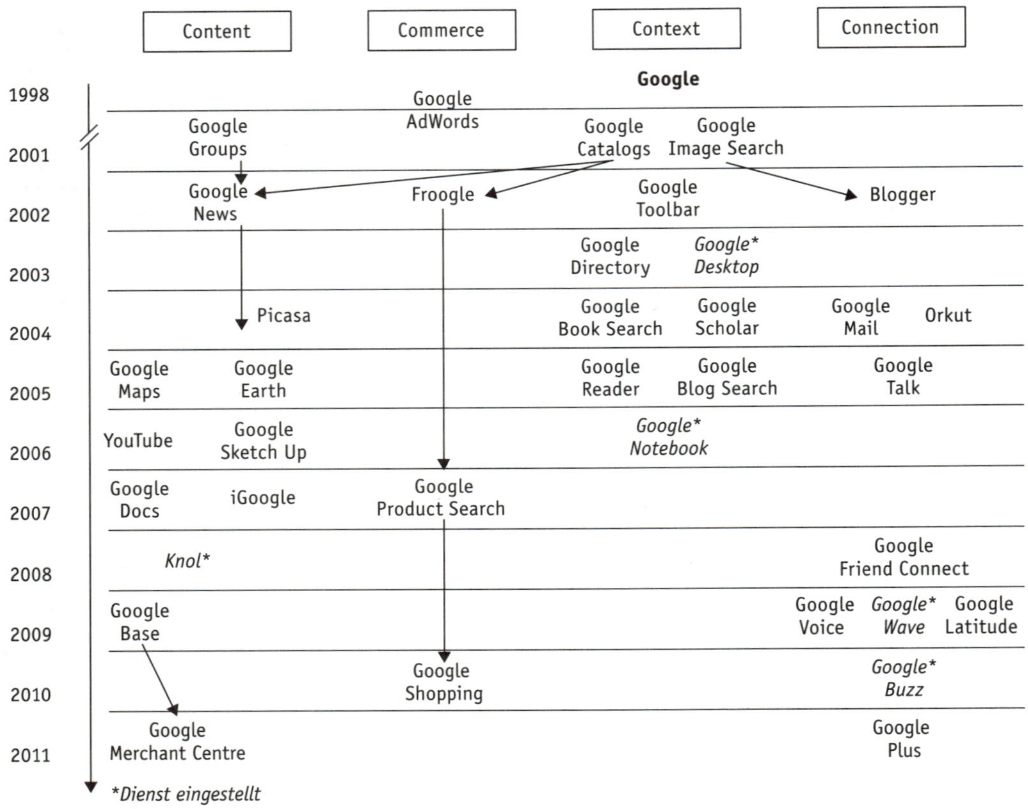

(Quelle in enger Anlehnung an: Wirtz, 2013, S. 389)

Die Suchmaschine als Kernelement von Google lässt sich dem Modell Context zuordnen. Andere angebotene Dienste wie das Videoportal YouTube oder der Bilderdienst Picasa (beide Modell Content), Google AdWords zur Vermarktung von Werbung und Anbahnung von Transaktionen (Modell Commerce) oder der EMail-Dienst Google Mail (Modell Connection) sind zu den anderen Geschäftsmodellen zu zählen. Trotz der differenzierten Typologie der B2C-Geschäftsmodelle lassen sich nicht alle Geschäftsaktivitäten in der Unternehmenspraxis durch ein geschlossenes Modell erfassen.

Unternehmensbereiche, die potenziell für eine Kooperation geeignet sind, werden durch das Collaboration Planning zunächst identifiziert, anschließend wird ein Kooperationspartner gesucht und schließlich die Aufgabenverteilung festgelegt. Eine IT-Plattform unterstützt die Aktivitäten der beteiligten Unternehmen bei der Ausführung der Kooperation(en) (vgl. ausführlich Wirtz, 2013, S. 403 ff.).

B2B-Geschäftsmodell Service Broker

Das **Geschäftsmodell Service Broker** wird genutzt, um anderen Unternehmen für ihre B2B-Geschäftsaktivitäten Unterstützungsdienstleistungen durch die Bereitstellung von Informationen und Marktplätzen zu bieten. Die vom Service Broker angebotenen Services werden i. d. R. nicht vom Broker, sondern durch Drittanbieter erbracht (vgl. ausführlicher Wirtz, 2013, S. 406 ff.).

13.2.2 Erlösmodelle im E-Business

Erlösmodell

Der wirtschaftliche Erfolg eines Geschäftsmodells wird u. a. durch die Erträge und Einnahmen bestimmt, die zu steuern sind. Ein **Erlösmodell** zeigt auf, welche Umsatzquellen (potenziell) existieren und wie diese für einen positiven Mittelzufluss sorgen können. Vor allem im E-Business kommt dem gewählten Erlösmodell eine besondere Bedeutung zu, weil das Geschäftsmodell häufig auf innovativen Ideen von jungen Gründern ohne ausreichende Kapitalausstattung (Start-up-Unternehmen) fußt und potenzielle Kapitalgeber sowohl vom Geschäftsmodell als auch von den erzielbaren Umsätzen überzeugt werden müssen. Die Erlösmodelle von Unternehmen im E-Business-Bereich weisen im Vergleich zu sachleistungsorientierten Branchen Besonderheiten auf (vgl. hierzu und im Folgenden Wirtz, 2013, S. 271 f.).

Eine grundsätzliche Einteilung der Erlösformen kann zum einen in direkte (Nutzer zahlen direkt an den Leistungserbringer) und indirekte (Zahlung erfolgt durch Dritte) Erlösgenerierung und zum anderen anhand der Transaktionsabhängigkeit unter-

Abb. 13-3

Einteilung der Erlösformen

Merkmale der Erlösformen	**Direkte** Erlösgenerierung (Zahlungen von Nutzern der Marktleistung)	**Indirekte** Erlösgenerierung (Zahlungen von Dritten)
Transaktions-**abhängig**	▸ Anteil des Geschäftsvolumens ▸ Gebühr pro Transaktion ▸ Anteil einer Einsparung ▸ Erfolgsprovision → z. B. Amazon, Ebay	▸ Fixprovision ▸ Erfolgsprovision → z. B. Medion (3,5 % des Verkaufswerts an Affiliate)
Transaktions-**unabhängig**	▸ Einrichtungsgebühr ▸ Grundgebühr ▸ Mitgliedsgebühr ▸ Datenvolumengebühr ▸ Gebühr je Zugang/Zeiteinheit → z. B. Xing, Bloomberg	▸ Bannerwerbung ▸ Sponsoring ▸ Datenverkauf ▸ Syndizierung → z. B. FAZ (Syndizierung der Inhalte an buecher.de)

(Quelle: in enger Anlehnung an Wirtz, 2013, S. 272)

schieden werden. Abbildung 13-3 verdeutlicht dies zusammen mit Beispielen zu Erlösquellen real existierender Unternehmen.

Die Bedeutung der einzelnen Erlösformen kann je nach Unternehmen erheblich variieren. Typisch für Unternehmen der E-Business-Branche ist die gleichzeitige Nutzung mehrerer Erlösformen mit signifikantem Volumen. Hieraus erwächst die Aufgabe, durch die sog. Multi-Revenue-Stream-Optimierung ein Bündel mit mehreren Erlösquellen aufeinander abzustimmen.

13.3 Performance-Measurement im E-Business

Nachfolgend werden Anforderungen an das Performance-Management formuliert, die bei der Übertragung bestehender Performance-Measurement-Konzepte auf Unternehmen der E-Business-Branche zu beachten sind. Zwei Parameter sind hierbei zu berücksichtigen (vgl. Ortelbach/Hagenhoff, 2004, S. 23 f.):

1. Bedeutung des E-Business im Unternehmen: Je größer der Anteil des E-Business am Geschäftsmodell bzw. dem gesamten Geschäftsvolumen ist, desto eher treffen die herauszuarbeitenden Charakteristika des Performance-Measurement zu.
2. Evolutionäre Phase des E-Business: Zahlreiche E-Business-Unternehmen befinden sich in der Planungs-, Start- und Wachstumsphase. Die Unternehmensaktivitäten weisen in diesen ersten Entwicklungsphasen eine große Instabilität auf (vgl. Gericke, 2003, S. 257):
   - Die Messobjekte weisen eine wachsende Dynamik auf, d. h. das Unternehmen oder Teile davon wachsen oder passen sich äußeren Rahmenbedingungen an.
   - Die Messresultate zeigen eine hohe Fluktuation, da die zu messenden Leistungen sich im Zeitverlauf ändern können.

Tab. 13-2

Unternehmensinterne und -externe Einflussfaktoren des Performance-Measurement

Unternehmensinterne Einflussfaktoren	Unternehmensexterne Einflussfaktoren
▸ Zunehmende Bedeutung immaterieller Werte für E-Business-Unternehmen (Mitarbeiter, Wissen, Kunden, Image) ▸ Kostenstruktur: hohe Fixkosten im Vergleich zu variablen Kosten von nahezu null; bspw. ergeben sich für die Bereitstellung und Weiterentwicklung einer IT-Plattform hohe Fixkosten, jedoch verursachen einzelne Transaktionen anschließend nahezu keine variablen Kosten ▸ Neue Geschäfts- und Erlösmodelle sowie parallele Nutzung verschiedener Erlösformen ▸ Innovationsgrad der Geschäftsmodelle hat Auswirkungen auf die Gründungsphase; Managementfähigkeiten der Gründer sind dabei besonders entscheidend	▸ Hohe Dynamik und Komplexität des Wettbewerbs durch kurze Produktlebenszyklen und sprunghafte Veränderungen des Kundenverhaltens, der Hard- und Software sowie der Wettbewerbsstruktur ▸ Direkte und indirekte Netzeffekte bestimmen den Wert eines Gutes/einer Dienstleistung in der ökonomischen Sicht auf das E-Business

(Quelle: in Anlehnung an Ortelbach/Hagenhoff, 2004, S. 18)

Die dargestellte Instabilität ist als Folge von Innovationseffekten im jeweiligen E-Business-Unternehmen zu sehen. Das Performance-Measurement im E-Business unterliegt verschiedenen Einflussfaktoren, die in unternehmensinterne und externe Faktoren eingeteilt werden können, wie Tabelle 13-2 zeigt (vgl. Ortelbach/Hagenhoff, 2004, S. 18).

Performance-Measurement im E-Business

Unter Performance-Measurement im E-Business wird der Aufbau und Einsatz eines Systems von Indikatoren zur Beobachtung und Messung der Leistungen und Leistungspotenziale von E-Business-Aktivitäten in verschiedenen Leistungsperspektiven für eine wirkungsvolle E-Business-Steuerung verstanden (vgl. Gericke, 2003, S. 39). Folgende Leistungsperspektiven mit beispielhaften Leistungsbereichen lassen sich unterscheiden:

Tab. 13-3

Leistungsperspektiven mit jeweils beispielhaften Leistungsbereichen

Leistungsperspektive	Beispielhafte Leistungsbereiche
Anspruchsgruppen	Bedürfnisse, Beiträge
Strategien	Strategieentwicklung, -kommunikation, -implementierung und -zielerreichung
Finanzen	Erträge, Aufwendungen, Periodengewinn, Liquidität
Angebot	Angebotssortiment und -qualität, Service/Dienstleistungen, Preisgestaltung und -dynamik
Prozesse	Planung und Management, Prozessautomatisierung
Fähigkeiten	Mitarbeiterfähigkeiten, Organisationseffizienz
Informationstechnologie	IT-Kosten (Hard-/Software), Systemperformance, Web-Site-Effizienz
Risiken	Datensicherheit/-schutz, gesetzliche Vorschriften

(Quelle: in Anlehnung an Gericke, 2003, S. 102)

In den letzten Jahren sind neue Konzepte für das Performance-Measurement im E-Business entstanden sowie bestehende Performance-Measurement-Konzepte im Hinblick auf die Gegebenheiten des E-Business angepasst worden. Stellvertretend für diese Entwicklung wird im Folgenden eine Anpassung der Balanced Scorecard vorgestellt.

Balanced Scorecard für das E-Business

Ein wesentliches Element der Balanced Scorecard bilden die vier Perspektiven Finanzen, Prozesse, Lernen und Entwicklung und Kunden (vgl. Abschnitt 7.5.2). Für jede dieser Perspektiven werden strategische Ziele und zugehörige operative Kennzahlen, wie sie als Steuerungsgrößen für ein generisches Unternehmen der E-Business-Branche in Betracht kommen können, vorgestellt (vgl. die Tabellen 13-4 bis 13-7, Müller/Thienen, 2001, S. 221 ff.).

Ausgehend von der jeweiligen strategischen Zielsetzung innerhalb einer Balanced-Scorecard-Perspektive können die abgeleiteten operativen Kennzahlen zunächst für den konkreten Anwendungsfall definiert werden. Anschließend sind diese Kennzahlen zu ermitteln und einer kontinuierlichen Überwachung (Monitoring) mit unterstützender IT-Lösung zuzuführen (vgl. Müller/Thienen, 2001, S. 212 f.).

Tab. 13-4

Beispielhafte Finanzperspektive der Balanced Scorecard für das E-Business

Finanzperspektive für E-Business-Unternehmen	
Strategische Ziele	**Operative Kennzahlen**
Positive Umsatzwirkung	Umsatz über elektronische Shopsysteme
	Anteil Internetumsatz am Gesamtumsatz
Interne Kosteneinsparungen im Beschaffungssektor	Erzielter Einkaufspreis im Verhältnis zum Einkaufspreis ohne den Einsatz von e-business-basierten Beschaffungsmethoden
	Anteil der über virtuelle Märkte abgewickelten Einkäufe im Verhältnis zum Gesamtvolumen (Anzahl und Umsatz)
Interne Kosteneinsparungen durch Prozessoptimierung, Transaktionskostenreduktion	Entwicklung des Ressourceneinsatzes im Vertrieb (Gesamtaufwand) im Verhältnis zum Umsatz und zur Kundenanzahl
	Entwicklung des Ressourceneinsatzes im Service (Gesamtaufwand) im Verhältnis zur Anzahl betreuter Produkte
Effektiver Ressourceneinsatz (Budgetverwendung)	Anteil der E-Business-Projekte im Verhältnis zum gesamten Investitionsaufwand
	Bestimmung von durch den E-Business-Einsatz direkt zurechenbaren Kosten je Produkt, Unternehmensbereich (interner Aufbau von Kostenstellen bzw. Einsatz der Prozesskostenrechnung)

(Quelle: in enger Anlehnung an Müller/Thienen, 2001, S. 221)

Tab. 13-5

Beispielhafte Kundenperspektive der Balanced Scorecard für das E-Business

Kundenperspektive für E-Business-Unternehmen	
Strategische Ziele	**Operative Kennzahlen**
Erhöhte Kundenbindung	Anzahl wiederkehrender Besucher auf den Webseiten
	Umsatz pro Kunde, Umsatz pro Bestellung
Steigerung der Kundenzufriedenheit	Qualitativ-deskriptive Zufriedenheitsmessung auf den Webseiten
	Anzahl der Abrufe pro Benutzer/Organisation und deren zeitliche Entwicklung
Verbesserung der Service- bzw. Beratungsqualität	Anzahl der im Web abrufbaren technischen Informationen (gesamt, je Unternehmensbereich, je Produkt etc.)
	Anzahl der per E-Mail eingehenden Anfragen (Produkt und Service) im Verhältnis zur Gesamtanzahl der eingehenden Anfragen (Mediennutzung der Kunden)
Steigerung des Marktanteils und der Reichweite	Anzahl, Verteilung und Schwerpunkte von Webaufrufen nach Regionen gegliedert (Ausland/Inland, Europa/Asien/Amerika, Norddeutschland/Süddeutschland etc.)
	Wachstum der Anfragen und Zugriffe über bzw. auf die Webseiten im Branchenvergleich; Kontextinformationen zur Seite in Portalen und Katalogen; Links auf die Webseiten

(Quelle: in enger Anlehnung an Müller/Thienen, 2001, S. 223)

Tab. 13-6

Beispielhafte Prozessperspektive der Balanced Scorecard für das E-Business

Prozessperspektive für E-Business-Unternehmen	
Strategische Ziele	**Operative Kennzahlen**
Einfache, schnelle Prozesse	Anzahl der vorhandenen Medienbrüche in ausgewählten Prozessen (z. B. Medienbrüche in der Kundenbestellabwicklung über Shopsysteme, Medienbrüche in der Beschaffungsabwicklung über virtuelle Marktplätze, Medienbrüche bei einer Produktanfrage über E-Mail), Heterogenität der IT-Landschaft (Anzahl unterschiedlicher Systeme)
	Durchlaufzeiten (Vergleich der Beschaffungszeiten zwischen traditionellem Weg und der Abwicklung über virtuelle Marktplätze, Abwicklungsdauer von der eingehenden Kundenbestellung bis zum internen Auftrag)
	Verhältnis der Anzahl manueller Aktivitäten zur Anzahl der automatisierten Aktivitäten je Prozess
Hohe Integration von E-Business-Anwendungen in die internen Unternehmensprozesse	*Allgemeine Sicht:* Abdeckung der Wertkettenelemente durch E-Business-Tools (Durchdringung) Beurteilung des Einsatzes von E-Business-Anwendungen je Unternehmensbereich (Wertkettenelement): Stufe 1: kein Einsatz vorhanden, Stufe 2: erste individuelle Lösungen, Stufe 3: Einsatz von E-Business unter Anpassung der internen Abläufe.
	Detaillierte Sicht: Unterstützung der Abläufe durch E-Business-Tools (Prozessintegration) Anteil der je Prozess eingesetzten E-Business-Tools zur Beurteilung der Integration von E-Business in die einzelnen Abläufe

(Quelle: in enger Anlehnung an Müller/Thienen, 2001, S. 225)

Tab. 13-7

Beispielhafte Lern- und Entwicklungsperspektive der Balanced Scorecard für das E-Business

Lern- und Entwicklungsperspektive für E-Business-Unternehmen	
Strategische Ziele	**Operative Kennzahlen**
Hoher Wissenstand der Mitarbeiter bzgl. E-Business-Technologien	Anzahl E-Business-Seminare pro Mitarbeiter
	Schulungsquote (Anzahl Weiterbildungsmaßnahmen je Anzahl Mitarbeiter)
	Nutzungsquote des Internets pro Abteilung/Mitarbeiter
Optimale Nutzung vorhandener Software	Anzahl eingesetzter, spezieller E-Business-Tools im Vergleich zur möglichen, vorhandenen und angebotenen Software je Unternehmensbereich
	An ein internes IT-System (ERP-Systeme wie z. B. SAP) angebundene, eingesetzte E-Business-Softwarelösungen
Effektives Knowledge-Management	Nutzungsintensität des Knowledge-Management-Systems (Anzahl interne Beiträge und Diskussionen)
	Anzahl der Informationsabrufe über das Knowledge-Managementsystem je Zeiteinheit
Bereitstellung ausreichender Kapazitäten im Bereich der Informationstechnologie	Auslastung der IT-Ressourcen (Personal, Infrastruktur, Netzwerk (Bandbreite, Latenzzeit))

(Quelle: in enger Anlehnung an Müller/Thienen, 2001, S. 228)

13.4 Verwendung von E-Business-Nutzerdaten für das Performance-Measurement

Analyse der Nutzerdaten

Geschäftsmodelle für das E-Business nutzen hauptsächlich webbasierte Plattformen, um ihre Nutzer zu erreichen. Hierdurch eröffnen sich neue Möglichkeiten der Kundenbeobachtung, da jeder Schritt eines Webseitenbenutzers protokolliert und anschließend ausgewertet werden kann. Die Kunden sorgen so quasi selbstständig für eine Informationsgenerierung über sich, weil sie durch ihren Webseitenbesuch elektronische Spuren hinterlassen. Die Ausgangsbasis für eine **Analyse der Nutzerdaten** bilden i. d. R. die Nutzerbewegungen auf den Webseiten, welche durch den Webserver in einer sog. Log-Datei (engl. log file) protokolliert werden. In der Log-Datei sind u. a. alle aufgerufenen Dateien (einzelne Webseite, Bilddatei, heruntergeladene Datei, ...) zusammen mit Informationen über den Webseitennutzer enthalten (vgl. Böning-Spohr, 2002, S. 196; vgl. auch Hienerth, 2010, S. 5; vgl. auch Horváth et al., 2001, S. 53 f.), wie die nachfolgende Abbildung 13-4 zeigt. Die Daten können nach ihrer Analyse Auskunft über das Verhalten der Nutzer auf den Webseiten geben.

Durch das sog. Web-Log-Mining können anhand der Informationen in den Log-Dateien Rückschlüsse auf die Attraktivität und den Nutzwert der E-Business-Angebote oder eines E-Business-Produkts gezogen werden. Das Web-Log-Mining kann dabei als »elektronisches Feedback« genutzt werden, dessen Ablauf sich wie in Abbildung 13-5 angegeben darstellen lässt.

Neben der Analyse der Abweichungen zwischen Plan- und Istwerten liegt die Herausforderung des Web-Log-Minings in der Formulierung von Hypothesen, die das Verhalten der E-Business-Nutzer beschreiben. Beispielsweise könnte eine Hypothese

Abb. 13-4

Beispielhafte Log-Datei eines Webservers

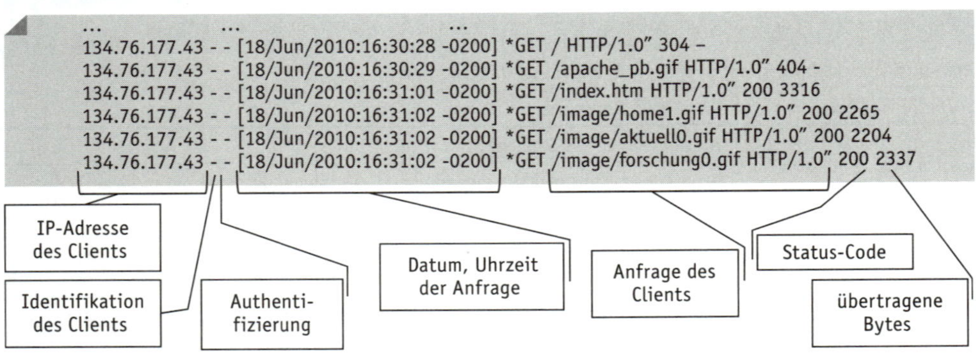

Die IP-Adresse des Clients identifiziert üblicherweise das Endgerät, mit welchem der Nutzer eine Webseite aufruft (z. B. Computer oder internetfähiges Mobiltelefon). Ersichtlich sind u. a. die aufgerufenen Webseiten und Dateien in der Anfrage des Clients.

(Quelle: Böning-Spohr, 2002, S. 196)

Abb. 13-5

Schematischer Ablauf des Web-Log-Mining

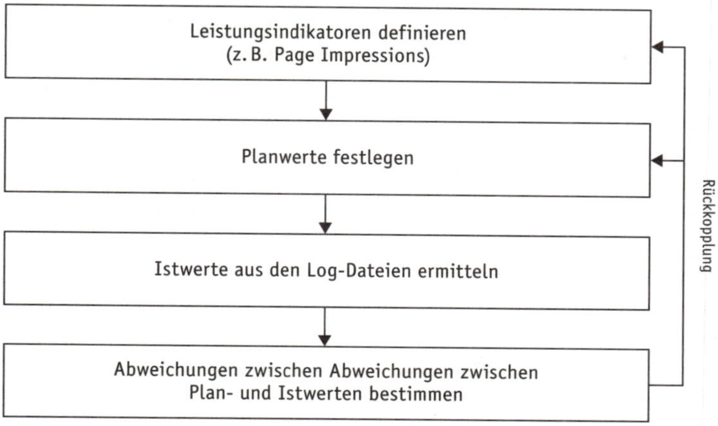

(Quelle: in enger Anlehnung an Böning-Spohr, 2002, S. 199)

lauten: »Nutzer, welchen eine Beschreibung zu einer herunterladbaren Datei in visueller Form geboten wird, laden diese Datei häufiger herunter als Nutzer, welchen eine textuelle Beschreibung zur Datei geboten wird.« Falls eine oder mehrere Hypothesen über das Nutzerverhalten als zutreffend angenommen werden, können hieraus Handlungsempfehlungen für die Umgestaltung und/oder Erweiterung des E-Business-Angebots abgeleitet werden (vgl. Böning-Spohr, 2002, S. 198 f.; vgl. Clement/Schreiber, 2010, S. 285 ff.; vgl. auch Horváth et al., 2001, S. 53 f.).

Kennzahlen für Webseiten

Zu den wichtigsten Informationen, die aus den Log-Dateien extrahiert werden können und als Kennzahlen genutzt werden können, zählen Hits, Page Impressions, Unique Visits und Unique Visitors. Ein einzelner (erfolgreicher) Zugriff auf eine Datei (Text, Bild, Ton, ...) erzeugt einen Hit in der Log-Datei des Webservers zum Online-Angebot. Üblicherweise umfasst eine einzelne Webseite des gesamten Webangebots mehr als nur eine Datei, da Texte zusammen mit Bildern dem Nutzer präsentiert werden. Die Hits können zu Page Impressions aggregiert werden, sodass zusammengehörige Elemente einer einzelnen Webseite zwar mehrere Hits erzeugen aber nur als eine Page Impression zählen und anhand dieser Kennzahl das Nutzerverhalten besser widergegeben wird. Page Impressions können wiederum zu Unique Visits verdichtet werden. Lädt der Nutzer innerhalb einer gewissen Zeitspanne eine oder mehrere Seiten neu (z. B. durch Vor- und Zurückspringen), so erzeugt dieser Vorgang zwar mehrere Hits und Page Impressions, jedoch nur einen Unique Visit. Schließlich kann auch versucht werden, einzelne Besucher (Unique Visitors) zu zählen (vgl. Böning-Spohr, 2002, S. 196 ff.). Insbesondere Kennzahlen zur Analyse der Markt- und Konkurrenzsituation im Online-Vertrieb lassen sich aus den Web-Log-Informationen ableiten. Hierzu zählen Marktanteil und Reichweite sowie Fokus und Klickpfade (vgl.

Hienerth, C. (2010), S. 67 ff.). Abbildung 13-6 zeigt die Auswertung einer fiktiven Webseite mit einigen der o. g. Kennzahlen.

Modifikation der Kennzahlen

Bei der Ermittlung der genannten Kennzahlen sind Modifikationen möglich, um die Ergebnisse den gewünschten Gegebenheiten anzupassen. Beispielsweise können automatische Seitenaufrufe von Suchmaschinen bei der Zählung der Hits unberücksichtigt bleiben, wenn nur die tatsächlich von Menschen angesehenen Webseitenaufrufe interessieren. Diese Modifikation könnte für die Gebührenermittlung von durch Dritte geschaltete Werbung auf der Webseite gewünscht sein.

Verzerrte Ergebnisse

Durch verschiedene Hürden sind die ermittelten Kennzahlen nicht immer verzerrungsfrei und die Güte der aus den Log-Dateien gewonnen Resultate daher beeinträchtigt, sodass die Befunde nur als Näherung der eigentlichen Messgröße betrachtet werden können. Neben der schon erwähnten Suchmaschinenproblematik sind bspw. durch die Verdichtung von Hits zu Page Impressions Verzerrungen möglich, da die Zuordnung einer Datei zu einer aufgerufenen Webseite nicht immer eindeutig sein muss. Eine Bilddatei kann etwa in mehreren Webseiten eingebunden sein, weshalb ein Hit auf die Bilddatei potenziell zu einer Page Impression verschiedener Webseiten gehören könnte. In diesem speziellen Fall ist anhand der zeitlichen Abfolge der Hits zu versuchen, eine genauere Zuordnung zu erreichen. Auch die Ermittlung der Anzahl einzelner Besucher als höchste Verdichtungsebene ist durch technische Hürden meist verzerrt: Wenn die Zugriffe der Webseitennutzer über Proxy-Server oder durch Firewalls erfolgen, wird eine eindeutige Identifizierung eines einzelnen Nutzers bei mehrmaliger Nutzung des Angebots ebenso wie durch die Vergabe dynamischer IP-Adressen u. U. erschwert oder nicht möglich sein. Falls sich ein Nutzer bei der Webseite persönlich identifizieren muss (z. B. über eine personenbezogene Zugangskennung mit Passwort) ist die Zuordnung bei mehrmaligem Zugriff auf das

Abb. 13-6

Beispielhafte Übersicht der Ergebnisse eines Web-Log-Mining

Leistungsgrößen		Planwert	Istwert	Absolute Abweichung	Prozentuale Abweichung
Gesamte Page Impressions pro Periode (z. B. ein Monat)		980.000	680.000	–300.000	–31 %
Page Impressions pro Tag	1. Tag im Monat	30.000	18.954	–11.046	–37 %
	2. Tag im Monat	30.000	19.545	–10.455	–35 %
	…	…	…	…	…
	30. Tag im Monat	36.000	36.550	+550	+1,5 %
	durchschnittlich	32.667	22.667	–10.000	–31 %
Page Impressions bezogen auf einzelne Rubriken	Rubrik A	580.000	480.000	–100.000	–17 %
	Rubrik B	400.000	200.000	–200.000	–50 %
Gesamte Unique Visits pro Periode (z. B. ein Monat)		250.000	200.150	–49.850	–20 %

(Quelle: in enger Anlehnung an Böning-Spohr, 2002, S. 200)

gleiche Angebot leichter möglich (vgl. Böning-Spohr, 2002, S. 199 ff.; vgl. auch Horváth et al., 2001, S. 53 f.).

Social Media

Soziale Medien umfassen verschiedene digitale Medien und Technologien, die es Unternehmen und privaten Nutzern ermöglichen, sich untereinander auszutauschen sowie mediale Inhalte einzeln oder in Gemeinschaft zu erstellen und zu gestalten (vgl. Kaplan/Haenlein, 2010, S. 59 f.). Die Relevanz dieser neuen Kommunikationsformen zeigt sich in der hohen Verbreitung von Plattformen, wie z. B. Facebook, Xing, LinkedIn, Applikationen wie z. B. WhatsApp und Twitter, sowie Bewertungsportalen, Blogs und RSS-Feeds (vgl. die Übersicht von Wirtz/Elsäßer, 2012, S. 289). Social Media werden von Unternehmen zunehmend in die Wertschöpfung integriert (vgl. Egle/Zaugg, 2013, S. 616). Abbildung 13-7 veranschaulicht die Aktualität des Themas.

Social-Media-Monitoring

Da den Nutzern von Social Media viele Kommunikationskanäle zur Verfügung stehen, ergibt sich für Unternehmen die Möglichkeit, die sie betreffenden Informationen im Rahmen eines sog. Social-Media-Monitoring zu beobachten und zu analysieren. Insbesondere kann durch die hohe Kommunikationsfrequenz und -reichweite von Social Media die Reputation eines Unternehmens gefährdet sein. Im umgekehrten Fall können die nutzergenerierten Beiträge auf Social-Media-Plattformen auch zur Reputationssteigerung führen (vgl. zur Reputation von Unternehmen als immateriellem Wert auch Kapitel 12). Prinzipiell handelt es sich hierbei um eine Ausdehnung der traditionellen Aufgaben einer Pressestelle auf neue Medien. Neben der Reputation können auch weitere Leistungsbereiche eines Unternehmens durch Social Media betroffen sein. Abbildung 13-8 zeigt im Überblick die Anwendungs-

Abb. 13-7

Reichweite der DAX-Unternehmen bei ausgewählten sozialen Medien

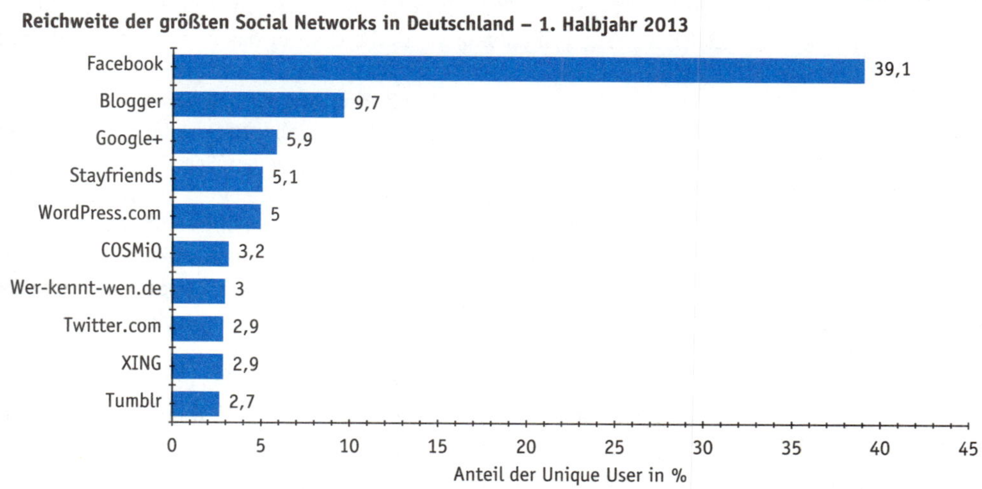

Quelle: Statista GmbH, 2014, in: http://de.statista.com/statistik/daten/studie/157885/umfrage/reichweite-der-groessten-social-networks-in-deutschland, Abruf: 02.06.2014

Abb. 13-8

Social-Media-Monitoring, Leistungsbereiche und beispielhafte Leistungsindikatoren

Social-Media-Monitoring

Beobachtung und Analyse von
- Nutzermeinungen und -beiträgen
- Beiträgen von Bloggern

in:
- Webblogs (Blogs)
- Foren
- Videoportalen
- Bildportalen
- Twitter
- Social News
- Social Bookmarks
- RSS-Feeds

Leistungsbereiche

- Marken-, Produkt- und Servicewahrnehmung
- Themen und Trends
- Akteure und Plattformen
- Krisenfrüherkennung
- Erfolgsmessung von Kommunikation und Marketing

Beispielhafte Leistungsindikatoren

- Nutzung/Reichweite: RSS-Views, Anzahl Kommentare, Anzahl Backlinks/Zitate
- Nutzung: Anzahl Posts/Kommentare/Hits, ∅ Hits/Posts, ∅ Kommentare/Posts

(Quelle: in enger Anlehnung an Hoewner, 2010, S. 17, 23)

möglichkeiten des Social-Media-Monitoring für weitere Leistungsbereiche und gibt beispielhafte Leistungsindikatoren an, die u. a. für das Performance-Measurement genutzt werden können.

Barrieren für das Social-Media-Monitoring können sich auf technischer Seite bei der Datenerhebung ergeben, da die Anzahl zu beobachtender Datenquellen unüberschaubar groß sein kann, Suchmaschinen die neuen Social-Media-Dienste teils (noch) nicht automatisch erfassen und viele Dienste einen geschlossenen Nutzerkreis haben und nur bedingt für Außenstehende zugänglich sind. Auch die Integration der gesammelten Daten kann aufgrund der vielen unterschiedlichen Quellen und Datenarten sowie nicht vorhandener Standards erschwert werden. Zudem weist der Themenbereich Social Media eine hohe Dynamik auf: Neue Geschäftsideen entstehen und münden in neue Dienste, die neue Nutzer gewinnen können. Bereits bestehende Dienste verlieren dann schnell an Attraktivität und werden bei mangelndem Nutzerinteresse eingestellt (vgl. Hoewner, 2010, S. 18; vgl. auch Halemba et al. S. 64). Zur Ableitung von Handlungsempfehlungen und Strategien aus der Nutzung von Social Media ist eine schnelle und systematische Aufbereitung großer Datenmengen notwendig. Unter den Schlagworten Social-Media-Monitoring oder Web-Monitoring können zahlreiche Softwarelösungen zusammengefasst werden, die die Identifikation, Beobachtung und Analyse relevanter Informationen im Internet ermöglichen.

Social-Media-Monitoring kann neben dem Reputationsmanagement beispielsweise auch für Issue-, Krisen- und Risikomanagement sowie Wettbewerbs-, Trend- und Marktanalysen eingesetzt werden (vgl. Fraunhofer-Institut für Arbeitswirtschaft und Organisation IAO (Hrsg.) (2010), S. 7 f.). Die Monitoring-Tools beinhalten umfassende Analyse- und Darstellungsfunktionen, die eine schnelle und zentrale Bereitstellung von relevanten Informationen und Berichten zulassen (vgl. Fraunhofer-Institut für Arbeitswirtschaft und Organisation IAO (Hrsg.) (2010), S. 12 f.). Die visuelle Darstellung der Informationen erfolgt hierbei häufig über Dashboards oder Cockpits, die die wichtigsten Analyseergebnisse übersichtlich zusammenfassen und den Zugriff auf weiterführende Informationen zur tieferen Analyse ermöglichen (vgl. Fraunhofer-Institut für Arbeitswirtschaft und Organisation IAO (Hrsg.) (2010), S. 27 f.). Abbildung 13-9 zeigt alternative Visualisierungen von Social-Media-Monitoring-Informationen an einem Beispiel auf.

Abb. 13-9

Social-Media-Monitoring-Dashboard anlässlich der Bundestagswahlen 2013

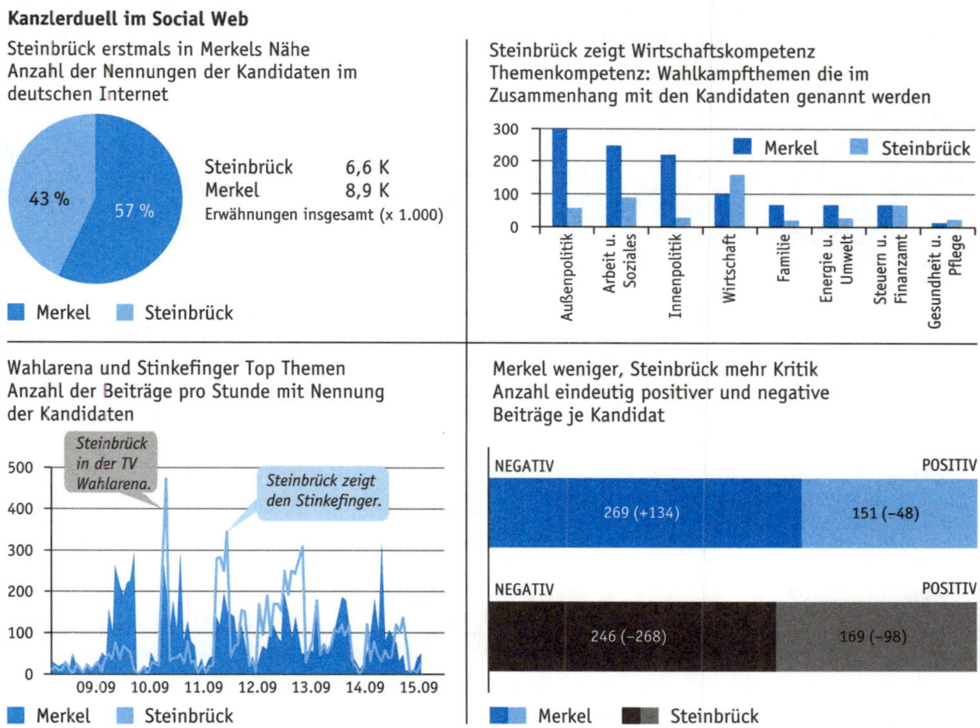

Erhebungszeitraum	Start	Ende	Tage	Basis n = 14990
	09.09.13	15.09.13	7	

(Quelle: bc.lab Social Media Monitoring, 2013, in: http://de.slideshare.net/PeterBernsktter, Abruf: 02.06.2014)

Social-Media-Controlling

Zur Messung der Erfolgs- und Wertbeiträge, die durch die Nutzung von Social Media entstehen, ist im Unternehmen ein Social-Media-Controlling erforderlich. Hierzu gehören alle Aufgaben und Instrumente für die Planung, Steuerung und Kontrolle von Social Media Aktivitäten (vgl. Egle/Zaugg, 2013, S. 616). Im Einzelnen richtet sich das Social-Media-Controlling auf vier Ziele, die sog. Social C's: Commerce, Content, Community und Customer Care (vgl. im Folgenden ausführlich Egle/Zaugg, 2013, S. 616 f.). Das Ziel **Commerce** fokussiert sich auf den Verkauf von Sach- und Dienstleistungen sowie die Schaltung von Fremdwerbung durch die Social Media Plattform eines Unternehmens. Dabei ist die Kaufbereitschaft der Nutzer zu berücksichtigen, falls z. B. ein Online-Shop in die Facebook-Seite eines Unternehmens integriert würde. Das Ziel **Content** gewährleistet das Auffinden der Webseiten von Unternehmen durch Suchmaschinen. Durch spezielle Themenschwerpunkte und die Optimierung des Suchmaschinen-Rankings wird eine langfristige Kundenbindung angestrebt. Beim Ziel **Community** stehen Interaktionen des Unternehmens mit den Nutzern und eine Verlinkung der Nutzer untereinander im Vordergrund, z. B. durch Social Plugins und Apps auf mobilen Endgeräten. Über **Customer Care** wird der Kundenservice gesteuert, dessen herausragende Qualität vor allem bei großer Ähnlichkeit der angebotenen Produkte und Dienstleistungen bedeutsam ist. Vom Unternehmen ist ein spezifischer Zielmix festzulegen, dessen erfolgreiche Realisierung durch nutzen- und kostenbezogene Kennzahlen laufend zu überprüfen und ggf. anzupas-

Abb. 13-10

Kennzahlen für die vier Social C's

	Commerce	Content	Community	Customer Care
Nutzen (monetär und nicht monetär)	Referral Traffic Anzahl Käufe ∅ Kaufpreis ∅ Kauffrequenz Anzahl Gutscheinrückläufer bzw. Gesamtbetrag Anzahl Ad Impressions ∅ TKP	Opportunitätskosten im Vergleich zu Suchmaschinenmarketing Anzahl veröffentlichter Beiträge Anzahl wiederkehrender Kunden ∅ Verweildauer ∅ Interaktion (z. B. Anzahl Klicks, Anzahl Kommentare, Anzahl Likes) ∅ Viralität (z. B. Anzahl Shares)	Anzahl Nutzer einer Plattform Anzahl Top Nutzer ∅ Interaktion ∅ Viralität ∅ Aktivitätsgrad (z. B. Anzahl Beiträge/Nutzer) Sentimentanalyse ∅ NPS	∅ Antwortzeit Anzahl Anfragen ∅ Viralität ∅ Kundenzufriedenheit ∅ NPS
Kosten	Personalkosten Mediabudget Betrag der eingelösten Gutscheine	Personalkosten Mediabudget um Reichweite zu gewinnen Tools zur Erstellung	Personalkosten Mediabudget um Fans/Followers/Visitors zu gewinnen Nutzerincentivierung	Personalkosten IT Kosten Infrastrukturkosten

(Quelle: Egle/Zaugg, 2013, S. 618)

sen ist (vgl. Abbildung 13-10). Um die Budgets für Social Media effektiv und effizient einzusetzen, sind neben den genannten internetbasierten Indikatoren (»Clicks and Conversions«) auch langfristige, monetäre Performance-Kennzahlen, z. B. Kundenwert (Customer Lifetime Value), in das Social-Media-Controlling zu integrieren (vgl. Roscheck et al., 2013, S. 243).

Kontrollfragen

1. *Welche neuen Aufgabenbereiche entstehen für das Performance-Measurement durch das E-Business?*
2. *In welche zwei grundlegenden Bereiche lassen sich Geschäftsmodelle gliedern und was sind typische Merkmale dieser Bereiche?*
3. *Wie kann direkte und indirekte Erlösgenerierung abgegrenzt werden?*
4. *Welche Beispiele können für transaktionsabhängige und -unabhängige Erlösquellen angeführt werden?*
5. *Welche unternehmensinternen und -externen Faktoren beeinflussen das Performance-Measurement im E-Business?*
6. *Welche Kennzahlen für die vier Perspektiven einer Balanced Scorecard sind in einem generischen E-Business-Unternehmen anwendbar?*
7. *Welche grundlegenden Kennzahlen für die Analyse des Nutzerverhaltens auf Webseiten existieren?*
8. *Welche Anwendungsgebiete bestehen im Social-Media-Monitoring?*
9. *Welche Zielperspektiven sind im Social-Media-Controlling zu unterscheiden?*

Abkürzungsverzeichnis

Abb.	Abbildung
B2B	Business-to-Business
B2C	Business-to-Customer
CIO	Chief Information Officer
ERP	Enterprise Resource Planning
IP	Internet Protocol
IT	Informationstechnologie
SE	Europäische Gesellschaft (Societas Europaea)
Tab.	Tabelle

Literaturhinweise

bc.lab Social Media Monitoring (2013): Kanzlerduell im Social Web, in: http://de.slideshare.net/PeterBernsktter, Abruf: 02.06.2014.

Böning-Spohr, P. (2003): Controlling für Medienunternehmen im Online-Markt – Gestaltung ausgewählter Controllinginstrumente, Göttingen 2003.

Clement, R./Schreiber, D. (2010): Internetökonomie. Grundlagen und Fallbeispiele der vernetzten Wirtschaft, Berlin, Heidelberg 2010.

Egle, U./Zaugg, A. D. (2013): Social Media Controlling mit Kennzahlen, in: Zeitschrift für Controlling, 25. Jg., 2013, Heft 11, S. 616–618.

Fraunhofer-Institut für Arbeitswirtschaft und Organisation IAO (Hrsg.) (2010): Marktstudie: Social Media Monitoring Tools. IT-Lösungen zur Beobachtung und Analyse unternehmensstrategisch relevanter Informationen im Internet, Stuttgart 2010.

Gericke, C. G. (2003): Evolutionäres E-Business Performance Measurement. Ein Ansatz zur Messung der Electronic Business Performance, Diss., Universität Zürich, Wirtschaftswissenschaftliche Fakultät, Zürich 2003.

Halemba, C./Steimel, B./Dimitrova, T. (2010): Praxisleitfaden: Social Media Monitoring. Erst zuhören, dann mitreden in den Mitmachmedien!, Meerbusch 2010.

Hienerth, C. (2010): Kennzahlenmodell zur Erfolgsbewertung des E-Commerce. Analyse am Beispiel eines Mehrkanaleinzelhändlers, Wiesbaden 2010.

Hoewner, J. (2010): Social Media Controlling – Herausforderungen und Lösungsansätze, in: http://de.slideshare.net/jhoewner/hoewner-wb-20100317-ho, Abruf: 02.06.2014.

Horváth, P./Knust, P./Schindera, F. (2001): Internet-Geschäfte erfordern ein wirksames E-Controlling, in: Harvard Business Manager, 23. Jg., 2001, Heft 5, S. 44–54.

Kaplan, A. M./Haenlein, M. (2010): Users of the world, unite! The challenges and opportunities of Social Media, in: Business Horizons, 53. Jg., 2010, Heft 1, S. 59–68.

Meier, A./Häuschen, H./Hüsemann, S./Lüthi, A./Meyer, K./Wismer, D./Wohlwender, D. (2000): Marktstudie Internet & Electronic Business, in: Praxis der Wirtschaftsinformatik, 37. Jg., 2000, Heft 215, S. 109–122.

Müller, A./Thienen, L. v. (2001): E-Profit: Controlling-Instrumente für erfolgreiches E-Business, Freiburg i. Br. 2001.

Ortelbach, B./Hagenhoff, S. (2004): E-Business Controlling: State of the Art in der Literatur, in: Schumann, M. (Hrsg.) (2004): Arbeitsbericht Nr. 19/2004, Universität Göttingen, Institut für Wirtschaftsinformatik, Göttingen 2010.

Roscheck, C./Anderl, E./Schumann, J. H. (2013): Effektivitätsmessung im Online-Marketing, in: Wirtschaftswissenschaftliches Studium, 2013, 42. Jg., Heft 5, S. 238–244.

Roscheck, C./Anderl, E./Schumann, J. H. (2013): Effektivitätsmessung im Online-Marketing, in: Wirtschaftswissenschaftliches Studium, 2013, 42. Jg., Heft 5, S. 238–244.

Statista GmbH (2014): Reichweite der größten Social Networks in Deutschland 2013, in: http://de.statista.com/statistik/daten/studie/157885/umfrage/reichweite-der-groessten-social-networks-in-deutschland, Abruf: 02.06.2014

Wall, F. (2002): Internet und Intranet, in: Küpper, U./Wagenhofer, A. (Hrsg.): Handwörterbuch Unternehmensrechnung und Controlling, 4. Aufl., Stuttgart 2002, Sp. 819–829.

Wirtz, B. W. (2013): Electronic Business, 4. Aufl., Wiesbaden 2013.

Wirtz, B. W./Elsäßer, M. (2012): Social Media: Erscheinungsformen, Nutzung und Internationale Entwicklungen, in: Wirtschaftswissenschaftliches Studium, 41. Jg., 2012, Heft 6, S. 288–294.

14 Innovationscontrolling

Lernziele

In diesem Kapitel erfahren Sie,

- was man unter dem Begriff »Innovationscontrolling« versteht,
- wie sich Innovationen über Kennzahlen steuern lassen,
- welche ganzheitlichen Systeme zur Innovationssteuerung existieren,
- welche Instrumente zur Steuerung von Forschungs- und Entwicklungsaktivitäten existieren.

Als Produzent anspruchsvoller Kommunikations- und Unterhaltungselektronik agiert die Grape SE in einem Umfeld, das durch hohe Forschungs- und Entwicklungsausgaben geprägt ist. Um den langfristigen Unternehmenserfolg auch für die Zukunft sicherzustellen, gilt es durch Investitionen in Innovationen den wirtschaftlichen Erfolg, Wachstum und Wettbewerbsvorteile der Grape SE zu sichern. Als erfahrener Controller merkt Herr Dr. Müller-Christ dabei an, dass ein Innovationserfolg nur erreicht werden kann, wenn der gesamte Innovationsprozess aktiv gesteuert wird. Er sieht hierbei die Professionalisierung des Innovationscontrollings bei der Grape SE im Hinblick auf die erfolgreiche Entwicklung von Neuprodukten als zentralen Erfolgsfaktor an. Für die Grape SE ergibt sich die Notwendigkeit, das bisher lose Set an Kennzahlen im Bereich von Forschung, Entwicklung, Vermarktung und Produkterstellung im Rahmen eines ganzheitlichen Steuerungssystems zusammenzuführen.

Das Innovationscontrolling hat in den letzten Jahren vor dem Hintergrund steigender Ausgaben für Forschung und Entwicklung zunehmende Aufmerksamkeit erlangt. Im Fokus steht dabei die Steuerung von Innovationsaktivitäten durch die Bereitstellung relevanter Informationen, um eine effiziente und effektive Verwendung der Forschungs- und Entwicklungsausgaben sicherzustellen. Während früher aufgrund eines anfänglich engen Aufgabenspektrums die Bezeichnung F&E-Controlling verwendet wurde, gehen die heutigen Tätigkeiten weit über die Einhaltung von Budgets und Terminen sowie die funktionalen Grenzen des Forschungs- und Entwicklungsbereichs hinaus und werden im ganzheitlichen Ansatz des Innovationscontrollings zusammengefasst (vgl. Möller et al., 2011, S. 8 ff.). Zunächst wird in diesem Kapitel der Begriff des Innovationscontrollings verdeutlicht. Danach werden Kennzahlen und ganzheitliche Steuerungssysteme für Innovationen sowie bedeutsame Instrumente zur Innovationssteuerung vorgestellt.

14.1 Begriff des Innovationscontrollings

Eine exakte begriffliche Abgrenzung des Innovationsbegriffs ist nicht zuletzt auf Grund seiner inflationären Verwendung schwierig. Gemein ist den zahlreichen definitorischen Ansätzen, dass Innovation grundsätzlich etwas – wie auch immer geartet – Neues beschreibt (vgl. Hauschildt/Salomo, 2010, S. 3 ff.). Wesentliches Abgrenzungsmerkmal zur Invention, also Erfindungsleistung, stellt die Marktkomponente dar. Regelmäßig wird diese Kombination von Idee und Vermarktung auch durch das Spannungsfeld aus »exploration« und »exploitation« ausgedrückt. Der Übergang von einer Invention hin zu einer Innovation erfolgt durch die erfolgreiche Markteinführung des Produktes bzw. durch die Verwendung der geschaffenen Prozesse und Strukturen. Hieraus abgeleitet ergibt sich eine weitere Differenzierung des Begriffs »Innovation« in Produkt-, Prozess- und Strukturinnovation.

Produkt-, Prozess- und Strukturinnovation

Von einer Produktinnovation wird immer dann gesprochen, wenn es in einem Unternehmen durch die Einführung neuer Produkte und Dienstleistungen zu einer Veränderung des Absatzprogramms kommt. Werden durch strukturelle Veränderungen in einem Unternehmen Verbesserungspotenziale realisiert, spricht man von Strukturinnovationen. Prozessinnovationen stellen optimierte Faktorkombinationen dar. Am Anfang eines Innovationsprozesses steht die Generierung einer neuen Idee, welche dann im Rahmen eines neuen Produktes, einer neuen Struktur, oder eines neuen Prozesses umgesetzt wird. Seinen Abschluss findet der Innovationsprozess in der Übergabe des Innovationsprojektes in die tägliche Routine der laufenden Verwertung (vgl. Hauschildt/Salomo, 2010, S. 27). Dies ist im Falle von Produktinnovationen die Markteinführung.

Begriff Innovationscontrolling

Das Innovationscontrolling umfasst die Steuerung aller Innovationsarten im Hinblick auf die organisationale Zielerreichung durch Einbezug und Berücksichtigung der Marktbedingungen sowie der ökonomischen Zieldimension. Das Innovationscontrolling beschränkt sich demnach nicht auf den F&E-Bereich, sondern umfasst funktionsübergreifend alle Innovationsaktivitäten (vgl. Abb. 14-1). Zu unterscheiden ist in diesem Zusammenhang Forschung (die grundsätzliche, nicht zielgerichtete Aktivitäten umfasst) von Entwicklung (die zielgerichtet Neuerungen von Produkten, Prozessen oder Strukturen anstrebt). Dies ist für die Steuerung von hoher Relevanz, da Forschungsaktivitäten per Definition einen deutlich größeren Freiraum benötigen als Entwicklungstätigkeiten. Auch im Bereich der Bilanzierung zeigt sich diese Trennung: Aufgrund der Zielgerichtetheit wird Entwicklungsaufwendungen ein Investitionscharakter zugesprochen, so dass sie in verschiedenen Rechnungslegungssystemen (IFRS, HGB) aktiviert, d. h. zukünftig abgeschrieben werden können. Ausgaben für Forschung werden demgegenüber grundsätzlich als (erfolgswirksamer) Aufwand klassifiziert.

Das strategische Innovationscontrolling lässt sich in den Aufgaben des Multi-Projektmanagements veranschaulichen. So bedarf es, basierend auf der übergreifenden Unternehmensstrategie, eines Abgleichs der Kernkompetenzen des Unternehmens sowie der identifizierten Chancen. Darauf aufbauend geschieht die Ausrichtung des Produktportfolios, das durch Projektauswahl und -priorisierung gesteuert wird. Die Allokation der Ressourcen auf die Projekte, wie bspw. Projektmitarbeiter und Projekt-

Abb. 14-1

Verständnis von Innovationscontrolling

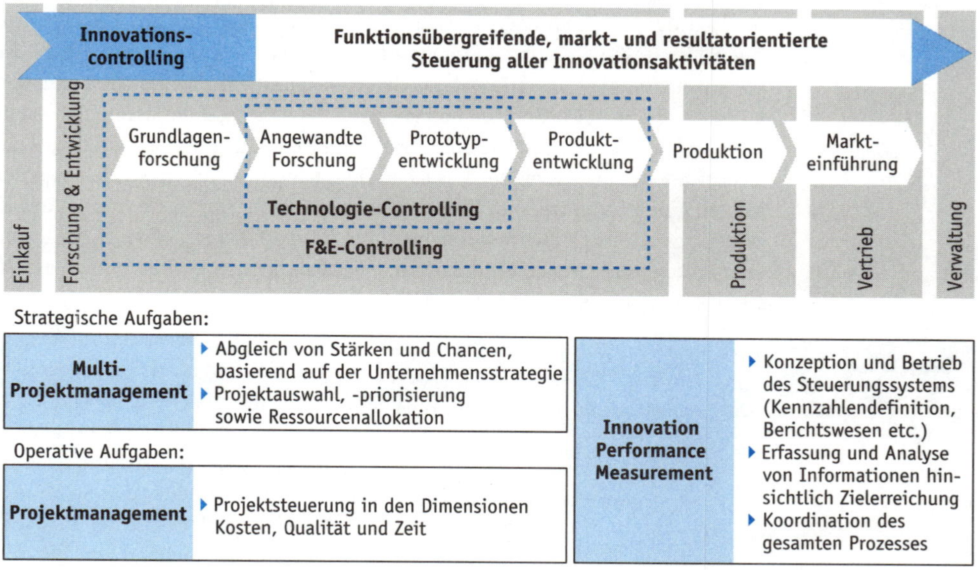

(Quelle: eigene Darstellung in Anlehnung an Möller et al., 2011, S. 8)

budget, geschieht gestützt auf das identifizierte Innovationsportfolio. Das operative Innovationscontrolling fokussiert stark auf die projektorientierte Steuerung der Innovationsaktivitäten (in den Dimensionen Entwicklungskosten, Produktqualität, Entwicklungszeit) und sollte auf der Portfolioausrichtung des strategischen Innovationscontrollings aufbauen. Das Innovation Performance Measurement bereitet die notwendigen Informationen und Kennzahlen auf, um zielgerichtete Steuerungseingriffe zu ermöglichen.

14.2 Innovationskennzahlen

Input-Process-Output-Outcome-Modell

Ein verbreiteter Ansatz zur Leistungsmessung innerhalb des Innovationscontrollings ist das innovationsprozessorientierte Input-Process-Output-Outcome-Modell (vgl. Brown/Svenson, 1998, S. 31). Dabei erfolgt die Messung in einer sequenziellen Abfolge von Arbeitsleistungen innerhalb des Innovationsprozesses, welcher eine **systematische Ursache-Wirkungs-Beziehung** darstellt. Der Ansatz stellt gleichermaßen ein hilfreiches Konzept zur Strukturierung von Kennzahlen im Innovationscontrolling dar (vgl. Möller et al., 2011, S. 39 ff.).

Input-Kennzahlen

Die Messung von Innovationskennzahlen kann vielfältige Ausprägungen annehmen. Die Bandbreite umfasst einerseits quantitative und qualitative, andererseits absolute und relative Kennzahlen (vgl. Abb. 14-2). Betrachtet man F&E-Aufwendungen, so zeigt sich, dass die Bereiche Personal (58,5 %) und Sachmittel (33,4 %) den Großteil der Aufwendungen einnehmen (vgl. Grenzmann et al., 2004, S. 16). Zur Input-Messgröße »Mitarbeiter« gehören beispielsweise Kennzahlen, die die Anzahl der in die Innovationstätigkeit involvierten Mitarbeiter in Relation zur Gesamtmitarbeiterzahl eines Unternehmens setzen. Gleichermaßen lassen sich monetäre Kennzahlen erfassen. Eine beliebte Messgröße ist die Forschungs- und Entwicklungsintensität oder der Anteil der Ausgaben für Forschung und Entwicklung an den gesamten Aufwendungen eines Unternehmens. Im Gegensatz zu den monetären Kennzahlen gestaltet sich die Messung qualitativer Inputfaktoren, wie z. B. die Erfahrung oder Professionalität von Mitarbeitern, weitaus schwieriger. Dies erklärt den häufigeren Einsatz monetärer Inputkennzahlen.

Abb. 14-2

Input-Process-Output-Outcome-Modell zur Innovationssteuerung

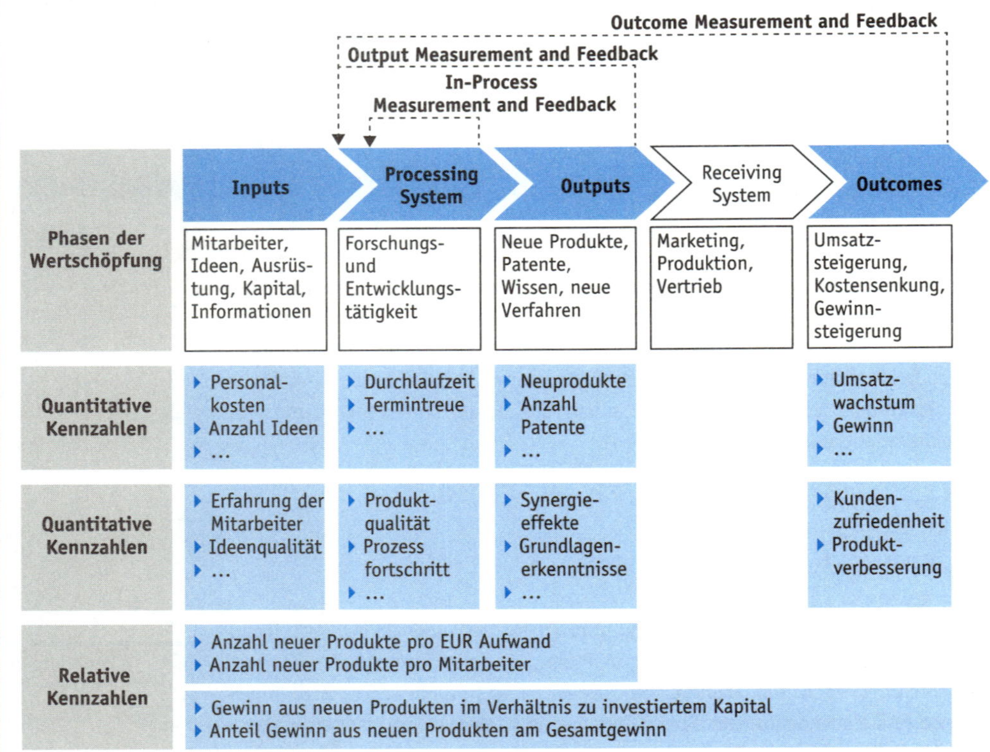

(Quelle: Möller/Janssen, 2009, S. 92)

Prozess-Kennzahlen

Fällt die Entscheidung zur Durchführung eines Innovationsprojekts positiv aus, so werden im nächsten Schritt die Ressourcen zur Leistungserbringung genutzt und der eigentliche Forschungs- und Entwicklungsprozess findet statt. Prozesskennzahlen beziehen sich auf den Status und den Zielerreichungsgrad von Zeit-, Kosten- und Qualitätskriterien oder den Projektfortschritt (vgl. Werner, 2002, S. 64). Hierbei können sich die Kennzahlen auf einzelne Projekte, Produktlinien, Geschäftsbereiche oder den gesamten F&E-Bereich beziehen. An dieser Stelle hilft eine systematische Planung bei der Früherkennung von Abweichungen im Innovationsprozess, wodurch rechtzeitig Korrekturmaßnahmen eingeleitet werden können. Die gewonnenen Erkenntnisse liefern darüber hinaus wichtige Anhaltspunkte bei der Ableitung von Zielen für zukünftige Projekte und bieten eine Grundlage für kontinuierliche Prozessverbesserungen. Hinsichtlich der Dimension »Zeit« ist die Überschreitung von Vorgaben nicht nur im Hinblick auf zusätzliche Kosten, sondern auch bei der späteren **Innovationsimplementierung** relevant. Während eine zunehmende Dauer von Innovationsprojekten mit steigenden Kosten verbunden ist, können dem Unternehmen durch verspätete Produkteinführungen wichtige Einnahmen entgehen. Deshalb spielen Kennzahlen, die zeitliche Aspekte einbeziehen, eine wichtige Rolle und können z. B. durch die Parameter »Termintreue«, »prozessuale Terminabweichung«, »durchschnittliche Innovationsdauer«, »gesamte Produktentwicklungszeit« und »Time-to-Market« erfasst werden. Unter Kostenaspekten ist der »Vergleich zwischen Ist- und Plan-Kosten«, »Kostentreue«, »Kostenabweichung«, »Häufigkeit von Kostenüberschreitungen« sowie »Gesamtheit der Entwicklungskosten des Projektes« von Bedeutung. Bei der Beurteilung des Projektfortschritts anhand von Prozesskennzahlen ist an dieser Stelle erkennbar, dass eine **eindimensionale Betrachtung** mitunter kontraproduktiv sein kann, wenn z. B. die Kosten als alleinige Größe für die Analyse des Projektfortschritts herangezogen werden. Im Zusammenspiel mit einer signifikant verkürzten Innovationsdauer, vermag das Urteil über den Leistungsfortschritt von Innovationsprojekten trotz erhöhter Kosten anders ausfallen, als bei einer eindimensionalen Betrachtung der Kosten. Einen systematischen Ansatz zur Verfolgung des Projektfortschritts hinsichtlich Kosten und Leistungen bietet bspw. die Earned-Value-Analyse (vgl. Coenenberg et al., 2012, S. 503 ff.; Möller et al., 2011, S. 88 ff.).

Output-Kennzahlen

Zwar ist eine adäquate Allokation von Ressourcen elementar, um überhaupt F&E-Arbeit leisten zu können, jedoch kommt es letztendlich auf die direkten Resultate (Outputs) des Innovationsprozesses an: auf die Generierung von Wissen, neuen Produkten oder Prozessen. Schließlich können nur diese am Markt verwertet werden und zum Unternehmenserfolg beitragen. Output-Kennzahlen können absolut und relativ gemessen werden und lassen sich in die Ebene der Wissensschaffung und die Ebene der Produkt- und Prozessentwicklung einordnen. Eine wichtige Rolle bei den Output-Kennzahlen spielt bspw. die »Anzahl der Patente«. Die Erfassung kann dabei gleichermaßen einen relativen Charakter aufweisen, sofern die »Anzahl der Patente pro Million Euro F&E-Aufwendungen« oder die »Anzahl der Patente pro Mitarbeiter« von Interesse ist. Problematisch bei Patentierungen ist der Zugang von Wettbewerbern zu Informationen, sodass Unternehmen ihre Erfindungen häufig gar nicht mehr patentieren lassen. Gerade in der Pharmabranche wird deutlich, dass die Kennzahl »Anzahl der Patente« noch kein hinreichender Erfolgsindikator ist, da auch nach einem Patentschutz noch zahlreiche Hürden, z. B. in Form der klinischen Zulassung, bis zur erfolgreichen Markteinführung bestehen. Auch Prozessverbesserungen (z. B. durch eine in den Produktionsprozess integrierte Qualitätskontrolle) stellen Outputs dar, da sie zu einer Steigerung der internen Effizienz beitragen.

Outcome-Kennzahlen

Ein gutes Produkt allein garantiert nicht zwangsläufig den finanziellen Erfolg von Innovationen. Erst der finanzielle Erfolg eines Neuproduktes macht es zur wirtschaftlichen Innovation. Outcome-Kennzahlen haben die Aufgabe, den wirtschaftlichen und marktlichen Erfolg von Innovationen festzustellen. Der Erfolgsbeitrag von Innovationen wird regelmäßig gemessen anhand von Umsatzzahlen, Gewinn oder Marktanteilswachstum. Problematisch gestaltet sich die sachliche und zeitliche Zurechenbarkeit des Erfolgs von Innovationen, da neben der F&E-Abteilung insbesondere dem Marketing und Vertrieb eine entscheidende Rolle zukommt. Ferner können viele Outcome-Kennzahlen erst nach einer Bewährungszeit von Neuprodukten am Markt präzise erhoben werden.

14.3 Ganzheitliche Innovationssteuerungssysteme

Innovation Balanced Scorecard

Eine Möglichkeit zur kennzahlenbasierten und ganzheitlichen Steuerung des Innovationsbereichs bietet die **Innovation Balanced Scorecard** (vgl. Abb. 14-3 und Abschnitt 7.5.2). Auch bei der Innovation Balanced Scorecard sind die zentralen Elemente die Vision und Strategie eines Unternehmens, welche auf die vier Perspektiven wirken. Zu beachten ist, dass im Gegensatz zur Balanced Scorecard nicht die Unternehmensstrategie sondern die Innovationsstrategie des Unternehmens zu berücksichtigen ist. Die Innovation Balanced Scorecard kann aufgrund der unternehmensübergreifenden strategischen Zielformulierung nicht nur als Kontrollsystem, sondern gleichermaßen als Plattform zum Informationsaustausch und zur Förderung des organisationalen Lernens angesehen werden.

Alternativen zur Innovation Balanced Scorecard

Alternativ zur Innovation Balanced Scorecard kommen neben prozessualen Steuerungssystemen (wie dem IPOO-Modell) auch **pyramidale Systeme** zum Einsatz. Zwar finden sich in der Literatur darüber hinaus weitere Ansätze ganzheitlicher Performance Measurement Systeme, jedoch basieren diese vorwiegend auf den Elementen dieser Grundformen (vgl. Chiesa et al., 2008; Collins/Smith, 1999). Die Basis pyramidaler Steuerungssysteme bilden hierarchisch angeordnete Treibergrößen, welche einen direkten oder indirekten Einfluss auf die Spitzenkennzahl ausüben. Ein Beispiel für ein derartiges Steuerungssystem ist das **»R&D-Return Framework«**, welches auf mathematischen und sachlogischen Beziehungen beruht (vgl. Foster et al., 1985, S. 13 ff. und Abb. 14-4). Die Spitzenkennzahl »R&D-Return« (= Gewinn/F&E-Aufwand) ergibt sich hierbei aus der Multiplikation der beiden Kennzahlen aus der untergeordneten Ebene: »R&D-Productivity« (Quotient aus technischem Fortschritt und F&E-Aufwand) und »R&D-Yield« (Quotient aus Gewinn und technischem Fortschritt). Hierbei reflektiert »R&D-Productivity«, im Gegensatz zu »R&D-Yield«, den Spielraum, der direkt durch den Entwicklungsbereich eines Unternehmens beeinflusst werden kann.

Abb. 14-3

Innovation Balanced Scorecard

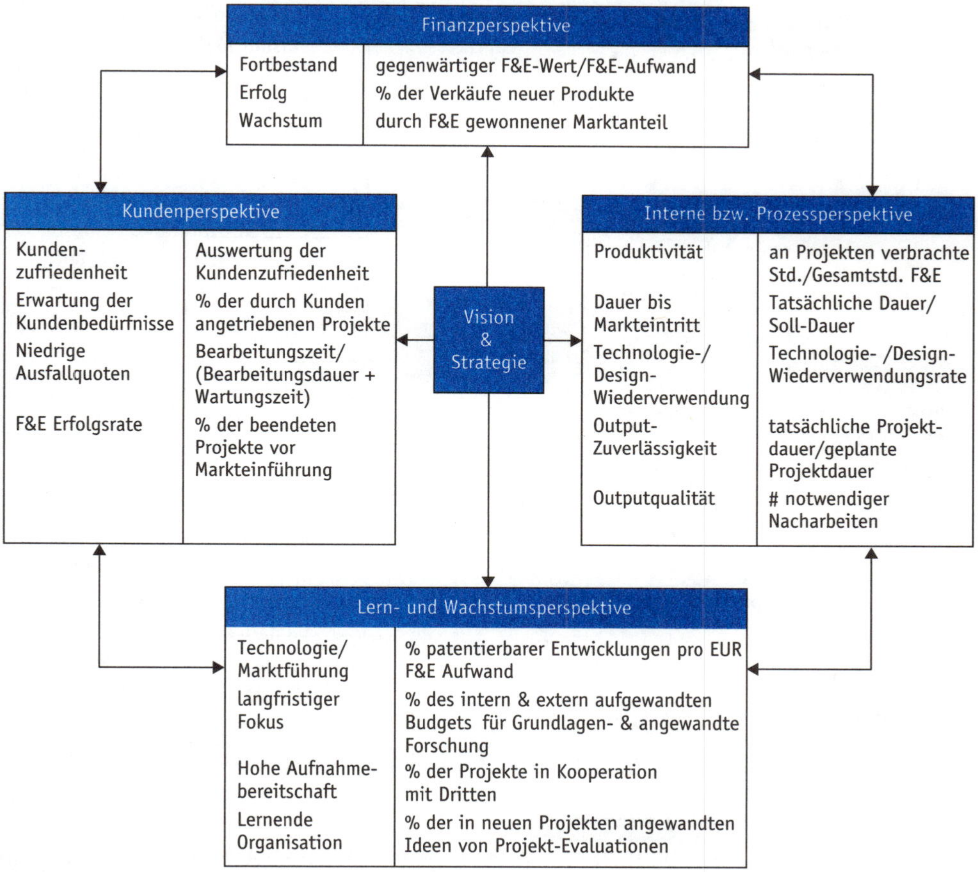

(Quelle: Kerssens-van Drongelen/Cook, 1997, S. 355)

Aufgrund sachlogischer Überlegungen setzen sich diese beiden Kennzahlen jeweils aus zwei Komponenten einer weiteren Ebene zusammen. Dabei beeinflussen die potenziellen Einnahmen und die operative Effizienz den Treiber »R&D-Yield« und die potenzielle Produktivität und die Effizienz der Technologieentwicklung den Treiber »R&D-Productivity«. Diese Treiber können durch zahlreiche Maßnahmen beeinflusst werden. Im Rahmen einer Untersuchung haben Foster et al. (1985, S. 13 ff.) die 13 wichtigsten Verbesserungsansätze identifiziert (vgl. Abb. 14-4).

Abb. 14-4

Research & Development-Return-Kennzahlensystem

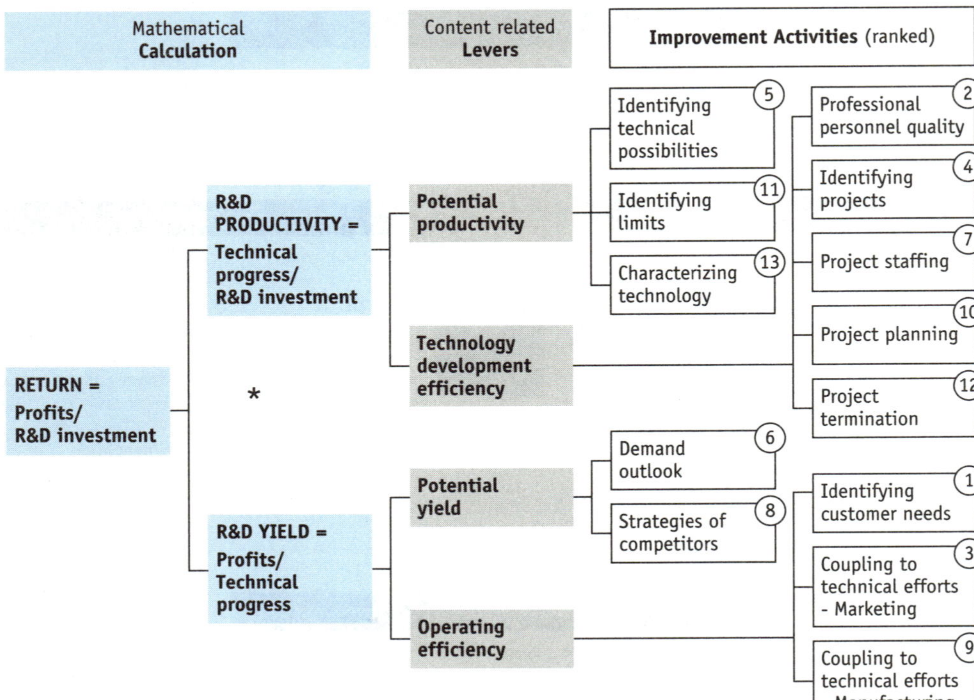

(Quelle: in Anlehnung an Foster et al., 1985, S. 14)

Beispiel 14.1 Grape SE

▸▸▸ Herr Dr. Müller-Christ ist vom Nutzen des »R&D-Return Frameworks« überzeugt und entschließt sich dazu, dies zunächst im Bereich Mobiles umzusetzen, da der zunehmende Konkurrenzdruck den eigenen Marktanteil bedroht. Nach Absprache mit der Marktforschungsabteilung der Grape SE legt Dr. Müller-Christ die jährliche Kundenzufriedenheitsanalyse als zentrale Messgröße des kundenorientierten Fortschritts fest (was dem technischen Fortschritt im Originalschema entspricht). Er konzipiert die Kennzahl für drei mögliche Verbesserungsalternativen in der Forschung und Entwicklung (Einführung eines Technologieradars; stärkere Organisation in Projektteams; Durchführung einer zusätzlichen Kundenbefragung). Dazu prognostiziert er die jeweiligen Investitionen, die geschätzten Barwerte sowie die Wirkung der jeweiligen Maßnahme auf die Kundenzufriedenheit.

[in EUR]	Status Quo	Technologie-radar	Projekt-teams	Kunden-befragung
Kundenzufrieden-heitsanalyse [0–100]	+1	+2	+5	+12
R&D Investment	+100.000	+10.000	+250.000	+60.000
Profit (= Barwert)	−100.000	+40.000	+100.000	+120.000
R&D Productivity	1 / 100.000	1 / 5.000	1 / 50.000	1 / 5.000
R&D Yield	−100.000	20.000	20.000	10.000
R&D Return	−1	4	0,4	2

Wie befürchtet, weist die Beibehaltung der gegenwärtigen Praktiken einen negativen »R&D-Return« aus, da die wachsende Konkurrenz den Gewinn der Grape SE schmälert. In den Management-Meetings wurde die Option des intensivierten Kundenkontaktes favorisiert, da hierdurch die Kundenzufriedenheit am stärksten gesteigert werden kann. Wie erwartet, führt dies zu einer hohen »R&D-Productivity«, da die Entwicklung effizient gemäß der Kundenbedürfnisse vorangetrieben werden kann. Allerdings erkennt Herr Dr. Müller-Christ auch, dass der »R&D-Yield« hinter dem der beiden weiteren Optionen zurückbleibt. Das bedeutet, dass die Einführung eines Technologieradars sowie die stärkere Organisation in Projektteams den technologischen Fortschritt effizienter in Gewinn umwandeln. Diese Defizite spiegeln sich auch im »R&D-Return« wider, der deutlich hinter dem Return der Einführung eines Technologieradars zurückbleibt. Herr Dr. Müller-Christ fragt sich, ob die Einführung des Technologieradars die beste Alternative für die Grape SE darstellt, da dessen »R&D-Return« der höchste ist. Offensichtlich bietet der Technologieradar auch die höchste Umwandlungseffizienz von F&E Ausgaben in Kundennutzen sowie in Gewinn. Allerdings handelt es sich insgesamt um vergleichsweise geringe Differenzbeträge. Herrn Dr. Müller-Christ wird klar, dass die isolierte Betrachtung einzelner Kenngrößen zu kurz greift. Das »R&D-Return Framework« ersetzt die finale Beurteilung der Alternativen nicht und nimmt ihm auch keine Entscheidungen ab. Dennoch bereitet es komplexe Vorgänge übersichtlich auf und stellt eine hilfreiche Steuerungsgrundlage dar. ◂◂◂

14.4 Instrumente des Innovationscontrollings

Zur Gewährleistung der Effektivität und Effizienz im Innovationsprozess bedienen sich Innovationscontroller und Innovationsmanager zahlreicher Steuerungsinstrumente und Methoden (vgl. Möller et al., 2011, S. 65 ff.). Dabei wird bereits bei der Projektauswahl auf einen Marktbezug Wert gelegt. So bietet es sich an, Erkenntnisse einer systematischen Marktforschung einzubeziehen, um zu gewährleisten, dass der Output eines angestrebten Innovationsprojekts auf eine entsprechende Nachfrage trifft. Zunehmend Anwendung findet auch der Einbezug von Kunden und anderen Beteiligten außerhalb des Unternehmens, um Innovationen zu erzeugen (»Open Innovation«). Damit verlässt das Innovationsgeschehen den internen F&E-Bereich. Darüber hinaus kann eine Abstimmung auf organisationaler Ebene durch den Einsatz von Roadmaps und Produkt-Marktportfolios einen Abgleich zwischen der Innovations- und Unternehmensstrategie sicherstellen. Hier setzt auch das Target Cost Management (vgl. Abschnitt 5.3) an, mit dem strukturiert Kundeninformationen in die Produktentwicklung integriert werden. Nachdem die Entscheidung ein Innovationsprojekt durchzuführen getroffen wurde, gilt es einen effektiven und effizienten Ablauf der abgestimmten Innovationsprozessschritte mit Hilfe von Meilensteinen zu realisieren. Hierzu lassen sich Kostentrend- oder Meilensteintrendanalysen mit einbeziehen, die im Falle einer Abweichung von Projektzielen frühzeitige Warnsignale senden und als Entscheidungsgrundlage für potenzielle Korrekturmaßnahmen oder sogar Projektabbrüche hilfreich sein können. Einen Ansatz dazu stellt die Break-Even-Analyse dar (vgl. Abschnitt 4.3). Darüber hinaus dient ihr Einsatz analog zur Earned Value Methode einer effizienten Ressourcenallokation.

Die Nutzung der Steuerungsinstrumente (vgl. Abb. 14-5) hängt maßgeblich vom Fortschritt bzw. der Prozessphase des entsprechenden Innovationsprojekts ab. Generell kommen aufgrund der hohen Unsicherheiten in frühen Prozessphasen qualitative oder semi-qualitative Steuerungsinstrumente zur Anwendung, wie z. B. Portfolioanalysen oder Scoringmodelle. Mit zunehmendem Projektfortschritt bieten sich infolge einer höheren Datenqualität und -sicherheit quantitative Methoden der Investitionsrechnung an. Zusätzlich kann der Einbezug des Innovationsgrads von

Abb. 14-5

Instrumente des Innovationscontrollings

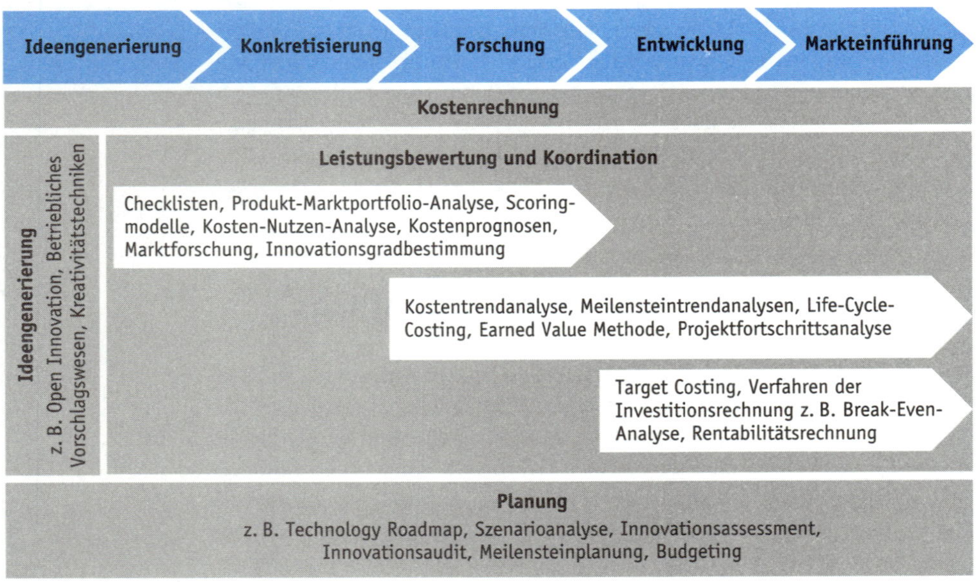

(Quelle: Möller/Janssen, 2009, S. 91)

Projekten bei der Wahl der richtigen Steuerungsinstrumente helfen, da sich Datensicherheit und -verfügbarkeit bei radikalen oder inkrementellen Innovationen erheblich unterscheiden. Zusätzlich kann durch die Berücksichtigung des Innovationsgrads eine ausgewogene Balance innerhalb des Projektportfolios erzielt werden.

Anwendung in der Unternehmenspraxis

Am weitesten verbreitet sind Steuerungsinstrumente auf operativer Ebene (vgl. Abb. 14-6). Hierzu zählen die Meilensteinplanung oder die Analyse des Projektfortschritts. Im Gegensatz dazu sind Instrumente zur strategischen Ausrichtung des Innovationsportfolios, z. B. Produkt-Marktportfolios oder Technology Roadmaps, weniger verbreitet und werden eher selektiv angewendet. Instrumente, die wie die Balanced Scorecard eine mehrdimensionale Steuerung ermöglichen, finden in der Unternehmenspraxis am wenigsten Berücksichtigung. Außerdem zeigen die Ergebnisse erhebliche Unterschiede bei der Nutzung von Steuerungsinstrumenten zwischen Top Performern und Low Performern (unterschieden wurde finanziell erfolgreiche und weniger erfolgreiche Unternehmen). Während Top Performer einen

Abb. 14-6

Anwendungshäufigkeit von Steuerungsinstrumenten im Vergleich Low Performer zu Top Performer

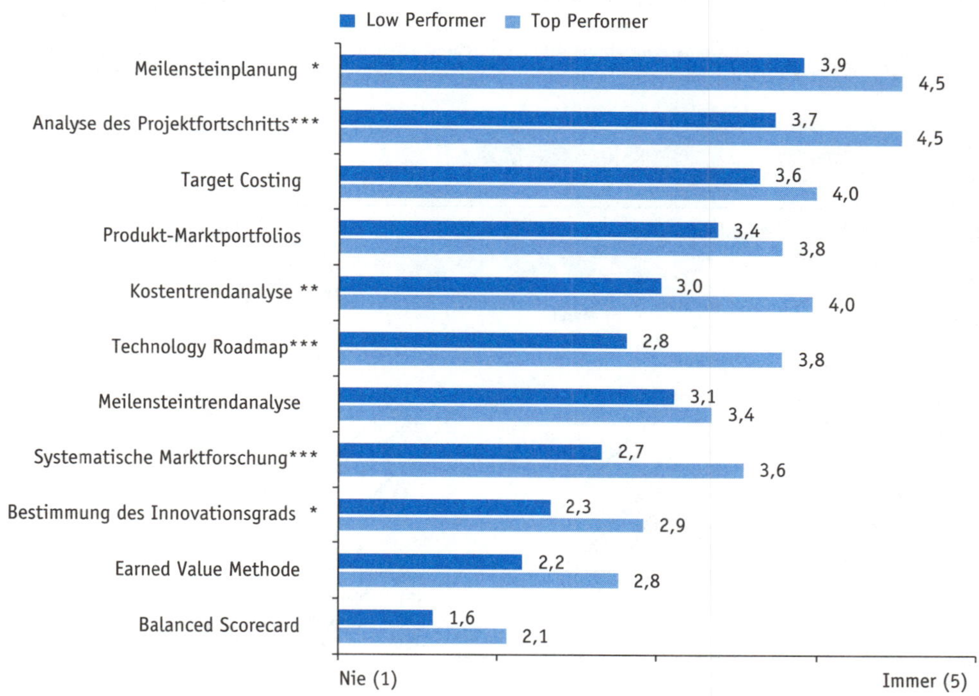

Signifikanzniveaus (2-seitiger t-Test) der Mittelwertunterschiede: * Signifikant auf 0,05-Niveau
** Signifikant auf 0,01-Niveau
*** Signifikant auf 0,001-Niveau

(Quelle: Janssen, 2011, S. 102)

Praxisbeispiel

Innovationssteuerung bei Henkel Adhesive Technologies

Henkel Adhesive Technologies ist Weltmarktführer bei Klebstoffen, Dichtstoffen, industriellen Anwendungen und in der Oberflächentechnik für Konsumenten und Handwerker. Innovationen sind bei Henkel das Zugpferd für profitables Wachstum und sichern dem Unternehmen einen Wettbewerbsvorteil gegenüber der Konkurrenz. Damit auch der zukünftige Unternehmenserfolg sichergestellt werden kann, setzt Henkel im Innovationscontrollingprozess auf eine permanente marktorientierte Bewertung und Analyse sämtlicher Innovationsprojekte (Quelle: Henkel AG, in: www.henkel.de, Abruf: 24.05.2014).

Das Innovationscontrolling besitzt bei Henkel die Hauptaufgabe während der Planung und Durchführung von Innovationsprojekten sicherzustellen, dass die Projektplanung jedes einzelnen Projekts einer laufenden Aktualisierung unterzogen wird. Nur so kann während des Innovationsprozesses bereits eine frühzeitige Erfolgsaussicht von Innovationsprojekten gewährleistet und Entscheidungen über eine zusätzliche Ressourcenallokation oder die Einstellung eines Projekts getroffen werden. Durch die Arbeit in interdisziplinären Teams werden bereits im Laufe des Innovationsprozesses wichtige Markt- und Kundeninformationen, insbesondere durch die Beteiligung der Marketingabteilung, berücksichtigt. Darüber hinaus bieten die verwendeten aktuellen Informationen zu den einzelnen Projekten eine wichtige Unterstützungsfunktion beim Einsatz von dynamischen Verfahren der Investitionsrechnung. Verantwortlich hierfür sind eine durchschnittliche Entwicklungsdauer von ein bis zwei Jahren sowie eine unterschiedliche Länge der Produktlebenszyklen. Anhand des Kapitalwerts berechnet Henkel regelmäßig den potentiel-

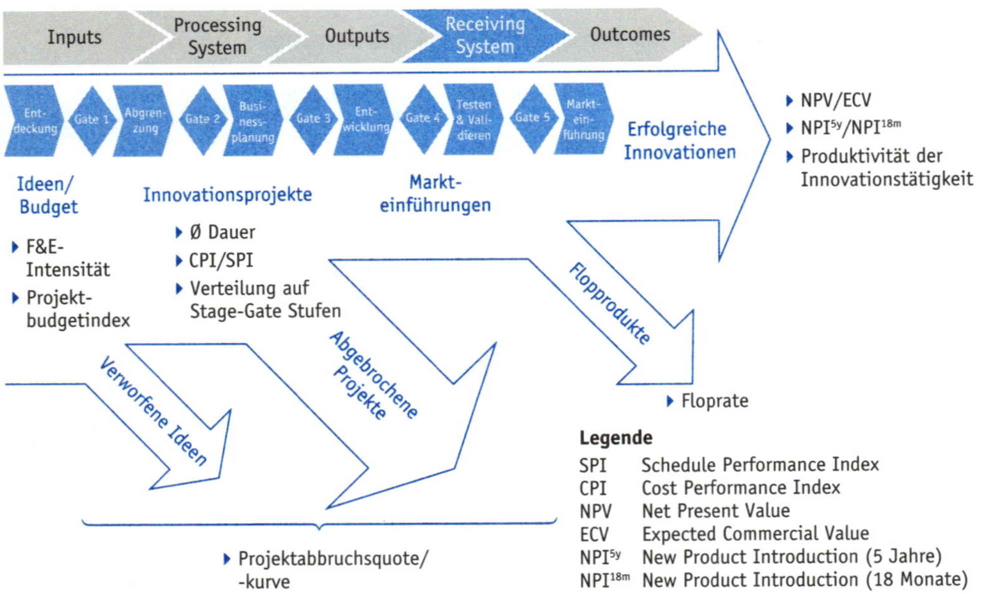

(Quelle: Hebeler et al., 2011, S. 392)

Abb. 14-7: Innovationskennzahlen bei Henkel Adhesives

Fortsetzung auf Folgeseite

Fortsetzung von Vorseite

len Innovationserfolg eines Projektes. Dies schafft nicht nur Planungssicherheit, sondern darüber hinaus Vergleichbarkeit und Transparenz. Für Henkel kristallisiert sich insbesondere die Bündelung des Wissens durch die interaktive Zusammenarbeit bei Innovationsprojekten als entscheidender Erfolgsfaktor heraus. Durch Eingabe der Parameter in ein webbasiertes Tool sind sämtliche projektspezifischen Daten und Informationen den Projektmitarbeitern weltweit zugänglich. Geringe Änderungen finanzieller Größen beeinflussen hierbei die Vorteilhaftigkeit des Innovationsprojekts, so dass unmittelbare Maßnahmen und Entscheidungen getroffen werden können. Das Controlling orientiert sich bei der Kennzahlenanwendung am Input-Process-Output-Outcome-Modell (vgl. Abb. 14-7). Eine marktorientierte und stets aktuelle Planung und Durchführung dient dem Innovationscontrolling nicht nur als wichtige Grundlage für Entscheidungen und Korrekturmaßnahmen, sondern schafft zudem Transparenz und Akzeptanz. Dies mündet bei Henkel in einer höheren Erfolgsquote und einer effizienteren Ressourcennutzung im Innovationsprozess.
(Quelle: Hebeler et al., 2011, S. 387 ff.)

intensiveren Einsatz von Steuerungsinstrumenten aufweisen, bestehen zudem signifikante Unterschiede bei Instrumenten, die der Leistungsbewertung dienen (Meilensteinplanung, Analyse des Projektfortschritts und Kostentrendanalyse) und Instrumenten, die bei der zielgerichteten Projektauswahl Unterstützung leisten. Erfolgreiche Unternehmen greifen hierbei vermehrt auf Technology Roadmaps und die Bestimmung des Innovationsgrads zurück. Weiterhin berücksichtigen Top Performer signifikant häufiger eine systematische Marktforschung, um bereits bei der Projektauswahl eine spätere Nachfrage nach dem Innovationsprodukt sicherzustellen.

Abkürzungsverzeichnis

F&E	Forschung und Entwicklung
R&D	Research and Development

Literaturhinweise

Brown, M. G./Svenson, R. A. (1998): Measuring R&D productivity, in: Research Technology Management, 41. Jg., 1998, Heft 6, S. 30–35.

Chiesa, V./Frattini, F./Lazzarotti, V./Manzini, R (2008): Designing a performance measurement system for the research activities: A reference framework and an empirical study, in: Journal of Engineering & Technology Management, 25. Jg., 2008, Heft 3, S. 213–226.

Coenenberg, A. G./Fischer, T. M./Günther, T. (2012): Kostenrechnung und Kostenanalyse, 8. Aufl., Stuttgart 2012.

Collins, J./Smith, D. (1999): Innovation Metrics: A Framework to Accelerate Growth, in: Prism, First Quarter 1999, S. 33–47.

Foster, R. N./Linden, L. H./Whiteley, R. L./Kantrow, A. M. (1985): Improving the return on R & D-II, in: Research Management, 28. Jg., 1985, Heft 2, S. 13–22.

Grenzmann, C./Marquardt, R./Revermann, C./Wudtke, J. (2004): Forschung und Entwicklung in der Wirtschaft – Bericht über die FuE-Erhebungen 2001 und 2002, Essen 2004.

Hauschildt, J./ Salomo, S. (2010): Innovationsmanagement, 5. Aufl., München 2010.

Hebeler, C./Pubanz, H./Lingnau, V. (2011): Innovationscontrolling bei Henkel Adhesive Technologies, in: Controlling, 23. Jg., 2011, Heft 7, S. 387–394.

Janssen, S. (2011): Innovationssteuerung mit Kennzahlen – Erfolgswirkungen und Determinanten einer konzeptionellen Kennzahlennutzung, Göttingen 2011.

Kerssens-van Drongelen, I. C./Cook, A. (1997): Design principles for the development of measurement systems for research and development, in: R&D Management, 27. Jg., 1997, Heft 4, S. 345–357.

Möller, K./Janssen, S. (2009): Performance-Measurement von Produktinnovationen: Konzepte, Instrumente und Kennzahlen des Innovationscontrollings, in: Controlling, 21. Jg., 2009, Heft 2, S. 89–96.

Möller, K./Menninger, J./Robers, D. (2011): Innovationscontrolling. Erfolgreiche Steuerung und Bewertung von Innovationen. Stuttgart 2011.

Stippel, N. (1999): Innovations-Controlling: Managementunterstützung zur effektiven und effizienten Steuerung des Innovationsprozesses im Unternehmen, München 1999.

Werner, B. M. (2002): Messung und Bewertung der Leistung von Forschung und Entwicklung im Innovationsprozess, Darmstadt 2002.

Stichwortverzeichnis

J

K